微波技术基础

（第 5 版）

闫润卿 编

北京理工大学出版社
BEIJING INSTITUTE OF TECHNOLOGY PRESS

内 容 简 介

本书共有 7 章：传输线的基本理论、规则波导、微带传输线、光波导、微波谐振器、常用（无源）微波元件、微波网络基本知识。与前几版相比，第 5 版中删除了前几版中冗长、烦琐的数学公式和推导过程，使内容更简洁、精练，更加突出基本概念、基本理论和基本分析方法的阐述；增加了例题解析和部分习题答案，增补了一些附录，使读者更便于对本书内容的理解和掌握。

本书可作为电子与通信技术专业的教材或参考书，也可作为成人高等教育相关专业的教材或参考书，还可供工程技术人员和自学者参考、学习。

图书在版编目（CIP）数据

微波技术基础 / 闫润卿编. —5 版. —北京：北京理工大学出版社，2020.5
ISBN 978-7-5682-8422-6

Ⅰ. ①微… Ⅱ. ①闫… Ⅲ. ①微波技术–教材 Ⅳ. ①TN015

中国版本图书馆 CIP 数据核字（2020）第 073909 号

出版发行 / 北京理工大学出版社有限责任公司
社　　址 / 北京市海淀区中关村南大街 5 号
邮　　编 / 100081
电　　话 /（010）68914775（总编室）
（010）82562903（教材售后服务热线）
（010）68948351（其他图书服务热线）
网　　址 / http://www.bitpress.com.cn
经　　销 / 全国各地新华书店
印　　刷 / 涿州市新华印刷有限公司
开　　本 / 787 毫米×1092 毫米　1/16
印　　张 / 30
插　　页 / 1
字　　数 / 695 千字
版　　次 / 2020 年 5 月第 5 版　2020 年 5 月第 1 次印刷
定　　价 / 68.00 元

责任编辑 / 陈莉华
文案编辑 / 陈莉华
责任校对 / 周瑞红
责任印制 / 李志强

第 5 版前言

“微波技术基础”是电子与信息类专业的专业基础课，是必备的基础知识。主要讲述微波传输线、常用（无源）微波元件和微波网络等的基本概念、基本理论和基本分析方法。因为这些内容都是原理性的、基础性的知识，因此，课程内容随着科技发展的变化并不大、相对而言比较稳定。但是，并非一成不变。例如，微波传输线、常用（无源）微波元件，在种类、结构形式、材料、设计方法、测试方法和精度，以及制造工艺等方面，与过去相比，都有很大的变化和改进；再如，除了大功率和超大功率的微波元器件外，很多中小功率的微波元器件都已小型化、集成化，可靠性和使用年限都有很大程度的提高。我们应关注这些变化，吸收新知识、充实课程内容是完全必要的。但是，本书作为基础理论课不可能、也无必要过多、过细地讲述设计、制造和测试等多方面的具体知识，因为有关这方面的内容都有新的、详尽的资料可以查阅。

需要指出的是，尽管随着科技的发展发生了如上所述的各种变化，但是，有关微波传输线、常用（无源）微波元件和微波网络等的基本概念和基本工作原理仍然是正确和适用的。因此，只要掌握了这些基础知识，对于新出现的各种变化就能比较容易地理解和掌握。同时，还可以进一步学习和掌握微波领域中其他方面的知识。

第 5 版与前几版相比，最主要的变化是：第 1 章“传输线的基本理论”、第 2 章“规则波导”和第 7 章“微波网络基本知识”这三章都重新编写，与之前相比，删除了冗长、烦琐的数学公式和推导过程（特别是第 2 章和第 7 章），而代之以更简洁、明了的数学公式和推导过程，与物理概念结合得更紧密，更便于理解。除此之外，针对初学者对本书内容感到抽象、理解困难（特别是在做习题方面），本版增编了“例题解析”作为附录，并对部分习题给出了答案，供参考。除上述三章做了较大的变化外，书中其他部分也做了少许的补充、修订。第 5 版全部书稿由闫润卿执笔编写。

本书曾获北京市“北京高等教育精品奖”、教育部“国家级精品教材奖”，并被教育部批准为“十一五”国家级规划教材。所有这些是对编者的鼓励、鞭策。

尽管如此，限于编者水平，书中仍难免有错误和疏漏之处，殷切期望专家、同行、读者不吝指正。最后，特别需要说明的是，在本书第 4 版的各次印刷中，由于编者、编辑、校对、印刷等诸环节间缺少沟通，以致造成书中个别处的印刷错误，其中，特别是第 2 章中的一些页次，本应是“媒质”的误印为“介质”，从而造成概念上的混乱，对此，编者深感遗憾，并向读者致以深深的歉意。

编　者

2020 年 8 月

第 4 版前言

“微波技术基础”是电子与信息工程专业的专业基础课，是必学的基础知识。因其为基础课，因此，受科技快速发展的影响较小，内容相对稳定，但并非一成不变，应跟踪微波技术的发展动向，不断地更新内容，使之适应相关专业的要求。正是基于这一原则，本书每修订一次都补充一些新的内容，现在的第 4 版也是如此。

本书自 1988 年第 1 版面世至今已出了 4 个版本，版本更迭的过程也是本书不断完善的过程。因此，后一版相对于前一版而言，在内容的增减、更新，以及在概念的阐述，公式、数据、插图的处理和运用等方面都有不同程度的改进和提高。第 4 版在上述诸方面，与前 3 版相比，又有了较大的提高，内容更加充实，完整性和可读性均有所增强，更便于讲授和自学。另外，为配合读者学习并检验自己的解题能力，特编写了含有本书大部分习题解答的《微波技术基础概念题解与自测》一书（尚洪臣等编）已出版发行，可供读者参考。

本书第 4 版全部书稿由闫润卿执笔修订。在本书历次修订过程中都得到了尚洪臣教授和北京理工大学信息工程学院电子工程系微波技术教研室老师们的指教和帮助，谨向他们表示衷心的感谢。

本书各次版本的出版都得到了北京理工大学出版社的各级领导和责任编辑的热情支持和帮助，特致以诚挚的谢意。

本书曾获 2005 年北京高等教育教材精品奖，此后又被批准为普通高等教育“十一五”国家级规划教材（面向 21 世纪高等院校规划教材）。这对作者是鼓励，更是鞭策。尽管如此，限于作者水平，书中仍难免有不妥、疏漏和错误之处，殷切期望专家、同行和读者不吝指正。

编　者

2011 年 3 月

第 3 版前言

“微波技术基础”是电子与信息工程专业的一门技术基础课，是必学的基础知识。近年来新的科技成果和新的需求不断地涌现，授课内容和学时数也在变化，为了适应这一新的情况，在保持本书基本框架的基础上，对第 2 版做了必要的修订。

经过修订，全书各章在内容上都有程度不同的修改、删减和补充。概括地讲，就是根据目前的实际情况，增加了一些新的内容，并对原有的内容重新做了审定，删除了与“三基本”关系不大的内容，加强了各章节之间的联系和照应。与第 2 版相比，第 3 版的章节结构更简明，内容更充实，对于“三基本”的阐述更为准确、更为完整，而且也更便于讲授和自学。

通过做习题来进一步地理解和掌握所学内容是十分重要的。因此，为使读者能够掌握解题的方法和步骤，并检查自己所做习题的结果是否正确，特编写了含有本书大部分习题解答的“微波技术基础概念题解与自测”一书（尚洪臣等编），供参考，该书与“微波技术基础”同时出版发行。读者应先行自己做题，而后再参阅辅导书，切忌不做题就直接抄写答案。第 3 版书稿绪论和第 1 章至第 6 章由闫润卿执笔修订，尚洪臣为第 7 章编写了补充内容。

北京理工大学信息技术学院电子工程系电磁场与微波技术教研室主任徐晓文教授，以及尚洪臣教授和薛正辉副教授对修订工作给予了有力的支持和帮助，并仔细地阅读了修订稿，提出了宝贵意见，谨向他们表示衷心的感谢。

北京理工大学出版社的领导和责任编辑对本书的出版和修订给予热情的支持和帮助，特致以诚挚的谢意。

本书第 3 版与第 1 版、第 2 版相比，从各方面讲都有较大的改进和提高，但是限于编者水平，书中仍难免有疏漏或错误之处，敬请读者指正。

编　者

2004 年 5 月

第 2 版前言

本书第 1 版是经原兵器工业部第一教材编审委员会微波技术小组的评审和推荐于 1988 年 12 月出版的，第 2 版是在第 1 版的基础上修订而成。“微波技术基础”是在讲授了“高等数学”“电路分析基础”和“电磁场理论”等课程之后开设的电子与信息工程专业（电磁场与微波技术、电子工程、信息工程、通信工程和应用电子技术等专业）的一门技术基础课，主要讲述微波技术的基本理论、基本概念和基本分析方法（“三基本”）。

第 2 版的章节结构与第 1 版基本相同。全书除了绪论和附录外，共有 7 章。与第 1 版相比，内容有增有减，其中，除了第 3、6 章基本保持原状、只做少量的修改和补充外，其余各章（包括习题）均已重新编写。其主要特点是：对于“三基本”做了比较详细的阐述和补充；对于主要表示式（公式）做了比较完整的推导和补充；删除了与“三基本”的讨论关系不大、展开讲又超出本书范围的内容，使章节结构更简明、内容更充实。对于阅读本书必备的但又不宜在书中正文讲述的某些基础知识、数学公式和数据，都编写了附录，供参考。此外，对于第 1 版中的不妥或错误（包括印刷错误）之处做了更正。

经过修订，书的系统性、完整性和可读性均有所增强，内容详略适宜，更便于讲授和自学。第 6 章可不讲授，完全自学，其他章节也可根据实际情况安排学时数和讲授内容，因此授课时间可望少于 72 学时。

本书的绪论介绍了微波在电磁波谱中的位置、微波波段的划分、微波的特点和应用范围、分布参数的概念、微波技术领域研究的内容，以及本书的主要内容；第 1 章用分布参数理论分析传输线的特性和应用；第 2 章在讲述广义正交曲线（柱）坐标系情况下一般波导理论的基础上，着重讲述了规则波导的特性；第 3 章扼要地讲述了微带传输线的基本特性和分析方法；第 4 章讲述阶跃光纤的射线分析法、波动理论和弱导光纤中的线极化模；第 5 章主要讲述金属圆柱形、矩形和同轴线型谐振腔，谐振腔的等效电路，利用赫兹矢量分析矩形谐振腔，对其他谐振腔（器）（介质谐振器、平面谐振器、渐变形腔、开式腔和 YIG 谐振器等）也做了简要的介绍；第 6 章讲述常用微波元件（包括金属膜片）的工作原理和应用；第 7 章讲述微波网络的基本概念和参量，信号流图在网络分析中的应用。

第 2 版书稿主要由闫润卿执笔修订。北京理工大学电子工程系微波技术教研室主任尚洪臣教授仔细地审阅了书稿，提出了宝贵意见，并为本书编写了第 7 章，教研室的其他老师也给予了热情的指导和帮助，谨向他们致以诚挚的谢意。

北京理工大学教材科、电子工程系和出版社等单位的领导和同志，对本书的出版给予了大力支持和帮助，特向他们表示衷心的感谢。

限于编者水平，书中难免有不妥或错误之处，殷切期望读者不吝指正。

编 者

1996 年 12 月

第 1 版前言

本书主要讨论微波技术的基本理论、基本技术和分析方法。主要内容为：第 1 章用分布参数电路理论讨论传输线的基本理论和应用；第 2 章讲述在一般坐标系情况下的一般波导理论，并在此基础上讨论了常用波导的特性；第 3、4 两章扼要地讲述了微带类传输线和光波导的基本特性和分析方法；第 5 章讲述了各种具体的微波谐振器，并介绍了用赫兹矢量和等效电路的方法分析微波谐振器的方法；第 6 章讲述常用微波元件的基本工作原理和应用；第 7 章讲述网络分析的基本内容。

“微波技术基础”是工科电子类专业的一门技术基础课。本书在取材上力求做到既突出基本理论和技术，以及分析方法方面的内容，又能紧密地结合实际。在章节的安排和叙述上力求由浅入深、循序渐进，并使“场”与“路”的概念融会贯通起来，使本书能适用于不同专业读者的需要，也便于自学。

本书的授课时数为 72 学时。本书各章之间既有内在的联系，又具有相对的独立性，因此，有关的专业可根据实际情况安排学时数和讲授内容。本书是在读者已经学完了“线性电路基础”和“电磁场理论”课之后开设的一门技术基础课。针对本书各章的内容，选编了一定数量的习题，目的是通过做习题进一步加深理解和掌握所学内容。

本书是在北京理工大学微波技术教研室汤世贤、邓次平、高本庆、尚洪臣和李英惠等所编讲义的基础上、并根据编者多年的教学实践，经修订补充后编写而成的。

本书由华东工学院陈忠嘉教授担任主审，并经原兵器工业部第一教材编审委员会微波技术小组评审和推荐出版。主审人和评审小组对本书进行了仔细认真的审阅，提出了很多宝贵意见，谨向他们表示诚挚的谢意。

本书的出版得到了北京理工大学电子工程系的领导、出版社的领导和编辑以及微波技术教研室的同志们的大力支持和热情帮助，在此谨向他们表示衷心的感谢。由于编者水平有限，书中难免存在一些缺点和错误，殷切期望读者批评指正。

编　者

1988 年 6 月

目　　录

绪论……1

第 1 章　传输线的基本理论……6

§1.1　引言……6

§1.2　均匀无耗传输线上的行波……11

一、传输线方程及其解……12

二、均匀无耗传输线的特性阻抗……15

§1.3　接有负载的均匀无耗传输线……17

一、接有任意负载时均匀无耗传输线上电压波和电流波的一般表示式……17

二、反射系数、驻波比和输入阻抗……19

三、均匀无耗传输线接有不同类型负载时的工作状态……24

§1.4　应用举例……33

一、用作元、器件的有限长传输线……34

二、在传输能量方面的应用举例……35

§1.5　阻抗圆图和导纳圆图……38

一、阻抗圆图……39

二、阻抗圆图应用举例……43

三、导纳圆图……45

§1.6　阻抗匹配……47

一、阻抗匹配的概念……47

二、负载与传输线阻抗匹配的方法……49

§1.7　均匀和非均匀有耗传输线……54

一、均匀有耗传输线……54

二、非均匀有耗传输线……60

附录 1.1　双导线和同轴线的分布参数……61

附录 1.2　某些传输线的特性阻抗……62

附录 1.3　阻抗的测量方法……62

习题……64

第 2 章　规则波导……67

§2.1　引言……67

一、梯度、散度和旋度……68

二、麦克斯韦方程……72

§2.2　波动方程与导行波……78

一、波动方程……78

二、导行电磁波……81
§2.3 规则波导中的导行波……84
一、模式……84
二、传输特性……88
§2.4 矩形波导管中电磁波的传输特性……102
一、波动方程在直角坐标系中的解……102
二、模式及场结构……104
三、矩形波导管中电磁波的传输特性……108
四、矩形波导管的管壁电流……115
五、等效阻抗……116
六、激励与耦合……118
§2.5 圆形波导管中电磁波的传输特性……119
一、波动方程在圆柱坐标系中的解……120
二、模式及场结构……123
三、传输功率和衰减……130
§2.6 同轴线及其中的高次模……133
一、同轴线中的 TEM 模……134
二、同轴线中的高次模……136
三、同轴线尺寸的选择……141
§2.7 过极限波导……144
一、过极限波导的特性……144
二、过极限波导的应用……146
§2.8 过模波导……147
§2.9 脊形波导简介……148
一、截止波长……148
二、等效阻抗……151
§2.10 椭圆形波导简介……151
附录 2.1 贝塞尔函数简介……152
附录 2.2 部分同轴线、矩形软波导管结构示意图……156
附录 2.3 媒质和介质……157
习题……157
第 3 章 微带传输线……160
§3.1 带状传输线……160
一、特性阻抗……161
二、相速和导波波长……164
三、带状线的损耗和衰减……164
四、带状线的功率容量……165
五、带状线尺寸的选择……165

§3.2　耦合带状线 …… 166
一、薄带侧耦合带状线的主要特性 …… 167
二、厚带侧耦合带状线的主要特性 …… 169
§3.3　微带线 …… 174
一、微带线中的模式 …… 175
二、微带线的特性阻抗 …… 176
三、相速和导波波长 …… 179
四、微带线的损耗 …… 180
五、微带线的色散特性与尺寸选择 …… 180
§3.4　耦合微带线 …… 183
一、奇模和偶模特性阻抗 …… 183
二、相速和导波波长 …… 185
三、功率损耗 …… 186
§3.5　用于微波集成电路的其他传输线简介 …… 188
一、悬置和倒置微带线 …… 188
二、槽线 …… 188
三、共面波导 …… 189
四、鳍线 …… 189
习题 …… 190
附录 3.1　用保角变换法求带状线的特性阻抗 …… 192
附录 3.2　零厚度微带线特性阻抗数据表 …… 202
第 4 章　光波导 …… 208
§4.1　引言 …… 208
§4.2　阶跃光纤的射线分析 …… 212
一、在不同介质分界面上波的反射和折射 …… 213
二、阶跃光纤的射线分析 …… 217
§4.3　阶跃光纤的波动理论 …… 222
一、波动方程及其解 …… 222
二、特征方程和传输模 …… 227
三、各类模式的截止条件 …… 230
四、各类模式远离截止的条件 …… 234
五、光纤的色散特性 …… 237
§4.4　弱导光纤的线极化模 …… 239
一、弱导条件下场量在圆柱坐标系中的表示式 …… 239
二、弱导条件下场量在直角坐标系中的表示式 …… 241
三、弱导光纤的线极化模（LP 模） …… 242
§4.5　阶跃光纤中的传输功率 …… 248
一、芯子内的传输功率 …… 248

二、包层内的传输功率……249
三、芯子和包层内的功率与总功率之比……249
§4.6 无线光通信基本知识简介……251
习题……252
第5章 微波谐振器……253
§5.1 谐振器的主要特性参数……254
一、谐振频率……254
二、品质因数……257
三、等效电导……260
§5.2 圆柱形谐振腔……261
一、电磁场的表示式……262
二、谐振频率与模式图……265
三、固有品质因数……269
四、圆柱形谐振腔中常用的三种主要模式……269
§5.3 矩形谐振腔……272
一、电磁场的表示式……272
二、特性参数的计算……276
§5.4 同轴线谐振腔……279
一、二分之一波长同轴线谐振腔……279
二、四分之一波长同轴线谐振腔……281
三、电容加载同轴线谐振腔……283
§5.5 谐振腔的等效电路……284
§5.6 其他类型微波谐振器简介……288
一、介质谐振器……288
二、平面谐振器……291
三、渐变形谐振腔……293
四、开式谐振腔……293
五、YIG磁谐振器……294
习题……297
第6章 常用（无源）微波元件……300
§6.1 连接元件……300
一、矩形波导接头……300
二、同轴线接头……303
§6.2 变换元件……305
一、传输线尺寸变换器……306
二、阶梯式阻抗变换器……309
三、连续式阻抗变换器……318
四、模式转换器……321

§6.3　分支元件……323
一、同轴线功率分配器……324
二、微带线功率分配器……326
三、矩形波导管分支接头……329
§6.4　终端元件……332
一、匹配负载……332
二、全反射终端器（短路器）……335
§6.5　衰减器和移相器……339
一、矩形波导管中的衰减器和移相器……339
二、同轴线衰减器和移相器……340
§6.6　定向耦合器……341
一、双孔定向耦合器……343
二、均匀多孔阵列定向耦合器……344
三、裂缝电桥……347
§6.7　微波滤波器……349
一、利用四分之一（导波）波长传输线并联电抗元件的滤波器……350
二、利用高低阻抗线构成的滤波器……351
§6.8　场移式隔离器……355
§6.9　Y 形结环行器……356
§6.10　电抗性元件……357
一、矩形波导管中的膜片、谐振窗和金属杆……358
二、矩形波导管中的阶梯……365
三、同轴线中的阶梯……366
习题……367
第 7 章　微波网络基本知识……370
§7.1　引言……370
§7.2　波导等效为双线和不均匀性等效为网络……371
一、波导等效为双导线传输线……371
二、不均匀性等效为网络……375
§7.3　归一化参量……377
一、阻抗的归一化……377
二、电压和电流的归一化……378
三、场强复振幅的归一化……378
四、归一化电压、电流与归一化的场强复振幅之间的关系……379
§7.4　微波网络的参量……379
一、微波网络的电路参量……380
二、微波网络的波参量……388
三、常用网络参量之间的互换关系……390

四、基本电路单元的网络参量……395
§7.5 二端口网络的工作特性参量……398
一、插入反射系数和插入驻波比……398
二、插入衰减……398
三、插入相移……400
四、电压波的传输系数……400
§7.6 网络的连接……401
一、二端口网络的串联……401
二、二端口网络的并联……402
三、二端口网络的级联……403
§7.7 网络参量的性质……404
一、互易（可逆）网络……405
二、无耗网络……405
§7.8 信号流图在网络分析中的应用……407
一、信号流图与线性方程组……407
二、信号流图中的节点、支路、通路和回路……407
三、信号流图的简化法则……408
四、不接触环路法则（Mason 公式）……410
五、切割法……411
六、节点分裂法……412
七、闭环信号流图……413
附录 7.1 矩阵知识初步……414
附录 7.2 复功率定理……417
习题……418
书末附录……419
附录一 例题解析……419
附录二 部分习题答案……431
附录三 数学公式……436
附录四 奈培和分贝……444
附录五 常用导体材料的特性……446
附录六 常用介质基片材料的高频特性……447
附录七 微带线常用导体材料的特性……447
附录八 空心矩形和圆形金属波导管参数……448
附录九 同轴线参数……454
参考文献……459

绪　论

微波也是电磁波，但它是一个比普通无线电波段的频率更高、波长更短的波段，故名微波。微波技术是在继普通无线电波的长波、中波、短波和超短波之后，在波长更短的基础上发展起来的。它们之间既有相同之处，又有很多差别，因此，微波技术已成为现代电子学中独树一帜的学科领域，微波技术的研究成果在科技、经济及社会生活等方面都有广泛的应用，微波技术已经成为现代科技领域的重要组成部分之一。

微波技术的研究最早始于 1933 年，当时只处于实验室研究阶段（研究微波的产生、传输），以后，直到 1940—1945 年这个阶段，正是第二次世界大战时期，由于军事方面的需求，微波技术在实际应用方面有了快速的发展，是微波技术发展的重要阶段。在当时，为了测量目标飞机的距离、方位，以及为了引导自己一方飞机按要求的路线飞行，而制造出了工作于微波波段的雷达、导航和遥控设备、测量设备等。在这些设备中，用来产生微波振荡源的有：磁控管、速调管、三极管（电子管）等。同时，还使用了具有各种功能的微波元件和微波器件。从那时起，直到现在，微波技术在理论研究和实际应用方面都有了突飞猛进的发展，它的应用已不仅仅限于军事方面，而是已渗透到人类工作和生活的各个方面，尤其是在高科技的应用领域。例如，在宽频带通信、广播和电视直播、微波遥感、遥控、全球定位系统、飞行体的导航系统、雷达和电子抗干扰系统，以及移动通信等方面，都有着广泛的应用；与此同时，由于微波技术的发展还催生了一些新兴学科，例如射电天文学、微波频谱学等，还可以利用微波探测物质的内部结构；微波技术在工业、农业、医学、食品加工等方面也都有着广泛的应用。总之，应用范围十分广泛，不胜枚举。

随着科学技术的发展，微波技术中使用的元件、器件也有很多改进，并制造出了一些新的微波元件和器件。目前，在中等和大功率的微波系统中，电真空器件，例如，磁控管、速调管、行波管、返波管和正交场放大管等，仍在使用，它们的主要用途是产生较大功率的微波，并把它加以放大；与此相适应，能够承受较大功率的波导管、同轴线、微波元件和器件也在被广泛地应用。另外，从 20 世纪 60 年代以来，由于微波半导体材料的研制成功，从而制造出了可用于微波范围的微波半导体器件，例如，金属半导体二极管、雪崩二极管、场效应管、隧道二极管、耿氏（Gunn）二极管和 PIN 管等，一般把它们称为固态器件或固态微波源，其特点是，体积小、坚固耐用，制造成本低，而且，这些器件特别适合与平面结构的微波传输线（微带线、槽线、共面波导）相结合，或者与单片集成技术相结合，从而构成微波集成电路（MIC）或单片微波集成电路（MMIC），像这一类的所谓微波固态电路系统，在中等功率以下的小功率范围内，例如发射机和接收机，都有着广泛的应用。可见，把传统的微波元件、微波器件和现代的微波元件、微波器件结合在一起，使微波技术的理论和实际应用在原有的基础上又前进了一大步，其发展前景也更为广阔。

从以上的概述可知，微波技术涉及的领域很广泛，每一领域都有专门的学科或课程在进行研究和讨论，本书不可能包罗万象地都讲，而主要讲述工程微波技术的基本概念、基本知识和基本理论，目的是给初学者进一步学习与微波技术有关的其他学科或课程，或者进一步提高理论水平和实际工作能力打下基础。

最后需要说明的是，本绪论只是很粗略地概述了微波技术的发展简况，肯定是不全面的，若读者有兴趣和有需要，可以查阅相关的资料，在此不再赘述。

1. 微波在电磁波谱中的位置

对于电磁波谱，按照从波长较长（频率较低）到波长越来越短（频率越高）的次序可排列为：普通无线电波（从超长波到超短波）、微波、红外线、可见光、X 射线和 γ 射线。可见，微波波段的低频端与普通无线电波中超短波的高频端（波长为 1 m，频率为 300 MHz）相毗邻，而高频端则与红外线的低频端（波长为 1 mm，频率为 300 GHz，或波长为 0.1 mm，频率为 3 000 GHz）相衔接。表 0–1 给出了普通频率波段中各波段的名称、波长和频率范围，以及它们的频段名称，这里的波长是指波在自由空间（理想的真空状态）中随着时间做简谐振荡时 TEM（横电磁波）的波长。波的频率是由波源决定的，因此同一频率的波在不同媒质中的频率是不变的，但波长和传播速度是变化的。不同频率的波在自由空间中的波长虽然不同，但传播速度相同，这就是通常所说的光速（3×10^8 m/s）。

表 0–1　普通频率波段的划分

波段名称	波长范围/m	频率范围	频段名称
极长波	10^8～10^7	3 Hz～30 Hz	极低频（ELF）
超特长波	10^7～10^6	30 Hz～300 Hz	超低频（SLF）
特长波	10^6～10^5	300 Hz～3 kHz	特低频（ULF）
超长波	10^5～10^4	3 kHz～30 kHz	甚低频（VLF）
长波	10^4～10^3	30 kHz～300 kHz	低频（LF）
中波	10^3～10^2	300 kHz～3 MHz	中频（MF）
短波	10^2～10^1	3 MHz～30 MHz	高频（HF）
超短波	10～1	30 MHz～300 MHz	甚高频（VHF）

注：目前用实验方法测得的最低频率为 10^{-2} Hz。

对于微波常把它划分为分米波、厘米波、毫米波和亚毫米波 4 个波段，表 0–2 给出了各波段的名称、波长和频率范围，以及它们的频段名称。

表 0–2　微波波段的划分

波段名称	波长范围	频率范围/GHz	频段名称
分米波	1 m～10 cm	0.3～3	特高频（UHF）
厘米波	10 cm～1 cm	3～30	超高频（SHF）
毫米波	1 cm～1 mm	30～300	极高频（EHF）
亚毫米波	1 mm～0.1 mm	300～3 000	超极高频

在实际应用中，还常把微波波段划分为更细的分段，并用拉丁字母作为各分段的代号和称谓，如表 0－3 所示。各文献资料列出的波长与频率范围基本相同，个别数据稍有差别，但这并不影响使用。

表 0－3　常用微波波段及其代号

波段代号	标称波长/cm	频率范围/GHz	波长范围/cm
P	80	0.23～1	130～30
L	22	1～2	30～15
S	10	2～4	15～7.5
C	5	4～8	7.5～3.75
X	3	8～12.5	3.75～2.4
Ku	2	12.5～18	2.4～1.67
K	1.3	18～26.5	1.67～1.13
Ka	0.8	26.5～40	1.13～0.75
毫米波		30～300	1～0.1
亚毫米波		300～3 000	0.1～0.01

在某些文献资料中，有时还用到另外一种波段划分的方法，它是按照英文字母的排列顺序而命名的，如表 0－4 所示。

表 0－4　微波波段划分及其代号

波段代号	A	B	C	D	E	F	G	H	I	J	K	L	M	N
频率范围/GHz	0.1～0.25	0.25～0.5	0.5～1	1～2	2～3	3～4	4～6	6～8	8～10	10～20	20～40	40～60	60～100	100～140

微波波段之后各个波段（在自由空间中）波长的范围为：红外线 0.75 mm～0.76 μm（远、中、近红外线的范围分别为 0.75 mm～15 μm，15 μm～1.5 μm，1.5 μm～0.76 μm；远红外线波段的一部分与亚毫米波段相重叠）；可见光 0.76 μm～0.39 μm；紫外线 0.39 μm～0.005 μm；X 射线 0.005 μm～10^{-8} μm；γ 射线 10^{-8} μm 以下。

2. 微波的特点和应用

从频率最低（波长最长）到频率极高（波长极短）的电磁波，它们本质上都是电场和磁场，是一种波动，这是共同之处；但是，频率不同，它们的性质和特点也不同，例如 X 射线和 γ 射线，通常电磁波的特点已不明显，而射线贯穿物质能力的特点却比较显著，当然，还有其他的一些特点。不同频率的电磁波与物质的分子和原子之间的相互作用也不相同。微波只是电磁波谱中的一部分，下面将要讨论的微波的特点，不是与整个电磁波谱中的电磁波相比较，而主要是与普通无线电波段的电磁波相比较。微波的主要特点如下。

（1）微波的波长很短，在其传播过程中，若所遇物体的几何尺寸大于或可与波长相比拟时，就会产生反射，波长越短，传播特性越与几何光学相似（如近似于直线传播的特性）。利用微波的这种可以把电磁波的能量集中于很窄的波束之内的高方向性和反射性，制造出了可以测定目标方向，跟踪飞行体的飞行状态、导航、遥控遥测、气象预报、测量等多种用途的雷达。

（2）在距离地球表面 80～400 km 之间的范围内存在着环绕地球的电离层，这是由于在此范围内的大气层受到太阳的紫外线和宇宙射线的辐射作用，使大量气体分子中的电子游离出来形成自由电子和离子，从而形成了电离层。当波长为长波、中波、短波的电磁波从地球向大气外传播遇到电离层时会与电离层产生相互作用，电磁波的一部分能量被吸收，另一部分能量被反射回地球，即不能穿过电离层；而对于频率较高的超短波和微波则能够穿过电离层至外层空间。电视广播、卫星通信、宇宙航行、射电天文学，以及受控热核反应中的等离子的参数测量等，都是利用了微波的这一特性实现的。

（3）微波的频率很高，因此可利用的频带较宽、信息容量大，从而使微波通信得到了广泛的应用和发展。

（4）微波的频率很高、振荡周期很短，因此，低频范围（普通无线电波段）内所使用的元（器）件，对于微波已不再适用，而必须研制适用于微波的元（器）件。

（5）微波可以深入某些物质的内部，并与分子和原子产生相互作用，利用这一特性可以探测物质的内部结构。

（6）某些物质吸收微波后会产生热效应，因此可利用微波作为加热和烘干的手段，其特点是，微波的穿透性强，可深入物质内部，加热速度快而均匀，从而在工农业和食品业等部门得到了广泛的应用。除此而外，微波的热效应和非热效应在化学、生物学和医学等领域的应用前景也是十分广阔的。

（7）微波的研究方法与低频不同。在低频（普通无线电波段），由于电路系统内传输线（导线）的几何长度 l 远小于所传输的电磁波的波长 λ（即 l/λ 很小），因此称为“短线”；而且，系统内元（器）件的几何尺寸也远小于波长 λ。这样，波在传输过程中的相位滞后效应可以忽略，而且，一般也不计趋肤效应和辐射效应的影响；电压和电流也都有确切的定义。因此，在稳态下，系统内各处的电压或电流可近似地认为是同时只随时间变化的量，而与空间位置无关；电场能量和磁场能量分别集中于电容和电感内，电磁场的能量只消耗于电阻上，而对于连接元（器）件的导线，则可近似地认为，它既无电容，也无电感，也不消耗能量（即没有串联电阻和并联电导），这就是通常所说的集总参数电路的情况。研究集总参数电路的问题，采用的方法是低频中的电路理论，一般地讲，无须采用电磁场的方法求解。

在微波波段，由于电路系统内传输线的几何长度 l 大于所传输的电磁波的波长 λ，或者可与波长 λ 相比拟，因此称为“长线”；而且，系统内元（器）件的几何尺寸也大于波长 λ，或者可与波长 λ 相比拟。这样，波在传输过程中的相位滞后、趋肤、辐射效应等都不能忽略，而且，一般地讲，除了个别情况外，对于电压和电流难以给出确切的定义，也更难以测量。因此，系统内各点的电场或磁场随时间的变化不是同步的，即它们不仅是时间的函数，而且还是空间位置的函数；系统内的电场和磁场均呈分布状态，而非“集中”状态，因此，与电场能量相联系的电容和与磁场能量相联系的电感，以及与能量损耗相联系的电阻和电导也都呈分布而非“集中”的状态；而且，传输线本身的电容、电感、串联电阻和并联电导效应均不能被忽略。这样，就构成了所谓的分布参数系统（分布参数电路）。研究分布参数系统的问题，一般地讲，不能采用低频中的电路理论，而应采用电磁场理论，即在一定的边界和初始条件下求电磁场波动方程的解，从而得出场量随时间和空间的变化规律，研究波的各种特性。

以上所讲的是，对于低频和微波这两类不同的问题，应分别采用“路”和“场”的方法去解决，这是一般的原则。但是，有的问题既可用“场”的方法去解决，也可用“路”的方法去解决，或者将两种方法结合起来；而且，在一定的条件下，还可以将本质上属于“场”的问题等效为“路”的问题来处理，从而使问题能比较容易地得到解决，也就是说，这两种方法并非截然分开的，而是有联系的。实际上，“路”与“场”这两种理论只是表明，对于同一个客观事物，可以采取不同的分析方法，其中何者为宜，需视具体问题而定。

需要指出的是，微波的特点，尤其是微波的应用，远不止以上所列举的内容，限于篇幅不再列举。微波技术已成为无线电电子学中的一个重要分支，随着对它的深入研究，其应用范围会越来越广泛。

3. 本课程的设置目的和主要内容

微波技术所研究的内容，概略地讲，就是微波的产生、传输、变换（包括放大、调制）、检测、发射和测量，以及与此相对应的微波元（器）件和设备等。从物理学的角度讲，微波技术所研究的主要是微波产生的机理，它在各种特定边界条件下的存在特性，以及微波与物质的作用；从工程技术的角度讲，微波技术所研究的主要是具备各种不同功能的微波元（器）件（包括传输线）的设计，以及这些微波元（器）件的合理组合和微波的测量。

由以上所述可知，微波技术的应用范围和包含的内容都是很广泛的，而且都有相关的学科对其进行专门的研究，因此，本书作为理论基础课，没必要、也不可能都予以讨论。本书以讲述工程微波技术的基本理论、基本概念和分析方法为主，尤其着重于基本概念的阐述。

本书的主要内容是讨论微波在传输线中的传输问题，即传输线理论问题，以及以传输线为基础构成的微波谐振器和部分常用（无源）微波元件；对于微波网络的基本知识也做了简要的介绍。其中，尤以传输线最为重要，传输线的概念和理论贯穿于本书的所有章节，因为它不仅仅能够传输微波，而且还是微波元（器）件、微波集成电路和微波天线等的重要组成部分。微波网络理论是微波技术的一个重要分支，它用化“场”为“路”的方法去解决电磁场的边值问题，从而使问题得以简化，因此具有较大的实用价值。

总之，本书所涉及的内容，是与微波技术有关专业的必学内容，也是进一步学习和掌握更广泛的工程微波技术知识的理论基础。

第1章　传输线的基本理论

§1.1　引　　言

（一）传输线的种类

广义地讲，凡是能够导引电磁波沿一定方向传输的导体、介质或由它们共同组成的导波系统，都可以称为传输线。传输线是微波技术中最重要的基本元件之一，这是因为它不仅可以把电磁波的能量从一处传输到另一处，而且还可用它作为基本组成部分来构成各种用途的微波元（器）件。具体传输线的种类是很多的，而且可按不同的标准分类。若按传输线所导引的电磁波的模式（简称模，也就是场结构或场分布）来划分，则可分为三种类型：(1) TEM波传输线，如双导线、同轴线、平板线、带状线以及微带线和共面波导（严格地讲，是准TEM波——近似于TEM波）等，它们都属于双导体传输系统。多导体系统也可以传输TEM波；(2) TE波和TM波传输线，如矩形、圆形、脊形和椭圆形波导等，它们是由空心金属管构成的，属于单导体传输系统（双导体和多导体传输系统在一定条件下，例如，当传输线的横向尺寸与工作波长相比足够大时，也可以传输TE和TM波，但一般不常用，常用的是主模TEM波）；(3) 表面波传输线，如介质波导（包括光纤）、介质镜像线以及单根的表面波传输线等，电磁波聚集在传输线内部及其表面附近沿轴线方向传播，一般的是混合模（TE波和TM波的叠加），某种情况下也可传播TE波或TM波。图1.1－1给出了这三种类型传输线中比较典型和常用的传输线的结构简图，并非传输线的全部。此外，还有一些结构上更为复杂的传输线，它们是上述三种基本类型的组合和发展。需要说明的是，对于(1)、(2)两类传输线而言，是在不考虑其损耗时可能存在的模，若考虑损耗，则沿传输线纵向，电场和磁场的纵向分量会同时存在，是混合模EH（纵电波）或HE（纵磁波）。粗略地讲，若纵向电场较强、纵向磁场较弱，则为EH波，反之，则为HE波。因为实际应用的传输线大都由良导体（近似地视为理想导体，电导率$\sigma \to \infty$）和损耗很小的介质（近似地视为理想介质，电导率$\sigma \to 0$）所构成，所以，(1)和(2)两项所述，对于实用而言是足够精确的，图1.1－1(i)是介质波导（光纤属介质波导的一种），其基本工作原理是，只要介质的介电常数大于其周围物质（例如空气）的介电常数，进入介质内的电磁波就会在两种介质的分界面处产生反射（理论上讲，全反射），从而使大部分电磁波集中于介质及其表面附近，并形成沿介质波导轴线方向传输的波。介质波导不仅可传播电磁波，而且还可利用其辐射性能制成介质天线（表面波天线）。图1.1－1(j)是镜像线，它是由半圆形的介质棒与一薄金属板而构成的传输线，电磁波的能量主要集中于介质棒及其表面附近，并沿棒的轴线方向传播。图1.1－1(k)是单根表面波传输线，左边是一介质棒，右边是由在金属导体的表面上涂覆一层薄的介质而构成的传输线。

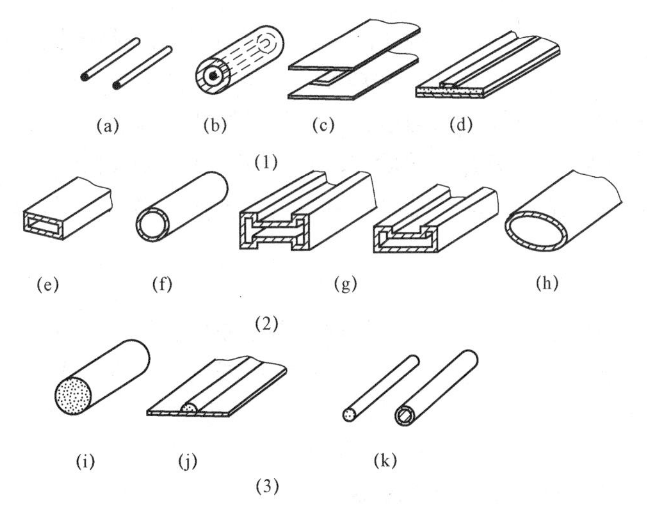

图 1.1－1　传输线的种类

（1）TEM 波和准 TEM 波传输线；（2）TE 波和 TM 波传输线；（3）表面波传输线

（a）平行双导线；（b）同轴线；（c）带状线；（d）微带线；（e）矩形波导；（f）圆形波导；（g）脊形波导；（h）椭圆形波导；（i）介质波导；（j）镜像线；（k）单根表面波传输线

（二）传输线的分析方法

传输线理论主要包括两方面的内容：一是研究所传输模的电磁波在传输线横截面内电场和磁场的分布规律（亦称场结构、模、波型），称为横向问题；二是研究电磁波沿传输线轴向的传播特性和场的分布规律，称为纵向问题。横向问题要通过求解电磁场的边值问题来解决，不同类型或同一类型但结构形式不同的传输线，具有不同的边界条件，应分别加以研究。但是，各类传输线的纵向问题却有很多共同之处，例如，都是沿轴线方向把电磁波的能量从一处传向另一处，都是一种波的传播（波动），而且，由于传输线终端所接负载的不同，当沿着传输线的纵向（轴向）观察时，可能是行波、行驻波或纯驻波，因此，尽管传输线类型不同，但都可以用相同的物理量来加以描述。可见，如果我们的着重点不是各类传输线横截面内的场结构（横向问题），而是它的纵向问题，则可以用一个等效的简单传输线（如传输 TEM 波的双导线或同轴线）来描述。简单传输线的纵向问题，可以用场的方法来分析；在求得传输线的分布参数之后，也可以用电路的方法来分析。前者是根据边界和初始条件求电磁场波动方程的解，得出电磁场随时间和空间的变化规律；后者是利用分布参数电路的理论（传输线的电路模型）来分析电压波（与电场相对应）和电流波（与磁场相对应）随时间和空间的变化规律。实际上，这是对同一客观事物的两种不同描述方法，可根据具体情况采用其中的一种方法，就一般问题而言，场的分析方法是普遍的方法。对于本章而言，鉴于路的方法简便、易懂，我们将采用路的方法来分析传输线的纵向问题。

对传输线的基本要求是：工作频带宽（或满足一定的要求）、功率容量大（或满足一定的要求）、工作稳定性好、损耗小、尺寸小和成本低等。在实际应用中，一般地讲，在米波或分米波中的低频段范围内，可采用双导线或同轴线；在厘米波范围内可采用空心金属波导管以及带状线和微带线等；在毫米波范围可采用空心金属波导管、介质波导、介质镜像线和微带线；在光频波段则采用光波导（光纤）。以上的划分主要是从减少损耗（导体损耗、介质损耗和辐射损耗）、屏蔽好、受外界干扰小，以及减小结构尺寸和工艺上的可实现性来考虑的，并非只从频率的高低来考虑，例如波导管，若用于米波或分米波波段，一般地，则因其尺寸过大，而不便于应用（对于大功率或特大功率则例外）。例如，同轴线也可用于厘米波和毫米波范围；再如，双导线、同轴线、带状线以及微带线和共面波导（严格地讲，是准 TEM 波——近似于 TEM 波）等，在传输 TEM（或准 TEM）波的情况下，若不考虑其他因素，并无频率下限，也就是说，即使是直流电也可以传输。由此可见，以上的划分只是大致的情况，其界限并不十分严格。

（三）传输线的应用

从通信技术发展的过程可以看出，自从利用电磁波传递信息（有线传递、无线传递）以来，所使用的工作频率在不断地提高，从早期的利用低频开始直到现在的利用光频为止，这是一个非常宽的频段范围。其原因在于，从早期的只是传递电报信息逐渐地发展到传递语音、图像、数据等信息；从利用模拟信息的传递发展到数字信息的传递；从近距离的信息传递发展到远距离（跨洲越洋）的信息传递，以及地面与外层空间、外层空间中航行器之间的信息传递，等等。这就要求电磁波的传输系统（双导线传输线或波导，以及带状线、微带线、光纤，直到无线光通信等）、发射和接收等设备具有宽频带、大信息容量、高精密度、低损耗等性能，同时还要求集成化、小型化（频率越高，波长越短，则相应设备的尺寸也越小）。解决这些问题的方法就是不断地提高所使用的工作频率，作为通信系统中主要构成部分之一的传输系统，为了适应这一要求，必然会随着工作频率的不断提高，在结构形式和材料的选用上需要不断地改进和完善，因此就出现了使用频率范围不同、结构形式不同的各种各样的传输线（广义的）。下面简略地介绍一下这些不同类型传输线的主要特点。

双导线传输线　它在低频范围内有广泛的应用，可用于长波、短波，在某些情况下也可用于超短波波段。若波长更短（频率更高），电流的趋肤效应增强，导体损耗、绝缘介质和支架介质的损耗都会增加；而且，当工作波长与两导线之间的距离可比拟或更短时，会产生辐射损耗，波长越短，损耗越大。由于这些原因，双导线传输线会失去传输电磁波能量的作用。

同轴线　与双导线传输线相比，它可用于较高的频率范围，一般可用于分米波和厘米波波段。它的优点是，电流通过同轴线的面积加大了，使导体损耗减小了，外导体的屏蔽作用消除了辐射损耗；它的缺点是，若频率再高，趋肤效应引起的导体损耗、填充物引起的介质损耗都会增加。另外，在大多数情况下同轴线中传输的都是主模 TEM 波（单模传输），因此为了抑制高次模（TE 和 TM）的传输，同轴线的横向尺寸（内导体的外径，外导体的内半径）不能太大，这就使得内、外导体之间的距离较近，在传输大功率时会发生击穿现象。因此，当波长小于 10 cm 时，应采用没有内导体的波导管来传输电磁波的能量。

以上所讲，是从损耗和传输功率的角度来考虑的，而在实际应用中应根据具体情况灵活掌握。例如，当传输功率较小时，同轴线也可以用于厘米波和毫米波，另外，从本章有关同轴线的讲授内容可知，在传输 TEM 波的情况下，若不考虑损耗，在同轴线的使用上没有频率下限和上限，直流电压和电流也可以传输，这一点在微波电路中非常有用，因为它可以给有源器件的电源提供一个直流通路。

金属波导管　与同轴线相比，它的优点是，结构坚固，不易变形，没有内导体，增加了功率承受能力，减少了导体损耗，管内填充的是空气或惰性气体，没有介质损耗，与同轴线一样，波导管也有屏蔽作用，没有辐射损耗。它主要用于厘米波和毫米波范围内，在要求传输大功率的情况下也可用于米波或分米波波段。因为工作波长越长，波导管的横向尺寸也越大，因此在一般情况下，不宜采用高于分米波的工作波长。目前传输线的类型很多，在许多方面可以替代波导管的作用，但是在微波天线、雷达、卫星通信、电子对抗、电子加速器等方面，以及在要求大功率传输的精密检测仪器中仍然需要采用波导管。波导管不仅可以传输电磁波，而且还可以用来制造各种各样的微波元（器）件。

平面传输线　平面结构的传输线（例如，微带线、带状线、槽线、共面波导等）的特点是：尺寸小、质量轻、结构紧凑、易制造、成本低，易与微波有源或无源器件构成微波集成电路（Microwave Integrated Circuit，MIC），也可以构成各种用途的微波元（器）件及微波天线等，用途非常广泛。

介质波导与光波导　一般的介质波导是全部由介质构成的棒状形波导，其横截面可以是圆形、椭圆形和矩形，电磁波沿其轴线方向传输。当工作波长较长时，例如厘米波段，则因损耗较大而不宜用作传输电磁能量的波导，但在毫米波段由于损耗较小，大部分能量集中于介质内，可以用作波导。另外，在一定波长范围内，利用介质棒在传输电磁波的过程中产生的辐射效应，还可以把它制作成微波天线。

光波导（光纤——光导纤维）　也属于介质波导的范畴，但它与一般的介质波导相比，其横截面尺寸要小得多，工作波长更短（光波波段）。与前述几种传输线相比，工作频带宽，信息容量大，抗干扰性强，损耗也不大。目前，光纤在通信领域的应用已十分广泛。

无线光通信（自由空间光通信）　无线光通信不需要任何传输线，而是以激光作为传递信息的载体，通过大气层或外层空间来传递信息的一种通信方式。用光作为通信手段早在 19 世纪末已有学者进行了实验研究，但是直到近期才真正进入实用阶段，应用范围日趋广泛。在卫星与卫星、卫星与航天器和空间站之间，以及卫星与地面站之间、陆地上任意两点之间都可以用无线光通信传递信息，甚至还可将它用于水下通信。

以上所列举的传输线并非微波技术中所用传输线的全部，却是最重要的部分，对这一部分有一个简略的了解，对初学者而言是十分必要的，而且对于理解本书所讲内容也是十分有益的。需要说明的是，本书不可能详细讨论各种类型的传输线，而只是选择其中主要的几种传输线予以详细的讨论。

（四）长线与分布参数

1. 短线与长线

如图 1.1－2 所示，横坐标轴 z 表示传输线的长度方向，图中给出了一个随时间做简谐振荡的电压波（或电流波）沿线传播时某一瞬时的分布图。图 1.1－2（a）表示的是电压波的波长 λ 远大于传输线的长度 l 的分布情况（图中只画了一个完整的半个波长），此时我们称传输线为短线（l/λ 很小）。在线上任取两点 A 和 B，两点之间的距离 AB 远小于 λ，由图可见，两点以及处于两点之间的传输线段上的各点，电压波的大小和相位都近似相等，即它们随时间的变化几乎是同步的，与线上各点所处的位置几乎无关，电压波只是时间的函数，因此可写为 $U=U_{\mathrm{m}}\cos\omega t$。在低频（普通无线电波段）范围内，因为传输线（双导线）的几何长度 l，以及电路中元（器）件的几何尺寸都远小于 λ，波在传输中的相位滞后可以忽略不计，在稳态的情况下，电路内各点的电压（或

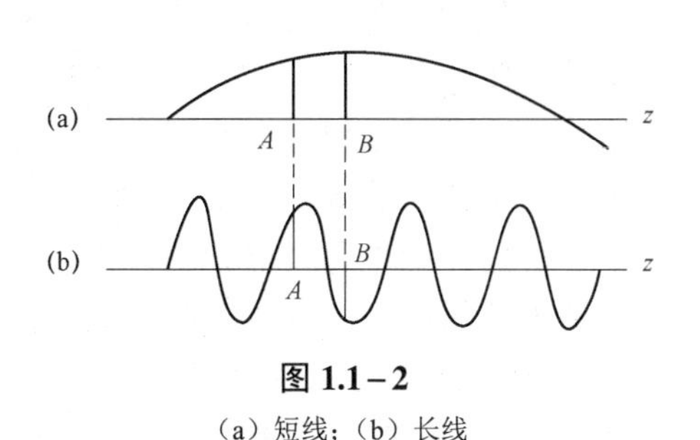

图 1.1－2

（a）短线；（b）长线

电流）可近似地认为只是同步地随时间变化，而与空间位置无关，因此低频电路的问题属于短线范畴。以上所说，就是短线的特点。

当电压波的频率很高时（例如在微波范围内），即 λ 很短，使得传输线的长度 l 大于 λ，或可与之相比拟时，此时我们称传输线为长线。从图 1.1－2（b）可以看出，线上 A 和 B 两点处电压的大小和相位都不相同，沿线其他各点电压的大小和相位也都不相同，频率越高，这种差别越明显。这说明波在传输过程中有明显的相位滞后现象，线上各点的电压不仅随时间变化，而且还与空间位置有关。在微波范围内所使用的传输线、元（器）件，其几何尺寸也都大于 λ，或可与之相比拟，因此微波电路的问题属于长线的范畴。以上所说，就是长线的特点。

为了加深对短线和长线概念的理解，以及两者之间的内在联系和区别，我们可以利用数学表示式来加以说明。如图 1.1－2（b）所示，设在线的始端有一电压波 $U = U_{\mathrm{m}} \cos \omega t$ 沿线向 z 增加的方向传输，在线上与始端相距为 z 处的电压，与始端相比，要滞后一个时间段 $\Delta t = z / v$（v 是电压波的速度），即是说，经过 Δt 时间之后，始端的电压波才到达 z 处，即有一个相位（时间）差，因此，z 处的电压应为 $U(z) = U_{\mathrm{m}} \cos \omega(t - z / v)$，$\omega$ 是电压波的角频率。设 $\beta = 2\pi / \lambda$，称为相移常数，因此，$U(z)$ 又可写为 $U(z) = U_{\mathrm{m}} \cos(\omega t - \beta z)$。当距离或线长 z 远小于波长 λ 时，式中的 βz 项可以忽略不计，则 $U(z)$ 可近似地认为只与时间有关，而与位置无关，此即前面所说的短线的情况。当距离或线长大于 λ，或可与之相比拟时，βz 项不能忽略掉，$U(z)$ 不仅与时间有关，而且还与空间位置有关，此即前面所述的长线的情况。

从上面的讨论可知，短线和长线是一个相对的概念，它不是取决于传输线几何尺寸的实际长度，而是取决于 l/λ 的比值。例如，对于频率为 50 Hz（λ＝6 000 km）的电磁波而言，若传输线的长度为 10 km（甚至更长），它仍是短线；而当电磁波的频率为 10^4 MHz（λ=3 cm）时，即使传输线的长度只有 10 cm，它也是长线了。

2. 分布参数和集总参数

对于传输线而言，当导体中有电流时，就会产生损耗，这是电阻在起作用，导体周围有磁场，从而产生了电感效应，两根导体之间有电位差，从而产生了电容效应，因为两导体之间的绝缘并非理想的电介质，有电导存在，从而产生了漏电流，并在介质中产生损耗。随着频率的升高，导体内电流的趋肤效应，以及传输线的辐射效应都会增强。所有这些现象都是沿整个传输线分布的，我们把描述这些现象的参数 R、L、C 和 G 称为传输线的分布参数，它们分别为传输线单位长度上的（双线）分布电阻（Ω / m）、（双线的）分布电感（H/m）、分布电容（F/m）和分布电导（S/m）。

从分布参数产生的原因可以看出，它们所描述的这些现象在低频和微波范围都是存在的，但在低频电路中，其影响可以忽略不计。例如，由于频率不高，传输线的电感效应（$\mathrm{j}\omega L$）、电容效应 $[1 / (\mathrm{j}\omega C)]$、介质损耗（它与 ω^2 成正比），以及趋肤效应和辐射效应的影响都可以忽略不计，可以近似地认为，传输线本身既无电阻、电感、电容和电导，而且，一般地，也可以不考虑趋肤效应和辐射效应。因此，在低频电路中，电场能量和磁场能量分别集中于电容（器）和电感（器）中，电磁场的能量只消耗在电阻（器）上，传输线只是起传输能量和连接的作用；而且，电路系统内元（器）件的几何尺寸也远小于波长 λ，波在传输过程中的相位滞后效应可忽略不计，这就是通常所说的集总参数电路。但在微波范围内，由于频率很高，分布参数的效应不能被忽略，传输线不仅仅只起传输能量和连接的作用，而其本身就是一

个由分布参数 R、L、C 和 G 所构成的电路系统。顺便指出，分布参数电路和集总参数电路，除了上述的差别之外，还有一点不同，即在集总参数电路中，电压和电流都有确切的定义，而在分布参数电路中，一般地讲，除个别情况外，电压和电流不再具有确切的定义。

最后需要说明的是，分布参数的概念虽然是从双导线传输线（狭义的传输线）引申出来的，但它并不仅限于双导线传输线，对于在微波范围内使用的其他类型的传输线（广义的传输线）同样是适用的。因为在这些传输线中，电场和磁场、电磁场能量的损耗都是呈分布状态的，所以，描述这种状态的参数也必然是分布参数。

（五）传输线理论的重要性和传输线在微波技术中的地位

1. 传输线理论的重要性

在微波范围内所使用的传输线（广义的）是一个分布参数系统，它所传输的电磁波的模为 TEM、TE、TM，以及混合模 EH 和 HE 等，这些模之间的主要差别是，它们在传输线横截面内电磁场的分布规律不同，而在沿传输线的轴向（纵向）则有共同的传播规律，即它们都是沿传播线传播的一种波动，就此而言，它们没有什么本质上的差别。因此，本章虽然是以双导线传输 TEM 波为例讨论有关的问题，但由此得出的某些结论、公式和概念，以及某些计算方法（例如，阻抗和导纳圆图等），都具有普遍意义，即是说，对于 TE、TM 和混合模 EH 和 HE 等也是适用的。正是基于此，在本章的讨论中有时明确指出是双导线，有时又笼统地称为传输线，以强调其普遍性。

传输线理论是微波技术理论的一个重要组成部分。从本书内容看，传输线理论是各章内容的理论基础，是贯彻本书所有内容的主线，因此掌握传输线理论，对于学好本课程，以及在此基础上学习微波技术其他领域的知识都是十分重要的。

2. 传输线在微波技术中的地位

微波技术所研究的内容，已经在绪论中做了概略介绍。对于微波技术研究的内容和应用，都有相关的学科和课程对其进行研究和讨论，这些内容不是一两门课程所能包括的，更不是本书所能包括的。但本书所讲的传输线（广义的，包括双导线传输线、同轴线、波导，以及各种平面结构的传输线等），它在微波技术中却起着非常重要的作用，这是因为传输能量只是它的功能之一，更重要的它还是许多微波元（器）件、微波电路和天线等的重要组成部分，并以它为“依托”制造而成，而且，在某些情况下，传输线本身就是一个微波元件。由此可见，掌握传输线理论，对于学习微波技术其他领域的知识是十分必要的。

§1.2　均匀无耗传输线上的行波

从理论上讲，当均匀双导线传输线（简称双导线）的电阻 R、电导 G 均为零时，则称为无耗（理想）传输线，在实际中这种双导线是不存在的，它总是有耗的，但是在微波范围内，当考虑到 R、L、C 和 G 对电压波和电流波的影响时，若 $R \ll \omega L$ 和 $G \ll \omega C$（ω 为电磁波的角频率），以及双导线的辐射可忽略不计时，则可把双导线近似地看成无耗线。因为实际的双导线大都由良导体构成，介质损耗不大，辐射损耗不大，所以可近似地认为是无耗线。倘若不满足上述条件或损耗不能忽略时，则应作为有耗线（$R \neq 0$，$G \neq 0$，一般地不考虑辐射损耗）来处理，这将在另外章节中讨论。

一、传输线方程及其解

要解决的问题是，当双导线上传输的是 TEM 波，随时间的变化规律是简谐振荡时，电压波和电流波的传播规律是什么，各量之间，以及各量与双导线的参数、介质参数之间的关系是什么。解决的方法是，首先建立电压波和电流波的微分方程，然后对方程求解，对解进行分析，从而得出一些重要的公式。

双导线（包括同轴线）是分布参数电路，可以传输各种模，在微波范围内，一般情况下，线上的电压和电流都无法给出确切的定义。但是在传输 TEM 波的情况下，其横截面内的场分布与静态场的场分布完全相同，电压和电流有确切的定义。这样，就可以采用电路的方法求出电压波和电流波的传播规律，这比用场的方法求解更简便，也更便于理解。下面将采用电路的方法讨论传输线上波的传输问题。

我们知道，一般地讲，物理量或表征物质性质的各种参数在空间的分布是不均匀的，某些量随时间的变化也不是同步的。因此，在研究物理现象及其规律以及各量之间的函数关系时，往往不能直接地把这种关系写出来。但是，如果把讨论的范围无限地缩小，则在一定条件下，把不均匀近似地看成“均匀”，不同步近似地看成“同步”，这样就能够比较容易地建立这些变量和它们的导数（或微分）之间的关系。这种把自变量、未知函数及它们的导数（或微分）连在一起的方程，称为微分方程，即物理现象和运动规律的数学模型。其中，只有一个自变量的称为常微分方程，有两个或两个以上自变量的称为偏微分方程，传输线方程是偏微分方程。对微分方程求解，即可得出物理现象和运动规律的整体状况。下面讨论传输线方程及其解。

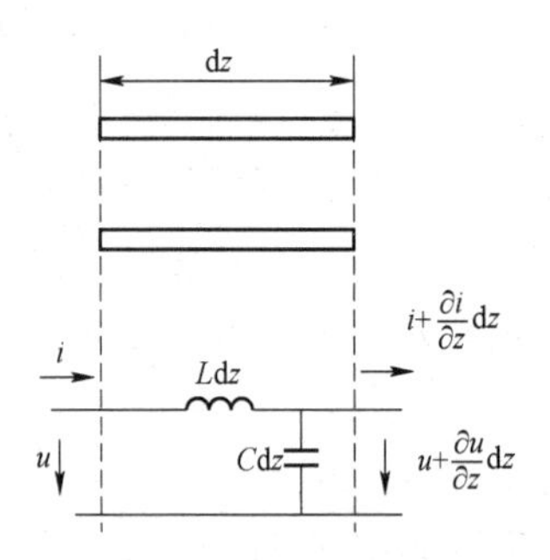

图 1.2－1　均匀无耗传输线的微分段及其等效电路

如图 1.2－1 所示，可以把双导线看成由无限多的小段（微分段）$\mathrm{d}z(\mathrm{d}z \ll \lambda)$ 级联而成，现在任选其中一小段加以讨论。首先在此小段中建立电压和电流的基本方程（微分方程），然后对方程求解，即可得到电压波和电流波在线上的传播规律。dz 小段的分布电感和分布电容分别为 $L\mathrm{d}z$ 和 $C\mathrm{d}z$，在此小段内各处的电压或电流在随着时间变化方面可近似地认为是同步的，即没有时间上的相位差，因此可看成集总参数电路（可等效为Π形、T 形或Γ形），并用低频电路的方法来处理。现采用图 1.2－1 所示的等效电路。在讨论中为求解方便，z 坐标的原点和正负方向均未规定，并假设传输线是无限长的，这些规定和假设并不影响问题的讨论，而所得结论对于有限长线段也是适用的。

设双导线上电压和电流的瞬时值分别用 $u(z,t)$ 和 $i(z,t)$ 表示，利用低频中的电路理论并略去方程运算中出现的 dz 的平方项，即可得到下面的方程：

$$u(z,t)-\left[u(z,t)+\frac{\partial u(z,\ t)}{\partial z}\mathrm{d}z\right]=L\mathrm{d}z\frac{\partial i(z,t)}{\partial t}$$

$$i(z,t)-\left[i(z,t)+\frac{\partial i(z,\ t)}{\partial z}\mathrm{d}z\right]=C\mathrm{d}z\frac{\partial u(z,t)}{\partial t}$$

在上式中，第一项为 dz 段输入端的电压和电流的瞬时值，第二项为输出端的电压和电流的瞬时值，两者相减表示电压和电流的变化量，也就是等号右端的量，即

$$\frac{-\partial u(z,t)}{\partial z}\mathrm{d}z = L\mathrm{d}z\frac{\partial i(z,t)}{\partial t} \tag{1.2-1}$$

$$\frac{-\partial i(z,t)}{\partial z}\mathrm{d}z = C\mathrm{d}z\frac{\partial u(z,t)}{\partial t} \tag{1.2-2}$$

上式表明，dz 段上的电压降，或称电压随距离变化量的负值，是由电感 Ldz 上的电压降造成的，它等于 Ldz 与电流对时间的变化率的乘积；dz 段上两端电流的变化，也即流经 dz 段后电流的减少量，是由电容 Cdz 产生了分流作用而造成的，它等于 Cdz 与电压对时间的变化率的乘积。若把上式中的距离 dz 消去，就得到下面的均匀无耗传输线上电压和电流的基本方程：

$$\frac{\partial u(z,t)}{\partial z} = -L\frac{\partial i(z,t)}{\partial t} \tag{1.2-3}$$

$$\frac{\partial i(z,t)}{\partial z} = -C\frac{\partial u(z,t)}{\partial t} \tag{1.2-4}$$

对于式(1.2－3)，对 z 再求一次偏导数，并把式(1.2－4)中的 $\frac{\partial i(z,t)}{\partial z}$ 代入；对于式(1.2－4)也再对 z 求一次偏导数，并把式（1.2－3）中的 $\frac{\partial u(z,t)}{\partial z}$ 代入。这样，就得到关于电压 $u(z,t)$ 和电流 $i(z,t)$ 的下列方程：

$$\frac{\partial^2 u(z,t)}{\partial z^2} = LC\frac{\partial^2 u(z,t)}{\partial t^2} \tag{1.2-5}$$

$$\frac{\partial^2 i(z,t)}{\partial z^2} = LC\frac{\partial^2 i(z,t)}{\partial t^2} \tag{1.2-6}$$

这两个方程将电压和电流随着距离的变化与其随着时间的变化紧密地联系在一起，说明电压和电流以波的形式沿双导线传播，因此将其称为波动方程。

这两个方程对于随时间做任何变化规律的电压 $u(z,t)$ 和电流 $i(z,t)$ 都是适用的。但经常遇到的是，它们随时间的变化规律是具有 $\mathrm{e}^{\mathrm{j}\omega t}$ 形式的简谐量（余弦或正弦）。对于任意实际上可能实现的其他变化规律的周期性或非周期性的时变量，总可以利用傅里叶级数或博里叶积分把它们分解为离散的或连续的简谐量的频谱，或者说，在线性媒质中随时间按任意规律变化的量，都可以看成一系列简谐量的线性叠加，因此在本书中，若无特别说明，则电压 $u(z,t)$ 和电流 $i(z,t)$ 以及电场和磁场等量都是具有 $\mathrm{e}^{\mathrm{j}\omega t}$ 形式的简谐量。在这种情况下，对于稳态的电压和电流采用电路理论中的复数表示法，以及与此相应的用复数表示阻抗和导纳，都会对问题的计算和分析带来方便。具体地讲，就是用复数平面上一个旋转矢量的模表示电压或电流的幅值（或有效值），矢量与横坐标轴正向之间的夹角表示电压或电流的相位，参考时间 t=0 时的夹角称为初相位。这样，就可以用 $U(z)$ 和 $I(z)$ 分别表示电压和电流的复振幅（或分别称为相电压和相电流），它们具有自己的初相角，而且 $U(z)$ 和 $I(z)$ 仅为距离 z 的函数。

在数学中已知欧拉公式为

$$\mathrm{e}^{\mathrm{j}\theta} = \cos\theta + \mathrm{j}\sin\theta$$

θ 为一实数，单位为弧度。若令 $\theta=\omega t$（ω 为电磁波的角频率，t 为时间），则有

$$\mathrm{e}^{\mathrm{j}\omega t}=\cos\omega t+\mathrm{j}\sin\omega t$$

ωt 是随时间变化的角度（相位），由此可得

$$\cos\omega t=\mathrm{Re}(\mathrm{e}^{\mathrm{j}\omega t}) \quad 和 \quad \sin\omega t=\mathrm{Im}(\mathrm{e}^{\mathrm{j}\omega t})$$

这样，就可以用 Re 和 Im 分别取展开式中的实部和虚部来表示余弦波和正弦波，这两种表示法，仅相差一个 $\pi/2$ 的相角，本质上是一样的，因此都把它们通称为正弦波。在这里，我们采用取展开式实部的表示方法，这样，对于随时间做简谐变化的电压和电流的瞬时值可分别表示为

$$u(z,t)=\mathrm{Re}[U(z)\mathrm{e}^{\mathrm{j}\omega t}] \tag{1.2-7}$$

$$i(z,t)=\mathrm{Re}[I(z)\mathrm{e}^{\mathrm{j}\omega t}] \tag{1.2-8}$$

需要指出的是，电压和电流是客观存在的物理量，虽然可以用复数表示它们，但它们本身并不是复数，复数也并不等于正弦波，这仅仅是一种表述和计算方法而已。另外，在利用复数进行计算时，各量应为正弦波，而且频率相同，若频率不同，则不能套用有关的运算法则。根据式（1.2−7）和式（1.2−8），则式（1.2−5）和式（1.2−6）就可写为

$$\frac{\mathrm{d}^2U(z)}{\mathrm{d}z^2}=-\omega^2LCU(z)=-\beta^2U(z) \tag{1.2-9}$$

$$\frac{\mathrm{d}^2I(z)}{\mathrm{d}z^2}=-\omega^2LCI(z)=-\beta^2I(z) \tag{1.2-10}$$

式中，$\beta=\omega\sqrt{LC}$ 称为相移常数，表示单位距离内电压波和电流波（即电磁波）相位的变化量，单位为 rad/m（弧度/米），ω 为角频率，单位为 rad/s（弧度/秒）。方程的通解为

$$U(z)=A_1\mathrm{e}^{-\mathrm{j}\beta z}+A_2\mathrm{e}^{\mathrm{j}\beta z} \tag{1.2-11}$$

$$I(z)=B_1\mathrm{e}^{-\mathrm{j}\beta z}+B_2\mathrm{e}^{\mathrm{j}\beta z} \tag{1.2-12}$$

式中，第一项表示向正 z 方向传播的波，第二项表示向负 z 方向传播的波；波因子 $\mathrm{e}^{-\mathrm{j}\beta z}$ 和 $\mathrm{e}^{\mathrm{j}\beta z}$ 表示电压或电流因位置（z）的变化而导致的相位变化，表示沿 z 方向传播的是一个波动（电磁波）。A_1、A_2、B_1 和 B_2 是待定的积分常数，取决于传输线的始端或终端的边界条件，它们一般为复数，表示向不同方向传输的波的复振幅。所谓边界条件，实际上即待求函数（物理量）在某些边界处的值，这些值是已知的或给定的，也可以给出有关的关系式等。对于本节内容而言，例如，信号源的电压、双导线的始端（或终端）的电压或电流的复振幅，以及终端负载阻抗等，都是边界条件。若令 $A_1=|A_1|\mathrm{e}^{\mathrm{j}\varphi_1}$，$A_2=|A_2|\mathrm{e}^{\mathrm{j}\varphi_2}$，$B_1=|B_1|\mathrm{e}^{\mathrm{j}\varphi_3}$ 和 $B_2=|B_2|\mathrm{e}^{\mathrm{j}\varphi_4}$，则电压和电流的瞬时值可写为

$$u(z,t)=\mathrm{Re}[U(z)\mathrm{e}^{\mathrm{j}\omega t}]=|A_1|\cos(\omega t+\varphi_1-\beta z)+|A_2|\cos(\omega t+\varphi_2+\beta z) \tag{1.2-13}$$

$$i(z,t)=\mathrm{Re}[I(z)\mathrm{e}^{\mathrm{j}\omega t}]=|B_1|\cos(\omega t+\varphi_3-\beta z)+|B_2|\cos(\omega t+\varphi_4+\beta z) \tag{1.2-14}$$

由此可见，在一般情况下，在传输线上存在着朝相反方向（正 z 和负 z）传播的波，或者说，传输线上任意位置的电压和电流是由这两者相叠加而成的。由上式还可看出，在波的传播过程中，如果分开来看，向正 z 方向或向负 z 方向传播的波只有相位的变化，而无幅度的变化（对无耗线而言）。

电压波和电流波（电磁波）的等相位面（即某一给定相位）沿传播方向移动的速度，称为相速，用 v_p 表示。下面求 v_p 的表示式。

令

$$\omega t + \varphi - \beta z = 常数$$

式中的 φ 表示式（1.2－13）和式（1.2－14）中的 φ_1 或 φ_3，边界条件给定之后，φ 是一常数。由此式可知，随着时间 t 的增加，距离 z 必须同时增加，才可能使该式保持常数，这正说明了随着时间的增加，波沿着正 z 方向往前传播。将此式对时间求导数，即

$$\frac{\mathrm{d}}{\mathrm{d}t}(\omega t + \varphi - \beta z) = 0$$

则

$$v_p = \frac{\mathrm{d}z}{\mathrm{d}t} = \frac{\omega}{\beta} = \frac{1}{\sqrt{LC}} \qquad (1.2-15)$$

若令

$$\omega t + \varphi + \beta z = 常数$$

式中的 φ 表示式（1.2－13）和式（1.2－14）的 φ_2 或 φ_4，经过同样的运算可得

$$v_p = \frac{\mathrm{d}z}{\mathrm{d}t} = -\frac{\omega}{\beta} = -\frac{1}{\sqrt{LC}} \qquad (1.2-16)$$

式中的负号表示波是向负 z 方向传播的。上式中的 L 和 C 的计算可以采用在静态场的情况下所导出的计算公式。由式（1.2－15）可得

$$\beta = \frac{\omega}{v_p} = \frac{2\pi}{Tv_p} = \frac{2\pi}{\lambda} = \omega\sqrt{LC} \qquad (1.2-17)$$

式中的 T 是电磁波的周期，对于双导线传输线，从本章附录 1.1 中可知其单位长度上的分布电感和分布电容的表示式，将它们代入式（1.2－15）和式（1.2－17）中，则 v_p 和 β 也可表示为

$$v_p = \frac{1}{\sqrt{\mu\varepsilon}} \qquad (1.2-18)$$

$$\beta = \omega\sqrt{\mu\varepsilon} \qquad (1.2-19)$$

这说明，在双导线传播 TEM 波的情况下，电压波和电流波（电磁波）的传播速度（相速）v_p 与具有和双导线中填充的相同（无界）介质中 TEM 波的传播速度是完全相同的。

二、均匀无耗传输线的特性阻抗

我们已知，在无界介质中，TEM 波的电场与磁场之间有一定的关系，即它们之比等于 $\eta = \sqrt{\mu/\varepsilon}$，称为（介质的）波阻抗。类似地，均匀无耗传输线上的行波电压和行波电流之间也有一定的关系，即两者之比称为均匀无耗传输线的特性阻抗 Z_c。下面讨论这一问题。

将式（1.2－3）或式（1.2－4）中的电压 $u(z,t)$ 和电流 $i(z,t)$，分别用式（1.2－11）和式（1.2－12）中的 $U(z)$和 $I(z)$，以及 $\mathrm{e}^{\mathrm{j}\omega z}$ 来表示，经运算可得

$$-\mathrm{j}\beta(A_1\mathrm{e}^{-\mathrm{j}\beta z} - A_2\mathrm{e}^{\mathrm{j}\beta z}) = -\mathrm{j}\omega L(B_1\mathrm{e}^{-\mathrm{j}\beta z} + B_2\mathrm{e}^{\mathrm{j}\beta z})$$

该式对任意的 z 值都应成立，因此应有

$$A_1\beta=\omega LB_1 \qquad -A_2\beta=\omega LB_2$$

由此得

$$B_1=\frac{\beta}{\omega L}A_1=\sqrt{\frac{C}{L}}A_1 \qquad B_2=-\frac{\beta}{\omega L}A_2=-\sqrt{\frac{C}{L}}A_2$$

可见，待定的积分常数 A_1、A_2、B_1 和 B_2 等，并不是相互独立的，而是具有上面的关系式，即待定的独立常数只有两个（A_1 和 A_2）。这样，式（1.2－11）和式（1.2－12）即可写为

$$U(z)=A_1\mathrm{e}^{-\mathrm{j}\beta z}+A_2\mathrm{e}^{\mathrm{j}\beta z}=U^+(z)+U^-(z) \tag{1.2-20}$$

$$I(z)=\frac{A_1}{Z_\mathrm{c}}\mathrm{e}^{-\mathrm{j}\beta z}-\frac{A_2}{Z_\mathrm{c}}\mathrm{e}^{\mathrm{j}\beta z}=I^+(z)+I^-(z) \tag{1.2-21}$$

式中

$$Z_\mathrm{c}=\sqrt{\frac{L}{C}}=\frac{U^+(z)}{I^+(z)}=-\frac{U^-(z)}{I^-(z)} \tag{1.2-22}$$

称为均匀无耗传输线的特性阻抗，对于无耗线而言，它是一个实数（纯电阻），单位为 Ω（欧）。$U^+(z)$ 和 $I^+(z)$，以及 $U^-(z)$ 和 $I^-(z)$ 分别表示 z 处向正 z 方向传播的电压波和电流波的复振幅，以及 z 处向负 z 方向传播的电压波和电流波的复振幅。需要注意的是，特性阻抗的单位虽然为 Ω，但它并不表示损耗，而是反映传输线在行波状态下（行波）电压与（行波）电流之间关系的一个量，其值仅取决于传输线所填充的介质和线的横向尺寸，与线的长度无关。在普通的无线电波段范围内（即频率不甚高），介质的 μ 和 ε 几乎与频率无关，可近似地看成常数。因此，Z_c 也可近似地认为与频率无关，即 Z_c 对任何频率其值都是相同的，是不随频率而变化的。例如，将本章附录 1.1 中所列的双导线传输线的 L 和 C 值代入式（1.2－22）中，则得

$$Z_\mathrm{c}=\frac{1}{\pi}\sqrt{\frac{\mu}{\varepsilon}}\ln\left(\frac{D+\sqrt{D^2-d^2}}{d}\right)=\frac{1}{\pi}\eta\ln\left(\frac{D+\sqrt{D^2-d^2}}{d}\right) \tag{1.2-23}$$

式中，d 为导体的直径，D 为两导体之间的距离，为避免辐射损耗，D 应远小于传输线上电磁波的波长 λ，通常把 λ 称为工作波长。$\sqrt{\mu/\varepsilon}=\eta$ 是 TEM 电磁波在均匀、线性、各向同性无界介质 (μ,ε) 中的波阻抗。在自由空间（理想的真空状态，近似地讲空气）中，ε 和 μ 分别为

$$\varepsilon=\varepsilon_0\approx\frac{1}{36\pi}\times10^{-9}\ \mathrm{F/m}$$

$$\mu=\mu_0=4\pi\times10^{-7}\ \mathrm{H/m}$$

则波阻抗 $\eta=\eta_0=\sqrt{\mu_0/\varepsilon_0}=120\,\pi\Omega\approx377\,\Omega$，设一般介质的相对介电常数为 ε_r，相对磁导率为 μ_r（可近似地认为 $\mu_\mathrm{r}\approx1$），则式（1.2－23）可写为

$$Z_c = \frac{120}{\sqrt{\varepsilon_r}} \ln\left(\frac{D+\sqrt{D^2-d^2}}{d}\right) \approx \frac{276}{\sqrt{\varepsilon_r}} \lg\left(\frac{D+\sqrt{D^2-d^2}}{d}\right) \Omega \tag{1.2-24}$$

若 $D \gg d$，则有

$$Z_c \approx \frac{120}{\sqrt{\varepsilon_r}} \ln\frac{2D}{d} \approx \frac{276}{\sqrt{\varepsilon_r}} \lg\frac{2D}{d} \tag{1.2-25}$$

在微波范围内，实际使用的双导线，其导体可以是实心的或空心的（为了减少损耗），而且只适用于米波或分米波段的低频范围内，若频率再高，因导体损耗、介质损耗和辐射损耗太大，而不能应用，此时应采用同轴线或波导管。双导线传输线的特性阻抗一般在 250～700 Ω。

同轴线本质上也是双导线传输线，且应用较广。根据本章附录 1.1 可知，其特性阻抗 Z_c 为

$$Z_c \approx \frac{60}{\sqrt{\varepsilon_r}} \ln\frac{b}{a} \approx \frac{138}{\sqrt{\varepsilon_r}} \lg\frac{b}{a} \Omega \tag{1.2-26}$$

式中，a 为同轴线内导体的外半径；b 为外导体的内半径。同轴线的内导体可以是实心的或空心的（为了减少损耗），为了兼顾小的损耗和一定的功率容量，常用的同轴线的特性阻抗多为 50 Ω 或 75 Ω，个别情况也有用 60 Ω、95 Ω、100 Ω、150 Ω 或其他值的。

§ 1.3　接有负载的均匀无耗传输线

实际应用的传输线，其终端总是接有负载的（例如，各种元（器）件、天线或各种设备等），或其终端是短路或开路状态。本节要讨论的就是，当一有限长的传输线终端接有各种不同的负载时，电压波和电流波（电磁波）在线上的传播规律，了解加载传输的特性，以便根据实际情况对负载或传输线提出设计要求，以及为满足这些要求而应采取的某些措施。需要指出的是，本节与后面各节，主要是讨论传输线终端接有不同类型负载时，电压波和电流波复振幅的表示式，以及与复振幅有关的其他量；至于电压和电流瞬时值的表示式，则可根据式（1.2－7）和式（1.2－8）求出，因此，一般不再予以讨论。

我们首先讨论传输线终端接有任意负载 Z_l 时，线上任意位置电压波复振幅 $U(z)$ 和电流波复振幅 $I(z)$ 的表示式，并引入反射系数、驻波比和输入（等效）阻抗的概念；然后将负载分为几种类型，逐一地进行讨论。

一、接有任意负载时均匀无耗传输线上电压波和电流波的一般表示式

图 1.3－1 是传输线接有任意负载 Z_l 时的示意图，信号源电动势为 E_g，内阻抗为 Z_g，线的特性阻抗为 Z_c，信号源至终端负载的距离为 l。在前面，式（1.2－20）和式（1.2－21）给出了 $U(z)$ 和 $I(z)$ 的最一般的表示式，其中的待定常数 A_1 和 A_2 可根据边界条件来确定，一旦确定了这些常数，则 $U(z)$ 和 $I(z)$ 的表示式也就被确定了。

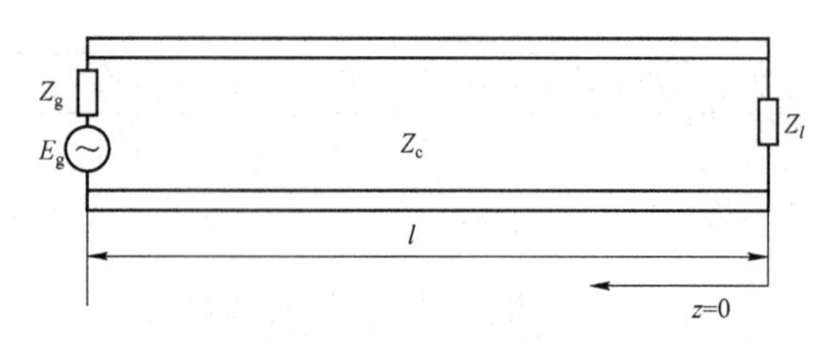

图 1.3－1　接有任意负载的均匀无耗传输线

边界条件有三种情况：已知信号源的电动势 E_g，内阻抗 Z_g 和负载阻抗 Z_l；已知传输线始端电压和电流的复振幅；已知传输线终端电压和终端电流的复振幅。其中第三种情况是在实际中遇到的最多、最一般和最重要的情况，因此我们只讨论这种情况。仿照式（1.2－20）和式（1.2－21）并为了书写方便，待定常数仍采用原来的符号和顺序；另外，为了便于推导出 $U(z)$和 $I(z)$的表示式，将相位因子的位置互换一下，这样做并未改变原式的物理意义。据此，线上任意位置的电压 $U(z)$和电流 $I(z)$即可写为

$$U(z) = A_1 e^{j\beta z} + A_2 e^{-j\beta z} \tag{1.3-1}$$

$$I(z) = \frac{1}{Z_c}(A_1 e^{j\beta z} - A_2 e^{-j\beta z}) \tag{1.3-2}$$

式中，$A_1 e^{j\beta z}$ 表示从信号源朝着负载方向（负 z 方向）传播的波，称为入射波；$A_2 e^{-j\beta z}$ 表示从负载朝着信号源方向（正 z 方向）传播的波，相对于入射波而言，称为反射波。根据该式，终端（z=0 处）的电压和电流分别为

$$U(0) = A_1 + A_2 = U_l$$

$$I(0) = \frac{1}{Z_c}(A_1 - A_2) = I_l$$

由此得

$$A_1 = \frac{U_l + I_l Z_c}{2} \qquad A_2 = \frac{U_l - I_l Z_c}{2}$$

将 A_1 和 A_2 代入式（1.3－1）和式（1.3－2）中，得

$$U(z) = \left(\frac{U_l + I_l Z_c}{2}\right) e^{j\beta z} + \left(\frac{U_l - I_l Z_c}{2}\right) e^{-j\beta z} \tag{1.3-3}$$

或写为

$$U(z) = \frac{U_l}{2}\left(1 + \frac{Z_c}{Z_l}\right) e^{j\beta z} + \frac{U_l}{2}\left(1 - \frac{Z_c}{Z_l}\right) e^{-j\beta z} \tag{1.3-4}$$

若令

$$U^+(z) = \left(\frac{U_l + I_l Z_c}{2}\right) e^{j\beta z} \quad 和 \quad U^-(z) = \left(\frac{U_l - I_l Z_c}{2}\right) e^{-j\beta z}$$

分别表示传输线上任意位置 z 处的入射波电压和反射波电压，以及

$$U^+(0)=\frac{U_l+I_lZ_c}{2} \quad 和 \quad U^-(0)=\frac{U_l-I_lZ_c}{2}$$

分别表示终端负载处的入射波电压和反射波电压，则 $U(z)$可表示为

$$U(z)=U^+(z)+U^-(z)=U^+(0)e^{j\beta z}+U^-(0)e^{-j\beta z} \tag{1.3-5}$$

同理，对于电流 $I(z)$则可表示为

$$\begin{aligned} I(z)&=\left(\frac{I_l+U_l/Z_c}{2}\right)e^{j\beta z}+\left(\frac{I_l-U_l/Z_c}{2}\right)e^{-j\beta z} \\ &=\frac{I_l}{2}\left(1+\frac{Z_l}{Z_c}\right)e^{j\beta z}+\frac{I_l}{2}\left(1-\frac{Z_l}{Z_c}\right)e^{-j\beta z} \\ &=I^+(z)+I^-(z)=I^+(0)e^{j\beta z}+I^-(0)e^{-j\beta z} \end{aligned} \tag{1.3-6}$$

式中

$$I^+(z)=\left(\frac{I_l+U_l/Z_c}{2}\right)e^{j\beta z} \quad 和 \quad I^-(z)=\left(\frac{I_l-U_l/Z_c}{2}\right)e^{-j\beta z}$$

分别表示传输线上任意位置 z 处的入射波电流和反射波电流，而

$$I^+(0)=\frac{I_l+U_l/Z_c}{2} \quad 和 \quad I^-(0)=\frac{I_l-U_l/Z_c}{2}$$

分别表示终端负载处的入射波电流和反射波电流。

利用三角函数的恒等式

$$e^{jx}=\cos x+j\sin x$$

$$e^{-jx}=\cos x-j\sin x$$

还可以将电压 $U(z)$和电流 $I(z)$写为更简明的形式

$$U(z)=U_l\cos\beta z+jI_lZ_c\sin\beta z \tag{1.3-7}$$

$$I(z)=I_l\cos\beta z+j\frac{U_l}{Z_c}\sin\beta z \tag{1.3-8}$$

由以上的讨论可知，在一般情况下，传输线上任意位置的电压波和电流波是由朝着相反方向传播的两个行波叠加而成的，从而造成了传输线上的纯驻波状态，或行驻波（介于行波与纯驻波之间）状态（这取决于负载的情况）。只有当 $Z_l=Z_c$ 时是例外，此时为行波状态。

二、反射系数、驻波比和输入阻抗

为了进一步讨论传输线上的反射波与入射波之间以及它们与负载之间的相互关系，而引入了反射系数、驻波比和输入阻抗等概念。在微波范围内，电压和电流是很难测量的，而反射系数、驻波比和输入阻抗则比较容易测量，这三个量是分析传输线特性的重要参量，具有很大的实用价值。

（一）反射系数

由式（1.3－4）中 $e^{j\beta z}$ 和 $e^{-j\beta z}$ 前的系数可以看出，传输线上任意位置的反射波电压 $U^-(z)$ 和入射波电压 $U^+(z)$ 都与负载上的电压 U_l 和电流 I_l 有关。而且，$U^-(z)$ 与 $U^+(z)$ 之比仅取决于线的特性阻抗 Z_c 和终端的负载阻抗 Z_l。我们把 $U^-(z)$ 与 $U^+(z)$ 之比称为电压反射系数，用 $\Gamma_u(z)$ 表示为

$$\Gamma_u(z)=\frac{U^-(z)}{U^+(z)}=\frac{Z_l-Z_c}{Z_l+Z_c}e^{-j2\beta z} \tag{1.3-9}$$

在线的终端（z=0），电压反射系数 $\Gamma_u(0)$ 为

$$\Gamma_u(0)=\frac{Z_l-Z_c}{Z_l+Z_c}=\left|\Gamma_u(0)\right|e^{j\varphi_{\Gamma_0}} \tag{1.3-10}$$

式中，φ_{Γ_0} 是终端反射系数的相角。据此，可将 $\Gamma_u(z)$ 写为

$$\Gamma_u(z)=\frac{Z_l-Z_c}{Z_l+Z_c}e^{-j2\beta z}=\Gamma_u(0)e^{-j2\beta z}=\left|\Gamma_u(0)\right|e^{-j(2\beta z-\varphi_{\Gamma_0})} \tag{1.3-11}$$

同样地，由式（1.3－6）可以得到传输线上任意位置的电流反射系数，用 $\Gamma_i(z)$ 表示为

$$\Gamma_i(z)=\frac{I^-(z)}{I^+(z)}=\frac{Z_c-Z_l}{Z_c+Z_l}e^{-j2\beta z} \tag{1.3-12}$$

显然有

$$\Gamma_i(z)=-\Gamma_u(z) \tag{1.3-13}$$

反射系数在一般情况下是复数，即它不仅反映了反射波与入射波的大小之比，而且也反映了两者之间的相位关系；对于均匀无耗传输线而言，线上各点电压反射系数的模（大小）或线上各点电流反射系数的模是相同的，其差别只是各点反射系数的相角不同；而且，电压反射系数的模与电流反射系数的模也是相等的。反射系数还反映了负载对传输线传输特性的影响，以及反射波产生的原因。除此之外，如果把传输线上电磁波的反射规律与均匀平面电磁波在不同介质分界面处的反射规律加以比较，就可以看出两种情况之间的相似性。

需要说明的是，在实际中用得较多而又便于测量的是电压反射系数。因此，在后面用到“反射系数”一词时，若无特别说明，均指电压反射系数；而且，为了书写方便，把电压反射系数 $\Gamma_u(z)$ 简写为 $\Gamma(z)$，把 $\Gamma_u(0)$ 简写为 $\Gamma(0)$。

有了反射系数的概念，我们就可以利用它来讨论传输线上的电压 $U(z)$ 和电流 $I(z)$ 沿线的变化规律。为此，可把电压 $U(z)$ 写为

$$\begin{aligned}U(z)&=U^+(z)+U^-(z)=U^+(z)\left[1+\frac{U^-(z)}{U^+(z)}\right]\\&=U^+(z)+[1+\Gamma(z)]=U^+(z)\left[1+\left|\Gamma(0)\right|e^{-j(2\beta z-\varphi_{\Gamma_0})}\right]\end{aligned} \tag{1.3-14}$$

根据式（1.3－4）知

$$U^{+}(z)=\frac{U_{l}}{2}\left(1+\frac{Z_{\mathrm{c}}}{Z_{l}}\right)\mathrm{e}^{\mathrm{j}\beta z}=U^{+}(0)\mathrm{e}^{\mathrm{j}\beta z} \tag{1.3-15}$$

式中

$$U^{+}(0)=\frac{U_{l}}{2}\left(1+\frac{Z_{\mathrm{c}}}{Z_{l}}\right) \tag{1.3-16}$$

是传输线终端负载处（z=0）的入射波电压。这样，又可将电压 $U(z)$写为

$$U(z)=U^{+}(0)\mathrm{e}^{\mathrm{j}\beta z}\left[1+|\Gamma(0)|\mathrm{e}^{-\mathrm{j}(2\beta z-\varphi_{\Gamma_0})}\right] \tag{1.3-17}$$

对该式求 $U(z)$的模值 $|U(z)|$ 就可看出，当$2\beta z-\varphi_{\Gamma_0}=2n\pi$时，$n$=0，1，2，3，…，电压 $U(z)$具有最大的振幅值（简称幅值，即模值），即

$$|U(z)|_{\max}=|U^{+}(0)|\left[1+|\Gamma(0)|\right] \tag{1.3-18}$$

从物理意义上讲，就是入射波电压与反射波电压同相叠加，从而使振幅值为最大，反相则相减，使振幅值为最小。

当$2\beta z-\varphi_{\Gamma_0}=(2n+1)\pi$时，电压 $U(z)$具有最小的振幅值，即

$$|U(z)|_{\min}=|U^{+}(0)|\left[1-|\Gamma(0)|\right] \tag{1.3-19}$$

同样地，对于电流 $I(z)$可写为

$$\begin{aligned}I(z)&=I^{+}(z)+I^{-}(z)=I^{+}(z)\left[1+\frac{I^{-}(z)}{I^{+}(z)}\right]=I^{+}(z)[1-\Gamma(z)]\\&=I^{+}(z)\left[1-|\Gamma(0)|\mathrm{e}^{-\mathrm{j}(2\beta z-\varphi_{\Gamma_0})}\right]\end{aligned} \tag{1.3-20}$$

根据式（1.3－6）知

$$I^{+}(z)=\frac{I_{l}}{2}\left(1+\frac{Z_{l}}{Z_{\mathrm{c}}}\right)\mathrm{e}^{\mathrm{j}\beta z}=I^{+}(0)\mathrm{e}^{\mathrm{j}\beta z} \tag{1.3-21}$$

式中

$$I^{+}(0)=\frac{I_{l}}{2}\left(1+\frac{Z_{l}}{Z_{\mathrm{c}}}\right)$$

是传输线终端负载处（z=0）的入射波电流。这样，又可将电流 $I(z)$写为

$$I(z)=I^{+}(0)\mathrm{e}^{\mathrm{j}\beta z}\left[1-|\Gamma(0)|\mathrm{e}^{-\mathrm{j}(2\beta z-\varphi_{\Gamma_0})}\right] \tag{1.3-22}$$

对该式求 $I(z)$的模值$|I(z)|$就可看出，当$2\beta z-\varphi_{\Gamma_0}=(2n+1)\pi$时，$n$=0，1，2，3，…，电流 $I(z)$具有最大的振幅值，即

$$|I(z)|_{\max}=|I^{+}(0)|\left[1+|\Gamma(0)|\right] \tag{1.3-23}$$

当$2\beta z-\varphi_{\Gamma_0}=2n\pi$时，电流 $I(z)$具有最小的振幅值，即

$$|I(z)|_{\min}=|I^{+}(0)|\left[1-|\Gamma(0)|\right] \tag{1.3-24}$$

从以上的分析结果可以看出，当沿传输线的纵向（z 轴方向）观察时，电压振幅值的最大点（腹点）与最小点（节点）之间相距四分之一波长；电流的腹点与节点之间也相距四分之一波长；而且，只要把电压 $U(z)$和电流 $I(z)$两者的表示式加以对比即可发现，电压 $U(z)$的腹点即为电流 $I(z)$的节点，电压 $U(z)$的节点即为电流 $I(z)$的腹点。可见，利用反射系数的概念来分析传输线上的电压 $U(z)$和电流 $I(z)$沿线的变化规律是很方便的。

（二）驻波比

在均匀无耗传输线上，电压 $U(z)$的最大振幅值与电压 $U(z)$的最小振幅值之比，称为电压驻波比（VSWR 或 SWR），用 S 表示：电流 $I(z)$的最大振幅值与电流 $I(z)$的最小振幅值之比，称为电流驻波比。这两种驻波比在数值上是相等的。因此，可把驻波比 S 写为

$$S=\frac{|U(z)|_{\max}}{|U(z)|_{\min}}=\frac{|I(z)|_{\max}}{|I(z)|_{\min}}=\frac{1+|\Gamma(0)|}{1-|\Gamma(0)|} \tag{1.3-25}$$

如同前面所讲的大都采用电压反射系数一样，在实际中，通常大都采用电压驻波比，简称驻波比。驻波比是从量的方面反映传输线上反射波情况的一个重要参量，但它只反映了反射波强弱的程度，并不反映其相位关系。如前所述，对于均匀无耗传输线而言，无论是电压反射系数，还是电流反射系数，它们的模（大小）沿线是不变化的，即

$$|\Gamma(z)|=|\Gamma_i(z)|=|\Gamma(0)|=|\Gamma|$$

这样，驻波比 S 即可写为

$$S=\frac{1+|\Gamma(z)|}{1-|\Gamma(z)|}=\frac{1+|\Gamma(0)|}{1-|\Gamma(0)|}=\frac{1+|\Gamma|}{1-|\Gamma|} \tag{1.3-26}$$

可见，驻波比 S 沿传输线是不变化的。显然，反射系数的模$|\Gamma|$即为

$$|\Gamma|=\frac{S-1}{S+1} \tag{1.3-27}$$

这两个式子在实际中是经常用到的，有很大的实用价值。除了驻波比 S 之外，有时还用行波系数来表示传输线上反射波的强弱程度，它的定义为

$$K=\frac{|U(z)|_{\min}}{|U(z)|_{\max}}=\frac{|I(z)|_{\min}}{|I(z)|_{\max}} \tag{1.3-27a}$$

根据式（1.3－26），K 又可写为

$$K=\frac{1-|\Gamma(z)|}{1+|\Gamma(z)|}=\frac{1-|\Gamma(0)|}{1+|\Gamma(0)|}=\frac{1-|\Gamma|}{1+|\Gamma|}=\frac{1}{S} \tag{1.3-27b}$$

以上各量的取值范围是：$0\leqslant|\Gamma|\leqslant 1$; $1\leqslant S\leqslant\infty$；$0\leqslant K\leqslant 1$。

（三）输入阻抗

在前面讨论行波（无反射）状态下均匀无耗传输线上电压波和电流波的关系时，曾引入了特性阻抗的概念；现在再引入一个不仅对行波状态适用，而且对于纯驻波和行驻波也都适用的更为普遍的、描述线上电压波和电流波之间关系的参量，这个参量称为输入阻抗。它表

示传输线上任意位置电压的复振幅 $U(z)$ 与电流的复振幅 $I(z)$ 之比，也就是从该位置朝负载方向看去的（等效）阻抗，用 $Z_{in}(z)$ 表示。根据式（1.3－7）和式（1.3－8）,可求得 $Z_{in}(z)$ 的表示式为

$$Z_{in}(z)=\frac{U(z)}{I(z)}=Z_c\frac{Z_l\cos\beta z+\mathrm{j}Z_c\sin\beta z}{Z_c\cos\beta z+\mathrm{j}Z_l\sin\beta z}=Z_c\frac{Z_l+\mathrm{j}Z_c\tan\beta z}{Z_c+\mathrm{j}Z_l\tan\beta z}$$

（1.3－28）

由此式可知，当 $Z_l=Z_c$ 时，则 $Z_{in}(z)=Z_c$，即其终端接有匹配负载 Z_c 的有限长的传输线上，任意位置的输入阻抗都等于 Z_c，这与传输线是无限长的情况是等效的，即只有入射波，而无反射波，是行波状态，当 $Z_l\neq Z_c$ 时，一段有限长的传输线（长度为 $\lambda/2$ 整数倍时除外）可以起阻抗变换的作用，即是说，对于某一给定长度的传输线，无论其终端接什么性质的负载，对于线的输入端而言，相当于接了一个等效负载，而且它就等于该输入端处的输入阻抗 Z_{in}（l），l 为传输线的长度，如图 1.3－2 所示。

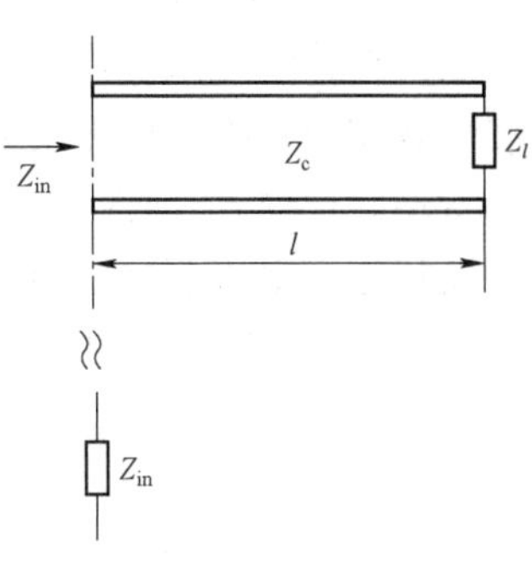

图 1.3－2　传输线的输入阻抗

除了输入阻抗之外，有时为计算方便起见（例如，对并联电路和对并联元（器）件的计算等），还常用到输入导纳的概念，这也是一个重要参量。根据输入导纳与输入阻抗互为倒数的关系，由式（1.3－28）可直接写出输入导纳 $Y_{in}(z)$ 为

$$Y_{in}(z)=\frac{1}{Z_{in}(z)}=Y_c\frac{Y_l\cos\beta z+\mathrm{j}Y_c\sin\beta z}{Y_c\cos\beta z+\mathrm{j}Y_l\sin\beta z}=Y_c\frac{Y_l+\mathrm{j}Y_c\tan\beta z}{Y_c+\mathrm{j}Y_l\tan\beta z}\tag{1.3－29}$$

式中，$Y_c=1/Z_c$ 是传输线的特性导纳，$Y_l=1/Z_l$ 是负载导纳。

以上我们讲了反射系数、驻波比、行波系数、输入阻抗和输入导纳等参量，以及它们的表示式。因为对于式（1.3－5）和式（1.3－6），我们可以把它们改写为

$$U(z)=U^+(z)+U^-(z)=U^+(z)[1+\Gamma(z)]$$

$$I(z)=I^+(z)+I^-(z)=I^+(z)[1-\Gamma(z)]$$

则输入阻抗 $Z_{in}(z)$ 也可写为

$$Z_{in}(z)=\frac{U(z)}{I(z)}=Z_c\frac{1+\Gamma(z)}{1-\Gamma(z)}\tag{1.3－30}$$

掌握上述这些概念和有关的表示式，对于分析和解决传输线中的某些问题是十分重要的。

需要说明的是，电压、电流和阻抗的概念是低频电路中非常重要的概念，后来又把这种概念推广到了微波范围，对微波技术的理论研究、实际应用都起到了重要作用。这是很自然的事，因为无论是低频波，还是微波，从物理概念上讲，它们本质上是一样的，即都是电磁波，这是它们的共性，但也有各自的特性。例如，在微波范围内，传输线是分布参数系统，其上的电压和电流，不像低频那样有确切的定义，因此，输入阻抗也无法直接测量，而只能通过间接的方法（通过测 S 或 Γ）求出它的值（详见本章附录 1.3）。

三、均匀无耗传输线接有不同类型负载时的工作状态

前面讨论的是均匀无耗传输线接有任意负载 Z_l 时，电压、电流、反射系数、驻波比和输入阻抗等的一般表示式，以及它们之间的内在联系。现在，我们把负载具体地分成几种不同的类型，并分别讨论传输线终端接有这些不同类型负载时的工作状态。根据终端负载 Z_l 的情况，传输线有三种工作状态：行波状态、纯驻波状态、行驻波状态。

（一）行波状态

当传输线无限长，或其终端接有等于线的特性阻抗的负载时，信号源传向负载的能量将被负载完全吸收，而无反射，此时称传输线工作于行波状态，或者说，传输线与负载处于匹配状态。根据式（1.3－4）和式（1.3－6）可知，当负载 $Z_l = Z_c$ 时，反射波为零，由此得到行波状态下电压 $U(z)$ 和电流 $I(z)$ 的表示式为

$$U(z)=\frac{U_l}{2}\left(1+\frac{Z_c}{Z_l}\right)e^{j\beta z}=U_l e^{j\beta z}=U^+(0)e^{j\beta z} \tag{1.3－31}$$

$$I(z)=\frac{I_l}{2}\left(1+\frac{Z_l}{Z_c}\right)e^{j\beta z}=I_l e^{j\beta z}=I^+(0)e^{j\beta z} \tag{1.3－32}$$

若令 $U^+(0)=\left|U^+(0)\right|e^{j\varphi_{u0}}$ 和 $I^+(0)=\left|I^+(0)\right|e^{j\varphi_{i0}}$，因为 $\dfrac{U^+(0)}{I^+(0)}=Z_c$，所以 $\varphi_{i0}=\varphi_{u0}=\varphi_0$，则电压和电流的瞬时值可表示为

$$u(z,t)=\mathrm{Re}[U(z)e^{j\omega t}]=\left|U^+(0)\right|\cos(\omega t+\varphi_0+\beta z) \tag{1.3－33}$$

$$u(z,t)=\mathrm{Re}[I(z)e^{j\omega t}]=\left|I^+(0)\right|\cos(\omega t+\varphi_0+\beta z) \tag{1.3－34}$$

可见，在行波状态下，均匀无耗线上各点电压复振幅的值是相同的，各点电流复振幅的值也是相同的，即它们都不随距离 z 而变化；而且，在线上各点处电压和电流的瞬时值是同相的。这说明，随着时间的增加，一个随着时间做简谐振荡的、等振幅值的电磁波把信号源的能量不断地传向负载，并被负载所完全吸收。图 1.3－3 是传输线工作于行波状态时，电压和电流的瞬时状态，以及电压和电流的幅值沿 z 轴的分布图。

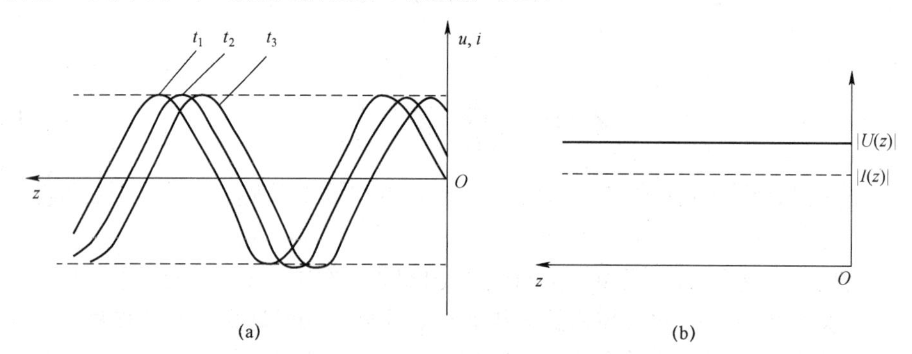

图 1.3－3　电压和电流的瞬时状态与幅值沿 z 轴分布图

（a）行波电压（或电流）的瞬时状态沿 z 轴的分布；（b）行波电压和电流的幅值沿 z 轴的分布

根据式（1.3－28）可知，工作于行波状态时，从传输线上任意位置向负载方向看去的输入阻抗均为

$$Z_{\text{in}}(z)=Z_{\text{c}} \tag{1.3-35}$$

显然，反射系数为零，驻波比 S=1，行波系数 K=1。

（二）纯驻波状态

当传输线终端是短路、开路，或接有纯电抗性（电感性或电容性）负载时，由于负载不吸收能量，因此，从信号源传向负载的入射波在终端产生全反射，线上的入射波与反射波相叠加，从而形成了纯驻波状态。此时的传输线已不能传输能量，而只能储存能量，即是说，传输线与信号源之间只是不断地进行能量的交换，形成一种动态的平衡。纯驻波状态的传输线虽然不能传输能量，但仍有很多重要用途，例如，用作谐振电路、构成谐振腔、构成电感或电容性元件、在微波电路中构成短路或开路状态等。下面具体地讨论这种情况。

（1）**短路线（终端短路）**。终端被理想导体（电导率 $\sigma=\infty$）所短路（或被封闭起来）的一段有限长的传输线，简称为短路线（$Z_l=0$）。根据理想导体的边界条件可知，在短路线终端处，导体上电场的切向分量应为零，因此终端处的电压 U_l 也应为零。根据式（1.3－7）和式（1.3－8）可知，线上任意位置电压和电流复振幅的表示式为

$$U(z)=\text{j}I_lZ_{\text{c}}\sin\beta z \tag{1.3-36}$$

$$I(z)=I_l\cos\beta z \tag{1.3-37}$$

式中，I_l 为终端负载上电流的复振幅，Z_{c} 为线的特性阻抗。为了更清楚地说明纯驻波的形成和它的特点，可以将 $U(z)$ 和 $I(z)$ 写成入射波和反射波相叠加的形式。根据式（1.3－3）和式（1.3－6），当线的终端电压 $U_l=0$ 时，则

$$\begin{aligned}U(z)&=\frac{I_lZ_{\text{c}}}{2}(\text{e}^{\text{j}\beta z}-\text{e}^{-\text{j}\beta z})=U^+(z)+U^-(z)\\&=U^+(0)(\text{e}^{\text{j}\beta z}-\text{e}^{-\text{j}\beta z})=\text{j}2U^+(0)\sin\beta z\end{aligned} \tag{1.3-38}$$

$$\begin{aligned}I(z)&=\frac{I_l}{2}(\text{e}^{\text{j}\beta z}+\text{e}^{-\text{j}\beta z})=I^+(z)+I^-(z)\\&=I^+(0)(\text{e}^{\text{j}\beta z}+\text{e}^{-\text{j}\beta z})=2I^+(0)\cos\beta z\end{aligned} \tag{1.3-39}$$

式中，$U^+(0)=I_lZ_{\text{c}}/2$ 和 $I^+(0)=I_l/2$ 分别为终端负载处的入射波电压和入射波电流。因为 $U^+(0)=\left|U^+(0)\right|\text{e}^{\text{j}\varphi_{u0}}$ 和 $I^+(0)=\left|I^+(0)\right|\text{e}^{\text{j}\varphi_{i0}}$，并考虑到 $U^+(0)/I^+(0)=Z_{\text{c}}$，所以有 $\varphi_{u0}=\varphi_{i0}=\varphi_0$。这样，就可以把电压和电流的瞬时值表示为

$$u(z,t)=\text{Re}[U(z)\text{e}^{\text{j}\omega t}]=2\left|U^+(0)\right|\sin\beta z\cos\left(\omega t+\varphi_0+\frac{\pi}{2}\right) \tag{1.3-40}$$

$$i(z,t)=\text{Re}[I(z)\text{e}^{\text{j}\omega t}]=2\left|I^+(0)\right|\cos\beta z\cos(\omega t+\varphi_0) \tag{1.3-41}$$

为了更清楚地说明纯驻波的形成和它的特点，可把上式写成入射波和反射波相叠加的形式，即

$$\begin{aligned}u(z,t)&=u^+(z,t)+u^-(z,t)=\frac{|I_l|Z_{\text{c}}}{2}\cos(\omega t+\varphi_0+\beta z)-\frac{|I_l|Z_{\text{c}}}{2}\cos(\omega t+\varphi_0-\beta z)\\&=2\left|I^+(0)\right|Z_{\text{c}}\sin\beta z\cos\left(\omega t+\varphi_0+\frac{\pi}{2}\right)\end{aligned} \tag{1.3-42}$$

$$\begin{aligned}i(z,t)&=i^+(z,t)+i^-(z,t)=\frac{|I_l|}{2}\cos(\omega t+\varphi_0+\beta z)-\frac{|I_l|}{2}\cos(\omega t+\varphi_0-\beta z)\\&=2\left|I^+(0)\right|\cos\beta z\cos(\omega t+\varphi_0)\end{aligned} \tag{1.3-43}$$

从以上各式可知，在短路状态下，均匀无耗线上各点电压和电流的复振幅的值（大小）是不相同的，它们是距离 z 的函数。当 $\beta z=(2n+1)\pi/2$ 或 $z=(2n+1)\lambda/4$（n=0，1，2，3，…）时，电压的幅值为最大（腹点），而电流的幅值为零（节点）；当 $\beta z=n\pi$ 或 $z=n\lambda/2$（n=0，1，2，3，…）时，电流的幅值为最大（腹点），而电压的幅值为零（节点）。电压腹点与电压节点之间，以及电流腹点与电流节点之间，在空间距离上均相差 $\lambda/4$，或者说，它们的空间相位差是 $\pi/2$。另外，从以上各式还可看出，当我们在传输线的某一固定位置观察电压和电流随时间的变化时，两者的相位差是 $\pi/2$；若在某一固定时刻沿整个传输线观察电压和电流随时间的变化时，两者的相位差也是 $\pi/2$，即是说，在某一时刻沿线各点的电压都达到各自的最大值时，沿线各点的电流都为零；反之，若在某一时刻沿线各点的电流都达到各自的最大值时，沿线各点的电压都为零。出现这两种情况的时间间隔为四分之一周期（$T/4$）。

根据式（1.3－28），短路线的输入阻抗为

$$Z_{\text{in}}(z)=\mathrm{j}Z_{\text{c}}\tan\beta z \tag{1.3-44}$$

显然，反射系数 $\Gamma(z)=-1\mathrm{e}^{-2\mathrm{j}\beta z}$，驻波比 $S=\infty$，行波系数 K=0。由于输入阻抗是纯电抗性的，因此传输线不能传输能量，只起储存能量的作用，正是利用这一点，一个任意的电抗性负载才可以用一有限长度短路线的输入阻抗来代替它，即两者是等效的，或者说，可用短路线来代替所需要的电抗性元件，因为当短路线的长度在 0～$\lambda/2$ 的范围内变化时，$\tan\beta z$ 可取 $-\infty$～$+\infty$ 之间的任何值。图 1.3－4 是电压和电流的幅值，以及输入阻抗的分布图。由图可见：输入阻抗在电压的腹点（电流节点）相当于低频电路中的并联谐振；在电压的节点（电流腹点）则相当于串联谐振；在其他位置的输入阻抗或呈电感性，或呈电容性。

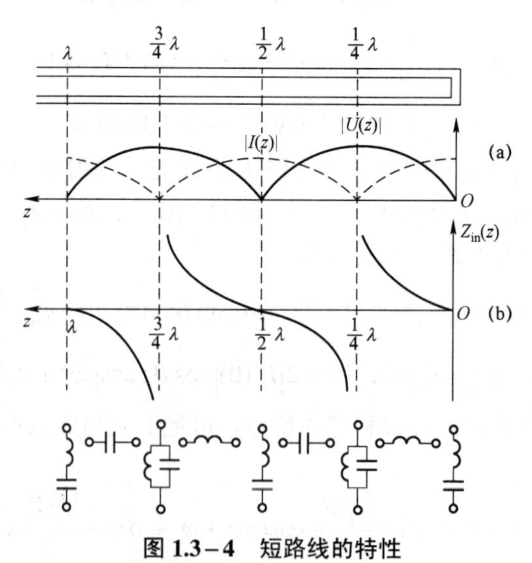

图 1.3－4　短路线的特性

（a）电压和电流幅值的分布；（b）输入阻抗的分布

（2）**开路线（终端开路）**。当传输线的终端负载 $Z_l=\infty$ 时，一段有限长的传输线简称为开路线。此时的终端电流 $I_l=0$，根据式（1.3－7）和式（1.3－8）可知，线上任意位置电压和电流复振幅的表示式为

$$U(z)=U_l\cos\beta z \tag{1.3-45}$$

$$I(z)=\mathrm{j}\frac{U_l}{Z_c}\sin\beta z \tag{1.3-46}$$

式中，U_l 为终端负载上电压的复振幅，Z_c 为线的特性阻抗。为了更清楚地说明纯驻波的性质和它的特点，可以将 $U(z)$ 和 $I(z)$ 写成入射波和反射波相叠加的形式。根据式（1.3－3）和式（1.3－6）,当线的终端电流 $I_l=0$ 时，则

$$\begin{aligned}U(z)&=\frac{U_l}{2}(\mathrm{e}^{\mathrm{j}\beta z}+\mathrm{e}^{-\mathrm{j}\beta z})=U^+(z)+U^-(z)\\&=U^+(0)(\mathrm{e}^{\mathrm{j}\beta z}+\mathrm{e}^{-\mathrm{j}\beta z})=2U^+(0)\cos\beta z\end{aligned} \tag{1.3-47}$$

$$\begin{aligned}I(z)&=\frac{U_l}{2Z_c}(\mathrm{e}^{\mathrm{j}\beta z}-\mathrm{e}^{-\mathrm{j}\beta z})=I^+(z)+I^-(z)\\&=I^+(0)(\mathrm{e}^{\mathrm{j}\beta z}-\mathrm{e}^{-\mathrm{j}\beta z})=\mathrm{j}2I^+(0)\sin\beta z\end{aligned} \tag{1.3-48}$$

从（1.3－3）和（1.3－6）可知，$U^+(0)=\frac{U_l}{2}$ 和 $I^+(0)=\frac{U_l}{2Z_c}$ 分别为终端负载处的入射波电压和入射波电流。因为 $U^+(0)=\left|U^+(0)\right|\mathrm{e}^{\mathrm{j}\varphi_{u0}}$ 和 $I^+(0)=\left|I^+(0)\right|\mathrm{e}^{\mathrm{j}\varphi_{i0}}$，并考虑到 $\frac{U^+(0)}{I^+(0)}=Z_c$，所以有 $\varphi_{u0}=\varphi_{i0}=\varphi_0$。这样，就可以把电压和电流的瞬时值表示为

$$u(z,t)=\mathrm{Re}[U(z)\mathrm{e}^{\mathrm{j}\omega t}]=2\left|U^+(0)\right|\cos\beta z\cos(\omega t+\varphi_0) \tag{1.3-49}$$

$$i(z,t)=\mathrm{Re}[I(z)\mathrm{e}^{\mathrm{j}\omega t}]=2\left|I^+(0)\right|\sin\beta z\cos\left(\omega t+\varphi_0+\frac{\pi}{2}\right) \tag{1.3-50}$$

把上式写为入射波和反射波相叠加的形式，即

$$\begin{aligned}u(z,t)&=u^+(z,t)+u^-(z,t)\\&=\frac{|U_l|}{2}\cos(\omega t+\varphi_0+\beta z)+\frac{|U_l|}{2}\cos(\omega t+\varphi_0-\beta z)\\&=2\left|I^+(0)\right|Z_c\cos\beta z\cos(\omega t+\varphi_0)\end{aligned} \tag{1.3-51}$$

$$\begin{aligned}i(z,t)&=i^+(z,t)+i^-(z,t)\\&=\frac{|U_l|}{2Z_c}\cos(\omega t+\varphi_0+\beta z)-\frac{|U_l|}{2Z_c}\cos(\omega t+\varphi_0-\beta z)\\&=2\frac{\left|U^+(0)\right|}{Z_c}\sin\beta z\cos\left(\omega t+\varphi_0+\frac{\pi}{2}\right)\end{aligned} \tag{1.3-52}$$

从图 1.3－4 可以看出，对于开路线可以这样设想，从终端算起，把短路线截去 $\lambda/4$ 的长度后，就变成了开路线。将短路线、开路线的两组表示式加以对照，也会得出同样的结论。因此，在短路线中电压和电流的振幅值沿线的分布规律，线上各点处电压和电流瞬时状态之间的关系，以及在某一固定时刻沿整个传输线观察时电压和电流瞬时状态之间的关系，等等，对于开路线也是适用的，这里不再详述。

根据式（1.3－28），开路线的输入阻抗为

$$Z_{\text{in}}(z) = -\text{j}Z_{\text{c}}\cot\beta z \tag{1.3-53}$$

显然，反射系数 $\Gamma(z) = 1\text{e}^{-2\text{j}\beta z}$，驻波比 $S = \infty$，行波系数 $K=0$。与短路线的情况一样，由于输入阻抗为纯电抗性的，因此传输线不能传输能量，只起储存能量的作用。同样地，任意一个电抗性负载，都可以用一段有限长开路线的输入阻抗来代替它。图 1.3－5 是开路线上电压和电流的复振幅值，以及输入阻抗的分布图。

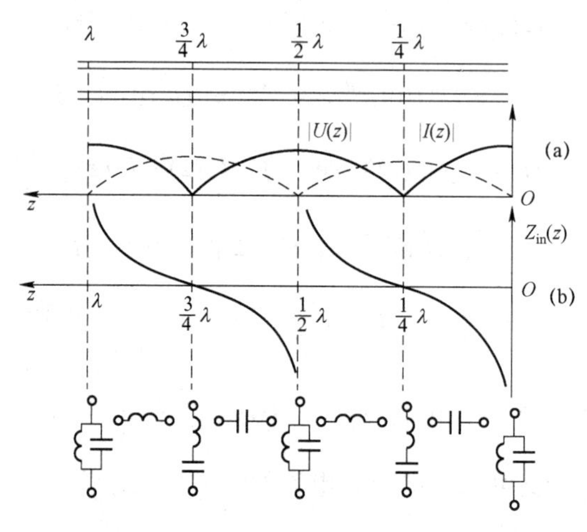

图 1.3－5　开路线的特性

（a）电压和电流幅值的分布；（b）输入阻抗的分布

需要指出的是，实际的传输线终端不可能有真正的开路状态，即使什么负载都不接，也不等于真正的开路，因为在终端会有电磁能量辐射出现，其效果可以等效为一个电阻，另外，在终端处还会存在一定的电抗成分。令终端负载 $Z_l = \infty$，是为了便于理论分析。

（3）**纯电抗性负载**。纯电抗性负载是指传输线终端接有纯电感性或纯电容性负载时的情况，即 $Z_l = \pm\text{j}X_l$（$X_l > 0$，“+”为电感性，“−”为电容性）。如前所述，因为纯电抗性负载可以用有限长的一段短路线或开路线来代替，所以，当终端为纯电抗性负载时，传输线上电压 $U(z)$ 和电流 $I(z)$ 的幅值沿线的分布规律，都可以从短路线的分布图（见图 1.3－4）或开路线的分布图（见图 1.3－5）中得到。例如，当接有纯电感性负载 $Z_l = +\text{j}X_l$ 时，可以用一段小于 λ/4 的短路线来代替它。设这一小段短路线的长度为 l_{e}，即

$$l_{\text{e}} = \frac{\lambda}{2\pi}\arctan\left(\frac{X_l}{Z_{\text{c}}}\right) \tag{1.3-54}$$

若接有纯电容性负载 $Z_l = -\text{j}X_l$ 时，则可以用一段小于 λ/4 的开路线来代替它。这段开路线的长度 l_{e} 为

$$l_{\text{e}} = \frac{\lambda}{2\pi}\text{arc}\cot\left(\frac{X_l}{Z_{\text{c}}}\right) \tag{1.3-55}$$

式中，λ 为传输线上电磁波的波长，Z_{c} 为传输线的特性阻抗。

对于纯电抗性负载，为了求出电压和电流复振幅的值沿线的分布规律，我们可以设想把一段短路线或开路线接在原来传输线的终端（即 $\pm jX_l$ 的位置），从而构成一个包括所接的这一段线在内的终端短路或开路的传输线。对于这个新构成的短路线或开路线，如前所述，可以很容易地画出它的电压和电流幅值以及输入阻抗的分布图。画出之后，再把接上去的那段短路线或开路线"抹掉"，剩下的图形即为传输线终端接有纯电抗性负载时的图形，如图 1.3－6 所示。

根据上面的分析可知，终端接有纯电抗性负载的传输线，其上的电压、电流和输入阻抗等的变化与分布规律，与这些量在短路线或开路线上的分布规律基本上是一样的，也呈纯驻波状态。线上各点的电压和电流在相位上差 $\pi/2$；在某一时刻沿整个传输线观察电压与电流随时间的变化时，它们的相位也差 $\pi/2$，即传输线不再传输能量，而只起储存能量的作用。显然，反射系数的模 $|\Gamma(z)|=1$，驻波比 $S=\infty$，行波系数 $K=0$。

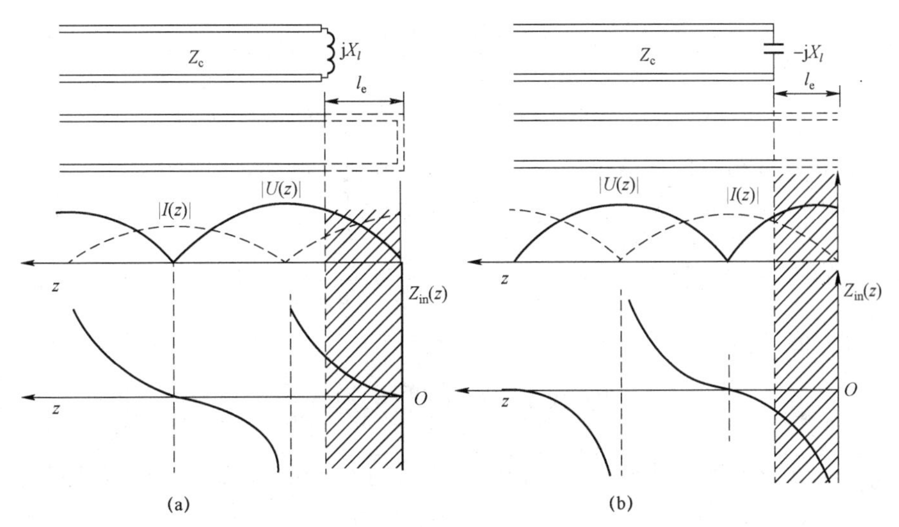

图 1.3－6　接有纯电抗性负载时传输线的特性

（a）纯电感性负载；（b）纯电容性负载

需要指出的是，终端接有纯电抗性负载的传输线，其工作状态虽然基本上与短路线或开路线的工作状态一样，但也有一点区别，即在终端（纯电抗性负载）处的反射系数不再是"−1"或"+1"，而是一个带有初相角的复数 $\Gamma(0)$，即

$$\Gamma(0)=\frac{Z_l-Z_c}{Z_l+Z_c}=\frac{\pm jX_l-Z_c}{\pm jX_l+Z_c}=\left|\Gamma(0)\right|e^{j\varphi_{\Gamma_0}}$$

式中，$\left|\Gamma(0)\right|=1, \varphi_{\Gamma_0}$ 为

$$\varphi_{\Gamma_0}=\arctan\left(\frac{\pm 2X_lZ_c}{X_l^2-Z_c^2}\right) \tag{1.3-56}$$

即是说，终端负载处不再是电压或电流幅值的波腹点或波节点，而是介于波腹值与零之间的某一值（视 $\pm jX_l$ 而定）。若负载为纯电感性的，那么，从终端起朝信号源方向移动时，首先

出现的是电压的腹点（电流的节点）；若负载是纯电容性的，则首先出现的是电压的节点（电流的腹点）。

（三）行驻波状态

若传输线终端接有复数阻抗 $Z_l = R_l \pm \mathrm{j}X_l$， R_l 是电阻性的量（电阻）， $+\mathrm{j}X_l$ 和 $-\mathrm{j}X_l$（$X_l > 0$）分别表示电感性和电容性的量（感抗和容抗），此时从信号源传向负载的能量有一部分被负载所吸收，另一部分则被反射回去，即是说，在传输线上既有行波成分，又有驻波成分，因此称为行驻波状态，习惯上常简称为驻波状态。根据式（1.3－17）和式（1.3－22），电压和电流的复振幅分别为

$$U(z) = U^+(0)\mathrm{e}^{\mathrm{j}\beta z}\left[1+|\Gamma(0)|\mathrm{e}^{-\mathrm{j}(2\beta z-\varphi_{\Gamma_0})}\right]$$

$$I(z) = I^+(0)\mathrm{e}^{\mathrm{j}\beta z}\left[1-|\Gamma(0)|\mathrm{e}^{-\mathrm{j}(2\beta z-\varphi_{\Gamma_0})}\right]$$

它们的幅值分别为

$$|U(z)| = |U^+(0)|\sqrt{1+|\Gamma(0)|^2+2|\Gamma(0)|\cos(2\beta z-\varphi_{\Gamma_0})} \tag{1.3-57}$$

$$|I(z)| = |I^+(0)|\sqrt{1+|\Gamma(0)|^2-2|\Gamma(0)|\cos(2\beta z-\varphi_{\Gamma_0})} \tag{1.3-58}$$

由上式可知，电压和电流的幅值虽然也是距离 z 的函数，但其变化规律与短路线、开路线和纯电抗性的负载不同，即它不再是正（余）弦的规律，而是非正（余）弦的周期性的变化规律。由式（1.3－57）知，当 $2\beta z-\varphi_{\Gamma_0}=2n\pi$ 或 $z=\left(\varphi_{\Gamma_0}\dfrac{\lambda}{4\pi}\right)+n\lambda/2$ 时（n=0，1，2，3，…），$|U(z)|$ 具有最大值（腹点）

$$|U(z)|_{\max} = |U^+(0)|\left[1+|\Gamma(0)|\right] \tag{1.3-59}$$

当 $2\beta z-\varphi_{\Gamma_0}=(2n+1)\pi$ 或 $z=\left(\varphi_{\Gamma_0}\dfrac{\lambda}{4\pi}\right)+(2n+1)\lambda/4$ 时（n=0，1，2，3，…），$|U(z)|$ 具有最小值（节点）

$$|U(z)|_{\min} = |U^+(0)|\left[1-|\Gamma(0)|\right] \tag{1.3-60}$$

可见，腹点与节点相距 $\lambda/4$，或者说，在空间相位上差 $\pi/2$；而且，与纯驻波状态不同，$|U(z)|_{\max}$ 小于 $2|U^+(0)|$，$|U(z)|_{\min}$ 也不等于零。同样地，由式（1.3－58）可知，当 $2\beta z-\varphi_{\Gamma_0}=(2n+1)\pi$ 或 $z=\left(\varphi_{\Gamma_0}\dfrac{\lambda}{4\pi}\right)+(2n+1)\lambda/4$ 时（n=0，1，2，3，…），$|I(z)|$ 具有最大值（腹点），即

$$|I(z)|_{\max} = |I^+(0)|\left[1+|\Gamma(0)|\right] \tag{1.3-61}$$

当 $2\beta z-\varphi_{\Gamma_0}=2n\pi$ 或 $z=\left(\varphi_{\Gamma_0}\dfrac{\lambda}{4\pi}\right)+n\lambda/2$ 时（n=0，1，2，3，…），$|I(z)|$ 具有最小值（节点），

$$|I(z)|_{\min} = |I^+(0)|\left[1-|\Gamma(0)|\right] \tag{1.3-62}$$

腹点与节点相距 $\lambda/4$，或者说，在空间相位上差 $\pi/2$； $|I(z)|_{\max}$ 小于 $2|I^+(0)|$， $|I(z)|_{\min}$ 也不等于零。

由以上分析可知，在传输线上，电压的腹点即电流的节点，电压的节点即电流的腹点。

当传输线终端接有任意负载时，其反射系数根据式（1.3－9）可得

$$\Gamma(z)=\frac{U^-(z)}{U^+(z)}=\frac{Z_l-Z_c}{Z_l+Z_c}e^{-j2\beta z}=\Gamma(0)e^{-j2\beta z}$$

将 $Z_l=R_l\pm jX_l$ 代入上式中，则

$$\Gamma(0)=\frac{Z_l-Z_c}{Z_l+Z_c}=\frac{(R_l\pm jX_l)-Z_c}{(R_l\pm jX_l)+Z_c}=\frac{R_l^2-Z_c^2+X_l^2}{(R_l+Z_c)^2+X_l^2}\pm j\frac{2X_lZ_c}{(R_l+Z_c)^2+X_l^2} \tag{1.3-63}$$

$$=|\Gamma(0)|e^{j\varphi_{\Gamma_0}}$$

式中，$|\Gamma(0)|$ 和 φ_{Γ_0} 分别为

$$|\Gamma(0)|=\sqrt{\frac{(R_l-Z_c)^2+X_l^2}{(R_l+Z_c)^2+X_l^2}}<1 \tag{1.3-64a}$$

$$\varphi_{\Gamma_0}=\arctan\left(\frac{\pm 2X_lZ_c}{R_l^2+X_l^2-Z_c^2}\right) \tag{1.3-64b}$$

由此可知，当 $Z_l=R_l$ 时，则

$$|\Gamma(0)|=\frac{R_l-Z_c}{R_l+Z_c},\quad \varphi_{\Gamma_0}=0\text{或}\pi$$

若 $R_l>Z_c$，则

$$|\Gamma(0)|=\frac{R_l-Z_c}{R_l+Z_c},\quad \varphi_{\Gamma_0}=0 \tag{1.3-65}$$

根据式（1.3－25），驻波比 S 为

$$S=\frac{|U(z)|_{\max}}{|U(z)|_{\min}}=\frac{1+|\Gamma(0)|}{1-|\Gamma(0)|}=\frac{R_l}{Z_c} \tag{1.3-66}$$

若 $R_l<Z_c$，则

$$|\Gamma(0)|=\frac{Z_c-R_l}{Z_c+R_l},\quad \varphi_{\Gamma_0}=\pi \tag{1.3-67}$$

驻波比 S 为

$$S=\frac{1+|\Gamma(0)|}{1-|\Gamma(0)|}=\frac{Z_c}{R_l} \tag{1.3-68}$$

若 $R_l=Z_c$，则 $|\Gamma(0)|=0$，φ_{Γ_0} 不存在（没有意义），S=1。上述三种情况的行波系数 K，根据 K=1/S 可以很容易地得到，这里不再赘述。

当传输线终端接有任意负载阻抗时，其输入阻抗的表示式[即式（1.3－28）]为

$$Z_{in}(z)=Z_c\frac{Z_l+jZ_c\tan\beta z}{Z_c+jZ_l\tan\beta z}=R_{in}(z)+jX_{in}(z) \tag{1.3-69}$$

设式中的 $Z_l = R_l + \mathrm{j}X_l$，并将它代入式（1.3－69）中，然后将 $Z_{\text{in}}(z)$ 的实部 $R_{\text{in}}(z)$ 和虚部 $X_{\text{in}}(z)$ 分开，则得

$$\begin{aligned} R_{\text{in}}(z) &= {Z_{\text{c}}}^2 R_l \frac{\sec^2 \beta z}{(Z_{\text{c}} - X_l \tan\beta z)^2 + (R_l \tan\beta z)^2} \\ X_{\text{in}}(z) &= Z_{\text{c}} \frac{(Z_{\text{c}} - X_l \tan\beta z)(X_l + Z_{\text{c}} \tan\beta z) - {R_l}^2 \tan\beta z}{(Z_{\text{c}} - X_l \tan\beta z)^2 + (R_l \tan\beta z)^2} \end{aligned} \tag{1.3－70}$$

若 $Z_l = R_l - \mathrm{j}X_l$，则需要将上式中 X_l 前的符号变为相反的符号。由此式可知，在一般情况下，输入阻抗 $Z_{\text{in}}(z)$ 为复数。但是，当 $z = \left(\varphi_{\Gamma_0} \dfrac{\lambda}{4\pi}\right) + n\lambda/2$ 时（$n=0,1,2,3,\cdots$），即在电压的腹点（电流的节点）处，输入阻抗的模具有最大值，且为纯电阻性的，即

$$\left|Z_{\text{in}}(z)\right|_{\max} = R_{\max} = SZ_{\text{c}} \tag{1.3－71}$$

当 $z = \left(\varphi_{\Gamma_0} \dfrac{\lambda}{4\pi}\right) + (2n+1)\lambda/4$ 时，即在电压的节点（电流的腹点）处，输入阻抗的模具有最小值，且为纯电阻性的，即

$$\left|Z_{\text{in}}(z)\right|_{\min} = R_{\min} = KZ_{\text{c}} \tag{1.3－72}$$

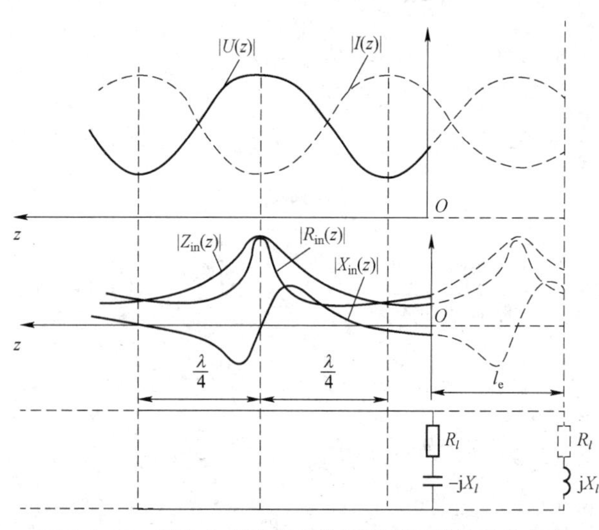

图 1.3－7　接有电感性或电容性负载时传输线的特性

图 1.3－7 是传输线终端接有复数阻抗 $Z_l = R_l \pm \mathrm{j}X_l$ 时的特性曲线。图中用虚、实线画出的负载分别表示电感性和电容性负载。从图中可以看出，如果已知 $Z_l = R_l + \mathrm{j}X_l$ 时，电压和电流的幅值以及输入阻抗等量沿传输线的分布曲线，那么，当 $Z_l = R_l - \mathrm{j}X_l$ 时，这些量沿传输线的分布曲线也就可以画出来了。因为电容性负载可以用终端接有电感性负载的一段长度为 l_{e} 的传输线的输入阻抗来等效（如图 1.3－7 中所示的 l_{e}），所以，只要从 $Z_l = R_l + \mathrm{j}X_l$ 时各量的分布曲线上“抹掉”与长度 l_{e} 相对应的那一部分，则剩下的部分即为 $Z_l = R_l - \mathrm{j}X_l$ 时各量的分布曲线。反之，若已知的是电容性负载时各量的分布曲线，那么，根据同样的道理也可画出电感性负载时各量的分布曲线。

传输线终端接有复数阻抗，这是最一般的情况，纯电抗性或纯电阻性负载是其特例。对于纯电抗性负载的情况，前面已讨论过，不再重述。对于纯电阻性负载 $Z_l = R_l (R_l \neq Z_{\text{c}})$，因为它也可以用终端接有复数阻抗的一段长度为 l_{e} 的传输线的输入阻抗来等效，因此可以推知，在这种情况下，电压和电流的幅值，以及输入阻抗等量沿传输线的分布曲线，其形状与 $Z_l = R_l \pm \mathrm{j}X_l$ 时的曲线基本相似，所不同的是，终端负载处不是复数阻抗，而是纯

电阻性的，而且，当 $Z_l = R_l > Z_c$ 时，终端负载处为电压腹点（电流节点），当 $Z_l = R_l < Z_c$ 时，终端负载处为电压节点（电流腹点）。图 1.3-8 是传输线终端接有纯电阻性负载时的特性曲线。

以上所讲的是，如果已知终端负载 $Z_l = R_l + \mathrm{j}X_l$ 时，电压和电流的幅值以及输入阻抗等量沿传输线的分布曲线，就可以推知 $Z_l = R_l - \mathrm{j}X_l$ 或 $Z_l = R_l(R_l \neq Z_c)$ 时的分布曲线。实际上，只要把图 1.3-7 与图 1.3-8 加以对照，即可看出，如果已知的是 $Z_l = R_l$ 的分布曲线，那么，同样可以推知负载 $Z_l = R_l \pm \mathrm{j}X_l$ 的分布曲线。由此可见，传输线终端接有复数阻抗时的工作状态，与接有纯电阻性负载时的工作状态虽然各有其特点，但是也有许多共同点。从前面讨论过的有关表示式和传输线特性曲线图中可知，这些共同点有：在传输线上，电压的腹点即电流的节点，电压的节点即电流的腹点，腹点与节点相距 $\lambda/4$；电压腹点处输入阻抗的模为最大，且为纯电阻性的（R_{max}），电压节点处输入阻抗的模为最小，也是纯电阻性的（R_{min}）；在线上每经过 $\lambda/4$ 的距离，输入阻抗可以由电感性的变换为电容性的，或者相反；也可以由 R_{max} 变换为 R_{min}，或者相反，这称为 $\lambda/4$ 传输线阻抗的变换性；在线上每经过 $\lambda/2$ 的距离，输入阻抗的性质和模保持不变，这称为 $\lambda/2$ 传输线阻抗的重复性。

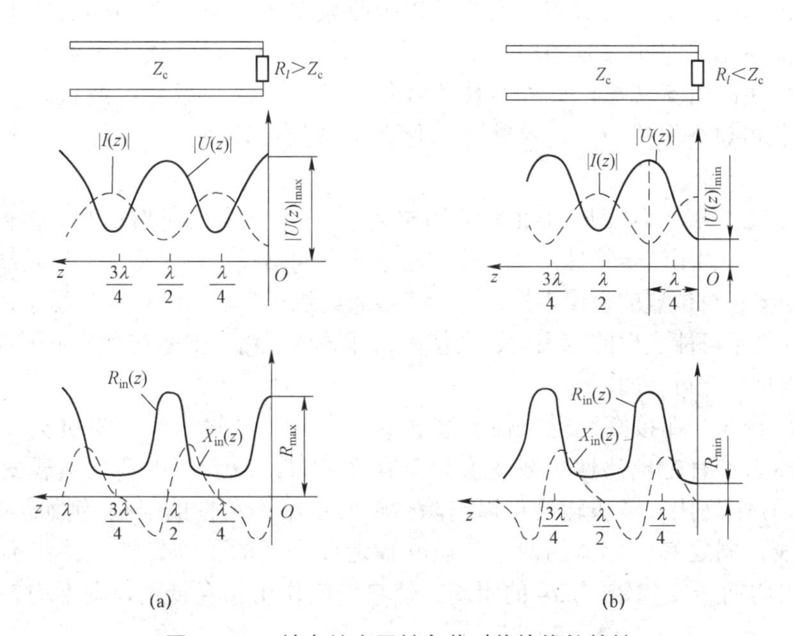

图 1.3-8　接有纯电阻性负载时传输线的特性

§1.4　应用举例

传输线理论在微波技术领域中的应用是很广泛的。在这里，我们只限于结合前几节所讲的内容举一些简单例子，以了解它的应用和加深对基本概念的理解。主要有两方面的应用：一是利用有限长度均匀、无耗传输线的一些特性，设计不同用途的元（器）件；二是利用这种理论解决传输线中能量传输中的一些问题。由于本书第 6 章将介绍各种常用（无源）微波元件，因此这里只着重于第二个问题的讨论，对于第一个问题只举几个简单的例子。

一、用作元、器件的有限长传输线

通过前面的讨论可以看到，一段有限长的传输线具有对终端电压和电流以及终端负载阻抗进行变换的作用。其中应用较多的是$\lambda/4$和$\lambda/2$传输线的阻抗变换作用。

（一）$\lambda/4$传输线

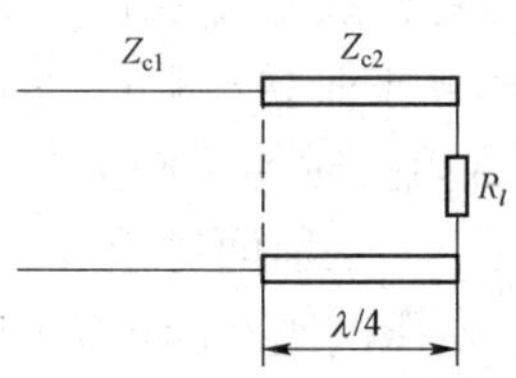

图1.4-1　$\lambda/4$阻抗变换器

当一个特性阻抗为Z_c的$\lambda/4$传输线终端接以纯电阻性负载R_l时，其始端输入阻抗$Z_{in}=Z_c^2/R_l$，即它具有变换电阻值的作用。利用这一特性，常把$\lambda/4$传输线作为阻抗匹配装置，如图1.4-1所示。若电阻性负载R_l不等于线的特性阻抗Z_{c1}，则线上有反射波存在；我们假定$\lambda/4$传输线的特性阻抗为Z_{c2}，则$\lambda/4$传输线始端的输入阻抗$Z_{in}=Z_{c2}^2/R_l$。为了在特性阻抗为Z_{c1}的传输线上不产生反射波，即处于行波（匹配）状态，可令$Z_{in}=Z_{c2}^2/R_l=Z_{c1}$，由此即可确定$Z_{c2}=\sqrt{Z_{c1}R_l}$。这种装置称为$\lambda/4$阻抗变换器。需要指出的是，在$\lambda/4$传输线段内不是行波，是驻波（因为$Z_{c2}\neq R_l$），当波由$R_l$处反射到$\lambda/4$传输线的始端时，和由于$Z_{c2}\neq Z_{c1}$而造成的反射波相互抵消，使传输线处于行波状态，负载可以吸收较多的功率。在同样条件下，行波状态时线上的电压要比驻波状态时的电压低，因此，传输线可以承载较大的功率，而且可以避免发生传输线的击穿现象。此外，传输线作为信导源的负载，行波状态还可以使信号源的输出功率和频率保持稳定。这就是为什么总希望传输线工作于行波状态的根本原因所在。

当$\lambda/4$传输线终端短路时，它的输入阻抗$Z_{in}=j\infty$，若将它并联在某一传输线上，对传输线无任何影响，利用这一特性，在传输大功率的硬同轴线中，常把$\lambda/4$短路线作为保持同轴线内、外导体相对位置的金属支撑，称为“金属绝缘子”，如图1.4-2所示，从低频电路的观点看，这是不可能实现的，因为这会使内、外导体短路，但是在微波范围内，理论和实践均已证明这是完全可行的。

当$\lambda/4$传输线终端接有纯电抗性负载$Z_l=\pm jX_l$时，其输入端的阻抗$Z_{in}=Z_c^2/\pm jX_l=\mp jZ_c^2/X_l$，即它具有把电感性负载变换为电容性负载，或者把电容性负载变换为电感性负载的作用。另外，利用$\lambda/4$传输线可以消除传输线中不均匀性的影响。例如，对于图1.4-3所示的同轴线，固定其内导体的两个介质支撑造成了线的不均匀性，并在不均匀处产生反射波，如果将两个支撑错开$\lambda/4$的距离，使它们的作用相互抵消，则不均匀性的影响也就消除了。

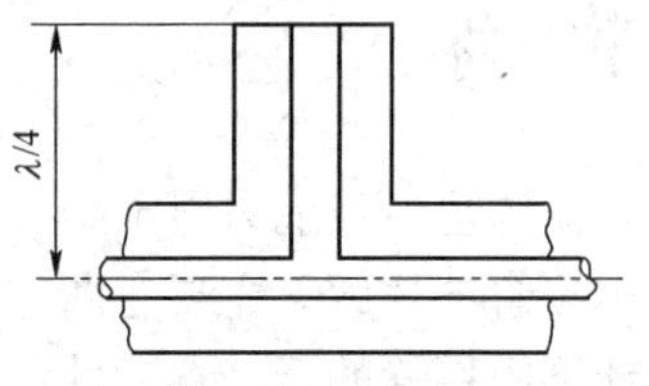

图1.4-2　$\lambda/4$“金属绝缘子”

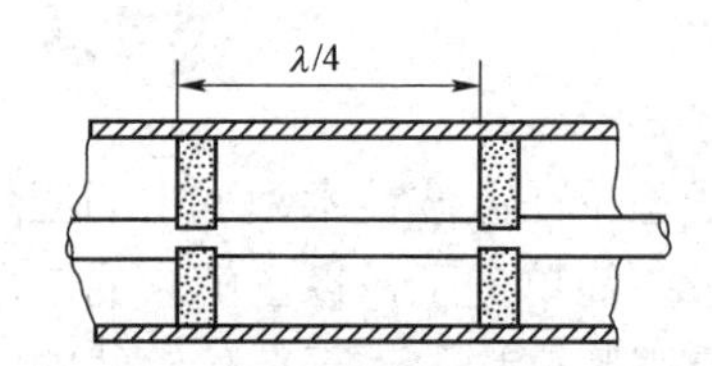

图1.4-3　利用$\lambda/4$传输线抵消不均匀性的影响

（二）$\lambda/2$ 传输线

对于 $\lambda/2$ 传输线而言，无论其终端接什么性质的负载，其始端的输入阻抗总是和负载阻抗相等，即它具有把终端负载原封不动地“搬到”始端的作用。下面举一个天线收发开关的例子来说明它的作用。

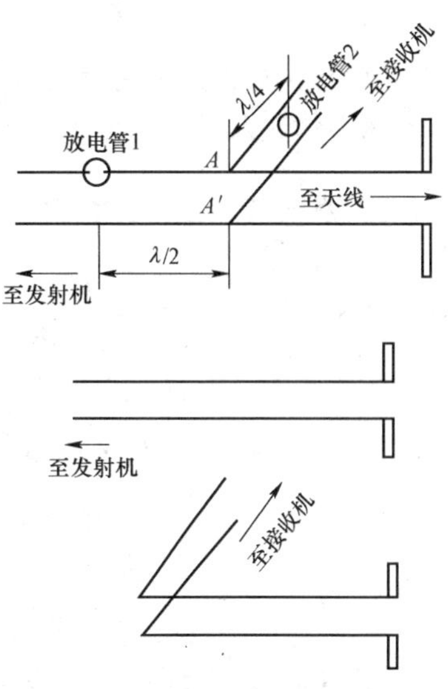

图 1.4－4　天线收发开关示意图

天线收发开关的作用是，当发射机工作时，它使发射机只和天线接通，能量传向天线；当发射机停止工作时，它使天线只和接收机接通，天线接收的能量只传向接收机。图 1.4－4 是这种装置的示意图。当发射机工作时，强功率的脉冲电压分别加到充气放电管 1 和 2 的两个电极上，使管内气体击穿，而近似地把两个极短接起来（短路状态），于是发射机和天线接通，能量传向天线，与此同时被短接起来的放电管 2 与其所接传输线构成了 $\lambda/4$ 短路线，使能量不能传向接收机。当发射机停止工作、天线处于接收状态时，两个放电管的两极之间近似于开路状态，从而把发射机与天线隔离开来，由于放电管 1 到截面 AA' 相距 $\lambda/2$，则从 AA' 向左看去的输入阻抗为无限大。因为天线接收的信号能量较弱，放电管内的气体不会被击穿，此时放电管 2 也是开路状态。所以，天线只和接收机接通。当发射机再次工作时，上述过程便重复一次。

二、在传输能量方面的应用举例

在这方面的主要应用有：根据已知负载 Z_l 求出反射系数 $\Gamma(z)$ 和驻波比 S，以了解由于波的反射而造成的功率损失和传输线所能承受的最大功率容量；负载阻抗 Z_l 与线的特性阻抗 Z_c 不相等时，应采取何种措施达到匹配；根据测得的驻波比 S 和电压幅值最小点（节点）的位置，用以确定线上某一横截面处的输入阻抗 $Z_{in}(z)$ 或终端负载 Z_l。所有这些，对于了解阻抗匹配的效果，以及元、器件的特性等，都是十分必要的。下面举几个例子。为此，首先要了解传输线传输功率的计算方法，然后再通过例题了解它的应用。

一般地讲，传输线的终端负载大都为复数阻抗，因此，信号源输出的功率有一部分功率被负载吸收（称为有功功率），另一部分则被负载反射回信号源（称为无功功率），此时线上的波为行驻波状态，这种状态可以看成由朝相反方向传输的两个行波相叠加而构成的。与此相对应，被负载吸收的功率 P，可以认为是由信号源朝负载方向传输的功率 P^+（入射功率）与由负载朝信号源方向传输的功率 P^-（反射功率）之差，即

$$
\begin{aligned}
P = P^+ - P^- &= \frac{1}{2}\left|U^+(z)\right|\left|I^+(z)\right| - \frac{1}{2}\left|U^-(z)\right|\left|I^-(z)\right| \\
&= \frac{1}{2Z_c}\left(\left|U^+(z)\right|^2 - \left|U^-(z)\right|^2\right) \\
&= \frac{1}{2Z_c}\left(\left|U^+(z)\right| + \left|U^-(z)\right|\right)\left(\left|U^+(z)\right| - \left|U^-(z)\right|\right)
\end{aligned}
$$

$$=\frac{1}{2Z_c}|U(z)|_{max}|U(z)|_{min}=\frac{1}{2Z_c}\frac{|U(z)|_{max}^2}{S}=\frac{1}{2Z_c}|U(z)|_{max}^2K \qquad (1.4-1)$$

这种计算方法的特点是物理意义明确，便于理解。另外一种计算方法则比较简单，对于 Z_c 为实数的无耗线，通过线上任意位置传向负载的有功功率是相同的。因此，可选取电压幅值的腹点或节点处来计算 P。在腹点，该处的输入阻抗为 SZ_c，则 $|I(z)|_{min}=\frac{|U(z)|_{max}}{SZ_c}$，所以，$P=\frac{1}{2}\frac{|U(z)|_{max}^2}{SZ_c}=\frac{1}{2}\frac{|U(z)|_{max}^2}{Z_c}K$。

在节点处 $P=\frac{1}{2}|U(z)|_{min}|I(z)|_{max}$，该处的输入阻抗为 KZ_c，则 $|I(z)|_{max}=\frac{|U(z)|_{min}}{KZ_c}$，所以

$$P=\frac{1}{2}\frac{|U(z)|_{min}^2}{KZ_c}=\frac{1}{2}|I(z)|_{max}^2KZ_c \qquad (1.4-2)$$

例 1.4－1 假设某一微波设备，欲采用内导体的外半径 a 为 4.5 mm、外导体的内半径 b 为 10 mm 的硬同轴线给负载馈电，工作波长为 10 cm，若已知负载 $Z_l=(48+j20)\Omega$，同轴线内填充的空气介质的电击穿强度为 3×10^3 V/mm，试求同轴线终端处的反射系数和线上的驻波比，并求出由于波的反射而造成的相对功率损失和线的最大功率容量。

解：① 反射系数和驻波比 S 的计算。根据式（1.2　26），同轴线的特性阻抗为 $Z_c=60\ln\frac{b}{a}\approx48\,\Omega$；根据反射系数和驻波比的公式，经计算得终端反射系数为 $\Gamma(0)\approx0.042+j0.2$，其模 $|\Gamma(0)|\approx0.204$；驻波比 $S=1+|\Gamma(0)|/(1-|\Gamma(0)|)\approx1.51$。

② 由反射波造成的功率损失的计算。若假定 $Z_l=Z_c$，而且同轴线是均匀无耗线，则全部入射功率将被负载所吸收，设信号源此时输出的功率为 P^+，其值为

$$P^+=\frac{1}{2}|U^+(0)||I^+(0)|=\frac{|U^+(0)|^2}{2Z_c}$$

按题意 $Z_l\neq Z_c$，有反射波存在，设反射功率为 P^-，其值为

$$P^-=\frac{1}{2}|U^-(0)||I^-(0)|=\frac{1}{2}|\Gamma(0)|^2|U^+(0)||I^+(0)|=|\Gamma(0)|^2P^+$$

由于波的反射而造成的相对功率损失为

$$\frac{|\Gamma(0)|^2P^+}{P^+}=|\Gamma(0)|^2\approx4.2\%$$

③ 最大功率容量的计算。这主要取决于空气的电击穿强度。空气能否被击穿，则视同轴线中最大电场强度的值是否超过空气的电击穿强度。在同轴线的横截面内，电场的分布是不均匀的，在内导体表面处为最强；而且，在纯驻波或行驻波的状态下，沿同轴线的纵向（轴向）电场的分布也是不均匀的，在电压幅值的最大点（腹点）为最强。可见，为了

确定最大功率容量，就得求出电压腹点处内导体表面处电场强度的值，并进而求出它与传输功率的关系。

我们已知，在静态场的情况下，同轴线内任一点电场强度的方向是沿半径 r 方向的，现在用 E 表示其大小，并设内导体外表面单位长度上的电荷量为 τ，则根据高斯定理应有

$$E=\frac{\tau}{2\pi\varepsilon_0 r}\quad(a\leqslant r\leqslant b)$$

当 $r=a$ 时，电场强度具有最大值，即

$$E_{\max}=\frac{\tau}{2\pi\varepsilon_0 a}$$

内、外导体之间的电压 U 为

$$U=\int_a^b \boldsymbol{E}\cdot \mathrm{d}\boldsymbol{r}=\int_a^b E\mathrm{d}r=\frac{\tau}{2\pi\varepsilon_0}\int_a^b\frac{\mathrm{d}r}{r}=\frac{\tau}{2\pi\varepsilon_0}\ln\frac{b}{a}$$

或

$$U=E_{\max}a\ln\frac{b}{a}=E_{\max}\frac{a}{60}Z_{\mathrm{c}}$$

上述公式虽然是在静态场的情况下导出的，但对于工作在 TEM 波情况下的时变场而言，无论是行波、纯驻波，还是行驻波，都是适用的。因为时变场与静态场在同轴线横截面内的场分布是完全一样的，所不同的是时变场随着时间而变化，而静态场不随时间变化。为了求出传输功率，可以把行驻波看成由朝相反方向传输的两个行波相叠加而成的。因此，根据式(1.4－1)，传输功率 P 可以写为

$$P=\frac{1}{2Z_{\mathrm{c}}}\left|U(z)\right|_{\max}\left|U(z)\right|_{\min}=\frac{1}{2Z_{\mathrm{c}}}\frac{\left|U(z)\right|_{\max}^2}{S}$$

式中的 $\left|U(z)\right|_{\max}$ 取决于空气的电击穿强度 E_{br}，它不能超过 $E_{\mathrm{br}}\dfrac{a}{60}Z_{\mathrm{c}}$，即 $\left|U(z)\right|_{\max}\leqslant E_{\mathrm{br}}\dfrac{a}{60}Z_{\mathrm{c}}$，将它代入 P 的表示式中，则得最大功率容量为

$$P\leqslant\frac{1}{2}\left(\frac{a}{60}\right)^2E_{\mathrm{br}}^2\frac{Z_{\mathrm{c}}}{S}$$

可见，P 与 S 成反比，这再次说明了匹配的重要性。将本例题中给出的 a、E_{br}、Z_{c} 和 S 代入上式中即得 $P\leqslant 805.35\ \mathrm{kW}$。

例 1.4－2　用特性阻抗 Z_{c} 为 50 Ω 的同轴线作为馈线，终端负载 $Z_l=(50+\mathrm{j}25)\ \Omega$，设工作波长 λ 为 10 cm，现欲在同轴线上并联一个短路支线，以获得匹配，试求支线的接入位置和支线的长度。

解： 为了获得匹配，在馈线上应选取其输入导纳为

$$Y_{\mathrm{in}}=G_{\mathrm{in}}+\mathrm{j}B_{\mathrm{in}}=Y_{\mathrm{c}}+\mathrm{j}B_1$$

的位置接入支线，然后选取短路支线的合适长度 l，使其输入电纳 $\mathrm{j}B_2=-\mathrm{j}B_1$，则由该位置向负载看去总的（等效）输入阻抗为 Z_c，从而达到了匹配，在本例题中已知 Z_l 的实部等于 Z_c，因此支线接入位置应选在距负载 $\lambda/4$ 处，该处的 Y_in 为

$$Y_\mathrm{in}=\frac{Z_l}{Z_\mathrm{c}^2}=(0.02+\mathrm{j}0.01)\ \mathrm{S}[西(门子)]$$

设短路支线的特性阻抗 Z_c 也为 50 Ω，则

$$\mathrm{j}B_2=\frac{1}{\mathrm{j}Z_\mathrm{c}\tan\beta l}=-\mathrm{j}0.01\ \mathrm{S}$$

由此可求得短路支线的长度 $l=0.176\lambda=1.76\ \mathrm{cm}$。

例 1.4－3 一个特性阻抗 Z_c 为 50 Ω 的同轴线，测得线上的驻波比 S 为 2，第一个电压波节点距终端负载为 0.666 个工作波长，试求终端负载等于多少？

解： 已知电压波节点处的输入阻抗为 Z_c/S，将它代入下式即可求出 Z_l：

$$Z_\mathrm{in}(z)=Z_\mathrm{c}\frac{Z_l+\mathrm{j}Z_\mathrm{c}\tan\beta l}{Z_\mathrm{c}+\mathrm{j}Z_l\tan\beta l}$$

式中的 $Z_\mathrm{in}(z)=Z_\mathrm{c}/S$， $\beta=2\pi/\lambda$， $z=0.666\lambda$，由此得

$$Z_l=(57.14-\mathrm{j}37.12)\ \Omega$$

§ 1.5 阻抗圆图和导纳圆图

在传输线问题的计算中，经常涉及求输入阻抗（或导纳）、负载阻抗（或导纳）、反射系数和驻波比等量，以及这些量之间的相互关系；还有阻抗匹配的问题。利用前面讲过的公式进行计算并不困难，但比较烦琐，若利用圆图计算，则较为方便；而且，圆图还可作为计算机辅助设计（CAD）中所用软件的组成部分，在微波工程设计中得到应用。但是，圆图不单是计算工具，更为重要的是，它把传输线的概念、参数之间的关系、阻抗匹配等问题形象而直观地融汇在一张图中，是一个“综合”和“总结”。学习圆图会进一步加深对传输线理论的理解和应用。

现在所讨论的圆图是由史密斯（L. Smith）于 1939 年绘制而成的，故名史密斯圆图。这是一个绘制于极坐标系中的圆图，为了绘图方便，也利用了直角坐标（例如，将反射系数和归一化阻抗用直角坐标表示）。还有一种绘制于直角坐标系中的圆图，因不常用，不予讨论；另外，这里讨论的圆图是针对均匀无耗线而言的，至于考虑到线本身损耗的圆图也不予讨论。本节首先讨论圆图的构成、应用举例，然后讨论导纳圆图。

我们在讨论圆图的构成和绘制的过程中利用了前面讲过的双导线传输线中的一些公式，虽然如此，但圆图的应用并不仅限于双导线传输线，对于其他类型（传输 TE 或 TM 模）的传输线也是完全适用的。这是因为不同类型的传输线只是其横截面上的场分布不同，而沿其轴线方向传输的都是一种波动（电磁波），它们之间没有本质上的区别。因此，从广义传输线的角度讲，圆图的应用具有普遍意义。

一、阻抗圆图

在传输线问题的计算中常涉及要求出输入阻抗 $Z_{\text{in}}(z)$ 与反射系数 $\Gamma(z)$ 的关系。为了省时和方便，就把传输线终端接有各种负载时，线上任意截面处的 $Z_{\text{in}}(z)$ 与 $\Gamma(z)$ 的关系曲线绘制出来，以供查用。这些曲线实际上就是一些圆（或圆的一部分），故名圆图。阻抗圆图包括三族圆：反射系数圆、电阻圆和电抗圆。

（一）反射系数圆

由式（1.3－11）知，反射系数为

$$\Gamma(z)=\frac{Z_l-Z_{\text{c}}}{Z_l+Z_{\text{c}}}\text{e}^{-\text{j}2\beta z}=\Gamma(0)\text{e}^{-\text{j}2\beta z} \tag{1.5-1}$$

式中

$$\Gamma(0)=\frac{Z_l-Z_{\text{c}}}{Z_l+Z_{\text{c}}} \tag{1.5-2}$$

这是传输线终端负载处（z=0）的反射系数，一般而言，它是一个复数，因此可写为

$$\Gamma(0)=\Gamma_{\text{r}}(0)+\text{j}\Gamma_{\text{i}}(0) \tag{1.5-3}$$

这样，就可以用复数平面上的点的坐标来描述 $\Gamma(0)$，如图 1.5－1 中的 A 点所示，它的横坐标为 $\Gamma_{\text{r}}(0)$，纵坐标为 $\Gamma_{\text{i}}(0)$。另外，也可把 $\Gamma(0)$ 写为指数形式

$$\Gamma(0)=|\Gamma(0)|\text{e}^{\text{j}\varphi_{\Gamma_0}} \tag{1.5-4}$$

即是说，$\Gamma(0)$ 也可用极坐标来描述，此时复数平面上表示 $\Gamma(0)$ 的点（如 A 点），是由模 $|\Gamma(0)|$ 和辐角 φ_{Γ_0} 确定的；从原点 O 至 A 点的长度 OA 表示 $\Gamma(0)$，OA 与实轴正方向之间的夹角即表示 φ_{Γ_0}。

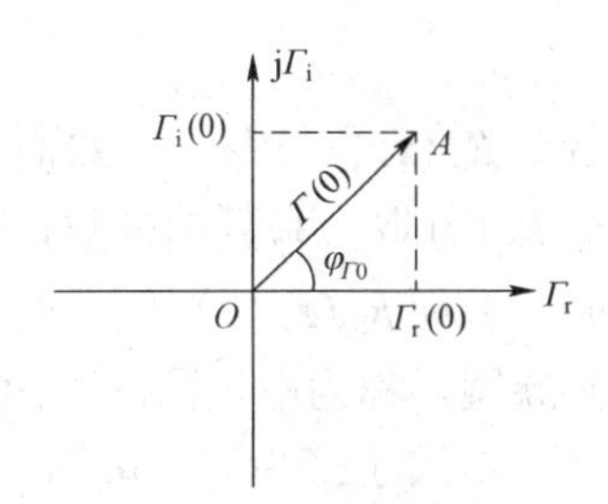

图 1.5－1　用复数平面上点的坐标描述反射系数

对于给定了终端负载 Z_l 的均匀无耗传输线而言，$\Gamma(z)$ 的模与 $\Gamma(0)$ 的模是相等的，仅差一个相角 $2\beta z$，如图 1.5－2 中的 OB 所示。当 βz 增加（实际上即 z 增加）时，即从线上的某一位置朝信号源的方向移动时，$\Gamma(z)$ 的相角连续地滞后，相当于沿顺时针方向旋转；反之，当 βz 减小时，即从线上的某位置朝负载方向移动时，$\Gamma(z)$ 的相角连续地超前，相当于沿逆时针方向旋转。旋转 360° 相当于沿传输线轴向的 z 坐标变化了半个波长的距离。当 z 的变化超过半个波长时，$\Gamma(z)$ 就又重复原来的变化轨迹。具体地说，对于给定的负载 Z_l，反射系数

$$\Gamma(z)=|\Gamma(0)|\text{e}^{-\text{j}(2\beta z-\varphi_{\Gamma_0})} \tag{1.5-5}$$

在复数平面上的变化轨迹是以坐标原点 O 为圆心，以 $|\Gamma(0)|$ 为半径的一个圆，这说明，对于无耗线，反射系数的模沿线各处都是相同的，而相角则是变化的。给定许多不同的 Z_l，就得到许多与之相对应的、具有不同半径和不同初相角的圆，如图 1.5－3 所示。

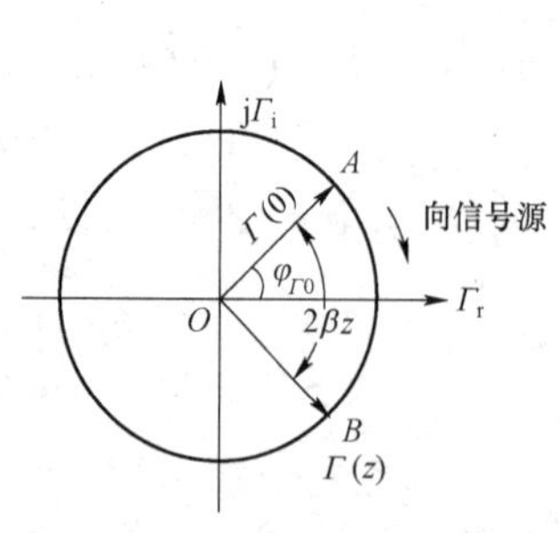

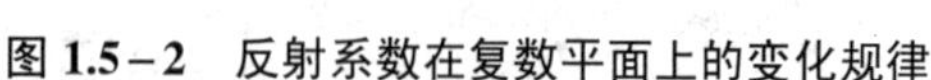
图 1.5－2　反射系数在复数平面上的变化规律

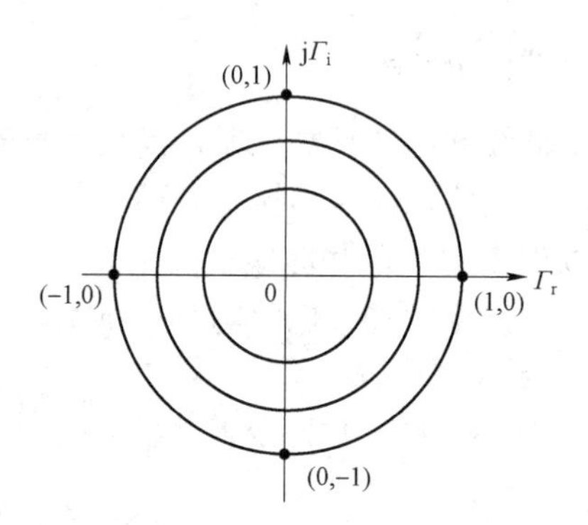

图 1.5－3　不同负载时的 $\Gamma(z)$

需要指出的是，在某些情况下，负载 Z_l 的改变并不引起 $|\Gamma(z)|$ 的改变，而只引起 $|\Gamma(z)|$ 相角的变化，因此同一个反射系数圆实际上代表着与许多 Z_l 相对应的 $|\Gamma(z)|$ 的轨迹。这些 Z_l 的共同点是：由它们引起的反射波的振幅值与入射波的振幅值之比（即 $|\Gamma(z)|$）都相等。因为反射波的振幅值最大时（全反射）只能等于而不会大于入射波的振幅值，所以无论 Z_l 如何变化，总是有 $0 \leqslant |\Gamma(z)| \leqslant 1$。

因为反射系数的模 $|\Gamma(z)|$ 与驻波比 S 是一一对应的，所以反射系数圆同时也是驻波比圆。

（二）电阻圆与电抗圆

根据 $Z_{\text{in}}(z)$ 与 $|\Gamma(z)|$ 的关系式就可以画出电阻圆和电抗圆。由式（1.3－28）可知，在一般情况下 $Z_{\text{in}}(z)$ 是一个复数阻抗，因此可以把它写为

$$Z_{\text{in}}(z) = R_{\text{in}}(z) + \text{j}X_{\text{in}}(z) \tag{1.5-6}$$

若令 $R_{\text{in}}(z)$ 保持某一常数而 $X_{\text{in}}(z)$ 可取任意值，则 $|\Gamma(z)|$ 在复数平面上的变化轨迹是一个圆，令 $R_{\text{in}}(z)$ 取一系列的常数，就得到与之对应的一族圆，称为电阻圆；若令 $X_{\text{in}}(z)$ 也取一系列的常数而 $R_{\text{in}}(z)$ 可取任意值，就可以得到与之对应的、描述 $|\Gamma(z)|$ 在复数平面上变化轨迹的另一族圆，称为电抗圆。下面分别讨论。

由式（1.3－30）可知

$$Z = Z_{\text{c}} \frac{1+\Gamma}{1-\Gamma} \tag{1.5-7}$$

为书写方便，此处略去了原式中的变量(z)和下标“in”。为使圆图具有通用性（对任意有限值的 Z_{c} 都适用），用 Z_{c} 去除式（1.5－7），就得到了归一化的输入阻抗 z，以及相应的归一化的电阻 r 和归一化电抗 x，归一化的量都用小写字母表示，即

$$z = \frac{Z}{Z_{\text{c}}} = \frac{R}{Z_{\text{c}}} + \text{j}\frac{X}{Z_{\text{c}}} = r + \text{j}x \tag{1.5-8}$$

对于 Γ 可写为

$$\Gamma = \Gamma_{\text{r}} + \text{j}\Gamma_{\text{i}} \tag{1.5-9}$$

将该式代入式（1.5－7）中之后，再根据式（1.5－8）即可得到

$$r + jx = \frac{1 + (\Gamma_r + j\Gamma_i)}{1 - (\Gamma_r + j\Gamma_i)} \tag{1.5-10}$$

将该式的实、虚部分开，并令等号两边的实、虚部分别相等，得

$$r = \frac{1 - \Gamma_r^2 - \Gamma_i^2}{(1 - \Gamma_r)^2 + \Gamma_i^2} \tag{1.5-11}$$

和

$$x = \frac{2\Gamma_i}{(1 - \Gamma_r)^2 + \Gamma_i^2} \tag{1.5-12}$$

将式（1.5－11）写为

$$\Gamma_r^2(1+r) + \Gamma_i^2(1+r) + r - 2\Gamma_r r = 1$$

再把它进一步改写为

$$\left(\Gamma_r - \frac{r}{1+r}\right)^2 + \Gamma_i^2 = \left(\frac{1}{1+r}\right)^2 \tag{1.5-13}$$

当取 r 为不同的常数时，该式在复数平面 $(\Gamma_r, j\Gamma_i)$ 上表示一族圆，即电阻圆。圆心坐标为 $\left(\frac{r}{1+r}, 0\right)$，半径为 $\frac{1}{1+r}$。若令式（1.5－13）中的 $\Gamma_i = 0$，并解出 Γ_r，即得圆族与实轴的交点分别为（1，0）和 $\left(\frac{r-1}{r+1}, 0\right)$，这说明所有的圆都在（1，0）点相切，图 1.5－4 给出了圆族中的某些图形。

同样地，式（1.5－12）可写为

$$(\Gamma_r - 1)^2 + \left(\Gamma_i - \frac{1}{x}\right)^2 = \left(\frac{1}{x}\right)^2 \tag{1.5-14}$$

当取 x（$+x$ 和 $-x$）为不同的常数时，该式在复数平面 $(\Gamma_r, j\Gamma_i)$ 上也表示一族圆，即电抗圆。圆心坐标为 $\left(1, \frac{1}{x}\right)$，半径为 $1/x$，所有的圆都在（1，0）点与实轴相切，图 1.5－5 给

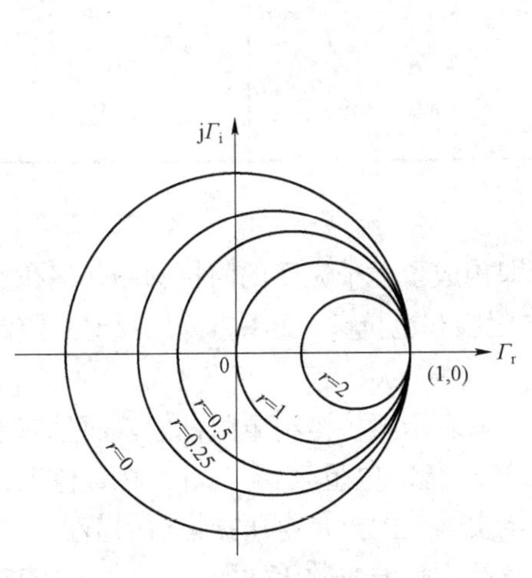

图 1.5－4　归一化的电阻圆图

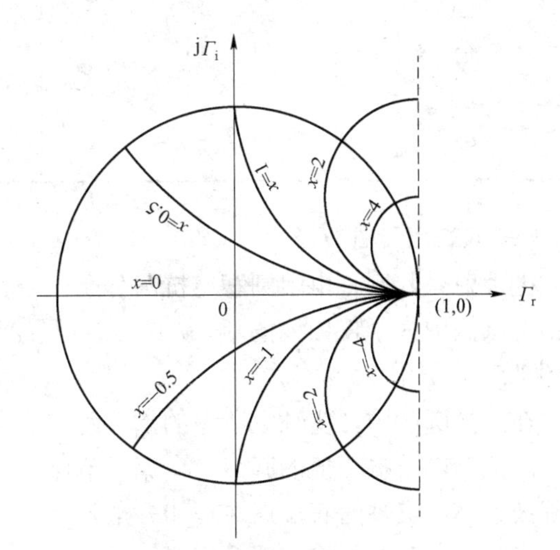

图 1.5－5　归一化的电抗圆图

出了圆族中的某些图形。由图 1.5－5 可知，单位圆（最大的图，即半径为 1 的图）上半部中的电抗曲线对应于感性电抗（$+\mathrm{j}x$），下半部中的电抗曲线对应于容性电抗（$-\mathrm{j}x$）。在表 1.5－1 和表 1.5－2 中分别列出了归一化电阻圆的圆心和半径，以及归一化电抗圆的圆心和半径的一些数据。

表 1.5－1　归一化电阻圆的圆心和半径

r	圆心坐标		半径
	$\Gamma_\mathrm{r}=\dfrac{r}{1+r}$	$\Gamma_\mathrm{i}=0$	$\dfrac{1}{1+r}$
0	0	0	1
1/4	1/5	0	4/5
1/2	1/3	0	2/3
1	1/2	0	1/2
2	2/3	0	1/3
4	4/5	0	1/5
∞	1	0	0

表 1.5－2　归一化电抗圆的圆心和半径

x	圆心坐标		半径
	$\Gamma_\mathrm{r}=1$	$\Gamma_\mathrm{i}=\dfrac{1}{x}$	$\dfrac{1}{x}$
0	1	∞	∞
±0.25	1	±4	4
±0.5	1	±2	2
±1	1	±1	1
±2	1	±1/2	1/2
±4	1	±1/4	1/4
∞	1	0	0

（三）阻抗圆图

把反射系数圆、电阻圆和电抗圆都绘在一起，即构成了一个完整的阻抗圆图（但在实际应用的圆图中为了使曲线清晰、易看，通常只绘出电阻圆和电抗圆，而不再绘出反射系数圆），如图 1.5－6 所示。

在阻抗圆图中，实轴上所有的点（两个端点除外）表示阻抗是纯电阻性的，而且右半实轴上的点是电压振幅值的腹点（电流的节点），该点归一化的电阻 r（$r_{\max}>1$）在数值上就等于驻波比 S，实轴的右端点（1，0）是开路点；左半实轴上的点是电压振幅值的节点（电流的腹点），该点归一化的电阻 r（$r_{\min}<1$）在数值上就等于行波系数 K（即 $1/S$），实轴的左端

点（−1，0）是短路点。坐标原点（0，0）处的$|\Gamma(z)|=0, x=0, r=1, S=1$，是匹配点。单位圆周界上$|\Gamma(z)|=1$的点（实轴的两个端点除外），$r=0$，表示纯电抗。

插图（见书中插页）是工程计算中实际应用的阻抗圆图。电阻圆与电抗圆的交点表示所求的归一化阻抗，从圆心到该点连一直线并将其延长与单位圆周界外的刻度圆相交，交点处的值即为该归一化阻抗所在位置对应的相对波长数。实际的阻抗是归一化阻抗再乘以传输线的特性阻抗 Z_c 所得出的阻抗。在实际应用的圆图中，r 的值标注在电阻圆与实轴的交点处，以及与 $x=\pm1$ 的电抗圆的交点处；x 的值标注在电抗圆与 r=0 或 r=1 的电阻圆的交点处；在$|\Gamma(z)|=1$的单位圆周界外面标注着距离 z 相对于波长的数值，该值的零点（起始位置）选在极坐标中 π 弧度的位置。

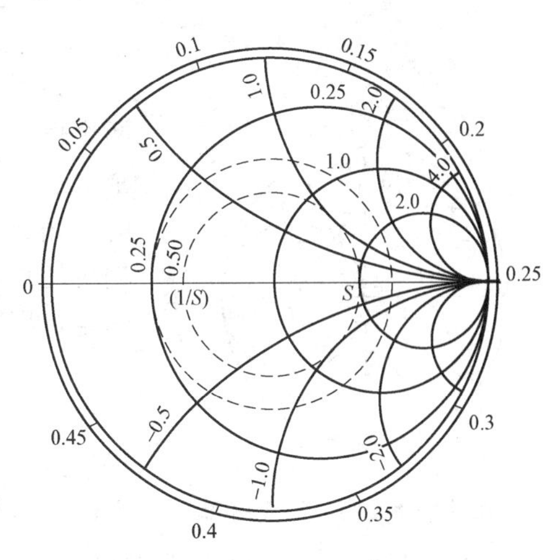

图 1.5−6　阻抗圆图

如上所说，在实际应用的阻抗圆图中，为了避免因画过多的曲线而影响图的清晰度，而不再画出等反射系数圆。但是，仍然可以从圆图中求出反射系数来。$|\Gamma(z)|$的最小值是零，最大值是 1，$|\Gamma(z)|$的其他值可以按比例求出，反射系数的相角可以从圆图上标注的角度中求出。用另外一种方法也可以求出反射系数，因为$|\Gamma(z)|$为常数的圆是以（0，0）为圆心的一族同心圆，圆的半径（即$|\Gamma(z)|$），可以通过这些圆与实轴的交点来确定：在右半实轴上，与交点处的$|\Gamma(z)|$相对应的驻波比 S，它在数值上就等于经过交点的电阻圆 r 的值；在左半实轴上，与交点处的$|\Gamma(z)|$相对应的行波系数 K（即 $1/S$），它在数值上就等于经过交点的电阻圆 r 的值。这样，根据式（1.3−26）或式（1.3−27b）就可求出反射系数的模$|\Gamma(z)|$，其相角可以从圆图上标注的角度求出来。因为传输线的输入阻抗每经过 $\lambda/2$ 的距离即重复一次，所以环绕圆周一周的长度为 $\lambda/2$。另外，在使用圆图时应注意旋转方向。如图 1.5−7（a）所示，传输线距离坐标 z 的零点在终端负载 Z_l 处，根据式（1.3−11）可知，从线上某处 A 向 B 处移动时，反射系数的相角会随着 z 的增加而滞后；若从 A 处向 C 处移动，反射系数的相角会随着 z 的减少而超前。了解这一点，对于圆图的使用是很重要的。例如，已知 A 处归一化的阻抗 z_A 位于圆图中的 A 点（见图 1.5−7（b）），欲求 B 处的归一化阻抗 z_B，应从 A 点开始沿等$|\Gamma|$圆、根据 AB 之间距离相对于波长 λ 的值、顺时针转到 B 点，该点的阻抗即为 z_B；同理，若欲求 C 处的归一化阻抗 z_C，则应从 A 点开始逆时针方向转到 C 点，该点的阻抗即为 z_C。

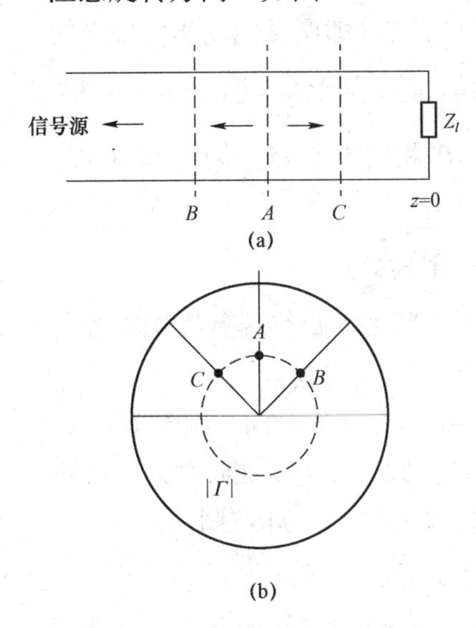

图 1.5−7　圆图旋转方向示意图

二、阻抗圆图应用举例

例 1.5−1　一个特性阻抗 Z_c 为 50 Ω 的传输线，已知线上某位置的输入阻抗 $Z_{in}=(50+\mathrm{j}47.4)\Omega$，试求该处的反射系数 Γ。

解：归一化的阻抗为

$$z_{\text{in}}=\frac{Z_{\text{in}}}{Z_{\text{c}}}\approx 1+\text{j}0.95$$

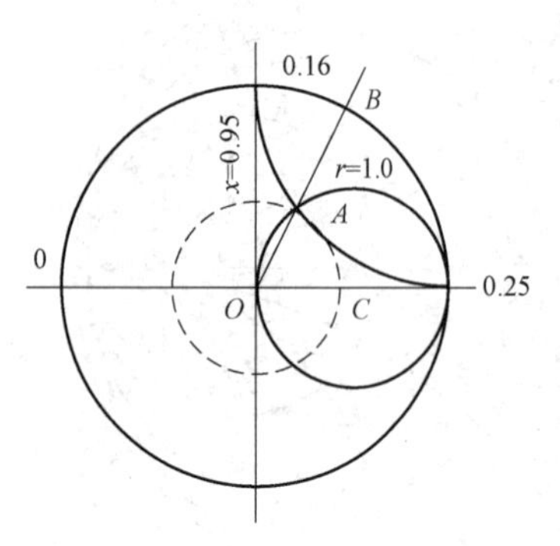

图 1.5－8　例 1.5－1 用图

如图 1.5－8 所示，首先从圆图中找到 r=1 和 x=0.95 这两个圆的交点 A，A 点即表示 $z_{\text{in}}\approx 1+\text{j}0.95$；然后从原点 O 至 A 作连线 OA，其长度即表示 $|\varGamma|$，OA 与实轴正方向之间的夹角 $\varphi_\varGamma$ 表示 $\varGamma$ 的相角。$\varphi_\varGamma$ 可以根据 B 点（OA 延长线与刻度圆的交点）处的相对波长数与正实轴处波长数之差来确定，即

$$\varphi_\varGamma=2\beta(0.25\lambda-0.16\lambda)=0.36\pi\ \text{rad}=64.8^\circ$$

另外，也可以从圆图上所标注的角度中直接求出 $\varphi_\varGamma$。$|\varGamma|$ 可以通过驻波比 S 来计算，以 OA 为半径，以 O 点为圆心作圆交右半实轴于 C 点，该点 S 的读数（在数值上等于该点的 r）为 2.5，则

$$|\varGamma|=\frac{S-1}{S+1}\approx 0.43$$

反射系数 $\varGamma\approx 0.43\angle 64.8^\circ$

例 1.5－2　已知传输线的特性阻抗 Z_{c} 为 50 Ω，终端负载阻抗 $Z_l=(30+\text{j}10)\ \Omega$，试求距终端负载 $\lambda/3$ 处的输入阻抗 Z_{in}。

解：归一化的负载阻抗为

$$z_l=\frac{30+\text{j}10}{50}=0.6+\text{j}0.2$$

如图 1.5－9 所示，在圆图中找到 $z_l=0.6+\text{j}0.2$ 的点 A，从原点 O 开始过 A 作一直线，并延长此线与标有相对长度的刻度圆相交于 B 点，从电压振幅值的波节点（即圆图的左半实轴上的点）算起，该点读数为 0.047λ，将 OB 顺时针方向旋转 $2\beta\dfrac{\lambda}{3}=\dfrac{4\pi}{3}\text{rad}$，落于 $\dfrac{\lambda}{3}+0.047\lambda\approx 0.38\lambda$ 处的 B' 点。以 O 点为圆心、OA 为半径作一圆（等 $|\varGamma|$ 图），与 OB' 相交于 C 点，该点的 r=0.83，x=－0.5，即 $z_{\text{in}}=0.83-\text{j}0.5$，则

$$Z_{\text{in}}=z_{\text{in}}Z_{\text{c}}=(0.83-\text{j}0.5)\times 50\ \Omega=(41.5-\text{j}25)\ \Omega$$

例 1.5－3　在特性阻抗 Z_{c} 为 50 Ω 的传输线上测得驻波比 S 为 2.5，距终端负载 0.2λ 处是电压振幅值的节点，试求终端负载 Z_l。

解：电压节点处的归一化阻抗在数值上为 K=1/S=1/2.5=0.4，即 $z_{\text{in}}=r=0.4$。如图 1.5－10 所示，在圆图的左半实轴上找到与 $r=0.4$ 相对应的点 A，在等 S 圆上将 OA 逆时针方向旋转 $2\beta\times 0.2\lambda=(4\pi/5)\text{rad}$，得线段 OB，B 点处的归一化阻抗为 $z_l=1.67-\text{j}1.04$，则

$$Z_l=z_lZ_{\text{c}}=(1.67-\text{j}1.04)\times 50\ \Omega=(83.5-\text{j}52)\ \Omega$$

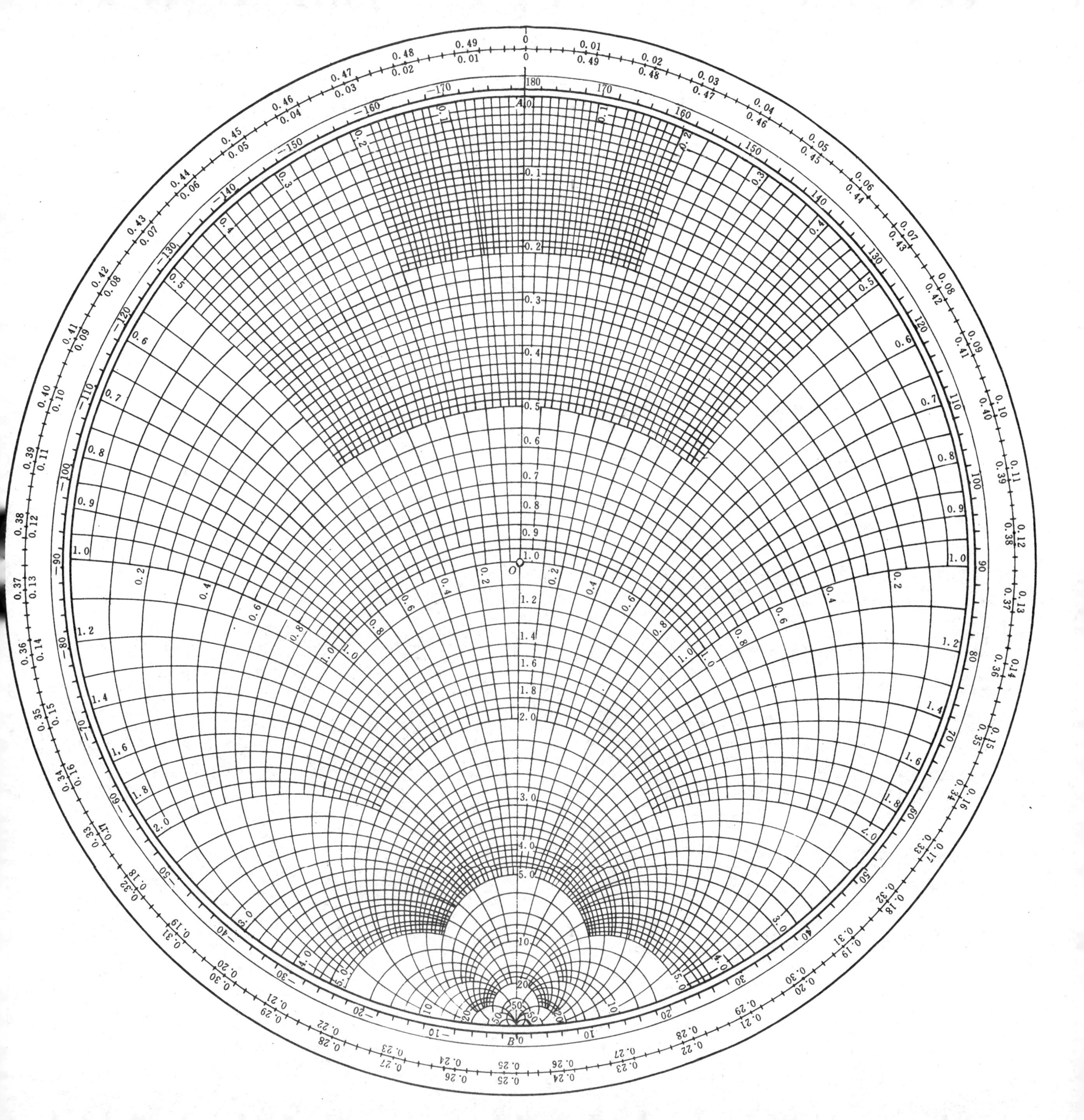

A
O
B
0
0.01
0.02
0.03
0.04
0.05
0.06
0.07
0.08
0.09
0.10
0.11
0.12
0.13
0.14
0.15
0.16
0.17
0.18
0.19
0.20
0.21
0.22
0.23
0.24
0.25
0.26
0.27
0.28
0.29
0.30
0.31
0.32
0.33
0.34
0.35
0.36
0.37
0.38
0.39
0.40
0.41
0.42
0.43
0.44
0.45
0.46
0.47
0.48
0.49
180
170
160
150
140
130
120
110
100
90
80
70
60
50
40
30
20
10
−10
−20
−30
−40
−50
−60
−70
−80
−90
−100
−110
−120
−130
−140
−150
−160
−170
0.1
0.2
0.3
0.4
0.5
0.6
0.7
0.8
0.9
1.0
1.2
1.4
1.6
1.8
2.0
3.0
4.0
5.0
10
20
50

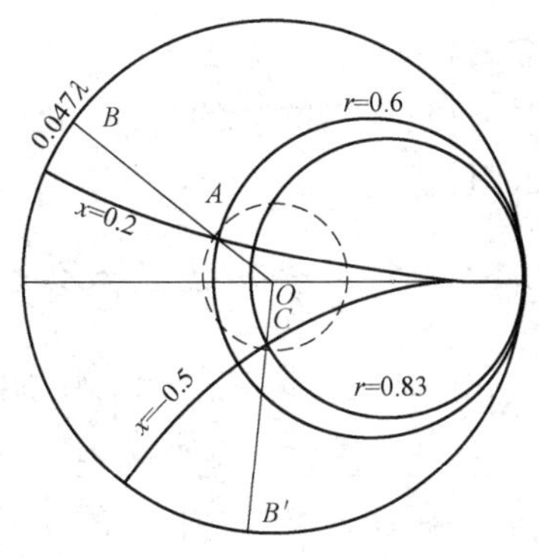

图 1.5－9　例 1.5－2 用图

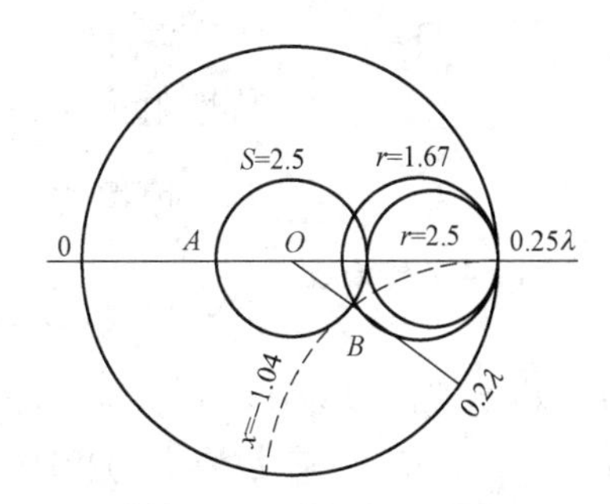

图 1.5－10　例 1.5－3 用图

例 1.5－4　一传输线的特性阻抗 Z_c 为 50 Ω，终端负载 $Z_l = (100 - \mathrm{j}75)\ \Omega$，问在距终端多远处向负载方向看去的输入阻抗 $Z_{in} = 50 + \mathrm{j}X$ ？

解：归一化的负载阻抗为

$$z_l = \frac{Z_l}{Z_c} = \frac{100 - \mathrm{j}75}{50} = 2 - \mathrm{j}1.5$$

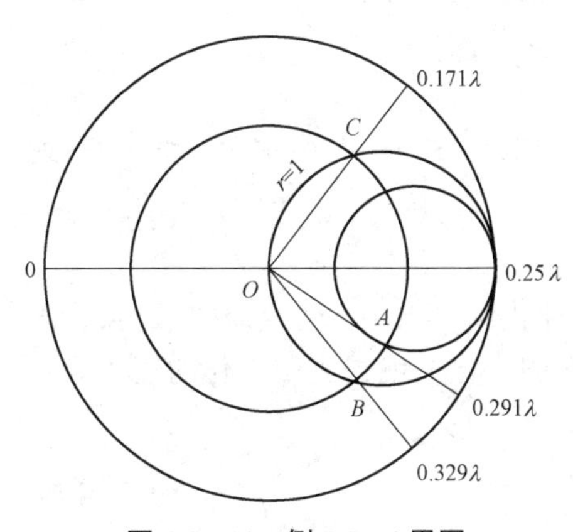

图 1.5－11　例 1.5－4 用图

如图 1.5－11 所示，在圆图上找到与 z_l 对应的点 A，对应的相对波长数为 0.291λ。需要求的归一化的输入阻抗为

$$z_{in} = \frac{Z_{in}}{Z_c} = \frac{50 + \mathrm{j}X}{50} = 1 + \mathrm{j}x$$

可见，z_{in} 一定在 r=1 的电阻圆上。以 O 点为圆心、OA 为半径作一圆，与 r=1 的圆相交于 B 和 C 两点，对应的相对波长数分别为 0.329λ 和 0.171λ。这样，就得到了两个位置：B 点和 C 点。B 点距终端为

$$(0.329 - 0.291)\lambda = 0.038\lambda$$

B 点处的输入阻抗为

$$Z_{in} = z_{in} Z_c = (1 - \mathrm{j}1.28) \times 50\ \Omega = (50 - \mathrm{j}64)\ \Omega$$

C 点距终端为

$$(0.5 - 0.291 + 0.171)\lambda = 0.38\lambda$$

C 点处的输入阻抗为

$$Z_{in} = z_{in} Z_c = (1 + \mathrm{j}1.28) \times 50\ \Omega = (50 + \mathrm{j}64)\ \Omega$$

三、导纳圆图

在实际工作中，除了需要求出传输线上某一位置的输入阻抗外，有时为了计算方便起见，还需要求出它的输入导纳。此外，在微波电路中会经常遇到并联电路或并联元件，此时利用导纳来计算较为方便。利用圆图求导纳有两种方法：一种是利用阻抗圆图求导纳；另一种是直接利用导纳圆图求导纳。

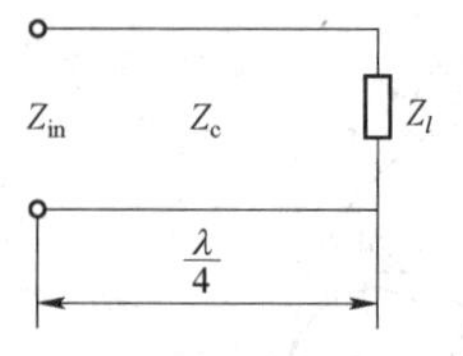

图 1.5－12　长为 λ/4 的传输线

1. 利用阻抗圆图求导纳

图 1.5－12 是其终端接有负载阻抗 Z_l 的长为 λ/4 的传输线，特性阻抗为 Z_c，始端输入阻抗为 Z_{in}。

根据式（1.3－28）可知，$Z_{in}=\dfrac{Z_c^2}{Z_l}$，$Z_{in}Z_l=Z_c^2$，等号两端同除以 Z_c^2，得 $z_{in}z_l=1$，我们知道，阻抗与导纳互为倒数关系，即 $y_lz_l=1$，将两式加以对比，可知 $y_l=z_{in}$。这说明，传输线上任意位置的归一化输入导纳（$y_{in}=Y/Y_c=g\pm jb$），在数值上与相隔 λ/4 位置的归一化输入阻抗是相等的，所以，为了求出某位置的归一化输入导纳，可先在阻抗圆图上找到与该位置的归一化输入阻抗相对应的点，以该点至坐标原点的连线为半径作圆，再将该点沿圆周旋转 π rad，相当于 z 变化了 λ/4 的距离，得到一个新的点，此点所对应的 r 在数值上就等于所求的归一化导纳中的电导 g，此点所对应的 x 在数值上就等于所求的归一化导纳中的电纳 b。这样，就得到了线上某位置的归一化的输入导纳 y_{in} 为

$$y_{in}=g\pm jb \tag{1.5-15}$$

式中的 jb（$b>0$），其前可能是“+”号（在圆图上半圆内），也可能是“－”号（在圆图下半圆内）。这就是利用阻抗圆图求导纳的方法。

2. 利用导纳圆图求导纳

利用 $\Gamma_i(z)=-\Gamma(z), Y_{in}(z)=1/Z_{in}(z), Y_c=1/Z_c$ 以及式（1.3－30），可得输入导纳 $Y_{in}(z)$ 为

$$Y_{in}(z)=Y_c\frac{1+\Gamma_i(z)}{1-\Gamma_i(z)} \tag{1.5-16}$$

该式在形式上与式（1.3－30）是完全一样的，只不过是把原来的电压反射系数 $\Gamma(z)$ 换为现在的电流反射系数 $\Gamma_i(z)$，阻抗换为导纳。把上式对 Y_c 归一化，就得到归一化的输入导纳 $y_{in}(z)$ 为

$$y_{in}(z)=\frac{1+\Gamma_i(z)}{1-\Gamma_i(z)} \tag{1.5-17}$$

由此式，或者把前面讲过的表示 $Z_{in}(z)$ 的式（1.3－28）与表示 $Y_{in}(z)$ 的式（1.3－29）加以对照，即可看出，它们的数学表示式在形式上是相同的，因此，导纳圆图与阻抗圆图的图形应该是完全一样的，但图中曲线所表示的意义是不相同的。就是说，如果将阻抗圆图中的电阻 r 换为电导 g，电抗 x 换为电纳 b（即+jx 换为+jb，－jx 换为－jb），电压反射系数 $\Gamma(z)$ 换为电流反射系数 $\Gamma_i(z)$，就得到了导纳圆图。因为 $\Gamma_i(z)=-\Gamma(z)$，所以原来在阻抗圆图上是电压振幅值腹点（电流节点）的位置，在导纳圆图上则应是电流振幅值的腹点（电压节点）；同理，在阻抗圆图上是电压振幅值节点（电流腹点）的位置，在导纳圆图上则应是电流振幅值的节点（电压腹点）；原来在阻抗圆图上是开路点和短路点的位置，在导纳圆图上则应分别为短路点和开路点的位置；两种圆图的匹配点都是坐标原点。图 1.5－13 是为了将这两种圆图加以对比而画出的阻抗圆图和导纳圆图的简单示意图，还有一些可对比的量在图中并未画出。

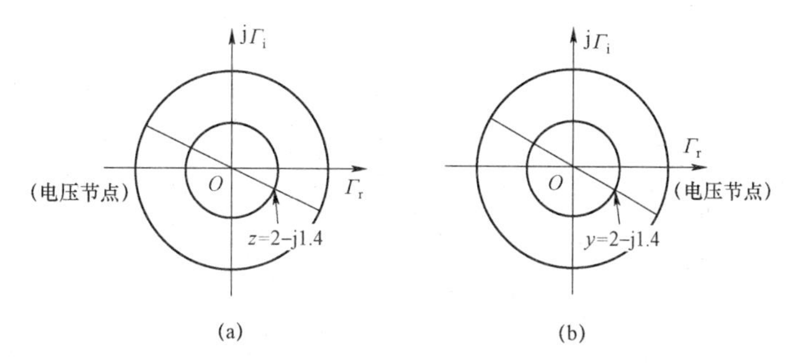

图 1.5－13　阻抗圆图与导纳圆图

（a）阻抗圆图；（b）导纳圆图

§1.6　阻 抗 匹 配

一、阻抗匹配的概念

阻抗匹配是微波技术中经常遇到的问题。为了使信号源输出最大功率，则要求信号源的内阻抗与传输线始端的输入阻抗互为共轭复数；为了使终端负载吸收全部入射功率，而不产生反射，则要求终端负载与传输线的特性阻抗相等；为了使信号源工作稳定，则要求没有或很少有返回信号源的波。所有这些都是阻抗匹配要解决的问题。本节将着重讨论终端负载与传输线之间的阻抗匹配问题，其中，涉及的所有传输线都认为是均匀无耗传输线。

（一）阻抗匹配的三种情况

图 1.6－1 是由信号源、传输线和终端负载所构成的一个传输系统的示意图［见图 1.6－1（a)］和等效电路图［见图 1.6－1（b)］。现在讨论这个系统的匹配问题，我们把它分为三种匹配情况，分别加以讨论。

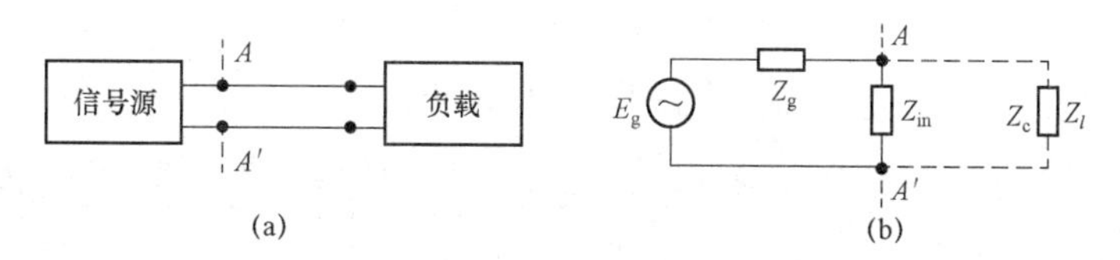

图 1.6－1　信号源、传输线、负载传输系统示意图及其等效电路

设信号源的电压为 E_g，内阻抗 $Z_g = R_g + jX_g$，从传输线始端 AA' 截面处朝负载方向看去的输入阻抗为 $Z_{in} = R_{in} + jX_{in}$，$AA'$ 两点之间的电压为 V_{in}，流经 Z_{in} 的电流为 I_{in}，传输线的特性阻抗为 Z_c（实数），终端负载为 Z_l。这样，信号源供给负载的有功功率 P 即为

$$P = \frac{1}{2}\mathrm{Re}(V_{in}I_{in}^*) = \frac{1}{2}|V_{in}|^2\mathrm{Re}\left(\frac{1}{Z_{in}}\right) = \frac{1}{2}|E_g|^2\left|\frac{Z_{in}}{Z_{in}+Z_g}\right|^2\mathrm{Re}\left(\frac{1}{Z_{in}}\right) \qquad (1.6-1)$$

式中，Re 表示取复数功率的实部，考虑到 V_{in} 与 I_{in} 之间的相位差，电流 I_{in} 应取其共轭复数 I_{in}^*。将 Z_g 与 Z_{in} 代入上式中，并加以整理，得

$$P=\frac{1}{2}\left|E_{\mathrm{g}}\right|^{2}\frac{R_{\mathrm{in}}}{(R_{\mathrm{in}}+R_{\mathrm{g}})^{2}+(X_{\mathrm{in}}+X_{\mathrm{g}})^{2}} \tag{1.6-2}$$

根据这个公式，对三种不同的匹配情况进行讨论。

（1）负载与传输线是匹配的。即 $Z_l=Z_{\mathrm{c}}=Z_{\mathrm{in}}$，终端负载处的反射系数 $\Gamma_l=0$，驻波比 S=1，传输线处于行波状态，传输功率为

$$P=\frac{1}{2}\left|E_{\mathrm{g}}\right|^{2}\frac{Z_{\mathrm{c}}}{(Z_{\mathrm{c}}+R_{\mathrm{g}})^{2}+X_{\mathrm{g}}^{2}} \tag{1.6-3}$$

（2）信号源内阻抗与传输线始端的输入阻抗是相等的，即 $Z_{\mathrm{in}}=Z_{\mathrm{g}}$，在线的始端，从电源朝负载看去的反射系数为零，但 Z_l 不一定等于 Z_{c}，因此，线上有可能是行驻波状态，传输功率为

$$P=\frac{1}{2}\left|E_{\mathrm{g}}\right|^{2}\frac{R_{\mathrm{g}}}{4(R_{\mathrm{g}}^{2}+X_{\mathrm{g}}^{2})} \tag{1.6-4}$$

（3）信号源的内阻抗与传输线始端的输入阻抗为共轭匹配，即 $Z_{\mathrm{in}}^{*}=Z_{\mathrm{g}}$，我们假定 E_{g} 是给定的，若希望 P 为最大值，Z_{in} 该是多少?下面将证明，当 $Z_{\mathrm{in}}^{*}=Z_{\mathrm{g}}$ 时 P 有最大值。为此，利用式（1.6-2），分别对 R_{in} 和 X_{in} 求偏导数，并令其等于零，即

$$\frac{\partial P}{\partial R_{\mathrm{in}}}=\frac{1}{(R_{\mathrm{in}}+R_{\mathrm{g}})^{2}+(X_{\mathrm{in}}+X_{\mathrm{g}})^{2}}+\frac{-2R_{\mathrm{in}}(R_{\mathrm{in}}+R_{\mathrm{g}})}{\left[(R_{\mathrm{in}}+R_{\mathrm{g}})^{2}+(X_{\mathrm{in}}+X_{\mathrm{g}})^{2}\right]^{2}}=0 \tag{1.6-5}$$

由此得

$$R_{\mathrm{g}}^{2}-R_{\mathrm{in}}^{2}+(X_{\mathrm{in}}+X_{\mathrm{g}})^{2}=0 \tag{1.6-6}$$

$$\frac{\partial P}{\partial X_{\mathrm{in}}}=\frac{-2X_{\mathrm{in}}(X_{\mathrm{in}}+X_{\mathrm{g}})}{\left[(R_{\mathrm{in}}+R_{\mathrm{g}})^{2}+(X_{\mathrm{in}}+X_{\mathrm{g}})^{2}\right]^{2}}=0 \tag{1.6-7}$$

由此得

$$X_{\mathrm{in}}(X_{\mathrm{in}}+X_{\mathrm{g}})=0 \tag{1.6-8}$$

对式（1.6-6）和式（1.6-8）联立求解，得 $R_{\mathrm{in}}=R_{\mathrm{g}}$，$X_{\mathrm{in}}=-X_{\mathrm{g}}$，即 $Z_{\mathrm{in}}^{*}=Z_{\mathrm{g}}$ 时，P 有最大值，此时 P 为

$$P=\frac{1}{2}\left|E_{\mathrm{g}}\right|^{2}\frac{1}{4R_{\mathrm{g}}} \tag{1.6-9}$$

在实际工作中，可以通过阻抗变换的方法来调整 Z_{in}，使之能够满足共轭匹配的要求。将上述三种匹配情况加以比较即可看出，第三种情况信号源输出的功率为最大，从等效电路看，整个回路的阻抗没有电抗性成分，只有电阻性的阻抗，即不存在无功功率，而只有有功功率。同时，还可以看出，若 $R_{\mathrm{in}}=R_{\mathrm{g}}$，$X_{\mathrm{in}}=X_{\mathrm{g}}=0$，则（2）与（3）的情况是等效的，此时信号源输出的功率也是最大的。除了上述的三种匹配情况外，还有另一种情况，即 $Z_l=Z_{\mathrm{c}}=Z_{\mathrm{g}}$，信号源与传输线、传输线与终端负载都处于匹配状态，此时 P 为

$$P=\frac{1}{2}\left|E_{\mathrm{g}}\right|^{2}\frac{1}{4Z_{\mathrm{c}}} \tag{1.6-10}$$

从等效电路可以看出，信号源的功率有一半消耗在内阻上，另一半功率传向了负载。可见功率的利用率只有 50%。

（二）终端负载与传输线之间的阻抗匹配

终端负载与传输线之间的阻抗匹配是在实际工作中遇到的最多、最重要的匹配问题，即尽可能地使传输线工作于行波状态，为了使负载吸收全部入射功率而无反射波，则应使负载阻抗与传输线的特性阻抗相等，称为行波匹配。如果既要求信号源没有反射波，同时又要求达到行波匹配，那么，只有当信号源的内阻抗 Z_g 为实数且等于传输线的特性阻抗 Z_c 时（即信号源为匹配源时），以及终端负载 Z_l 也等于 Z_c 时，才能达到这种要求，但是，实际上很难同时满足这些要求。一般则是在信号源处（传输线始端）和终端负载处分别加入始端和终端匹配装置，以期分别达到共轭匹配和行波匹配，如图 1.6－2 所示。

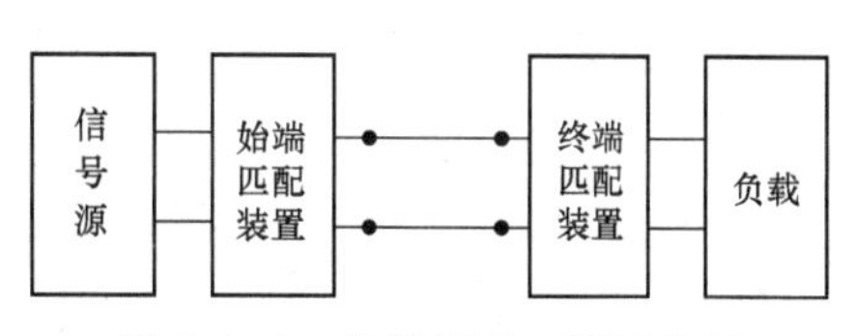

图 1.6－2　传输系统匹配示意图

上面所述，从信号源输出最大功率和负载吸收全部入射功率的角度说明了阻抗匹配的重要性。实际上，从要求信号源能稳定地工作这个角度看，阻抗匹配也是十分必要的，因为信号源等效负载的任何变化都会引起输出功率和工作频率的变化，使工作不稳定。另外，当传输功率较大，而负载与传输线之间又严重失配时，会使驻波比加大，从而有可能造成传输线中的填充介质被击穿而形成短路，致使信号源有可能遭到破坏。可见，尽量使传输系统处于或接近于行波状态是很必要的。对于测量设备中使用的小功率信号源，一般都在信号源处加隔离器或匹配性能较好的衰减器，以消除反射波对信号源的影响。

在实际应用的微波设备中，通常可以通过精心设计信号源或采取加隔离器、衰减器等匹配装置，使信号源的等效内阻抗（考虑了匹配装置的作用）与传输线的特性阻抗相等或很接近。因此，就一般情况而言，阻抗匹配的主要任务就是如何减少负载的反射，即终端负载与传输线之间的阻抗匹配问题。传输系统中的反射波，从根本上讲，是由于不均匀性引起的，而负载阻抗与传输线的特性阻抗不相等，则终端负载就被视为一种“不均匀性”。为了消除反射波，达到行波匹配，通常可采用两种方法：一是尽量减少负载本身的不均匀性；二是在传输系统中加入隔离或衰减装置，以消除反射波，或者加入新的不均匀性，使它所产生的反射波与原有的不均匀性所产生的反射波相抵消，从而达到行波匹配状态。图 1.6－3 是这种匹配方法的原理示意图，图中的四端网络（用方框表示），可以代表隔离器或衰减器，也可以代表（从理论上讲是）无耗的调配器。四端网络接入之后，应使其输入端处的（对传输线 Z_c 的）归一化输入阻抗近似等于 1。

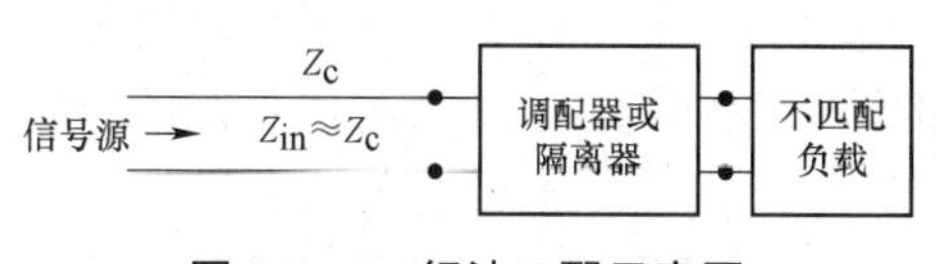

图 1.6－3　行波匹配示意图

对于行波匹配，一般可分为窄频带匹配和宽频带匹配两种情况。下面我们只讨论窄频带的阻抗匹配；至于宽频带的阻抗匹配，读者可查阅有关资料，这里不予讨论。

二、负载与传输线阻抗匹配的方法

（一）利用 $\lambda/4$ 阻抗变换器进行匹配

利用 $\lambda/4$ 线对纯电阻性负载进行匹配。在 1.4 节中已讨论过，现在要讨论的是，利用 $\lambda/4$ 线也可以对复数阻抗的负载进行匹配，这时应把 $\lambda/4$ 线接在（主）传输线上的这样一个位置：

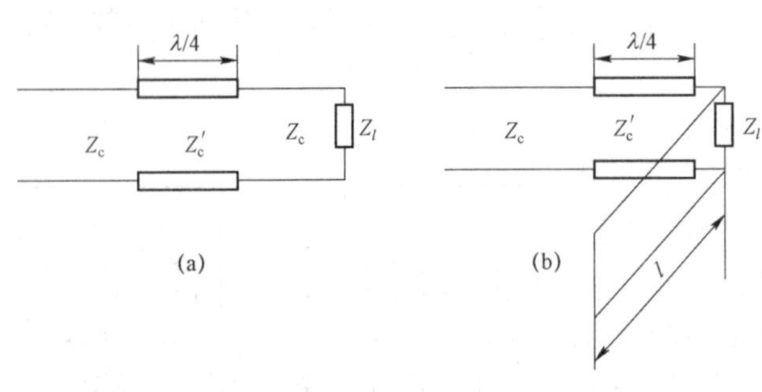

图 1.6－4 λ/4 线阻抗变换器

从该位置朝负载方向看去的输入阻抗应是纯电阻性的，显然，这个位置就是电压振幅值的节点或腹点。利用计算的方法或利用圆图，以及采用实验的方法，都可以找到这个位置，如图 1.6－4（a）所示。此外，还可以采取另一种匹配方法，就是把 λ/4 线接在（主）传输线的终端负载处，如图 1.6－4（b）所示，但此时应在负载上并联一长度合适（可以计算出来）的短路支线（一般不用开路支线），用以抵消负载中的电抗成分，从而使等效的负载变为纯电阻性的负载。这样，对于上述的两种情况，都可以利用在 1.4 节中讨论过的，利用 λ/4 线对纯电阻性负载进行匹配的计算方法来确定 λ/4 线的特性阻抗 Z_c'。

（二）利用并联电抗性元件进行匹配

这里所讲的并联电抗性元件，一般通称为单株线调配器、双株线调配器和三株线调配器。单株线调配器的具体结构形式，因传输线的类型和结构不同而异。例如，对于一般的双导线或同轴线而言，它就是一个终端短路的双导线或终端短路的同轴线，其长度是可以调节的；对于矩形波导管（工作于 TE_{10} 模时）而言，单株线可以是一个金属的螺钉，把它安置在波导宽壁中心线位置上的槽缝中，并可沿波导轴线方向在槽缝中移动，而且还可穿过槽缝伸入波导管中，伸入深度是可调节的，这样，就构成了一个单株线调配器。

双株线调配器和三株线调配器的类型和结构形式与单株线调配器基本上是一样的，只不过是用了两个或三个单株线而已，如图 1.6－5 所示，故此不再赘述。下面分别讨论这三种调配器的工作原理。

（1）单株线调配器。图 1.6－6 是单株线调配器的原理示意图。与传输线相并联的短路支线就是一个单株线调配器，它距负载 Z_l 的距离为 d，支线的长度为 l，d 与 l 是可调的。这种调配器的工作原理可利用导纳圆图来说明，如图 1.6－7 所示。

设传输线终端接有任意复数阻抗负载 Z_l，其导纳为 $Y_l(Y_l \neq Y_c)$，首先求出它的归一化导纳 y_l，并在导纳圆图上找到与它对应的点 M，该点对应的反射系数的模为 $|\Gamma_l|$（相应的驻波比为 $S = S_1 > 1$）。对于均匀无耗线而言，线上任意位置的归一化输入导纳，它在圆图上的位置必然落在与点 M 相对应的等反射系数圆上（指反射系数的模 $|\Gamma_l|$ 一样，下同）。由 M 点开始沿等反射系数圆顺时针方向旋转，与 $g=1$ 的圆相交于 A 和 B 两点，它们距终端负载的距离分别为 d_1 和 d_2；A 和 B 两点对应的归一化输入导纳分别为 $1+\text{j}b$ 和 $1-\text{j}b(b>0)$。如果在 d_1 处并联一条短路支线，并调节其长度 l_1，使其归一化的输入电纳为 $-\text{j}b$，则在 d_1 处总的等效的归一化输入导纳为 $1+\text{j}b-\text{j}b=1$，于是传输线得到了匹配。同理，也可以在 d_2 处并联一条短路支线，并调节其长度 l_2，使其归一化的输入电纳为 $+\text{j}b$，则在 d_2 处总的等效的归一化输入导纳为 $1-\text{j}b+\text{j}b=1$，于是传输线得到了匹配。可见，满足匹配要求的有两组数据，在实际应用中可视具体情况选用其中的一组数据。

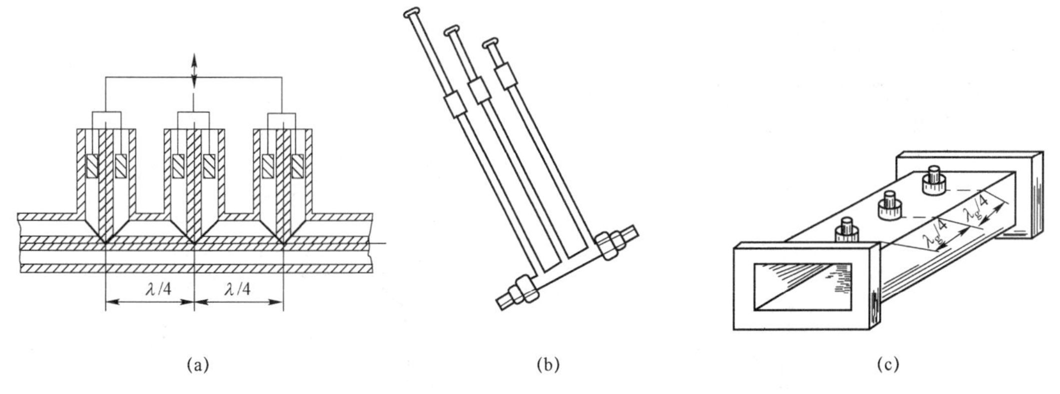

图 1.6－5 三株线调配器结构图

（a）三株线（同轴线）调配器剖面图；（b）三株线（同轴线）调配器实物图；

（c）三株线（矩形波导）调配器

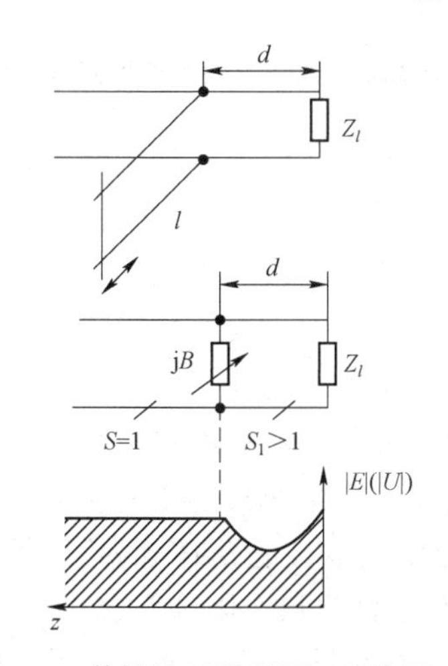

图 1.6－6 单株线调配器原理示意图及其等效电路

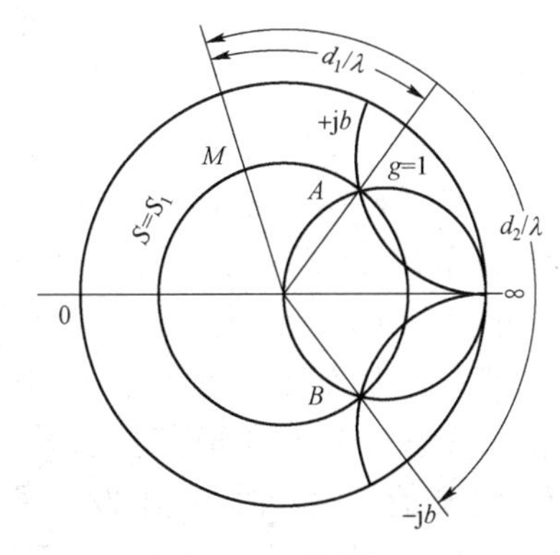

图 1.6－7 用导纳圆图说明单株线调配器的工作原理

（2）双株线调配器。由于单株线调配器在传输线上的位置需视负载情况而定，即是说，不能预先确定，这对于某些传输线的结构来说，会带来不便，因此可以改用双株线调配器，如图 1.6－8 所示，在 AA' 和 BB' 截面处各并联一条短路支线（A 和 B），支线 A 距终端负载的距离 d_1 可以选定，两支线之间的距离 d_2 可选取 $\lambda/8$、$\lambda/4$ 或 $3\lambda/8$，但不能选取 $\lambda/2$（对波导而言是 $\lambda_g/2$，λ_g 是导波波长），否则两条支线的作用将和位置已选定的支线 A 的作用一样，就一般而言，这不会起到用双株线调节阻抗匹配的作用。支线 A 和 B 的位置确定后，调节它们的长度 l_A 和 I_B，使传输线达到匹配。

双株线调配器的工作原理可利用导纳圆图来说明，如图 1.6－9 所示。为便于理解，我们先从传输线假定已经被匹配好说起，此时在截面 BB' 处总的归一化输入导纳应为 $y_{BB'}=1$，即是说，当不考虑支线 B 的作用时，该截面处的归一化输入导纳应落在导纳圆图中 $g=1$ 的圆上，即导纳的实部为 1，而其虚部则可利用调节支线 B 的长度 l_B，使它产生的输入电纳（$+jb_B$ 或 $-jb_B$）抵消 BB' 处输入导纳虚部的影响，从而在截面 BB' 处得到 $y_{BB'}=1$，使传输线得到匹配。

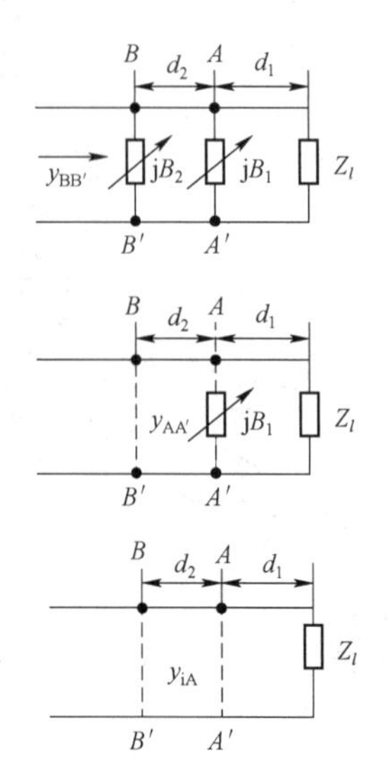

图 1.6－8　双株线调配器及其等效电路

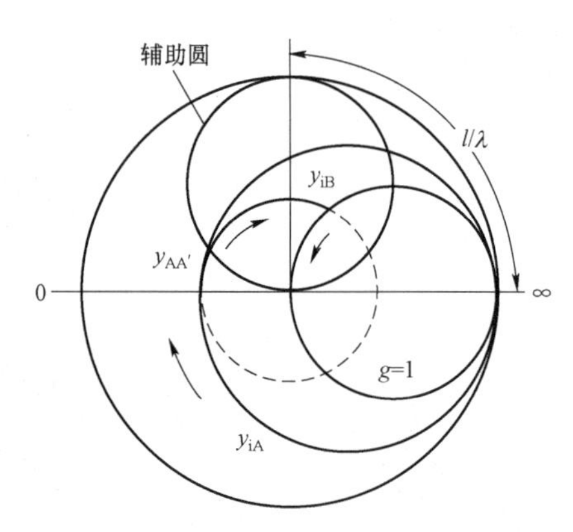

图 1.6－9　用导纳圆图说明双株线调配器的工作原理

现在根据上面所讲的对截面 BB' 处归一化输入导纳的要求，倒推回到截面 AA' 处，看如何才能达到这种要求，在截面 AA' 处总的归一化导纳应落在导纳圆图中这样的圆（辅助圆）上；若以坐标原点处作为旋转轴，沿顺时针方向将这个圆旋转 $(4\pi d_2/\lambda)$ rad，它应与 $g=1$ 的圆相重合（图 1.6－8 中的 $d_2=\lambda/8$）。在未考虑支线 A 的作用时，AA' 处的归一化输入导纳不一定恰好落在辅助圆上，而是落在 g 为某个值的圆上。当接入支线 A 之后，它并不能改变 AA' 处的 g 值，而只能改变该处的电纳值，这样，就可以借调节支线 A 的长度 l_A 使 AA' 处的电纳发生变化，从而使该处总的归一化输入导纳发生变化，直至使其落在辅助圆上。从圆图上看，设未考虑支线 A 的作用时，AA' 处的归一化输入导纳为 y_{iA}，它落在 g 为某一值的圆上，当调节支线 A 的长度 l_A 时，电纳发生了变化，从而使 AA' 处总的归一化输入导纳也发生变化，即从圆图上的 y_{iA} 点开始，沿着等 g 圆向上移动，直至与辅助圆相交于一点，该点的归一化输入导纳就是所要求的 $y_{AA'}$。以该点到坐标原点的距离为半径，以坐标原点为圆心画圆，沿此圆将该点顺时针方向旋转 $(4\pi d_2/\lambda)$ rad，落在 $g=1$ 的圆上的一点，该点表示不考虑支线 B 的作用时，截面 BB' 处归一化的输入导纳 y_{iB}，它的实部为 1，它的虚部可用调节支线 B 的长度 l_B 所产生的电纳来抵消掉，从而使 BB' 处总的归一化输入导纳 $y_{BB'}=1$，此即我们开始所说的假定已被匹配好的状态。

为加深对双株线调配器原理的理解，现在从负载端说起，再把匹配过程简要地归纳如下。首先根据负载导纳 $Y_l(Y_l=1/Z_l)$ 在导纳圆图上找到表示归一化负载导纳的点（在图 1.6－9 中未画出此点），以此点到坐标原点的距离为半径，以坐标原点为圆心画圆，沿圆周将此点顺时针旋转 $(4\pi d_1/\lambda)$ rad，得到表示截面 AA'处未考虑支线 A 的作用时的归一化输入导纳 y_{iA} 的点。然后，调节支线 A，使该点沿着等 g 圆（即 y_{iA} 中的 g 圆）移动，直至与辅助圆相交于一点，此点即表示截面 AA'处总的归一化输入导纳 $y_{AA'}$，以此点到坐标原点的距离为半径，以坐标原点为圆心画圆，沿圆周顺时针将此点旋转 $(4\pi d_2/\lambda)$ rad，落在 $g=1$ 的圆上的一点，此点即表示截面 BB'处未考虑支线 B 的作用时的归一化输入导纳 y_{iB}。然后，调节支线 B 使它所产生的电纳与 y_{iB} 中的电纳相抵消，从而使截面 BB' 处总的归一化输入导纳 $y_{BB'}=1$，使传输线得到匹配。

需要指出，按上述过程求出的解，只是该问题中的一组解，实际上还可能有另一组解，这就是：当调节支线 A，使截面 AA'处的导纳发生变化，并从 y_{iA} 点开始沿等 g 圆（见图 1.6－9）向上移动时，除了与辅助圆相交的 $y_{AA'}$ 点外，若继续沿等 g 圆移动，与辅助圆还有一个交点（图中未注标号），此点也表示截面 AA'处总的归一化输入导纳 $y_{AA'}$，以此点到坐标原点的距离为半径，以坐标原点为圆心画圆，沿圆周顺时针方向将此点旋转 $(4\pi d_2/\lambda)$ rad，落在 $g=1$ 的圆上的一点，此点也表示截面 BB'处未考虑支线 B 的作用时归一化输入导纳 y_{iB}，然后，调节支线 B 使它所产生的电纳与 y_{iB} 中的电纳相抵消，从而使截面 BB' 处总的归一化输入导纳 $y_{BB'}=1$，使传输线得到匹配。这样，就得到了该问题的第二组解。

双株线调配器的缺点是，对于某些情况不能得到匹配，例如，当归一化的负载导纳经过距离 d_1 变换为截面 AA'处的归一化输入导纳 y_{iA} 时，倘若（由于负载和距离 d_1 的原因）使 y_{iA} 落入如图 1.6－10 所示的画斜线的区域（盲区）内的某点上，那么，无论怎样调节支线 A，使它沿着与该点对应的等 g 圆移动，都不可能与辅助圆相交。这样，在截面 BB' 处，当不考虑支线 B 的作用时，归一化的输入导纳 y_{iB} 也不可能落在 $g=1$ 的圆上，更谈不上调节支线 B 使之达到匹配。例如，当 $d_2=\lambda/8$ 时，若 y_{iA} 落入 $g>2$ 的区域内（图中画斜线区域），或者当 $d_2=\lambda/4$ 时，落入 $g>1$ 的区域内，都不可能得到匹配。由于双株线调配器有这种缺点，因此，一般它只适用于匹配由负载产生的驻波比较小的传输系统。为了克服双株线调配器的缺点，可以采用三株线调配器。

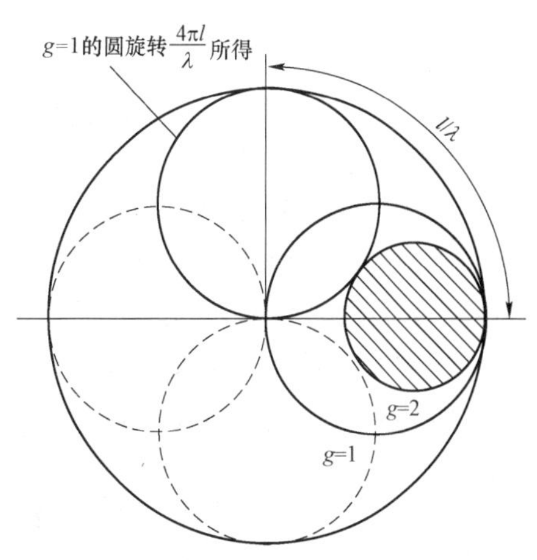

图 1.6－10　双株线调配器的盲区

在图 1.6－10 中，在单位圆圆心上方的实线圆是 $d_2=\dfrac{\lambda}{8}$ 时的辅助圆，圆心左边的虚线圆是 $d_2=\dfrac{\lambda}{4}$ 时的辅助圆，圆心下方的虚线圆是 $d_2=\dfrac{3\lambda}{8}$ 时的辅助圆。

（3）三株线调配器。图 1.6－11 是三株线调配器的原理示意图（等效电路）。在传输线的截面 AA'、BB'和 CC'处各并联着短路支线 A、B 和 C，称为三株线。A 和 B 之间，以及 B 与 C 之间的距离均为 d_2，通常取 $d_2=\lambda/4$，也可取 $\lambda/8$（对于色散模，应将 λ 改为 λ_g——导波波长）。这种调配器实际上可看成两组双株线调配器的组合：A 与 B 是一组；B 与 C 是另一组。现在用导纳圆图来说明它的工作原理。一个任意不匹配的负载，或者是传输线上某位置的输入阻抗，其归一化导纳中的电导 g 总是大于 1 或小于 1。例如，在载面 AA' 处，当不考虑支线 A 的作用时，若其归一化输入导纳中的电导 g_{iA} 小于 1，如果取 $d_2=\lambda/4$，则 y_{iA} 不在盲区之内，此时可用支线 A 和 B 进行调配，而支线 C 不起作用，为了使它不对传输线产生影响，可令其长度为 $\lambda/4$，当 g_{iA} 大于 1 时，y_{iA} 已落在 A 和 B 两支线不能起调配作用的盲区内，此时应采用 B 和 C 两支线进行调配。因为 y_{iA} 经过 $\lambda/4$ 的距离而变换为截面 BB' 处的 y_{iB} 时（不考虑支线 B 的作用），由于 g_{iA} 小于 1，所以 y_{iB} 已不在盲区

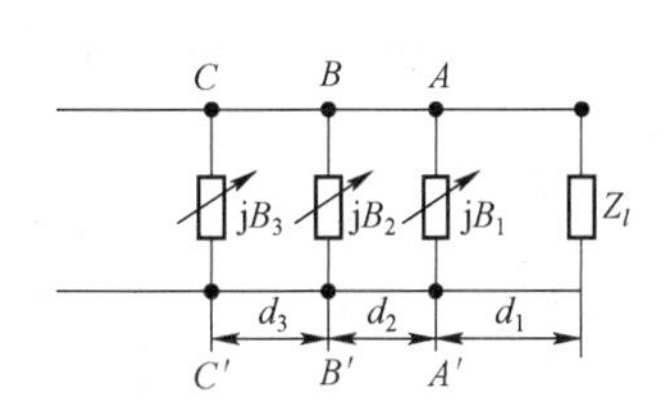

图 1.6－11　三株线调配器示意图

之内，显然，利用支线 B 和 C 即可调到匹配状态，而此时支线 A 则不起作用，为了使它不对传输线产生影响，可令其长度为 $\lambda/4$。同理，若取 d_2 为 $\lambda/8$，利用三株线同样可以把传输线调到匹配状态。

以上讨论的是在传输线上并联单株线、双株线和三株线调配器的工作原理，实际上也可以在传输线上采取串联株线的方法来进行调配，或者并、串两种方法同时采用，可视具体情况和要求而定。因为串联株线的工作原理与分析方法与并联株线的工作原理和分析方法基本上是一样的，所以对于串联株线的情况就不再讨论了。

§1.7 均匀和非均匀有耗传输线

前几节讨论的是均匀无耗传输线的情况。这种传输线是在分析实际传输线的某些问题时所采用的一种理想模型，虽然符合这种理想模型的传输线实际上并不存在，但在许多实际问题中采用这种经过简化了的分析方法所得出的结果，与实际情况是很近似的。因此，前几节所讲的一些分析方法和所得出的一些结论，仍具有很大的实用价值。但是，当 $R \ll \omega L$ 和 $G \ll \omega C$ 这两个条件不能满足时，亦即传输线本身的损耗（导体损耗、介质损耗和辐射损耗）不能忽略时，就不能再把它看成无耗线，而应把它看成有耗线来加以讨论。因此，对于均匀有耗线而言，由前几节中根据理想模型而导出的基本方程和某些表示式已不再适用，而必须建立新的基本方程和各种表示式。虽然如此，然而仅就分析方法而言，理想模型的分析方法仍具有普遍的意义，因此本节将沿用这种方法来讨论均匀有耗传输线和非均匀有耗传输线的某些特性。

一、均匀有耗传输线

对于均匀有耗传输线（在传输 TEM 波的情况下）仍然可以应用分布参数电路的理论来分析，图 1.7－1 是长度为 dz 的一小段均匀有耗传输线（用双导线表示）及其等效电路（如同在 1.2 节中曾指出的，对于坐标 z 的原点和正方向未做规定）。图中的 R、L、C 和 G 分别表示传输线单位长度上的电阻、电感、电容和漏电导。因为实际传输线的导体并非理想导体（电导率 $\sigma \neq \infty$），因此一定有电阻 R，传输线中填充的介质也并非理想介质，也一定有漏电导 G。G 与 C 的关系是 $G = \omega C \tan\delta$，$\tan\delta$ 是介质损耗角（δ）的正切，ω 是角频率。

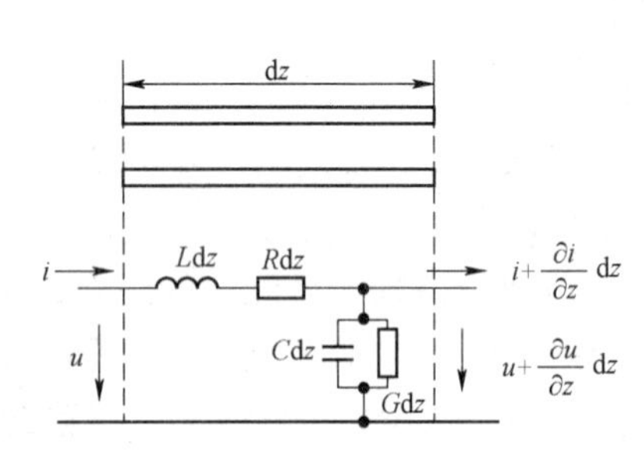

图 1.7－1　均匀有耗传输线及其等效电路

对于均匀有耗线中的一微分段 dz（$dz \ll \lambda$），利用一般的电路理论，并略去方程中出现的含 dz 平方的项，即得下面的近似方程：

$$-\frac{\partial u(z,t)}{\partial z}\mathrm{d}z = L\mathrm{d}z\frac{\partial i(z,t)}{\partial t} + R\mathrm{d}z\, i(z,t)$$

$$-\frac{\partial i(z,t)}{\partial z}\mathrm{d}z = C\mathrm{d}z\frac{\partial u(z,t)}{\partial t} + G\mathrm{d}z\, u(z,t)$$

消去 dz，即得到均匀有耗传输线的基本方程：

$$\frac{\partial u(z,t)}{\partial z}=-\left[L\frac{\partial i(z,t)}{\partial t}+Ri(z,t)\right] \tag{1.7-1}$$

$$\frac{\partial i(z,t)}{\partial z}=-\left[C\frac{\partial u(z,t)}{\partial t}+Gu(z,t)\right] \tag{1.7-2}$$

这两个方程的物理意义，与表示均匀无耗线的特性的方程，即式（1.2－1）和式（1.2－2），基本上是一样的。唯一的差别是：对于有耗线而言，在引起电压降的原因中多了一项 $Ri(z,t)$，在引起电流分流的原因中多了一项 $Gu(z,t)$。式（1.7－1）和式（1.7－2）对于随时间做任何变化规律的电压 $u(z,t)$ 和电流 $i(z,t)$ 都是适用的。但是经常遇到的是，它们随时间的变化规律是具有 $e^{j\omega t}$ 形式的简谐量（余弦或正弦），因此，这也是本节要讨论的问题。

对于随时间做简谐振荡的电压和电流，其瞬时值的表示式就是式（1.2－7）和式（1.2－8），即

$$u(z,t)=\mathrm{Re}\left[U(z)e^{j\omega t}\right]$$

$$i(z,t)=\mathrm{Re}\left[I(z)e^{j\omega t}\right]$$

将它们代入式（1.7－1）和式（1.7－2）中，就得到用电压和电流的复振幅 $U(z)$ 和 $I(z)$ 所表示的方程

$$\frac{dU(z)}{dz}=-(R+j\omega L)I(z)=-ZI(z) \tag{1.7-3}$$

$$\frac{dI(z)}{dz}=-(G+j\omega C)U(z)=-YU(z) \tag{1.7-4}$$

式中的 $Z=R+j\omega L$ 和 $Y=G+j\omega C$，分别称为均匀有耗传输线单位长度上的串联阻抗和并联导纳。为了便于求解，应使一个方程中只含有 $U(z)$ 或只含有 $I(z)$，为此，可将式（1.7－3）对 z 求导，并将式（1.7－4）中的 $dI(z)/dz$ 代入；同样，将式（1.7－4）对 z 求导，并将式（1.7－3）中的 $dU(z)/dz$ 代入，就得到下面的方程：

$$\frac{d^2U(z)}{dz^2}-\gamma^2U(z)=0 \tag{1.7-5}$$

$$\frac{d^2I(z)}{dz^2}-\gamma^2I(z)=0 \tag{1.7-6}$$

式中

$$\gamma=\sqrt{(R+j\omega L)(G+j\omega C)}=\alpha+j\beta \tag{1.7-7}$$

上式中，γ 称为传播常数；α 称为衰减常数，它表示传输线单位长度上波的幅值的衰减量，单位为 Np/m（奈培/米）或 dB/m（分贝/米）（1Np ≈ 8.685 9 dB）；β 表示相移常数，它表示传输线单位长度上波的相位的变化量，单位为 rad/m（弧度/米）。式（1.7－5）的通解为

$$U(z)=Ae^{-\gamma z}+Be^{\gamma z} \tag{1.7-8}$$

或写为

$$U(z)=Ae^{-\alpha z}e^{-j\beta z}+Be^{\alpha z}e^{j\beta z} \tag{1.7-9}$$

将式（1.7－8）代入式（1.7－3）中，即可求出 $I(z)$ 的通解为

$$I(z)=\frac{\gamma}{R+\mathrm{j}\omega L}(A\mathrm{e}^{-\gamma z}-B\mathrm{e}^{\gamma z}) \tag{1.7-10}$$

或

$$I(z)=\frac{1}{Z_{\mathrm{c}}}(A\mathrm{e}^{-\gamma z}-B\mathrm{e}^{\gamma z})=\frac{1}{Z_{\mathrm{c}}}(A\mathrm{e}^{-\alpha z}\mathrm{e}^{-\mathrm{j}\beta z}-B\mathrm{e}^{\alpha z}\mathrm{e}^{\mathrm{j}\beta z}) \tag{1.7-11}$$

式中

$$Z_{\mathrm{c}}=\sqrt{\frac{R+\mathrm{j}\omega L}{G+\mathrm{j}\omega C}} \tag{1.7-12}$$

称为均匀有耗传输线的特性阻抗，它是一个复数，以上各式中的 A 和 B 是待定的常数，取决于传输线始端或终端处的边界条件。这两个常数一般为复数，设 $A=|A|\mathrm{e}^{\mathrm{j}\psi_1}$，$B=|B|\mathrm{e}^{\mathrm{j}\psi_2}$，则传输线上任意位置电压瞬时值的表示式为

$$\begin{aligned}u(z,t)&=\mathrm{Re}\left[U(z)\mathrm{e}^{\mathrm{j}\omega t}\right]=\mathrm{Re}\left[A\mathrm{e}^{-\alpha z}\mathrm{e}^{\mathrm{j}(\omega t-\beta z)}+B\mathrm{e}^{\alpha z}\mathrm{e}^{\mathrm{j}(\omega t+\beta z)}\right]\\&=|A|\mathrm{e}^{-\alpha z}\cos(\omega t+\psi_1-\beta z)+|B|\mathrm{e}^{\alpha z}\cos(\omega t+\psi_2+\beta z)\end{aligned} \tag{1.7-13}$$

设 $Z_{\mathrm{c}}=|Z_{\mathrm{c}}|\mathrm{e}^{\mathrm{j}\psi_3}$，则传输线上任意位置电流瞬时值的表示式为

$$\begin{aligned}i(z,t)&=\mathrm{Re}\left[I(z)\mathrm{e}^{\mathrm{j}\omega t}\right]=\frac{1}{Z_{\mathrm{c}}}\mathrm{Re}\left[A\mathrm{e}^{-\alpha z}\mathrm{e}^{\mathrm{j}(\omega t-\beta z)}-B\mathrm{e}^{\alpha z}\mathrm{e}^{\mathrm{j}(\omega t+\beta z)}\right]\\&=\frac{1}{|Z_{\mathrm{c}}|}\left[|A|\mathrm{e}^{-\alpha z}\cos(\omega t+\psi_1-\psi_3-\beta z)-|B|\mathrm{e}^{\alpha z}\cos(\omega t+\psi_2-\psi_3+\beta z)\right]\end{aligned} \tag{1.7-14}$$

在式（1.7－13）和式（1.7－14）中都含有朝相反方向传播的电压波和电流波，如图 1.7－2 所示，图中画出的是波在某一时刻的瞬时分布图（坐标 z 未规定原点，只规定了正方向）。式中的第一项表示朝正 z 方向传播的波，它的幅值随着 z 的增加而按指数规律减小，相位连续地滞后；式中的第二项表示朝负 z 方向传播的波，它的幅值随着 z 的增加而按指数规律增大，或者说沿负 z 方向按指数规律减小，其相位则随着 z 的增加而连续地超前。由此可见，在一般情况下，传输线任意位置的电压或电流是由上述的朝相反方向传播的两个行波相叠加而成的。

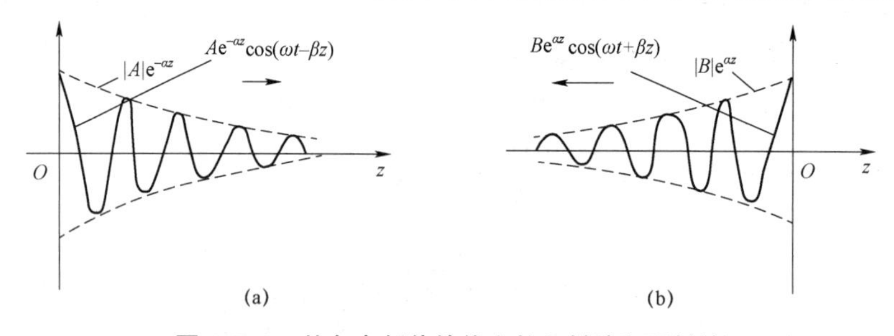

图 1.7－2　均匀有耗传输线上的入射波和反射波

（a）朝正 z 方向传播的波；（b）朝负 z 方向传播的波

根据在 1.2 节中曾讲过的相速的定义，即可求出均匀有耗传输线中电压波和电流波的相速 v_{p}。对于朝正 z 方向传播的波，其等相位面为

$$(\omega t+\psi_1-\beta z)\text{或}(\omega t+\psi_1-\psi_3-\beta z)=\text{常数}$$

对时间 t 求导，即

$$\frac{\mathrm{d}}{\mathrm{d}t}(\omega t+\psi_1-\beta z)=0$$

则得相速 v_p 为

$$v_p = \frac{dz}{dt} = \frac{\omega}{\beta} \tag{1.7-15}$$

对于朝负 z 方向传播的波，其等相位面为

$$(\omega t + \psi_2 + \beta z)或(\omega t + \psi_2 - \psi_3 + \beta z)=常数$$

对时间 t 求导，即

$$\frac{d}{dt}(\omega t + \psi_2 + \beta z) = 0$$

则得相速 v_p 为

$$v_p = -\frac{\omega}{\beta} \tag{1.7-16}$$

式中的负号表示波是朝负 z 方向传播的。

根据式（1.7－7）即可得到 α 和 β 的表示式为

$$\alpha = \sqrt{\frac{1}{2}\left[(RG - \omega^2 LC) + \sqrt{(R^2 + \omega^2 L^2)(G^2 + \omega^2 C^2)}\right]} \tag{1.7-17}$$

$$\beta = \sqrt{\frac{1}{2}\left[(\omega^2 LC - RG) + \sqrt{(R^2 + \omega^2 L^2)(G^2 + \omega^2 C^2)}\right]} \tag{1.7-18}$$

由于 β 与 ω 不是成一次方的线性关系。因此在均匀有耗线中相速 v_p 是随频率而变化的（即具有色散特性）。即是说，当含有多个频率成分的信号在线中传输时，不同的频率具有不同的相速度，到达信号接收端的时间不同，因此会使信号发生畸变。这一点与均匀无耗线是不相同的。对于均匀无耗线，如式（1.2－18）所示，相速 v_p 只与介质的 μ 和 ε 有关，而与频率无关。严格地讲，介质的 μ 和 ε 也是随频率而变化的，但是当频率不甚高时，则可近似地认为它们与频率无关。在微波范围内，若选取良导体制作传输线，并选取介质损耗小和绝缘性能较好的材料作为填充介质，则可以认为 $\omega L \gg R$ 和 $\omega C \gg G$。这样，式（1.7－7）的 γ 可简化为

$$\begin{aligned}\gamma &= j\omega\sqrt{LC}\left(1 - j\frac{R}{\omega L}\right)^{1/2}\left(1 - j\frac{G}{\omega C}\right)^{1/2} \\ &= j\omega\sqrt{LC}\left(1 - j\frac{R}{2\omega L}\right)\left(1 - j\frac{G}{2\omega C}\right) \\ &\approx \frac{R}{2}\sqrt{\frac{C}{L}} + \frac{G}{2}\sqrt{\frac{L}{C}} + j\omega\sqrt{LC} = \alpha + j\beta\end{aligned} \tag{1.7-19}$$

即

$$\alpha \approx \frac{R}{2}\sqrt{\frac{C}{L}} + \frac{G}{2}\sqrt{\frac{L}{C}} = \alpha_c + \alpha_d \tag{1.7-20}$$

$$\beta \approx \omega\sqrt{LC} \tag{1.7-21}$$

式中的 α_c 和 α_d 分别为导体的衰减常数和介质的衰减常数。另外，在上述条件下，式（1.7－12）的 Z_c 则可简化为

$$Z_c \approx \sqrt{\frac{L}{C}}\left[1-\mathrm{j}\left(\frac{R}{2\omega L}-\frac{G}{2\omega C}\right)\right] \tag{1.7-22}$$

若再做进步的近似，则

$$Z_c \approx \sqrt{\frac{L}{C}} \tag{1.7-23}$$

从以上的分析可知，对于均匀有耗线而言，若损耗较小，那么，它的衰减常数需要按式（1.7－20）计算，而它的相移常数和特性阻抗，则可认为与均匀无耗线的相移常数和特性阻抗近似相等。这样既简化了计算，又能满足一定的精度要求。在利用上面的公式计算α、β和Z_c时，其中的L和C，正如在 1.2 节中讨论均匀无耗线时曾指出的那样，仍可采用在静态场的情况下所导出的计算公式。但是，在计算电阻R时，则必须考虑到趋肤效应的影响。

在前面曾指出过：在讨论均匀有耗线的过程中，都是按照线上传输纯 TEM 波来进行的，而实际上，由于导体的电导率σ不可能是无限大的，因此在导体的表面上存在着纵向（z 方向）电流和纵向电场，因此均匀有耗线上不可能存在纯 TEM 波；而且，严格地讲，L 和 C 也不能采用在静态场的情况下所导出的计算公式。但是，由于实际使用的均匀有耗线都是采用良导体制作的，因此，电场的纵向分量要比横向分量小得多，可以忽略。这就是说，前面所导出的计算公式和结论，对于实际的传输线而言，是完全适用的。

在式（1.7－8）和式（1.7－11）中均含有待定的常数 A 和 B。如同讨论均匀无耗线时的情况一样，可以分三种情况来确定 A 和 B：已知信号源的电动势E_g、内阻抗Z_g和终端负载Z_l；已知传输线始端的电压U_0和电流I_0；已知传输线终端负载上的电压U_l和电流I_l。确定这些常数的具体步骤，与讨论均匀无耗线时的情况相类似，在这里，对于前两种情况就不讨论了，只讨论第三种情况。

因为已知的是终端负载上的电压U_l和电流I_l（相当于已知终端负载Z_l），所以把坐标原点（z=0）取在终端负载处对于求解是方便的，如图 1.7－3 所示。待定常数仍采用原来的符号和顺序。

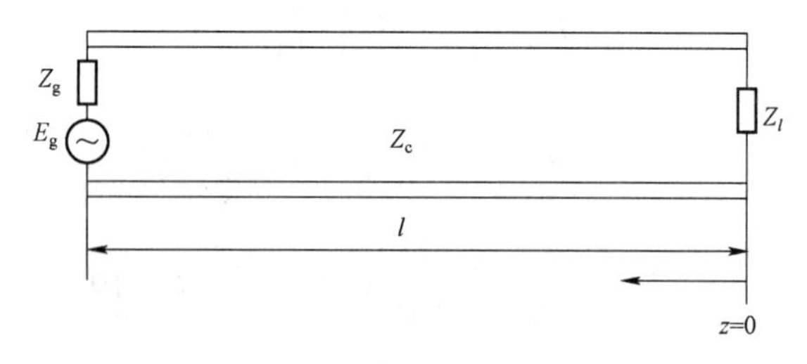

图 1.7－3　接有任意负载的均匀有耗传输线

这样，就可以把式（1.7－8）和式（1.7－11）改写为

$$U(z)=A\mathrm{e}^{\gamma z}+B\mathrm{e}^{-\gamma z} \tag{1.7-24}$$

$$I(z)=\frac{1}{Z_c}(A\mathrm{e}^{\gamma z}-B\mathrm{e}^{-\gamma z}) \tag{1.7-25}$$

式中，第一项表示从信号源朝负载方向传播的波，对于终端负载而言，称为入射波；第二项表示从负载朝信号源方向传播的波，相对于入射波而言，称为反射波。在终端负载（z=0）上的电压 $U(0)=U_l$，电流 $I(0)=I_l$ 根据上式则有

$$U_l=A+B \qquad I_l=\frac{1}{Z_c}(A-B)$$

由此得

$$A=\frac{U_l+I_lZ_c}{2} \qquad B=\frac{U_l-I_lZ_c}{2}$$

将 A 和 B 代入式（1.7－24）和式（1.7－25）中，得

$$U(z)=\left(\frac{U_l+I_lZ_c}{2}\right)e^{\gamma z}+\left(\frac{U_l-I_lZ_c}{2}\right)e^{-\gamma z} \tag{1.7－26}$$

$$I(z)=\left(\frac{I_l+U_l/Z_c}{2}\right)e^{\gamma z}+\left(\frac{I_l-U_l/Z_c}{2}\right)e^{-\gamma z} \tag{1.7－27}$$

或写为双曲函数的形式

$$U(z)=U_l\text{ch}\gamma z+I_lZ_c\text{sh}\gamma z \tag{1.7－28}$$

$$I(z)=\frac{U_l}{Z_c}\text{sh}\gamma z+I_l\text{ch}\gamma z \tag{1.7－29}$$

这样，就得到了均匀有耗传输线输入阻抗 $Z_{in}(z)$ 的表示式

$$Z_{in}(z)=\frac{U(z)}{I(z)}=Z_c\frac{Z_l\text{ch}\gamma z+Z_c\text{sh}\gamma z}{Z_c\text{ch}\gamma z+Z_l\text{sh}\gamma z}=Z_c\frac{Z_l+Z_c\text{th}\gamma z}{Z_c+Z_l\text{th}\gamma z} \tag{1.7－30}$$

式中，$Z_l=U_l/I_l$ 为终端负载阻抗。对于均匀无耗线而言，$\alpha=0$，$\gamma=\text{j}\beta$，则上式就变为式（1.3－28），而且

$$Z_c=\sqrt{\frac{R+\text{j}\omega L}{G+\text{j}\omega C}}=\sqrt{\frac{L}{C}}$$

可见，均匀无耗线是均匀有耗线的一个特例。

关于均匀有耗线的其他特性参数，如反射系数、驻波比和行波系数等的含义，以及这些参数之间的相互关系，与均匀无耗线的情况相类似；但应注意的是，在均匀有耗线上朝相反方向传播的波，其幅值都沿着各自的传播方向按指数规律衰减。因此，这些特性参数随 z 的变化规律和具体的表示式也与均匀无耗线的情况有所不同。例如，反射系数的模和驻波比已不再是保持不变的常数，而是随着距离 z 变化；例如，反射系数的变化规律为 $|\Gamma(z)||\Gamma_l|e^{-2\alpha z}$，$\Gamma_l$ 为终端负载处的反射系数，根据驻波比的定义式，驻波比的变化规律也就知道了。但是，当传输线的损耗较大时，就无法确定一个能够描述传输线整体状况的驻波比，因此，一般不采用驻波比这一概念。再如，电压和电流的幅值沿传输线的分布，虽然也有各自的腹点和节点，但是无论是电压，还是电流，所有腹点处的值都各不相同，所有节点处的值也各不相同，腹点处与节点处之间的距离近似为 $\lambda/4$，电压腹点与电流节点的位置，以及电压节点与电流腹

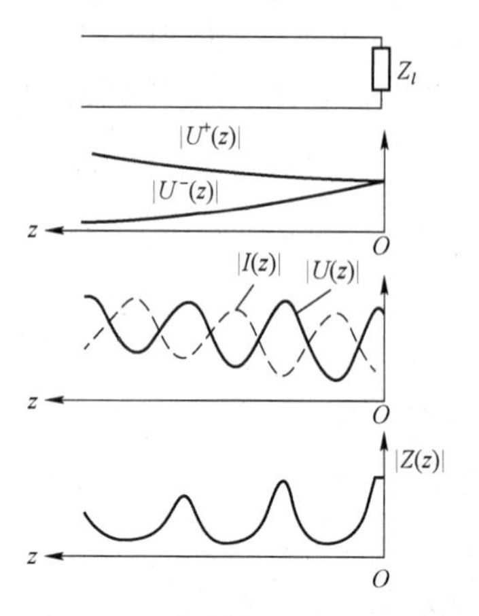

图 1.7－4　均匀有耗传输线终端接有负载 Z_l 时线上电压、电流幅值和阻抗幅值的分布图

点的位置基本上是一致的，但并非完全一致。除以上所述之外，均匀有耗线与均匀无耗线之间还有其他一些异同点，这里就不再讨论了。为了能够形象地了解均匀有耗线的特点，图 1.7－4 给出了在线的终端接有负载 Z_l 时，入射波电压（或电流）幅值、反射波电压（或电流）幅值、输入阻抗幅值沿线的分布图。若入射波与反射波同相叠加，则形成腹点，若相位相反，则形成节点，在终端负载及其附近处，入射波与反射波的幅值相差较小，合成波的幅值较小，但起伏（变化）较大；在线的始端及其附近处，入射波幅值较大，反射波幅值较小，合成波的幅值较大，但起伏较小。驻波比和阻抗的变化规律与合成波幅值的变化规律是相对应的，即在终端负载附近驻波比较大、阻抗变化较大，在线的始端附近，驻波比较小，阻抗的变化也较小。

二、非均匀有耗传输线

在阻抗匹配中经常遇到的非均匀有耗传输线是渐变参数的传输线，如图 1.7－5 所示（坐标 z 未规定原点，只规定了正方向）。本节仅讨论这种传输线的基本分析方法。

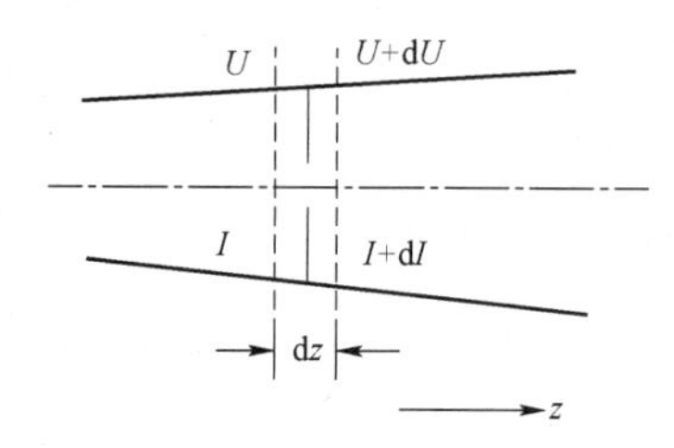

图 1.7－5　渐变参数传输线示意图

渐变参数传输线横截面的结构参数（形状、尺寸、填充介质）沿轴向(z)是逐渐变化的，即是说，表示传输线特征的电参数不再是常数，而是坐标 z 的连续函数。利用式（1.7－3）和式（1.7－4），对于渐变线上任意位置的电压复振幅 $U(z)$ 和电流复振幅 $I(z)$ 可得下列方程：

$$\frac{\mathrm{d}U(z)}{\mathrm{d}z}=-Z(z)I(z) \tag{1.7-31}$$

$$\frac{\mathrm{d}I(z)}{\mathrm{d}z}=-Y(z)U(z) \tag{1.7-32}$$

式中的 $Z(z)$ 和 $Y(z)$ 分别为线上 z 处单位长度的串联阻抗和并联导纳，它们都是 z 的函数

$$Z(z)=R(z)+\mathrm{j}\omega L(z) \tag{1.7-33}$$

$$Y(z)=G(z)+\mathrm{j}\omega C(z) \tag{1.7-34}$$

式中的 $R(z)$、$G(z)$、$L(z)$ 和 $C(z)$，分别为线上 z 处单位长度的分布电阻、分布电导、分布电感和分布电容。对于无耗线，$R(z)=0$，$G(z)=0$。渐变线的特性阻抗 $Z_c(z)$ 和传播常数 $\gamma(z)$ 分别为

$$Z_c(z)=\sqrt{\frac{Z(z)}{Y(z)}} \tag{1.7-35}$$

$$\gamma(z)=\sqrt{Z(z)Y(z)} \tag{1.7-36}$$

将式（1.7-31）和式（1.7-32）对 z 求导，再经简单运算，即可得到下列方程

$$\frac{\mathrm{d}^2U(z)}{\mathrm{d}z^2}-\frac{\mathrm{d}}{\mathrm{d}z}[\ln Z(z)]\frac{\mathrm{d}U(z)}{\mathrm{d}z}-\gamma^2(z)U(z)=0 \tag{1.7-37}$$

$$\frac{\mathrm{d}^2I(z)}{\mathrm{d}z^2}-\frac{\mathrm{d}}{\mathrm{d}z}[\ln Y(z)]\frac{\mathrm{d}I(z)}{\mathrm{d}z}-\gamma^2(z)I(z)=0 \tag{1.7-38}$$

对于这两个方程，若已知 $Z(z)$ 和 $Y(z)$ 的具体表示式，以及渐变传输线的边界条件，就可以解出 $U(z)$ 和 $I(z)$。这两个方程可以看作是描述任意一种形式传输线上的电压 $U(z)$ 和电流 $I(z)$ 的微分方程。例如，对于均匀有耗线，式（1.7-37）和式（1.7-38）就变为式（1.7-5）和式（1.7-6）；显然，对于均匀无耗线就变为式（1.2-9）和式（1.2-10）。

附录 1.1　双导线和同轴线的分布参数

分布参数 \ 传输线	双导线（D, d）	同轴线（2b, 2a）
$R/(\Omega\cdot\mathrm{m}^{-1})$	$\frac{2}{\pi d}\sqrt{\frac{\omega\mu_1}{2\sigma_1}}$	$\sqrt{\frac{f\mu_1}{4\pi\sigma_1}}\left(\frac{1}{a}+\frac{1}{b}\right)$
$L/(\mathrm{H}\cdot\mathrm{m}^{-1})$	$\frac{\mu}{\pi}\ln\frac{D+\sqrt{D^2-d^2}}{d}$	$\frac{\mu}{2\pi}\ln\frac{b}{a}$
$C/(\mathrm{F}\cdot\mathrm{m}^{-1})$	$\pi\varepsilon/\ln\frac{D+\sqrt{D^2-d^2}}{d}$	$2\pi\varepsilon/\ln\frac{b}{a}$
$G/(\mathrm{S}\cdot\mathrm{m}^{-1})$	$\pi\sigma/\ln\frac{D+\sqrt{D^2-d^2}}{d}$	$2\pi\sigma/\ln\frac{b}{a}$
注：ε、μ 和 σ 分别为介质的介电常数、磁导率和电导率；μ_1 和 σ_1 分别为导体的磁导率和电导率。		

附录 1.2　某些传输线的特性阻抗

名　　称	几何形状	特性阻抗
双线		$Z_c \approx \frac{\eta}{\pi}\ln\frac{2D}{d}, D \gg d$
直排平板线		$Z_c \approx \frac{\eta}{\pi}\ln\frac{4D}{w}, D \gg w$
在接地平面之上的线		$Z_c \approx \frac{\eta}{\pi}\ln\frac{4h}{d}, h \gg d$
平行平板线		$Z_c \approx \eta\frac{b}{w}, w \gg b$
同轴线		$Z_c \approx \frac{\eta}{2\pi}\ln\frac{b}{a}$
同焦点椭圆线		$Z_c \approx \frac{\eta}{2\pi}\ln\frac{b+\sqrt{b^2-c^2}}{a+\sqrt{a^2-c^2}}$
圆柱导体带状线		$Z_c \approx \frac{\eta}{2\pi}\ln\left(\frac{4b}{\pi d}\right)$
在槽中的线		$Z_c \approx \frac{\eta}{\pi}2\ln\left(\frac{4w}{\pi d}\text{th}\frac{\pi h}{w}\right); h \gg d, w \gg d$
屏蔽双线		$Z_c \approx \frac{\eta}{\pi}\ln\left(\frac{2}{d}\frac{D^2-s^2}{D^2+s^2}\right); D \gg d, s \gg d$

注：$\eta=\sqrt{\mu/\varepsilon}$，其中 μ 和 ε 分别为传输线填充介质的磁导率和介电常数。

附录 1.3　阻抗的测量方法

在微波范围内会经常遇到对微波元（器）件阻抗的测量问题（例如，在研究若干元器件相互间的连接和匹配问题时），因此掌握阻抗的测量方法是十分重要的。测量阻抗的方法有多种，其中较常用的是利用测量线来进行测量。我们用方框图把它表示出来，如附图 1.3－1 所示。

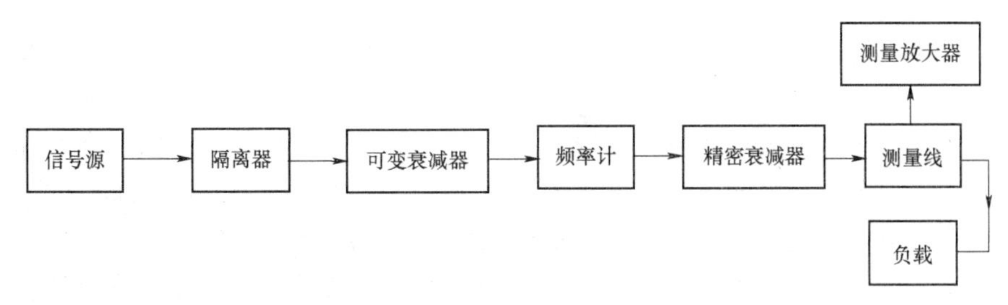

附图 1.3－1　阻抗测量方法的方框图

（1）当无耗传输线（包括波导）终端接有任意复数阻抗的负载 Z_l 时，系统呈行驻波状态，电压或场强幅值的分布规律如附图 1.3－2 所示。

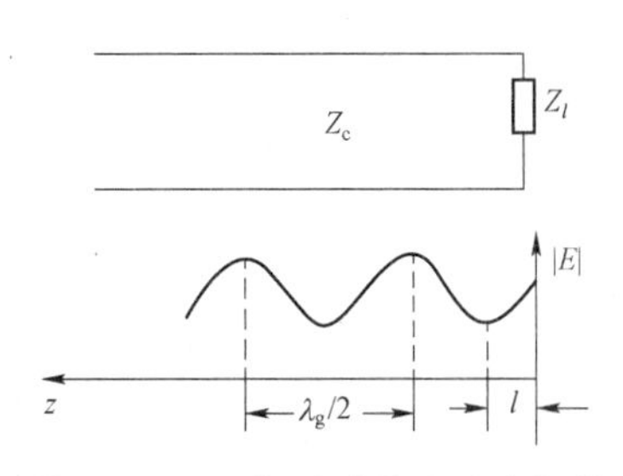

附图 1.3－2　行驻波状态分布规律

为了求出被测阻抗 Z_l，可采用两种方法：用公式计算和查圆图。首先讨论一下用公式计算的方法。根据传输线理论可知，传输线上任意位置的等效（输入）阻抗 $Z(z)$ 为：

$$Z(z)=Z_c\frac{1+\Gamma(z)}{1-\Gamma(z)}$$

据此，对终端被测负载 Z_l 而言，z=0，因此，Z_l 应为

$$Z_l=Z_c\frac{1+|\Gamma(0)|e^{j\varphi_0}}{1-|\Gamma(0)|e^{j\varphi_0}}$$

式中，Z_c 为传输线的特性阻抗，$\Gamma(z)$ 为电压反射系数，$\Gamma(0)$ 为终端负载处的反射系数，φ_0 为其初相角。根据第 1 章中式（1.3－17）可知，在电压幅值（或场强幅值）最小点处反射系数的相角应满足

$$2\beta z-\varphi_0=(2n+1)\pi，n=0,1,2,3,...$$

若取距终端负载最近的那个电压幅值的最小点（设 n=0）的距离为 $z=z_{\min}=l$，如附图 1.3－2 所示，并将其代入上式中，则有

$$\varphi_0=2\beta l-\pi$$

而

$$\beta=\frac{2\pi}{\lambda_g}\qquad|\Gamma(0)|=\frac{S-1}{S+1}$$

式中，λ_g 为导波波长，S 为驻波比。由此可知，只要测出 S 和 l（在某一频率下），即可求出 Z_l。

另一种方法是利用圆图（阻抗圆图或导纳圆图）求被测阻抗 Z_l，如附图 1.3－3 所示。首先测出在某一频率下的驻波比 S、导波波长 λ_g，以及电压幅值最小点（距终端负载 Z_l 最近的那点）的距离 l，然后在附图 1.3－3 的阻抗圆图中以 O 点为圆心画出等驻波比（S）圆，它与实轴相交于 P 点，该点即电压幅值最小点处的位置，其阻抗的归一化值为 $1/S$。由 P 点开始沿等 S 圆逆时针旋转 l_1/λ_g 刻度，过此刻度与圆心 O 连一直线与 S 圆相交于 M 点，该点对应的值就是被测负载 Z_l 的归一化值，将该值再乘以 Z_c 即得所求的负载阻抗 Z_l。

（2）在实际测负载阻抗 Z_l 的过程中，由于系统结构上的原因，用测量线无法直接测得距负载最近的那个电压幅值（或场强幅值）最小点的距离 l。例如，它可能处于测量线探针无法接近的位置。此时，可采用间接方法求出 l，如附图 1.3－4 所示。首先，将测试系统的终端用短路板短路，形成纯驻波状态（参见附图 1.3－4 中的图形①），终端即为电压幅值（或场强幅值）的最小点（理论上为零），从终端算起向信号源方向，每隔 $\lambda_g/2$ 的距离就出现一个最小点，因此总会有一些最小点落在测量线探针可以达到的范围之内。我们可任取其中的某个最小点（例如 z_1 点），将其看成系统的终端位置（即相当于被测负载 Z_l 的位置），然后取下短路板，接上被测负载 Z_l，此时系统呈行驻波状态（参见附图 1.3－4 中的图形②），在 z_1 点的左侧找到距 z_1 最近的那个电压幅值（或场强幅值）最小值的位置 z_2，则所求的 $l=|z_2-z_1|$。至此，再利用圆图即可求出被测负载 Z_l。

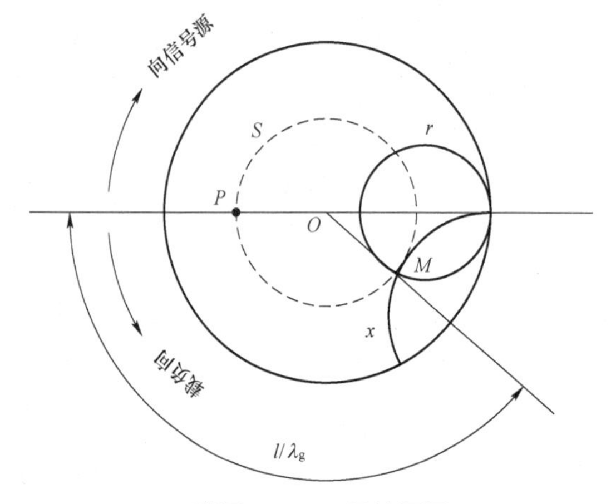

附图 1.3－3　阻抗圆图

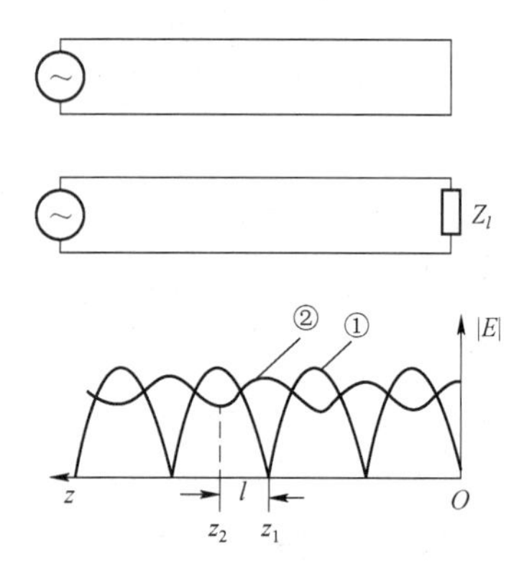

附图 1.3－4　纯驻波和行驻波状态图

习　　题

（注：对于均匀有耗线，题中均明确指出，凡未指出的，都属于均匀无耗线。）

1－1　传输线理论包括哪些内容，其中反映各种具体传输线共性的最基本的部分是什么？

1－2　试述分布参数的概念，并用它来推导出传输线上电压波的基本方程。

1－3　什么是传输线的特性阻抗，它与哪些因素有关？

1－4　空气填充的同轴线，外导体的内半径 b 与内导体的外半径 a 之比分别为 2.3 和 3.2，求特性阻抗各是多少？若保持特性阻抗不变，但填充的是 $\varepsilon_r=2.25$、$\mu_r=1$ 的介质，问 b/a 应各是多少？

1－5　一架空的双导线传输线，导线半径为 1 mm，两导线中心的间距为 5 mm，求特性阻抗。

1－6　什么是行波，它的特点是什么，在什么情况下会得到行波？什么是纯驻波，它有什么特点，在什么情况下会产生纯驻波？

1－7　在某时刻观察无耗传输线沿线各点电压的瞬时值皆为零，而在另一时刻沿线各点电流的瞬时值皆为零。问：线上反射系数的模是多少？驻波比是多少？

1－8　传输线的终端负载等于特性阻抗 Z_c，线上某处的电压 $U(z)=100\angle 30^\circ$，试写出该处以及与该处相距分别为 $\lambda/8$（向信号源方向）和 $\lambda/4$（向负载方向）等处电压瞬时值的表示式。

1－9　传输线的特性阻抗为 Z_c，行波系数为 K，终端负载为 Z_l，第一个电压最小点距终端的距离为 $z_{\min}$。试求 Z_l 的表示式。

1－10　试求图 P1－1 中传输线输入端（AA'）的等效阻抗和输入端反射系数的模。

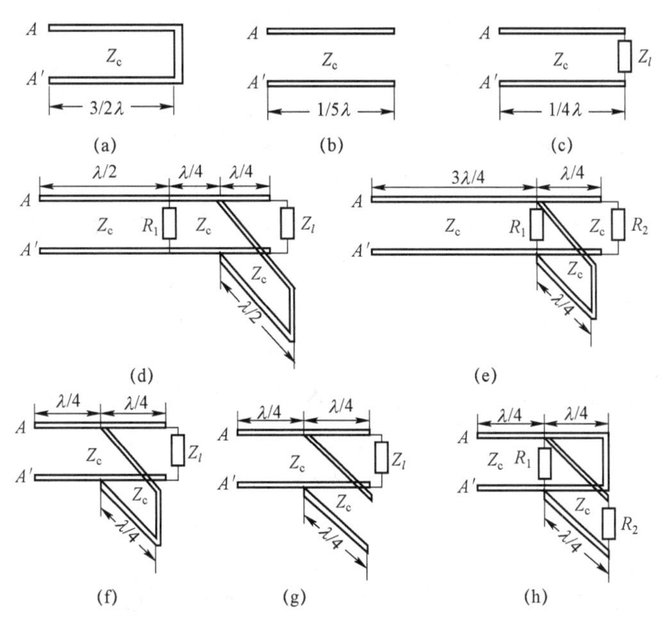

图 P1－1　习题 1－10 用图

1－11　如图 P1－2 所示，主线和支线的特性阻抗均为 50 Ω，信号源电压的幅值 $E_g=100\text{ V}$，内阻 $R_g=50\,\Omega$，$R_1=20\,\Omega$，$R_2=30\,\Omega$，试求出 AA'、BB'、CC' 和 DD' 截面处的电压和电流的幅值，画出主线（AA' 到 DD'）上电压和电流幅值的分布图，求出 R_1 和 R_2 吸收的功率。

1－12　如图 P1－3 所示，主线和支线的特性阻抗均为 Z_c，信号源电压的幅值为 E_g，内阻 $R_g=Z_c$，$R_1=\dfrac{2}{3}Z_c$，$R_2=\dfrac{1}{3}Z_c$，试画出主线和支线上电压和电流幅值的分布图。

1－13　如图 P1－4 所示，主线和支线的特性阻抗均为 50 Ω，信号源电压的幅值 $E_g=100\text{ V}$，内阻 $R_g=50\,\Omega$，$R_1=15\,\Omega$，$R_2=35\,\Omega$，试画出主线上电压和电流幅值的分布图，并求出 R_1 和 R_2 吸收的功率。

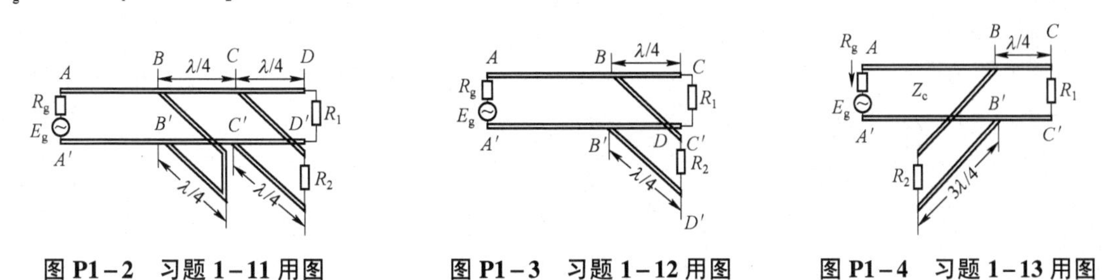

图 P1－2　习题 1－11 用图　　**图 P1－3　习题 1－12 用图**　　**图 P1－4　习题 1－13 用图**

1－14　设 Z_{is} 为传输线终端短路时的输入阻抗，Z_{io} 为终端开路时的输入阻抗，Z_c 为传输线的特性阻抗。试证

$$Z_c=\sqrt{Z_{is}Z_{io}}$$

1－15　利用圆图做下列习题。Z_c 为特性用抗，Z_l 为负载阻抗，Y_l 为负载导纳，Z_{in} 为输入阻抗，Y_{in} 为输入导纳，l 为传输线的长度，λ 为工作波长。传输线均匀、无损耗。

（1）$Z_c = 50\,\Omega$，$Z_l = (100 + j75)\,\Omega$，求终端反射系数。

（2）$Z_c = 50\,\Omega$，$Z_l = (100 - j50)\,\Omega$，求驻波比。

（3）$Z_c = 70\,\Omega$，$Z_l = (10 - j20)\,\Omega$，$l = 0.5\lambda$，求 Z_{in}。

（4）$Y_l = 0$，$Z_c = 50\,\Omega$，$Y_{in} = j0.15$，求 l/λ。

（5）$Z_c = 70\,\Omega$, $Z_l = (100 - j50)\,\Omega$，求终端电压反射系数的模和线上的驻波比 S，从终端负载算起，求第一个电压最小点与终端负载的距离。

（6）终端接有负载 Z_l 的传输线，驻波比 S=2，当负载被短路时，距终端负载的第一个电压最小点的位置向负载方向移动了 0.1λ，求 Z_l。

（7）传输线的终端负载为（100–j50）Ω，用并联单株短路支线进行匹配，主线和支线的特性阻抗均为 50 Ω，试求支线的位置和长度。（位置，即支线到负载的距离。）

（8）传输线终端负载的导纳 $Y_l = (0.042\,5 + j0.017\,5)\mathrm{S}$，用并联单株短路支线进行匹配，主线和支线的特性阻抗均为 100 Ω，试求支线的位置和长度。（位置，即支线到负载的距离。）

（9）传输线终端负载 $Z_l = (125 - j65)\,\Omega$，利用双株短路支线对主线进行匹配，设第一支线的位置（靠近负载）距终端负载为 d_1，支线长度为 l_1，第二支线（远离负载）与第一支线相距为 d_2、支线长度为 l_2，主线和支线特性阻抗均为 50 Ω，$d_1 = \lambda/8$，$d_2 = \lambda/4$，两个支线与主线相并联，试求 l_1 和 l_2。

1－16　当均匀无耗传输线终端接有纯电抗性负载时，采取阻抗匹配的措施（假设匹配装置也是无耗的），能否得到行波状态（指传输线上没有向信号源方向的反射波）？

1－17　试述可采取什么样的方法（包括实验的方法）来确定均匀无耗传输线的特性阻抗。

第2章　规 则 波 导

广义地讲，在微波波段使用的传输线，如双导线、同轴线、空心的金属波导（矩形、圆形、椭圆形和其他形状的波导管等），以及带状线、微带线和介质波导（包括光波导）等，都可以统称为波导。因为它们的作用都是导引电磁波沿着一定的方向传播，被导引的电磁波称为导行波，而把这些传输线称为导波系统，简称波导。正如在第 1 章引言中所指出的，导波系统也可以统称为传输线。可见，导波系统与传输线从广义的角度讲，两者的含义是一样的。

所谓规则波导，是指沿其轴线方向，横截面的形状、尺寸，以及填充介质的分布状态和电参数均不变化的无限长的直波导。当然，实际波导的长度不可能是无限的，而只能是有限的，在这里之所以称其为“无限长”，显然是一种抽象化了的物理模型，其目的在于说明本章所讨论的是：波导工作于行波状态（无反射状态）时，电磁波沿规则波导轴向的传播规律，以及电场和磁场在波导横截面上的分布规律（场分布，或称场结构、模式、模）。本章所讲的规则波导，实际上只限于空心的金属矩形和圆形波导、同轴线（同轴波导）等。至于带状线、微带线和介质波导（光纤），将在后面的有关章节中讲述。

对于空心的金属波导而言，其中传输的电磁波是 TE 或 TM 模，不可能是 TEM 模，因此也不可能有确切的和严格的电压及电流的定义，即“路”的分析方法，就一般情况而言，已不适用于金属波导，而应采用“场”的分析方法。为了得到电磁波的场在导波系统横截面上的分布规律（场结构），以及电磁波沿传播方向的传播特性，就需要在一定的边界和初始条件下，对电磁场的波动方程求解。

用空心的金属管（现称波导管）传输电磁波的想法是在 1887 年首先由英国物理学家瑞利（J. W. Rayleih）提出来的，他在研究声波的基础上对用空心金属管传输电磁波进行了探讨。他用数学方法证明了电磁波可以在其中传输，并指出可能存在的电磁波的模式，以及它们的截止波长。但在当时这只是一个未经实验证实的推测，直到 1936 年美国学者索思沃思（Georgl Soythworth）和巴罗（W. L. Barron）通过实验证实了空心的金属管可以传输电磁波，从而奠定了用金属管传输电磁波的实验基础。此后，很多学者曾用多种概念和方法解释这种现象，但是，最严格、最完整的定量分析是在给定了电磁场的初始条件和边界条件的情况下，对麦克斯韦方程组求解才能得到。如今，波导管理论的研究已经相当成熟，波导管的应用已十分广泛。

§ 2.1　引　　言

为了更好地掌握本章的内容，首先回顾一下场论中的三个重要概念：梯度、散度和旋度；其次，为了与电磁场理论中有关内容的衔接，再把麦克斯韦方程复习一下。文中涉及的矢量、矢性算子都用黑斜体字表示。

一、梯度、散度和旋度

梯度、散度和旋度是场论中的重要概念。为此，首先应对场的概念有所了解，然后再讨论场论中的这三个概念。

场（电场和磁场）是客观存在的一种物质，是一种物理量。一个物理量在空间或某一区域内的每一点可以用一个数量（标量）来唯一地确定，就称该空间或该区域为该物理量的数量场，例如温度、物质的密度、电位等都属于数量场；若某一物理量在空间或某一区域内的每一点，不仅要确定其大小，而且还要确定其方向，才能够完整地描述这个物理量的性质，那么，该空间或该区域就称为该物理量的矢量场，例如，流速场、力场、电场和磁场等。若场内各点的物理量不随时间变化，则称为稳态（静态）场，若随时间变化则称为时变场。

（一）梯度

在数量场中，不同的点，物理量的大小不同，它是空间点的坐标的函数，为了描述物理量的分布状态和变化规律而引入了梯度的概念。首先介绍数量场方向导数的概念，然后再由方向导数引申出梯度的概念。

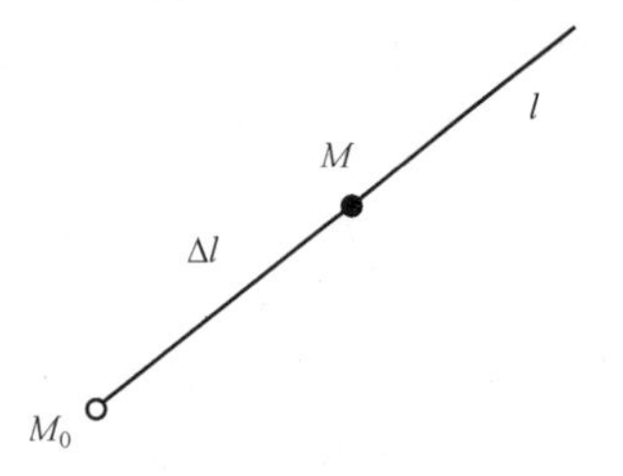

图 2.1－1　方向导数和梯度示意图

1. 方向导数与梯度

方向导数与梯度的概念与坐标系的选择无关，为了便于理解，我们以直角坐标系为例来进行讨论。因为物理量是空间坐标的函数，所以，可把某一物理量 u 写为 $u=f(x, y, z)$，简记为 $u=f(M)$，M 表示坐标变量，同时又表示与坐标变量相对应的点。如图 2.1－1 所示，设 M_0 为 $u=f(M)$中的任意一点，由此点沿任意方向引出一条射线 l，在线上任意取邻近 M_0 的一点 M，两点之间的距离为 Δl，两点之间函数的变化量为 $\Delta u = f(M) - f(M_0)$，$\dfrac{\Delta u}{\Delta l} = \dfrac{f(M) - f(M_0)}{\Delta l}$ 是函数对于 Δl 而言的平均变化率，当 M 沿 l 无限地趋向于 M_0 时，若该式的极限值存在，则称该极限值为函数 u 在 M_0 点沿 l 方向的方向导数，即

$$\left.\frac{\partial u}{\partial l}\right|_{M_0} = \lim_{M \to M_0} \frac{f(M) - f(M_0)}{\Delta l}$$

它是 $u(M)$ 在给定点沿某一方向 l 对于距离的变化率，它与所取的点 M 和射线 l 的方向有关。若 $\partial u / \partial l > 0$，函数值沿 l 方向是增加的，数值大表示增加得快，数值小，表示增加得慢；若 $\partial u / \partial l < 0$，函数值沿 l 方向是减小的，负的值大，表示减少得快，负的值小，表示减少得慢；若 $\partial u / \partial l = 0$，表示无变化。

因为函数 $f(M)$ 在一点处可以引出无穷多条射线，因而也有无穷多个方向导数，对应着无穷多的变化率，若在该点有一矢量 $\boldsymbol{G}$，其方向为变化率最大的方向，其模就是最大变化率的值，则称矢量 $\boldsymbol{G}$ 为函数 $u(M)$在点 M 处的梯度，其方向和模在该点是唯一的。在数量场中每一点都有一确定的梯度，则整个数量场就有了一个与之相对应的梯度场，梯度场是矢量场。

2. 直角坐标系中梯度的表示式

如前所述，已知$\Delta u = u(M) - u(M_0)$，设 M 点和 M_0 点的坐标分别为(x,y,z)和(x_0,y_0,z_0)，则$\Delta x = x - x_0$，$\Delta y = y - y_0$，$\Delta z = z - z_0$，$\Delta l = \sqrt{(\Delta x)^2 + (\Delta y)^2 + (\Delta z)^2}$，$l$ 的方向余弦为$\cos\alpha$、$\cos\beta$、$\cos\gamma$，α、β、γ 分别为 l 与（x，y，z）坐标轴正方向之间的夹角。根据数学中全微分和全增量的关系式可知

$$\Delta u = u(M) - u(M_0) = \frac{\partial u}{\partial x}\Delta x + \frac{\partial u}{\partial y}\Delta y + \frac{\partial u}{\partial z}\Delta z + R\Delta l$$

等号两边同除以Δl，则有

$$\frac{\Delta u}{\Delta l} = \frac{\partial u}{\partial x}\cos\alpha + \frac{\partial u}{\partial y}\cos\beta + \frac{\partial u}{\partial z}\cos\gamma + R$$

当$\Delta l \to 0$时，$R \to 0$，因此

$$\frac{\partial u}{\partial l} = \frac{\partial u}{\partial x}\cos\alpha + \frac{\partial u}{\partial y}\cos\beta + \frac{\partial u}{\partial z}\cos\gamma$$

若把式中的$\frac{\partial u}{\partial x}$、$\frac{\partial u}{\partial y}$、$\frac{\partial u}{\partial z}$（它们是 u 沿三个坐标轴的方向导数）看成一个矢量 $\boldsymbol{G}$ 的三个分量的坐标，则 $\boldsymbol{G}$ 为

$$\boldsymbol{G} = \boldsymbol{x}\frac{\partial u}{\partial x} + \boldsymbol{y}\frac{\partial u}{\partial y} + \boldsymbol{z}\frac{\partial u}{\partial z}$$

又知 l 方向的单位矢量 $\boldsymbol{l}_0$ 为

$$\boldsymbol{l}_0 = \boldsymbol{x}\cos\alpha + \boldsymbol{y}\cos\beta + \boldsymbol{z}\cos\gamma$$

则 $\boldsymbol{G}\cdot\boldsymbol{l}_0$（数量积）正好是式$\frac{\partial u}{\partial l} = \frac{\partial u}{\partial x}\cos\alpha + \frac{\partial u}{\partial y}\cos\beta + \frac{\partial u}{\partial z}\cos\gamma$，这样，沿 l 方向的方向导数可写为

$$\frac{\partial u}{\partial l} = \boldsymbol{G}\cdot\boldsymbol{l}_0 = |\boldsymbol{G}|\cos[\boldsymbol{G},\boldsymbol{l}_0] \tag{2.1-1}$$

$\boldsymbol{G}$ 与 $u=f(x,y,z)$有关，在给定点它有确定的方向，从上式可以看出，在给定点沿任意方向的方向导数，可以看成矢量 $\boldsymbol{G}$ 在该方向上的投影，当所选择的 l 与 $\boldsymbol{G}$ 的方向一致，即$\cos[\boldsymbol{G},\boldsymbol{l}_0]=1$时，根据梯度的定义可知，$\boldsymbol{G}$ 就是函数 u 在该点的梯度，记为

$$\mathrm{grad}u = \boldsymbol{G} \tag{2.1-2}$$

为了书写和运算方便而引进了一个称为哈密顿（Hamilton，英国数学家）的算子∇（读作纳布拉），在直角坐标系中它的表示式为

$$\nabla = \boldsymbol{x}\frac{\partial}{\partial x} + \boldsymbol{y}\frac{\partial}{\partial y} + \boldsymbol{z}\frac{\partial}{\partial z}$$

式中，$\boldsymbol{x}$、$\boldsymbol{y}$、$\boldsymbol{z}$ 分别为沿三个坐标轴正方向的单位矢量，∇ 既不是函数，也不是任何物理量，而只是进行微分运算时的一个矢量形式的微分算符，当把它作用于函数时，它具有微分和矢量的双重作用。其优点是，可使数学式子简洁易记。例如，当它作用于函数 u 时，即可得 u 的梯度的表示式

$$\nabla u=\left(\boldsymbol{x}\frac{\partial}{\partial x}+\boldsymbol{y}\frac{\partial}{\partial y}+\boldsymbol{z}\frac{\partial}{\partial z}\right)u=\boldsymbol{x}\frac{\partial u}{\partial x}+\boldsymbol{y}\frac{\partial u}{\partial y}+\boldsymbol{z}\frac{\partial u}{\partial z}$$

（二）散度

1. 矢量场的通量与散度

一个矢量场在空间或某一区域的分布状态可以用一个矢量函数$\boldsymbol{A}(x,y,z)$或$\boldsymbol{A}$来表示，简记为$\boldsymbol{A}(M)$，M表示坐标变量，同时又表示与坐标变量相对应的点，而且，为了能够更形象地描述矢量场的性质而引入了矢量线的概念，即场内每一点有唯一的一条矢量线通过，矢量线充满了矢量所在的空间或区域，线上每一点处的切线方向就是该点处场矢量的方向，如图2.1－2所示。

在矢量场中任意取定一曲面S（特殊情况为平面），矢量线就会从曲面的一侧穿入，而从另一侧穿出（设为正向），如图2.1－3所示。若有矢量线穿入与穿出S面的方向正好相反，则通过曲面S的总通量ϕ应为两者的代数和（两者之差）。ϕ的数学表示式为

$$\phi=\int_S \boldsymbol{A}\cdot \mathrm{d}\boldsymbol{S}$$

即$\boldsymbol{A}$在曲面S上的面积分，$\mathrm{d}\boldsymbol{S}$为微面积元，看成矢量，其大小为$\mathrm{d}S$，其方向为微面积元的正法线方向。

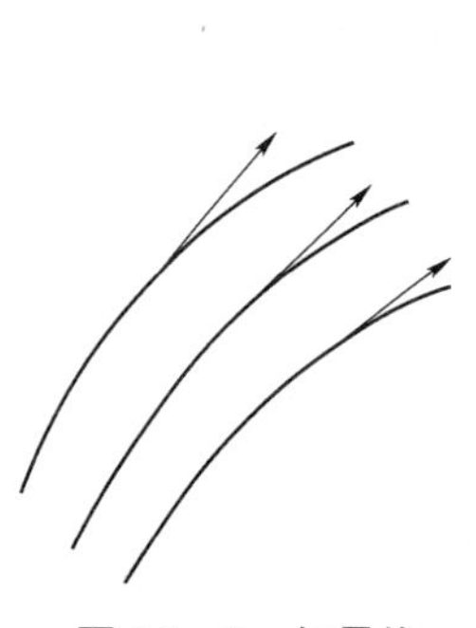

图2.1－2　矢量线

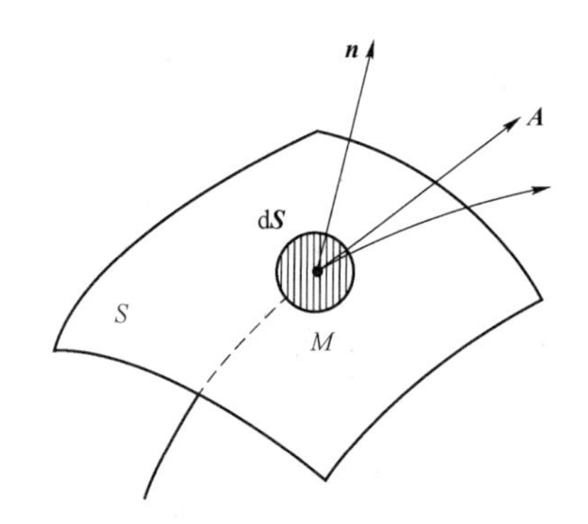

图2.1－3　矢量场的通量

对于闭合曲面，矢量线从S内部穿出，通量为正，从外部穿入，通量为负，总的通量为两者的代数和，其数学表示式为

$$\phi=\oint_S \boldsymbol{A}\cdot \mathrm{d}\boldsymbol{S} \tag{2.1-3}$$

即$\boldsymbol{A}$在闭曲面S上的面积分，$\mathrm{d}\boldsymbol{S}$的正法线方向是由闭曲面的内侧指向外侧。若$\phi>0$，说明从S内穿出的通量大于从S外穿入的通量，或者说，S内发出通量的“源”大于吸收通量的“汇”，若$\phi<0$，则情况相反，若$\phi=0$，则S内没有“源”，或者“源”与“汇”相抵消为零。例如，在静电场中，若S内有正电荷，则有电力线穿出S面，$\phi>0$，通量为正，若S内有负电荷，则有电力线穿入S内，通量为负，若S内正、负电荷都有，且电荷量相等，则通量为零，若S内没有电荷，通量也为零。

以上所述，只是给出了S内的源与S表面上场量之间一种总的关系，是较大范围的情况，还无法确定矢量场所在空间或区域内每一点处源与场之间的关系，为了确定每一点处源与场之间的关系而引入了散度的概念，现在来讨论这一问题。

已知矢量场 $\boldsymbol{A}(M)$，在点 M 的邻域内作一包括 M 点在内的任一闭合曲面 ΔS，它所包围的体积为 ΔV，如图 2.1－4 所示，$\Delta\phi$ 为从 ΔV 内穿过 ΔS 的通量

$$\Delta\phi = \oint \boldsymbol{A} \cdot \mathrm{d}\boldsymbol{S} \quad \Delta\phi/\Delta V \text{ 是通量对于体积的平均值}$$

当 ΔV 以任意方式缩小并趋于零时，即无限地缩小到 M 点时，若极限

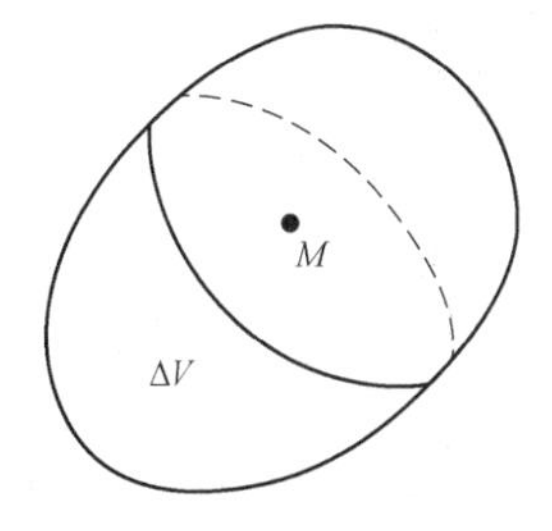

图 2.1－4　闭合曲面包围的体积

$$\lim_{\Delta V \to 0} \frac{\Delta\phi}{\Delta V} = \lim_{\Delta V \to 0} \frac{\oint \boldsymbol{A} \cdot \mathrm{d}\boldsymbol{S}}{\Delta V}$$

存在，则称此极限值为矢量场 $\boldsymbol{A}$ 在点 M 处的散度，记为 $\mathrm{div}\boldsymbol{A}$。散度是一个数量，表示在场内某点处对于一个单位体积而言所发出的通量，称为通量密度。若 $\mathrm{div}\boldsymbol{A}>0$，说明该点有发出通量的源，$\mathrm{div}\boldsymbol{A}$ 越大，发出的通量也越多，反之，则通量越少；若 $\mathrm{div}\boldsymbol{A}<0$，说明该点有吸收通量的汇；若 $\mathrm{div}\boldsymbol{A}=0$，说明该点既无源也无汇。若所讨论的空间或区域内每一点处的 $\mathrm{div}\boldsymbol{A}=0$，则称该空间或区域为无源场。

由以上分析可知，在矢量场中每一点都有一确定的散度，则整个矢量场就有了一个与之相对应的散度场，散度场是数量场。

2. 直角坐标系中散度的表示式

散度的概念与坐标系的选择无关，这里只给出它在直角坐标系中的表示式，表示式的推导过程，可参阅有关的数学书，此处从略。

对于矢量函数 $\boldsymbol{A}$，可以把它写为三个分量相加的形式，即

$$\boldsymbol{A} = \boldsymbol{x}A_x + \boldsymbol{y}A_y + \boldsymbol{z}A_z$$

式中，A_x、A_y、A_z 分别为 $\boldsymbol{A}$ 在三个坐标轴上的投影，它们都是（x，y，z）的函数。这样，矢量 $\boldsymbol{A}$ 的散度在直角坐标系中的表示式为

$$\mathrm{div}\boldsymbol{A} = \frac{\partial A_x}{\partial x} + \frac{\partial A_y}{\partial y} + \frac{\partial A_z}{\partial z} \tag{2.1－4}$$

为了书写方便和便于记忆，可以从形式上把散度写为算子 ∇ 与 $\boldsymbol{A}$ 的数量积的形式：

$$\nabla \cdot \boldsymbol{A} = \left(\boldsymbol{x}\frac{\partial}{\partial x} + \boldsymbol{y}\frac{\partial}{\partial y} + \boldsymbol{z}\frac{\partial}{\partial z}\right) \cdot \left(\boldsymbol{x}A_x + \boldsymbol{y}A_y + \boldsymbol{z}A_z\right) = \mathrm{div}\boldsymbol{A} \tag{2.1－5}$$

（三）旋度

1. 矢量场的环量与旋度

在自然现象中，会观察到水流中的旋涡、气流中的旋风、刚体的旋转、质点在力的作用下沿有向线段所做的功、电场强度沿闭合回路所做的功（电动势）等，它们都涉及矢量场的环量和旋度问题。最早出现的“旋度”一词，是在研究水流中的旋涡和刚体转动时引入的，尔后又延伸到其他科技领域。对于电磁场而言，不可能有直观的旋涡存在，但它与上述的自然现象之间仍有相似之处，即它们都是矢量，都有环量（沿闭合回路的线积分），都可以用相同的数学方法来描述它们的性质，因此，在电磁场理论中也沿用了“旋度”这一术语。

如前所述，把矢量函数 $\boldsymbol{A}(x, y, z)$简记为 $\boldsymbol{A}(M)$ 或 $\boldsymbol{A}$，M 表示坐标变量，同时又表示与坐标变量相对应的点。围绕 M 点作一封闭曲线 l，由它围成一个微小面积 ΔS，$\boldsymbol{n}$ 为过 M 点并与

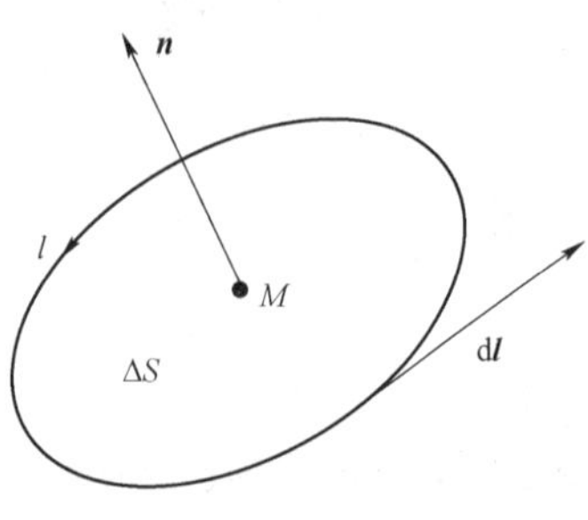

图 2.1-5　旋度示意图

ΔS 相垂直的一个单位矢量，$\boldsymbol{n}$ 与 l 的绕向符合右手螺旋法则，如图 2.1-5 所示。矢量 $\boldsymbol{A}$ 沿 l 的线积分为 $\oint_l \boldsymbol{A}\cdot \mathrm{d}\boldsymbol{l}$，称为矢量 $\boldsymbol{A}$ 沿所取积分方向的环量，$\dfrac{\oint_l \boldsymbol{A}\cdot \mathrm{d}\boldsymbol{l}}{\Delta S}$ 是环量对于面积的平均值。保持 $\boldsymbol{n}$ 方向不变，当 ΔS 以任意方式无限地缩小，并趋向 M 点时，若极限

$$\lim_{\Delta S\to M}\frac{\oint_l \boldsymbol{A}\cdot \mathrm{d}\boldsymbol{l}}{\Delta S}$$

存在，则此极限称为矢量 $\boldsymbol{A}$ 在点 M 处，以单位法矢量 $\boldsymbol{n}$ 为方向的环量的面密度（单位面积的环量）。环量的面密度是一个数量，它的大小与 M 点的位置、ΔS（相应的 n）的方位有关，例如，在同一点 M 可以有无限多个单位法矢量 $\boldsymbol{n}$，不同的 ΔS 将 M 点包含在内，与此相对应，也就有无限多个环量面密度，其中有一个单位法矢量 $\boldsymbol{n}$ 的方向所对应的环量面密度为最大，这个方向就规定为矢量函数 $\boldsymbol{A}=f(M)$ 在 M 点的旋度的方向，它是一个矢量，记为 rot$\boldsymbol{A}$，它的模就等于最大环量面密度的值。在 M 点其他方向的环量面密度可以看成 rot$\boldsymbol{A}$ 在该方向上的投影。

在矢量场中每一点都有一个旋度，所以整个矢量场就有了一个与之相对应的旋度场，旋度场是矢量场。若在所讨论的区域内，所有点的旋度恒为零，则该矢量场称为无旋场，否则，就称为有旋场。例如在静电场中，因为电场沿任意闭合路径的积分 $\oint \boldsymbol{E}\cdot \mathrm{d}\boldsymbol{l}=0$，$\boldsymbol{E}$ 的旋度 rot$\boldsymbol{E}=0$，所以静电场为无旋场。

2. 在直角坐标系中旋度的表示式

旋度的概念与坐标系的选择无关，在这里只给出它在直角坐标系中的表示式，其推导过程从略。为了便于书写和易记，经常用算子 ∇ 与矢量函数 $\boldsymbol{A}$ 的矢积来表示旋度，并利用行列式的展开法则来求出旋度具体的表示式，即

$$\mathrm{rot}\,\boldsymbol{A}=\nabla\times\boldsymbol{A}=\begin{vmatrix}\boldsymbol{x} & \boldsymbol{y} & \boldsymbol{z}\\ \dfrac{\partial}{\partial x} & \dfrac{\partial}{\partial y} & \dfrac{\partial}{\partial z}\\ A_x & A_y & A_z\end{vmatrix}=\boldsymbol{x}\left(\frac{\partial A_z}{\partial y}-\frac{\partial A_y}{\partial z}\right)+\boldsymbol{y}\left(\frac{\partial A_x}{\partial z}-\frac{\partial A_z}{\partial x}\right)+\boldsymbol{z}\left(\frac{\partial A_y}{\partial x}-\frac{\partial A_x}{\partial y}\right)$$

（2.1-6）

利用行列式的展开法则只是为了便于记忆，旋度本身并不等于行列式。

二、麦克斯韦方程

1864 年，英国物理学家麦克斯韦（J. C. Maxwell）在总结前人的理论和实验的基础上，把电磁理论概括为一组偏微分方程，称为麦克斯韦方程。方程组不仅描述了电现象与磁现象的内在的、两者不可分离的、相互依赖的关系，而且，麦克斯韦还预言了电磁波的存在，计算出了电磁波在媒质中的传播速度与光在同一媒质中的传播速度相等，因此，有时也把电磁波在媒质中的传播速度称为光速。电磁波在真空中（近似地讲，在空气中）的传播速度与光在真空中的传播速度相等，都为 3×10^8 m/s。据此，他预言，光也是电磁波，从而把电磁理

论统一了起来，创立了光的电磁理论。1888 年德国物理学家赫兹（H. R. Hertz）用实验的方法证实了电磁波的存在。麦克斯韦方程是研究宏观电磁现象的理论基础，麦克斯韦方程组包括积分方程和微分方程两种形式，对于不同的问题可选择其中的一种形式，或将两种形式结合起来应用。它对任何媒质，对静态场、时变场都是适用的，但对于微观领域（如分子、原子）的电磁现象是不适用的，即不能把它直接用于微观领域，而需要与量子力学相结合，构成量子电动力学，用以解决微观领域的问题。

（一）法拉第电磁感应定律

1819 年丹麦科学家奥斯特（H. C. Oersted）发现了电流的磁效应，即在电流的周围产生了磁场；1831 年英国物理学家法拉第（M. Farady）发现变化的磁场会产生电流。这两种现象所反映的是同一个事实：当被一个闭合回路 l 所限定的闭合面内的磁通量发生变化时，就会在回路中产生感应电动势、感应电场和感应电流，而感应电流同样会产生磁场，这种现象称为电磁感应。感应电动势在回路中产生了推动电荷运动，并使之形成电流的感应电场 $\boldsymbol{E}$。感应电动势 $\mathscr{E}$ 与 $\boldsymbol{E}$ 的关系式为

$$\mathscr{E}=\oint \boldsymbol{E}\cdot \mathrm{d}\boldsymbol{l} \tag{2.1-7}$$

$\mathscr{E}$ 的大小与被回路 l 所限定面积内磁通量 ϕ 对于时间的变化率成正比，即

$$\mathscr{E}=\frac{\mathrm{d}\phi}{\mathrm{d}t} \tag{2.1-8}$$

这个式子只给出了感应电动势的大小，而未指出它的方向。1883 年俄国物理学家楞茨经过实验得出了确定感应电流方向的法则，称为楞茨定律。该定律指出，闭合回路中产生的感应电流具有确定的方向，就是：当穿过由闭合回路所围成的闭合面的磁通增加时，感应电流所产生的磁场和原磁场方向相反，阻碍磁通量的增加，当原磁通量减少时，感应电流所产生的磁场和原磁场的方向相同，阻碍磁通量的减少，即感应电流所产生的磁通总是力图阻碍引起感应电流的磁通量的变化。

将法拉第电磁感应定律和楞茨定律结合在一起，就构成了完整的法拉第感应定律，即

$$\mathscr{E}=-\frac{\mathrm{d}\phi}{\mathrm{d}t} \tag{2.1-9}$$

其中的负号（–），就是用数学语言表示了楞茨定律的含义。

需要指出的是，法拉第电磁感应定律最初是对由导体构成的回路而言的，尔后，麦克斯韦指出，无论是否有导体存在，也无论是在媒质或真空中，电磁感应定律都是适用的；若没有导体存在，就没有感应电流，但是由于磁场的变化而激发出的电场总是存在的。

近代科技发展的成果证实，麦克斯韦的这一假说是正确的。

（二）麦克斯韦方程

麦克斯韦方程有积分方程和微分方程两种形式。积分方程所反映的是有限大范围内（例如，闭合回路、闭合面）电磁场各量之间内在的联系规律，是电磁场状态的总的情况，它不反映所讨论的范围内每一点处场量之间内在的联系规律，而要了解每一点的情况，就需要利用微分方程。微分方程所反映的是，所讨论范围内各点处场量之间，以及场量对空间和时间的变化率与该点处场源密度之间的关系。知道了微分方程，再根据场量的初始条件和边界条

件对方程求解，即可得出场量在所讨论范围内整体的分布状态和规律。这两种形式的方程组所描述的是同一个客观实体（电磁场），只是在描述方法上有“粗”“细”之分，就物理实质而言，两者没有本质上的差别，从这个意义上讲，积分方程和微分方程两者是等效的。积分方程和微分方程各有四个。下面讨论如何由积分方程推导出微分方程。

（1）根据法拉第电磁感应定律可知，有感应电动势 $\mathscr{E}$，则必有感应电场 $\boldsymbol{E}$，根据电动势 $\mathscr{E}$ 是非保守电场沿闭合回路 l 线积分的定义，则有

$$\mathscr{E}=\oint \boldsymbol{E}\cdot \mathrm{d}\boldsymbol{l}=\frac{-\mathrm{d}\phi}{\mathrm{d}t}$$

又知 $\phi=\int_S \boldsymbol{B}\cdot \mathrm{d}\boldsymbol{S}$，$\boldsymbol{B}$ 是磁感应强度矢量，即

$$\oint \boldsymbol{E}\cdot \mathrm{d}\boldsymbol{l}=-\frac{\mathrm{d}}{\mathrm{d}t}\int_S \boldsymbol{B}\cdot \mathrm{d}\boldsymbol{S} \tag{2.1-10}$$

当所选定的积分路径 l 和由它所界定的面积是不变的，而只考虑 $\boldsymbol{B}$ 随时间的变化时，上式则可写为

$$\oint \boldsymbol{E}\cdot \mathrm{d}\boldsymbol{l}=-\frac{\partial}{\partial t}\int_S \boldsymbol{B}\cdot \mathrm{d}\boldsymbol{S} \tag{2.1-11}$$

该式将变化的磁场与由它所产生的电场联系在了一起。这是用场量来表示的法拉第电磁感应定律的积分形式（积分形式的麦克斯韦方程之一）。

根据数学中斯托克斯（Stokes，英国数学家）定理可知，一个矢量场的旋度，它在以曲线 l 为周界所限定的面积上的积分，就等于矢量场沿 l 的线积分，因此有

$$\oint \boldsymbol{E}\cdot \mathrm{d}\boldsymbol{l}=\int_S (\nabla\times\boldsymbol{E})\cdot \mathrm{d}\boldsymbol{S}=-\frac{\partial}{\partial t}\int_S \boldsymbol{B}\cdot \mathrm{d}\boldsymbol{S} \tag{2.1-12}$$

该式对任意的由 l 所界定的面积 S 都是适用的，因此等号两边的被积函数应该相等，即

$$\nabla\times\boldsymbol{E}=-\frac{\partial \boldsymbol{B}}{\partial t} \tag{2.1-13}$$

称为法拉第电磁感应定律的微分形式（微分形式的麦克斯韦方程一）。该方程表示，电磁场中任一点处电场的旋度等于该点处磁感应强度对时间变化率的负值，其物理意义是，随着时间变化的磁场可以产生电场。

（2）根据电磁场理论可知，当考虑了位移电流的影响之后，安培（A. M. Ampere，法国物理学家）环路定律为

$$\oint \boldsymbol{H}\cdot \mathrm{d}\boldsymbol{l}=\int_S \left(\boldsymbol{J}+\frac{\partial \boldsymbol{D}}{\partial t}\right)\cdot \mathrm{d}\boldsymbol{S} \tag{2.1-14}$$

式中，$\boldsymbol{H}$ 是磁场强度矢量，$\boldsymbol{J}$ 是传导电流密度矢量，$\boldsymbol{D}$ 是电位移矢量，$\partial \boldsymbol{D}/\partial t$ 是 $\boldsymbol{D}$ 对于时间的变化率，称为位移电流密度矢量。这是安培环路定律的积分形式（积分形式的麦克斯韦方程之一）。该式将变化的电场与由它所产生的磁场联系在了一起。

根据斯托克斯定理可得

$$\oint \boldsymbol{H}\cdot \mathrm{d}\boldsymbol{l}=\int_S (\nabla\times\boldsymbol{H})\cdot \mathrm{d}\boldsymbol{S}=\int_S \left(\boldsymbol{J}+\frac{\partial \boldsymbol{D}}{\partial t}\right)\cdot \mathrm{d}\boldsymbol{S} \tag{2.1-15}$$

因此有

$$\nabla \times \boldsymbol{H} = \boldsymbol{J} + \frac{\partial \boldsymbol{D}}{\partial t} \tag{2.1-16}$$

称为安培环路定律的微分形式（微分形式的麦克斯韦方程之一）。该方程表示，电磁场中任意一点处磁场的旋度，等于该点处的传导电流密度矢量和位移电流密度矢量的和，其物理意义是，不仅电流 $\boldsymbol{J}$ 可以产生磁场，而且随着时间变化的电场也可以产生磁场。

在上式中，一般情况下，$\boldsymbol{J}$ 包括传导电流密度矢量（带电粒子在导电媒质中运动所形成的电流）和运流电流密度矢量（带电粒子或带电物体在空间运动所形成的电流）这两部分电流。$\partial \boldsymbol{D} / \partial t$ 是位移电流密度矢量（简称位移电流），这是麦克斯韦于 1862 年所发表的一篇论文中首次提出的一个很重要的物理概念。位移电流是 $\boldsymbol{D}$ 对于时间的变化率，在电场中只要 $\boldsymbol{D}$ 随时间变化，就会有位移电流存在，就会激发出磁场。由此可见，在媒质中甚至在真空中，都可以产生位移电流。在一般情况下（例如电磁波的频率不甚高），在导电媒质（导体）内传导电流是主要的，位移电流很小，可以忽略；在非导电媒质（介质）中位移电流是主要的，传导电流很小，可以忽略。需要指出的是，位移电流不同于传导电流和运流电流，它不是由真实电荷流动而形成的电流，它只表示 $\boldsymbol{D}$ 对于时间的变化率；之所以也把它称为“电流”，是因为它在激发磁场方面与传导电流和运流电流是等效的，而在其他方面，两者之间是有区别的，例如，传导电流在流过导体时会发生热效应，而位移电流在导体中则没有热效应，位移电流也无法去直接测量。位移电流最早是作为假说而提出来的，经过实践证明，这个假说是正确的。

（3）我们已知磁感应强度矢量 $\boldsymbol{B}$ 对一曲面 S 的积分称为它穿过这个曲面的磁通 ϕ_{m}，即

$$\phi_{\mathrm{m}} = \int_S \boldsymbol{B} \cdot \mathrm{d}\boldsymbol{S} \tag{2.1-17}$$

如果 S 是一闭合曲面，则有

$$\phi_{\mathrm{m}} = \oint_S \boldsymbol{B} \cdot \mathrm{d}\boldsymbol{S} = 0 \tag{2.1-18}$$

这是磁感应强度矢量连续性定理的积分形式（积分形式的麦克斯韦方程之一）。

根据数学中的高斯定理（C. F. Gauss，德国数学家）可知，如果一个矢量场的散度可以求出来，那么，求散度的体积分就可以转化为该矢量对于体积外表面 S 的面积分，即

$$\int_v (\nabla \cdot \boldsymbol{B})\, \mathrm{d}V = \oint_S \boldsymbol{B} \cdot \mathrm{d}\boldsymbol{S} \tag{2.1-19}$$

这就是电磁场理论中所讲的磁场的高斯定律的积分形式（积分形式的麦克斯韦方程之一）。根据式（2.1－18），则可得下式：

$$\nabla \cdot \boldsymbol{B} = 0 \tag{2.1-20}$$

这是高斯定律的微分形式（微分形式的麦克斯韦方程之一）。

方程（2.1－20）的物理意义是，电磁场中任一点处磁感应强度矢量的散度恒等于零，就像式（2.1－18）中的 $\phi_{\mathrm{m}}=0$ 一样，说明磁力线永远是闭合的，或者说单极的磁荷是不存在的。

（4）我们已知电位移矢量 $\boldsymbol{D}$ 对一个曲面 S 的积分称为它穿过这个曲面的电通量 ϕ_{e}，即

$$\phi_{\mathrm{e}} = \int_S \boldsymbol{D} \cdot \mathrm{d}\boldsymbol{S} \tag{2.1-21}$$

如果 S 为一闭合曲面，则有

$$\phi_e = \oint_S \boldsymbol{D} \cdot \mathrm{d}\boldsymbol{S} = Q \tag{2.1-22}$$

Q 为闭合曲面内的电荷量。这就是反映电场基本性质的高斯定律的积分形式（积分形式的麦克斯韦方程之一）。若闭合面内电荷的体密度为 ρ，根据数学中的高斯定律则有

$$\int_V (\nabla \cdot \boldsymbol{D})\, \mathrm{d}V = \int_V \rho \mathrm{d}V \tag{2.1-23}$$

该式对于任意的体积而言都是适用的，因此有

$$\nabla \cdot \boldsymbol{D} = \rho \tag{2.1-24}$$

称为电场的高斯定律的微分形式（微分形式的麦克斯韦方程之一）。该方程的物理意义是，电磁场中任一点处电位移矢量的散度等于该点处电荷的体密度。

以上所讲，是从麦克斯韦方程的积分形式利用有关的数学定理推导出了与其相对应的微分形式的方程；同样地，若仍利用有关的数学定理对上述过程进行逆向运算，则可由微分形式的方程推导出积分形式的方程。它们相互之间的这种内在联系，正如前面已讲过的，积分方程和微分方程在描述电磁现象方面，两者是等效的、统一的。麦克斯韦方程用数学式子概括了电磁场的基本性质和电场与磁场之间相互依存、相互转换的规律，是研究宏观电磁现象的理论基础。

需要说明的是，以上所讲的麦克斯韦方程，无论是积分形式的，还是微分形式的，它们所表示的都是场量之间的瞬时值的关系式，后面还要讨论在场量随时间的变化规律是余弦函数的情况下复数形式的麦克斯韦方程。

为了对麦克斯韦方程的积分形式和微分形式有一个直观的比较，现将它们之间的对应关系列在下面。

积分形式

$$\oint \boldsymbol{E} \cdot \mathrm{d}\boldsymbol{l} = -\frac{\partial}{\partial t}\int_S \boldsymbol{B} \cdot \mathrm{d}\boldsymbol{S} \tag{2.1-25}$$

$$\oint \boldsymbol{H} \cdot \mathrm{d}\boldsymbol{l} = \int_S \left(\boldsymbol{J} + \frac{\partial \boldsymbol{D}}{\partial t}\right) \cdot \mathrm{d}\boldsymbol{S} \tag{2.1-26}$$

$$\oint \boldsymbol{B} \cdot \mathrm{d}\boldsymbol{S} = 0 \tag{2.1-27}$$

$$\oint \boldsymbol{D} \cdot \mathrm{d}\boldsymbol{S} = Q \tag{2.1-28}$$

微分形式

$$\nabla \times \boldsymbol{E} = -\frac{\partial \boldsymbol{B}}{\partial t} \tag{2.1-29}$$

$$\nabla \times \boldsymbol{H} = \boldsymbol{J} + \frac{\partial \boldsymbol{D}}{\partial t} \tag{2.1-30}$$

$$\nabla \cdot \boldsymbol{B} = 0 \tag{2.1-31}$$

$$\nabla \cdot \boldsymbol{D} = \rho \tag{2.1-32}$$

在上面的方程中含有 5 个矢量函数和一个标量函数，独立方程的个数少于未知函数的个数，方程不存在唯一的解，为了使方程有确定的解，还需要补充下列三个方程，称为物质方程或附加条件：

$$\boldsymbol{D} = \varepsilon \boldsymbol{E} \qquad \boldsymbol{B} = \mu \boldsymbol{H} \qquad \boldsymbol{J} = \sigma \boldsymbol{E} \tag{2.1-33}$$

不同的媒质具有不同的电磁性质，在宏观范围内，可以用 ε、μ、σ 等参数来表征这种性质，参数不同，对电磁场的反映不同。ε、μ、σ 分别称为媒质的介电常数、磁导率、电导率，如果这些参数不随场强变化则称为线性媒质，若也不随场强的方向变化，则称为各向同性媒质（反之，则称为各向异性媒质），若不随空间位置变化则称为均匀媒质。在静态场中，这些参数都是实数，而且，对于线性、均匀、各向同性的媒质而言，均为常数。但在时变电磁

场中，这些参数会随频率而变化（称为色散现象），也就是说，在频域内 μ、ε 不再是实常数，而是一个复数，其实部仍表示媒质的电磁性质，而虚部则表示对电磁能量的损耗程度。σ 虽然也是频率的函数，但在很宽的频率范围内，它随频率的变化极小，因此，可近似地把它看作是实常数。

有了上述的附加条件之后，就可以根据电磁场应满足的边界条件和初始条件（参考时间 $t=0$ 时电磁场的状态）对方程求解，从而得出电磁场在空间每一点处的分布状态，以及不同时刻各场量之间的关系。

由以上所述可知，在一般情况下，时变电磁场中的电场，是由电荷所激发的电场与由随时间变化的磁场所激发的电场的矢量和；磁场是由传导电流和运流电流所激发的磁场与由位移电流所激发的磁场的矢量和。麦克斯韦方程组对于静态的电场和磁场也是适用的，因为可以把这种情况看成一个特例。

由电磁场理论可知，微分形式的麦克斯韦方程组是在场量为空间和时间的连续函数（包括场量对空间和时间的导函数也是连续的）条件下得出的，因此它的应用范围应与该条件相适应。在不同媒质的分界面上，因为媒质的参数（μ，ε，σ）发生突变，并引起场量的突变，所以，微分形式的麦克斯韦方程组已不再适用，在这种情况下，为了确定分界面上场量之间的关系，应该采用积分形式的麦克斯韦方程组，据此即可推导出不同媒质分界面上场量的边界条件。

稳态的电磁波，先由场源（电流或电荷）所激发，而后从激发点开始，离开场源向外传播。电磁波随时间的变化规律可以是任意的，至于随时间变化的具体规律是什么，这取决于场源随时间的变化规律。在微波中通常遇到的是，在远离场源时，电磁波在媒质或传输线（广义的）中的传播问题。

对于上述各量通常都采用 SI 单位制（国际单位制）：

$\boldsymbol{E}$——电场强度矢量，V/m（伏［特］/米）

$\boldsymbol{D}$——电位移矢量，C/m^2（库［仑］/米 ^{2}）

$\boldsymbol{H}$——磁场强度矢量，A/m^2（安［培］/米 ^{2}）

$\boldsymbol{B}$——磁感应强度矢量，$Wb/m^2=1T$（韦伯/米 ^{2}=1 特［斯拉］）

$\boldsymbol{J}$——传导电流密度矢量，A/m^2（安［培］/米 ^{2}）

ρ——电荷体密度，C/m^3（库仑/米 ^{3}）

σ——媒质的电导率，S/m（西［门子］/米）

μ——媒质的磁导率，H/m（亨［利］/米）

ε——媒质的介电常数，F/m（法［拉］/米）

在自由空间（理想的真空，近似地讲，空气）中 μ 和 ε 分别为

$$\mu=\mu_0=4\pi\times10^{-7}\ \mathrm{H/m} \qquad \varepsilon=\varepsilon_0\approx\frac{1}{36\pi}\times10^{-9}\ \mathrm{F/m}$$

若用 μ_r 和 ε_r 分别表示媒质相对于真空的磁导率（相对磁导率）和介电常数（相对介电常数），则有 $\varepsilon=\varepsilon_r\varepsilon_0$，$\mu=\mu_r\mu_0$。

在此需要说明的是，书中经常用到“媒质”和“介质”两个术语，两者的含义是不同的，其中，不导电的媒质称为电介质，简称介质。（详见本章附录 2.3）

§ 2.2 波动方程与导行波

首先求出一般情况下的波动方程，假设在所讨论区域内的媒质是线性、均匀、各向同性和无色散的媒质，以及 ρ 和 $\boldsymbol{J}$ 都为零；然后再将波动方程应用于导波系统。

一、波动方程

首先求出波动方程在媒质中的瞬时值的表示式，然后再求出波动方程复矢量形式的表示式。为了求出波动方程，需要引入一个算子 ∇^2，称为拉普拉斯算子（Lapalace，法国数学家），当算子作用于标量函数 u 时，例如，$\nabla^2 u = \nabla \cdot \nabla u$ 表示先求 u 的梯度，再求梯度的散度；当 ∇^2 作用于矢量函数 $\boldsymbol{A}$ 时，$\nabla^2 \boldsymbol{A}$ 要按照数学中给出的关于 $\nabla^2 \boldsymbol{A}$ 的定义式（称为矢量恒等式）来进行运算，即

$$\nabla^2 \boldsymbol{A} = \nabla(\nabla \cdot \boldsymbol{A}) - \nabla \times (\nabla \times \boldsymbol{A}) \tag{2.2-1}$$

式中，等号右边第一项表示先求 $\boldsymbol{A}$ 的散度，再求散度的梯度；第二项表示对 $\boldsymbol{A}$ 的旋度再取一次旋度。在直角坐标系中 $\nabla^2 \boldsymbol{A}$ 为

$$\nabla^2 \boldsymbol{A} = \boldsymbol{x}\nabla^2 A_x + \boldsymbol{y}\nabla^2 A_y + \boldsymbol{z}\nabla^2 A_z \tag{2.2-2}$$

式中，$\boldsymbol{x}$、$\boldsymbol{y}$、$\boldsymbol{z}$ 分别为沿三个坐标轴正方向的单位矢量，A_x、A_y、A_z 为 $\boldsymbol{A}$ 在三个坐标轴上的投影。但是，只有在直角坐标系中才能将 $\nabla^2 \boldsymbol{A}$ 表示为各个分量的和的形式，而在其他坐标系中就不可能写成这种简单的形式，而应根据定义式对 $\nabla^2 \boldsymbol{A}$ 进行运算。

（一）波动方程在媒质中的瞬时值表示式

根据式（2.1－29）已知

$$\nabla \times \boldsymbol{E} = -\frac{\partial \boldsymbol{B}}{\partial t} = -\mu \frac{\partial \boldsymbol{H}}{\partial t}$$

对等号的两边取旋度

$$\nabla \times \nabla \times \boldsymbol{E} = -\mu \frac{\partial}{\partial t}(\nabla \times \boldsymbol{H})$$

根据式（2.1－30）并假设在所讨论的区域内 $\boldsymbol{J}=0$，则

$$\nabla \times \boldsymbol{H} = \frac{\partial \boldsymbol{D}}{\partial t}$$

这样，

$$-\mu \frac{\partial}{\partial t}(\nabla \times \boldsymbol{H}) = -\mu\varepsilon \frac{\partial^2 \boldsymbol{E}}{\partial t^2}$$

即

$$\nabla \times \nabla \times \boldsymbol{E} = -\mu\varepsilon \frac{\partial^2 \boldsymbol{E}}{\partial t^2}$$

根据式（2.2－1）并假设在所讨论的区域内 $\rho=0$，即 $\nabla \cdot \boldsymbol{E}=0$，则

$$\nabla \times \nabla \times \boldsymbol{E} = \nabla(\nabla \cdot \boldsymbol{E}) - \nabla^2 \boldsymbol{E} = -\nabla^2 \boldsymbol{E}$$

由此得

$$\nabla^2 \boldsymbol{E} - \mu\varepsilon \frac{\partial^2 \boldsymbol{E}}{\partial t^2} = 0 \tag{2.2-3}$$

同理，对于

$$\nabla \times H = \frac{\partial \boldsymbol{D}}{\partial t}$$

经过类似的推导过程可得

$$\nabla^2 \boldsymbol{H} - \mu\varepsilon \frac{\partial^2 \boldsymbol{H}}{\partial t^2} = 0 \tag{2.2-4}$$

式（2.2－3）和式（2.2－4）中的第一项表示场量对空间坐标求二次偏导，即场量对于空间坐标的变化，第二项是场量对时间求二次偏导，即场量对于时间的变化，也就是说，方程将场量对于空间坐标的变化与它对于时间的变化紧密地联系在一起，因此把方程称为矢量形式的波动方程（在媒质中的波动方程）。这两个方程对于场量随空间坐标和时间的任意变化规律都是适用的。

（二）复数形式的麦克斯韦方程

如同在第 1 章中曾讲过的，对于随时间的变化规律是简谐函数的电压波和电流波用复数表示法会给运算带来方便，同理，对电磁场而言也是如此。对于时变电磁场，它是空间坐标和时间的函数，有四个变量，在一般情况下，对场方程直接求解比较困难。但是，当场量随时间的变化规律是简谐函数时，可以将场量随空间坐标的变化和它随时间的变化分开来讨论，因此，若采用复数表示法就更显得简便，对场方程的求解也会变得比较容易。由此可见复数形式的麦克斯韦方程在解决电磁场问题中的重要性。

对于时变电磁场，各个场量都是空间和时间的函数，而其随时间 (t) 的变化规律可以是任意的。例如，以电场 $\boldsymbol{E}$ 为例，若选取直角坐标系(x, y, z)，则可将 $\boldsymbol{E}$ 表示为三个分量相加的形式：

$$\boldsymbol{E}(x,y,z,t) = \boldsymbol{x}E_x(x,y,z,t) + \boldsymbol{y}E_y(x,y,z,t) + \boldsymbol{z}E_z(x,y,z,t) \tag{2.2-5}$$

式中的 $\boldsymbol{x}$、$\boldsymbol{y}$ 和 $\boldsymbol{z}$ 分别为沿 x、y 和 z 轴正方向的单位矢量，E_x、E_y 和 E_z 分别为 $\boldsymbol{E}$ 在 x、y 和 z 坐标轴上的投影，即 $\boldsymbol{E}$ 在各坐标轴上分量的幅值。对于其他场量也可以写出类似的表示式。但是，正如在第 1 章中曾指出的，经常遇到的是随时间的变化规律为简谐振荡的场，因此本章和本书只讨论简谐场的情况。当电磁波的波源是具有一定角频率 ω 的简谐场时，则在线性媒质中，在稳定状态下所激发的场量是与波源具有同样角频率的简谐场。对于这种场量，采用复数表示法是比较方便的，这样，就得到了简谐矢量场的复数表示法——复矢量（具有大小、方向和初相角的量）。例如，仍以电场 $\boldsymbol{E}$ 为例，其瞬时值可表示为

$$\begin{aligned}\boldsymbol{E}(x,y,z,t) = {} & \boldsymbol{x}E_x(x,y,z)\cos\left[\omega t + \varphi_x(x,y,z)\right] + \\ & \boldsymbol{y}E_y(x,y,z)\cos\left[\omega t + \varphi_y(x,y,z)\right] + \\ & \boldsymbol{z}E_z(x,y,z)\cos\left[\omega t + \varphi_z(x,y,z)\right]\end{aligned} \tag{2.2-6}$$

式中，φ_x、φ_y、φ_z 为各分量的初相角，这些量仅是空间坐标（x，y，z）的函数，为书写方便，以后均省写了坐标变量。现采用复数法（复矢量）来表示式（2.2－6）的电场 $\boldsymbol{E}$；为了与场量随时间的变化规律可以是任意的情况区别开来，同时也为了与一般的复数和一般的实数矢量相区别，暂时在场量的符号上加一个圆点“ • ”，用以表示复矢量。这样，式（2.2－6）即

可写为

$$\boldsymbol{E}(x,y,z,t)=\mathrm{Re}[(\boldsymbol{x}\dot{E}_x+\boldsymbol{y}\dot{E}_y+\boldsymbol{z}\dot{E}_z)\mathrm{e}^{j\omega t}]$$

式中 $\dot{E}_x=E_x\mathrm{e}^{\mathrm{j}\varphi_x}\quad \dot{E}_y=E_y\mathrm{e}^{\mathrm{j}\varphi_y}\quad \dot{E}_z=E_z\mathrm{e}^{\mathrm{j}\varphi_z}$

或简写为

$$\boldsymbol{E}(x,y,z,t)=\mathrm{Re}(\dot{E}\mathrm{e}^{\mathrm{j}\omega t}) \tag{2.2-7}$$

式中的 $\dot{\boldsymbol{E}}$ 为

$$\dot{\boldsymbol{E}}=\boldsymbol{x}\dot{E}_x+\boldsymbol{y}\dot{E}_y+\boldsymbol{z}\dot{E}_z \tag{2.2-8}$$

称为电场 $\boldsymbol{E}(x, y, z, t)$ 的复矢量。在上式中，$\dot{E}_x$、$\dot{E}_y$、$\dot{E}_z$ 是 $\dot{\boldsymbol{E}}$ 的分量的复振幅，而 E_x、E_y、E_z 则称为相应分量的振幅。

对于随时间做简谐规律变化的磁场 $\boldsymbol{H}(x, y, z, t)$，则可用磁场的复矢量 $\dot{\boldsymbol{H}}$ 表示为

$$\boldsymbol{H}(x,y,z,t)=\mathrm{Re}(\dot{\boldsymbol{H}}\mathrm{e}^{\mathrm{j}\omega t}) \tag{2.2-9}$$

式中的 $\dot{\boldsymbol{H}}$ 为

$$\dot{\boldsymbol{H}}=\boldsymbol{x}\dot{H}_x+\boldsymbol{y}\dot{H}_y+\boldsymbol{z}\dot{H}_z \tag{2.2-10}$$

依此类推，在简谐场的情况下，其他的场矢量（如 $\boldsymbol{D}$、$\boldsymbol{B}$ 和 $\boldsymbol{J}$ 等）也都有与其相对应的复矢量。顺便指出，在上述表示式中采用的符号是 Re（取实部），显然，也可采用 Im（取虚部）。另外，需要说明的是，虽然可以将电场复矢量 $\dot{\boldsymbol{E}}$ 或磁场的复矢量 $\dot{\boldsymbol{H}}$ 写成其在三个坐标轴上的三个分量相加的数学表示式，但是却无法用空间的图形把它表示出来，因为每个分量都有自己的初相角（φ_x、φ_y 和 φ_z），而且就一般情况而言，这三个初相角是各不相同的。这正是复矢量与一般的实数矢量不同之处。

以上所讲，是场矢量在直角坐标系中的表示方法，至于在其他坐标系中的表示方法，与此相类似，所不同的只是坐标变量与单位矢量因坐标系不同而异。

应特别指出的是，因为本书所讨论的都是简谐场，为了书写方便，在以后的讲述中，复矢量符号上的小圆点“·”均省略。但是应记住，除特别指出者外，它们都是复矢量，而不是瞬时值，切不可因为两者的字母符号相同，而把它们的不同含义混淆了。根据这个约定，就可以从式（2.1－29）～式（2.1－33）得到以复矢量表示的麦克斯韦方程组为

$$\nabla\times\boldsymbol{E}=-\mathrm{j}\omega\mu\boldsymbol{H} \tag{2.2-11}$$

$$\nabla\times\boldsymbol{H}=\boldsymbol{J}+\mathrm{j}\omega\boldsymbol{D}=(\sigma+\mathrm{j}\omega\varepsilon)\boldsymbol{E} \tag{2.2-12}$$

$$\nabla\cdot\boldsymbol{D}=\rho \tag{2.2-13}$$

$$\nabla\cdot\boldsymbol{B}=0 \tag{2.2-14}$$

$$\boldsymbol{D}=\varepsilon\boldsymbol{E} \tag{2.2-15}$$

$$\boldsymbol{B}=\mu\boldsymbol{H} \tag{2.2-16}$$

经过以上的运算过程，把表示场量之间瞬时关系式的麦克斯韦微分方程变成了用复矢量表示的麦克斯韦方程，需要注意的是，该方程中的场量只是空间坐标的函数，不再含有时间变量 t，因为在上述的运算过程中已将时间因子消除了。在实际问题中应首先对复矢量的麦克斯韦方程求解，得到场量随空间坐标变化规律的具体表示式，然后再利用场的复矢量表示法与场的瞬时值之间的关系式，就得到了场量的完整的表示式，即场量在所讨论区域内的空间分布状态以及它随时间的变化情况。

（三）复矢量形式的波动方程

已知电场 $\boldsymbol{E}$ 和磁场 $\boldsymbol{H}$ 的复数表示式分别为式（2.2－7）和式（2.2－9），将它们代入式（2.2－3）和式（2.2－4）中，经运算可得

$$\nabla^2\boldsymbol{E}+\omega^2\mu\varepsilon\boldsymbol{E}=0$$
$$\nabla^2\boldsymbol{H}+\omega^2\mu\varepsilon\boldsymbol{H}=0$$

令

$$K^2=\omega^2\mu\varepsilon$$

则有

$$\nabla^2\boldsymbol{E}+K^2\boldsymbol{E}=0 \tag{2.2-17}$$

$$\nabla^2\boldsymbol{H}+K^2\boldsymbol{H}=0 \tag{2.2-18}$$

这就是用复矢量表示的在无源区域的波动方程。式中，$K=\omega\sqrt{\mu\varepsilon}=\dfrac{\omega}{v}=\dfrac{2\pi}{\lambda}$，$\lambda$ 是角频率为 ω 的电磁波（TEM 波）在无界媒质中的波长，v 是波在媒质中的传播速度，K 称为相移常数，也称为波数（$1/\lambda$ 为单位距离上的波长数，称为波数，但一般地，把它的 2π 倍，即 2π 距离上含有的波长数 $2\pi/\lambda$ 称为圆波数，简称波数）。这是两个复矢量形式的波动方程，也称为齐次的亥姆霍兹方程（Helmholtz，德国物理学家），它对任何坐标系都是适用的，但是，正如前面已讲过的，在非直角坐标系中，$\nabla^2\boldsymbol{E}$ 和 $\nabla^2\boldsymbol{H}$ 的表示式比较复杂，其原因在于，在直角坐标系中沿坐标轴方向的单位矢量是不变化的（常矢量），而在其他坐标系中沿坐标轴方向的单位矢量不是常矢量，是变化的，因而表示式也较复杂。

电磁波在无界媒质中的传播速度 $v=1/\sqrt{\mu\varepsilon}$，在自由空间（近似地讲，在空气中）的速度 $v_0=1/\sqrt{\mu_0\varepsilon_0}\approx 3\times10^8\ \mathrm{m/s}$。

二、导行电磁波

（广义的）微波传输线的作用就是导引电磁波沿某一特定方向传输，此时称电磁波为导行波，而把传输线称为导波系统。研究导行波的传输特性，就是要求出导波系统内任一点处电场 $\boldsymbol{E}$ 和磁场 $\boldsymbol{H}$ 的表示式，具体地说，就是求出电磁波的场在导波系统横截面内的分布规律（场结构），以及电磁波沿传输方向的传输特性，这就要求对场量的微分方程求解。一个微分方程，它所描述的是场量的一般情况，若再加上场量的初始条件（参考时间 $t=0$ 时场量的值或已知的函数）和边界条件（不同媒质分界面处的场量或已知的函数）对方程求解，才能给出在给定条件下对于导波系统而言的特定解，称为微分方程的定解问题。当场量随时间的变化规律为简谐函数并用复矢量表示时，一般的波动方程式（2.2－3）和式（2.2－4）已转化为式（2.2－17）和式（2.2－18）的复矢量形式的波动方程，称为齐次的亥姆霍兹方程，解此方程并不需要初始条件，而只需要边界条件。对于导行波传输特性的研究，就是以这两个方程为依据来进行的。

下面讨论如图 2.2－1 所示的导波系统中电磁波的传输特性，这是一个其横截面为任意形状的柱形的导波系统（规则波导），电磁波沿其轴线（z）传播。图中标出了直角坐标系 (x, y, z)，为了更一般化，还标出了横截面内横向坐标变量为 (u, v)、纵向坐标仍为 z 的坐标系，(u, v) 的具体含义取决于所选定的坐标系。在讨论中，为了使问题得以简化，假定：波导壁内表面的电导率为无限大，波导内填充的是均匀、线性、无耗、各向同性和无色散（μ、ε 不随频率变

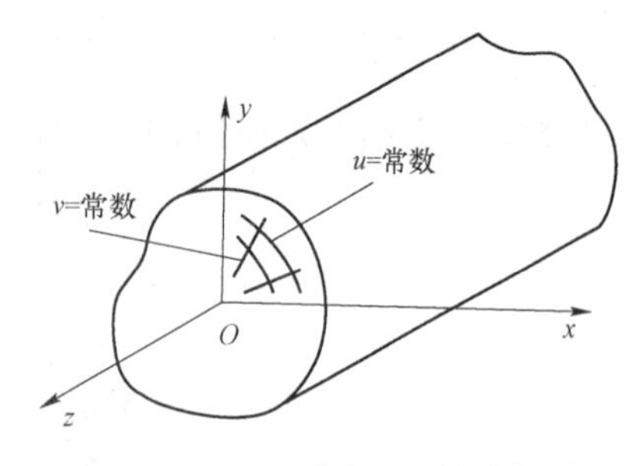

图 2.2－1　规则波导及其坐标系

化）的非导电媒质（电介质，简称介质）。波导所限定的空间内无自由电荷和传导电流，波导横截面的形状和尺寸（包括填充介质的形状和尺寸）沿 z 轴是不变化的，以及波导是无限长的，我们把这种波导称为规则波导。当然，实际的波导不可能是无限长的，称其为无限长是抽象化了的物理模型，主要是为了讨论问题的方便，即在所讨论的波导中波是向一个方向传输的，没有反向传输的波（反射波）；若波的单向传输的问题解决了，则波的双向传输（有反射波）的问题也就不难解决了。另外，若在有限长的波导终端接有匹配负载时，即没有反射波时，从理论上讲，这段波导与无限长的波导是等效的。对于规则波导，当场量随时间的变化规律为简谐函数时，场量的幅值在波导横截面内的分布规律不随坐标 z 变化，场量的幅值和相位沿 z 轴的变化规律与横向坐标（u，v）无关。这样，就可以把场矢量写成分离变量的形式，而且，对于简谐场，因其源量（信号源）和场量都含有相同的简谐因子 $e^{j\omega t}$，而该因子与对坐标变量的微积分运算无关，因此在运算中可以省略。例如，对于电场 $\boldsymbol{E}$ 可写为

$$\boldsymbol{E}(u, v, z) = \boldsymbol{E}(u, v)Z(z)$$

式中，$\boldsymbol{E}(u, v)$仅是横向坐标(u, v)的函数，它表示电场在波导横截面内的分布状态，称为分布函数（也称为波型、场结构、模），$Z(z)$ 仅是纵向坐标 z 的函数，它表示电场沿 z 轴的传播规律，称为传播因子。总体来讲，电场 $\boldsymbol{E}$ 仍是三个坐标变量(u, v, z)的函数。

分离变量法是解偏微分方程常用的方法，针对特定的坐标系和具体问题，还可以将 $\boldsymbol{E}(u, v, z)$写为 $\boldsymbol{E}(u, v, z) = \boldsymbol{U}(u)\boldsymbol{V}(v)Z(z)$，即三个函数连乘的形式，而每个函数只含一个变量，此即所谓的分离变量。这种方法的特点是，可以将偏微分方程转化为常微分方程，给方程的求解带来方便。当然，这种方法并非适用于所有的偏微分方程的求解问题，但就一般情况而言，采取这种方法是可行的。

从式（2.2－17）和式（2.2－18）已知

$$\nabla^2 \boldsymbol{E} + K^2 \boldsymbol{E} = 0$$
$$\nabla^2 \boldsymbol{H} + K^2 \boldsymbol{H} = 0$$

利用分离变量法求解式（2.2－17），为此，令式中的 $\boldsymbol{E}$ 为

$$\boldsymbol{E}(u,v,z) = \boldsymbol{E}(u,v)Z(z) \tag{2.2－19}$$

将其代入到式（2.2－17）中，得

$$\nabla^2[\boldsymbol{E}(u,v)Z(z)] + K^2\boldsymbol{E}(u,v)Z(z) = 0$$

将算子 ∇^2 写为横向算子 ∇_t^2 与纵向算子 ∇_z^2 之和的形式

$$\nabla^2 = \nabla_t^2 + \nabla_z^2 \tag{2.2－20}$$

式中，$\nabla_z^2 = \dfrac{\partial^2}{\partial z^2}$。则有

$$\left(\nabla_t^2+\frac{\partial^2}{\partial z^2}\right)[\boldsymbol{E}(u,v)Z(z)]+K^2\boldsymbol{E}(u,v)Z(z)=0$$

$$Z(z)\nabla_t^2\boldsymbol{E}(u,v)+\boldsymbol{E}(u,v)\frac{\partial^2 Z(z)}{\partial z^2}+K^2\boldsymbol{E}(u,v)Z(z)=0$$

等号两边同除以 $Z(z)$，得

$$\begin{cases}\nabla_t^2\boldsymbol{E}(u,v)+\boldsymbol{E}(u,v)\dfrac{1}{Z(z)}\dfrac{\partial^2 Z(z)}{\partial z^2}+K^2\boldsymbol{E}(u,v)=0\\-\left[\left(\nabla_t^2+K^2\right)\boldsymbol{E}(u,v)\right]=\dfrac{1}{Z(z)}\dfrac{\partial^2 Z(z)}{\partial z^2}\boldsymbol{E}(u,v)\end{cases}\tag{2.2-21}$$

上式等号左边的 $\boldsymbol{E}(u,v)$与变量 z 无关，因为 u、v、z 都为独立变量，若等式成立，等号右边含 z 的因子必须等于常数，设此常数为 γ^2，即

$$\frac{1}{Z(z)}\frac{\partial^2 Z(z)}{\partial z^2}=\gamma^2\tag{2.2-22}$$

因该式只有一个变量 z，因此可写为

$$\frac{\mathrm{d}^2 Z(z)}{\mathrm{d}z^2}-\gamma^2 Z(z)=0$$

根据式（2.2－21）和式（2.2－22）可得

$$[\nabla_t^2+(K^2+\gamma^2)]\boldsymbol{E}(u,v)=0$$

令

$$K_c^2=K^2+\gamma^2\tag{2.2-23}$$

则有

$$\nabla_t^2\boldsymbol{E}(u,v)+K_c^2\boldsymbol{E}(u,v)=0\tag{2.2-24}$$

经过与上述同样的推导过程，对于式（2.2－18），利用分离变量法可得

$$\nabla_t^2\boldsymbol{H}(u,v)+K_c^2\boldsymbol{H}(u,v)=0\tag{2.2-25}$$

式（2.2－22）的通解为

$$Z(z)=A^+\mathrm{e}^{-\gamma z}+A^-\mathrm{e}^{\gamma z}\tag{2.2-26}$$

式中，第一项表示向正 z 方向传播的波，第二项表示向负 z 方向传播的波；A^+和 A^-是待定的常数（根据边界条件来确定），可以看成波的复振幅；γ 是传播常数，在一般情况下，它是一个复数，即

$$\gamma=\alpha+\mathrm{j}\beta\tag{2.2-27}$$

式中，α 为衰减常数（单位为 Np/m），β 为相移常数（rad/m），对于（理想的）无耗波导，$\alpha=0$，$\gamma=\mathrm{j}\beta$。式（2.2－24）和式（2.2－25）是矢量形式的方程，在求解时可将其化为标量形式的方程。式中的 K_c 称为截止波数，它是与波导横截面的形状、尺寸，以及所传输的电磁波的模式（模）有关的一个参量。对于无耗波导，$\gamma=\mathrm{j}\beta$，因此

$$K_c^2=K^2+\gamma^2=K^2-\beta^2\tag{2.2-28}$$

由此可知，当$\beta=0$ 时，波不再沿 z 轴传播，呈截止状态，从式（2.2－17）和式（2.2－18）中已知 $K=2\pi/\lambda$，所以截止状态时应有 $K=K_c$，即 $\dfrac{2\pi}{\lambda}=\dfrac{2\pi}{\lambda_c}$，称为截止波数，$\lambda_c$ 称为截止

波长，$f_c = K_c / (2\pi\sqrt{\mu\varepsilon})$ 称为截止频率。对于无耗波导，式（2.2－26）变为

$$Z(z) = A^{+}e^{-j\beta z} + A^{-}e^{j\beta z} \tag{2.2-29}$$

从以上的推导结果可以看出，电磁波沿 z 轴有相位的变化，而且，一般而言，存在着传播方向相反的两个行波；但是，对于规则波导而言，沿相反方向传播的两个行波，除方向不同外，并无本质上的区别，因此，只需要考虑一个方向的行波就可以了。这样，若只取式中的第一项，则

$$Z(z) = A^{+}e^{-j\beta z} \tag{2.2-30}$$

它表示波在规则波导中沿 z 轴正方向的传播规律。至于电磁波在规则波导横截面的分布规律，则只有当给定了横截面的形状、尺寸、填充的介质和所传输的波的模式，对式（2.2－24）和式（2.2－25）求解之后才能得到。这将在本章的有关部分讲到具体的波导时再做介绍。

§ 2.3　规则波导中的导行波

本节的内容是，讨论在规则波导中导行波的一般传输特性，即：导行波的模式（模）、传输条件、传播常数、传播速度、导波波长、波型阻抗、传输功率，以及损耗和衰减等；推导出它们的一般表示式。当给定了规则波导的具体形状、尺寸和所填充的介质后，就可以根据一般表示式求出具体波导的传输特性，这将在另一节中讨论。

一、模式

在规则波导中所传输的电磁波的模式（场结构、场分布，简称模），形象地说，就是电磁波在波导横截面内电力线和磁力线是什么形状、疏密度如何，电力线和磁力线形状不同，疏密度不同，就称模式不同，它们的传输特性也不同。从能量的观点看，每种模式都代表着电磁波的能量在波导中的一种存在形式（状态），模不同，存在形式不同，即电磁场在波导内的分布规律不同，对于每种模的电磁场的分布规律，具体地讲，就是电场和磁场的数学表示式，这需要根据电磁场在波导内壁表面处应满足的边界条件，对式（2.2－24）和式（2.2－25）求解才能得到。对于简谐场，在一般情况下，电场和磁场的场强分量共有六个，由于麦克斯韦方程中的两个旋度公式已将场的纵向分量和横向分量联系在一起，即纵向分量和横向分量并不是相互独立的量，因此在解方程时并不需要对各个分量直接求解，而是选取电场的纵向分量 E_z 和磁场的纵向分量 H_z，作为相互独立的分量，当求出了纵向分量之后，再利用麦克斯韦方程的两个旋度公式求出纵向分量与横向分量之间的关系式，就可以求出所有的横向分量，这样，每一种模的场的表示式（场量的分布规律）也就求出来了。但是，对于 TEM 模则应采取其他方法求解（后面将讨论这一问题）。

对于导行波，通常还根据场量中只有横向分量而无纵向分量，或者有横向分量，但纵向分量只有 H_z，而无 E_z，或者只有 E_z 而无 H_z 等情况，而将其模式划分为三种类型。例如：当场量既无 H_z 又无 E_z，而只有横向分量时，称这种电磁波为横电磁波（TEM 模）；若场量中 $H_z=0$，$E_z\neq0$，称这种电磁波为横磁波（TM 模，磁场只有横向分量）；若场量中 $E_z=0$，$H_z\neq0$，称这种电磁波为横电波（TE 模，电场只有横向分量）。除此之外，对于 H_z 和 E_z 都存在的电磁波，则可把它看成由 TM 模和 TE 模相叠加而构成的，称为混合模。

现在以直角坐标系为例，利用麦克斯韦方程中的两个旋度公式求出纵、横场量之间的关系式，根据这个关系式就可以具体地讨论不同模式的特点。在推导过程中应注意到，因为是无耗线，所以 $\alpha=0$，$\gamma=\mathrm{j}\beta$。另外，在把 $\nabla\times\boldsymbol{E}$ 和 $\nabla\times\boldsymbol{H}$ 展开的过程中，可以将每个分量含有的传播因子 $\mathrm{e}^{-\mathrm{j}\beta z}$ 消除掉，并注意到对 z 求导 $\left(\frac{\partial}{\partial z}\right)$ 时，其结果相当于被求导的项乘以 $(-\mathrm{j}\beta)$。

根据式（2.2－11），$\nabla\times\boldsymbol{E}=-\mathrm{j}\omega\mu\boldsymbol{H}$，即

$$\nabla\times\boldsymbol{E}=\begin{vmatrix}\boldsymbol{x} & \boldsymbol{y} & \boldsymbol{z}\\ \frac{\partial}{\partial x} & \frac{\partial}{\partial y} & \frac{\partial}{\partial z}\\ E_x & E_y & E_z\end{vmatrix}=-\mathrm{j}\omega\mu\left(\boldsymbol{x}H_x+\boldsymbol{y}H_y+\boldsymbol{z}H_z\right) \tag{2.3-1}$$

展开后，得

$$H_x=\frac{\mathrm{j}}{\omega\mu}\left(\frac{\partial E_z}{\partial y}+\mathrm{j}\beta E_y\right) \tag{2.3-2}$$

$$H_y=\frac{\mathrm{j}}{\omega\mu}\left(-\mathrm{j}\beta E_x-\frac{\partial E_z}{\partial x}\right) \tag{2.3-3}$$

$$H_z=\frac{\mathrm{j}}{\omega\mu}\left(\frac{\partial E_y}{\partial x}-\frac{\partial E_x}{\partial y}\right) \tag{2.3-4}$$

根据式（2.2－12），并假设 $\sigma=0$，则 $\nabla\times\boldsymbol{H}=\mathrm{j}\omega\varepsilon\boldsymbol{E}$，即

$$\nabla\times\boldsymbol{H}=\begin{vmatrix}\boldsymbol{x} & \boldsymbol{y} & \boldsymbol{z}\\ \frac{\partial}{\partial x} & \frac{\partial}{\partial y} & \frac{\partial}{\partial z}\\ H_x & H_y & H_z\end{vmatrix}=\mathrm{j}\omega\varepsilon\left(\boldsymbol{x}E_x+\boldsymbol{y}E_y+\boldsymbol{z}E_z\right) \tag{2.3-5}$$

展开后，得

$$E_x=\frac{1}{\mathrm{j}\omega\varepsilon}\left(\frac{\partial H_z}{\partial y}+\mathrm{j}\beta H_y\right) \tag{2.3-6}$$

$$E_y=\frac{1}{\mathrm{j}\omega\varepsilon}\left(-\mathrm{j}\beta H_x-\frac{\partial H_z}{\partial x}\right) \tag{2.3-7}$$

$$E_z=\frac{1}{\mathrm{j}\omega\varepsilon}\left(\frac{\partial H_y}{\partial x}-\frac{\partial H_x}{\partial y}\right) \tag{2.3-8}$$

从以上横向分量的表示式可以看出，其中除了含有纵向分量 E_z 和 H_z 之外，还含有横向分量。

为了使横向分量只用 E_z 和 H_z 来表示，则需要将上式等号右边中的横向分量消除掉。例如，将式（2.3－3）中的 H_y 代入到式（2.3－6）中，将 H_y 消去之后，可得

$$E_x=\frac{-1}{K_{\mathrm{c}}^2}\left(\mathrm{j}\omega\mu\frac{\partial H_z}{\partial y}+\mathrm{j}\beta\frac{\partial E_z}{\partial x}\right) \tag{2.3-9}$$

然后再将 E_x 代回到式（2.3－3），即可得到

$$H_y = \frac{-1}{K_c^2}\left(j\beta\frac{\partial H_z}{\partial y} + j\omega\varepsilon\frac{\partial E_z}{\partial x}\right) \tag{2.3-10}$$

同理，从式（2.3－2）和式（2.3－7）两式可以推导出

$$E_y = \frac{1}{K_c^2}\left(-j\beta\frac{\partial E_z}{\partial y} + j\omega\mu\frac{\partial H_z}{\partial x}\right) \tag{2.3-11}$$

$$H_x = \frac{1}{K_c^2}\left(j\omega\varepsilon\frac{\partial E_z}{\partial y} - j\beta\frac{\partial H_z}{\partial x}\right) \tag{2.3-12}$$

式中的$K_c^2 = \beta^2 - K^2$，它是在公式推导过程中出现的，K_c称为截止波数，其中$K^2 = \omega^2\mu\varepsilon$。可见，根据边界条件，只要求出了$E_z$和$H_z$，利用上面的表示式即可求出所有的场的横向分量，这样，就得到了场方程的完整的场解，电磁波在波导横截面内的分布规律也就确定了。

下面讨论如何求电场的纵向分量E_z和磁场的纵向分量H_z，仍以直角坐标为例。把电场$\boldsymbol{E}$和磁场$\boldsymbol{H}$在波导横截面内的分布函数分别写为三个分量之和的形式：

$$\boldsymbol{E}(x,y) = \boldsymbol{x}E_x(x,y) + \boldsymbol{y}E_y(x,y) + \boldsymbol{z}E_z(x,y) \tag{2.3-13}$$

$$\boldsymbol{H}(x,y) = \boldsymbol{x}H_x(x,y) + \boldsymbol{y}H_y(x,y) + \boldsymbol{z}H_z(x,y) \tag{2.3-14}$$

以下省写了变量（x，y），将上式代入式（2.2－24）和式（2.2－25）中，得

$$\nabla_t^2(\boldsymbol{x}E_x + \boldsymbol{y}E_y + \boldsymbol{z}E_z) + K_c^2(\boldsymbol{x}E_x + \boldsymbol{y}E_y + \boldsymbol{z}E_z) = 0 \tag{2.3-15}$$

$$\nabla_t^2(\boldsymbol{x}H_x + \boldsymbol{y}H_y + \boldsymbol{z}H_z) + K_c^2(\boldsymbol{x}H_x + \boldsymbol{y}H_y + \boldsymbol{z}H_z) = 0 \tag{2.3-16}$$

先看电场$\boldsymbol{E}$，则有

$$\boldsymbol{x}\left(\nabla_t^2 E_x + K_c^2 E_x\right) + \boldsymbol{y}\left(\nabla_t^2 E_y + K_c^2 E_y\right) + \boldsymbol{z}\left(\nabla_t^2 E_z + K_c^2 E_z\right) = 0$$

这是一个矢性函数，它在相互垂直方向上的三个分量之和为零，则每一分量的函数项应为零，因此

$$\nabla_t^2 E_z + K_c^2 E_z = 0 \tag{2.3-17}$$

对于磁场，同理可得

$$\nabla_t^2 H_z + K_c^2 H_z = 0 \tag{2.3-18}$$

根据给定的规则波导的边界条件即可求出E_z和H_z，再依据场量纵、横分量之间的关系式，即可求出电磁波全部场量的表示式，场的分布规律也就确定了。

（一）TEM 模

对于正交曲线坐标系（直角坐标、圆柱坐标、椭圆柱坐标）而言，这种模式电场的纵向分量E_z和磁场的纵向分量H_z都为零，电场和磁场只有横向分量。对于直角坐标系而言，由式（2.3－9）～式（2.3－12）可知，只有令$K_c=0$，场的横向分量才能有非零解，TEM 模才能够存在。又根据式（2.2－24）和式（2.2－25）可知，当$K_c=0$时，则有

$$\nabla_t^2\boldsymbol{E}(x,y) = 0 \tag{2.3-19}$$

$$\nabla_t^2\boldsymbol{H}(x,y) = 0 \tag{2.3-20}$$

已知，$K_c^2 = K^2 - \beta^2$，当$K_c=0$时，则$K = \beta = \omega\sqrt{\mu\varepsilon}$，这是TEM模的相移常数。式(2.3－19)

和式（2.3－20）是一个二维的矢量形式的拉普拉斯方程，在无源区域内的静态场也满足同样的方程。可见，TEM 模的场在规则波导横截面上的分布规律，与在同样边界条件下二维静态场在横截面上的分布规律是完全一样的。在双导体（例如，双导线传输线、同轴线、带状线、微带线——准 TEM 模）或多导体系统中，可以存在 TEM 模。但在由单导体所构成的空心金属波导管内部（例如矩形、圆形波导管）不可能存在 TEM 模。因为我们知道，磁力线总是闭合的，它或者围绕着传导电流而闭合，或者围绕着位移电流而闭合。对于 TEM 模，它的磁场在导波系统内只有横向分量，若该磁场能够存在，那么，按照安培环路定律，则要求导波系统应有纵向的传导电流或位移电流；但是，在由单导体所构成的空心金属波导管内部（空间）不存在纵向的传导电流，而且对于 TEM 模而言，它本身也不存在纵向电场和由此而产生的纵向位移电流，因此 TEM 模的横向磁场也不可能存在，因为时变电场与时变磁场是同时存在而又互相感应的，所以 TEM 模的横向电场同样不能存在。由此可知，在单导体的空心金属波导管内不可能存在、也不可能传输 TEM 模。当然，在单导体的空心金属波导管内，可以存在纵向电场 E_z（它对应着纵向位移电流），但同时还存在着电场的横向分量，而磁场则只有横向分量，这是 TM 模；也可能电场只有横向分量，而磁场则既有横向分量，又有纵向分量，这是 TE 模。可见，它们都不是 TEM 模。关于 TM 和 TE 模，后面将详细讨论。需要指出的是，现在所讨论的 TEM 模，是一个随着时间变化且沿 z 轴传播的时变电磁场，它与纯粹由静电荷或恒定电流所建立的场，虽然在导波系统横截面上的分布规律相同，但在本质上两者是不相同的。

前面已讲过，对于 TEM 模，K_c 为零，则由 $K_c=2\pi/\lambda_c$ 可知，截止波长 λ_c 为无穷大。这就是说，对于能够传输 TEM 模的导波系统来说，当它传输 TEM 模时，没有频率下限（直流电压和电流也可以传输），从理论上讲，也没有频率上限，但在实际应用中，其频率上限则取决于不出现 TE 和 TM 高次模，以及所允许的功率损耗程度。

（二）TE 模

对于正交曲线坐标系而言，TE 模是横电模，电场只有横向分量，纵向分量 $E_z=0$，磁场的纵向分量 H_z 不为零。在直角坐标系中，根据式（2.3－9）～式（2.3－12）可知，当 $E_z=0$ 时，则有

$$E_x=-\frac{\mathrm{j}\omega\mu}{K_c^2}\frac{\partial H_z}{\partial y} \tag{2.3-21}$$

$$E_y=\frac{\mathrm{j}\omega\mu}{K_c^2}\frac{\partial H_z}{\partial x} \tag{2.3-22}$$

$$H_x=-\frac{\mathrm{j}\beta}{K_c^2}\frac{\partial H_z}{\partial x} \tag{2.3-23}$$

$$H_y=-\frac{\mathrm{j}\beta}{K_c^2}\frac{\partial H_z}{\partial y} \tag{2.3-24}$$

根据规则波导的边界条件求出了 H_z 之后，根据上式即可求出 TE 模全部场量的表示式（分布规律）。

（三）TM 模

TM 模是横磁模，磁场只有横向分量，纵向分量 $H_z=0$，电场的纵向分量 E_z 不为零。在

直角坐标系中，根据式（2.3－9）～式（2.3－12）可知，当 $H_z=0$ 时，则有

$$E_x=-\frac{\mathrm{j}\beta}{K_c^2}\frac{\partial E_z}{\partial x} \tag{2.3－25}$$

$$E_y=-\frac{\mathrm{j}\beta}{K_c^2}\frac{\partial E_z}{\partial y} \tag{2.3－26}$$

$$H_x=\frac{\mathrm{j}\omega\varepsilon}{K_c^2}\frac{\partial E_z}{\partial y} \tag{2.3－27}$$

$$H_y=-\frac{\mathrm{j}\omega\varepsilon}{K_c^2}\frac{\partial E_z}{\partial x} \tag{2.3－28}$$

根据规则波导的边界条件求出了 E_z 之后，根据上式即可求出 TM 模全部场量的表示式（分布规律）。

二、传输特性

本节讨论电磁波在规则波导中沿轴向传输时的一些特性，包括传输条件、传播常数、波的传播速度、导波波长、波型阻抗、传输功率、损耗和衰减。

（一）传输条件

在单导体的空心金属波导内（以下简称波导），虽然能够存在 TE 和 TM 模，但是，若使这两类模能够在波导中传输，则需要满足一定的条件。下面就讨论这些条件。

对于无耗的规则波导而言，根据式（2.2－30）可知，导行波沿波导 z 轴正方向的传播规律为

$$Z(z)=A^{+}\mathrm{e}^{-\mathrm{j}\beta z}$$

式中的 β 为波沿 z 轴的相移常数，根据式（2.2－28），β 为

$$\beta=\sqrt{K^2-K_c^2} \tag{2.3－29}$$

对于已给定了横截面的具体形状、尺寸和一定模式的波导来说，K_c 也就确定了；若波导中填充的介质也已给定，那么 K 的值（$K=\omega\sqrt{\mu\varepsilon}$）就取决于频率的高低，实际上也就是相移常数 β 的值也取决于频率的高低，或者说，某一模式的电磁波能否在波导中传输，也取决于频率的高低。当频率变化时可能出现下述的三种情况。

（1）当 $K>K_c$ 时，β 为正或负的实数，根据式（2.2－29）可知，它们分别表示波沿 z 轴向相反方向传输的相移常数，这是波导的行波状态，其特点是，在场量瞬时值的表示式中含有表示行波状态的相位因子 $\cos(\omega t-\beta z)$ 或 $\cos(\omega t+\beta z)$。

根据式（2.3－29）可知

$$\lambda<\lambda_c \quad 或 \quad f>f_c \tag{2.3－30}$$

前面已讲过，λ_c 和 f_c 分别称为截止波长和截止频率；$\lambda=2\pi/(\omega\sqrt{\mu\varepsilon})$ 称为工作波长，它指的是，TEM 波在与波导中填充相同介质的无限空间中的波长，因为介质的 $\mu_r\approx1$，所以，对于同一频率而言，还可将 λ 写为 $\lambda=\lambda_0/\sqrt{\varepsilon_r}$，$\lambda_0$ 为电磁波在自由空间中的波长。当介质给定后，λ 是与工作频率 $f=K/(2\pi\sqrt{\mu\varepsilon})$ 相对应的，λ 和 f 与波导的形状和尺寸无关。

（2）当 $K<K_c$ 时，β 为正或负的虚数，根据式（2.2-30）可知，它们分别表示波沿 z 轴向相反方向传输的波的幅值按指数规律衰减，沿 z 轴没有相位的变化，在场量瞬时值的表示式中含有表示衰减的因子 $e^{-|\beta|z}\cos\omega t$，这是波导的截止状态。根据式（2.3-30）可知

$$\lambda>\lambda_c \quad 或 \quad f<f_c \tag{2.3-31}$$

需要指出的是，现在讨论的是无耗波导，因此，从理论上讲，波的衰减并不是由于波导本身的热损耗引起的，也就是说，这种衰减并不伴随着电磁波能量的损耗，而是由于电磁波不满足传播条件而引起的所谓电抗性衰减。因此，应把这种“衰减”与实际有耗波导中由于热损耗而引起的电磁波能量的衰减区别开来。处于截止状态的波导虽然不能传输电磁波，但可以用它构成波导式截止衰减器或其他的一些微波元件。

（3）当 $K=K_c$ 时，这是传输与截止的分界点，称为临界状态。显然，此时应有下列关系，即

$$K_c=\omega_c\sqrt{\mu\varepsilon} \tag{2.3-32}$$

$$f_c=\frac{K_c}{2\pi\sqrt{\mu\varepsilon}} \tag{2.3-33}$$

可见，截止频率也就是临界频率，ω_c 是临界（截止）角频率。同理，与 f_c 相对应的波长 λ_c，称为临界波长或截止波长。λ_c 的表示式为

$$\lambda_c=\frac{v}{f_c}=\frac{2\pi}{K_c} \tag{2.3-34}$$

式中的 v 是电磁波（TEM 波）在无界介质（与波导中填充的介质相同）中的传播速度（光速），

$$v=\frac{1}{\sqrt{\mu\varepsilon}} \tag{2.3-35}$$

在自由空间（理想的真空状态，近似地讲，在空气中）中，TEM 波的传播速度为

$$v_0=\frac{1}{\sqrt{\mu_0\varepsilon_0}}\approx 3\times10^8\ \mathrm{m/s}$$

归纳上述的三种情况可以看出，对于某一类模而言，若要在给定的波导内能够传输，则要求电磁波的工作波长 λ 小于该模的截止波长 λ_c，或者说工作频率 f 大于与截止波长相对应的截止频率 f_c。可见，这一类的波导具有高通滤波器的性质。

（二）传播常数

在前面讨论波动方程的求解过程时，曾引入了传播常数 γ，即式（2.2-27），

$$\gamma=\alpha+\mathrm{j}\beta$$

式中的衰减常数 α 表示波导单位长度上波的幅值的衰减量，它与波导横截面的形状、尺寸，波导管壁内表面的材料，波导内填充的介质，传输的模式，以及工作频率（或工作波长）等因素有关。关于 α 的表示式，在讲到具体的波导时再详述。β 表示波沿波导的轴向传播时单位距离内相位的变化量。假定波导是无耗的，则衰减常数 α 等于零，$\gamma=\mathrm{j}\beta$。

（三）波的传播速度和导波波长

1. 相速

波的相速是指波的等相位面沿波导的轴向（z）传播的速度，用 v_p 表示。从广义的角度

讲，波导与传输线是同义语，因此，对于波在无耗波导中的相速，可以直接引用第 1 章的式（1.2－15）来求出，即

$$v_{\mathrm{p}}=\frac{\mathrm{d}z}{\mathrm{d}t}=\frac{\omega}{\beta} \tag{2.3-36}$$

因已知 $\beta=\sqrt{K^2-K_{\mathrm{c}}^2}$ ，$K=2\pi/\lambda$，$K_{\mathrm{c}}=2\pi/\lambda_{\mathrm{c}}$，则

$$v_{\mathrm{p}}=\frac{\omega}{\beta}=\frac{v}{\sqrt{1-(\lambda/\lambda_{\mathrm{c}})^2}} \tag{2.3-37}$$

（1）TEM 模的相速。对于传输 TEM 模的导波系统，其截止波长 λ_{c} 为无穷大，根据式（2.3－37）可知其相速 v_{p} 为

$$v_{\mathrm{p}}=v=\frac{1}{\sqrt{\mu\varepsilon}} \tag{2.3-38}$$

可见，相速 v_{p} 也就是电磁波（TEM）在无界介质中的传播速度，而且与频率无关（假定 μ 和 ε 与频率无关，实际上它们与频率有关，这里是近似的说法）。我们把具有这种特性的模称为无色散模；而有的模（例如 TE 和 TM），当波导的形状、尺寸和所填充的介质给定时，对于传输某一模的电磁波而言，其相速 v_{p}（以及后面将要讨论的群速 v_{g} ）则是随着频率而变化的。我们把具有这种特性的模称为色散模。“色散”一词是从光学中借用来的。根据光学知识可知，当一束白色光通过棱镜之后，可以分解为 7 种不同颜色的单色光，这种现象称为光的色散。这是由于同一种介质（真空，近似地讲还有空气，均除外）对不同频率的单色光的传播速度不同而造成的，而传播速度的不同是因为介质的折射率（ $\sqrt{\varepsilon_{\mathrm{r}}}$ ）是随着频率而变化的。但应注意的是，波导中的色散并不是由波导中的填充介质（线性介质）造成的，而是由波导本身的特性（边界条件）所造成的，这与光学中所讲的产生色散的原因有本质上的区别。

在波导中被传输信号的形状，由于色散的存在，在传输过程中会发生畸变，而且，导波波长也会发生变化。这是因为一个含有多个频率成分的信号，不同的频率具有不同的相速，在传输过程中就不再保持它们原来的相位关系，传播速度有快有慢，致使到达接收端的信号与发射端发出的信号相比，就会发生畸变，而且，信号所占的频带越宽，畸变越大，反之，则畸变较小。因此，在某些情况下，应该消除或尽量减少色散的影响。

（2）TE 和 TM 模的相速。这两类模的相速 v_{p} ，即式（2.3－37）：

$$v_{\mathrm{p}}=\frac{\omega}{\beta}=\frac{v}{\sqrt{1-(\lambda/\lambda_{\mathrm{c}})^2}} \tag{2.3-39}$$

这两类模在波导中能够传输的条件是工作波长 λ 小于截止波长 λ_{c}，由此可知，此时的相速 v_{p} 大于光速 v。但是 v_{p} 并不是电磁波的能量沿波导轴的传播速度，能量沿 z 轴的传播速度是不可能大于光速的。所谓相速，只是我们沿波导的轴（z）观察时，单一频率电磁波相位的变化速度，或者说，波的某一相位状态（例如，波峰或波谷）向前传播的速度。能量沿 z 轴的传播速度是下面将要讨论的群速 v_{g}，它小于光速 v。由式（2.3－39）可知，当波导横截面的形状、尺寸、波导中填充的介质给定时，相速 v_{p} 是频率的函数。由此可见，TE 和 TM 是色散模。

2. 导波波长

导波波长（导波长）或称相波长，是指在波导内沿其轴向传播的电磁波，它的相邻的两个同相位点之间的距离，用λ_g表示。λ_g与相速v_p相对应，若电磁波的频率是f，则λ_g为

$$\lambda_g = \frac{v_p}{f} = \frac{\lambda}{\sqrt{1-(\lambda/\lambda_c)^2}} \tag{2.3-40}$$

电磁波沿波导轴向的相移常数β为

$$\beta = \frac{2\pi}{\lambda_g} = \frac{2\pi}{\lambda}\sqrt{1-(\lambda/\lambda_c)^2} \tag{2.3-41}$$

由此式可知，对于在导波系统中传输的 TEM 模，因其截止波长λ_c为无穷大，所以λ_g与工作波长λ相等；对于 TE 和 TM 模，在行波状态下λ_g大于λ，而且，λ_g会随着频率而变化，这再次说明了这两类模的色散特性。

3. 群速

相速v_p实际是指其幅度、相位和频率均未受到调制时单一频率电磁波的速度而言的。这种波不载有任何信息，若使波载有信息，则必须对波的参量（幅度、相位或频率）进行调制，而调制后的波就不再是单一频率的波，而是一个多频率成分的波。这种由多频率成分构成的“波群”的速度，称为群速，用 v_g 表示。所谓群速，实际上是指一群具有非常相近的角频率ω 和非常相近的相移常数β的波，在传播过程中所表现出来的“共同”速度，这个速度代表能量的传播速度。群速v_g小于光速v。

为了导出群速v_g的表示式，可以用一个最简单的调幅波作为例子来加以说明。当波沿z轴传播时，设在$z=0$处和时间为t时有一调幅波输入，并沿z轴的正方向往前传播。设载波的表示式为

$$E(0,t) = E_0 \cos\omega_0 t \tag{2.3-42}$$

式中，E_0 为载波的振幅值，ω_0 为角频率。用来对载波的振幅值进行调制的信号的表示式为

$$E_\Omega(0,t) = E_\Omega \cos\Omega t \tag{2.3-43}$$

式中，E_Ω为调制信号的振幅值，$\Omega(\Omega \ll \omega_0)$为角频率，则在$z=0$处和时间为$t$时调幅波的表示式为

$$\begin{aligned} E(0,t) &= (E_0 + E_\Omega \cos\Omega t)\cos\omega_0 t \\ &= E_0\left(1+\frac{E_\Omega}{E_0}\cos\Omega t\right)\cos\omega_0 t \\ &= E_0(1+M\cos\Omega t)\cos\omega_0 t \end{aligned} \tag{2.3-44}$$

式中的$M = E_\Omega / E_0$，称为调制系数。利用三角函数公式

$$\cos x\cos y = \frac{1}{2}\cos(x+y)+\frac{1}{2}\cos(x-y)$$

可将上式化为

$$E(0,t) = E_0\cos\omega_0 t + \frac{1}{2}ME_0\cos(\omega_0+\Omega)t + \frac{1}{2}ME_0\cos(\omega_0-\Omega)t$$

可见，经过调制的波可以看成由ω_0、$(\omega_0+\Omega)$和$(\omega_0-\Omega)$三个频率成分（一个载频和两个旁频）所组所的波。设这三个频率的波的相移常数分别为β_0、β_+和β_-。当调制波从 $z=0$ 处开始，传播了距离 z 之后，它的表示式为

$$E(z,t)=E_0\cos(\omega_0 t-\beta_0 z)+\frac{1}{2}ME_0\cos[(\omega_0+\Omega)t-\beta_+ z]+$$
$$\frac{1}{2}ME_0\cos[(\omega_0-\Omega)t-\beta_- z] \qquad (2.3-45)$$

根据式（2.2－28），相移常数β为

$$\beta^2=K^2-K_c^2=\left(\frac{2\pi}{\lambda}\right)^2-K_c^2=\omega^2\mu\varepsilon-K_c^2$$

当K_c和介质的μ和ε 给定之后，β是角频率 ω 的函数，写为$\beta(\omega)$。因为$\Omega\ll\omega_0$（即频带很窄），所以，可以把$\beta(\omega)$ 在 ω_0 处展开为泰勒级数的形式（B. Taylor，英国数学家）。从数学中已知，函数$f(x)$ 在 $x=x_0$ 处的泰勒级数的展开式为

$$f(x)=f(x_0)+\frac{f'(x_0)}{1!}(x-x_0)+\frac{f''(x_0)}{2!}(x-x_0)^2+\cdots+\frac{f^{(n)}(x_0)}{n!}(x-x_0)^n+\cdots$$

根据此式可得$\beta(\omega)$在 ω_0 处的泰勒级数的展开式为

$$\beta(\omega)=\beta(\omega_0)+\frac{\beta'(\omega_0)}{1!}(\omega-\omega_0)^2+\frac{\beta''(\omega_0)}{2!}(\omega-\omega_0)^2+\cdots$$
$$=\beta_0+\frac{\mathrm{d}\beta(\omega)}{\mathrm{d}\omega}\bigg|_{\omega_0}(\omega-\omega_0)+\frac{1}{2}\frac{\mathrm{d}^2\beta(\omega)}{\mathrm{d}\omega^2}\bigg|_{\omega_0}(\omega-\omega_0)^2+\cdots \qquad (2.3-46)$$

式中的β_0即$\beta(\omega_0)$，因为$\Omega\ll\omega_0$，所以，作为近似，只取该式的前两项，略去二次方以上的高次方项，因此有

$$\beta(\omega)\approx\beta_0+\frac{\mathrm{d}\beta(\omega)}{\mathrm{d}\omega}\bigg|_{\omega_0}(\omega-\omega_0)$$

当$\omega=\omega_0+\Omega$时，可得

$$\beta_+\approx\beta_0+\frac{\mathrm{d}\beta(\omega)}{\mathrm{d}\omega}\bigg|_{\omega_0}\Omega \qquad (2.3-47)$$

当$\omega=\omega_0-\Omega$时，可得

$$\beta_-\approx\beta_0-\frac{\mathrm{d}\beta(\omega)}{\mathrm{d}\omega}\bigg|_{\omega_0}\Omega \qquad (2.3-48)$$

将它们代入式（2.3－45）中，加以整理，得

$$E(z,t)=E_0\left[1+M\cos\left(\Omega t-\frac{\mathrm{d}\beta(\omega)}{\mathrm{d}\omega}\bigg|_{\omega_0}\Omega z\right)\right]\cos(\omega_0 t-\beta_0 z) \qquad (2.3-49)$$

由此式可以看出，调幅波的幅值不仅随着时间，而且还随着距离而变化，即有一个随着调制信号而变化的波动状态在沿着 z 轴的正方向传播（如图 2.3－1 中的包络线所示）。包络线的传播速度，也就是调制信号能量的传播速度，称为群速 v_g。图 2.3－1 是一个调幅

波的示意图。

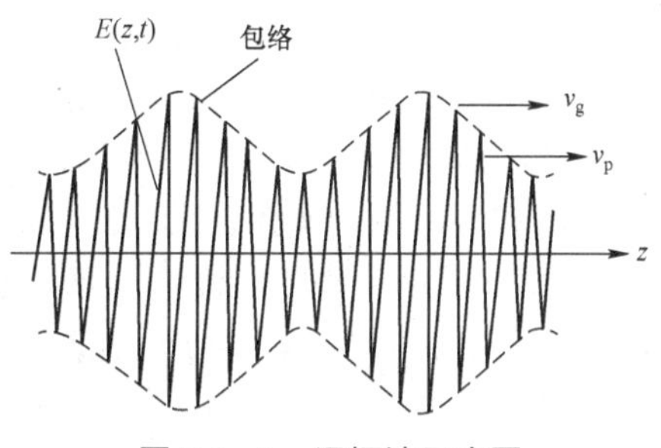

图 2.3－1　调幅波示意图

需要说明的是，虽然我们可以将调幅波看成由三个具有不同的频率和相位常数的波所组成的波群，然而群速却是这三个不同频率的波相叠加后，作为调幅波的整体速度而出现的。因为振幅值等相位面（包络线上等相位点）的传播速度就是群速，所以可令

$$\left(\Omega t-\left.\frac{\mathrm{d}\beta(\omega)}{\mathrm{d}\omega}\right|_{\omega_0}\Omega z\right)=\text{常数}$$

并对时间 t 求导，即

$$\frac{\mathrm{d}}{\mathrm{d}t}\left(\Omega t-\left.\frac{\mathrm{d}\beta(\omega)}{\mathrm{d}\omega}\right|_{\omega_0}\Omega z\right)=0$$

$$\Omega t-\left.\frac{\mathrm{d}\beta(\omega)}{\mathrm{d}\omega}\right|_{\omega_0}\Omega\frac{\mathrm{d}z}{\mathrm{d}t}=0$$

即群速 v_g 为

$$v_g=\frac{\mathrm{d}z}{\mathrm{d}t}=\frac{1}{\left.\frac{\mathrm{d}\beta(\omega)}{\mathrm{d}\omega}\right|_{\omega_0}}=\left.\frac{\mathrm{d}\beta(\omega)}{\mathrm{d}\omega}\right|_{\omega_0}\tag{2.3－50}$$

群速的公式虽然是从一个最简单的调幅波推导出来的，但是它仍具有一般性。

从上述的分析和推导过程可知，只有在组成信号的频带很窄（$\Omega\ll\omega_0$）的情况下，才可以将式（2.3－46）中的高次方项略去，并从而得出式（2.3－47）和式（2.3－48），由此得到的群速才有意义；若组成信号的频带较宽，则式（2.3－46）中的高次方项就应该保留，这样就得不到群速的表示式，就是说，信号在传输过程中会发生畸变，群速也就失去了意义，这是因为波群（调幅波）中不同频率成分的波相速相差较大，以至于它们在传输的过程中会很快地“散开”，难以再用一个“共同的”速度（群速）来描述“波群”的运动情况。

我们已知在规则波导中的相移常数β为

$$\beta=\sqrt{K^2-K_c^2}=\sqrt{\omega^2\mu\varepsilon-K_c^2}$$

由此可得 ω 为

$$\omega=\sqrt{\frac{\beta^2+K_c^2}{\mu\varepsilon}}$$

根据式（2.3－50）就可得出群速 v_g 的表示式

$$v_g=\frac{\mathrm{d}\omega}{\mathrm{d}\beta(\omega)}=v\sqrt{1-\left(\frac{\lambda}{\lambda_c}\right)^2}\tag{2.3－51}$$

显然，在行波状态下，v_g 小于 v，而且有 $v_g v_p=v^2$。对于无色散的 TEM 模，则有 $v_g=v_p=v$。

（四）波型阻抗

在微波技术中，“模式（模）”与“波型”是常用的两个术语，它们的含义相同，是等效的。为了与同类书相一致，在讨论阻抗时采用“波型阻抗”这一术语，而不用“模阻抗”。

在第 1 章中曾讲过特性阻抗的概念，而且在讨论传输线上波的反射、驻波比和匹配，以及传输线的传输功率和损耗等问题时，都用到过这个参量。与此相类似，在规则波导中我们引入了波型阻抗的概念。在不计损耗的情况下，在行波状态下，电场的横向分量 $\boldsymbol{E}_t$ 和磁场的横向分量 $\boldsymbol{H}_t$ 不仅构成了沿波导轴正 z 方向传播的波，而且对于同一模而言，$|\boldsymbol{E}_t|$ 与 $|\boldsymbol{H}_t|$ 的比值（或 $E_u/H_v=-E_v/H_u$）在波导横截面内处处相等，它与坐标 z 无关，并具有阻抗的量纲。这个比值就称为波型阻抗 Z_{w}（有时也称为波阻抗）。根据式（2.3－21）～式（2.3－24）和式（2.3－25）～式（2.3－28），并利用波型阻抗的表示式

$$\frac{|\boldsymbol{E}_t|}{|\boldsymbol{H}_t|} \text{ 或 } \frac{E_u}{H_v}=-\frac{E_v}{H_u} \tag{2.3-52}$$

即可求出 TE 模和 TM 模在直角坐标系中波型阻抗的表示式。式中的 u、v 为波导横截面内的两个横向坐标变量。在矩形波导中，对于 TE 模，波型阻抗为

$$Z_{\mathrm{TE}}=\frac{E_x}{H_y}=-\frac{E_y}{H_x}=\frac{\omega\mu}{\beta}=\sqrt{\frac{\mu}{\varepsilon}}\frac{1}{\sqrt{1-\left(\frac{\lambda}{\lambda_{\mathrm{c}}}\right)^2}}=\sqrt{\frac{\mu}{\varepsilon}}\frac{\lambda_{\mathrm{g}}}{\lambda} \tag{2.3-53}$$

对于 TM 模，波型阻抗为

$$Z_{\mathrm{TM}}=\frac{E_x}{H_y}=-\frac{E_y}{H_x}=\frac{\beta}{\omega\varepsilon}=\sqrt{\frac{\mu}{\varepsilon}}\sqrt{1-\left(\frac{\lambda}{\lambda_{\mathrm{c}}}\right)^2}=\sqrt{\frac{\mu}{\varepsilon}}\frac{\lambda}{\lambda_{\mathrm{g}}} \tag{2.3-54}$$

对于圆形波导中 TE 和 TM 模的波型阻抗，利用式（2.3－52）即可求出，即

$$\frac{E_u}{H_v}=-\frac{E_v}{H_u}=\frac{E_r}{H_\varphi}=-\frac{E_\varphi}{H_r} \tag{2.3-55}$$

式中，r 和 φ 分别为圆形波导横截面内沿半径 r 方向和沿圆周 φ 方向的坐标变量。经计算（参见圆形波导场量的表示式），TE 模的波型阻抗与式（2.3－53）相同。TM 模的波型阻抗与式（2.3－54）相同。Z_{TE} 和 Z_{TM} 的倒数 Y_{TE} 和 Y_{TM} 称为波型导纳。

对于传输 TEM 模的双导线和同轴线，其波型阻抗，即式（1.2－25）和式（1.2－26）；对于传输 TEM 模的带状线和传输准 TEM 模的微带线，波型阻抗的表示式详见第 3 章的内容。

上述公式中的 $\sqrt{\mu/\varepsilon}=\eta(\Omega)$ 是 TEM 波在无界介质（μ，ε）中的波阻抗（介质的波阻抗）。

从以上的表示式可以看出，在行波状态下（$\lambda<\lambda_{\mathrm{c}}$），波型阻抗为纯实数，一般地讲，波型阻抗是对行波状态而言的，对于截止状态（$\lambda>\lambda_{\mathrm{c}}$）若仍采用这一术语，那么，波型阻抗是一个负的（对于 TE 模）或正的（对于 TM 模）纯电抗，这说明波导已不能传输能量，即变为一个储能元件。

（五）传输功率

根据电磁场理论，在讨论场中各点处能量（或功率）的传播情况时，可以用坡印廷（J. H. Poyntng，英国物理学家）矢量来加以描述。它是一个面功率（流）密度矢量，其方向就是场中各点处能量的传播方向，其数值表示单位时间内通过与能量传播方向相垂直的单位

面积的能量。因为我们现在讨论的是随时间做简谐振荡的时变电磁场，所以在规则波导横截面上任意一点处的坡印廷矢量，其数值（指坡印廷矢量的瞬时值，即瞬时功率密度矢量的值）在不同的时刻是不相同的，而且，在同一时刻，各点的坡印廷矢量的数值也不相同，即它不仅是时间的函数，而且还是空间位置的函数。在实际中用得较多的不是坡印廷矢量的瞬时值，而是它对于时间的平均值，因此，我们首先用电磁波的一个周期（T）作为积分区间，对瞬时坡印廷矢量积分，然后再除以周期 T，就得到了波导横截面上任意一点处坡印廷矢量对于时间的平均值，也即该点处传播功率的平均值，最后在整个横截面上对这个平均值积分，就得到了通过波导横截面传输的对于时间的平均功率 P。

为了推导出对波导中传输功率的表示式，首先回顾一下低频电路中功率的表示式，然后讨论波导中功率的表示式，两相对照，就可以看出两者有许多共同之处。这样，就能够比较好地理解波导中功率表示式的真正含义。

在低频电路中，设信号源通过电压和电流向负载输出功率，电压和电流分别为

$$u = U_{\mathrm{m}} \cos(\omega t + \varphi_u)$$
$$i = I_{\mathrm{m}} \cos(\omega t + \varphi_i)$$

式中，U_{m} 和 I_{m} 分别为电压和电流的振幅值。

在某一瞬间输入负载的瞬时功率为

$$p = ui = U_{\mathrm{m}} I_{\mathrm{m}} \cos(\omega t + \varphi_u)\cos(\omega t + \varphi_i)$$

根据三角函数公式

$$\cos x \cos y = \frac{1}{2}[\cos(x-y) + \cos(x+y)]$$

可知
$$P = ui = \frac{U_{\mathrm{m}} I_{\mathrm{m}}}{2}[\cos\varphi + \cos(2\omega t + \varphi_u + \varphi_i)] = UI[\cos\varphi + \cos(2\omega t + \varphi_u + \varphi_i)]$$

式中，$\varphi = \varphi_u - \varphi_i$，$U$ 和 I 分别为电压和电流的有效值。在一个周期 T 内负载吸收的平均功率为

$$P = \frac{1}{T}\int_0^T p\,\mathrm{d}t = \frac{1}{T}\int_0^T UI[\cos\varphi + \cos(2\omega t + \varphi_u + \varphi_i)]\mathrm{d}t \tag{2.3-56}$$

因为积分号内第二项积分为零，所以，一个周期内负载吸收的平均功率（也称为有功功率）为

$$P = UI\cos\varphi \tag{2.3-57}$$

对于上述情况也可以用复功率来表示。设用 $\dot{U} = U\mathrm{e}^{\mathrm{j}\varphi_u}$ 和 $\dot{I} = I\mathrm{e}^{\mathrm{j}\varphi_i}$ 分别表示相量电压和相量电流，U 和 I 分别为有效值，I^*为 $\dot{I}$ 的共扼复数，则复功率为

$$\begin{aligned}\dot{U}I^* &= UI[\cos(\varphi_u - \varphi_i) + \mathrm{j}\sin(\varphi_u - \varphi_i)] = UI[\cos\varphi + \mathrm{j}\sin\varphi] \\ &= UI\cos\varphi + \mathrm{j}UI\sin\varphi \qquad (\varphi = \varphi_u - \varphi_i)\end{aligned}$$

式中，第一项即为有功功率 P，与式（2.3－57）相同；第二项称为无功功率。当用 $\dot{U}_{\mathrm{m}}$ 和 $\dot{I}_{\mathrm{m}}$ 分别表示电压和电流的复振幅（相量）时，则通常把有功功率表示为

$$P = \frac{1}{2}\mathrm{Re}(\dot{U}_{\mathrm{m}} I_{\mathrm{m}}^*) \tag{2.3-58}$$

需要注意的是，有功功率是指单位时间内所做的功或所转换的能量，或者是被负载所吸收或消耗的能量，而无功功率并不表示单位时间内所做的功或所转换的能量，它只表示信号源与负载之间，或者信号源与电路之间有能量不断地在变换；另外，还要指出，$\dot{U}$ 与 $\dot{I}$ 相乘（$\dot{U}\dot{I}$）没有任何意义，它并不表示功率。

现在讨论在波导中传输功率的表示式。设电场和磁场瞬时值的表示式分别为

$$\boldsymbol{E}(0,t)=\boldsymbol{E}_{\mathrm{m}}\cos(\omega t+\varphi_{\mathrm{e}}) \quad (2.3-59)$$

$$\boldsymbol{H}(0,t)=\boldsymbol{H}_{\mathrm{m}}\cos(\omega t+\varphi_{\mathrm{m}}) \quad (2.3-60)$$

式中，$\boldsymbol{E}_{\mathrm{m}}$ 和 $\boldsymbol{H}_{\mathrm{m}}$ 分别为电场和磁场的振幅值，坡印廷矢量的瞬时值为

$$\boldsymbol{P}=\boldsymbol{E}\times\boldsymbol{H}=\boldsymbol{E}_{\mathrm{m}}\times\boldsymbol{H}_{\mathrm{m}}\cos(\omega t+\varphi_{\mathrm{e}})\cos(\omega t+\varphi_{\mathrm{m}})$$

根据前面已列出的三角函数公式，可得

$$\boldsymbol{P}=\frac{1}{2}\boldsymbol{E}_{\mathrm{m}}\times\boldsymbol{H}_{\mathrm{m}}[\cos(\varphi_{\mathrm{e}}-\varphi_{\mathrm{m}})+\cos(2\omega t+\varphi_{\mathrm{e}}+\varphi_{\mathrm{m}})] \quad (2.3-61)$$

在一个周期（T）内的平均功率为

$$\boldsymbol{P}_{\mathrm{av}}=\frac{1}{T}\int_0^T\boldsymbol{P}\mathrm{d}t=\frac{1}{T}\int_0^T\frac{1}{2}\boldsymbol{E}_{\mathrm{m}}\times\boldsymbol{H}_{\mathrm{m}}[\cos(\varphi_{\mathrm{e}}-\varphi_{\mathrm{m}})+\cos(2\omega t+\varphi_{\mathrm{e}}+\varphi_{\mathrm{m}})]\mathrm{d}t$$

因为积分号内第二项的积分为零，所以，一个周期内的平均功率为

$$\boldsymbol{P}_{\mathrm{av}}=\frac{1}{2}(\boldsymbol{E}_{\mathrm{m}}\times\boldsymbol{H}_{\mathrm{m}})\cos(\varphi_{\mathrm{e}}-\varphi_{\mathrm{m}})=\frac{1}{2}(\boldsymbol{E}_{\mathrm{m}}\times\boldsymbol{H}_{\mathrm{m}})\cos\varphi \quad (\varphi=\varphi_{\mathrm{e}}-\varphi_{\mathrm{m}}) \quad (2.3-62)$$

该式与式（2.3－57）不仅形式相同，而且含义相同，都表示有功功率，唯一的区别是，一个是用电压和电流来表示的，一个是用电场和磁场来表示的，但本质上没有什么差别，它们都表示电磁能量的一种计算方法。鉴于此，比照式（2.3－58），对于电磁波可以给出如下所示的复数形式的坡印廷矢量，需要注意的是下面写的 $\boldsymbol{E}$ 和 $\boldsymbol{H}$ 为复矢量，而式（2.3－59）和式（2.3－60）中的 $\boldsymbol{E}$ 和 $\boldsymbol{H}$ 是瞬时值，两者字母符号相同，但意义不同，要区别开。电场和磁场的复矢量分别为

$$\boldsymbol{E}=\boldsymbol{E}_{\mathrm{m}}\mathrm{e}^{\mathrm{j}\varphi_{\mathrm{e}}} \quad \boldsymbol{H}=\boldsymbol{H}_{\mathrm{m}}\mathrm{e}^{\mathrm{j}\varphi_{\mathrm{m}}} \qquad \text{其共轭复矢量为}\ \boldsymbol{H}^{*}=\boldsymbol{H}_{\mathrm{m}}\mathrm{e}^{-\mathrm{j}\varphi_{\mathrm{m}}} \quad (2.3-63)$$

式中的 $\boldsymbol{E}_{\mathrm{m}}$ 和 $\boldsymbol{H}_{\mathrm{m}}$ 均为复矢量。复矢量形式的坡印廷矢量即可写为

$$\boldsymbol{S}=\frac{1}{2}(\boldsymbol{E}\times\boldsymbol{H}^{*})=\frac{1}{2}[\boldsymbol{E}_{\mathrm{m}}\times\boldsymbol{H}_{\mathrm{m}}\mathrm{e}^{\mathrm{j}(\varphi_{\mathrm{e}}-\varphi_{\mathrm{m}})}]$$

$$=\frac{1}{2}(\boldsymbol{E}_{\mathrm{m}}\times\boldsymbol{H}_{\mathrm{m}}\mathrm{e}^{\mathrm{j}\varphi}) \qquad (\varphi=\varphi_{\mathrm{e}}-\varphi_{\mathrm{m}}) \quad (2.3-64)$$

取 $\boldsymbol{S}$ 展开式的实部（Re），即可得到坡印廷矢量对于时间（一周期内）的平均值 $\boldsymbol{P}_{\mathrm{av}}$（平均功率，有功功率），记为

$$\boldsymbol{P}_{\mathrm{av}}=\mathrm{Re}\frac{1}{2}(\boldsymbol{E}\times\boldsymbol{H}^{*})=\frac{1}{2}(\boldsymbol{E}_{\mathrm{m}}\times\boldsymbol{H}_{\mathrm{m}})\cos\varphi \quad (2.3-65)$$

该式与式（2.3－62）完全相同，这说明，利用复矢量形式的坡印廷矢量同样可以计算出有功功率，而且写法简单，计算方便，因此在电磁场理论和微波技术中经常用到。

如同前面已指出的，$\dot{\boldsymbol{U}}$ 与 $\dot{\boldsymbol{I}}$ 相乘（$\dot{\boldsymbol{U}}\dot{\boldsymbol{I}}$）没有任何意义，并不表示功率一样，对于已经

用复矢量表示的电场 $\boldsymbol{E}$（复振幅矢量）和磁场 $\boldsymbol{H}$（复振幅矢量）来说，当计算传输功率时，就不能直接利用 $\boldsymbol{E}$ 和 $\boldsymbol{H}$ 的叉乘（$\boldsymbol{E}\times\boldsymbol{H}$）来求，因为它并不表示单位时间内通过单位面积的功率。因此，应利用坡印廷矢量的复数形式式（2.3－64）。把它应用于波导中，表示波导横截面中一点的功率密度（矢量），因此，在规则波导中，当不计损耗时，在行波状态下，电磁波沿波导轴正 z 方向通过截面 S 传输的平均功率应为复数坡印廷矢量在横截面上积分量的实部，即

$$P=\frac{1}{2}\mathrm{Re}\left[\int_S(\boldsymbol{E}\times\boldsymbol{H}^*)\cdot\mathrm{d}\boldsymbol{S}\right] \tag{2.3-66}$$

式中，$\mathrm{d}\boldsymbol{S}$ 为横截面上的微面积元（可以看成矢量），其大小为 $\mathrm{d}S$，其方向为微面积元的正法线方向。因为沿波导轴 z 方向传播的功率，实际上只与场的横向分量有关，因此传输的平均功率 P 又可写为下列形式：

$$\begin{aligned}P&=\frac{1}{2}\mathrm{Re}\left[\int_S(\boldsymbol{E}_t\times\boldsymbol{H}_t^*)\cdot\mathrm{d}\boldsymbol{S}\right]\\&=\frac{1}{2}\mathrm{Re}\left[\int_S(\boldsymbol{E}_t\times\boldsymbol{H}_t^*)\cdot\boldsymbol{z}\mathrm{d}S\right]\end{aligned} \tag{2.3-67}$$

因为波型阻抗 Z_w 的定义是 $|\boldsymbol{E}_t|$ 和 $|\boldsymbol{H}_t|$ 的比值，所以传输的平均功率 P 还可以写为

$$P=\frac{1}{2Z_\mathrm{w}}\int_S|\boldsymbol{E}_t|^2\mathrm{d}S=\frac{Z_\mathrm{w}}{2}\int_S|\boldsymbol{H}_t|^2\mathrm{d}S \tag{2.3-68}$$

当波导横截面的形状、尺寸，波导中填充的介质和传输模场的表示式给定之后，即可按上述公式求出波导的传输功率。

我们知道，通过波导横截面传输的平均功率，实际上意味着有能量沿着波导的轴向流动，因此就存在着一个能量流动的速度 v_e。如果用 W 表示波导单位长度内储存的能量（对时间）的平均值，那么，W 乘以 v_e 就等于单位时间内通过波导横截面的能量，也就是通过波导横截面的平均功率。由此可得关系式

$$v_\mathrm{e}=\frac{P}{W} \tag{2.3-69}$$

式中，$W=W_\mathrm{e}+W_\mathrm{m}$，$W_\mathrm{e}$ 表示电场能量，W_m 表示磁场能量。在行波状态下，$W_\mathrm{e}=W_\mathrm{m}$，因此 $W=2W_\mathrm{e}$ 或 $W=2W_\mathrm{m}$。对于式（2.3－69），现以 TM 模（用 TE 模也可）来加以证明。在波导单位长度内储存的磁场能量的平均值 W_m 为

$$W_\mathrm{m}=\frac{\mu}{4}\int_S|\boldsymbol{H}_t|^2\mathrm{d}S$$

根据式（2.3－68），通过波导横截面的平均功率为

$$P=\frac{Z_\mathrm{TM}}{2}\int_S|\boldsymbol{H}_t|^2\mathrm{d}S$$

因为 $W=2W_\mathrm{m}$，所以

$$\frac{P}{W}=\frac{\dfrac{Z_\mathrm{TM}}{2}\int_S|\boldsymbol{H}_t|^2\mathrm{d}S}{\dfrac{\mu}{2}\int_S|\boldsymbol{H}_t|^2\mathrm{d}S}=\frac{\beta}{\omega\mu\varepsilon}=v^2\frac{\beta}{\omega}=v\frac{\beta}{K}=v_\mathrm{g}$$

一般地讲，并非在所有情况下能量的传播速度都等于群速，有时两者并不相等；但是，在通常使用的波导中两者是相等的。

（六）损耗和衰减

损耗是指波在传播过程中，其幅值（或功率）不断地减小的现象。有两种情况：一种情况是，如前面已讲过的，对于无耗波导，当 $\lambda>\lambda_c$ 时，波导已不能传输能量，也不消耗能量，称为截止（电抗性）衰减；另一种情况是，对于实际应用的波导，波导壁的内表面并不是无耗的导体，高频电流在其上流过时会产生热损耗，另外，波导中填充的并不是理想介质，也会产生热损耗，所有这些都会引起波的衰减。

由以上所述可见，这两种情况的衰减，在产生的机理上是完全不同的。下面只讨论第二种情况的衰减。对于这种情况，当满足传播条件时（可近似地认为，传播条件与无耗波导的传播条件相同，即 $\lambda<\lambda_c$），电磁波沿着波导的轴线方向，既有幅度的衰减，同时又有相位的变化，是一个具有衰减特性的波动。因此，当考虑到波导的损耗时，根据式（2.2－27）可知，传播常数是一个复数，即

$$\gamma=\alpha+\mathrm{j}\beta \tag{2.3-70}$$

式中的 α 为

$$\alpha=\alpha_c+\alpha_d \tag{2.3-71}$$

α_c 是由波导壁所引起的导体的衰减常数，α_d 是由波导中填充介质所引起的介质的衰减常数。下面讨论 α_c 和 α_d 的计算方法。

1. α_c 的计算

已知传输功率 P 与电场或磁场幅值的平方成正比，当场强幅值按指数规律 $\mathrm{e}^{-\alpha_c}$ 衰减时，则功率的衰减规律是 $\mathrm{e}^{-2\alpha_c}$，因此，若在波导中任取某一横截面作为参考面，设输入该面的功率为 P_0，那么，与该面相距单位长度处横截面上输出的功率 P_1 则为

$$P_1=P_0\mathrm{e}^{-2\alpha_c} \tag{2.3-72}$$

单位长度上损耗的功率 P_L 为

$$P_L=P_0-P_1=P_0(1-\mathrm{e}^{-2\alpha_c})\approx 2\alpha_c P_0$$

可知 α_c 为

$$\alpha_c\approx\frac{P_L}{2P_0}\quad \text{Np/m（奈培/米）} \tag{2.3-73}$$

式中的 P_0 用式（2.3－68）计算，P_L 用下面推导出的公式计算。

因为波导壁内表面并非理想导体，所以其上的表面电流实际上是在一层很薄的导体内流动（即体积电流），为使问题简化，我们假设使层厚趋于零，则体积电流可近似地看成面电流。据此，可以规定导体表面某点的面电流密度矢量 $\boldsymbol{J}_S$ 的含义是：$\boldsymbol{J}_S$ 的方向是通过该点的正电荷的流动方向；$\boldsymbol{J}_S$ 的值是通过该点并与 $\boldsymbol{J}_S$ 相垂直的单位长度上所通过的电流量，单位为 A/m（安［培］/米）。

假设在波导壁内表面上的微面积元为 $\mathrm{d}S=\mathrm{d}l\mathrm{d}z$，$\mathrm{d}l$ 和 $\mathrm{d}z$ 分别为沿波导横截面周界和沿波导的轴向（z）的微长度元，$\boldsymbol{J}_S$ 为该微面积元上的表面电流密度矢量，则在 $\mathrm{d}S$ 上损耗的功率 $\mathrm{d}P_L$ 为

$$\mathrm{d}P_{\mathrm{L}}=\frac{1}{2}R_{\mathrm{S}}\left|\boldsymbol{J}_{\mathrm{S}}\right|^{2}\mathrm{d}l\mathrm{d}z \tag{2.3-74}$$

因为在波导壁内表面上任意一点磁场的切向分量为 $\boldsymbol{H}_\tau$，其模（幅）值与该点的表面电流密度矢量的模值是相等的，所以 $\mathrm{d}P_{\mathrm{L}}$ 又可写为

$$\mathrm{d}P_{\mathrm{L}}=\frac{1}{2}R_{\mathrm{S}}\left|\boldsymbol{H}_{\tau}\right|^{2}\mathrm{d}l\mathrm{d}z \tag{2.3-75}$$

则单位长度上损耗的功率 P_{L} 为

$$P_{\mathrm{L}}=\frac{1}{2}R_{\mathrm{S}}\oint_{l}\left|\boldsymbol{H}_{\tau}\right|^{2}\mathrm{d}l \tag{2.3-76}$$

式中的 R_{S} 为

$$R_{\mathrm{S}}=\frac{1}{\sigma\delta}=\sqrt{\frac{\pi f\mu}{\sigma}} \tag{2.3-77}$$

称为导体的表面电阻率（Ω/□），单位为欧姆。δ 是电流的趋肤深度，σ 和 μ 分别为导体的电导率和磁导率，f 为工作频率，以 Hz 计算，δ 以 m（米）计。δ 为

$$\delta=\frac{1}{\sqrt{\pi f\mu\sigma}} \tag{2.3-78}$$

我们知道，一个均匀平面波，当它从导体表面沿垂直方向开始向导体内部传播时，场强的模（或相应的高频电流的模）将按指数规律衰减，经过了距离 δ，模衰减为导体表面处模值的 $1/\mathrm{e}\approx0.368$，这段距离称为趋肤深度。根据电磁场理论可以证明（证明略），对于在导体内部按指数规律衰减的电流，从电流会造成热损耗的角度看，其效果可以用在 δ 厚的导体层内均匀分布的电流来代替，即两者是等效的。因此，对于表面电阻率 R_{S}，可以理解为单位长度、单位宽度、厚为 δ 的导体块对于直流所呈现的电阻（Ω/□），符号□即此含义。据此，对于长为 l、宽为 b 的有限面积导体表面电阻 R 则可用下式计算：

$$R=R_{\mathrm{S}}\frac{l}{b} \tag{2.3-79}$$

根据式（2.3－73）就可以把导体的衰减常数 α_{c} 写为

$$\alpha_{\mathrm{c}}=\frac{R_{\mathrm{S}}}{2Z_{\mathrm{w}}}\frac{\oint_{l}\left|\boldsymbol{H}_{\tau}\right|^{2}\mathrm{d}l}{\int_{S}\left|\boldsymbol{H}_{t}\right|^{2}\mathrm{d}S}\quad\mathrm{Np/m} \tag{2.3-80}$$

需要说明的是，这个公式中的磁场利用了理想导体时求出的场分布的表示式。严格地讲，利用波导壁内表面的电导率为有限值时求出的场分布公式才是合理的，但是，求解是很困难的。因此，对于波导壁内表面大多是由良导体构成的情况而言，利用理想情况时求出的场分布表示式来计算 α_{c}，虽然是近似的，但仍可以满足实际应用中的精度要求。

2. α_{d} 的计算

在波导内由填充介质造成热损耗的原因有两种情况：一是由于实际的介质并非理想介质（$\sigma\neq0$），因而存在着由传导电流引起的损耗；二是由于介质中的带电粒子具有一定的质量和惯性，在微波段电磁场的作用下，很难随之同步振荡，而在时间上存在滞后现象，对于简谐场而言，表现为相位上的滞后，即 $\boldsymbol{D}$ 与 $\boldsymbol{E}$ 关系式中的 ε 不再是实数，而是一个复数 ε_{c}，称为

复介电常数，如下式所示：

$$\varepsilon_{\mathrm{c}} = \varepsilon' - \mathrm{j}\varepsilon'' \tag{2.3-81}$$

$\boldsymbol{D}$ 与 $\boldsymbol{E}$ 的关系式变为

$$\boldsymbol{D} = (\varepsilon' - \mathrm{j}\varepsilon'')\boldsymbol{E} \tag{2.3-82}$$

复介电常数的实部 ε' 表示介质的介电特性（即通常所谓的介电常数），虚部 ε'' 表示由于介质中带电粒子的滞后效应或谐振吸收效应而引起的损耗。

在计算介质的衰减常数 α_{d} 时，应包括上述两种情况在介质中所造成的功率损耗。为此，可以利用式（2.2－12）于介质中，即

$$\nabla\times\boldsymbol{H} = \sigma\boldsymbol{E} + \mathrm{j}\omega(\varepsilon' - \mathrm{j}\varepsilon'')\boldsymbol{E} = (\omega\varepsilon'' + \sigma)\boldsymbol{E} + \mathrm{j}\omega\varepsilon'\boldsymbol{E} \tag{2.3-83}$$

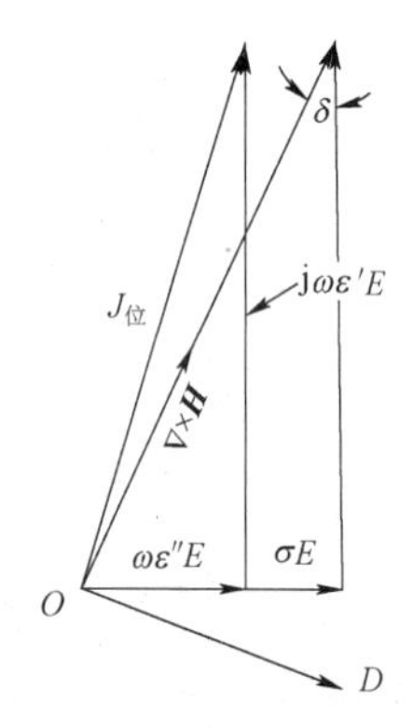

图 2.3－2　介质的损耗角

式中的 σ 是介质的电导率。对于式中各量之间的关系也可以用图解的方法把它表示出来，如图 2.3－2 所示。由图或由式（2.3－83）均可看出，位移电流中的一部分（$\omega\varepsilon''\boldsymbol{E}$）和传导电流（$\sigma\boldsymbol{E}$）是同相位的，这两部分电流在宏观上都表现为热损耗，就功率损耗的外部效果看，很难将两者的作用机理区分开来。为了同时考虑这两者的作用，可以把式（2.3－83）写为

$$\nabla\times\boldsymbol{H} = \mathrm{j}\omega\left[\varepsilon' - \mathrm{j}\left(\varepsilon'' + \frac{\sigma}{\omega}\right)\right]\boldsymbol{E}$$

把该式与下式，即

$$\nabla\times\boldsymbol{H} = \mathrm{j}\omega\varepsilon\boldsymbol{E}$$

从形式上加以比较就可以看出，我们可以把 $\left[\varepsilon' - \mathrm{j}\left(\varepsilon'' + \frac{\sigma}{\omega}\right)\right]$ 看成等效的复介电常数，用 $\varepsilon_{\mathrm{ec}}$ 表示，即

$$\varepsilon_{\mathrm{ec}} = \varepsilon' - \mathrm{j}\left(\varepsilon'' + \frac{\sigma}{\omega}\right)$$

实部 ε' 仍表示介质的介电特性（介电常数），虚部 $\varepsilon'' + (\sigma/\omega)$ 则表示介质中总的损耗特性。有时也可以把（$\omega\varepsilon'' + \sigma$）看成介质的总的等效电导率，它同样表示介质中总的损耗特性。实际上，在测试介质损耗角（δ）的正切 $\tan\delta$ 时，有限电导率 σ 的作用总是被包含在内的，因此

$$\tan\delta = \frac{\omega\varepsilon'' + \sigma}{\omega\varepsilon'} = \frac{\varepsilon'' + \dfrac{\sigma}{\omega}}{\varepsilon'} \tag{2.3-84}$$

在微波波段中，若 $\omega\varepsilon''$ 比 σ 大得多，则该式可近似地写为

$$\tan\delta \approx \frac{\varepsilon''}{\varepsilon'} \tag{2.3-85}$$

为了求出介质的衰减常数 α_{d}，可以先求出传播常数 γ 的表示式，然后取它的实部（此处假定它不包含波导壁的损耗，而只包含介质损耗）就是 α_{d}，而虚部就是相移常数 β。根据式（2.2－27）和式（2.2－23）知

$$\gamma = \alpha + \mathrm{j}\beta$$

和
$$\gamma^2 = K_c^2 - K^2$$
当不考虑损耗时，式中的$K^2 = \omega^2\mu\varepsilon$，$\varepsilon$ 为实数，现在要考虑介质的损耗，因此应将上式中的 ε 换为等效的复介电常数 ε_{ec}，由此求出的 γ 为

$$\gamma = \sqrt{K_c^2 - \omega^2\mu\varepsilon'\left(1 - \mathrm{j}\frac{\varepsilon'' + \sigma/\omega}{\varepsilon'}\right)} = \sqrt{K_c^2 - \omega^2\mu\varepsilon'(1 - \mathrm{j}\tan\delta)}$$
$$= \mathrm{j}\omega\sqrt{\mu\varepsilon'}\sqrt{(1 - \mathrm{j}\tan\delta) - \left(\frac{f_c}{f}\right)^2}$$
$$= \mathrm{j}\omega\sqrt{\mu\varepsilon'}\sqrt{1 - \left(\frac{f_c}{f}\right)^2}\sqrt{1 - \frac{\mathrm{j}\tan\delta}{1 - \left(\frac{f_c}{f}\right)^2}}$$

因为$\tan\delta \ll 1$，所以

$$\gamma \approx \mathrm{j}\omega\sqrt{\mu\varepsilon'}\sqrt{1 - \left(\frac{f_c}{f}\right)^2}\left\{1 - \frac{\mathrm{j}\tan\delta}{2\left[1 - \left(\frac{f_c}{f}\right)^2\right]}\right\} \tag{2.3-86}$$

若将式中的截止频率 f_c 与工作频率 f 分别转换为与之相对应的截止波长 λ_c 和工作波长 λ，并将 γ 的实、虚部分开，则其实部就是 α_d，即

$$\alpha_d = \omega\sqrt{\mu\varepsilon'}\frac{\tan\delta}{2\sqrt{1 - \left(\frac{\lambda}{\lambda_c}\right)^2}} = \frac{\pi}{\lambda}\frac{\tan\delta}{\sqrt{1 - \left(\frac{\lambda}{\lambda_c}\right)^2}} \quad \text{Np/m（奈培/米）}$$
$$= 8.686\frac{\pi}{\lambda}\frac{\tan\delta}{\sqrt{1 - \left(\frac{\lambda}{\lambda_c}\right)^2}} \quad \text{dB/m（分贝/米）} \tag{2.3-87}$$

γ 的虚部就是相移常数β，即

$$\beta = \omega\sqrt{\mu\varepsilon'}\sqrt{1 - \left(\frac{\lambda}{\lambda_c}\right)^2} \quad \text{rad/m（弧度/米）} \tag{2.3-88}$$

若只考虑介质中由于电导率$\sigma \neq 0$而存在着由传导电流所引起的损耗，而不考虑由于带电粒子的滞后或谐振吸收效应所引起的损耗时，则复介电常数为

$$\varepsilon_c = \varepsilon - \mathrm{j}\frac{\sigma}{\omega} \tag{2.3-89}$$

实部表示介质的介电特性（介电常数），虚部表示由传导电流所引起的损耗。经过与上述相同的推导过程，即可求出与此种情况相对应的介质衰减常数 α_d 的表示式，这里就不讨论了。当波导中填充的介质是空气时，其介质损耗可以忽略。

由上面的分析可知，波导中的损耗与波导壁内表面的材料、填充介质、波导形状和尺寸，

以及工作模式和工作波长等因素有关。此外，如果波导壁内表面粗糙、凹凸不平，以及存在着由环境因素引起的锈蚀等现象，都会使损耗增加。

§ 2.4　矩形波导管中电磁波的传输特性

在前两节中讨论了波动方程和导行波，以及规则波导中导行波的模式和传输特性；阐述了对于规则波导普遍适用的一些理论知识和有关的表示式。本节将在前两节讲过的一般性理论和表示式的基础上，具体地讨论矩形波导中电磁波的模式、管壁电流、传输特性，以及矩形波导在实际应用中的一些问题。另外，还将介绍等效阻抗的概念。

图 2.4－1 是一个横截面为矩形的空心金属波导管，它的相对壁内表面之间的距离分别为 a 和 b。这种波导管一般由铜或铜合金制成，也可以用铝或铝合金，以及不锈钢制成。为了提高导电性能和减少损耗，或者为了抗环境因素的腐蚀，常在壁的内表面上镀一层很薄的银或金（或两者均有）。

波导管主要用于厘米波和毫米波波段，在要求传输大功率的情况下也可用于分米波段。与圆形波导管相比，矩形波导管的微小变形对场分布的影响不大，频带宽，损耗也不大，因此是应用较广泛的一种波导管，而且还可以用它构成各种微波元（器）件，例如谐振腔、滤波器、移相器、衰减器、天线辐射器以及微波测量设备等。以上所讲的是硬波导管，它的形状和尺寸是固定不变的，也是本节要讨论的内容。另外，还有一种是软波导管，即其横截面在基本上仍保持矩形的情况下，波导管可以承受一定程度的微小变形（弯曲和尺寸变化），具有一定的柔韧性，故名软波导管（见本章附录 2.2）。软波导管的整体性能不及硬波导管好，但它的优点是便于连接，对于振动可以起到缓冲作用，因此它在通信、雷达、电子对抗、卫星通信方面仍有一定的应用。软波导管的工作特性基本上与硬波导管的工作特性相同，因此本节不予以讨论。

一、波动方程在直角坐标系中的解

如图 2.4－1 所示，采用直角坐标系分析矩形波导是方便的。根据式（2.2－24）和式（2.2－25）可知，矩形波导中的电场 $\boldsymbol{E}$ 和磁场 $\boldsymbol{H}$ 应满足下面的方程：

$$\nabla_t^2 \boldsymbol{E}(x,y) + K_c^2 \boldsymbol{E}(x,y) = 0 \tag{2.4-1}$$

$$\nabla_t^2 \boldsymbol{H}(x,y) + K_c^2 \boldsymbol{H}(x,y) = 0 \tag{2.4-2}$$

在直角坐标系中，上式中的横向算子为

$$\nabla_t^2 = \frac{\partial^2}{\partial x^2} + \frac{\partial^2}{\partial y^2}$$

这两个方程是矢量形式的波动方程，为了求解，需将其化为标量形式的波动方程。根据在 2.3 节中曾经讲过的规则波导中模式的分类可知，在矩形波导内有 TM（E）和 TE（H）两类模式。为了求出它们的场结构（场分布），应首先求出场的纵向分量 E_z 和 H_z，然后利用横、纵向分量之间的关系式求出各个横向分量，则整个的场结构也就求出来了。

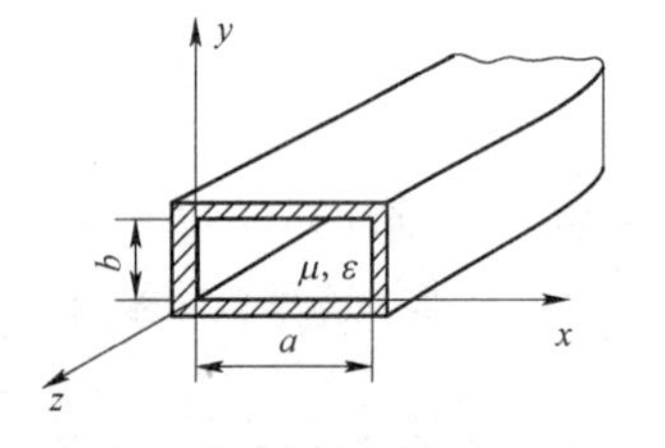

图 2.4－1　矩形波导管与直角坐标系

现在求 E_z 和 H_z 的表示式。根据式（2.3－17）和式（2.3－18）

可以得到下面的标量形式的波动方程：

$$\nabla_t^2 E_z(x,y) + K_c^2 E_z(x,y) = 0 \tag{2.4-3}$$

$$\nabla_t^2 H_z(x,y) + K_c^2 H_z(x,y) = 0 \tag{2.4-4}$$

即（以下均省写了 x 和 y）

$$\frac{\partial^2 E_z}{\partial x^2} + \frac{\partial^2 E_z}{\partial y^2} + K_c^2 E_z = 0 \tag{2.4-5}$$

$$\frac{\partial^2 H_z}{\partial x^2} + \frac{\partial^2 H_z}{\partial y^2} + K_c^2 H_z = 0 \tag{2.4-6}$$

这是两个同一类型的方程。下面只讨论 E_z 的求解步骤，而 H_z 的解自然地就可写出了。用分离变量法求解 E_z，即设 E_z 可以写为两个因子乘积的形式：

$$E_z = X(x)Y(y) \tag{2.4-7}$$

式中，$X(x)$ 仅是 x 的函数，$Y(y)$ 仅是 y 的函数，它们分别表示 E_z 在波导横截面内在 x 和 y 坐标方向的分布函数，两者是互不相关的；为书写方便，将其分别简写为 X 和 Y，然后将式（2.4－7）代入到式（2.4－5）中，得

$$\frac{X''}{X} + \frac{Y''}{Y} = -K_c^2 \tag{2.4-8}$$

式中的 X'' 和 Y'' 分别表示 X 对于 x 和 Y 对于 y 的二阶导函数。等号左边第一项仅是 x 的函数，第二项仅是 y 的函数，等号右边的 K_c 是常数，因此，若等式成立，则等号左边的第一项和第二项应分别等于某一常数，设这两个常数分别为 $-K_x^2$ 和 $-K_y^2$，即

$$\frac{X''}{X} = -K_x^2$$

$$\frac{Y''}{Y} = -K_y^2$$

因为 K_x 和 K_y 都是与 x 和 y 无关、且仅取决于边界条件的待定常数，所以其前面取正号或负号均不影响问题的解，为方便起见，其前面取负号。因此，有下列关系：

$$K_x^2 + K_y^2 = K_c^2 \tag{2.4-9}$$

K_x 和 K_y 称为横向截止波数。这样，就得到了两个常微分方程

$$X'' + K_x^2 X = 0 \tag{2.4-10}$$

$$Y'' + K_y^2 Y = 0 \tag{2.4-11}$$

这两个方程的通解分别为

$$X = C_1 \cos(K_x x) + C_2 \sin(K_x x) \tag{2.4-12}$$

$$Y = C_3 \cos(K_y y) + C_4 \sin(K_y y) \tag{2.4-13}$$

式中的 C_1、C_2、C_3 和 C_4 以及 K_x 和 K_y 等，是取决于波导中场的激励情况和边界条件的待定常数。如果将式（2.4－12）和式（2.4－13）代入到式（2.4－7）中，利用 E_z 应满足的边界条件求出待定常数，则 E_z 的表示式就完全确定了。另外，也可将式（2.4－12）和式（2.4－13）化为下列形式：

$$X = A\cos(K_x x + \varphi_x) \tag{2.4-14}$$

$$Y = B\cos(K_y y + \varphi_y) \tag{2.4-15}$$

在这里，A 和 B，以及 φ_x 和 φ_y，代替了 C_1、C_2、C_3 和 C_4，作为新的待定常数。将上式代入到式（2.4-7）中，并考虑到式（2.2-30），则

$$E_z = E_0\cos(K_x x + \varphi_x)\cos(K_y y + \varphi_y)\mathrm{e}^{-\mathrm{j}\beta z} \tag{2.4-16}$$

经过与上述同样的求解过程，可得

$$H_z = H_0\cos(K_x x + \varphi_x)\cos(K_y y + \varphi_y)\mathrm{e}^{-\mathrm{j}\beta z} \tag{2.4-17}$$

式中，$E_0 = ABA^+$，H_0 与 E_0 相类似，它们都是与波导中场的激励情况和边界条件有关的常数。至此，根据波动方程，已经求出了场的纵向分量 E_z 和 H_z 的一般表示式，至于具体的表示式，以及场的横向分量的表示式，则需要结合 TM 和 TE 模的具体情况去求解。下面分别讨论这两类模的场结构。

二、模式及场结构

（一）TM 模

1. 场分量的表示式

利用图 2.4-1 来进行讨论，对于 TM 模，$H_z = 0$，$E_z \neq 0$，E_z 为

$$E_z = E_0\cos(K_x x + \varphi_x)\cos(K_y y + \varphi_y)\mathrm{e}^{-\mathrm{j}\beta z} \tag{2.4-18}$$

为了确定待定常数 K_x、φ_x、K_y 和 φ_y，可以利用电场的切向分量（现在是 E_z）在波导管四个壁的内表面上应为零的边界条件。这样，就会得到下面的结果：

$$x=0 \quad E_z=0 \quad \varphi_x=\frac{\pi}{2}$$

$$x=a \quad E_z=0 \quad K_x=\frac{m\pi}{a}$$

$$y=0 \quad E_z=0 \quad \varphi_y=\frac{\pi}{2}$$

$$y=b \quad E_z=0 \quad K_y=\frac{n\pi}{b}$$

则

$$E_z = E_0\sin\left(\frac{m\pi}{a}x\right)\sin\left(\frac{n\pi}{b}y\right)\mathrm{e}^{-\mathrm{j}\beta z} \tag{2.4-19}$$

对于 TM 模，根据式（2.3-25）～（2.3-28）可知，场的横向分量为

$$\begin{cases}
H_x = \dfrac{\mathrm{j}\omega\varepsilon}{K_\mathrm{c}^2}\dfrac{\partial E_z}{\partial y} = \mathrm{j}\dfrac{\omega\varepsilon}{K_\mathrm{c}^2}\dfrac{n\pi}{b}E_0\sin\left(\dfrac{m\pi}{a}x\right)\cos\left(\dfrac{n\pi}{b}y\right)\mathrm{e}^{-\mathrm{j}\beta z} \\
H_y = \dfrac{-\mathrm{j}\omega\varepsilon}{K_\mathrm{c}^2}\dfrac{\partial E_z}{\partial x} = -\mathrm{j}\dfrac{\omega\varepsilon}{K_\mathrm{c}^2}\dfrac{m\pi}{a}E_0\cos\left(\dfrac{m\pi}{a}x\right)\sin\left(\dfrac{n\pi}{b}y\right)\mathrm{e}^{-\mathrm{j}\beta z} \\
E_x = -\dfrac{\mathrm{j}\beta}{K_\mathrm{c}^2}\dfrac{\partial E_z}{\partial x} = -\dfrac{\mathrm{j}\beta}{K_\mathrm{c}^2}\dfrac{m\pi}{a}E_0\cos\left(\dfrac{m\pi}{a}x\right)\sin\left(\dfrac{n\pi}{b}y\right)\mathrm{e}^{-\mathrm{j}\beta z} \\
E_y = -\dfrac{\mathrm{j}\beta}{K_\mathrm{c}^2}\dfrac{\partial E_z}{\partial y} = -\dfrac{\mathrm{j}\beta}{K_\mathrm{c}^2}\dfrac{n\pi}{b}E_0\sin\left(\dfrac{m\pi}{a}x\right)\cos\left(\dfrac{n\pi}{b}y\right)\mathrm{e}^{-\mathrm{j}\beta z}
\end{cases} \tag{2.4-20}$$

根据式（2.4－9）可得 K_c 的表示式为

$$\begin{cases} K_c^2 = K_x^2 + K_y^2 = \left(\dfrac{m\pi}{a}\right)^2 + \left(\dfrac{n\pi}{b}\right)^2 \\ K_c = \sqrt{\left(\dfrac{m\pi}{a}\right)^2 + \left(\dfrac{n\pi}{b}\right)^2} \end{cases} \tag{2.4－21}$$

式（2.4－19）和式（2.4－20）表示在波导内，在稳态简谐振荡源的激励下，TM 模电场和磁场复矢量的各个分量沿各个坐标轴(x, y, z)的分布规律。式中的 m 和 n 可取任意的自然数，每一对 m、n 值对应着一种模式，记为 $\mathrm{TM}_{mn}(\mathrm{E}_{mn})$，可见，有无穷多个模，它们都是在一定边界条件下式（2.4－1）和式（2.4－2）的解，而且这些模式的线性组合（叠加）同样是解。但是，由场分量的表示式可知，TM_{0n}、TM_{m0} 和 TM_{00} 的模式是不存在的，因此最低次的模式（截止波长最长或截止频率最低）是 TM_{11}；同时还可看出，场沿 z 轴为行波状态，沿 z 和 y 轴为纯驻波分布（正弦或余弦分布规律）；至于场的某一分量究竟是正弦还是余弦分布规律，可以根据该分量应满足的边界条件来确定。式中的 m 表示场量沿 x 轴（x 从 0 到 a）出现的半周期（半个纯驻波）的数目；n 表示场量沿 y 轴（y 从 0 到 b）出现的半周期的数目。式中的 j 表示相位关系：若两个分量的表示式相差一个 j，那么，从时间上讲，就是相差四分之一周期，或者说它们的相位相差 π/2；从空间上讲，就是相差四分之一导波波长。例如，E_x 和 H_y 的表示式中均含有 j，这表示两者同相位，并构成了沿 z 轴正方向传输的波，即沿 z 轴有功率传输；E_z 和 $-H_y$ 之间，以及 E_z 和 H_x 之间都相差一个 j，即相位相差 π/2，因为由这些场分量构成的坡印廷矢量是在 x 轴和 y 轴的方向，所以不可能构成沿 z 轴方向的功率传输，同时，又因为每一对场分量之间又有 π/2 的相位差，所以沿 x 轴和 y 轴也不可能有功率的传输，电磁波在 x 轴和 y 轴方向呈纯驻波分布状态（从全反射的角度看，结论是同样的）。综上所述可知，在波的行波状态下，沿波导的纵向（z 轴）有功率的传输，而在波导的横向（x 和 y 轴）则没有功率的传输。

式（2.4－19）和式（2.4－20）是场分量的表示式，如欲求某点处总的电场或磁场，则可用求矢量和（考虑到相位关系）的方法求得。但是，从实际应用的角度看（例如，对波导中场的激励或耦合，在波导上面开孔、槽、缝等），根据场的分量的表示式就完全可以分析和判断出场的性质和分布规律，据此，为了完成上述各项要求而需要在波导上选取一个合适位置的问题也就不难解决了。因此在大多数情况下，并不需要求出某点处总的电场或磁场的大小和方向。

式（2.4－19）和式（2.4－20）是波导内任意一点处场分量复振幅的表示式，若欲求各分量的瞬时值表示式，则可将表示式中的相位因子 $\mathrm{e}^{-\mathrm{j}\beta z}$ 乘以 $\mathrm{e}^{\mathrm{j}\omega t}$ 成为 $\mathrm{e}^{\mathrm{j}(\omega t-\beta z)}$；对于表示式前面的 j（或 −j），可以看成 $\mathrm{e}^{\mathrm{j}\frac{\pi}{2}}$（或 $\mathrm{e}^{-\mathrm{j}\frac{\pi}{2}}$），也可以合并到相位因子中，然后，将指数式相位因子展开为三角函数式并取其实部，这样，就得到了一个完整的场分量瞬时值的表示式。

2. 场结构

为了能形象和直观地了解场的分布图像（场结构），可以利用电力线和磁力线来描绘它。力线上某点的切线方向表示该点处场的方向，力线的疏密程度表示场的强弱。根据电磁场理论可知，波导中电力线和磁力线遵循的规律是：电力线发自正电荷，止于负电荷，也可以环绕着交变磁场构成闭合曲线，电力线之间不能相交，在波导壁的内表面上（假设为理想导体）电场的切向分量为零，即在该表面上只可能存在电场的垂直分量；磁力线总是闭合曲线，它或者围绕着载流导体，或者围绕着时变电场而闭合，磁力线之间不能相交，在波导壁的内表面上磁场的法向分量为零，即在该表面上只可能存在磁场的切向分量；电力线与磁力线相互正交。当给定了 m 和 n 时，根据场分量的表示式，就可以绘出电力线和磁力线的图形（场结构图）。

我们已知，TM 模中最低次的模是 TM_{11}，它的场结构如图 2.4－2（a）所示；图 2.4－2（b）和（c）分别为 TM_{21} 和 TM_{22} 模的场结构图，这两种模，以及其他 TM 模的场结构，都可以看成是以 TM_{11} 的场结构为基础组合而成的。

为了对场结构有进一步的了解，对于 TM_{11} 模的场结构再稍详细地分析一下，因为 $H_z=0$，所以磁力线是位于波导横截面内的闭合曲线，电场有三个方向(x, y, z)的分量，电力线呈空间（立体）分布状态。令式（2.4－19）和式（2.4－20）中的 m 和 n 都等于 1，即得到 TM_{11} 各个场分量的表示式。m 和 n 都等于 1 时，表明场量沿宽壁 a 和窄壁 b 的半个（纯）驻波数是 1。磁场只有 H_x 和 H_y 两个分量，对波导的两个侧壁的内表面而言，H_x 是法向分量，因此它随 x 的变化为正弦规律；对上下壁的内表面而言，H_x 是切向分量，因此它随 y 的变化是余弦规律。由此可知，在靠近上下壁的内表面处 H_x 较强，在靠近两侧壁的内表面处和在波导的轴线处 H_x 为零。H_y 随 x 和 y 的变化规律，恰好与上述的 H_x 的变化规律相反，即 H_y 随 x 的变化规律为余弦，随 y 的变化规律为正弦。由此可知，在靠近两侧壁的内表面处 H_y 最强，在靠近上下壁的内表面处和在波导的轴线处 H_y 为零。由 H_x 和 H_y 合成的磁力线，即如图 2.4－2（a）所示的闭合线。电场有 E_x、E_y 和 E_z 三个分量，其中 E_z 对波导四个壁的内表面而言，它是切向分量，因此它随 x 和 y 的变化都是正弦规律，在波导的轴线处 E_z 最强。E_z 与横向磁场在相位上相差 $\pi/2$，就是说在同一横截面内，在同一时刻观察时，当横向磁场取得最大值时，E_z 为零，反之，当 E_z 取得最大值时，横向磁场为零；若从空间位置而言，就是说，在同一时刻沿着波导的轴线方向观察时，横向磁场取得最大值的横截面与 E_z 取得最大值的横截面相距 $\lambda_g/4$ 的距离。

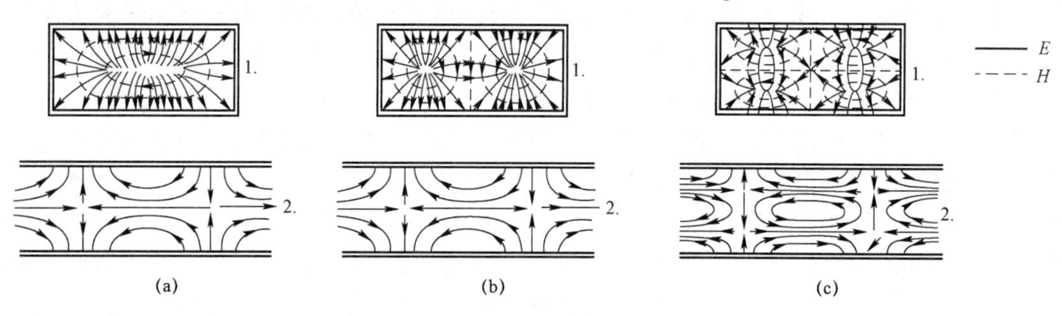

图 2.4－2　矩形波导中的 TM 模

（a）TM_{11}；（b）TM_{21}；（c）TM_{22}

1—横截面图；2—纵视图

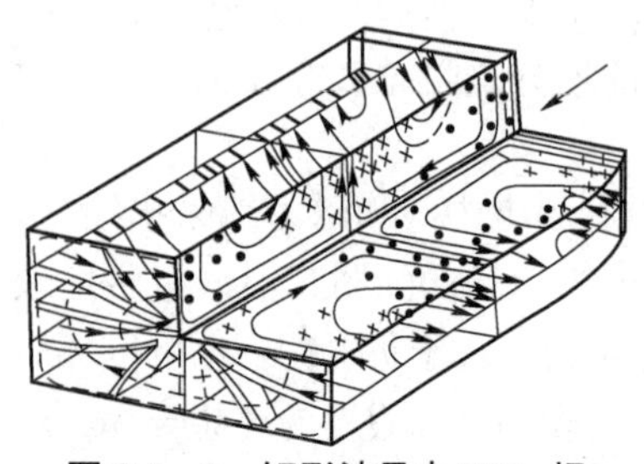

图 2.4－3　矩形波导中 TM_{11} 场结构的立体图

图 2.4－3 是 TM_{11} 场结构的立体图。在波导中传输的电磁波对于空间和时间而言，都是一个波动，因此可以把该图理解为在某一时刻“观察”到的场结构的图像，或者说，在波导内总有某一时刻的场结构是这样的图像，而且这种图像不仅会随着时间做周期性的变化，而且还沿着波导的轴线方向不断地向前传播，这就是所说的行波状态。对于波导的横截面而言，正如前面已讲过的，场量的分布规律是纯驻波性质的。

（二）TE 模

1. 场分量的表示式

利用图 2.4－1 来进行讨论，对于 TE 模，$E_z=0$，$H_z\neq0$，利用与推导 TM 模中 E_z 表示式的同样方法和推导步骤，即可求得 H_z 的表示式为

$$H_z=H_0\cos(K_x x+\varphi_x)\cos(K_y y+\varphi_y)\mathrm{e}^{-\mathrm{j}\beta z} \tag{2.4-22}$$

为了确定式中的待定常数，可以根据式（2.3－21）至式（2.3－24）导出磁场的横向分量，根据磁场的横向分量即可确定待定常数 K_x、φ_x、K_y 和 φ_y。磁场横向分量的表示式为

$$H_x=-\frac{\mathrm{j}\beta}{K_c^2}\frac{\partial H_z}{\partial x}=\frac{\mathrm{j}\beta}{K_c^2}H_0K_x\sin(K_x x+\varphi_x)\cos(K_y y+\varphi_y)\mathrm{e}^{-\mathrm{j}\beta z} \tag{2.4-23}$$

$$H_y=-\frac{\mathrm{j}\beta}{K_c^2}\frac{\partial H_z}{\partial y}=\frac{\mathrm{j}\beta}{K_c^2}H_0K_y\cos(K_x x+\varphi_x)\sin(K_y y+\varphi_y)\mathrm{e}^{-\mathrm{j}\beta z} \tag{2.4-24}$$

这样，就可以利用磁场的垂直分量（现在是 H_x 和 H_y）在波导管四个壁的内表面上应为零的边界条件来确定待定常数，其结果如下：

$$\begin{aligned}
&x=0 \quad H_x=0 \quad \varphi_x=0\\
&x=a \quad H_x=0 \quad K_x=\frac{m\pi}{a}\\
&y=0 \quad H_y=0 \quad \varphi_y=0\\
&y=b \quad H_y=0 \quad K_y=\frac{n\pi}{b}
\end{aligned}$$

则

$$H_z=H_0\cos\left(\frac{m\pi}{a}x\right)\cos\left(\frac{n\pi}{b}y\right)\mathrm{e}^{-\mathrm{j}\beta z} \tag{2.4-25}$$

利用式（2.3－21）～式（2.3－24）就可以求出电场和磁场的横向分量。这样，场的横向分量的全部表示式为

$$\begin{cases}
H_x=-\dfrac{\mathrm{j}\beta}{K_c^2}\dfrac{\partial H_z}{\partial x}=\dfrac{\mathrm{j}\beta}{K_c^2}H_0\dfrac{m\pi}{a}\sin\left(\dfrac{m\pi}{a}x\right)\cos\left(\dfrac{n\pi}{b}y\right)\mathrm{e}^{-\mathrm{j}\beta z}\\
H_y=\dfrac{-\mathrm{j}\beta}{K_c^2}\dfrac{\partial H_z}{\partial y}=\dfrac{\mathrm{j}\beta}{K_c^2}H_0\dfrac{n\pi}{b}\cos\left(\dfrac{m\pi}{a}x\right)\sin\left(\dfrac{n\pi}{b}y\right)\mathrm{e}^{-\mathrm{j}\beta z}\\
E_x=-\dfrac{\mathrm{j}\omega\mu}{K_c^2}\dfrac{\partial H_z}{\partial y}=\mathrm{j}\dfrac{\omega\mu}{K_c^2}H_0\dfrac{n\pi}{b}\cos\left(\dfrac{m\pi}{a}x\right)\sin\left(\dfrac{n\pi}{b}y\right)\mathrm{e}^{-\mathrm{j}\beta z}\\
E_y=\mathrm{j}\dfrac{\omega\mu}{K_c^2}\dfrac{\partial H_z}{\partial x}=-\mathrm{j}\dfrac{\omega\mu}{K_c^2}H_0\dfrac{m\pi}{a}\sin\left(\dfrac{m\pi}{a}x\right)\cos\left(\dfrac{n\pi}{b}y\right)\mathrm{e}^{-\mathrm{j}\beta z}
\end{cases} \tag{2.4-26}$$

根据式（2.4－9）可得 K_c 的表示式为

$$\begin{cases}
K_c^2=K_x^2+K_y^2=\left(\dfrac{m\pi}{a}\right)^2+\left(\dfrac{n\pi}{b}\right)^2\\
K_c=\sqrt{\left(\dfrac{m\pi}{a}\right)^2+\left(\dfrac{n\pi}{b}\right)^2}
\end{cases} \tag{2.4-27}$$

式（2.4－25）和式（2.4－26）表示在波导内，在稳态简谐振荡源的激励下，TE 模电场和磁场复矢量的各个分量沿各个坐标轴(x, y, z)的分布规律。式中的 m 和 n 可取 0, 1, …。每一对 m、n 值对应着一种模，记为 $\mathrm{TE}_{mn}(\mathrm{H}_{mn})$，可见，有无穷多个模，它们都是在一定边界条件下式（2.4－1）和式（2.4－2）的解，而且这些模的线性组合（叠加）同样是解。但是由场分量的表示式可知，在一对 m、n 的值中，有一个可以取零，但不能同时取零。由此可知，最低次的模为 TE_{10}（当 $a>b$ 时），或者为 TE_{01}（当 $a<b$ 时）。从场分量的表示式可以看出，场沿 z 轴为行波状态，而沿 x 和 y 轴为纯驻波分布（正弦或余弦分布规律）。式中 m 和 n 的含义，以及 j 的含义，与在 TM 模中曾讲过的是一样的，这里不再重述。

2. 场结构

因为 TE 模的 $E_z=0$，所以电力线只分布在波导的横截面内，磁场有三个方向(x, y, z)的分量，磁力线呈空间（立体）分布的闭合曲线。在实际中所使用的矩形波导管，因为它的上下壁的宽度（指内表面）a 一般都大于侧壁的高度（指内表面）b，所以 TE 模中最低次的模是 TE_{10}。顺便指出，在 a 大于 b 的条件下，根据式（2.3－34）、式（2.4－21）和式（2.4－27）可知，TE_{10} 的截止波长 $\lambda_c(\lambda_c=2a)$不仅是 TE 模中最长的，而且还大于所有 TM 模的截止波长 λ_c。因此，TE_{10} 是矩形波导中的主模。令式（2.4－25）、式（2.4－26）和式（2.4－27）中的 $m=1$ 和 $n=0$，即可得到 TE_{10} 模场分量的表示式为

$$\begin{cases} H_x = \dfrac{\mathrm{j}\beta a}{\pi} H_0 \sin\left(\dfrac{\pi}{a}x\right)\mathrm{e}^{-\mathrm{j}\beta z} \\ H_z = H_0 \cos\left(\dfrac{\pi}{a}x\right)\mathrm{e}^{-\mathrm{j}\beta z} \\ E_y = -\mathrm{j}\dfrac{\omega\mu a}{\pi} H_0 \sin\left(\dfrac{\pi}{a}x\right)\mathrm{e}^{-\mathrm{j}\beta z} \end{cases} \tag{2.4－28}$$

显然，各个分量沿 x 方向有一个“半驻波”的分布，而与 y 无关，即是说，场结构沿 y 方向不变化，是均匀分布的。图 2.4－4（a）是 TE_{10} 模场结构分布状态的立体图。

TE_{01} 模只有 E_x、H_y 和 H_z 三个分量，各个分量沿 y 方向有一个“半驻波”的分布，而与 x 无关，即是说，场结构沿 x 方向不变化，是均匀分布的，如图 2.4－4（b）所示。TE_{01} 模的场结构恰如 TE_{10} 场结构绕波导轴线旋转了 90°一样。TE_{11} 的场结构除了 E_z 为零之外，其余五个分量均存在，而且沿 x 和 y 方向都有一个“半驻波”的分布，如图 2.4－4（c）所示。其余的 TE_{mn} 模的场结构就比较复杂了，这些模的场结构可以看成是以 TE_{10}、TE_{01} 和 TE_{11} 的场结构为基本单元组合而成的。为了对场结构的空间分布状态有一个更形象的了解，在图 2.4－4 中给出了 TE_{10}、TE_{01}、TE_{11} 和 TE_{20} 模场结构的立体图。

三、矩形波导管中电磁波的传输特性

在 2.3 节中，对于一般规则波导中导行波的传播特性已做了较详细的讨论，并导出了有关的表示式。现在，我们以此为基础，具体地讨论矩形波导中电磁波的传输特性，内容包括：截止波长和截止频率；导波波长和相移常数；相速和群速；波型阻抗；传输功率；损耗和衰减。

（一）截止波长和截止频率

根据式（2.4－21）和式（2.4－27）可知，在矩形波导管中，TM_{mn} 和 TE_{mn} 模的截止波数 K_c 的表示式是相同的，即

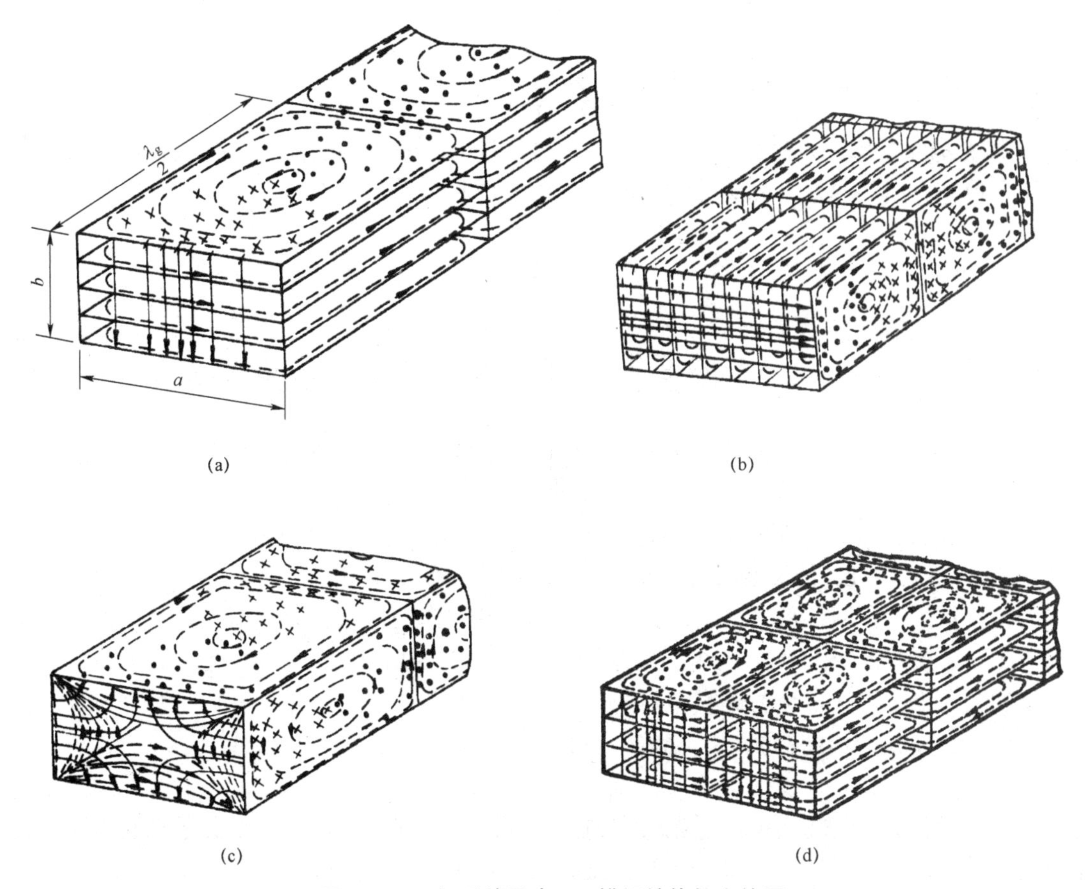

图 2.4－4　矩形波导中 TE 模场结构的立体图

(a) TE_{10}；(b) TE_{01}；(c) TE_{11}；(d) TE_{20}

$$K_c=\sqrt{\left(\frac{m\pi}{a}\right)^2+\left(\frac{n\pi}{b}\right)^2} \tag{2.4-29}$$

由此式得出相应的截止波长 λ_c 为

$$\lambda_c=\frac{2\pi}{K_c}=\frac{2}{\sqrt{\left(\frac{m}{a}\right)^2+\left(\frac{n}{b}\right)^2}} \tag{2.4-30}$$

由此可知，K_c 和 λ_c 是波导横截面尺寸和模式的函数；而且，当 m 和 n 均不为零时，TM_{mn} 和 TE_{mn} 具有相同的 K_c 和 λ_c。对于这种 K_c 或 λ_c 相同，但模（场结构）不相同的情况，称为模的简并现象。在矩形波导管中，因为分别与 TE_{0n} 和 TE_{m0} 相对应的 TM_{0n} 和 TM_{m0} 这两种模并不存在，所以 TE_{0n} 和 TE_{m0} 是非简并模，其余的 TE_{mn} 和 TM_{mn} $(m, n\neq 0)$都存在着简并模。若 $a=b$，则 TE_{mn}、TE_{nm}、TM_{mn} 和 TM_{nm} 是简并模；若 $a=2b$，则 TE_{01} 与 TE_{20}，TE_{02} 与 TE_{40}，TE_{50}、TE_{32} 与 TM_{32} 是简并模。从后面讲述的内容中将会看到，简并模的相速、群速和导波波长是相同的。

TM_{mn} 和 TE_{mn} 模截止频率 f_c 的表示式是相同的，即

$$f_c = \frac{v}{\lambda_c} = \frac{1}{2\sqrt{\mu\varepsilon}}\sqrt{\left(\frac{m}{a}\right)^2 + \left(\frac{n}{b}\right)^2} \tag{2.4-31}$$

式中，电磁波的速度 v 如式（2.3-35）所示。f_c 不仅与波导横截面尺寸、模式有关，而且还与波导中填充介质的参数 μ 和 ε 有关。工作波长 λ 的表示式为

$$\lambda = \frac{v}{f} \tag{2.4-32}$$

f 是工作频率。电磁波在矩形波导中的传播条件为 $\lambda < \lambda_c$ 或 $f > f_c$。由上面的公式可知，虽然 λ_c 与介质的参数 μ 和 ε 无关，但在应用 $\lambda < \lambda_c$ 这个传输条件时，则应注意到是与介质参数有关的量。

一般地讲，不同的模，其截止波长是不相同的，其中最低次的模称为主模，而其他的模（m 和 n 较大、截止波长较短、截止频率较高的模）则称为高次模。正如在前面讨论 TM_{mn} 和 TE_{mn} 模时曾指出的那样，在矩形波导中（当 $a > b$ 时）最低次的 TE 模是 TE_{10}，最低次的 TM 模是 TM_{11}，而且，TE_{10} 的 λ_c 大于 TM_{11} 的 λ_c，因此，矩形波导中的主模是 TE_{10}。当把矩形波导作为传输系统时，通常都采用主模 TE_{10}，并抑制高次模的传输，即所谓的单模传输，也就是说，在一定频率范围内，波导的工作模式是 TE_{10}。它的截止波长为 $2a$，且与 b 无关，而且在给定的频率范围内，可使波导横截面的尺寸最小，或者说，当尺寸给定时，能得到较宽的频率范围。TE_{10} 模的场结构简单、稳定、易激励、衰减小，在满足关系式

$$a < \lambda < 2a \qquad \lambda > 2b \tag{2.4-33}$$

的情况下，就能够抑制高次模，能在较宽的频率范围内得到单模传输。在实际选取波导横截面的尺寸时，不但要保证单模传输，而且还要求能够承受一定的传输功率，并具有较小的功率损耗。

因此，为了兼顾这些要求，通常可以按下面的关系式来选取波导横截面的尺寸：

$$a = 0.7\lambda \qquad b = (0.4 \sim 0.5)a \tag{2.4-34}$$

若采用多模传输，由于不同模式的相速、群速、导波波长、波型阻抗和场结构都不相同，不同模之间会产生相互干涉，场结构不稳定，负载与波导的匹配十分困难，使驻波比加大，从而使信息在传输过程中发生畸变和失真；而且，在模式的激励和信息的接收等方面都比单模时要复杂，此外，多模传输时，波导管的横向尺寸比单模传输时的横向尺寸要大，因此，一般不采用多模传输。但是，有时为了制作某种特殊用途的微波元（器）件（如多模馈源、喇叭天线，以及微波加热等），则可采用多模工作。

（二）导波波长和相移常数

根据式（2.3-40）和式（2.3-41）可知，TM_{mn} 和 TE_{mn} 模的导波波长的表示式，以及它们的相移常数的表示式是相同的，分别为

$$\lambda_g = \frac{v_p}{f} = \frac{\lambda}{\sqrt{1 - \left(\frac{\lambda}{\lambda_c}\right)^2}} \tag{2.4-35}$$

$$\beta = \frac{2\pi}{\lambda_g} = \frac{2\pi}{\lambda}\sqrt{1 - \left(\frac{\lambda}{\lambda_c}\right)^2} \tag{2.4-36}$$

（三）相速和群速

根据式（2.3－39）和式（2.3－51）可知，TM_{mn}和TE_{mn}这两种模相速的表示式，以及它们的群速的表示式是相同的，分别为

$$v_p=\frac{\omega}{\beta}=\frac{v}{\sqrt{1-\left(\frac{\lambda}{\lambda_c}\right)^2}} \tag{2.4-37}$$

$$v_g=v\sqrt{1-\left(\frac{\lambda}{\lambda_c}\right)^2} \tag{2.4-38}$$

（四）波型阻抗

根据式（2.3－53）和式（2.3－54）可知，TM_{mn}和TE_{mn}模的波型阻抗Z_w分别为

$$Z_{TE}=\frac{\omega\mu}{\beta}=\sqrt{\frac{\mu}{\varepsilon}}\frac{1}{\sqrt{1-\left(\frac{\lambda}{\lambda_c}\right)^2}}=\sqrt{\frac{\mu}{\varepsilon}}\frac{\lambda_g}{\lambda} \tag{2.4-39}$$

$$Z_{TM}=\frac{\beta}{\omega\varepsilon}=\sqrt{\frac{\mu}{\varepsilon}}\sqrt{1-\left(\frac{\lambda}{\lambda_c}\right)^2}=\sqrt{\frac{\mu}{\varepsilon}}\frac{\lambda}{\lambda_g} \tag{2.4-40}$$

对于TE_{10}、TE_{01}、TE_{11}和TM_{11}等模式，其波型阻抗一般在200～800 Ω之间。

（五）传输功率

在2.3节中曾讨论了规则波导中功率的传输问题，并导出了传输功率的一般表示式。因为在实际应用波导来传输电磁波的能量时，通常并不是简单地计算出传输功率的值就可以了，而主要的是考虑波导能够传输（承受）的最大允许功率（极限功率），并称之为功率容量，所以，下面我们结合矩形波导的情况来讨论功率容量问题。功率容量与波导横截面的尺寸、工作波长、模式，以及波导中填充介质的击穿强度等因素有关，其计算方法是，首先求出传输功率与电场强度值的关系式，然后将介质所能承受的最大场强值（介质击穿强度）代入该关系式中，即可求出功率容量。现在以波导中传输的是TE_{10}模为例，来导出功率容量的表示式。根据式（2.3－68）可知，在行波状态下，波导传输的功率为

$$P=\frac{1}{2Z_w}\int_S|\boldsymbol{E}_t|^2\mathrm{d}S=\frac{Z_w}{2}\int_S|\boldsymbol{H}_t|^2\mathrm{d}S$$

我们利用电场的横向分量$|\boldsymbol{E}_t|$来计算传输功率P。这样，对于TE_{10}模，上式应为

$$P=\frac{1}{2Z_{TE_{10}}}\int_0^a\int_0^b|E_y|^2\mathrm{d}x\mathrm{d}y$$

由式（2.4－28）可知

$$|E_y|=\left|-\mathrm{j}\frac{\omega\mu a}{\pi}H_0\sin\left(\frac{\pi}{a}x\right)\mathrm{e}^{-\mathrm{j}\beta z}\right| \tag{2.4-41}$$

因为$x=a/2$处$|E_y|$有最大值，也最易击穿，所以为了避免击穿，应有下列关系式：

$$\left|E_y\right|_{x=a/2}=\frac{\omega\mu a}{\pi}H_0\leqslant E_{\rm br}$$

式中的 $E_{\rm br}$ 是波导中填充介质的击穿强度。将此关系式代入式（2.4－41）中，在极限情况下，令

$$\frac{\omega\mu a}{\pi}H_0=E_{\rm br}$$

则

$$\left|E_y\right|=\left|E_{\rm br}\sin\left(\frac{\pi}{a}x\right)\right|$$

将此式代入式（2.4－41）中，即得到最大允许功率（极限功率）$P_{\rm br}$ 为

$$P_{\rm br}=\frac{b}{2Z_{\rm TE_{10}}}\int_0^a\left|E_{\rm br}\sin\left(\frac{\pi}{a}x\right)\right|^2{\rm d}x=\frac{ab}{4Z_{\rm TE_{10}}}E_{\rm br}^2 \tag{2.4-42}$$

若波导中填充的介质为空气，则波型阻抗为

$$Z_{\rm TE_{10}}=\frac{120\pi}{\sqrt{1-\left(\dfrac{\lambda}{2a}\right)^2}} \tag{2.4-43}$$

此时的最大允许功率 $P_{\rm br}$ 为

$$P_{\rm br}=\frac{abE_{\rm br}^2}{480\pi}\sqrt{1-\left(\frac{\lambda}{2a}\right)^2} \tag{2.4-44}$$

空气的击穿强度 $E_{\rm br}=30\ {\rm kV/cm}$。

从上面的公式可以看出，对于 $\rm TE_{10}$ 模，波导横截面尺寸越大，频率越高，极限功率也越大；但是，当 f 趋于 $f_{\rm c}$（或 λ 趋于 $\lambda_{\rm c}$）时，极限功率趋于零。

以上所讨论的是行波状态时的情况，即波导中没有反射波存在的情况，若波导中有反射波存在，呈行驻波状态时，极限功率则由 $P_{\rm br}$ 下降为 $P'_{\rm br}$，两者的关系为

$$P'_{\rm br}=\frac{P_{\rm br}}{S} \tag{2.4-45}$$

式中的 S 为驻波比。实际上，除了上面讲过的影响极限功率的几种因素之外，还有其他一些因素，如介质比较潮湿、波导壁内表面不清洁和波导内存在的任何不均匀性等因素，都会进一步降低极限功率。因此，在用波导传输较大的功率时，应留有一定的余地。

以上所讨论的是波导传输 $\rm TE_{10}$ 模时的情况，至于传输其他模时极限功率的计算方法，与此相类似，故不再讨论。

（六）损耗和衰减

在实际中使用的波导，无论采用的是何种良导体和填充的是何种介质，总是存在着由波导壁内表面和填充介质所引起的热损耗，这必然会造成电磁波能量（或模值）的衰减。现在以波导中传输的是 $\rm TE_{10}$ 模为例，来导出导体衰减常数 $\alpha_{\rm c}$ 和介质衰减常数 $\alpha_{\rm d}$ 的表示式。

1. α_c 的计算

根据式（2.3－80）知

$$\alpha_c = \frac{R_S}{2Z_{TE_{10}}} \frac{\oint_l |\boldsymbol{H}_\tau|^2 \mathrm{d}l}{\int_S |\boldsymbol{H}_t|^2 \mathrm{d}S} \ \ \mathrm{Np/m} \tag{2.4-46}$$

TE_{10} 模的磁场只有 H_x 和 H_z，对波导壁内表面而言，它们是磁场的切向分量，它们的模值分别为

$$|H_x| = \left|\frac{\mathrm{j}\beta a}{\pi} H_0 \sin\left(\frac{\pi}{a}x\right) \mathrm{e}^{-\mathrm{j}\beta z}\right|$$

$$|H_z| = \left|H_0 \cos\left(\frac{\pi}{a}x\right) \mathrm{e}^{-\mathrm{j}\beta z}\right|$$

则

$$\begin{aligned}\oint_l |\boldsymbol{H}_\tau|^2 \mathrm{d}l &= 2\int_0^a \left(|H_x|^2 + |H_z|^2\right)_{y=0} \mathrm{d}x + 2\int_0^b \left(|H_z|^2\right)_{x=0} \mathrm{d}y \\ &= aH_0^2 \left[\left(\frac{\beta a}{\pi}\right)^2 + 1\right] + 2bH_0^2 \\ &= abH_0^2 \left(\frac{\beta a}{\pi}\right)^2 \left[\frac{1 + \left(\frac{\pi}{\beta a}\right)^2 + \frac{2b}{a}\left(\frac{\pi}{\beta a}\right)^2}{b}\right]\end{aligned}$$

式中

$$\left(\frac{\pi}{\beta a}\right)^2 = \frac{1}{\beta^2}\left(\frac{\pi}{a}\right)^2 = \frac{\left(\frac{\pi}{a}\right)^2}{\left(\frac{2\pi}{\lambda}\right)^2 - \left(\frac{\pi}{a}\right)^2} = \frac{\left(\frac{\lambda}{2\alpha}\right)^2}{1 - \left(\frac{\lambda}{2a}\right)^2}$$

$$\left(\frac{\pi}{\beta a}\right)^2 + 1 = \frac{1}{1 - \left(\frac{\lambda}{2a}\right)^2}$$

因此

$$\oint_l |\boldsymbol{H}_\tau|^2 \mathrm{d}l = abH_0^2 \left(\frac{\beta a}{\pi}\right)^2 \left\{\frac{1 + \frac{2b}{a}\left(\frac{\lambda}{2a}\right)^2}{b\left[1 - \left(\frac{\lambda}{2a}\right)^2\right]}\right\}$$

对于矩形波导的横截面而言，TE_{10} 模的横向磁场就是 H_x，因此

$$\int_S |\boldsymbol{H}_t|^2 \mathrm{d}S = \int_S |H_x|^2 \mathrm{d}x\mathrm{d}y = \frac{ab}{2}\left(\frac{\beta a}{\pi}\right)^2 H_0^2$$

根据式（2.3－80）即得到 α_c 的表示式为

$$\alpha_c = \frac{R_S}{Z_{TE_{10}}} \frac{\left[1+\frac{2b}{a}\left(\frac{\lambda}{2a}\right)^2\right]}{b\left[1-\left(\frac{\lambda}{2a}\right)^2\right]} = \frac{R_S\left[1+\frac{2b}{a}\left(\frac{\lambda}{2a}\right)^2\right]}{b\sqrt{\frac{\mu}{\varepsilon}}\sqrt{1-\left(\frac{\lambda}{2a}\right)^2}} \text{ NP/m} \qquad (2.4-47)$$

由此式可知，当波导壁内表面的材料（其表面电阻率为 R_S）、波导中填充的介质，以及尺寸 a 给定时，则α_c取决于尺寸 b 和工作波长 λ，而且 b/a 越大，α_c越小；若令 $\mathrm{d}\alpha_c/\mathrm{d}\lambda=0$，即可求出$\alpha_c$为最小值时所对应的 λ。如果填充的介质是空气，则α_c的表示式为

$$\alpha_c = \frac{R_S}{120\pi b} \frac{1+\frac{2b}{a}\left(\frac{\lambda_0}{2a}\right)^2}{\sqrt{1-\left(\frac{\lambda_0}{2a}\right)^2}} \text{Np / m} \qquad (2.4-48)$$

式中的 λ_0 为电磁波在自由空间（近似地讲，在空气中）的波长。

2. α_d 的计算

根据式（2.3－87），α_d 的表示式为

$$\alpha_d = \frac{\pi\tan\delta}{\lambda\sqrt{1-\left(\frac{\lambda}{\lambda_c}\right)^2}} \text{Np / m} \qquad (2.4-49)$$

或

$$\alpha_d = 8.686\frac{\pi\tan\delta}{\lambda\sqrt{1-\left(\frac{\lambda}{\lambda_c}\right)^2}} \text{dB / m}$$

以上所讲的是波导中传输 TE_{10} 模时导体衰减常数α_c的计算。关于其他模α_c的表示式，经过与上述的类似推导步骤，即可求得。现在略去推导步骤，只把其结果写出，供参考。

对于 TE_{m0} 模，α_c 为

$$\alpha_c = \frac{R_S}{\eta b\sqrt{1-\left(\frac{\lambda}{\lambda_c}\right)^2}}\left[1+\frac{2b}{a}\left(\frac{\lambda}{\lambda_c}\right)^2\right] \text{Np / m} \qquad (2.4-50)$$

对于 TE_{mn} 模（$m, n\neq 0$），α_c 为

$$\alpha_c = \frac{2R_S}{\eta b\sqrt{1-\left(\frac{\lambda}{\lambda_c}\right)^2}}\left\{\left(1+\frac{b}{a}\right)\left(\frac{\lambda}{\lambda_c}\right)^2 + \left[1-\left(\frac{\lambda}{\lambda_c}\right)^2\right]\left[\frac{\frac{b}{a}\left(\frac{b}{a}m^2+n^2\right)}{\left(\frac{b}{a}\right)^2 m^2+n^2}\right]\right\}\text{Np / m}$$

$$(2.4-51)$$

对于 TM_{mn} 模，α_c 为

$$\alpha_{\rm c} = \frac{2R_{\rm S}}{\eta ab\sqrt{1-\left(\dfrac{\lambda}{\lambda_{\rm c}}\right)^2}}\left(\frac{m^2b^3+n^2a^3}{m^2b^2+n^2a^2}\right)\text{Np/m} \qquad (2.4-52)$$

以上各式中的$\eta=\sqrt{\dfrac{\mu}{\varepsilon}}\ \Omega$，$\mu$ 和 ε 是波导中填充介质的磁导率和介电常数；对于空气介质 $\eta=\sqrt{\dfrac{\mu_0}{\varepsilon_0}}=376.7\ \Omega\approx 377\ \Omega\approx 120\pi\Omega$。

作为传输系统而用的矩形波导，常用的模是 TE_{10}，为了保证单模传输，以及较小的损耗和较大的功率容量，波导横截面的尺寸和工作波长的选择，可以按照式（2.4－33）、式（2.4－34）进行计算。在满足这些要求的情况下，波导的尺寸应尽可能地小一些。目前一般矩形波导管横截面的尺寸已经标准化（参见本书附录空心金属波导管参数，各国标准化的尺寸略有不同），可根据要求选用。对于有特殊要求的矩形波导，则可根据情况自行设计。

四、矩形波导管的管壁电流

当电磁波在波导中传播时，会在波导壁的内表面上感应出高频电流，称为管壁电流。因为实际波导壁的内表面并非理想导体，而是良导体，因此高频电流会透入其内部；但是，由于透入深度很小（一般约在微米数量级），因此可近似地认为电流只分布在波导壁的内表面上，称为表面电流。这种表面电流的分布情况取决于波导内所传播的电磁波的模式；而且，表面电流与由变化的电场所产生的位移电流一起，保证了电流的连续性。

了解管壁电流的分布情况，对于研究波导的损耗，或为了测量、激励与耦合的目的需要在波导上开出槽、孔，或为了使槽、孔辐射能量而成为天线，以及其他目的，都是十分必要的。在讨论管壁电流时，我们假定管壁的内表面是理想导体，并用 $\boldsymbol{J}_{\rm S}$ 表示内表面上的表面电流密度矢量，$\boldsymbol{H}_\tau$ 为内表面处切线方向的磁场强度，两者的关系为

$$\boldsymbol{J}_{\rm S}=\boldsymbol{n}\times\boldsymbol{H}_\tau \qquad (2.4-53)$$

式中的 $\boldsymbol{n}$ 是管壁内表面法线方向的单位矢量。这表明 $\boldsymbol{J}_{\rm S}$ 的大小等于 $\boldsymbol{H}_\tau$ 的大小，而其方向可根据由 $\boldsymbol{J}_{\rm S}$、$\boldsymbol{n}$ 和 $\boldsymbol{H}_\tau$ 所构成的右手螺旋法则来确定。可见，只要知道了场量的表示式，求出内表面上切线方向的磁场强度，则管壁电流的分布情况即可求出。

图 2.4－5 是 TE_{10} 模在波导壁内表面上某一瞬时电流分布的立体示意图。从图中可以看到，在两个侧壁（窄壁）内表面上电流的方向是从下向上，到达窄壁与宽壁的交界处后，电流向宽壁中心处汇聚，从图中可知，波导宽壁内表面的纵向电流也是如此（向中心处汇聚），尔后，通过从上宽壁内表面向下宽壁内表面方向的位移电流保证了电流的连续性；再后，电流从下宽壁内表面向两侧流动，到达两侧壁后开始从下向上流动，与此同时，还有从下宽壁的汇聚中心沿波导纵向流动的电流，这就是开始所说的情况，这样，电流就构成了一个完整的循环。以上所说是指在沿波导轴方向看时 $\lambda_{\rm g}/2$ 距离内的情况，从图中可以看到，与此同一瞬时的另一个 $\lambda_{\rm g}/2$ 距离内电流的方向与上述的情况刚好相反。

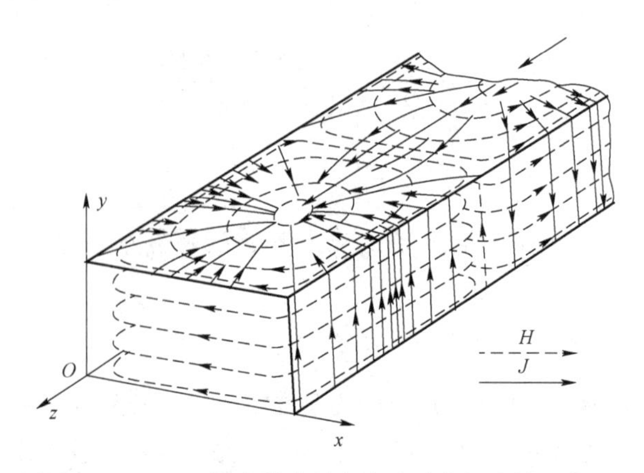

图 2.4－5　TE_{10}模在管内壁上电流分布的立体示意图

五、等效阻抗

这里要讨论的所谓等效阻抗，是专指矩形波导在传输 TE_{10} 模时而言的。根据式（2.3－53）可知，矩形波导在传输 TE_{10} 模时的波型阻抗为

$$Z_{TE_{10}}=\sqrt{\frac{\mu}{\varepsilon}}\frac{1}{\sqrt{1-(\lambda/2a)^2}} \qquad (2.4-54)$$

这是一个很重要的参数。在同一个波导里，应用它在研究波的反射、驻波、匹配，以及波导元件的相对阻抗（或导纳）等问题时，都是适用的；但在研究不同尺寸波导之间的连接问题时，从式（2.4－43）中可以发现，波型阻抗与矩形波导管的窄壁尺寸 b 无关，而只与宽壁尺寸 a 有关，即是说，两个波导管的窄壁尺寸 b 虽然不相同，但只要它们的宽壁尺寸 a 相同，那么，它们的波型阻抗也相同，若仅根据波型阻抗相同（b 不同），而把两个波导管连接在一起，实际上会产生波的反射。可见，在研究不同尺寸波导之间的连接问题时，为了把反射减至最小，则需要利用等效阻抗来解决这一问题。下面讨论矩形波导管传输 TE_{10} 模时的等效阻抗。

我们把波导里（行波状态下）的等效电压与等效电流之比称为等效阻抗。或者这样理解：从传输能量或功率的角度来看，可以把波导管等效为设想的传输 TEM 模的双导线传输线，这个等效双导线中的电压和电流，就称为波导管在传输 TE_{10} 模时的等效电压和等效电流，该等效电压与等效电流之比，称为等效阻抗。可见，等效阻抗是人为的一个等效参数。需要指出的是，矩形波导管是一个单导体的金属空心管，在其横截面上的管壁之间无确切的电压可言，管壁内表面上电流的分布也不均匀，无确切的电流可言，这一点与传输 TEM 模的双导线有本质上的差别。正因为波导中没有像双导线中那样确切的、唯一的电压和电流代替整个波导的“电压”和“电流”，所以就有用不同的方法定义的波导的等效电压和等效电流，从而也就有了与之相对应的用不同的方法定义的波导的等效阻抗。

为了求出等效阻抗，应首先求出波导的等效电压 U、等效电流 I 和传输功率 P，然后再求等效阻抗。对于 TE_{10} 模，通常是在波导的横截面上取两个宽壁内表面中心线之间电场强度的线积分作为等效电压，取宽壁内表面上总的纵向（轴向）电流作为等效电流。等效电压 U 为

$$U=\int_0^b E_y \mathrm{d}y \tag{2.4-55}$$

由式（2.4－28）知

$$E_y=-\mathrm{j}\frac{\omega\mu a}{\pi}H_0\sin\left(\frac{\pi}{a}x\right)\mathrm{e}^{-\mathrm{j}\beta z} \tag{2.4-56}$$

把它代入式（2.4－55）中，得

$$U=-\mathrm{j}\frac{\omega\mu a}{\pi}H_0 b\mathrm{e}^{-\mathrm{j}\beta z} \tag{2.4-57}$$

与宽壁内表面上纵向的电流面密度矢量 $\boldsymbol{J}_z$ 相对应的是磁场的横向分量 H_x，假设取下面宽壁内表面上总的纵向电流为等效电流 I，则

$$I=\int_0^a J_z\big|_{y=0}\mathrm{d}x=\int_0^a -H_x\big|_{y=0}\,\mathrm{d}x \tag{2.4-58}$$

由式（2.4－28）知

$$H_x=\frac{\mathrm{j}\beta a}{\pi}H_0\sin\left(\frac{\pi}{a}x\right)\mathrm{e}^{-\mathrm{j}\beta z}$$

把它代入式（2.4－58）中，得

$$I=-\mathrm{j}\frac{2\beta a^2}{\pi^2}H_0\mathrm{e}^{-\mathrm{j}\beta z} \tag{2.4-59}$$

根据式（2.4－41）知，对于 TE_{10} 模，波导中传输的功率为

$$P=\frac{1}{2Z_{\mathrm{TE}_{10}}}\int_0^a\int_0^b\left|E_y\right|^2\mathrm{d}x\mathrm{d}y$$

把 E_y 的表示式代入上式中，得

$$P=\frac{a^3 b\omega^2\mu^2 H_0^2}{4\pi^2 Z_{\mathrm{TE}_{10}}} \tag{2.4-60}$$

根据已经求得的等效电压 U、等效电流 I 和传输功率 P，可分为三种情况来定义等效阻抗。

（1）用等效电压 U 和等效电流 I 来定义等效阻抗 Z_e，则

$$Z_\mathrm{e}=\frac{U}{I}=\frac{\pi}{2}\frac{b}{a}\sqrt{\frac{\mu}{\varepsilon}}\frac{1}{\sqrt{1-(\lambda/2a)^2}} \tag{2.4-61}$$

（2）用等效电压 U 和传输功率 P 来定义等效阻抗 Z_e，则

$$Z_\mathrm{e}=\frac{|U|^2}{2P}=2\frac{b}{a}\sqrt{\frac{\mu}{\varepsilon}}\frac{1}{\sqrt{1-(\lambda/2a)^2}} \tag{2.4-62}$$

（3）用等效电流 I 和传输功率 P 来定义等效阻抗 Z_e，则

$$Z_\mathrm{e}=\frac{2P}{|I|^2}=\frac{\pi^2}{8}\frac{b}{a}\sqrt{\frac{\mu}{\varepsilon}}\frac{1}{\sqrt{1-(\lambda/2a)^2}} \tag{2.4-63}$$

对于等效阻抗的这三种表示方法，可以任选其中的一种，但在同一问题中只能采用一种，否则会带来很大的误差。另外，在实际的应用中，波导之间的匹配与否取决于等效阻抗之间

的比值（相对值），而其绝对值并不重要。因此，为了计算方便，可将上述三种等效阻抗公式中的数字因子去掉（即假定它们都等于“1”）。这样，等效阻抗即可简化为

$$Z_e = \frac{b}{a}\sqrt{\frac{\mu}{\varepsilon}}\frac{1}{\sqrt{1-(\lambda/2a)^2}} \tag{2.4-64}$$

对于等效阻抗，其单位虽然为欧姆，但不应由此导致不正确的结论，例如，当波导终端接有数值上等于等效阻抗的电阻性负载时，并不说明波导已经匹配了。这是在利用等效阻抗这一概念时需要注意的一点。

需要指出的是，在研究不同尺寸波导之间的连接问题时，利用等效阻抗虽然比利用波型阻抗能较好地解决一些问题，但是也只能得到满足一定要求的近似的结果。因为在波导中只要存在着结构上的不连续，就会产生反射波。因此，对于不同的波导，仅是等效阻抗相等，还不能达到完全消除反射波的目的。

六、激励与耦合

在前面讨论波导的传输特性时，都是假定波导中已经建立了某频率和某种模式的稳态简谐电磁场的波动，至于它是怎样建立起来的并未涉及。现在简单地讨论一下这个问题。

在波导中建立起所需要的某频率和某种模式的电磁波的方法，称为波导的激励，为此而采用的装置称为激励装置或激励元件。通过这种装置从激励源（器）向波导馈入能量，以建立起某频率和某种模式的电磁波；与此相反，从波导中取出某频率和某种模式电磁波的能量的方法，称为耦合。根据互易原理可知，只要在激励装置中不存在非互易的介质（或元件），则激励与耦合是可逆的，即是说，激励装置也可以作为耦合装置。因此，关于激励装置的讨论，对于耦合装置也是适用的，鉴于此，在这里只讨论激励装置。

对激励装置的基本要求是：能激励起所需要的某频率和某种模式的场，并能有效地抑制不需要模式的场；能较好地与波导相匹配，使激励源（器）的能量无反射或反射很小地馈入波导中；有时还要求馈入波导的能量可以调节。波导的激励，实际上就是通过激励装置向波导中的某区域内辐射电磁能量。由于在激励装置附近边界条件复杂，需要有多种模式的场相叠加才能满足边界条件，因此，用严格的数学方法进行定量的分析是比较困难的，一般不采用此种方法。通常所采用的方法是，以所需模式的场结构为基础，进行定性的分析，并经过反复的实验来确定激励装置。一般地讲，只要激励装置与波导之间不是隔绝的，而是有一个互相连通的区域，那么，它们之间就可以产生激励（或耦合）。通常所采用的激励装置有下面几种。

（一）探针（棒）激励

这种装置如图 2.4－6（a）所示。将同轴线内导体延长一小段而伸入波导中，以形成辐射电磁波的小天线（探针），其轴线应与所需模式的电场力线相平行，并将小天线置于该模式电场的最强处。这种激励主要是电场激励。例如，对于 TE_{10} 模，如图 2.4－6（b）所示，可将小天线（探针）置于波导宽壁的中心线处。

（二）环激励

这种装置如图 2.4－7（a）所示。将同轴线内导体延长并弯曲成环状，而后将其顶端焊接于外导体上，以构成一个磁激励环。这种装置主要是磁场激励，将环置于所需模式磁场的最

强处，并使由小环所围成的面积的法线方向与磁力线相平行。例如对于 TE_{10} 模，如图 2.4－7（b）所示，既可以将小环置于波导的端面上，也可以置于波导的侧壁上。

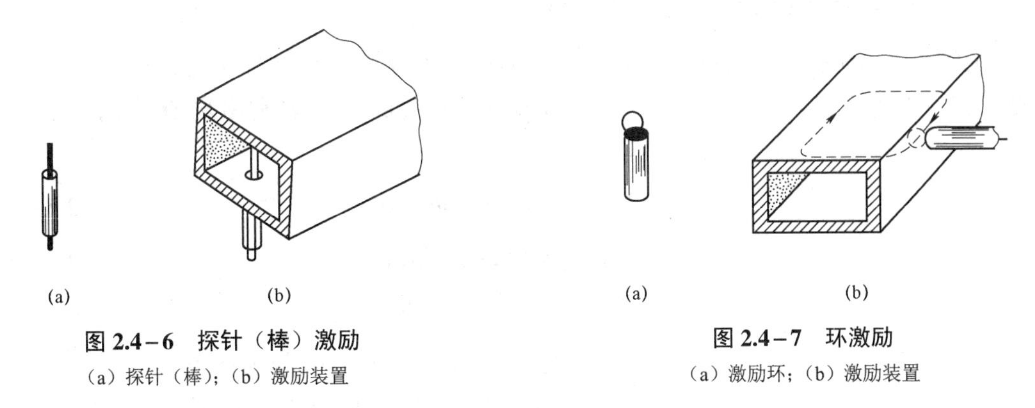

图 2.4－6　探针（棒）激励

（a）探针（棒）；（b）激励装置

图 2.4－7　环激励

（a）激励环；（b）激励装置

（三）孔（缝）激励

如图 2.4－8 所示，这也是激励 TE_{10} 模的一种方法。激励孔（缝）可以开在两个波导的公共窄壁或宽壁上，前者是磁场激励，后者既有磁场激励，又有电场激励。

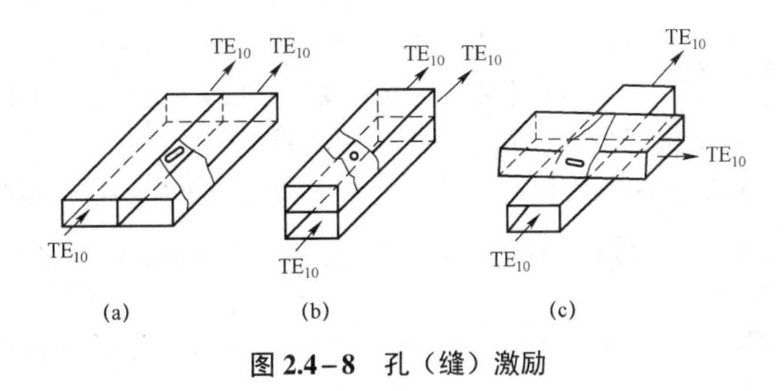

图 2.4－8　孔（缝）激励

除上述的几种激励方法外，也可以将两个波导直接连在一起，或者使电子流通过被激励的波导，以产生所需要的模式。

§ 2.5　圆形波导管中电磁波的传输特性

圆形波导管虽然不及矩形波导管用得广泛，但也是常用波导管之一，它可以用于天线馈线、多路通信和卫星电视中，可以构成微波谐振腔、旋转式移相器和衰减器、旋转关节、天线辐射器，还可以构成微波管的输出腔，以及其他方面的应用。圆形波导管的缺点是，结构或尺寸的微小变化，就会产生模式的转换，从而使信号失真、衰减增大。圆形波导可用于分米波、厘米波、毫米波波段。本节所讲的圆形波导管，是指横截面为圆形的空心金属波导管（普通圆形波导管）。有特殊结构、横截面也呈圆形的波导管（如介质薄膜波导、螺旋波导管），不属于本节讨论的内容。

我们采取和分析矩形波导传输特性时一样的方法，来分析圆形波导的传输特性，即根据电场或磁场是否有纵向（z 方向）分量来划分模式，则在圆形波导中也有 TE（H）和 TM（E）两类模式。因此，为了求出场结构，应首先求出场的纵向分量 E_z 和 H_z，然后利用横、纵分量之间的关系式求出场的所有横向分量。

一、波动方程在圆柱坐标系中的解

如图 2.5－1 所示，采用圆柱坐标系（r, φ, z）来分析圆形波导管是比较方便的。根据式（2.2－24）和式（2.2－25）可知，圆形波导管中的电场 $\boldsymbol{E}$ 和磁场 $\boldsymbol{H}$ 应满足下面的方程：

$$\nabla_t^2 \boldsymbol{E}(r,\varphi) + K_c^2 \boldsymbol{E}(r,\varphi) = 0 \tag{2.5-1}$$

$$\nabla_t^2 \boldsymbol{H}(r,\varphi) + K_c^2 \boldsymbol{H}(r,\varphi) = 0 \tag{2.5-2}$$

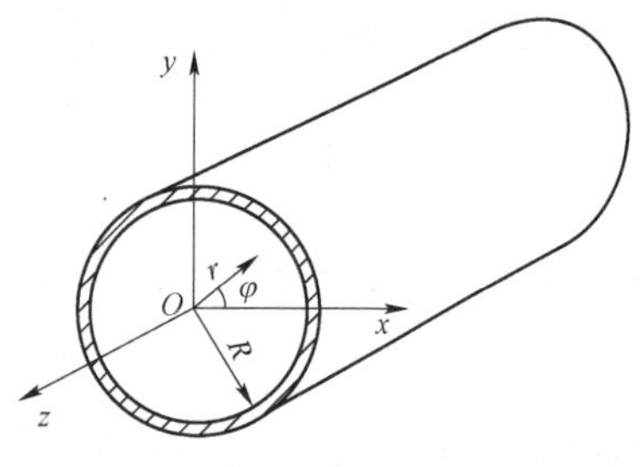

图 2.5－1 圆形波导管与圆柱坐标系

式中

$$\boldsymbol{E}(r,\varphi) = \boldsymbol{r}E_r(r,\varphi) + \boldsymbol{\varphi}E_\varphi(r,\varphi) + \boldsymbol{z}E_z(r,\varphi)$$
$$\boldsymbol{H}(r,\varphi) = \boldsymbol{r}H_r(r,\varphi) + \boldsymbol{\varphi}H_\varphi(r,\varphi) + \boldsymbol{z}H_z(r,\varphi)$$

$\boldsymbol{r}$、$\boldsymbol{\varphi}$ 和 $\boldsymbol{z}$ 分别为圆柱坐标系中沿半径（r）、圆周（φ）和 z 轴正方向的单位矢量。

为了对方程求解，首先利用麦克斯韦方程中的两个旋度公式求出纵、横场量之间的关系式，再根据不同模式的特点求出电场的纵向分量 E_z 或磁场的纵向分量 H_z，则全部场分量的表示式就可以求出来了。在以下表示式中均省写了变量（r，φ）。

将式 $\nabla \times \boldsymbol{E} = -\mathrm{j}\omega\mu\boldsymbol{H}$ 按照求旋度的方法展开。在展开的过程中，可以将每个场分量表示式中含有的沿 z 轴的传播因子 $\mathrm{e}^{-\mathrm{j}\beta z}$ 消掉，并注意到对变量 z 求偏导 $\left(\dfrac{\partial}{\partial z}\right)$ 时，其结果相当于被求导的函数乘以 $(-\mathrm{j}\beta)$。

$$\nabla \times \boldsymbol{E} = \begin{vmatrix} \dfrac{1}{r}\boldsymbol{r} & \boldsymbol{\varphi} & \dfrac{1}{r}\boldsymbol{z} \\ \dfrac{\partial}{\partial r} & \dfrac{\partial}{\partial \varphi} & \dfrac{\partial}{\partial z} \\ E_r & rE_\varphi & E_z \end{vmatrix} = \boldsymbol{r}\left(\frac{1}{r}\frac{\partial E_z}{\partial \varphi} - \frac{\partial E_\varphi}{\partial z}\right) + \boldsymbol{\varphi}\left(\frac{\partial E_r}{\partial z} - \frac{\partial E_z}{\partial r}\right) + \boldsymbol{z}\left(\frac{1}{r}\frac{\partial}{\partial r}(rE_\varphi) - \frac{1}{r}\frac{\partial E_r}{\partial \varphi}\right) \tag{2.5-3}$$

$$= -\mathrm{j}\omega\mu\boldsymbol{H} = -\mathrm{j}\omega\mu\left(\boldsymbol{r}H_r + \boldsymbol{\varphi}H_\varphi + \boldsymbol{z}H_z\right)$$

由此可得

$$H_r = \frac{1}{\omega\mu}\left(\frac{\mathrm{j}}{r}\frac{\partial E_z}{\partial \varphi} - \beta E_\varphi\right) \tag{2.5-4}$$

$$H_\varphi = \frac{1}{\omega\mu}\left(\beta E_r - \mathrm{j}\frac{\partial E_z}{\partial r}\right) \tag{2.5-5}$$

$$H_z = \frac{\mathrm{j}}{\omega\mu r}\left[\frac{\partial}{\partial r}(rE_\varphi) - \frac{\partial E_r}{\partial \varphi}\right] \tag{2.5-6}$$

按照同样的方法将 $\nabla \times \boldsymbol{H} = \mathrm{j}\omega\varepsilon\boldsymbol{E}$ 展开，可得

$$E_r = \frac{-\mathrm{j}}{\omega\varepsilon}\left(\frac{1}{r}\frac{\partial H_z}{\partial \varphi} + \mathrm{j}\beta H_\varphi\right) \tag{2.5-7}$$

$$E_\varphi = \frac{1}{\omega\varepsilon}\left(-\beta H_r + \mathrm{j}\frac{\partial H_z}{\partial r}\right) \tag{2.5-8}$$

$$E_z = \frac{-\mathrm{j}}{\omega\varepsilon}\left(\frac{1}{r}\frac{\partial}{\partial r}\left(rH_\varphi\right) - \frac{1}{r}\frac{\partial H_r}{\partial \varphi}\right) \tag{2.5-9}$$

为了使横向分量只用 E_z 和 H_z 来表示，需要将以上各式等号右边中的横向分量消除掉。例如，将式（2.5－5）的 H_φ 代入式（2.5－7）的 E_r 中进行运算，即可求得只含有 E_z 和 H_z 的 E_r 的表示式。在运算过程中会出现 $\omega^2\mu\varepsilon$ 和 β^2 这两个量，令 $K^2 = \omega^2\mu\varepsilon$ 和 $K_\mathrm{c}^2 = K^2 - \beta^2$，于是 E_r 可写为

$$E_r = \frac{-\mathrm{j}}{K_\mathrm{c}^2}\left(\beta\frac{\partial E_z}{\partial r} + \frac{\omega\mu}{r}\frac{\partial H_z}{\partial \varphi}\right) \tag{2.5-10}$$

同样，经过类似的运算过程，就可得到其余的场的横向分量的表示式

$$E_\varphi = \frac{-\mathrm{j}}{K_\mathrm{c}^2}\left(\frac{\beta}{r}\frac{\partial E_z}{\partial \varphi} - \omega\mu\frac{\partial H_z}{\partial r}\right) \tag{2.5-11}$$

$$H_r = \frac{\mathrm{j}}{K_\mathrm{c}^2}\left(\frac{\omega\varepsilon}{r}\frac{\partial E_z}{\partial \varphi} - \beta\frac{\partial H_z}{\partial r}\right) \tag{2.5-12}$$

$$H_\varphi = \frac{-\mathrm{j}}{K_\mathrm{c}^2}\left(\omega\varepsilon\frac{\partial E_z}{\partial r} + \frac{\beta}{r}\frac{\partial H_z}{\partial \varphi}\right) \tag{2.5-13}$$

下面讨论如何求电场的纵向分量 E_z 和磁场的纵向分量 H_z。对于圆柱坐标系，其横向算子，$\nabla_t^2 = \frac{\partial^2}{\partial r^2} + \frac{1}{r}\frac{\partial}{\partial r} + \frac{1}{r^2}\frac{\partial^2}{\partial \varphi^2}$，将其代入式（2.5－1）和式（2.5－2）中，并展开，即可求出只含有 E_z 和只含有 H_z 的两个方程，对方程求解，即可求出 E_z 和 H_z。需要指出的是，因为圆柱坐标系中单位矢量 $\boldsymbol{r}$ 和 $\boldsymbol{\varphi}$ 的方向随空间位置（r，φ）而变，不是常矢量，所以含有 r 和 φ 的场分量的表示式比较复杂，但单位矢量 $\boldsymbol{z}$ 的方向是不变化的，是常矢量。这样，代入算子将方程展开后，场量在三个坐标方向上的分量之和应为零，则每一个分量都应为零，显然，在 z 坐标方向的分量也为零，因此可得到下列方程：

$$\frac{\partial^2 E_z}{\partial r^2} + \frac{1}{r}\frac{\partial E_z}{\partial r} + \frac{1}{r^2}\frac{\partial^2 E_z}{\partial \varphi^2} + K_\mathrm{c}^2 E_z = 0 \tag{2.5-14}$$

$$\frac{\partial^2 H_z}{\partial r^2} + \frac{1}{r}\frac{\partial H_z}{\partial r} + \frac{1}{r^2}\frac{\partial^2 H_z}{\partial \varphi^2} + K_\mathrm{c}^2 H_z = 0 \tag{2.5-15}$$

这是两个同一种类型的方程，其差别只是两者的边界条件不同，根据给定的规则波导的边界条件即可求出 E_z 和 H_z，再根据场量纵、横分量之间的关系式即可求出电磁波全部场量的表示式，场的分布规律也就完全确定了。利用分离变量法求 E_z 和 H_z，设

$$E_z = R(r)\phi(\varphi) \tag{2.5-16}$$

$$H_z = R(r)\phi(\varphi) \tag{2.5-17}$$

式中，$R(r)$仅是 r 的函数，注意，此处的 R 是函数记号，不是圆形波导的半径。$\phi(\varphi)$ 仅是 φ 的函数，$R(r)$与 $\phi(\varphi)$ 互不相关。将式（2.5－16）或式（2.5－17）代入式（2.5－14）或式（2.5－15）中，即得下面的方程［把 $R(r)$和 $\phi(\varphi)$ 分别简写为 R 和 ϕ］：

$$\phi\frac{\partial^2 R}{\partial r^2}+\frac{1}{r}\phi\frac{\partial R}{\partial r}+\frac{R}{r^2}\frac{\partial^2\phi}{\partial\varphi^2}+K_c^2 R\phi=0$$

等号两边同乘以 $r^2/(R\phi)$，移项，得

$$\frac{r^2}{R}\frac{\partial^2 R}{\partial r^2}+\frac{r}{R}\frac{\partial R}{\partial r}+K_c^2 r^2=-\frac{1}{\phi}\frac{\partial^2\phi}{\partial\varphi^2}$$

等号左边的项仅是 r 的函数，等号右边的项仅是 φ 的函数，若要求等式成立，则等号两边的项应等于同一个常数，设此常数为 m^2，由此可得下面两个常微分方程：

$$r^2\frac{\mathrm{d}^2 R}{\mathrm{d}r^2}+r\frac{\mathrm{d}R}{\mathrm{d}r}+[(K_c r)^2-m^2]R=0 \tag{2.5-18}$$

$$\frac{\mathrm{d}^2\phi}{\mathrm{d}\varphi^2}+m^2\phi=0 \tag{2.5-19}$$

式（2.5－18）也可写为

$$(K_c r)^2\frac{\mathrm{d}^2 R}{\mathrm{d}(K_c r)^2}+K_c r\frac{\mathrm{d}R}{\mathrm{d}(K_c r)}+[(K_c r)^2-m^2]R=0 \tag{2.5-20}$$

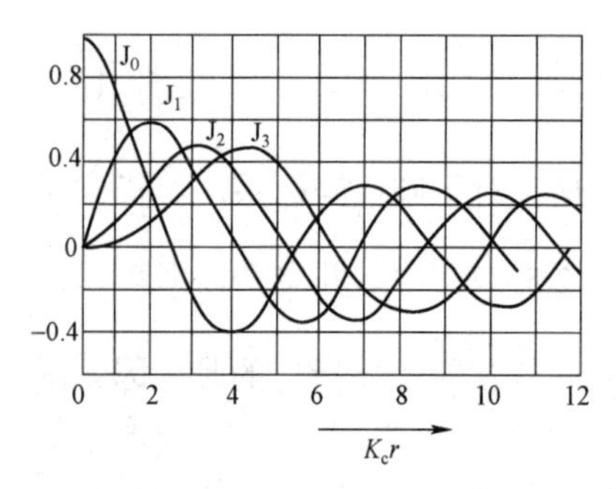

图 2.5－2　第一类贝塞尔函数曲线

这是一个以 K_c 为参变量、r 为自变量的贝塞尔方程，其通解为

$$R(r)=A_1\mathrm{J}_m(K_c r)+A_2\mathrm{N}_m(K_c r) \tag{2.5-21}$$

式中，$\mathrm{J}_m(K_c r)$是第一类 m 阶贝塞尔函数（F. W. Bessel，德国数学家），$\mathrm{N}_m(K_c r)$是第二类 m 阶贝塞尔函数，也称为纽曼函数（C. G. Neumann，德国数学家）。图 2.5－2、图 2.5－3 和图 2.5－4 分别为第一类贝塞尔函数、第一类贝塞尔函数的导函数和第二类贝塞尔函数的曲线（关于贝塞尔函数，请参阅附录 2.1）。

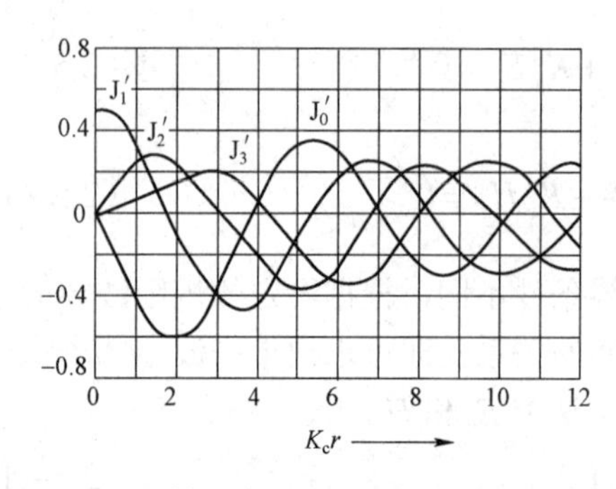

图 2.5－3　第一类贝塞尔函数的导函数曲线

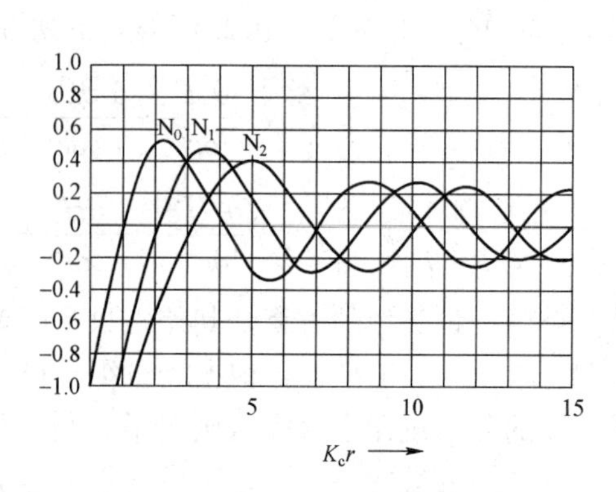

图 2.5－4　第二类贝塞尔函数曲线

由图 2.5－4 可知，当 r 趋于零时，纽曼函数的值趋于无穷大，这意味着圆形波导中心处的场强值为无穷大，但是，这在实际上是不可能的，因此，式（2.5－21）中的积分常数 A_2 应为零。这样，$R(r)$应为

$$R(r) = A_1 \mathrm{J}_m(K_c r) \tag{2.5-22}$$

式（2.5－19）的通解为

$$\phi = C_1 \cos m\varphi + C_2 \sin m\varphi \tag{2.5-23}$$

C_1 和 C_2 为任意常数。该式也可以化为下列形式：

$$\phi = B\cos(m\varphi + \varphi_1) \tag{2.5-24}$$

或

$$\phi = B\sin(m\varphi + \varphi_2) \tag{2.5-25}$$

在这里，B 和 φ_1 或 φ_2 代替了 C_1 和 C_2 作为通解中所含有的两个任意常数，它们是与波导中场的激励情况和边界条件有关的常数；其中，φ_1 或 φ_2 是场量在波导横截面沿圆周方向变化时场结构（场分布）的起始角。由于圆形波导在结构上具有轴对称性，因此，φ_1 或 φ_2 不是固定的，可任意选取，为了简便，现取 φ_1 或 φ_2 均为零。这样，则可把 ϕ 写为

$$\phi = B_{\sin m\varphi}^{\cos m\varphi} \tag{2.5-26}$$

这表明，从场量沿 φ 方向的变化看，$\cos m\varphi$ 和 $\sin m\varphi$ 代表圆形波导中能够独立存在的两种模式，这两种模式具有相同的截止波长和传输特性，只是在波导的横截面上场的极化方向不同，这种情况（当 $m\neq0$ 时）称为模式的极化简并。显然，这两种模式的叠加仍然是可能存在的一种模式，也是波动方程的解。

根据式（2.5－16）和式（2.5－17），并考虑到式（2.2－30），则

$$E_z = E_0 \mathrm{J}_m(K_c r)_{\sin m\varphi}^{\cos m\varphi} \mathrm{e}^{-\mathrm{j}\beta z} \tag{2.5-27}$$

$$H_z = H_0 \mathrm{J}_m(K_c r)_{\sin m\varphi}^{\cos m\varphi} \mathrm{e}^{-\mathrm{j}\beta z} \tag{2.5-28}$$

式中，$E_0 = A_1 B A^+$，H_0 与 E_0 相类似，它们都是与波导中场的激励情况和边界条件有关的常数。由此可知，在圆形波导中，E_z 与 H_z 沿半径方向按贝塞尔函数的规律变化，沿圆周按三角函数的规律变化，当空间位置变化了角度 φ 时，场量的变化角度为 $m\varphi$。当 φ 的起始位置选定后，φ 位置的场与从 φ 开始旋转一周（360°）之后同一位置的场是相同的，这就要求 m 只能取零和正整数。这些规律不仅对于 E_z 和 H_z，而且对于场的其他分量也是适用的。

二、模式及场结构

（一）TM 模

1. 场分量的表示式

利用图 2.5－1 进行讨论，对于 TM 模，$H_z=0$，$E_z\neq0$，E_z 为

$$E_z = E_0 \mathrm{J}_m(K_c r)_{\sin m\varphi}^{\cos m\varphi} \mathrm{e}^{-\mathrm{j}\beta z} \tag{2.5-29}$$

根据式（2.5－10）～（2.5－13）即可得出场的横向分量。经运算，得

$$\begin{cases} E_r = \dfrac{-\mathrm{j}}{K_\mathrm{c}^2}\beta\dfrac{\partial E_z}{\partial r} = -\mathrm{j}\dfrac{\beta}{K_\mathrm{c}}E_0\mathrm{J}_m'(K_\mathrm{c}r)_{\sin m\varphi}^{\cos m\varphi}\mathrm{e}^{-\mathrm{j}\beta z} \\ E_\varphi = \dfrac{-\mathrm{j}}{K_\mathrm{c}^2}\left(\dfrac{\beta}{r}\dfrac{\partial E_z}{\partial\varphi}\right) = \pm\mathrm{j}\dfrac{\beta m}{rK_\mathrm{c}^2}E_0\mathrm{J}_m(K_\mathrm{c}r)_{\cos m\varphi}^{\sin m\varphi}\mathrm{e}^{-\mathrm{j}\beta z} \\ H_r = \dfrac{\mathrm{j}}{K_\mathrm{c}^2}\left(\dfrac{\omega\varepsilon}{r}\dfrac{\partial E_z}{\partial\varphi}\right) = \mp\mathrm{j}\dfrac{\omega\varepsilon m}{rK_\mathrm{c}^2}E_0\mathrm{J}_m(K_\mathrm{c}r)_{\cos m\varphi}^{\sin m\varphi}\mathrm{e}^{-\mathrm{j}\beta z} \\ H_\varphi = \dfrac{-\mathrm{j}}{K_\mathrm{c}^2}\left(\omega\varepsilon\dfrac{\partial E_z}{\partial r}\right) = -\mathrm{j}\dfrac{\omega\varepsilon}{K_\mathrm{c}}E_0\mathrm{J}_m'(K_\mathrm{c}r)_{\sin m\varphi}^{\cos m\varphi}\mathrm{e}^{-\mathrm{j}\beta z} \end{cases} \tag{2.5-30}$$

设 R 为圆形波导管的内半径，根据边界条件可知，当 $r=R$ 时，$E_z=0$，$E_\varphi=0$，因此应有

$$\mathrm{J}_m(K_\mathrm{c}R)=0$$

根据贝塞尔函数的性质可知，能使该式成立的只能是某些特定的$(K_\mathrm{c}R)$的值，也就是贝塞尔函数的根值。设 v_{mn} 为 m 阶贝塞尔函数第 n 个根的值，则应有

$$K_\mathrm{c}R = v_{mn} \quad (m=0,1,2,\cdots;\ n=1,2,3,\cdots)$$

或写为

$$K_\mathrm{c} = \frac{v_{mn}}{R} \tag{2.5-31}$$

由此可得截止波长为

$$\lambda_\mathrm{c} = \frac{2\pi}{K_\mathrm{c}} = \frac{2\pi R}{v_{mn}} \tag{2.5-32}$$

每一对 m、n 值对应着一种模，记为 $\mathrm{TM}_{mn}(\mathrm{E}_{mn})$，可见，有无穷多个模，它们都是在一定边界条件下式（2.5－1）和式（2.5－2）的解，而且这些模的线性组合（叠加）同样是解。TM_{m0} 模是不存在的，最低次的模为 TM_{01}（它的 λ_c 最长），是圆形波导中常用的模之一。

根据上述的表示式和在 2.3 节中所讨论过的规则波导中导行波传输特性的一般公式，即可求出 TM 模传输特性的具体表示式，例如关于截止波长和截止频率、导波波长和相移常数、相速和群速、波型阻抗等的表示式，在此不再赘述。关于传输功率和衰减将在后面讨论。

从 TM 模场量的表示式可知，场量沿圆周和半径方向均呈纯驻波分布状态，而且，沿圆周按三角函数规律分布，沿半径按贝塞尔函数或其导函数的规律分布。m 除了表示贝塞尔函数的阶数之外，同时还表示场量沿圆周分布的整驻波的个数；n 除了表示贝塞尔函数或其导函数的根的序号之外，还表示场量沿半径分布的半个驻波的个数，或者说，场量出现最大值的个数。对于式（2.5－30），场量沿圆周的分布是 $\sin m\varphi$ 还是 $\cos m\varphi$，这取决于外部激励源和起始角位置的选择，当这些条件确定之后，各个分量的表示式也就确定了，即是说，或者取式（2.5－30）中的上面一组解，或者取下面一组解（包括式子中的正负号和与其相对应的三角函数）。在表 2.5－1 中列举了一部分 TM 模的 v_{mn} 的值，以及与此相对应的 $\boldsymbol{\lambda}_\mathrm{c}$ 的值。

表 2.5-1　部分 TM 模的 v_{mn} 及 λ_c 值

模式	v_{mn}	λ_c	模式	v_{mn}	λ_c
TM_{01}	2.405	2.62R	TM_{12}	7.016	0.90R
TM_{11}	3.832	1.64R	TM_{22}	8.417	0.75R
TM_{21}	5.135	1.22R	TM_{03}	8.650	0.72R
TM_{02}	5.520	1.14R	TM_{32}	9.76	0.643R
TM_{31}	6.380	0.984R	TM_{13}	10.173	0.62R
注：R 为圆形波导的内半径。					

2. 场结构

这里只详细地讨论 TM 模中常用的模 TM_{01}（主模）的场结构；另外，还给出了除 TM_{01} 外截止波长较长的 TM_{11} 模的场结构图，对于该模以及其他模的场结构均不讨论。

根据式（2.5-30）可知，TM_{01} 模场量的表示式为

$$\begin{cases} E_r = \mathrm{j}\dfrac{\beta R}{2.405}E_0 \mathrm{J}_1\left(\dfrac{2.405}{R}r\right)\mathrm{e}^{-\mathrm{j}\beta z} \\ E_z = E_0 \mathrm{J}_0\left(\dfrac{2.405}{R}r\right)\mathrm{e}^{-\mathrm{j}\beta z} \\ H_\varphi = \mathrm{j}\dfrac{\omega\varepsilon R}{2.405}E_0 J_1\left(\dfrac{2.405}{R}r\right)\mathrm{e}^{-\mathrm{j}\beta z} \\ E_\varphi = H_r = H_z = 0 \end{cases} \tag{2.5-33}$$

$m=0$ 说明场量沿圆周无变化，$n=1$ 说明场量沿半径只有一个最大值，而且，E_z 在圆心（$r=0$）处有最大值，在 $r=R$ 处为零；E_r 和 H_φ 在圆心处为零，在 $r=0.766R$ 处有最大值。图 2.5-5 是 TM_{01} 模场结构的立体图：磁力线在波导横截面内为闭合曲线；电力线有横向和纵向分量，呈空间分布状态。由于 TM_{01} 模的场结构具有轴对称性，而且易与矩形波导中的 TE_{10} 模的场发生耦合，因此，在具有旋转连接的馈线中常用到这种模，图 2.5-6 是这种连接方式的示意图。另外，因为 TM_{01} 模具有较强的电场纵向分量，所以在电子直线加速器所使用的波导管中也常用到这种模，在谐振腔中也可以采用这种模。图 2.5-7 是 TM_{01} 和 TM_{11} 模的场结构图。

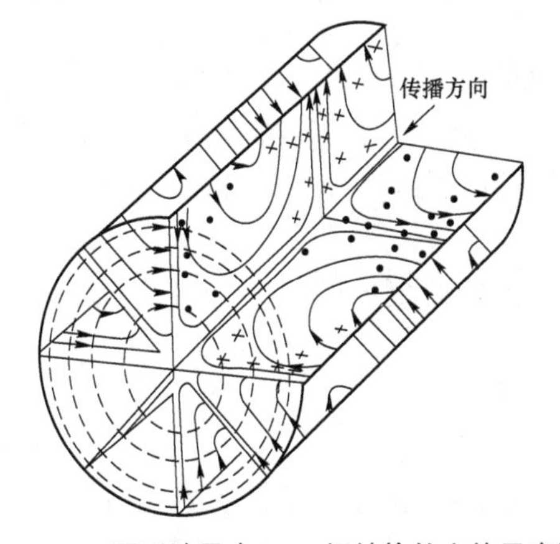

图 2.5-5　圆形波导中 TM_{01} 场结构的立体示意图

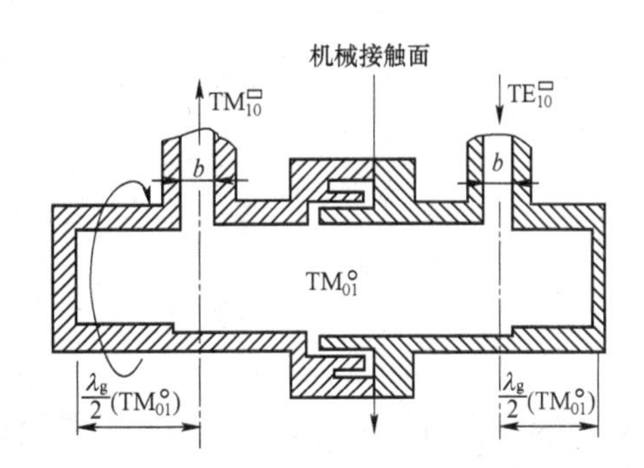

图 2.5-6　旋转连接机构简图（$TE_{10}^{□}$ 中的 □ 表示矩形波导）

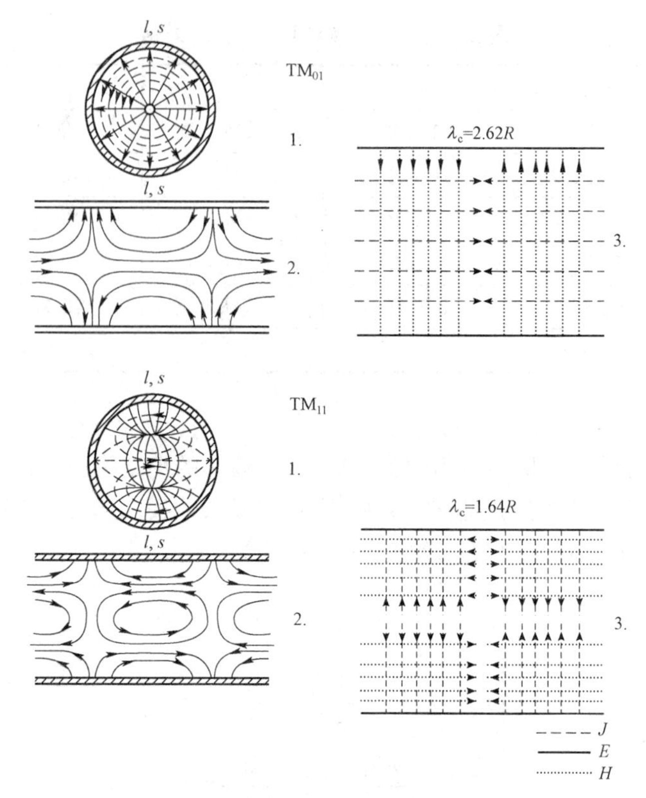

图 2.5－7　圆形波导中 TM_{01} 和 TM_{11} 的场结构

1—横截面图；2—通过 $l-l$ 面的纵视图；3—从 $s-s$ 看的表面视图

（二）TE 模

1. 场分量的表示式

利用图 2.5－1 来进行讨论，对于 TE 模，$E_z=0$，$H_z\neq 0$，H_z 为

$$H_z = H_0 \mathrm{J}_m(K_c r)_{\sin m\varphi}^{\cos m\varphi} \mathrm{e}^{-\mathrm{j}\beta z} \tag{2.5－34}$$

根据式（2.5－10）～式（2.5－13），即可得到场的横向分量

$$\begin{cases} E_r = \dfrac{-\mathrm{j}}{K_c^2}\left(\dfrac{\omega\mu}{r}\dfrac{\partial H_z}{\partial\varphi}\right) = \pm\mathrm{j}\dfrac{\omega\mu m}{K_c^2 r} H_0 \mathrm{J}_m(K_c r)_{\cos m\varphi}^{\sin m\varphi} \mathrm{e}^{-\mathrm{j}\beta z} \\ E_\varphi = \dfrac{\mathrm{j}}{K_c^2}\left(\omega\mu\dfrac{\partial H_z}{\partial r}\right) = \mathrm{j}\dfrac{\omega\mu}{K_c} H_0 \mathrm{J}'_m(K_c r)_{\sin m\varphi}^{\cos m\varphi} \mathrm{e}^{-\mathrm{j}\beta z} \\ H_r = \dfrac{-\mathrm{j}}{K_c^2}\left(\beta\dfrac{\partial H_z}{\partial r}\right) = -\mathrm{j}\dfrac{\beta}{K_c} H_0 \mathrm{J}'_m(K_c r)_{\sin m\varphi}^{\cos m\varphi} \mathrm{e}^{-\mathrm{j}\beta z} \\ H_\varphi = \dfrac{-\mathrm{j}}{K_c^2}\left(\dfrac{\beta}{r}\dfrac{\partial H_z}{\partial\varphi}\right) = \pm\mathrm{j}\dfrac{\beta m}{K_c^2 r} H_0 \mathrm{J}_m(K_c r)_{\cos m\varphi}^{\sin m\varphi} \mathrm{e}^{-\mathrm{j}\beta z} \end{cases} \tag{2.5－35}$$

根据边界条件可知，当 $r=R$ 时，$E_\varphi=0$，$H_r=0$，则应有

$$\mathrm{J}'_m(K_c R) = 0$$

根据贝塞尔函数的导函数的性质可知，能使该式成立的只能是某些特定的 K_cR 的值，也就是贝塞尔函数导函数的根值，设 μ_{mn} 为 m 阶贝塞尔函数导函数的第 n 个根值，则应有

$$K_cR=\mu_{mn}(m=0, 1, 2, \cdots;\ n=1, 2, 3, \cdots)$$

或写为

$$K_c=\frac{\mu_{mn}}{R} \tag{2.5-36}$$

由此可得截止波长为

$$\lambda_c=\frac{2\pi}{K_c}=\frac{2\pi R}{\mu_{mn}} \tag{2.5-37}$$

每一对 m、n 值对应着一种模，记为 TE_{mn}（H_{mn}），可见，有无穷多个模，它们都是在一定边界条件下式（2.5－1）和式（2.5－2）的解，而且这些模的线性组合（叠加）同样是解。TE_{m0} 模是不存在的，但存在着 TE_{0n} 模，最低次的模为 TE_{11}（它的 λ_c 最长），是圆形波导中常用的模之一。

根据上述的表示式，利用在 2.3 节中所讨论过的规则波导中导行波传输特性的一般公式，即可求出 TE 模传输特性的具体表示式，在此不再赘述。其中，传输功率和损耗将在后面讨论。

由 TE 模场量的表示式可知，与 TM 模的情况一样：沿圆周和半径方向均呈纯驻波分布状态，沿圆周按三角函数规律分布，沿半径按贝塞尔函数或其导函数的规律分布，m 和 n 的含义与 TM_{mn} 模中的含义一样。在表 2.5－2 中列举了一部分 TE 模的 μ_{mn} 的值，以及与此相对应的 λ_c 的值。

表 2.5－2　部分 TE 模的 μ_{mn} 及 λ_c 值

模式	μ_{mn}	λ_c	模式	μ_{mn}	λ_c
TE_{11}	1.841	3.412R	TE_{22}	6.706	0.94R
TE_{21}	3.054	2.06R	TE_{02}	7.016	0.90R
TE_{01}	3.832	1.64R	TE_{32}	8.015	0.783R
TE_{31}	4.201	1.50R	TE_{13}	8.536	0.74R
TE_{12}	5.331	1.18R	TE_{23}	9.969	0.63R

2. 场结构

在圆形波导中除了前面讲过的 TM_{01} 模之外，TE_{11} 和 TE_{01} 也是常用的模，因此在这里只讨论这两种模场结构的特点，以及这两种模的一般应用场合；其他模的场结构就不讨论了。TE 模的电力线均在圆形波导的横截面内，而磁力线则是呈空间分布的闭合曲线。图 2.5－8 是 TE_{01}、TE_{11} 和 TE_{21} 模的场结构图。

TE_{11} 模不仅是 TE 模中截止波长最长（$\lambda_c=3.412R$）的模，而且与 TM 模的截止波长相比，它的截止波长也是最长的，因此，TE_{11} 模是圆形波导中的主模。图 2.5－9 是圆形波导中的几种模截止波长 λ_c 的分布图，由图可知，当圆形波导的内半径 R 与工作波长 λ 满足

$$2.62R<\lambda<3.412R \tag{2.5-38}$$

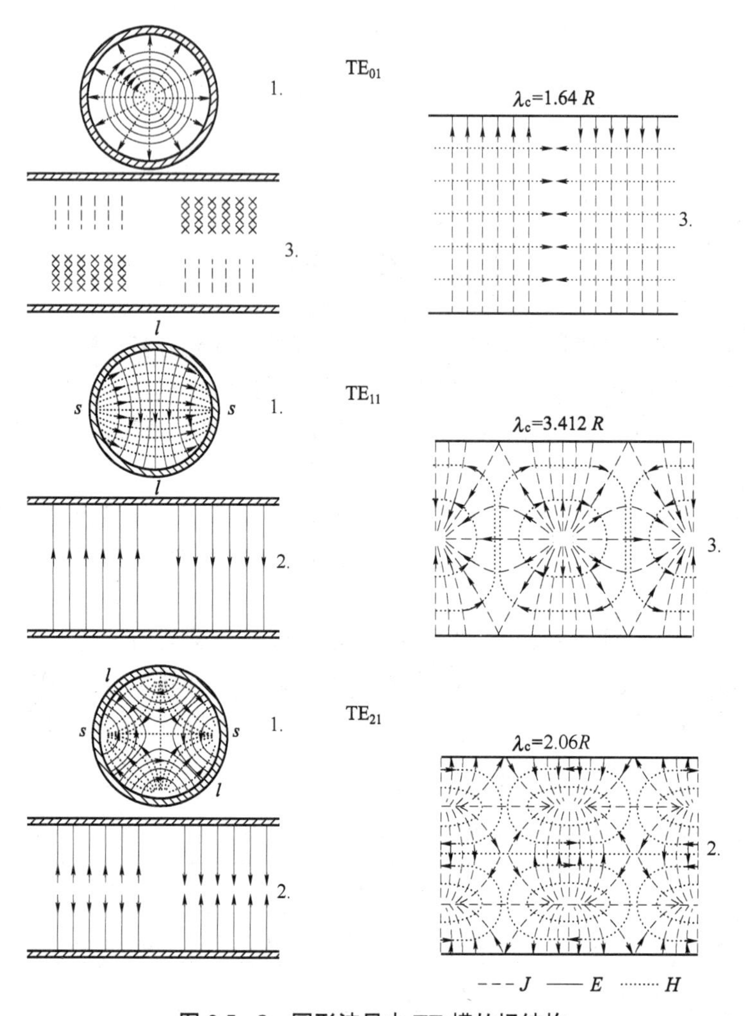

图 2.5－8　圆形波导中 TE 模的场结构

1—横截面图；2—通过 $l-l$ 截面的纵视图；3—从 $s-s$ 展开面看内表面上的磁场与电流

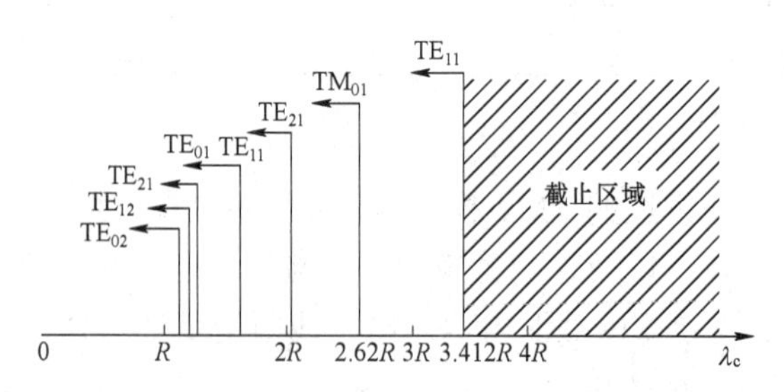

图 2.5－9　圆形波导中几种模式截止波长的分布图

这个关系式时，波导中只传输 TE_{11} 模（单模传输），高次模受到抑制；TM 模中截止波长最长的是 TM_{01}（$\lambda_c=2.62R$）。

根据式（2.5－35）可知，TE_{11} 模场分量的表示式为

$$\begin{cases} E_r = \pm \mathrm{j}\dfrac{\omega\mu H_0 R^2}{(1.841)^2 r}\mathrm{J}_1\left(\dfrac{1.841}{R}r\right)\begin{matrix}\sin\varphi\\ \cos\varphi\end{matrix}\,\mathrm{e}^{-\mathrm{j}\beta z} \\ E_\varphi = \mathrm{j}\dfrac{\omega\mu H_0 R}{1.841}\mathrm{J}_1'\left(\dfrac{1.841}{R}r\right)\begin{matrix}\cos\varphi\\ \sin\varphi\end{matrix}\,\mathrm{e}^{-\mathrm{j}\beta z} \\ H_r = -\mathrm{j}\dfrac{\beta H_0 R}{1.841}\mathrm{J}_1'\left(\dfrac{1.841}{R}r\right)\begin{matrix}\cos\varphi\\ \sin\varphi\end{matrix}\,\mathrm{e}^{-\mathrm{j}\beta z} \\ H_\varphi = \pm \mathrm{j}\dfrac{\beta H_0 R^2}{(1.841)^2 r}\mathrm{J}_1\left(\dfrac{1.841}{R}r\right)\begin{matrix}\sin\varphi\\ \cos\varphi\end{matrix}\,\mathrm{e}^{-\mathrm{j}\beta z} \\ H_z = H_0\mathrm{J}_1\left(\dfrac{1.841}{R}r\right)\begin{matrix}\cos\varphi\\ \sin\varphi\end{matrix}\,\mathrm{e}^{-\mathrm{j}\beta z} \\ E_z = 0 \end{cases} \tag{2.5-39}$$

图 2.5－10 是 TE_{11} 模场结构的立体图。TE_{11} 模很易被矩形波导中的 TE_{10} 模所激励，如图 2.5－11 所示。TE_{11} 模的缺点是，当波导加工不完善或波导内有微小的不均匀性存在时，都会使场结构的极化面产生旋转，如图 2.5－12 所示。因此在有的场合（如长距离传输信号时）不采用这种模，但在某些微波元件中，例如旋转式移相器和衰减器、截止式衰减器，谐振腔，以及微波管的输出窗等，却可以采用这种模。

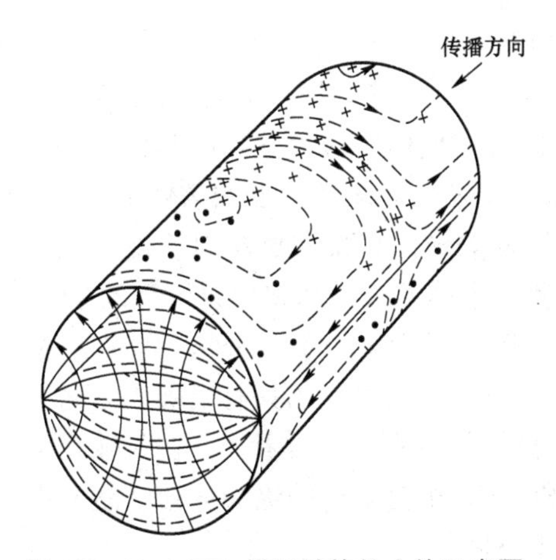

图 2.5－10　TE_{11} 模场结构的立体示意图

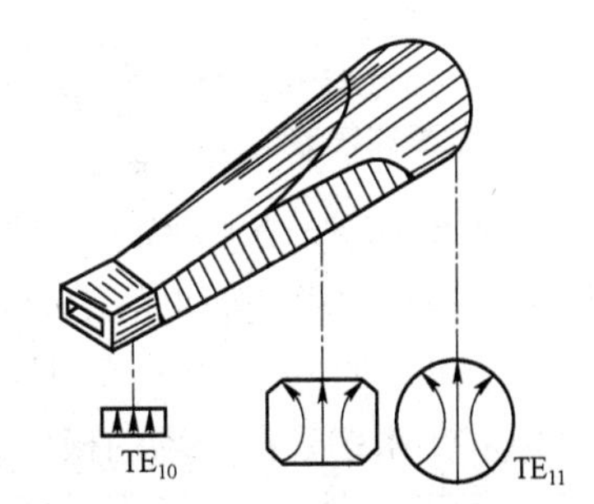

图 2.5－11　圆形波导中 TE_{11} 模的激励

TE_{01} 模也是圆形波导中常用的模之一，根据式（2.5－35）可知，TE_{01} 模场分量的表示式为［式中利用了关系式 $\mathrm{J}_0'(K_c r) = -\mathrm{J}_1(K_c r)$］

$$\begin{cases} E_\varphi = -\mathrm{j}\dfrac{\omega\mu H_0 R}{3.832}\mathrm{J}_1\left(\dfrac{3.832}{R}r\right)\mathrm{e}^{-\mathrm{j}\beta z} \\ H_r = \mathrm{j}\dfrac{\beta H_0 R}{3.832}\mathrm{J}_1\left(\dfrac{3.832}{R}r\right)\mathrm{e}^{-\mathrm{j}\beta z} \\ H_z = H_0\mathrm{J}_0\left(\dfrac{3.832}{R}r\right)\mathrm{e}^{-\mathrm{j}\beta z} \\ E_r = E_z = H_\varphi = 0 \end{cases} \tag{2.5-40}$$

图 2.5－13 是 TE_{01} 的场结构图。场结构的特点是：具有轴对称性，电场只有 E_φ 分量，它分布在圆形波导的横截面内成为闭合曲线；磁场有 H_r 和 H_z 分量；在波导壁的内表面上只有沿圆周方向的表面电流，而没有纵向电流，因此导体损耗较小。

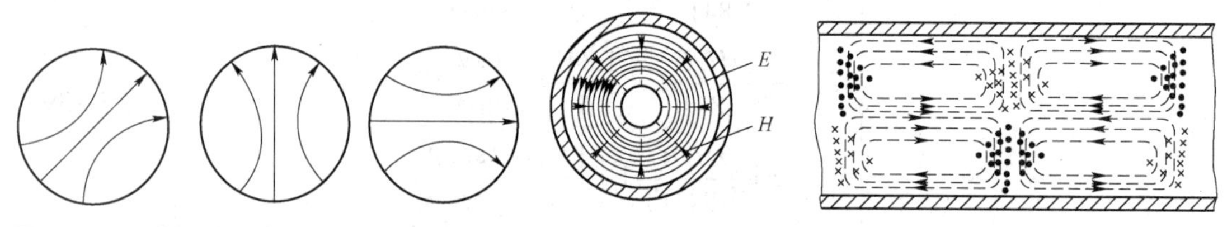

图 2.5－12　圆形波导中 TE_{11} 模极化面的旋转　　**图 2.5－13　TE_{01} 的场结构**

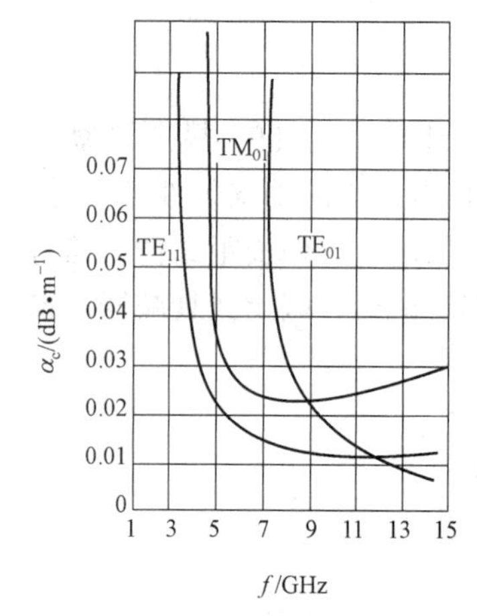

图 2.5－14　内半径为 25 mm 的圆形波导的衰减常数

图 2.5－14 是在波导壁的内半径 R 为 25 mm 的铜质圆形波导中，当传输 TE_{01}、TE_{11} 和 TM_{01} 模时导体的衰减常数 α_c 与频率的关系曲线。由图可知，在传输功率不变的条件下，TE_{01} 模的衰减常数随着频率的升高而降低，这对于长距离传输信号的功率，以及把这种模用于微波谐振腔中，都是比较合适的。在圆形波导中，TM_{1n} 与 TE_{0n} 这两种模，虽然它们的场结构不同，但截止波长相同，因此具有相同的传输特性，这也是一种模式简并，称为 E－H 简并，以区别于前面曾讲过的模的极化简并，由此可见，TE_{01} 与 TM_{11} 互为简并模，而且 TE_{01} 也不是圆形波导中的最低次模，因此在使用中应设法抑制其他的模。需要指出的是，在圆形波导中，在传输功率不变的条件下，不仅是 TE_{01} 模，而是所有的 TE_{0n} 模的导体衰减常数 α_c 都会随着频率的升高而降低，关于这一点，根据本节后面将要讨论到的 TE_{0n} 模导体衰减常数 α_c 的表示式（2.5－54）或式（2.5－55）就可以得到证明。另外，从 TE_{0n} 模的场结构看，因为在波导壁内表面上的切向磁场只有 H_z，所以与之对应的只有沿圆周方向的表面电流成分，而无纵向的电流成分，而且，从 TE_{0n} 场分量的表示式可以看出，在传输功率不变的情况下，随着频率的升高，场的横向分量（E_φ 和 H_r）相对于场的纵向分量（H_z）而言是增大了，而 H_z 则相对地减小了，因此衰减常数 α_c 也下降了。

三、传输功率和衰减

圆形波导中的传输功率和导体衰减常数可分别利用式（2.3－67）和式（2.3－73）来计算。至于介质衰减常数则可利用式（2.3－87）计算，这里不再讨论。根据式（2.3－67）可知，在行波状态下，圆形波导中的传输功率 P 为

$$\begin{aligned} P &= \frac{1}{2}\mathrm{Re}\int_S [(\boldsymbol{r}E_r + \boldsymbol{\varphi}E_\varphi)\times(\boldsymbol{r}H_r^* + \boldsymbol{\varphi}H_\varphi^*)]\cdot \boldsymbol{z}\mathrm{d}S \\ &= \frac{1}{2}\mathrm{Re}\int_S (E_r H_\varphi^* - E_\varphi H_r^*)\,\mathrm{d}S \\ &= \frac{1}{2}\mathrm{Re}\int_0^R\int_0^{2\pi}(E_r H_\varphi^* - E_\varphi H_r^*)\,r\mathrm{d}r\mathrm{d}\varphi \end{aligned} \tag{2.5－41}$$

导体衰减常数 α_c 的表示式为

$$\alpha_c \approx \frac{P_L}{2P_0} \quad \text{NP/m}$$

式中，P_0 即式（2.5－41）所表示的沿波导 z 轴正方向的传输功率，P_L 为波导单位长度上的损耗功率，即式（2.3－76）

$$P_L = \frac{1}{2} R_S \oint_l |\boldsymbol{H}_\tau|^2 \mathrm{d}l$$

（一）TM_{mn} 模的传输功率和导体衰减常数

1. $m \neq 0$ 时（TM_{mn}）的传输功率和导体衰减常数

将式（2.5－30）中有关的量代入式（2.5－41）中，得

$$P = \frac{\omega\varepsilon\beta E_0^2}{2K_c^2} \int_0^R \int_0^{2\pi} \left[\mathrm{J}_m'^2 (K_c r)_{\sin^2 m\varphi}^{\cos^2 m\varphi} + \left(\frac{m}{K_c r} \right)^2 \mathrm{J}_m^2 (K_c r)_{\cos^2 m\varphi}^{\sin^2 m\varphi} \right] r \mathrm{d}r \mathrm{d}\varphi$$

当 $m \neq 0$ 时，式中

$$\int_0^{2\pi} \sin^2 m\varphi \mathrm{d}\varphi = \int_0^{2\pi} \cos^2 m\varphi \mathrm{d}\varphi = \pi$$

则

$$P = \frac{\omega\varepsilon\beta E_0^2 \pi}{2K_c^2} \int_0^R \left[\mathrm{J}_m'^2 (K_c r) + \left(\frac{m}{K_c r} \right)^2 \mathrm{J}_m^2 (K_c r) \right] r \mathrm{d}r$$

根据贝塞尔函数的积分公式（见书末附录·数学公式），式中的积分为

$$\frac{R^2}{2} \left[\mathrm{J}_m'^2 (K_c R) + \left(\frac{2m}{K_c R} \right) \mathrm{J}_m (K_c R) \mathrm{J}_m' (K_c R) + \left(1 - \frac{m^2}{K_c^2 R^2} \right) \mathrm{J}_m^2 (K_c R) \right]$$

对于 TM_{mn} 模，根据边界条件可知 $\mathrm{J}_m(K_c R) = 0$，以及 $K_c = \dfrac{v_{mn}}{R}$，因此，得

$$P = \frac{\omega\varepsilon\beta E_0^2 \pi R^2}{4K_c^2} \mathrm{J}_m'^2 (K_c R) = \frac{\omega\varepsilon\beta E_0^2 \pi R^4}{4v_{mn}^2} \mathrm{J}_m'^2 (v_{mn}) \tag{2.5－42}$$

由式（2.5－30）可知，磁场的切向分量只有 $H_\varphi (H_\tau = H_\varphi)$，将其代入式（2.3－76）中，得

$$P_L = \frac{1}{2} R_S \int_l |H_\varphi|^2 \mathrm{d}l = \frac{1}{2} R_S \int_0^{2\pi} \left[\left(\frac{\omega\varepsilon E_0}{K_c} \right)^2 \mathrm{J}_m'^2 (K_c r)_{\sin^2 m\varphi}^{\cos^2 m\varphi} \right]_{r=R} R \mathrm{d}\varphi$$

$$= \frac{R_S \pi R}{2} \left(\frac{\omega\varepsilon E_0}{K_c} \right)^2 \mathrm{J}_m'^2 (K_c R) = \frac{R_S \pi R^3}{2} \left(\frac{\omega\varepsilon E_0}{v_{mn}} \right)^2 \mathrm{J}_m'^2 (v_{mn}) \tag{2.5－43}$$

将式（2.5－42）和式（2.5－43）代入式（2.3－73）中，得

$$\alpha_c = \frac{R_S \omega\varepsilon}{\beta R} = \frac{R_S}{R\eta \sqrt{1 - \left(\dfrac{\lambda}{\lambda_c} \right)^2}} \text{Np/m} \tag{2.5－44}$$

式中，$\eta = \sqrt{\mu / \varepsilon}$。

2. $m=0$ 时（TM_{0n}）的传输功率和导体衰成常数

对于 TM_{mn} 模传输功率的计算，$m=0$ 和 $m\neq 0$ 的差别在于，当 $m=0$ 时，$\int_0^{2\pi}\sin^2 m\varphi \mathrm{d}\varphi=0$，$\int_0^{2\pi}\cos^2 m\varphi \mathrm{d}\varphi=2\pi$，因此 TM_{0n} 模的传输功率为

$$P=\frac{\omega\varepsilon\beta\pi E_0^2}{K_c^2}\int_0^R \mathrm{J}_0'^2(K_c r)r\mathrm{d}r$$

根据贝塞尔函数的积分公式（见书末附录·数学公式），并注意到对于 TM_{mn} 模而言 $\mathrm{J}_m(K_c R)=0$，则有

$$\int_0^R \mathrm{J}_0'^2(K_c r)r\mathrm{d}r=\frac{R^2}{2}\mathrm{J}_0'^2(K_c R)$$

因此

$$P=\frac{\omega\varepsilon\beta\pi E_0^2 R^2}{2K_c^2}\mathrm{J}_0'^2(K_c R)=\frac{\omega\varepsilon\beta\pi E_0^2 R^4}{2v_{0n}^2}\mathrm{J}_0'^2(v_{0n}) \tag{2.5-45}$$

经计算 P_L 为

$$P_L=\frac{R_S\omega^2\varepsilon^2\pi E_0^2 R}{K_c^2}\mathrm{J}_0'^2(K_c R)=\frac{R_S\omega^2\varepsilon^2\pi E_0^2 R^3}{v_{0n}^2}\mathrm{J}_0'^2(v_{0n}) \tag{2.5-46}$$

将式（2.5－45）和式（2.5－46）代入式（2.3－73）中，得

$$\alpha_c=\frac{R_S\omega\varepsilon}{\beta R}=\frac{R_S}{R\eta\sqrt{1-\left(\frac{\lambda}{\lambda_c}\right)^2}}\ \mathrm{Np/m} \tag{2.5-47}$$

（二）TE_{mn} 模的传输功率和导体衰减常数

由于 TE_{mn} 模的传输功率和导体衰减常数表示式的推导过程与 TM_{mn} 的情况相同，因此略去推导过程，而只把结果写在下面。

1. $m\neq 0$ 时（TE_{mn}）的传输功率和导体衰减常数

将式（2.5－35）中有关的量代入式（2.5－41）中，得

$$\begin{aligned}P&=\frac{\omega\mu\beta\pi H_0^2 R^2}{4K_c^2}\left[\left(1-\frac{m^2}{K_c^2 R^2}\right)\mathrm{J}_m^2(K_c R)\right]\\&=\frac{\omega\mu\beta\pi H_0^2 R^4}{4\mu_{mn}^2}\left[\left(1-\frac{m^2}{\mu_{mn}^2}\right)\mathrm{J}_m^2(\mu_{mn})\right]\end{aligned} \tag{2.5-48}$$

式中，$\mu_{mn}=K_c R$。由式（2.5－34）和式（2.5－35）可知，磁场的切向分量为 H_z 和 H_φ，将其代入式（2.3－76）中，得

$$\begin{aligned}P_L&=\frac{1}{2}R_S\oint_l|\boldsymbol{H}_\tau|^2\mathrm{d}l=\frac{1}{2}R_S\int_0^{2\pi}(|H_z|^2+|H_\varphi|^2)_{r=R}R\,\mathrm{d}\varphi\\&=\frac{R_S\pi H_0^2 R}{2}\mathrm{J}_m^2(K_c R)\left[1+\frac{\beta^2 m^2}{K_c^4 R^2}\right]\\&=\frac{R_S\pi H_0^2 R}{2}\mathrm{J}_m^2(\mu_{mn})\left[1+\frac{\beta^2 m^2 R^2}{\mu_{mn}^4}\right]\end{aligned} \tag{2.5-49}$$

将式（2.5－48）和式（2.5－49）代入式（2.3－73）中，得

$$\alpha_c = \frac{R_S \mu_{mn}^2}{\omega\mu\beta R^3}\left[\frac{\mu_{mn}^4 + \beta^2 m^2 R^2}{\mu_{mn}^2(\mu_{mn}^2 - m^2)}\right] \text{ Np/m} \tag{2.5-50}$$

该式可进一步化为

$$\alpha_c = \frac{R_S}{R\eta\sqrt{1-\left(\frac{\lambda}{\lambda_c}\right)^2}}\left[\left(\frac{\lambda}{\lambda_c}\right)^2 + \frac{m^2}{\mu_{mn}^2 - m^2}\right] \text{Np/m} \tag{2.5-51}$$

2. $m=0$ 时（TE_{0n}）的传输功率和导体衰减常数

将式（2.5–35）中有关的量代入式（2.5–41）中得

$$P = \frac{\omega\mu\beta H_0^2 \pi R^2}{2K_c^2} J_0^2(K_c R) = \frac{\omega\mu\beta H_0^2 \pi R^4}{2\mu_{0n}^2} J_0^2(\mu_{0n}) \tag{2.5-52}$$

经计算，P_L 为

$$P_L = R_S H_0^2 \pi R J_0(K_c R) \tag{2.5-53}$$

将该式和式（2.5–52）代入式（2.3–73）中，得

$$\alpha_c = \frac{R_S K_c^2}{\omega\mu\beta R} = \frac{R_S \mu_{0n}^2}{\omega\mu\beta R^3} \tag{2.5-54}$$

该式可进一步化为

$$\alpha_c = \frac{R_S}{R\eta\sqrt{1-\left(\frac{\lambda}{\lambda_c}\right)^2}}\left(\frac{\lambda}{\lambda_c}\right)^2 \text{ Np/m} \tag{2.5-55}$$

§ 2.6　同轴线及其中的高次模

同轴线是一种由内、外导体构成的双导体传输线，也称为同轴波导，其结构示意图如图 2.6–1 所示，a 为内导体的外半径，b 为外导体的内半径。同轴线按结构形式可分为两种：一种是硬同轴线，它的外导体是一金属管，内导体也是金属管，或者是实心的导体，内、外导体间的介质是空气，内、外导体用介质垫圈或四分之一波长的“金属绝缘子”支撑住。目前，用于大功率的同轴线，其内导体由镀银铜线制成，而外导体为了使同轴线可以弯曲，可以用皱纹铜管制成（有的内导体也用皱纹铜管），内、外导体用聚乙烯泡沫塑料隔开，也可以在内、外导体之间沿纵向安置一呈螺旋状的聚乙烯绝缘物将内、外导体隔开，在外导体外面再加一层耐光热的聚乙烯护套。另一种是软同轴线，外导体由金属丝编织而成，也可以用很薄的金属带制成，其外面再套以塑料管，内导体由单根或多根（相互绝缘的）导线组成，内、外导体间填充以低损耗的介质材料（如聚四氟乙烯、聚乙烯等），这种同轴线可以自由地弯曲，通常称为同轴电缆。

同轴线中的主模是 TEM 模，是无色散波。关于这种模的传输特性，在第 1 章中已从电路的角度进行过讨论；在此，将从电磁波的角度对同轴线中的 TEM 模和高次模 TE 和 TM 模加以讨论。采用如图 2.6–1 所示的圆柱坐标系来分析同轴线中的模式和它的场结构。根据式

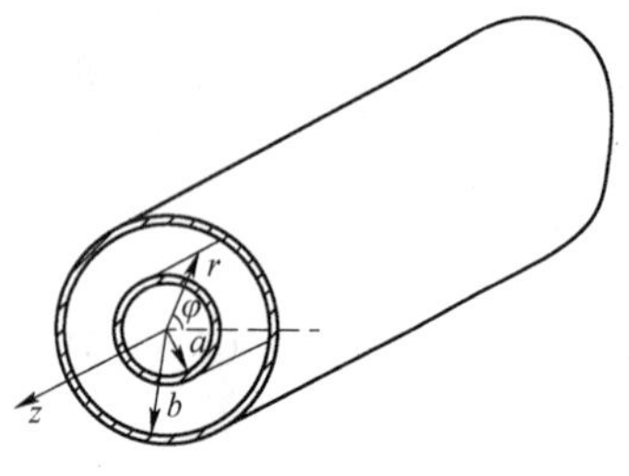

图 2.6-1　同轴线及圆柱坐标系

（2.2-24）和式（2.2-25），对于沿 z 轴正方向传输的各种模式的电磁场 $\boldsymbol{E}$ 和 $\boldsymbol{H}$ 满足下面的方程：

$$\nabla_t^2 \boldsymbol{E}(r,\varphi) + K_c^2 \boldsymbol{E}(r,\varphi) = 0 \tag{2.6-1}$$

$$\nabla_t^2 \boldsymbol{H}(r,\varphi) + K_c^2 \boldsymbol{H}(r,\varphi) = 0 \tag{2.6-2}$$

式中

$$\boldsymbol{E}(r,\varphi) = \boldsymbol{r}E_r(r,\varphi) + \boldsymbol{\varphi}E_\varphi(r,\varphi) + \boldsymbol{z}E_z(r,\varphi)$$

$$\boldsymbol{H}(r,\varphi) = \boldsymbol{r}H_r(r,\varphi) + \boldsymbol{\varphi}H_\varphi(r,\varphi) + \boldsymbol{z}H_z(r,\varphi)$$

式中的 ∇_t^2 是算子，它的表示式在讨论圆形波导时已写出过。下面讨论同轴线中的模式。

一、同轴线中的 TEM 模

对于 TEM 模，$E_z=0$，$H_z=0$，$K_c=0$。根据式（2.2-24）和式（2.2-25），电场和磁场应满足下列方程：

$$\nabla_t^2 \boldsymbol{E}(r,\varphi) = 0 \tag{2.6-3}$$

$$\nabla_t^2 \boldsymbol{H}(r,\varphi) = 0 \tag{2.6-4}$$

在 2.3 节中曾讲到过这种形式的方程，这是一个二维的矢量形式的拉普拉斯方程，静态场也满足同样的方程。在同样的边界条件下，随时间按简谐规律变化的 TEM 模，在同轴线横截面内的场结构与静态场的场结构是相同的。因此，根据电磁场理论可知，TEM 模的电场只有 E_r 分量，磁场只有 H_φ 分量，这样，式（2.6-3）和式（2.6-4）就可具体地写为

$$\nabla_t^2[\boldsymbol{r}E_r(r,\varphi)] = 0 \tag{2.6-5}$$

$$\nabla_t^2[\boldsymbol{\varphi}H_\varphi(r,\varphi)] = 0 \tag{2.6-6}$$

利用圆柱坐标系中的一个矢量公式（$\boldsymbol{A}$ 为矢量）

$$\nabla^2 \boldsymbol{A} = \boldsymbol{r}\left(\nabla^2 A_r - \frac{A_r}{r^2} - \frac{2}{r^2}\frac{\partial A_\varphi}{\partial \varphi}\right) + \boldsymbol{\varphi}\left(\nabla^2 A_\varphi - \frac{A_\varphi}{r^2} + \frac{2}{r^2}\frac{\partial A_r}{\partial \varphi}\right) + \boldsymbol{z}\nabla^2 A_z$$

对于式（2.6-5），将算子 ∇_t 代入该式，则得

$$\boldsymbol{r}\left(\nabla_t^2 E_r - \frac{E_r}{r^2}\right) + \boldsymbol{\varphi}\left(\frac{2}{r^2}\frac{\partial E_r}{\partial \varphi}\right) = 0$$

$$\left(\frac{\partial^2 E_r}{\partial r^2} + \frac{1}{r}\frac{\partial E_r}{\partial r} + \frac{1}{r^2}\frac{\partial^2 E_r}{\partial \varphi^2} - \frac{E_r}{r^2}\right)\boldsymbol{r} + \left(\frac{2}{r^2}\frac{\partial E_r}{\partial \varphi}\right)\boldsymbol{\varphi} = 0$$

同理，对于式（2.6-6）有

$$\left(-\frac{2}{r^2}\frac{\partial H_\varphi}{\partial \varphi}\right)\boldsymbol{r} + \left(\nabla_t^2 H_\varphi - \frac{H_\varphi}{r^2}\right)\boldsymbol{\varphi} = 0$$

$$\left(-\frac{2}{r^2}\frac{\partial H_\varphi}{\partial \varphi}\right)\boldsymbol{r} + \left(\frac{\partial^2 H_\varphi}{\partial r^2} + \frac{1}{r}\frac{\partial H_\varphi}{\partial r} + \frac{1}{r^2}\frac{\partial^2 H_\varphi}{\partial \varphi^2} - \frac{H_\varphi}{r^2}\right)\boldsymbol{\varphi} = 0$$

因为 E_r 和 H_φ 均不随着 φ 变化，所以上式可化简为

$$\frac{\partial^2 E_r}{\partial r^2}+\frac{1}{r}\frac{\partial E_r}{\partial r}-\frac{E_r}{r^2}=0 \tag{2.6-7}$$

$$\frac{\partial^2 H_\varphi}{\partial r^2}+\frac{1}{r}\frac{\partial H_\varphi}{\partial r}-\frac{H_\varphi}{r^2}=0 \tag{2.6-8}$$

这两个方程的通解分别为

$$E_r = A\frac{1}{r}+A'r$$

$$H_\varphi = B\frac{1}{r}+B'r$$

式中的 A 和 A'，以及 B 和 B'，是根据边界条件（激励条件）来确定的待定常数。从物理意义上讲，E_r 和 H_φ 的大小不可能与半径 r 成正比，否则，当 r 无限地增大时，E_r 和 E_φ 也将无限地增大，当 r 趋于无穷大时，E_r 和 H_φ 也将趋于无穷大，这在实际上是不可能的，所以 A' 和 B' 均为零，则

$$E_r=\frac{A}{r} \tag{2.6-9}$$

$$H_\varphi=\frac{B}{r} \tag{2.6-10}$$

设在 $z=0$ 处和 $r=a$ 处，电场 $E_r=E_0$（E_0 取决于激励源），即 $A=E_0a$，而且，已知波沿 z 轴正方向的传播规律为 $\mathrm{e}^{-\mathrm{j}\beta z}$，则

$$E_r=\frac{E_0 a}{r}\mathrm{e}^{-\mathrm{j}\beta z} \tag{2.6-11}$$

对于磁场 H_φ，可利用式（2.2-11）来求解，即

$$\nabla\times\boldsymbol{E}=-\mathrm{j}\omega\mu\boldsymbol{H}$$

在圆柱坐标系中，$\nabla\times\boldsymbol{E}$ 的展开式为

$$\nabla\times\boldsymbol{E}=\left(\frac{1}{r}\frac{\partial E_z}{\partial\varphi}-\frac{\partial E_\varphi}{\partial z}\right)\boldsymbol{r}+\left(\frac{\partial E_r}{\partial z}-\frac{\partial E_z}{\partial r}\right)\boldsymbol{\varphi}+\left[\frac{1}{r}\frac{\partial}{\partial r}(rE_\varphi)-\frac{1}{r}\frac{\partial E_r}{\partial\varphi}\right]\boldsymbol{z}$$

对于同轴线中的 TEM 模而言，电场只有 E_r，磁场只有 H_φ，因此得

$$\nabla\times\boldsymbol{E}=\left(\frac{\partial E_r}{\partial z}\right)\boldsymbol{\varphi}=-\mathrm{j}\omega\mu\boldsymbol{\varphi}H_\varphi$$

则磁场 H_φ 为

$$H_\varphi=\frac{1}{-\mathrm{j}\omega\mu}\frac{\partial E_r}{\partial z}=\frac{\beta}{\omega\mu}\left(\frac{E_0 a}{r}\mathrm{e}^{-\mathrm{j}\beta z}\right)=\frac{\beta}{\omega\mu}E_r$$

对于 TEM 模，$\beta=K=\omega\sqrt{\mu\varepsilon}$，并令 $\eta=\sqrt{\mu/\varepsilon}$，由此得

$$H_\varphi=\frac{E_0 a}{\eta r}\mathrm{e}^{-\mathrm{j}\beta z} \tag{2.6-12}$$

在前面的 2.2 节中已讲过，TEM 模为无色散波，根据式（2.3-38）、式（2.3-39）和式（2.3-51）

可知，它的相速和群速相等，而且都等于光速（$v_{\mathrm{p}}=v_{\mathrm{g}}=v$），导波波长和工作波长相等（$\lambda_{\mathrm{g}}=\lambda$）。图 2.6－2 是同轴线中 TEM 模的场结构图。

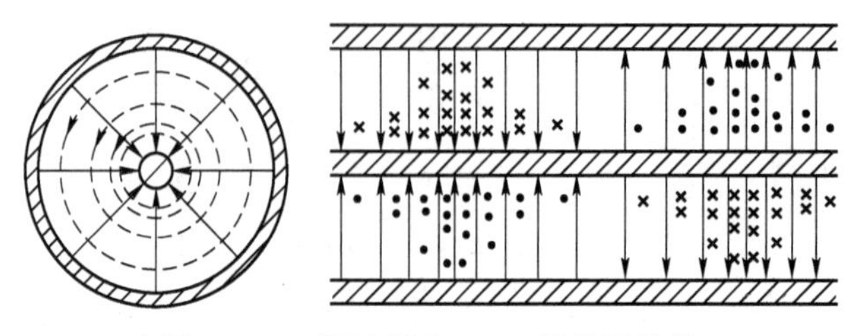

图 2.6－2　同轴线中 TEM 模的场结构

根据电场和磁场的表示式，还可求出同轴线的轴向电流 I 和内外导体之间的电压 U。电流 I 为

$$I=\oint_{l}H_{\varphi}\mathrm{d}l=\int_{0}^{2\pi}H_{\varphi}r\mathrm{d}\varphi=\frac{2\pi E_{0}a}{\eta}\mathrm{e}^{-\mathrm{j}\beta z} \tag{2.6-13}$$

电压 U 为

$$U=\int_{a}^{b}E_{\mathrm{r}}\mathrm{d}r=\int_{a}^{b}\frac{E_{0}a}{r}\mathrm{d}r\mathrm{e}^{-\mathrm{j}\beta z}=E_{0}a\ln\frac{b}{a}\mathrm{e}^{-\mathrm{j}\beta z} \tag{2.6-14}$$

在行波状态下，同轴线上的电压与电流之比即为其特性阻抗；若填充的为非磁性介质，其 $\mu_{\mathrm{r}}\approx 1$，则同轴线的特性阻抗 Z_{c} 为

$$Z_{\mathrm{c}}=\frac{U}{I}=\frac{60}{\sqrt{\varepsilon_{\mathrm{r}}}}\ln\frac{b}{a}=\frac{138}{\sqrt{\varepsilon_{\mathrm{r}}}}\lg\frac{b}{a} \tag{2.6-15}$$

二、同轴线中的高次模

当工作波长接近于同轴线的横向尺寸时，同轴线内会出现 TE 或 TM 高次模。利用高次模传输功率会造成很大的衰减，因此，一般不用高次模来传输功率，而采用主模 TEM 来传输效率。但在微波用的抛物面天线中，用高次模产生的辐射场作为馈源，可以提高辐射效率。为了做到单模传输，就需要抑制高次模，为此，首先应该知道高次横的截止波长 λ_{c} 与同轴线横向尺寸之间的关系，然后通过选择合适的横向尺寸，就可以达到抑制高次模的目的。

同轴线中高次模的分析方法与圆形波导中 TE 和 TM 模的分析方法相类似，即首先求出电场的纵向分量 E_z 和磁场的纵向分量 H_z，然后再利用横、纵分量之间的关系式，就可求出电场和磁场的横向分量。与圆形波导的情况所不同的是，同轴线中的电磁波是被限制在内外导体之间而沿轴向（z）传输的。因此，在圆柱坐标系中的坐标变量 r（半径），对于同轴线而言，实际上可能取的最小值是同轴线内导体的外半径 a，而不是零，即是说，在式（2.5－21）中的纽曼函数项应该保留。图 2.6－3 和图 2.6－4 给出了同轴线中几种高次模场结构的图。关于高次模场量的表示式，在此不讨论；下面只着重讨论它们的截止波长 λ_{c}。

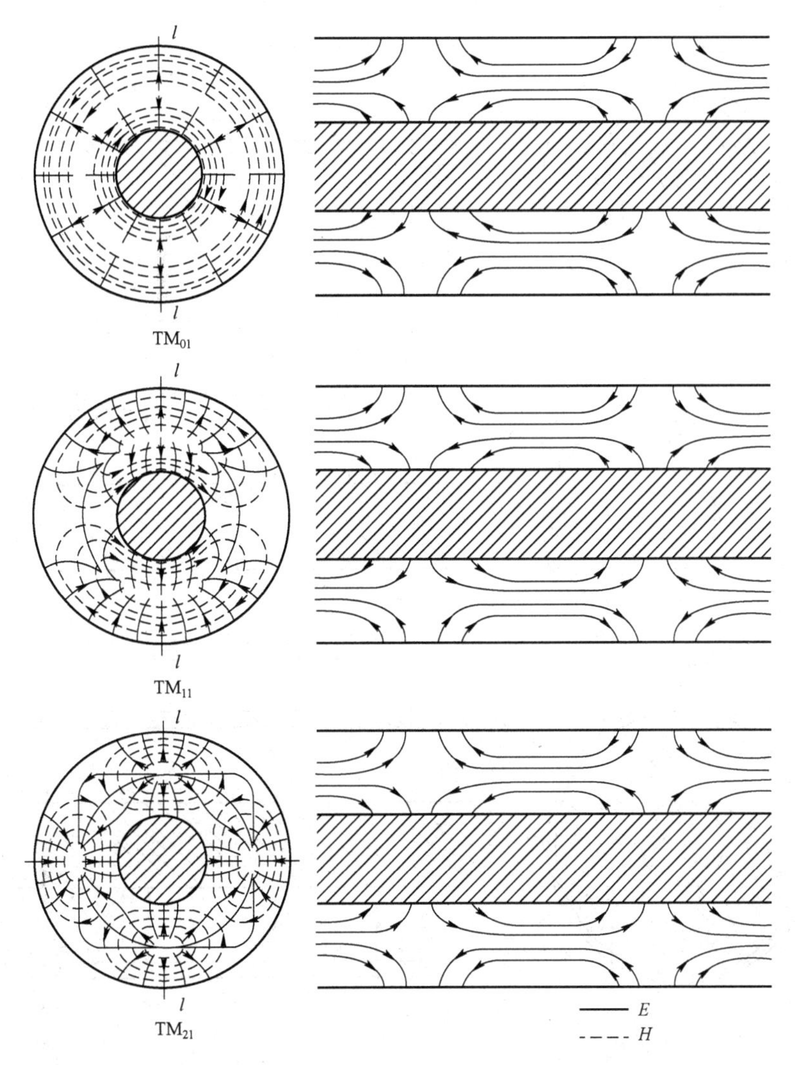

图 2.6－3　同轴线中的高次模（右图是通过 $l-l$ 纵截面的场结构图）

（一）TM 模

对于 TM 模，$H_z=0$，$E_z\neq0$，根据式（2.5－21）和式（2.5－26）可知，E_z 可写为

$$E_z=[B_1\mathrm{J}_m(K_\mathrm{c}r)+B_2\mathrm{N}_m(K_\mathrm{c}r)]C_{\sin m\varphi}^{\cos m\varphi}\mathrm{e}^{-\mathrm{j}\beta z} \tag{2.6-16}$$

式中的 B_1、B_2 和 C 为取决于边界（或激励）条件的待定常数。根据边界条件可知，当 $r=a$ 和 $r=b$ 时，$E_z=0$，即

$$B_1\mathrm{J}_m(K_\mathrm{c}a)+B_2\mathrm{N}_m(K_\mathrm{c}a)=0$$

$$B_1\mathrm{J}_m(K_\mathrm{c}b)+B_2\mathrm{N}_m(K_\mathrm{c}b)=0$$

由此得

$$\mathrm{J}_m(K_\mathrm{c}a)\mathrm{N}_m(K_\mathrm{c}b)-\mathrm{J}_m(K_\mathrm{c}b)\mathrm{N}_m(K_\mathrm{c}a)=0 \tag{2.6-17}$$

若令 $p=b/a$，则上式可写为

$$\mathrm{J}_m(K_\mathrm{c}a)\mathrm{N}_m(pK_\mathrm{c}a)-\mathrm{J}_m(pK_\mathrm{c}a)\mathrm{N}_m(K_\mathrm{c}a)=0 \tag{2.6-18}$$

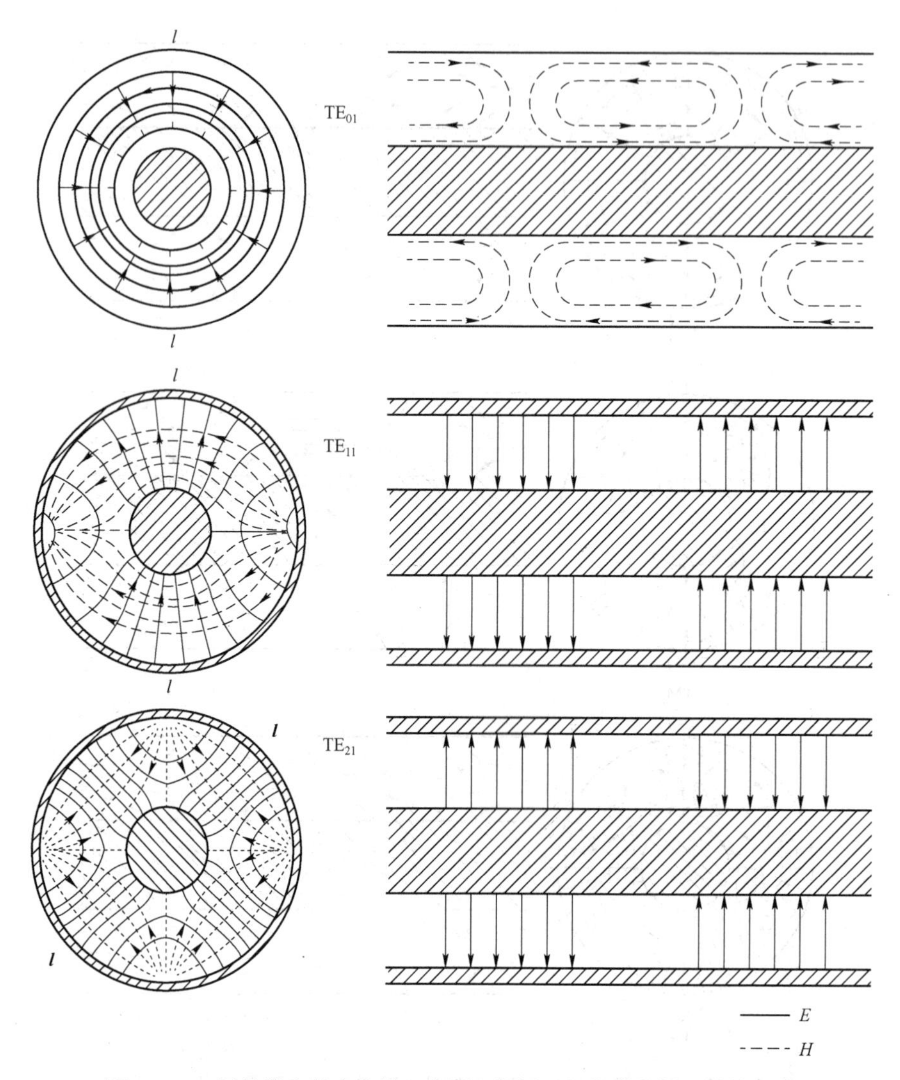

图 2.6－4　同轴线中的高次模（右图，通过 l－l 纵截面的场结构图）

因为可以利用这个方程来确定截止波数 K_c（本征值），所以把它称为本征值方程。这是一个超越方程，它的解（满足该方程的根值）有无穷多个，即是说，在给定了 m 的情况下（m 可取一系列的值），可以得到一系列的根值（K_c）和与之相对应的截止波长 λ_c，即每一个根值对应着一个模。可见，同轴线中的 TM 模也有无穷多个，记为 TM_{mn}，m 表示场量沿圆周分布的整驻波的个数，n 表示场量沿半径分布的半个驻波的个数，或者说，场量出现最大值的个数。对于式（2.6－17）或式（2.6－18）严格求解是很困难的，一般用图解法或数值法求解。在这里，我们利用贝塞尔函数的近似公式（见本书附录）求 K_c 的近似值，即当 K_ca 和 K_cb 较大时，则有

$$J_m(K_ca)\approx\sqrt{\frac{2}{K_ca\pi}}\cos\left(K_ca-\frac{2m+1}{4}\pi\right) \tag{2.6－19a}$$

$$N_m(K_ca)\approx\sqrt{\frac{2}{K_ca\pi}}\sin\left(K_ca-\frac{2m+1}{4}\pi\right) \tag{2.6－19b}$$

$$J_m(K_c b) \approx \sqrt{\frac{2}{K_c b\pi}} \cos\left(K_c b - \frac{2m+1}{4}\pi\right) \qquad (2.6-19c)$$

$$N_m(K_c b) \approx \sqrt{\frac{2}{K_c b\pi}} \sin\left(K_c b - \frac{2m+1}{4}\pi\right) \qquad (2.6-19d)$$

将式（2.6－19）代入式（2.6－17）中，经整理，得

$$\cos\left(K_c a - \frac{2m+1}{4}\pi\right)\sin\left(K_c b - \frac{2m+1}{4}\pi\right) - \sin\left(K_c a - \frac{2m+1}{4}\pi\right)\cos\left(K_c b - \frac{2m+1}{4}\pi\right) = 0$$

利用有关的三角函数公式，经运算，得

$$\sin(K_c b - K_c a) \approx 0$$

即

$$K_c \approx \frac{n\pi}{b-a} \qquad n = 1,2,3,\cdots \qquad (2.6-20)$$

$$\lambda_c = \frac{2\pi}{K_c} \approx \frac{2}{n}(b-a) \qquad (2.6-21)$$

TM_{01} 是最低次模，它的截止波长 λ_c 为

$$\lambda_c \approx 2(b-a) \qquad (2.6-22)$$

式（2.6－19）是一个近似式，当 $K_c a$ 和 $K_c b$ 较大时，才有好的近似；另外，由 $K_c a \approx n\pi/(p-1)$ 可知，当同轴线的尺寸 a 和 b 相差不大时，近似式的精确度也越高，若 a 和 b 相差较大时，则可用数值解法求出不同 p 值时的 K_c 值，例如在表 2.6－1 中，给出了式（2.6－18）中的 m 取不同的值时，特征方程的第一个根和第二个根的值，以及与此相对应的 p 和 $K_c a$ 值。

表 2.6－1　$J_m(K_c a)N_m(pK_c a) - J_m(pK_c a)N_m(K_c a) = 0$ 的根

$K_c a$ \ n / m / p	$n=1$				$n=2$			
	m				m			
	0	1	2	3	0	1	2	3
1.2	15.702	15.728	15.806	15.939	31.412	31.426	31.466	
1.5	6.270	6.322	6.474	6.720	12.560	12.586	12.665	12.80
2.0	3.123	3.197	3.407	3.729	6.273	6.312	6.430	6.62
2.5	2.073	2.157	2.387	2.720	4.177	4.223	4.360	4.57
3.0	1.548	1.636	1.868	2.189	3.129	3.178	3.320	3.55
3.5	1.235	1.32（2）	1.54（8）	1.83（4）				
4.0	1.024	1.112	1.335	1.606	2.081	2.134	2.290	2.52
4.5	0.87（5）	0.96（1）	1.16（9）	1.418				
5.0	0.763	0.847	1.045	1.281	1.557	1.611	1.760	1.98
注：括号内的数表示无限循环小数的循环数。								

若 m 和 n 比表 2.6－1 中的数更大时，可以利用下面的近似公式求出 λ_c 的值：

$$\lambda_c \approx \frac{2\pi a}{\left[\frac{n^2\pi^2}{(p-1)^2}+\frac{4m^2-1}{(p+1)^2}\right]^{1/2}} \tag{2.6-23}$$

从式（2.6-21）中可以看出，TM 模的 λ_c 与 m 近似无关，即是说，若 TM_{01} 模可以传输，则 TM_{11}、TM_{21}、TM_{31} 等模也有可能传输，因此，在选择或设计同轴线时，应设法避免出现这种情况。

（二）TE 模

对于 TE 模，$E_z=0$，$H_z\neq 0$，根据式（2.5-21）和式（2.5-26）可知

$$H_z=[C_1\mathrm{J}_m(K_c r)+C_2\mathrm{N}_m(K_c r)]D_{\sin m\varphi}^{\cos m\varphi}\mathrm{e}^{-\mathrm{j}\beta z} \tag{2.6-24}$$

式中的 C_1、C_2 和 D 为取决于边界（或激励）条件的待定常数。电场的横向分量，根据式（2.5-11）可求出电场的一个横向分量 E_φ 为

$$E_\varphi=\frac{\mathrm{j}\omega\mu}{K_c^2}\frac{\partial H_z}{\partial r}=\frac{\mathrm{j}\omega\mu}{K_c^2}[C_1\mathrm{J}'_m(K_c r)+C_2\mathrm{N}'_m(K_c r)]D_{\sin m\varphi}^{\cos m\varphi}\mathrm{e}^{-\mathrm{j}\beta z} \tag{2.6-25}$$

根据边界条件可知，当 $r=a$ 和 $r=b$ 时，$E_\varphi=0$，即

$$C_1\mathrm{J}'_m(K_c a)+C_2\mathrm{N}'_m(K_c a)=0$$

$$C_1\mathrm{J}'_m(K_c b)+C_2\mathrm{N}'_m(K_c b)=0$$

由此得

$$\mathrm{J}'_m(K_c a)\mathrm{N}'_m(K_c b)-\mathrm{J}'_m(K_c b)\mathrm{N}'_m(K_c a)=0 \tag{2.6-26}$$

若令 $p=b/a$，则上式可写为

$$\mathrm{J}'_m(K_c a)\mathrm{N}'_m(pK_c a)-\mathrm{J}'_m(pK_c a)\mathrm{N}'_m(K_c a)=0 \tag{2.6-27}$$

这是 TE 模的本征值方程，是一个超越方程。在给定了 m 的情况下（m 可取一系列的值），可以得到一系列的根值（K_c）和与之相对应的 λ_c，每一个根值对应着一个模，因此有无穷多个模，记为 TE_{mn}，m 和 n 的含义与 TM_{mn} 模中 m 和 n 的含义相同。

对于式（2.6-26）或式（2.6-27）严格求解是很困难的，因此可以采取如同处理 TM 模时的同样方法，求出 TE 模的 K_c 和 λ_c。当同轴线的尺寸 a 和 b 相差不大时，用近似法求得 $m\neq 0(m=1, 2, 3, \cdots)$和 $n=1$ 时 TE_{m1} 模的截止波长 λ_c 为

$$\lambda_c \approx \frac{\pi(a+b)}{m} \tag{2.6-28}$$

可见，TE_{11} 为最低次的模，它的截止波长为

$$\lambda_c \approx \pi(a+b) \tag{2.6-29}$$

对于 $m=0$ 的情况，根据数学公式

$$\begin{cases}\mathrm{J}'_0(K_c r)=-\mathrm{J}_1(K_c r)\\ \mathrm{N}'_0(K_c r)=-\mathrm{N}_1(K_c r)\end{cases} \tag{2.6-30}$$

可将式（2.6-26）改写为

$$\mathrm{J}_1(K_c a)\mathrm{N}_1(K_c b)-\mathrm{J}_1(K_c b)\mathrm{N}_1(K_c a)=0 \tag{2.6-31}$$

把该式与式（2.6－17）相对照，即可看出，它相当于求 TM 模中 $m=1$ 时 TM_{1n} 的 K_c 值的本征值方程，即 TE_{0n} 与 TM_{1n} 具有相同的 K_c 和 λ_c，因此，根据式（2.6－20）和式（2.6－21）可知，TE_{0n} 模的 K_c 和 λ_c 分别为

$$K_c \approx \frac{n\pi}{b-a} \tag{2.6-32}$$

$$\lambda_c = \frac{2\pi}{K_c} \approx \frac{2}{n}(b-a) \qquad (n=1,2,3,\cdots) \tag{2.6-33}$$

例如，TE_{01} 与 TM_{11} 及 TM_{01} 具有相同的 λ_c，都近似等于 $2(b-a)$。由以上所述可以看出，TE_{11} 是包括 TE 和 TM 模在内的所有高次模中截止波长 λ_c 最长的一种模。以上所讲的是指同轴线的尺寸 a 和 b 相差不大时的情况，若两者相差较大时，则可用数值解法求出不同 p 值的 K_c 值，例如在表 2.6－2 中，给出了式（2.6－27）中的 m 取不同的值时，它的第一个根的值，以及与此相对应的 p 和 $K_c a$ 值。

表 2.6－2　$J'_m(K_c a)N'_m(pK_c a)-J'_m(pK_c a)N'_m(K_c a)=0$ 的根

m / $K_c a$ / p	1	2	3	4	5	6
1.2	0.910	1.821	2.731	3.641	4.550	5.458
1.5	0.805	1.608	2.407	3.200	3.984	4.760
2.0	0.677	1.341	1.979	2.588	3.170	3.731
2.5	0.585	1.137	1.643	2.118	2.561	2.999
3.0	0.514	0.977	1.388	1.769	2.138	2.501
3.5	0.458	0.852	1.19（8）	1.52（2）	1.833	2.144
4.0	0.411	0.752	1.048	1.329	1.604	1.876
4.5	0.37（3）	0.67（2）	0.93（2）	1.18（0）	1.426	1.667
5.0	0.341	0.607	0.840	1.064	1.283	1.501
5.5	0.31（4）	0.554	0.76（6）	0.967	1.167	1.364
6	0.290	0.508	0.700	0.886	1.069	1.250

三、同轴线尺寸的选择

在一般情况下，同轴线尺寸的选择主要应考虑到在给定的工作频带内只传输 TEM 模，除此而外，在某些情况下，还应满足一定的功率容量和较小的损耗。为了保证只传输 TEM 模，在给定的工作频带内，最短的工作波长 λ_{min} 与同轴线尺寸之间应满足关系式

$$\lambda_{min} \geqslant (\lambda_c)_{TE_{11}} \approx \pi(a+b)$$

即

$$(a+b) \leqslant \frac{\lambda_{min}}{\pi} \tag{2.6-34}$$

式（2.6－34）只确定了（$a+b$）的值，尚需进一步确定 b 与 a 的比值，才能最后确定 a 与 b 的具体尺寸。为此，在保证只传输 TEM 模的前提下，有时还需要考虑到对同轴线的特性阻抗、功率容量和损耗方面的要求；但是，这些要求很难同时满足，因此应视具体情况满足其中的一项主要要求，或采取兼顾这些要求的折中方案，以确定同轴线的尺寸。下面分别讨论在为了传输最大功率和要求损耗最小这两种情况下，同轴线的尺寸应如何选择。

同轴线内传输的功率，根据式（2.3－67），即

$$P=\frac{1}{2}\mathrm{Re}\left[\int_S(\boldsymbol{E}_t\times\boldsymbol{H}_t^*)\cdot\boldsymbol{z}\mathrm{d}S\right]$$

则

$$P=\frac{1}{2}\mathrm{Re}\left\{\int_S[(\boldsymbol{r}E_r)\times(\boldsymbol{\varphi}H_\varphi)^*]\cdot\boldsymbol{z}\mathrm{d}S\right\} \tag{2.6-35}$$

将式（2.6－11）和式（2.6－12）代入上式中，则传输功率为

$$\begin{aligned}P&=\frac{1}{2}\mathrm{Re}\left\{\left[\int_S\left(\boldsymbol{r}\frac{E_0a}{r}\mathrm{e}^{-\mathrm{j}\beta z}\right)\times\left(\boldsymbol{\varphi}\frac{E_0a}{\eta r}\mathrm{e}^{\mathrm{j}\beta z}\right)\right]\cdot\boldsymbol{z}\mathrm{d}S\right\}\\&=\frac{E_0^2a^2}{2\eta}\int_0^{2\pi}\mathrm{d}\varphi\int_a^b\frac{\mathrm{d}r}{r}=\frac{\pi E_0^2a^2}{\eta}\ln\frac{b}{a}\end{aligned} \tag{2.6-36}$$

根据式（2.6－14），若已知同轴线内外导体之间的电压 U，则 E_0 可表示为

$$E_0=\frac{U}{a\ln\frac{b}{a}} \tag{2.6-37}$$

这样，传输功率 P 就可写为

$$P=\frac{\pi|U|^2}{\eta\ln\frac{b}{a}} \tag{2.6-38}$$

现在计算最大传输功率（功率容量）P_{br}。由式（2.6－11）可知，在 $r=a$ 处电场强度的值为最大。即$|E_r|=|E_0|$，若令$|E_0|$等于同轴线内填充介质的电击穿强度 E_{br}，则根据式（2.6－36），P_{br} 为

$$P_{\mathrm{br}}=\frac{\pi E_{\mathrm{br}}^2a^2}{\eta}\ln\frac{b}{a} \tag{2.6-39}$$

与此相对应的同轴线所能承受的最大电压的幅值$|U_{\mathrm{br}}|$，根据式（2.6－37）则为

$$|U_{\mathrm{br}}|=E_{\mathrm{br}}a\ln\frac{b}{a} \tag{2.6-40}$$

若填充的介质为空气，则 P_{br} 为

$$P_{\mathrm{br}}=\frac{E_{\mathrm{br}}^2a^2}{120}\ln\frac{b}{a} \tag{2.6-41}$$

由式（2.6－39）可知，在介质一定的情况下，P_{br} 与 a 和 b 有关，改变其中任意一个都会影

响 P_{br} 的值；如果在（$a+b$）满足式（2.6－34）的条件下，令 b 不变，只改变 a，以求得最大的 P_{br}，即令

$$\frac{\mathrm{d}P_{br}}{\mathrm{d}a}=0$$

则得

$$\frac{b}{a}\approx 1.65 \tag{2.6-42}$$

若填充介质为空气，则相应于该尺寸的同轴线的特性阻抗约为 30 Ω。

现在计算同轴线的衰减常数。因为同轴线本质上就是双导体传输线，所以其衰减常数可以利用第 1 章中的式（1.7－20）来进行计算，即

$$\alpha\approx\frac{R}{2}\sqrt{\frac{C}{L}}+\frac{G}{2}\sqrt{\frac{L}{C}}=\alpha_c+\alpha_d$$

若介质损耗很小，则一般只计算导体衰减常数 α_c，即

$$\alpha_c\approx\frac{R}{2Z_c} \tag{2.6-43}$$

式中，$Z_c=\sqrt{L/C}$，R 为同轴线单位长度的电阻值，它的表示式为

$$R=R_S\left(\frac{1}{2\pi a}+\frac{1}{2\pi b}\right) \tag{2.6-44}$$

式中的 R_S 为金属导体的表面电阻率。

这样，导体的衰减常数 α_c 可写为

$$\alpha_c\approx\frac{R_S\left(\dfrac{1}{a}+\dfrac{1}{b}\right)}{2\eta\ln\dfrac{b}{a}}\ \mathrm{Np/m} \tag{2.6-45}$$

如果在（$a+b$）满足式（2.6－34）的条件下，令 b 不变，只改变 a，以求得最小的 α_c 值，即令

$$\frac{\mathrm{d}\alpha_c}{\mathrm{d}a}=0$$

则得

$$\frac{b}{a}\approx 3.6$$

若填充的介质为空气，则相应于该尺寸的同轴线的特性阻抗约为 77 Ω。

从以上的讨论可知，要求大的功率容量与要求小的损耗，在尺寸选择上是不一致的；为了兼顾这两方面的要求而采取的折中尺寸是 $b/a\approx 2.3$，若填充介质为空气，则相应于该尺寸的同轴线的特性阻抗约为 50 Ω，对于填充其他介质的同轴线，为了在实际应用中有较好的通用性，其特性阻抗也大都为 50 Ω，当然，其尺寸则与填充空气时不同；除此之外，还有许多特性阻抗不同的同轴线（见第 1 章有关内容）。

本节内所讲的内外导体的横截面都是圆形的同轴线，是应用较广泛的一种，除此而外，为满足某种特殊用途的需要，也可将外导体的横截面制作成正方形或长方形，而内导体的横截面仍为圆形；或者把内外导体的横截面均制作成正方形或长方形，甚至内外导体的横截面

均制成多角形，等等。对于这一类同轴线，在这里就不讨论了。

§ 2.7　过极限波导

在无耗的规则波导中，电磁波的传播条件为工作波长 λ 小于截止波长 λ_c，当 λ 大于 λ_c 时，波就不能够传播了，称为截止状态。处于这种状态下的波导称为过极限波导或截止波导。下面讨论这种波导的特性和应用。

一、过极限波导的特性

根据式（2.2－28）可知，沿着无耗规则波导的轴线 z 传播的电磁波的相移常数 β 为

$$\beta=\sqrt{K^2-K_c^2} \tag{2.7-1}$$

当 $\lambda<\lambda_c$ 时，β 为正实数，波沿 z 轴有相位变化，可以传播。设波沿 z 轴正方向传播，则电场和磁场的表示式为

$$\boldsymbol{E}=\boldsymbol{E}_m e^{j(\omega t-\beta z)} \tag{2.7-2}$$

$$\boldsymbol{H}=\boldsymbol{H}_m e^{j(\omega t-\beta z)} \tag{2.7-3}$$

式中的 $\boldsymbol{E}_m$ 和 $\boldsymbol{H}_m$ 分别为电场和磁场的复矢量。当 $\lambda>\lambda_c$ 时，β 为虚数，具体的可以写为

$$\beta=\sqrt{K^2-K_c^2}=\sqrt{\left(\frac{2\pi}{\lambda}\right)^2-\left(\frac{2\pi}{\lambda_c}\right)^2}=\pm j\frac{2\pi}{\lambda_c}\sqrt{1-\left(\frac{\lambda_c}{\lambda}\right)^2} \tag{2.7-4}$$

令

$$\alpha=\frac{2\pi}{\lambda_c}\sqrt{1-\left(\frac{\lambda_c}{\lambda}\right)^2} \tag{2.7-5}$$

则

$$\beta=\pm j\alpha \tag{2.7-6}$$

α 称为衰减常数。这样，电场和磁场的表示式就可写为

$$\boldsymbol{E}=\boldsymbol{E}_m e^{\pm\alpha z}e^{j\omega t} \tag{2.7-7}$$

$$\boldsymbol{H}=\boldsymbol{H}_m e^{\pm\alpha z}e^{j\omega t} \tag{2.7-8}$$

若选取 $\beta=+j\alpha$，则表示场强的幅值随着 z 的增加而增加，显然，这不符合实际情况，因此应选取 $\beta=-j\alpha$，于是有

$$\boldsymbol{E}=\boldsymbol{E}_m e^{-\alpha z}e^{j\omega t} \tag{2.7-9}$$

$$\boldsymbol{H}=\boldsymbol{H}_m e^{-\alpha z}e^{j\omega t} \tag{2.7-10}$$

可见，波沿 z 轴正方向没有相位的变化，不能够在波导中传播，呈截止状态，波的幅值随着距离 z 的增加按指数规律衰减；当场量随着时间做周期性变化时，波导中各点处的场量是同时涨落的。需要指出的是，因为已假定波导是无耗的，所以，波的衰减并不伴随着电磁波能量的损耗（如热损耗），衰减是由于波不满足传播条件而造成的，因此称为“无耗衰减”。

在本章前几节中，已讨论过矩形和圆形波导中场分量的表示式，从中可以看出，一个纯粹的行波，其电场的横向分量与磁场的横向分量在时间相位上是同相的，而且与之相应的波

型阻抗也是纯电阻性的；但是，当波导处于截止状态时，情况就不同了，现以圆形波导中的TE 模为例来加以说明。在行波状态下（$\lambda<\lambda_c$），TE 模场量的表示式，即式（2.5－35）。当波导处于截止状态时，只要将式（2.5－35）中的相移常数 β 改为 $\beta=-j\alpha$，就得到了截止状态下TE 模场量的表示式为（省写了时间因子 $e^{j\omega t}$）

$$
\begin{cases}
E_r = \pm j\dfrac{\omega\mu m}{K_c^2 r} H_0 J_m(K_c r) \begin{matrix}\sin m\varphi \\ \cos m\varphi\end{matrix} e^{-\alpha z} \\
E_\varphi = j\dfrac{\omega\mu}{K_c} H_0 J_m'(K_c r) \begin{matrix}\cos m\varphi \\ \sin m\varphi\end{matrix} e^{-\alpha z} \\
H_r = -\dfrac{\alpha}{K_c} H_0 J_m'(K_c r) \begin{matrix}\cos m\varphi \\ \sin m\varphi\end{matrix} e^{-\alpha z} \\
H_\varphi = \pm\dfrac{\alpha m}{K_c^2 r} H_0 J_m(K_c r) \begin{matrix}\sin m\varphi \\ \cos m\varphi\end{matrix} e^{-\alpha z} \\
H_z = H_0 J_m(K_c r) \dfrac{\cos m\varphi}{\sin m\varphi} e^{-\alpha z} \\
E_z = 0
\end{cases}
\tag{2.7－11}
$$

可见，电场的横向分量均含有 j，而磁场的横向分量均不含有 j，这说明两者在时间相位上相差 π/2，因此不可能构成沿波导轴向的能量传播。另外，若以电场的横向分量与磁场的横向分量之比作为波导截止时的波型阻抗，那么，从上式可以看出，过极限波导的波型阻抗是纯电抗性的，对于 TE 模而言，就是纯电感性的。TE 模的波型阻抗 Z_{TE} 为

$$
Z_{TE} = \frac{E_r}{H_\varphi} = j\frac{\omega\mu}{\alpha} = j\frac{\lambda_c}{\lambda}\sqrt{\frac{\mu}{\varepsilon}}\frac{1}{\sqrt{1-\left(\dfrac{\lambda_c}{\lambda}\right)^2}} \tag{2.7－12}
$$

若 $\lambda \gg \lambda_c$，则

$$
Z_{TE} \approx j\frac{\lambda_c}{\lambda}\sqrt{\frac{\mu}{\varepsilon}} \tag{2.7－13}
$$

从式（2.7－11）还可看出，随着频率的降低，电场分量也随着降低，而磁场分量将趋于一个常数，而不会无限地降低。即是说，当频率低于（或远低于）截止频率时，截止波导内储存的磁场能量是主要的，电场能量是次要的。

对于圆形波导中的 TM 模，根据式（2.5－30），经过与上述同样的分析步骤，就可以求得在截上状态下的波型阻抗 Z_{TM} 为

$$
Z_{TM} = \frac{E_r}{H_\varphi} = -j\frac{\alpha}{\omega\varepsilon} = -j\frac{\lambda}{\lambda_c}\sqrt{\frac{\mu}{\varepsilon}}\sqrt{1-\left(\frac{\lambda_c}{\lambda}\right)^2} \tag{2.7－14}
$$

若 $\lambda \gg \lambda_c$，则

$$
Z_{TM} \approx -j\frac{\lambda}{\lambda_c}\sqrt{\frac{\mu}{\varepsilon}} \tag{2.7－15}
$$

可见，波型阻抗为纯电容性的。当频率低于（或远低于）截止频率时，波导内储存的电场能

量是主要的，磁场能量是次要的。顺便指出，处于截止状态的矩形波导，经分析可知，TE 和 TM 模的波型阻抗的表示式分别与截止状态圆形波导中 TE 和 TM 波型阻抗的表示式具有完全相同的形式，其他性质也是一一对应的，这里不再讨论。图 2.7－1 是在截止状态下，圆形波导中 TE_{11} 和 TM_{01} 模的场结构图。

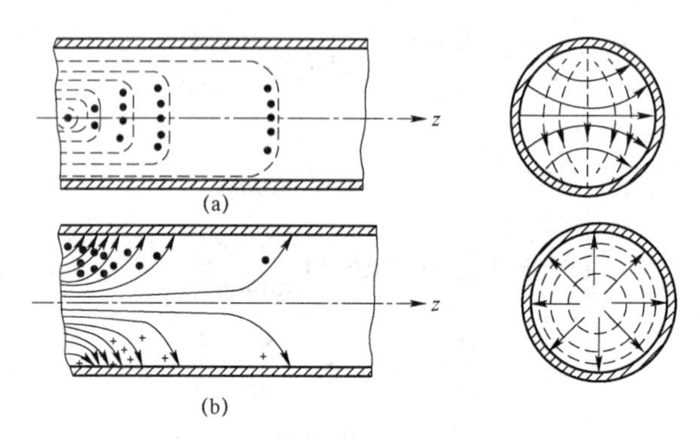

图 2.7－1　截止状态下 TE_{11} 和 TM_{01} 的场结构

（a）TE_{11}；（b）TM_{01}

二、过极限波导的应用

主要用途之一，就是用它制作截止式（过极限式）衰减器。由式（2.7－5）可知，当 $\lambda \gg \lambda_c$ 时，衰减常数 $\alpha \approx 2\pi/\lambda_c$ 只与模有关，而与频率无关，因此可用过极限波导制作宽频带和高精度的衰减器。图 2.7－2 是截止式衰减器的结构示意图，它是利用一段其长度 l 可调的圆形波导来实现衰减的，圆形波导的输入和输出端均与同轴线相连接。在圆形波导中，电场和磁场的幅值沿轴线呈指数规律衰减。设输入端场强（电场或磁场）的幅值为 A，输出端的幅值为 B，则衰减 L 为

$$L = 20\lg\frac{A}{B} = 20\lg e^{\alpha l} = 8.686\alpha l \quad \text{dB} \tag{2.7-16}$$

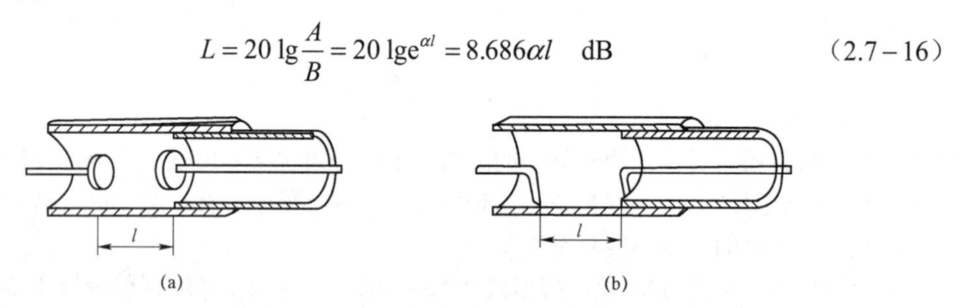

图 2.7－2　截止式衰减器结构示意图

在图 2.7－2（a）中（激励与接收机构为小圆片），圆形波导中的模为 TM_{01}；在图 2.7－2（b）中（激励与接收机构为耦合环），圆形波导中的模为 TE_{11}。除此以外，过极限波导还有其他一些用途，例如，当需要在波导或金属谐振腔的壁上开孔，但又不希望电磁波的能量从其中逸出时，则可利用一直径相当小、有一定长度并工作于截止状态的金属导管与波导或谐振腔相连通，即可达到这一要求。有时，在满足上述要求的情况下，也可以把起截止波导作用的小孔直接开在波导或谐振腔的壁上。还有，在实际的微波传输线中（例如波导和同轴线等），会遇到结构上的不连续或不均匀性（如出现台阶），根据电磁场理论，在不连续或不均匀处

的场应满足该处的边界条件，因此必然会产生高次模，而传输线一般都是设计得工作于主模的，对高次模而言，它相当于截止波导，因此，高次模的场是不能够传输的，其能量就聚集在不连续或不均匀处附近，其作用相当于在该处增加了电抗性元件。根据产生的高次模是 TE（磁场占优势）或 TM（电场占优势），即可判断出电抗性元件的性质是电感性的或电容性的，从而可采取一定的措施来消除或减少不连续性或不均匀性的影响。在微波振荡回路和慢波系统中，也会用到过极限波导。

§2.8　过 模 波 导

当矩形或圆形波导横截面的尺寸满足一定的要求时，波导只传输最低次的模（主模），即单模传输，这是一般的情况，例如矩形波导只传输 TE_{10} 模，圆形波导只传输 TE_{11} 模，有些微波元（器）件也是单模工作的。在这些应用中，虽然也会出现高次模，但一般都当作不需要的杂模而设法加以抑制。然而，在某些应用场合，例如在远距离波导通信中，为了避免传输距离较长，用主模会带来较大的损耗，以及为了提高波导管的功率容量，就需要采用波导横截面的尺寸比传输主模时要大的波导管，称为过模（过尺寸、大尺寸）波导。这种波导在毫米或亚毫米波段是比较适用的。因为加大了波导横截面的尺寸，所以波导中可以同时传输许多个高次模，例如多模（喇叭）馈源，就是利用多个模式场量的叠加，以使天线的辐射场图（波瓣图）达到某种要求。下面仅就圆形波导中传输 TE_{01} 模时的情况，对过模波导做一简略的介绍。

圆形波导中的 TE_{01} 模是经常采用的高次模，其优点是随着频率的升高，导体衰减常数反而下降。TE_{01} 模的截止波长 $\lambda_c=1.64R$（R 是圆形波导的内半径），欲使该模能在波导中传输、并能抑制其他的高次模（其中，TE_{31} 的 λ_c 最长，$\lambda_c=1.50R$），则工作波长 λ 应满足

$$1.50R < \lambda < 1.64R$$

但是，TM_{11} ($\lambda_c=1.64R$)、TE_{21} ($\lambda_c=2.06R$)、TM_{01} ($\lambda_c=2.62R$)和 TE_{11} ($\lambda_c=3.412R$)等模式，也能够在波导中传输，即多模传输。若已选定 TE_{01} 为工作模式，其他高次模则被视为不需要的杂模，并设法将其减弱或抑制掉。若波导比较直，也比较圆，馈入波导的又是纯的 TE_{01} 模，那么，波导中就只有这种模在传输。但是，若波导稍有不直或不圆、或稍有弯曲、或出现其他结构上的不连续或不均匀等，那么，必然会导致其他高次模的产生（例如 TM_{11} 模）。即是说，TE_{01} 模的一部分能量转换成了其他高次模的能量，或者说 TE_{01} 模受到了衰减，这种衰减不是由于热损耗引起的，称为模式转换衰减。为了避免产生不需要的高次模，就需要对过模波导的设计、制作和敷设提出较高的要求。另外，也可以采取其他措施，例如可以采用介质圆形波导、螺旋波导、波纹波导和盘形波导等来传输所需要的高次模，以达到抑制或削弱不需要的高次模的目的。对于这些特殊类型的波导，这里不做讨论，读者可参阅有关的资料。

以上讨论的是圆形波导中传输高次模的情况，同样地，对于矩形波导也可以利用高次模来传输能量，这里也不做讨论。需要指出的是，目前，光纤的应用日益广泛，这就缩小了过模波导的应用范围。但是，由于过模波导具有损耗小、波导段之间易于连接，尤其是能承受较大的功率等优点，因此在某些场合仍有一定的应用。另外，从微波理论和技术的角度看，对过模波导的特性进行研究，仍有一定的意义。

§2.9　脊形波导简介

脊形波导又称凸缘波导，如图 2.9－1 所示，图 2.9－1（a）是单脊形波导，又称 Π 形波导；图 2.9－1（b）是双脊形波导，又称 H 形波导。脊形波导是矩形波导的一种变形，其中可以传输 TE 或 TM 模。TE_{10} 是最低次模（主模），它的场结构与矩形波导中主模 TE_{10} 的场结构相似，只是在凸缘处的电场更为集中，棱角处有不均匀的电场，而在脊的两侧，磁场也更为集中，如图 2.9－2 所示。

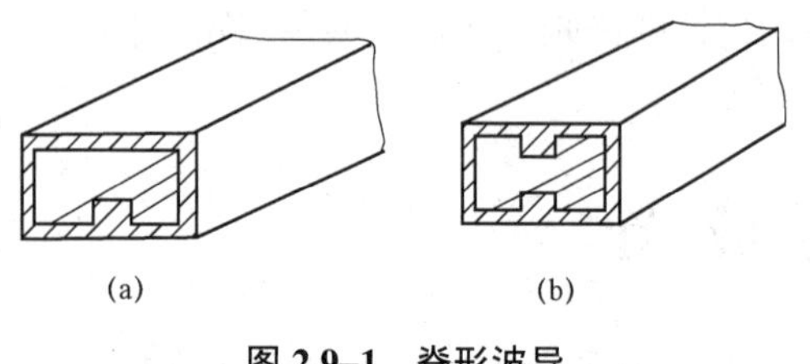

图 2.9–1　脊形波导

（a）单脊形波导；（b）双脊形波导

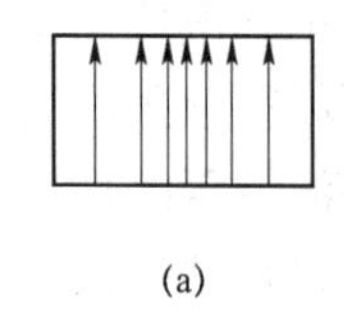

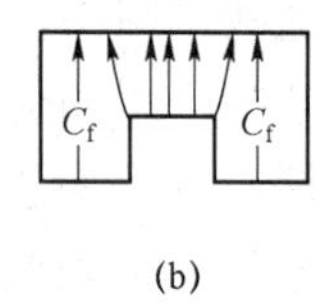

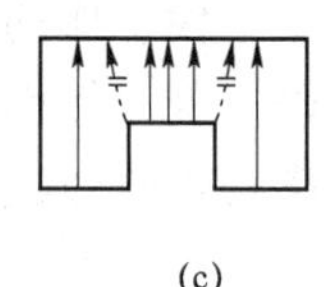

图 2.9－2　脊形波导中 TE_{10} 的电场分布

（a）矩形波导横截面上 TE_{10} 的电场；（b）脊形波导横截面上 TE_{10} 的电场；

（c）脊形波导中的不均匀电容 C_f

与矩形波导相比，脊形波导有下述的一些特点。由于凸缘电容的作用，TE_{10} 模的截止波长比矩形波导中 TE_{10} 的截止波长更长，与 TE_{20} 的截止波长相差也就更大；因此，在同样横截面尺寸的情况下，脊形波导单模工作的频带更宽些，或者说，在同样频带的情况下，脊形波导横截面的尺寸更小；与同样横截面尺寸的矩形波导相比，它的等效阻抗较低，因此可用作矩形波导与低阻抗的同轴线、微带线之间的过渡装置（即可以起到阻抗变换的作用）。由于脊形波导的功率容量小、损耗大，而且加工制作也不方便，因此其使用范围受到一定限制，一般常用于功率容量要求不高、损耗要求不严，以及设备的体积受到某种限制的场合，或者用来制作微波中使用的某些特殊元件。

在脊形波导中，由于边界条件复杂，若用场的方程，并结合边界条件来推导出它的截止波长 λ_c 或截止波数 K_c，则比较困难，因此，通常是采用横向谐振法求出它的 λ_c 或 K_c，以及其他的特性参数。

一、截止波长

当工作波长等于截止波长时，电磁波沿波导的轴向无能量传输，而只是在波导的两个侧壁之间来回地反射，形成横向谐振，此时所对应的截止频率也就是谐振频率。根据这个道理也可以确定脊形波导的截止波长 λ_c 和截止频率 f_c。

为了求出截止波长 λ_c，我们取一单位长度的脊形波导段，如图 2.9－3 所示。图 2.9－3（a）为单脊形波导，其横截面尺寸为 a_1、a_2、b_1 和 b_2；图 2.9－3（b）为双脊形波导，其横截面尺寸为 a_1、a_2、$2b_1$ 和 $2b_2$。下面讨论单脊形波导中主模 TE_{10} 的情况，为此可画出单位长度脊形波导的等效电路，如图 2.9－4 所示。等效电容包括两部分：电场比较集中的凸缘部分所形成

的平板电容 C_p；电场不均匀的棱角处所形成的不均匀电容 $2C_f$。在磁场比较集中的脊棱的两侧，其单位长度的电感均为 L。由图 2.9－3 可知，C_p 为

$$C_p = \frac{\varepsilon a_2}{b_2} \tag{2.9-1}$$

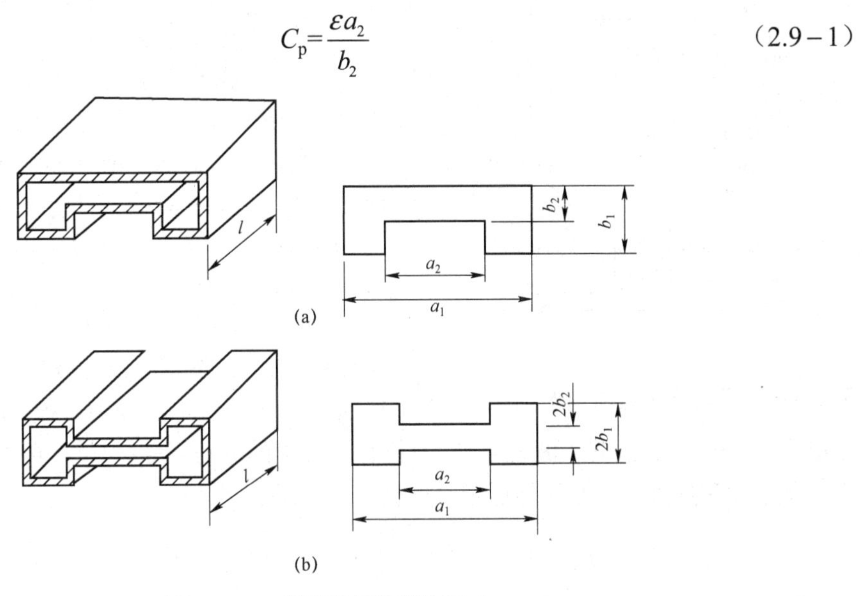

图 2.9－3　脊形波导的截面尺寸

（a）单脊形波导；（b）双脊形波导

式中的 ε 为脊形波导中填充介质的介电常数。利用保角变换的方法可得 C_f 为

$$C_f = \frac{\varepsilon}{\pi}\left[\frac{x^2+1}{x}\operatorname{arch}\left(\frac{1+x^2}{1-x^2} - 2\ln\frac{4x}{1-x^2}\right)\right] \tag{2.9-2}$$

式中的 $x = b_2/b_1$。C_f 的值也可以从图 2.9－5 所示的曲线中查得。由上面的分析可知，单位长度的总电容为

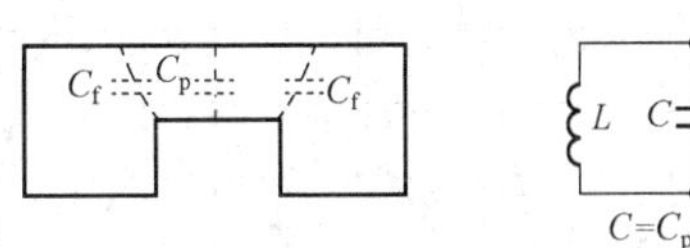

图 2.9－4　单位长度脊形波导中传输 TE_{10} 时的等效电路

$$C = \frac{\varepsilon a_2}{b_2} + 2C_f \tag{2.9-3}$$

电感 L 为

$$L = \frac{\mu(a_1 - a_2)}{2} b_1 \tag{2.9-4}$$

式中的 μ 是脊形波导中填充介质的磁导率。这样，就可以求得截止（谐振）频率 f_c 为

$$\begin{aligned} f_c &= \frac{1}{2\pi\sqrt{\dfrac{L}{2}\left(\dfrac{\varepsilon a_2}{b_2} + 2C_f\right)}} \\ &= \frac{1}{\pi\sqrt{\mu\varepsilon}\sqrt{\left(\dfrac{a_2}{b_2} + \dfrac{2C_f}{\varepsilon}\right)(a_1 - a_2)b_1}} \end{aligned} \tag{2.9-5}$$

截止波长 λ_c 为

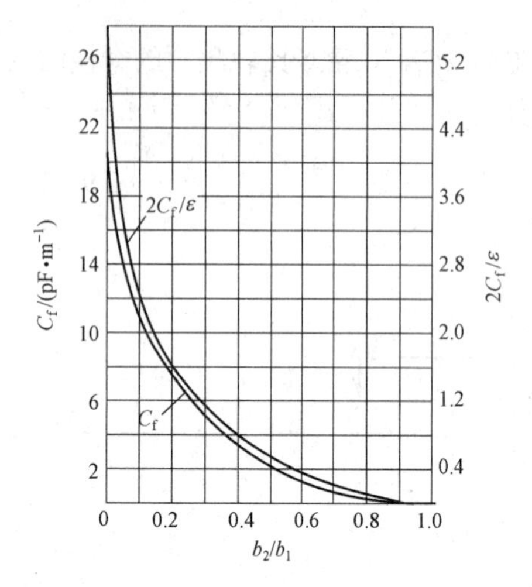

图 2.9–5 不均匀电容 C_f 随 b_2/b_1 的变化曲线

$$\lambda_c = \pi\sqrt{\left(\frac{a_2}{b_2}+\frac{2C_f}{\varepsilon}\right)(a_1-a_2)b_1} \tag{2.9-6}$$

这两个公式虽然是从单脊形波导导出的，但对于如图 2.9–3（b）所示的双脊形波导同样适用，因为对于双脊形波导而言，单位长度的总电容是单脊形波导的一半，而电感则是单脊形波导的两倍，所以两者的截止（谐振）频率和截止波长也是相同的。

图 2.9–6 和图 2.9–7 分别为 b_1/a_1=0.45 的单脊形波导和 $2b_1/a_1$=0.5 的双脊形波导的截止波长与尺寸比 a_2/a_1 的关系曲线。如果矩形波导宽壁的内尺寸 a=a_1，则由图可知，各个不同尺寸脊形波导的截止波长均大于 $2a_1$，这说明脊形波导中主模 TE_{10} 的截止波长比矩形波导中主模 TE_{10} 的截止波长要长。当单脊形波导的 $b_1/a_1 \neq 0.45$ 和双脊形波导的 $2b_1/a_1 \neq 0.5$ 时，作为求近似值，该曲线仍适用，但会有一定的误差。

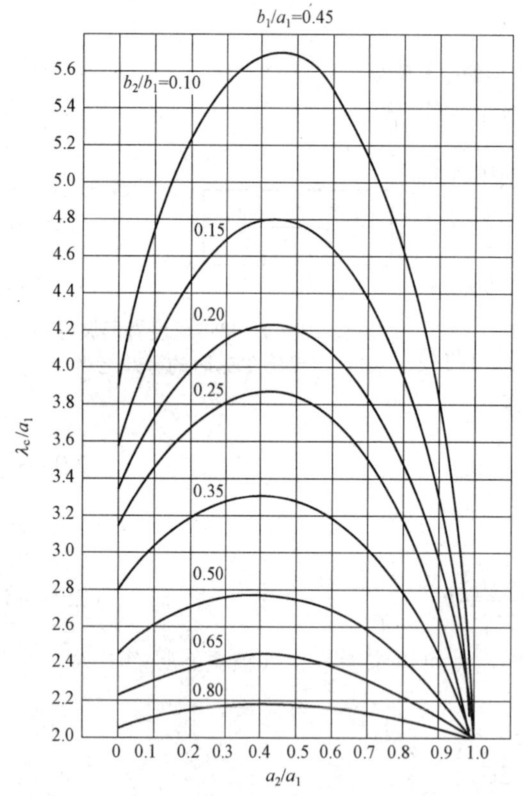

图 2.9–6 b_1/a_1=0.45 的单脊形波导中 TE_{10} 模的截止波长曲线

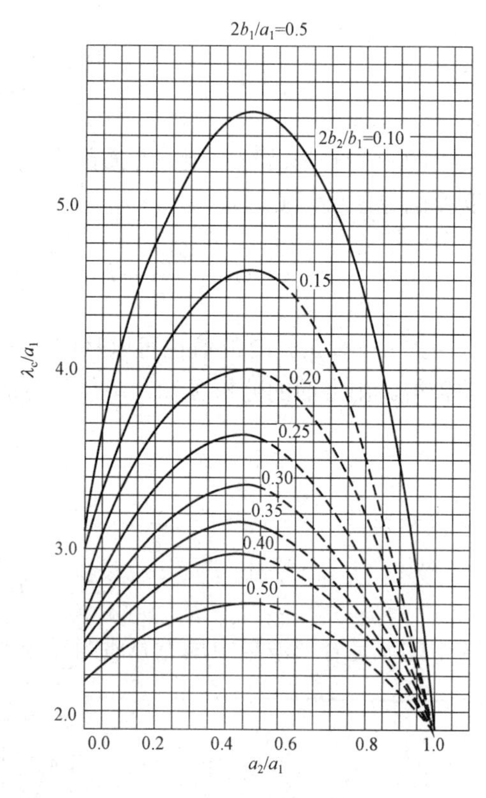

图 2.9–7 $2b_1/a_1$=0.5 的双脊形波导中 TE_{10} 模的截止波长曲线

脊形波导的导波波长 λ_g 为

$$\lambda_g = \frac{\lambda}{\sqrt{1-(\lambda/\lambda_c)^2}} \tag{2.9-7}$$

二、等效阻抗

在讨论矩形波导中传输 TE_{10} 模时，曾导出了等效阻抗的公式（2.4-64），即

$$Z_e = \frac{b}{a}\sqrt{\frac{\mu}{\varepsilon}}\frac{1}{\sqrt{1-(\lambda/2a)^2}}$$

当 λ 趋于零（频率 f 趋于无穷大）时，上式变为

$$Z_{e,\infty} = \frac{b}{a}\sqrt{\frac{\mu}{\varepsilon}} \tag{2.9-8}$$

因此，在一般情况下的等效阻抗 Z_e 即可写为

$$Z_e = \frac{Z_{e,\infty}}{\sqrt{1-(\lambda/\lambda_c)^2}} \tag{2.9-9}$$

同样的，对于脊形波导也可以得到类似的公式。这样，脊形波导的等效阻抗 Z_e 即可写为

$$Z_e = \frac{Z_{e,\infty}}{\sqrt{1-(\lambda/\lambda_c)^2}} \tag{2.9-10}$$

式中的 $Z_{e,\infty}$ 是 λ 趋于零（即频率 f 趋于无穷）时脊形波导的等效阻抗。可见，只要求出了 $Z_{e,\infty}$，Z_e 即可求得。我们知道，当 λ 趋于零时，波导中的电磁波已变为接近于 TEM 模的波，而此时波导的作用相当于一个平行板传输线，因此，利用求平行板传输线等效阻抗的方法即可求出脊形波导的 $Z_{e,\infty}$ 的值。略去计算过程，并做了某些近似之后，即可得到脊形波导的 $Z_{e,\infty}$ 的近似值为

$$Z_{e,\infty} \approx \frac{120\pi}{\dfrac{2C_f}{\varepsilon}+\dfrac{a_2}{b_2}+\dfrac{1}{2}\dfrac{a_1}{b_1}\left(1-\dfrac{a_2}{a_1}\right)} \quad \text{（单脊形）} \tag{2.9-11}$$

$$Z_{e,\infty} \approx \frac{240\pi}{\dfrac{2C_f}{\varepsilon}+\dfrac{a_2}{b_2}+\dfrac{1}{2}\dfrac{a_1}{b_1}\left(1-\dfrac{a_2}{a_1}\right)} \quad \text{（双脊形）} \tag{2.9-12}$$

将上两式代入式（2.9-10）中，即可求出单脊形或双脊形波导的等效阻抗。

以上讨论的是脊形波导中传输 TE_{10} 模时的情况，对于其他模，用类似的方法也可求出它们的各个参量，并有曲线或数据表可以查阅，在此不予讨论。

§ 2.10 椭圆形波导简介

椭圆形波导的横截面呈椭圆形，它可以用铜（或铜合金）或铝（或铝合金）制成，波导壁可以是带皱纹或不带皱纹的结构，一般都具有一定的柔软性和可弯曲性。矩形和圆形金属

波导的应用是很广泛的，但把它们用作长距离传输能量的波导时，会在结构和安装方面遇到一定困难。例如，对于圆形波导而言，结构和尺寸的微小变化，都会引起传输模的变化或极化面的旋转。利用椭圆形波导则会较好地克服这些困难。与矩、圆形波导相比，椭圆形波导可以制作得更长，可省去许多连接元件，在同样的要求下，质量较小，传输模也较稳定；而且在同样的频率下，椭圆形波导的衰减和驻波比都比同轴线的要小。波导壁带有皱纹的软波导，其可弯曲性更好，敷设也更方便，因此在数字微波接力通信、广播电视、卫星通信、电子对抗、雷达以及某些电子设备中都有一定的应用。

对于椭圆形波导中的模式、场结构、截止波长以及传输特性等问题的求解，原则上仍可采用本章前面曾讨论过的关于规则波导的分析方法；但在讨论椭圆形波导时，应采用椭圆柱坐标系，再根据边界条件求波动方程的解。在解方程的过程中会出现马修（Mathieu）方程和马修函数，其计算过程较复杂，在此不讨论这些内容，下面只把一些最基本的知识做一简单介绍。

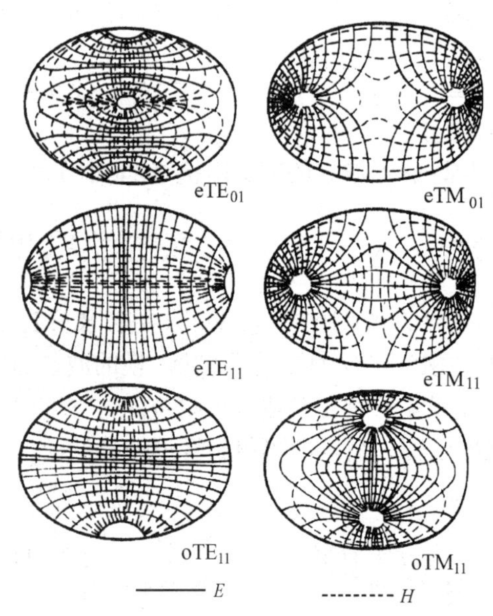

图 2.10–1　椭圆形波导中几种模式的场结构

在椭圆形波导的场解中包含着径向马修函数和角向马修函数，而且这两种函数又分别有偶函数和奇函数两个类型。因此，与此相应，椭圆形波导中的模式也可区分为偶模与奇模，而且偶模和奇模又有无穷多个模。这样，对于椭圆形波导中的 TE 和 TM 模，实际上就有四种类型的模式：偶 TE 模和偶 TM 模；奇 TE 模和奇 TM 模。现在把这四类模按顺序分别记为 eTE_{mn}、eTM_{mn}、oTE_{mn} 和 oTM_{mn}。“e”表示偶模，“o”表示奇模，m 表示马修函数的阶数，n 表示马修函数或其一阶导函数的第 n 个非零根（序号）。图 2.10－1 是椭圆形波导中几种主要模式的场结构图，其中的 eTE_{11} 是主模，它与矩形波导中的 TE_{10} 模和圆形波导中的 TE_{11} 模的场结构很相似，因此，这几种模之间的转换也是比较容易的。

附录 2.1　贝塞尔函数简介

贝塞尔方程的建立和求解过程相当烦琐、复杂，读者可参阅有关的数学书。在这里，只把与本章内容有关的知识做一简单介绍。

方程

$$x^2\frac{\mathrm{d}^2y}{\mathrm{d}x^2}+x\frac{\mathrm{d}y}{\mathrm{d}x}+(x^2-m^2)y=0 \tag{1}$$

称为贝塞尔（Bessel）方程，这是一个二阶常微分方程，x 是自变量，y 是未知函数，常数 m 称为方程的阶（m 阶）。方程的通解包含两个线性无关的解，即

$$y=A_1\mathrm{J}_m(x)+A_2\mathrm{N}_m(x) \tag{2}$$

式中，A_1 和 A_2 为两个任意常数；第一项 $\mathrm{J}_m(x)$称为第一类 m 阶贝塞尔函数；第二项 $\mathrm{N}_m(x)$称

为第二类 m 阶贝塞尔函数（也称为纽曼（Neumann）函数）。

当 m 为正整数时（$m=0, 1, 2, 3, \cdots$），$J_m(x)$的表示式为一无穷级数

$$J_m(x)=\sum_{k=0}^{\infty}\frac{(-1)^k\left(\frac{x}{2}\right)^{m+2k}}{k!(m+k)!}\qquad \text{符号“！”表示阶乘}$$

例如，当 $m=0$ 和 $m=1$ 时

$$J_0(x)=1-\frac{x^2}{2^2}+\frac{x^4}{2^4(2!)^2}-\frac{\dot{x}^6}{2^6(3!)^2}+\cdots+\frac{(-1)^k x^{2k}}{2^{2k}(k!)^2}+\cdots$$

$$J_1(x)=\frac{x}{2}-\frac{x^3}{2^3\cdot 2!}+\frac{x^5}{2^5\cdot 2!3!}-\frac{x^7}{2^7\cdot 3!4!}+\cdots+\frac{(-1)^k x^{2k+1}}{2^{2k+1}\cdot k!(k+1)!}+\cdots$$

式中，$k=0, 1, 2, 3, \cdots$。

附图 2.1－1 是第一类贝塞尔函数的曲线图，由图可以看出，$J_1(x)$和 $J_0(x)$的曲线图分别与三角函数 $\sin x$ 和 $\cos x$ 的曲线图相类似，所不同的是，$J_1(x)$和 $J_0(x)$随着 x 的逐渐增大，其幅值则逐渐地减小。当 x 很大时，$J_m(x)$可近似地表示为

$$J_m(x)\approx\sqrt{\frac{2}{\pi x}}\cos\left(x-\frac{\pi}{4}-\frac{m\pi}{2}\right)\tag{3}$$

当 m 为正整数时（$m=0, 1, 2, 3, \cdots$），$N_m(x)$的表示式为一无穷级数

$$N_m(x)=\frac{2}{\pi}J_m(x)\left(\ln\frac{x}{2}+C\right)-\frac{1}{\pi}\sum_{k=0}^{m-1}\frac{(m-k-1)!}{k!}\left(\frac{x}{2}\right)^{-m+2k}-\frac{1}{\pi}\sum_{k=0}^{\infty}\frac{(-1)^k\left(\frac{x}{2}\right)^{m+2k}}{k!(m+k)!}\left(\sum_{p=0}^{m+k-1}\frac{1}{p+1}+\sum_{p=0}^{k-1}\frac{1}{p+1}\right)$$

式中，$C=0.577\,215\,7\cdots$是欧拉（L. Euler）常数，$m=1, 2, 3, \cdots$。

当 $m=0$ 时，$N_0(x)$的表示式为

$$N_0(x)=\frac{2}{\pi}J_0(x)\left(\ln\frac{x}{2}+C\right)-\frac{2}{\pi}\sum_{k=0}^{\infty}\frac{(-1)^k\left(\frac{x}{2}\right)^{2k}}{(k!)^2}\sum_{p=0}^{k-1}\frac{1}{p+1}$$

附图 2.1－2 是第二类贝塞尔函数的曲线图。从 $N_m(x)$和 $N_0(x)$表示式中第一项都含有 $\ln\frac{x}{2}$ 可以看出，当 $x\to 0$ 时，函数的值趋于负无穷大，函数的曲线图也正说明了这一点。当 x 很大时，$N_m(x)$可近似地表示为

$$N_m(x)\approx\sqrt{\frac{2}{\pi x}}\sin\left(x-\frac{\pi}{4}-\frac{m\pi}{2}\right)\tag{4}$$

关于贝塞尔函数的根。在数学中，一个方程，例如 $ax^2+bx+c=0$，凡是能够使等式成立的 x 的值称为方程的根。同理，凡是能够使贝塞尔函数或其导函数的值为零（例如，$J_m(x)=0$，$J'_m(x)=0$，$N_m(x)=0$）的 x 的值称为贝塞尔函数或其导函数的根。从函数曲线图上看，就是曲线与 x 坐标轴相交处的 x 值；因为曲线与坐标轴有很多交点，从坐标原点开始沿坐标轴正方向看去，曲线与 x 轴的第一个交点处的 x 的值，称为第一个根，依次为第二个根、第三个根……在本书中，将第一类 m 阶贝塞尔函数的第 n 个根记为ν_{mn}，$n=0,1,2,\cdots$是根的序号；第一类 m 阶贝塞尔函数导函数的根记为μ_{mn}。附表 2.1－1 中给出了 $J_m(x)$的一些根的具体数字，把它与函数曲线图中标出的根的数字相对照，就会对函数的根有一个比较直观的了解。

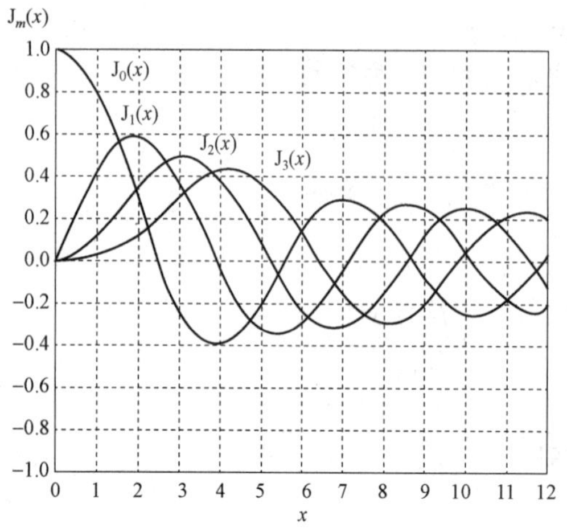

附图 2.1－1　第一类贝塞尔函数的曲线图

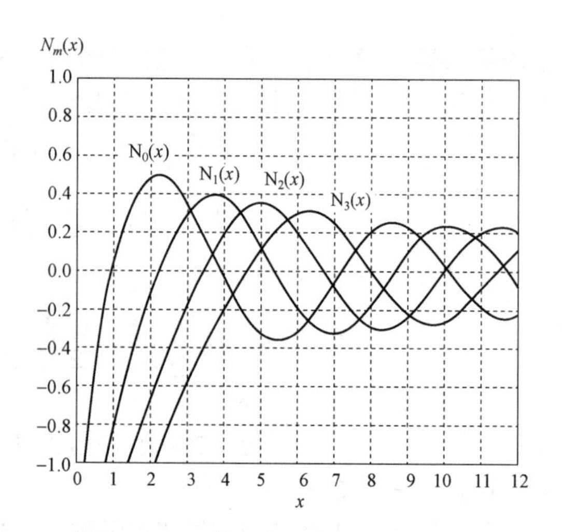

附图 2.1－2　第二类贝塞尔函数的曲线图

附表 2.1－1　$J_m(x)$的根（$m=0, 1, 2, 3, 4, 5$；$n=1, 2, 3, \cdots, 9$）

n \ ν_{mn} \ m	0	1	2	3	4	5
1	2.405	3.832	5.136	6.380	7.588	8.711
2	5.520	7.016	8.417	9.761	11.065	12.330
3	8.654	10.173	11.620	13.015	14.373	15.700
4	11.792	13.324	14.796	16.233	17.616	18.980
5	14.931	16.471	17.960	19.409	20.827	22.218
6	18.071	19.616	21.117	22.583	24.019	25.430
7	21.212	22.760	24.270	25.748	27.199	28.627
8	24.352	25.904	27.421	28.908	30.371	31.812
9	27.493	29.047	30.569	32.065	33.537	34.989

修正贝塞尔函数，在本书第 4 章中将要用到，在这里也做一简单介绍。

若将式（1）中的变量 x 用 $\mathrm{j}x$ 或 $-\mathrm{j}x$ 来代替，就可以得到下列方程：

$$x^2\frac{\mathrm{d}^2y}{\mathrm{d}x^2}+x\frac{\mathrm{d}y}{\mathrm{d}x}-(x^2+m^2)y=0$$

称为修正贝塞尔方程，是一个二阶常微分方程，x 是自变量，y 是未知函数，常数 m 称为方程的阶（m 阶）。方程的通解包含两个线性无关的解，即

$$y=D_1\mathrm{I}_m(x)+D_2\mathrm{K}_m(x) \tag{5}$$

D_1 和 D_2 为两个任意常数，$\mathrm{I}_m(x)$和 $\mathrm{K}_m(x)$分别称为 m 阶第一类和第二类修正贝塞尔函数。当 m

为正整数时

$$\mathrm{I}_m(x)=\sum_{k=0}^{\infty}\frac{x^{m+2k}}{2^{m+2k}k!\Gamma(m+k+1)}$$

式中，$\Gamma(m+k+1)$ 称为伽马函数。若 P 为正整数，则 Γ 函数有下列性质，即 $\Gamma(p+1)=p!$，符号！表示阶乘。利用这一性质就可以对 $\mathrm{I}_m(x)$ 进行计算。附图 2.1－3 给出了修正贝塞尔函数的曲线。

例如，$\mathrm{I}_0(x)=1+\frac{x^2}{2^2}+\frac{x^4}{2^4(2!)^2}+\frac{x^6}{2^6(3!)^2}+\cdots$

$$\mathrm{I}_1(x)=\frac{x}{2}+\frac{1}{1!2!}\left(\frac{x}{2}\right)^3+\frac{1}{2!3!}\left(\frac{x}{2}\right)^5+\frac{1}{3!4!}\left(\frac{x}{2}\right)^7+\cdots+\frac{1}{k!(k+1)!}\left(\frac{x}{2}\right)^{2k+1}+\cdots$$

$$\mathrm{K}_m(x)=(-1)^{m+1}\mathrm{I}_m(x)\left(\ln\frac{x}{2}+\gamma\right)-\frac{1}{2}\sum_{k=0}^{m-1}\frac{(-1)^k(m-k-1)!}{k!}\left(\frac{x}{2}\right)^{2k-m}-$$

$$\sum_{k=0}^{\infty}\frac{(-1)^k\left(\frac{x}{2}\right)^{2k+m}}{k!(m+k)!}\left[\sum_{n=1}^{k}\frac{1}{n}+\sum_{n=1}^{m+k}\frac{1}{n}\right]$$

式中，$\gamma=0.577\,2\cdots$是欧拉常数。

例如，$\mathrm{K}_0(x)=-\left(\ln\frac{x}{2}+\gamma\right)\mathrm{I}_0(x)+\sum_{k=1}^{\infty}\frac{1}{(k!)^2}\left(1+\frac{1}{2}+\cdots+\frac{1}{k}\right)\left(\frac{x}{2}\right)^{2k}$。

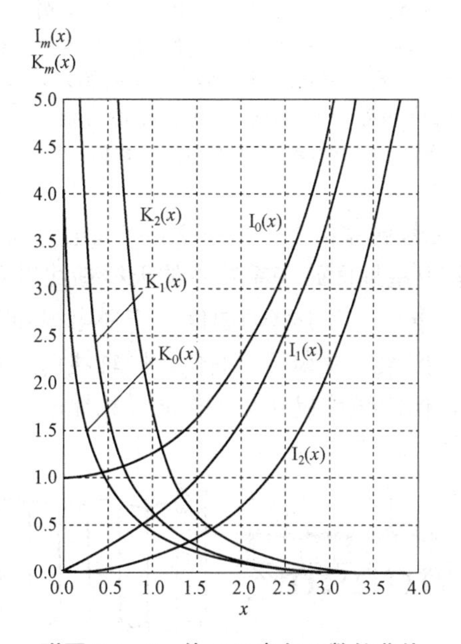

附图 2.1－3　修正贝塞尔函数的曲线

附录 2.2　部分同轴线、矩形软波导管结构示意图

部分同轴线、矩形软波导管结构示意图如附图 2.2－1、附图 2.2－2 所示。

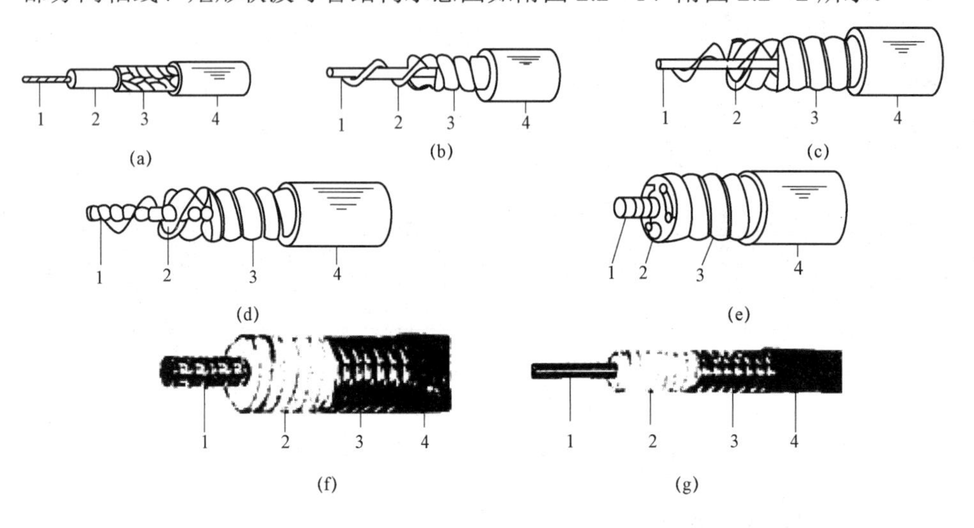

附图 2.2－1　部分同轴线的结构示意图

（a）1—镀银铜线（内导体，由一根或多根镀银细铜线合成）；2—聚四氟乙烯绝缘；3—镀银铜线编织（外导体）；4—聚四氟乙丙烯护套

（b）1—铜管，内导体；2—螺旋形聚乙烯绝缘物；3—皱纹铜管，外导体；4—护套，耐光热聚乙烯

（c）1—铜线，内导体；2—螺旋形聚乙烯绝缘物；3—皱纹铜管，外导体；4—护套，耐光热聚乙烯

（d）1—皱纹铜管，内导体；2—螺旋形聚乙烯绝缘物；3—皱纹铜管，外导体；4—护套，耐光热聚乙烯

（e）1—皱纹铜管，内导体；2—聚四氟乙烯垫片；3—皱纹铜管，外导体；4—护套，耐光热聚乙烯

（f）1—皱纹铜管，内导体；2—聚乙烯泡沫绝缘物；3—皱纹铜管，外导体；4—护套

（g）1—铜管，内导体；2—聚乙烯泡沫绝缘物；3—皱纹铜管，外导体；4—护套

附图 2.2－1（a）适用于传输射频信号；附图 2.2－1（b）、（c）、（d）和（e）适用于微波接力通信、广播电视、雷达和卫星地面站等系统中的天线馈线以及要求低损耗的高频信号的传输线；附图 2.2－1（f）和（g）适用于移动通信、广播电视和微波通信等领域。

以上所述同轴线都具有一定柔韧性和可弯曲性，同轴线内、外导体上的皱纹虽然会对场分布和传输性能有一定影响，但因皱纹尺寸与工作波长相比较小，因此影响不大。

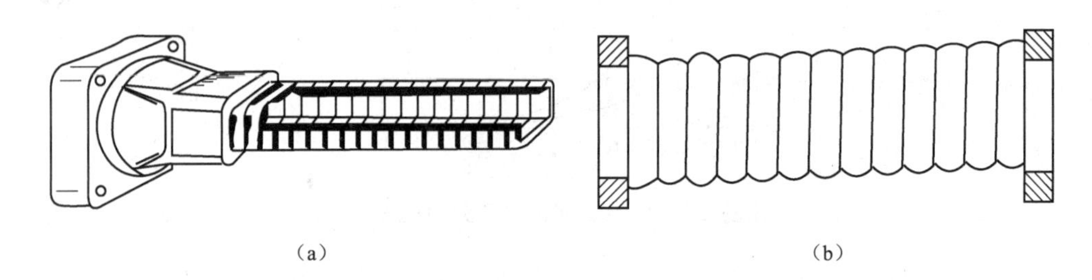

附图 2.2－2　矩形软波导管

（a）矩形软波导管实物剖面示意图；（b）矩形波纹软波导管剖面示意图

附录 2.3 媒质和介质

媒质：实际上，凡是客观存在的各种物质都是媒质，它们都有自己的名称，但通常并不称之为“媒质”。但是，当某些物质在我们所讨论的领域（如微波、电磁学、光学、声学等）中会呈现出与所讨论的问题密切相关的某种物理特性时，经常会用“媒质”这一术语来称呼这些物质。

根据不同的物理特性可将媒质划分为不同的类别。例如，根据媒质的导电性能来划分，则可划分为导体、半导体、绝缘体（电介质，简称介质）；根据导磁性来划分，则可划分为顺磁质（磁化方向与外加磁场方向相同的物质）、抗（反）磁质（磁化方向与外加磁场方向相反的物质）、铁磁物质（磁性很强的物质）、铁氧体（非金属的磁性材料）。

均匀媒质：在媒质中任意两点（理论上讲）在材料构成、密度、分子（原子）结构、导电、导磁等方面完全相同的媒质称为均匀媒质；反之，则称为非均匀媒质。

各向同性媒质：在媒质中任取一点，从该点出发，理论上讲，可以划出无穷多个不同方向的矢量线，沿矢量线的方向看去，对于我们所讨论的物理量都呈现出相同的特性，这种媒质称为各向同性媒质；反之，则称为各向异性媒质。

需要注意的是，媒质是否均匀与媒质是否各向同性是两回事，不可混淆。

习 题

2-1 什么叫作模式，如何划分模式，有哪几种模式？

2-2 什么是工作波长、截止波长和导波波长，三者的关系是什么？对于矩形波导中的 TE 和 TM 模，截止波长的表示式是什么？

2-3 试从不同的角度说明，在矩形波导内不可能有沿轴向传输的 TEM 模。

2-4 在讨论电磁波在规则波导中传输的问题时，会用到哪几种速度，它们的意义是什么，它们之间的关系是什么？

2-5 什么叫作色散模，产生色散的原因是什么，色散会产生什么样的影响？

2-6 如何说明在矩形波导中不存在 TM_{m0} 和 TM_{0n} 这两类模式。

2-7 试将关系式 $\dfrac{\partial H_z}{\partial y}-\dfrac{\partial H_y}{\partial z}=\mathrm{j}\omega\varepsilon E_x$ 推导为 $E_x=\dfrac{1}{\mathrm{j}\omega\varepsilon}\left(\dfrac{\partial H_z}{\partial y}+\mathrm{j}\beta H_y\right)$。

2-8 已知圆形波导中传输的模式为 TE_{01}，若在波导的终端用理想的导体板短路，试写出波导中电磁场的表示式。

2-9 在空气填充的矩形波导中（$a>b$），要求只传输 TE_{10} 模，其条件是什么？若波导尺寸不变，而全填充 $\mu_r=1$、$\varepsilon_r>1$ 的介质，只传输 TE_{10} 模的条件是什么？

2-10 一个空气填充的矩形波导，要求只传输 TE_{10} 模，信号源的频率为 10 GHz，试确定波导的尺寸，并求出 λ_g、v_p 和 v_g 各等于多少。

2-11 空气填充的矩形波导，其尺寸为 $a\times b=7.112\ \mathrm{mm}\times 3.556\ \mathrm{mm}$，其中传输模为 TE_{10}，工作波长 $\lambda=8$ mm。现欲将其转换为在圆形波导内分别传输 TE_{01} 和 TE_{11} 模，但要求 TE_{10}、TE_{01} 和 TE_{11} 三种模的相速相同（不变），问：圆形波导的直径应各是多少？

2－12　空气填充的矩形波导，它的尺寸为 $a\times b=22.86\ \text{mm}\times 10.16\ \text{mm}$，工作波长 λ 为 18 mm，问：波导内可能存在几种模式？

2－13　空气填充的矩形波导，其尺寸为 $a\times b=72.14\ \text{mm}\times 34.04\ \text{mm}$，工作频率为 6 GHz，问：波导内可能存在几种模式？

2－14　空气填充的矩形波导的尺寸为 $a\times b=22.86\ \text{mm}\times 10.16\ \text{mm}$，当信号源的波长分别为 10 cm、8 cm、3.2 cm 和 2 cm 时，问：哪些波长的波可以通过波导，波导内可能存在哪些模式？

2－15　空气填充的波导尺寸为 $a\times b=22.86\ \text{mm}\times 10.16\ \text{mm}$，传输 TE_{10} 模，若信号源的工作波长 λ 分别为 $\lambda<46$ mm 和 23 mm$<\lambda<$46 mm，试问哪种情况可以传输？

2－16　空气填充的矩形波导尺寸为 $a\times b=22.86\ \text{mm}\times 10.16\ \text{mm}$，试求 TE_{10}、TE_{20}、TE_{01}、TM_{11}、TE_{30}、TE_{21}、TE_{31} 和 TE_{41} 等模式的截止波长；若要求只传输 TE_{10} 模，工作波长 λ 的范围是多少？

2－17　在空气填充的矩形波导内（$a\times b=72.14\ \text{mm}\times 34.0\ \text{mm}$），测得相邻两波节点之间的距离为 10.9 cm，求 λ_g 和工作波长 λ。

2－18　试以矩形波导传输 TE_{10} 模为例，说明波阻抗、波型阻抗和等效阻抗的意义，以及三者之间的联系。

2－19　一个空气填充的矩形波导，其尺寸为 $a\times b=23\ \text{mm}\times 10\ \text{mm}$，长为 0.5 m，传输 TE_{10} 模，若将其终端短路，测得第一个电场的波节点距终端为 20 mm，现欲在距终端 45 mm 处的横截面内得到幅值相等的 H_x 和 H_z，问：在直角坐标中的 x 和 y 的值应是多少？

2－20　已知空气填充的波导的尺寸为 $a\times b=22.86\ \text{mm}\times 10.16\ \text{mm}$，工作波长为 32 mm，当波导终端接上负载 Z_l 时，测得驻波比 $S=3$，第一个电场的波节点距负载为 9 mm，试求：传输的模式；负载导纳的归一化值；若用单螺钉进行匹配，求螺钉距负载的距离，以及螺钉应产生的电纳是多少。

2－21　一空气填充的波导，其尺寸为 $a\times b=22.9\ \text{mm}\times 10.2\ \text{mm}$，传输 TE_{10} 模，工作频率 $f=9.375$ GHz，空气的击穿强度为 30 kV/cm，求波导能够传输的最大功率。

2－22　空气填充的波导，其尺寸为 $a\times b=22.86\ \text{mm}\times 10.16\ \text{mm}$，长度为 1 m，工作波长为 3.2 cm，终端负载的归一化值为 0.5，问：波导中传输的是什么模式？输入端的反射系数和波导中的驻波比是多大？为使系统工作于行波状态，应采取何种措施？

2－23　圆形波导中的模式指数 m 和 n 的意义是什么？它们与矩形波导中的模式指数有何异同？

2－24　用空气填充的圆形波导传输主模，工作频率 $f=5\,000$ MHz，选取工作波长λ与截止波长λ_c 之比 $\lambda/\lambda_c=0.9$，试计算圆形波导的内直径、导波波长、相速和群速。

2－25　欲在圆形波导中得到单模传输，应选择哪种模式？单模传输的条件是什么？

2－26　空气填充的圆形波导的内半径为 3 cm，求出 TE_{01}、TE_{11} 和 TM_{01} 的截止波长；圆形波导的内半径为 6 cm，求出 TE_{01}、TE_{11}、TM_{01} 和 TM_{11} 的截止波长。

2－27　空气填充的圆形波导，其内半径 R 为 1.5 cm，若频率 $f=10$ GHz，问：圆形波导中可能存在哪些模式？

2－28　空气填充的圆形波导，其半径 $R=2$ cm，工作于 TE_{01} 模，它的截止频率是多少？

2－29　圆形波导中的 TE_{01}、TE_{11} 和 TM_{01} 模，它们的导体损耗系数随频率而变化的特点各是什么？在实际中，应如何利用这些特点？

2－30　空气填充的圆形波导，其内半径 R 为 2 cm，传输的模式为 TE_{01}，试求其截止频率；若在波导中填充 $\varepsilon_r=2.1$ 的介质，并保持截止频率不变，问：波导的半径应如何变化？

2－31　用工作于 TM_{01} 模、空气填充的圆形波导作为截止式衰减器，工作频率为 1 GHz，要求经过 15 cm 后，衰减 100 dB，试求圆形波导的内半径。

2－32　空气填充的圆形波导截止式衰减器，其内半径为 2 cm，工作模式为 TE_{11}，工作频率为 1 GHz，若要求衰减量分别为 30 dB 和 76 dB，试求波导的长度各为多少？

2－33　欲在同轴线中只传输 TEM 模，其条件是什么？若一个空气填充的同轴线，其内导体的外半径 $a=5$ cm，外导体的内半径 $b=5.6\,a$，求只传输 TEM 模时，最短的工作波长应等于多少？

2－34　一个空气填充的同轴线，其内导体的外直径 $2\,a=12.7$ mm，外导体的内直径 $2\,b=31.75$ mm，空气的击穿强度为 30 kV/cm，传输 TEM 模，频率 $f=9.375$ GHz，试求同轴线能传输的最大功率是多少？

2－35　一空气填充的同轴线传输的模式为 TEM，当把幅值为 100 V 的电压加到线的内外导体之间时，同轴线内的最大场强值为 10^4 V/m，若已知同轴线内导体的外半径为 1 cm，试求外导体的内半径和内导体上电流的幅值。

2－36　一空气填充的同轴线传输的模式为 TEM，内导体的外半径为 a，外导体的内半径为 b，电导率为 σ_1，电磁波的趋肤深度为 δ，试推导出同轴线单位长度上电阻 R 的表示式。

2－37　与矩形波导相比，脊形波导有哪些特点，在实际中应根据什么选择它们的用途？

2－38　与矩形波导和圆形波导相比，椭圆形波导有哪些特点？

第 3 章　微带传输线

微带传输线是近几十年发展起来的一种微波传输线。它具有体积小、质量轻、频带宽、便于与微波集成电路相连接等优点，并能构成各种用途的微波元件，因此得到了广泛的应用。其中，尤其是微带线在微波集成电路中的应用越来越广泛，成为微波集成电路中的重要组成部分之一，用微带线制成的天线（微带天线）也得到了广泛的应用。微带传输线的基本结构形式有两种，即对称微带线（又称带状线）和不对称微带线（又称标准微带线或简称微带线）。带状线和微带线可以看作是由同轴线和平行双导线传输线演变而成的。当然，微带传输线与同轴线和波导相比，也有某些缺点，主要是损耗大、Q 值低和难以承受较大的功率，目前只适用于中小功率范围。此外，为了提高可靠性，工艺水平也有待进一步完善和提高。

本章主要讨论带状线、耦合带状线、微带、耦合微带的主要特性，并对悬置微带、屏蔽微带、共面波导和鳍线等做一简要介绍。

由于微带传输线的边界比较特殊，因此求解参数的过程相当烦琐，本章不可能对此进行讨论。本章的重点是在阐述微带传输线的基本概念和特性的基础上，利用前人推导出的计算公式、曲线图和数据表，并通过做习题进一步理解基本概念和特性，初步地掌握微带传输线参数的计算方法。

微带传输线参数的求解过程不仅烦琐，而且求解方法也多种多样，所得结果也不尽相同。因此，对于同一参数也有多种计算公式、曲线图和数据，本章所述只是其中的一部分，而并非全部。需要说明的是，无论是何种求解方法，在求解过程中，大都做了某些假设、近似和简化。可见，利用这些求解结果计算出的微带线参数只是一个近似值，而其真正的值则需经过实验，并反复验算才能确定。就实际应用而言，这种方法显然是粗糙和不精确的，但对初学者而言，了解这些，对于理解微带传输线的基本概念和性质，并以此为基础进一步学习和掌握更多、更精确的计算和设计方法是很有必要的。关于微带传输线的更详细、更精确的计算和设计方法以及利用计算机进行辅助和优化设计，都有专门的资料和手册可供查阅，本章不予讨论。

§ 3.1　带状传输线

带状线的结构如图 3.1－1 所示。上下两块导体板是接地板，中间的导体带位于上下板的对称面上，导体带与接地板之间可以是空气介质或填充其他介质。带状线可看作是由同轴线

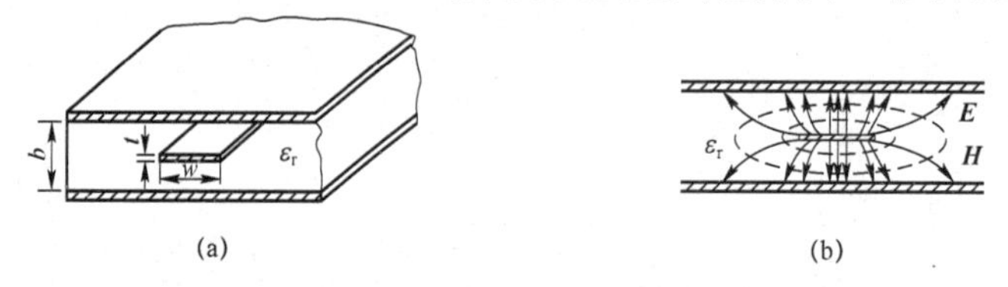

图 3.1－1　带状线的结构及其主模的场结构

（a）带状线的结构；（b）主模的场结构

演变而成的，因此它传输的主模是 TEM 模。

带状线的主要参数有特性阻抗、相速、导波波长、衰减和功率容量等。下面分别讨论这些参数。

一、特性阻抗

因为带状线传输的主模是 TEM 模，如果假设导体为理想导体，填充的介质均匀、无耗、各向同性，带状线的结构沿纵向均匀，而且横截面的尺寸与工作波长相比甚小，那么，就可以援用静态场的分析方法来求特性阻抗 Z_c。在这种情况下，下列关系式是成立的，即

$$Z_c=\sqrt{\frac{L}{C}} \quad 或 \quad Z_c=\frac{1}{v_p C} \tag{3.1-1a}$$

$$v_p=\frac{1}{\sqrt{LC}} \quad 或 \quad v_p=\frac{v_0}{\sqrt{\varepsilon_r}} \tag{3.1-1b}$$

式中，L 和 C 分别为带状线单位长度上的分布电感和分布电容；v_p 为相速度；ε_r 为填充介质的相对介电常数；v_0 为自由空间中电磁波的传播速度。

由此可知，只要求出电容 C，则 Z_c 即可求出。求电容 C 的方法有多种，例如谱域法、积分方程法、有限差分法和复变函数法等，其中较常用的是利用复变函数中的保角变换法求电容 C。对于这些方法的详细推导过程，此处不做介绍，而只把最后的结果和根据这些推导结果绘制出的曲线图列在下面，便于使用和查阅。[特性阻抗以 Ω（欧姆）计]

（一）导体带为零厚度时的特性阻抗

在导体带的厚度 $t\to 0$ 的情况下，利用保角变换法可求得特性阻抗 Z_c 的精确表示式为

$$Z_c=\sqrt{\frac{\mu_r}{\varepsilon_r}}30\pi\frac{K(k')}{K(k)} \tag{3.1-2}$$

式中，$K(\cdot)$ 为第一类完全椭圆积分，k 为模数；k' 为补模数，且

$$k'=\sqrt{1-k^2} \tag{3.1-3}$$

其中 k 与带状线的尺寸 w 和 b 有关。当 $t\to 0$ 时

$$k=\tanh\frac{\pi w}{2b} \tag{3.1-4}$$

式中，w 是中心导体带的宽度；b 是上下接地板的间距。用上述公式求 Z_c，由于涉及椭圆函数的积分，计算十分烦琐，但是，在有关的文献资料中给出了与 k 值相对应的 $\frac{K(k')}{K(k)}$ 或 $\frac{K(k)}{K(k')}$ 的值，根据 k 即可求出 Z_c。

（二）导体带厚度不为零时的特性阻抗

因为实际上导体带的厚度 t 不可能为零，所以求 $t\neq 0$ 时的特性阻抗 Z_c，就更有实用价值。对于这种情况，目前常用的是由科恩（Cohn）利用部分电容概念而求出的特性阻抗的公式，以及根据公式而画出的求特性阻抗的曲线。在实际计算中又分为：宽导体带情况和窄导体带情况。

（1）宽导体带情况（$w/(b-t)\geqslant 0.35$）。对于宽导体带的情况，其分布电容如图 3.1-2 所

示。由图可见，中心导体带两侧的边缘电容，在实际上会产生相互影响，但在中心导体带较宽的情况下，为简化计算，可以忽略这种相互影响。因此可利用部分电容的概念把带状线的电容分成两部分来计算，即：平板电容 C_p，它对应于导体带与接地板之间的均匀电场；边缘电容 C_f，它对应于导体带的边缘与接地板之间的不均匀电场。因此，带状线总的分布电容为

$$C = 2C_p + 4C_f \tag{3.1-5}$$

式中

$$C_p = \frac{\varepsilon w}{\dfrac{b-t}{2}} = \frac{0.088\,5\varepsilon_r w}{\dfrac{b-t}{2}} \quad \text{pF/cm} \tag{3.1-6}$$

利用保角变换法可求得边缘电容

$$C_f = \frac{0.088\,5\varepsilon_r}{\pi}\left\{\frac{2}{1-\dfrac{t}{b}}\ln\left(\frac{1}{1-\dfrac{t}{b}}+1\right)-\left(\frac{1}{1-\dfrac{t}{b}}-1\right)\ln\left[\frac{1}{\left(1-\dfrac{t}{b}\right)^2}-1\right]\right\} \quad \text{pF/cm} \tag{3.1-7}$$

为便于计算，根据上式绘出的 C_f 与 t/b 的关系曲线如图 3.1－3 所示。

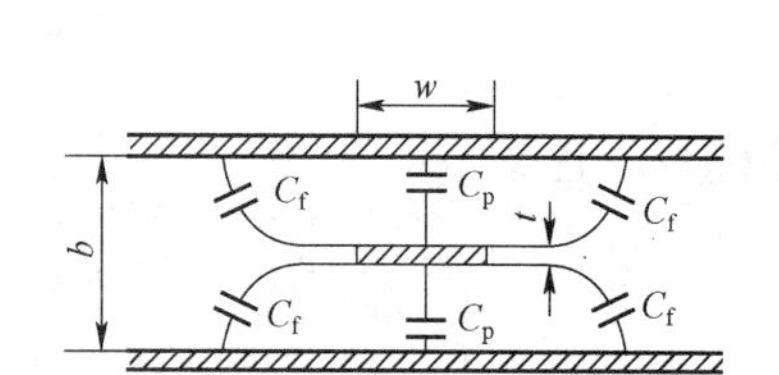

图 3.1－2　宽导体带状线的分布电容

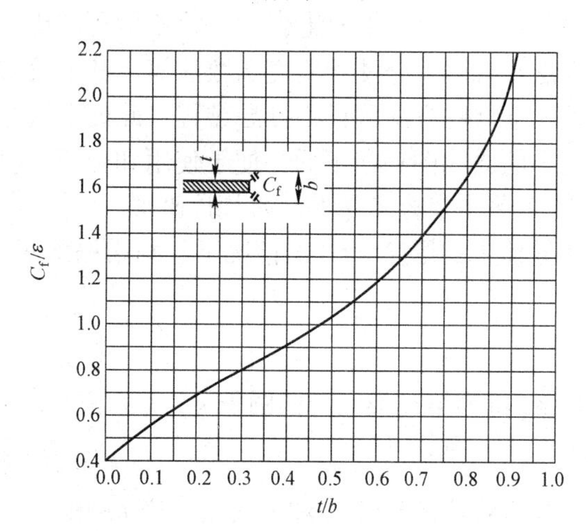

图 3.1－3　带状线的边缘电容与 t/b 的关系曲线

将式（3.1－6）和式（3.1－7）代入到式（3.1－5）中可得

$$C = 2\frac{0.088\,5\varepsilon_r w}{\dfrac{b-t}{2}} + 4C_f \quad \text{pF/cm} \tag{3.1-8}$$

由此可得 Z_c 为

$$Z_c = \frac{1}{v_p C} = \frac{94.15}{\sqrt{\varepsilon_r}\left(\dfrac{w/b}{1-t/b}+\dfrac{C_f}{0.088\,5\varepsilon_r}\right)} \tag{3.1-9}$$

式中，长度以 cm 计，电容以 pF 计。该式是在假设中心导体带为无限宽的情况下求出的，因此是一个近似公式。但是，在 $w/(b-t) \geqslant 0.35$ 的情况下，按此式计算的 Z_c 值，其最大误差则为±(1～2)%。

（2）窄导体带情况（$w/(b-t)<0.35$）。对于这种情况，由于导体带较窄，其两侧边缘电容间的影响较大，不能再做近似性的忽略，而必须考虑这种相互影响的作用。因此，式（3.1－9）已不再适用。为了求出窄导体带情况下的特性阻抗 Z_c，可以利用等效的方法。具体地讲，在 $w/(b-t)<0.35$ 和 $t/b\leqslant 0.25$ 的条件下，实际带状线的特性阻抗，可用与它等效的中心导体为圆柱形的带状线的特性阻抗来确定。设 d 为等效的中心导体的直径，此种情况下的特性阻抗 Z_c 为

$$Z_c=\frac{60}{\sqrt{\varepsilon_r}}\ln\left(\frac{4b}{\pi d}\right) \tag{3.1-10}$$

当 $\dfrac{t}{w}\leqslant 0.11$ 时，d 与 w 和 t 的关系式为

$$d=\frac{w}{2}\left\{1+\frac{t}{w}\left[1+\ln\frac{4\pi w}{t}+0.51\pi\left(\frac{t}{w}\right)^2\right]\right\} \tag{3.1-11}$$

把式（3.1－11）代入式（3.1－10）中，即可求出实际情况下窄导体带时的特性阻抗 Z_c。实际的带状线和与之等效的中心导体为圆柱形的带状线的结构图，以及两者之间的尺寸关系曲线，如图 3.1－4 所示。利用上述公式，其误差约为±1.2%。除此而外，也可采用另一种方法求窄导体带情况下的特性阻抗 Z_c，就是先求出对导体带宽度的修正值 w'，即

$$\frac{w'}{b}=\frac{0.07\left(1-\dfrac{t}{b}\right)+\dfrac{w}{b}}{1.2} \tag{3.1-12}$$

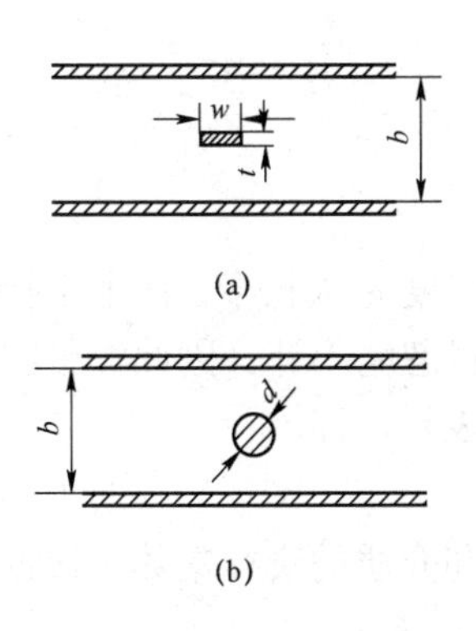

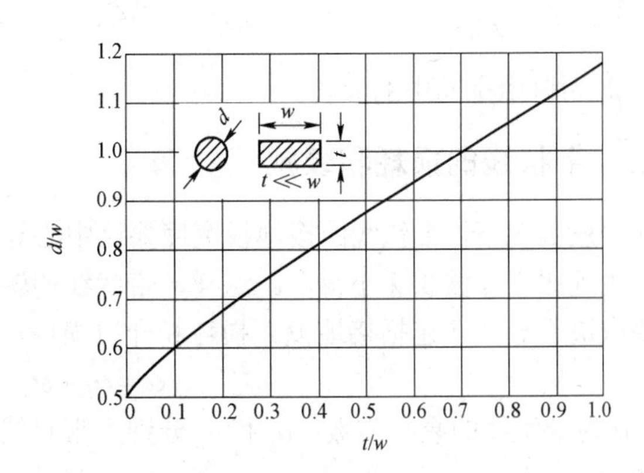

图 3.1－4　矩形中心导体截面与圆形中心导体截面的等效关系

（a）矩形中心导体；（b）圆形中心导体

式中各量还应满足下列关系

$$0.1<\frac{w'/b}{1-t/b}<0.35$$

求出了 w'之后，用 w'代替式（3.1－9）中的 w，就可求出窄导体带情况下的特性阻抗。

为了便于进行工程计算，图 3.1－5 给出了带状线的尺寸与特性阻抗之间的关系曲线，以便查阅。

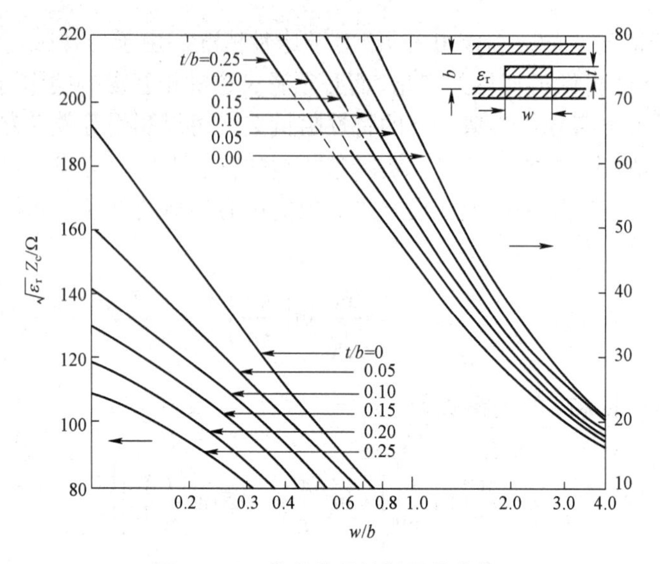

图 3.1－5　带状线的特性阻抗曲线

二、相速和导波波长

带状线传输的主模为 TEM 模，它的传播速度（相速）v_p 为

$$v_p = \frac{v_0}{\sqrt{\varepsilon_r}} \tag{3.1-13}$$

导波波长 λ_g 为

$$\lambda_g = \frac{\lambda_0}{\sqrt{\varepsilon_r}} \tag{3.1-14}$$

式中，λ_0 为自由空间中的波长。

三、带状线的损耗和衰减

在一般情况下，带状线的接地板宽度要比中心导体带的宽度 w 大很多，而上下接地板的间距 b 也远比工作波长 λ 小得多。这样，带状线的辐射损耗可忽略不计。因此，带状线的损耗主要取决于导体（包括接地板）损耗和介质损耗，用公式表示，即

$$\alpha = \alpha_c + \alpha_d \tag{3.1-15}$$

式中，α 为带状线的衰减常数；α_c 和 α_d 分别为带状线导体的和介质的衰减常数。根据传输线理论知

$$\alpha_c = \frac{1}{2}\frac{R}{Z_c} \tag{3.1-16}$$

$$\alpha_d = \frac{1}{2}GZ_c \tag{3.1-17}$$

式中，R 为带状线单位长度上的电阻；G 为单位长度上的漏电导；Z_c 为特性阻抗。利用上面的公式就可以求出 α，但实际计算时仍相当复杂，尤其是 α_c 的计算。因为带状线的中心导体带上的电流分布，以及接地板上的电流分布，在其横截面内都是不均匀的，所以求电阻 R 是比较麻烦的，这样，求 α_c 也就相当复杂。为此，我们略去复杂的推导过程，而只把其结果写

出来，以备查阅。

（一）导体的衰减常数 α_c

（1）宽导体带情况（$w/(b-t) \geqslant 0.35$）。

$$\alpha_c = \frac{2.02 \times 10^{-6}\sqrt{f}Z_c\varepsilon_r}{b} \times \left\{\frac{1}{1-\frac{t}{b}} + \frac{2w/b}{(1-t/b)^2} + \frac{1}{\pi}\left(\frac{1+t/b}{(1-t/b)^2}\right)\ln\left[\frac{\frac{1}{1-t/b}+1}{\frac{1}{1-t/b}-1}\right]\right\} \quad \text{dB/m} \tag{3.1-18}$$

式中，f 以 GHz 计。

（2）窄导体带情况［$w/(b-t) < 0.35$］。

在 $\frac{t}{b} \leqslant 0.25$ 和 $\frac{t}{w} \leqslant 0.11$ 的条件下，有

$$\alpha_c = \frac{0.011\,402\sqrt{f\varepsilon_r}}{\sqrt{\varepsilon_r}Z_c b}\left\{1 + \frac{b}{d}\left[0.5 + 0.669\frac{t}{w} - 0.255\left(\frac{t}{w}\right)^2 + \frac{1}{2\pi}\ln\frac{4\pi w}{t}\right]\right\} \quad \text{dB/m} \tag{3.1-19}$$

式中，f 以 GHz 计；d 为窄导体带的等效圆柱形导体横截面的直径。该式中的 α_c 是铜导体的衰减常数。若导体为其他材料时，其 α_c 可用下式计算

$$\frac{\alpha_c}{\alpha_{Cu}} = \frac{R_S}{R_{Cu}}$$

式中，α_{Cu} 为铜的衰减常数；R_{Cu} 为铜导体的表面电阻率；R_S 为其他导体材料的表面电阻率。

（二）介质的衰减常数 α_d

根据传输线理论知

$$\alpha_d = \frac{1}{2}G\sqrt{\frac{L}{C}} = \frac{1}{2}\frac{G}{\omega C}\omega\sqrt{LC} = \frac{\pi\sqrt{\varepsilon_r}}{\lambda_0}\tan\delta \quad \text{NP/m} = \frac{27.3\sqrt{\varepsilon_r}}{\lambda_0}\tan\delta \quad \text{dB/m} \tag{3.1-20}$$

式中，λ_0 为自由空间的波长（单位为 m），$\frac{G}{\omega C} = \tan\delta$ 为介质损耗角的正切。

四、带状线的功率容量

带状线传输的功率主要受两个因素的制约：一是介质本身的击穿强度（它与峰值功率相对应）；二是介质本身所能承受的最高温升（它与平均功率相对应）。从这两个因素看，带状线难以传输比较大的功率，尤其是在中心导体带的棱角处最易发生电击穿。若把棱角改为光滑的圆角，则其功率容量会有所提高。

五、带状线尺寸的选择

带状线传输的主模是 TEM 模，但若尺寸选择不当，或由于制作不精细和其他原因而造成结构上的不均匀，都可能出现高次模。这些高次模是 TE 模和 TM 模。在选择带状线的尺寸时，应尽量避免出现高次模。

在 TE 模中最低次的模为 TE_{10}，它的场结构如图 3.1－6 所示。由图可见，沿中心导体带

宽度 w 有半个驻波的场分布，而沿横截面的 y 轴方向场保持不变。它的截止波长为

$$(\lambda_c)_{TE_{10}} \approx 2w\sqrt{\varepsilon_r} \tag{3.1-21}$$

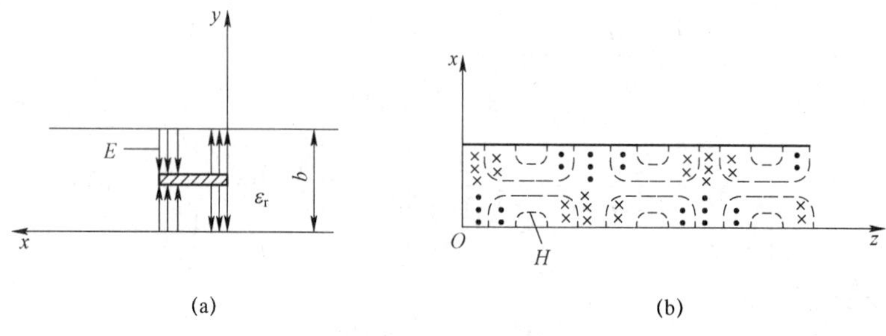

图 3.1-6　带状线中 TE_{10} 模的场结构

（a）横截面图；（b）纵剖面图

为抑制 TE_{10} 模，最短的工作波长 λ_{min} 应满足

$$\lambda_{min} > (\lambda_c)_{TE_{10}} \tag{3.1-22}$$

即

$$w < \frac{\lambda_{min}}{2\sqrt{\varepsilon_r}} \tag{3.1-23}$$

在 TM 模中最低次的模为 TM_{01}，它的场沿中心导体带横截面的 x 方向无变化，而沿 y 方向则有半个驻波的场分布。它的截止波长 $(\lambda_c)_{TM_{01}}$ 为

$$(\lambda_c)_{TM_{01}} \approx 2b\sqrt{\varepsilon_r} \tag{3.1-24}$$

为抑制 TM_{01} 模，最短的工作波长 λ_{min} 应满足

$$\lambda_{min} > (\lambda_c)_{TM_{01}} \tag{3.1-25}$$

即

$$b < \frac{\lambda_{min}}{2\sqrt{\varepsilon_r}} \tag{3.1-26}$$

根据上述要求即可选择 w 和 b 的尺寸。此外，为了减少带状线在横截面方向能量的泄漏，上下接地板的宽度应不小于(3～6)w。

§ 3.2　耦合带状线

耦合带状线的结构形式有多种，如图 3.2-1 所示。利用耦合带状线可以构成滤波器、定向耦合器、电桥等微波元件，以及其他用途的耦合电路。耦合带状线可以由一对或多对的双导体传输线组合而成，它们相互靠得很近，从而产生电磁耦合现象。和带状线的情况一样，耦合带状线传输的主模也是 TEM 模，因此对于耦合带状线特性的分析，也可采用静态场的方法。在具体的做法中，通常大都采用奇模和偶模的分析方法，这给耦合带状线的分析带来了方便。由于耦合带状线的结构形式多种多样，不可能逐个进行讨论，现在只对其中的薄带侧耦合和厚带侧耦合两种情况加以讨论。

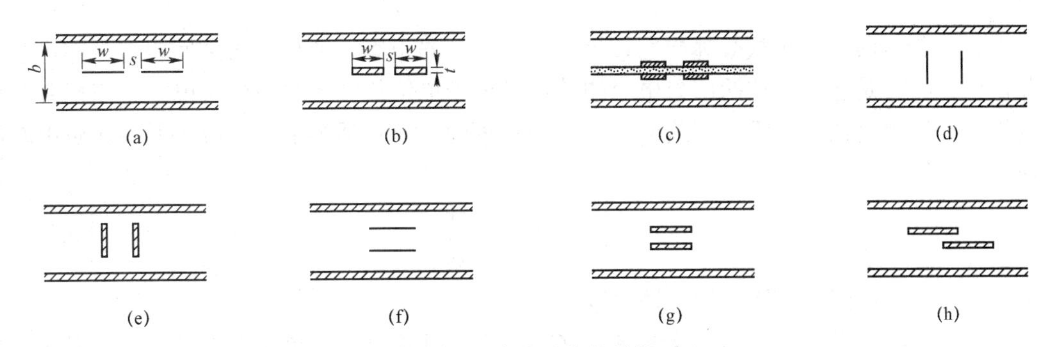

图 3.2－1　耦合带状线的结构形式

（a）薄带侧耦合；（b）厚带侧耦合；（c）夹层侧耦合；（d）薄带垂直宽面耦合；
（e）厚带垂直宽面耦合；（f）薄带平行宽面耦合；（g）厚带平行宽面耦合；（h）厚带错位耦合

一、薄带侧耦合带状线的主要特性

（一）奇、偶模特性阻抗

耦合带状线填充的介质是均匀的，对于主模 TEM，可采用奇模激励和偶模激励两种状态对它进行分析，其他的激励状态可看作是这两种状态的叠加。这两种状态的场结构如图 3.2－2 所示，这是一个对称薄带侧耦合带状线。所谓奇模激励，就是在耦合线的两个中心导体带上加的电压幅度相等，而相位相反，此时的场结构如图 3.2－2（a）所示。由图可见，耦合线对称面上电场强度的切向分量和磁场强度的垂直分量均为零，此时的对称面称为电壁。而偶模激励，则是在两个中心导体带上加的电压幅度相等，相位相同，此时的场结构如图 3.2－2（b）所示。由图可见，耦合线对称面上磁场强度的切向分量和电场强度的垂直分量均为零，此时的对称面称为磁壁。

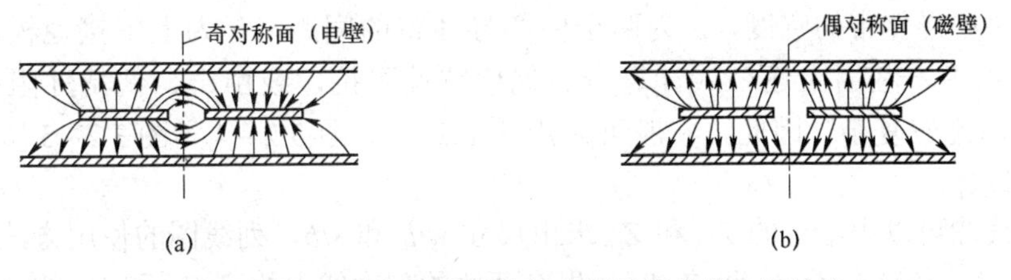

图 3.2－2　对称耦合带状线的奇模和偶模的电场结构

（a）奇模激励；（b）偶模激励

由于上述两种激励状态的场结构不同，因此，与之对应的分布电容、分布电感，以及特性阻抗也不相同。在奇模激励下，单个中心导体带与接地板所构成的传输线的阻抗，称为奇模特性阻抗 Z_{co}；在偶模激励下，单个中心导体带与接地板所构成的传输线的阻抗，称为偶模特性阻抗 Z_{ce}。同理，与这两种激励状态相对应的还有奇模分布电容 C_o 和偶模分布电容 C_e。由此可得如下的关系式

$$Z_{co}=\frac{1}{v_{po}\ C_o} \tag{3.2-1}$$

$$Z_{ce}=\frac{1}{v_{pe}\ C_e} \tag{3.2-2}$$

在耦合带状线中，单根导体带与接地板之间有分布电容，两导体带之间也有分布电容，因此，C_o 与 C_e 是包含了这两部分电容的单根导体带单位长度上总的分布电容。在耦合带状线为均匀介质填充的情况下，相速 v_{po} 和 v_{pe} 是相等的，而且都等于电磁波在无界介质中的传播速度 v_p，即

$$v_{po}=v_{pe}=v_p=\frac{v_0}{\sqrt{\varepsilon_r}} \tag{3.2-3}$$

式中，v_0 为自由空间中电磁波的传播速度。

由 Z_{co} 和 Z_{ce} 的表示式可知，若能求出 C_o 和 C_e，则 Z_{co} 和 Z_{ce} 也就求出来了。利用保角变换可以求出 C_o 和 C_e，从而即可求出 Z_{co} 和 Z_{ce}，略去推导过程，而只把结果写在下面。即

$$Z_{co}=\frac{30\pi}{\sqrt{\varepsilon_r}}\frac{\mathrm{K}(k_o')}{\mathrm{K}(k_o)}\quad \Omega \tag{3.2-4}$$

$$Z_{ce}=\frac{30\pi}{\sqrt{\varepsilon_r}}\frac{\mathrm{K}(k_e')}{\mathrm{K}(k_e)}\quad \Omega \tag{3.2-5}$$

式中，$\mathrm{K}(\cdot)$ 为第一类完全椭圆积分；k_o、k_e 为模数；k_o' 和 k_e' 为补模数。模数与耦合线结构尺寸的关系为

$$k_o=\tanh\left(\frac{\pi w}{2b}\right)\coth\left[\frac{\pi}{2}\left(\frac{w+s}{b}\right)\right] \tag{3.2-6a}$$

$$k_o'=\sqrt{1-k_o^2} \tag{3.2-6b}$$

$$k_e=\tanh\left(\frac{\pi w}{2b}\right)\tanh\left[\frac{\pi}{2}\left(\frac{w+s}{b}\right)\right] \tag{3.2-6c}$$

$$k_e'=\sqrt{1-k_e^2} \tag{3.2-6d}$$

式中，w 为中心导体带的宽度，s 为两个中心导体带的间距，b 为上下接地板间的距离。在实际的应用中，利用上述公式计算奇、偶模特性阻抗，或由奇、偶特性阻抗确定耦合线的尺寸，都比较复杂。因此，一般可采用图 3.2－3、图 3.2－4 和图 3.2－5 所示列线图来进行计算和设计。

利用列线图可以由给定的 Z_{co} 和 Z_{ce} 求出尺寸 w/b 和 s/b。列线图的使用方法是：例如，对于图 3.2－4，当给定了 Z_{co} 和 Z_{ce} 时，先在两侧的刻度线上找到 Z_{co} 和 Z_{ce} 的读数位置，然后用直线连接此两点，直线与当中的 s/b 或 w/b（对于图 3.2－5）的刻度线交点的读数，便是所求的 s/b 或 w/b 的值。如若再选定了尺寸 b，则 w 和 s 即可确定了。需要指出的是，当耦合线中的两根传输线相距甚远（理论上 $s/b\to\infty$），以致它们之间的耦合可忽略不计时，则奇、偶模的特性阻抗相等，而且都等于单个传输线的特性阻抗。

（二）相速和导波波长

前面讲过，耦合带状线填充的是均匀介质，在这种情况下，奇、偶模的场分布虽然不同，但它们都是 TEM 波，因此，奇、偶模的相速是相同的，而且就等于（无界）介质中 TEM 波的速度，即

$$v_{po}=v_{pe}=v_p=\frac{v_0}{\sqrt{\varepsilon_r}} \tag{3.2-7}$$

式中，v_0 为自由空间中电磁波的速度。

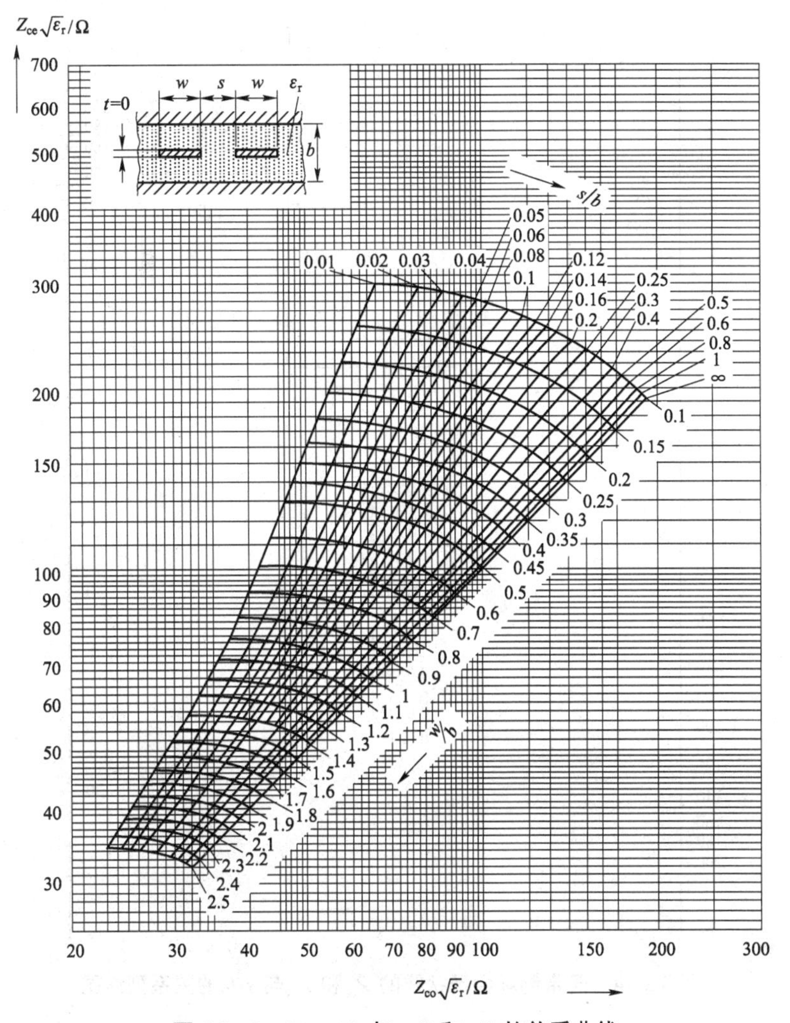

图 3.2－3　Z_{co}、Z_{ce} 与 w/b 和 s/b 的关系曲线

奇、偶模的导波波长也相同，即

$$\lambda_g = \frac{\lambda_0}{\sqrt{\varepsilon_r}} \tag{3.2-8}$$

式中，λ_0 为自由空间中的波长。

二、厚带侧耦合带状线的主要特性

（一）奇、偶模特性阻抗

前面讲的薄带侧耦合带状线的计算公式，是在中心导体带极薄或理论上讲是在 $t\approx 0$ 的情况下求得的。实际情况是 t 不可能为零，而是有一定的数值，这就是厚带侧耦合带状线。它有对称和不对称两种结构形式，如图 3.2－6 所示。为了更一般化，只讨论不对称的厚带侧耦合带状线。和薄带侧耦合的分析方法相似，也是采用奇、偶模的分析方法，先求出它们的奇、偶模电容，而后求得奇、偶模特性阻抗。

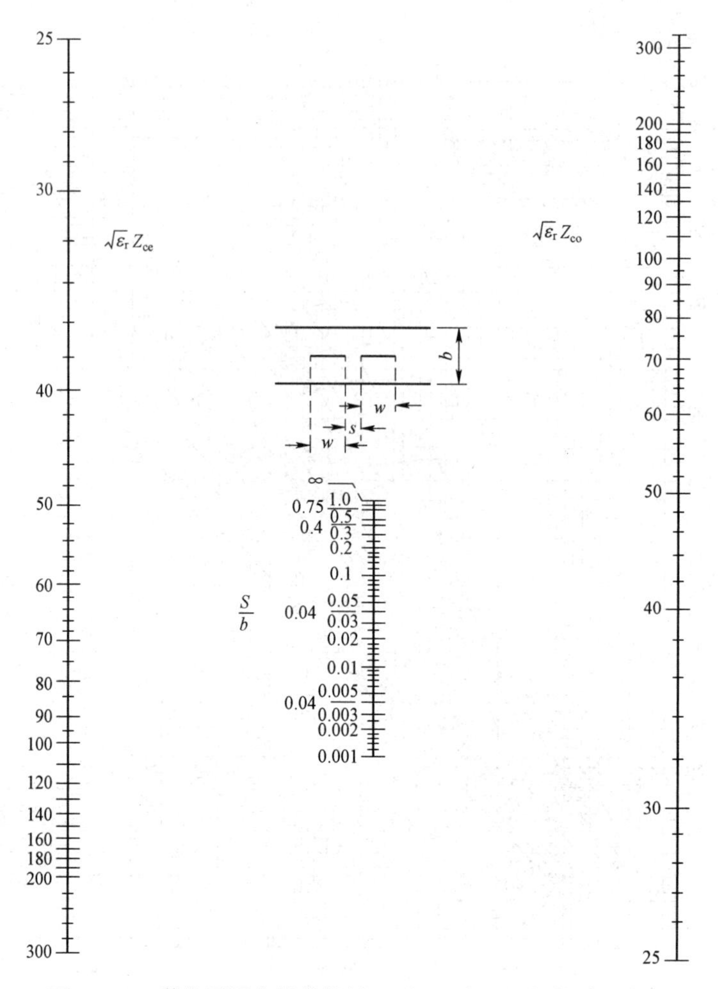

图 3.2－4　薄带侧耦合带状线的 Z_{ce} 和 Z_{co} 与 s/b 的关系列线图

在奇、偶模激励下，耦合线的各种电容如图 3.2－7 所示。在奇模激励下，单根内导体带对地的电容分别为

$$\frac{C_o^a}{\varepsilon}=2\left(\frac{C_p^a}{\varepsilon}+\frac{C_f}{\varepsilon}+\frac{C_{fo}}{\varepsilon}\right) \tag{3.2-9a}$$

$$\frac{C_o^b}{\varepsilon}=2\left(\frac{C_p^b}{\varepsilon}+\frac{C_f}{\varepsilon}+\frac{C_{fo}}{\varepsilon}\right) \tag{3.2-9b}$$

在偶模激励下，单根内导体带对地的电容分别为

$$\frac{C_e^a}{\varepsilon}=2\left(\frac{C_p^a}{\varepsilon}+\frac{C_f}{\varepsilon}+\frac{C_{fe}}{\varepsilon}\right) \tag{3.2-10a}$$

$$\frac{C_e^b}{\varepsilon}=2\left(\frac{C_p^b}{\varepsilon}+\frac{C_f}{\varepsilon}+\frac{C_{fe}}{\varepsilon}\right) \tag{3.2-10b}$$

由上面两组公式（3.2－9a）、式（3.2－9b）和式（3.2－10a）、式（3.2－10b）可得

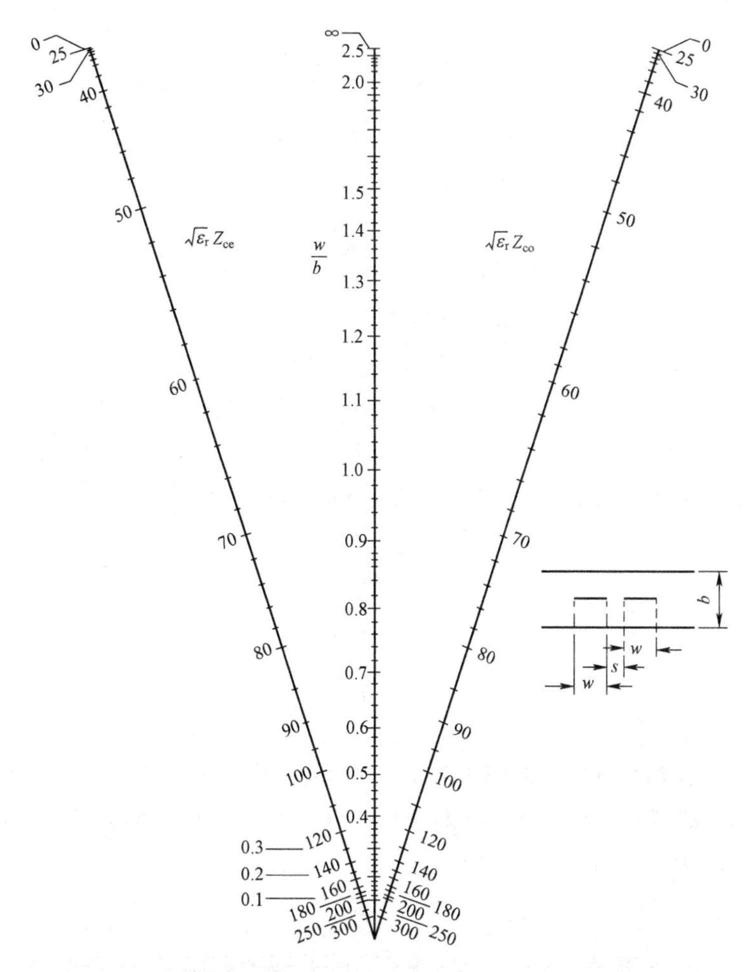

图 3.2－5　薄带侧耦合带状线的 Z_{ce} 和 Z_{co} 与 w/b 的关系列线图

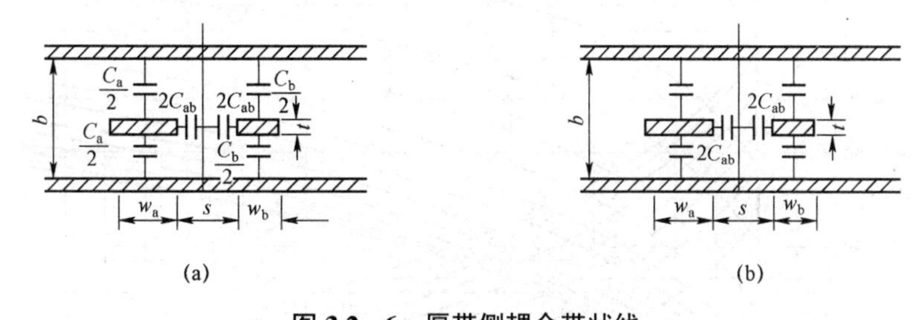

图 3.2－6　厚带侧耦合带状线

(a) 不对称结构；(b) 对称结构

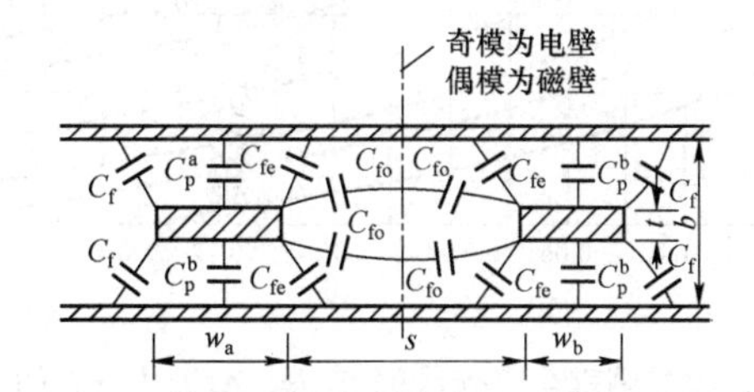

图 3.2－7　不对称厚带侧耦合带状线的各种电容

$$\frac{C_{\mathrm{o}}^{\mathrm{a}}}{\varepsilon}-\frac{C_{\mathrm{e}}^{\mathrm{a}}}{\varepsilon}=2\left(\frac{C_{\mathrm{fo}}}{\varepsilon}-\frac{C_{\mathrm{fe}}}{\varepsilon}\right)=2\frac{\Delta C}{\varepsilon} \tag{3.2-11a}$$

或

$$\frac{\Delta c}{\varepsilon}=\frac{1}{2}\left(\frac{C_{\mathrm{o}}^{\mathrm{a}}}{\varepsilon}-\frac{C_{\mathrm{e}}^{\mathrm{a}}}{\varepsilon}\right)=\frac{C_{\mathrm{ab}}}{\varepsilon}$$

$$\frac{C_{\mathrm{o}}^{\mathrm{b}}}{\varepsilon}-\frac{C_{\mathrm{e}}^{\mathrm{b}}}{\varepsilon}=2\left(\frac{C_{\mathrm{fo}}}{\varepsilon}-\frac{C_{\mathrm{fe}}}{\varepsilon}\right)=2\frac{\Delta C}{\varepsilon} \tag{3.2-11b}$$

或

$$\frac{\Delta C}{\varepsilon}=\frac{1}{2}\left(\frac{C_{\mathrm{o}}^{\mathrm{b}}}{\varepsilon}-\frac{C_{\mathrm{e}}^{\mathrm{b}}}{\varepsilon}\right)=\frac{C_{\mathrm{ab}}}{\varepsilon}$$

在以上各式中，C_{f} 为边缘电容；C_{fo} 为奇模激励状态下导体带内侧的边缘电容；C_{fe} 为偶模激励状态下导体带内侧的边缘电容；ε 为填充介质的介电常数；C_{ab} 为内导体带 a 与 b 之间的耦合电容；$C_{\mathrm{p}}^{\mathrm{a}}$ 和 $C_{\mathrm{p}}^{\mathrm{b}}$ 分别为内导体带 a 和 b 对接地板之间的平板电容，即

$$C_{\mathrm{p}}^{\mathrm{a}}=\frac{\varepsilon w_{\mathrm{a}}}{\frac{b-t}{2}} \tag{3.2-12a}$$

$$C_{\mathrm{p}}^{\mathrm{b}}=\frac{\varepsilon w_{\mathrm{b}}}{\frac{b-t}{2}} \tag{3.2-12b}$$

C_{f} 与 t/b 的关系，即前面讲过的式（3.1－7），也可以利用图 3.1－3 的 C_{f} 与 t/b 的关系曲线求得 C_{f}；$C_{\mathrm{fe}}/\varepsilon$ 与 s/b 的关系，$\Delta C/\varepsilon$ 与 s/b 的关系，以及 $C_{\mathrm{fo}}/\varepsilon$ 与 s/b 的关系，分别如图 3.2－8、图 3.2－9 和图 3.2－10 所示。

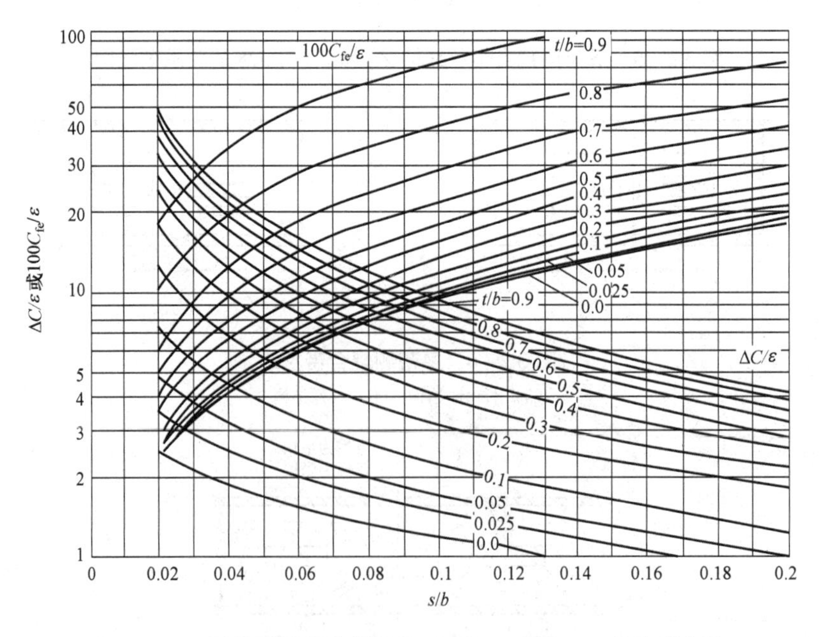

图 3.2－8　厚带侧耦合带状线的 $C_{\mathrm{fe}}/\varepsilon$、$\Delta C/\varepsilon$ 与 s/b 的关系曲线

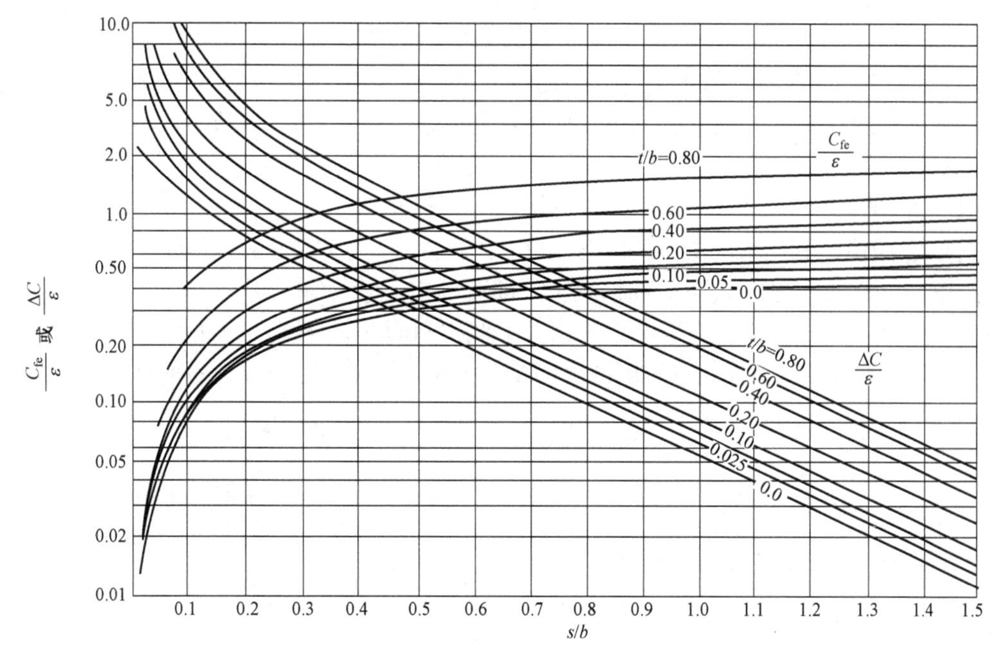

图 3.2－9　厚带侧耦合带状线的 C_{fe}/ε、$\Delta C/\varepsilon$ 与 s/b 的关系曲线

（二）相速和导波波长

由于在填充介质均匀的情况下，TEM 模的相速只与介质的 μ 和 ε 有关，因此奇、偶模的相速是相同的，而且就等于（无界）介质中 TEM 模的速度，即

$$v_{po}=v_{pe}=v_p=\frac{1}{\sqrt{\mu\varepsilon}}$$

由此即可求得奇、偶模的特性阻抗。例如对于两个内导体带的宽度都为 w_a 的情况而言，奇模特性阻抗为

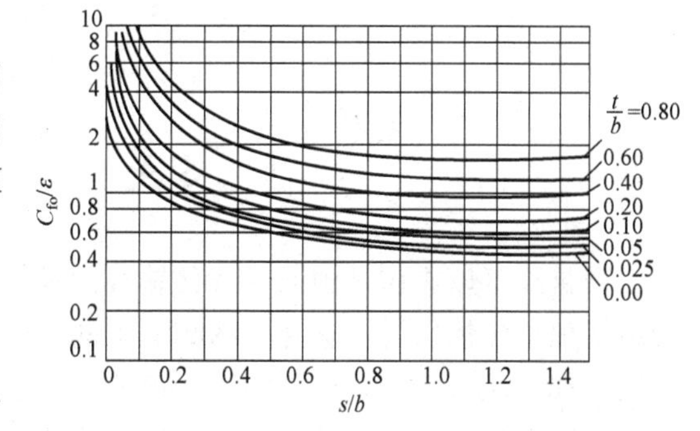

图 3.2－10　厚带侧耦合带状线的 C_{fo}/ε 与 s/b 的关系曲线

$$Z_{co}^{a}=\frac{1}{v_p C_o^a}=\frac{120\pi}{\sqrt{\varepsilon_r}\,\dfrac{C_o^a}{\varepsilon}} \tag{3.2-13}$$

偶模特性阻抗为

$$Z_{ce}^{a}=\frac{1}{v_p C_e^a}=\frac{120\pi}{\sqrt{\varepsilon_r}\,\dfrac{C_e^a}{\varepsilon}} \tag{3.2-14}$$

根据式（3.2－11）和式（3.2－13）、式（3.2－14）可得

$$\frac{\Delta C}{\varepsilon}=\frac{60\pi}{\sqrt{\varepsilon_r}}\left(\frac{1}{Z_{co}^a}-\frac{1}{Z_{ce}^a}\right) \tag{3.2-15}$$

根据上面给出的一些公式和曲线（包括带状传输线中求边缘电容的曲线），就可以对耦

合带状线进行设计和计算。现以内导体带的宽度为 w_a 的耦合带状线为例，来说明设计步骤。

在给定了奇、偶模特性阻抗 Z_{co}^{a} 和 Z_{ce}^{a} 的情况下，根据式（3.2－15）求出 $\Delta C/\varepsilon$，若再选定了 t/b，则可从图 3.2－8 或图 3.2－9 的曲线中求出 s/b，根据 s/b，再从图 3.2－8 或图 3.2－9 中求出 C_{fe}。

根据选定的 t/b，由图 3.1－3 中即可求出边缘电容 C_f。

根据 Z_{ce}^{a} 的值，利用式（3.2－14）求出 C_e^{a}，再由 C_e^{a} 利用式（3.2－10a）求出 C_p^{a}，最后再由公式（3.2－12a）在选定了 b 的情况下，即可确定尺寸 w_a 和 s。

对于内导体带宽度为 w_b 的情况，利用与上面相同的计算步骤，同样可以确定它的尺寸。

在利用上述的曲线进行计算时应注意的是，它们都是在假定内导体带的宽度 w 为无限大的情况下求出的，即只有当 $\dfrac{w/b}{1-t/b}$ 趋于无限大时才是精确的，而实际的 w 不可能是无限大的。但是，在 $\dfrac{w/b}{1-t/b}>0.35$ 的情况下，利用上述曲线进行计算时，其误差并不大；如果 $\dfrac{w/b}{1-t/b}<0.35$，则应对 w 进行修正，设修正后的值为 w'，则 w' 可按下式确定

$$\frac{w'}{b}=\frac{0.07(1-t/b)+w/b}{1.20} \tag{3.2－16}$$

而且，式中各量还应满足下列关系

$$0.1<\frac{w'/b}{1-t/b}<0.35$$

§ 3.3　微　带　线

微带线可以看作是由双导线传输线演变而成的，如图 3.3－1 所示。在两根导线之间插入极薄的理想导体平板，它并不影响原来的场分布，而后去掉板下的一根导线，并将留下的另一根导线“压扁”，即构成了微带传输线。这样讲，主要是为了便于理解，而实际的微带线结构如图 3.3－2（a）所示。导体带（其宽度为 w，厚度为 t）和接地板均由导电良好的金属材料（如银、铜、金）构成，导体带与接地板之间填充介质基片，导体带与接地板的间距为 h。有时为了能使导体带、接地板与介质基片牢固地结合在一起，还要使用一些黏附性较好的铬、钽等材料。介质基片应采用损耗小，黏附性、均匀性和热传导性较好的材料，并要求其介电常数随频率和温度的变化也较小。对介电常数的要求应视具体情况而定。一般常用的介质基片的材料有：金红石（纯二氧化钛）、氧化铝陶瓷、蓝宝石、聚四氟乙烯和玻璃纤维强化聚四氟乙烯等。

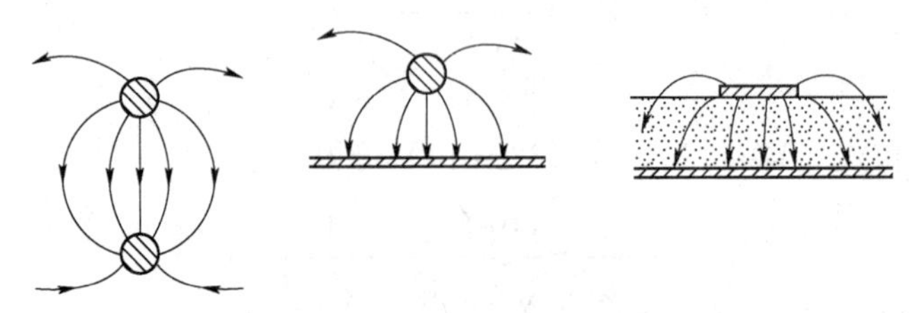

图 3.3－1　双导线演变成微带线

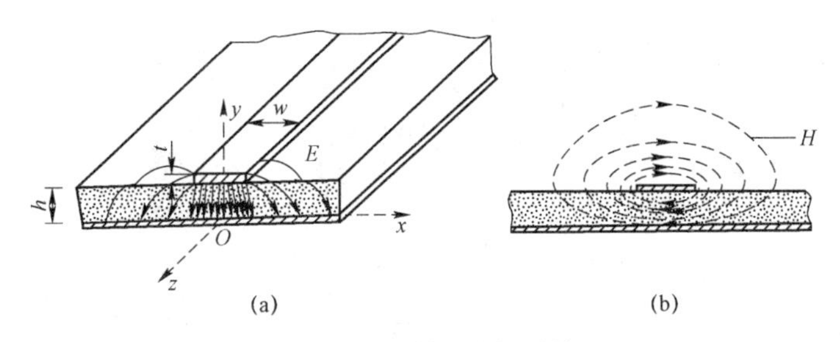

图 3.3－2　微带线的结构

（a）横截面图；（b）纵剖面图

微带线或由微带线构成的微波元件，大都采用薄膜（如真空镀膜）和光刻等工艺在介质基片上制作出所需要的电路。此外，也可以利用在介质基片两面敷有铜箔的板，在板的一面用光刻腐蚀法制作出所需要的电路，而板的另一面的铜箔则作为接地板。

一、微带线中的模式

因为可以把微带线看做是由双导线传输线演变而成的，所以，若导体带与接地板之间没有填充介质基片，或者说此时的介质就是空气，或者整个微带线被一种均匀的介质全部包围着，那么，它可以传输 TEM 模，而且是最低次的模式（主模）。但是，实际的微带线只是在导体带与接地板之间填充有相对介电常数 $\varepsilon_r>1$ 的介质基片，而其余部分是空气，也就是说，在微带线的横截面上存在着介质与空气的交界面。可见，任何模式的场除了应满足介质与理想导体的边界条件之外，还应满足两种不同介质的边界条件。根据理想介质的边界条件可知，纯 TEM 模的场是不满足这个边界条件的，因此微带线中传输的模式是由 TE 模和 TM 模组合而成的混合模式，是具有色散性质的模式。这种模式的磁场的纵向分量和电场的纵向分量均不为零。为了说明这一点，我们可以利用图 3.3－2（a）做一简要的证明。

不带撇“′”的表示空气中的场，带撇“′”的表示 $\varepsilon_r>1$ 的介质中的场（指 $y=h$，$|x|>w/2$ 边界处的场）。根据两种理想介质的边界条件可知，电场强度的切向分量、磁场强度的切向分量应当连续，即

$$E_x=E'_x \qquad E_z=E'_z \tag{3.3－1a}$$

$$H_x=H'_x \qquad H_z=H'_z \tag{3.3－1b}$$

电位移矢量的法向分量，磁感应强度的法向分量，在介质分界面上也应当连续，即

$$E_y=\varepsilon_r E'_y \tag{3.3－2a}$$

$$H_y=H'_y\text{（因为}\mu_r\approx 1\text{）} \tag{3.3－2b}$$

在分界面两侧的场都满足麦克斯韦方程。在空气中应有

$$\nabla\times\boldsymbol{H}=\mathrm{j}\omega\varepsilon_0\boldsymbol{E} \tag{3.3－3}$$

将该式展开，取电场在 x 方向分量的表示式，即

$$\frac{\partial H_z}{\partial y}-\frac{\partial H_y}{\partial z}=\mathrm{j}\omega\varepsilon_0 E_x \tag{3.3－4}$$

在介质中应有

$$\nabla\times\boldsymbol{H}'=\mathrm{j}\omega\varepsilon_0\varepsilon_r\boldsymbol{E}' \tag{3.3－5}$$

将该式展开，取电场在 x 方向分量的表示式，即

$$\frac{\partial H_z'}{\partial y}-\frac{\partial H_y'}{\partial z}=\mathrm{j}\omega\varepsilon_0\varepsilon_\mathrm{r}E_x' \tag{3.3-6}$$

根据边界条件得

$$\frac{\partial H_z'}{\partial y}-\frac{\partial H_y'}{\partial z}=\varepsilon_\mathrm{r}\left(\frac{\partial H_z}{\partial y}-\frac{\partial H_y}{\partial z}\right) \tag{3.3-7}$$

在介质边界两侧电磁场的相移常数均为 β，设沿 z 轴的相移传播因子为 $\mathrm{e}^{-\mathrm{j}\beta z}$，由此得

$$\frac{\partial H_y}{\partial z}=-\mathrm{j}\beta H_y \tag{3.3-8a}$$

$$\frac{\partial H_y'}{\partial z}=-\mathrm{j}\beta H_y' \tag{3.3-8b}$$

将该式代入式（3.3－7），得

$$\frac{\partial H_z'}{\partial y}-\varepsilon_\mathrm{r}\left(\frac{\partial H_z}{\partial y}\right)=\mathrm{j}\beta(\varepsilon_\mathrm{r}-1)H_y \tag{3.3-9}$$

因为 $H_y\neq 0$，所以，当 $\varepsilon_\mathrm{r}\neq 1$ 时，等式右端不为零，因而左端也不为零，即是说，磁场的纵向分量不为零。

利用方程

$$\nabla\times\boldsymbol{E}=-\mathrm{j}\omega\mu_0\boldsymbol{H} \tag{3.3-10a}$$

$$\nabla\times\boldsymbol{E}'=-\mathrm{j}\omega\mu_\mathrm{r}\mu_0\boldsymbol{H}' \tag{3.3-10b}$$

经过与上述相同的运算步骤，即可得出

$$\frac{\partial E_z'}{\partial y}-\frac{\partial E_z}{\partial y}=\mathrm{j}\beta\left(1-\frac{1}{\varepsilon_\mathrm{r}}\right)E_y \tag{3.3-11}$$

当 $E_y\neq 0$ 和 $\varepsilon_\mathrm{r}\neq 1$ 时，则电场的纵向分量也不为零。由此可知，由于实际微带线中存在的是具有纵向场分量的混合模式，而不是纯 TEM 模，因此，若根据边界条件严格求波动方程的解，以得到场的结构，并进而讨论它的色散特性，这个过程是比较复杂的。但是，当频率较低时，电磁场的纵向分量很小，色散效应也较小，此时的场结构近似于 TEM 模，一般称它为准 TEM 模。严格地讲，准 TEM 模具有色散特性，这一点与纯 TEM 模不同，而且随着工作频率的升高，这两种模之间的差别也越大。

为把问题简化，而在实用中又不会带来很大误差，常把在较低频率范围内的准 TEM 模当作纯 TEM 模看待，并据此来分析微带线的主要特性参数，这种方法称为准静态分析方法。就是说，采取在静态场（静电场、静磁场）中分析 TEM 模的方法，来分析微带线中准 TEM 模的某些特性参数。微带线的主要特性参数有：特性阻抗、波的传播速度（相速）、导波波长、衰减和功率容量。下面只讨论特性阻抗和衰减［特性阻抗以 Ω（欧姆）计］。

二、微带线的特性阻抗

若微带线是被一种相对介电常数为 ε_r 的均匀介质所完全包围着，并把准 TEM 模当作纯 TEM 模看待，并设 L 和 C 分别为微带线单位长度上的电感和电容，则特性阻抗为

$$Z_\mathrm{c}=\sqrt{\frac{L}{C}}=\frac{1}{v_\mathrm{p}C} \tag{3.3-12}$$

相速 v_p 为

$$v_p = \frac{1}{\sqrt{LC}} = \frac{v_0}{\sqrt{\varepsilon_r}} \tag{3.3-13}$$

但是实际的微带线是含有介质和空气的混合介质系统，因此不能直接套用上面的公式求特性阻抗。为了求出实际的微带线的特性阻抗 Z_c 和相速 v_p，而引入了等效相对介电常数的概念。如果微带线的结构形状和尺寸不变，当它被单一的空气介质所包围着时，其分布电容为 C_0。实际微带线是由空气和相对介电常数为 ε_r 的介质所填充，它的电容为 C_1，那么，等效相对介电常数 ε_{re} 的定义为

$$\varepsilon_{re} = \frac{C_1}{C_0} \tag{3.3-14}$$

即是说，可以把实际的混合介质系统想象成是由单一的、均匀的、相对介电常数为 ε_{re} 的介质所构成的系统，它和实际的混合介质系统的特性阻抗和相速是完全一样的。这样，实际微带线的特性阻抗即可表示为

$$Z_c = \frac{Z_c^0}{\sqrt{\varepsilon_{re}}} \tag{3.3-15}$$

式中，Z_c^0 为在同样形状和结构尺寸的情况下、填充介质全部是空气时微带线的特性阻抗，且

$$Z_c^0 = \frac{1}{v_0 C_0} \tag{3.3-16}$$

由式（3.3－14）、式（3.3－15）和式（3.3－16）可知，所谓用准静态法求实际微带线的特性阻抗 Z_c，关键是求出静态场情况下的分布电容 C_0。求静态电容 C_0 的方法有多种，其中常用的是保角变换法，下面只把用这种方法求出的结果写出来，以供查阅。

（一）导体带厚度为零时微带线特性阻抗的表示式

首先求空气介质时微带线的特性阻抗，然后再求充有其他介质时微带线的特性阻抗。

当导体带厚度 $t=0$ 时（这里为便于理论推导而做的假设，实际上不可能为零），空气介质微带线的特性阻抗 Z_c^0 的精确表示式为

$$Z_c^0 = 60\pi \frac{\mathrm{K}(k')}{\mathrm{K}(k)} \tag{3.3-17}$$

式中，$\mathrm{K}(k')$ 和 $\mathrm{K}(k)$ 为第一类完全椭圆积分；k 和 k' 分别为其模数和补模数，它们是与微带线的结构尺寸有关的一个量。利用这个公式求 Z_c^0 是比较复杂的，因此通常可用由这个公式导出的求 Z_c^0 的近似公式。当 $w/h \leqslant 1$ 时，Z_c^0 为

$$Z_c^0 \approx 60 \ln\left(\frac{8h}{w} + \frac{w}{4h}\right) \tag{3.3-18a}$$

当 $w/h \geqslant 1$ 时，Z_c^0 为

$$Z_c^0 \approx \frac{120\pi}{\frac{w}{h} + 2.42 - 0.44\frac{h}{w} + \left(1 - \frac{h}{w}\right)^6} \tag{3.3-18b}$$

在 $0 < w/h \leqslant 10$ 的范围内，上述公式的精确度可达±0.25%；当 $w/h > 10$ 时，式（3.3－18b）的精确度约为±1%。

式（3.3－17）和式（3.3－18）是求 Z_c^0 的精确公式和由精确公式导出的近似公式。若导体带宽度 $w \gg h$，则计算 Z_c^0 的另一近似公式为

$$Z_c^0 \approx 60\pi^2\left[1+\frac{\pi w}{2h}+\ln\left(1+\frac{\pi w}{2h}\right)\right]^{-1} \tag{3.3-19}$$

这个公式精确度差些，若要求稍微更精确些的计算，可采用下列的近似公式，即

$$Z_c^0 \approx 60\pi\left\{\frac{w}{2h}+\frac{1}{h}\ln\left[2\pi e\left(\frac{w}{2h}+0.94\right)\right]\right\}^{-1} \tag{3.3-20}$$

为了求出填充其他介质时微带线的特性阻抗 Z_c，还应知道等效相对介电常数 ε_{re}。略去求 ε_{re} 的推导过程，而只把它的表示式写在下面，即

$$\varepsilon_{re} \approx \frac{\varepsilon_r+1}{2}+\frac{\varepsilon_r-1}{2}\left(1+\frac{10h}{w}\right)^{-1/2} \tag{3.3-21}$$

有时也可把 ε_{re} 写成下列形式，即

$$\varepsilon_{re} \approx 1+q(\varepsilon_r-1) \tag{3.3-22}$$

式中

$$q \approx \frac{1}{2}\left[1+\left(1+\frac{10h}{w}\right)^{-1/2}\right] \tag{3.3-23}$$

称为填充系数，它表示 $\varepsilon_r>1$ 的介质的填充程度，当 $q=0$ 时，$\varepsilon_{re}=1$，表示微带中填充的全部是空气介质；当 $q=1$ 时，$\varepsilon_{re}=\varepsilon_r$，表示微带线全被相对介电常数为 ε_r 的介质包围着。利用这些公式，当已知 w/h 时，利用式（3.3－15）就可求出特性阻抗 Z_c。

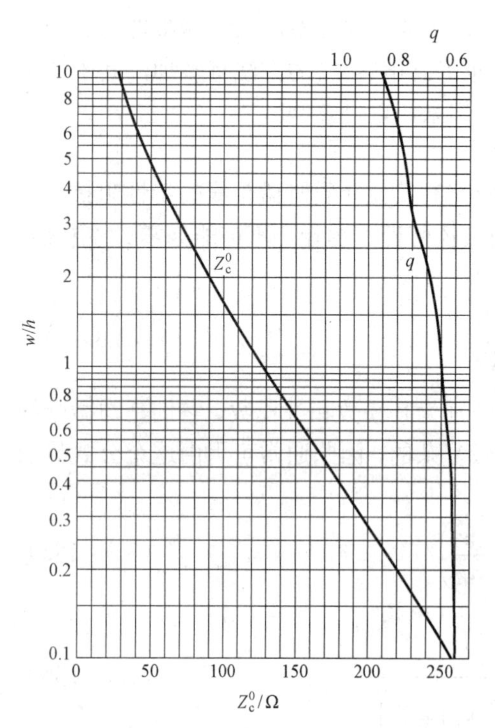

图 3.3－3　Z_c^0、q 与 w/h 的关系曲线

在实际中利用上述的一些公式求 Z_c 是相当烦琐的，而且经常遇到的是给定了 Z_c 和 ε_r，需要求出的是 w/h，这样，若利用上述公式就更为不便。因此，在一般工程计算中常利用曲线或查表格来求 Z_c，或由给定的 Z_c 和 ε_r 来确定 w/h。图 3.3－3 是空气填充的微带线的特性阻抗 Z_c^0、q 与 w/h 之间的关系曲线。利用这个曲线进行计算是比较方便的，下面说明它的使用方法。

若已给定 w/h 和 ε_r，需要求出的是微带线的特性阻抗 Z_c，其方法如下：首先在曲线图的纵坐标轴上找到 w/h 的读数位置，过此点作平行于横坐标轴的直线，与 Z_c^0 的曲线和 q 的曲线分别相交，相交点所对应的横坐标的读数即为 Z_c^0 和 q，然后利用式（3.3－22）和式（3.3－15）即可求微带线的特性阻抗 Z_c。

若已给定微带线的特性阻抗 Z_c 和 ε_r，需要求出的是 w/h，其方法如下：利用式（3.3－15），即 $Z_c=Z_c^0/\sqrt{\varepsilon_{re}}$，先用 ε_r 代替 ε_{re} 求出 Z_c^0，过横坐标上的 Z_c^0 点作垂线，与图中 Z_c^0 的曲线相交，交点所对应的纵坐标即为 w/h，过此 w/h 点作平行于横坐标轴的直线，与图中的 q 曲线相交，而求得 q 值。由求得的 q 值，利用式（3.3－22）求出 ε_{re}，并利用式（3.3－15）求出新的 Z_c^0 值，再根据这个新的 Z_c^0，重复上述的计算步骤，又会得到一组 w/h、q 和 ε_{re} 的值，以及 Z_c^0 的值。不断地重复上述计算步骤，直到相邻两次计算出的 ε_{re} 值的相对误差小于 1%为止，那么，根据最后一次求得的 ε_{re}，即可求出 Z_c^0，再根据 Z_c^0，在曲线图中得出 w/h，若再假定 h 已知，则 w 即可求出。

除上述的计算方法外，还有更为简便的方法，这就是直接查有关的表（见本章附录 3.2），在这个表中给出了 w/h、ε_{re} 和 Z_c 三者之间的对应数值，查找十分方便。对于表中未列出的数据，可采用内插法进行计算。

（二）导体带厚度不为零时微带线特性阻抗的表示式

前面讲的求微带线特性阻抗 Z_c 的公式，是在假定导体带厚度 $t=0$ 的情况下求出的；而实际微带线中的 t 不可能为零，而是具有一定的厚度。与 $t=0$ 时相比，$t\neq0$ 时导体带的边缘电容增加了，因此当这种增加效应不能忽略时，就不能直接利用前述的 $t=0$ 时的公式求 Z_c。但是，如果将 $t\neq0$ 时边缘电容增加的影响等效为导体带的宽度增加了 Δw，即把 $t\neq0$ 时导体带的实际宽度 w，用相当于 $t=0$ 时的等效宽度 w_e 来代替，那么，就可以利用前述的 $t=0$ 时的公式求 Z_c 了。w_e、w 和 Δw 之间的关系为

$$w_e = w+\Delta w \tag{3.3-24}$$

式中的 Δw 可利用下面的一些公式计算。

当 $w/h\leqslant\dfrac{1}{2\pi}$ 及 $\left(2t/h<w/h,\ \dfrac{1}{2\pi}\right)$ 时

$$\Delta w=\frac{t}{\pi}\left(\ln\frac{4\pi w}{t}+1\right) \tag{3.3-25}$$

当 $w/h\geqslant\dfrac{1}{2\pi}$ 时

$$\Delta w=\frac{t}{\pi}\left(\ln\frac{2h}{t}+1\right) \tag{3.3-26}$$

另外，也可以利用如图 3.3－4 所示的曲线求出 Δw。

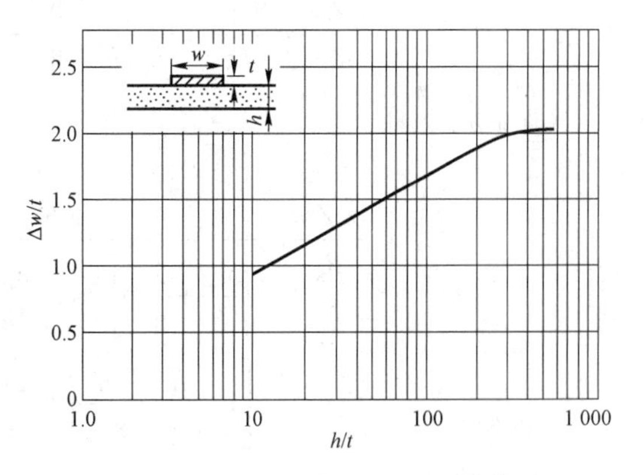

图 3.3－4　Δw/t 与 h/t 的关系曲线

三、相速和导波波长

由于微带传输线是具有混合介质系统的传输线，因此，它的相速为

$$v_p=\frac{v_0}{\sqrt{\varepsilon_{re}}} \tag{3.3-27}$$

式中，v_0 为自由空间中电磁波的速度；ε_{re} 为相对有效介电常数。

微带传输线的导波波长 λ_g 为

$$\lambda_g=\frac{\lambda_0}{\sqrt{\varepsilon_{re}}} \qquad (3.3-28)$$

式中，λ_0 为自由空间中的波长。

四、微带线的损耗

微带线中的损耗包括导体损耗、介质损耗和辐射损耗三部分。若微带线的尺寸选择适当，频率不很高，则辐射损耗很小，一般可忽略不计。因此表征微带线损耗的衰减常数 α 可写为

$$\alpha=\alpha_c+\alpha_d \qquad (3.3-29)$$

式中，α_c 为导体的衰减常数；α_d 为介质的衰减常数。

对于 α_c，由于电流在导体带和接地板的横截面内的分布是不均匀的，所以 α_c 的计算是较烦琐的。略去推导过程，只把结果列在下面。

若导体带和接地板具有相同的表面电阻率 R_S 时，则 α_c（dB/cm）可用下列公式求出。

当 $w/h\leqslant\frac{1}{2\pi}$ 时

$$\frac{\alpha_c Z_c h}{R_S}=\frac{8.68}{2\pi}\left[1-\left(\frac{w_e}{4h}\right)^2\right]\left[1+\frac{h}{w_e}+\frac{h}{\pi w_e}\left(\ln\frac{4\pi w}{t}+\frac{t}{w}\right)\right] \quad \text{dB/cm} \qquad (3.3-30a)$$

当 $\frac{1}{2\pi}<w/h\leqslant 2$ 时

$$\frac{\alpha_c Z_c h}{R_S}=\frac{8.68}{2\pi}\left[1-\left(\frac{w_e}{4h}\right)^2\right]\left[1+\frac{h}{w_e}+\frac{h}{\pi w_e}\left(\ln\frac{2h}{t}-\frac{t}{h}\right)\right] \quad \text{dB/cm} \qquad (3.3-30b)$$

当 $w/h\geqslant 2$ 时

$$\frac{\alpha_c Z_c h}{R_S}=\frac{8.68}{\left\{\frac{w_e}{h}+\frac{2}{\pi}\ln\left[2\pi e\left(\frac{w_e}{2h}+0.94\right)\right]\right\}^2}\left[\frac{w_e}{h}+\frac{w_e/(\pi h)}{\frac{w_e}{2h}+0.94}\right]\times$$
$$\left[1+\frac{h}{w_e}+\frac{h}{\pi w_e}\left(\ln\frac{2h}{t}-\frac{t}{h}\right)\right] \quad \text{dB/cm} \qquad (3.3-30c)$$

在以上各式中，w 为导体带厚度 $t\neq 0$ 时的实际宽度，w_e 为 $t\neq 0$ 时导体带的等效宽度。

微带传输线的介质损耗常数 α_d 可用下式求得，即

$$\alpha_d=27.3\left(\frac{q\varepsilon_r}{\varepsilon_{re}}\right)\frac{\tan\delta}{\lambda_g} \quad \text{dB/cm} \qquad (3.3-31)$$

式中，λ_g 以 cm 计。

五、微带线的色散特性与尺寸选择

（一）微带线的色散特性

前面的分析都是假设微带线工作于 TEM 模的情况下进行的，所得的结论和公式，在较

低频率时是正确的。但微带中实际存在的是由 TE 和 TM 所组成的混合模式，因此当频率较高时，色散的影响就不能忽略，即是说，在计算 Z_c、v_p、λ_g 和 ε_{re} 时就要考虑到色散的影响。若不考虑这些影响，计算出来的各个参数的数值就有较大的误差，这是由于 Z_c、v_p、λ_g 和 ε_{re} 等均随频率而变的缘故，即微带线具有色散特性。其中，ε_{re} 的变化会直接影响其他参数的变化。在 $2<\varepsilon_r<10$ 以及 $0.9\leqslant w/h\leqslant 13$ 和 $0.5\ \text{mm}\leqslant h\leqslant 3\ \text{mm}$ 的条件下，ε_{re} 随频率而变化的关系为

$$\varepsilon_{re}(f)=3\times10^{-6}(1+\varepsilon_r)(\varepsilon_r-1)h\left(Z_c\frac{w_e}{h}\right)^{1/2}(f-f_0)+\varepsilon_{re} \tag{3.3-32}$$

式中的 Z_c 和 ε_{re} 是不考虑色散时求得的特性阻抗和等效相对介电常数；w_e 为 $t\neq0$ 时的等效宽度；f 为工作频率；f_0 为某一固定频率，当工作频率小于此频率时，色散的影响可忽略不计。f_0 由下式确定

$$f_0=\frac{0.95}{(\varepsilon_r-1)^{1/4}}\sqrt{\frac{Z_c}{h}} \tag{3.3-33}$$

当 $w/h>4$ 时，$\varepsilon_{re}(f)$ 为

$$\varepsilon_{re}(f)=3\times10^{-6}(1+\varepsilon_r)(\varepsilon_r-1)\left(\frac{Z_c}{3}\right)^{1/2}\left(\frac{w_e}{h}\right)(f-f_0)+\varepsilon_{re} \tag{3.3-34}$$

式（3.3－32）、式（3.3－33）和式（3.3－34）中的 f 和 f_0 以 GHz 计，Z_c 以 Ω 计，w_e 和 h 以 mm 计。

（二）微带线尺寸的选择

当频率升高、微带线的尺寸与波长可比拟时，就可能出现高次模：波导模和表面波模。波导模是存在于导体带与接地板之间的一种模式，包括 TE 和 TM 两种模式。TE 模中的最低次模为 TE_{10} 模，它的场结构如图 3.3－5（a）所示。由图可知，电场只有横向（y 方向）的分量，磁场既有横向（x 方向）分量又有纵向（z 方向）分量，但电场和磁场沿 y 方向均无变化，而沿 x 方向场有半个驻波的分布。

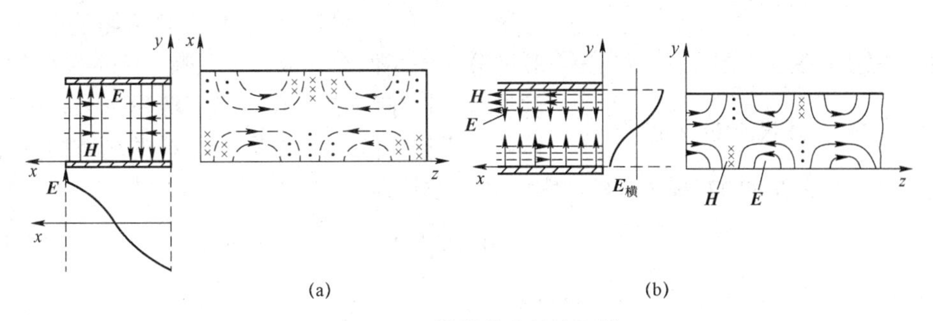

图 3.3－5　微带线中的波导模

（a）TE_{10} 模；（b）TM_{01} 模

TE_{10} 模的截止波长为

$$\lambda_c\approx 2w\sqrt{\varepsilon_r} \tag{3.3-35a}$$

当导体带厚度 $t\neq0$ 时，由于边缘效应的影响，相当于导体带的等效宽度增加了 $\Delta w\approx0.8h$，

所以 λ_c 为

$$\lambda_c \approx (2w+0.8h)\sqrt{\varepsilon_r} \tag{3.3-35b}$$

为防止出现 TE_{10} 模，则最短的工作波长 λ_{min} 应大于 λ_c，即

$$\lambda_{min} > (2w+0.8h)\sqrt{\varepsilon_r} \tag{3.3-36}$$

当 w 较宽时易出现 TE_{10} 模式，若 $w=h$ 时还可能出现 TE_{01} 模式。

TM 模中的最低次模为 TM_{01} 模，它的场结构如图 3.3-5（b）所示。由图可见，磁场只有横向分量，而电场既有横向分量，又有纵向分量。电场和磁场沿 x 方向不变化，而沿 y 方向则有半个驻波的分布。TM_{01} 的截止波长 λ_c 为

$$\lambda_c \approx 2h\sqrt{\varepsilon_r} \tag{3.3-37}$$

因此最短的工作波长 λ_{min} 应大于 λ_c，以防止出现高次模，即

$$\lambda_{min} > 2h\sqrt{\varepsilon_r} \tag{3.3-38}$$

由上面的分析可知，为防止波导模的出现，微带线的尺寸应按下式选择，即

$$2w+0.8h < \frac{\lambda_{min}}{\sqrt{\varepsilon_r}} \tag{3.3-39a}$$

$$h < \frac{\lambda_{min}}{2\sqrt{\varepsilon_r}} \tag{3.3-39b}$$

表面波是一种其大部分能量集中在微带线接地板表面附近的介质中并沿接地板表面传播的一种电磁波。表面波也有 TE 和 TM 模。TE 模的电场只分布在微带线的横截面内（即 xy 平面内，x 为横向坐标，y 为竖向坐标），且只有 E_x 一个分量，磁场则只有 H_y 和 H_z 两个分量；TM 模的磁场只分布在横截面内，且只有 H_x 一个分量，电场则只有 E_y 和 E_z 两个分量。对于这两种模式，均假定它们的场量在 x 方向是不变化的（均匀的），而只是在 y 方向有变化，因此，模的下标只有一个数字，例如 TE_0，TE_1，TE_2，TE_3，…；TM_0，TM_1，TM_2，TM_3，…；下标“0”表示在微带线的横截面内，场量沿 y 方向的驻波分布不足一个（或者说有零个）完整的“半个驻波”，但有一个最大值；“1”表示场量沿 y 方向的驻波分布不足两个（或者说只有一个）完整的“半个驻波”，但有两个最大值；当下标为 2，3，…数字时，可依次类推。图 3.3-6 是 TM_0 模的场结构图。

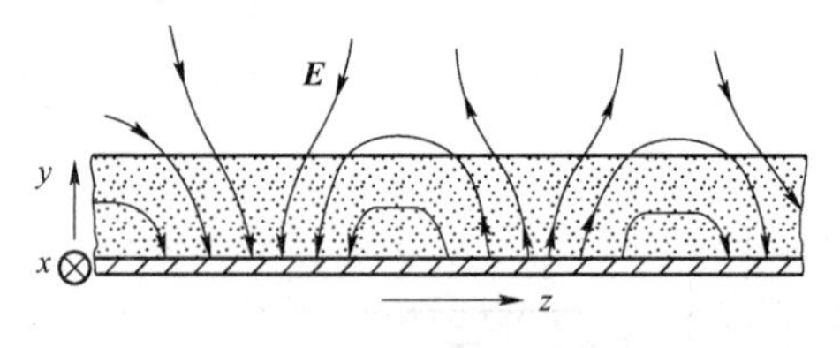

图 3.3-6　TM_0 模的场结构图

表面波中最低次的 TE 模为 TE_0，它的截止波长为

$$\lambda_c = 4h\sqrt{\varepsilon_r - 1} \tag{3.3-40}$$

最低次的 TM 模为 TM_0，它的截止波长为

$$\lambda_c = \infty \tag{3.3-41}$$

在选择微带线的尺寸时，可设法抑制 TE 模的出现。对于 TM 模，因其在任何频率上都有可能出现，因此，靠尺寸选择是抑制不掉的。但是在微带线的实际应用中，只有当表面波的相速与准 TEM 模的相速（两者均介于 v_0 与 $v_0/\sqrt{\varepsilon_r}$ 之间）相同时，这两类模之间才会产生强耦合，从而有可能使微带线不再工作于准 TEM 模，使工作状况变坏。

当频率为

$$f_{\mathrm{TE}}=\frac{3v_0\sqrt{2}}{8h\sqrt{\varepsilon_{\mathrm{r}}-1}} \tag{3.3-42}$$

时，TE 模与准 TEM 模的相速相同，两者之间发生强耦合。当频率为

$$f_{\mathrm{TM}}\approx\frac{v_0\sqrt{2}}{4h\sqrt{\varepsilon_{\mathrm{r}}-1}} \tag{3.3-43}$$

时，TM 模与准 TEM 模的相速相同，两者之间发生强耦合。式中的 v_0 为自由空间中电磁波的速度。在微带线的设计中，为了避免准 TEM 模与表面波模之间的强耦合，工作频率应低于 f_{TE} 和 f_{TM} 两者中的较低者；若工作频率较高时，可采用 ε_{r} 较小的介质材料，以及较小的 h，借以提高 f_{TE} 和 f_{TM}，从而达到避免强耦合的目的。

§ 3.4　耦合微带线

耦合微带线在无源和有源微波集成电路中有着广泛的应用，如在定向耦合器、滤波器和阻抗匹配网络中的应用。图 3.4－1 是一个对称耦合微带线的结构简图。所谓对称耦合微带线，即相耦合的两个微带线具有相同的截面尺寸、相同的导体带和接地板材料，以及相同的填充介质。下面讨论耦合微带线的参量。

一、奇模和偶模特性阻抗

耦合微带线是由部分介质填充的不均匀系统，严格地讲，它传输的是具有色散特性的混合模。因此，对于耦合微带线的分析也是比较复杂的，方法也有多种。最常用的分析方法是准静态分析方法，即把耦合微带线中传输的模看作是 TEM 模（准 TEM 模）。在这种情况下采用奇模和偶模的分析方法，求出奇模电容和偶模电容，以及奇模相速和偶模相速，并进而求出奇模特性阻抗和偶模特性阻抗，同时也可求出与奇、偶模分别相对应的导波波长。图 3.4－2 是奇模激励和偶模激励时的场结构图。

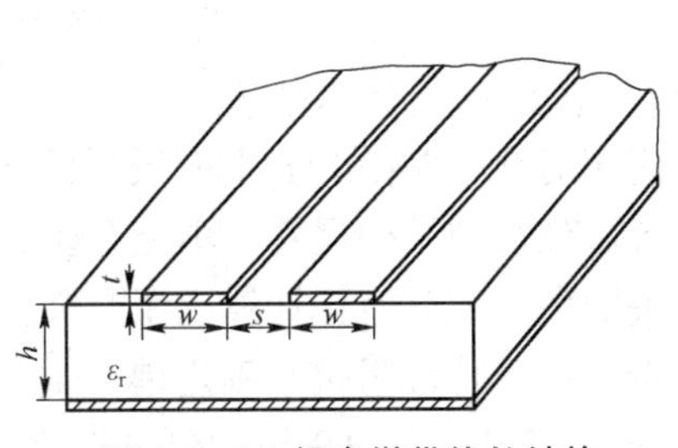

图 3.4－1　耦合微带线的结构

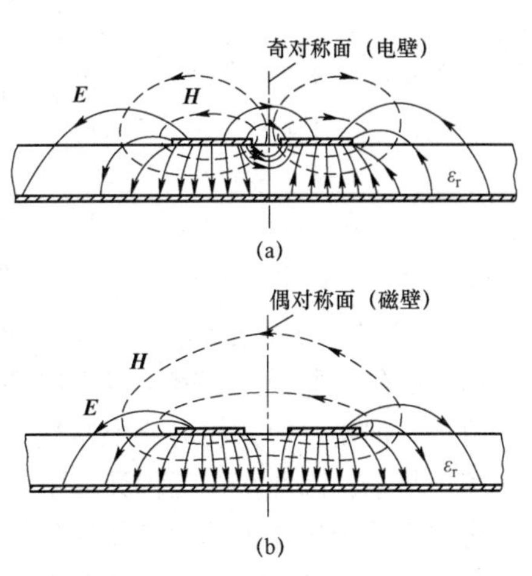

图 3.4－2　耦合微带线中奇、偶模的场结构

（a）奇模；（b）偶模

在准静态条件下，求耦合微带线参数最常用的方法是保角变换法，下面叙述用这种方法导出的、导体带厚度 $t=0$ 时耦合微带线的特性参数。

若耦合微带线填充的完全是空气介质，单根导体带对接地板的奇模电容为 $C_o(1)$，偶模电容为 $C_e(1)$；$C_o(\varepsilon_r)$和 $C_e(\varepsilon_r)$分别为填充了相对介电常数为 ε_r 的介质后，单根导体带对接地板的奇模电容和偶模电容，则有下列关系式

$$\varepsilon_{eo}=\frac{C_o(\varepsilon_r)}{C_o(1)}=1+q_o(\varepsilon_r-1) \tag{3.4-1}$$

$$\varepsilon_{ee}=\frac{C_e(\varepsilon_r)}{C_e(1)}=1+q_e(\varepsilon_r-1) \tag{3.4-2}$$

式中，ε_{eo} 和 ε_{ee} 分别为奇、偶模的等效相对介电常数；q_o 和 q_e 分别为奇、偶模的填充系数。由此可得奇模相速 v_{po} 和偶模相速 v_{pe} 的表示式为

$$v_{po}=\frac{v_0}{\sqrt{\varepsilon_{eo}}} \tag{3.4-3}$$

$$v_{pe}=\frac{v_0}{\sqrt{\varepsilon_{ee}}} \tag{3.4-4}$$

式中，v_0 为自由空间中电磁波的速度。奇模特性阻抗 Z_{co} 和偶模特性阻抗 Z_{ce} 的表示式为

$$Z_{co}=\frac{1}{v_{po}\ C_0(\varepsilon_r)}=\frac{Z_{co}(1)}{\sqrt{\varepsilon_{eo}}} \tag{3.4-5}$$

$$Z_{ce}=\frac{1}{v_{pe}\ C_e(\varepsilon_r)}=\frac{Z_{ce}(1)}{\sqrt{\varepsilon_{ee}}} \tag{3.4-6}$$

式中的 $Z_{co}(1)$和 $Z_{ce}(1)$分别为完全是空气填充时耦合微带线的奇模和偶模特性阻抗。利用保角变换可求得 $Z_{co}(1)$和 $Z_{ce}(1)$的表示式为

$$Z_{co}(1)=120\pi\frac{\mathrm{K}(k_o')}{\mathrm{K}(k_o)} \tag{3.4-7}$$

$$Z_{ce}(1)=120\pi\frac{\mathrm{K}(k_e')}{\mathrm{K}(k_e)} \tag{3.4-8}$$

$$k_o'=\sqrt{1-k_o^2} \tag{3.4-9a}$$

$$k_e'=\sqrt{1-k_e^2} \tag{3.4-9b}$$

式中，K(•)为第一类完全椭圆积分；k_o 和 k_e 为其模数；k_o' 和 k_e' 为其补模数。

根据上面的一些公式，就可以求出耦合微带线填充相对介电常数为 ε_r 的介质后的奇、偶模特性阻抗。但是，等效相对介电常数 ε_{eo} 和 ε_{ee} 与耦合微带线的结构尺寸、填充介质 ε_r 的关系式也相当复杂。因此，在工程计算中大都采用查有关的曲线或列有已计算出了某些具体数据的表格的方法求出奇模和偶模特性阻抗，或者已知奇、偶模特性阻抗来确定耦合微带线的结构尺寸。图 3.4－3、图 3.4－4 和图 3.4－5 分别给出了 $\varepsilon_r=1.0$、$\varepsilon_r=9.0$ 和 $\varepsilon_r=9.6$ 时 Z_{co}、Z_{ce} 与 w/h 的关系曲线，这些曲线都是以 s/h 为其参变量而画出的。

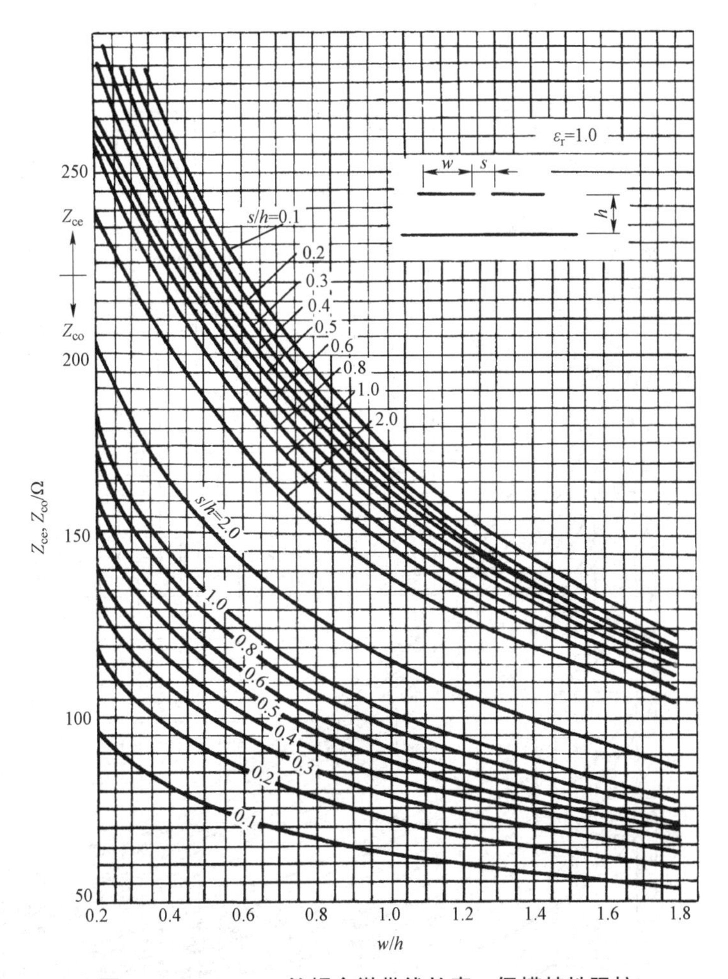

图 3.4－3　$\varepsilon_r=1.0$ 的耦合微带线的奇、偶模特性阻抗

二、相速和导波波长

在耦合微带线中的奇模相速和偶模相速，分别为式（3.4－3）和式（3.4－4），这里不再重写了。从表示式可以看出，由于 ε_{eo} 与 ε_{ee} 不相等，所以，奇、偶模的相速也不相等。从奇、偶模的场结构可以看出，由于在空气介质中，奇模电场比偶模电场强，因此 ε_{eo} 小于 ε_{ee}，因而 v_{po} 大于 v_{pe}。耦合线之间的耦合越紧，这两种速度的差别也越大，这对于由耦合微带线构成的某些微波元件的性能会产生不利的影响，因为在某些情况下，常要求奇模相速与偶模相速应十分接近，才能满足元件的性能要求。因此，有时也采用 ε_{eo} 与 ε_{ee} 的平均值来计算耦合微带线的特性参数。

奇模情况下的导波波长 λ_{go} 与偶模情况下的导波波长 λ_{ge} 分别为

$$\lambda_{go}=\frac{\lambda_0}{\sqrt{\varepsilon_{eo}}} \tag{3.4-10}$$

$$\lambda_{ge}=\frac{\lambda_0}{\sqrt{\varepsilon_{ee}}} \tag{3.4-11}$$

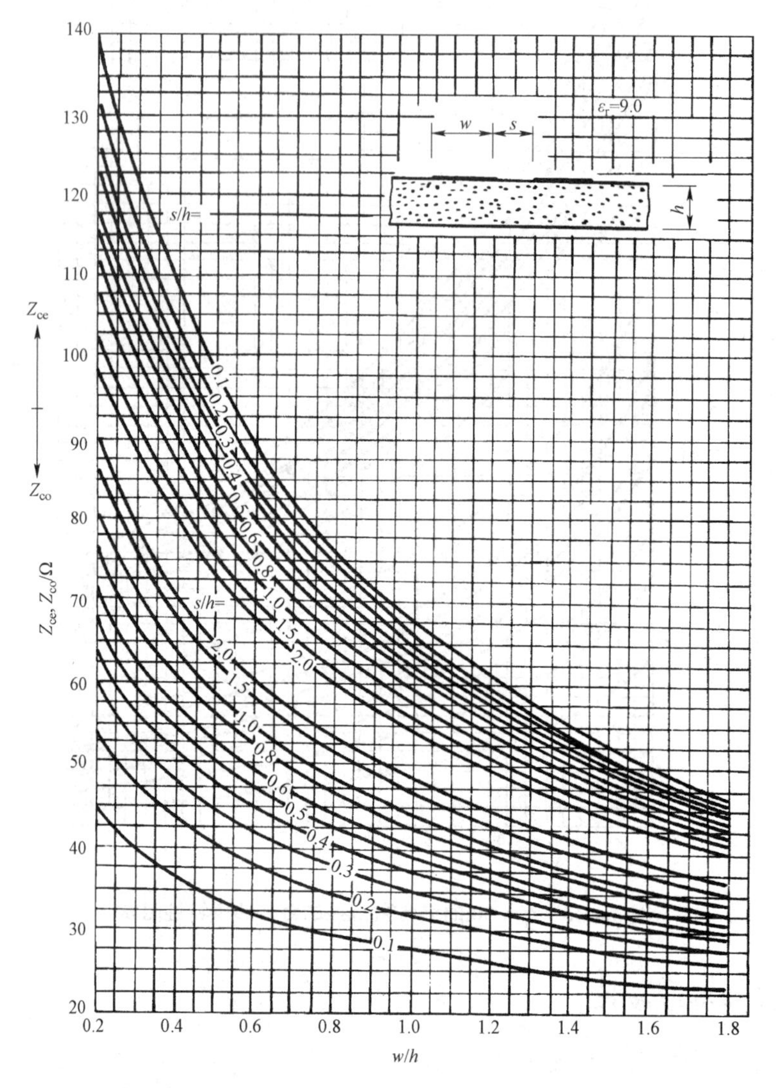

图 3.4－4　$\varepsilon_r=9.0$ 的耦合微带线的奇、偶模特性阻抗

式中的 λ_0 为自由空间中的波长。

三、功率损耗

耦合微带线的功率损耗主要是导体（包括接地板）损耗和介质损耗。这两种损耗可用导体的衰减常数 α_c（dB/cm）和介质的衰减常数 α_d（dB/cm）来计算。它们的近似表示式如下。

对于奇模

$$(\alpha_c)_o \approx 27.3\frac{R_S}{wZ_{co}} \tag{3.4-12}$$

$$(\alpha_d)_o \approx 27.3\frac{q_o\varepsilon_r}{\varepsilon_{eo}} \tag{3.4-13}$$

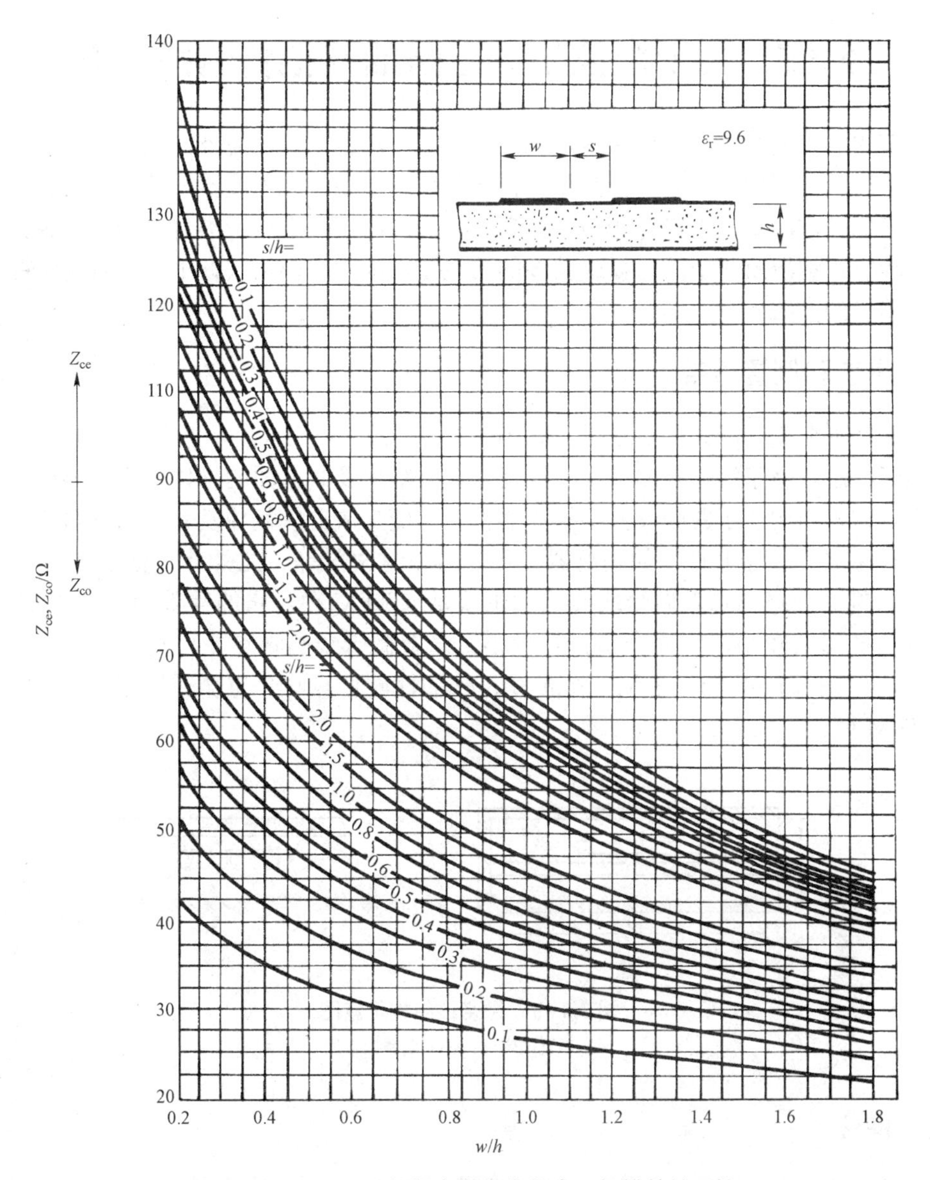

图 3.4－5　$\varepsilon_r = 9.6$ 的耦合微带线的奇、偶模特性阻抗

对于偶模

$$(\alpha_c)_e \approx 27.3\frac{R_S}{wZ_{ce}} \tag{3.4-14}$$

$$(\alpha_d)_e \approx 27.3\frac{q_e\varepsilon_r}{\varepsilon_{ee}} \tag{3.4-15}$$

需要指出的是，因为严格地讲，耦合微带线中传输的并不是纯 TEM 模，而是具有色散特性的混合模，所以，对于等效相对介电常数 ε_{eo} 和 ε_{ee} 来说，也会随着频率而变化，即是说，它们也具有色散性质。

§ 3.5　用于微波集成电路的其他传输线简介

前几节中讨论的带状线和微带线，其应用是很广泛的。除此而外，还有许多类型的传输线也得到了广泛的应用，例如，悬置和倒置微带线、槽线、共面波导和鳍线以及其他类型的传输线，它们在微波集成电路等方面也都有广泛的应用。关于这一类传输线的理论分析和特性参数的计算，都涉及复杂的运算或较多的曲线图，因此只得略去，下面只对其中的几种传输线做一简要的介绍。

一、悬置和倒置微带线

悬置和倒置微带线的结构示意图，如图 3.5－1（a）和（b）所示。图 3.5－1（a）是一个带有屏蔽壳的悬置微带线，它的结构特点是，介质基片及其上面的导体带都远离接地板而悬于空气中。这种结构便于并联安置半导体器件，也便于放置铁氧体及介质谐振器等，从而可以构成各种微波元（器）件，如隔离器、环行器和滤波器等。此外，也便于把导体带与接地板相接而构成短路。悬置微带线传输的主模是准 TEM 模。它的等效相对介电常数 ε_{re} 较小，即介质的影响较小，因而介质损耗较小。悬置微带线的缺点是，与标准微带线相比，结构不紧凑；图 3.5－1（b）是倒置微带线，它的性能特点与悬置微带线相类似，它传输的也是准 TEM 模。

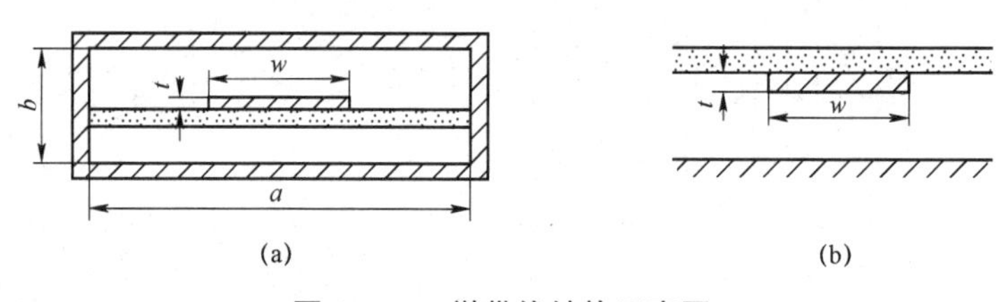

图 3.5－1　微带线结构示意图

（a）悬置微带线；（b）倒置微带线

二、槽线

槽线的结构如图 3.5－2 所示。它是在基片敷有导体层的一面上开出一个槽而构成的一种微带电路，而在介质基片的另一面则没有导体层覆盖。为了使电磁场更集中于槽的附近，并减少电磁能量的辐射，则应采用高介电常数的介质基片。这种结构可以构成各种电路图形，而且由于两个有电位差的导体带位于介质基片的同一面，这对于安置固体器件（尤其是需要并联安置时），以及需要对接地板构成短路时，都比较方便。

槽线中传输的不是 TEM 模，也不是准 TEM 模，而是一种波导模，它的场结构如图 3.5－3 所示。这种模没有截止频率，但是具有色散性质，因此，它的相速和特性阻抗均随频率而变。在实际的应用中，如果在介质基片的一面制作出由槽线构成所需要的电路，在介质基片的另一面制作出微带传输线，那么，利用它们之间的耦合即可构成滤波器和定向耦合器等元件。

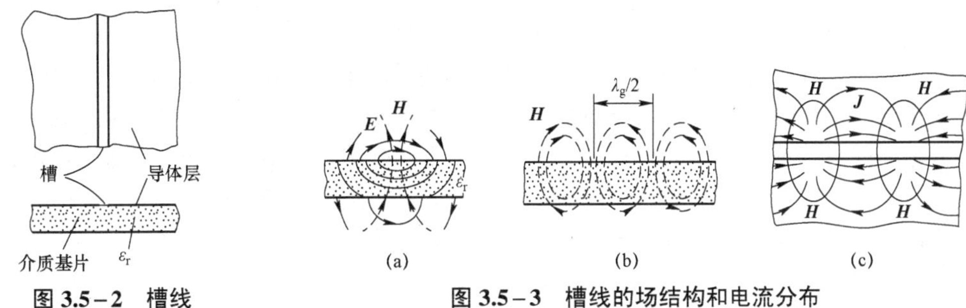

图 3.5－2　槽线

图 3.5－3　槽线的场结构和电流分布

（a）横截面场结构；（b）纵向上的磁场结构；（c）导体层表面的电流分布

三、共面波导

共面波导的结构如图 3.5－4 所示。即在介质基片的一面上制作出中心导体带，并在紧邻中心导体带的两侧制作出接地板，而介质基片的另一面没有导体层覆盖，这样，就构成了共面波导，或称之为共面微带传输线。为了使电磁场更加集中于中心导体带和接地板所在面的空气与介质的交界处，则应采用高介电常数的材料作为介质基片。这种结构，由于中心导体与接地板位于同一平面内，因此，对于需要并联安置的元（器）件是很方便的。共面波导传输的是准 TEM 模。在共面波导中安置铁氧体材料后，就可以构成谐振式隔离器或差分式移相器。

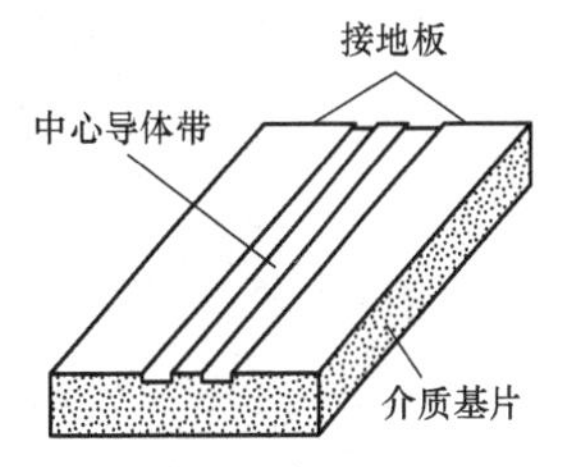

图 3.5－4　共面波导

四、鳍线

虽然各种结构形式的微带线得到了广泛的应用，但是，当使用的频率更高（波长更短）时，如在毫米波和亚毫米波段，则微带线的损耗将加大，而且由于结构尺寸也很小，以致给制作带来了困难。为了解决这些问题，除了可以采用悬置微带线和倒置微带线以及介质波导等传输线外，人们对于鳍线的研究和应用越来越重视。鳍线的优点是：弱色散性；单模工作频带宽；损耗不太大；便于同固体器件相连接，以构成混频器、振荡器、滤波器，以及阻抗变换器等微波元、器件。

由于具体要求的不同，因此鳍线的结构形式也多种多样，如图 3.5－5 所示。它是这样构

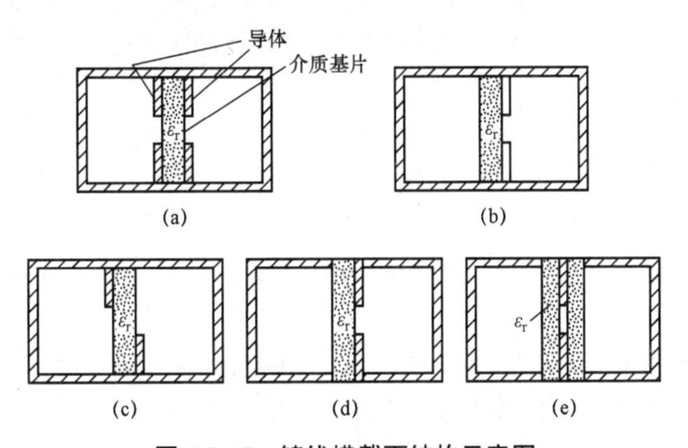

图 3.5－5　鳍线横截面结构示意图

（a）双侧；（b）单侧；（c）斜对侧；（d）单侧绝缘；（e）双侧绝缘

成的：先是在介质基片的一面或两面，采用与制作微带线相同的工艺过程，制作出所需要的电路（导体带）图形，而后将介质基片与矩形波导装配在一起。介质基片的表面与波导中 TE_{10} 模电场强度 $\boldsymbol{E}$ 的方向相平行。关于鳍线的特性阻抗和导波波长，可查阅有关资料，这里从略。

为了对由鳍线构成的微波元件有一个具体的了解，在图 3.5－6 中给出了谐振器、滤波器、阻抗变换器、耦合器等电路图形的简图；在图 3.5－7 中给出了矩形波导中的过渡段。除此以外，还有其他的一些由鳍线构成的微波元（器）件，这里不再列举了。

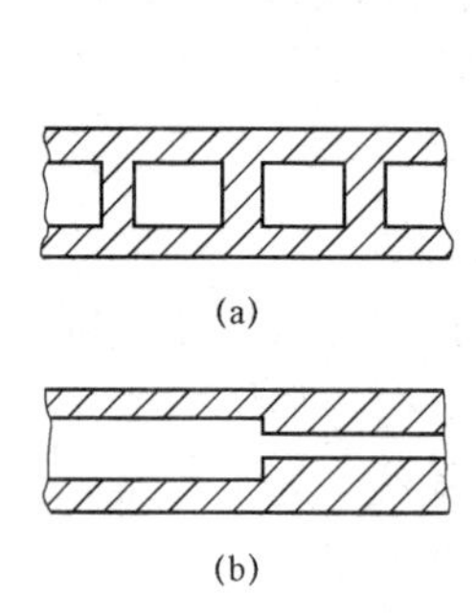

图 3.5－6　由鳍线构成的微波元件电路图形简图

（a）滤波器、谐振器；（b）阻抗变换器、耦合器

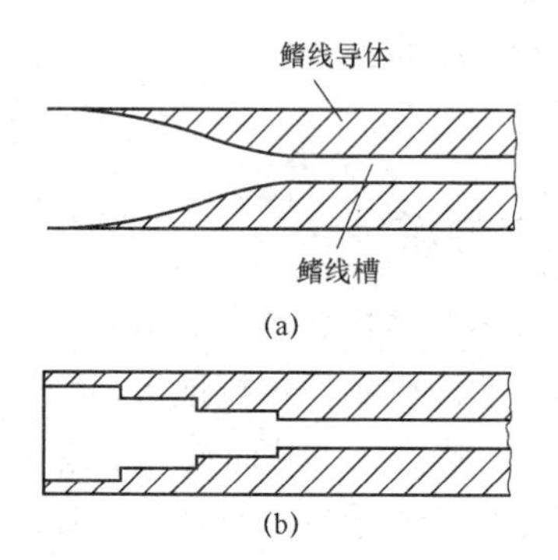

图 3.5－7　矩形波导中的过渡段

（a）渐变式；（b）多阶梯式

最后需指出的是，前面所讨论的各种微带线，都未考虑屏蔽盒对它的影响，而实际上绝大多数的微带电路都是放在金属屏蔽盒中的。有了屏蔽盒，一方面可防止外界的电磁干扰和防止能量向外辐射；另一方面，还可起到保护作用，并便于安装各种插接头，以及与其他的部件和器件相固定。把微带电路装入屏蔽盒之后，对微带线的场结构而言，等于又多了一个封闭的导体边界，这必然会影响微带线的各个参数，例如，会影响特性阻抗和相对有效介电常数。为了减小这种影响，屏蔽盒的顶盖距微带电路的距离应远些，例如应大于介质基片厚度的 5～10 倍；若介质基片的 ε_r 较大时，距离可近些；若 ε_r 较小时，则应远些。最靠近屏蔽盒内壁的导体带，它与壁之间的距离应不小于 $3h$（或不小于导体带宽度 w 的 2 倍）。当然，这些要求只是大致的范围，实际上可视具体情况，或通过实验确定一个合适的距离。在选定屏蔽盒的尺寸时，还应注意的一个问题是，有时还会发生谐振吸收现象，即是说，盒体就相当于一个腔体，当某一频率接近这个腔的谐振频率时，就会产生谐振吸收现象。为了消除这种现象，就需要修改屏蔽盒的尺寸，或在盒内放入某种介质（吸收）材料，如此，谐振吸收现象就可基本消除。

习　题

3－1　已知带状线两接地板之间的距离 $b=1$ mm，中心导体带的宽度 $w=2$ mm，厚度 $t=0.5$ mm，填充介质的 $\varepsilon_r=2.1$，求带状线的特性阻抗。

3－2　已知带状线两接地板之间的距离 $b=10$ mm，中心导体带的宽度 $w=2$ mm，厚度 $t=0.55$ mm，试求填充介质的 $\varepsilon_r=2.25$ 时的特性阻抗是多少？

3－3　已知带状传输线填充介质的 $\varepsilon_r=2.25$，两接地板之间的距离 $b=5$ mm，中心导体带的厚度 $t=0.2$ mm，试分别求出带状线的特性阻抗为 50 Ω、70 Ω 和 75 Ω 时，中心导体带的宽度 w。

3－4　已知薄带侧耦合带状线的奇、偶模特性阻抗分别为 $Z_{co}=30\ \Omega$，$Z_{ce}=75\ \Omega$，尺寸 $b=4$ mm，填充介质的 $\varepsilon_r=2.25$，试求带状线的尺寸 w 和 s。

3－5　已知带状线两接地板之间的距离 $b=10$ mm，中心导体带宽度 $w=1.4$ mm，厚度 $t=0.1$ mm，工作频率为 5 GHz，填充介质的 $\varepsilon_r=2.1$（$\tan\delta=4\times10^{-4}$），试求带状线的特性阻抗、导波波长，以及导体和介质的衰减常数。

3－6　欲在 $\varepsilon_r=9.6$ 的介质基片上制作一个特性阻抗 $Z_c=50\ \Omega$ 的微带线，试确定 w/h 的值（设导体带厚度 $t\approx0$）。

3－7　欲在 $\varepsilon_r=2.25$ 的介质基片上制作一个特性阻抗 $Z_c=50\ \Omega$ 的微带线，试确定 w/h 的值。

3－8　用 $\varepsilon_r=9.9$ 的陶瓷作基片，微带线的 $w/h=0.96$，试求其特性阻抗。

3－9　利用聚四氟乙烯双面敷铜箔板制作微带线，已知 $\varepsilon_r=2.5$，$h=1$ mm，$t=0.05$ mm，试分别求出特性阻抗为 50 Ω 和 75 Ω 时，导体带的有效宽度。

3－10　已知微带线介质基片的 $\varepsilon_r=9.6$，$h=0.8$ mm，$t\approx0$，试分别求出特性阻抗为 50 Ω 和 75 Ω 时，导体带的宽度；若其他条件不变，只是 $t=0.01$ mm，试求出导体带的有效宽度。

3－11　已知 99 陶瓷介质片的 $\varepsilon_r=9.6$，微带线的尺寸是 $h=0.8$ mm，$t=0.01$ mm，试求特性阻抗分别为 50 Ω 和 75 Ω 时导体带的有效宽度，并分别求出 $f=6$ GHz 时的相速和导波波长。

3－12　已知微带线的特性阻抗 $Z_c=50\ \Omega$，介质基片的 $\varepsilon_r=9.9$，$h=1$ mm，试问工作频率 f 在什么范围内就可以不考虑色散的影响?

3－13　一个用 $\varepsilon_r=9.9$ 的陶瓷作基片的微带线，其工作频率的上限为 18 GHz。为了避免与表面波模的强耦合，基片的厚度 h 应等于多少?若工作频率的上限分别为 5.8 GHz 和 12.4 GHz，基片的厚度 h 各等于多少?

3－14　一个用 $\varepsilon_r=9.5$ 的陶瓷作基片的微带线，$h=1$ mm，$t/h=0.02$，特性阻抗为 75 Ω，工作频率为 10 GHz，若导体带和接地板的材料都分别同为金和银两种情况，介质的 $\tan\delta=2\times10^{-4}$，试求导体和介质的衰减常数。

3－15　已知微带线的特性阻抗 $Z_c=50\ \Omega$，介质基片的 $\varepsilon_r=10$，导体带厚度 $t\approx0$，导体带宽度与厚度之比 $w/h=0.9$，工作频率 $f=13.64$ GHz，试求微带线内的导波波长。

3－16　已知耦合微带线的奇、偶模特性阻抗分别为 $Z_{co}=36\ \Omega$，$Z_{ce}=70\ \Omega$，若采用 $\varepsilon_r=9$ 的介质基片，试确定 w/h 和 s/h 的值。

3－17　已知耦合微带线的 $w/h=0.8$，$s/h=0.2$，陶瓷介质基片的 $\varepsilon_r=9.6$，试求奇、偶模特性阻抗各等于多少?若频率 $f=3$ GHz，试求奇、偶模的相速和奇、偶激励状态下的导波波长。

3－18　什么是耦合微带线的奇、偶模相速，试定性地解释，为什么奇模的相速会大于偶模的相速?

3－19　什么是耦合微带线的相对等效介电常数，它与哪些因素有关?

3－20　带状线中的相速与电磁波在自由空间中的速度是什么关系，波长之间又是什么关系?对于微带线（工作于 TEM 模），上述各量之间又是什么关系?

3－21　已知微带线介质基片的 $\varepsilon_r=9.6$，$h=0.8$ mm，$t\approx0$，试求出当特性阻抗 Z_c 分别为 50 Ω、75 Ω 时，导体带的宽度 w，若其他条件不变，只是 $t\approx0.01$ mm，试求出导体带的有效宽度 w_e，若工作频率 $f=6$ GHz，导体带宽度 $t\approx0$，试求出 Z_c 分别为 50 Ω、75 Ω 时，电磁波的相速和导波波长。

附录 3.1　用保角变换法求带状线的特性阻抗

本附录的内容是：首先简单地说明一下求带状线的特性阻抗时所用的保角变换式，然后讨论用保角变换的方法求带状线和耦合带状线的特性阻抗的问题。

（一）许瓦兹－克力斯托夫变换式

当均匀无耗带状线传输的是主模 TEM 时，如图 3.1－1 所示，它的特性阻抗 Z_c 为

$$Z_c=\sqrt{L/C} \tag{1}$$

L 和 C 分别为带状线单位长度上的分布电感和分布电容。我们知道，电磁波在线中的相速 v_p 等于 $1/\sqrt{LC}$，或者 $v_p=1/\sqrt{\mu\varepsilon}$。若再假定 $\mu\approx\mu_0$，v_0 是电磁波在真空中的速度，则 $v_p=v_0/\sqrt{\varepsilon_r}$，而带状线的特性阻抗 Z_c 即可写为

$$Z_c=\frac{1}{v_pC} \tag{2}$$

可见，只要求出了电容 C，则 Z_c 就可以很容易地求出来。但是，由于带状线横截面形状复杂，电容是不均匀的，因此不便于直接求出 C 的值。为了求出 C，需要将带状线较复杂的横截面的边界条件，利用复变函数中保角变换的方法将其变换（映射，映照）为横截面形状比较简单、便于求出电容 C 的边界，从而求出带状线的特性阻抗 Z_c。在保角变换中用得较多的变换式就是许瓦兹－克力斯托夫（Schwarz－Christoffel）变换式，关于这个变换式的推导和证明，读者可参阅有关的数学书，在此不予详述。但是，为了对该变换式有个初步的理解，并会应用它，对它做一些简略的说明还是必要的。下面就讨论一下这个问题。

在数学中我们知道，设复变数 $z=x+\mathrm{j}y$ 在复平面某域（定义域）D 内取值，如果有一个确定的法则存在，根据这一法则，对于域内每个可能取的 z，就有一个或几个相应的复数 $W=f(z)=u(x,y)+\mathrm{j}v(x,y)$ 随着而定，则称复变数 W 为复变数 z 的函数（简称复变函数）。若函数 $f(z)$ 在其定义 D 内的某一点 z_o，以及 z_o 的邻域内处处可导，则称 $f(z)$ 在 z_o 解析；若 $f(z)$ 在定义域 D 内每一点解析，则称 $f(z)$ 是域 D 内的一个解析函数（或称正则函数）。解析函数的充分和必要条件是：函数 $f(z)=u(x,y)+\mathrm{j}v(x,y)$ 在其定义域 D 内任一点 z 及其邻域内都是可导的，并满足柯西－黎曼方程（简称 C－R 方程），即

$$\frac{\partial u}{\partial x}=\frac{\partial v}{\partial y},\qquad \frac{\partial u}{\partial y}=-\frac{\partial v}{\partial x} \tag{3}$$

显然，解析函数 $f(z)$ 的实部 u 和虚部 v 都满足二维拉普拉斯（Laplace）方程，即它们都是拉普拉斯方程的解，在电学中为二维静电场的解。若解析函数 $f(z)$ 的导数 $f'(z)$ 不为零，也不为无穷大，则 $f(z)$ 具有保角变换的性质（当导数为零时，其模为零，幅角为不确定值；当导数为无穷大时，其模不为有限值，这两种情况保角变换均失去意义）。例如，在 $W=f(z)$ 的复平面上，若 $u=$ 常数和 $v=$ 常数的两条曲线是正交的，那么，与此相对应的在 z 的复平面上，u 和 v 都为常数的两条曲线也是正交的。由于在静电场中等电位线与电力线是正交的，因此，若取 $u=$ 常数的线表示等电位线，则 $v=$ 常数的线就表示电力线，反之亦然。根据电磁场理论可知，在 $W=f(z)$ 复平面上等位线间的电场储能与 $z=x+\mathrm{j}y$ 复平面上相应等位线间的电场储能是相等的，即是说，对于 W 面上的两个导体而言，经变换到 z 面之后，尽管两个导体的形状、

位置和场分布发生了变化，但两导体之间的电容与 W 面上两导体之间的电容是相等的。显然，这个结论，对于把 z 面的两个导体变换为 W 面上的情况，也是正确的。

需要指出的是，保角变换只适用于二维的静电场，电位分布函数必须满足拉普拉斯方程，因此，一般地讲，它不能用于时变场（不满足拉普拉斯方程）。但是，在双导线传输线传输 TEM 模的情况下，其横截面内的场结构与同样边界条件下静电场的场结构是相同的，因而保角变换仍是有效的。这样，就可以利用解析函数的特性，选取适当的变换函数，将带状传输线较为复杂的横截面边界经过一次或多次的变换，使其成为易于求出电容 C 的简单边界。带状传输线横截面的边界呈多角形，对此可采用不同的变换函数将其变换为形状较为简单的边界，其中许瓦兹－克力斯托夫变换式是常用的变换，下面对它做一简略的说明。

利用许瓦兹－克力斯托夫变换式，可以将一个复平面上的多角形域变换为另一个复平面的上半平面，或者将一个复平面的上半平面变换为另一个复平面上的多角形域。如附图 3.1－1 所示，设函数 $W=f(z)=u(x,y)+\mathrm{j}v(x,y)$，$z=x+\mathrm{j}y$。在 W 复平面上多角形域顶点处的 W 分别为 W_1、W_2、W_3、…、W_n，相应的内角依次为 α_1、α_2、α_3、…、α_n，在 z 复平面的实轴上，依据函数关系与 W 复平面上的 W_1、W_2、W_3、…、W_n 相对应的点分别为 x_1、x_2、x_3、…、x_n，而且 $x_1<x_2<x_3<\cdots<x_n$。这样，利用许瓦兹－克力斯托夫变换式，即

$$\frac{\mathrm{d}W}{\mathrm{d}z}=A(z-x_1)^{\frac{\alpha_1}{\pi}-1}(z-x_2)^{\frac{\alpha_2}{\pi}-1}(z-x_3)^{\frac{\alpha_3}{\pi}-1}\cdots(z-x_n)^{\frac{\alpha_n}{\pi}-1} \tag{4}$$

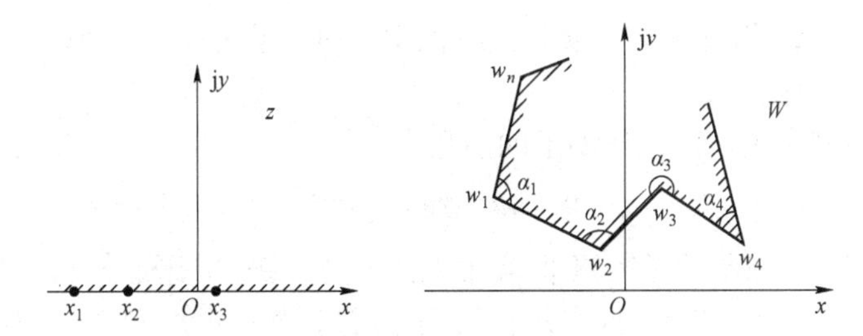

附图 3.1－1　许瓦兹变换

或写为

$$W=A\int\left[(z-x_1)^{\frac{\alpha_1}{\pi}-1}(z-x_2)^{\frac{\alpha_2}{\pi}-1}(z-x_3)^{\frac{\alpha_3}{\pi}-1}\cdots(z-x_n)^{\frac{\alpha_n}{\pi}-1}\right]\mathrm{d}z+B \tag{5}$$

就可以将 W 面上的多角形域变换为 z 面的上半平面。式中的 A 和 B，一般是复常数，A 可以使多角形域的方位和大小发生变化，B 可以使多角形域发生位移。在 x_1、x_2、x_3、…、x_n 中只有三个数可以任意选定，其余的数可以通过 z 面上 x_1、x_2、x_3、…、x_n 与 W 面上的 W_1、W_2、W_3、…、W_n 之间的对应关系，经计算而求得。对于实际问题中遇到的不是封闭的多角形域，变换式（4）或变换式（5）仍然成立，此时可以认为多角形域的某个顶点在无穷远处，对于多角形域处于无穷远的这个顶点，可在一系列的 x 中任选一个，例如 x_k，使 $x_k=\infty$ 与之相对应，这样，在数学中已经证明，变换式（4）和变换式（5）中的 $(z-x_k)^{\frac{\alpha_n}{\pi}-1}=1$，从而使变换式得以简化，变为

$$\frac{\mathrm{d}W}{\mathrm{d}z}=A(z-x_1)^{\frac{\alpha_1}{\pi}-1}(z-x_2)^{\frac{\alpha_2}{\pi}-1}(z-x_3)^{\frac{\alpha_3}{\pi}-1}\cdots(z-x_{n-1})^{\frac{\alpha_{n-1}}{\pi}-1} \tag{6}$$

或

$$W = A\int\left[(z-x_1)^{\frac{\alpha_1}{\pi}-1}(z-x_2)^{\frac{\alpha_2}{\pi}-1}(z-x_3)^{\frac{\alpha_3}{\pi}-1}\cdots(z-x_{n-1})^{\frac{\alpha_{n-1}}{\pi}-1}\right]\mathrm{d}z + B \tag{7}$$

如前所述，在函数的导数 $f'(z)=0$ 或等于无穷大的点，变换失去了保角性，因此在式（4）～式（7）中，在 $z=x_1$、x_2、x_3、…、x_n 等点，变换失去了保角性。除此而外，$f'(z)\neq 0$，即在 $\mathrm{Im}(z)\geqslant 0$ 的区域（上半平面）是保角的。这样，在 z 面上当 z 在实轴上从左向右移动，并经过 x_1、x_2、x_3、…、x_n 诸点时，在 W 面上与之相对应的 W 按逆时针的绕向沿着多角形域的边界移动，从而完成了 W 面与 z 面之间的变换。

为了便于应用许瓦兹－克力斯托夫变换式，我们对它可以做一简略的说明，以帮助理解。为此，首先讨论幂函数，然后再根据幂函数的变换式来讨论许瓦兹－克力斯托夫变换式。设有幂函数

$$W = f(z) = z^n\ (n\geqslant 2) \tag{8}$$

并设 $z=r\mathrm{e}^{\mathrm{j}\theta}$，则

$$W = z^n = r^n \mathrm{e}^{\mathrm{j}n\theta}$$

除了 $z=0$ 之外，式（8）是一个保角变换。该变换式将 z 平面上以坐标原点为圆心、以 $|z|=r$ 为半径的圆周变换为 W 平面上以坐标原点为圆心、以 $|W|=r^n$ 为半径的圆周，或者将 z 平面上以 θ 为辐角的射线变换为 W 平面上以 $n\theta$ 为辐角的射线，z 平面上 $0<\theta<\theta_0$ 的角形域变换为 W 平面上 $0<n\theta<n\theta_0$ 的角形域。显然，在 z 平面上 $0<\theta<2\pi/n$ 的角形域变换为 W 平面上 $0<n\theta<2\pi$ 的区域，即除去正半实轴之外的 W 平面。当把一个角形域变换为另一个角域时，经常用到的就是幂函数。

仿照式（8）的幂函数，可以作如下的函数

$$W - W_1 = (z-x_1)^{\alpha_1/\pi} \tag{9}$$

当 $z=x_1$ 时，对应着 $W=W_1$，即在 z 平面实轴上的一点 x_1 与 W 平面上的一点 W_1 相对应；若在 z 平面上以 x_1 为顶点的角形域为 $0\sim\pi$（即 z 平面的上半平面），那么，根据幂函数的性质，变换到 W 平面上就是以 W_1 为顶点、张角为 $\frac{\alpha_1}{\pi}\pi=\alpha_1$ 的角形域，如附图 3.1－2 所示。由此可以推想，若在 z 平面的实轴上取若干点：x_1、x_2、x_3、…、x_n，是否可以将 z 平面的上半平面变换为以 W_1、W_2、W_3、…、W_n 为顶点的多角形域呢?可以证明（证明从略），情况正是如此。为了与许瓦兹－克力斯托夫变换式相比较，可以对式（9）求导，即

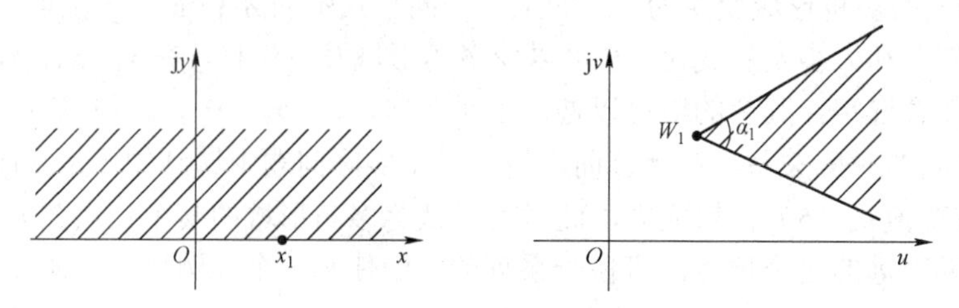

附图 3.1－2　幂函数

$$\frac{\mathrm{d}W}{\mathrm{d}z} = \frac{\alpha_1}{\pi}(z_1-x_1)^{\frac{\alpha_1}{\pi}-1} \tag{10}$$

这是指在 W 平面上只有一个顶点的情况，若在 W 平面上有若干个（有限的）顶点，那么，

对于每个顶点而言都应有因子$(z-x)^{\frac{\alpha_1}{\pi}-1}$出现，因此，可以推想，当考虑到 W 平面上多角形域所有的顶点时，就会得到如式（4）和式（5）所示的许瓦兹－克力斯托夫变换式。当然，这种推想并不能代替严格的推导，但是，却有助于对该变换式的理解和应用。

（二）对称带状线的特性阻抗

对称带状线的结构与尺寸如图 3.1－1 所示。上下两导体板之间的距离为 b，中心导体带的厚度为 t、宽度为 w。现在利用保角变换的方法求出它单位长度上的电容 C，以及特性阻抗 Z_c。为此，可以把带状线横截面所处的平面看作复平面 z，如附图 3.1－3（a）所示。由于结构上的对称性，因此可以取 x 和 y 轴分别作为带状线的上下两部分和左右两部分的对称轴。这样，只需要求出带状线右半部分的电容（图中有斜线的部分），然后再乘以 2，就得到全部的电容 C，再根据式（2）即可求出特性阻抗 Z_c。

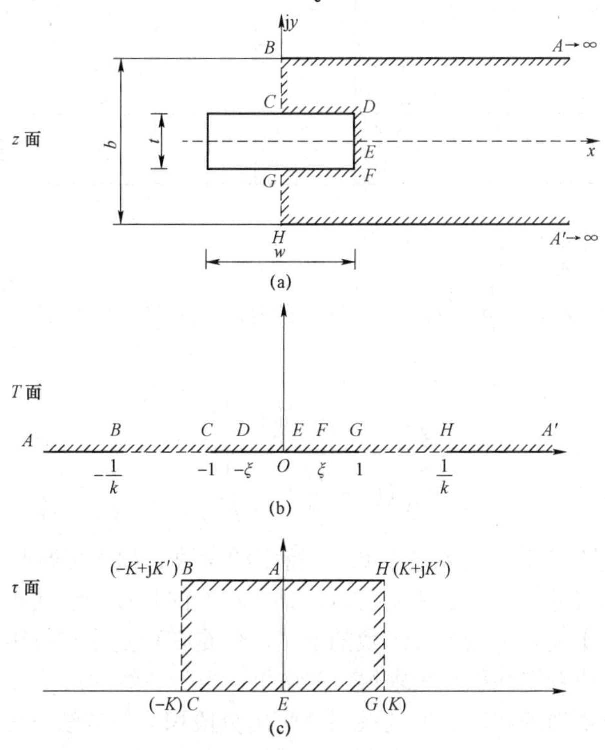

附图 3.1－3　对称带状线的横截面及其变换

设带状线的内导体处于高电位，上下导体板为零电位。显然，电力线与 BC 和 GH 的方向是一致的，而磁力线则与之相垂直，即 BC 和 GH 是磁壁。首先，把附图 3.1－3（a）复平面 z 上由带状线横截面的右半部分所构成的多角形域 $ABCDEFGHA'$ 利用许瓦兹－克力斯托夫变换式变换为附图 3.1－3（b）复平面 T 的上半平面，然后再将该上半面利用许瓦兹－克力斯托夫变换式变换为附图 3.1－3（c）复平面 τ 上的矩形域，这个矩形域的电容是均匀的，据此即可求出带状线的电容 C，并进而求出特性阻抗 Z_c。下面详述其变换过程。为了方便，在变换过程中，各复平面上的对应点均用相同字母表示。

1. 将复平面 z 上的多角形域变换为复平面 T 的上半平面

为了利用许瓦兹－克力斯托夫变换式，可以将上下导体板向右方无限延长（$A\to\infty$ 和

$A'\to\infty$），并在无穷远处相交于一点，该点对应的内角为零。这样，在 z 平面上 $ABCDEFGHA'$ 就构成了一个封闭的多角形域。如前所述，在利用式（4）或式（5）时，可以在 T 平面上任选三个点，现在选 T 平面实轴上的 $+1$、-1 和 ∞ 这三个点；实轴上的 ξ 和 k 是与带状线尺寸有关的待定值（ξ 和 k 均小于 1）。现将 z 平面与 T 平面上对应点的坐标，以及 z 平面上多角形域各顶点的内角 α_n 和 $\frac{\alpha_n}{\pi}-1$ 等列表如下：

点 面，内角	A	B	C	D	E	F	G	H	A'
z	∞	$\mathrm{j}\frac{b}{2}$	$\mathrm{j}\frac{t}{2}$	$\frac{w}{2}+\mathrm{j}\frac{t}{2}$	$\frac{w}{2}$	$\frac{w}{2}-\mathrm{j}\frac{t}{2}$	$-\mathrm{j}\frac{t}{2}$	$-\mathrm{j}\frac{b}{2}$	∞
T	$-\infty$	$-\frac{1}{k}$	-1	$-\xi$	0	ξ	1	$\frac{1}{k}$	∞
α_n	0	$\frac{\pi}{2}$	$\frac{\pi}{2}$	$\frac{3\pi}{2}$	π	$\frac{3\pi}{2}$	$\frac{\pi}{2}$	$\frac{\pi}{2}$	0
$\frac{\alpha_n}{\pi}-1$	-1	$-\frac{1}{2}$	$-\frac{1}{2}$	$\frac{1}{2}$	0	$\frac{1}{2}$	$-\frac{1}{2}$	$-\frac{1}{2}$	-1

根据表和许瓦兹－克力斯托夫变换式可得

$$\frac{\mathrm{d}z}{\mathrm{d}T}=A\left(T+\frac{1}{k}\right)^{-\frac{1}{2}}(T+1)^{-\frac{1}{2}}(T+\xi)^{\frac{1}{2}}(T-\xi)^{\frac{1}{2}}(T-1)^{-\frac{1}{2}}\left(T-\frac{1}{k}\right)^{-\frac{1}{2}} \tag{11}$$

或写为

$$z=A\int\frac{\sqrt{T^2-\xi^2}}{\sqrt{(T^2-1)\left(T^2-\frac{1}{k^2}\right)}}\mathrm{d}T+B \tag{12}$$

式中的 B 为待定的积分常数（实数或复数），待定的参数 ξ 和 k 可暂时看作常数，而对 T 积分，在根据带状线的尺寸确定了 ξ 和 k 之后，式（12）的具体表示式也就确定了。式（12）属于椭圆积分类型，不能表示为初等函数的形式。但是在给定了积分限的情况下，其积分可表示为级数的形式，或查椭圆积分表求得。在这里，当带状线的尺寸（w，b，t）已知时，可以根据 z 平面与 T 平面对应线段之间的关系，采用分段积分的方法求出 ξ 和 k 与尺寸之间的关系式。现在把分段积分的结果写在下面，并以 $I(T_1, T_2)$ 表示椭圆积分的值。在 z 平面上，从 E 到 F 的积分为

$$\int_E^F \mathrm{d}z=-\mathrm{j}\frac{t}{2} \tag{13a}$$

在 T 平面上与之相对应的从 E 到 F 的积分为

$$A\int_0^{\xi}\frac{\sqrt{T^2-\xi^2}}{\sqrt{(T^2-1)\left(T^2-\frac{1}{k^2}\right)}}\mathrm{d}T+B=AI(0,\xi)+B \tag{13b}$$

在 z 平面上，从 F 到 G 的积分为

$$\int_F^G \mathrm{d}z=-\frac{w}{2} \tag{14a}$$

在 T 平面上与之相对应的从 F 到 G 的积分为

$$A\int_{\xi}^{1}\frac{\sqrt{T^2-\xi^2}}{\sqrt{(T^2-1)\left(T^2-\dfrac{1}{k^2}\right)}}\mathrm{d}T+B=AI(\xi,1)+B \tag{14b}$$

在 z 平面上，从 G 到 H 的积分为

$$\int_{G}^{H}\mathrm{d}z=\mathrm{j}\left(\frac{t}{2}-\frac{b}{2}\right) \tag{15a}$$

在 T 平面上，与之相对应的从 G 到 H 的积分为

$$A\int_{1}^{1/k}\frac{\sqrt{T^2-\xi^2}}{\sqrt{(T^2-1)\left(T^2-\dfrac{1}{k^2}\right)}}\mathrm{d}T+B=AI(1,1/k)+B \tag{15b}$$

为了确定以上各式中的积分常数 B，还需要再求出一个两复平面（z 与 T）对应线段之间的积分，如在 z 平面上从 E 到 D 的积分为

$$\int_{E}^{D}\mathrm{d}z=\mathrm{j}\frac{t}{2} \tag{16a}$$

在 T 平面上，与之相对应的从 E 到 D 的积分为

$$A\int_{0}^{-\xi}\frac{\sqrt{T^2-\xi^2}}{\sqrt{(T^2-1)\left(T^2-\dfrac{1}{k^2}\right)}}\mathrm{d}T+B=AI(0,-\xi)+B \tag{16b}$$

或写为

$$-A\int_{-\xi}^{0}\frac{\sqrt{T^2-\xi^2}}{\sqrt{(T^2-1)\left(T^2-\dfrac{1}{k^2}\right)}}\mathrm{d}T+B=-AI(-\xi,0) \tag{16c}$$

将式（13a）与式（16a）相加，与此相对应，将式（13b）与式（16c）相加，则得

$$\left(-\mathrm{j}\frac{t}{2}\right)+\left(\mathrm{j}\frac{t}{2}\right)=A[I(0,\xi)-I(-\xi,0)]+2B$$

等号右端方括号内两个积分的被积函数是完全相同的偶函数，因此它们的积分之差应为零，由此可得积分常数 B 为零。

由以上各式可以得到下列的关系式

$$\frac{w}{b}=\frac{I(\xi,1)}{I(0,\xi)+I(1,1/k)} \tag{17}$$

$$\frac{t}{b}=\frac{I(0,\xi)}{I(0,\xi)+I(1,1/k)} \tag{18}$$

根据这两个关系式，当带状线的尺寸 w、b 和 t 已知时，即可确定待定的参数 ξ 和 k。这样，式（12）的具体表示式也就确定了；反之，当给定了 ξ 和 k 时，也可以求出所需要的尺寸 w、b 和 t。

当带状线中心导体的厚度 t 为零时，从附图 3.1－3 可以看出，在 z 平面上应有 D 和 F 均

趋于 E，相应地，在 T 平面上应有 $-\xi$ 和 ξ 均趋于 0 点。而变换式（12）则变为

$$z = A\int \frac{T}{\sqrt{(T^2-1)\left(T^2-\frac{1}{k^2}\right)}}\mathrm{d}T \tag{19}$$

同样地，式（17）则变为

$$\frac{w}{b} = \frac{I(0,1)}{I(1,1/k)} \tag{20}$$

2. 将复平面 T 的上半平面变换为 τ 复平面上的矩形域

这两个复平面之间的变换，以及两平面之间的对应点及线段，如附图 3.1－3（b）和（c）所示。设带状线中心导体带的厚度 t 为零。根据这个图，可以把 T 平面与 τ 平面上对应点的坐标，以及 τ 平面上矩形域各顶点的顶角 α_n 和 $\dfrac{\alpha_n}{\pi}-1$ 等列表如下：

点 面，内角	A	B	C	E	G	H	A'
T	$-\infty$	$-\frac{1}{k}$	-1	0	1	$\frac{1}{k}$	∞
τ	$\mathrm{j}K'$	$-K+\mathrm{j}K'$	$-K$	0	K	$K+\mathrm{j}K'$	$\mathrm{j}K'$
α_n	π	$\frac{\pi}{2}$	$\frac{\pi}{2}$	π	$\frac{\pi}{2}$	$\frac{\pi}{2}$	π
$\frac{\alpha_n}{\pi}-1$	0	$-\frac{1}{2}$	$-\frac{1}{2}$	0	$-\frac{1}{2}$	$-\frac{1}{2}$	0

根据这个表和许瓦兹－克力斯托夫变换式可得

$$\frac{\mathrm{d}\tau}{\mathrm{d}T} = C\left(T+\frac{1}{k}\right)^{-\frac{1}{2}}(T+1)^{-\frac{1}{2}}(T-1)^{-\frac{1}{2}}\left(T-\frac{1}{k}\right)^{-\frac{1}{2}} \tag{21}$$

或写为

$$\tau = C\int \frac{\mathrm{d}T}{\sqrt{(T^2-1)\left(T^2-\frac{1}{k^2}\right)}}+D \tag{22}$$

式中的 C 和 D 为待定的常数（实数或复数）。仿照前面确定式（12）中积分常数 B 的方法，可以证明（证明从略）式（22）中的积分常数 D 为零。

对于 τ 平面上矩形域边界的尺寸，可以根据 T 平面与 τ 平面之间的对应点和对应线段，采用分段积分的方法来确定。在 T 平面上，从 E 到 G（即从 0 到 1）的积分应等于 τ 平面上与之相对应的从 E 到 G（即从 0 到 K）的积分，即

$$C\int_0^1 \frac{\mathrm{d}T}{\sqrt{(1-T^2)(1-k^2T^2)}} = K = \mathrm{K}(k) \tag{23}$$

这个积分的上限为 1，称为第一类完全椭圆积分，参变数 k 称为该椭圆积分的模数。由该式可知，待定常数 $C=1$。根据对称性可知，τ 平面上 C 点的坐标为 $-K=-\mathrm{K}(k)$。类似地，在 T 平面上从 G 到 H（即从 1 到 $1/k$）的积分，应等于 τ 平面上与之相对应的从 G 到 H（即从 K

到 $K+\mathrm{j}K'$）的积分，即

$$\int_1^{1/k}\frac{\mathrm{d}T}{\sqrt{(1-T^2)(1-k^2T^2)}}=\mathrm{j}\int_1^{1/k}\frac{\mathrm{d}T}{\sqrt{(T^2-1)(1-k^2T^2)}}=\mathrm{jK}'(k)\tag{24}$$

作积分变换，令

$$k^2T^2=1-k'^2T'^2\quad 及\quad k'^2=1-k^2$$

则 $\mathrm{K}(k')$ 即可写为

$$\int_1^{1/k}\frac{\mathrm{d}T}{\sqrt{(T^2-1)(1-k^2T^2)}}=\int_0^1\frac{\mathrm{d}T'}{\sqrt{(1-T'^2)(1-k'^2T'^2)}}=\mathrm{K}(k')\tag{25}$$

显然，$\mathrm{K}(k')=\mathrm{K}'(k)$。$\mathrm{K}(k')$ 也是第一类完全椭圆积分，k'称为椭圆积分的补模数。这样，τ 平面上 H 点的坐标为 $\mathrm{K}(k)+\mathrm{jK}'(k)$，根据对称性，$B$ 点的坐标为 $-\mathrm{K}(k)+\mathrm{jK}'(k)$。矩形域 $ABCEGH$ 构成了一个电场是均匀的平板电容器，BAH 线段和 CEG 线段表示电容器的两个极板，它们的宽度都是 $2\mathrm{K}(k)$，长度都取为单位长度。由此可得该平板电容器的电容为

$$C'=\varepsilon\frac{2\mathrm{K}(k)}{\mathrm{K}'(k)}=\varepsilon_{\mathrm{r}}\varepsilon_0\frac{2\mathrm{K}(k)}{\mathrm{K}'(k)}\tag{26}$$

式中的 ε_{r} 是带状线中填充介质的相对介电常数，ε_0 是真空中的介电常数。如前所述，在进行保角变换时，只取了带状线横截面的 1/2，因此带状线的全部电容应为

$$C=2C'=4\varepsilon_{\mathrm{r}}\varepsilon_0\frac{\mathrm{K}(k)}{\mathrm{K}'(k)}\tag{27}$$

将此式代入式（2）中，则得带状线的特性阻抗为

$$Z_{\mathrm{c}}=\sqrt{\frac{\mu_{\mathrm{r}}}{\varepsilon_{\mathrm{r}}}}30\pi\frac{\mathrm{K}'(k)}{\mathrm{K}(k)}\tag{28}$$

对于电介质，$\mu_{\mathrm{r}}\approx 1$，则

$$Z_{\mathrm{c}}=\frac{30\pi}{\sqrt{\varepsilon_{\mathrm{r}}}}\frac{\mathrm{K}'(k)}{\mathrm{K}(k)}\tag{29}$$

以上利用保角变换法求出了带状线特性阻抗的表示式（3.1－2）。同样地，经过类似的推导过程即可求出耦合带状线、微带线和耦合微带线特性阻抗的表示式，限于篇幅，不再推导。在特性阻抗表示式中的 $\mathrm{K}(k)$和 $\mathrm{K}'(k)$ 表示椭圆积分的值（K 是椭圆积分的符号），其值取决于与带状线（或微带线）尺寸有关的参数 k。若已知 k，则 $\mathrm{K}(k)$ 和 $\mathrm{K}'(k)$ 以及特性阻抗也就确定了。式（23）和式（25）称为椭圆积分，一般地，根据被积函数和积分限的不同，可将其划分为多种类型，并冠以不同的称谓。椭圆积分的值无法用有限项的基本初等函数表示出来，但可用一个有无穷项的多项式之和来表示。因此在实际应用中，当已知 k 时，可利用椭圆积分表或曲线图求出 $\mathrm{K}(k)$ 和 $\mathrm{K}'(k)$ 的值。

为了对 $\mathrm{K}(k)$ 和 $\mathrm{K}'(k)$ 有一具体的概念，消除其“抽象”感，下面对椭圆积分名称的由来和含义做一简单介绍。

在数学中，椭圆的弧长 s 为

$$s=a\int_0^{\varphi}\sqrt{1-k^2\sin\varphi}\,\mathrm{d}\varphi=a\mathrm{K}(\varphi,k)$$

称为第二类椭圆积分，a 为椭圆的长半轴，$k^2=\dfrac{a^2-b^2}{a^2}$，b 为椭圆的短半轴，φ 为所求弧长段

与坐标轴之间的夹角，dφ 为其微分量。

椭圆的周长 l 为

$$l=\oint_l \mathrm{d}s=4a\int_0^{\frac{\pi}{2}}\sqrt{1-k^2\sin\varphi}\,\mathrm{d}\varphi=4a\mathrm{K}(k)$$

称为第二类完全椭圆积分，式中的 K(k)可表示为

$$\mathrm{K}(k)=\frac{\pi}{2}\left[1-\left(\frac{1}{2}\right)^2k^2-\left(\frac{1\times3}{2\times4}\right)^2\frac{k^4}{3}-\left(\frac{1\times3\times5}{2\times4\times6}\right)^2\frac{k^6}{5}-\cdots\right]$$

若给定了 a 和 b，也即给定了 k，则 K(k) 即可求出（在一定精度范围内）。若 $a=b=R$，则椭圆蜕变为圆，周长 $l=2\pi R$，这正是圆的周长公式。

下面这个式子称为第一类完全椭圆积分

$$\mathrm{K}(k)=\int_0^{\frac{\pi}{2}}\frac{\mathrm{d}\varphi}{\sqrt{1-k^2\sin^2\varphi}}$$

式中的 K(k) 可表示为

$$\mathrm{K}(k)=\frac{\pi}{2}\left[1+\left(\frac{1}{2}\right)^2k^2+\left(\frac{1\times3}{2\times4}\right)^4k^4+\left(\frac{1\times3\times5}{2\times4\times6}\right)^2k^6+\cdots\right]$$

由以上所述可知，因为式（23）和式（25）的积分形式和积分值的表示式与求椭圆弧长或周长的表示式在形式上相似，故名“椭圆积分”。但是，这两种积分的积分变量和积分值的含义则完全不同，可见，“椭圆积分”只是一个借用的名称而已。需要指出的是，无论是实变函数还是复变函数，还有更为复杂的积分，虽然仍沿用“椭圆积分”这一名称，但与求椭圆的弧长和周长毫不相干。椭圆函数及其积分是数学中的一个分支，如有需要，读者可参阅有关的专著。为了更好地理解当 k 已知时即可求出 K(k)和 K′(k)，特在附图 3.1－4

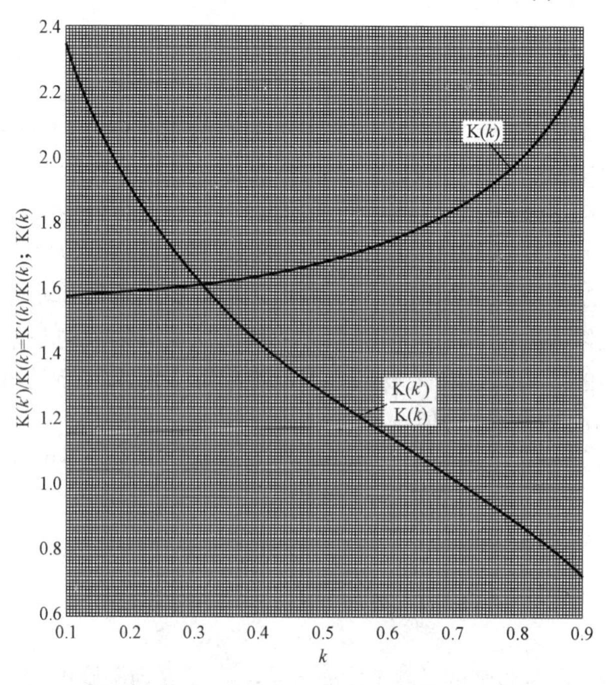

附图 3.1－4　K(k)和 K(k')/K(k)与 k 的关系图

和附图 3.1－5 中给出了第一类完全椭圆积分 K(k)和 K(k')/K(k)＝K′(k)/K(k)与模数 k 以及与($1-k$)的关系曲线，供参考。

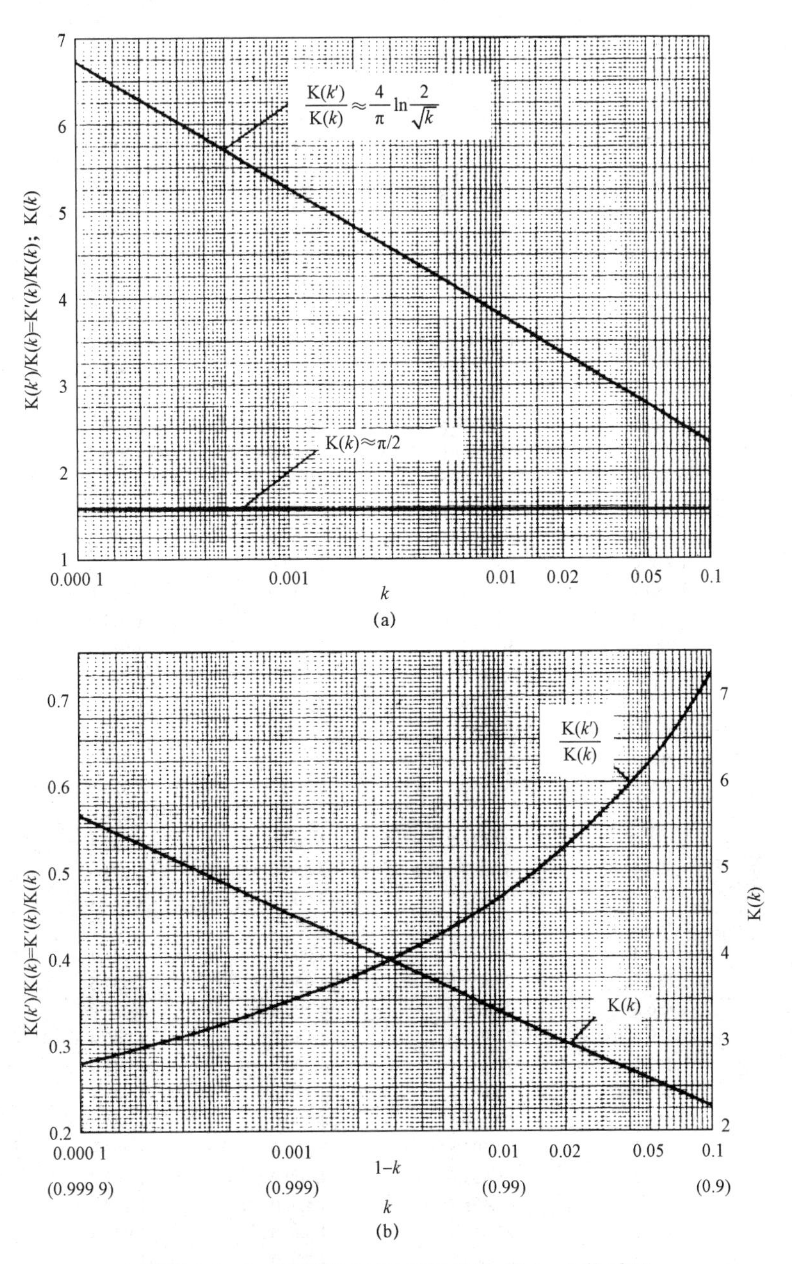

附图 3.1－5　K(k)和 K(k')/K(k)与 k 及 $1-k$ 关系图

附录 3.2　零厚度微带线特性阻抗数据表

$\varepsilon_r = 2.22$

w/h	ε_{re}	Z_c	w/h	ε_{re}	Z_c
0.050 0	1.653 0	236.658 1	2.550 0	1.885 0	56.595 2
0.100 0	1.670 7	203.264 1	2.600 0	1.887 1	55.903 7
0.150 0	1.684 2	183.737 2	2.650 0	1.889 2	55.229 1
0.200 0	1.695 4	169.905 3	2.700 0	1.891 3	54.570 9
0.250 0	1.705 3	159.201 6	2.750 0	1.893 3	53.928 4
0.300 0	1.714 1	150.481 1	2.800 0	1.895 3	53.301 1
0.350 0	1.722 2	143.132 2	2.850 0	1.897 3	52.688 4
0.400 0	1.729 6	136.789 4	2.900 0	1.899 2	52.089 9
0.450 0	1.736 6	131.216 9	2.950 0	1.901 1	51.505 1
0.500 0	1.743 1	126.253 6	3.000 0	1.903 0	50.933 6
0.550 0	1.749 3	121.784 3	3.050 0	1.904 9	50.374 8
0.600 0	1.755 1	117.724 1	3.100 0	1.906 7	49.828 4
0.650 0	1.760 7	114.008 5	3.150 0	1.908 6	49.294 1
0.700 0	1.766 0	110.587 1	3.200 0	1.910 3	48.771 3
0.750 0	1.771 1	107.420 1	3.250 0	1.912 1	48.259 7
0.800 0	1.776 0	104.475 5	3.300 0	1.913 9	47.759 1
0.850 0	1.780 7	101.726 8	3.350 0	1.915 6	47.269 0
0.900 0	1.785 3	99.152 4	3.400 0	1.917 3	46.789 1
0.950 0	1.789 7	96.733 8	3.450 0	1.918 9	46.319 2
1.000 0	1.793 9	94.455 7	3.500 0	1.920 6	45.858 9
1.050 0	1.798 0	92.076 5	3.550 0	1.922 2	45.407 9
1.100 0	1.802 0	89.939 0	3.600 0	1.923 8	44.966 0
1.150 0	1.805 9	87.942 8	3.650 0	1.925 4	44.532 8
1.200 0	1.809 7	86.070 1	3.700 0	1.927 0	44.108 2
1.250 0	1.813 3	84.306 3	3.750 0	1.928 6	43.691 9
1.300 0	1.816 9	82.638 8	3.800 0	1.930 1	43.283 7
1.350 0	1.820 4	81.057 3	3.850 0	1.931 6	42.883 3
1.400 0	1.823 8	79.552 7	3.900 0	1.933 1	42.490 4
1.450 0	1.827 1	78.117 4	3.950 0	1.934 6	42.105 0
1.500 0	1.830 3	76.744 9	4.000 0	1.936 1	41.726 8
1.550 0	1.833 5	75.429 6	4.050 0	1.937 5	41.355 5
1.600 0	1.836 5	74.166 6	4.100 0	1.938 9	40.991 1
1.650 0	1.839 6	72.951 6	4.150 0	1.940 4	40.633 2
1.700 0	1.842 5	71.781 1	4.200 0	1.941 7	40.281 8
1.750 0	1.845 4	70.651 7	4.250 0	1.943 1	39.936 7
1.800 0	1.848 2	69.560 8	4.300 0	1.944 5	39.597 6
1.850 0	1.851 0	68.505 8	4.350 0	1.945 9	39.264 5
1.900 0	1.853 7	67.484 6	4.400 0	1.947 2	38.937 2
1.950 0	1.856 4	66.495 2	4.450 0	1.948 5	38.615 5
2.000 0	1.859 0	65.535 7	4.500 0	1.949 8	38.299 3
2.050 0	1.861 6	64.604 7	4.550 0	1.951 1	37.988 5
2.100 0	1.864 1	63.700 8	4.600 0	1.952 4	37.682 9
2.150 0	1.866 6	62.822 5	4.650 0	1.953 7	37.382 3
2.200 0	1.869 0	61.968 7	4.700 0	1.954 9	37.086 7
2.250 0	1.871 4	61.138 3	4.750 0	1.956 2	36.796 0
2.300 0	1.873 8	60.330 3	4.800 0	1.957 4	36.509 9
2.350 0	1.876 1	59.543 7	4.850 0	1.958 6	36.228 5
2.400 0	1.878 4	58.777 7	4.900 0	1.959 8	35.951 6
2.450 0	1.880 6	58.031 5	4.950 0	1.961 0	35.679 0
2.500 0	1.882 8	57.304 2	5.000 0	1.962 2	35.410 7

$\varepsilon_r = 3.80$

w/h	ε_{re}	Z_c	w/h	ε_{re}	Z_c
0.050 0	2.498 7	192.486 4	2.550 0	3.031 1	44.630 6
0.100 0	2.539 3	164.874 0	2.600 0	3.036 0	44.074 7
0.150 0	2.570 2	148.732 3	2.650 0	3.040 8	43.532 6
0.200 0	2.596 0	137.306 0	2.700 0	3.045 5	43.003 7
0.250 0	2.618 6	128.471 1	2.750 0	3.050 2	42.487 7
0.300 0	2.638 9	121.279 3	2.800 0	3.054 8	41.984 1
0.350 0	2.657 4	115.224 1	2.850 0	3.059 3	41.492 3
0.400 0	2.674 6	110.002 5	2.900 0	3.063 8	41.012 1
0.450 0	2.690 5	105.419 2	2.950 0	3.068 2	40.543 1
0.500 0	2.705 5	101.340 3	3.000 0	3.072 5	40.084 7
0.550 0	2.719 7	97.670 6	3.050 0	3.076 8	39.636 8
0.600 0	2.733 1	94.339 5	3.100 0	3.081 0	39.198 9
0.650 0	2.745 9	91.293 5	3.150 0	3.085 2	38.770 8
0.700 0	2.758 1	88.490 9	3.200 0	3.089 3	38.352 1
0.750 0	2.769 8	85.898 7	3.250 0	3.093 4	37.942 5
0.800 0	2.781 0	83.490 2	3.300 0	3.097 4	37.541 7
0.850 0	2.791 9	81.243 6	3.350 0	3.101 3	37.149 5
0.900 0	2.802 3	79.140 8	3.400 0	3.105 2	36.765 6
0.950 0	2.812 4	77.166 6	3.450 0	3.109 0	36.389 7
1.000 0	2.822 1	75.308 3	3.500 0	3.112 8	36.021 6
1.050 0	2.831 6	73.372 8	3.550 0	3.116 6	35.661 0
1.100 0	2.840 7	71.633 2	3.600 0	3.120 3	35.307 8
1.150 0	2.849 6	70.009 1	3.650 0	3.123 9	34.961 7
1.200 0	2.858 3	68.485 9	3.700 0	3.127 6	34.622 5
1.250 0	2.866 7	67.051 8	3.750 0	3.131 1	34.290 0
1.300 0	2.874 9	65.696 4	3.800 0	3.134 6	33.964 0
1.350 0	2.882 8	64.411 4	3.850 0	3.138 1	33.644 4
1.400 0	2.890 6	63.189 5	3.900 0	3.141 6	33.330 9
1.450 0	2.898 2	62.024 3	3.950 0	3.145 0	33.023 3
1.500 0	2.905 6	60.910 5	4.000 0	3.148 3	32.721 5
1.550 0	2.912 9	59.843 6	4.050 0	3.151 7	32.425 4
1.600 0	9.919 9	58.819 6	4.100 0	3.154 9	32.134 8
1.650 0	2.926 9	57.835 0	4.150 0	3.158 2	31.849 5
1.700 0	2.933 7	56.886 8	4.200 0	3.161 4	31.569 4
1.750 0	2.940 3	55.972 5	4.250 0	3.164 6	31.294 4
1.800 0	2.946 8	55.089 6	4.300 0	3.167 7	31.024 2
1.850 0	2.953 2	54.236 2	4.350 0	3.170 8	30.758 9
1.900 0	2.959 4	53.410 5	4.400 0	3.173 9	30.498 2
1.950 0	2.965 5	52.610 9	4.450 0	3.176 9	30.242 0
2.000 0	2.971 5	51.835 8	4.500 0	3.179 9	29.990 3
2.050 0	2.977 4	51.084 1	4.550 0	3.182 9	29.742 9
2.100 0	2.983 2	50.354 5	4.600 0	3.185 8	29.499 6
2.150 0	2.988 9	49.645 9	4.650 0	3.188 7	29.260 5
2.200 0	2.994 5	48.957 4	4.700 0	3.191 6	29.025 3
2.250 0	3.000 0	48.288 0	4.750 0	3.194 5	28.794 1
2.300 0	3.005 4	47.636 9	4.800 0	3.197 3	28.566 6
2.350 0	3.010 7	47.003 4	4.850 0	3.200 1	28.342 9
2.400 0	3.015 9	46.386 7	4.900 0	3.202 8	28.122 7
2.450 0	3.021 0	45.786 0	4.950 0	3.205 6	27.906 1
2.500 0	3.026 1	45.200 9	5.000 0	3.208 3	27.692 9

$\varepsilon_r = 10.00$

w/h	ε_{re}	Z_c	w/h	ε_{re}	Z_c
0.050 0	5.817 4	126.152 7	2.550 0	7.528 4	28.319 0
0.100 0	5.947 8	107.729 0	2.600 0	7.544 2	27.959 7
0.150 0	6.047 0	96.965 3	2.650 0	7.559 6	27.609 4
0.200 0	6.130 1	89.353 3	2.700 0	7.574 9	27.267 7
0.250 0	6.202 8	83.473 8	2.750 0	7.589 9	26.934 5
0.300 0	6.268 0	78.693 1	2.800 0	7.604 7	26.609 4
0.350 0	6.327 5	74.672 2	2.850 0	7.619 3	26.292 0
0.400 0	6.382 5	71.208 7	2.900 0	7.633 6	25.982 3
0.450 0	6.433 8	68.171 6	2.950 0	7.647 8	25.679 7
0.500 0	6.482 0	65.471 5	3.000 0	7.661 7	25.384 2
0.550 0	6.527 5	63.044 7	3.050 0	7.675 5	25.095 5
0.600 0	6.570 6	60.843 9	3.100 0	7.689 1	24.813 4
0.650 0	6.611 7	58.833 2	3.150 0	7.702 4	24.537 6
0.700 0	6.651 0	56.984 9	3.200 0	7.715 6	24.268 0
0.750 0	6.688 6	55.276 7	3.250 0	7.728 7	24.004 3
0.800 0	6.724 7	53.690 9	3.300 0	7.741 5	23.746 4
0.850 0	6.759 5	52.212 8	3.350 0	7.754 2	23.494 0
0.900 0	6.793 1	50.830 4	3.400 0	7.766 7	23.247 0
0.950 0	6.825 5	49.533 5	3.450 0	7.779 1	23.005 3
1.000 0	6.856 8	48.313 6	3.500 0	7.791 3	22.768 6
1.050 0	6.887 2	47.046 6	3.550 0	7.803 3	22.536 9
1.100 0	6.916 6	45.907 4	3.600 0	7.815 2	22.309 9
1.150 0	6.945 2	44.844 1	3.650 0	7.827 0	22.087 6
1.200 0	6.973 0	43.847 3	3.700 0	7.838 6	21.869 7
1.250 0	7.000 0	42.909 1	3.750 0	7.850 0	21.656 2
1.300 0	7.026 3	42.022 9	3.800 0	7.861 4	21.446 9
1.350 0	7.052 0	41.183 0	3.850 0	7.872 6	21.241 7
1.400 0	7.077 0	40.384 6	3.900 0	7.883 6	21.040 5
1.450 0	7.101 4	39.623 7	3.950 0	7.894 6	20.843 2
1.500 0	7.125 2	38.896 7	4.000 0	7.905 4	20.649 7
1.550 0	7.148 5	38.200 6	4.050 0	7.916 0	20.459 8
1.600 0	7.171 3	37.532 9	4.100 0	7.926 6	20.273 5
1.650 0	7.193 5	36.891 1	4.150 0	7.937 0	20.090 6
1.700 0	7.215 3	36.273 4	4.200 0	7.947 3	19.911 1
1.750 0	7.236 7	35.678 0	4.250 0	7.957 5	19.734 9
1.800 0	7.257 6	35.103 4	4.300 0	7.967 6	19.561 8
1.850 0	7.278 0	34.548 3	4.350 0	7.977 6	19.391 9
1.900 0	7.298 1	34.011 4	4.400 0	7.987 5	19.224 9
1.950 0	7.317 8	33.491 7	4.450 0	7.997 2	19.060 9
2.000 0	7.337 1	32.988 2	4.500 0	8.006 9	18.899 8
2.050 0	7.356 1	32.500 1	4.550 0	8.016 4	18.741 4
2.100 0	7.374 7	32.026 6	4.600 0	8.025 9	18.585 8
2.150 0	7.393 0	31.566 9	4.650 0	8.035 2	18.432 8
2.200 0	7.410 9	31.120 4	4.700 0	8.044 5	18.282 4
2.250 0	7.428 6	30.686 5	4.750 0	8.053 7	18.134 5
2.300 0	7.445 9	30.264 7	4.800 0	8.062 7	17.989 1
2.350 0	7.463 0	29.854 3	4.850 0	8.071 7	17.846 0
2.400 0	7.479 7	29.455 0	4.900 0	8.080 6	17.705 3
2.450 0	7.496 2	29.066 3	4.950 0	8.089 4	17.566 9
2.500 0	7.512 5	28.687 8	5.000 0	8.098 1	17.430 7

$\varepsilon_r = 9.60$

w/h	ε_{re}	Z_c	w/h	ε_{re}	Z_c
0.049	5.600 3	129.190 2	0.52	6.256 0	65.771 16
0.051	5.606 3	128.107 0	0.54	6.272 8	64.792 13
0.053	5.612 2	127.065 4	0.56	6.290 2	63.851 10
0.055	5.618 0	126.062 2	0.58	6.306 8	62.945 69
0.057	5.623 7	125.094 8	0.60	6.323 0	62.073 26
0.059	5.629 3	124.160 7	0.62	6.339 0	61.231 76
0.061	5.634 8	123.257 6	0.64	6.354 6	60.419 25
0.063	5.640 2	122.383 7	0.66	6.369 9	59.633 95
0.065	5.645 6	121.536 9	0.68	6.385 0	58.874 28
0.067	5.650 8	120.715 9	0.70	6.399 8	58.138 76
0.069	5.656 0	119.918 9	0.72	6.414 4	57.426 05
0.071	5.661 0	119.144 7	0.74	6.428 7	56.734 93
0.073	5.666 1	118.392 0	0.76	6.442 8	56.064 26
0.075	5.671 0	117.659 6	0.78	6.456 7	55.412 99
0.077	5.675 9	116.946 5	0.80	6.470 3	54.780 17
0.079	5.680 7	116.251 6	0.82	6.483 8	54.164 88
0.081	5.685 4	115.574 2	0.84	6.497 0	53.666 32
0.083	5.690 1	114.913 3	0.86	6.510 0	52.983 70
0.085	5.694 8	114.268 1	0.88	6.522 9	52.416 30
0.087	5.699 3	113.638 0	0.90	6.535 6	51.863 46
0.089	5.703 9	113.022 2	0.92	6.548 1	51.324 55
0.091	5.708 3	112.420 1	0.94	6.560 4	50.798 99
0.093	5.712 8	111.831 2	0.96	6.572 6	50.286 22
0.095	5.717 1	111.254 7	0.98	6.584 6	49.785 73
0.097	5.721 5	110.690 4	1.00	6.596 5	49.297 04
0.099	5.725 7	110.137 5	1.05	6.625 5	48.004 96
0.100	5.727 9	109.865 3	1.10	6.653 6	46.843 22
0.12	5.768 2	104.928 8	1.15	6.681 0	45.758 91
0.14	5.805 3	100.759 0	1.20	6.707 5	44.742 39
0.16	5.839 6	97.151 48	1.25	6.733 3	43.785 60
0.18	5.871 8	93.973 83	1.30	6.758 5	42.881 78
0.20	5.902 1	91.135 74	1.35	6.783 0	42.025 20
0.22	5.931 3	88.572 70	1.40	6.806 9	41.210 98
0.24	5.958 3	86.237 02	1.45	6.830 2	40.434 95
0.26	5.984 5	84.092 43	1.50	6.853 0	39.693 51
0.28	6.009 7	82.110 73	1.55	6.875 2	38.983 59
0.30	6.033 6	80.269 54	1.60	6.897 0	38.302 52
0.32	6.057 2	78.550 83	1.65	6.919 7	37.647 99
0.34	6.079 7	76.939 81	1.70	6.939 0	37.017 97
0.36	6.101 6	75.424 24	1.75	6.959 4	36.410 71
0.38	6.122 7	73.993 87	1.80	6.979 4	35.824 65
0.40	6.143 3	72.640 00	1.85	6.999 0	35.258 41
0.42	6.163 3	71.355 22	1.90	7.018 2	34.710 79
0.44	6.182 8	70.133 15	1.95	7.037 0	34.180 69
0.46	6.201 7	68.968 25	2.00	7.055 5	33.667 14
0.48	6.205 3	67.855 09	2.05	7.073 6	33.169 24
0.50	6.238 3	66.791 25	2.10	7.091 4	32.686 21

$\varepsilon_r = 9.60$

w/h	ε_{re}	Z_c	w/h	ε_{re}	Z_c
2.15	7.108 8	32.217 21	3.40	7.466 0	23.729 60
2.20	7.126 0	31.761 86	3.45	7.477 8	23.482 96
2.25	7.142 9	31.319 27	3.50	7.489 5	23.241 49
2.30	7.159 4	30.888 94	3.55	7.501 0	23.005 04
2.35	7.175 7	30.470 37	3.60	7.512 3	22.773 45
2.40	7.191 7	30.063 05	3.65	7.523 6	22.516 58
2.45	7.207 5	29.666 53	3.70	7.534 6	22.324 29
2.50	7.223 0	29.280 38	3.75	7.545 6	22.106 44
2.55	7.238 3	28.904 19	3.80	7.556 4	21.892 90
2.60	7.253 3	28.537 58	3.85	7.567 1	21.683 55
2.65	7.268 1	28.180 19	3.90	7.577 7	21.478 27
2.70	7.282 7	27.831 68	3.95	7.588 1	21.276 94
2.75	7.297 0	27.491 72	4.00	7.598 4	21.079 45
2.80	7.311 1	27.160 02	4.05	7.608 6	20.885 69
2.85	7.325 1	26.836 28	4.10	7.618 7	20.695 56
2.90	7.338 8	26.520 23	4.15	7.628 7	20.508 96
2.95	7.352 3	26.211 59	4.20	7.638 6	20.325 79
3.00	7.365 6	25.910 12	4.25	7.648 3	20.145 96
3.05	7.378 8	25.615 58	4.30	7.657 9	19.969 38
3.10	7.391 8	25.327 74	4.35	7.667 5	19.795 96
3.15	7.404 6	25.046 37	4.40	7.676 9	19.625 62
3.20	7.417 2	24.771 26	4.45	7.686 2	19.458 27
3.25	7.429 6	24.502 23	4.50	7.695 5	19.293 84
3.30	7.441 9	24.239 06	4.55	7.704 6	19.132 26
3.35	7.454 0	23.981 57	4.60	7.173 6	18.973 45

$\varepsilon_r = 9.90$

w/h	ε_{re}	Z_c	w/h	ε_{re}	Z_c
0.049	5.760 7	127.378 1	0.089	5.868 0	111.430 8
0.051	5.767 0	126.309 7	0.091	5.872 6	110.836 9
0.053	5.773 1	125.282 3	0.093	5.877 1	110.256 0
0.055	5.779 1	124.292 8	0.095	5.881 7	109.687 4
0.057	5.785 0	123.338 6	0.097	5.886 2	109.130 8
0.059	5.790 8	122.417 2	0.099	5.890 6	108.585 5
0.061	5.796 5	121.526 5	0.100	5.892 8	108.317 0
0.063	5.802 1	120.664 4	0.12	5.934 6	103.447 9
0.065	5.807 6	119.829 3	0.14	5.972 9	99.335 16
0.067	5.813 0	119.019 4	0.16	6.008 4	95.776 88
0.069	5.818 4	118.233 3	0.18	6.041 7	92.642 71
0.071	5.823 6	117.469 7	0.20	6.073 1	89.843 50
0.073	5.828 8	116.727 2	0.22	6.102 9	87.315 59
0.075	5.833 9	116.004 8	0.24	6.131 3	85.011 94
0.077	5.839 0	115.301 5	0.26	6.158 4	82.896 78
0.079	5.844 0	114.616 1	0.28	6.159 7	80.942 30
0.081	5.848 9	113.947 9	0.30	6.184 4	79.126 42
0.083	5.853 7	113.296 0	0.32	6.233 6	77.431 34
0.085	5.858 5	112.658 7	0.34	6.256 9	75.842 50
0.087	5.863 3	112.038 1	0.36	6.279 5	74.347 80

$\varepsilon_r = 9.90$

w/h	ε_{re}	Z_c	w/h	ε_{re}	Z_c
0.38	6.301 4	72.937 14	2.05	7.285 4	32.683 39
0.40	6.322 7	71.601 94	2.10	7.303 9	32.207 23
0.42	6.343 4	70.334 89	2.15	7.321 9	31.745 01
0.44	6.363 6	69.129 70	2.20	7.339 7	31.296 07
0.46	6.383 2	67.980 90	2.25	7.357 1	30.859 79
0.48	6.402 4	66.883 72	2.30	7.374 3	30.435 61
0.50	6.421 1	65.834 00	2.35	7.391 2	30.023 02
0.52	6.439 4	64.828 04	2.40	7.407 7	29.621 53
0.54	6.457 2	63.862 57	2.45	7.424 1	29.230 68
0.56	6.474 8	62.934 67	2.50	7.440 1	28.850 06
0.58	6.491 9	62.041 73	2.55	7.455 9	28.479 25
0.60	6.508 7	61.181 41	2.60	7.471 4	28.117 89
0.62	6.525 2	60.351 60	2.65	7.486 7	27.765 63
0.64	6.541 4	59.550 37	2.70	7.501 8	27.422 12
0.66	6.557 3	58.775 99	2.75	7.516 2	27.087 04
0.68	6.572 9	58.026 88	2.80	7.531 3	26.760 11
0.70	6.588 2	57.301 60	2.85	7.545 7	26.441 02
0.72	6.603 3	56.598 81	2.90	7.559 9	26.129 50
0.74	6.618 1	55.917 32	2.95	7.573 9	25.825 31
0.76	6.632 7	55.255 99	3.00	7.587 7	25.528 17
0.78	6.647 0	54.613 81	3.05	7.601 3	25.237 87
0.80	6.661 1	53.989 81	3.10	7.614 7	24.954 17
0.82	6.675 0	53.383 11	3.15	7.628 0	24.676 85
0.84	6.688 8	52.792 90	3.20	7.641 0	24.405 71
0.86	6.702 3	52.218 42	3.25	7.653 9	24.140 55
0.88	6.715 6	51.658 96	3.30	7.666 6	23.881 18
0.90	6.728 7	51.113 85	3.35	7.679 2	23.627 41
0.92	6.741 6	50.582 48	3.40	7.691 5	23.379 07
0.94	6.754 4	50.064 27	3.45	7.704 3	23.135 99
0.96	6.767 0	49.558 68	3.50	7.715 8	22.898 01
0.98	6.779 4	49.065 20	3.55	7.727 7	22.664 98
1.00	6.791 7	48.583 35	3.60	7.739 5	22.436 73
1.05	6.821 7	47.309 45	3.65	7.751 1	22.213 14
1.10	6.850 9	46.164 04	3.70	7.762 6	21.994 06
1.15	6.879 1	45.094 99	3.75	7.773 9	21.779 36
1.20	6.906 6	44.092 77	3.80	7.785 1	21.568 92
1.25	6.933 3	43.149 45	3.85	7.796 2	21.362 60
1.30	6.959 4	42.258 37	3.90	7.807 1	21.160 29
1.35	6.984 7	41.413 87	3.95	7.817 9	20.961 87
1.40	7.009 4	40.611 14	4.00	7.828 6	20.767 24
1.45	7.033 6	39.846 06	4.05	7.839 2	20.576 29
1.50	7.057 1	39.115 10	4.10	7.846 3	20.388 92
1.55	7.080 1	38.415 22	4.15	7.859 9	20.205 03
1.60	7.102 7	37.743 79	4.20	7.870 1	20.024 51
1.65	7.124 7	37.098 52	4.25	7.880 2	19.847 29
1.70	7.146 3	36.477 43	4.30	7.890 2	19.673 28
1.75	7.167 4	35.878 78	4.35	7.900 1	19.502 37
1.80	7.188 0	35.301 03	4.40	7.909 8	19.334 51
1.85	7.208 3	34.742 84	4.45	7.919 5	19.169 59
1.90	7.228 1	34.203 00	4.50	7.929 0	19.007 55
1.95	7.247 6	33.680 44	4.55	7.938 5	18.848 32
2.00	7.266 7	33.174 19	4.60	7.947 8	18.691 82

第4章 光 波 导

光波导是一个总的名称，实际的光波导具有多种不同的结构形式和性能，其中光纤是一种比较重要、应用日益广泛的光波导。本章仅从传输线的观点对弱导光纤中传输模的场结构和传输特性做一简要的介绍。至于其他的光纤和光纤的其他性能和应用，以及其他的光波导，在此均不讨论。对于微波波段中使用的介质波导，只做概略介绍，不详细讨论。此外，本章还对无线光通信做了简单的介绍。

§4.1 引 言

光波导属于介质波导范畴，是指能够导引光波沿着一定方向传播的介质薄膜波导、介质带状波导和介质圆柱形波导（光纤）等。这些波导通常是由石英玻璃、塑料或晶体等材料构成的。假若一个具有较高介电常数的介质棒（条、块）被一种具有较低介电常数的介质所包围，那么，进入介质棒的光波（电磁波），就有可能在两种介质的分界面处产生全反射，并形成一个沿介质棒轴线传播的波，这样，就构成了一个介质波导。下面首先简单地介绍一下微波中毫米波和亚毫米波段所使用的介质波导，然后再概略地介绍一下光纤的结构形式、发展概况、光纤的某些用途，以及光纤的分析方法等。在实际应用中，若工作波长较长，则由于介质波导的辐射损耗太大，而不能使用，因此，一般地讲，介质波导只适用于微波（包括毫米波和亚毫米波）和光波范围。通常，介质波导就是一些其横截面为圆形、矩形和椭圆形的介质棒，或者是这些基本结构形式的变形。其中，在毫米波和亚毫米波段所使用的介质波导，则大多为矩形横截面的介质棒及其变形，如图 4.1－1 所示。

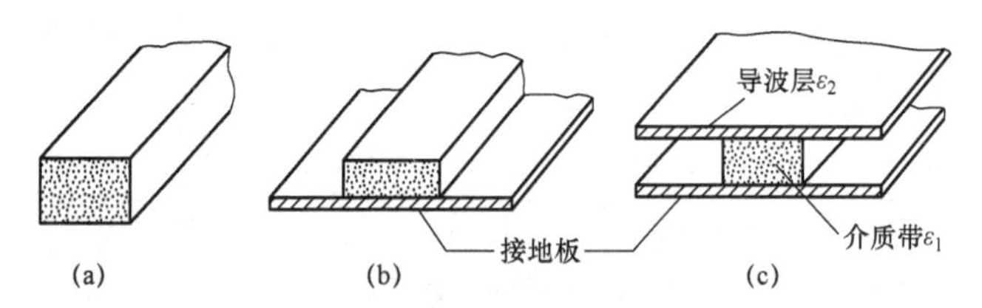

图 4.1－1 毫米波、亚毫米波段的介质波导

图 4.1－1（a）是处于自由空间的矩形介质棒，图 4.1－1（b）是由矩形介质棒和金属接地板构成的介质镜像波导（镜像线）。根据镜像原理可知，由于金属板的作用而产生了介质棒的“像”，因此，镜像线总的效果与图 4.1－1（a）所示矩形介质棒的作用是一样的，另外，金属接地板还可以起到散热和提供电路中所需直流电压通路的作用，这对于毫米波和亚毫米波集成电路是十分有利的。图 4.1－1（c）是倒置带状介质波导，它除了有金属接地板外，还在介质带（介电常数为ε_1）的上面覆盖了一层介质（介电常数为$\varepsilon_2>\varepsilon_1$的导波层），电磁波主要集中于由介质带所限定（所对应）的导波层内传播，即介质带起了使电磁波集中于导波层

内的作用。利用上述的这些介质棒不仅可以导引电磁波沿着一定的方向传播，而且还可以用来制作毫米波和亚毫米波段的集成元（器）件。此外，还可以用介质制作介质天线（表面波天线）以及介质谐振器等。

在微波范围内所使用的介质波导，根据不同的要求，可采用聚苯乙烯、聚四氟乙烯、氧化铝陶瓷、石英或其他损耗较小的介质材料。与金属波导和微带线相比，介质波导具有损耗小、加工制作方便和成本低等优点，而且也便于与微波元器件、半导体器件等连成一体，以构成具有各种功能的毫米波和亚毫米波的混合集成电路。

如前所述，光波导虽然也属于介质波导的范畴，但它与一般微波范围内所使用的介质波导相比，不仅工作频率（已达光频范围）要高得多，而且横截面的尺寸也小得多，例如介质圆柱形波导，其直径在数微米至数十微米之间，因此，通常将这种光波导称为光导纤维（光纤）。

作为传输线用的光纤绝大多数是用石英（SiO_2）材料制造的，石英光纤的强度高、损耗小、性能稳定，原材料丰富。图 4.1－2 是光纤的结构简图，它是由芯子、包层和保护层三部分构成的。芯子和包层是两种具有不同的相对介电常数的材料，芯子的相对介电常数ε_{r1}（折射率 $n_1=\sqrt{\varepsilon_{r1}}$）大于包层的相对介电常数$\varepsilon_{r2}$（折射率 $n_2=\sqrt{\varepsilon_{r2}}$）。通常，用高纯度的石英作为芯子和包层的基础材料，然后在芯子和包层中分别掺入少量不同的杂质，用以控制或改变其折射率，目的是更好地把光信号集中于芯子内。例如，若掺入的杂质为二氧化锗或五氧化二磷，可使折射率增大，若掺入的杂质为三氧化二硼或氟化物，则可使折射率减小。有时，芯子为纯石英的，包层是掺杂的，或者，包层为纯石英的，芯子是掺杂的。如果在含有氟化物的光纤中再掺入铥（Tm^{3+}）或铒（E_r^{3+}），则可制成损耗更小、带宽更宽的光纤。保护层可以用塑料，或者在包层上涂覆主要成分为环氧树脂和硅橡胶等的高分子材料而构成。

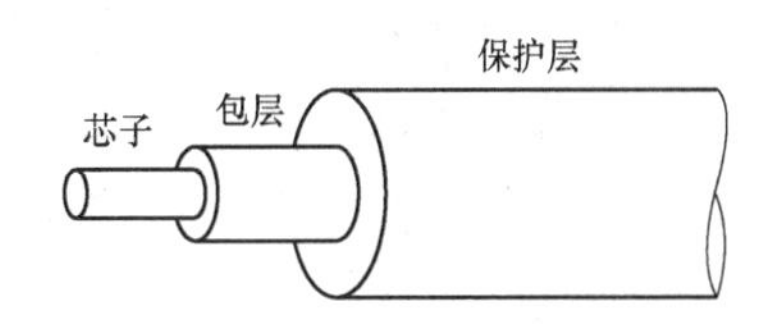

图 4.1－2　光纤结构简图

塑料光纤或称聚合物光纤（其主要成分为聚甲基丙烯酸酯），它是由具有高折射率且透明的聚合物芯子、低折射率且透明的聚合物包层和保护层三部分构成的。这种光纤因其损耗较大，在长距离通信中极少采用。但是，目前已制成的多模光纤具有质量轻、柔性和耐久性好、直径粗（易于制作和安装）、成本低以及在可见光波段的低损耗等一系列优点，特别适合于短距离的信息传输。

从原理上讲，芯子外面不加包层和保护层也可以传播光波，因为芯子的折射率 n_1 大于空气的折射率 n_0，这样，光波的大部分能量就被限制于芯子内，并沿着芯子的轴线方向传播。但是，当芯子与外界（例如支撑物等）接触时，就会产生结构上的不均匀或不连续性，从而造成光能量的反射和散射损耗。因此，为了避免这种损耗，以及为了增加芯子的机械强度和抗弯曲的能力，在芯子外面加包层是必要的。另外，从后面将要讨论的问题中可以看到，如果使芯子的折射率 n_1 略微地大于包层的折射率 n_2（即两者相差甚微），就可以构成所谓弱导光纤，这是在光纤中可以得到单模传输的方法之一（弱导的含义见 § 4.3（三）末尾一段的说明）。在包层之外再加上保护层，不但进一步加强了光纤的机械强度，而且还可以防止环境因素对光纤的影响，起到了保护作用。

一般地，包层的折射率 n_2 在包层内是均匀分布的，而芯子的折射率 n_1 在芯子横截面上的分布可以有两种情况：一种是均匀分布，而且 $n_1>n_2$，在芯子与包层的交界处折射率发生了突变，这样，就构成了所谓阶跃型光纤；另一种是 n_1 从芯子中心（半径 $r=0$ 处）开始，随着 r 的增加而逐渐地减小，称为渐变（梯度）分布，这样，就构成了所谓渐变（梯度）型光纤。n_1 的分布规律，一般可采取下面的近似式表示

$$n_1(r)\approx n_1(0)\left[1-\left(\frac{r}{a}\right)^{\alpha}\Delta\right] \tag{4.1-1}$$

式中，$n_1(0)$是芯子中心处的折射率；a 是芯子的半径；α是确定折射率分布规律的参数，通常，当选取$\alpha=2$ 时，就可以得到平方律（抛物线）分布，这种分布可以使光纤中的模式色散为最小；Δ 为

$$\Delta\approx\frac{n_1(0)-n_2}{n_1(0)} \tag{4.1-2}$$

称为相对折射率差；n_2 是包层的折射率。阶跃型与渐变型光纤都各有其特点，这里不详述，其中，渐变型光纤的主要特点是，与阶跃型光纤相比，它的模式间的色散（简称模式色散）小（对多模光纤而言）、频带宽。其理由粗略地讲就是，对于渐变型光纤而言，当光线在其中传播时，偏离芯子中心轴线越远的光线，其传播路径也越长，但传播速度却随着折射率的减小而增加；当光线越靠近芯子中心轴线时，其传播路径也越短，但传播速度却随着折射率的增大而减小。这样，就有可能使以不同角度从光纤始端的端面入射到芯子中的光线，几乎是同时地传播到光纤的终端，从而减小了模式色散，也就是说增加了频带宽度。

从光纤中所传播的光波的模式（电磁场的结构形式）来看，无论是阶跃型还是渐变型光纤，都可将其划分为单模（只传播一种模式）和多模（可传播几十、几百或上千个模式）光纤两种类型。图 4.1-3 是一部分光纤的示意图，图中标注的尺寸只是一个大约的范围。

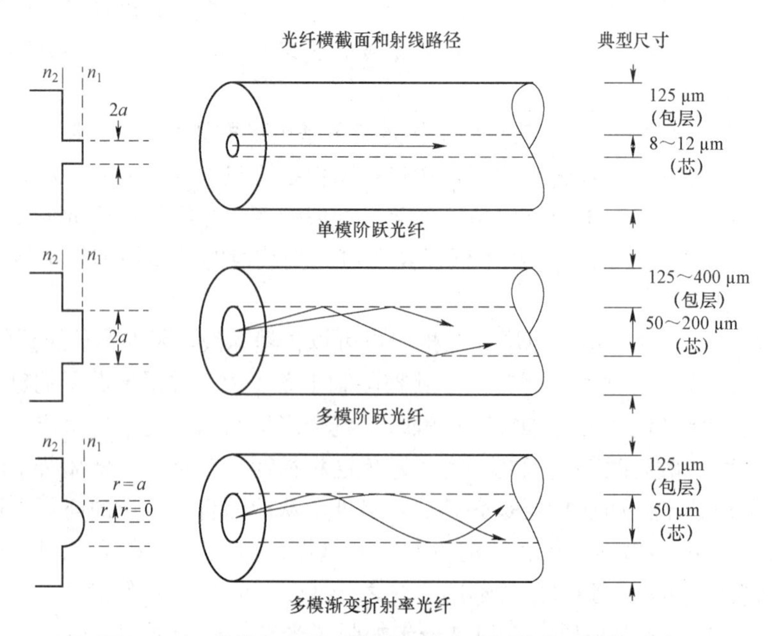

图 4.1-3　单模和多模、阶跃和梯度光纤的典型结构形式

我们知道，光纤的研究起源于介质波导，早在 20 世纪 60 年代对于介质波导的研究已从

微波范围扩展到光频范围。在 20 世纪 60 年代的初、中期曾先后制造出了能工作于光频的玻璃纤维（光纤），并开展了低次模在光纤中传播的理论研究和实验工作。但是，早期的光纤因其损耗太大（1 000 dB/km）而难以应用。尔后，随着技术和工艺水平的不断提高，相继制造出了一些低损耗的光纤，例如，20 世纪 70 年代初，对于单模工作的光纤，其损耗为 20 dB/km，1976 年损耗降低为 0.47 dB/km（自由空间波长λ_0为 1.2 μm），1987 年损耗又进一步降低为 0.15 dB/km（λ_0 = 1.55 μm）。这样，就为光纤的实际应用开辟了广阔的前景。

目前通信光纤的工作波长λ_0在 0.75～1.675 μm 的范围内，已得到实际应用的波段范围为 1.280～1.675 μm，其中，对于工作于单模的石英光纤，在 1.310 μm 处附近，色散几乎为零，损耗也较小，为 0.3～0.4 dB/km；在 1.550 μm 处附近，色散虽然不为零，但损耗更小，为 0.19～0.25 dB/km。因此，1.310 μm“窗口”（1.24～1.38 μm）和 1.550 μm“窗口”（1.48～1.63 μm）得到了广泛的应用。因为光纤中的光波实际上就是频率极高的电磁波，从电磁波作为传输信息的载体（载波）的观点看，载波频率越高，信息容量也越大，所以光纤通信的容量比通常的无线电和微波通信的容量要大得多。例如，一根光纤可同时传输上百万个用户的信息，而且，光纤通信频带宽、抗电磁干扰性好（因为这些干扰不能在光纤中传输）、可靠性好，因此得到了广泛的应用。

光纤通信的过程，概略地讲，就是：在发送端首先将信息（例如电信号）转换为光信号，即用电信号（例如电流）对光源发出的光载波进行调制（调幅、调频、调相和功率调制等），然后将受到调制的光波经光纤传输到接收端，再经过光检测器的解调使之还原为原来的信息（电信号）。通常用的光源有半导体二极管激光器（LD）和半导体发光二极管（LED），与普通光源相比，它们发出的光单色性好、方向性强，可以把能量集中于很细的光纤内。用作光检测器的则有光电二极管（PD）和雪崩光电二极管（APD）。当然，实际的光纤通信系统是很复杂的，在这里不可能详细地讨论。在通信中，用光纤制成的光缆，可以使通信距离长达几百、几千甚至上万千米，从而节省了传统电缆（例如同轴电缆）中曾大量使用的铜或铝等金属材料。目前，由在陆地敷设的长距离光缆和在海底敷设的跨洲的越洋光缆所组成的光纤通信系统，已经成为国际间通信网络的主体，有线通信网的骨干网和局部网也普遍采用光缆作为传送信息的手段。另外，在为用户传送数据、视频和语音方面，都可以采用光纤或光纤与同轴线混用的方式，用以实现宽频带通信到户的目的。此外，光纤还在计算机制造和机房建设中得到一定的应用。

作为通信用的光纤，其中传输的电磁场的模式可以是单模的，也可以是多模的。采用单模时，没有模间色散，波导色散和材料色散也较小，因此信息失真小、信息容量和带宽大大增加，从而使单模光纤在长距离通信中得到了广泛的应用。但是，单模光纤芯子的直径很小，把光信号耦合到光纤中较难，因此需要用单色性好、频率稳定、发散角小的半导体激光器来激励。对于多模光纤，不仅有波导色散和材料色散，而且有模间色散，因此信息失真大，信息容量和带宽远不如单模光纤那样大，但若采用渐变式光纤，则可使模间色散减小，传输性能会得到一定的改善。多模光纤的优点是，光纤芯子的直径较粗，容易制作，易与光信号相耦合，对光源的要求不高，因此可采用成本低、寿命长的发光二极管来激励。早期（20 世纪 70 年代）曾采用过渐变式多模光纤作为通信用（λ_0 = 0.85 μm），而在目前，多模光纤只适宜用作数据传输或短距离的通信，而不适宜用在长距离通信中。

光纤除了在通信中用以传输各种信息（电话、图像、数字和数据等）外，在其他领域也得到了广泛的应用。例如，利用光纤与敏感元件的组合体或者利用光纤本身的某些特有的性质，制成各种用途的光纤传感器，就可以测量温度、压力、流量、位移和色彩等多种物理量。在计算机通信中和现代化的生产中，也广泛地采用光纤来传输图像、数据和光能。另外，还可以利用光纤来制作测量体温和血压等的医疗器械，利用光纤制作的内窥镜，可以对人体内部的器官进行各种检查等。总之，目前对于光纤的应用和研究方兴未艾，其前景是无限广阔的。

本章将采用两种方法来讨论光波在光纤中的传输特性，即射线理论和波动理论。所谓射线理论，就是用一条极细（理论上讲为无限细）的射线（光线）表示光能量的传播方向，利用光学中反射和折射的原理来解释光波在光纤中传输时的物理现象，例如，光线在芯子与包层的分界面处产生全反射，从而形成了沿光纤轴线传输的波。严格地讲，仅在光的波长趋近于零时，射线理论才是正确的。然而，实际上对于非零波长的光波而言，当光纤芯子的直径比光的波长大得多时（例如多模光纤），那么，对于光线而言，光纤的端面可近似地认为是“无穷大”的面，利用射线理论来分析光纤的传输特性，仍然可以得到足够精确的结果；但是，对于单模光纤，由于芯子的直径比较小，其端面不能认为是“无穷大”的面，因此，射线理论是不适用的。所谓波动理论就是：因为光也是电磁波，所以可把光纤当作波导来处理，利用边界条件求解光纤中电磁场所满足的关系式，并根据这些关系式来分析光波在光纤中的传输特性，利用波动理论可以比较完整地解释光波在光纤中的传输特性。射线理论和波动理论各有其优缺点，因此在具体分析光纤的传输特性时，有时需要将这两种理论结合起来，才能较好地说明问题。

§ 4.2　阶跃光纤的射线分析

在本节中，首先讨论光波（均匀平面波）在两种均匀、线性、各向同性、无耗的无穷大介质分界面处折射和反射的情况，阐明一些重要的概念和公式。然后，在此基础上利用射线理论分析光纤的传输特性。在讨论这些内容之前，先介绍一下后面将要用到的折射率的概念，以及阶跃光纤相对折射率差的表示式。

我们已知，阶跃光纤芯子的折射率 n_1 和包层的折射率 n_2 都是均匀的，而且 $n_1>n_2$。根据光学中关于（绝对）折射率的定义可知

$$n_1=\frac{v_0}{v_1}\qquad n_2=\frac{v_0}{v_2}\tag{4.2-1}$$

式中，v_0 是光波在自由空间（真空）中的传播速度；v_1 和 v_2 分别是光波在与芯子和包层相同的无界介质中的传播速度（光速）。因为光波本质上就是电磁波，所以根据电磁场理论，则可把 n_1 和 n_2 分别写为

$$n_1=\frac{v_0}{v_1}=\sqrt{\frac{\mu_1\varepsilon_1}{\mu_0\varepsilon_0}}\qquad n_2=\frac{v_0}{v_2}=\sqrt{\frac{\mu_2\varepsilon_2}{\mu_0\varepsilon_0}}\tag{4.2-2}$$

式中，μ_0 和 ε_0 分别为自由空间的磁导率和介电常数；μ_1 和 ε_1，以及 μ_2 和 ε_2，分别为芯子和包层所用介质的磁导率和介电常数。通常，认为 μ_1 和 μ_2 都近似地等于 μ_0，这样就有

$$n_1=\sqrt{\varepsilon_{r1}}\qquad n_2=\sqrt{\varepsilon_{r2}}\tag{4.2-3}$$

式中的ε_{r1}和ε_{r2}为介质的相对介电常数。

对于阶跃光纤，相对折射率差Δ的表示式为

$$\Delta = \frac{n_1^2 - n_2^2}{2n_1^2} \tag{4.2-4}$$

一般地，在光通信中所使用的光纤，n_2与n_1相差很少，通常称之为弱导光纤。在这种情况下，式（4.2-4）可以近似地写为

$$\Delta \approx \frac{n_1 - n_2}{n_1} \tag{4.2-5}$$

Δ的范围是$\Delta \leqslant 1\% \sim 3\%$。

一、在不同介质分界面上波的反射和折射

设有两种均匀、线性、各向同性、无耗的无穷大介质的折射率分别为n_1（介质 1）和n_2（介质 2），$n_1 > n_2$，两种介质的分界面为一平面，如图 4.2-1 所示。

在分界面处任取一点 O 作为直角坐标系的原点，x 轴与分界面相垂直，y 轴的正方向穿出纸面，z 轴的正方向从原点指向右方。现在来讨论一个均匀平面波（光波）投射到分界面时波的反射和折射的情况，以及由此而引出的表面波问题。

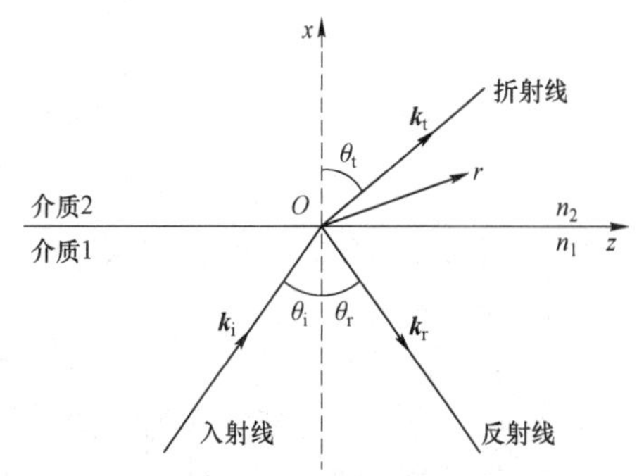

图 4.2-1　均匀平面波的反射与折射

如图 4.2-1 所示，可以把从介质 1 投射到分界面处的光波看作是一条极细的光线，它的方向也就是光波能量的传播方向。θ_i、θ_r和θ_t分别为光线的入射角、反射角和折射角，$\boldsymbol{k}_i$、$\boldsymbol{k}_r$和 $\boldsymbol{k}_t$ 分别为与光的入射线、反射线和折射线相对应的波矢量。根据光学的射线理论，或者根据光波（电磁波）在两种介质分界面处应满足的边界条件，就可以得到这样的结论：光的入射线、反射线和折射线位于同一个平面内，θ_i与θ_r相等，这称之为反射定律；入射角的正弦与折射角的正弦的比值是一个与折射率有关的常数，即

$$\frac{\sin\theta_i}{\sin\theta_t} = \frac{n_2}{n_1} \tag{4.2-6a}$$

若令 $N = n_2/n_1$，则

$$\sin\theta_i = N\sin\theta_t \tag{4.2-6b}$$

这称之为折射定律，或称之为斯涅耳（Snell）定律。在下面的讨论中，要用到这些定律。

为了简单起见，可以把均匀平面波分为水平极化波和垂直极化波两种类型来讨论它们在两种介质分界面处的反射和折射的情况。

（一）水平极化波的情况

如图 4.2-1 所示，若入射波电场强度 $\boldsymbol{E}$ 的方向（即波的极化方向）与波的入射面（由入射线和分界面的法线所构成的平面）平行，则称为水平极化波。因为这种波只有 E_x、E_z 和 H_y 三个分量，磁场没有纵向（z）分量，所以，又称为 TM（E）波，即横磁波。由电磁场理论可知，在两种介质的分界面处，电磁场应满足的边界条件是：电场强度 $\boldsymbol{E}$ 和磁场强度 $\boldsymbol{H}$ 的

切向（z 轴方向）分量以及电位移矢量 $\boldsymbol{D}$ 和磁感应密度矢量 $\boldsymbol{B}$ 的法向（垂直于 z 轴）分量，都是连续的。显然，在分界面两侧电磁波的切向速度是相同的。由电磁场理论可知，根据边界条件和反射系数的定义（反射波电场强度的复矢量与入射波电场强度的复矢量的幅度值之比），就可以求出水平极化波在分界面处反射系数 Γ_{TM} 的表示式为

$$\Gamma_{\text{TM}}=\frac{n_2\cos\theta_{\text{i}}-n_1\cos\theta_{\text{t}}}{n_2\cos\theta_{\text{i}}+n_1\cos\theta_{\text{t}}}=\frac{N^2\cos\theta_{\text{i}}-\sqrt{N^2-\sin^2\theta_{\text{i}}}}{N^2\cos\theta_{\text{i}}+\sqrt{N^2-\sin^2\theta_{\text{i}}}} \tag{4.2-7}$$

下面分别讨论在分界面处波的全反射和全折射的条件。

1. 全反射的条件

设 $N=n_2/n_1<1$，由图 4.2－1 可知，当折射角 $\theta_{\text{t}}=90°$ 时，光波就不再进入介质 2 中，而是被全部地反射回介质 1 中，此种情况称为波的全反射。这时，式（4.2－6b）即变为

$$\sin\theta_{\text{i}}=\sin\theta_{\text{c}}=N$$

由此可得

$$\theta_{\text{c}}=\arcsin\left(\frac{n_2}{n_1}\right) \tag{4.2-8}$$

θ_{c} 称为临界角。因为 $\sin\theta_{\text{i}}\leqslant 1$，即 $\theta_{\text{cmax}}=90°$，所以，产生全反射时，θ_{i} 应满足下式

$$90°\geqslant\theta_{\text{i}}\geqslant\theta_{\text{c}} \tag{4.2-9}$$

另外，从反射系数 Γ_{TM} 的表示式（4.2－7）可知，在全反射的情况下，$\Gamma_{\text{TM}}=1$。

2. 全折射的条件

光学实验表明，当入射角 θ_{i} 为一个特定值 θ_{B} 时，光波就不再返回介质 1 中，而是全部地进入介质 2 中，此种情况称为波的全折射（全透射）。从反射系数 Γ_{TM} 的表示式（4.2－7）可知，在全折射的情况下，$\Gamma_{\text{TM}}=0$，经推导，得 $\tan\theta_{\text{i}}=\tan\theta_{\text{B}}=N$，即

$$\theta_{\text{B}}=\arctan N \tag{4.2-10}$$

θ_{B} 称为布鲁斯特（Brewster）角（David Brewster，苏格兰物理学家）。

（二）垂直极化波的情况

如图 4.2－1 所示，若入射波电场强度 $\boldsymbol{E}$ 的方向与入射面垂直，则称为垂直极化波。因为这种波只有 E_y、H_x 和 H_z 三个分量，电场没有纵向（z）分量，所以，又称为 TE（H）波，即横电波。由电磁场理论可知，根据边界条件和反射系数的定义，就可以求出垂直极化波在分界面处反射系数 Γ_{TE} 的表示式为

$$\Gamma_{\text{TE}}=\frac{n_1\cos\theta_{\text{i}}-n_2\cos\theta_{\text{t}}}{n_1\cos\theta_{\text{i}}+n_2\cos\theta_{\text{t}}}=\frac{\cos\theta_{\text{i}}-\sqrt{N^2-\sin^2\theta_{\text{i}}}}{\cos\theta_{\text{i}}+\sqrt{N^2-\sin^2\theta_{\text{i}}}} \tag{4.2-11}$$

垂直极化波产生全反射的条件与水平极化波产生全反射的条件是相同的，即 θ_{i} 应满足式（4.2－9）。在全反射的情况下，$\Gamma_{\text{TE}}=1$。

对于垂直极化波而言，不存在全折射的情况。因为，从式（4.2－11）可知，若要求全折射，则需要 $N=n_2/n_1=1$，但是，这与假设 $n_1>n_2$ 是矛盾的，所以不可能产生全折射。

（三）表面波

在前面，我们根据射线理论和电磁场在两种介质分界面处应满足的边界条件，讨论了光

波产生全反射和全折射的情况。现在，我们再利用均匀平面波的一般表示式，来讨论在全反射和部分反射的情况下，光波在介质 1 和介质 2 中各有什么特点，并由此引出表面波的概念。

如图 4.2－1 所示，$N=n_2/n_1<1$，假设有一线极化（水平或垂直极化）的均匀平面波，从介质 1 投射到分界面处，在介质 2 中产生折射波，其传播方向即波矢量 $\boldsymbol{k}_\mathrm{t}$ 的方向，也就是坡印廷矢量 $\boldsymbol{S}$ 的方向。设 $\boldsymbol{r}$ 为介质 2 内等相位面上任意一点 $p(x, y, z)$的位置矢径，则沿 $\boldsymbol{k}_\mathrm{t}$ 方向传播的场矢量 $\boldsymbol{A}$（电场或磁场），根据均匀平面波的一般表示式，即可写为

$$\boldsymbol{A}(\boldsymbol{r},t)=\boldsymbol{A}_\mathrm{m}\mathrm{e}^{\mathrm{j}(\omega t-\boldsymbol{k}_\mathrm{t}\cdot\boldsymbol{r})} \tag{4.2－12}$$

式中的 $\boldsymbol{A}_\mathrm{m}$ 为场的复振幅（矢量）。波矢量 $\boldsymbol{k}_\mathrm{t}$ 的模为

$$|\boldsymbol{k}_\mathrm{t}|=\frac{2\pi}{\lambda_2}=\sqrt{\varepsilon_{\mathrm{r}2}}\frac{2\pi}{\lambda_0}=n_2k_0$$

式中，λ_2 和 λ_0 分别为波在与介质 2 相同的无界介质中和自由空间中的波长；k_0 为波在自由空间中的波数（相移常数）。设 $\boldsymbol{x}$、$\boldsymbol{y}$ 和 $\boldsymbol{z}$ 分别为沿 x、y 和 z 轴正方向的单位矢量，则 $\boldsymbol{k}_\mathrm{t}$ 和 $\boldsymbol{r}$ 即可写为

$$\boldsymbol{k}_\mathrm{t}=\boldsymbol{x}n_2k_0\cos\theta_\mathrm{t}+\boldsymbol{z}n_2k_0\sin\theta_\mathrm{t}$$

$$\boldsymbol{r}=\boldsymbol{x}x+\boldsymbol{z}z$$

而 $\boldsymbol{k}_\mathrm{t}\cdot\boldsymbol{r}$ 则为

$$\boldsymbol{k}_\mathrm{t}\cdot\boldsymbol{r}=n_2k_0x\cos\theta_\mathrm{t}+n_2k_0z\sin\theta_\mathrm{t}$$

这样，式（4.2－12）即可写为

$$\boldsymbol{A}(\boldsymbol{r},t)=\boldsymbol{A}_\mathrm{m}\exp\mathrm{j}(\omega t-n_2k_0x\cos\theta_\mathrm{t}-n_2k_0z\sin\theta_\mathrm{t}) \tag{4.2－13}$$

为便于讨论，可以将式中含有 θ_t 的三角函数变换为仅含有 θ_i 的三角函数。为此，利用

$$\sin\theta_\mathrm{i}=N\sin\theta_\mathrm{t}$$

和

$$\sin^2\theta_\mathrm{t}=1-\cos^2\theta_\mathrm{t}$$

就可以得到

$$n_2\cos\theta_\mathrm{t}=\pm n_2\sqrt{1-\left(\frac{n_1}{n_2}\right)^2\sin^2\theta_\mathrm{i}}=\pm n_1\sqrt{N^2-\sin^2\theta_\mathrm{i}}$$

根据式（4.2－6b）可知

$$n_2\sin\theta_\mathrm{t}=n_1\sin\theta_\mathrm{i}\qquad\sin\theta_\mathrm{t}=\frac{n_1}{n_2}\sin\theta_\mathrm{i}$$

这样，式（4.2－13）即变为

$$\boldsymbol{A}(\boldsymbol{r},t)=\boldsymbol{A}_\mathrm{m}\exp\mathrm{j}(\omega t\mp n_1\sqrt{N^2-\sin^2\theta_\mathrm{i}}\,k_0x-n_1\sin\theta_\mathrm{i}k_0z) \tag{4.2－14}$$

在该式的指数中，含 x 的项表示波沿 x 方向的相移常数，用 α 表示；含 z 的项表示波沿 z 方向的相移常数，用 β 表示。即

$$\alpha=n_1k_0\sqrt{\sin^2\theta_\mathrm{i}-N^2} \tag{4.2－15}$$

$$\beta=n_1k_0\sin\theta_\mathrm{i} \tag{4.2－16}$$

式（4.2－14）就可写为

$$A(r,t)=A_m e^{\pm\alpha x}e^{j(\omega t-\beta z)} \tag{4.2-17}$$

下面，根据α和β的表示式，来讨论在全反射和部分反射的情况下，光波在介质 1 和介质 2 中的特点，以及表面波的概念。

1. 全反射时的情况

首先根据α，然后根据β来分析全反射时的情况。

（1）根据α的分析。当产生全反射时，$\theta_i \geqslant \theta_c$，由式（4.2－15）可知，$\alpha$为正实数。在式（4.2－17）中，若$\alpha$前取“＋”号，则表示在介质 2 中场量的幅值随着 x 的增加而增大，当 x 趋于无穷远时，幅值趋于无穷大。显然，这是不符合实际情况的，应当舍去，因此α前只能取“－”号，这表示场量的幅值随着 x 的增加而按指数规律衰减，等幅值面与介质的分界面平行，如图 4.2－2 所示。可见，此时的α实际上是一个衰减常数，而不是相移常数，即在 x 方向没有波的传播。需要指出的是，波的这种衰减并不是由于介质的热损耗所引起的，而是由边界条件所确定的。

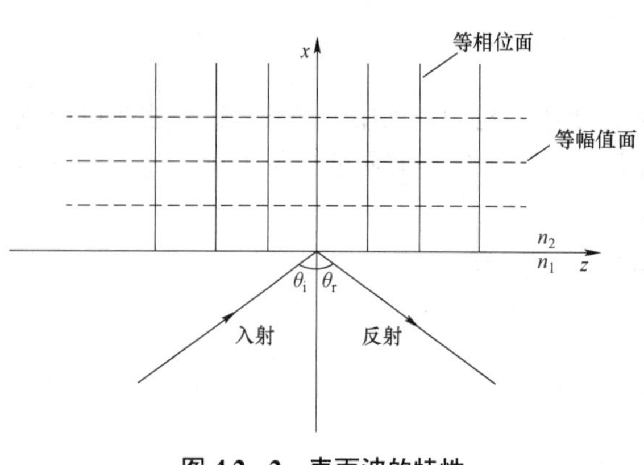

图 4.2－2　表面波的特性

（2）根据β的分析。由式（4.2－17）可知，在介质 2 中，场量沿 z 方向没有衰减，是传播（行波）状态，其相移常数就是β。根据式（4.2－16）可以把β写为

$$\beta=n_1k_0\sin\theta_i=k_1\sin\theta_i \tag{4.2-18}$$

式中，$k_1=2\pi/\lambda_1$（波数），λ_1 是波在与介质 1 相同的无界介质中的波长，而 $k_1\sin\theta_i$ 则是 k_1 在介质 1 中沿 z 方向的分量，也就是波沿 z 方向的相移常数。可见，在全反射的情况下，在介质分界面及其两侧，波沿 z 方向的相移常数是相同的（都等于β），或者说相速是相同的，等相位面垂直于 z 轴，如图 4.2－2 所示。这与电磁场在两种介质分界面处应满足的边界条件是一致的。另外，当产生全反射时，$\theta_i \geqslant \theta_c$，即

$$\beta=n_1k_0\sin\theta_i \geqslant n_1k_0\sin\theta_c=n_2k_0=k_2$$

设波的角频率为ω，则波沿 z 方向的相速为 $v_p=\omega/\beta$，与均匀平面波在介质 2 中的速度（光速）$v_2=\omega/k_2$ 加以比较即可看出：在分界面两侧，波沿着 z 方向的传播速度在数值上要小于 v_2，因此称这种波为慢波。

把以上的分析概括如下：在全反射的情况下，在介质 1 内，以及在距介质 1 表面很近的介质 2 内，形成了沿 z 方向传播的波（慢波），即是说，波的能量主要集中于介质 1 及其表面附近，因此也把这种波称为表面波；在介质 2 内，沿 x 方向没有波的传播，沿 z 方向是行波状态，其等相位面垂直于 z 轴，等幅值面与介质的分界面平行，并随着 x 的增加而按指数规律衰减；沿 z 方向传播的波是非均匀平面波。

现在，对以上的分析结果再做一简单的说明：乍看起来，在全反射的情况下，光波似应从分界面处被全部地反射回介质 1 内，而实际上并非如此，因为分界面不可能是理想的光学接触面，根据波动光学的理论和实验已经证实，在分界面处总有一部分光波会渗透到介质 2

中去。从理论上讲，只是在无穷处（$x\to\infty$）这一部分渗透波的能量才会衰减到零，但实际上，在距分界面约几个工作波长的距离上，其能量已经小到微不足道。

2. 部分反射时的情况

当$\theta_i<\theta_c$时，光波的一部分从分界面处被反射回介质 1 内（反射波），另一部分则进入介质 2 内（折射波），这就是部分反射时的情况。从式（4.2－15）知，因为$\theta_i<\theta_c$，所以α为虚数，这时根据式（4.2－17）即可看出，在介质 2 内，沿 x 方向也有波的传播，称之为辐射波。此时，波沿 z 方向传播的相移常数β为

$$\beta = n_1 k_0 \sin\theta_i < n_1 k_0 \sin\theta_c = n_2 k_0 = k_2$$

其相速 $v_p=\omega/\beta$在数值上要大于均匀平面波在介质 2 中的速度（光速）$v_2=\omega/k_2$，因此称这种波为快波。

综合上述的讨论可知，在全反射的情况下，波沿 z 轴方向传播的相移常数β应满足下式

$$n_2 k_0 < \beta < n_1 k_0 \qquad (4.2-19)$$

否则，即为部分反射的情况，此时，波不仅沿 z 方向传播，而且沿 x 方向也有传播（辐射波）。

二、阶跃光纤的射线分析

如同在前面所讲的光线在不同介质的分界面处产生全反射，从而形成沿 z 方向传播的波一样，当光线投射到光纤芯子的端面，并进入到光纤中时，就会在芯子与包层的分界面处产生全反射，形成沿光纤轴线传播的波。现在要讨论的问题是，投射到芯子端面上的光线应满足什么条件，才能在光纤中产生全反射，并形成沿轴线传播的波。对此，可以利用射线理论来分析。在这里需要说明的是：虽然芯子与包层的分界面不是平面，而是曲面，但是，当芯子表面的曲率半径比工作波长大得多时，仍可以近似地把它看作是平面。根据前面的讨论可以推知，在全反射的情况下，光线渗透到包层内的距离是很短的，因此只要包层的厚度远大于渗透距离，就可以近似地认为它是无限厚的，这样，就可以不考虑第二个分界面（包层与保护层或空气的分界面）的影响，从而使问题得到简化。由于多模光纤芯子横截面的尺寸比工作波长大得多，因此对于投射到芯子端面上的光线而言，可以把端面看作是无限大的平面，这样，就可以用射线理论来分析光纤的传输特性，并能得到较好的结果。由于单模光纤芯子横截面的尺寸比工作波长大不了多少，因此对于光线而言，芯子的端面就不能被看作是无限大的平面，也就是说，射线理论不适用于单模光纤。

根据光线在光纤芯子里的不同传播方式，可以把它们分为子午射线、斜射线和螺旋线三种类型。在此，只讨论前两种类型光线的传播情况。下面分别讨论。

（一）子午射线分析

首先讨论子午射线在芯子与包层分界面处产生全反射时，它应满足的条件，然后讨论子午射线的色散问题。

1. 全反射的条件

图 4.2－3 是子午射线的传播情况。芯子（其半径为 a）和包层（设其厚度为无限大）的折射率分别为 n_1 和 n_2（$n_1>n_2$），设光纤端

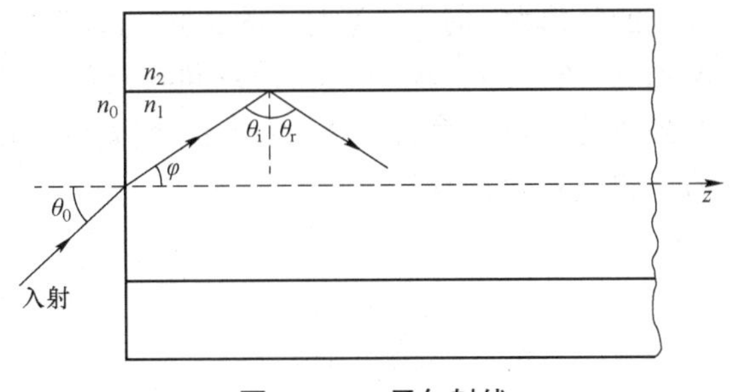

图 4.2－3　子午射线

面（$z=0$ 处）左方介质的折射率为 n_0（真空或空气的折射率），光线从与 z 轴成 θ_0 夹角的方向投射于端面。包含光纤轴的平面称为子午面，若光线在传播过程中，其路径始终在子午面内，则称为子午射线。可见，这是与光纤轴线相交的一种射线。现在来讨论 θ_0 应满足什么条件，才能使光线进入光纤之后在芯子与包层的分界面处产生全反射，从而形成沿光纤轴线方向传播的波。

根据斯涅尔定律，当光线从端面进入光纤之后，应有

$$\frac{\sin\theta_0}{\sin\varphi}=\frac{\sin\theta_0}{\cos\theta_i}=N=\frac{n_1}{n_0}$$

即

$$\sin\theta_0=\frac{n_1}{n_0}\cos\theta_i \tag{4.2-20}$$

式中的 $\varphi=90°-\theta_i$。在芯子与包层分界面处产生全反射的条件为 $\theta_i\geqslant\theta_c$，即

$$\sin\theta_i\geqslant\sin\theta_c=\frac{n_2}{n_1}$$

由此可知

$$1-\sin^2\theta_i\leqslant1-\left(\frac{n_2}{n_1}\right)^2$$

又因为

$$1-\sin^2\theta_i=\cos^2\theta_i$$

将其代入式（4.2-20）中，得

$$\sin\theta_0=\frac{n_1}{n_0}\sqrt{1-\sin^2\theta_i}\leqslant\frac{n_1}{n_0}\sqrt{1-\left(\frac{n_2}{n_1}\right)^2}$$

即

$$\sin\theta_0\leqslant\frac{1}{n_0}\sqrt{n_1^2-n_2^2} \tag{4.2-21}$$

这就是在全反射的情况下，θ_0 或子午射线应满足的条件。其中，允许的最大的 θ_0 应满足

$$\sin\theta_{0\max}=\frac{1}{n_0}\sqrt{n_1^2-n_2^2} \tag{4.2-22}$$

即是说，若以 $\theta_{0\max}$ 为顶角构成一个圆锥体，那么，凡是在此圆锥体内的光线投射到芯子的端面，并进入光纤之后均可以在分界面处产生全反射，从而形成沿光纤轴线方向传播的波，因此，通常把 $\theta_{0\max}$ 称为最大激励（接收）角。在光学的透镜系统中，当光轴上的物点相对于入射孔的张角为 α 时，一般称 α 的正弦 $\sin\alpha$ 为数值孔径，并用符号 NA（Numerical Aperture）来表示之。它表示，只有其传播方向与光轴的夹角小于 α 的那一部分光线才能被透镜所接收，即数值孔径表示透镜的聚光能力。类似地，在光纤中也可以用数值孔径来表示光纤的聚光能力，它的表示式为

$$NA=\sin\theta_{0\max}=\frac{1}{n_0}\sqrt{n_1^2-n_2^2} \tag{4.2-23}$$

对于空气介质，$n_0\approx1$，则

$$NA = \sin\theta_{0\max} = \sqrt{n_1^2 - n_2^2} \tag{4.2-24}$$

数值孔径越大（n_1 与 n_2 的差别越大），光纤接收光线的能力越大，光纤也越易被激励。但是，其值也不宜太大，否则会使光纤的色散增大、带宽减小，因此 NA 的范围为 0.15～0.24。

对于渐变型光纤也可以求得数值孔径的表示式，但是正如式（4.1－1）所表明的那样，由于芯子的折射率 $n_1(r)$是随着芯子的半径 r 而变化的，因此不可能写出一个总的数值孔径的表示式，而只能写出局部的（芯子横截面上各点处的）数值孔径的表示式，即

$$NA(r) = \sqrt{n_1^2(r) - n_2^2} \tag{4.2-25}$$

式中的 n_2 是包层的折射率。当 $r=0$ 时（芯子中心线处），$NA(r)$有最大值，即

$$NA(r)_{\max} = NA(0) = \sqrt{n_1^2(0) - n_2^2} \tag{4.2-26}$$

式中的 $n_1(0)$是芯子中心线处的折射率。

2. 子午射线的色散

所谓色散，就是光波（光能量）沿光纤轴向的相移常数或传播速度不同。色散会引起传输信息的失真。光纤中产生色散的原因有三种：一是模式之间的色散（模式或模间色散），即在同一频率下，当有多个模式在光纤中传输时，由于各个模式的传播速度不同而引起的色散；二是波导色散，它是模式本身的色散（模内色散），即在同一模式下，不同的频率传播速度不同而引起的色散；三是材料色散，即光纤所用材料的折射率不是常数，而是随着频率而变化的，因此，传输信息中各个频率成分的传播速度也不相同，形成了色散。需要指出的是，在实际中光纤所产生的色散，不一定是由一种原因造成的，而可能是由多种原因造成的，例如在单模光纤中，既有波导色散，又有材料色散。

子午射线的色散属于模式（间）色散。如图 4.2－3 所示，从射线理论的观点看，当频率相同但入射角（$\theta_i \geqslant \theta_c$）不同的光线投射到芯子与包层的分界面处，并产生全反射时，它们沿光纤轴向的速度是不同的，或者说，光线从光纤始端到终端传播的路径不同，到达终端的时间也不同，产生了时延差，从而造成了传输信息的失真。这种现象称为子午射线的色散。从另一方面看，投向芯子与包层分界面处的入射波与由分界面处返回的反射波相叠加，在芯子的横截面上形成了纯驻波场，入射波的入射角（$\theta_i \geqslant \theta_c$）不同，则入、反射波相叠加后形成的场结构（场分布）也不同，即模式不同，传播速度不同，产生了色散。可见，子午射线的色散属于模式（间）色散。

现在我们来计算子午射线所产生的最大时延差，由此可以对子午射线的色散有进一步的了解。如图 4.2－3 所示，设光纤的长度为 l，从光纤始端（$z=0$ 处）到终端传播得最快的是与光纤轴线相平行的射线（$\theta_i=90°$），令其速度为 $v_{\max}$，则射线从始端到达终端所需要的时间为

$$t_{\min} = \frac{l}{v_{\max}} = \frac{ln_1}{v_0}$$

式中，n_1 是芯子的折射率；v_0 是光线在真空中的速度。从光纤始端到终端传播得最慢的是入射角 $\theta_i = \theta_c$ 的射线，设该射线投向芯子与包层分界面处的速度为 v（即射线在与芯子相同的无界介质中的光速），那么，它沿光纤轴向的速度则为

$$v_z = v\cos(90° - \theta_c) = v\sin\theta_c = \frac{v_0 n_2}{n_1^2}$$

式中，θ_c 为产生全反射时的临界角；n_2 是包层的折射率。射线从始端到达终端所需要的时间为

$$t_{max} = \frac{l}{v_z} = \frac{l n_1^2}{v_0 n_2}$$

两种射线的最大时延差为

$$\tau = t_{max} - t_{min} = \frac{l n_1}{v_0} \frac{(n_1 - n_2)}{n_2}$$

若 n_2 与 n_1 相差很少（即弱导光纤），则最大时延差τ可近似地写为

$$\tau = t_{max} - t_{min} = t_{min}\Delta \tag{4.2-27}$$

式中的Δ为相对折射率差。可见，Δ越小，τ也越小，即色散也越小。例如，设$\Delta = 1\%$，$n_1 = 1.50$，则每千米的最大时延差$\tau = 50$ ns。另外，从阶跃光纤的波动理论可知，当频率一定时，Δ越小，光纤中所能传输的模式的数量也越少，这样，就减少了模间色散。

（二）斜射线分析

图 4.2－4 是斜射线的传播情况，光纤芯子（其半径为 a）和包层（设其厚度为无限大）的折射率分别为 n_1 和 n_2（$n_1 > n_2$）。所谓斜射线，即光线在芯子里的传播路径不在同一个平面内，也不与光纤轴线相交，而是一个螺旋形的空间折线。如图 4.2－4 所示，假设有一光射线沿着 $\boldsymbol{S}$ 的方向投射到光纤端面上的某一点 $\boldsymbol{P}_0$，进入芯子内，现在讨论：投射到 $\boldsymbol{P}_0$ 点的光射线应满足什么条件，才能使它进入芯子之后在芯子与包层的分界面处产生全反射，从而形成沿光纤轴线方向传播的波。为便于分析，采用如图 4.2－4 中所示的直角坐标系，设 $\boldsymbol{x}$、$\boldsymbol{y}$ 和 $\boldsymbol{z}$ 分别为沿相应坐标轴正方向的单位矢量。这样，在光纤端面上入射线方向的单位矢量即可写为

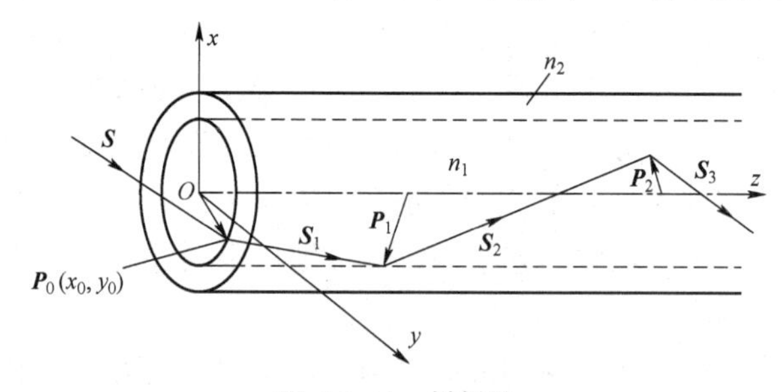

图 4.2－4　斜射线

$$\boldsymbol{S}_0 = \boldsymbol{x}L_0 + \boldsymbol{y}M_0 + \boldsymbol{z}N_0 \tag{4.2-28}$$

式中的 L_0、M_0 和 N_0 为入射线的方向余弦。光射线的入射点 $P_0(x_0, y_0)$可以用该点的矢径 $\boldsymbol{P}_0$ 来表示，即

$$\boldsymbol{P}_0 = \boldsymbol{x}x_0 + \boldsymbol{y}y_0 \qquad |\boldsymbol{P}_0| = \sqrt{x_0^2 + y_0^2} = a \tag{4.2-29}$$

光射线进入芯子之后，在芯子与包层的分界面处产生反射。可以设想，在每一反射点处作通过该点的切平面的垂线（切平面与分界面相切，其切线与光纤轴平行），垂线与光纤轴线相交，从而构成了每一反射点处切平面的法向矢量；设在第 $m(m = 1, 2, 3, \cdots)$个反射点处入射线

方向的单位矢量为 $\boldsymbol{S}_m$，入射角为θ_{im}，反射线方向的单位矢量为 $\boldsymbol{S}_{m+1}$，反射角为θ_{rm}，该点的单位法矢量为 $\boldsymbol{P}_m$。这样，光学中“入射线、反射线和法线应在同一个平面内”的规律，就可以用数学式子表示为

$$(\boldsymbol{S}_m - \boldsymbol{S}_{m+1}) \times \boldsymbol{P}_m = 0 \tag{4.2-30}$$

光学中“入射角和反射角相等”的规律，则可表示为

$$(\boldsymbol{S}_m + \boldsymbol{S}_{m+1}) \cdot \boldsymbol{P}_m = 0 \tag{4.2-31}$$

光射线在芯子与包层分界面处产生全反射的条件，根据式（4.2－9）应为

$$\sin\theta_i \geqslant \sin\theta_c = \frac{n_2}{n_1} \tag{4.2-32}$$

为书写方便，将θ_{im}写为θ_i，θ_c为产生全反射时的临界角。由此式可得

$$\cos\theta_i = \sqrt{1-\sin^2\theta_i} \leqslant \frac{\sqrt{n_1^2 - n_2^2}}{n_1}$$

现将其改写为

$$\cos\theta_i = \boldsymbol{S}_m \cdot \frac{\boldsymbol{P}_m}{|\boldsymbol{P}_m|} \tag{4.2-33}$$

将此式应用于光纤始端的端面上，则有

$$\boldsymbol{S}_0 \cdot \frac{\boldsymbol{P}_0}{|\boldsymbol{P}_0|} = \frac{L_0 x_0 + M_0 y_0}{\sqrt{x_0^2 + y_0^2}} \leqslant \frac{\sqrt{n_1^2 - n_2^2}}{n_1} \tag{4.2-34a}$$

或写为

$$n_1\left[L_0^2 + M_0^2 - \left(\frac{x_0 M_0 - y_0 L_0}{a}\right)^2\right]^{1/2} \leqslant NA \tag{4.2-34b}$$

式中的 NA 为子午射线时的数值孔径。这就是说，如果光纤始端的光射线满足上式，则进入光纤芯子内的光射线就会在芯子与包层的分界面处产生全反射，从而形成沿光纤轴线方向传播的波。作为一种特殊情况，即光射线在端面上的入射点 P_0 位于 x 轴上时（$|x_0|=a$，$y_0=0$），则式（4.2－34b）变为

$$n_1 L_0 \leqslant NA \tag{4.2-35}$$

该式与 M_0 无关，即入射光线与 y 轴的夹角可任意选取。由于光纤对其轴线是旋转对称的，x 和 y 坐标轴可任意选取，端面上任意一点的径向矢量均可看作位于 x 轴上。因此，对于任意入射线，若它与包含有入射点的径向矢量之间夹角的余弦满足式（4.2－35），则均能进入光纤内，形成全反射，并沿光纤轴向传播。对于几乎与 y 轴相垂直的入射线，虽然也会被限制于芯子内产生全反射，但它沿光纤轴向的速度近乎为零，而不能传播。斜射线的最大激励角比子午射线的最大激励角要大，即是说，斜射线更易被光纤所收集。

光线在光纤芯子里的传播路径除上述的子午射线和斜射线外，还有一种是螺旋线，即光线沿着芯子与包层的分界面、边绕光纤轴旋转边沿轴向传播，形成一个空间螺旋线。对于这种情况，这里就不讨论了。

§ 4.3 阶跃光纤的波动理论

现在利用波动理论来讨论光线在圆柱形阶跃光纤中的传输问题。具体地讲就是：根据电磁波（光波）在芯子与包层分界面处应满足的边界条件，求出光纤中波动方程的解，即芯子和包层中的场结构（场分布），求出特征方程；分析光纤中的模式、传输条件和截止条件等。利用波动理论来分析这些问题，其基本思路大体上与分析圆柱形金属波导时的思路相似，但是，正如在前几节的讨论中所提到的那样，对于光纤而言，由于在芯子和包层内都存在着电磁场，因此，具体的分析过程要比金属圆形波导的分析过程复杂得多。在本节只讨论弱导（$\Delta \ll 1$）光纤的传输特性，而且，正如在 § 4.2 中已指出的，对于传输模而言，电磁波渗透到包层中的距离是很短的，而包层的厚度又比工作波长大得多，因此可以认为包层是近似于无限厚的。这样，就使问题的分析得以简化，而由此所得的结果仍具有一定的实用意义。

一、波动方程及其解

如图 4.3－1 所示，设光纤的芯子（其半径为 a）与包层（设其厚度为无限大）的介电常数、折射率分别为ε_1、n_1和ε_2、n_2（$n_2<n_1$），芯子和包层的磁导率都近似地等于μ_0（真空的磁导率）；另外，还假设芯子和包层都是均匀、无耗、线性、各向同性、沿轴线无限长的介质。

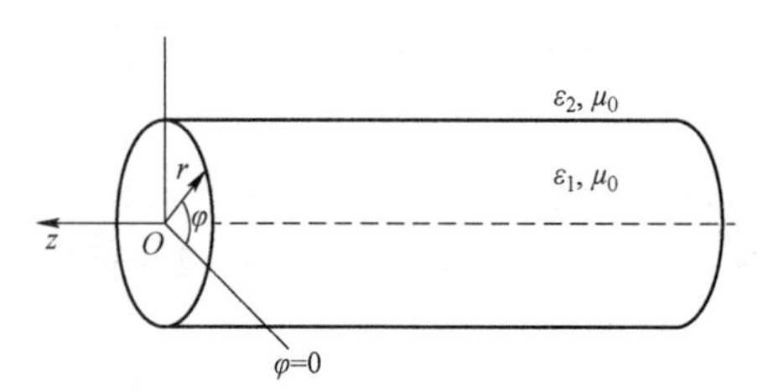

图 4.3－1　圆柱形光纤

我们采用圆柱坐标系（r, φ, z）来讨论光纤中的波动方程及其解，并设 z 轴为光纤的轴线、电磁波朝着 z 轴的正方向传播，则电场和磁场可表示为

$$\boldsymbol{E} = \boldsymbol{E}_0(r,\varphi)\mathrm{e}^{\mathrm{j}(\omega t-\beta z)} \tag{4.3－1}$$

$$\boldsymbol{H} = \boldsymbol{H}_0(r,\varphi)\mathrm{e}^{\mathrm{j}(\omega t-\beta z)} \tag{4.3－2}$$

式中，$\boldsymbol{E}_0$ 和 $\boldsymbol{H}_0$ 分别为电场和磁场的复振幅（复矢量）；β 是电磁波沿 z 轴方向的相移常数。与求金属圆形波导中波动方程的解时所采用的方法相类似，即首先求出光纤芯子和包层中电场的纵向分量 E_z 和磁场的纵向分量 H_z 的表示式，然后再利用横、纵分量之间的关系式，求出芯子和包层中电场和磁场横向分量的表示式。这样，全部的场分量的表示式（即波动方程的解）就求出来了。在下面的求解过程中，为书写方便，均省写了变量（r, φ）和因子 $\exp[\mathrm{j}(\omega t-\beta z)]$。因为 E_z 和 H_z 均满足标量形式的亥姆霍兹方程，所以根据式（2.3－17）和（2.3－18）则有

$$\nabla_t^2 E_{zi} + k_{\mathrm{c}i}^2 E_{zi} = 0 \tag{4.3－3}$$

$$\nabla_t^2 H_{zi} + k_{\mathrm{c}i}^2 H_{zi} = 0 \tag{4.3－4}$$

在圆柱坐标系中

$$\nabla_t^2 = \frac{\partial^2}{\partial r^2} + \frac{1}{r}\frac{\partial}{\partial r} + \frac{1}{r^2}\frac{\partial^2}{\partial \varphi^2}$$

将 ∇_t^2 代入到上面两式中，得

$$\frac{\partial^2 E_{zi}}{\partial r^2}+\frac{1}{r}\frac{\partial E_{zi}}{\partial r}+\frac{1}{r^2}\frac{\partial^2 E_{zi}}{\partial \varphi^2}+k_{ci}^2 E_{zi}=0 \tag{4.3-5}$$

$$\frac{\partial^2 H_{zi}}{\partial r^2}+\frac{1}{r}\frac{\partial H_{zi}}{\partial r}+\frac{1}{r^2}\frac{\partial^2 H_{zi}}{\partial \varphi^2}+k_{ci}^2 H_{zi}=0 \tag{4.3-6}$$

式中，$k_{ci}^2=\omega^2\mu_0\varepsilon_i-\beta^2=(n_ik_0)^2-\beta^2$，$k_0^2=\omega^2\mu_0\varepsilon_0$，或 $k_0=2\pi/\lambda_0$，$i=1$，2 分别表示芯子和包层所对应的参量；ω是角频率；ε_0 是真空的介电常数；λ_0 是电磁波在真空中的波长；k_0 是它的波数。在下面，为书写方便，对于 E_z 和 H_z，以及其他有关的量，均不再注明下标“i”，若有必要加以区别时，再加以说明。

利用分离变量法对 E_z 和 H_z 求解，即设

$$E_z=AR(r)\phi(\varphi) \tag{4.3-7}$$

$$H_z=BR(r)\phi(\varphi) \tag{4.3-8}$$

式中的 A 和 B 为待定常数。首先，将上式代入式（4.3－5）和式（4.3－6）中，就得到分别含有待定常数 A 和 B 的两个方程，然后对这两个方程等号的两端再分别乘以 $r^2/(AR\phi)$和 $r^2/(BR\phi)$，消掉了 A 和 B，于是就得到了形式上完全相同的一个方程，即

$$\frac{r^2}{R}\frac{\partial^2 R}{\partial r^2}+\frac{r}{R}\frac{\partial R}{\partial r}+k_c^2r^2=-\frac{1}{\phi}\frac{\partial^2\phi}{\partial\varphi^2}$$

等号左端的项仅是 r 的函数，等号右端的项仅是φ的函数，若要等式成立，则等号两端的项应等于同一个常数，设此常数为 m^2，由此可得下面两个常微分方程

$$\frac{\mathrm{d}^2\phi}{\mathrm{d}\varphi^2}+m^2\phi=0 \tag{4.3-9}$$

$$\frac{\mathrm{d}^2R}{\mathrm{d}r^2}+\frac{1}{r}\frac{\mathrm{d}R}{\mathrm{d}r}+\left(k_c^2-\frac{m^2}{r^2}\right)R=0 \tag{4.3-10}$$

式（4.3－9）的解为

$$\phi(\varphi)=\begin{matrix}\cos m\varphi\\ \sin m\varphi\end{matrix} \tag{4.3-11}$$

根据电磁场在芯子与包层分界面处应满足的边界条件可知，在光纤的芯子和包层中，其场量沿圆周方向是按式（4.3－11）所示的规律而变化的，m 表示场量沿圆周分布的整驻波的个数，m 不同，场量的分布状态不同。因为角度φ的变化周期为 2π，所以，式（4.3－11）中的 m 只能取正或负的整数（包括零）。

式（4.3－10）是贝塞尔方程，它描述的是场量沿光纤的径向（r 方向）的分布规律，但是，对于传输模而言，在芯子和包层内，其分布规律是不同的，因此应分别加以讨论。为此而引入下列参量

$$u^2=a^2(n_1^2k_0^2-\beta^2) \tag{4.3-12}$$

$$w^2=a^2(\beta^2-n_2^2k_0^2) \tag{4.3-13}$$

式中的 u 和 w 分别表示传输模的场在芯子和包层内沿径向的变化规律；u 称为归一化的相移常数；w 称为归一化的衰减常数。这样，对于芯子（$r\leqslant a$）和包层（$r>a$）内场的径向变化

规律，根据式（4.3－10），可分别表示为

$$\frac{\mathrm{d}^2R}{\mathrm{d}r^2}+\frac{1}{r}\frac{\mathrm{d}R}{\mathrm{d}r}+\left(\frac{u^2}{a^2}-\frac{m^2}{r^2}\right)R=0,\quad r\leqslant a \tag{4.3-14}$$

$$\frac{\mathrm{d}^2R}{\mathrm{d}r^2}+\frac{1}{r}\frac{\mathrm{d}R}{\mathrm{d}r}-\left(\frac{w^2}{a^2}+\frac{m^2}{r^2}\right)R=0,\quad r>a \tag{4.3-15}$$

在数学中，当 y 为 x 的函数时，贝塞尔方程为

$$x^2\frac{\mathrm{d}^2y}{\mathrm{d}x^2}+x\frac{\mathrm{d}y}{\mathrm{d}x}+(x^2-m^2)y=0 \tag{4.3-16}$$

它的通解为

$$y=C_1\mathrm{J}_m(x)+C_2\mathrm{N}_m(x) \tag{4.3-17}$$

式中，C_1 和 C_2 为任意常数，$\mathrm{J}_m(x)$和 $\mathrm{N}_m(x)$分别称为 m 阶第一类和第二类贝塞尔函数，这两类函数随 x 的变化曲线与第 2 章中的图 2.5－2 和图 2.5－4 一样（$K_\mathrm{c}r$ 相当于 x）。将式（4.3－14）与式（4.3－16）加以对比即可看出，式（4.3－14）为贝塞尔方程，因此它的解为

$$R(r)=\mathrm{J}_m\left(\frac{u}{a}r\right)+\mathrm{N}_m\left(\frac{u}{a}r\right) \tag{4.3-18}$$

式中，$\frac{u}{a}$是参变量，r 是自变量。由图 2.5－4 可知，当 $r\to 0$ 时，$\mathrm{N}_m\left(\frac{u}{a}r\right)\to-\infty$，这与光纤芯子内 $r=0$ 处的场为一有限值的情况不符，因此应舍去 $\mathrm{N}_m\left(\frac{u}{a}r\right)$，只能取 $\mathrm{J}_m\left(\frac{u}{a}r\right)$，即

$$R(r)=\mathrm{J}_m\left(\frac{u}{a}r\right) \tag{4.3-19}$$

若将式（4.3－16）中的变量 x 用 jx 或－jx 来代替，就得到了变态的（或称虚宗量的）贝塞尔方程

$$x^2\frac{\mathrm{d}^2y}{\mathrm{d}x^2}+x\frac{\mathrm{d}y}{\mathrm{d}x}-(x^2+m^2)y=0 \tag{4.3-20}$$

它的通解为

$$y=D_1\mathrm{I}_m(x)+D_2\mathrm{K}_m(x) \tag{4.3-21}$$

式中，D_1 和 D_2 为任意常数；$\mathrm{I}_m(x)$和 $\mathrm{K}_m(x)$分别称为 m 阶第一类和第二类变态贝塞尔函数，这两类函数随 x 的变化曲线如图 4.3－2 所示。当变量 x 足够大时，可将 $\mathrm{I}_m(x)$和 $\mathrm{K}_m(x)$近似地表示为

$$\mathrm{I}_m(x)\approx\frac{1}{\sqrt{2\pi x}}\mathrm{e}^x \tag{4.3-22}$$

$$\mathrm{K}_m(x)\approx\sqrt{\frac{\pi}{2x}}\mathrm{e}^{-x} \tag{4.3-23}$$

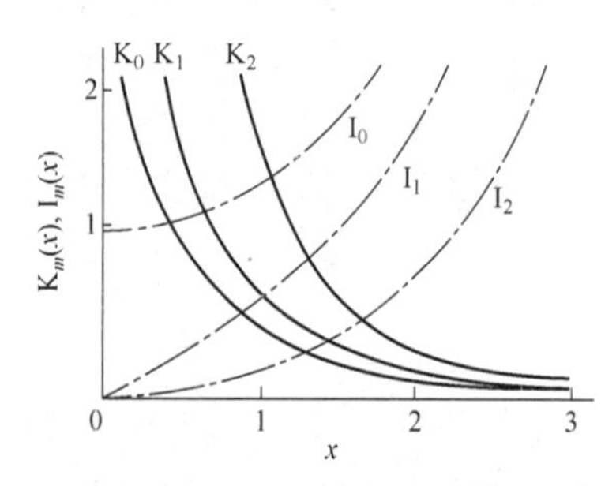

图 4.3－2　变态贝塞尔函数曲线

将式（4.3－15）与式（4.3－20）加以对比即可看出，式（4.3－15）为变态贝塞尔方程，因此它的解为

$$R(r)=\mathrm{I}_m\left(\frac{w}{a}r\right)+\mathrm{K}_m\left(\frac{w}{a}r\right) \tag{4.3-24}$$

式中，$\frac{w}{a}$ 是参变量，r 是自变量。当 $\left(\frac{w}{a}r\right)$ 足够大时，$\mathrm{I}_m\left(\frac{w}{a}r\right)$ 和 $\mathrm{K}_m\left(\frac{w}{a}r\right)$ 的近似式为

$$\mathrm{I}_m\left(\frac{w}{a}r\right)\approx\frac{1}{\sqrt{\frac{2\pi wr}{a}}}\mathrm{e}^{\frac{w}{a}r} \tag{4.3-25}$$

$$\mathrm{K}_m\left(\frac{w}{a}r\right)\approx\sqrt{\frac{\pi a}{2wr}}\mathrm{e}^{-\frac{w}{a}r} \tag{4.3-26}$$

由图 4.3－2 或变态贝塞尔函数的近似式可知，当 $r\to\infty$ 时，$\mathrm{I}_m\left(\frac{w}{a}r\right)\to\infty$，这与光纤包层内 $r\to\infty$ 时场量应为零的情况不符，因此应舍去 $\mathrm{I}_m\left(\frac{w}{a}r\right)$，只能取 $\mathrm{K}_m\left(\frac{w}{a}r\right)$，即

$$R(r)=\mathrm{K}_m\left(\frac{w}{a}r\right) \tag{4.3-27}$$

将式（4.3－11）、式（4.3－19）和式（4.3－27）代入式（4.3－7）中，则 E_z 在光纤芯子和包层内的表示式分别为

$$E_{z1}=A_1\mathrm{J}_m\left(\frac{u}{a}r\right)\begin{matrix}\cos m\varphi\\ \sin m\varphi\end{matrix},\qquad r\leqslant a \tag{4.3-28}$$

$$E_{z2}=A_2\mathrm{K}_m\left(\frac{w}{a}r\right)\begin{matrix}\cos m\varphi\\ \sin m\varphi\end{matrix},\qquad r>a \tag{4.3-29}$$

根据边界条件可知，当 $r=a$ 时，$E_{z1}=E_{z2}$，则由式（4.3－19）和式（4.3－27）可得 $R(a)=A_1\mathrm{J}_m(u)=A_2\mathrm{K}_m(w)$，即 $A_1=R(a)/\mathrm{J}_m(u)$，$A_2=R(a)/\mathrm{K}_m(w)$，若令 $A=R(a)$，并将 A_1 和 A_2 代入 E_{z1} 和 E_{z2} 的表示式中，则

$$E_{z1}=A\frac{\mathrm{J}_m\left(\frac{u}{a}r\right)}{\mathrm{J}_m(u)}\begin{matrix}\cos m\varphi\\ \sin m\varphi\end{matrix},\qquad r\leqslant a \tag{4.3-30}$$

$$E_{z2}=A\frac{\mathrm{K}_m\left(\frac{w}{a}r\right)}{\mathrm{K}_m(w)}\begin{matrix}\cos m\varphi\\ \sin m\varphi\end{matrix},\qquad r>a \tag{4.3-31}$$

同样地，对于式（4.3－8）的 H_z，根据边界条件，当 $r=a$ 时，$H_{z1}=H_{z2}$，经过与上述同样的分析步骤，即可得到 H_z 在光纤芯子和包层内的表示式分别为

$$H_{z1}=B\frac{\mathrm{J}_m\left(\frac{u}{a}r\right)}{\mathrm{J}_m(u)}\begin{matrix}\sin m\varphi\\ \cos m\varphi\end{matrix},\qquad r\leqslant a \tag{4.3-32}$$

$$H_{z2} = B\frac{\mathrm{K}_m\left(\dfrac{w}{a}r\right)}{\mathrm{K}_m(w)}\begin{matrix}\sin m\varphi\\ \cos m\varphi\end{matrix}, \qquad r > a \tag{4.3-33}$$

为便于讨论，在上式中将式（4.3－11）三角函数的位置做了交换，这不影响问题的本质。至此，光纤芯子和包层中电场的纵向分量 E_z 和磁场的纵向分量 H_z 均已求出。对于第 2 章的式（2.2－11）和式（2.2－12），将式中的算子 ∇ 写为 $\nabla = \nabla_t + \nabla_z$ 之和的形式，并利用相关的矢量公式，即可推导出场的横向分量的表示式（推导过程略）。∇_t 和 ∇_z 分别称为横向算子和纵向算子。场的横向分量的表示式

$$\boldsymbol{H}_t = -\frac{\mathrm{j}}{K_\mathrm{c}^2}(\beta\nabla_t H_z + \omega\varepsilon\boldsymbol{z}\times\nabla_t E_z)$$

$$\boldsymbol{E}_t = -\frac{\mathrm{j}}{K_\mathrm{c}^2}(\beta\nabla_t E_z - \omega\mu\boldsymbol{z}\times\nabla_t H_z)$$

在圆柱坐标系中

$$\nabla_t = \boldsymbol{r}\frac{\partial}{\partial r} + \boldsymbol{\varphi}\frac{1}{r}\frac{\partial}{\partial\varphi}$$

将 ∇_t 代入 $\boldsymbol{E}_t$ 和 $\boldsymbol{H}_t$ 的表示式中，即可得到光纤中场的横向分量的表示式

$$E_r = -\frac{\mathrm{j}}{K_\mathrm{c}^2}\left(\beta\frac{\partial E_z}{\partial r} + \frac{\omega\mu_0}{r}\frac{\partial H_z}{\partial\varphi}\right) \tag{4.3-34}$$

$$E_\varphi = -\frac{\mathrm{j}}{K_\mathrm{c}^2}\left(\frac{\beta}{r}\frac{\partial E_z}{\partial\varphi} - \omega\mu_0\frac{\partial H_z}{\partial r}\right) \tag{4.3-35}$$

$$H_r = -\frac{\mathrm{j}}{K_\mathrm{c}^2}\left(\beta\frac{\partial H_z}{\partial r} - \frac{\omega\varepsilon}{r}\frac{\partial E_z}{\partial\varphi}\right) \tag{4.3-36}$$

$$H_\varphi = -\frac{\mathrm{j}}{K_\mathrm{c}^2}\left(\frac{\beta}{r}\frac{\partial H_z}{\partial\varphi} + \omega\varepsilon\frac{\partial E_z}{\partial r}\right) \tag{4.3-37}$$

将式（4.3－30）～式（4.3－33）代入上式中，得

$$E_{r1} = -\mathrm{j}\frac{a^2}{u^2}\left[\frac{\beta Au}{a}\frac{\mathrm{J}_m'\left(\dfrac{u}{a}r\right)}{\mathrm{J}_m(u)} \pm \frac{\omega\mu_0 Bm}{r}\frac{\mathrm{J}_m\left(\dfrac{u}{a}r\right)}{\mathrm{J}_m(u)}\right]\begin{matrix}\cos m\varphi\\ \sin m\varphi\end{matrix}, \quad r \leqslant a \tag{4.3-38}$$

$$E_{r2} = \mathrm{j}\frac{a^2}{w^2}\left[\frac{\beta Aw}{a}\frac{\mathrm{K}_m'\left(\dfrac{w}{a}r\right)}{\mathrm{K}_m(w)} \pm \frac{\omega\mu_0 Bm}{r}\frac{\mathrm{K}_m\left(\dfrac{w}{a}r\right)}{\mathrm{K}_m(w)}\right]\begin{matrix}\cos m\varphi\\ \sin m\varphi\end{matrix}, \quad r > a \tag{4.3-39}$$

$$E_{\varphi 1} = \mathrm{j}\frac{a^2}{u^2}\left[\pm\frac{\beta Am}{r}\frac{\mathrm{J}_m\left(\dfrac{u}{a}r\right)}{\mathrm{J}_m(u)} + \frac{\omega\mu_0 Bu}{a}\frac{\mathrm{J}_m'\left(\dfrac{u}{a}r\right)}{\mathrm{J}_m(u)}\right]\begin{matrix}\sin m\varphi\\ \cos m\varphi\end{matrix}, \quad r \leqslant a \tag{4.3-40}$$

$$E_{\varphi 2}=-\mathrm{j}\frac{a^2}{w^2}\left[\pm\frac{\beta Am}{r}\frac{\mathrm{K}_m\left(\frac{w}{a}r\right)}{\mathrm{K}_m(w)}+\frac{\omega\mu_0 Bw}{a}\frac{\mathrm{K}'_m\left(\frac{w}{a}r\right)}{\mathrm{K}_m(w)}\right]\begin{matrix}\sin m\varphi\\ \cos m\varphi\end{matrix},\quad r>a \qquad (4.3-41)$$

$$H_{r1}=-\mathrm{j}\frac{a^2}{u^2}\left[\frac{\beta Bu}{a}\frac{\mathrm{J}'_m\left(\frac{u}{a}r\right)}{\mathrm{J}_m(u)}\pm\frac{\omega\varepsilon_1 Am}{r}\frac{\mathrm{J}_m\left(\frac{u}{a}r\right)}{\mathrm{J}_m(u)}\right]\begin{matrix}\sin m\varphi\\ \cos m\varphi\end{matrix},\quad r\leqslant a \qquad (4.3-42)$$

$$H_{r2}=\mathrm{j}\frac{a^2}{w^2}\left[\frac{\beta Bw}{a}\frac{\mathrm{K}'_m\left(\frac{w}{a}r\right)}{\mathrm{K}_m(w)}\pm\frac{\omega\varepsilon_2 Am}{r}\frac{\mathrm{K}_m\left(\frac{w}{a}r\right)}{\mathrm{K}_m(w)}\right]\begin{matrix}\sin m\varphi\\ \cos m\varphi\end{matrix},\quad r>a \qquad (4.3-43)$$

$$H_{\varphi 1}=-\mathrm{j}\frac{a^2}{u^2}\left[\pm\frac{\beta Bm}{r}\frac{\mathrm{J}_m\left(\frac{u}{a}r\right)}{\mathrm{J}_m(u)}+\frac{\omega\varepsilon_1 Au}{a}\frac{\mathrm{J}'_m\left(\frac{u}{a}r\right)}{\mathrm{J}_m(u)}\right]\begin{matrix}\cos m\varphi\\ \sin m\varphi\end{matrix},\quad r\leqslant a \qquad (4.3-44)$$

$$H_{\varphi 2}=\mathrm{j}\frac{a^2}{w^2}\left[\pm\frac{\beta Bm}{r}\frac{\mathrm{K}_m\left(\frac{w}{a}r\right)}{\mathrm{K}_m(w)}+\frac{\omega\varepsilon_2 Aw}{a}\frac{\mathrm{K}'_m\left(\frac{w}{a}r\right)}{\mathrm{K}_m(w)}\right]\begin{matrix}\cos m\varphi\\ \sin m\varphi\end{matrix},\quad r>a \qquad (4.3-45)$$

在式（4.3－38）～式（4.3－45）中的“±”号，取上面的符号与取下面的符号，分别表示光纤中波动方程的两组线性无关的解。至此，光纤芯子和包层中场结构的一般表示式就全部求出来了。

二、特征方程和传输模

（一）特征方程

为了确定传输模的传输特性，就需要在给定的条件下确定相移常数β（从而也就确定了相速 v_p）。为此，除了前面已知的β与 u 和 w 之间的关系式（4.3－12）和式（4.3－13）之外，还需要建立一个方程（特征方程）。这样，就可以比较方便地讨论传输模的一些特性了。我们利用边界条件来建立特征方程。在光纤芯子与包层分界面（$r=a$）处的边界条件为：电场的切向分量连续，即 $E_{z1}=E_{z2}$，$E_{\varphi_1}=E_{\varphi_2}$；磁场的切向分量连续，即 $H_{z1}=H_{z2}$，$H_{\varphi_1}=H_{\varphi_2}$。

当 $r=a$ 时，$E_{\varphi_1}=E_{\varphi_2}$，根据式（4.3－40）和式（4.3－41）可得

$$\frac{a^2}{u^2}\left[\pm\frac{\beta Am}{a}+\frac{\omega\mu_0\beta u}{a}\frac{\mathrm{J}'_m(u)}{\mathrm{J}_m(u)}\right]=\frac{a^2}{w^2}\left[\mp\frac{\beta Am}{a}-\frac{\omega\mu_0 Bw}{a}\frac{\mathrm{K}'_m(w)}{\mathrm{K}_m(w)}\right] \qquad (4.3-46)$$

将式中含 A 和含 B 的项分别加以合并，就可以得到 A/B 的表示式。

$$\frac{\beta Am}{a}\left(\pm\frac{1}{u^2}\pm\frac{1}{w^2}\right)=-\frac{1}{u^2}\left[\frac{\omega\mu_0 Bu}{a}\frac{\mathrm{J}'_m(u)}{\mathrm{J}_m(u)}\right]-\frac{1}{w^2}\left[\frac{\omega\mu_0 Bw}{a}\frac{\mathrm{K}'_m(w)}{\mathrm{K}_m(w)}\right] \qquad (4.3-47a)$$

$$\pm\frac{\beta Am}{a}\left(\frac{u^2+w^2}{u^2w^2}\right)=\frac{\omega\mu_0 B}{a}\left\{\left[-\frac{1}{u^2}\frac{u\mathrm{J}'_m(u)}{\mathrm{J}_m(u)}\right]-\left[\frac{1}{w^2}\frac{w\mathrm{K}'_m(w)}{\mathrm{K}_m(w)}\right]\right\} \tag{4.3-47b}$$

$$\pm\frac{A}{B}=\frac{\omega\mu_0}{\beta m}\left(\frac{u^2w^2}{u^2+w^2}\right)\left[-\frac{\mathrm{J}'_m(u)}{u\mathrm{J}_m(u)}-\frac{\mathrm{K}'_m(w)}{w\mathrm{K}_m(w)}\right] \tag{4.3-47c}$$

$$\pm\frac{A}{B}=-\frac{\omega\mu_0}{\beta m}\left(\frac{u^2w^2}{u^2+w^2}\right)\left[\frac{\mathrm{J}'_m(u)}{u\mathrm{J}_m(u)}+\frac{\mathrm{K}'_m(w)}{w\mathrm{K}_m(w)}\right] \tag{4.3-47d}$$

$$\frac{A}{B}=\mp\frac{\omega\mu_0}{\beta m}\left(\frac{u^2w^2}{u^2+w^2}\right)\left[\frac{\mathrm{J}'_m(u)}{u\mathrm{J}_m(u)}+\frac{\mathrm{K}'_m(w)}{w\mathrm{K}_m(w)}\right] \tag{4.3-47e}$$

当 $r=a$ 时，$H_{\varphi1}=H_{\varphi2}$，根据式（4.3－44）和式（4.3－45）可得

$$\frac{a^2}{u^2}\left[\pm\frac{\beta Bm}{a}+\frac{\omega\varepsilon_1 Au}{a}\frac{\mathrm{J}'_m(u)}{\mathrm{J}_m(u)}\right]=\frac{a^2}{w^2}\left[\mp\frac{\beta Bm}{a}-\frac{\omega\varepsilon_2 Aw}{a}\frac{\mathrm{K}'_m(w)}{\mathrm{K}_m(w)}\right] \tag{4.3-48}$$

将式中含 A 和含 B 的项分别加以合并，就可以得到 A/B 的表示式。

$$\frac{\beta Bm}{a}\left(\pm\frac{1}{u^2}\pm\frac{1}{w^2}\right)=-\frac{1}{u^2}\left[\frac{\omega\varepsilon_1 Au}{a}\frac{\mathrm{J}'_m(u)}{\mathrm{J}_m(u)}\right]-\frac{1}{w^2}\left[\frac{\omega\varepsilon_2 Aw}{a}\frac{\mathrm{K}'_m(w)}{\mathrm{K}_m(w)}\right]$$

$$\pm\frac{\beta Bm}{a}\left(\frac{u^2+w^2}{u^2w^2}\right)=\frac{\omega A}{a}\left\{\left[-\frac{1}{u^2}\frac{\varepsilon_1 u\mathrm{J}'_m(u)}{\mathrm{J}_m(u)}\right]-\left[\frac{1}{w^2}\frac{\varepsilon_2 w\mathrm{K}'_m(w)}{\mathrm{K}_m(w)}\right]\right\}$$

$$\pm\frac{\beta Bm}{a}\left(\frac{u^2+w^2}{u^2w^2}\right)=\frac{\omega A}{a}\left[-\frac{\varepsilon_1\mathrm{J}'_m(u)}{u\mathrm{J}_m(u)}-\frac{\varepsilon_2\mathrm{K}'_m(w)}{w\mathrm{K}_m(w)}\right]$$

$$\pm\frac{\beta Bm}{a}\left(\frac{u^2+w^2}{u^2w^2}\right)=-\frac{\omega A}{a}\left[\frac{\varepsilon_1\mathrm{J}'_m(u)}{u\mathrm{J}_m(u)}+\frac{\varepsilon_2\mathrm{K}'_m(w)}{w\mathrm{K}_m(w)}\right]$$

$$\mp\frac{A}{B}=\frac{\beta m}{\omega}\left(\frac{u^2+w^2}{u^2w^2}\right)\left[\frac{\varepsilon_1\mathrm{J}'_m(u)}{u\mathrm{J}_m(u)}+\frac{\varepsilon_2\mathrm{K}'_m(w)}{w\mathrm{K}_m(w)}\right]^{-1}$$

因为$\varepsilon_1=n_1^2\varepsilon_0$，$\varepsilon_2=n_2^2\varepsilon_0$，所以

$$\frac{A}{B}=\mp\frac{\beta m}{\omega\varepsilon_0}\left(\frac{u^2+w^2}{u^2w^2}\right)\left[n_1^2\frac{\mathrm{J}'_m(u)}{u\mathrm{J}_m(u)}+n_2^2\frac{\mathrm{K}'_m(w)}{w\mathrm{K}_m(w)}\right]^{-1} \tag{4.3-49}$$

从以上的推导结果可以看出，式（4.3－47）与式（4.3－49）应该相等，即

$$\left[\frac{\mathrm{J}'_m(u)}{u\mathrm{J}_m(u)}+\frac{\mathrm{K}'_m(w)}{w\mathrm{K}_m(w)}\right]\left[n_1^2\frac{\mathrm{J}'_m(u)}{u\mathrm{J}_m(u)}+n_2^2\frac{\mathrm{K}'_m(w)}{w\mathrm{K}_m(w)}\right]=\left(\frac{\beta m}{k_0}\right)^2\left(\frac{1}{u^2}+\frac{1}{w^2}\right)^2 \tag{4.3-50}$$

式中的 $k_0=\omega\sqrt{\mu_0\varepsilon_0}$。这就是在场量满足一定边界条件时得出的方程，称为传输模的特征方程。这个方程含有的未知量是 u 和 w，根据式（4.3－12）和式（4.3－13）可知，对于 u 和 w，只要知道了其中之一，另一个也就知道了，因此该方程也可看作是只含一个未知量 u 或 w 的方程。如果解出了 u 或 w，也就解出了β。对于每一个给定的 m，特征方程有一系列的根，如果把由第 n 个根所确定的β记作β_{mn}，那么，根据光纤的材料（n_1 和 n_2）、尺寸（半径 a）和工作频率，就可以知道β_{mn}所对应的模式（TE_{mn}、TM_{mn}，以及称为混合模的 EH_{mn} 和 HE_{mn}）。

各类模式中下标 m 的含义，除了前述的表示场量沿光纤圆周分布的整驻波的个数之外，它还表示贝塞尔函数的阶数；下标 n 除了表示场量沿光纤芯子半径方向分布的半个驻波的个数之外，它还表示贝塞尔函数或其导函数的根的序号。

式（4.3－50）是分析光纤传输特性的一个很重要的方程，这是一个超越方程，可采用数值方法求解，但其过程相当繁杂。在这里，我们不直接对方程求解，但是，可以利用这个方程对光纤中的传输模式进行分类，分析各类模式的传输和截止条件，以及单模传输等问题。

（二）传输模

式（4.3－50）是传输模的特征方程，对于不同类型的模，特征方程的具体形式也不同。

（1）TE_{0n} 和 TM_{0n} 模。在式（4.3－50）中，若取 $m=0$，则方程变为

$$\left[\frac{J_0'(u)}{uJ_0(u)}+\frac{K_0'(w)}{wK_0(w)}\right]\left[n_1^2\frac{J_0'(u)}{uJ_0(u)}+n_2^2\frac{K_0'(w)}{wK_0(w)}\right]=0 \tag{4.3-51}$$

即

$$\left[\frac{J_0'(u)}{uJ_0(u)}+\frac{K_0'(w)}{wK_0(w)}\right]=0 \tag{4.3-52}$$

或

$$\left[n_1^2\frac{J_0'(u)}{uJ_0(u)}+n_2^2\frac{K_0'(w)}{wK_0(w)}\right]=0 \tag{4.3-53}$$

这说明，$m=0$ 对应着两个特征方程，即可能存在着两类模式：TE_{0n} 和 TM_{0n}。下面首先讨论 TE_{0n}，然后讨论 TM_{0n}。

由式（4.3－49）可知，当 $m=0$ 时，为了使常数 B 为有限值，必须令 $A=0$，这样，从式（4.3－30）和式（4.3－31）可知，即 E_{z1} 和 E_{z2} 都为零，这种情况与 TE_{0n} 模相对应；与此同时，当 $m=0$ 时，式（4.3－49）等号右端方括弧内的项不能为零，即式（4.3－51）等号左端第二个方括弧内的项不能为零，因此，若该式成立，则必须是第一个方括弧内的项为零。由此可见，式(4.3－52)为 TE_{0n} 模的特征方程。因为 $J_0'(u)=-J_1(u)$，$K_0'(w)=-K_1(w)$，所以，式(4.3－52)又可写为

$$\frac{J_1(u)}{uJ_0(u)}+\frac{K_1(w)}{wK_0(w)}=0 \tag{4.3-54}$$

现在讨论 TM_{0n} 模。对传输模而言，其场量必须同时满足式（4.3－47）和式（4.3－49），因此，当 $m=0$ 时，由式（4.3－47）可知，为了使常数 A 为有限值，必须令 $B=0$，这样，从式（4.3－32）和式（4.3－33）可知，即 H_{z1} 和 H_{z2} 都为零。这种情况与 TM_{0n} 模相对应。经过与 TE_{0n} 模相类似的分析过程，即可得到 TM_{0n} 模的特征方程为

$$n_1^2\frac{J_0'(u)}{uJ_0(u)}+n_2^2\frac{K_0'(w)}{wK_0(w)}=0 \tag{4.3-55}$$

或

$$n_1^2\frac{J_1(u)}{uJ_0(u)}+n_2^2\frac{K_1(w)}{wK_0(w)}=0 \tag{4.3-56}$$

从以上的分析可以看到，由于受到边界条件（具体地说，体现在特征方程上）的制约，

在光纤中只可能存在 $m=0$ 的 TE 和 TM 模（TE_{0n} 和 TM_{0n}），当 $m\neq0$ 时，不可能存在 TE 和 TM 模；当 $m\neq0$（$m\geqslant1$）时，只可能存在 EH_{mn} 或 HE_{mn} 模，换句话说，EH_{0n} 和 HE_{0n} 模是不存在的。对于弱导光纤（$n_1\approx n_2$），可以近似地认为 TM_{0n} 与 TE_{0n} 两者的特征方程是相同的，即式（4.3－54）。另外，若令 $E_z=0$，并将式（4.3－32）和式（4.3－33）代入式（4.3－34）～式（4.3－37）中，就可以得到 TE_{0n} 模场的横向分量的表示式；同样地，若令 $H_z=0$，并将式（4.3－30）和式（4.3－31）代入式（4.3～34）～式（4.3－37）中，就可以得到 TM_{0n} 模场的横向分量的表示式。

（2）EH_{mn} 和 HE_{mn} 模。当式（4.3－50）中的 $m\neq0$（$m\geqslant1$）时，就是 EH_{mn} 或 HE_{mn} 模的特征方程，因为这两类模的电场的纵向分量 E_z 和磁场的纵向分量 H_z 均不为零（即场的 6 个分量都存在），所以称为混合模。如前所述，本节只讨论弱导光纤的传输特性，因此，式(4.3－50)就可以简化为

$$\frac{J_m'(u)}{uJ_m(u)}+\frac{K_m'(u)}{wK_m(w)}=\pm m\left(\frac{1}{u^2}+\frac{1}{w^2}\right) \tag{4.3-57}$$

需要说明的是，该式利用了弱导条件$\beta\approx n_1k_0\approx n_2k_0$，这仅是为了简化特征方程，对于较精确的$\beta$，仍需要对方程式（4.3－57）求解。由此式可以看出，等号右端既可以取“＋”号，也可以取“－”号，它们分别表示两个特征方程，即对应着两种不同的模式：前者定义为 EH_{mn} 模的特征方程，即是说，从该方程解出的β是属于 EH_{mn} 模的相移常数；后者定义为 HE_{mn} 模的特征方程，从该方程解出的β是属于 HE_{mn} 模的相移常数。这是从数学表示式上来区分这两类模式的，若从物理意义上来区分，通常认为（当然，并不精确）：若 E_z 较强、H_z 较弱时，称为 EH_{mn} 模；若 H_z 较强、E_z 较弱时，则称为 HE_{mn} 模。利用下面的贝塞尔函数的递推公式，就可以把特征方程化为比较简洁的形式。

$$J_m'(u)=\mp J_{m\pm1}(u)\pm\frac{mJ_m(u)}{u} \tag{4.3-58}$$

$$K_m'(w)=-K_{m\pm1}(w)\pm\frac{mK_m(w)}{w} \tag{4.3-59}$$

取递推公式中上面的一组符号，并将该式代入式（4.3－57）中，等号右端取“＋”号，得到的是 EH_{mn} 模的特征方程

$$\frac{J_{m+1}(u)}{uJ_m(u)}+\frac{K_{m+1}(w)}{wK_m(w)}=0 \tag{4.3-60}$$

取递推公式中下面的一组符号，并将该式代入式（4.3－57）中，等号右端取“－”号，则得到的是 HE_{mn} 模的特征方程

$$\frac{J_{m-1}(u)}{uJ_m(u)}-\frac{K_{m-1}(w)}{wK_m(w)}=0 \tag{4.3-61}$$

有了与各类模式相对应的特征方程，就为进一步讨论各类模式的传输特性打下了基础。

三、各类模式的截止条件

在光纤中，如果某一模式电磁场的幅值在包层内（$r>a$）随着 r 的增加而按指数规律衰减，但在光纤的轴向呈传输状态（行波），则称这种模为传输模（导模、正规模），对于作为

传输能量的光纤而言，所需要的正是这种情况；反之，如果某一模式的电磁场在包层（$r>a$）内沿 r 方向没有衰减，而是呈现出传播（辐射）状态，此时，在光纤中虽然仍有沿轴向传输的波，但是由于能量不断地沿 r 方向辐射，沿轴向传输的能量会越来越少，因此，光纤已失去传输能量的作用，此时称为模的截止状态。现在来讨论各类模式的截止条件。

光纤包层中的场是用第二类变态贝塞尔函数 $\mathrm{K}_m\left(\frac{w}{a}r\right)$ 来描述的，而且，当变量 $\left(\frac{w}{a}r\right)$ 足够大时，还可以用近似式（4.3－26）来描述，即

$$K_m\left(\frac{w}{a}r\right)\approx\sqrt{\frac{\pi a}{2wr}}\mathrm{e}^{-\frac{w}{a}r}$$

由此式可知：当 $w>0$ 时，即 $\beta>n_2k_0$ 时，包层中电磁场的幅值，随着 r 的增加而按指数规律衰减，此即模的传输状态；当 w 为虚数时，即 $\beta<n_2k_0$ 时，包层中的电磁场沿 r 方向没有衰减，而是呈现为传播（辐射）状态，即模的截止状态；当 $w=0$ 时，即 $\beta=n_2k_0$ 时，标志着传输模即将截止、辐射模即将产生的一种临界状态（即 $w=0$ 是两种状态的分界点），因此可以根据 $w=0$ 来确定各类传输模的截止条件。

现将讨论中要用到的当 u 或 w 趋于零时 $\mathrm{J}_m(u)$ 和 $\mathrm{K}_m(w)$ 的近似式列在下面：

$$\mathrm{J}_m(u)\approx\frac{1}{m!}\left(\frac{u}{2}\right)^m\qquad m\neq 0\tag{4.3－62}$$

$$\mathrm{K}_m(w)\approx\frac{(m-1)!}{2}\left(\frac{2}{w}\right)^m\qquad m\geqslant 1\tag{4.3－63}$$

$$\mathrm{K}_0(w)\approx\ln\left(\frac{2}{\gamma w}\right)\qquad \gamma\approx 1.781\ (\text{欧拉常数})\tag{4.3－64}$$

（一）TE_{0n} 和 TM_{0n} 模的截止条件

对于弱导光纤（$n_1\approx n_2$）而言，TE_{0n} 和 TM_{0n} 的特征方程可近似地认为是同一个方程，即

$$\frac{\mathrm{J}_1(u)}{u\mathrm{J}_0(u)}+\frac{\mathrm{K}_1(w)}{w\mathrm{K}_0(w)}=0$$

截止时 $w=0$，根据式（4.3－63）和式（4.3－64）可得，当 $w\to 0$ 时，$\mathrm{K}_1(w)\approx 1/w$，$\mathrm{K}_0(w)\approx -\ln w$，将其代入到特征方程中，并利用数学中的罗比塔法则，可得

$$\lim_{w\to 0}\frac{\mathrm{K}_1(w)}{w\mathrm{K}_0(w)}=-\lim_{w\to 0}\frac{2}{w^2}=-\infty$$

可见，若使式（4.3－54）成立，必须使 $\mathrm{J}_1(u)/[u\mathrm{J}_0(u)]=\infty$，根据式（4.3－62）可得

$$\lim_{u\to 0}\frac{\mathrm{J}_1(u)}{u\mathrm{J}_0(u)}=\frac{1}{2\mathrm{J}_0(u)}$$

可见，欲使特征方程成立，不能取 $u=0$，而只能取 $\mathrm{J}_0(u)=0$，因此，TE_{0n} 和 TM_{0n} 模的截止条件为

$$\mathrm{J}_0(u)=0\tag{4.3－65}$$

据此，即可求出一系列零阶贝塞尔函数的根 u_{0n}（n 为根的序号），例如，$u_{01}=2.404\,8$，$u_{02}=5.520\,1$，$u_{03}=8.653\,7$，…，它们分别表示 TE_{01}（TM_{01}）、TE_{02}（TM_{02}）、TE_{03}（TM_{03}）、…模

式的截止条件。可见，在弱导光纤中，TE_{0n}和TM_{0n}具有相同的截止条件，即在截止点附近，这两种模具有相同的相移常数β，在非截止点，也具有相近的β值，即是说，TE_{0n}和TM_{0n}是简并的。

因为截止时 $w=0$，即$\beta=n_2k_0$，所以，根据式（4.3－12）即可求得

$$u_c^2=a^2(n_1^2k_c^2-n_2^2k_c^2) \tag{4.3-66}$$

式中的u_c是根据截止条件求出的u，k_c是对应的截止波数。由此即可求出截止波长$\lambda_c=2\pi/k_c$，截止频率$f_c=v_0/\lambda_c$（v_0是电磁波在真空或空气中的速度）。

（二）EH_{mn}模的截止条件

EH_{mn}模的特征方程即

$$\frac{J_{m+1}(u)}{uJ_m(u)}+\frac{K_{m+1}(w)}{wK_m(w)}=0$$

根据式（4.3－63）可知，当$w\to0$时

$$\lim_{w\to0}\frac{K_{m+1}(w)}{wK_m(w)}=\lim_{w\to0}\frac{2m}{w^2}=\infty$$

可见，特征方程中的第一项也应为无穷大，但该项中的u不能取零，因为根据式（4.3－62）可知

$$\lim_{u\to0}\frac{J_{m+1}(u)}{uJ_m(u)}=\frac{1}{2(m+1)}\neq\infty$$

它不满足特征方程的要求，因此EH_{mn}模的截止条件为

$$J_m(u)=0,\quad u>0 \tag{4.3-67}$$

据此，即可求出一系列m（$m>0$）阶贝塞尔函数的根u_{mn}，例如：$u_{11}=3.831\,7$，$u_{12}=7.015\,6$，$u_{13}=10.173\,5$，…，它们分别表示 EH_{11}、EH_{12}、EH_{13}、…模式的截止条件；$u_{21}=5.135\,6$，$u_{22}=8.417\,2$，$u_{23}=11.619\,8$，…，它们分别表示EH_{21}、EH_{22}、EH_{23}、…模式的截止条件。根据式（4.3－66）即可求出截止波长和截止频率。

（三）HE_{mn}模的截止条件

为便于讨论，将$m=1$和$m>1$这两种情况分开来讨论。

（1）HE_{1n}模的截止条件。根据式（4.3－61）可知，HE_{1n}模的特征方程为

$$\frac{J_0(u)}{uJ_1(u)}-\frac{K_0(w)}{wK_1(w)}=0 \tag{4.3-68}$$

根据式（4.3－63）和式（4.3－64）可知

$$\lim_{w\to0}\frac{K_0(w)}{wK_1(w)}=-\lim_{w\to0}\ln w=\infty$$

因此，HE_{1n}模的截止条件为

$$J_1(u)=0 \tag{4.3-69}$$

据此，即可求出一系列一阶贝塞尔函数的根u_{1n}（包括$u=0$时的根），例如，$u_{11}=0$，$u_{12}=3.831\,7$，$u_{13}=7.015\,6$，…，它们分别表示HE_{11}、HE_{12}、HE_{13}、…模式的截止条件。根据式（4.3－66）可知，HE_{11}模的截止波长为无穷大，截止频率为零。因此，HE_{11}是圆柱形光纤中的最低次模

（主模），这种模在任何频率下都可以在光纤中传输。

（2）HE_{mn}（$m>1$）模的截止条件。HE_{mn} 模的特征方程，即

$$\frac{\mathrm{J}_{m-1}(u)}{u\mathrm{J}_m(u)}-\frac{\mathrm{K}_{m-1}(w)}{w\mathrm{K}_m(w)}=0$$

根据式（4.3－63）可知

$$\lim_{w\to 0}\frac{\mathrm{K}_{m-1}(w)}{w\mathrm{K}_m(w)}\approx\frac{1}{2(m-1)}$$

即

$$\frac{\mathrm{J}_{m-1}(u)}{u\mathrm{J}_m(u)}=\frac{1}{2(m-1)}$$

或写为

$$2(m-1)\mathrm{J}_{m-1}(u)=u\mathrm{J}_m(u)$$

$$\frac{2(m-1)}{u}\mathrm{J}_{m-1}(u)-\mathrm{J}_m(u)=0 \tag{4.3－70}$$

与贝塞尔函数的恒等式

$$\frac{2(m-1)}{u}\mathrm{J}_{m-1}(u)-\mathrm{J}_m(u)=\mathrm{J}_{m-2}(u) \tag{4.3－71}$$

加以对比，即可看出，HE_{mn}（$m>1$）模的截止条件为

$$\mathrm{J}_{m-2}(u)=0,\quad u>0 \tag{4.3－72}$$

据此，即可求出一系列（$m-2$）阶贝塞尔函数的根 $u_{m-2,n}$，例如：当 $m=2$ 时，$u_{01}=2.404\,8$，$u_{02}=5.520\,1$，$u_{03}=8.653\,7$，…，它们分别表示 HE_{21}、HE_{22}、HE_{23}、…模式的截止条件；当 $m=3$ 时，$u_{11}=3.831\,7$，$u_{12}=7.015\,6$，$u_{13}=10.173\,5$，…，它们分别表示 HE_{31}、HE_{32}、HE_{33}、…模式的截止条件。根据式（4.3－66）即可求出截止波长和截止频率。

综合上述各类模式的截止条件可以看出：TE_{0n}（TM_{0n}）与 HE_{2n} 具有相同的截止条件；$\mathrm{EH}_{m-1,n}$ 与 $\mathrm{HE}_{m+1,n}$ 具有相同的截止条件。即是说，具有相同截止条件的模，在截止时，它们是简并的。

以上是根据特征方程求出了各类模式的截止条件，现在再引入一个与截止条件有关的参量 V，它的定义是

$$V^2=u^2+w^2=\left(\frac{2\pi a}{\lambda_0}\right)^2(n_1^2-n_2^2) \tag{4.3－73}$$

因为 V 与电磁波的频率成正比，所以称为归一化频率（或称为正化频率、结构参量）。已知 $w=0$ 是各类模式的截止状态，如果把与此相对应的 u、V 和 λ_0 分别记为 u_c、V_c 和 λ_c，则根据式（4.3－66）可知

$$V_c^2=u_c^2=\left(\frac{2\pi a}{\lambda_c}\right)^2(n_1^2-n_2^2) \tag{4.3－74}$$

由该式和式（4.3－66）可知，对于某一模式而言，只有实际的 V 大于该模式的 V_c 时，它才能在光纤中传输；反之，若实际的 V 小于 V_c，则该模式是截止的；$V=V_c$ 是临界状态。从前面的讨论中已知 HE_{11} 模的 $u_c=0$，因此只有 $V>0$，HE_{11} 才能在光纤中传输；除此以外，在各

类模式中最小的 u_c 是零阶贝塞尔函数的第一个根（$u>0$）$u_{01}=2.404\,8$，它是 TE_{01}、TM_{01} 和 HE_{21} 的截止条件，即是说，只有 $V>2.404\,8$，这三个模式才能在光纤中传输。由此可见，如果欲在光纤中只传输 HE_{11} 模（单模传输），则 V 应该满足下式

$$0<V=\left(\frac{2\pi a}{\lambda_0}\right)(n_1^2-n_2^2)^{1/2}<2.404\,8 \tag{4.3-75}$$

由于在光纤中使用的工作波长 λ_0 极短，若要满足式（4.3－75），可以减小光纤芯子的半径 a，但是这会给光纤的制造、连接和耦合带来困难。鉴于此，通常采用的方法是减少（n_1-n_2）的差（例如，$\Delta<1\%\sim3\%$），即采用弱导光纤，以满足式（4.3－75），达到单模传输的目的。所谓“弱导”，其含义是，这种光纤与相对折射率差 Δ 较大的光纤相比，光纤对于电磁场能量的聚集和传导作用都比较弱，或者说渗透到芯子之外的能量较多，因此称为弱导光纤。需要指出的是，弱导光纤也可用于多模传输。但是，与多模光纤相比，单模光纤的损耗和色散都比较小，因此它更适用于大容量和长距离的通信。

四、各类模式远离截止的条件

从前面的讨论中已知，$w<0$ 是模的截止状态；$w=0$ 是临界状态，并根据特征方程求出了截止条件；$w>0$ 是模的传输（非截止）状态。现在要讨论的是各类模式远离截止的条件，即 u（实际上，即工作频率或工作波长）应在什么范围内，对于给定的传输模才能在光纤中传播，而不被截止。

在分析各类模式的截止情况时，曾引用过式（4.3－26），即

$$\mathrm{K}_m\left(\frac{w}{a}r\right)\approx\sqrt{\frac{\pi a}{2wr}}\mathrm{e}^{-\frac{w}{a}r}$$

现在仍利用它来分析各类模式远离截止的情况。由此式可知，当光纤中的传输模处于传播状态时，即 $w>0$ 时，包层中场量的幅值不仅随着 r 的增大而按指数规律衰减，而且还会随着 w 的增大而衰减；从物理意义上讲，即随着 w 的增大，传输模的能量会更加集中于芯子内，w 越大，效果越好。因此，从极限的观点看，可以根据 $w=\infty$ 来确定各类模式远离截止的条件。

（一）TE_{0n} 和 TM_{0n} 模远离截止的条件

对于弱导光纤，TE_{0n} 和 TM_{0n} 的特征方程可近似地认为是同一个方程，即式（4.3－54）

$$\frac{\mathrm{J}_1(u)}{u\mathrm{J}_0(u)}+\frac{\mathrm{K}_1(w)}{w\mathrm{K}_0(w)}=0$$

远离截止时 $w=\infty$，利用式（4.3－26），并注意到该式与 m 无关，则得

$$\lim_{w\to\infty}\frac{\mathrm{K}_1(w)}{w\mathrm{K}_0(w)}=\lim_{w\to\infty}\frac{1}{w}=0$$

因此，远离截止的条件为

$$\mathrm{J}_1(u)=0,\quad u>0 \tag{4.3-76}$$

据此，即可求出一系列一阶贝塞尔函数的根 u_{1n}，例如 $u_{11}=3.831\,7$，$u_{12}=7.015\,6$，$u_{13}=10.173\,5$，…，它们分别表示 TE_{01}（TM_{01}）、TE_{02}（TM_{02}）、TE_{03}（TM_{03}）、…模式远离截止的

条件。可见，TE_{0n} 与 TM_{0n} 具有相同的远离截止条件，即是说，TE_{0n} 与 TM_{0n} 是简并的。

将式（4.3－76）与表示 TE_{0n} 和 TM_{0n} 截止条件的式（4.3－65）加以对比，即可看出，这两类模不被截止时 u 的范围是介于零阶贝塞尔函数的根 u_{0n} 与一阶贝塞尔函数的根 u_{1n} 之间的一些 u 值。

（二）EH_{mn} 模远离截止的条件

EH_{mn} 模的特征方程即式（4.3－60）：

$$\frac{J_{m+1}(u)}{uJ_m(u)}+\frac{K_{m+1}(w)}{wK_m(w)}=0$$

远离截止条件时 $w=\infty$，利用式（4.3－26），得

$$\lim_{w\to\infty}\frac{K_{m+1}(w)}{wK_m(w)}=\lim_{w\to\infty}\frac{1}{w}=0$$

因此，远离截止的条件为

$$J_{m+1}(u)=0 \tag{4.3-77}$$

据此，即可求出一系列 $m+1$ 阶贝塞尔函数的根 $u_{m+1,\ n}$，这些根表示一系列 EH_{mn} 模远离截止的条件。将式（4.3－77）与表示 EH_{mn} 模截止条件的式（4.3－67）加以对比，即可看出，EH_{mn} 模不被截止时 u 的范围是介于 m 阶贝塞尔函数的根 u_{mn} 与 $m+1$ 阶贝塞尔函数的根 $u_{m+1,\ n}$ 之间的一些 u 值。

（三）HE_{mn} 模远离截止的条件

为便于讨论，将 $m=1$ 和 $m>1$ 这两种情况分开来讨论。

（1）HE_{1n} 模远离截止的条件。HE_{1n} 模的特征方程即式（4.3－68）：

$$\frac{J_0(u)}{uJ_1(u)}-\frac{K_0(w)}{wK_1(w)}=0$$

远离截止条件时 $w=\infty$，利用式（4.3－26），则得

$$\lim_{w\to\infty}\frac{K_0(w)}{wK_1(w)}=\lim_{w\to\infty}\frac{1}{w}=0$$

因此，远离截止条件为

$$J_0(u)=0 \tag{4.3-78}$$

据此，即可求出一系列零阶贝塞尔函数的根 u_{0n}，这些根表示一系列 HE_{1n} 模远离截止的条件。将式（4.3－78）与表示 HE_{1n} 模截止条件的式（4.3－69）加以对比，即可看出，HE_{1n} 模不被截止时 u 的范围是介于一阶贝塞尔函数的根 u_{1n} 与零阶贝塞尔函数的根 u_{0n} 之间的一些 u 值。例如，主模 HE_{11} 截止时的 $u_{11}=0$，远离截止时的 $u_{01}=2.404\ 8$，即 HE_{11} 模不被截止时 u 的范围是 0～2.404 8 的一些 u 值。

（2）HE_{mn}（$m>1$）模远离截止的条件。HE_{mn} 模的特征方程，即式（4.3－61）：

$$\frac{J_{m-1}(u)}{uJ_m(u)}-\frac{K_{m-1}(w)}{wK_m(w)}=0$$

远离截止条件时 $w=\infty$，利用式（4.3－26）则得

$$\lim_{w\to\infty}\frac{K_{m-1}(w)}{wK_m(w)}=\lim_{w\to\infty}\frac{1}{w}=0$$

因此，远离截止条件为

$$J_{m-1}(u)=0 \tag{4.3-79}$$

据此，即可求出一系列（$m-1$）阶贝塞尔函数的根 $u_{m-1,n}$，这些根表示一系列 HE_{mn}（$m>1$）模远离截止的条件。将式（4.3－79）与表示 HE_{mn} 模（$m>1$）截止条件的式（4.3－72）加以对比，即可看出，HE_{mn} 模不被截止时 u 的范围是介于($m-2$)阶贝塞尔函数的根 $u_{m-2,n}$ 与($m-1$)阶贝塞尔函数的根 $u_{m-1,n}$ 的一些 u 值。

综合上述，从各类模式的截止和远离截止的条件可以看出，TE_{0n} 和 TM_{0n} 与 HE_{2n} 具有相同的截止和远离截止条件；$EH_{m-1,n}$ 与 $HE_{m+1,n}$ 具有相同的截止和远离截止条件。即是说，在截止和远离截止时出现了简并现象。例如，TE_{01}、TM_{01} 和 HE_{21} 截止时的 $u_{01}=2.404\,8$，远离截止时的 $u_{11}=3.831\,7$，即，这三个模不被截止时 u 的范围是 2.404 8～3.831 7 的一些 u 值。这说明，简并模在截止点和远离截止点附近它们的相移常数β是接近相同的，在其他的点也比较接近。

当 $w<0$ 时是模的截止状态，$w=0$ 时是临界状态，$w>0$ 时是传输状态。由此可知，在传输状态下，相移常数β应满足

$$n_2k_0<\beta<n_1k_0 \tag{4.3-80}$$

这与式（4.2－19）完全相同。这说明，在光纤中传输的波也是表面波（慢波），芯子和包层分别相当于图 4.2－2 中的介质 1 和介质 2。

表 4.3－1 列出了各类模式的截止和远离截止的条件，图 4.3－3 是几个低次模 u 值的变化范围。

表 4.3－1　各类模的截止和远离截止条件

m	模式	截止条件	远离截止条件
$m=0$	TE_{0n} TM_{0n}（$n=1, 2, \cdots$）	$J_0(u)=0$	$J_1(u)=0$
$m=1$	HE_{1n}	$J_1(u)=0$	$J_0(u)=0$
$m>1$	HE_{mn} EH_{mn}	$J_{m-2}(u)=0$ $J_m(u)=0$	$J_{m-1}(u)=0$ $J_{m+1}(u)=0$

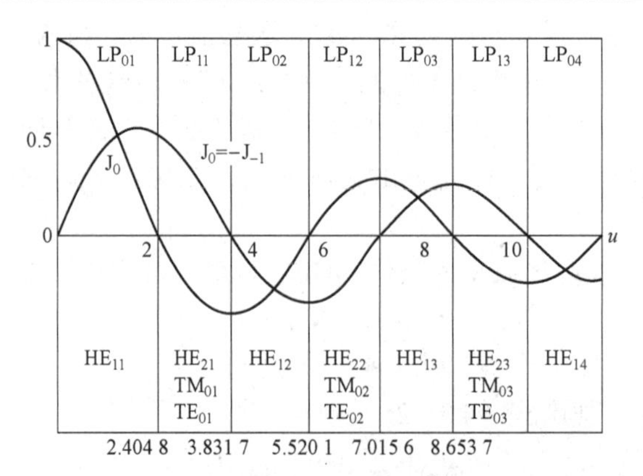

图 4.3－3　某些模式 u 值的范围

五、光纤的色散特性

前面曾提到过色散的问题，现在再做进一步的介绍。所谓色散，归根结底就是由于光纤所传输信号的不同频率成分的传播速度不同，而引起传输信号失真的现象，或者说，相移常数β是随着频率而变化的。因此，为了分析光纤的色散特性，就需要求出各类模式相移常数β的表示式。

求解β的一般步骤是：首先给定光纤芯子的半径 a、折射率 n_1 和包层的折射率 n_2，以及工作波长λ_0，这样，就可以根据式（4.3－73）求出归一化的频率 V；然后，在给定的模式下，将该模式的特征方程与关系式 $V^2=u^2+w^2$ 联立求解出 u 或 w；最后，由 u 或 w 求出相移常数β。例如，根据式（4.3－12），可将β表示为

$$\beta=\sqrt{n_1^2k_0^2-\left(\frac{u}{a}\right)^2} \tag{4.3－81}$$

若β已知，则相应的相速（$v_p=\omega/\beta$）和导波波长（$\lambda_g=2\pi/\beta$）也就知道了。但是，正如以前曾指出的那样，特征方程是一个超越方程。一般需采用数值方法求解，其过程较复杂，在此不予讨论。

一般地讲，对于不同的模式，u 不同，β也不同，而且，β还会随着 V 变化。图 4.3－4 是根据计算结果画出的归一化的相移常数β/k_0（纵坐标）与归一化的频率 V（横坐标）之间的关系曲线，我们可以根据这个图来分析光纤的色散特性。每一条曲线代表一个模式，曲线与横坐标轴的交点表示该模式截止时的 $V=V_c$ 的值，此时对应的纵坐标$\beta/k_0=n_2$，即$\beta=n_2k_0$，或者说 $w=0$（传输模的截止条件）；随着 V 的增加，各个模式的β/k_0 均逐渐地趋于 n_1，即$\beta\to n_1k_0$，对于弱导光纤而言，相当于 $w\to\infty$（传输模的远离截止条件）。由此可见，在传输状态下，传输模的相移常数β满足

$$n_2k_0<\beta<n_1k_0 \tag{4.3－82}$$

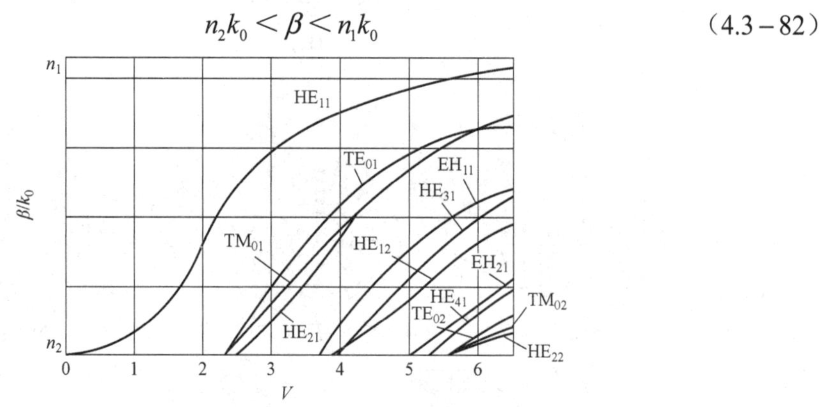

图 4.3－4　β/k_0 与 V 的关系曲线

这与以前讲过的式（4.2－19）和式（4.3－80）是完全一致的。另外，从图中还可以看出，除了 HE_{11} 没有截止频率（因$\beta/k_0=0$ 时，$V=0$）外，其余的各个模式均有其截止频率（因$\beta/k_0=0$ 时，$V\neq0$），可见 HE_{11} 是主模，而且，当 $0<V<2.4048$ 时，光纤只能传输 HE_{11} 模（单模传输），在此范围内，V 不同（即频率不同），对应的β也不同，此即所谓模内色散；当 $V>2.4048$ 时，将有多个模式在光纤中传输（多模传输），而且，同一个 V 值（即同一个频率）可以对

应着多个模式，而各个模式的β则不相同，此即所谓模式（间）色散。此外，从图中还可看出，在弱导光纤中，具有相同的截止和远离截止条件的一些模式的曲线，它们与横坐标轴的交点是相同的或相近的，即具有相同或相近的 V_c 值。例如 TE_{01} 和 TM_{01} 具有相同的 V_c，而 HE_{21} 模的 V_c 与这两个模的 V_c 也较相近，当 V 为其他的值，以及在远离截止条件附近的 V 值时，这三个模的相移常数也是比较相近的。其他的简并模式也有类似的情况。

以上是利用图 4.3－4 来分析光纤的色散特性，比较直观，一目了然。现在，对于 HE_{11} 模的色散再做如下的说明。当 V 小于 2.404 8 时，光纤只传输 HE_{11} 模，但 V 不同（即频率不同）对应的β不同，其原因为：一是材料的色散，即光纤所用材料的折射率是随频率而变化的，从而使传输信息中不同频率成分的β也不相同；二是波导色散（或称结构色散），它是由于光纤并非理想结构而造成的色散，例如，光纤不是直的，有弯曲或扭转，横截面也不是真正的圆，有一定的椭圆度，即沿横向和轴向在结构上都会出现不均匀性，以及光纤内残存的内应力等，所有这些因素都会造成光纤材料折射率分布的不均匀性，从而使得相移常数β随着频率而变化。HE_{11} 模的这种色散，称为模内色散。此外，上述因素还可能使 HE_{11} 模在传输过程中分解为极化方向相互正交的两个 HE_{11} 模，而它们的相移常数β并不相同，从而产生了色散（极化色散）。这种色散实际上也是模式（间）色散的一种。

图 4.3－5 是 7 种低次模在光纤芯子内的场结构图。

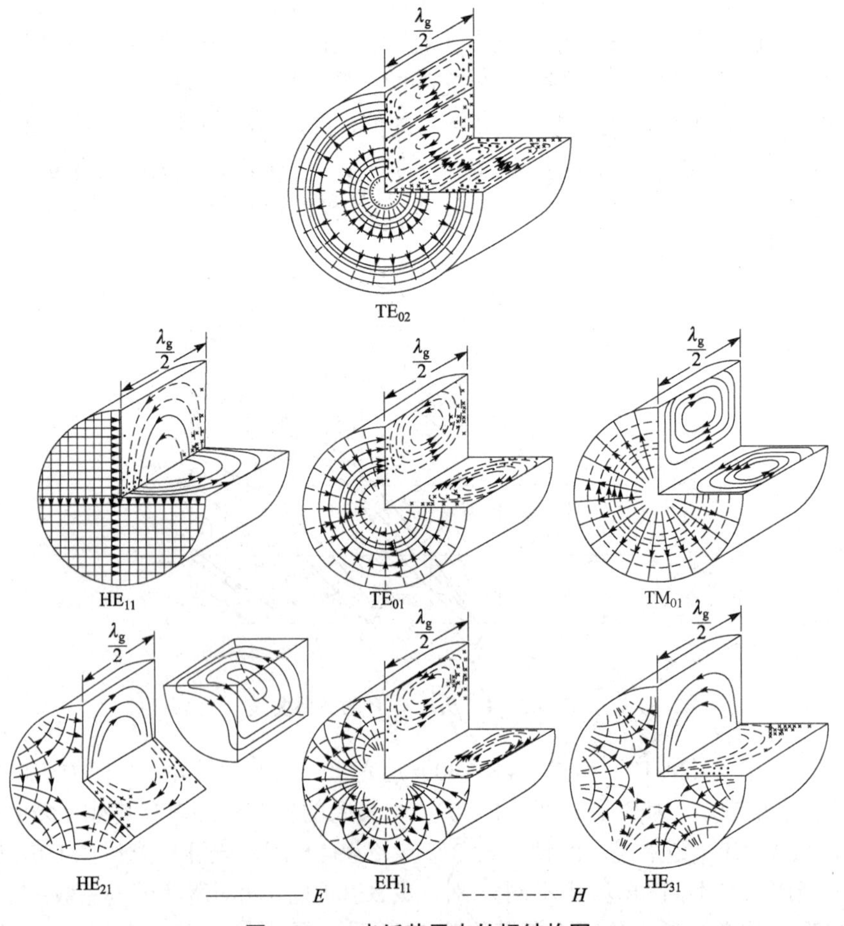

图 4.3－5　光纤芯子内的场结构图

§ 4.4　弱导光纤的线极化模

从 § 4.3 的讨论中已知，在光纤中可以存在 EH_{mn}、HE_{mn}、TE_{0n} 和 TM_{0n} 等模式，它们是由严格求解波动方程而得到的精确模式。但是利用精确模式的表示式分析光纤的特性或计算有关的参量，将是相当烦琐的。因此，在实际应用中，对于弱导光纤（$n_1 \approx n_2$），可近似地认为其中传输的是 TEM 波。这样，在满足一定要求的情况下，可以利用线极化模（LP 模——Linearly Polarized Mode）来代替精确模式，从而使分析和计算得以简化。本节简要地介绍一下线极化模的概念。

设光纤芯子和包层的折射率分别为 n_1 和 n_2，在弱导情况下，$n_1 \approx n_2$，根据式（4.2 – 8）可知，光线在芯子与包层的分界面处产生全反射时的临界角 $\theta_c \approx 90°$，即是说，光线几乎是与光纤轴线相平行地往前传播的。从场的观点看，因为场矢量与波矢量是正交的，所以场的纵向分量 E_z 和 H_z 必然远小于场的横向分量，因此，场的纵向分量可忽略不计，而只考虑其横向分量。这样，在光纤中沿轴向传输的波可近似地认为是 TEM 波，即是说，光纤横截面内的场（横向场）可以看作是其极化方向不随时间变化的线极化场。基于此，就可使弱导光纤的问题得以简化。为进一步地了解光纤中横向场的线极化特征和 LP 模的概念，我们首先导出弱导条件下场的纵向和横向分量在圆柱坐标系中的表示式，该表示式将说明，纵向分量远小于横向分量，因此光纤中的场可近似地认为是 TEM 波；其次，利用圆柱 – 直角坐标系之间的关系式，导出场量在直角坐标系中的表示式；最后，阐述 LP 模的概念，以及它的截止和远离截止条件。

一、弱导条件下场量在圆柱坐标系中的表示式

已知式（4.3 – 47c）为

$$\frac{A}{B}=\mp\frac{\omega\mu_0}{\beta m}\left(\frac{u^2w^2}{u^2+w^2}\right)\left[\frac{\mathrm{J}_m'(u)}{u\mathrm{J}_m(u)}+\frac{\mathrm{K}_m'(w)}{w\mathrm{K}_m(w)}\right]$$

上式中方括弧内的项可以用式（4.3 – 57）等号右端的项来代替，从而可改写为

$$\frac{A}{B}=\mp\frac{\omega\mu_0}{\beta m}\left(\frac{u^2w^2}{u^2+w^2}\right)\left[\pm m\left(\frac{1}{u^2}+\frac{1}{w^2}\right)\right] \tag{4.4 – 1}$$

我们已知，当式（4.3 – 57）等号右端取“ + ”号时，它是 EH_{mn} 模的特征方程，与此相对应，若式（4.4 – 1）中方括弧内的 m 前也取“ + ”号，则所得的 A/B 是对应于 EH_{mn} 模的，即

$$\frac{A}{B}=\mp\frac{\omega\mu_0}{\beta m}\left(\frac{u^2w^2}{u^2+w^2}\right)\left[m\left(\frac{1}{u^2}+\frac{1}{w^2}\right)\right] \tag{4.4 – 2}$$

由此得

$$\frac{A}{B}=\mp\frac{\omega\mu_0}{\beta} \tag{4.4 – 3}$$

传输模沿光纤轴线的相移常数 β 应满足式（4.2 – 19），即

$$n_2k_0 < \beta < n_1k_0$$

对于弱导光纤，因为 $n_1 \approx n_2$，所以可令 $\beta \approx nk_0$，n 是介于 n_1 和 n_2 之间变化范围很小的一个值。

这样，则有

$$\frac{A}{B}=\mp\frac{1}{n}\sqrt{\frac{\mu_0}{\varepsilon_0}},\quad B=\mp An\sqrt{\frac{\varepsilon_0}{\mu_0}} \tag{4.4-4}$$

当式（4.3－57）等号右端取“－”号时，它是 HE_{mn} 模的特征方程，与此相对应，若式（4.4－1）的方括弧内的 m 前也取“－”号，则所得的 A/B 是对应于 HE_{mn} 模的，即

$$\frac{A}{B}=\mp\frac{\omega\mu_0}{\beta m}\left(\frac{u^2w^2}{u^2+w^2}\right)\left[-m\left(\frac{1}{u^2}+\frac{1}{w^2}\right)\right] \tag{4.4-5}$$

由此得

$$\frac{A}{B}=\pm\frac{1}{n}\sqrt{\frac{\mu_0}{\varepsilon_0}},\quad B=\pm An\sqrt{\frac{\varepsilon_0}{\mu_0}} \tag{4.4-6}$$

将 EH_{mn} 和 HE_{mn} 模所对应的 A/B 分别代入式（4.3－32）、式（4.3－33）和式（4.3－38）～式（4.3～45）等式中，并利用贝塞尔函数的递推公式（4.3－58）和式（4.3－59）即可求出这两类模式的场量在圆柱坐标系中如下的表示式

$$E_{z1}=A\frac{J_m\left(\frac{u}{a}r\right)}{J_m(u)}\begin{matrix}\cos m\varphi\\ \sin m\varphi\end{matrix} \tag{4.4-7a}$$

$$E_{z2}=A\frac{K_m\left(\frac{w}{a}r\right)}{K_m(w)}\begin{matrix}\cos m\varphi\\ \sin m\varphi\end{matrix} \tag{4.4-7b}$$

$$H_{z1}=\mp(\pm)An\sqrt{\frac{\varepsilon_0}{\mu_0}}\frac{J_m\left(\frac{u}{a}r\right)}{J_m(u)}\begin{matrix}\sin m\varphi\\ \cos m\varphi\end{matrix} \tag{4.4-7c}$$

$$H_{z2}=\mp(\pm)An\sqrt{\frac{\varepsilon_0}{\mu_0}}\frac{K_m\left(\frac{w}{a}r\right)}{K_m(w)}\begin{matrix}\sin m\varphi\\ \cos m\varphi\end{matrix} \tag{4.4-7d}$$

$$E_{r1}=+(-)\mathrm{j}\frac{Aak_0n}{u}\frac{J_{m\pm1}\left(\frac{u}{a}r\right)}{J_m(u)}\begin{matrix}\cos m\varphi\\ \sin m\varphi\end{matrix} \tag{4.4-7e}$$

$$E_{r2}=-\mathrm{j}\frac{Aak_0n}{w}\frac{K_{m\pm1}\left(\frac{w}{a}r\right)}{K_m(w)}\begin{matrix}\cos m\varphi\\ \sin m\varphi\end{matrix} \tag{4.4-7f}$$

$$E_{\varphi1}=\pm\mathrm{j}\frac{Aak_0n}{u}\frac{J_{m\pm1}\left(\frac{u}{a}r\right)}{J_m(u)}\begin{matrix}\sin m\varphi\\ \cos m\varphi\end{matrix} \tag{4.4-7g}$$

$$E_{\varphi2}=\mp(\pm)\mathrm{j}\frac{Aak_0n}{w}\frac{K_{m\pm1}\left(\frac{w}{a}r\right)}{K_m(w)}\begin{matrix}\sin m\varphi\\ \cos m\varphi\end{matrix} \tag{4.4-7h}$$

$$H_{r1}=\mp j\frac{Aak_0n^2}{u}\sqrt{\frac{\varepsilon_0}{\mu_0}}\frac{J_{m\pm1}\left(\frac{u}{a}r\right)}{J_m(u)}\begin{matrix}\sin m\varphi\\ \cos m\varphi\end{matrix} \tag{4.4-7i}$$

$$H_{r2}=\pm(\mp)\frac{Aak_0n^2}{w}\sqrt{\frac{\varepsilon_0}{\mu_0}}\frac{K_{m\pm1}\left(\frac{w}{a}r\right)}{K_m(w)}\begin{matrix}\sin m\varphi\\ \cos m\varphi\end{matrix} \tag{4.4-7j}$$

$$H_{\varphi1}=+(-)j\frac{Aak_0n^2}{u}\sqrt{\frac{\varepsilon_0}{\mu_0}}\frac{J_{m\pm1}\left(\frac{u}{a}r\right)}{J_m(u)}\begin{matrix}\cos m\varphi\\ \sin m\varphi\end{matrix} \tag{4.4-7k}$$

$$H_{\varphi2}=-j\frac{Aak_0n^2}{w}\sqrt{\frac{\varepsilon_0}{\mu_0}}\frac{K_{m\pm1}\left(\frac{w}{a}r\right)}{K_m(w)}\begin{matrix}\cos m\varphi\\ \sin m\varphi\end{matrix} \tag{4.4-7l}$$

式（4.4－7）中，除了 E_{z1} 和 E_{z2} 对这两类模具有相同的表示式外，对于其他场量的表示式则规定：等号右端圆括弧外和内，以及式中 $J_{m\pm1}$ 或 $K_{m\pm1}$ 的“＋”和“－”则分别对应 EH_{mn} 和 HE_{mn} 模；若两者表示式同号，则不再加圆括弧。式中的下标“1”和“2”分别表示芯子和包层内的场，a 是芯子的半径。

由以上各式可知，场纵向分量的幅值远小于横向分量的幅值。例如，对于芯子内的 E_{z1} 和 E_{r1}，则有

$$\frac{|E_{z1}|}{|E_{r1}|}=\frac{u}{ak_0n}=\frac{\sqrt{n_1^2k_0^2-\beta^2}}{k_0n}<\frac{\sqrt{n_1^2-n_2^2}}{n_1}\approx\sqrt{\varDelta}$$

对于芯子内的磁场，以及包层内的电场和磁场，也有类似的关系式。这说明，在弱导条件下（$\varDelta\ll1$），光纤中的传输模可近似地看作是 TEM 模（准 TEM 模）。

二、弱导条件下场量在直角坐标系中的表示式

对于 TEM 波，用 z 轴与光纤轴线相重合的直角坐标系来表示其场量，就会更清楚地看出其场分布的特征。圆柱－直角坐标系中电场之间的关系式为

$$\begin{aligned}E_x&=E_r\cos\varphi-E_\varphi\sin\varphi\\ E_y&=E_r\sin\varphi+E_\varphi\cos\varphi\end{aligned} \tag{4.4-8}$$

对于磁场 H_x 和 H_y 也有类似的关系式。根据 EH_{mn} 模的特征方程式（4.3－60）和 HE_{mn} 模的特征方程式（4.3－61）可分别得到

$$\frac{uJ_m(u)}{J_{m+1}(u)}=-\frac{wK_m(w)}{K_{m+1}(w)} \tag{4.4-9}$$

和

$$\frac{uJ_m(u)}{J_{m-1}(u)}=\frac{wK_m(w)}{K_{m-1}(w)} \tag{4.4-10}$$

为使场量的表示式便于使用，首先，在式（4.4－7）的表示式中，对于 EH_{mn} 模，芯子和包层内的场量分别乘以式(4.4－9)等号的左端项和右端项，对于 HE_{mn} 模，则分别乘以式(4.4－10)等号的左端项和右端项；然后再利用式（4.4－8），就可得出 EH_{mn} 和 HE_{mn} 模的场量在直角坐

标系中的表示式。式中的“＋”和“－”号（包括贝塞尔函数和三角函数中的“＋”和“－”号）分别对应于 EH_{mn} 和 HE_{mn} 模。式中的三角函数可以取上面或下面的一组，一经取定，则对于所有分量应保持一致。

$$E_{x1}=\pm jAak_0n\frac{J_{m\pm1}\left(\frac{u}{a}r\right)}{J_{m\pm1}(u)}\begin{matrix}\cos[(m\pm1)\varphi]\\ \sin[(m\pm1)\varphi]\end{matrix} \tag{4.4-11a}$$

$$E_{x2}=\pm jAak_0n\frac{K_{m\pm1}\left(\frac{w}{a}r\right)}{K_{m\pm1}(w)}\begin{matrix}\cos[(m\pm1)\varphi]\\ \sin[(m\pm1)\varphi]\end{matrix} \tag{4.4-11b}$$

$$E_{y1}=jAak_0n\frac{J_{m\pm1}\left(\frac{u}{a}r\right)}{J_{m\pm1}(u)}\begin{matrix}\sin[(m\pm1)\varphi]\\ -\cos[(m\pm1)\varphi]\end{matrix} \tag{4.4-11c}$$

$$E_{y2}=jAak_0n\frac{K_{m\pm1}\left(\frac{w}{a}r\right)}{K_{m\pm1}(w)}\begin{matrix}\sin[(m\pm1)\varphi]\\ -\cos[(m\pm1)\varphi]\end{matrix} \tag{4.4-11d}$$

$$H_{x1}=jAak_0n^2\sqrt{\frac{\varepsilon_0}{\mu_0}}\frac{J_{m\pm1}\left(\frac{u}{a}r\right)}{J_{m\pm1}(u)}\begin{matrix}-\sin[(m\pm1)\varphi]\\ \cos[(m\pm1)\varphi]\end{matrix} \tag{4.4-11e}$$

$$H_{x2}=jAak_0n^2\sqrt{\frac{\varepsilon_0}{\mu_0}}\frac{K_{m\pm1}\left(\frac{w}{a}r\right)}{J_{m\pm1}(u)}\begin{matrix}-\sin[(m\pm1)\varphi]\\ \cos[(m\pm1)\varphi]\end{matrix} \tag{4.4-11f}$$

$$H_{y1}=\pm jAak_0n^2\frac{J_{m\pm1}\left(\frac{u}{a}r\right)}{J_{m\pm1}(u)}\begin{matrix}\cos[(m\pm1)\varphi]\\ \sin[(m\pm1)\varphi]\end{matrix} \tag{4.4-11g}$$

$$H_{y2}=\pm jAak_0n^2\sqrt{\frac{\varepsilon_0}{\mu_0}}\frac{K_{m\pm1}\left(\frac{w}{a}r\right)}{K_{m\pm1}(w)}\begin{matrix}\cos[(m\pm1)\varphi]\\ \sin[(m\pm1)\varphi]\end{matrix} \tag{4.4-11h}$$

利用这些公式，可以比较方便地讨论光纤中的线极化模（LP 模）。

三、弱导光纤的线极化模（LP 模）

（一）线极化模的概念

根据 EH_{mn} 模的特征方程式（4.3－60）可知，$EH_{m-1,n}$ 模的特征方程应为

$$\frac{J_m(u)}{uJ_{m-1}(u)}+\frac{K_m(w)}{wK_{m-1}(w)}=0 \tag{4.4-12a}$$

或写为

$$\frac{uJ_{m-1}(u)}{J_m(u)}=-\frac{wK_{m-1}(w)}{K_m(w)} \tag{4.4-12b}$$

根据书末附录三中的（四）贝塞尔函数的公式可知

$$\frac{2m}{u}\mathrm{J}_m(u)=[\mathrm{J}_{m+1}(u)+\mathrm{J}_{m-1}(u)] \tag{4.4-13a}$$

$$\frac{2m}{w}\mathrm{K}_m(w)=[\mathrm{K}_{m+1}(w)-\mathrm{K}_{m-1}(w)] \tag{4.4-13b}$$

利用此关系式可将式（4.4－12b）化为

$$\frac{1}{\mathrm{J}_m(u)}[2m\mathrm{J}_m(u)-u\mathrm{J}_{m+1}(u)]=\frac{1}{\mathrm{K}_m(w)}[2m\mathrm{K}_m(w)-w\mathrm{K}_{m+1}(w)]$$

即

$$\frac{u\mathrm{J}_{m+1}(u)}{\mathrm{J}_m(u)}=\frac{w\mathrm{K}_{m+1}(w)}{\mathrm{K}_m(w)} \tag{4.4-14}$$

根据 HE_{mn} 模的特征方程式（4.3－61）可知，$\mathrm{HE}_{m+1,n}$ 模的特征方程应为

$$\frac{\mathrm{J}_m(u)}{u\mathrm{J}_{m+1}(u)}-\frac{\mathrm{K}_m(w)}{w\mathrm{K}_{m+1}(w)}=0 \tag{4.4-15a}$$

或写为

$$\frac{u\mathrm{J}_{m+1}(u)}{\mathrm{J}_m(u)}=\frac{w\mathrm{K}_{m+1}(w)}{\mathrm{K}_m(w)} \tag{4.4-15b}$$

显然，式（4.4－15b）与式（4.4－14）是同一个等式，这表明，$\mathrm{EH}_{m-1,n}$ 和 $\mathrm{HE}_{m+1,n}$ 这两类模的场结构虽然不同，但是特征方程相同，即具有相同的相移常数和传播速度，因此这两类模是简并的。将这两类模式的场线性叠加，在光纤的横截面上就得到一个其横向场基本上只有一个极化方向的模式，称为线极化模（即 LP 模）。另外，TE_{0n}、TM_{0n} 和 HE_{2n} 也是一组简并模，将 TE_{0n} 与 HE_{2n} 或 TM_{0n} 与 HE_{2n} 的场线性叠加，也是线极化模。现说明如下。已知 HE_{mn} 模的特征方程为

$$\frac{\mathrm{J}_{m-1}(u)}{u\mathrm{J}_m(u)}-\frac{\mathrm{K}_{m-1}(w)}{w\mathrm{K}_m(w)}=0$$

又根据贝塞尔函数公式（4.4－13）可推出下列公式

$$\frac{2(m-1)}{u}\mathrm{J}_{m-1}(u)=[\mathrm{J}_m(u)+\mathrm{J}_{m-2}(u)] \tag{4.4-16}$$

和

$$\frac{2(m-1)}{w}\mathrm{K}_{m-1}(w)=[\mathrm{K}_m(w)-\mathrm{K}_{m-2}(w)]$$

利用此关系式可将式（4.3－61）化为

$$\frac{\mathrm{J}_{m-1}(u)}{u\mathrm{J}_{m-2}(u)}+\frac{\mathrm{K}_{m-1}(w)}{w\mathrm{K}_{m-2}(w)}=0 \tag{4.4-17}$$

将此式与 TE_{0n} 的特征方程式（4.3－54）和 TM_{0n} 的特征方程式（4.3－56）加以对照，即可看出，在弱导情况下，TE_{0n}、TM_{0n} 和 HE_{2n} 这三类模是简并的。

对于线极化模，若采用直角坐标系，那么，只要适当地选取 x 和 y 轴的取向，就可以使横向场只有 $\boldsymbol{x}E_x$ 和 $\boldsymbol{y}H_y$ 或只有 $\boldsymbol{y}E_y$ 和 $\boldsymbol{x}H_x$，这两种分布状态的场，其极化方向是正交的。另外，

对于每一个 EH 或 HE 模，其场量沿光纤的圆周方向又有 $\sin m\varphi$和 $\cos m\varphi$两种分布状态，因此，当 $m>0$ 时，与之相对应的线极化模的场就有 4 种分布状态（简并度为 4），当 $m=0$ 时，简并度为 2。图 4.4－1 是光纤横截面上某些精确模的电场力线图，以及由简并模的场相叠加而构成的 LP 模的电场力线图。图中，箭头的方向即场的极化方向，箭头的长短则表示场强值的相对强弱。

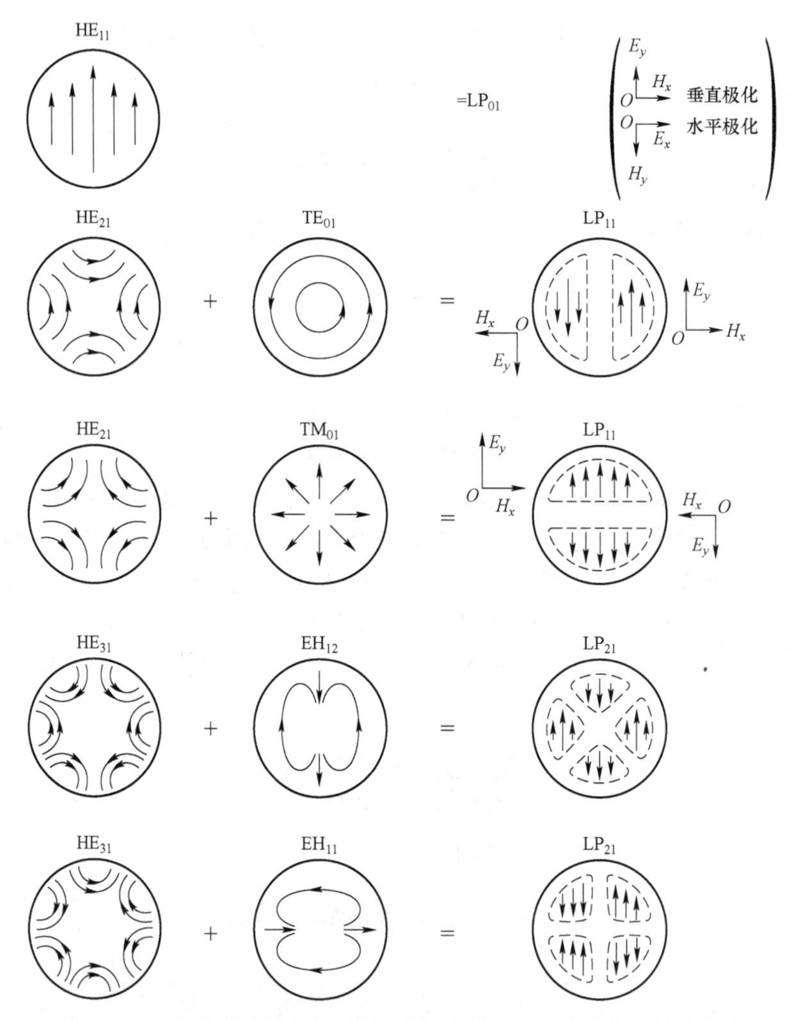

图 4.4－1　部分精确模和 LP 模的电场力线在光纤横截面上的分布图

为进一步了解 LP 模场的线极化特征，现举例如下。根据式（4.4－11a）～式（4.4－11h），将 $\mathrm{EH}_{m-1,n}$和 $\mathrm{HE}_{m+1,n}$相应场量的表示式叠加，可得

$$(E_{x1})_{\mathrm{EH}_{m-1,n}}+(E_{x1})_{\mathrm{HE}_{m+1,n}}=0 \tag{4.4-18a}$$

$$(E_{x2})_{\mathrm{EH}_{m-1,n}}+(E_{x2})_{\mathrm{HE}_{m+1,n}}=0 \tag{4.4-18b}$$

$$(E_{y1})_{\mathrm{EH}_{m-1,n}}+(E_{y1})_{\mathrm{HE}_{m+1,n}}=\mathrm{j}2Aak_0n\frac{\mathrm{J}_m\left(\dfrac{u}{a}r\right)}{\mathrm{J}_m(u)}\begin{matrix}\sin m\varphi\\-\cos m\varphi\end{matrix} \tag{4.4-18c}$$

$$(E_{y2})_{\mathrm{EH}_{m-1,n}}+(E_{y2})_{\mathrm{HE}_{m+1,n}}=\mathrm{j}2Aak_0 n\frac{\mathrm{K}_m\left(\dfrac{w}{a}r\right)}{\mathrm{K}_m(w)}\begin{matrix}\sin m\varphi\\ -\cos m\varphi\end{matrix} \tag{4.4-18d}$$

$$(H_{x1})_{\mathrm{EH}_{m-1,n}}+(H_{x1})_{\mathrm{HE}_{m+1,n}}=\mathrm{j}2Aak_0 n^2\sqrt{\frac{\varepsilon_0}{\mu_0}}\frac{\mathrm{J}_m\left(\dfrac{u}{a}r\right)}{\mathrm{J}_m(u)}\begin{matrix}-\sin m\varphi\\ \cos m\varphi\end{matrix} \tag{4.4-18e}$$

$$(H_{x2})_{\mathrm{EH}_{m-1,n}}+(H_{x2})_{\mathrm{HE}_{m+1,n}}=\mathrm{j}2Aak_0 n^2\sqrt{\frac{\varepsilon_0}{\mu_0}}\frac{\mathrm{K}_m\left(\dfrac{w}{a}r\right)}{\mathrm{K}_m(w)}\begin{matrix}-\sin m\varphi\\ \cos m\varphi\end{matrix} \tag{4.4-18f}$$

$$(H_{y1})_{\mathrm{EH}_{m-1,n}}+(H_{y1})_{\mathrm{HE}_{m+1,n}}=0 \tag{4.4-18g}$$

$$(H_{y2})_{\mathrm{EH}_{m-1,n}}+(H_{y2})_{\mathrm{HE}_{m+1,n}}=0 \tag{4.4-18h}$$

由此可见，由简并的精确模式构成的场是一个线极化的场，称为线极化模，记作 LP_{mn} 模。m 是模的阶数（它不同于 $\mathrm{EH}_{m-1,\,n}$ 和 $\mathrm{HE}_{m+1,\,n}$ 中的 m），当沿光纤圆周观察横向场强度分布的变化时，出现极大值（或极小值）的个数为 $2m$；n 是贝塞尔函数根的序号（与相应精确模中的 n 相同）。根据式（4.4－11a）～式（4.4－11h），如果将 $\mathrm{HE}_{m+1,\,n}$ 和 $\mathrm{EH}_{m-1,\,n}$ 相应场量的表示式相减，就可以得到 LP_{mn} 模的另一组解（$E_y=H_x=0$，$E_x\neq0$，$H_y\neq0$），其场的极化方向与式（4.4－18a）～式（4.4－18h）所表示的场解的极化方向是正交的。图 4.4－2 是低阶 LP_{mn} 模与相应的精确模式之间的对应关系，以及各模式中的 E_x 的强度在光纤横截面上的分布状态。

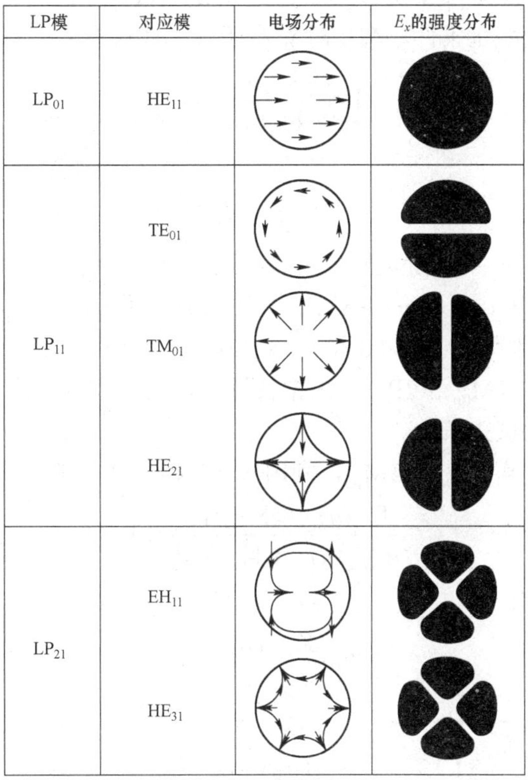

LP模	对应模	电场分布	E_x的强度分布
LP_{01}	HE_{11}		
LP_{11}	TE_{01}		
	TM_{01}		
	HE_{21}		
LP_{21}	EH_{11}		
	HE_{31}		

图 4.4－2　部分 LP 模与精确模之间的关系

由以上的分析可知，在弱导条件下，如果暂不考虑各精确模场结构上的差别，只要它们的特征方程相同，即传播常数β相同，就把其归并为同一个模式，并命名为 LP 模；LP 模的场可以看作是由相应精确模的场线性叠加而构成的。同一个 LP 模中的各精确模，除相移常数相同外，其场的横向分量（例如 E_x）的强度在光纤横截面上的分布状态，如图 4.4－2 所示，可由同一个图形来表示。需要指出的是，实际上由于 n_1 与 n_2 并不相等，因此 LP 模中各精确模的相移常数和传播速度也不相同，简并是近似的。可见，LP 模只是弱导情况下的一种近似处理方法，也就是说，LP 模并非是光纤中实际存在的模式，实际存在的是 TE_{0n}、TM_{0n}、EH_{mn} 和 HE_{mn} 等精确模式。尽管如此，在满足一定精度要求的情况下，LP 模概念的引入，对于简化精确模式的分析和有关参量的计算是十分有利的。

（二）线极化模的截止和远离截止条件

线极化模的截止和远离截止条件分别为 w 趋于零和 w 趋于无穷大，这与精确模的情况是一致的。现分别讨论如下。

（1）截止条件。已知 $EH_{m-1,n}$ 和 $HE_{m+1,n}$ 的特征方程分别为

$$\frac{u\mathrm{J}_{m-1}(u)}{\mathrm{J}_m(u)}=-\frac{w\mathrm{K}_{m-1}(w)}{\mathrm{K}_m(w)}$$

和

$$\frac{u\mathrm{J}_{m+1}(u)}{\mathrm{J}_m(u)}=\frac{w\mathrm{K}_{m+1}(w)}{\mathrm{K}_m(w)}$$

前面已证明，这两个式子是同一个方程，$EH_{m-1,n}$ 和 $HE_{m+1,n}$ 是简并模，这两类模的线性叠加构成了线极化模（LP 模），因此，这两个式子也就是线极化模的特征方程。现利用其中之一的式（4.4－12b）来讨论截止条件。截止时 w 趋于零，此时有

$$\lim_{w\to 0}\frac{w\mathrm{K}_{m-1}(w)}{\mathrm{K}_m(w)}=0$$

因此，截止条件为

$$\mathrm{J}_{m-1}(u)=0 \qquad (4.4-19)$$

据此，即可求出一系列（$m-1$）阶贝塞尔函数的根，例如，当 $m=0$ 时（此时 $\mathrm{J}_{-1}(u)=-\mathrm{J}_1(u)$）的第一和第二个根分别为 $u=0$ 和 $u=3.831\,7$，它们分别为 LP_{01} 和 LP_{02} 模的截止条件；当 $m=1$ 时的第一和第二个根分别为 $u=2.404\,8$ 和 $u=5.520\,1$，它们分别为 LP_{11} 和 LP_{12} 模的截止条件。另外，对于简并模 TE_{0n}、TM_{0n} 和 HE_{2n}，根据特征方程式（4.4－17），即可求出其截止条件为 $u=2.404\,8$，即 LP_{11} 模的截止条件。

对于 HE_{2n} 和其简并模 TE_{0n} 和 TM_{0n}，利用式（4.4－17）求截止条件，即

$$\frac{\mathrm{J}_{m-1}(u)}{u\mathrm{J}_{m-2}(u)}+\frac{\mathrm{K}_{m-1}(w)}{w\mathrm{K}_{m-2}(w)}=0$$

截止时 w 趋于零，此时有

$$\lim_{w\to 0}\frac{\mathrm{K}_{m-1}(w)}{\mathrm{K}_{m-2}(w)}=\infty$$

因此截止条件（此处 $m=2$）为

$$\mathrm{J}_0(u)=0 \qquad (4.4-20)$$

例如，第一和第二个根分别为 $u_{01}=2.404\,8$ 和 $u_{02}=5.520\,1$，它们是 LP_{11}（对应的精确模

为 HE_{21}、TE_{01}、TM_{01}）和 LP_{12}（HE_{22}、TE_{02}、TM_{02}）模的截止条件。这与根据式（4.3－65）和式（4.3－72）当 $m=2$ 时所求得的结果是一致的。

（2）远离截止条件。利用式（4.4－12b）求远离截止条件，即

$$\frac{u\mathrm{J}_{m-1}(u)}{\mathrm{J}_m(u)}=-\frac{w\mathrm{K}_{m-1}(w)}{\mathrm{K}_m(w)}$$

远离截止时 w 趋于无穷大，此时有

$$\lim_{w\to\infty}\frac{w\mathrm{K}_{m-1}(w)}{\mathrm{K}_m(w)}=\infty$$

因此，远离截止条件为

$$\mathrm{J}_m(u)=0 \tag{4.4-21}$$

对于 HE_{2n} 和其简并模 TE_{0n} 和 TM_{0n}，利用式（4.4－17）求远离截止条件，即

$$\frac{\mathrm{J}_{m-1}(u)}{u\mathrm{J}_{m-2}(u)}+\frac{\mathrm{K}_{m-1}(w)}{w\mathrm{K}_{m-2}(w)}=0$$

远离截止时 w 趋于无穷大，此时有

$$\lim_{w\to\infty}\frac{\mathrm{K}_{m-1}(w)}{w\mathrm{K}_{m-2}(w)}=0$$

因此，远离截止条件（此处 $m=2$）为

$$\mathrm{J}_1(u)=0 \tag{4.4-22}$$

例如，第一和第二个根分别为 $u_{11}=3.831\,7$ 和 $u_{12}=7.015\,6$，它们是 LP_{11} 和 LP_{12} 模的远离截止条件。这与根据式（4.3－76）和式（4.3－79）当 $m=2$ 时所求得的结果是一致的。

以上分两种情况讨论了 LP 模的截止和远离截止条件。实际上经分析可知，当 $m=0$ 时对应于 LP_{0n}（HE_{1n}）和 $m=1$ 时对应于 LP_{1n}（HE_{2n}、TE_{0n}、TM_{0n}），$m>1$ 时对应于 LP_{mn}（$EH_{m-1,n}$ 和 $HE_{m+1,n}$），则所有 LP 模的截止和远离截止条件即可以分别归结为式（4.4－19）和（4.4－21）。例如，根据式（4.4－19），当 $m=0$ 时的第一和第二个根分别为 $u_{10}=0$ 和 $u_{11}=3.831\,7$，它们是 LP_{01}（HE_{11}）和 LP_{02}（HE_{12}）模的截止条件，即 $m=0$ 与 LP_{0n}（HE_{1n}）相对应；式（4.4－21），当 $m=0$ 时的第一和第二个根分别为 $u_{01}=2.404\,8$ 和 $u_{02}=5.520\,1$，它们是 LP_{01} 和 LP_{02} 模的远离截止条件。由此可知，LP_{01}（HE_{11}）是光纤中的主模，只传输该模的条件为 u 小于 2.404 8，这与由式（4.3－75）所表示的单模（HE_{11}）传输条件是一致的。

关于 LP 模的截止和远离截止条件，以及传输 LP 模时 u 值的变化范围，可参看表 4.4－1 和图 4.3－3。

表 4.4－1　LP 模的截止和远离截止条件与简并模数

LP 模	对应模	截止条件	远离截止条件	简并模数
LP_{0n} ($m=0$)	HE_{1n}	$\mathrm{J}_1(u)=0$	$\mathrm{J}_0(u)=0$	2
LP_{1n} ($m=1$)	HE_{2n} TE_{0n} TM_{0n}	$\mathrm{J}_0(u)=0$	$\mathrm{J}_1(u)=0$	4

续表

LP 模	对应模	截止条件	远离截止条件	简并模数
LP_{mn} $(m>1)$	$EH_{m-1,n}$ $HE_{m+1,n}$	$J_{m-1}(u)=0$	$J_m(u)=0$	4

§ 4.5　阶跃光纤中的传输功率

对于传输模，电磁场在光纤的轴向为传播状态，在包层内场的幅值随着半径的增加呈指数规律衰减。这说明，电磁场的功率一部分在芯子内，另一部分在包层内。下面分别讨论阶跃光纤在弱导条件下（线极化模）这两部分功率的计算公式，以及它们与总功率的相对比值。

一、芯子内的传输功率

根据式（2.3－67）可知，芯子内的传输功率为

$$P_1=\frac{1}{2}\mathrm{Re}\int_0^a\int_0^{2\pi}(E_xH_y^*-E_yH_x^*)r\mathrm{d}r\mathrm{d}\varphi \tag{4.5－1}$$

对于线极化模，可以利用式（4.4－18）计算 P_1，则

$$P_1=\frac{1}{2}\mathrm{Re}\left[\int_0^a\int_0^{2\pi}(-E_{y1}H_{x1}^*)r\mathrm{d}r\mathrm{d}\varphi\right] \tag{4.5－2}$$

将式（4.4－18）中的 E_{y1} 和 H_{x1} 代入上式中，则

$$P_1=2A^2a^2k_0^2n^3\sqrt{\frac{\varepsilon_0}{\mu_0}}\int_0^a\int_0^{2\pi}\left[\frac{\mathrm{J}_m^2\left(\frac{u}{a}r\right)}{\mathrm{J}_m^2(u)}\begin{matrix}\sin^2 m\varphi\\ \cos^2 m\varphi\end{matrix}\right]r\mathrm{d}r\mathrm{d}\varphi$$

式中，当 $m\neq0$ 时

$$\int_0^{2\pi}\sin^2 m\varphi\mathrm{d}\varphi=\int_0^{2\pi}\cos^2 m\varphi\mathrm{d}\varphi=\pi$$

当 $m=0$ 时

$$\int_0^{2\pi}\sin^2 m\varphi\mathrm{d}\varphi=0 \qquad \int_0^{2\pi}\cos^2 m\varphi\mathrm{d}\varphi=2\pi$$

另外，根据书末附录三中的（四）（5）贝塞尔函数的积分公式，并进行变量置换，即令 $x=r/a$，$\mathrm{d}x=\mathrm{d}r/a$，则

$$\begin{aligned}\int_0^a\mathrm{J}_m^2\left(\frac{u}{a}r\right)r\mathrm{d}r&=a^2\int_0^1\mathrm{J}_m^2(ux)x\mathrm{d}x\\&=\frac{a^2}{2}\left[\mathrm{J}_m'(u)+\left(1-\frac{m^2}{u^2}\right)\mathrm{J}_m^2(u)\right]\end{aligned}$$

再利用书末附录三中的（四）（1）关于 $\mathrm{J}_m'(u)$ 的公式，可将上式化为

$$\frac{a^2}{2}\left[\mathrm{J}_m'(u)+\left(1-\frac{m^2}{u^2}\right)\mathrm{J}_m^2(u)\right]=\frac{a^2}{2}\left\{\mathrm{J}_m^2(u)+\left[\mathrm{J}_{m-1}(u)\right]\left[-\mathrm{J}_{m+1}(u)\right]\right\}$$

这样，芯子内的功率 P_1 为

$$P_1=A^2a^4k_0^2n^3\pi\sqrt{\frac{\varepsilon_0}{\mu_0}}F\left[1-\frac{\mathrm{J}_{m-1}(u)\mathrm{J}_{m+1}(u)}{\mathrm{J}_m^2(u)}\right] \tag{4.5-3}$$

式中，当 $m\neq0$ 时，$F=1$；当 $m=0$ 时，$F=2$。

二、包层内的传输功率

根据式（2.3－67），并利用式（4.4－18），则包层内的传输功率为

$$P_2=\frac{1}{2}\mathrm{Re}\left[\int_0^{\infty}\int_0^{2\pi}(-E_{y2}H_{x2}^*)r\mathrm{d}r\mathrm{d}\varphi\right] \tag{4.5-4}$$

将式（4.4－18）中的 E_{y2} 和 H_{x2} 代入上式中，则

$$P_2=2A^2a^2k_0^2n^3\sqrt{\frac{\varepsilon_0}{\mu_0}}\int_a^{\infty}\int_0^{2\pi}\left[\frac{\mathrm{K}_m^2\left(\frac{w}{a}r\right)}{\mathrm{K}_m^2(u)}\begin{matrix}\sin^2 m\varphi\\ \cos^2 m\varphi\end{matrix}\right]r\mathrm{d}r\mathrm{d}\varphi$$

对于式中三角函数的积分，当 $m\neq0$ 时为 π，当 $m=0$ 时为 2π（指余弦函数）；根据书末附录三中的（四）（5）贝塞尔函数的积分公式，并令 $x=r/a$，$\mathrm{d}x=\mathrm{d}r/a$，则

$$\int_a^{\infty}\mathrm{K}_m^2\left(\frac{w}{a}r\right)r\mathrm{d}r=a^2\int_1^{\infty}\mathrm{K}_m^2(wx)x\mathrm{d}x$$

$$=\frac{a^2}{2}\left[-\mathrm{K}_m^2(w)+\mathrm{K}_{m-1}(w)\mathrm{K}_{m+1}(w)\right]$$

这样，芯子内的功率 P_2 为

$$P_2=A^2a^4k_0^2n^3\pi\sqrt{\frac{\varepsilon_0}{\mu_0}}F\left[-1+\frac{\mathrm{K}_{m-1}(w)\mathrm{K}_{m+1}(w)}{\mathrm{K}_m^2(w)}\right] \tag{4.5-5}$$

式中，当 $m\neq0$ 时，$F=1$；当 $m=0$ 时，$F=2$。

三、芯子和包层内的功率与总功率之比

设光纤中传输的总功率为 P，则

$$P=P_1+P_2=A^2a^4k_0^2n^3\pi\sqrt{\frac{\varepsilon_0}{\mu_0}}F\left[\frac{\mathrm{K}_{m-1}(w)\mathrm{K}_{m+1}(w)}{\mathrm{K}_m^2(w)}-\frac{\mathrm{J}_{m-1}(u)\mathrm{J}_{m+1}(u)}{\mathrm{J}_m^2(u)}\right] \tag{4.5-6}$$

根据式（4.4－12b）和式（4.4－15b）可得

$$\frac{u^2\mathrm{J}_{m-1}(u)\mathrm{J}_{m+1}(u)}{\mathrm{J}_m^2(u)}=-\frac{w^2\mathrm{K}_{m-1}(w)\mathrm{K}_{m+1}(w)}{\mathrm{K}_m^2(w)} \tag{4.5-7a}$$

利用这个式子（它实际上也是 LP 模的特征方程）就可以得到芯子内的功率 P_1 与总功率 P 之比为

$$\frac{P_1}{P}=\frac{w^2}{V^2}\left[1-\frac{J_m^2(u)}{J_{m-1}(u)J_{m+1}(u)}\right] \tag{4.5-7b}$$

或写为

$$\frac{P_1}{P}=\left(1-\frac{u^2}{V^2}\right)\left[1-\frac{J_m^2(u)}{J_{m-1}(u)J_{m+1}(u)}\right] \tag{4.5-7c}$$

包层内的功率 P_2 与总功率 P 之比为

$$\frac{P_2}{P}=1-\frac{w^2}{V^2}\left[1-\frac{J_m^2(u)}{J_{m-1}(u)J_{m+1}(u)}\right] \tag{4.5-8}$$

图 4.5－1 是 P_1/P 和 P_2/P 与归一化频率 V 之间的关系曲线。由图可见，工作频率越高，功率就越集中于芯子内，频率越低，集中于包层内的功率则相对地增加。例如，对于 LP_{01}（HE_{11}）模，当 $V=2.404\,8$ 时，约有 84%的传输功率集中于芯子内，包层中约有 16%的功率；当 $V=1$ 时，约有 30%的功率集中于芯子内，而包层中则约有 70%的功率。

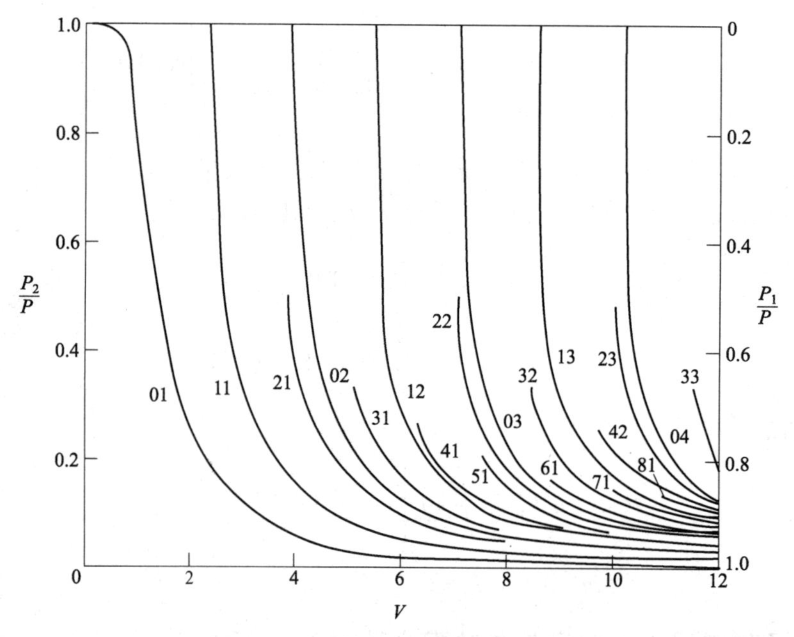

图 4.5－1　光纤中的功率与 V 的关系

图中曲线的标号即 LP 模的下标（mn）。因为只要有相同的截止条件、又有相同的远离截止条件的不同的精确模式，都可以把它们归并为同一个 LP 模式，所以同一个曲线可能代表一个或数个精确模式。例如：标号为“$1n$”（$m=1$ 时）的曲线代表 TE_{0n}、TM_{0n} 和 HE_{2n} 模式；标号为“mn”（$m\neq1$，$m=0$，2，3，…）的曲线表示 $HE_{m+1,n}$ 和 $EH_{m-1,n}$（$m>1$），其中，“01”代表 HE_{11}（主模）。为便于理解和检验，现举些例子如下。

LP_{01}（HE_{11}），LP_{11}（TE_{01}、TM_{01}、HE_{21}），LP_{21}（HE_{31}、EH_{11}），LP_{02}（HE_{12}），LP_{31}（HE_{41}、EH_{21}），LP_{12}（TE_{02}、TM_{02}、HE_{22}），LP_{41}（HE_{51}、EH_{31}），LP_{51}（HE_{61}、EH_{41}），LP_{03}（HE_{13}），LP_{32}（HE_{42}、EH_{22}），LP_{13}（TE_{03}、TM_{03}，HE_{23}），…

在光纤通信中使用的工作波长λ_0 常划分为如表 4.5－1 所示的几个波段，其中有的波段与

表 0－3 或表 0－4 所列波段的字母代号相同，但其含义和波段范围则完全不同。波长以μm 计。

表 4.5－1　光纤通信中波段的划分

波段称谓和代号	初始波段（O）	扩展波段（E）	短波段（S）	常规波段（C）	长波段（L）	超长波段（U）
波段范围/μm	1.260～1.360	1.360～1.460	1.460～1.530	1.530～1.566	1.566～1.625	1.625～1.675

其中，C 波段是目前常用的波段，并以它作为参考：波长比它短的称为短波段，比它长的称为长波段，比它更长的称为超长波段。

§ 4.6　无线光通信基本知识简介

随着社会的发展，信息技术在经济、科技，以及社会各个领域的应用已十分广泛，其重要性日益突出，而对它的要求也越来越高。例如，要求大容量、宽频带、高传输速率、低成本等。对此，目前已得到广泛应用的有线光通信（光纤通信），与普通无线电通信和微波通信相比，已经有了很大的提高，基本上能满足上述要求，而无线光通信则是在光纤通信的基础上把上述技术指标又大大地提高了一步，更能满足日益增长的对信息技术的要求。

所谓无线光通信，或称自由空间光通信（Free space optical communication），就是以激光作为载体，它不需要任何传输线作为传输媒介，而是通过大气层（空气）或外层空间来传递语音、数据和图像等信息的一种通信方式。无线光通信从早期（1880 年）贝尔（A. G. Bell）首先用光作为载体（载波）进行了通电话以来，科技人员就对这种通信方式进行了大量的研究和实验工作，并取得了重大进展和丰硕成果。目前已进入边研制边应用的阶段，在某些领域已经进入商用阶段，应用范围日趋广泛。在卫星与卫星、卫星与航天器和空间站，以及卫星与地面站之间、陆地上任何两点之间，都可以利用无线光通信传递信息，甚至还可用于水下通信。

普通无线电通信、微波通信、光纤通信和无线光通信，它们之间除了使用的频率越来越高、频带越来越宽、容量越来越大、传输速率越来越快这些不同的特点，以及具体的设备不同之外，从通信的基本工作原理来看，基本上是一致的或极为相似的。即，它们都是把要传递的信息（模拟的或数字的）对载波的某些参数（振幅、相位、频率、功率等）进行调制（对于无线光通信还可以利用强度和极化调制），而后经发射机（包括天线）发送出去，在接收端，接收机（包括天线）把收到的信号进行解调，还原为原来的信息，从而完成了信息的传递。对于无线光通信可用图 4.6－1 所示的方框图概略地说明其工作过程（图中，光学天线，即透镜系统装置）。

由激光器产生的光频载波输入到调制器后，其相关参数受到被传递信息的调制，被调制后的载波经发射机（包括天线）发送出去；在接收端，接收机（包括天线）将收到的信号输入到解调器解调后，就得到了被传送的信息，从而完成了信息传递的全过程。显然，这种说明是很粗略的，实际的操作过程和所需的设备是很复杂的，例如需要对准和跟踪设备等。这样，才能提高通信的可靠性和安全性。目前无线激光通信所用激光器的光源有：LD、LED、

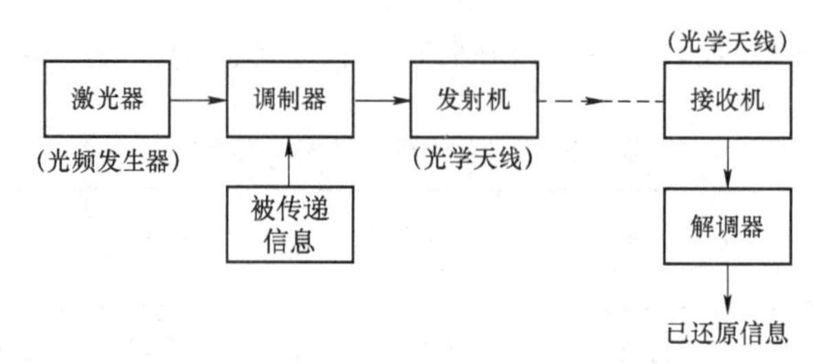

图 4.6－1　无线光通信工作原理示意图

APD、DFB、DPL 和 YAG 等激发器。所用频率在 326 THz～365 THz（波长在 920 nm～820 nm）范围；有时为了减少激光束在空气中的衰减，常采用波长为 850 nm～1 550 nm 作为工作波段。由于无线激光通信使用的频率很高（波长很短），因此，它所使用的设备尺寸小，质量轻，耗能小（例如，天线的口径在几厘米～20 余厘米，激光发射功率在几十～几百 mW），建设周期短、成本低。相比之下，光纤通信则经常会受到线路选择、光缆敷设、设备制造，以及环境状况等多种因素的影响，因此，建设周期长、成本高。另外，由于激光束的发散角很小（一般都在毫弧度或微弧度的数量级），而且为直线传播、方向性强，很难在传输过程中截获它，具有较好的保密性。但无线光通信也有其不足之处：大气中的云、雨、雾会对激光束产生吸收（衰减），易受障碍的遮挡，易受到外界（背景）光源（阳光、月亮、星光、其他发光体）的干扰；另外，由于激光束的发散角很小，在接收过程中有时难以“捕获”到，所有这些都给无线光通信造成了不利因素。但是，这些问题有的已经解决，有的正在逐步解决中，总之，从长远看，无线光通信是通信技术一个新的发展方向，其重要性日益突出，应用范围也会越来越广泛。

习　　题

4－1　什么是表面波，它有哪些主要特征？

4－2　阶跃光纤芯子和包层的折射率分别为 $n_1=1.51$ 和 $n_2=1.50$，周围介质为空气，光线由端面投射到光纤内为子午射线传播，试求光纤的数值孔径 NA 和光线入射角的范围。

4－3　光纤中和金属圆形波导中的场结构和模式都是由解波动方程得到的，试比较两者的异同点。

4－4　试从物理意义上阐明光纤中模的传输和截止的含义，它与金属波导中模的传输和截止的含义是否相同？

4－5　光纤中的主模是什么，单模传输条件是什么？

4－6　试求光纤中 HE_{13} 模的截止和远离截止条件，问：若该模能够在光纤中传输，还会有哪些模也能够传输？

4－7　阶跃光纤芯子和包层的折射率分别为 $n_1=1.51$ 和 $n_2=1.50$，在单模传输的情况下，试求：当工作波长 λ_0 分别为 0.85 μm、1.3 μm 和 1.55 μm 时，光纤芯子的半径各为多少？

4－8　阶跃光纤芯子的半径为 8 μm，折射率 $n_1=1.5$，相对折射率差 $\Delta=0.01$，工作波长 $\lambda_0=1.55$ μm，问：光纤中可以传输哪些模式？

4－9　什么叫作色散，色散有哪几种，产生的原因是什么？

4－10　什么叫作 LP 模，它与精确模之间的关系是什么？

第 5 章　微波谐振器

我们知道，在微波范围内，当谐振回路的线长度与电磁波的波长可以相比拟时，就会产生能量的辐射，波长越短辐射越严重，介质损耗和由趋肤效应引起的导体损耗也急剧地增加，这就必然会降低回路的质量；另外，由于波长很短（频率很高），则要求电感和电容元件的尺寸甚小，这将带来制造上的困难和机械强度的下降，因此，甚至在分米波范围内使用集总参数电路，也很难保证它正常地工作。由此可知，在微波范围内，必须研制新型的谐振器（谐振回路）。微波谐振器（腔）可以用作振荡器或调谐放大器的振荡回路、微波滤波器、倍频器、频率预选器、波长计、回波箱等。另外，谐振腔还在微波管和加速器中得到了某些应用。

有两种避免辐射的方法：一是把电磁波封闭在金属空腔中；另一种是把电磁波聚集在高介电常数的介质内。前者导致了各种空腔谐振器的产生，后者则是构成各种开放型谐振器的基础。微波谐振器中有一类是由微波传输线构成的，例如前几章中讲过的各种波导和传输线等，只要在结构上采取某些措施（如开路、短路等），都可以构成微波谐振器，通常把它们称为传输线类型的谐振器。另外，有些谐振器的形状较复杂，不能把它看作是由某种传输线构成的，如环形谐振器、混合同轴线型谐振器，以及其他形状（如球形、槽形、扇形）的谐振器等，通常把它们称为非传输线类型的谐振器。非传输线类型的谐振器主要用于微波管和加速器等微波系统中。在微波集成电路中，则主要采用微带谐振器和介质谐振器。

关于谐振器的分析方法，从根本上讲，都可以通过在一定的边界条件和初始条件下，对电磁场的波动方程求解的方法来分析，并进而求得谐振器的主要特性参数。但是，这种直接解方程的方法，只是对少数几何形状简单的谐振器才便于求得解析解，而对于几何形状较复杂的谐振器，则需要用数值计算的方法来解决。就本章要讲的圆柱形金属空腔谐振器和矩形金属空腔谐振器而言，用直接解方程的方法是不难求出它们场结构的表示式和主要特性参数的。但是对于这种传输线类型的谐振器，还可采用另一种比较简便的方法，即场的叠加法，其要点是：把谐振器看成是由两端短路、开路，或者一端短路和另一端开路的一段传输线，谐振器中的场在满足边界条件的情况下，可由入射波和反射波的叠加来求得。这样，就可以直接利用前几章得出的相应波导和传输线的有关公式来进行分析，从而能较方便地求得谐振器场结构的表示式和主要特性参数。对于某些谐振器，甚至可以采用等效电路的方法来求得它的主要特性参数。对于封闭式和开放式两类谐振器的分析方法，在本质上是相同的，但是由于两者边界条件的性质有较大的差别，因此在具体分析的细节上仍有较大的差异。

本章讨论的重点是圆柱形金属空腔谐振器（简称圆柱形谐振腔）、矩形金属空腔谐振器（简称矩形谐振腔或矩形腔）和同轴线谐振腔等。对于圆柱形谐振腔、矩形腔采用场的叠加法来进行分析。对于其他形式的谐振器，视具体情况可以采取解电磁场方程的方法（在一定边界条件下）或等效电路的方法来求得谐振器的主要特性参数。另外，为了扩大知识面，对于平面谐振器、渐变形谐振器、球面开式腔谐振器和 YIG 磁谐振器等，也给予简单的介绍。下面我们首先讨论谐振器的主要特性参数，然后再讨论各种具体的谐振器。

§ 5.1　谐振器的主要特性参数

谐振器的主要特性参数有：谐振频率 f_r（或谐振波长 λ_r），品质因数，以及与谐振器中有功损耗有关的谐振电导（或电阻）。需要指出的是，对于一个谐振器来说，这些参数是对某一个谐振（振荡）模式而言的，若模式不同，一般地讲，这些参数也不同。下面分别加以讨论。

一、谐振频率

由于各类谐振器的具体结构、形状、谐振模式不尽相同，而且对于谐振频率也可以从不同的角度去理解，因此也有多种求谐振频率的方法。至于采用何种方法，应视具体情况而定，在满足一定要求的情况下，方法越简便越好。下面介绍四种方法。

（一）相位法

所谓相位法指的是，根据电磁波在谐振器内来回地反射时，入射波与反射波相叠加时的相位关系来确定谐振频率。这种方法主要用于传输线类型的谐振器，对于这类谐振器可归结为一段两端分别接有纯电抗性负载（包括短路或开路状态）Z_1 和 Z_2 的传输线，即在线的两端处不吸收，也不辐射能量，而是形成全反射，其等效电路如图 5.1－1 所示。在该系统（谐振器）内的纯驻波场，可以看作是行波场在线段 l 的两端之间（Z_1 和 Z_2 之间）来回地反射相叠加而形成的，即是说，对于谐振器内任意一点，当行波场相叠加时，若其相位差为 2π 的整数倍（同相）时，就产生了谐振。设电磁波在两端（Z_1 和 Z_2）处反射系数的相角分别为 θ_1 和 θ_2（反射系数的模均为 1），行波的相移常数为 β，谐振器的长度为 l。例如，设谐振器中某一点的电场为 $Ee^{j\varphi}$，φ 为初相角，当电磁波从该点出发，并经两端（Z_1 和 Z_2）的反射再回到原处时，相位的变化为

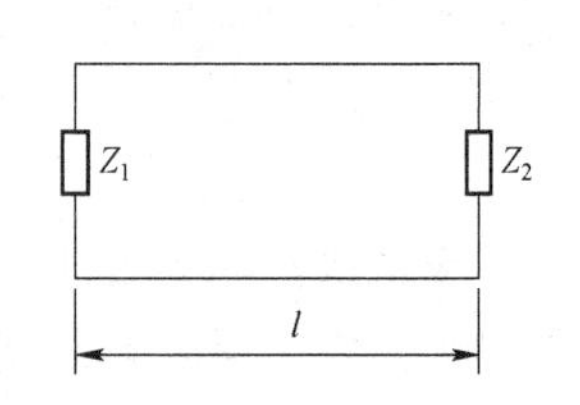

图 5.1－1　传输线类型谐振器的一般等效电路

$$(\varphi + 2\beta l + \theta_1 + \theta_2) - \varphi = 2\beta l + \theta_1 + \theta_2$$

谐振条件为

$$2\beta l + \theta_1 + \theta_2 = 2p\pi \quad (p = 0,1,2,3,\cdots) \tag{5.1－1}$$

由此式可以解出 β（当 l 一定和 θ_1、θ_2 也已知时）。根据 β 即可求出谐振频率 f_r 或谐振波长 λ_r，例如，对于无色散波

$$\beta = \frac{2\pi}{\lambda_r} = \frac{2\pi}{v} f_r \tag{5.1－2}$$

对于色散波

$$\beta = \frac{2\pi}{\lambda_g} = \frac{2\pi}{v}\sqrt{f_r^2 - f_c^2} \tag{5.1－3}$$

式中，v 是（TEM）波在无界介质（与谐振器内相同介质）中的传播速度，f_c 是构成谐振器的那类传输线（对一定模式而言）的截止频率。由以上各式可知，当谐振器的尺寸 l、填充的介质，以及 Z_1 和 Z_2 已知时，不同的 p 对应着不同的 β，即对应着不同的 f_r，或者说，许多不同的 p 表示许多不同的谐振模式（振荡模），对应着许多不同的 f_r，此即所谓谐振器的多谐性。这一点与低频中由电感 L 和电容 C 构成的谐振回路，当其尺寸、填充介质均不变化时，只有一个谐振频率是不相同的。

（二）电纳法

所谓电纳法指的是，根据谐振时谐振器的总电纳为零来确定谐振频率。具体地说就是，在谐振器中选取某个适当位置作为参考面，求出其等效电路，并把所有的电纳归到参考面处，那么，在谐振时该参考面处总的电纳应为零。现举例如下，图 5.1－2 是一个长为 l（实际即同轴线谐振腔内导体的长度）的电容加载的同轴线谐振腔的结构示意图及其等效电路，工作模式是 TEM 模。

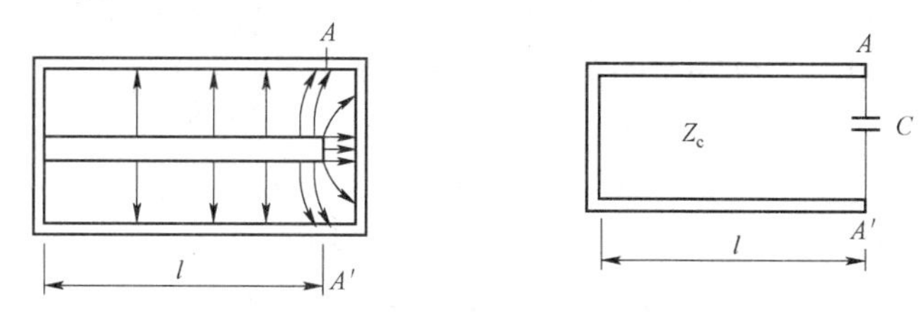

图 5.1－2　电容加载同轴线谐振腔及其等效电路

若选取 AA' 作为参考面，则谐振条件为

$$\sum B|_{f=f_r}=0 \tag{5.1-4}$$

即

$$2\pi f_r C-\frac{1}{Z_c}\cot\left(\frac{2\pi f_r l}{v}\right)=0 \tag{5.1-5}$$

式中，B 为总电纳；C 为加载电容（内导体端面与短路板之间的电容）；Z_c 为同轴线的特性阻抗；v 是电磁波的速度。由此式即可求出谐振频率 f_r。对于这种腔在本章 § 5.4 中将详细讨论。

（三）集中参数法

所谓集中参数法指的是，根据谐振器等效电路中的电感和电容来确定谐振频率。即是说，对于某些谐振器而言，若它的电场和磁场相对而言是分别集中于谐振器的不同部位，而且谐振器的几何尺寸又小于谐振波长 λ_r，则可利用集总参数的概念画出其等效电路，求出谐振器的等效电感 L 和等效电容 C，这样，若忽略损耗，则谐振频率 f_r 为

$$f_r=\frac{1}{2\pi\sqrt{LC}} \tag{5.1-6}$$

现举例说明。图 5.1－3 是一个环形金属空腔谐振器的示意图及其等效电路（R 和 h 均小于 $\lambda_r/4$，$d\ll h$）。环形腔中的电场可近似地认为主要是集中于腔内圆柱体的端面和与之相对的腔体底部内表面之间的区域内（略去边缘电容），并把它近似地看作平板电容 C，则

$$C=\frac{\varepsilon\pi r_0^2}{d} \tag{5.1-7}$$

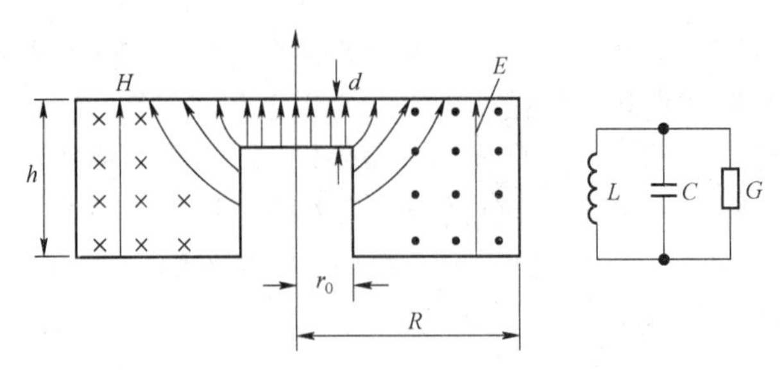

图 5.1－3　环行谐振腔及其等效电路

式中的 ε 是腔内填充介质的介电常数。环形腔中的磁场可近似地认为主要集于腔内圆柱体周围的环形体积内，设该体积内总的磁通量为 ϕ，沿圆柱体表面流动的高频电流的幅值为 I，则等效电感 L 为

$$L=\frac{\phi}{I} \tag{5.1-8}$$

在距离腔体轴线 r 处，由电流 I 产生的磁场强度的值为

$$H=\frac{I}{2\pi r} \tag{5.1-9}$$

通过宽度为 dr 的环形体积横截面面积 d$s=h$dr 的磁通量 dϕ 为

$$\mathrm{d}\phi=\mu H\mathrm{d}s=\mu\frac{I}{2\pi r}h\mathrm{d}r$$

则

$$\phi=\int_{r_0}^{R}\mu\frac{Ih}{2\pi}\frac{\mathrm{d}r}{r}=\mu\frac{Ih}{2\pi}\ln\frac{R}{r_0} \tag{5.1-10}$$

由此可得

$$L=\frac{\phi}{I}=\frac{\mu h}{2\pi}\ln\frac{R}{r_0} \tag{5.1-11}$$

谐振频率 f_{r} 为

$$f_{\mathrm{r}}=\frac{1}{2\pi\sqrt{LC}}=\frac{1}{2\pi r_0}\sqrt{\frac{2d}{\mu h\varepsilon\ln\frac{R}{r_0}}} \tag{5.1-12}$$

式中的 μ 为腔内填充介质的磁导率。若考虑到腔内圆柱体端部的侧表面所产生的边缘电容，则腔的等效电容应为

$$C=\frac{\varepsilon\pi r_0^2}{d}+4\varepsilon r_0\ln\frac{h}{d}=\frac{\varepsilon\pi r_0^2}{d}\left(1+\frac{4d}{\pi r_0}\ln\frac{h}{d}\right) \tag{5.1-13}$$

环形腔的调谐方法为：在腔的外表面（柱形面）上安置一些可以沿径向（R 方向）移动的金属螺杆，当螺杆向腔内旋进时，相当于等效的半径 R 缩小了，削弱了磁场，等效电感 L 减少了，从而使谐振频率 f_{r} 增大了；反之，当螺杆朝腔外方向旋出时，相当于等效的半径 R 增大了，磁场增强，等效电感增加了，从而使谐振频率 f_{r} 下降了，这种方法称为电感调谐法。还有一种调谐方法，称为电容调谐法：沿着腔体轴线移动腔内的圆柱体（即图 5.1－3 中腔内的圆柱状结构改为可移动的圆柱体，图中未画出），以改变其端面与腔体底部内表面

之间的距离 d，从而使等效电容 C 发生变化，即谐振频率 f_r 发生了变化；或者使圆柱体不动，而是压缩或放松与圆柱体端面相对的腔体底部的壁，同样可以使距离 d 和电容发生变化，即谐振频率 f_r 发生了变化；d 增加时，f_r 增大，d 减小时，f_r 减小。环形谐振腔的工作频带较窄，固有品质因数 Q_0 也较低；这种腔主要用作产生微波振荡的速调管中的谐振回路。

（四）场解法

如同在第 2 章 § 2.2 中曾指出的，对于求解随时间做简谐振荡的场方程时，只需要边界条件，而不需要初始条件。因此，所谓场解法就是，对已知其形状、尺寸和填充介质的腔体，当根据边界条件对电磁场的波动方程求解时，可以得到一系列的本征值 K，由 K 就可以确定腔的谐振频率。假定金属空腔谐振器的内表面是理想导体，腔内填充的是均匀无耗、各向同性的介质，$\boldsymbol{n}$ 是内表面的法向单位矢量，那么，根据电磁场在理想导体上的边界条件，即

$$\boldsymbol{n}\times\boldsymbol{E}=0 \text{ 和 } \boldsymbol{n}\cdot\boldsymbol{H}=0 \tag{5.1-14}$$

对波动方程，即

$$\nabla^2\boldsymbol{E}+K^2\boldsymbol{E}=0 \tag{5.1-15}$$

$$\nabla^2\boldsymbol{H}+K^2\boldsymbol{H}=0 \tag{5.1-16}$$

求解，就可以得到一系列的、离散的本征值 K（K_1，K_2，K_3，…）。一般地讲，不同的 K 对应着谐振腔中不同的谐振模（不同的场结构），即对应着不同的谐振频率 f_r，即

$$f_r=\frac{Kv}{2\pi} \tag{5.1-17}$$

与 f_r 相对应的谐振波长 λ_r 为

$$\lambda_r=\frac{v}{f_r}=\frac{2\pi}{K} \tag{5.1-18}$$

式中的 v 是电磁波（TEM 波）在无界介质（与腔中填充的介质相同）中的传播速度；λ_r 是指在同一介质中与 f_r 相对应的（TEM 波）波长。

由以上的分析可知，当谐振腔的形状、几何尺寸和填充介质给定后，可以有许多（理论上讲有无穷多个）模可以使它产生谐振，即对应着许多不同的谐振频率，此即前面曾提到过的谐振器的多谐性。但是，对于简并模而言，同一个谐振频率却可以对应着不同的模。

二、品质因数

谐振器的品质因数有两种情况：一种是固有品质因数 Q_0；另一种是有载品质因数 Q_L。下面分别讨论。

（一）固有品质因数

固有品质因数是对一个孤立（完整）的谐振器而言的，或者说，是谐振器不与任何外电路相连接（空载）时的品质因数。当谐振器处于稳定的谐振状态时，固有品质因数 Q_0 的定义为

$$Q_0=2\pi\frac{\text{谐振器内总的储能}}{\text{一周期内谐振器的耗能}}=2\pi\frac{W}{W_T} \tag{5.1-19}$$

式中，W是谐振器内总的储存能量；W_T是一周期（T）内谐振器内损耗的能量。

设P为一周期内谐振器中的平均损耗功率，则有$W_T=PT$，这样，Q_0就可写为

$$Q_0=\omega_{\mathrm{r}}\frac{W}{P} \tag{5.1-20}$$

式中，ω_{r}是谐振角频率。Q_0是表征谐振器的损耗的大小、频率选择性的强弱和工作稳定性的一个重要参数。Q_0大，表示损耗小、频率选择性强、工作稳定性高，但工作频带较窄；Q_0小，则情况相反。在微波范围内使用的谐振器，由于其种类、形状、尺寸、材料、填充介质，以及工作模式和工作频率等因素的差异，因此它们的Q_0值也有较大的差别。一般地讲，Q_0的值在几千至几万，个别情况也有低于或高于这个范围内的值的。作为谐振回路，微波谐振器的Q_0要比集总参数的低频谐振回路的Q_0高得多。

由于本章讨论的主要内容是由金属空腔构成的谐振器，习惯上称为谐振腔，因此下面将更多地使用谐振腔这一术语。根据谐振腔内电磁场的结构（分布状态），就可以求出其固有品质因数Q_0的值。下面推导Q_0的一般表示式。

谐振腔内总的储能W为

$$W=W_{\mathrm{e}}+W_{\mathrm{m}} \tag{5.1-21}$$

式中，W_{e}和W_{m}分别为腔内储存的电场能和磁场能。因为腔内的电磁场为纯驻波场，电场与磁场随时间变化时，其相位相差$\pi/2$，所以，当腔内各点的电场在某一时刻达到各自的最大值时，腔内各点的磁场皆为零。此时腔内总的储能W可用下式计算

$$W=W_{\mathrm{e}}=W_{\mathrm{e,max}}=\frac{\varepsilon}{2}\int_V(\boldsymbol{E}\cdot\boldsymbol{E}^*)\mathrm{d}V=\frac{\varepsilon}{2}\int_V|\boldsymbol{E}|^2\mathrm{d}V \tag{5.1-22}$$

反之，当腔内各点的磁场在某一时刻达到各自的最大值时，腔内各点的电场皆为零。此时腔内总的储能W则可用下式计算

$$W=W_{\mathrm{m}}=W_{\mathrm{m,max}}=\frac{\mu}{2}\int_V(\boldsymbol{H}\cdot\boldsymbol{H}^*)\mathrm{d}V=\frac{\mu}{2}\int_V|\boldsymbol{H}|^2\mathrm{d}V \tag{5.1-23}$$

式中，V是腔内的容积；ε和μ分别为腔内填充介质的介电常数和磁导率；$|\boldsymbol{E}|$和$|\boldsymbol{H}|$分别为腔内电场强度和磁场强度的模（幅）值，它们是空间坐标的函数；$\boldsymbol{E}^*$和$\boldsymbol{H}^*$分别表示$\boldsymbol{E}$、$\boldsymbol{H}$的共轭复矢量。在计算腔内的储能W时，可近似地认为腔是无耗的，那么，在谐振状态下腔内总的储能保持恒定，而且电场能与磁场能是相等的（指最大值），在谐振过程中，电场能与磁场能之间的相互转换也是完全的，即式（5.1－22）与式（5.1－23）是相等的，都表示腔内总的储能W。

现在来计算腔内的损耗功率P。作为近似计算，假定腔内填充的介质是无耗的，P只与腔壁内表面材料的电阻所引起的损耗有关，即

$$P=\frac{1}{2}R_{\mathrm{S}}\oint_S|\boldsymbol{J}_{\mathrm{S}}|^2\mathrm{d}S \tag{5.1-24}$$

根据式（2.4－53），即

$$\boldsymbol{J}_{\mathrm{S}}=\boldsymbol{n}\times\boldsymbol{H}_\tau$$

可知，$|\boldsymbol{J}_{\mathrm{S}}|=|\boldsymbol{H}_\tau|$，因此$P$又可写为

$$P = \frac{1}{2} R_S \oint_S |\boldsymbol{H}_\tau|^2 \, dS \tag{5.1-25}$$

式中，$|\boldsymbol{J}_S|$为腔壁内表面上表面电流密度矢量的模值；$|\boldsymbol{H}_\tau|$为腔壁内表面上磁场强度切向分量的模值；$|\boldsymbol{J}_S|$和$|\boldsymbol{H}_\tau|$都是空间坐标的函数；R_S 为腔壁内表面材料的表面电阻率，其表示式即式（2.3－77）；S 为腔壁内表面的面积。根据式（5.1－20）、式（5.1－23）和式（5.1－25），即可得出固有品质因数 Q_0 的表示式为

$$Q_0 = \frac{2}{\delta} \frac{\int_V |\boldsymbol{H}|^2 \, dV}{\oint_S |\boldsymbol{H}_\tau|^2 \, dS} \tag{5.1-26}$$

式中的 δ 为高频电流在腔壁内表面上的趋肤深度，其表示式即式（2.3－78）。可见，只要知道了腔中谐振模式场结构的表示式、工作频率范围、腔体的形状、尺寸和材料等条件，就可以求出 Q_0 的值。

为了能大致地看出 Q_0 与腔的容积、腔壁内表面面积之间的关系，可将 Q_0 的表示式改写一下，即令

$$\overline{|\boldsymbol{H}|^2} = \frac{\int_V |\boldsymbol{H}|^2 \, dV}{V}$$

$$\overline{|\boldsymbol{H}_\tau|^2} = \frac{\oint_S |\boldsymbol{H}_\tau|^2 \, dS}{S}$$

式中，$\overline{|\boldsymbol{H}|^2}$ 表示腔的容积 V 内磁场强度模值的平方对于容积的平均值（容积能量密度）；$\overline{|\boldsymbol{H}_\tau|^2}$ 表示磁场强度在腔壁内表面上切向分量模值的平方对于腔壁内表面面积 S 的平均值（面积能量密度）。这样，Q_0 即可写为

$$Q_0 = \frac{2}{\delta} \frac{\overline{|\boldsymbol{H}|^2}}{\overline{|\boldsymbol{H}_\tau|^2}} \frac{V}{S} \tag{5.1-27}$$

对于工作模式已给定的腔体而言，$\overline{|\boldsymbol{H}|^2} / \overline{|\boldsymbol{H}_\tau|^2}$ 是一常数，若用 A 表示 Q_0 表示式中的常数部分，则

$$Q_0 = A \frac{V}{\delta S} \tag{5.1-28}$$

可见，V/S 越大、δ 越小，则 Q_0 就越高。因此，为了提高 Q_0，在能够抑制干扰模的前提下，应尽可能地使 V 大一些，S 小一些，并选用电导率 σ 较大的材料作为腔壁的内表面，而且表面粗糙度也尽量地小。

（二）有载品质因数

前面已讲过，固有品质因数 Q_0 是对一个孤立（完整）的腔体而言的。实际上，一个腔体总是要通过孔（缝）、环或探针等耦合机构与外界（负载）发生能量的耦合。这样，由于外界负载的作用，不仅使腔的（固有）谐振频率发生了变化，而且还额外地增加了腔的功率损耗，从而导致品质因数的下降。通常把考虑了外界负载作用情况下的腔体的品质因数称为有载品质因数 Q_L。因此 Q_L 可表示为

$$Q_L = 2\pi \frac{\text{谐振腔内总的储能}}{\text{一周期内总的耗能}} \tag{5.1-29}$$

若仍用 W 表示腔内总的储存能量，并用 P_i 表示腔本身的损耗功率，P_c 表示外界负载上损耗的功率，P_L 表示一周期内总的损耗功率，则 Q_L 的表示式为

$$Q_L = \omega_r \frac{W}{P_L} = \omega_r \frac{W}{P_i + P_c}$$

或写为

$$\frac{1}{Q_L} = \frac{P_i + P_c}{\omega_r W} = \frac{P_i}{\omega_r W} + \frac{P_c}{\omega_r W} = \frac{1}{Q_0} + \frac{1}{Q_c} \tag{5.1-30}$$

式中的 ω_r 是谐振角频率，Q_0 是腔的固有品质因数，Q_c 称为耦合（或称外部）品质因数。为了说明腔体与外界负载之间的耦合程度，可以用耦合系数 k 来衡量，它的定义为

$$k = \frac{Q_0}{Q_c} \tag{5.1-31}$$

对于一个腔体，当其他条件不变，而只改变它与外界负载之间的耦合程度时，其固有品质因数 Q_0 可以认为是不变的，但是，耦合系数 k 却是变化的。Q_c 越小，则 k 越大，即耦合越紧；反之，则耦合越松。根据式（5.1－30）和式（5.1－31），还可以将 Q_L 写为

$$Q_L = \frac{Q_0}{1+k} \tag{5.1-32}$$

在一般情况下，Q_L 与 Q_0 之间可能有较大的差别，而且，由于负载或耦合情况的变化，同一个腔体的 Q_L，也可能有较大的变化。

三、等效电导

谐振腔的等效（谐振）电导 G_0 是与腔内损耗功率有关的一个参数。为了给 G_0 下定义，可以利用图 5.1－4 所示腔体的等效电路来加以说明。把谐振腔等效为集总参数谐振回路的形式，一方面是因为腔谐振时的物理过程与由电感 L 和电容 C 所构成的集总参数回路谐振时的物理过程在本质上是一样的，即都是电场能与磁场能相互转换的过程；另一方面，利用腔的等效电路可以比较方便和比较形象地描述腔的谐振特性。图 5.1－4 中的电感 L、电容 C 和等效电导 G_0 并非腔体本身的真实电感、电容和电导，它们只是一些抽象的等效参数，在一般情况下，不能够把某些具体的电感和电容引入到谐振腔中来，这是因为谐振腔是一个具有分布参数的系统，对它来说，集总参数的电感和电容是没有确切的物理意义的。

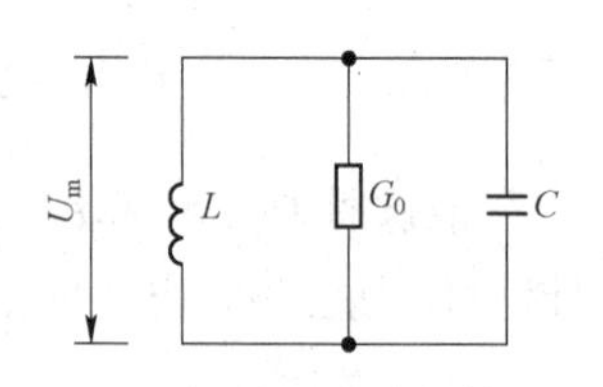

图 5.1－4　微波谐振腔的等效电路

设腔内的损耗功率为 P，则

$$P = \frac{1}{2} G_0 U_m^2 \tag{5.1-33}$$

式中的 U_m 为等效电压的幅值，即在腔内选定的某一参考面处等效电压的幅值，可以把 U_m 写为

$$U_m = \left|\int_A^B \boldsymbol{E} \cdot d\boldsymbol{l}\right| \tag{5.1-34}$$

式中 $\boldsymbol{E}$ 为电场强度的复矢量。因为 U_m 与积分路径 l 及其起止点 A、B 有关，所以 U_m 的值不是唯一的，而是多值的，因此 G_0 也不是唯一的，也是多值的，或者说是不确定的。但是，如果在腔内某一参考面处选定了积分路径和起止点，那么，电场强度的复矢量沿此路径的线积分，即式（5.1-34）就可以看作是等效电路的电压 U_m。由式（5.1-33）可得 G_0 为

$$G_0 = \frac{2P}{U_m^2} \tag{5.1-35}$$

如果腔内的介质损耗可以忽略，而只考虑由腔体内表面所引起的损耗功率 P，那么，根据式（5.1-25）、式（5.1-34）和式（5.1-35）可得 G_0 的表示式为

$$G_0 = R_S \frac{\oint_S |\boldsymbol{H}_\tau|^2 dS}{\left|\int_A^B \boldsymbol{E} \cdot d\boldsymbol{l}\right|^2} \tag{5.1-36}$$

在实际问题中，用计算方法求 G_0 还是比较复杂的，因此常用实验方法来确定 G_0。

需要指出的是，对于一个谐振腔而言，从理论上讲，它可以谐振于无穷多个模式，对应着无穷多个谐振频率。一般地讲，模式不同，谐振频率也不相同，则等效电路的参数也不相同。一种模式对应着一个谐振频率，对应着一个等效电路，可见，一个腔体可以有无穷多个等效电路。但是在许多实际应用中，大都要求谐振腔在一定的工作频率范围内只谐振于一种模式（单模工作），因此，腔的等效电路实际是指在一定的工作频率范围内并谐振于所选定的某一种工作模式的情况而言的，工作频率范围越窄，等效的效果越好。

对于一个谐振腔而言，既可以把它等效为电感 L 和电容 C 相并联的谐振回路，也可以把它等效为 L 和 C 相串联的谐振回路，因为只要腔体和等效谐振回路的能量相等就可以了。一般地讲，如果选取的参考面是腔内电场幅值最大的位置，则谐振时该位置的电场也最强（相当于等效电压最大），与并联谐振回路相似，因此可等效为并联谐振回路；如果选取的参考面是腔内磁场幅值最大的位置，则谐振时该位置的磁场也最强（相当于等效电流最大），与串联谐振回路相似，因此可等效为串联谐振回路。

§ 5.2　圆柱形谐振腔

圆柱形谐振腔由于它具有较高的固有品质因数、调谐方便、结构坚固和易于加工制作等优点，因此得到了广泛的应用。例如，可用作谐振回路、波长计和回波箱等。圆柱形谐振腔可看作是其两端用导体板封闭的一段圆形波导，如图 5.2-1 所示。在实际应用中，知道腔内各种谐振模式的场结构是很重要的。求腔内的场结构，从根本上讲，就是在给定的边界条件下求电磁场波动方程的解。对于圆柱形谐振腔而言，因为前面已讲过圆柱形波导内的场结构，所以可采用叠加法来求腔内的场结构，即把腔内的场看成是电磁波在腔的两个端面之间来回地反射相叠加而形成的。这样，就可以利用圆形波导中场结构的表示式求出圆柱形谐振腔内场结构的表示式，而不需要直接去解腔内的电磁场方程式。与圆导中的

模式 TE_{mn} 和 TM_{mn} 相对应，在圆柱形谐振腔中的模式有 TE_{mnp} 和 TM_{mnp} 两种模式，标号 m 和 n 与在圆形波导中的含义相同，而标号 p 则表示沿腔体的纵向（z 轴）场量变化的半周期（半驻波）数。下面首先利用叠加法求出这两种模式的电磁场的表示式（式中省略了 $e^{j\omega t}$ 因子），然后再讨论圆柱形谐振腔的其他特性。

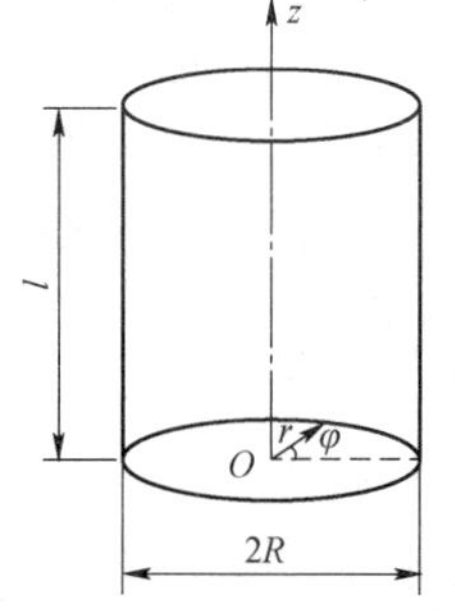

图 5.2－1　圆柱形谐振腔

一、电磁场的表示式

（一）TE_{mnp} 模

利用图 5.2－1 来进行讨论。对于 TE_{mnp} 模，$E_z=0$，$H_z\neq 0$，与讨论圆形波导中场结构的方法相似，即首先求出腔中磁场的纵向分量 H_z，然后再利用横、纵分量之间的关系式求出场的其他分量。因为圆柱形谐振腔可看作是其两端用短路板封闭的一段圆形波导，所以，利用圆形波导中两个传播方向相反的行波相叠加而形成纯驻波的概念，就可以求出腔内场结构的表示式。

根据式（2.5－34）已知在行波状态下圆形波导中 TE_{mn} 模磁场的纵向分量 H_z 为

$$H_z = H_0 J_m(K_c r)\begin{matrix}\cos m\varphi \\ \sin m\varphi\end{matrix} e^{-j\beta z}$$

由此可得圆形波导中两个传播方向相反的行波相叠加时，磁场的纵向分量 H_z 的表示式为

$$H_z = H_0^+ J_m(K_c r)\begin{matrix}\cos m\varphi \\ \sin m\varphi\end{matrix} e^{-j\beta z} + H_0^- J_m(K_c r)\begin{matrix}\cos m\varphi \\ \sin m\varphi\end{matrix} e^{j\beta z} \qquad (5.2-1)$$

式中的 H_0^+ 和 H_0^- 分别为波沿正 z 和负 z 方向传播时的两个常数。假定把一块短路板放于圆波导中 $z=0$ 的位置，那么，根据边界条件应有 $H_z\big|_{z=0}=0$，令式（5.2－1）中的 $z=0$ 和该式等于零，可得 $H_0^+=-H_0^-$。由此可将式（5.2－1）写为

$$\begin{aligned} H_z &= H_0^+ J_m(K_c r)\begin{matrix}\cos m\varphi \\ \sin m\varphi\end{matrix}(e^{-j\beta z} - e^{j\beta z}) \\ &= -j2H_0^+ J_m(K_c r)\begin{matrix}\cos m\varphi \\ \sin m\varphi\end{matrix}\sin\beta z \end{aligned}$$

令 $H_m=-j2H_0^+$，则

$$H_z = H_m J_m(K_c r)\begin{matrix}\cos m\varphi \\ \sin m\varphi\end{matrix}\sin\beta z \qquad (5.2-2)$$

在圆形波导中，在与 $z=0$ 相距为 l 的位置再放置一块短路板，这样，就构成了一个其长为 l、内半径为 R 的圆柱形谐振腔。在短路板上，根据边界条件应有 $H_z\big|_{z=l}=0$，令式（5.2－2）中的 $z=l$ 和该式等于零，则得

$$\beta l = p\pi \text{ 或 } \beta = \frac{p\pi}{l}\,(p=1,2,3,\cdots) \qquad (5.2-3)$$

将此式代入式（5.2－2）中，即得到腔内 TE_{mnp} 模磁场的纵向分量 H_z 的表示式为

$$H_z = H_m J_m(K_c r)\begin{matrix}\cos m\varphi \\ \sin m\varphi\end{matrix}\sin\left(\frac{p\pi}{l}z\right) \qquad (5.2-4)$$

由以上的式子可以看出，谐振腔的 H_z 在三个方向（r，φ，z）均呈纯驻波状态，而且，腔中

的相移常数 β 不能够像波导中那样可取任意的值，而是必须满足式（5.2－3）才可。腔中场的其他分量，从下面导出的式子可以看到，在三个方向也均呈纯驻波状态。

根据式（2.5－10）至式（2.5－13）即可求出腔内其他分量的表示式。需要指出的是，因为这些式子是在行波状态下导出的，而腔内是纯驻波状态，所以应将原式中表示行波特征的（$-\mathrm{j}\beta$）改为（$\partial/\partial z$），才可应用于谐振腔，即应为

$$\begin{cases} E_r = -\dfrac{\mathrm{j}\omega\mu}{K_\mathrm{c}^2 r}\dfrac{\partial H_z}{\partial\varphi} \\ E_\varphi = \dfrac{\mathrm{j}\omega\mu}{K_\mathrm{c}^2}\dfrac{\partial H_z}{\partial r} \\ H_r = \dfrac{1}{K_\mathrm{c}^2}\dfrac{\partial^2 H_z}{\partial z\partial r} \\ H_\varphi = \dfrac{1}{K_\mathrm{c}^2}\dfrac{1}{r}\dfrac{\partial^2 H_z}{\partial z\partial\varphi} \\ E_z = 0 \end{cases} \tag{5.2-5}$$

由此即可求得上述各个场分量的具体表示式为

$$\begin{cases} E_r = \pm\mathrm{j}\dfrac{m\eta K}{K_\mathrm{c}^2 r}H_m\mathrm{J}_m(K_\mathrm{c}r)\dfrac{\sin m\varphi}{\cos m\varphi}\sin\left(\dfrac{p\pi}{l}z\right) \\ E_\varphi = \mathrm{j}\dfrac{\eta K}{K_\mathrm{c}}H_m\mathrm{J}'_m(K_\mathrm{c}r)\dfrac{\cos m\varphi}{\sin m\varphi}\sin\left(\dfrac{p\pi}{l}z\right) \\ H_r = \dfrac{H_m}{K_\mathrm{c}}\dfrac{p\pi}{l}\mathrm{J}'_m(K_\mathrm{c}r)\dfrac{\cos m\varphi}{\sin m\varphi}\cos\left(\dfrac{p\pi}{l}z\right) \\ H_\varphi = \mp\dfrac{H_m}{K_\mathrm{c}^2 r}\dfrac{mp\pi}{l}\mathrm{J}_m(K_\mathrm{c}r)\dfrac{\sin m\varphi}{\cos m\varphi}\cos\left(\dfrac{p\pi}{l}z\right) \\ E_z = 0 \end{cases} \tag{5.2-6}$$

式中，$\eta=\sqrt{\mu/\varepsilon}$ 是腔中填充介质（μ，ε）的波阻抗；$K_\mathrm{c}=\mu_{mn}/R$，μ_{mn} 为 m 阶贝塞尔函数的导函数的第 n 个根值；R 是腔体的内半径；$K=2\pi/\lambda$。根据式（5.2－3）中的 $\beta=p\pi/l$ 和式（2.2－28）得

$$K^2 = K_\mathrm{c}^2 + \left(\frac{p\pi}{l}\right)^2 = \left(\frac{\mu_{mn}}{R}\right)^2 + \left(\frac{p\pi}{l}\right)^2 \tag{5.2-7}$$

对于 TE_{mnp} 模，$m=0$，1，2，3，…；$n=1$，2，3，…；$p=1$，2，3，…。从式（5.2－6）和式（5.2－7）可以看出，当腔体尺寸和填充介质给定时，腔内可以存在无穷多个谐振模式，对应着无穷多个谐振频率，此即腔的多谐性。

顺便指出，对于谐振腔内场结构的表示式，除了利用场的横、纵分量之间的关系式求得而外，也可以采取这样的方法，即在满足边界条件的情况下，对于场的每个分量都采用两个传播方向相反的行波相叠加的方法，同样可以求出腔内场结构的表示式。

（二）TM_{mnp} 模

利用图 5.2－1 来讨论。与求 TE_{mnp} 模场结构表示式的方法和步骤基本相同。对于 TM_{mnp}

模，$H_z=0$，$E_z\neq 0$，根据式（2.5－29）已知，在行波状态下圆形波导中 TM_{mn} 模电场的纵向分量 E_z 的表示式为

$$E_z = E_0 \mathrm{J}_m(K_c r) \begin{matrix} \cos m\varphi \\ \sin m\varphi \end{matrix} \mathrm{e}^{-\mathrm{j}\beta z}$$

由此可得圆形波导中两个传播方向相反的行波相叠加时，电场的纵向分量 E_z 的表示式为

$$E_z = E_0^+ \mathrm{J}_m(K_c r) \begin{matrix} \cos m\varphi \\ \sin m\varphi \end{matrix} \mathrm{e}^{-\mathrm{j}\beta z} + E_0^- \mathrm{J}_m(K_c r) \begin{matrix} \cos m\varphi \\ \sin m\varphi \end{matrix} \mathrm{e}^{\mathrm{j}\beta z} \tag{5.2-8}$$

式中的 E_0^+ 和 E_0^- 分别为波沿正 z 和负 z 方向传播时的两个常数。假定把一块短路板放于圆形波导中 $z=0$ 的位置，那么，因为 $E_z\big|_{z=0}\neq 0$，所以不能用此条件来确定 E_0^+ 和 E_0^-，而必须利用场的横向分量 E_r 或 E_φ 来确定 E_0^+ 和 E^-。为此，可以利用式（2.5－10）～式（2.5－13），但是，如同在讨论 TE_{mnp} 模时曾经指出的那样，需要将式中的（$-\mathrm{j}\beta$）改为$\partial/\partial z$ 才可以应用于谐振腔中，即

$$E_r = \frac{1}{K_c^2}\frac{\partial^2 E_z}{\partial z \partial r} \tag{5.2-9}$$

$$E_\varphi = \frac{1}{K_c^2}\frac{\partial^2 E_z}{r\partial z \partial \varphi} \tag{5.2-10}$$

我们利用 E_r 来确定 E_0^+ 和 E_0^-。将式（5.2－8）代入式（5.2－9）中，得

$$E_r = \frac{\mathrm{j}\beta}{K_c^2}\left[-E_0^+ \mathrm{J}_m'(K_c r) \begin{matrix} \cos m\varphi \\ \sin m\varphi \end{matrix} \mathrm{e}^{-\mathrm{j}\beta z} + E_0^- \mathrm{J}_m'(K_c r) \begin{matrix} \cos m\varphi \\ \sin m\varphi \end{matrix} \mathrm{e}^{\mathrm{j}\beta z}\right]$$

在 $z=0$ 的位置应有 $E_r\big|_{z=0}=0$，由此得 $E_0^+ = E_0^-$。由此可将 E_r 写为

$$\begin{aligned} E_r &= -\frac{\mathrm{j}\beta E_0^+}{K_c} \mathrm{J}_m'(K_c r) \begin{matrix} \cos m\varphi \\ \sin m\varphi \end{matrix} (\mathrm{e}^{-\mathrm{j}\beta z} - \mathrm{e}^{\mathrm{j}\beta z}) \\ &= -\frac{2E_0^+\beta}{K_c} \mathrm{J}_m'(K_c r) \begin{matrix} \cos m\varphi \\ \sin m\varphi \end{matrix} \sin\beta z \end{aligned}$$

令 $E_m=2E_0^+$，则

$$E_r = -\frac{E_m\beta}{K_c} \mathrm{J}_m'(K_c r) \begin{matrix} \cos m\varphi \\ \sin m\varphi \end{matrix} \sin\beta z \tag{5.2-11}$$

在圆形波导中，在与 $z=0$ 相距为 l 的位置再放置一块短路板，这样，就构成了一个其长为 l、内半径为 R 的圆柱形谐振腔。在短路板上，根据边界条件应有 $E_r|_{z=l}=0$，令式（5.2－11）中的 $z=l$ 和该式为零，则得

$$\beta l = p\pi \text{ 或 } \beta = \frac{p\pi}{l} \quad (p=0,1,2,3,\cdots) \tag{5.2-12}$$

将此式代入式（5.2－8）中，即得到腔内 TM_{mnp} 模电场的纵向分量 E_z 的表示式为

$$E_z = E_m \mathrm{J}_m(K_c r) \begin{matrix} \cos m\varphi \\ \sin m\varphi \end{matrix} \cos\left(\frac{p\pi}{l}z\right) \tag{5.2-13}$$

与 TE_{mnp} 模一样，TM_{mnp} 模的 E_z 和场的其他分量在三个方向（r，φ，z）均呈纯驻波状态。根据式（2.5－10）～式（2.5－13），以及式（5.2－9）和式（5.2－10）即可求出腔内其他分量的表示式，即

$$\begin{cases} E_r = \dfrac{1}{K_c^2}\dfrac{\partial^2 E_z}{\partial z \partial r} \\ E_\varphi = \dfrac{1}{K_c^2}\dfrac{\partial^2 E_z}{r\partial z \partial \varphi} \\ H_r = \dfrac{1}{K_c^2}\left(\dfrac{j\omega\varepsilon}{r}\dfrac{\partial E_z}{\partial \varphi}\right) \\ H_\varphi = -\dfrac{1}{K_c^2}\left(j\omega\varepsilon\dfrac{\partial E_z}{\partial r}\right) \\ H_z = 0 \end{cases} \tag{5.2-14}$$

由此即可求得上述各个场分量的具体表示式为

$$\begin{cases} E_r = -\dfrac{E_m}{K_c}\dfrac{p\pi}{l}J'_m(K_c r)\begin{matrix}\cos m\varphi \\ \sin m\varphi\end{matrix}\sin\left(\dfrac{p\pi}{l}z\right) \\ E_\varphi = \pm\dfrac{E_m m}{K_c^2 r}\dfrac{p\pi}{l}J_m(K_c r)\begin{matrix}\sin m\varphi \\ \cos m\varphi\end{matrix}\sin\left(\dfrac{p\pi}{l}z\right) \\ H_r = \mp jE_m\dfrac{mK}{K_c^2 r\eta}J_m(K_c r)\begin{matrix}\sin m\varphi \\ \cos m\varphi\end{matrix}\cos\left(\dfrac{p\pi}{l}z\right) \\ H_\varphi = -jE_m\dfrac{K}{K_c\eta}J'_m(K_c r)\begin{matrix}\cos m\varphi \\ \sin m\varphi\end{matrix}\cos\left(\dfrac{p\pi}{l}z\right) \\ H_z = 0 \end{cases} \tag{5.2-15}$$

式中，$\eta=\sqrt{\mu/\varepsilon}$；$K_c=v_{mn}/R$，其中 v_{mn} 为 m 阶贝塞尔函数的第 n 个根值，R 是腔体的内半径；$K=2\pi/\lambda$；根据式（5.2－12）中的 $\beta=p\pi/l$ 和式（2.2－28），得

$$K^2 = K_c^2 + \left(\frac{p\pi}{l}\right)^2 = \left(\frac{v_{mn}}{R}\right)^2 + \left(\frac{p\pi}{l}\right)^2 \tag{5.2-16}$$

对于 TM_{mnp} 模，$m=0$，1，2，3，…；$n=1$，2，3，…；$p=0$，1，2，3，…。从式（5.2－15）和式（5.2－16）可以看出，与前述的 TE_{mnp} 模的情况一样，工作于 TM_{mnp} 模的谐振腔同样具有多谐性。

二、谐振频率与模式图

（一）谐振频率

根据式（5.1－17）和式（5.1－18），谐振频率 f_r 和谐振波长 λ_r 分别为

$$f_r = \frac{Kv}{2\pi}$$

$$\lambda_r = \frac{v}{f_r} = \frac{2\pi}{K}$$

对于 TE_{mnp} 模，将式（5.2－7）代入上式，得

$$f_{\mathrm{r}}=\frac{Kv}{2\pi}=\frac{1}{2\pi\sqrt{\mu\varepsilon}}\sqrt{K_{\mathrm{c}}^{2}+\left(\frac{p\pi}{l}\right)^{2}}=\frac{1}{2\pi\sqrt{\mu\varepsilon}}\sqrt{\left(\frac{\mu_{mn}}{R}\right)^{2}+\left(\frac{p\pi}{l}\right)^{2}} \tag{5.2-17}$$

$$\lambda_{\mathrm{r}}=\frac{2\pi}{K}=\frac{2\pi}{\sqrt{K_{\mathrm{c}}^{2}+\left(\frac{p\pi}{l}\right)^{2}}}=\frac{2\pi}{\sqrt{\left(\frac{\mu_{mn}}{R}\right)^{2}+\left(\frac{p\pi}{l}\right)^{2}}}=\frac{1}{\sqrt{\left(\frac{\mu_{mn}}{2\pi R}\right)^{2}+\left(\frac{p}{2l}\right)^{2}}} \tag{5.2-18}$$

对于 TM_{mnp} 模，将式（5.2－16）分别代入式（5.1－17）和式（5.1－18）中，得

$$f_{\mathrm{r}}=\frac{Kv}{2\pi}=\frac{1}{2\pi\sqrt{\mu\varepsilon}}\sqrt{K_{\mathrm{c}}^{2}+\left(\frac{p\pi}{l}\right)^{2}}=\frac{1}{2\pi\sqrt{\mu\varepsilon}}\sqrt{\left(\frac{v_{mn}}{R}\right)^{2}+\left(\frac{p\pi}{l}\right)^{2}} \tag{5.2-19}$$

$$\lambda_{\mathrm{r}}=\frac{2\pi}{K}=\frac{2\pi}{\sqrt{K_{\mathrm{c}}^{2}+\left(\frac{p\pi}{l}\right)^{2}}}=\frac{2\pi}{\sqrt{\left(\frac{v_{mn}}{R}\right)^{2}+\left(\frac{p\pi}{l}\right)^{2}}}=\frac{1}{\sqrt{\left(\frac{v_{mn}}{2\pi R}\right)^{2}+\left(\frac{p}{2l}\right)^{2}}} \tag{5.2-20}$$

如果用 X_{mn} 代替以上各式中的 μ_{mn} 和 v_{mn}，则可把谐振波长 λ_{r} 写成一个公式，即

$$\lambda_{\mathrm{r}}=\frac{1}{\sqrt{\left(\frac{X_{mn}}{2\pi R}\right)^{2}+\left(\frac{p}{2l}\right)^{2}}}=\frac{D}{\sqrt{\left(\frac{X_{mn}}{\pi}\right)^{2}+\left(\frac{Dp}{2l}\right)^{2}}} \tag{5.2-21}$$

式中，$D=2R$，是腔体的内直径。R、l 和 λ_{r} 必须用相同的单位。

从以上各式可以看出，当腔体尺寸和工作模式给定时，谐振波长 λ_{r} 与腔中填充什么介质无关。从物理意义上讲，这是因为电磁波的波长（或者说，与之相对应的导波波长）与腔的内部尺寸具有某种临界状态时，即当腔体长度 l 为相应模的半个导波波长的整数倍时，就会产生谐振。因为无论填充什么介质（包括空气），都会在同一个波长上产生谐振，即 λ_{r} 是不变的。但是，当填充不同的介质时，为了满足谐振条件，与之相对应的谐振频率是不同的，即谐振频率 f_{r} 是与介质的参数（μ，ε）有关的量，这是由于电磁波在不同介质中的传播速度不同而造成的。例如，当腔内填充的是空气时，谐振波长 $\lambda_{\mathrm{r}}=v_0/f_{\mathrm{r}}$，$v_0$ 是电磁波在自由空间（近似地讲，在空气中）的传播速度；若腔内改为填充相对介电常数为 ε_{r}（介质的 $\mu_{\mathrm{r}}\approx 1$）的介质时，波的传播速度为 $v_0/\sqrt{\varepsilon_{\mathrm{r}}}$，而谐振频率需要按照同样比例变为 $f_{\mathrm{r}}/\sqrt{\varepsilon_{\mathrm{r}}}$ 才能满足谐振条件的要求。可见，f_{r} 是一个与介质的参数有关的量。

举例：当腔内填充的是空气介质时，测得的谐振频率是 f_{r1}，然后再填入介质，测得的谐振频率是 f_{r2}，根据 $\sqrt{\varepsilon_{\mathrm{r}}}=f_{\mathrm{r1}}/f_{\mathrm{r2}}$ 即可求出介质的相对介电常数 ε_{r}。

（二）模式图

在实际的工程设计中，为了更清楚地看出圆柱形谐振腔的谐振频率随谐振模式和腔体尺寸的变化关系，常把谐振频率 f_{r} 与腔的内直径 D、腔的长度 l 的关系绘成如图 5.2－2 所示的图，称为模式图。把式（5.2－21）代入式（5.1－18）中，经过运算和整理，得

$$(f_{\mathrm{r}}D)^{2}=\left(\frac{vX_{mn}}{\pi}\right)^{2}+\left(\frac{vp}{2}\right)^{2}\left(\frac{D}{l}\right)^{2} \tag{5.2-22}$$

对于给定的模式，$(f_rD)^2$ 与 $(D/l)^2$ 的关系在模式图上是一条直线，其斜率为 $\left(\dfrac{vp}{2}\right)^2$，截距为 $\left(\dfrac{vX_{mn}}{\pi}\right)^2$。式中的 v 是电磁波（TEM 波）在与腔中相同的无界介质中的速度。通常，绝大多数腔中的填充介质是空气，这样，则有

$$v = v_0 \approx \frac{1}{\sqrt{\mu_0 \varepsilon_0}} \approx 3\times 10^{10}\ \text{cm/s} \tag{5.2-23}$$

将它代入式（5.2－22）中，并规定长度以 cm 计，频率以 Hz 计，则式（5.2－22）就变为

$$(f_rD)^2 = 9\times 10^{20}\left[\left(\frac{X_{mn}}{\pi}\right)^2 + \left(\frac{p}{2}\right)^2\left(\frac{D}{l}\right)^2\right] \tag{5.2-24}$$

图 5.2－2（a）的模式图就是根据这个式子绘制的。

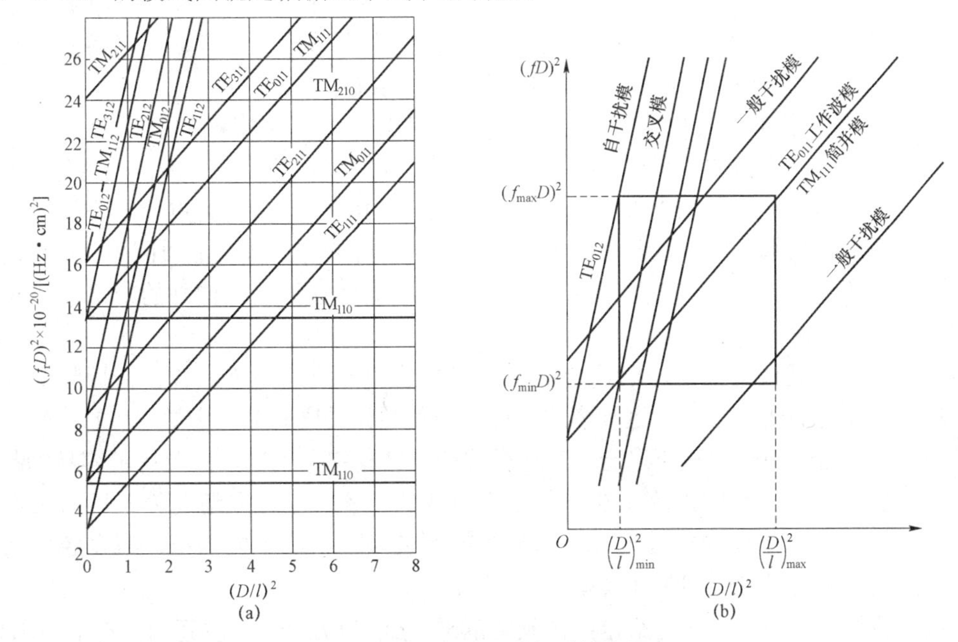

图 5.2－2　圆柱形谐振腔模式图

（a）模式图；（b）工作方块与干扰模式图

在模式图中，每条直线表示一种或几种谐振模式的谐振频率与腔的内直径、长度的关系，也就是腔体工作于该模式时的调谐曲线。利用模式图设计腔体，比较直观和简便。例如，当给定了工作频率范围和固有品质因数 Q_0 时，就可以利用模式图来选定谐振模式（工作模式）、腔的内直径 D，以及腔长 l 的变化范围，并要求在调谐范围内不出现或少出现干扰模式（不需要的模式）；反之，若给定的是 D，以及 l 的变化范围，则可利用模式图来选定谐振模式，以及工作频率的变化范围，并从图中判断出可能出现的各种干扰模式。

在实际的应用中，无论属于何种情况，都要在模式图上选定一个工作方块，如图 5.2-2（b）所示。所谓工作方块，就是在模式图中以所选定的工作模式的调谐曲线为对角线，以最小和最大的 $(f_rD)^2$ 的值，以及与其相对应的 $(D/l)^2$ 的值所确定的一个矩形区域。从方块中可以看出存在哪些干扰模式，若要求在调谐过程中不出现或少出现干扰模式，则可利用工作方

块来确定腔的内直径 D，以及腔长 l 的变化范围，也就是谐振频率 f_r 的变化范围。在一般情况下，在一定工作频率范围内，腔体都是工作在某一个选定的谐振模式上，称为单模工作（单模腔），而把其他模式称为干扰模式。在设计中，应尽量避免这些干扰模式落入工作方块内，若难以避免使其落入工作方块内，则应采取措施加以抑制或削弱它。在某些特殊情况下，若要求腔内存在多个谐振模式时，那么，这种腔就是多模式工作腔（多模腔）。

谐振腔中的干扰模式有下列几种。

自干扰模：就是场结构在腔的横截面内与所选定的工作模式具有相同的分布规律，但纵向场结构和谐振频率并不相同的模式。或者说，在下标 m、n、p 中，具有相同的 m 和 n，只是 p 不同。这种模式与工作模式耦合最强，而且很难在不影响工作模式的情况下把它抑制掉，因此务必使其不落入工作方块内。

一般干扰模：就是在工作方块内，其调谐曲线与所选定的工作模式调谐曲线相平行的模式，即它的下标 m、n 与工作模式的 m、n 不同，但下标 p 却相同。这种干扰模式，当外加频率一定时，它会使调谐活塞在一个以上的位置上产生谐振；或者，当活塞的位置固定时，有一个以上的频率使腔体产生谐振，影响测量的正确性。

交叉模：就是在工作方块内，其调谐曲线与所选定的工作模式的调谐曲线相交的模式，它的场结构与工作模式的场结构完全不同，即两种模式的下标 m、n、p 完全不同。这种模式在交叉点以外的区域会产生和一般干扰模相同的影响，在交叉点，工作模式与干扰模式谐振于同一个频率，由于这两种模式的相互作用会降低腔的固有品质因数 Q_0 和谐振的强度，这将严重地影响测量精度。因此，对于采取某些措施仍难以抑制的交叉模，应避免使其落入工作方块内。

简并模：就是其调谐曲线与所选定的工作模式的调谐曲线完全重合、谐振频率完全相同、但场结构完全不同的模式。这种模式同样地会使腔体的固有品质因数 Q_0 的值降低，影响测量精度。但是，由于它与所选定的工作模式的场结构完全不同，因此比较容易抑制。

为了防止干扰模的影响，除了在选定工作方块的位置时应尽量避免使其落入工作方块内之外，还可以采取不同的耦合方式，使干扰模不被激励，或不能输出，或在腔体结构上采取某些措施使干扰模受到抑制和衰减。

在谐振腔的设计中，一般是给定工作频率范围（$f_{\max}$ 和 $f_{\min}$），有的还对固有品质因数 Q_0 提出了一定的要求。需要确定的是工作模式、腔体的内直径 D，以及腔长 l 的变化范围和固有品质因数等。如前所述，在尽量避免各种干扰模的前提下，首先要选定工作模式和工作方块的位置，然后就可计算腔体的尺寸和 Q_0 的值。在模式图上，当工作模式选定之后，为了确定工作方块，首先在该模式的调谐曲线上确定一点，则与该点相对应的 $(f_{\min}D)^2$ 和 $(D/l)^2_{\min}$ 的值也就确定了，据此即可求出腔体的内直径 D 和腔长 l 的最大值 $l_{\max}$；然后再根据 $(f_{\max}D)^2$ 确定调谐曲线上的另一点，则与该点相对应的 $(D/l)^2_{\max}$ 的值也就确定了，由此即可求出腔长 l 的最小值 $l_{\min}$。以上两点之间的连线就是工作方块的对角线，这样，就把工作方块确定下来了，腔体的尺寸 D 和腔长 l 的变化范围（调谐范围）也就确定了。假定 f_0 是工作频带内的中心频率，那么，工作方块对角线中点的纵坐标就是 $(f_0D)^2$，与此相应，对角线中点的横坐标 $(D/l)^2_0$ 也就确定了，将 $(D/l)^2_0$ 代入下面将要列出的固有品质因数 Q_0 的表示式中，在选定了腔体内表面材料的情况下，即可求出 Q_0 的值。倘若由此求出的 Q_0 的值不满足要求，则可适当地调整工作方块在模式图中的位置，以寻求合适的腔体尺寸，满足设计要求。显然，如果在某模式的调谐曲线上，首先确定的是 $(f_{max}D)^2$ 或 $(f_0D)^2$，那么，仿照上述的设计步骤，同样可以确定工作方块和腔长的变化范围。另外，在已选定了工作模式和已知 f_{max} 和 f_{min} 的情况下，还可以利用如图 5.2－3 所示的频宽比 $F=f_{max}/f_{min}$ 与 $(D/l)_{min}$ 的关系曲线来确定工作方块。根据已选定的工作模式和频宽比，从图中求出 $(D/l)_{min}$，根据 $(D/l)_{min}$ 从模式图中求出与之对应的 $(f_{min}D)^2$，由此即可确定 D，并从而确定了 $(f_{max}D)^2$ 和 $(D/l)_{max}$。这样，工作方块和腔长的变化范围也就确定了。

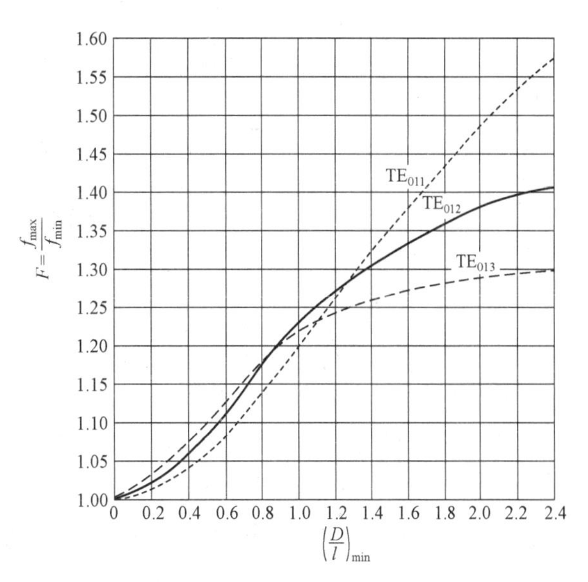

图 5.2－3　频宽比 F 与 $(D/l)_{min}$ 的关系曲线

三、固有品质因数

如果已经确定了谐振腔的工作模式、频率范围、填充介质和腔体内表面的材料，那么根据式（5.1－26）即可求出腔的固有品质因数 Q_0，略去推导过程，只把计算结果列在下面。

对于 TE_{mnp} 模

$$Q_0=\frac{\lambda_r(\mu_{mn}^2-m^2)\left[\mu_{mn}^2+\left(\frac{p\pi R}{l}\right)^2\right]^{3/2}}{2\pi\delta\left[\mu_{mn}^4+2p^2\pi^2\mu_{mn}^2\frac{R^3}{l^3}+\left(\frac{p\pi mR}{l}\right)^2\left(1-\frac{2R}{l}\right)\right]} \tag{5.2－25}$$

对于 TM_{mnp} 模

$$Q_0=\frac{\lambda_r\left[v_{mn}^2+\left(\frac{p\pi R}{l}\right)^2\right]^{1/2}}{2\pi\delta\left(1+\frac{sR}{l}\right)}=\frac{R}{\delta\left(1+\frac{sR}{l}\right)} \tag{5.2－26}$$

式中，当 $p=0$ 时，$s=1$；当 $p\neq0$ 时，$s=2$。

对于腔中各种模式的等效电导 G_0，只要知道了场结构、频率范围、腔体的形状、尺寸和腔体内表面的材料，并适当地选取电场强度的积分路径，那么，根据式（5.1－36）即可求出 G_0 的值。

四、圆柱形谐振腔中常用的三种主要模式

前面已讲过，由于圆柱形谐振腔具有很多优点，因而得到了广泛的应用。其中用得较多的主要是三种模式：TE_{011}、TE_{111} 和 TM_{010}。现在分别讨论如下。

（一）TE_{011} 模

根据 TE_{mnp} 模的一般表示式（5.2－6）可知，TE_{011} 模各个场分量的表示式为

$$
\begin{cases}
E_\varphi = \mathrm{j}\dfrac{\eta K}{K_\mathrm{c}} H_m \mathrm{J}_0'(K_\mathrm{c} r)\sin\left(\dfrac{\pi}{l}z\right) \\
H_r = \dfrac{1}{K_\mathrm{c}} H_m \dfrac{\pi}{l} \mathrm{J}_0'(K_\mathrm{c} r)\cos\left(\dfrac{\pi}{l}z\right) \\
H_z = H_m \mathrm{J}_0(K_\mathrm{c} r)\sin\left(\dfrac{\pi}{l}z\right)
\end{cases}
\tag{5.2-27}
$$

式中的 $K_\mathrm{c}=\dfrac{\mu_{mn}}{R}=\dfrac{3.832}{R}$。这种模式的场结构如图 5.2-4 所示（实线为电力线，虚线为磁力线），电场只有 φ 方向的分量，磁场有 r 和 z 方向的分量，没有 φ 方向的分量。在腔体侧壁和两个端壁的内表面上只有 φ 方向的电流，而且，侧壁与端壁之间也没有电流通过，因此可利用非接触式活塞进行调谐，减少了腔体的磨损，而且也可以削弱部分干扰模的影响。这种模式的优点是：场结构比较稳定，无极化简并模式，损耗小，并随着频率的升高而减小；Q_0 值很高，例如，用铜制作的谐振腔，当谐振波长为 3 cm 或 10 cm 波段时，其 Q_0 在一万至数万之间，若腔体内表面镀银，Q_0 还可提高。在高精度的波长计、稳频腔和回波箱中常用到这种模式。这种模式的缺点是：由于它不是腔中的最低次模式，因此在要求工作于同样频率范围的情况下，腔的体积较大，因而干扰模也增多，使无干扰模存在的工作频带变窄，其频宽比（$f_{\max}/f_{\min}$）约为 1.2∶1。

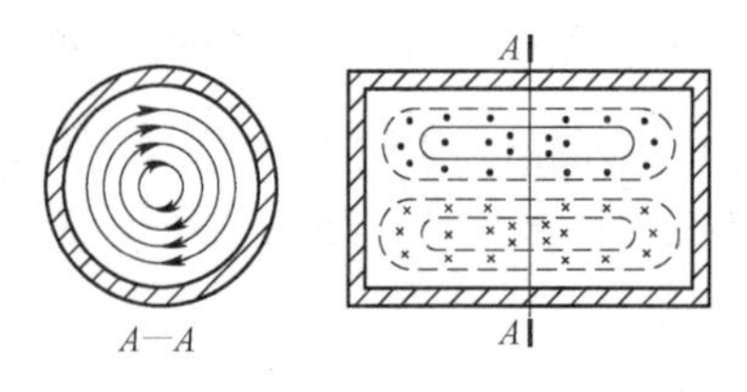

图 5.2-4　圆柱形谐振腔中 TE_{011} 模的场结构

（二）TE_{111} 模

根据 TE_{mnp} 模的一般表示式（5.2-6）可知，TE_{111} 模各个场分量的表示式为

$$
\begin{cases}
E_\varphi = \mathrm{j}\dfrac{\eta K}{K_\mathrm{c}} H_m \mathrm{J}_1'(K_\mathrm{c} r)\begin{matrix}\cos\varphi \\ \sin\varphi\end{matrix}\sin\left(\dfrac{\pi}{l}z\right) \\
E_r = \pm\mathrm{j}\dfrac{\eta K}{K_\mathrm{c}^2 r} H_m \mathrm{J}_1(K_\mathrm{c} r)\begin{matrix}\sin\varphi \\ \cos\varphi\end{matrix}\sin\left(\dfrac{\pi}{l}z\right) \\
E_z = 0 \\
H_\varphi = \mp\dfrac{1}{K_\mathrm{c}^2 r} H_m \dfrac{\pi}{l} \mathrm{J}_1(K_\mathrm{c} r)\begin{matrix}\sin\varphi \\ \cos\varphi\end{matrix}\cos\left(\dfrac{\pi}{l}z\right) \\
H_r = \dfrac{1}{K_\mathrm{c}} H_m \dfrac{\pi}{l} \mathrm{J}_1'(K_\mathrm{c} r)\begin{matrix}\cos\varphi \\ \sin\varphi\end{matrix}\cos\left(\dfrac{\pi}{l}z\right) \\
H_z = H_m \mathrm{J}_1(K_\mathrm{c} r)\begin{matrix}\cos\varphi \\ \sin\varphi\end{matrix}\sin\left(\dfrac{\pi}{l}z\right)
\end{cases}
\tag{5.2-28}
$$

式中的 $K_\mathrm{c}=\dfrac{\mu_{mn}}{R}=\dfrac{1.841}{R}$。这种模式的场结构如图 5.2-5 所示。当腔体的长度 $l>2.1R$ 时，TE_{111} 是腔中的最低次模式，在这种情况下，可以避免干扰模的影响。这种模的优点是：在同样的情况

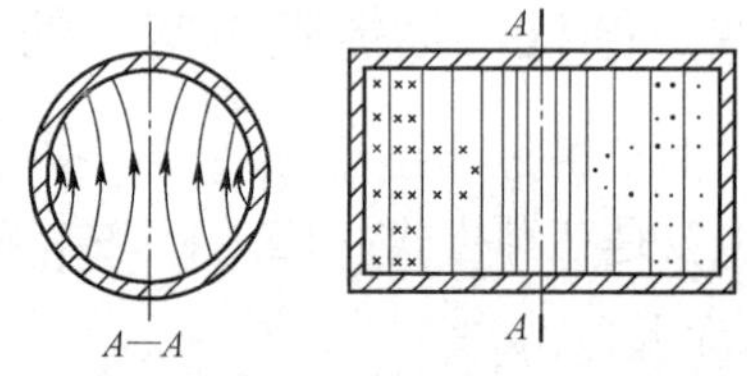

图 5.2-5　圆柱形谐振腔中 TE_{111} 的场结构

下，工作于 TE_{111} 模的腔体，其体积较小，无干扰模存在的工作频带较宽，若采取某些抑制干扰模的措施之后，其频宽比可达 1.5:1。这种模式的缺点是：在同样的情况下，它的 Q_0 值不及 TE_{011} 模的 Q_0 值高（约为后者的一半），而且，当腔体加工不完善而使其横截面稍呈椭圆形时，就会出现 TE_{111} 模的极化简并模式，这会给测量带来较大的误差。工作于 TE_{111} 模的谐振腔适宜做精度要求不太高的波长计。

（三）TM_{010} 模

根据 TM_{mnp} 模的一般表示式（5.2－15）可知，TM_{010} 模各个场分量的表示式为

$$\begin{cases} E_z = E_m \mathrm{J}_0(K_c r) \\ H_\varphi = -\mathrm{j}E_m \dfrac{1}{\eta}\mathrm{J}_0'(K_c r) = \mathrm{j}E_m \dfrac{1}{\eta}\mathrm{J}_1(K_c r) \end{cases} \tag{5.2-29}$$

式中的 $K_c = \dfrac{v_{mn}}{R} = \dfrac{2.405}{R}$。这种模式的场结构如图 5.2－6 所示，电场只有 z（轴）方向的分量，磁场只有 φ 方向的分量；场量沿 z 和 φ 方向均无变化，而且，对于 z 轴具有对称性；场结构简单、稳定；当腔体的长度 $l < 2.1R$ 时，TM_{010} 是腔中的最低次模式，在这种情况下可以避免干扰模的影响。这种模式的特点是：调谐范围较大，频宽比（f_{max}/f_{min}）可达 2:1 以上，在同样的情况下，工作于这种模式的谐振腔，其体积最小，但固有品质因数比 TE_{011} 模的要低，与 TE_{111} 模的品质因数相比，或者大，或者小，需视 D/l 的比值而定。这种腔适宜做精度要求不高的波长计、微波电路中的振荡回路和测量介质参数的谐振腔等。另外，在微波管和加速器中也用到这种模式。

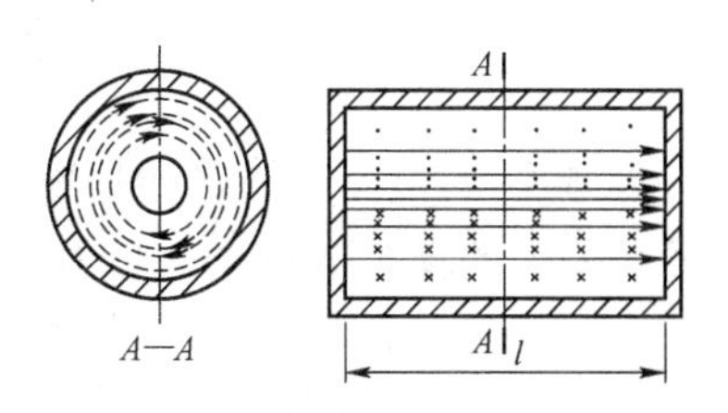

图 5.2－6　圆柱形谐振腔中 TM_{010} 的场结构

需要指出的是，因为 TM_{010} 模的谐振波长 λ_r 与圆形波导中 TM_{01} 模的截止波长 $\lambda_c = 2.62R$ 相等，即 $\lambda_r = 2.62R$，它与腔体的长度 l 无关，所以，对于工作于这种模式的腔，不能用短路活塞来进行调谐（改变谐振频率）。通常用的调谐方法是，从腔体的一个端面插入一圆柱形导体棒，调节其插入深度，即可改变腔的谐振频率，导体棒插入得越多，谐振频率越低，导体棒插入得越少，谐振频率越高。粗略地讲，这是因为：在腔体的轴线及其附近电场（E_z）最强，而导体棒也正好处于这个位置，它对电场的影响也较大；当导体棒插入得越多时，棒的端面与腔的端面之间所形成的等效（集中）电容加大了，因而谐振频率降低了；当导体棒插入得较少时，等效（集中）电容也减少了，因而谐振频率也升高了。以上所述只是定性的分析，而定量的分析还是比较复杂的，因为导体棒插入腔内之后，场结构发生了变化，它已不再是纯的 TM_{010} 模，所以很难用一个简单的公式来计算谐振频率，但是，可以通过实验来确定谐振频率。

圆柱形谐振腔的重要用途之一是，用它构成一个谐振波长（频率）计，用以测量微波系统中信号源的波长或频率。图 5.2－7 是一个波长计的结构示意图，图中标注的 1 和 2 分别为腔体与信号源和指示器的耦合机构（孔、缝或环），3 是可移动的短路活塞，用以调节腔体的长度 l，达到调谐的目的。波长计与微波系统的连接方式有两种：吸收式（反应

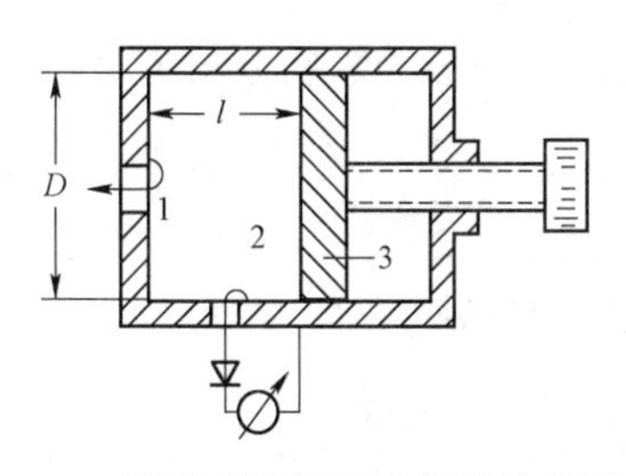

图 5.2－7　圆柱形谐振腔波长计结构示意图

式）和传输式。吸收式波长计只有与信号源相耦合的输入机构，而没有与指示器相连接的输出机构；谐振时腔体从系统中吸收的功率最大，从而使系统输入到指示器的功率最小（称为最小读数法），这种波长计结构简单，受外电路的干扰较小，用得较多。传输式波长计既有与信号源相连接的输入机构，又有与指示器相连接的输出机构；谐振时腔体吸收的功率最大，从而使传输到指示器的功率也最大（称为最大读数法）。这种波长计的结构稍复杂些，受外电路的干扰也大些。在设计圆柱形波长计时，可根据所选工作模式的场结构来确定它与信号源或指示器耦合机构的位置和耦合方式，其原则是能够有效地激发或耦合所选定的模式，抑制或削弱干扰模；与此相应，腔体中的短路活塞，视具体情况，可采用接触式或非接触式的结构形式。

§ 5.3　矩形谐振腔

图 5.3－1 是一个矩形谐振腔。这种谐振腔可用作速调管或固态源中的谐振回路、微波天线开关中的谐振放电器，以及波长计和滤波器等，并可用于量子放大器中。对于矩形谐振腔，我们仍采用在圆柱形谐振腔中曾用过的方法（叠加法）来求出其电磁场的表示式，即把腔内的场看作是电磁波在腔的（纵向 z 轴上）两个端面之间来回地反射、相叠加而形成的。这样，就可以利用矩形波导中场结构的表示式来求得矩形谐振腔内电磁场的表示式，而不需要根据边界条件直接去解腔内电磁场的波动方程。与矩形波导中的模式 TE_{mn} 和 TM_{mn} 相对应，在矩形谐振腔中则有 TE_{mnp} 和 TM_{mnp} 两种模式，其标号 m 和 n 的含义与在矩形波导中的含义相同，而标号 p 则表示场量沿腔体的纵向变化的半个周期（半个驻波）的数目。下面首先利用叠加法求出这两种模式的电磁场表示式（式中省略了 $e^{j\omega t}$ 因子），然后再讨论矩形腔的其他特性。

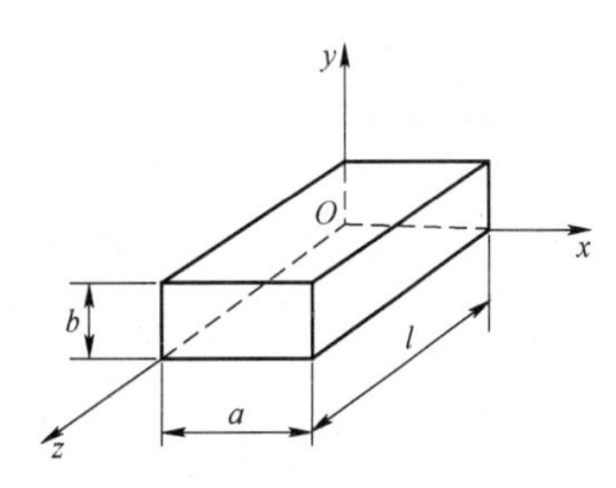

图 5.3－1　矩形谐振腔

一、电磁场的表示式

（一）TE_{mnp} 模

利用图 5.3－1 来进行讨论。对于 TE_{mnp} 模，$E_z=0$，$H_z\neq 0$。与讨论圆柱形谐振腔时曾用过的方法一样，即首先求出矩形谐振腔中磁场的纵向分量 H_z 的表示式，然后再利用横、纵分量之间的关系式求出其他场分量的表示式。因为矩形腔可以看作是其两端被短路板封闭的一段矩形波导，所以利用矩形波导中两个传播方向相反的行波相叠加而形成纯驻波的概念，就可以求出矩形腔内场结构的表示式。

根据式（2.4－25）已知，在行波状态下矩形波导中 TE_{mn} 模磁场的纵向分量 H_z 为

$$H_z = H_0\cos\left(\frac{m\pi}{a}x\right)\cos\left(\frac{n\pi}{b}y\right)e^{-j\beta z}$$

由此可得矩形波导内两个传播方向相反的行波相叠加时，磁场的纵向分量 H_z 为

$$H_z = H_0^+\cos\left(\frac{m\pi}{a}x\right)\cos\left(\frac{n\pi}{b}y\right)e^{-j\beta z} + H_0^-\cos\left(\frac{m\pi}{a}x\right)\cos\left(\frac{n\pi}{b}y\right)e^{j\beta z} \qquad (5.3-1)$$

式中的 H_0^+ 和 H_0^- 分别为波沿正 z 和负 z 方向传播时的两个常数。在 $z=0$ 的位置（短路板处），根据边界条件应有 $H_z|_{z=0}=0$。令式（5.3-1）中的 $z=0$ 和该式等于零，可得 $H_0^+=-H_0^-$。由此可将式（5.3-1）写为

$$H_z = H_0^+ \cos\left(\frac{m\pi}{a}x\right)\cos\left(\frac{n\pi}{b}y\right)(\mathrm{e}^{-\mathrm{j}\beta z}-\mathrm{e}^{\mathrm{j}\beta z})$$

$$= -\mathrm{j}2H_0^+ \cos\left(\frac{m\pi}{a}x\right)\cos\left(\frac{n\pi}{b}y\right)\sin\beta z$$

令 $H_m=-\mathrm{j}2H_0^+$，则 H_z 可写为

$$H_z = H_m \cos\left(\frac{m\pi}{a}x\right)\cos\left(\frac{n\pi}{b}y\right)\sin\beta z \tag{5.3-2}$$

在与 $z=0$ 处相距 l（l 为腔体内的长度）的位置（短路板处），根据边界条件应有 $H_z|_{z=l}=0$，令（5.3-2）中的 $z=l$ 和该式等于零，可得

$$\beta l = p\pi \text{ 或 } \beta = \frac{p\pi}{l}\ (p=1,2,3,\cdots) \tag{5.3-3}$$

将此式代入式（5.3-2）中，即得到矩形腔内 TE_{mnp} 模磁场的纵向分量 H_z 的表示式为

$$H_z = H_m \cos\left(\frac{m\pi}{a}x\right)\cos\left(\frac{n\pi}{b}y\right)\sin\left(\frac{p\pi}{l}z\right) \tag{5.3-4}$$

根据式（2.3-9）～式（2.3-12）即可求出腔内其他场分量的表示式，但是，正如在讨论圆柱形谐振腔时曾经指出的那样，因为这些式子是在行波状态下导出的，所以应将原式中表示行波特征的 $-\mathrm{j}\beta$ 改为 $\partial/\partial z$，才可以应用于谐振腔，即应为

$$\begin{cases} E_x = \dfrac{-\mathrm{j}\omega\mu}{K_\mathrm{c}^2}\dfrac{\partial H_z}{\partial y} \\ E_y = \dfrac{\mathrm{j}\omega\mu}{K_\mathrm{c}^2}\dfrac{\partial H_z}{\partial x} \\ E_z = 0 \\ H_x = \dfrac{1}{K_\mathrm{c}^2}\dfrac{\partial^2 H_z}{\partial z \partial x} \\ H_y = \dfrac{1}{K_\mathrm{c}^2}\dfrac{\partial^2 H_z}{\partial z \partial y} \end{cases} \tag{5.3-5}$$

由此即可求出上述各个场分量的具体表示式。这样，TE_{mnp} 模电磁场的表示式即可写为

$$\begin{cases} E_x = \mathrm{j}\dfrac{\omega\mu}{K_\mathrm{c}^2}H_m\dfrac{n\pi}{b}\cos\left(\dfrac{m\pi}{a}x\right)\sin\left(\dfrac{n\pi}{b}y\right)\sin\left(\dfrac{p\pi}{l}z\right) \\ E_y = -\mathrm{j}\dfrac{\omega\mu}{K_\mathrm{c}^2}H_m\dfrac{m\pi}{a}\sin\left(\dfrac{m\pi}{a}x\right)\cos\left(\dfrac{n\pi}{b}y\right)\sin\left(\dfrac{p\pi}{l}z\right)s \\ E_z = 0 \end{cases} \tag{5.3-6a}$$

$$\begin{cases} H_x = -\frac{1}{K_c^2} H_m \frac{p\pi}{l}\frac{m\pi}{a}\sin\left(\frac{m\pi}{a}x\right)\cos\left(\frac{n\pi}{b}y\right)\cos\left(\frac{p\pi}{l}z\right) \\ H_y = -\frac{1}{K_c^2} H_m \frac{p\pi}{l}\frac{n\pi}{b}\cos\left(\frac{m\pi}{a}x\right)\sin\left(\frac{n\pi}{b}y\right)\cos\left(\frac{p\pi}{l}z\right) \\ H_z = H_m\cos\left(\frac{m\pi}{a}x\right)\cos\left(\frac{n\pi}{b}y\right)\sin\left(\frac{p\pi}{l}z\right) \end{cases} \tag{5.3-6b}$$

根据式（5.3－3）中的 $\beta=p\pi/l$ 和式（2.2－28），得

$$K^2 = K_c^2 + \left(\frac{p\pi}{l}\right)^2$$

根据式（2.4－29）知

$$K_c = \sqrt{\left(\frac{m\pi}{a}\right)^2 + \left(\frac{n\pi}{b}\right)^2}$$

则

$$K^2 = \left(\frac{m\pi}{a}\right)^2 + \left(\frac{n\pi}{b}\right)^2 + \left(\frac{p\pi}{l}\right)^2 \tag{5.3-7}$$

对于 TE_{mnp} 模，$m=0$，1，2，3，…；$n=0$，1，2，3，…；$p=1$，2，3，…；m 和 n 不能同时为零。从式（5.3－6a）、式（5.3－6b）和式（5.3－7）可以看出，与圆柱形腔一样，矩形腔也具有多谐性。

（二）TM_{mnp} 模

利用图 5.3－1 来讨论。求 TM_{mnp} 模场结构表示式的方法和步骤，与求 TE_{mnp} 模场结构表示式的方法和步骤基本相同。对于 TM_{mnp} 模，$H_z=0$，$E_z\neq 0$。根据式（2.4－19）已知，在行波状态下矩形波导中 TM_{mn} 模电场的纵向分量 E_z 为

$$E_z = E_0\sin\left(\frac{m\pi}{a}x\right)\sin\left(\frac{n\pi}{b}y\right)e^{-j\beta z}$$

由此可得矩形波导内两个传播方向相反的行波相叠加时，电场的纵向分量 E_z 为

$$E_z = E_0^+\sin\left(\frac{m\pi}{a}x\right)\sin\left(\frac{n\pi}{b}y\right)e^{-j\beta z} + E_0^-\sin\left(\frac{m\pi}{a}x\right)\sin\left(\frac{n\pi}{b}y\right)e^{j\beta z} \tag{5.3-8}$$

式中的 E_0^+ 和 E_0^- 分别为波沿正 z 和负 z 方向传播时的两个常数。在 $z=0$ 的位置（短路板处），根据边界条件，因为 $E_z|_{z=0}\neq 0$，所以不能用此条件来确定 E_0^+ 和 E_0^-，而应该用场的横向分量 E_x 或 E_y 来确定 E_0^+ 和 E_0^-。为此可以利用式（2.3－9）～式（2.3－12），但是，如同在讨论 TE_{mnp} 模时曾经指出的那样，需要将式中的 $-j\beta$ 改为 $\partial/\partial z$，才可以应用于谐振腔中。即

$$E_x = \frac{1}{K_c^2}\frac{\partial^2 E_z}{\partial z\partial x} \qquad E_y = \frac{1}{K_c^2}\frac{\partial^2 E_z}{\partial z\partial y} \tag{5.3-9}$$

$$H_x = \frac{j\omega\varepsilon}{K_c^2}\frac{\partial E_z}{\partial y} \qquad H_y = -\frac{j\omega\varepsilon}{K_c^2}\frac{\partial E_z}{\partial x} \tag{5.3-10}$$

我们利用 E_x 来确定 E_0^+ 和 E_0^-，将式（5.3－8）代入式（5.3－9）的 E_x 表示式中，得

$$E_x = \frac{-\mathrm{j}\beta}{K_\mathrm{c}^2}\frac{m\pi}{a}\left[E_0^+\cos\left(\frac{m\pi}{a}x\right)\sin\left(\frac{n\pi}{b}y\right)\mathrm{e}^{-\mathrm{j}\beta z} - E_0^-\cos\left(\frac{m\pi}{a}x\right)\sin\left(\frac{n\pi}{b}y\right)\mathrm{e}^{\mathrm{j}\beta z}\right] \tag{5.3-11}$$

在 $z=0$ 的位置应有 $E_x|_{z=0}=0$，由上式得 $E_0^+ = E_0^-$，这样，式（5.3－11）就可写为

$$E_x = -2E_0^+\frac{\beta}{K_\mathrm{c}^2}\frac{m\pi}{a}\cos\left(\frac{m\pi}{a}x\right)\sin\left(\frac{n\pi}{b}y\right)\sin\beta z$$

令 $E_\mathrm{m}=2E_0^+$ 则

$$E_x = -E_\mathrm{m}\frac{\beta}{K_\mathrm{c}^2}\frac{m\pi}{a}\cos\left(\frac{m\pi}{a}x\right)\sin\left(\frac{n\pi}{b}y\right)\sin\beta z \tag{5.3-12}$$

在与 $z=0$ 处相距 l（l 为腔体内的长度）的位置（短路板处），根据边界条件应有 $E_x|_{z=l}=0$，令式（5.3－12）中的 $z=l$ 和该式等于零，可得

$$\beta l = p\pi \text{ 或 } \beta = \frac{p\pi}{l} \quad (p=0,1,2,3,\cdots) \tag{5.3-13}$$

将此式和 $E_0^+ = E_0^-$ 代入式（5.3－8）中，即得到矩形腔内 TM_{mnp} 模电场的纵向分量 E_z 的表示式为

$$E_z = E_\mathrm{m}\sin\left(\frac{m\pi}{a}x\right)\sin\left(\frac{n\pi}{b}y\right)\cos\left(\frac{p\pi}{l}z\right) \tag{5.3-14}$$

根据式（5.3－9）和式（5.3－10）即可求出其他场分量的具体表示式，即

$$\begin{cases} E_x = -E_\mathrm{m}\dfrac{1}{K_\mathrm{c}^2}\dfrac{p\pi}{l}\dfrac{m\pi}{a}\cos\left(\dfrac{m\pi}{a}x\right)\sin\left(\dfrac{n\pi}{b}y\right)\sin\left(\dfrac{p\pi}{l}z\right) \\ E_y = -E_\mathrm{m}\dfrac{1}{K_\mathrm{c}^2}\dfrac{p\pi}{l}\dfrac{n\pi}{b}\sin\left(\dfrac{m\pi}{a}x\right)\cos\left(\dfrac{n\pi}{b}y\right)\sin\left(\dfrac{p\pi}{l}z\right) \\ H_x = \mathrm{j}E_\mathrm{m}\dfrac{\omega\varepsilon}{K_\mathrm{c}^2}\dfrac{n\pi}{b}\sin\left(\dfrac{m\pi}{a}x\right)\cos\left(\dfrac{n\pi}{b}y\right)\cos\left(\dfrac{p\pi}{l}z\right) \\ H_y = -\mathrm{j}E_\mathrm{m}\dfrac{\omega\varepsilon}{K_\mathrm{c}^2}\dfrac{m\pi}{a}\cos\left(\dfrac{m\pi}{a}x\right)\sin\left(\dfrac{n\pi}{b}y\right)\cos\left(\dfrac{p\pi}{l}z\right) \\ H_z = 0 \end{cases} \tag{5.3-15}$$

根据式（5.3－13）中的 $\beta=p\pi/l$ 和式（2.2－28），得

$$K^2 = K_\mathrm{c}^2 + \left(\frac{p\pi}{l}\right)^2$$

根据式（2.4－29）知

$$K_\mathrm{c} = \sqrt{\left(\frac{m\pi}{a}\right)^2 + \left(\frac{n\pi}{b}\right)^2}$$

则

$$K^2 = \left(\frac{m\pi}{a}\right)^2 + \left(\frac{n\pi}{b}\right)^2 + \left(\frac{p\pi}{l}\right)^2 \tag{5.3-16}$$

对于 TM_{mnp} 模，$m=1$，2，3，…；$n=1$，2，3，…；$p=0$，1，2，3，…。从式（5.3－15）和式（5.3－16）可以看出，与前述的 TE_{mnp} 模的情况一样，工作于 TM_{mnp} 模的谐振腔同样具有多谐性。

对于矩形谐振腔，在腔体（内部）尺寸满足 $l>a>b$ 的条件下，TE_{101} 模的谐振波长 λ_r 最长，是谐振腔的主模。这种模的场结构简单、稳定，因此它的应用范围也最广，本节开头所列举的矩形谐振腔的应用范围中，其工作模式大都是 TE_{101} 模。

二、特性参数的计算

（一）谐振频率

根据式（5.1－17）和式（5.1－18），谐振频率 f_r 和谐振波长 λ_r 分别为

$$f_r=\frac{Kv}{2\pi}$$

$$\lambda_r=\frac{v}{f_r}=\frac{2\pi}{K}$$

对于 TE_{mnp} 和 TM_{mnp} 模，将式（5.3－7）或式（5.3－16）代入上式，即得到这两种模式的 f_r 和 λ_r 的表示式为

$$f_r=\frac{Kv}{2\pi}=\frac{1}{2\sqrt{\mu\varepsilon}}\sqrt{\left(\frac{m}{a}\right)^2+\left(\frac{n}{b}\right)^2+\left(\frac{p}{l}\right)^2} \tag{5.3－17}$$

$$\lambda_r=\frac{v}{f_r}=\frac{2\pi}{K}=\frac{2}{\sqrt{\left(\frac{m}{a}\right)^2+\left(\frac{n}{b}\right)^2+\left(\frac{p}{l}\right)^2}} \tag{5.3－18}$$

式中的 μ 和 ε 分别为腔中填充介质的磁导率和介电常数，对于 TE_{mnp} 模，$m=0$，1，2，…；$n=0$，1，2，…（m 和 n 不能同时为零）；$p=1$，2，3，…。对于 TM_{mnp} 模，$m=0$，1，2，…；$n=1$，2，3，…；$p=0$，1，2，…。a、b、l 和 λ_r 必须用相同的单位。

根据上面的 f_r 和 λ_r 的表示式，对于矩形谐振腔同样可以绘制出各种模式的模式图，其方法和步骤与在圆柱形谐振腔中曾讨论过的方法和步骤相似，在此不再赘述。

（二）固有品质因数

若已知腔内某种工作模式场结构的表示式、腔体壁内表面的材料，以及工作频率范围等，那么，只要把腔内磁场强度的幅值 $|\boldsymbol{H}|$ 和腔体壁内表面上磁场强度切向分量的幅值 $|\boldsymbol{H}_\tau|$ 代入式（5.1－26）中，就可以求出固有品质因数的值；一般地讲，它比圆柱形腔的固有品质因数要低。下面以 TE_{101} 模为例说明其计算过程。至于其他模式 Q_0 值的计算则略去了计算过程，而只列出其结果，以供参考。

1. TE_{101} 模品质因数的计算

根据 TE_{mnp} 模的一般表示式（5.3－6）可知，TE_{101} 模场分量的表示式为

$$\begin{cases}E_y=-\mathrm{j}\dfrac{\omega\mu a}{\pi}H_m\sin\left(\dfrac{\pi}{a}x\right)\sin\left(\dfrac{\pi}{l}z\right)\\ H_x=-H_m\dfrac{a}{l}\sin\left(\dfrac{\pi}{a}x\right)\cos\left(\dfrac{\pi}{l}z\right)\\ H_z=H_m\cos\left(\dfrac{\pi}{a}x\right)\sin\left(\dfrac{\pi}{l}z\right)\\ E_x=E_z=H_y=0\end{cases} \tag{5.3－19}$$

TE_{101} 模的场结构如图 5.3－2 所示。

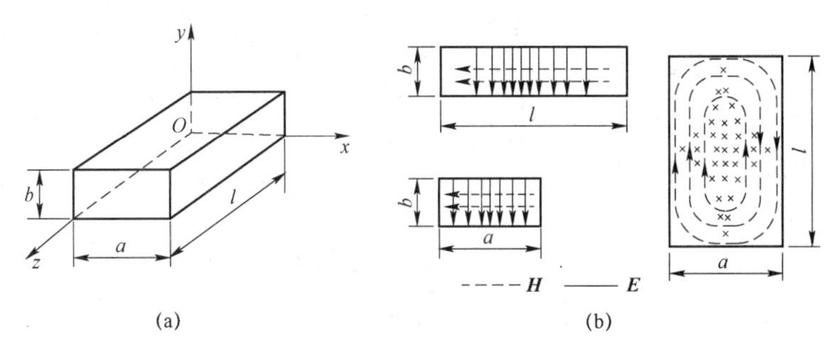

图 5.3－2　矩形谐振腔中 TE_{101} 模的场结构

（a）谐振腔；（b）场结构

根据式（5.1－26）可知，固有品质因数 Q_0 的表示式为

$$Q_0=\frac{2}{\delta}\frac{\int_V |\boldsymbol{H}|^2\,\mathrm{d}V}{\oint_S |\boldsymbol{H}_\tau|^2\,\mathrm{d}S}$$

式中，$|\boldsymbol{H}|^2=|H_x|^2+|H_z|^2$，则

$$\begin{aligned}\int_V |\boldsymbol{H}|^2\,\mathrm{d}V&=\int_V (|H_x|^2+|H_z|^2)\mathrm{d}V\\&=\int_0^a\int_0^b\int_0^l H_m^2\left[\frac{a^2}{l^2}\sin^2\left(\frac{\pi}{a}x\right)\cos^2\left(\frac{\pi}{l}z\right)+\cos^2\left(\frac{\pi}{a}x\right)\sin^2\left(\frac{\pi}{l}z\right)\right]\mathrm{d}x\mathrm{d}y\mathrm{d}z\\&=H_m^2\left(\frac{a^2}{l^2}+1\right)\frac{abl}{4}=\frac{H_m^2}{4}(a^2+l^2)\frac{ab}{l}\end{aligned}$$

在腔体前后壁（$z=0$，$z=l$）的内表面上

$$|\boldsymbol{H}_\tau|_1^2=|H_{x1}|^2=H_m^2\frac{a^2}{l^2}\sin^2\left(\frac{\pi}{a}x\right)$$

在腔体两个侧壁（$x=0$，$x=a$）的内表面上

$$|\boldsymbol{H}_\tau|_2^2=|H_{z1}|^2=H_m^2\sin^2\left(\frac{\pi}{l}z\right)$$

在腔体上下两个壁（$y=0$，$y=b$）的内表面上

$$\begin{aligned}|\boldsymbol{H}_\tau|_3^2&=|H_{x2}|^2+|H_{z2}|^2\\&=H_m^2\left[\frac{a^2}{l^2}\sin^2\left(\frac{\pi}{a}x\right)\cos^2\left(\frac{\pi}{l}z\right)+\cos^2\left(\frac{\pi}{a}x\right)\sin^2\left(\frac{\pi}{l}z\right)\right]\end{aligned}$$

由此得

$$\begin{aligned}\oint_S |\boldsymbol{H}_\tau|^2\,\mathrm{d}S&=2\left[\int_0^a\int_0^b |\boldsymbol{H}_\tau|_1^2\,\mathrm{d}x\mathrm{d}y+\int_0^b\int_0^l |\boldsymbol{H}_\tau|_2^2\,\mathrm{d}y\mathrm{d}z+\int_0^a\int_0^l |\boldsymbol{H}_\tau|_3^2\,\mathrm{d}x\mathrm{d}z\right]\\&=\frac{H_m^2}{2l^2}\left[2b(a^3+l^3)+al(a^2+l^2)\right]\end{aligned}$$

则 TE_{101} 模的 Q_0 为

$$Q_0=\frac{2}{\delta}\frac{\int_V |\boldsymbol{H}|^2 \mathrm{d}V}{\oint_S |\boldsymbol{H}_\tau|^2 \mathrm{d}S}=\frac{abl}{\delta}\frac{a^2+l^2}{2b(a^3+l^3)+al(a^2+l^2)} \tag{5.3-20}$$

2. 其他模式固有品质因数的表示式

TE_{mnp} 模的 Q_0 为

$$Q_0=\frac{\lambda_r abl}{4\delta}\frac{(A^2+B^2)(A^2+B^2+C^2)^{3/2}}{al[A^2C^2+(A^2+B^2)^2]+bl[B^2C^2+(A^2+B^2)^2]+abc^2(A^2+B^2)} \tag{5.3-21}$$

TE_{0np} 模的 Q_0 为

$$Q_0=\frac{\lambda_r abl}{2\delta}\frac{(B^2+C^2)^{3/2}}{B^2l(b+2a)+C^2b(l+2a)} \tag{5.3-22}$$

TE_{m0p} 模的 Q_0 为

$$Q_0=\frac{\lambda_r abl}{2\delta}\frac{(A^2+C^2)^{3/2}}{A^2l(a+2b)+C^2a(l+2b)} \tag{5.3-23}$$

TM_{mnp} 模的 Q_0 为

$$Q_0=\frac{\lambda_r abl}{4\delta}\frac{(A^2+B^2)(A^2+B^2+C^2)^{1/2}}{A^2b(a+l)+B^2a(b+l)} \tag{5.3-24}$$

TM_{mn0} 模的 Q_0 为

$$Q_0=\frac{\lambda_r abl}{2\delta}\frac{(A^2+B^2)^{3/2}}{A^2b(a+2l)+B^2a(b+2l)} \tag{5.3-25}$$

式中，$A=m/a$；$B=n/b$；$C=p/l$。

（三）等效电导

若已知腔内某种工作模式场结构的表示式、腔体内表面的材料，以及工作频率范围等，那么，利用式（5.1-36）就可以求出等效电导 G_0，即

$$G_0=R_S\frac{\oint_S |\boldsymbol{H}_\tau|^2 \mathrm{d}S}{\left|\int_A^B \boldsymbol{E}\cdot \mathrm{d}\boldsymbol{l}\right|^2}$$

现以 TE_{101} 模为例，说明 G_0 的计算方法。前面已求出了 $\oint_S |\boldsymbol{H}_\tau|^2 \mathrm{d}S$，若选取腔体上壁内表面的中心点与下壁内表面中心点之间的连线作为电场强度（现在是 E_y）的积分路径，则

$$\left|\int_A^B \boldsymbol{E}\cdot \mathrm{d}\boldsymbol{l}\right|^2=\left|\int_0^b E_y \mathrm{d}y\right|^2$$

将式（5.3-19）中的 E_y 代入上式中，即可求出其积分值。这样，G_0 的值就可求出。略去计算步骤，现把 G_0 的计算结果列在下面

$$G_0=\frac{R_S}{\eta^2}\left[\frac{2b(a^3+l^3)+al(a^2+l^2)}{2b^2(a^2+l^2)}\right] \tag{5.3-26}$$

式中的 $\eta=\sqrt{\mu/\varepsilon}$，$\mu$ 和 ε 是腔内填充介质的磁导率和介电常数。

§ 5.4　同轴线谐振腔

同轴线谐振腔也是常用的微波谐振器之一，这种腔的工作模式是 TEM 模（主模），这种模式的优点是场结构简单、稳定、无色散、无频率下限，工作频率范围较宽，其频宽比可达 2:1，甚至 3:1。同轴线谐振腔的缺点是，与圆柱形和矩形谐振腔相比，它的固有品质因数 Q_0 值较低，这是因为：为了防止出现高次模，同轴线谐振腔横截面的尺寸不宜过大，它应满足（$a+b$）$\leqslant\lambda_{\min}/\pi$，$a$ 为腔中内导体的外半径，b 为外导体的内半径，$\lambda_{\min}$ 为工作频带内的最短波长。另外，内导体也增加了损耗。同轴线谐振腔主要用于米波、分米波波段中，对于小功率的系统也可用于厘米波段。它可用作振荡器、倍频器和放大器中的谐振回路，以及精度要求不高的波长计等。

本节除了讨论在 § 5.1 中曾提到过的电容加载同轴线谐振腔之外，还要讨论两种同轴线谐振腔：一种是二分之一（谐振）波长型（$\lambda_r/2$ 型）谐振腔；另一种是四分之一（谐振）波长型（$\lambda_r/4$ 型）谐振腔。下面分别讨论这三种谐振腔。

一、二分之一波长同轴线谐振腔

（一）谐振波长

图 5.4－1（a）是谐振腔的示意图，这是一个传输线类型的谐振腔，就是说，可以把它看作是由两端短路的一段同轴线构成的，腔中的纯驻波场可以看作是行波在腔的两个短路板之间来回地反射相叠加而形成的，因此可以利用在 § 5.1 中曾讨论过的相位法或电纳法求出腔的谐振波长 λ_r 或谐振频率 f_r。现在我们利用电纳法来说明如何求出谐振波长 λ_r。对于 $\lambda_r/2$ 型同轴线谐振腔，取两个短路板之间的任意位置作为参考面，求出该参考面上所呈现出的总的（等效）电纳，那么，在满足谐振条件的情况下，总的（等效）电纳应为零，根据这一点即可求出腔的谐振波长 λ_r。略去推导过程，只把结果列在下面。设腔体沿其轴线的长度（指腔内长度）为 l，则它与 λ_r 的关系为

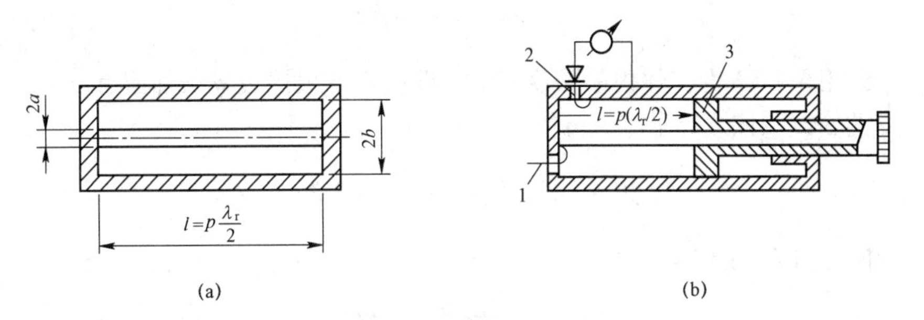

图 5.4－1　$\lambda_r/2$ 型同轴线谐振腔

$$l=p\frac{\lambda_r}{2}\ (p=1,2,3,\cdots) \tag{5.4-1}$$

或

$$\lambda_r=\frac{2l}{p} \tag{5.4-2}$$

由此可知，当 l 等于 $\lambda_r/2$ 或为其整数倍时，腔就产生了谐振，因此常把这种腔称为二分之一（谐振）波长型（$\lambda_r/2$ 型）同轴线谐振腔；由上式还可看出，当腔的长度 l 一定时，不同的 p 对应着不同的 λ_r，即谐振腔具有多谐性。图 5.4－1（b）是一个波长计的结构简图，图中标注的 1 和 2 分别为腔体与信号源和指示器之间的耦合装置，3 是可移动的调谐活塞。

（二）固有品质因数

根据式（5.1－26），即

$$Q_0=\frac{2}{\delta}\frac{\int_V|\boldsymbol{H}|^2\,\mathrm{d}V}{\oint_S|\boldsymbol{H}_\tau|^2\,\mathrm{d}S}$$

就可求出 $\lambda_r/2$ 型同轴线谐振腔固有品质因数 Q_0 的值。为此，应首先求出腔内磁场的表示式，然后将其代入上式中，即可求出 Q_0 的值。

我们已知，对于同轴线中的 TEM 模而言，它的电场只有 E_r 分量，即式（2.6－11）：

$$E_r=\frac{E_0a}{r}\mathrm{e}^{-\mathrm{j}\beta z}$$

因为同轴线谐振腔中的场可以看作是传播方向相反的两个行波在满足腔体两端处边界条件的情况下相叠加而形成的。根据这一点，就可以求出腔内电磁场的表示式。首先求电场 E_r 的表示式，然后再求磁场 H_φ 的表示式。两个传播方向相反的行波相叠加时 E_r 的表示式为

$$E_r=\frac{E_0^+a}{r}\mathrm{e}^{-\mathrm{j}\beta z}+\frac{E_0^-a}{r}\mathrm{e}^{\mathrm{j}\beta z} \tag{5.4－3}$$

式中的 E_0^+ 和 E_0^- 分别为波沿正 z 和负 z 方向传播时的两个常数（z 为腔体的轴线方向）。在 $z=0$ 处的短路板上，根据边界条件应有 $E_r|_{z=0}=0$，由上式得 $E_0^+=-E_0^-=E_\mathrm{m}$，这样，式（5.4－3）可写为

$$\begin{aligned}E_r&=\frac{E_\mathrm{m}a}{r}(\mathrm{e}^{-\mathrm{j}\beta z}-\mathrm{e}^{\mathrm{j}\beta z})\\&=-\mathrm{j}\frac{2E_\mathrm{m}a}{r}\sin\beta z\end{aligned} \tag{5.4－4}$$

在与 $z=0$ 处相距 l（l 为腔体内的长度）的短路板上，根据边界条件应有 $E_r|_{z=l}=0$，令式（5.4－4）中的 $z=l$ 和该式等于零，可得

$$\beta l=p\pi \text{ 或 } \beta=\frac{p\pi}{l}\,(p=1,2,3,\cdots)$$

则同轴线谐振腔内 E_r 的表示式为

$$E_r=-\mathrm{j}\frac{2E_\mathrm{m}a}{r}\sin\left(\frac{p\pi}{l}z\right) \tag{5.4－5}$$

根据式（5.4－3），并注意到 H_φ 的入、反射波与 E_r 的入、反射波相差一个比例系数 η，利用叠加的方法，或者根据式（5.4－5）利用式（2.2－11）的旋度方程（$\nabla\times\boldsymbol{E}=-\mathrm{j}\omega\mu\boldsymbol{H}$），即可求得 H_φ 为

$$H_\varphi=\frac{2E_\mathrm{m}a}{\eta r}\cos\left(\frac{p\pi}{l}z\right) \tag{5.4－6}$$

现在计算 Q_0 的值，将式（5.4－6）所表示的 H_φ 代入式（5.1－26）中，即得

$$Q_0=\frac{2}{\delta}\frac{\int_V |H_\varphi|^2\,\mathrm{d}V}{\oint_S |\boldsymbol{H}_\tau|^2\,\mathrm{d}S} \tag{5.4-7}$$

式中

$$\oint_S |\boldsymbol{H}_\tau|^2\,\mathrm{d}S=\oint_{S_1}|\boldsymbol{H}_\tau|_1^2\,\mathrm{d}S_1+\oint_{S_2}|\boldsymbol{H}_\tau|_2^2\,\mathrm{d}S_2+\oint_{S_3}|\boldsymbol{H}_\tau|_3^2\,\mathrm{d}S_3 \tag{5.4-8}$$

等号右端第一项是在腔的内导体外表面的积分，其值为 $\pi l/a$，第二项是在腔的外导体内表面上的积分，其值为 $\pi l/b$，第三项是在腔的两个短路板内表面上的积分，其中，在一个短路板上的积分值为 $2\pi\ln\dfrac{b}{a}$，总的积分为 $4\pi\ln\dfrac{b}{a}$。另外，经计算，得

$$\int_V |H_\varphi|^2\,\mathrm{d}V=l\pi\ln\frac{b}{a} \tag{5.4-9}$$

由此可得 Q_0 的值为

$$Q_0=\frac{2}{\delta}\left[\frac{l\pi\ln\dfrac{b}{a}}{\pi l\left(\dfrac{1}{a}+\dfrac{1}{b}\right)+4\pi\ln\dfrac{b}{a}}\right] \tag{5.4-10}$$

当 $l=\lambda_r/2$ 时，Q_0 的值为

$$Q_0=\frac{2}{\delta}\frac{\ln\dfrac{b}{a}}{\dfrac{1}{a}+\dfrac{1}{b}+\dfrac{8}{\lambda_r}\ln\dfrac{b}{a}} \tag{5.4-11}$$

仅就截面尺寸而言，当 $b/a\approx3.6$ 时，Q_0 为最大值，这与在 § 2.6 中讨论同轴线时曾得到的 $b/a\approx3.6$ 时，导体衰减常数 α_c 最小是一致的；而且，若腔中填充的介质是空气，那么，与该尺寸相对应的同轴线的特性阻抗 Z_c 约为 77 Ω。当 b/a 取 2～7 的某一值时，其 Q_0 值与最大值相比，降低得并不太多。

二、四分之一波长同轴线谐振腔

（一）谐振波长

图 5.4－2（a）是谐振腔的示意图，这是一个传输线类型的谐振腔，就是说，可以把它看作是由一端短路、另一端开路的同轴线构成的，与在 $\lambda_r/2$ 型同轴线谐振腔中曾讲过的理由一样，对于 $\lambda_r/4$ 型同轴线谐振腔也可以利用在 § 5.1 中讨论过的电纳法求出腔的谐振波长 λ_r 或谐振频率 f_r。设腔体沿其轴线的长度（腔内长度）为 l，则根据式（1.3－44）可知，从腔的开路端向短路端看去的输入阻抗为

$$Z_{in}(l)=\mathrm{j}Z_c\tan\beta l \tag{5.4-12}$$

式中的 Z_c 为同轴线的特性阻抗，$\beta=2\pi/\lambda_r$。在谐振的情况下，$Z_{in}(l)$的值趋于无穷大，或者说，与之相对应的电纳的值 $B_{in}(l)$趋于零。即

$$\beta l=\frac{2\pi}{\lambda_r}l=(2p-1)\frac{\pi}{2}\quad(p=1,2,3,\cdots) \tag{5.4-13}$$

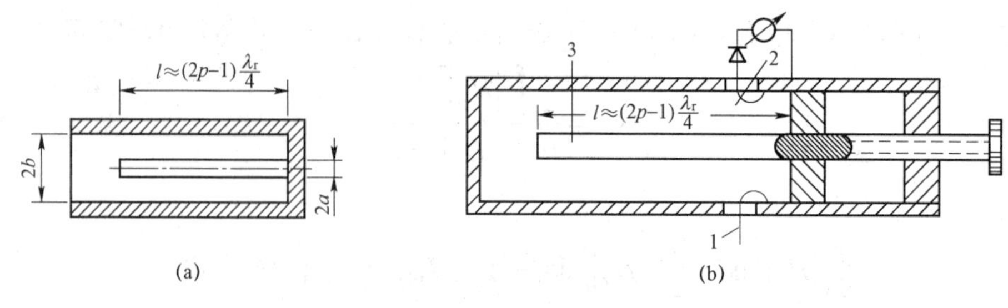

图 5.4-2　$\lambda_r/4$ 型同轴线谐振腔

由此得

$$l=(2p-1)\frac{\lambda_r}{4} \tag{5.4-14}$$

或

$$\lambda_r=\frac{4l}{2p-1} \tag{5.4-15}$$

可见，当腔的长度 l 等于 $\lambda_r/4$ 或为它的奇数倍时，腔就产生了谐振，因此常把这种腔称为四分之一（谐振）波长型同轴线谐振腔。由上式还可看出，当腔的长度 l 一定时，不同的 p 对应着不同的 λ_r，即谐振腔具有多谐性。图 5.4-2（b）是一个波长计的结构简图，图中标注的 1 和 2 分别为腔体与信号源和指示器之间的耦合装置，腔的内导体 3 做成可以穿过短路板，并能沿腔体轴线移动的结构形式，以便调节腔的长度 l，达到调谐的目的。除此而外，在实际的腔体结构中，还常把开路端处的外导体适当地延长一些，使之构成一小段截止圆形波导（场结构为 TM 模），它起着截止衰减器的作用，用以防止腔内的电磁能量向外辐射。若这一小段截止圆形波导足够长，那么，还可将圆形波导的末端用导体盖板封起来，这对于腔的工作情况影响并不大，而对于防止电磁能量的辐射其效果会更好。但是，此时腔的内导体不宜距盖板太近，否则便构成了一个加载电容谐振腔。

（二）固有品质因数

根据式（5.1-26），即

$$Q_0=\frac{2}{\delta}\frac{\int_V |\boldsymbol{H}|^2\,\mathrm{d}V}{\oint_S |\boldsymbol{H}_\tau|^2\,\mathrm{d}S}$$

即可求出 $\lambda_r/4$ 型同轴线谐振腔的固有品质因数的值，其运算步骤与求 $\lambda_r/2$ 型腔 Q_0 值的运算步骤是一样的，在此就不再重述了。除此而外，还可以利用 $\lambda_r/2$ 型腔 Q_0 的表示式（5.4-10）来导出 $\lambda_r/4$ 型腔 Q_0 的表示式。因为 $\lambda_r/4$ 型腔比 $\lambda_r/2$ 型腔少一个短路板，所以其短路板上的损耗只有 $\lambda_r/2$ 型腔短路板上损耗功率的一半。这样，根据式（5.4-10）就可直接写出 $\lambda_r/4$ 型腔 Q_0 的表示式为

$$Q_0=\frac{2}{\delta}\left[\frac{l\pi\ln\frac{b}{a}}{\pi l\left(\frac{1}{a}+\frac{1}{b}\right)+2\pi\ln\frac{b}{a}}\right] \tag{5.4-16}$$

当 $l=\lambda_r/4$ 时，Q_0 的值为

$$Q_0=\frac{2}{\delta}\left[\frac{\ln\dfrac{b}{a}}{\left(\dfrac{1}{a}+\dfrac{1}{b}\right)+\dfrac{8}{\lambda_r}\ln\dfrac{b}{a}}\right] \qquad (5.4-17)$$

一般而言，由于结构上的原因，$\lambda_r/4$ 型腔的测量精度要比 $\lambda_r/2$ 型腔的测量精度差一些。

对于工作于 TEM 模的同轴线谐振腔，除了用上述的方法求出其 Q_0 值而外，在已知工作频率范围、腔体尺寸、腔体壁内表面的材料，以及腔内介质损耗可忽略的情况下，还可以利用腔内电流幅值沿腔体轴线的分布规律、同轴线单位长度上的电感来求出腔的 Q_0 值。具体地说，就是根据上述条件首先求出腔内总的储存能量 W 和腔内的平均损耗功率 P（对周期 T 的时间平均值），然后再利用式（5.1－20）即可求出其 Q_0 值。

三、电容加载同轴线谐振腔

这种腔在 § 5.1 中曾提到过，现再做进一步的讨论。为方便起见，把图 5.1－2 重新画在这里，如图 5.4－3 所示。等效电路中的 C 是同轴线谐振腔内导体的端面与短路板之间的电容（加载电容），这个电容可近似地看作是平板电容，即

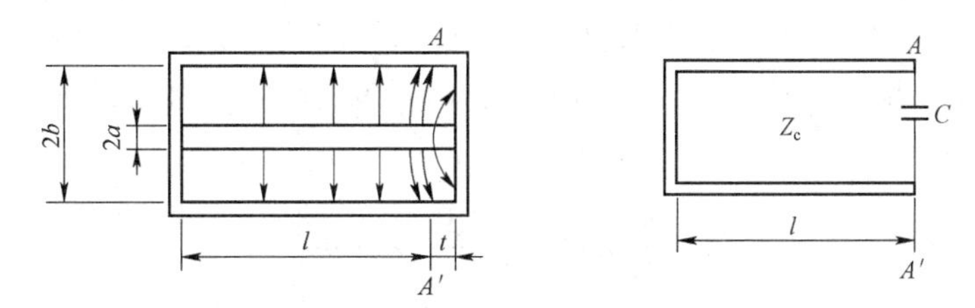

图 5.4－3　电容加载同轴线谐振腔及其等效电路

$$C=\frac{\varepsilon\pi a^2}{t} \qquad (5.4-18)$$

因为实际上加载电容中的电场是不均匀的，而且边缘电容也未考虑在内，所以实际的电容并不等于由式（5.4－18）计算出的电容，而是比计算值稍大些。若考虑了这些因素之后，就应对电容 C 加以修正，例如当谐振腔中的填充介质是空气时，电容 C 的修正值为

$$C=6.94\frac{4a^2}{t}\left[1+\frac{36.8t}{4\pi a}\lg\frac{b-a}{t}\right]\times10^{-12}\quad \text{F} \qquad (5.4-19)$$

当 t 较大、电容可忽略时，则谐振时 l 的长度应为 $\lambda_r/4$，λ_r 是谐振波长；反之，由于电容的作用，谐振时 l 的实际长度小于 $\lambda_r/4$，而且 C 越大，则 l 越小，即电容起到了使 l 缩短的作用，因此常把这种谐振腔称为缩短电容同轴线谐振腔。从物理意义上讲就是，当选取 AA' 作为参考面时，因为谐振器的终端已有加载电容 C，为了能够产生谐振，这就要求与之并联的、从参考面 AA' 向左看去的终端短路无耗同轴线的输入电抗应为电感性的，当 l 小于 $\lambda_r/4$ 时，其输入电抗是电感性的。需要指出的是，l 不一定取 $\lambda_r/4$（实际上小于 $\lambda_r/4$），只要 l 为 $\lambda_r/4$ 的奇数倍也可以产生谐振，而且仍把它称为 $\lambda_r/4$ 型电容加载同轴线谐振腔。

选取 AA' 作为参考面，谐振时该参考面处总的电纳 B 应为零，即

$$\sum B|_{f=f_r}=0 \qquad (5.4-20)$$

具体地讲，就是

$$2\pi f_{\mathrm{r}}C-\frac{1}{Z_{\mathrm{c}}}\cot\left(\frac{2\pi f_{\mathrm{r}}l}{v}\right)=0 \tag{5.4-21a}$$

或写为

$$2\pi f_{\mathrm{r}}C=\frac{1}{Z_{\mathrm{c}}}\cot\left(\frac{2\pi f_{\mathrm{r}}l}{v}\right) \tag{5.4-21b}$$

式中的 Z_{c} 为同轴线的特性阻抗，v 是（TEM）电磁波的传播速度。当谐振腔的长度 l、加载电容 C、特性阻抗 Z_{c} 和速度 v 均已知时，即可求出谐振频率 f_{r}。例如，可以利用如图 5.4－4 所示的曲线图来确定 f_{r}。图中，$\omega C=2\pi fC$ 为一直线，$B=\frac{1}{Z_{\mathrm{c}}}\cot\left(\frac{2\pi fl}{v}\right)=\frac{1}{Z_{\mathrm{c}}}\cot\left(\frac{\omega l}{v}\right)$ 为余切曲线，由两者的交点即可确定 f_{r}（谐振角频率 $\omega_{\mathrm{r}}=2\pi f_{\mathrm{r}}$）。因为余切为周期函数，所以交点也有无穷多个，对应着无穷多个谐振频率，这说明（当腔体尺寸不变时）谐振腔具有多谐性。这种腔的调谐方法是：保持 l 不变，调节 C；或者，保持 C 不变，调节 l。这种腔的优点是体积较小，工作频带较宽，频宽比可达 4:1，甚至更大；缺点是固有品质因数较低。这种腔可以用作米波或分米波段的谐振回路或波长计。

以上所讨论的是，当谐振腔的长度 l、电容 C 和特性阻抗 Z_{c}，以及波的速度给定时，即可求出谐振频率 f_{r}；反之，从式（5.4－21b）可知，当给定了 f_{r}、C、Z_{c} 和 v 时，即可求出 l 的表示式为

$$l=\frac{\lambda_{\mathrm{r}}}{2\pi}\arctan\frac{1}{2\pi f_{\mathrm{r}}CZ_{\mathrm{c}}}+p\frac{\lambda_{\mathrm{r}}}{2}$$

式中的 λ_{r} 为谐振波长，$p=0$，1，2，3，…。可见，有无穷多个 l 满足谐振条件。另外，根据式（5.4－21b）可知，在上述的条件下利用图解的方法也可以求出 l，如图 5.4－5 所示。从图上可以看出，加载电容 C 越大，对 l 的缩短效应也越大。

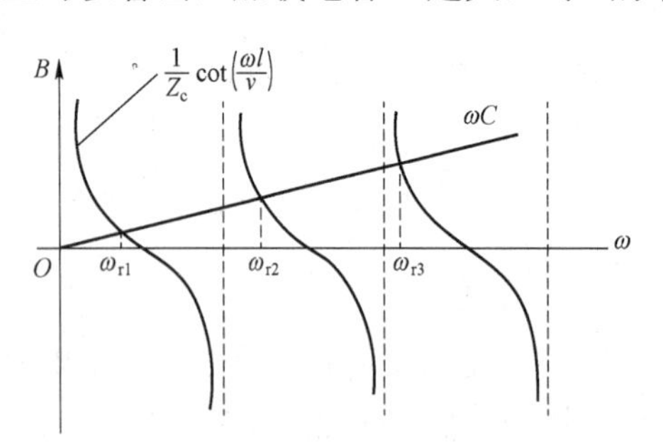

图 5.4－4　式（5.4－21b）的图解法（当 l 和 C 已知时）

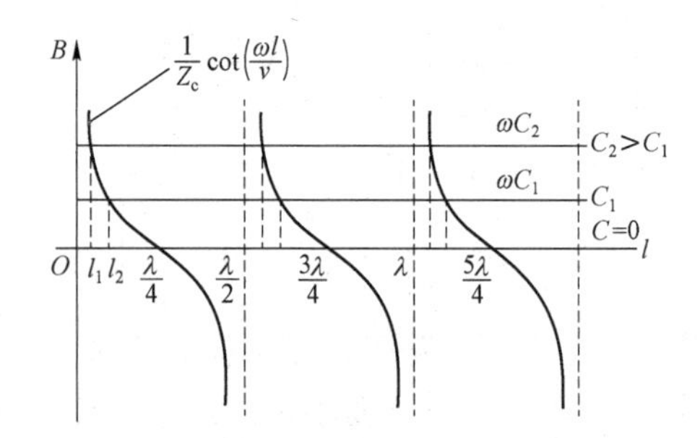

图 5.4－5　式（5.4－21b）的图解法（当 f_{r} 和 C 已知时）

§ 5.5　谐振腔的等效电路

在 § 5.1 中曾提到过谐振腔等效电路的问题，并做了简要的说明。本节对此问题再做进一步的补充和分析。

利用等效电路的概念不仅能比较形象地描述腔的谐振特性，而且在实际的工程计算中也具有一定的实用价值。一个实际的谐振腔，它或者作为接收信号源能量的负载，或者作为向其负载输送能量的振荡源。总之，它要与外部电路（例如微波元、器件等）发生耦合。因此，谐振腔对于外部电路所呈现出的谐振特性和其他的外部特性，往往是我们关注的主要问题，而对于腔内的场结构并不提出什么特殊的要求。针对这种情况（以及其他的类似情况），利用谐振腔等效电路的概念，不仅避免了用场的方法解决问题时所带来的困难、简化了计算，而且也满足了一般工程计算的要求。关于等效的方法，扼要地说，就是：首先利用计算或测量的方法求出谐振腔的特性参数，然后根据腔的特性参数与集总参数谐振回路特性参数之间的等效关系式求出等效电路的等效参数。下面就来讨论这一问题。在 § 5.1 中曾提到，对于工作于某一模式的谐振腔，在一狭窄的频率范围内，可将其等效为集总参数的并联或串联谐振回路（这取决于参考面位置的选择）。本节只着重讨论把腔等效为并联谐振回路的问题，对于把腔等效为串联谐振回路的问题，则只给出必要的结论，而不予详细讨论。

首先讨论图 5.5－1 所示集总参数并联谐振回路本身的问题，然后再讨论在什么条件下可以把谐振腔等效为集总参数的并联谐振回路，以及如何求出等效回路的等效参数问题。图中的 L、C 和 G 分别为并联谐振回路的电感、电容和电导，U_{m} 为回路电压的幅值。由此可得并联谐振回路的储能 W、损耗功率 P 和固有品质因数 Q 的表示式分别为

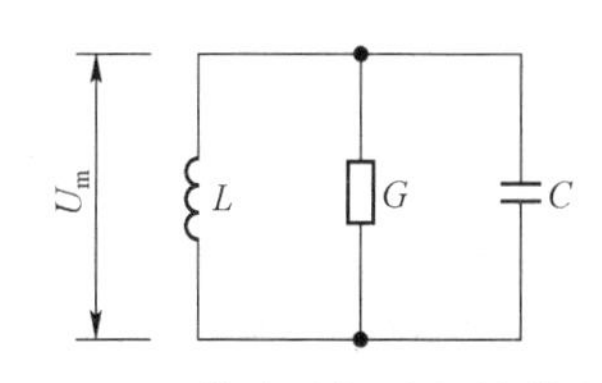

图 5.5－1　微波谐振腔的等效电路

$$W=\frac{CU_{\mathrm{m}}^2}{2} \tag{5.5-1}$$

$$P=\frac{GU_{\mathrm{m}}^2}{2} \tag{5.5-2}$$

$$Q=2\pi\frac{C}{TG}=\frac{\omega_{\mathrm{r}}C}{G} \tag{5.5-3}$$

式中的 $\omega_{\mathrm{r}}=1/\sqrt{LC}$ 是回路的谐振角频率，T 是谐振周期。为了把谐振腔等效为集总参数的并联谐振回路，求出其等效条件和等效参数，还需要对图 5.5－1 所示的并联回路做进一步的分析。设 Y 为回路的导纳，则

$$Y=G+\mathrm{j}B=G+\mathrm{j}\left(\omega C-\frac{1}{\omega L}\right) \tag{5.5-4}$$

式中的 $B=\omega C-\dfrac{1}{\omega L}$ 是回路的并联电纳。因为 $\omega_{\mathrm{r}}=1/\sqrt{LC}$，所以可将 B 写为

$$B=\frac{C}{\omega}(\omega-\omega_{\mathrm{r}})(\omega+\omega_{\mathrm{r}}) \tag{5.5-5}$$

如果工作角频率 ω 与 ω_{r} 相差很少，则可近似地认为 $\omega+\omega_{\mathrm{r}}\approx 2\omega$，这样，就可将 B 近似地写为

$$B|_{\omega\approx\omega_{\mathrm{r}}}=2C(\omega-\omega_{\mathrm{r}}) \tag{5.5-6}$$

将该式对 ω 求导，即得到 $B=f(\omega)$在 ω_{r} 附近随 ω 的变化率为

$$\left.\frac{\mathrm{d}B}{\mathrm{d}\omega}\right|_{\omega\approx\omega_r}=2C \tag{5.5-7}$$

由此式可知，可以将电容 C 表示为

$$C=\frac{1}{2}\left.\frac{\mathrm{d}B}{\mathrm{d}\omega}\right|_{\omega\approx\omega_r} \tag{5.5-8}$$

即并联谐振回路的电容 C 可用 ω 接近 ω_r 时电纳 B 的变化率来表示。根据式（5.5－3），并联谐振回路的 Q 可表示为

$$Q=2\pi\frac{C}{TG}=\frac{\omega_r C}{G}=\frac{\omega_r}{2G}\left.\frac{\mathrm{d}B}{\mathrm{d}\omega}\right|_{\omega\approx\omega_r} \tag{5.5-9}$$

或

$$Q=-\frac{\lambda_r}{2G}\left.\frac{\mathrm{d}B}{\mathrm{d}\lambda}\right|_{\lambda\approx\lambda_r} \tag{5.5-10}$$

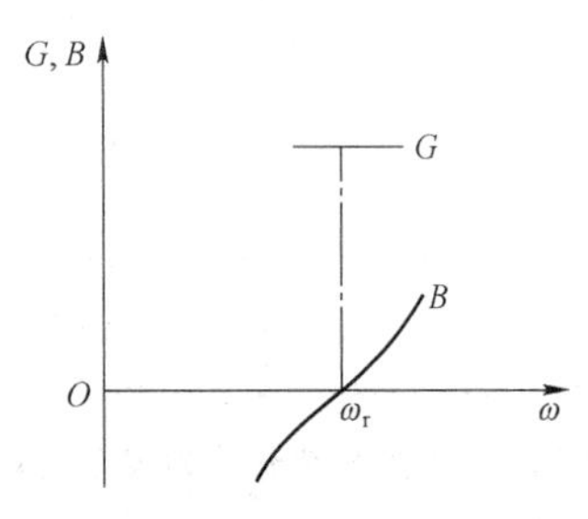

图 5.5－2　谐振角频率附近并联谐振回路的电导和电纳曲线

式中的 λ_r 是并联谐振回路的谐振波长，λ 是工作波长。因为在 ω_r 附近很窄的频带内由趋肤效应所引起的 G 的变化是很小的，所以可近似地认为 G 是不变的，是一个常数。

由以上的分析可以看出，集总参数的并联谐振回路在其谐振角频率附近很窄的频带内具有三个特性：电纳曲线 $B=f(\omega)$ 与 ω 呈线性关系，而且 $\mathrm{d}B/\mathrm{d}\omega>0$；电纳曲线 $B=f(\omega)$ 当 $\omega=\omega_r$ 时通过零点；电导 G 近似等于常数。这些特点也可以用图来加以说明，如图 5.5－2 所示。

对于集总参数的并联谐振回路，实际上并不需要根据式（5.5－8）、式（5.5－9）或式（5.5－10）求出其电容 C 和固有品质因数 Q，因为有比这更简便的公式可以利用；导出上述的公式、分析集总参数并联回路在其谐振角频率附近很窄频带内所具有的特性等，目的不是解决集总参数回路本身的问题，正如前面已指出过的，而是需要知道谐振腔满足什么条件，才可以将它等效为集总参数的并联谐振回路，并进而求出其等效参数。

综合以上的分析可以得出这样的结论：对于一个工作于某一模式的谐振腔，在很窄的频率范围内，如果也具有上述的集总参数并联谐振回路的三个特性，那么，就可以将它等效为一个集总参数的并联谐振回路，并可根据有关的关系式求出其等效参数。理论和实验均已证明，谐振腔也具有这三个特性，因此可以将它等效为一个集总参数的并联谐振回路。如果我们假定图 5.5－1 就是谐振腔的集总参数的等效并联谐振回路，那么，两者的等效关系为：等效回路的电导 G 应与谐振腔在谐振时的等效电导 G_0 相等；等效回路的电纳在谐振角频率附近的变化率应与谐振腔的电纳在谐振角频率附近的变化率相等。根据这些等效原则就可求出等效并联谐振回路的具体参数。设 L、C 和 G 分别为等效回路的电感、电容和电导，U_m 为回路电压的幅值，并假设谐振腔的谐振角频率为 ω_r、损耗功率为 P、固有品质因数为 Q_0，电导为 G_0，那么，在谐振状态下，等效回路的参数与谐振腔的参数之间的关系为

$$\omega_r=\frac{1}{\sqrt{LC}} \tag{5.5-11}$$

$$P=\frac{GU_{\mathrm{m}}^{2}}{2} \tag{5.5-12}$$

$$Q_0=\frac{\omega_{\mathrm{r}}C}{G} \tag{5.5-13}$$

对于谐振腔如果能够用理论计算或实际测量的方法求出腔的 ω_{r}、P、Q_0 和 G_0 等参数，那么，等效并联谐振回路的参数也就确定了，即

$$L=\frac{1}{\omega_{\mathrm{r}}Q_0G_0} \tag{5.5-14}$$

$$C=\frac{Q_0G_0}{\omega_{\mathrm{r}}} \tag{5.5-15}$$

$$G=G_0 \tag{5.5-16}$$

现以 $\lambda_{\mathrm{r}}/4$ 型同轴线谐振腔（模式为 TEM）为例来说明谐振腔等效为集总参数并联谐振回路的问题。根据式（1.3－44）可知，对于一端短路、另一端开路、长为 l（指腔内长度）的 $\lambda_{\mathrm{r}}/4$ 型无耗同轴线谐振腔，从其开路端向短路端看去的输入阻抗为

$$Z=\mathrm{j}Z_{\mathrm{c}}\tan\beta l \tag{5.5-17}$$

输入导纳为

$$Y=-\mathrm{j}\frac{1}{Z_{\mathrm{c}}}\cot\beta l \tag{5.5-18}$$

电纳为

$$B=-\frac{1}{Z_{\mathrm{c}}}\cot\beta l \tag{5.5-19}$$

或

$$B=-\frac{1}{Z_{\mathrm{c}}}\cot\frac{\omega l}{v} \tag{5.5-20}$$

式中的 v 是在与腔中填充的相同的无界介质中电磁波的速度。电纳 $B=f(\omega)$的曲线如图 5.5－3 所示。从图 5.5－3 即可看出，$\lambda_{\mathrm{r}}/4$ 型同轴线谐振腔在其谐振角频率附近很窄的频带内，与前述的集总参数并联谐振回路在其谐振角频率附近很窄的频带内所具有的特性是一样的，因此可将同轴线谐振腔等效为集总参数的并联谐振回路，并可根据有关公式求出其等效参数。

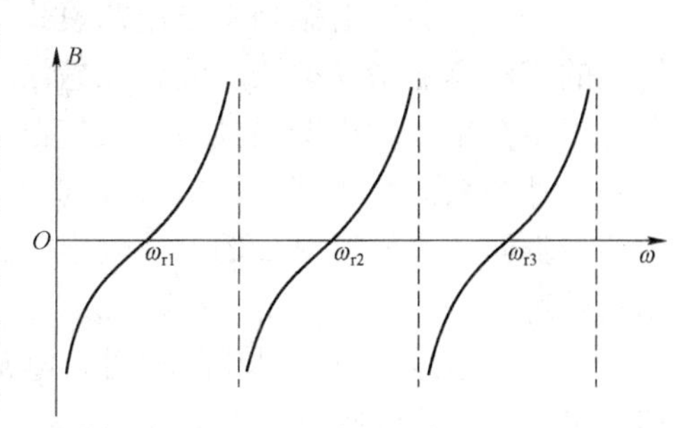

图 5.5－3　$\lambda_{\mathrm{r}}/4$ 型同轴线谐振腔的电纳曲线

如果将谐振腔等效为集总参数的串联谐振回路，那么，经过与上述的类似分析过程，即可得到集总参数串联谐振回路的下列关系式

$$\left.\frac{\mathrm{d}X}{\mathrm{d}\omega}\right|_{\omega\approx\omega_{\mathrm{r}}}=2L \tag{5.5-21}$$

$$L = \frac{1}{2}\frac{\mathrm{d}X}{\mathrm{d}\omega}\bigg|_{\omega\approx\omega_{\mathrm{r}}} \tag{5.5-22}$$

$$Q = \frac{\omega_{\mathrm{r}}}{2R}\frac{\mathrm{d}X}{\mathrm{d}\omega}\bigg|_{\omega\approx\omega_{\mathrm{r}}} \tag{5.5-23}$$

或

$$Q = -\frac{\lambda_{\mathrm{r}}}{2R}\frac{\mathrm{d}X}{\mathrm{d}\lambda}\bigg|_{\lambda\approx\lambda_{\mathrm{r}}} \tag{5.5-24}$$

式中的 L、R、X 和 Q 分别为串联谐振回路的电感、电阻、电抗和固有品质因数。回路在其谐振频率附近很窄的范围内具有这样的特性：电抗曲线 $X=f(\omega)$与 ω 呈线性关系；而且，$\mathrm{d}X/\mathrm{d}\omega>0$；电抗曲线 $X=f(\omega)$当 $\omega=\omega_{\mathrm{r}}$时通过零点；电阻 R 近似等于常数。理论和实验可以证明，谐振腔也具有这些特性，因此可将其等效为集总参数的串联谐振回路，并可求出相应的等效参数。

以上的分析是仅就孤立的谐振腔与集总参数谐振回路之间的等效关系而言的，而实际的腔体总是要通过耦合机构与外电路发生联系的，耦合机构和外电路都会对腔的参数产生一定的影响。对于这些问题，读者可参阅有关的资料，这里就不讨论了。

§ 5.6　其他类型微波谐振器简介

一、介质谐振器

所谓介质谐振器，就是用低损耗、高介电常数的介质材料做成的谐振器。介质谐振器常用的介质块有圆柱形、圆环形和矩形等多种形状，其中，圆柱形的用得较多。实际上，介质谐振器也可以看作是两端处于开路状态的一段介质波导（严格地讲，并非真正开路）。从物理意义上讲，当电磁波在具有两种不同介电常数的介质分界面上产生全反射，并在介质中形成纯驻波时，就构成了谐振器。在谐振器中可以激励起 TE、TM 以及 HE 和 EH 等振荡模式，而且也可以有无穷多个振荡模式。

介质谐振器的谐振频率与振荡模式、谐振器所用的材料和尺寸等因素有关。分析这个问题的方法有磁壁模型法、混合磁壁法、介质波导模型法和变分法等多种。对于这些方法在此不做介绍。对于谐振频率，人们已对常用的介质谐振器做了计算，对于给定了介电常数和尺寸关系的介质谐振器，可以利用有关的曲线图或计算公式求得其谐振频率，对于具体的谐振器还可以用测量的方法确定其谐振频率。目前，介质谐振器已有商品出售，可根据需要选用。

当介质谐振器所用材料的相对介电常数 ε_{r} 在 100 左右，或更大时，谐振器的无载 Q_0 值，可用下面的近似公式计算

$$Q_0 \approx \frac{1}{\tan\delta} \tag{5.6-1}$$

式中的 $\tan\delta$ 为介质损耗角的正切。在实际中，介质谐振器一般都有屏蔽，或置放于波导和微带电路中。这样，由于介质谐振器受周围导体的影响，其实际的 Q_0 值要比理论计算出的 Q_0 值低。

对于谐振于基模的介质谐振器，它的尺寸与介质中的波长 λ_d 为同一数量级。λ_d 为

$$\lambda_d = \frac{\lambda_0}{\sqrt{\varepsilon_r}} \tag{5.6-2}$$

式中，λ_0 为自由空间电磁波的波长。

与前面讨论过的空腔谐振器相比，当 ε_r 足够大时，介质谐振器的体积小，容易制作，成本低，Q 值高，无载 Q_0 值与空腔谐振器的 Q_0 值相接近，可达数千至一万，因此介质谐振器在混合微波集成电路中有着广泛的应用。例如，可用它构成滤波器、固态振荡器的稳频腔和鉴频器中的参考腔等。在微波领域的其他方面，如在厘米波和毫米波段，以及在卫星电视广播中，介质谐振器也都有广泛的应用。此外，还可以用它作为探测器件、测量材料的介电性能、测量金属材料以及高温超导材料的表面电阻等。介质谐振器的缺点是：介电常数会随温度变化，从而引起谐振频率的变化。但若采用低温度系数的材料，或采用不同温度系数制成的能相互补偿的复合材料，那么，介质谐振器仍能具有较好的频率稳定性。

介质谐振器常用的介质材料有：二氧化钛（金红石）单晶（$\varepsilon_r \approx 89 \sim 100$）；高纯二氧化钛瓷（$\varepsilon_r \approx 100$）；钛酸锶单晶（$\varepsilon_r \approx 300$）。此外，也有 ε_r 较低的材料，如氧化铝（$\varepsilon_r \approx 9.92$）；四钛酸钡瓷（$\varepsilon_r \approx 38$）等。

图 5.6－1 给出了介质谐振器在实际应用中的几个例子（结构简图）。图 5.6－1（a）是置于介质加载矩形波导中的介质谐振器，可以用来构成带通或带阻滤波器。图 5.6－1（b）是置于一段截止波导中的介质谐振器，它与传输波导之间的耦合程度取决于两者之间的距离 l，改变 l 就可以调节耦合的大小：l 大，耦合小，介质的 Q_L 值高；l 小，耦合大，Q_L 值低。当波从传输波导输入截止波导后，它会衰减，截止波导没有输出，但对于其频率与介质谐振器谐振频率相同的波则会得到加强，截止波导有输出，而对于其他频率的波仍无输出，这样，就构成了一个带通滤波器。图 5.6－1（c）是一个由介质谐振器与微带线功率分配器相结合而构成的一个带通滤波器，也是一个平衡－不平衡转换器，其作用是把由端口①输入的（对零电位而言）不平衡信号转换为由端口②和③输出的平衡信号，即端口②和③的输出信号是等幅、反相的。为此，一个支路的长度应比另一支路长 $\lambda_g/2$（λ_g 为微带线导内波长）。

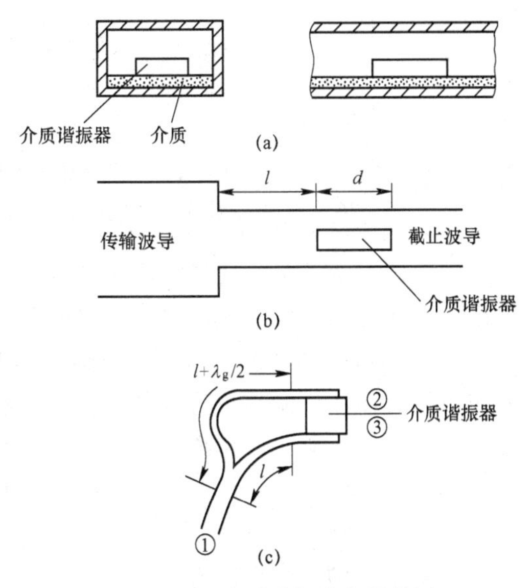

图 5.6－1　介质谐振器应用举例

图 5.6－2 是常用的圆柱形介质谐振器中几个主要模式场结构的图。因为介质谐振器的边界条件与金属谐振腔的边界条件不同，在介质谐振器与空气交界面处的场不为零，随着远离分界面，场在空气中按指数规律逐渐衰减，所以，模式下标的含义也有所不同。介质谐振器的模式可表示为 $\mathrm{TE}_{mn,\,p+\delta}$、$\mathrm{TM}_{mn,\,p+\delta}$、$\mathrm{EH}_{mn,\,p+\delta}$、$\mathrm{HE}_{mn,\,p+\delta}$，其中下标 m 是场量沿谐振器圆周变化时整驻波的个数，n 是场量沿半径方向变化时半个驻波的个数，$p+\delta$ 是场量

在纵向 l 长度内含有的半个驻波的个数。其中，$p=0$，1，2，…；$0<\delta<1$，δ 表示半个驻波的分数，即是说 l 不再是 $\lambda_g/2$ 的整数倍（λ_g 为介质内的导波波长），它们之间的关系为 $p\frac{\lambda_g}{2}<l<(p+1)\frac{\lambda_g}{2}$。$TE_{01\delta}$ 和 $TM_{11\delta}$ 分别为 TE 和 TM 模中的最低次模（主模），其他的均为高次模。对于一个孤立的谐振器，当 R/l 足够大时，$TE_{01\delta}$ 是主模；若 R/l 较小，则 $TM_{11\delta}$ 为主模。$TE_{01\delta}$ 模的场结构简单、稳定，是常用的一种模式。在图 5.6-2 中的模式，下标 $p=0$，而第 3 个下标为 δ，这说明场量沿纵向 l 的变化小于半个驻波，即 $0<l<\lambda_g/2$。

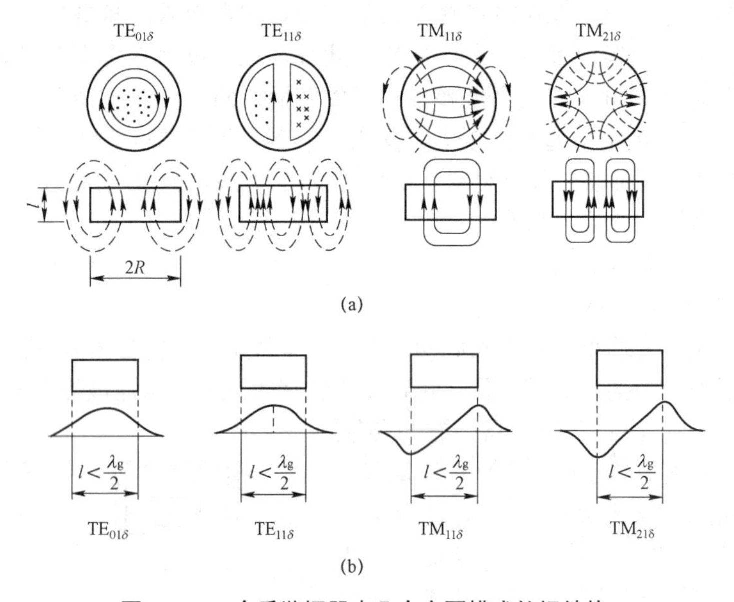

图 5.6-2　介质谐振器中几个主要模式的场结构

（a）场结构图；（b）电场强度横向分量在纵向 l 的变化情况

为了求出圆柱形介质谐振器的谐振频率，首先应根据边界条件求出谐振器内场结构的表示式，然后利用表示式，并根据 TE 和 TM 模各自应满足的边界条件，即可求出谐振频率。其方法和推导过程，与在金属圆柱形谐振腔中所采用的方法相类似，即谐振器中的纯驻波可以看作是由向相反方向传播的两个行波的叠加而形成的。两者的区别在于边界条件不同。例如，当利用磁壁模型法求介质谐振器的谐振频率时，可以把谐振器的边界看作是理想的磁壁（磁场强度的切向分量为零），则边界条件为：在谐振器半径 $r=R$ 的侧面上磁场强度的切向分量 $H_\varphi=0$，$H_z=0$，$E_r=0$；在两个端面上，$H_\varphi=0$，$H_r=0$，$E_z=0$，这样，就求出了场结构和谐振频率的表示式。限于篇幅，略去推导过程和场结构的表示式，只把谐振频率的表示式写在下面。

对于 TE 模，谐振频率 f_r 为

$$f_r=\frac{1}{2\pi\sqrt{\mu\varepsilon}}\left[\left(\frac{\nu_{mn}}{R}\right)^2+\left(\frac{p\pi}{l}\right)^2\right]^{1/2}$$

式中，ν_{mn} 为第一类 m 阶贝塞尔函数的第 n 个根值。$m=0, 1, 2, \cdots$；$n=1, 2, 3, \cdots$；$p=0, 1, 2, \cdots$。

当 R/l 足够大（$R/l>0.48$）时，$TE_{01\delta}$ 为主模，其谐振频率可用下列近似式表示

$$f_r = \frac{34}{R\sqrt{\varepsilon_r}}\left(\frac{R}{l}+3.45\right)$$

式中，R、l 以 mm 计，f_r 以 GHz 计。当 $0.5<R/l<2$ 和 $30<\varepsilon_r<50$ 时，f_r 的精确度约为 2%。对于 TM 模，谐振频率 f_r 为

$$f_r = \frac{1}{2\pi\sqrt{\mu\varepsilon}}\left[\left(\frac{\mu_{mn}}{R}\right)^2+\left(\frac{p\pi}{l}\right)^2\right]^{1/2}$$

式中，μ_{mn} 为第一类 m 阶贝塞尔函数一阶导函数的第 n 个根值。$m=0$，1，2，…；$n=1$，2，3，…；$p=1$，2，3，…。当 R/l 足够小时，$TM_{01\delta}$ 为主模。

对于矩形介质谐振器，在考虑到其边界为理想磁壁的条件下，其谐振频率可采用与求矩形金属谐振腔谐振频率相类似的方法求得。略去推导过程和场结构的表示式，只把谐振频率 f_r 的表示式写在下面。设谐振器的宽、高、长分别为 a、b、l，则 f_r 为

$$f_r = \frac{1}{2\sqrt{\mu\varepsilon}}\left[\left(\frac{m}{a}\right)^2+\left(\frac{n}{b}\right)^2+\left(\frac{p}{l}\right)^2\right]^{1/2}$$

式中，m、n、l 的含义与矩形金属谐振腔的 m、n、l 的含义相同。

该式对于 TE 和 TM 模均适用，其主模分别为 $TE_{11\delta}$ 和 $TM_{11\delta}$。

介质谐振器的工作模式除了 TE 和 TM 模式外，还有电磁场的 6 个分量都存在的模式，称为混合（HE）模式，例如在滤波器和振荡器中都得到应用的 $HE_{11\delta}$ 模式。

如前所述，可以采用多种方法求谐振器的谐振频率，方法不同，计算公式不同，则精确度不同。本节所采用的方法只是其中之一，读者欲了解更多的知识可查阅有关的资料，这里不予讨论。

二、平面谐振器

前面讨论的介质谐振器，是由于电磁波在不连续面（两种 ε_r 不同的介质分界面）上造成全反射形成纯驻波，构成了谐振器。实际上，几种不同性质（如介质与导体）的不连续面的组合，也能构成谐振器，平面谐振器即属于这一类。平面谐振器的种类较多，这些谐振器主要用于微带电路中。下面通过几个具体例子，来说明它们的基本结构形式和应用。

图 5.6−3（a）是微带圆形谐振器（介质径向线谐振器），即介质基片上面的导体带是圆形的，这种谐振器可以较方便地与微带线耦合起来。在谐振器中，场量沿纵向（轴向）不会出现半个驻波的变化，而且，磁力线都分布于横截面内，因此，谐振器中的振荡模式是 TM_{mn0}，主模是 TM_{110}；图 5.6−3（b）中给出了几种 TM_{mn0} 模的场结构图。这种谐振器的固有品质因数较高（但 TM_{010} 的 Q_0 值较低），可用来作为微波半导体管（如体效应管、雪崩二极管）振荡器中的谐振回路。有时为了满足某些特殊要求（如谐波倍频器、参量放大器等），则可把介质基片上的导体带做成椭圆形。

如果把介质基片上的导体带做成圆环状，就构成了微带环形谐振器。这种谐振器中的振荡模式也是 TM_{mn0} 模，主模为 TM_{110}。图 5.6−4 是这种谐振器的结构简图，以及几种 TM_{mn0} 模的场结构图。其中，TM_{m10} 模式的固有品质因数较高。这种谐振器可用于环流器和

混合环电路中，以及滤波器中的单元谐振回路等。在实际应用中，当谐振器是单模工作时，可采用两个微带线对称耦合的方式，以达到单模激励的要求；若有时为了获得简并模，则可以采取不对称耦合的激励方式。图 5.6-5 是这两种耦合激励方式的示意图。环形谐振器中导体带的形状也可以做成矩形环、椭圆形环或其他形状的环。若在介质基片上安置多个互相靠拢、并排列成一行的环，则可以得到由多个谐振回路相耦合而形成的级联电路。调整这些谐振回路的参数和它们相互之间的耦合情况，就可以得到具有不同性能的滤波器。

在谐振器的结构上，与上面讲的情况相反，如果在介质基片的有金属导电层的一面上，把一部分导电层（导体带）腐蚀掉，使露出的介质面构成有一定形状和尺寸的槽缝，而在介质基片的另一面上并不存在金属覆盖层，那么，同样也可以构成谐振器，称为槽线形谐振器，图 5.6-6 是这种谐振器的示意图。如果在介质基片上，根据需要腐蚀出一系列的槽缝，同样也可以构成具有不同性能的滤波器。槽线谐振器或由槽线谐振器构成的滤波器，它们与同轴线或微带线的连接与耦合是比较方便的。图 5.6-7 是它们相互连接和耦合情况的示意图。

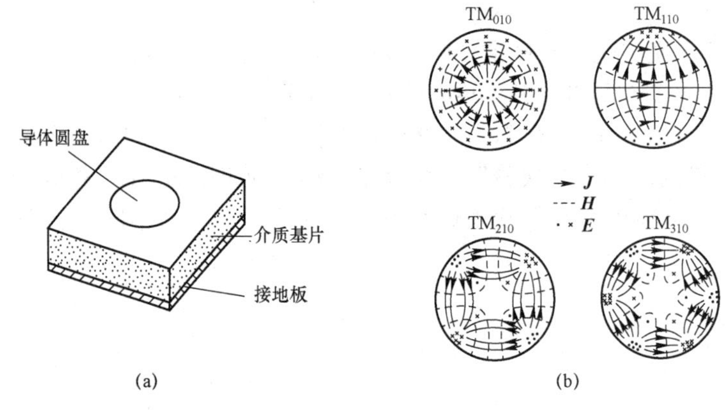

图 5.6-3　微带圆形谐振器及其中的几种模式

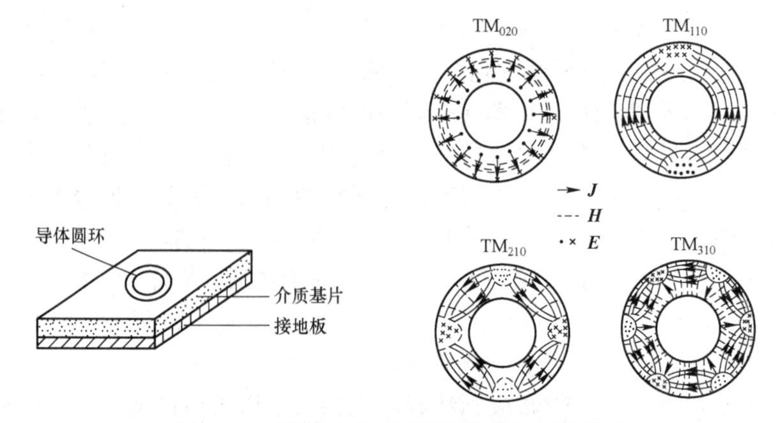

图 5.6-4　微带环形谐振器及其中的几种模式

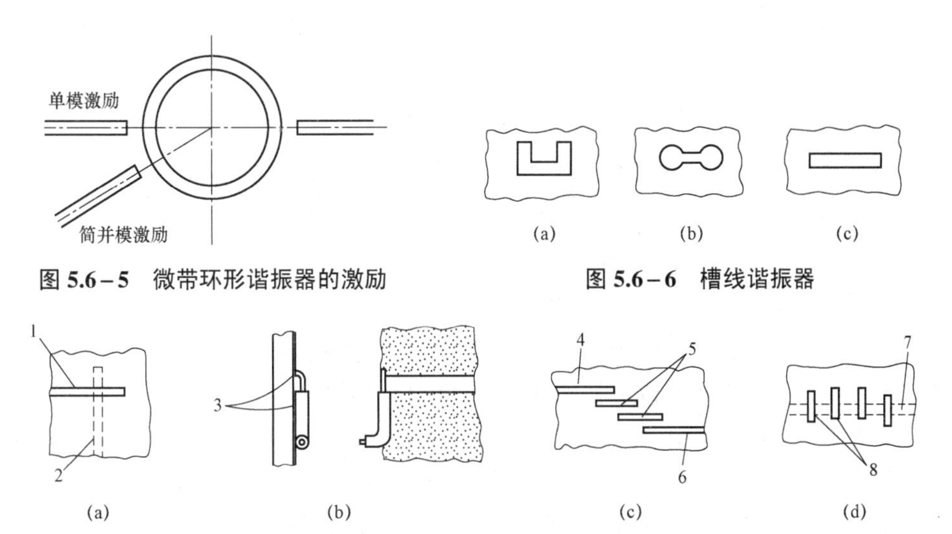

图 5.6－5　微带环形谐振器的激励

图 5.6－6　槽线谐振器

图 5.6－7　槽线与传输线之间的过渡和由槽线谐振器构成的滤波器

（a）槽线与微带线之间的过渡；（b）槽线与同轴线之间的过渡；（c）带通滤波器；（d）带阻滤波器

1—导体带（在介质上面）；2—槽线（在介质背面）；3—用焊接或导电胶连接处；

4—输入槽线；5—谐振槽线；6—输出槽线；7—导体带（在介质背面）；8—谐振槽线

三、渐变形谐振腔

电磁波不仅可以在突变的不连续面之间来回反射，形成纯驻波，构成谐振器，而且也可以在尺寸为缓慢变化的不连续界面之间来回反射，形成纯驻波，而构成谐振器。因此，如果把大尺寸的波导通过其两端的渐变波导与小尺寸的波导连接起来，如图 5.6－8 所示，而且小波导只允许主模传输，那么，当主模在大尺寸波导中激励起高次模时，因为小尺寸波导对它们是截止的，所以高次模的波就会在渐变段波导内来回反射，形成纯驻波，这样，就构成了对高次模而言的谐振腔。这种谐振腔已在微波电子器件中得到应用，利用这种腔可以使高频电磁场与电子束之间的相互作用更加有效，从而可以提高微波电子器件的输出功率和效率。

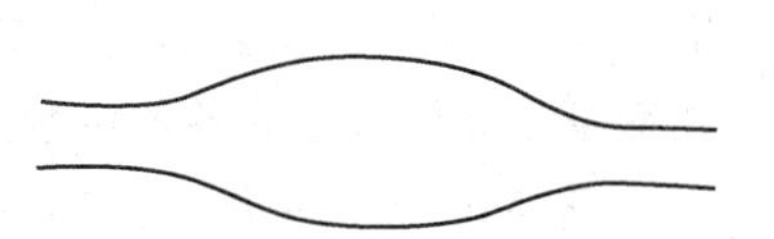

图 5.6－8　渐变形谐振腔

四、开式谐振腔

随着微波波长的缩短，尤其是在毫米波和亚毫米波范围内，封闭式的谐振腔（如圆柱形和矩形金属腔等）由于损耗增加、固有品质因数低，以及难于加工制作等因素，从而给实际应用带来许多不利因素。与封闭式的金属腔相比，开式谐振腔具有单模工作稳定性高、固有品质因数高、调谐和使用方便，以及便于加工制作等优点。因此，在毫米波和亚毫米波范围内，开式谐振腔的应用前景是十分广阔的。

图 5.6－9 是一个凹面开式谐振腔的示意图，两个由金属导体制成的圆口径的凹形反射面共轴安置，反射面的口径尺寸 D，间距 l 都远大于工作波长。如果这些尺寸选择合适，并通过某种方式予以激励，例如通过反射面中心处的小孔由波导激励，那么，电磁波就会在两反射面之间来回反射（波往返一次相位变化为 2π 的整数倍），形成纯驻波场结构，从而构成了一个谐振腔。

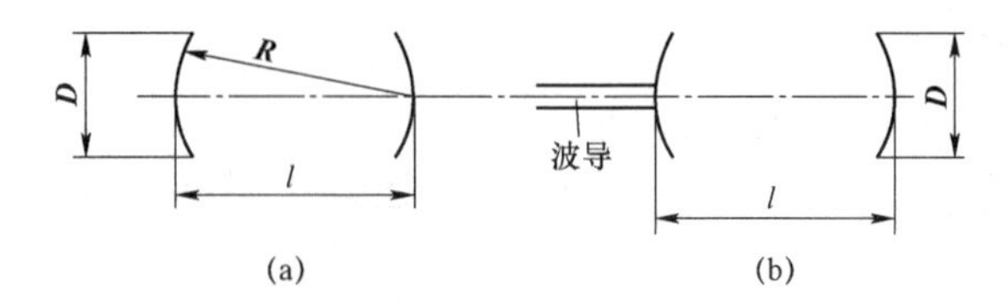

图 5.6－9　凹面开式腔示意图

（a）结构示意图；（b）腔的激励示意图

理论分析说明：开式谐振腔中的电磁场，其纵向（沿间距 l 方向）分量比横向分量小得多，因此，腔中的振荡模式可以近似地认为是 TEM_{mnq} 模，下标中的 m 是场量沿径向变化的模数（即场量零值点的个数，或称半个驻波的个数），n 是场量沿方位角方向（或沿圆周）按正弦或余弦规律变化的整驻波数，q 是场量沿纵向的模数（场量零值点的个数，或称半个驻波的个数）。m、n 和 q 的取值范围可以是 0，1，2，3，…。腔中的主模（基模）是 TEM_{00q} 模，这种模式的能量基本上是集中于腔的轴线（沿 l 方向）附近的空间内；散逸的能量、由于反射面为非理想导体而吸收的能量，以及由于腔与外界相耦合而引起的透射损耗等，都是比较少的，因此，它的固有品质因数也较高，而且单模工作的稳定性也较好。TEM_{00q} 模是开式谐振腔中经常采用的一种模式。

开式谐振腔固有品质因数的定义，与一般谐振腔的定义完全一样，不再重复。开式谐振腔的谐振频率与所选的模式，以及间距 l 有关。当模式给定之后，调节 l 即可改变谐振频率；l 长，频率低，l 短，频率高。因为开式谐振腔的固有品质因数较高，所以频率分辨力也较高，而且操作方便。这样，当把开式谐振腔用作波长计、或用来测定介质的相对介电常数 ε_r 时，都具有比封闭的金属腔更高的精确度。此外，开式谐振腔还可以用来测试毫米波和亚毫米波传输中的各种特性，甚至在激光领域也有着广泛的应用。

图 5.6－9 是由两个凹面反射器构成的开式谐振腔。此外，也可以利用两个平面构成反射器，或者一个凹面和一个平面构成的反射器，甚至还可以利用多个凹面组成反射器。

五、YIG 磁谐振器

前面讲过的谐振器大都是从电磁波的反射而形成纯驻波的角度来讨论的，实际上，如果从谐振器对电磁能量的作用这个角度去看，谐振器又可视为能在很窄频率范围内吸收电磁能量的一种装置。因此，除了前面讲的各种谐振器外，只要能导致电磁能量被谐振吸收的物理机制，也可以构成谐振器，利用铁磁谐振吸收现象的 YIG 磁谐振器就是其中的一例。下面介绍这种谐振器的基本工作原理，并举一个利用 YIG 谐振器构成的波导电调带通滤波器的例子。为此，首先谈一下铁氧体材料的磁性，然后再讨论 YIG 磁谐振器的基本工作原理，最后是举例。

铁氧体是在微波中应用较广的一种材料，它是由 Fe_2O_3 与金属氧化物混合后，经烧结而成的一种磁性材料，是一种复合氧化物。在烧结工艺和机械性能方面，它很像陶瓷，因此又称磁性瓷。从电性能方面来说，铁氧体是一种具有介电性质的半导体材料，在微波中用的铁氧体具有较高的电阻率（$\rho=10^6\sim10^8\ \Omega\cdot\mathrm{cm}$，或更高些），因此涡流损耗很小，而且具有较高的相对介电常数（$\varepsilon_r=8\sim20$）。从磁性方面看，它又像金属磁性材料，是一种磁性物质。其中的 YIG 是微波范围内常用的铁氧体材料之一，这是一种低损耗、磁谐振峰的线宽又很窄的微波铁氧体单晶材料。在微波范围内应用的铁氧体材料中，有一种叫作石榴石型，天然产的成分是$(FeMn)_3Al_2(SiO_4)_3$。如果用人工方法以Fe^{3+}（三价铁元素）取代其中的 Al 和 Si，并用 Y^{3+}（三价钇元素）取代其他的金属，则结晶的结构不变，从而可以得到一种新的铁氧体单晶材料。它的成分为

$$Y_3Fe_5O_{12}=\frac{1}{2}[3Y_2O_3\cdot 5Fe_2O_3]$$

称为钇铁石榴石（Yttrium Iron Garnet），简称 YIG。

现在讨论铁氧体的磁性能。和其他铁磁性物质一样，铁氧体的磁性主要来自电子的自旋。因此，讨论铁氧体的磁性，最简单的物理模型就是用一个旋转着的带电小球来表示电子。这个小球的质量和所带的电量与电子的完全相同。小球既具有机械自旋动量矩 $\boldsymbol{J}$，又具有自旋磁矩 $\boldsymbol{P}_\mathrm{m}$。当铁氧体内有外加的恒定磁场 $\boldsymbol{H}_0$ 时，由于 $\boldsymbol{H}_0$ 对电子自旋磁矩的作用，自旋电子（小球）将受到一个旋转力矩矢量 $\boldsymbol{T}$ 的作用，$\boldsymbol{T}$ 的表示式为

$$\boldsymbol{T}=\boldsymbol{P}_\mathrm{m}\times\boldsymbol{H}_0 \qquad (5.6-3)$$

在一般情况下，$\boldsymbol{T}$ 的作用是力图把 $\boldsymbol{P}_\mathrm{m}$ 拉向与 $\boldsymbol{H}_0$ 一致的方向，但是由于电子的自旋作用，不可能使 $\boldsymbol{P}_\mathrm{m}$ 立即转向 $\boldsymbol{H}_0$ 的方向，而是围绕 $\boldsymbol{H}_0$ 做自由进动，如图 5.6－10 所示。$\boldsymbol{T}$ 是外加的转矩，$\boldsymbol{J}$ 是自旋电子本身的机械转矩，根据力学原理，外加的转矩应等于电子本身单位时间内转矩的变化量，即

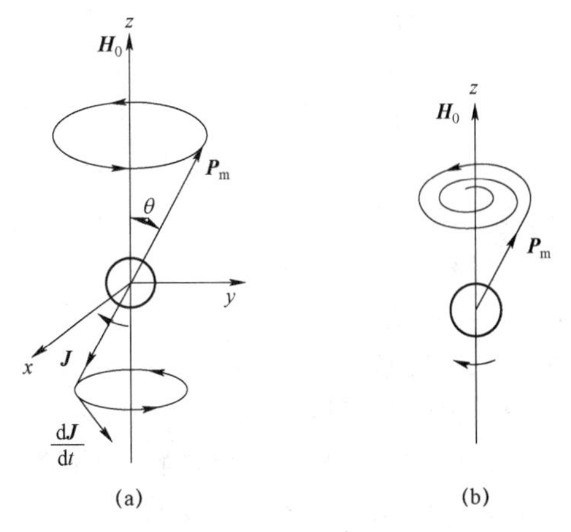

图 5.6－10　电子的进动

（a）无阻尼情况；（b）有阻尼情况

$$\boldsymbol{T}=\boldsymbol{P}_\mathrm{m}\times\boldsymbol{H}_0=\frac{\mathrm{d}\boldsymbol{J}}{\mathrm{d}t} \qquad (5.6-4)$$

可见，加了 $\boldsymbol{H}_0$ 后，电子的动量矩就不断地改变着方向，产生进动，进动方向与 $\boldsymbol{H}_0$ 构成右手螺旋关系。进动的角频率（也称谐振角频率）为

$$\omega_\mathrm{H}=\gamma|\boldsymbol{H}_0| \qquad (5.6-5)$$

式中的 γ 是电子的旋磁比，是一个常数。如果进动的电子不消耗任何能量，或者说不受任何阻力，则进动将持续地进行下去。但实际上，由于进动的电子要克服物质内部的阻尼而损耗能量。因此，如果外界没有能量供给电子，那么，从矢量 $\boldsymbol{P}_\mathrm{m}$（矢量 $\boldsymbol{J}$ 也一样）的进动情况可以看出，进动的夹角 θ 越来越小，进动轨迹也由圆周而变为螺旋线。经过极短的时间，$\boldsymbol{P}_\mathrm{m}$ 就会与 $\boldsymbol{H}_0$ 方向相一致，进动也就停止。图 5.6－10（b）就表示了这种进动过程。

下面讨论另一种情况，即在铁氧体内不仅加有恒定磁场 $\boldsymbol{H}_0$，同时还有与 $\boldsymbol{H}_0$ 垂直、顺 $\boldsymbol{H}_0$ 正方向看去为右旋圆极化的高频磁场作用于铁氧体内，而且高频磁场的角频率 $\omega=\omega_\mathrm{H}=\gamma|\boldsymbol{H}_0|$。这就会使电子进动的幅度加大，如果没有损耗，幅度将无限制地加大下去；但实际上有损耗，幅度不可能无限制地加大下去，而是在高频磁场提供的能量与电子自旋为克服阻尼而损耗的能量相平衡时，幅度便不再扩大，但进动仍在进行，也就是说铁氧体

对微波产生了谐振吸收现象，利用这种现象就可以构成谐振器（磁谐振器）。顺便指出，如果在铁氧体内相对于 $\boldsymbol{H}_0$ 而言加的是左旋圆极化高频磁场，即使令 $\omega=\omega_{\mathrm{H}}=\gamma|\boldsymbol{H}_0|$，但由于它的作用会使电子进动的方向与只有 $\boldsymbol{H}_0$ 时的方向相反，因此高频能量不可能被铁氧体吸收，也即不会产生谐振吸收现象。

利用铁氧体在一定条件下所构成的谐振器，与一般谐振器相比，它有下列一些特点。① 谐振频率仅取决于材料的电磁性能、形状和恒定磁场 $\boldsymbol{H}_0$，而与铁氧体材料的尺寸大小无关。因此，当材料和 $\boldsymbol{H}_0$ 选择合适时，即使是直径以毫米计的铁氧体小球，也可以应用到整个微波波段中去。② 谐振频率可以通过改变 $\boldsymbol{H}_0$ 的大小来调谐，在实际应用中，也就是通过改变用以产生 $\boldsymbol{H}_0$ 的励磁电流的方法来改变谐振频率（通常称之为电调或磁调）。③ 根据铁氧体高频磁导率的张量性质，当用任一与 $\boldsymbol{H}_0$ 垂直的高频磁场来激励铁氧体（小球）时，将会在空间激发出两个互相垂直、同时又均与 $\boldsymbol{H}_0$ 相垂直的高频磁场分量。由此可知，铁氧体（小球）的激励状态，取决于用来激励它的高频磁场与 $\boldsymbol{H}_0$ 的空间关系。由前两个特点可知，铁氧体谐振器具有体积小和调谐范围广等优点。

下面举例说明 YIG 谐振器的应用，图 5.6－11（a）是在矩形波导中利用 YIG 谐振器构成的电调波导滤波器的结构示意图。它的主要部分是两个其高度比通常的波导要低一些的终端短路的矩形波导。两个波导相重叠的部分具有公共的宽壁，并在公共壁的中间位置处沿纵向（y 轴方向）开一个狭窄的小缝隙，在缝隙的上面（波导（1）中）和下面（波导（2）中）各放置一个 YIG 小球。小球的作用是把两个波导耦合起来，但不是对所有的频率都有耦合作用，只是对 $\omega=\omega_{\mathrm{H}}=\gamma|\boldsymbol{H}_0|$及其附近的频率才有耦合作用。现在设 TE_{10} 模式的波从波导（1）向波导（2）传输，由于在狭窄缝隙处只有与缝隙纵向相垂直的磁场分量 H_x，其耦合量很小，因此，当 YIG 小球不是处于谐振状态时，两波导之间几乎没有能量的耦合。但是，如果在 z 轴方向上加一恒定磁场 $\boldsymbol{H}_0$，使 YIG 小球谐振，则波导（1）中的 H_x 通过波导（1）中的小球在空间激发出 H_x 和 H_y，而 H_y（它与缝隙纵向平行，耦合量较大）通过缝隙去激励波导（2）中的 YIG 小球，而后者又在波导（2）中激励出磁场分量 H_x 和 H_y，其中的 H_x 就在波导（2）中激励出 TE_{10} 模式的波。由此可知，由 YIG 磁谐振器所构成的滤波器只允许频率等于（或很靠近）YIG 小球谐振频率的信号通过。在一定范围内调节 $\boldsymbol{H}_0$，亦即调节小球的谐振频率，就构成了一个电调波导带通滤波器。图 5.6－11（b）是一个由装于金属盒内的 YIG 小球（其直径为几个毫米）构成的谐振器，小球上安置了两个其轴线互相垂直的耦合环（线圈）。加了恒定磁场 $\boldsymbol{H}_0$ 后，当通过一个耦合环输入信号的频率与小球的谐振频率相同时，受到激发的小球会在其周围产生磁场，并通过另一耦合环将能量输送出去。当输入信号的频率与小球的谐振频率不相同时，小球不会被激发，输出端也无信号输出。如果 $\boldsymbol{H}_0$ 是由电磁铁产生的，那么，调节电磁铁线圈中的电流，就可以改变谐振器的频率，这样，就可以构成一个电调带通滤波器。另外，在谐振电路中使用 YIG 谐振器，其频率稳定度较高。

顺便指出，YIG 单晶除上述应用外，还可以构成其他各种微波器件（如用作放大器和振荡器的调谐元件等），也可以利用 YIG 单晶构成微带中的带通滤波器。在微带电路中，通常是将 YIG 单晶体小球粘于（或嵌入）介质基片上面，利用耦合环与外电路产生耦合，调节产生恒定磁场的电磁铁线圈中的电流，就可以改变小球的谐振频率，用以构成具有不同用途的微波器件。

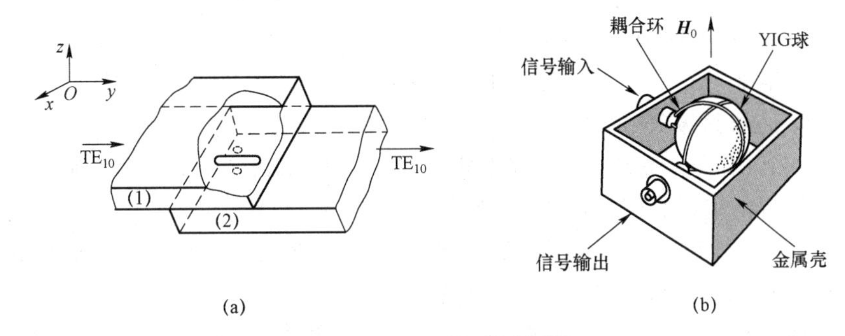

图 5.6-11　YIG 磁谐振器

(a) 电调波导带通滤波器；(b) 用于谐振电路的 YIG 谐振器

习　题

5-1　试说明空腔谐振器具有多谐性，采用哪些措施可以使腔体工作于一种模式？

5-2　谐振腔的固有品质因数与哪些因素有关？什么叫作有载品质因数，什么叫作耦合品质因数，它们与固有品质因数的关系是什么？

5-3　微波谐振腔的基本参量有哪些？这些参量与低频集总参数谐振回路的参量有何异同点？

5-4　一个圆柱形或矩形谐振腔，其尺寸不变，若想改变腔的谐振频率，可采取什么方法？

5-5　利用入射波与反射波相叠加的方法求出：(1) 矩形谐振腔中 TE 模各个场分量的表示式；(2) 矩形谐振腔中 TM 模各个场分量的表示式；(3) 圆柱形谐振腔中的 TE 模各个场分量的表示式；(4) 圆柱形谐振腔中 TM 模各个场分量的表示式。

5-6　一个充有空气介质、内半径为 1 cm 的圆形波导，现在其中放入两块短路板，构成一个谐振腔，工作模式为 TM_{021}，谐振频率为 30 000 MHz，试求两短路板之间的距离。

5-7　空气填充的一个内半径为 R、长为 l 的圆柱形谐振腔，试问：当 $l<2.1R$ 时，腔中最低次的振荡模式是什么？若 $l>2.1R$，腔中最低次的振荡模式是什么？

5-8　一个内半径为 R 的圆柱形谐振腔，振荡模式为 TE_{011}，腔内全填充相对介电常数为 ε_r 的介质，当腔长为 l_1 时，谐振频率为 f_r；若将腔内的介质取出，当调节腔的长度为 l_2 时，谐振频率仍为 f_r，试求 ε_r 与 R、l_1 和 l_2 之间的关系。

5-9　一个空气填充的谐振腔，谐振波长为 λ_r，谐振频率为 f_r，设腔体尺寸不变，若腔中全填充相对介电常数为 ε_r 的介质时，问：λ_r 和 f_r 有无变化，如何变化？若要求 f_r 不变，λ_r 变否，如何变化？

5-10　设 $W_e(t)$ 和 $W_m(t)$ 分别为谐振腔内的电场和磁场的储能，试以空气填充的、振荡模式为 TE_{101} 的无耗矩形腔（尺寸为 $a\times b\times l$）为例，证明：当角频率 ω 与腔的谐振角频率 ω_r 相等时，$W_e(t)$ 与 $W_m(t)$ 之和为一常数。试问：当 $\omega>\omega_r$ 和 $\omega<\omega_r$ 时，情况又如何（场量随时间的变化为简谐振荡）？

5-11　一个内半径为 5 cm、长为 20 cm、空气填充的圆柱形谐振腔，试求其最低的谐振频率和相应的振荡模式。若在腔内安置一内导体，使之成为同轴线型谐振腔（振荡模式为 TEM），试求其最低的谐振频率。

5-12　试画出圆柱形谐振腔中 TM_{010} 振荡模式的场结构图、场量的幅值沿半径的分布图。画出腔体内表面上表面电流密度矢量的方向，并指出其幅值沿腔的半径和轴向的变化规律。

5-13　一个空气填充的振荡模式为 TM_{010} 的圆柱形谐振腔，应采取什么调谐机构？若欲使谐振频率升高或降低，调谐机构的运动方向如何？简述其理由。

5－14　有一个半径 5 cm、长 10 cm 的圆柱形谐振腔；另一个是半径 5 cm、长 12 cm 的圆柱形谐振腔。试求它们工作于最低振荡模式的谐振频率（腔内为空气介质）。

5－15　设计一个工作于 TM_{010} 振荡模式的圆柱形谐振腔，谐振波长为 3 cm，若要求腔内不存在其他振荡模式，试求腔的直径和腔的长度（腔内为空气介质）。

5－16　设计一个工作于 TE_{011} 振荡模式的圆柱形谐振腔，谐振波长为 10 cm，欲使其无载品质因数尽量大一些，试求腔的内直径和长度（腔内为空气介质）。

5－17　一个内半径 5 cm、长 10 cm 的圆柱形谐振腔，试求其工作于最低振荡模式的谐振频率。若腔体用电导率 $\sigma=1.5\times10^7$ S/m 的黄铜制作，试求腔体的无载品质因数。若在腔的内壁上镀以电导率 $\sigma=6.17\times10^7$ S/m 的银，试求腔体的无载品质因数。若腔的内壁上镀以电导率 $\sigma=4.1\times10^7$ S/m 的金，试求腔的无载品质因数。

5－18　内半径 5 cm、长 15 cm 的圆柱形谐振腔，试求其工作于最低振荡模式的谐振频率和无载品质因数（用 $\sigma=1.5\times10^7$ S/m 的黄铜制作）。

5－19　已知圆柱形波长计的工作模式为 TE_{011}，直径 $D=3$ cm，D 与腔体长度 l 之比的平方 $(D/l)^2$ 的变化范围是 2～4，试求波长计的频率变化范围和腔长变化范围。

5－20　用一个工作于 TE_{011} 振荡模式的圆柱形谐振腔作为波长计，频率范围是 2.84～3.2 GHz，试确定腔体的尺寸。

5－21　一个空气填充的铜制正方形谐振腔（尺寸为 $a=b=l=2.3$ cm），振荡模式为 TE_{101}，试求谐振波长。若在腔体内表面上分别镀以电导率为 $\sigma=6.17\times10^7$ S/m 的银和 $\sigma=4.1\times10^7$ S/m 的金，试求腔的固有品质因数。

5－22　一个空气填充的矩形谐振腔，其宽、高、长的尺寸分别为 $a=4$ cm、$b=2$ cm、$l=5$ cm，试求腔分别工作于 TE_{101}、TE_{201}、TM_{111} 等谐振模式的谐振频率。

5－23　一个空气介质填充的矩形谐振腔，它的尺寸为 $a=b=l=3$ cm，用电导率 $\sigma=1.5\times10^7$ S/m 的黄铜制作，试求工作于 TE_{111} 模的固有品质因数。

5－24　要求制作这样的一个矩形谐振腔：当工作波长为 10 cm 时，振荡模式为 TE_{101}；当工作波长为 5 cm 时，振荡模式为 TE_{103}，试求腔体的尺寸。

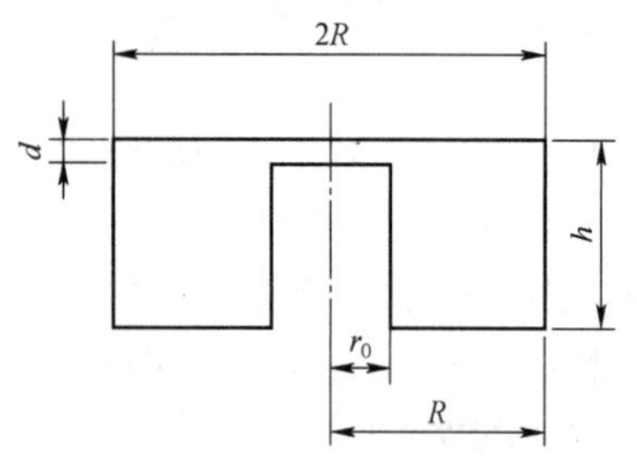

图 P5－1　习题 5－25 用图

5－25　有一个速调管中用的环形谐振腔（填充介质为空气），它的尺寸如图 P5－1 所示。工作频率为 3 000 MHz，尺寸为：$r_0=10$ mm，$R=22$ mm，$h=7$ mm，$d=1$ mm，问：若使其工作频率增加 50 MHz，电容应改变多少？d 增大还是减小，并计算出 d 的改变量的近似值。

5－26　一电容负载式同轴线谐振腔，其内导体的外直径为 0.5 cm，外导体的内直径为 1.5 cm，终端负载电容为 1 pF，若要求谐振腔的谐振频率为 3 000 MHz，试确定腔体的尺寸。

5－27　有一个 $\lambda_r/4$ 同轴线型谐振腔，其内导体的外直径为 d，外导体的内直径为 D，用电导率 $\sigma=1.5\times10^7$ S/m 的铜制作，填充介质为空气。若忽略短路板的损耗，试求：（1）无载品质因数的表示式；（2）当 D/d 为何值时，无载品质因数有最大值？

5－28　要求设计一个 $3\lambda_r/4$ 同轴线型谐振腔（工作模式 TEM），工作波长为 5 cm，若要求腔内不存在干扰模式，试确定腔的内导体的外直径 d 和外导体的内直径 D，以及腔的长度 l（提示：为了使固有品质因

数 Q_0 较高，可使 $D/d=3.6$）。

5－29　试举出电容加载同轴型谐振腔的两种调谐方法，画出调谐机构的示意图。

5－30　在空气填充的圆柱形谐振腔中，试求出下列振荡模式磁场分量的幅值沿腔体内半径 r 方向变化时，r 为何值时才能得到最大值。这些模式为：TE_{011}，TE_{021}，TE_{211}，TE_{111}，TM_{010} 和 TM_{011}。

5－31　用矩形波导（传输模式为 TE_{10}）激励工作于下列振荡模式的谐振腔时，在尽量减少干扰模式的情况下，应采用何种激励方式，说明（或画出示意图）激励机构（孔、环、探针等）在波导和腔体上的位置。这些振荡模式为圆柱形谐振腔中的 TE_{011}、TM_{010} 和 TE_{111}，矩形谐振腔中的 TE_{101}。

5－32　欲用空腔谐振器测介质的相对介电常数，试简述其基本原理和方法。

5－33　简述介质谐振器与由金属波导构成的空腔谐振器的异同点。在制作介质谐振器时，为什么通常都采用高介电常数的材料？

5－34　一个空气填充的矩形波导，其横截面尺寸为 $a\times b=23\ \text{mm}\times 11\ \text{mm}$，传输模式为 TE_{10}，工作频率 $f=10\ \text{GHz}$，现欲将波导制作成一个工作于 TE_{101} 模式的矩形谐振腔，为此在波导某一横截面 A 处放置一很薄的金属板，将横截面封住，在距 A 一定距离的 B 处放置一块金属板，这样就构成了一个谐振腔。问：A 与 B 之间的距离是多少？

第6章　常用（无源）微波元件

微波元件在微波技术领域中有着广泛的应用，是微波系统的重要组成部分之一。微波元件的种类很多，从大的方面讲可分为三大类：线性互易元件、线性非互易元件和非线性元件。当然，也可按其他标准分为波导型、同轴线型、带状线和微带线型等。因为微波元件种类繁多、性能各异，而且正处于日新月异的发展中，因此，不可能、也无必要对所有的微波元件都进行讨论。本章只对常用的、最普通的无源线性微波元件做一简要介绍，目的在于使读者对这些元件有所了解，为学习微波技术领域中的其他内容打下初步的基础。需要说明的是，目前作为商品出售的微波元件，与早期的微波元件相比，在结构形式、操作机构、精确度等方面都有很大的改进，但在工作原理和基本结构方面两者是相通的。因此，只要掌握了最基础的知识，就不难了解新出现的微波元件的工作原理和性能。

鉴于上述目的，本章着重讲授这些元件的基本工作原理、基本结构和主要用途，而不过多地涉及这些元件的设计和计算。在讲授次序和分类方面，由于本章内容所限，不可能按前面讲的方法分类，而只能按元件的用途做一大致的分类。本章主要内容有：连接元件、变换元件、分支元件、终端元件、移相器和衰减器、定向耦合器、滤波器、场移式隔离器和Y形结环行器等。

§6.1　连接元件

在微波传输系统中，在信号源与负载之间，常用一种或几种不同类型和规格的传输线段（如同轴线、波导等）来连接，同时还可能含有起各种不同作用（如调配、检测、分支和转换等）的一些微波元件。为了把传输线段和微波元件依次连接成一个完整的系统，这就需要各种传输线接头和各种变换（过渡）连接元件。这些接头和变换元件，对保证传输系统的电气和机械性能有着重要的作用。因为工作波段、模式的不同，连接元件的类型和结构形式也不同，且种类较多，本节只讲常用的两种连接元件：波导接头和同轴线接头。

一、矩形波导接头

（一）抗流式接头

抗流式接头的结构示意图如图 6.1－1 所示。它是由一个带圆形抗流槽的法兰盘和一个不带抗流槽的平法兰盘对接而成的。在两段被连接的波导口部，并不要求直接接触，而是留有很小的缝隙。这种接头的工作原理如下。设圆形槽的深度为 l_2，宽度为 b_2。令

$$l_2 = \frac{\lambda_{g2}}{4} \tag{6.1-1}$$

式中的 λ_{g2} 是圆形槽内模的导波波长。若被连接波导内传输的是 TE_{10} 模，则在圆槽内被激励的是同轴线中的 TE_{11} 模，则 λ_{g2} 即为与 TE_{11} 模相对应的导波波长。由 B 点看去的输入阻

抗为

$$(Z_{in})_B = jZ_{c2}\tan\beta_2 l_2 \tag{6.1-2}$$

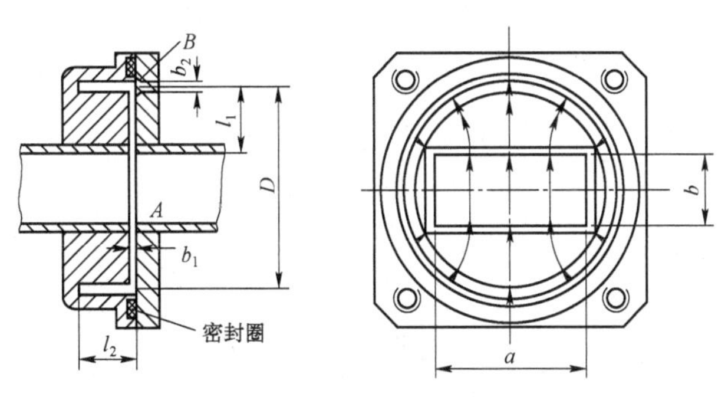

图 6.1-1　抗流式波导接头

式中，Z_{c2} 为 l_2 段传输线的特性阻抗；β_2 为

$$\beta_2 = \frac{2\pi}{\lambda_{g2}}$$

在中心频率处，$(Z_{in})_B$ 的值等于无限大，实际上它是一个数值很大的电抗。设第一段的长度为 l_1，宽度为 b_1（即两段波导对接后的缝隙），若不计 B 点处的接触电阻和由于功率漏失而形成的辐射电阻，则从 A 点看去的输入阻抗为

$$(Z_{in})_A = Z_{c1}\frac{(Z_{in})_B + jZ_{c1}\tan\beta_1 l_1}{Z_{c1} + j(Z_{in})_B\tan\beta_1 l_1} \tag{6.1-3}$$

式中，Z_{c1} 为 l_1 段传输线（径向传输线）的特性阻抗；β_1 为相应于径向线内传输模式的相移常数；λ_{g1} 为相应的导波波长。令

$$l_1 = \frac{\lambda_{g1}}{4} \tag{6.1-4}$$

这样，在中心频率处，$(Z_{in})_A = 0$，从而在两段波导的对接处形成了等效的短路，相当于把两个波导连在了一起。

现在讨论如何把这种接头的工作频带展宽的问题。上面讲的是对中心频率而言的，短路情况较好，实际上接头是工作在一定频带范围内的。若频率偏移中心频率某个百分数，则原来的 $\beta_1 l_1$ 和 $\beta_2 l_2$ 也将分别偏离 $\pi/2$ 一个很小的弧度数 δ_1 和 δ_2，这样，原来的 $\tan\beta_1 l_1$ 和 $\tan\beta_2 l_2$ 将变为

$$\tan\beta_1 l_1 = \tan\left(\frac{\pi}{2} + \delta_1\right) \tag{6.1-5a}$$

$$\tan\beta_2 l_2 = \tan\left(\frac{\pi}{2} + \delta_2\right) \tag{6.1-5b}$$

因 δ_1 和 δ_2 很小，则上式可近似为

$$\tan\beta_1 l_1 \approx \frac{-1}{\delta_1} \tag{6.1-6a}$$

$$\tan\beta_2 l_2 \approx \frac{-1}{\delta_2} \tag{6.1-6b}$$

将此式代入式（6.1－3）中，得

$$(Z_{\rm in})_{\rm A} = -{\rm j}Z_{\rm c1}\frac{\delta_1 + \dfrac{Z_{\rm c1}}{Z_{\rm c2}}\delta_2}{\dfrac{Z_{\rm c1}}{Z_{\rm c2}}\delta_1\delta_2 - 1} \tag{6.1-7}$$

考虑到（$Z_{\rm c1}/Z_{\rm c2}$）$\delta_1\delta_2 \ll 1$，则有

$$(Z_{\rm in})_{\rm A} \approx {\rm j}Z_{\rm c1}\left(\delta_1 + \frac{Z_{\rm c1}}{Z_{\rm c2}}\delta_2\right) \tag{6.1-8}$$

可见，在 A 点处的输入阻抗不再是零，而是一个数值很小的电抗。若假设主波导终端接有等于其波型阻抗 $Z_{\rm c}$ 的匹配负载，从接头处向负载看去的驻波比 $S=1$，现在由于$(Z_{\rm in})_{\rm A} \neq 0$，在接头处有反射波，使驻波比 S 增大。反射系数 $\varGamma$ 和驻波比 S，可用下面的近似方法进行估算。从主波导通过接头向负载看去的反射系数 $\varGamma$ 为

$$\varGamma = \frac{[Z_{\rm c} + 2(Z_{\rm in})_{\rm A}] - Z_{\rm c}}{[Z_{\rm c} + 2(Z_{\rm in})_{\rm A}] + Z_{\rm c}} = \frac{2(Z_{\rm in})_{\rm A}}{2Z_{\rm c} + 2(Z_{\rm in})_{\rm A}} \tag{6.1-9}$$

式中的 $Z_{\rm c}$ 为主波导的波型阻抗，同时也是主波导终端匹配负载的阻抗。因为$|(Z_{\rm in})_{\rm A}| \ll Z_{\rm c}$，所以可略去上式分母中的 $2(Z_{\rm in})_{\rm A}$，则上式变为

$$\varGamma \approx \frac{(Z_{\rm in})_{\rm A}}{Z_{\rm c}} \tag{6.1-10}$$

驻波比 S 为

$$S = \frac{1+|\varGamma|}{1-|\varGamma|} \approx 1 + 2|\varGamma| = 1 + 2\left|\frac{(Z_{\rm in})_{\rm A}}{Z_{\rm c}}\right| \tag{6.1-11}$$

由此可知，若要求 S 小，则要求$|(Z_{\rm in})_{\rm A}|$要小。由$(Z_{\rm in})_{\rm A}$的表示式（6.1－8）知，即要求 $Z_{\rm c1} \ll Z_{\rm c2}$，进一步说，就是要求 $b_1 \ll b_2$。

在实际的抗流式接头设计中，l_2 的计算很容易，而 l_1 段由于为径向线，计算起来较烦琐，但可从有关手册的曲线中求出 l_1 的值。需要指出的是，上述计算过程并未考虑接头处、槽缝拐弯处不连续性造成的影响。因此，实际的尺寸应在理论计算的基础上由实验来确定。目前抗流式接头已有很多标准化的设计数据可供选用，在选用时应注意到设计数据的中心频率和带宽是否符合要求。这种抗流式接头，若设计得当，可以使在中心频率两边±10%的带宽内驻波比 S＜1.02，或在±15%的带宽内 S＜1.05，若设计不当，只能使在±6%的带宽内 S＜1.05。

抗流式接头的优点是：安装方便，允许有不太大的安装偏差；当要求波导密封或内部充气时，用带有密封槽的抗流式接头，可得到较好的气密性。其缺点是：频带不太宽，当被连接的两段波导横向错位太大时，会使波导内驻波比增大，并因此而可能产生击穿现象；此外，必须是一个带槽的法兰盘和一个平法兰盘相配合，若两个都带槽，则性能会变坏，这在使用上会有所不便。

顺便指出，对于圆形波导中用的抗流式接头，它的工作原理、尺寸选择等原则上与矩形波导的情况一样，所不同的只是圆形波导中一般传输的模式是 TM_{01}。

（二）接触式接头

这种接头是在待连接的两波导的端口上各安装一个平法兰盘（有的有密封槽），用机械的方法使两波导直接接触，口径要严格对准，使其有良好的电接触。图 6.1－2 是接触式波导接头中的一种。由于工作波段不同，尺寸也就不同，而且具体的结构形式也是多种多样，在此不逐一讨论。在实际应用中，对于传输 TE_{10} 模的矩形波导而言，其窄壁无纵向电流，因而对窄壁的接触要求可以低些，而宽壁有纵向电流，则要求应高些。这种接头的优点是：在保证加工精度和对接准确的情况下，具有良好的电气性能，接头处的驻波比易于达到 1.01 以下，高精度的甚至可达 1.002；损耗和能量漏失较小；对频率不敏感，即频带较宽，在整个工作频带内具有基本一致的性能；加工方便。因此，在厘米波段中波长较短的范围内、在毫米波段，由于上述的优点，这种接触式接头用得较多。其缺点是：加工精度要求高、安装要准确，属刚性连接，若由于外界因素的影响而稍有错位时，性能便会下降。另外，若不采取特殊措施，这种接头的气密性较差，因此，可采用密封橡胶垫圈，并同时采用导电良好的金属弹性垫片，或镶嵌于浅槽中的铟丝，以达到既能密封又能保持良好接触的目的。

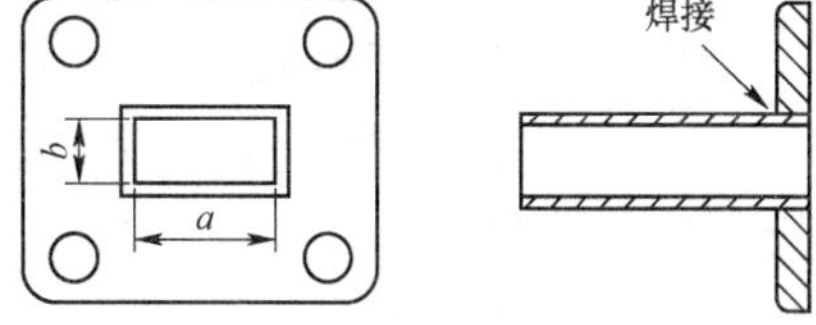

图 6.1－2　接触式波导接头

二、同轴线接头

这里所讲的几种接头是用于较大功率硬同轴线的接头，不是功率较小的软同轴线接头。

同轴线接头也有抗流式和接触式两种。在实际应用中，同轴线的种类和结构形式繁多，与此相应，接头的种类和结构形式也多种多样，并有专门的资料和手册可供查阅，因此没必要、也不可能都予以讨论。尽管种类和形式繁多，但都应满足同样的技术要求：接触好、匹配好、驻波比小、频带宽和能承受一定的功率。因此，我们只需要讨论几个比较典型和比较传统的接头，就可以了解在接头的设计和应用中，如何满足这些技术要求，以达到举一反三的目的。由于接触式同轴线接头对频率上限、功率以及特性阻抗等的要求不同，种类繁多，所以，对此只做简单介绍。

（一）抗流式同轴线接头

图 6.1－3 是抗流式同轴线接头中的一种结构形式的简图。在接头的内、外导体上都采用终端短路、全长为 $\lambda/2$ 波长的串联支线，并将机械接触点安排在距支线短路端为 $\lambda/4$ 波长处（电流节点处）。这样，不论接触点情况如何，在内、外导体上的接缝 A 和 B 处，都等效于短路（其原理和矩形波导抗流式接头的一样）。为了展宽频带，可使支线中靠近短路端的那个 $\lambda/4$ 波长线段的特性阻抗远大于支线中远离短路端的那个 $\lambda/4$ 波长线段的特性阻抗，即前者抗流槽缝隙的宽度远大于后者抗流槽缝隙的宽度。另外，还可把内导体上的接缝 A 处与外导体上的接缝 B 处，沿轴线方向错开 $\lambda/4$ 波长的距离，这样，当工作频率偏

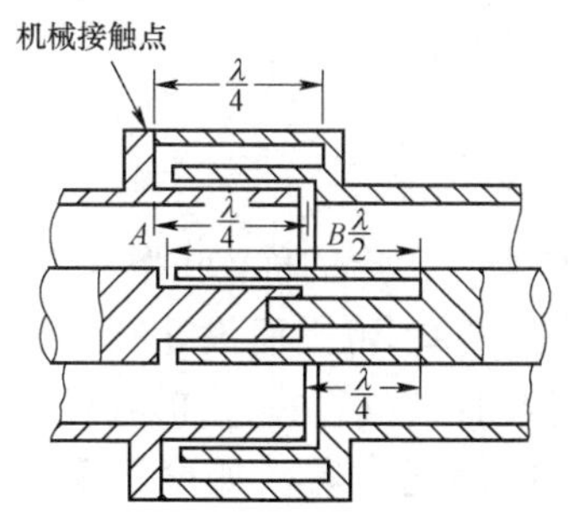

图 6.1－3　抗流式同轴线接头

离了中心频率时，即使 A 处的输入阻抗 Z_A、B 处的输入阻抗 Z_B 均不再为零，但由 Z_A 和 Z_B 所引起的反射波却可以部分地相抵消，从而降低了主传输线中的驻波比，展宽了频带。设计较好的这种接头，可在相对带宽约 30%的范围内使用。若在图 6.1－3 所示的机械接触点处安置适当的轴承，再加上密封垫圈和外套，就可以使被连接的两段同轴线做相对的转动，因此，它常被用作馈线中的旋转关节。在一般情况下，这种接头由于其结构复杂，而较少被采用。

（二）接触式同轴线接头

这一类接头习惯上称为同轴线接头。同轴线是一种应用很广泛的传输线，其原因是它无频率下限和无色散（当工作于 TEM 模时），具有较宽的频带，而且便于与微带电路相连接。由于工作频段、功率容量、特性阻抗不同，因此同轴线接头的规格也有多种。从特性阻抗方面看，50 Ω 和 75 Ω 的用得较普遍。在接头的设计上，要求内、外导体连接处不仅有良好的接触，而且还要保持几何形状的连续性，还要解决支撑绝缘子的设计以及接头与同轴线体或电缆的过渡等问题。可见，这种接头的设计与制造是比较复杂的。同轴线不仅在分米波段，而且在厘米波段和毫米波段也都得到了应用。下面简要地介绍几种常用的接头。

（1）通用式同轴线接头。这种接头既可装在各种同轴元件和微带元件上，又可装在同轴电缆和小型硬同轴线上，还可装在仪器的面板上作为输出、输入端口，即是说，它具有较好的通用性。在这一类接头中应用较广泛的一种就是 N 型接头（国产的称为 L16 型），这是一种由插头和插座配合而成的接头，是一种用螺纹连接的有“极性”的接头。图 6.1－4 是安装在同轴线上的一个 N 型接头（插头和插座）的剖面图。它的特性阻抗大多为 50 Ω。插头的外导体带有纵向切槽的圆筒（不切槽也可），内导体是带有锥度的插针，配合时，插头的圆筒插入到插座中稍带锥度的台阶处，与插座的外导体接触；插头的内导体则插入带有纵向切槽的插座的内导体，与插座的内导体接触。这种接头性能较好，频带较宽。例如，在从直流直到 10 GHz 的范围内，驻波比一般不超过 1.25；而精密的 N 型接头，在从直流直到 18 GHz 的范围内，驻波比一般不超过 1.08。此外，在实际应用中，还应注意接头与同轴线或同轴电缆连接要好，否则也会使驻波比增加。

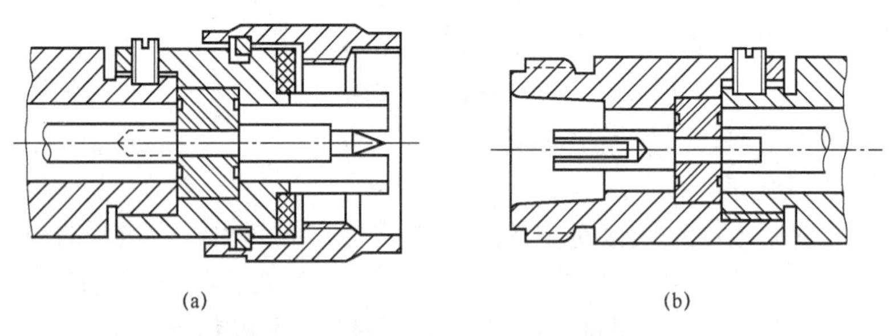

图 6.1－4　装于硬同轴线上的 N 型插头和插座

（a）插头；（b）插座

（2）小型同轴线接头。这类接头中有一种是卡口连接的 BNC 型（国产的称 Q9 型），它主要用于视频和中频波段，为了能与微带线相配合，并用于更高的频率范围而设计制造了 3.5 mm 和 1.25 mm 的小型和超小型接头（尺寸均指所配同轴线外导体的外直径），前者可用到 26.5 GHz，后者可用到 40 GHz。这种接头的内外导体间连续填充介质（如聚四氟乙烯）。图 6.1－5 是 3.5 mm 小型同轴线接头的剖面图。

（3）大功率硬同轴线接头。在有些设备中所用的大尺寸硬同轴线，由于传输功率较大，因此对接头的设计又有一些特殊要求，如：连接后的接触电阻要小，以避免损耗过大或引起发热；减少棱角，以避免击穿；较高的机械强度；较好的气密性等。图 6.1－6 是硬同轴线中常用的一种接头的结构图。它在结构上的主要特点是：在插头、插座的外导体上均有凸缘，并各带有一个方形法兰套，这样，用螺栓连接后，就有较强的机械强度；凸缘端面上的槽内放有橡胶垫圈，以保证有一定的气密性；插头内导体的顶部具有一定的锥度和纵向切槽，以便与插座上的管状内导体有良好的接触。

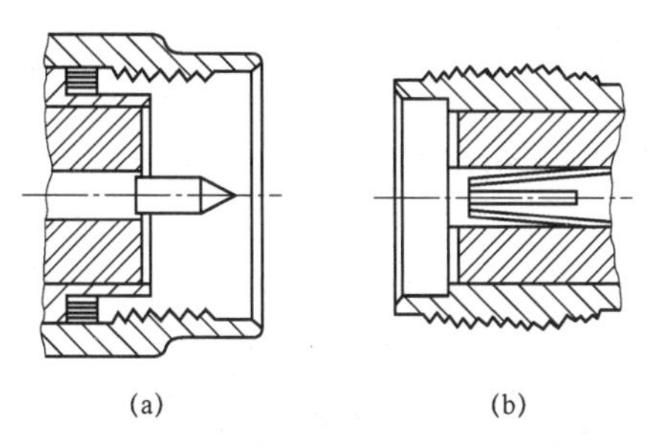

图 6.1－5　小型同轴线接头剖面图

（a）插头；（b）插座

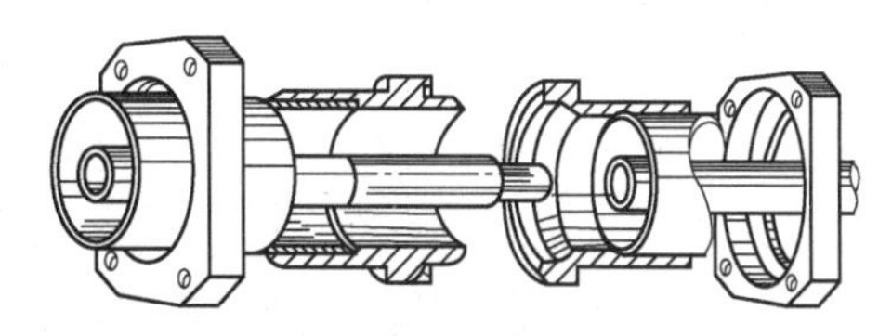

图 6.1－6　大功率硬同轴线接头

关于同轴线接头，除上述的一些类型外，还有一种称为精密平接头（国产的称为 PJ 型接头）。互相配合的两个接头在结构上完全一样，见图 6.1－7（a）和（b），无插头、插座之分，内、外导体的接触面处于同一个平面上。图 6.1－7 是这种接头的剖面图。配合时，两个外导体的端面对正压紧，内导体的端部略带弹性，并稍长于外导体端面，配合后相互挤压，直到与外导体端面相齐为止，从而形成内、外导体的良好接触。这种接头可以承受较大的功率。

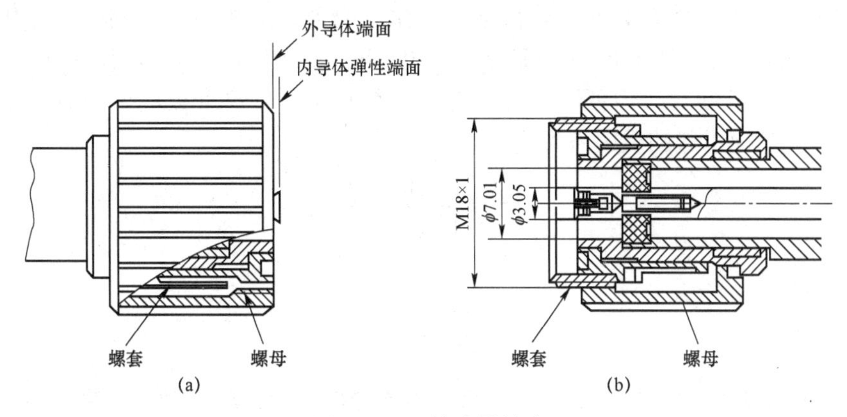

图 6.1－7　精密平接头

（a）接头左半部；（b）接头右半部

§ 6.2　变 换 元 件

本节要讨论的是不同类型或不同尺寸传输线之间的变换装置。这类元件大致可分为三类，即：类型、模式和特性阻抗（或波型阻抗、或等效阻抗）相同，但尺寸不同的传输线之间的变换装置；类型、模式相同，但特性阻抗不同的传输线之间的变换装置；把一种传输线中的模式变换为另一种传输线中的模式的模式变换装置。

一、传输线尺寸变换器

特性阻抗相同，但尺寸不同的两个同轴线之间的连接即属于这类问题，如图 6.2-1 所示，这是两个同轴线直接对接的情况。已知同轴线的特性阻抗（填充介质为空气时）为

$$Z_c = 60\ln\frac{D}{d} \tag{6.2-1}$$

式中，D 为同轴线外导体的内直径；d 为内导体的外直径。两同轴线的特性阻抗相等，即

$$\frac{D_1}{d_1} = \frac{D_2}{d_2} \tag{6.2-2}$$

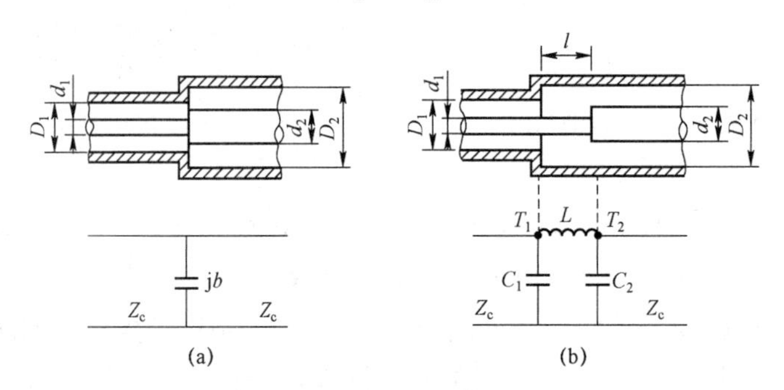

图 6.2-1　同轴线的尺寸变换

（a）尺寸突变；（b）移位补偿结构

在两同轴线的交界处尺寸有突变，使得电场产生了变形，这相当于激励起了非传输型的高次模，它的影响相当于在传输线上并联了一个电容（它的电纳为 jb），如图 6.2-1（a）所示。这样，两个同轴线对接后便不能达到匹配。假设从尺寸突变处向两边看去是匹配的，则在突变处由电容而引起的反射系数为

$$\varGamma = \frac{1-(1+\mathrm{j}b)}{1+(1+\mathrm{j}b)} \tag{6.2-3}$$

当 b 的数值很小时，有

$$|\varGamma| = \frac{b}{2} \tag{6.2-4}$$

式中，b 是等效电容的归一化电纳值。可见，不连续性越大、频率越高，失配也越严重。而且不连续性还会降低传输功率的容量（因为突变处易击穿）。为了解决这个问题，可采取下面两种方法。

一种方法是，如图 6.2-1（b）所示，将内外导体的突变处沿轴线错开一段距离 l。处于 l 段范围内的这段同轴线的单位长度的电感为

$$L = \frac{\mu}{2\pi}\ln\frac{D_2}{d_1} \tag{6.2-5}$$

这个电感比 l 段两端的同轴线的电感要大。l 段同轴线单位长度电容为

$$C=\frac{2\pi\varepsilon}{\ln\frac{D_2}{d_1}} \tag{6.2-6}$$

这个电容比 l 段两端的同轴线的电容要小。上式中的 μ 和 ε 分别为同轴线内填充介质的磁导率和介电常数。在 l 比工作波长小得多的情况下，可将长度为 l 的高阻抗线等效为一个串联电感，而把 l 段两端的不连续处（即 T_1 和 T_2）的影响分别等效为并联电容 C_1 和 C_2，如图 6.2－1（b）所示。这是一个低通滤波网络，它的串联电感为

$$L'=Ll=\left(\frac{\mu}{2\pi}\ln\frac{D_2}{d_1}\right)l \tag{6.2-7}$$

而电容 C_1 和 C_2 可用电磁场理论中的方法或本章 §6.10 中的方法求出它们的近似值。根据 π 形网络的性质，假设 $C_1=C_2=C/2$，那么，当工作频率远低于网络的截止频率

$$f_c=\frac{1}{\pi\sqrt{L'C}} \tag{6.2-8}$$

时，网络的特性阻抗近似为

$$Z_{cL}=\sqrt{\frac{L'}{C}} \tag{6.2-9}$$

而且 Z_{cL} 随频率的变化很小。适当选择 l 的长度，使 Z_{cL} 近似等于 l 两端同轴线的特性阻抗 Z_c，就能在较宽的频带内使原来的两个同轴线连接之后近似地实现匹配。

另一种方法是，在原来的两个同轴线之间采用锥形过渡段，如图 6.2－2 所示。为了使过渡段内的特性阻抗等于原来两段同轴线的特性阻抗，并保持不变，则应使过渡段内外导体的锥面共顶点，两锥形的底部处于同一平面内，这样，就得到下面的公式

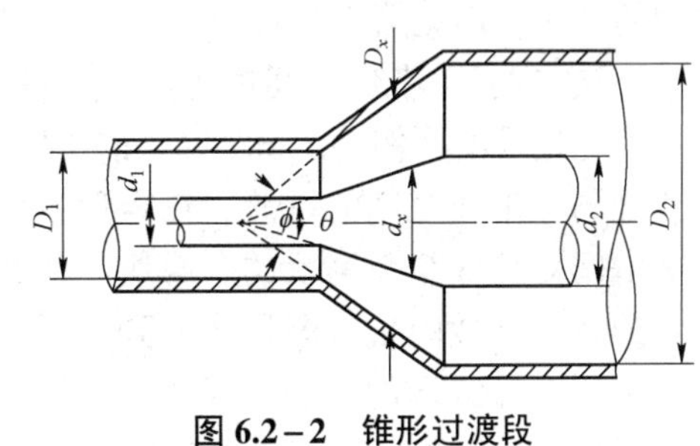

图 6.2－2　锥形过渡段

$$\frac{D_x}{d_x}=\frac{D_1}{d_1}=\frac{D_2}{d_2}=\frac{\tan\frac{\phi}{2}}{\tan\frac{\theta}{2}} \tag{6.2-10}$$

式中，D_x 和 d_x 分别表示锥形过渡段内任意一截面处外导体的内直径和内导体的外直径；θ 和 ϕ 分别为过渡段内外导体锥面的锥顶张角。这种结构在锥面与圆柱面的交界处仍有不连续性电容的影响，但随着锥面长度的增加、锥顶角的减小，不连续性的影响也会减小。一般可以取 $\frac{\theta}{2}=12°\sim18°$。若锥顶角较大，为了补偿不连续性电容的影响，可以将内外导体锥面的顶点和两锥形的底面沿轴线错开一段距离。需要指出，式（6.2－10）是一个近似公式，因为这是按照锥形过渡段内是纯 TEM 模计算的，而实际上已不再是纯 TEM 模了。

下面讲同轴线到带状线和微带线的变换（过渡）。同轴线到带状线的变换，通常也属于

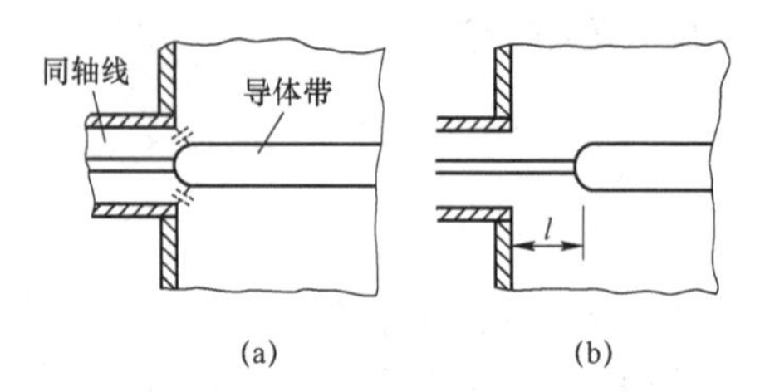

图 6.2－3　同轴－带状线过渡
（a）直接对接；（b）错开距离 l

特性阻抗相同、模相同（都是 TEM 模），但尺寸不同的传输线间的连接问题。同轴线和带状线虽然都是工作于 TEM 模，但两者的结构形式和场分布却不同，因此两者直接对接后，在结构和尺寸的突变处会产生不连续电容的影响，易引起反射波和电击穿现象。图 6.2－3（a）是直接对接的情况。为了解决这个问题，可采取与前面讲过的解决同轴线问题的相同方法，即将二者内导体的连接处相对于二者外导体的连接处错开一段距离 l，如图 6.2－3（b）所示。这样，匹配性能会有较大的改善。

同轴线到微带线的变换（过渡），一般有两种方式：平行过渡和垂直过渡。图 6.2－4 是表示这两种过渡方式的结构示意图。微带线工作于准 TEM 模，随着工作频率的增加，会出现高次模，而且由于结构上的不均匀性而产生的失配程度也会随着频率的增加而加大。因此，微带线工作频率的上限应低于与表面波模产生强耦合的频率（详见第 3 章）。

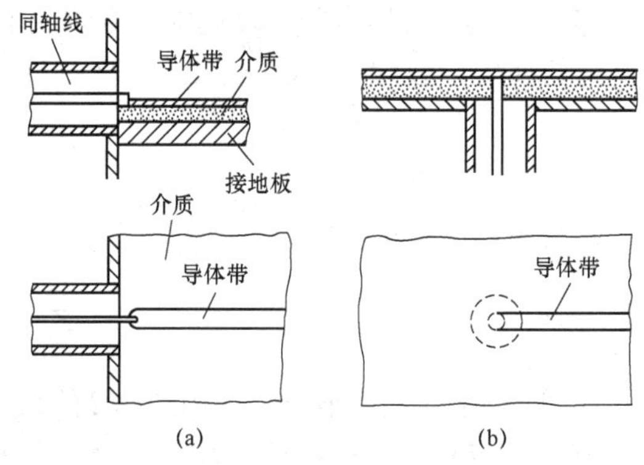

图 6.2－4　同轴－微带线过渡
（a）平行过渡；（b）垂直过渡

波导与微带线之间的过渡有多种形式，这里只举两例。图 6.2－5（a）是矩形波导与微带线之间的过渡。在矩形波导上壁中间处加一个斜劈状的金属块，使其一端与微带线的导体带相连接。斜劈的作用是把波导的较高等效阻抗逐渐地降低到接近于微带线的低阻抗，以得到较好的阻抗匹配，同时也减少了波导终端的反射，因此这种结构形式具有较大的带宽。若将斜劈更换为带有台阶的金属块，也可以达到同样的效果。另一种过渡形式如图 6.2－5（b）所示，把与微带线的导体带相接的小金属圆棒（探针）从波导宽壁中心线处伸入波导中，适当调节伸入深度和距波导短路端的距离 l，即可得到较好的匹配效果。如果将探针末端加粗或使其成球状，或用介质套（虚线所示）将探针套住，这些措施都会降低对频率变化的敏感性，起到改善匹配和增加带宽的作用。

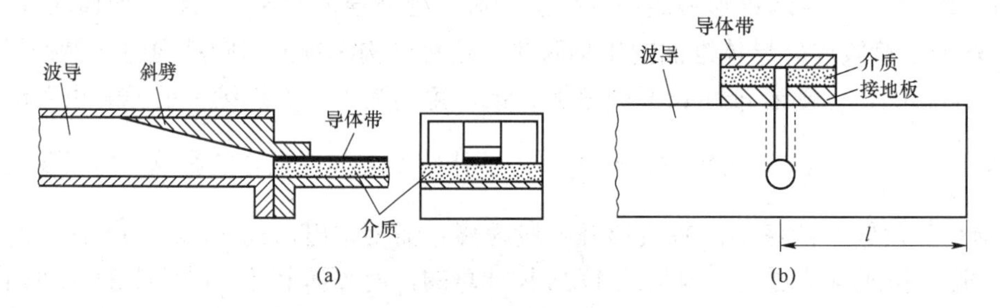

图 6.2－5　矩形波导与微带线之间的过渡

二、阶梯式阻抗变换器

在两个特性阻抗不同的传输线之间插入一段或多段不同特性阻抗的传输线，适当选取其长度、特性阻抗的值和节（段）数，就可以在一定带宽内使驻波比低于某个给定的值。这种变换装置称为阶梯式阻抗变换器。

（一）四分之一波长阻抗变换器

最简单的阶梯式阻抗变换器，是一段长度为 $\lambda/4$（或 $\lambda_g/4$）的阻抗变换器，图 6.2－6 是这一类阻抗变换器的原理示意图。设原有两个传输线的特性阻抗分别为 Z_0 和 Z_2，则由传输线理论可知，变换段的特性阻抗应为

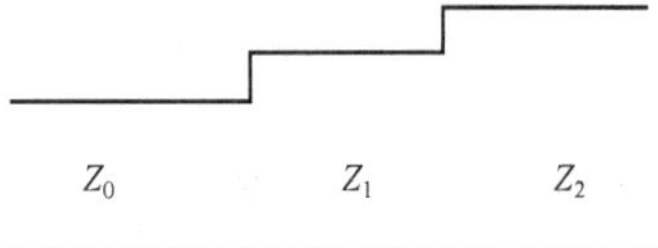

图 6.2－6　四分之一波长阻抗变换器原理示意图

$$Z_1 = \sqrt{Z_0 Z_2} \tag{6.2-11}$$

根据这个公式，下面具体地讨论一下它的应用。

（1）同轴线 $\lambda/4$ 阻抗变换器。它的结构形式主要有三种，如图 6.2－7 所示。第一种情况是，Z_0 线和 Z_2 线内导体的外直径 $d_0=d_2$，但外导体的内直径不相等（见图 6.2－7（a）），对此可选取变换段内导体的外直径 $d_1=d_0=d_2$，而外导体的内直径 D_1 则可根据 Z_1 的值确定。第二种情况是，Z_0 线和 Z_2 线的外导体尺寸 $D_0=D_2$，但内导体的尺寸不相等（见图 6.2－7（b）），对此可选取变换段外导体的内直径 $D_1=D_0=D_2$，而 d_1 则可根据 Z_1 的值确定。第三种情况是，Z_0 线和 Z_2 线内外导体的尺寸都不相等（见图 6.2－7（c）），对此可先按某种要求选定变换段的一项（内导体或外导体）尺寸，然后再按 Z_1 确定另一项的尺寸。通常可选取 d_1 为介于 d_0 和 d_2 之间的某一尺寸，D_1 为介于 D_0 和 D_2 之间的某一尺寸。

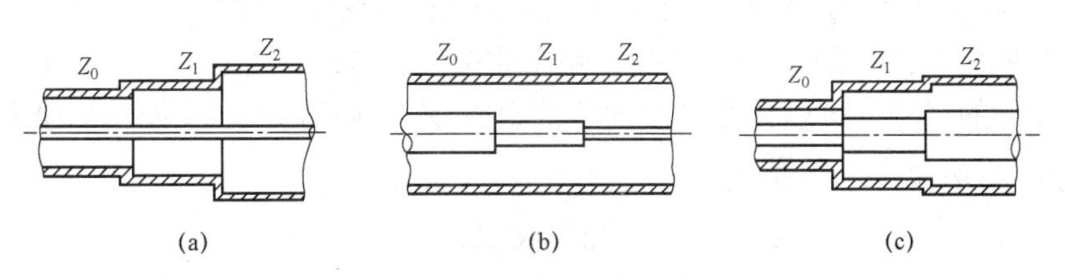

图 6.2－7　同轴线阻抗变换器

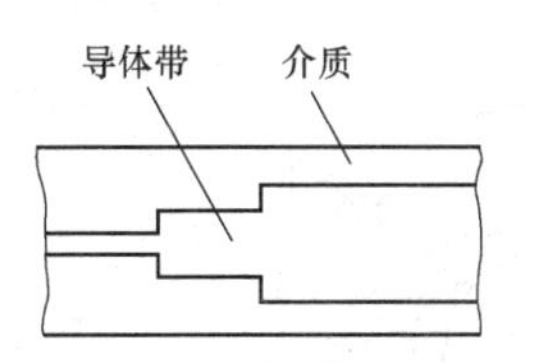

图 6.2－8　微带线阻抗变换器

（2）带状线和微带线 $\lambda/4$（或 $\lambda_g/4$）阻抗变换器。这两种类型的变换器，一般都是保持变换段的导体带与接地板之间的距离不变，介质材料也不变，阻抗的变换是通过改变导体带的宽度来实现的，图 6.2－8 是这种方法的示意图，图中给出了三种不同的导体带宽度，表示三种不同的特性阻抗（中间是过渡段，其长度为 $\lambda/4$ 或 $\lambda_g/4$）。

（3）矩形波导 $\lambda_g/4$ 阻抗变换器。$\lambda/4$ 阻抗变换器不仅适用于传输 TEM 模的传输线，而且也适用于工作在单一模式的波导。但应注意的是，波导是具有色散性质的传输线，在计算时应注意到这个特点。下面对工作于 TE_{10} 模的矩形波导 $\lambda_g/4$ 阻抗变换器的尺寸如何确定，做一简单介绍，矩形波导的导波波长为

$$\lambda_{\mathrm{g}}=\frac{\lambda}{\sqrt{1-\left(\frac{\lambda}{2a}\right)^{2}}} \tag{6.2-12}$$

变换段的长度为

$$l=\frac{\lambda_{\mathrm{g}}}{4} \tag{6.2-13}$$

矩形波导工作于 TE_{10} 模时，它的等效阻抗的定义有多种，但无论是哪种定义，它都含有下面的比例关系

$$Z_{\mathrm{e}}\propto\frac{b}{a}\frac{1}{\sqrt{1-\left(\frac{\lambda}{2a}\right)^{2}}} \tag{6.2-14}$$

式中的 a 和 b 分别为波导宽壁和窄壁的内尺寸；λ为工作波长；Z_{e} 为等效阻抗。可见，Z_{e} 不仅与 b/a 有关，而且还与波长（或频率）有关。因此，两个尺寸不同的波导，即使尺寸比相同，但对于不同的λ，两者的等效阻抗也不能始终相等。只有当两个波导的宽壁的内尺寸相等时，它们的等效阻抗的比值才等于两者的窄壁内尺寸之比，而且与频率无关，从而可以认为是单纯的阻抗变换，图 6.2-9（a）所示就是这种情况。根据式（6.2-11）和式（6.2-14）可知，变换段窄壁的内尺寸 b_1 为

$$b_1=\sqrt{b_0 b_2} \tag{6.2-15}$$

变换段宽壁的内尺寸 a_1 为

$$a_1=a_0=a_2 \tag{6.2-16}$$

式中，a_0、b_0和 a_2、b_2 分别为两个待匹配波导的宽壁和窄壁的内尺寸。

当待匹配的两个波导的宽壁和窄壁的内尺寸都不相等时，如图 6.2-9（b）所示，为了确定变换段波导的尺寸，可以使变换段的等效阻抗 Z_1 在中心波长 λ_0 处，与原来两段波导的等效阻抗 Z_0 和 Z_2 满足下列关系

$$Z_1^2=Z_0 Z_2 \tag{6.2-17}$$

也就是

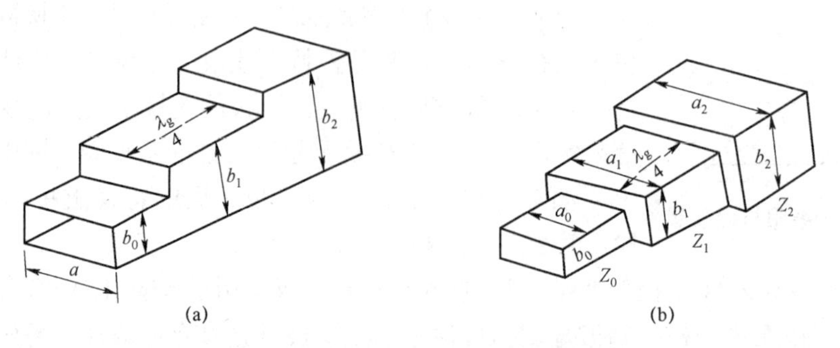

图 6.2-9　四分之一导波波长变换器

（a）宽壁相等，窄壁不相等；（b）宽壁和窄壁均不相等

$$\left(\frac{b_1}{a_1}\right)^2 \frac{1}{1-\left(\frac{\lambda}{2a_1}\right)^2} = \frac{b_0}{a_0}\frac{1}{\sqrt{1-\left(\frac{\lambda}{2a_0}\right)^2}} \cdot \frac{b_2}{a_2}\frac{1}{\sqrt{1-\left(\frac{\lambda}{2a_2}\right)^2}} \tag{6.2-18}$$

该式有两个未知数 a_1 和 b_1，为了求出 a_1 和 b_1，可令 b_1 为

$$b_1^2 = b_0 b_2 \tag{6.2-19}$$

将 b_1 代入式（6.2-18）中，即可求出 a_1 的尺寸

$$a_1^2 = \left(\frac{\lambda}{2}\right)^2 + a_0 a_2 \sqrt{\left[1-\left(\frac{\lambda}{2a_0}\right)^2\right]\left[1-\left(\frac{\lambda}{2a_2}\right)^2\right]} \tag{6.2-20}$$

在以上的计算中均未考虑尺寸突变处不连续性电容的影响，实际上，由于两个尺寸突变处相距四分之一导波波长，因此，它们的反射波可以部分地相抵消；另外，还可以稍微调整一下变换段的长度 l，以补偿不连续性电容的影响。

$\lambda/4$ 阻抗变换器只有在中心频率或其附近很窄的频带内，才能满足一定的匹配要求；当频率偏离中心频率较大时，变换段的电长度发生了变化（不再是 $\frac{\pi}{2}$），反射波相抵消的作用减弱，匹配性能急剧下降。若采用多段式阻抗变换器，由于反射点的增多，会使多个频率的反射波互相抵消，其综合效应会使总的反射波减小，展宽了频带。

（二）多段式阻抗变换器

对于多段式阻抗变换器，当各段反射系数的模按一定规律分布时，可以在较宽的频带内使驻波比小于某个给定值。下面介绍两种较常用的多段式阻抗变换器。

（1）二项式阻抗变换器。若变换器各段上反射系数的模按二项式展开式中各项系数的规律分布，则称为二项式阻抗变换器。图 6.2-10 是这种阻抗变换器的原理示意图。设在特性阻抗分别为 Z_0 和 Z_{n+1} 的两段传输线之间插入 n 段长度均为 l 的传输线作为变换段，各段的特性阻抗分别为 Z_1、Z_2、Z_3、…、Z_i、…、Z_n（设 $Z_{n+1}>Z_n$），共有 $n+1$ 个尺寸突变处。设原来待匹配的两段传输线（Z_0 与 Z_{n+1}）均端接匹配阻抗，当只考虑各尺寸突变处电磁波的一次反射，而略去多次反射的影响时，可得到下面的近似表示式。各尺寸突变处的反射系数为

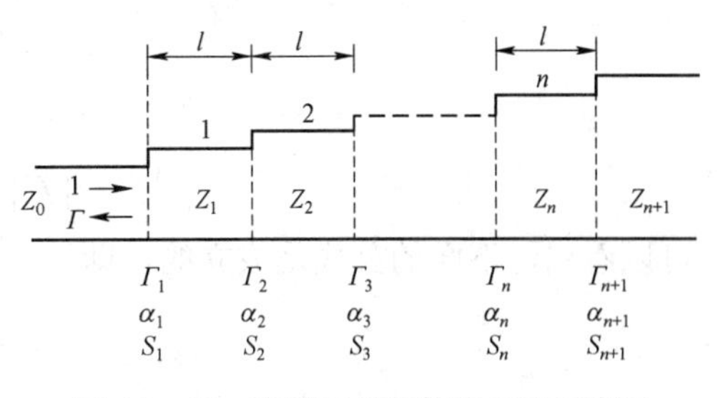

图 6.2-10 多段阻抗变换器原理示意图

$$\Gamma_1 = \frac{Z_1 - Z_0}{Z_1 + Z_0},\ \Gamma_2 = \frac{Z_2 - Z_1}{Z_2 + Z_1},\cdots,\ \Gamma_i = \frac{Z_i - Z_{i-1}}{Z_i + Z_{i-1}},\cdots,$$
$$\Gamma_{n+1} = \frac{Z_{n+1} - Z_n}{Z_{n+1} + Z_n} \tag{6.2-21}$$

各尺寸突变处的驻波比为

$$S_1=\frac{Z_1}{Z_0},\ S_2=\frac{Z_2}{Z_1},\ \cdots,\ S_i=\frac{Z_i}{Z_{i-1}},\ \cdots,\ S_{n+1}=\frac{Z_{n+1}}{Z_n} \tag{6.2-22}$$

设各尺寸突变处反射系数相对于Γ_1的比分别为α_1，α_2，α_3，…，α_i，…，α_n，即

$$\alpha_1=1,\ \alpha_2=\frac{\Gamma_2}{\Gamma_1},\ \cdots,\ \alpha_i=\frac{\Gamma_i}{\Gamma_1},\ \cdots,\ \alpha_{n+1}=\frac{\Gamma_{n+1}}{\Gamma_1} \tag{6.2-23}$$

这样，反映在第一个尺寸突变处的总反射系数为

$$\Gamma=\Gamma_1+\Gamma_2\mathrm{e}^{-\mathrm{j}2\theta}+\Gamma_3\mathrm{e}^{-\mathrm{j}4\theta}+\cdots+\Gamma_i\mathrm{e}^{-\mathrm{j}2(i-1)\theta}+\cdots+\Gamma_{n+1}\mathrm{e}^{-\mathrm{j}2n\theta} \tag{6.2-24a}$$

或写成

$$\Gamma=\Gamma_1(\alpha_1+\alpha_2\mathrm{e}^{-\mathrm{j}2\theta}+\alpha_3\mathrm{e}^{-\mathrm{j}4\theta}+\cdots+\alpha_i\mathrm{e}^{-\mathrm{j}2(i-1)\theta}+\cdots+\alpha_{n+1}\mathrm{e}^{-\mathrm{j}2n\theta}) \tag{6.2-24b}$$

式中

$$\theta=\frac{2\pi}{\lambda}l \tag{6.2-25}$$

称为电长度。上式中各尺寸突变处的反射系数或其相对值，可按所要求的某种规律取值，若按二项展开式中各项系数的分布规律取值，那么，对于任意的n值应用二项式定理，则有

$$\cos^n\theta=\left(\frac{\mathrm{e}^{\mathrm{j}\theta}+\mathrm{e}^{-\mathrm{j}\theta}}{2}\right)^n=\frac{\mathrm{e}^{\mathrm{j}n\theta}}{2^n}\left(1+n\mathrm{e}^{-\mathrm{j}2\theta}+\frac{n(n-1)}{2!}\mathrm{e}^{-\mathrm{j}4\theta}+\cdots+\frac{n(n-1)\cdots[n-(i-1)]}{i!}\mathrm{e}^{-\mathrm{j}2(i-1)\theta}+\cdots+\mathrm{e}^{-\mathrm{j}2n\theta}\right) \tag{6.2-26}$$

式中，$i=1$，2，3，…；$n+1$ 表示波的反射点（尺寸突变处）的顺序号。令反射系数的相对值按二项式展开式中各项的系数分布，也就是令式（6.2－24b）和式（6.2－26）对应项的系数相等。这样，经过简单运算，式（6.2－24b）就变为

$$\Gamma=2^n\Gamma_1\cos^n\theta\mathrm{e}^{-\mathrm{j}n\theta} \tag{6.2-27}$$

或写为

$$|\Gamma|=2^n|\Gamma_1||\cos^n\theta| \tag{6.2-28}$$

可以看出，下面的公式是成立的，即

$$2^n=\sum_{i=1}^{n+1}\alpha_i \tag{6.2-29}$$

对于不同的n，α_i的值可列表如下：

	α_1	α_2	α_3	α_4	α_5	…	$\sum\alpha_i=2^n$
$n=1$	1	1					2
$n=2$	1	2	1				4
$n=3$	1	3	3	1			8
$n=4$	1	4	6	4	1		16
⋮	⋮	⋮	⋮	⋮	⋮	⋮	⋮

由此表可看出，反射系数的分布规律是：中间最大，由中间向两边递减，而且相对于中间最大值是对称的。图6.2－11是总反射系数的模$|\Gamma|$随波长λ（或θ）的变化曲线。在中心波

长 λ_0 处 $|\Gamma|=0$，由于随着 n 的增加，曲线以 λ_0 为中心向两边变化渐趋缓慢，所以又把二项式响应称为"最平坦响应"。图中的 Γ_m 为工作频带（$\lambda_1\sim\lambda_2$）中允许的最大反射系数的模值。

顺便指出，前面讲过的单段 $\lambda/4$ 阻抗变换器，可以看作是 $n=1$ 的二项式阻抗变换器。

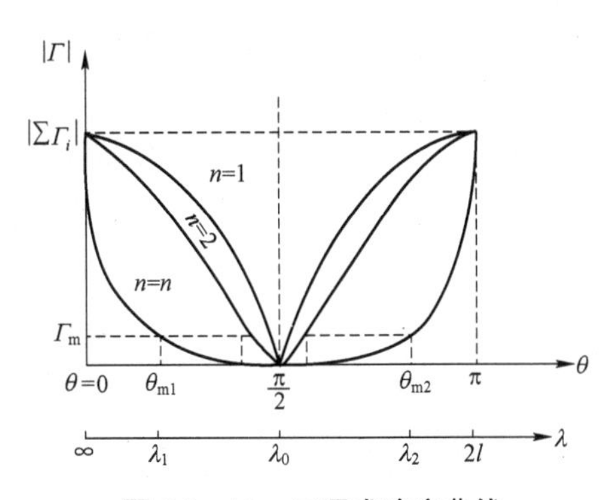

图 6.2－11　二项式响应曲线

下面推导各变换段特性阻抗的值。利用数学上的近似公式

$$\ln x\approx 2\frac{x-1}{x+1},\quad x\leqslant 2 \tag{6.2-30}$$

据此，可得下列近似式

$$\Gamma_i=\frac{S_i-1}{S_i+1}\approx\frac{1}{2}\ln S_i=\frac{1}{2}\ln\frac{Z_i}{Z_{i-1}} \tag{6.2-31}$$

$$\sum\Gamma_i=\Gamma_1+\Gamma_2+\cdots+\Gamma_{n+1}=\frac{1}{2}\ln R \tag{6.2-32}$$

式中

$$R=\frac{Z_{n+1}}{Z_0} \tag{6.2-33}$$

称为阻抗变换比。

另外，有

$$\sum\Gamma_i=\Gamma_1\sum\alpha_i \tag{6.2-34a}$$

$$\Gamma_1=\frac{\sum\Gamma_i}{\sum\alpha_i}\approx\frac{\frac{1}{2}\ln R}{\sum\alpha_i} \tag{6.2-34b}$$

$$\Gamma_i=\alpha_i\Gamma_1\approx\frac{\alpha_i}{2\sum\alpha_i}\ln R \tag{6.2-34c}$$

由式（6.2－31）和（6.2－34c）得

$$S_i=\mathrm{e}^{2\Gamma_i}=\mathrm{e}^{\left(\frac{\alpha_i}{\Sigma\alpha_i}\ln R\right)}=R^{\left(\frac{\alpha_i}{\Sigma\alpha_i}\right)} \tag{6.2-35}$$

最后可得

$$\frac{Z_i}{Z_{i-1}}=R^{\left(\frac{\alpha_i}{\Sigma\alpha_i}\right)} \tag{6.2-36}$$

R 值一般是给定的，当 n 确定后，就可以求出各变换段的特性阻抗。实际上，只需求出一半变换段的特性阻抗值，而另一半则可由对称性求出。

变换段数 n，根据给定的技术指标 $\lambda_1\sim\lambda_2$（频带）、Γ_m 及 R，由式

$$\Gamma_m=\left(\frac{1}{2}\ln R\right)\left|\cos^n\theta_{m1}\right|=\left(\frac{1}{2}\ln R\right)\left|\cos^n\theta_{m2}\right| \tag{6.2-37}$$

求出。式中 θ_{m1}、θ_{m2} 分别为相应于 λ_1、λ_2 时的变换段的电长度，即

$$\theta_{m1} = \frac{2\pi}{\lambda_1} l \tag{6.2-38}$$

$$\theta_{m2} = \pi - \theta_{m1} \tag{6.2-39}$$

l 为变换段长度，取

$$l = \frac{\lambda_0}{4} \tag{6.2-40}$$

而

$$\lambda_0 = \frac{2\lambda_1\lambda_2}{\lambda_1 + \lambda_2} \tag{6.2-41}$$

为中心波长。

上面导出的一系列公式是利用了式（6.2－30），按该式要求，变换比 R 不能大于 2，超过此值会带来较大的误差，但误差主要发生在频带边缘 λ_1 和 λ_2 附近，而对于远离 λ_1 和 λ_2 的大部分通带内，误差并不大，因此，即使变换比 R 在 10 左右，利用上面公式进行计算，其结果仍能满足一般工程设计的要求。

（2）切比雪夫阻抗变换器。与其他的变换器相比，有时把切比雪夫阻抗变换器的设计方法称为“最佳设计”。这是指：在满足给定工作频带和允许的最大反射系数的模 Γ_m 的前提下，过渡段总长度最短；或者说在 Γ_m 和总长度给定的前提下，工作频带最宽。设计这种变换器，就是令变换器总反射系数的模 $|\Gamma|$ 在通带内按 n 阶第一类切比雪夫函数（它是一个多项式）的规律变化，所以称为切比雪夫阻抗变换器。下面先从具体的例子中说明如何引入切比雪夫函数，如何把它与反射系数 $|\Gamma|$ 联系起来，然后再推广到一般情况，最后说明这种阻抗变换器的计算方法。

若选取变换器的段数 $n=3$，并设各尺寸突变处的反射系数的模对于变换段中的中心位置是左右对称的，并略去不连续处多次反射波的影响，这样，根据式（6.2－24a）可知

$$\Gamma = \Gamma_1 + \Gamma_2 e^{-j2\theta} + \Gamma_3 e^{-j4\theta} + \Gamma_4 e^{-j6\theta} \tag{6.2-42}$$

根据反射系数的模是对称分布的规律，则有

$$\Gamma_1 = \Gamma_4, \quad \Gamma_2 = \Gamma_3$$

于是

$$\begin{aligned} \Gamma &= \Gamma_1 + \Gamma_2 e^{-j2\theta} + \Gamma_2 e^{-j4\theta} + \Gamma_1 e^{-j6\theta} \\ &= (2\Gamma_1 \cos 3\theta + 2\Gamma_2 \cos\theta) e^{-j3\theta} \end{aligned} \tag{6.2-43}$$

对于段数 $n=2$ 的情况，则可得下式

$$\Gamma = (\Gamma_2 + 2\Gamma_1 \cos 2\theta) e^{-j2\theta} \tag{6.2-44}$$

从上面的例子可以看出，在反射系数 Γ 的表示式中含有 $\cos\theta$、$\cos2\theta$ 和 $\cos3\theta$ 项，显然，当 n 为任意正整数时，则应含有 $\cos n\theta$ 项。如果将 $\cos n\theta$ 展开，则得

$$\begin{cases}\cos\theta=\cos\theta \\ \cos2\theta=2\cos^2\theta-1 \\ \cos3\theta=4\cos^3\theta-3\cos\theta \\ \cos4\theta=8\cos^4\theta-8\cos^2\theta+1 \\ \cos5\theta=16\cos^5\theta-20\cos^3\theta+5\cos\theta \\ \cdots\end{cases} \tag{6.2-45}$$

若令 $x=\cos\theta$，则上式变为

$$\begin{cases}n=0 \quad T_0(x)=1 \\ n=1 \quad T_1(x)=x \\ n=2 \quad T_2(x)=2x^2-1 \\ n=3 \quad T_3(x)=4x^3-3x \\ n=4 \quad T_4(x)=8x^4-8x^2+1 \\ n=5 \quad T_5(x)=16x^5-20x^3+5x \\ \cdots\end{cases} \tag{6.2-46}$$

一般记为 T_n（x），称为切比雪夫多项式。其余的项可利用下面的递推公式求出，即

$$T_{n+1}(x)=2xT_n(x)-T_{n-1}(x) \tag{6.2-47}$$

由式（6.2-45）和式（6.2-47）可知，当 $|x|=|\cos\theta|\leqslant1$ 时，多项式 $T_n(x)=\cos n\theta$ 在 ±1 之间变化，而当 $|x|>1$ 时，$|T_n(x)|$ 随 $|x|$ 的上升而急剧地上升，因此，为了描述这种情况，可用不同的表示式来表达。这样，切比雪夫函数的完整定义为

$$T_n(x)=\begin{cases}\cos n\theta=\cos(n\arccos x) & |x|\leqslant1 \\ \mathrm{ch}(n\,\mathrm{arch}x) & |x|>1\end{cases} \tag{6.2-48}$$

为了熟悉这种函数，在图 6.2-12 中给出了 n 为不同值时函数的曲线形状。根据上面所述，对于由式（6.2-43）和式（6.2-44）所表示的反射系数的模 $|\Gamma|$，可写为下列形式

$$n=3 \quad |\Gamma|=|2\Gamma_1T_3(x)+2\Gamma_2T_1(x)| \tag{6.2-49}$$

$$n=2 \quad |\Gamma|=|\Gamma_2+2\Gamma_1T_2(x)| \tag{6.2-50}$$

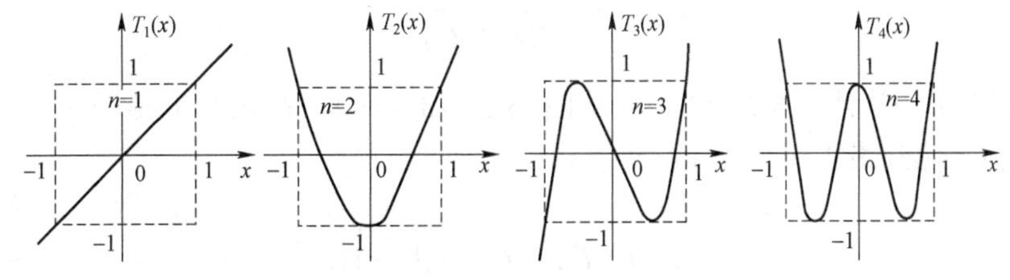

图 6.2-12 切比雪夫多项式曲线

为使反射系数的模 $|\Gamma|$ 随频率的变化按切比雪夫函数的规律变化，可采用如下的具体做法。令切比雪夫多项式中的自变量 $x=\pm1$ 的点对应于工作频带的上下限，即是说，$|x|\leqslant1$ 的范围是 $|\Gamma|$ 所要求的按切比雪夫多项式规律变化的范围。为此，则需要把原来的变量 x 改换为 x/p，p 是带宽因子（后面再讲它的表示式），这样，就可以把变换段总反射系数的

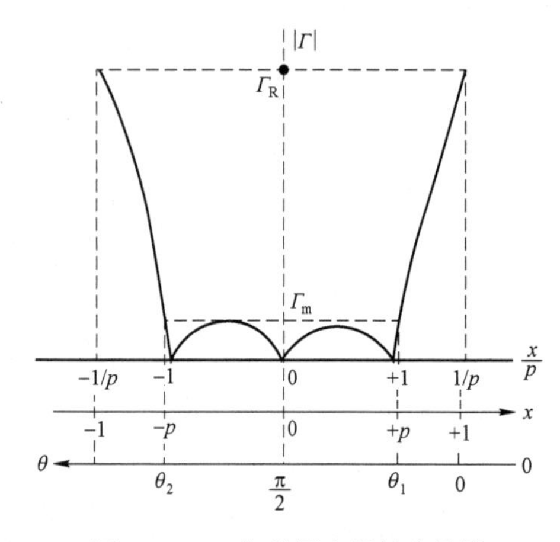

图 6.2−13 切比雪夫阻抗变换器频率响应曲线

模 $|\Gamma|$ 表示为

$$|\Gamma|=\Gamma_{\mathrm{m}}\left|T_n\left(\frac{x}{p}\right)\right| \tag{6.2−51}$$

式中，Γ_{m} 是通带内允许的最大反射系数的模，n 是切比雪夫多项式的阶数，同时也是变换器的段数。图 6.2−13 是根据式（6.2−51）和 $n=3$ 时画出的 $|\Gamma|$ 随 θ（即频率）的变化曲线。由图可知，当 $x/p=\pm1$ 时，$x=\pm p$，即

$$\cos\theta_1=p,\quad \cos\theta_2=-p$$

$$\theta_1=\frac{2\pi}{\lambda_1}l,\quad \theta_2=\frac{2\pi}{\lambda_2}l$$

$$\theta_2=\pi-\theta_1$$

$$\lambda_1=\frac{2\pi l}{\arccos p},\ \lambda_2=\frac{2\pi l}{\pi-\arccos p} \tag{6.2−52}$$

设 $\lambda_1/\lambda_2=q$，则 $\pi-\arccos p=q\arccos p$，由此得

$$p=\cos\left(\frac{\pi}{1+q}\right) \tag{6.2−53}$$

频带越宽（q 越大），p 越趋近于 1，但它永远小于 1。

下面讨论这种变换器各个参数的计算。一般是给定 λ_1 和 λ_2、Γ_{m}、Z_0 和 Z_{n+1}，需要求出的是段数 n，以及各段的特性阻抗。计算步骤如下。

① 求带宽因子 p。由 $q=\lambda_1/\lambda_2$ 和式（6.2−53）知

$$p=\cos\left(\frac{\pi}{1+q}\right)$$

② 求每段的长度 l。根据式（6.2−40）、式（6.2−41）知

$$l=\frac{\lambda_1\lambda_2}{2(\lambda_1+\lambda_2)} \tag{6.2−54}$$

③ 求段数 n。从式（6.2−51）或从图 6.2−13 可知，在极端的情况下，若 $\theta=0$，即 $\cos\theta=1$ 时，$|\Gamma|$ 达到最大值 Γ_{R}，即

$$|\Gamma|=\Gamma_{\mathrm{R}}=\Gamma_{\mathrm{m}}\left|T_n\left(\frac{1}{p}\right)\right| \tag{6.2−55}$$

由此得

$$T_n\left(\frac{1}{p}\right)=\mathrm{ch}\left(n\,\mathrm{arch}\frac{1}{p}\right)=\frac{\Gamma_{\mathrm{R}}}{\Gamma_{\mathrm{m}}} \tag{6.2−56}$$

则 n 为

$$n=\frac{\operatorname{arch}\left(\frac{\Gamma_{\mathrm{R}}}{\Gamma_{\mathrm{m}}}\right)}{\operatorname{arch}\left(\frac{1}{p}\right)} \tag{6.2-57}$$

根据该式也可把 p 写为

$$p=\frac{1}{\operatorname{ch}\left[\frac{1}{n}\operatorname{arch}\left(\frac{\Gamma_{\mathrm{R}}}{\Gamma_{\mathrm{m}}}\right)\right]} \tag{6.2-58}$$

式中的 Γ_{R}，根据式（6.2－31）知

$$\Gamma_{\mathrm{R}}=\frac{R-1}{R+1}\approx\frac{1}{2}\ln R \tag{6.2-59}$$

这样，就可求出 n 的值，n 只能取正整数。在上面的公式中，包含了 n、R、p 和 Γ_{m} 四个参数，因此，只要确定了其中的三个，另一个即可求出。

④ 求每段的阻抗。为说明问题方便起见，我们仍从具体例子着手，例如取 $n=3$，则有

$$|\Gamma|=\left|2\Gamma_1T_3(x)+2\Gamma_2T_1(x)\right|$$

另外，若要求 $|\Gamma|$ 在通频带内按切比雪夫多项式的规律变化，根据式（6.2－51），应有

$$|\Gamma|=\Gamma_{\mathrm{m}}\left|T_n\left(\frac{x}{p}\right)\right|$$

由此得

$$|2\Gamma_1T_3(x)+2\Gamma_2T_1(x)|=\Gamma_{\mathrm{m}}\left|T_3\left(\frac{x}{p}\right)\right|$$

进一步可写为

$$|2\Gamma_1(4x^3-3x)+2\Gamma_2x|=\Gamma_{\mathrm{m}}\left|4\left(\frac{x}{p}\right)^3-3\left(\frac{x}{p}\right)\right|$$

若该式成立，则等号两边 x 的同幂次项的系数应该相等。这样，即可求出各尺寸突变处的反射系数

$$\Gamma_1=\frac{1}{2}\frac{\Gamma_{\mathrm{m}}}{p^3},\quad \Gamma_2=\frac{3}{2}\Gamma_{\mathrm{m}}\left(\frac{1}{p^3}-\frac{1}{p}\right)$$

令 $$\Gamma_3=\Gamma_2,\ \Gamma_4=\Gamma_1$$

对于 n 为其他值时，通过上述方法就可以求出各段上的反射系数，而且还可求出它们的相对反射系数 α_i 的各个值，α_i 如下所列：

	α_1	α_2	α_3	α_4	α_5
$n=1$	1	1			
$n=2$	1	$2(1-p^2)$	1		
$n=3$	1	$3(1-p^2)$	$3(1-p^2)$	1	
$n=4$	1	$4(1-p^2)$	$6(1-p^2)\left(1-\dfrac{p^2}{3}\right)$	$4(1-p^2)$	1
⋮	⋮	⋮	⋮	⋮	⋮

知道了 Γ_i 或 α_i，就可以利用二项式阻抗变换器中曾用过的公式（6.2－31）或式（6.2－36）计算出各变换段的特性阻抗，即

$$\Gamma_i=\frac{S_i-1}{S_i+1}\approx\frac{1}{2}\ln S_i=\frac{1}{2}\ln\frac{Z_i}{Z_{i-1}}$$
$$\frac{Z_i}{Z_{i-1}}=R^{(\alpha_i/\Sigma\alpha_i)} \tag{6.2－60}$$

在实际计算中，求出的各参数值不一定恰好满足要求（例如由于 n 必须取整数，而可能影响其他参数的变化），但只要利用上述的公式反复计算和调整它们当中的某些参数，总可以得到满意的结果。由于在上述公式中都未考虑不连续性的影响，因此，这些公式也只是近似公式。在实际应用中，可对计算出的 l 进行稍微的调整，即可部分地消除不连续性的影响。最后需指出的是：二项式阻抗变换器和切比雪夫阻抗变换器的计算方法，在应用于单模（TE_{10}）工作的矩形波导时，各变换段的矩形波导应具有相同尺寸的宽壁，其阻抗的变换要靠选不同尺寸的窄壁来解决。因为只有这样，才能保证各变换段在同一个频率时，其几何长度 l 和电长度 θ 都一样。

三、连续式阻抗变换器

如果在特性阻抗不同的两段传输线之间插入特性阻抗连续变化的过渡传输线段，则这种变换器称为连续式或渐变式阻抗变换器。首先讨论这种阻抗变换器反射系数的一般表示式，然后再讨论一个实例。图 6.2－14 是这种变换器（渐变线）的示意图，以及说明由无限多个小“台阶”所组成的变换器的演变过程示意图。首先求带有“台阶”的变换器的反射系数，而后令每个“台阶”的长度无限减小、“台阶”的数目无限增加，那么在极限情况下求出的反射系数，就是连续式阻抗变换器的反射系数。设过渡段的总长度为 l，过渡段的始

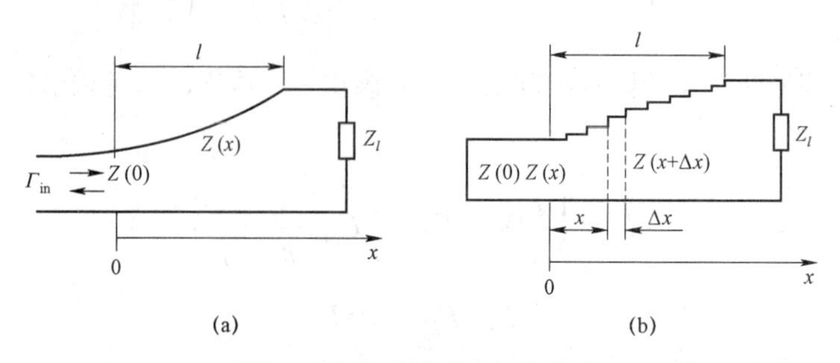

图 6.2－14　连续式阻抗变换器

（a）连续式阻抗变换器；（b）演变过程示意图

端（左端）所接传输线的特性阻抗为 $Z(0)$，终端（右端）所接传输线的特性阻抗为 Z_l。过渡段中任一位置 x 处的特性阻抗为 $Z(x)$，在 $x+\Delta x$ 处的特性阻抗为 $Z(x+\Delta x)$，由于阻抗的微小变化而造成的反射系数 Γ_x 为

$$\begin{aligned}\Gamma_x &= \frac{Z(x+\Delta x)-Z(x)}{Z(x+\Delta x)+Z(x)} \approx \frac{\mathrm{d}Z(x)}{2Z(x)} = \frac{1}{2}\mathrm{d}\,[\ln Z(x)] \\ &= \frac{1}{2}\frac{\mathrm{d}}{\mathrm{d}x}[\ln Z(x)]\mathrm{d}x\end{aligned} \tag{6.2-61}$$

若忽略各个台阶之间多次来回反射的影响，则Δx 小段在过渡段始端造成的反射系数 $\mathrm{d}\Gamma_{\mathrm{in}}$ 为

$$\mathrm{d}\Gamma_{\mathrm{in}} = \Gamma_x \mathrm{e}^{-\mathrm{j}2\beta x} = \frac{1}{2}\mathrm{e}^{-\mathrm{j}2\beta x}\frac{\mathrm{d}}{\mathrm{d}x}[\ln Z(x)]\mathrm{d}x \tag{6.2-62}$$

对该式在过渡段总长度 l 上积分，就得到过渡段始端的总反射系数 Γ_{in} 为

$$\Gamma_{\mathrm{in}} = \frac{1}{2}\int_0^l \mathrm{e}^{-\mathrm{j}2\beta x}\frac{\mathrm{d}}{\mathrm{d}x}[\ln Z(x)]\,\mathrm{d}x \tag{6.2-63}$$

这就是连续式阻抗变换器反射系数的一般表示式。式中 β 是相移常数，对于无色散波，$\beta=2\pi/\lambda$，对于工作于 TE_{10} 模的矩形波导，若它的宽壁尺寸 a 不变，过渡段等效阻抗的渐变是由其窄壁尺寸 b 的变化而完成的，那么，上述的公式仍可应用。对于微带传输线，虽然也可利用这个公式计算反射系数，但由于微带线中的有效介电常数 ε_e 与微带线的尺寸有关，因此，β 也随着这些因素而变，计算出的结果是不准确的，只是一个近似值。

式（6.2−63）适用于 $Z(x)$ 按任何规律变化的渐变线：如果已知函数 $Z(x)$，则可求出 $|\Gamma_{\mathrm{in}}|$ 随波长（或频率）的变化规律，称为分析法；若给定了 $|\Gamma_{\mathrm{in}}|$ 的频率特性，而需要求出的是 $Z(x)$ 的变化规律，则称为综合法。下面只举一分析法的例子。

指数渐变线：它的特性阻抗沿轴线 x 按指数规律变化，即

$$Z(x) = Z(0)\mathrm{e}^{kx} \tag{6.2-64a}$$

或

$$\ln Z(x) = \ln Z(0) + kx \tag{6.2-64b}$$

式中，$Z(0)$ 是始端特性阻抗；k 是表示变化规律的常数，它可由下式确定：当 $x=l$ 时，由式（6.2−64b）知

$$kl = \ln\frac{Z(l)}{Z(0)} = \ln R$$

则

$$k = \frac{\ln R}{l} \tag{6.2-65}$$

将 k 代入式（6.2−64b）中，得

$$\ln Z(x) = \frac{\ln R}{l}x + \ln Z(0) \tag{6.2-66}$$

$Z(l)$ 为指数渐变线末端阻抗，R 为阻抗变换比。将式（6.2−66）代入式（6.2−63）中，得

$$\begin{aligned}\Gamma_{\text{in}} &= \frac{1}{2}\int_0^l \mathrm{e}^{-\mathrm{j}2\beta x}\frac{\mathrm{d}}{\mathrm{d}x}\left[\frac{\ln R}{l}x + \ln Z(0)\right]\mathrm{d}x \\ &= \frac{\ln R}{2l}\int_0^l \mathrm{e}^{-\mathrm{j}2\beta x}\mathrm{d}x = \frac{1}{2}\ln R\frac{\sin\beta l}{\beta l}\mathrm{e}^{-\mathrm{j}\beta l}\end{aligned} \tag{6.2-67}$$

取 Γ_{in} 的模，即

$$|\Gamma_{\text{in}}| = \frac{1}{2}\ln R\frac{|\sin\beta l|}{\beta l} \approx \Gamma_{\text{R}}\frac{|\sin\beta l|}{\beta l} \tag{6.2-68}$$

$$\Gamma_{\text{R}} \approx \frac{1}{2}\ln R \tag{6.2-69}$$

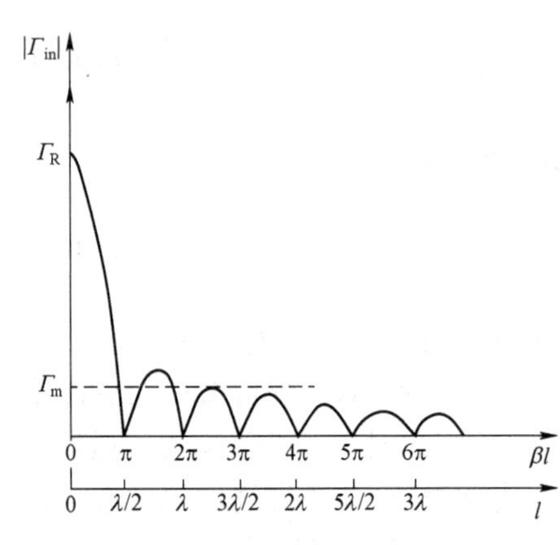

图 6.2－15　指数线的频率响应曲线

图 6.2－15 是根据式（6.2－68）画出的 $|\Gamma_{\text{in}}|$ 随 βl（或 l）变化的曲线，称为频率响应曲线。从图可知，它呈波纹状，Γ_{m} 是在通频带内允许的反射系数模的最大值。从图中还可看出：若给定的 Γ_{m} 较小，则应选取 l 为几个半波长才能满足要求；当给定了 l 时，若能在频带的下限使 $|\Gamma_{\text{in}}|$ 满足要求，那么，在频带的上限也一定能满足要求，即是说，这种变换器是一个高通滤波器，从理论上讲，它没有频率上限的限制。但应指出的是，阶梯式阻抗变换器的通频带有上下限的限制，因此它属于带通式滤波器。

指数渐变线的设计步骤是：根据要求的频带和 Γ_{m}，选定长度 l，再由已知的 $R = Z(l)/Z(0)$确定阻抗变化规律 $Z(x)$，最后由 $Z(x)$ 算出渐变段的具体尺寸。

对于同轴线，若令渐变段外导体的内直径 D 不变，则它的阻抗 $Z(x)$ 为

$$Z(x) = Z(0)\mathrm{e}^{(\ln R/l)x} \tag{6.2-70}$$

为了得到 $Z(x)$ 的这种变化规律，则应改变渐变段内导体的外直径 d，当填充介质为空气时，由公式

$$Z(x) = 60\ln\frac{D}{d(x)} \tag{6.2-71}$$

知，$d(x)$ 的变化规律应为

$$d(x) = D\mathrm{e}^{-Z(x)/60} \tag{6.2-72}$$

对于工作于 TE_{10} 模的矩形波导，当渐变段宽壁的内尺寸 a 不变，而等效阻抗仅比例于窄壁内尺寸 b 时，则 b 的变化规律应为

$$b(x) = b(0)\mathrm{e}^{(\ln R/l)x} \tag{6.2-73}$$

式中，$b(0)$为渐变段始端窄壁的内尺寸，$b(l)$为其末端窄壁的内尺寸，R 为

$$R = \frac{b(l)}{b(0)} \tag{6.2-74}$$

对于带状线和微带线，则可采用改变导体带宽度的方法，以满足 $Z(x)$ 变化规律的要求。

由上述的例子可知，指数渐变段由于其加工较困难，因此在实际应用中可把尺寸的曲

线变化改为直线式的变化，两者频率响应曲线的形状基本上相同，只是直线式渐变线的频率响应在 $l = k(\lambda/2)$ 的各点（$k = 1, 2, 3\cdots$），$|\Gamma_{in}|$ 在一般情况下不为零，而且 k 越小和 R 越大，两者频率响应曲线的差别也越大。

以上所述是利用分析法的例子。关于利用综合法的例子有极限切比雪夫渐变线（或称切比雪夫渐变线），即切比雪夫变换器的段数 n 趋于无穷时的情况，在同样的情况下，这种线的长度最短，或者说，当 l 给定时，在同样情况下，它的 Γ_m 更小些。从这个意义上讲，它是渐变线中的一种最佳设计方案。

最后应指出的是：从带宽的利用率和变换段的总长度来看，以及从加工难易的观点看，采用渐变线段并不一定合适，因此，除为了能使变换段承受较大的功率而采用连续性阻抗变换器外，大多采用阶梯式阻抗变换器。

四、模式转换器

能将一种传输模式转换成另一种传输模式的微波元件，称为模式转换器。这里主要介绍同轴线（TEM 模）到矩形波导（TE_{10} 模），矩形波导（TE_{10} 模）到圆形波导（TE_{11}、TE_{01} 和 TM_{01} 模）的转换中最常见的模式转换器。

（一）同轴–矩形波导转换器

同轴–矩形波导转换器常用的方法之一，是如图 6.2–16 所示的转换接头。同轴线的外导体与矩形波导的宽壁连在一起，内导体的延伸部分（探针）插入波导中，形成一个小辐射天线，在波导中激励出 TE_{10} 模式的电磁波。为使能量单方向传播，在波导中距探针 l 处装置了一个可调短路活塞，适当调节距离 l，就能使波更有效地单方向传播。由于在矩形波导中插入探针，并在宽壁上开了孔，从而造成结构上的不连续性，这必然地会在同轴线与波导的连接处产生高次模。但是，这种高次模在距连接处稍远的区域内会很快地衰减掉（因为波导对它们是截止的），而在连接处附近，它们的作用相当于储能元件，就是说，在同轴–矩形波导转换处引入了电抗，造成波的反射，使同轴线与波导的失配加剧。为改善匹配性能，可适当调节探针的插入深度 h，或使探针偏离波导宽壁中心线一个距离 d，并配合调节短路活塞的位置，就能大大改善匹配性能。如果调整得好，可以在10%～15%的相对频带宽度内使驻波比不大于 1.1。

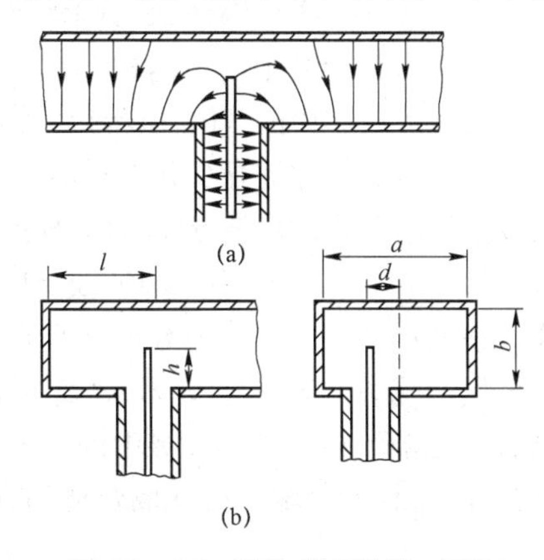

图 6.2–16 探针式同轴线–矩形波导转换接头

为了展宽频带，还可采用如图 6.2–17 所示的方法，就是将探针用介质套筒套起来。对于这种情况，目前尚无完整的定量分析，但可定性地说，介质套降低了波导的等效阻抗（通常，波导的等效阻抗比同轴线的特性阻抗要大），减少了阻抗对频率变化的敏感性，从而展宽了转换接头的频带。采用这种装置，在一定的工作频带内，驻波比可小于 1.25。但是，加了介质套筒后，会降低转换器的功率容量，因此这种装置多用于功率较低的情况。

同轴–矩形波导转换器除上述形式之外，还有多种多样的结构形式，采用不同结构形式的目的无非是两个：展宽频带和提高功率容量。对于各种结构形式不可能、也无必要再详细讲述，但为了使读者再稍多地了解一下情况，在图 6.2－18 中给出了几种同轴－矩形波导（TE_{10}模）转换器的结构示意图。

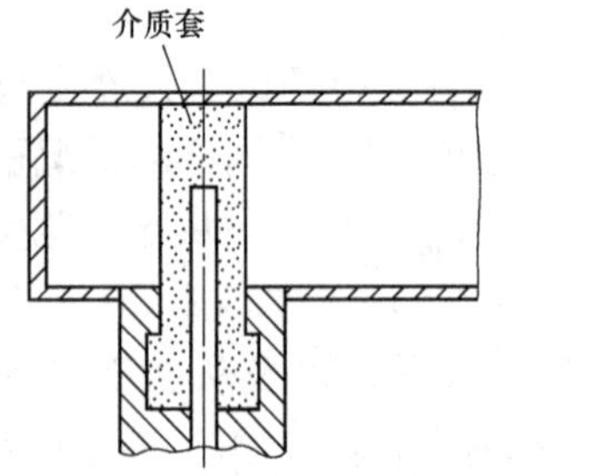

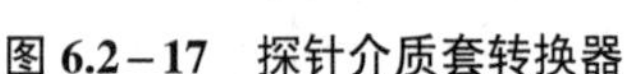
图 6.2－17　探针介质套转换器

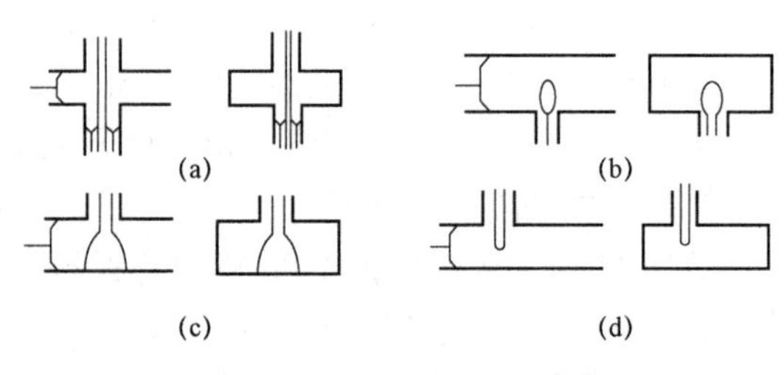

图 6.2－18　同轴－矩形波导转换器示意图

同轴－波导转换器除采用探针和上述的各种结构形式外，若把同轴线的内导体做成环状（即内导体与外导体相连接构成闭合环），伸入波导中，也可以构成激励装置。

最后说明一下，上面讲的是从同轴线向波导输送能量，去激励波导产生电磁波；反之，若从波导中取出（耦合出）能量，所采用的装置和上面讲的完全一样，因为激励和耦合是符合互易原理的，就是说，激励和耦合的过程是可逆的。

（二）矩形－圆形波导转换器

矩形波导中常用的是 TE_{10}模，圆形波导中常用的是 TE_{11}、TE_{01}和 TM_{01}模。下面讨论把矩形波导中的 TE_{10}模转换为圆形波导中的这三种模式的转换器。这一类转换器的形式很多，这里只讨论其中的一两种。

把矩形波导中的 TE_{10}模转换成圆形波导中的 TE_{11}模，其中方法之一是采用图 6.2－19 所示的波导截面尺寸逐渐变化的过渡段，根据边界条件，矩形波导中 TE_{10}的场分布，经过渐变过渡段逐渐变成圆形波导中 TE_{11}模的场分布。此外，渐变过渡段还可以减少波的反射。把矩形波导中的 TE_{10}模转换成圆形波导中 TE_{11}模的另一种方法，是采用图 6.2－20 所示的结构形式，使矩形波导与圆形波导相互垂直地连接在一起，在两者相连接的拐角处放置一适当尺寸的金属匹配块，若尺寸 h 和 d 选择合适，就可得到较好的匹配，同时还会使矩形波导中的 TE_{10}模逐渐转换为圆形波导中的 TE_{11}模。为了使圆形波导只传输 TE_{11}模，防止有可能激励出的 TM_{01}模的传输，应选取合适的圆形波导内直径 D 的尺寸，以使在工作频带内对 TM_{01}模是截止的。

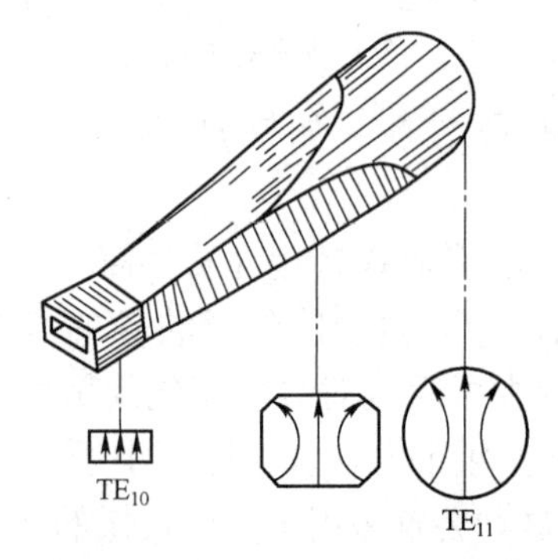

图 6.2－19　矩形波导中的 TE_{10}转换为圆形波导中的 TE_{11}

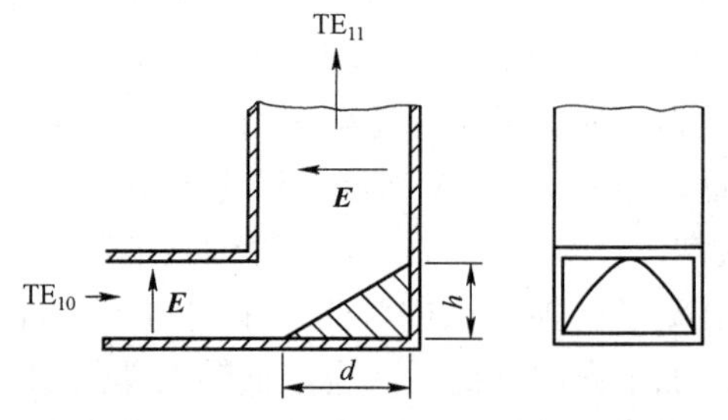

图 6.2－20　矩形波导中的 TE_{10}转换为圆形波导中的 TE_{11}

对于矩形波导中 TE_{10} 模转换成圆形波导中的 TE_{01} 模，可以采取波导横截面的形状和尺寸渐变的过渡段，如图 6.2－21 所示。

对于矩形波导中的 TE_{10} 模转换为圆形波导中的 TM_{01} 模可采用如图 6.2－22 所示的装置，在两个波导交接处的下方增加一个长度为 l 的短路分支圆形波导段，可以把它看作是串联在矩形波导与上面的圆形波导之间的一段短路支线。适当选择这段圆形波导的内直径 D，并使其长度 l 近似等于 TM_{01} 模的二分之一导波波长，同时也近似等于 TE_{11} 模的四分之三个导波波长，就可以把可能激励出的 TE_{11} 模抑制掉，使其不能在圆形波导中传播，而只能传播 TM_{01} 模。该装置中的膜片可以起到匹配的作用。

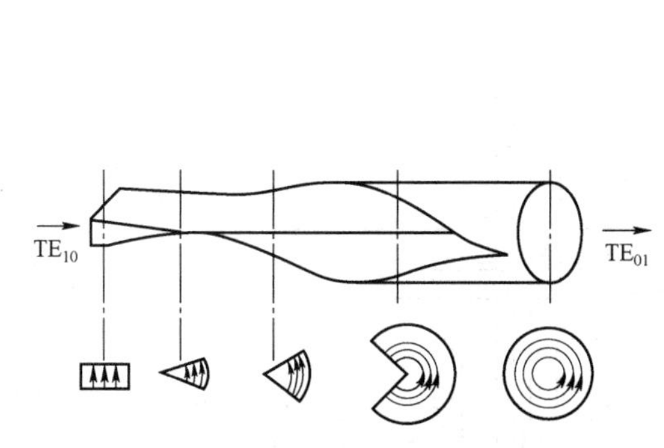

图 6.2－21　矩形波导中的 TE_{10} 转换为圆形波导中的 TE_{01}

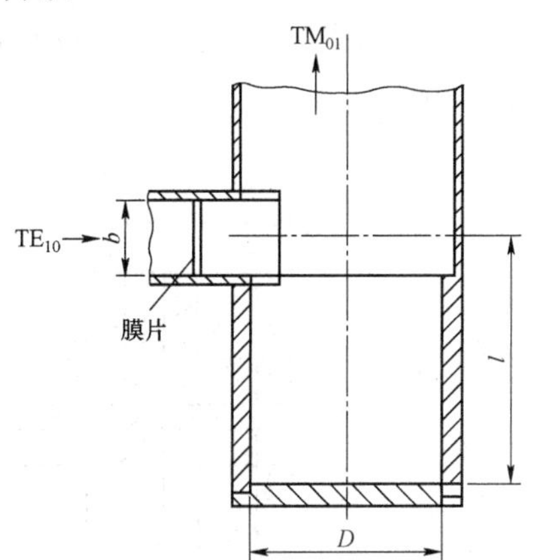

图 6.2－22　矩形波导中的 TE_{10} 转换为圆形波导中的 TM_{01}

图 6.2－23 是把圆形波导中的 TE_{11} 模转换为矩形波导中 TE_{10} 模的一种转换装置。在圆形波导内加一段长为 $\lambda_g/4$ 的阶梯过渡段。为了改善匹配和增加带宽，可以采用两个或三个阶梯过渡段。过渡段的尺寸可根据对该段所要求的波型阻抗的值来确定。

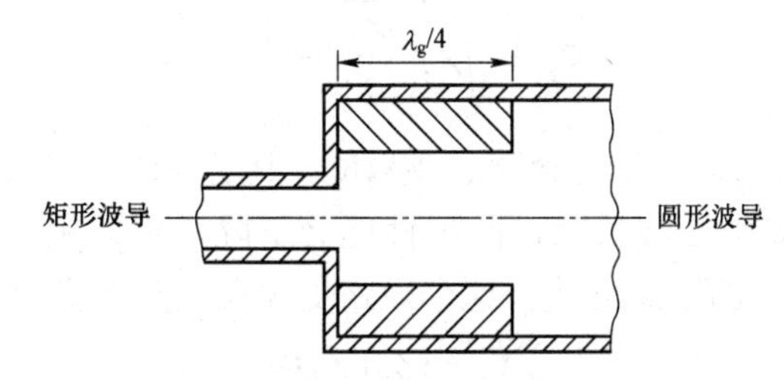

图 6.2－23　圆形波导中的 TE_{11} 转换为矩形波导中的 TE_{10}

§ 6.3　分 支 元 件

在实际应用中，有时需要将信号源的功率分别馈送给若干个分支电路（负载），例如将发射机的功率分别馈送给天线的很多个辐射单元，就是说，进行功率分配，这就要用到各种类型传输线的分支元件。分支元件的种类和结构形式很多，而且其功能并不限于功率分配，还能起到功率合成、调配和测量的功能，在阻抗和相位的测量、天线开关、平衡混频器等方面也都得到了应用，例如双 T 接头和魔 T 接头。在此，只介绍常见的几种。

一、同轴线功率分配器

一般有等功率和不等功率分配器（窄频带或宽频带）两种。为了更一般化，我们只讲宽频带的等功率分配器和宽频带的不等功率分配器。图 6.3－1（a）是一个宽频带等功率分配器的结构示意图，它由主臂①（接信号源）、支臂②和支臂③，以及终端短路的长为$\lambda/4$的支臂④所组成。主臂和支臂②、支臂③的特性阻抗为 Z_c，短路支臂的特性阻抗为 Z_{c1}，在主臂与各支臂交接点之间加了一段$\lambda/4$ 的阻抗变换器，它的特性阻抗为 Z_{c1}。若支臂②、支臂③的终端接有匹配负载，则从接头处向支臂②、支臂③看去的输入阻抗分别为 Z_2 和 Z_3，它们均等于 Z_c；向支臂④看去的阻抗相当于开路；Z_2与 Z_3并联后的阻抗为 $Z_c/2$。$\lambda/4$ 阻抗变换器的特性阻抗 Z_{c1}为

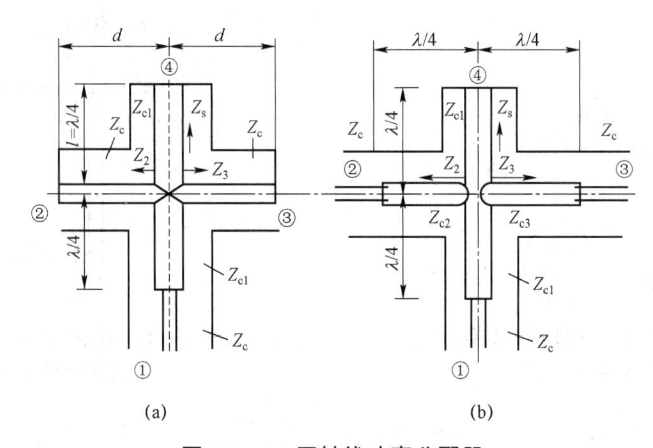

图 6.3－1　同轴线功率分配器

（a）宽频带等功率分配器；（b）宽频带不等功率分配器

$$Z_{c1}=\sqrt{Z_c\left(\frac{Z_c}{2}\right)}=\frac{Z_c}{\sqrt{2}} \tag{6.3－1}$$

这样，主臂①送入的功率将均分给支臂②、支臂③。因为$\lambda/4$ 阻抗变换器是针对中心波长而设计的，所以当波长偏离中心波长时，匹配性能会下降，也即频带较窄。为了展宽频带而加了一段$\lambda/4$（中心波长）的短路支线。这个短路支线在接头处呈现的电抗为

$$X_s=\mathrm{j}Z_{c1}\tan\beta l \tag{6.3－2}$$

式中的β为相移常数，l为短路支线的长度。在分支接头处总的阻抗 Z用下式表示

$$\frac{1}{Z}=\frac{1}{Z_c/2}+\frac{1}{X_s} \tag{6.3－3}$$

或写为导纳

$$Y=2Y_c+B_s \tag{6.3－4}$$

式中

$$B_s=-\mathrm{j}Y_{c1}\cot\beta l \tag{6.3－5}$$

将导纳对 Y_{c1}进行归一化，又因为 $Y_{c1}=\sqrt{2}\,Y_c$，所以归一化后的导纳y为

$$y = \sqrt{2} + b_s \tag{6.3-6}$$

式中

$$b_s = -\mathrm{j}\cot\beta l \tag{6.3-7}$$

现在用导纳圆图，即图 6.3－2 来说明短路支线有展宽频带的作用。在中心波长时，短路支线的输入电纳 $B_s=0$ $(B_s=1/X_s)$，此时接头处总导纳的归一化值 $y_A=\sqrt{2}$，设它位于圆图上的 A 点，从此点开始向信号源方向（主臂方向）经过 $\lambda/4$ 长的阻抗变换器后，此时的导纳位于圆图上的 B 点，它的导纳为 $y_B=1/\sqrt{2}$，而实际的导纳为

$$Y_B = \frac{1}{\sqrt{2}} Y_{c1} = \frac{1}{\sqrt{2}} \sqrt{2} Y_c = Y_c \tag{6.3-8}$$

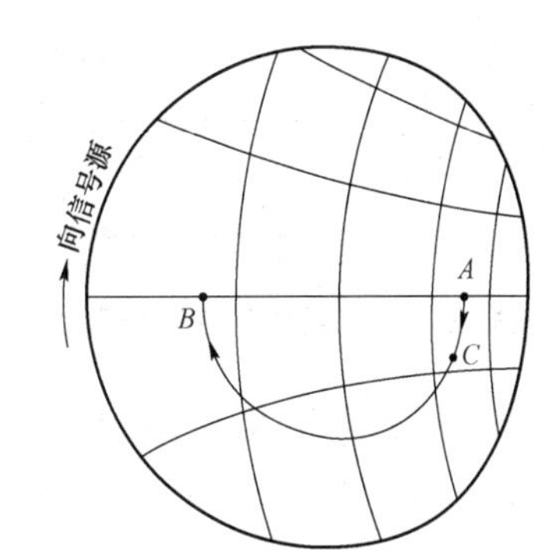

图 6.3－2　用导纳圆图说明展宽频带的原理

可见，与主臂是匹配的。当波长大于中心波长时，短路支线和阻抗变换器的实际长度均小于 $\lambda/4$，短路支线的输入电纳为负值，设其位于圆图上的 C 点，由此点开始向信号源方向移动，经过阻抗变换器后的导纳仍落于 B 点，可见与主臂也是匹配的。当波长小于中心波长时，短路支线的输入电纳为正值，经过与上面相同的分析过程可知，经过变换器后的导纳还是落在 B 点，即仍然是与主臂相匹配的。当然，上面的分析均未考虑接头处由于不连续性而造成的电抗成分的影响，这些影响会产生附加的不匹配作用。对于这种结构形式，若适当地调整短路支线的长度，在一定频带内驻波比可小于 1.1。

以上所讲的是宽频带等功率分配器，若要求支臂②、支臂③分配的功率不相等，则可采用图 6.3－1（b）所示的结构形式，即在两个支臂中靠近接头处分别接入特性阻抗为 Z_{c2} 和 Z_{c3} 的 $\lambda/4$ 阻抗变换段，以使在接头处的输入阻抗 Z_2 和 Z_3 不再相等，从而使支臂②、支臂③得到的功率也不相等。这样，就可以得到下列关系式

$$\frac{P_3}{P_2} = \frac{Z_2}{Z_3} = k^2 = \frac{Z_{c2}^2}{Z_{c3}^2} \tag{6.3-9}$$

式中，P_2 和 P_3 分别为输入支臂②和支臂③的功率，k^2 为一比例系数。为了匹配，支臂②、支臂③的特性阻抗还应满足下式

$$Z_{c2}^2 = Z_c Z_2 \ \text{和}\ Z_{c3}^2 = Z_c Z_3 \tag{6.3-10}$$

若使变换段的特性阻抗 $Z_{c1}=Z_c/\sqrt{2}$，则 Z_2 和 Z_3 应满足下式

$$\frac{1}{Z_2} + \frac{1}{Z_3} = \frac{2}{Z_c} \tag{6.3-11}$$

根据功率分配比的要求和上面的一些关系式，就可以确定出主臂、支臂中的阻抗变换器的特性阻抗，以及它们的结构尺寸。

假若功率由支臂②、支臂③输入，那么主臂就是功率的输出端口，这就是功率分配的逆过程，称为功率合成，即是说，功率分配和功率合成具有互易性。

二、微带线功率分配器

这种功率分配器的具体结构形式很多，其中较常用的是采用 $\lambda_g/4$ 阻抗变换段的功率分配器；其功率分配可以是相等的或不相等的。为了更一般化，只介绍不等功率分配器，而等功率分配器是不等功率分配器的特例。图 6.3－3 是不等功率分配器的一个原理示意图。这种功率分配器一般都有为了消除端口②、端口③之间耦合作用的隔离电阻 R。设主臂①（功率输入端）的特性阻抗为 Z_c，支臂①－②和支臂①－③的特性阻抗分别为 Z_{c2} 和 Z_{c3}，它们的终端负载分别为 R_2 和 R_3、电压的复振幅分别为 U_2 和 U_3、功率分别为 P_2 和 P_3。假设微带线本身是无耗的，两个支臂对应点对地（零电位）而言的电压是相等的，那么，就可以得到下列的关系式

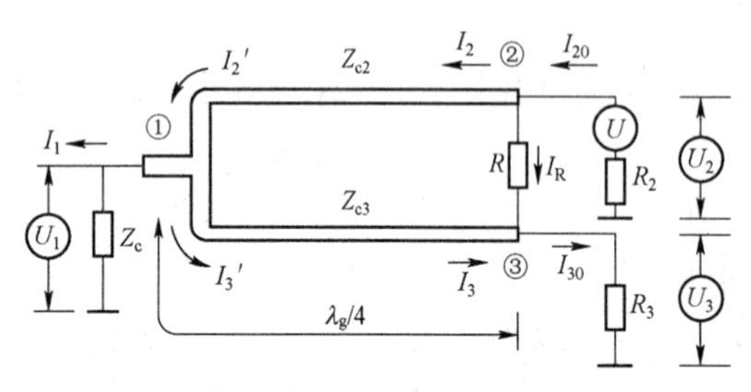

图 6.3－3　配有隔离电阻的微带功率分配器

$$P_2 = \frac{1}{2}\frac{|U_2|^2}{R_2} \tag{6.3-12}$$

$$P_3 = \frac{1}{2}\frac{|U_3|^2}{R_3} \tag{6.3-13}$$

$$P_3 = k^2 P_2 \tag{6.3-14}$$

又因 $U_2 = U_3$，所以有

$$\frac{P_3}{P_2} = k^2 = \frac{R_2}{R_3} \tag{6.3-15}$$

$$R_2 = k^2 R_3 \tag{6.3-16}$$

式中的 k^2 是比例系数，k 可以取 1（等功率情况）或大于 1 和小于 1（不等功率情况）。设 Z_{i2} 和 Z_{i3} 是从接头处分别向支臂①－②和支臂①－③看去的输入阻抗，两者的关系是

$$Z_{i2} = k^2 Z_{i3} \tag{6.3-17}$$

从主臂①向两支臂看去，应该是匹配的，因此应有

$$Z_c = \frac{Z_{i2}\,Z_{i3}}{Z_{i2}+Z_{i3}} = \frac{k^2}{1+k^2}Z_{i3} \tag{6.3-18}$$

或

$$Z_{i3} = \frac{1+k^2}{k^2}Z_c \tag{6.3-19}$$

由此得

$$Z_{i2} = (1+k^2)Z_c \tag{6.3-20}$$

因为 Z_c 和 k 是给定的，这样，Z_{i2} 和 Z_{i3} 即可求出。前面已讲过，$R_2 = k^2 R_3$，可见，只需选定 R_2 或 R_3 中的一个值，则另一个即可确定，为计算方便，通常可选取

$$R_2 = kZ_c \tag{6.3-21}$$

$$R_3 = \frac{Z_c}{k} \tag{6.3-22}$$

根据式（6.3－19）、式（6.3－20）和式（6.3－21）、式（6.3－22）即可求出两个支臂的特性阻抗 Z_{c2} 和 Z_{c3} 分别为

$$Z_{c2} = \sqrt{Z_{i2}R_2} = Z_c\sqrt{k(1+k^2)} \tag{6.3-23}$$

$$Z_{c3} = \sqrt{Z_{i3}R_3} = Z_c\sqrt{\frac{1+k^2}{k^3}} \tag{6.3-24}$$

现在讨论隔离电阻 R 的作用及其值如何确定。倘若没有电阻 R，那么，当信号由支臂①－②的端口②输入时，一部分功率将进入主臂①，另一部分功率将经过支臂①－③而到达端口③；反之，当信号由支臂①－③的端口③输入时，除一部分功率将进入主臂①外，还有一部分功率将到达端口②，即端口②、端口③之间相互影响（有耦合）。为了消除这种现象，而加了隔离电阻 R。当信号由主臂①输入时，由于 R 两端电位相等，无电流通过，不影响功率分配（相当 R 不存在一样）。若信号由端口②输入，一部分能量经 R 到端口③，另一部分，除经支臂①－②输入主臂①外，还有一部分经支臂①－③到达端口③，但这一部分与经 R 到达端口③的信号，由于路程差而使它们的相位差 π，从而使它们互相抵消，端口③输出的能量极少；同理，当信号从端口③输入时，端口②的输出能量也极少。若 R 的值和位置选择合适，就能得到较好的隔离效果。

为了求出隔离电阻 R 的表示式，可以利用图 6.3－3 的示意图。图中和公式中的电压和电流是指其复振幅。设在端口②上接入电压为 U 的信号源，这样就会在整个电路中引起电压和电流。设在端口①、端口②、端口③处的电压分别为 U_1、U_2 和 U_3，电流分别为 I_1、I_2'、I_3'，I_2、I_{20}，I_R，I_3 和 I_{30}。因为支臂①－②和支臂①－③的长度 l 均为 $\lambda_g/4$，所以，根据传输线理论可知：

对于支臂①－②有

$$U_2 = U_1\cos\beta l + jI_2'Z_{c2}\sin\beta l = jI_2'Z_{c2} \tag{6.3-25}$$

$$I_2 = I_2'\cos\beta l + j\frac{U_1}{Z_{c2}}\sin\beta l = j\frac{U_1}{Z_{c2}} \tag{6.3-26}$$

对于支臂①－③有

$$U_1 = U_3\cos\beta l + jI_3Z_{c3}\sin\beta l = jI_3Z_{c3} \tag{6.3-27}$$

$$I_3' = I_3\cos\beta l + j\frac{U_3}{Z_{c3}}\sin\beta l = j\frac{U_3}{Z_{c3}} \tag{6.3-28}$$

另外，根据电路理论可知，在主臂和两个支臂的交接点处有

$$I_2' = I_1 + I_3' = \frac{U_1}{Z_c} + I_3' \tag{6.3-29}$$

在隔离电阻 R 与端口③的交接点处有

$$I_3 = I_{30} - I_R = \frac{U_3}{R_3} - I_R \tag{6.3-30}$$

式中

$$I_{\mathrm{R}}=\frac{U_2-U_3}{R} \tag{6.3-31}$$

将式（6.3－25）和式（6.3－28）代入式（6.3－29）中，得

$$\frac{U_1}{Z_{\mathrm{c}}}+\mathrm{j}\frac{U_2}{Z_{\mathrm{c2}}}+\mathrm{j}\frac{U_3}{Z_{\mathrm{c3}}}=0 \tag{6.3-32}$$

再将式（6.3－27）和式（6.3－31）代入式（6.3－30）中，得

$$\mathrm{j}\frac{U_1}{Z_{\mathrm{c3}}}-\frac{U_2-U_3}{R}+\frac{U_3}{R_3}=0 \tag{6.3-33}$$

或

$$\mathrm{j}\frac{U_1}{Z_{\mathrm{c3}}}-\frac{U_2}{R}+\frac{(R+R_3)}{R_3R}U_3=0 \tag{6.3-34}$$

当端口②、端口③隔离，即端口③无能量输出（实际上即 $U_3=0$）时，则由式（6.3－32）和式（6.3－33）可得

$$\frac{U_1}{U_2}=-\mathrm{j}\frac{Z_{\mathrm{c}}}{Z_{\mathrm{c2}}}=-\mathrm{j}\frac{Z_{\mathrm{c3}}}{R} \tag{6.3-35}$$

再根据式（6.3－23）、式（6.3－24）和式（6.3－35），得

$$R=\frac{Z_{\mathrm{c2}}Z_{\mathrm{c3}}}{Z_{\mathrm{c}}}=Z_{\mathrm{c}}\frac{1+k^2}{k} \tag{6.3-36}$$

顺便指出，利用网络理论中求导纳矩阵的方法，同样可以求出与式（6.3－36）完全相同的隔离电阻 R 的表示式。

在实际的微带电路中，隔离电阻 R 是由蒸发在介质基片上的镍铬合金薄膜或钽薄膜构成的。在波长较长的情况下，也可用一般的小型电阻焊接在导体带上。一般地讲，若两个支臂的间距不太大，外接的隔离电阻引线短，则效果较好，否则隔离性能较差。

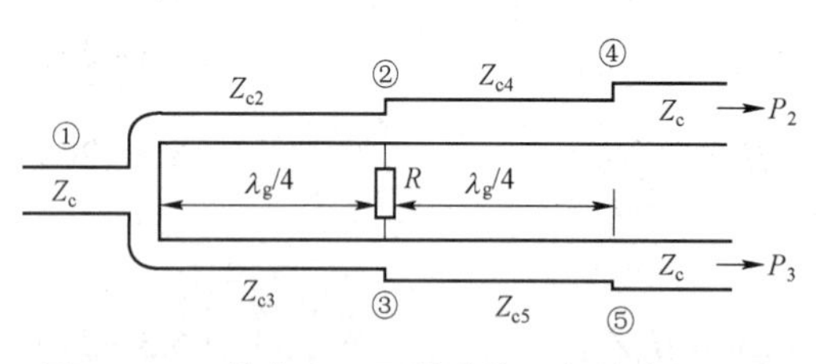

图 6.3－4 接有 $\lambda_g/4$ 阻抗变换段的功率分配器

在以上的分析中，曾假定端口②、端口③的负载分别为 R_2 和 R_3，但在实际的应用中，端口②、端口③后面要接的一般都是特性阻抗等于 Z_{c} 的传输线，而为了保证所要求的功率分配比，则应在端口②与传输线之间、端口③与传输线之间分别加入一段 $\lambda_g/4$ 长的阻抗变换器，图 6.3－4 是这种情况的示意图。设在端口②后变换段的特性阻抗为 Z_{c4}，在端口③后变换段的特性阻抗为 Z_{c5}，它们的表示式分别为

$$Z_{\mathrm{c4}}=\sqrt{R_2Z_{\mathrm{c}}}=Z_{\mathrm{c}}\sqrt{k} \tag{6.3-37}$$

$$Z_{\mathrm{c5}}=\sqrt{R_3Z_{\mathrm{c}}}=\frac{Z_{\mathrm{c}}}{\sqrt{k}} \tag{6.3-38}$$

以上是对中心波长而言所得出的结果。当波长偏离中心波长时，性能会差些，即频带较窄，若要求频带宽些，则可采用多节的功率分配器。上述的功率分配器，它的逆过程就是功率合成器。利用微波网络理论可以证明：任何无耗的三端口网络不可能同时实现各端口

的匹配和隔离。但是对于加了隔离电阻的三端口功率分配器，即成了有耗网络，因此各端口可以同时得到匹配和隔离。

三、矩形波导管分支接头

属于这一类的功率分配器也有各种不同的结构形式，其中较常用的是 T 形接头、双 T 接头和魔 T（或称匹配的双 T）接头。

（一）T 形接头

有 E−T 接头和 H−T 接头两种形式，前者也称 E 面 T 形分支，后者也称 H 面 T 形分支。图 6.3−5 是 E 面 T 形分支的结构图和在 E 平面上电场力线的分布图。所谓 E−T，就是对于 TE_{10} 模而言，任取一平行于波导窄壁的平面，E−T 接头三个臂内的电场均在此平面内，因此叫作 E 面分支。从图 6.3−5 的场分布直观地看，可得出 E−T 接头的下述性质（条件是，当信号从某一端口输入时，其余的两个端口均接匹配负载）：

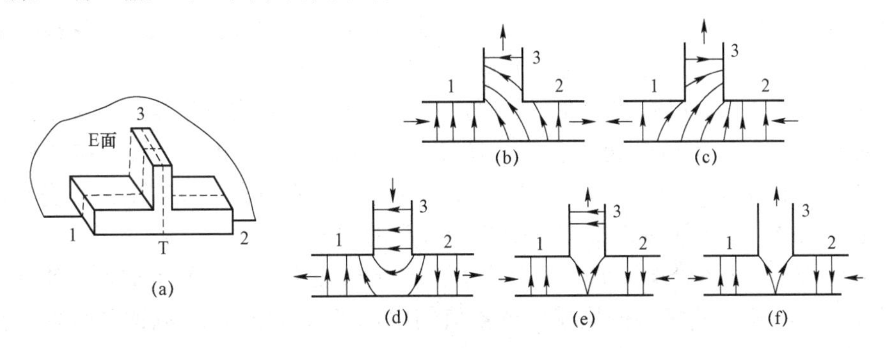

图 6.3−5　E 面 T 形分支

（a）结构图；（b）～（f）电力线分布图

当信号从端口 1 输入时，端口 2、端口 3 有输出；当信号从端口 2 输入时，端口 1、端口 3 有输出；当信号从端口 3 输入时，在距对称面 T 相等距离处，端口 1、端口 2 输出的信号幅度相等、相位相反（电场方向相反），这是因为支臂 1、支臂 2 在结构上对于对称面 T 是对称的，而支臂 3 的电场（对于 TE_{10} 模）对 T 而言是反对称的；当端口 1 和端口 2 同时输入等幅、反相的信号时，端口 3 有最大的输出（同相叠加）；当端口 1 和端口 2 同时输入等幅、同相的信号时，端口 3 无输出，因此在端口 1 和端口 2 之间形成纯驻波状态，而且对称面 T 处是电场的波腹点、磁场的波节点。

另一种 T 形接头是 H 面 T 形分支，如图 6.3−6 所示。对于 TE_{10} 模而言，各臂内磁场所在的平面都处于与波导的宽壁相平行的平面内，因此称为 H 面分支接头。根据分析 E−T 接头时的同样道理，可得到 H−T 接头的下列性质（条件和 E−T 接头所要求的一样）：

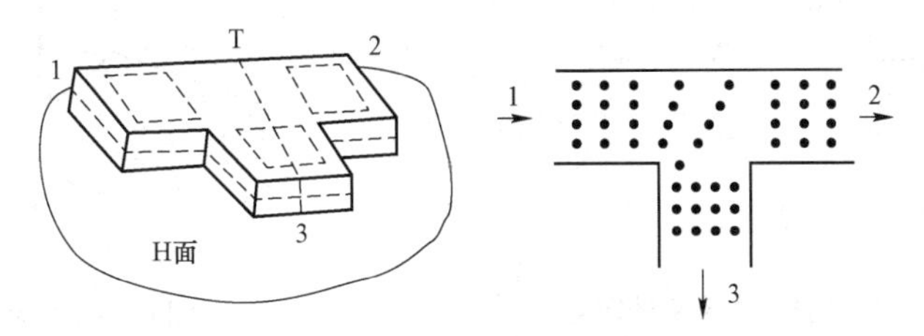

图 6.3−6　H 面 T 形分支

当信号由端口 1 输入时，端口 2、端口 3 有输出；当信号由端口 2 输入时，端口 1、端口 3 有输出；当信号由端口 3 输入时，由端口 1、端口 2 输出的信号幅度相等、相位相同（因支臂 1、支臂 2 对于对称面 T 在结构上是对称的）；当由端口 1、端口 2 同时输入等幅同相信号时，端口 3 有最大的输出；当端口 1、端口 2 同时输入等幅、反相信号时，端口 3 无输出，因此在端口 1 和端口 2 之间形成了纯驻波分布，而且对称面 T 处是电场的波节点、磁场的波腹点。

有时为了分析问题方便，或者说，能更直观地（当然是近似和不精确地）讨论和分析 T 形接头的性质，常会用到它们的等效电路，如图 6.3－7 所示。对于 E－T 来说，若从波导宽壁中心处附近纵向电流的方向来看，E－T 接头的端口 3 的支臂与主传输线（支臂 1、支臂 2）是串联的关系，如图 6.3－7（a）所示。根据同样的分析，H－T 接头中端口 3 的支臂与主传输线（支臂 1、支臂 2）是并联的关系，如图 6.3－7（b）所示。这些等效电路均未考虑接头处不连续性的影响，实际上在三个支臂的接头处不仅有 TE_{10} 模，而且还有高次模，这些高次模的作用，相当于在接头处引入了电抗性元件。由此可见，上述 T 形接头的等效电路是很粗略的，严格地讲，还应考虑高次模的影响。

T 形接头是一个三端口微波元件，若假定它是无耗的，由网络理论可以证明：三个端口不可能同时实现匹配，也就是说，若信号从任一端口输入，而其余二端口接匹配负载时，它的驻波比是大于 1 的。这一点，从 T 形接头的等效电路中也可以看出来。当然，由此得到的驻波比并不准确，但可以近似地说明 T 形接头的这一性质。

T 形接头可用作功率分配器或功率合成器。在 T 形接头的任一臂中加入可移动的短路活塞，调节其位置，就可使接头处呈现任意数值的电抗（可变电抗），以调节波导系统的匹配情况，或者起到滤波的作用。此外，T 形接头还可作为微波天线开关的组成部分。

（二）双 T 接头和魔 T 接头

（1）双 T 接头。将 E－T 接头和 H－T 接头组合在一起，就构成了双 T 接头，如图 6.3－8 所示。根据 E－T 接头和 H－T 接头的性质，就可以得出双 T 接头的下列性质（设信号从某一端口输入时，其他端口均接匹配负载）：当信号从端口 3（H 臂）输入时，端口 1 和 2 输出的信号等幅、同相，端口 4（E 臂）无输出，这是因为支臂 3 内的电场与支臂 4 内的电场在空间是正交的（指 TE_{10} 模），不可能互相激励；当信号从端口 4（E 臂）输入时，端口 1 和端口 2 输出的信号幅度相等、相位相反，端口 3 无输出；从端口 1 和端口 2 同时输入等

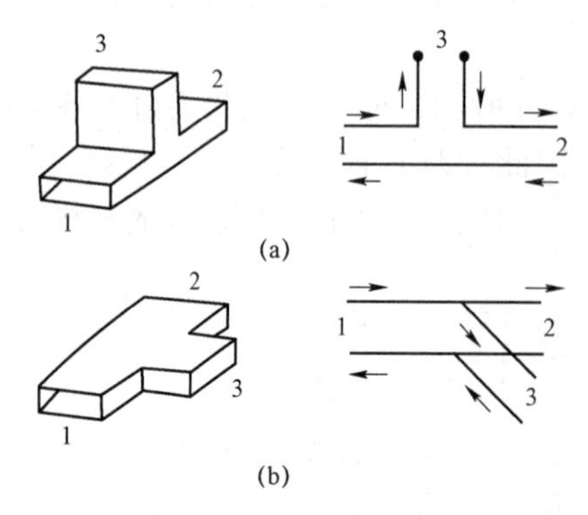

图 6.3－7　E－T 和 H－T 接头的等效电路

（a）E－T 的等效电路；（b）H－T 的等效电路

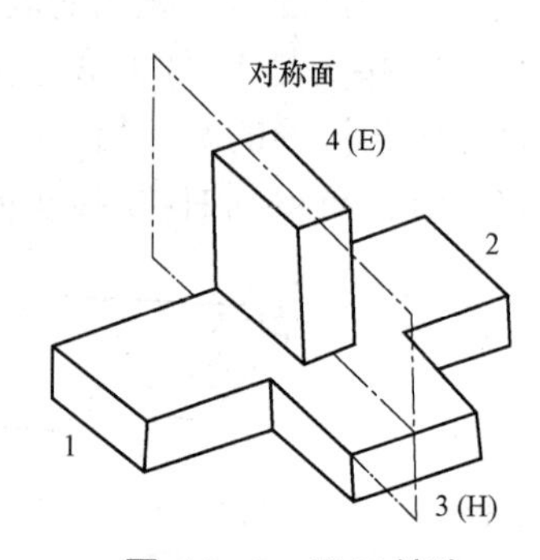

图 6.3－8　双 T 接头

幅、同相信号时，信号从端口 3 输出，端口 4 无输出；当从端口 1 和端口 2 同时输入等幅、反相信号时，端口 4 有输出，端口 3 无输出；当信号单独由端口 1 或端口 2 输入时，端口 3 和 4 均有输出；端口 1 和端口 2 之间的隔离度很低。

双 T 接头可用作功率分配器或功率合成器。如果在 E 臂和 H 臂中安置可调短路活塞，调节其位置，就可以在各支臂的交接处产生任意大小的电抗，构成调配器，以减少波导系统中的驻波比。

（2）魔 T 接头（匹配双 T 接头）。在双 T 接头中，当端口 1 和端口 2，以及端口 4 都接匹配负载时，从端口 3 看去是不匹配的；同样，当端口 1 和端口 2，以及端口 3 都接匹配负载时，从端口 4 看去，也是不匹配的。为了使从支臂 3（H）和支臂 4（E）看去都是匹配的，就需要在双 T 接头四个支臂的交接处安置匹配装置。带有匹配装置的双 T 接头，习惯上称它为魔 T 接头，如图 6.3－9 所示。加了匹配装置后，之所以能达到较好的匹配效果，是因为匹配装置造成的反射波，可以与原来接头处由于不连续性而引起的反射波相抵消。

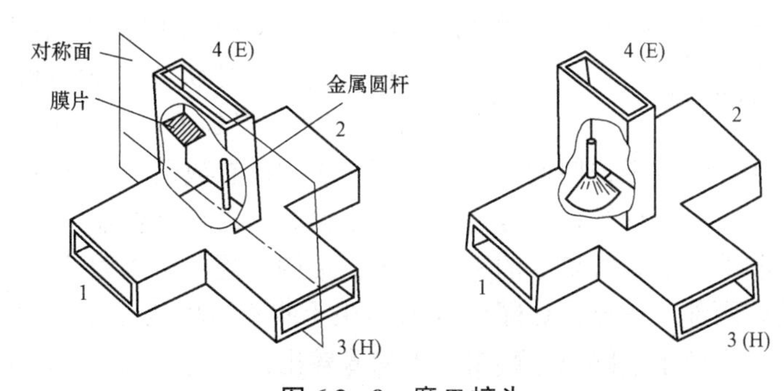

图 6.3－9　魔 T 接头

（a）用金属圆杆和膜片匹配；（b）用金属圆锥体和圆杆匹配

为使 H 臂得到匹配，可在接头内的对称面上安置一个金属圆杆，如图 6.3－9（a）所示。若圆杆的高度、粗细和位置选择适当，就可以使 H 支臂与臂 1 和支臂 2 之间达到较好的匹配。圆杆与 H 臂中的电场方向（指 TE_{10} 模）相平行，与 E 臂中的电场方向（指 TE_{10} 模）相垂直。可见，圆杆对 H 臂有较大的匹配效果，而对 E 臂匹配效果较小。根据互易性原理，当信号从支臂 1 或支臂 2 输入时，也应该是匹配的。

为使 E 臂得到匹配，可在 E 臂中安置一个其表面与电场方向相平行的金属膜片，如图 6.3－9（a）所示。适当选取膜片的尺寸和位置，就可以使 E 臂与支臂 1 和支臂 2 之间达到较好的匹配。

采取上述措施后，无论是对于 H 臂还是 E 臂，都只能在较窄的频带内有较好的匹配效果。为了能在较宽的频带内达到较好的匹配，可采用如图 6.3－9（b）所示的匹配装置。为使 E 臂得到匹配，在接头内安置了一个金属圆锥体，适当选取它的尺寸，就可以使 E 臂与支臂 1 和支臂 2 之间达到较好的匹配效果。锥体顶端的圆杆是为了使 H 臂与支臂 1 和支臂 2 达到匹配而安置的。如果把圆杆换成翅形薄片，同样可以使 H 臂得到匹配，并可提高 E 臂的功率容量。

魔 T 接头的主要性质是（设信号从某一端口输入时，其他端口均接匹配负载）：当信号从 H 臂输入时，支臂 1 和支臂 2 输出的信号幅度相等、相位相同，E 臂无输出；当信号从 E 臂输入时，支臂 1 和支臂 2 输出的信号幅度相等、相位相反，H 臂无输出；当信号从支臂 1

输入时，功率均等地从 E 和 H 臂输出，支臂 2 无输出；当信号从支臂 2 输入时，功率均等地从 E 和 H 臂输出，支臂 1 无输出。

魔 T 接头的应用也较广泛，例如：它可用作功率分配器或功率合成器、平衡混频器、电桥、微波天线中的收发开关，还可与其他元件组合成环行器和移相器等。

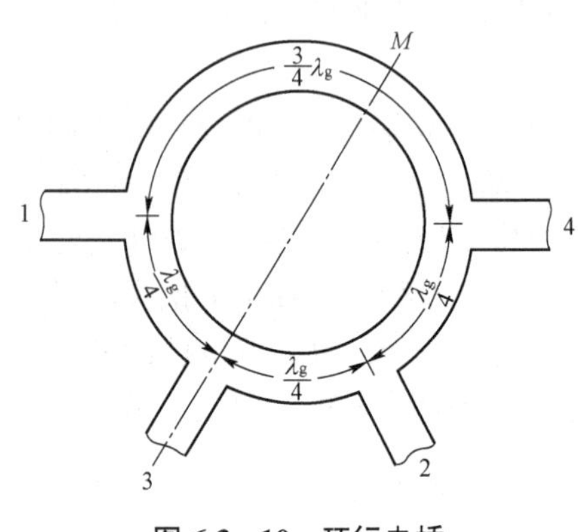

图 6.3－10　环行电桥

（3）环行电桥。图 6.3－10 是环形电桥的原理示意图。它是一个具有 4 个分支臂的环形电路，沿圆周这 4 个支臂之间的距离是：1 到 4 为 $3\lambda_g/4$，其余各臂之间为 $\lambda_g/4$。同轴线、波导、带状线和微带线等，都可以构成环行电桥。环形电桥具有与魔 T 接头相同的性质，但应注意的是，环形电桥的结构尺寸是对中心波长而言的，当偏离中心波长时，会使“相对”臂之间的隔离度下降。因此，环形电桥的频带比魔 T 接头的频带要窄。如果在结构上采取某些措施，频带就会宽些。环行电桥在带状线和微带线中是一种平面结构，使用较方便，得到了广泛应用。

环行电桥的特性。为便于说明问题，可把图 6.3－10 看成是一个同轴线环行电桥。若信号由端口 3 输入，则功率将均等地一分为二，一个顺时针沿环路传输，另一个逆时针沿环路传输。因为端口 1 和端口 2 到端口 3 的距离相等、结构相同，所以对信号的影响相同。顺时针和逆时针传输的这两部分信号到达端口 4 时，由于两者路程差是 $\lambda_g/2$，相位差 π、且幅度相等，因此端口 4 相当处于短路点，端口 4 无信号输出；从另一方面看，端口 3 距图上标出的 M 点，沿顺时针和逆时针看，距离相等，因此 M 处相当于开路点，而端口 4 为短路点，无信号输出。从端口 1 和端口 2 向 M 点看去，输入阻抗的值都是无穷大，可见，若信号由端口 3 输入，则端口 1 和端口 2 将有输出，而且它们的幅度和相位也是一样的。利用同样的分析方法可知：若信号从端口 2 输入时，则端口 3 和端口 4 将输出等幅同相的信号，端口 1 无输出；若信号从端口 4 输入时，则端口 1 和端口 2 将输出等幅反相的信号，端口 3 无输出；若信号从端口 1 输入时，则端口 3 和端口 4 将输出等幅反相的信号，端口 2 无输出。

§6.4　终 端 元 件

在微波传输系统中，波的传输状态与该系统的终端特性有很大关系。因此，正确地设计、使用终端元件是很重要的。终端元件种类较多、形式各异。本节只介绍几种常用的终端元件。

一、匹配负载

它是一个单端口元件。理想的匹配负载应该能够全部吸收入射功率、而不产生反射波，因此又把匹配负载称为无反射终端器。当然，实际上仍有少量的反射波，但匹配负载的输入驻波比，其中较大的约 1.15，一般的都在 1.1～1.015 之间，有的甚至更小，即是说匹配情况还是比较好的，是可以满足要求的。匹配负载是由一段传输线与能够吸收微波功率的材料组合而成的。因为传输线的类型不同，所以匹配负载又可分为波导式、同轴线式、带状线式和微带线式等多种。若按功率容量划分，则又可分为低功率的和高功率的两种。低功率匹配负载一般多用于微波测量设备中；高功率的可用作大功率发射设备的负载（假天线）或大功率计的高频头等。匹配负载的主要技术指标有：工作频带、输入驻波比和功率容量。

（一）波导式匹配负载

低功率波导式匹配负载的结构示意图如图 6.4－1 所示。它是由一段终端短路的波导和安装在波导中的吸收体组成的。吸收体的长度一般为一个或数个导波波长，吸收体可以是固定的，也可以利用螺杆调节机构使其沿波导轴线方向移动。吸收体可以有多种形状，大体上可分为片式（表面式）和体积（块）式两种。吸收体前端制作成尖劈形，以减少波的反射，得到较好的匹配效果。片式吸收体通常是在高频陶瓷片或石英玻璃片上用真空镀膜技术镀以非常薄的电阻性材料，如碳化硅薄膜、镍铬合金薄膜、铂－金薄膜、铂－铑薄膜，以及钽薄膜等。片式吸收体应安置于波导内电场最强的位置，与电场的极化方向相平行，并固定于终端的短路板上，若短路板是可以滑动的，则称为滑动式匹配负载。体积式吸收体的吸收材料，可以是碳粉与固塑剂的混合物，并把它模压成型，也有的把含有羰基铁的粉状物与固塑剂混合后模压成型，并经烧结后，再加工成所需要的形状。

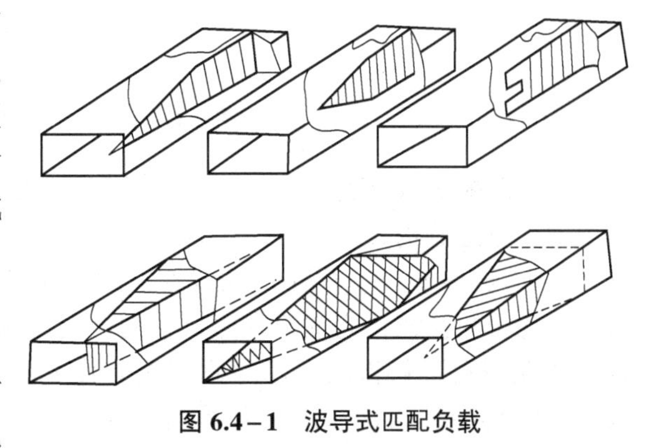

图 6.4－1　波导式匹配负载

高功率匹配负载的两种结构形式如图 6.4－2 所示。其中一种称为干负载，即在一段波导内填充以吸收电磁能量的材料，如石墨和水泥的混合物、铁粉与水泥或砂的混合物等。负载上还可以装有散热片。另一种是用水作为吸收材料的，称为水负载。在一段波导内安置一个楔形玻璃容器，其底部装有进水管和出水管，使容器内的水不断地流动，以得到较好的散热性。

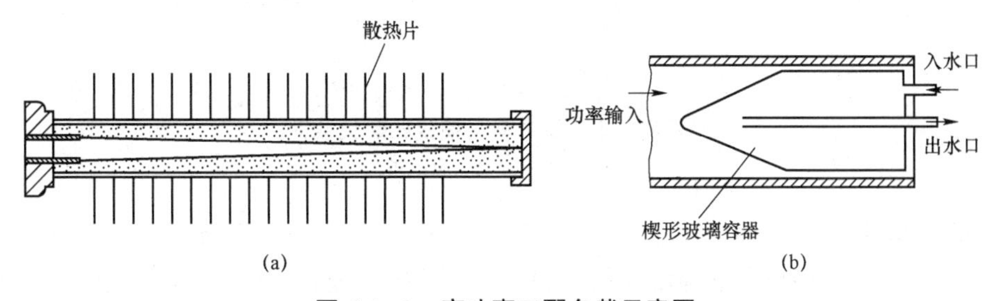

图 6.4－2　高功率匹配负载示意图

（a）干负载结构示意图；（b）水负载结构示意图

（二）同轴线式匹配负载

同轴线式匹配负载的结构形式很多，这里只介绍其中的几种。如图 6.4－3 所示的同轴线式匹配负载，它们的外导体都是圆形，而内导体：一个是棒状薄膜电阻器；另一个是具有一定斜度的锥形薄膜电阻器，终端短路，以防止功率漏逸。薄膜的材料可以是碳、钽或镍铬合金等。把电阻器做成锥形，可以使匹配性能更好。还有一种结构形式如图 6.4－4 所示，将吸收材料填充于内外导体之间，并使之成为尖劈形（见图 6.4－4（a）（c））或阶梯形

（见图 6.4－4（b）），负载终端是短路的。

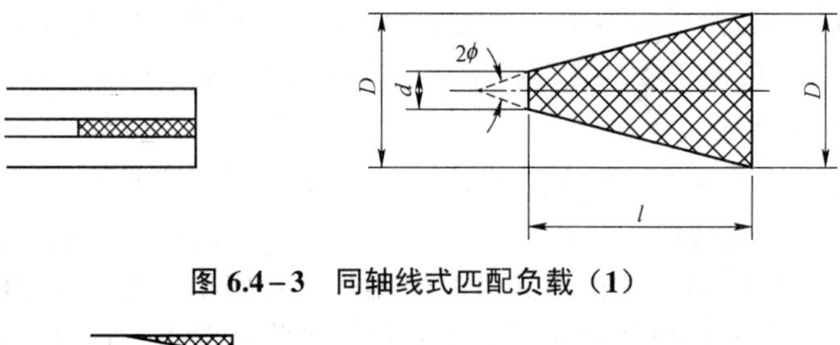

图 6.4－3　同轴线式匹配负载（1）

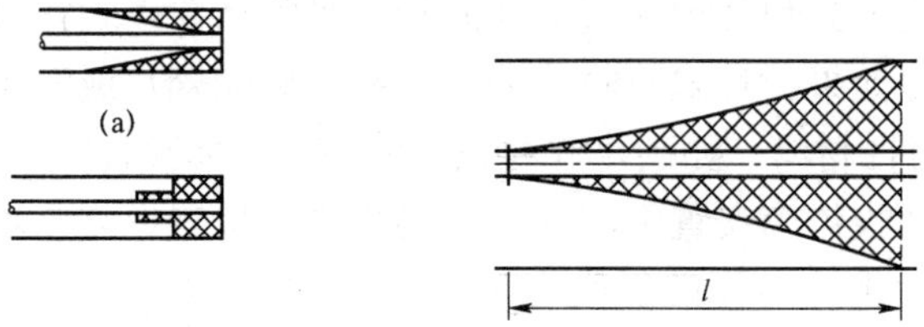

(a)

(b)

(c)

l

图 6.4－4　同轴线式匹配负载（2）

如果匹配负载承受的功率较大，可采取如图 6.4－5 所示的结构形式。它们的内导体都是由薄膜电阻器构成的，而外导体的内半径在图 6.4－5（a）中是沿轴线按指数曲线规律变化；在图 6.4－5（b）中是沿轴线按直线规律变化。对于这种外导体渐变式同轴线匹配负载，理论分析指出：它的输入阻抗中的电抗成分是很小的，可认为基本上是电阻性的。这种匹配负载可以做得较长，因此可承受较大的功率。为了加工方便，可把指数线改为直线，即图 6.4－5（b），如果设计得当也能得到较好的匹配性能。

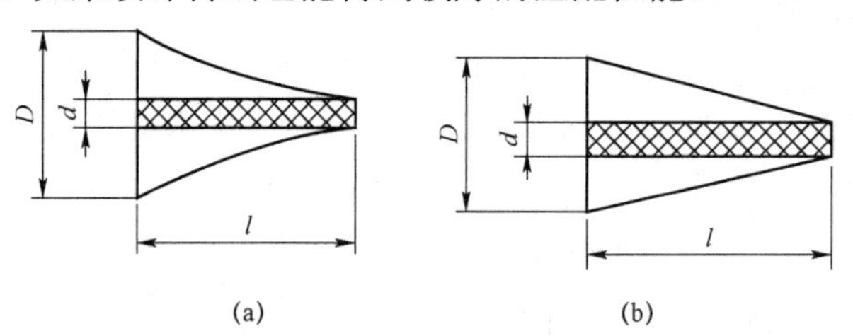

图 6.4－5　高功率同轴线匹配负载

（a）指数式；（b）直线式

在微波集成电路中，也常用到匹配负载，如图 6.4－6（a）所示，称为吸收式匹配负载，斜线部分表示电阻性的薄膜或厚膜材料（如镍铬合金膜、钽膜等），用以吸收微波功

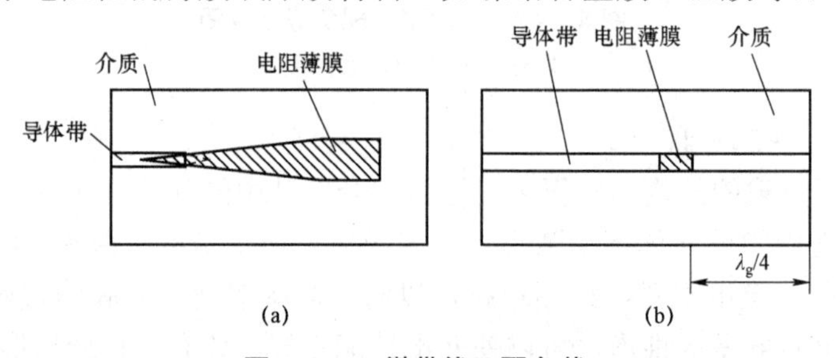

图 6.4－6　微带线匹配负载

（a）吸收式；（b）阻抗匹配式

率。若尺寸选取适当，则可以在较宽的频带内得到良好的匹配效果。另一种，即图 6.4－6（b）所示，称为阻抗匹配式终端负载。斜线部分是电阻薄膜或厚膜材料，用以吸收微波功率，电阻性材料后面是一段 $\lambda_g/4$ 开路线，这样，就可以使匹配电阻的末端等效于接地（短路），从而构成匹配负载。薄膜或厚薄电阻的分布形状除是矩形的外，还可以采取半圆形（频带较宽）或其他形状。

二、全反射终端器（短路器）

在波导或同轴线设备中，短路器可以提供任意数值的电抗值，也可当匹配或调谐元件用。对短路器输入端的驻波比、功率和带宽，以及稳定性等，都有一定的要求。其中，输入端的驻波比在 100～170，从而使传输线近似于短路状态。短路器可分为固定式（用金属板把波导或同轴线的终端封闭起来）和可移动式（用以短路的金属板可沿轴向移动）两大类。可移动的又分为接触式和非接触式两类。短路器的具体结构形式多种多样，这里只介绍其中的几种短路器。

（一）接触式短路器

图 6.4－7 给出了矩形波导和同轴线中用的接触式短路器的结构示意图。图 6.4－7（a）是滑块式，它的金属短路板是可移动的，并要求它与波导内壁有良好的接触。这种短路器由于工艺要求高以及长期磨损会使性能下降，因此很少被采用。另一种如图 6.4－7（b）所示，在短路活塞端块的两个宽边上带有切槽、并形成许多细爪的弹性片（如磷青铜、铍青铜、镀银或镀铜的优质弹性钢片等），使接触更加密切。图 6.4－7（c）是同轴线式短路器的结构简图。无论是波导式还是同轴线式，其弹性片的长度应等于 $\lambda_g/4$，使短路活塞与波导或同轴线的接触点位于高频电流的节点处，以减少由接触电阻而产生的损耗。这种结构的缺点是：当活塞移动时，接触情况不稳定，在大功率的情况下还可能产生火花现象，而且，对传动机构也有较严格的要求，因此，一般不再采用接触式短路器，而是采用非接触式短路器。

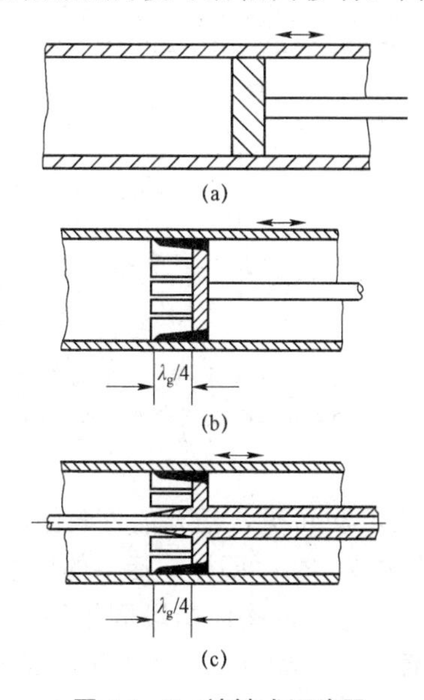

图 6.4－7　接触式短路器

（a）滑块式；（b）弹性片式；（c）同轴线式

（二）非接触式短路器

（1）图 6.4－8 是用在同轴线中的短路器的示意图。活塞的内表面与同轴线内导体之间以及活塞的外表面与同轴线外导体之间都留有很小的间隙，从而构成了两段其长度均为 $\lambda/4$ 的同轴线，特性阻抗为 Z_c'。原同轴线的特性阻抗为 Z_c。根据传输线理论可知，若 $Z_c' \ll Z_c$，则在等效短路面 AA' 处呈现的阻抗就很小，近似等于短路。这种短路器虽然克服了接触式短路器的缺点，但会有能量通过缝隙泄漏到活塞后面。如果将图 6.4－8 中的活塞挖空

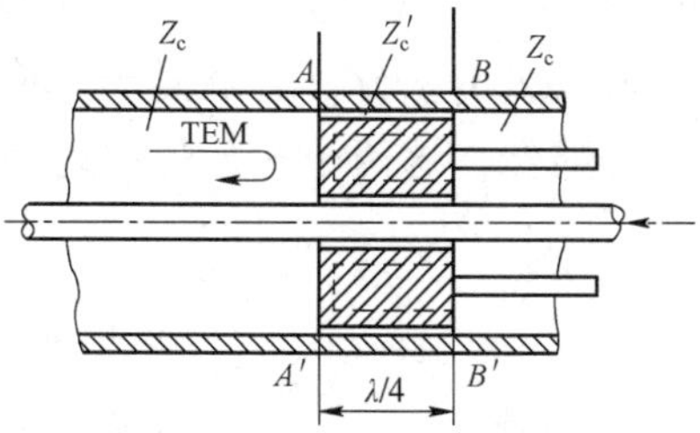

图 6.4－8　非接触式短路器

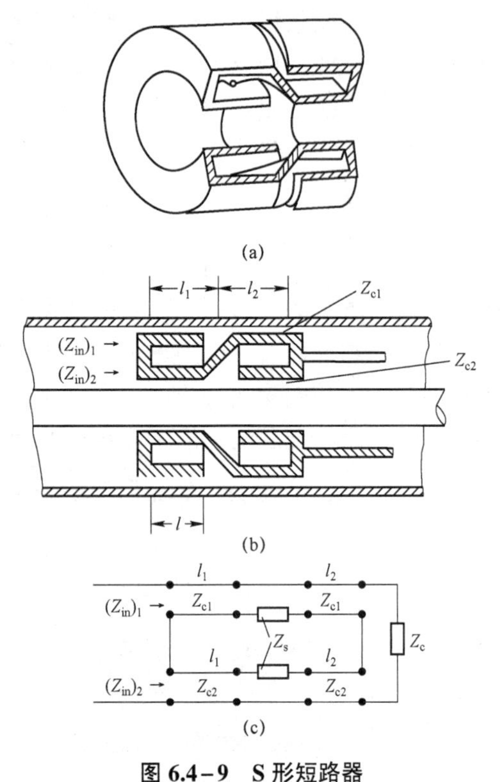

图 6.4－9 S 形短路器

（a）立体结构示意图；（b）纵向剖面图；（c）等效电路

（即将图中被虚线包围的部分挖去），使之成为抗流式短路活塞，能量的泄漏就会减少。这种结构的工作原理，粗略地讲就是，当从 BB' 处向左去看挖空的活塞时，它是一个 $\lambda/4$、终端短路的同轴线。因为活塞与主同轴线之间的间隙很小，可近似地认为在主同轴线的 BB' 处接了一个输入阻抗为无限大的短路支线，从而使 AA' 处形成了一个短路面。

（2）S 形短路器。图 6.4－9 是用在同轴线中的一种短路器的立体结构示意图、纵向剖面图和等效电路。因其纵向剖面呈 S 形，所以称为 S 形短路器。短路活塞与同轴线外导体的内壁，以及与内导体的外表面均不接触，而是留有很小的间隙。为使活塞在移动中保持恒定的间隙，可在活塞的外表面喷涂（或缠绕）一层很薄的低损耗介质薄膜（如聚四氟乙烯）。这种结构，对于需要把同轴线内外导体上的直流隔开时，显得特别方便。

现在分析这种短路器的工作原理。由图 6.4－9 可见，活塞的外表面与主同轴线外导体的内表面之间构成两段同轴线，设其特性阻抗均为 Z_{c1}；同样，活塞的内表面（靠近主同轴线内导体的外表面）与主同轴线内导体的外表面之间也构成两段同轴线，设其特性阻抗均为 Z_{c2}。从图上还可看到，活塞的前半部和后半部，都有一个“凹入”活塞内部的挖空部分，其深度 l 近似等于 l_1（$l_1=l_2=\lambda/4$），这两个挖空部分便构成了两段终端短路的同轴线。若活塞的壁很薄，而且它与主同轴线外导体的内表面之间，以及与内导体的外表面之间的间隙又很小，则这两段短路同轴线的特性阻抗可近似地认为与主同轴线的特性阻抗 Z_c 相等。设这两段短路同轴线的输入阻抗为 Z_s，则

$$Z_s = \mathrm{j}Z_c\tan\beta l = \mathrm{j}Z_c\tan\frac{2\pi}{\lambda}\frac{\lambda}{4} = \mathrm{j}\infty \tag{6.4-1}$$

于是，从等效电路可知，这相当于在两段传输线 l_1 和 l_2 之间串接了一个无穷大的阻抗，使 l_1 和 l_2 之间形成断路。这样，从短路器输入端向右看去的输入阻抗 $(Z_{in})_1$ 和 $(Z_{in})_2$，就是一个长为 $\lambda/4$、终端接有无穷大负载（开路）的传输线的输入阻抗，显然，这两个输入阻抗均为零，即

$$(Z_{in})_1 = -\mathrm{j}Z_{c1}\cot\beta l_1 = 0 \tag{6.4-2}$$

$$(Z_{in})_2 = -\mathrm{j}Z_{c2}\cot\beta l_2 = 0 \tag{6.4-3}$$

这样，在 S 形短路器的输入端就形成了一个等效短路面。

在上面的分析中，忽略了由于结构上的不连续性所造成的影响，并做了一些近似性的假设，因此只是一种粗略的分析。在实际上，只要使特性阻抗 Z_{c1} 和 Z_{c2} 比挖空部分的特性阻抗（近似地讲，即主同轴线的特性阻抗 Z_c）小得多，则 S 形短路器仍具有较好的性能，在偏离中心频率 10%～20%内，能量的泄漏非常小。其缺点是：结构复杂，制作较费事。

（3）哑铃式短路器。习惯上也称它为哑铃式短路活塞，是目前在矩形波导（尤其是小尺寸波导）中应用较广泛的一种非接触式短路器。图 6.4－10 是它的原理示意图和它的等效电路。在一段标准矩形波导中，安置两个或多个直径为 D 的圆柱形金属活塞，活塞之间用金属细杆连接起来，这样就构成了一个哑铃式短路器。每节活塞与矩形波导构成了一段长度为 l_1 的外矩内圆的同轴线，它的特性阻抗 Z_{c1} 较低；而直径为 d，长为 l_2 的金属连杆与矩形波导也构成了一段外矩内圆的同轴线，它的特性阻抗 Z_{c2} 较高。

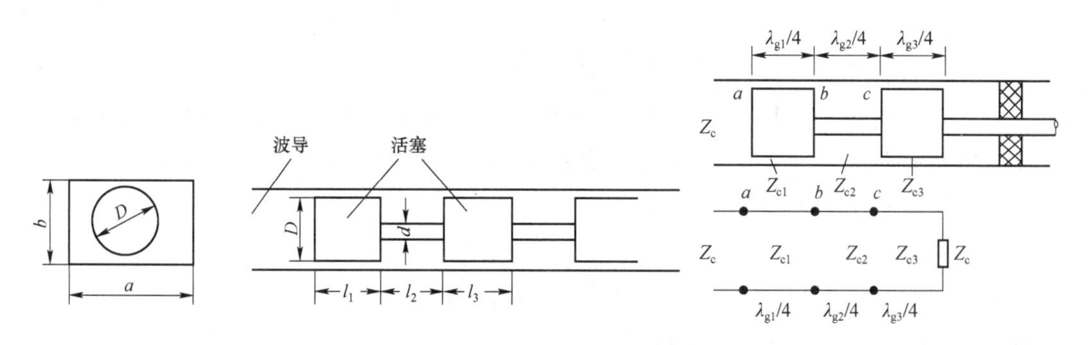

图 6.4－10　哑铃式短路器及其等效电路

现在用等效电路来说明这种短路器的工作原理。设短路器具有两个活塞，并选取 l_1 和 l_2 是对应于中心频率的四分之一导波波长。因为在短路活塞、金属细杆所占据的区域，已不再是矩形波导中的 TE_{10} 模（设原来矩形波导中传输的是 TE_{10} 模），而是外矩内圆同轴线中的模式，其中最低次的是 TE_{11} 模。因此，l_1 和 l_2 段的截止波长和导波波长都应该是对 TE_{11} 模而言的。由于 l_1 和 l_2 两段同轴线的内导体直径不同，则对应的截止波长和导波波长也不相同，但它们都可用下式进行计算，即

$$\lambda_g = \frac{\lambda}{\sqrt{1-\left(\dfrac{\lambda}{\lambda_c}\right)^2}} \tag{6.4-4}$$

根据 TE_{11} 模在外矩内圆同轴线中应满足的边界条件，求解波动方程，即可得出 TE_{11} 模的截止波长为

$$\lambda_c = 2a\left[1-\frac{2ar\mathrm{J}_1\left(\dfrac{2\pi r}{a}\right)}{ab-\pi r^2+ar\mathrm{J}_1\left(\dfrac{2\pi r}{a}\right)}\right]^{-\frac{1}{2}} \tag{6.4-5}$$

式中，a 和 b 分别为矩形波导宽壁和窄壁的内尺寸；r 为圆柱形内导体（活塞或连杆）的半径；$J_1\left(\frac{2\pi r}{a}\right)$ 是第一类一阶贝塞尔函数。另外，用微扰法进行计算所得出的 λ_c 的表示式为

$$\lambda_c = \frac{2a}{1-\frac{r}{b}J_1\left(\frac{2\pi r}{a}\right)} \tag{6.4-6}$$

在实际的工程计算中，用得较多的是下面的经验公式

$$\frac{\lambda_c}{2a} = 1+\frac{1}{2}\left[\left(\frac{D'}{b}\right)^2+1\right]\left[\frac{a}{2b}\left(\frac{D'}{b}\right)^2+0.1\left(\frac{D'}{b}\right)\right] \tag{6.4-7}$$

式中的 D' 为圆柱形内导体的直径。若把图 6.4－10 中所示的 D 或 d 当作 D'，分别代入上式，即可求出与之相应的截止波长 λ_{c1} 和 λ_{c2}，再利用式（6.4－4）求出对应的 λ_{g1} 和 λ_{g2}，则 l_1 和 l_2 分别为

$$l_1 = \frac{\lambda_{g1}}{4} \text{ 和 } l_2 = \frac{\lambda_{g2}}{4}$$

设通过短路活塞漏到其后面的功率全被损耗性的材料所吸收，而无反射波，那么，这相当于在活塞后面接有与矩形波导波型阻抗相等的匹配负载 Z_c，根据 $\lambda_g/4$ 阻抗变换器的公式可知，从端面 c 向右看去的输入阻抗为

$$(Z_{in})_c = \frac{Z_{c3}^2}{Z_c}$$

从端面 b 向右看去的输入阻抗为

$$(Z_{in})_b = \frac{Z_{c2}^2}{(Z_{in})_c} = \frac{Z_{c2}^2 Z_c}{Z_{c3}^2}$$

从端面 a 向右看去的输入阻抗为

$$(Z_{in})_a = \frac{Z_{c1}^2}{(Z_{in})_b} = \frac{Z_{c1}^2 Z_{c3}^2}{Z_{c2}^2 Z_c}$$

因为 Z_{c1} 和 Z_{c3} 与 Z_{c2} 相比要小得多，所以 $(Z_{in})_a$ 也是一个很小的量，就是说，哑铃活塞的输入端面可近似地认为是一个等效的短路面。当然，上面的分析，由于做了一些近似，并忽略了不连续性的影响，因此是不严格的。这种短路器的优点是，能够得到比较大的反射（即反射系数的模较大），而且随频率的变化比较小。

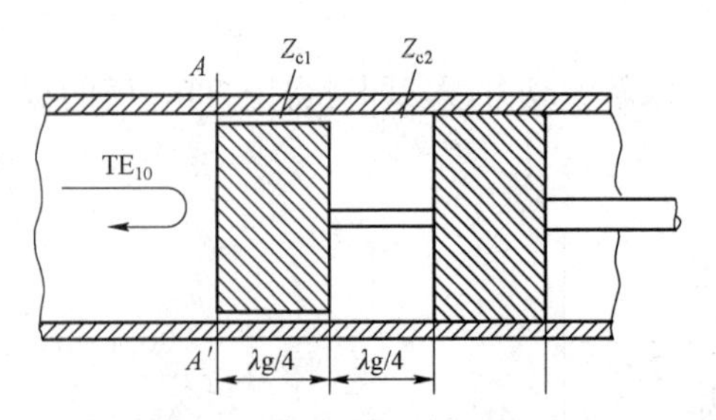

图 6.4－11　非接触式短路器

如图 6.4－11 所示，在矩形波导中活塞的第一段与波导构成了一个内、外导体的横截面均为矩形（或外矩、内圆）的同轴线，特性阻抗为 Z_{c1}；第二段是一个特性阻抗为 Z_{c2} 的同轴线；第三段与波导壁直接接触，其接触电阻 R_k 的值很小。根据传输线理论可得等效短路面 AA' 处的阻抗为

$$Z_{AA'} = R_{\mathrm{k}}\left(\frac{Z_{\mathrm{c1}}}{Z_{\mathrm{c2}}}\right)^2$$

因为 $Z_{\mathrm{c1}} \ll Z_{\mathrm{c2}}$，所以 $Z_{AA'}$ 也远小于 R_{k}，从而在 AA' 处形成了一个有效的短路面。

以上所讲的非接触式短路活塞都是以中心频率为准而设计的，当偏离中心频率时性能会变坏；但在偏离中心频率 10%～15%的范围内，仍可满足一定的要求。而且，当用了这种短路器时，传输线上的驻波比一般都大于 100，从而使传输线接近于短路状态。

§ 6.5　衰减器和移相器

用来改变传输信号的幅度和相位的微波元件，分别称为衰减器和移相器。对于衰减器和移相器，除要求具有一定的衰减量和相移量外，并对其工作频率范围、驻波比、功率容量以及结构形式和尺寸等，也都有一定的要求。

在微波电路和设备中可以用多种方法构成衰减器和移相器。例如，用 PIN 二极管构成的各种类型的衰减器、金属半导体场效应晶体管电调衰减器；同样地，也可以用 PIN 二极管、变容二极管、三极管，以及三分贝定向耦合器构成移相器等。所有这些内容都有相关的著作可以参阅，不在本节讨论之列。

一、矩形波导管中的衰减器和移相器

（一）衰减器

矩形波导中（工作于 TE_{10} 模）常用的衰减器的结构形式之一，即图 6.5-1（a）所示的吸收式衰减器。波导中的介质片可用陶瓷、硅酸盐玻璃等材料制作，其表面涂以金属粉末、石墨粉，或蒸发一层镍铬合金等电阻性材料，用来吸收微波功率，从而使电磁波受到衰减，改变传输信号的幅度。介质片两端呈尖劈状，以减少波的反射。介质片与波导窄壁相平行，即与电场的极化方向相平行。借助调节机构可以调节介质片深入波导的程度，介质片越向里，衰减量越大，恰在波导中间时衰减量最大。即是说，改变介质片在波导中的位置就可以改变传输信号的幅度。介质片处于不同位置的衰减量，可以从与调节机构相配合的度盘上读出来。由于介质片的厚度不可能为零，因此当介质片紧贴波导窄壁时，衰减并不为零，而是有一个很小的衰减，称为起始衰减量。另外，如图 6.5-1（b）所示，根据上述同样的工作原理，当介质片从波导宽壁的中心线处嵌入波导时，同样会起到调节衰减的作用。

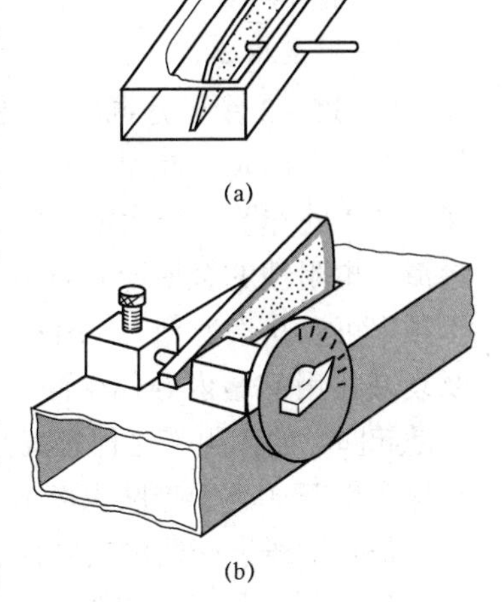

图 6.5-1　吸收式衰减器示意图

（二）移相器

矩形波导中用的移相器（对 TE_{10} 模而言）其结构形式之一，与图 6.5-1（a）所示的吸收式衰减器的结构形式完全一样，所不同的是：介质片上不再涂损耗性材料，介质片采用低损耗的介质材料，它会改变波的相移常数，也就是改变相速，从而使相位发生变化，常用的材料有聚四氟乙烯、聚苯乙烯和高频陶瓷等，因此称为介质片移相器。介质片越向波导中间移动，电场越强，相移量也越大。调节介质片的位置，即可调节相移量的大小，这样就构成了一个移相器，相移量可从读数装置上读出。

对于衰减器和移相器除上述的结构形式外，尚有其他多种形式。例如，在圆形波导中放入涂有电阻性材料的介质片，当电场的极化方向垂直于介质片表面时，波不会受到衰减，当电场的极化方向平行于介质片时，波会受到衰减。若电场的极化方向既不垂直又不平行介质片的表面，而是与之成任意角度 θ 时，则可将该电场分解为垂直与平行介质表面的两个分量来讨论。若使介质片可以绕圆形波导的轴线转动，转动到不同的位置对应着不同的 θ，即对应着不同的衰减量，这就构成了一个旋转极化式可变衰减器，如图 6.5–2 所示，这是一个结构示意图。圆形波导的左端是一个方–圆过渡波导，它把矩形波导中的 TE_{10} 模转换为圆形波导中的 TE_{11} 模；右端的方–圆过渡波导，又把圆形波导中的 TE_{11} 模转换为矩形波导中的 TE_{10} 模。在圆形波导中的介质片，中间那一段圆形波导中的介质片是可以转动的，左右两段圆形波导中的介质片是固定不动的，并与矩形波导的宽壁相平行。在实际应用中，为了使介质片转动，还需在结构上采取某些措施。

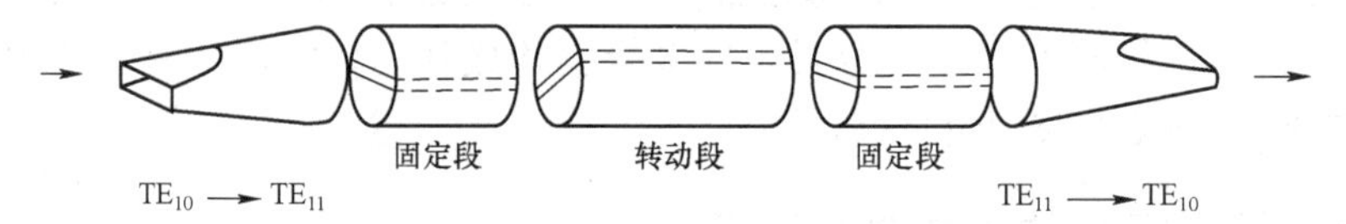

图 6.5–2　旋转极化式可变衰减器示意图

若把旋转极化式可变衰减器中可转动的介质片换为不再涂有电阻性材料的低损耗介质片，那么，就可以构成一个旋转极化式移相器。当电场的极化方向垂直于介质片时，相移量很小，可近似认为无相移；当电场的极化方向平行于介质片时，相移量最大；当电场极化方向既不垂直又不平行介质片表面、而成任意角度 θ 时，则可将电场分解为垂直与平行介质表面的两个分量来讨论。调节可旋转介质片的转动角度 θ，就可以改变传输信号的相位。如图 6.5–2 所示衰减器（或移相器）要比图 6.5–1 所示衰减器（或移相器）的精度高。

二、同轴线衰减器和移相器

（一）衰减器

图 6.5–3 所示是同轴线衰减器的原理示意图、等效电路和两个实物图。图 6.5–3（a）是一个具有固定衰减量的衰减器，同轴线的内导体是一个玻璃（或陶瓷）管（棒），在其长度的 1/2 处安置一个涂覆（蒸发）有电阻性金属薄膜材料的圆盘，在其两侧的内导体上也都涂覆了电阻性的金属薄膜材料，这样就构成了一个其等效电路为 T 形的衰减网络，它的工作频率可以从直流到 4 GHz。图 6.5–3（b）所示也是一个具有固定衰减量的衰减器，起主要衰减作用的是内导体中间一段具有高电阻性金属薄膜的部分，而在其两侧的低电阻段主要是起匹配的作用。这种衰减器的工作频率最高可到 20 GHz。以上两种衰减器中的金属薄膜应尽量地薄（小于趋肤深度），这样，其表面电阻几乎与频率无关，展宽了频带。图 6.5–3（c）是同轴线衰减器的实物图；图 6.5–3（d）是衰减量可以调节的衰减器实物图。另外，图 2.7–2 所示是一个同轴–波导型的衰减器，其衰减量是可调的，而且可以得到比较精确的衰减值。

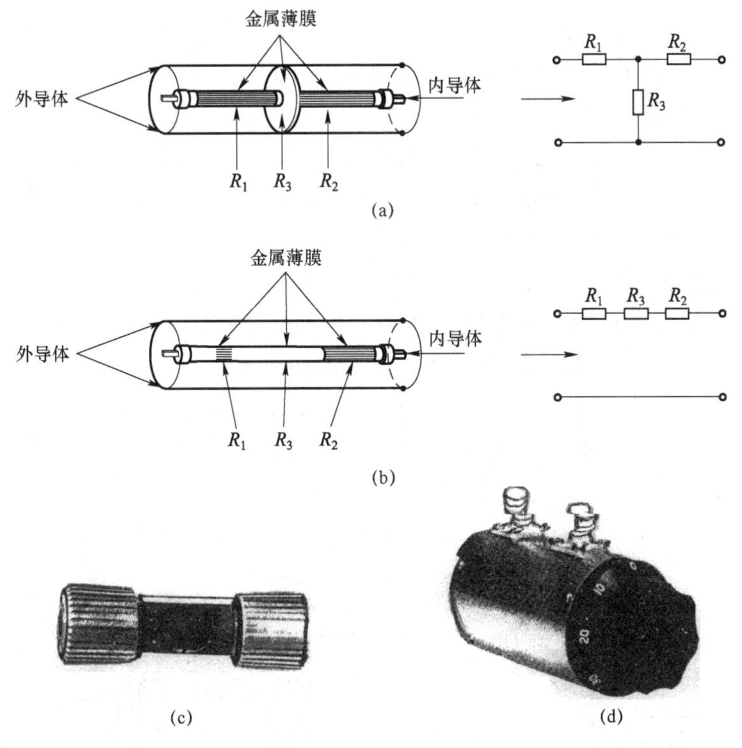

图 6.5－3　同轴线衰减器

（a）、（b）具有固定衰减量的衰减器及其等效电路；（c）同轴线衰减器实物图；（d）衰减量可调节的衰减器实物图

（二）移相器

图 6.5－4 是一个同轴线移相器的结构示意图，改变同轴线的几何长度即可调节相位。为了使各段同轴线之间达到匹配，各段同轴线外导体的内半径与内导体的外半径之比应该相同（即它们的特性阻抗相同）。另外，在内外导体尺寸的突变处（“台阶”）会造成波的反射，为消除其影响，可以使内外导体的“台阶”错开一小段距离Δl，该小段Δl 的特性阻抗与各段同轴线的特性阻抗近似相等（理由参见§6.2），这样，整个移相器仍然是匹配的。

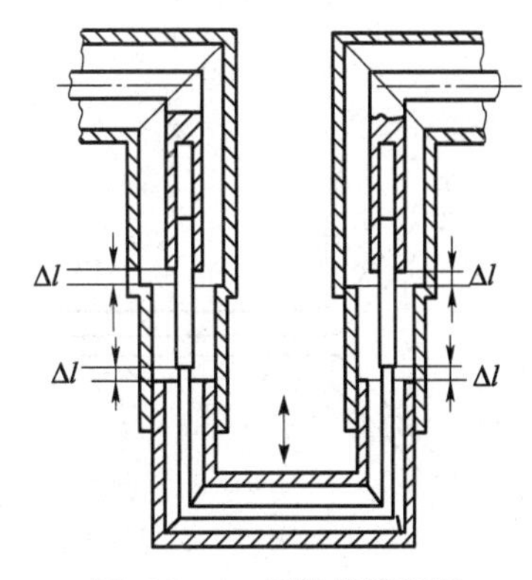

图 6.5－4　同轴线移相器

§ 6.6　定向耦合器

定向耦合器是一种具有方向性的功率耦合（分配）元件，可以利用耦合出的功率进行监测或功率的调节。例如，在测量仪器中用它测量振荡器的功率、负载吸收的功率和反射系数。另外，还可把它用作频率稳定装置、激励器和衰减器等。它是一个四端口元件，由称为主传输线（主线）和副传输线（副线）的两段传输线组合而成的。主、副线之间通过耦合机构（例如缝隙、孔、耦合线段等）把主线功率的一部分（或全部）耦合到副线中去，而且要求功率在副线中只传向某一输出端口，另一端口则无输出。如果主线中波的传

播方向与原来的相反，则副线中功率的输出端口与无功率输出的端口，也随之改变。从物理概念上讲，就是利用耦合到副线中的波彼此之间的叠加，使其在一个方向传输的波相叠加（加强），而在相反方向传输的波相互削弱（减少），这样，就使波的传输具有方向性，即是说，功率的耦合（分配）是有方向性的，因此称为定向耦合器。

波导、同轴线、平行耦合线、带状线和微带线等，都可以构成定向耦合器。定向耦合器的具体结构形式很多，举不胜举。为了对它有一初步印象，在图 6.6−1 中给出了三种不同类型定向耦合器的结构示意图和工作原理示意图。为了描述定向耦合器的特性，可利用图 6.6−1（d）所示的工作原理示意图，即用一个四端口网络来表示定向耦合器。端口①到端口②表示主线，端口③到端口④表示副线。设由端口①输入幅度为 1 的电压波，其余端口均接匹配负载。端口②、端口③和端口④的电压传输系数分别用 S_{21}、S_{31} 和 S_{41} 表示，并设端口③有功率输出（耦合端）、端口④无输出（隔离端）。这样，就可定义出定向耦合器的技术指标如下。

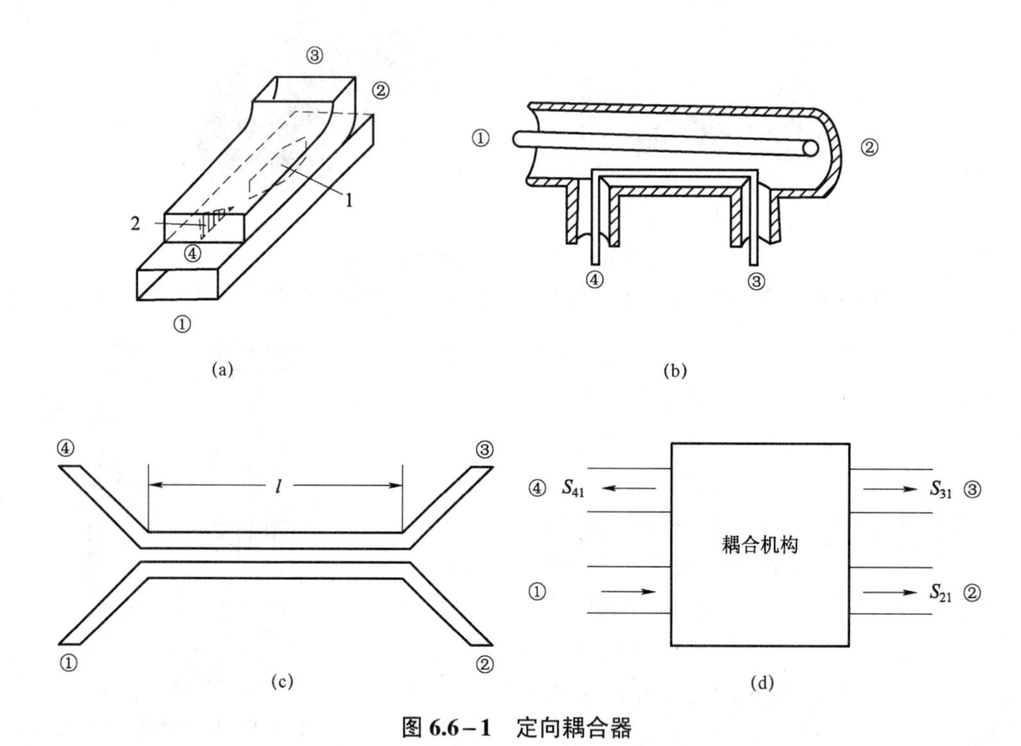

图 6.6−1　定向耦合器

（a）矩形波导定向耦合器；（b）同轴线定向耦合器；（c）耦合微带线定向耦合器；（d）定向耦合器原理示意图

1—耦合缝隙；2—匹配负载

耦合度 C（或称过渡衰减）：主线中端口①的输入功率与耦合到副线中正方向（端口③）的功率之比的对数，即

$$C = 10\lg\frac{1}{|S_{31}|^2}\ \text{dB} \tag{6.6-1}$$

方向性系数 D：在副线中传向正方向（端口③）的功率与传向反方向（端口④）的功率之比的对数，即

$$D = 10\lg\frac{|S_{31}|^2}{|S_{41}|^2}\ \text{dB} \tag{6.6-2}$$

隔离度 I：主线中端口①的输入功率与副线中向反方向（端口④）传输的功率之比的对数，即

$$I = 10\lg\frac{1}{|S_{41}|^2}\ \text{dB} \tag{6.6-3}$$

输入驻波比 S：当端口②、端口③和端口④均接匹配负载时，端口①的输入驻波比。

工作频带：能满足 C、D、I 和 S 各项技术指标要求的工作频率范围。

需要说明的是，以上所述是同向定向耦合器，即副线中耦合端口功率传输的方向与主线中功率传输的方向相同；反之，则称为反向定向耦合器。

如上所述，定向耦合器的具体结构形式很多，这里只介绍其中的几种，而且只讨论耦合度 C 和方向性系数 D，其余技术指标不予讨论。

一、双孔定向耦合器

对于矩形波导，耦合孔可以开在主、副波导的公共窄壁或宽壁上，它们的优点分别为：前者能承受较大的功率；后者频带较宽。下面讨论的是孔开在窄壁的情况。图 6.6-2 是矩形波导中用的双孔定向耦合器的结构示意图和工作原理图。在主、副波导的公共窄壁上有两个尺寸和形状完全相同、间距为 l 的小孔。设由主波导端口①输入幅度为 1 的电压波，并设这个波由孔 a 传输到孔 b 时，其幅度基本上无变化（弱耦合情况）。下面讨论这种定向耦合器的技术指标。

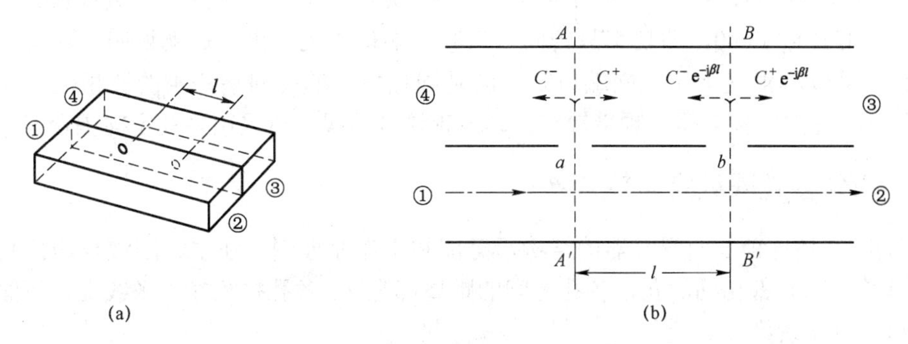

图 6.6-2　窄壁双孔定向耦合器

（a）结构示意图；（b）工作原理图

在孔 a 处：用 C^+表示耦合到副波导中向正方向（端口③）传输波的电压耦合系数，C^-表示向反方向（端口④）传输波的电压耦合系数。在孔 b 处：向正方向（端口③）传输的波用 $C^+\mathrm{e}^{-\mathrm{j}\beta l}$ 表示，向反方向传输的波用 $C^-\mathrm{e}^{-\mathrm{j}\beta l}$ 表示。在副波导中传向端口③的波在参考面 BB' 处相叠加，即

$$S_{31} = C^+\mathrm{e}^{-\mathrm{j}\beta l} + C^+\mathrm{e}^{-\mathrm{j}\beta l} = 2C^+\mathrm{e}^{-\mathrm{j}\beta l} \tag{6.6-4a}$$

取其模

$$|S_{31}| = 2|C^+| \tag{6.6-4b}$$

在副波导中传向端口④的波在参考面 AA' 处相叠加，即

$$S_{41}=C^{-}+C^{-}\mathrm{e}^{-\mathrm{j}2\beta l}=2C^{-}\mathrm{e}^{-\mathrm{j}\beta l}\cos\beta l \tag{6.6-5a}$$

取其模

$$|S_{41}|=2|C^{-}\cos\beta l| \tag{6.6-5b}$$

耦合度 C 为

$$C=10\lg\frac{1}{|S_{31}|^2}=10\ \lg\frac{1}{|C^{+}|^2}-10\ \lg 4 \tag{6.6-6}$$

方向性系数 D 为

$$\begin{aligned}D&=10\ \lg\frac{|S_{31}|^2}{|S_{41}|^2}=10\ \lg\frac{|C^{+}|^2}{|C^{-}|^2}+10\ \lg\frac{1}{|\cos\beta l|^2}\\&=D_{\text{固}}+D_{\text{阵}}\end{aligned} \tag{6.6-7}$$

其中，$D_{\text{固}}$是小孔本身固有的方向性系数，即

$$D_{\text{固}}=10\ \lg\frac{|C^{+}|^2}{|C^{-}|^2} \tag{6.6-8}$$

$D_{\text{阵}}$为

$$D_{\text{阵}}=10\ \lg\frac{1}{|\cos\beta l|^2} \tag{6.6-9}$$

它是由于小孔排列成阵后，在副波导中各个反向传输波之间由于行程差而引起相位差所形成的方向性，称为阵列方向性。若小孔本身无方向性（例如，当孔开在波导公共窄壁，波导中传输的为 TE_{10} 模时），$D_{\text{固}}$等于零。

对于双孔定向耦合器，一般取 $l=\lambda_{g0}/4$，λ_{g0} 是与中心频率对应的导波波长。此时由式（6.6－5b）知，$|S_{41}|=0$，即功率只传向端口③，端口④无输出，这就说明，功率的耦合具有方向性。从物理意义上讲：向端口③的波是同相叠加的；向端口④的波相位相反，是互相抵消的。双孔定向耦合器的频带较窄，为改善这种情况，可采用多孔定向耦合器。

二、均匀多孔阵列定向耦合器

图 6.6－3 是这种定向耦合器的结构示意图和工作原理图。在主、副波导的公共窄壁上有 n 个尺寸和形状都相同的孔，各孔之间的距离都是 l，各孔排列在一条线上。下面讨论耦合度 C 和方向性系数 D。

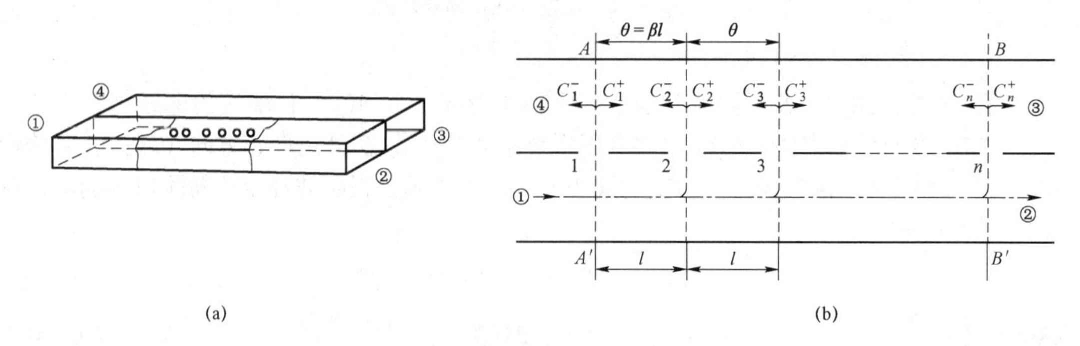

图 6.6－3　窄壁均匀多孔阵列定向耦合器

（a）结构示意图；（b）工作原理图

设由主波导的端口①输入幅度为 1 的电压波，并用 C_i^+ 表示通过第 i 个孔耦合到副波导中向正方向（端口③）传输的电压波的电压耦合系数，用 C_i^- 表示向反方向（端口④）传输的电压波的电压耦合系数。向端口③传输的波，在参考面 BB' 处相叠加，即

$$S_{31}=\sum_{i=1}^{n}C_i^+\mathrm{e}^{-\mathrm{j}(n-1)\theta} \tag{6.6-10}$$

式中，$\theta=\beta l$ 称为电长度；β 为相移常数。

若设

$$C_1^+=C_2^+=C_3^+=\cdots=C_i^+=\cdots=C_n^+=C^+ \tag{6.6-11}$$

则

$$S_{31}=nC^+\mathrm{e}^{-\mathrm{j}(n-1)\theta} \tag{6.6-12a}$$

取其模

$$|S_{31}|=n|C^+| \tag{6.6-12b}$$

向端口④传输的波在参考面 AA' 处相叠加，即

$$S_{41}=C_1^-+C_2^-\mathrm{e}^{-\mathrm{j}2\theta}+C_3^-\mathrm{e}^{-\mathrm{j}4\theta}+\cdots+C_n^-\mathrm{e}^{-\mathrm{j}2(n-1)\theta} \tag{6.6-13}$$

若设

$$C_1^-=C_2^-=C_3^-=\cdots=C_i^-=\cdots=C_n^-=C^- \tag{6.6-14}$$

则

$$\begin{aligned}S_{41}&=C^-\mathrm{e}^{-\mathrm{j}(n-1)\theta}\left[\mathrm{e}^{\mathrm{j}(n-1)\theta}+\mathrm{e}^{\mathrm{j}(n-3)\theta}+\cdots+\mathrm{e}^{-\mathrm{j}(n-3)\theta}+\mathrm{e}^{-\mathrm{j}(n-1)\theta}\right]\\&=C^-\mathrm{e}^{-\mathrm{j}(n-1)\theta}\mathrm{e}^{-\mathrm{j}\theta}\left[\mathrm{e}^{\mathrm{j}n\theta}+\mathrm{e}^{\mathrm{j}(n-2)\theta}+\cdots+\mathrm{e}^{-\mathrm{j}(n-4)\theta}+\mathrm{e}^{-\mathrm{j}(n-2)\theta}\right]\end{aligned} \tag{6.6-15}$$

式中，方括号内是公比为 $\mathrm{e}^{-\mathrm{j}2\theta}$ 的一个等比级数，它的和为

$$\frac{\mathrm{e}^{\mathrm{j}n\theta}-\mathrm{e}^{-\mathrm{j}(n-2)\theta}\mathrm{e}^{-\mathrm{j}2\theta}}{1-\mathrm{e}^{-\mathrm{j}2\theta}}=\frac{\mathrm{e}^{\mathrm{j}n\theta}-\mathrm{e}^{-\mathrm{j}n\theta}}{1-\mathrm{e}^{-\mathrm{j}2\theta}} \tag{6.6-16}$$

利用数学中的公式

$$\sin n\theta=\frac{\mathrm{e}^{\mathrm{j}n\theta}-\mathrm{e}^{-\mathrm{j}n\theta}}{2\mathrm{j}} \tag{6.6-17}$$

可得

$$S_{41}=C^-\mathrm{e}^{-\mathrm{j}(n-1)\theta}\frac{\sin n\theta}{\sin\theta} \tag{6.6-18a}$$

取其模

$$|S_{41}|=\left|C^-\frac{\sin n\theta}{\sin\theta}\right| \tag{6.6-18b}$$

由式（6.6－12b）可得耦合度 C 为

$$C=10\lg\frac{1}{|S_{31}|^2}=10\lg\frac{1}{n^2|C+|^2}=10\lg\frac{1}{|C^+|^2}-10\lg n^2 \tag{6.6-19}$$

由此式可知，由于孔数增加，耦合量也增加了；但孔数不能无限制地增加，否则会出现 $n^2|C^+|^2>1$ 的不合理现象，出现这种情况的原因是因为上述公式是在弱耦合的假设下导出的。方向性系数 D 为

$$D = 10\lg\frac{|S_{31}|^2}{|S_{41}|^2} = 10\lg\frac{|C^+|^2}{|C^-|^2} + 10\lg\frac{|n\sin\theta|^2}{|\sin n\theta|^2} = D_{固} + D_{阵} \tag{6.6-20}$$

若孔开在主副波导的公共窄壁上（对于 TE_{10} 模而言），则 $D_{固}$ 等于零，$D_{阵}$ 为

$$D_{阵} = 10\lg\frac{|n\sin\theta|^2}{|\sin n\theta|^2} \tag{6.6-21}$$

在中心频率时，对应的电长度为 θ_0，导波波长为 λ_{g0}，若要求 $D_{阵}=\infty$，则应有

$$\sin n\theta_0 = 0 \text{ 和 } \sin\theta_0 \neq 0 \tag{6.6-22}$$

即

$$n\theta_0 = n\beta l = p\pi \quad (p\text{为正整数}) \tag{6.6-23}$$

由此得各孔的间距为

$$l = \frac{p}{2n}\lambda_{g0} \tag{6.6-24}$$

对于 l 有两种选取方法：一是取 $l=\lambda_{g0}/4$，即 $p=n/2$，当 n 为偶数时，对于中心频率，方向性系数为无穷大（理论值），当 n 为奇数时，不再是无穷大；二是令主副波导耦合段的长度最小，并使 $\sin\theta_0\neq 0$，据此选取最小的 p，以确定 l。顺便指出，理论上，l 不一定取 $\lambda_{g0}/4$。但是，取 $\lambda_{g0}/4$ 可以使频带最宽。

定向耦合器的技术指标与孔（或缝隙）的大小、形状、尺寸和位置等因素有关。孔小耦合弱，孔大耦合强，孔多耦合强，频率特性好。除了上述的均匀多孔阵列定向耦合器外，还有孔径按一定规律分布的非均匀多孔阵列定向耦合器，例如，按二项式展开式中的系数分布的，以及根据频率响应按切比雪夫多项式的规律而分布的定向耦合器。图 6.6-4（a）是一个在公共宽壁上开有单孔的定向耦合器，主、副波导轴线之间的夹角若选取适当，就可以得到较好的方向性；图 6.6-4（b）是在主、副波导公共宽壁上有双十字形孔的定向耦合器（单十字孔也可以，频率特性较好，但耦合度小），它的耦合度较大，与单孔的相比，其频率特性稍差些。如果将双十字孔的位置扭转 45° 角，如图 6.6-4（c）所示，耦合度会加大，但频率特性比扭转前要差。另外，还可采用丁字形孔、缝隙等作为耦合机构，目的都是为了增加耦合度和改善频率特性。

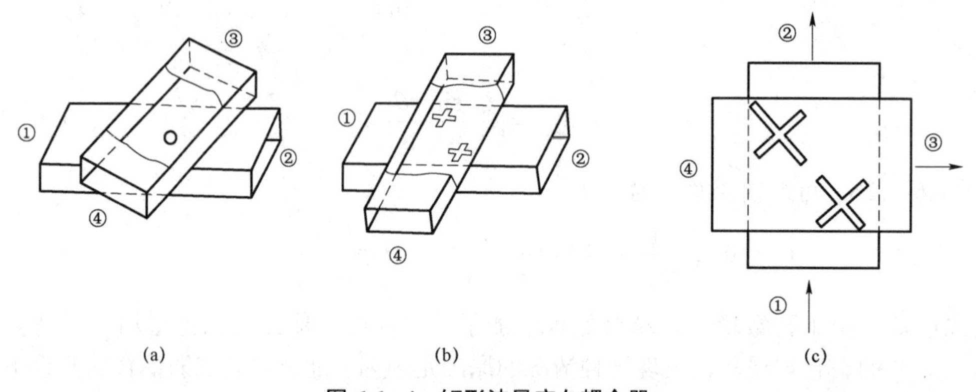

图 6.6-4　矩形波导定向耦合器

在分米波范围内，除了可以采用图 6.6-1（b）所示的同轴线定向耦合器外，还可以采用另外一种结构形式的同轴线定向耦合器，即在两个同轴线的公共外导体上开一个小圆孔作为耦合机构。另外，还有一种主波导是圆形波导、副波导是矩形波导的定向耦合器。总之，定向耦合器的结构形式是多种多样的，这里不再一一列举。

顺便指出，在实际应用中，在定向耦合器的隔离端口一般都接有匹配负载，以吸收传来的功率，避免产生反射波；否则由于不匹配而产生的反射波，会影响其他端口的功率分配，使定向耦合器的性能下降。

三、裂缝电桥

裂缝电桥属于大孔耦合的定向耦合器。对于矩形波导而言，有宽壁耦合和窄壁耦合两种。前者频带较宽，后者能承受较大的功率。下面对常用的窄壁耦合的定向耦合器（习惯上又称为裂缝电桥）的工作原理做一扼要的介绍。图 6.6-5 是它的结构简图和工作原理图。在主副波导的公共窄壁上切去长为 l 的一段壁，作为耦合缝隙（耦合段）。合理地选取 l 的尺寸，就可以使由主波导端口①输入功率的一半耦合到副波导中的端口③，即是说，耦合度 $C\approx 3$ dB，因此，这种裂缝电桥又称为 3 dB（3 分贝）电桥。在端口③处电场的相位滞后于端口②处电场的相位 $\pi/2$；副波导中的端口④无输出。下面分析它的工作原理。

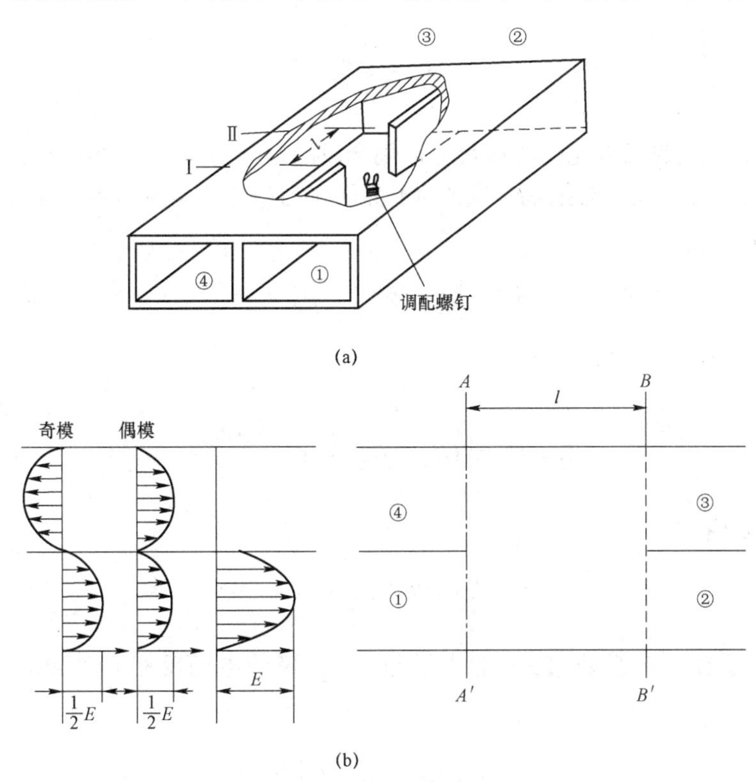

图 6.6-5　波导裂缝电桥

（a）结构简图；（b）工作原理图

设从主波导的端口①输入电场幅度为 E 的 TE_{10} 模式的波，其余端口均接匹配负载。选取合适的波导尺寸，使在主副波导耦合段 l 内（又称大波导区域）只能传输 TE_{10} 和 TE_{20} 两种模式，对于 TE_{30} 以上的高次模是截止的。根据叠加原理，可以把端口①输入的波看作是在端口①和端口④同时输入电场幅度为 $E/2$ 的偶模（偶对称）波和奇模（奇对称）波的叠加，如图 6.6−5（b）所示。偶模波在耦合段 l 内激励起的是大波导中的 TE_{10} 模，它的导波波长为

$$\lambda_{g10}=\frac{\lambda}{\sqrt{1-\left(\frac{\lambda}{4a}\right)^2}} \tag{6.6-25}$$

相移常数为

$$\beta_{10}=\frac{2\pi}{\lambda_{g10}} \tag{6.6-26}$$

奇模波在耦合段内激励起的是大波导中的 TE_{20} 模，它的导波波长为

$$\lambda_{g20}=\frac{\lambda}{\sqrt{1-\left(\frac{\lambda}{2a}\right)^2}} \tag{6.6-27}$$

相移常数为

$$\beta_{20}=\frac{2\pi}{\lambda_{g20}} \tag{6.6-28}$$

以上各式中的 a 是主副波导宽壁的内尺寸，耦合段的宽度为 $2a$。上述两种模式的波，既传向端口②，又传向端口③。若把耦合段的 AA' 界面作为相位的零参考点，则端口②处的电场 E_2 为

$$E_2=\frac{1}{2}E\mathrm{e}^{-\mathrm{j}\beta_{10}l}+\frac{1}{2}E\mathrm{e}^{-\mathrm{j}\beta_{20}l} \tag{6.6-29}$$

经整理，得

$$E_2=E\cos\left[(\beta_{10}-\beta_{20})\frac{l}{2}\right]\mathrm{e}^{-\mathrm{j}(\beta_{10}+\beta_{20})\frac{l}{2}} \tag{6.6-30}$$

端口③处的电场 E_3 为

$$E_3=\frac{1}{2}E\mathrm{e}^{-\mathrm{j}\beta_{10}l}+\frac{1}{2}E\mathrm{e}^{-\mathrm{j}(\beta_{20}+\pi)} \tag{6.6-31}$$

式中的 π 是由于在端口③处 TE_{10} 的电场与 TE_{20} 模的电场反相而引起的相位差。经整理，得

$$E_3=-\mathrm{j}E\sin\left[(\beta_{10}-\beta_{20})\frac{l}{2}\right]\mathrm{e}^{-\mathrm{j}(\beta_{10}+\beta_{20})\frac{1}{2}} \tag{6.6-32}$$

由式（6.6−30）和式（6.6−32）知，E_2 的相位比 E_3 的相位超前 $\pi/2$。

根据对裂缝电桥的要求，即端口③应输出端口①输入功率的一半，另一半功率由端口②输出，则应有下式

$$\frac{|E_3|}{|E_2|}=\frac{\left|\sin\left[(\beta_{10}-\beta_{20})\frac{l}{2}\right]\right|}{\left|\cos\left[(\beta_{10}-\beta_{20})\frac{l}{2}\right]\right|}=1 \tag{6.6-33}$$

即

$$\left|\tan\left[(\beta_{10}-\beta_{20})\frac{l}{2}\right]\right|=1$$

这就要求

$$(\beta_{10}-\beta_{20})\frac{l}{2}=\frac{\pi}{4} \tag{6.6-34}$$

由此可得

$$l=\frac{\pi}{2(\beta_{10}-\beta_{20})} \tag{6.6-35a}$$

或

$$l=\frac{1}{\left(\frac{1}{\lambda_{g10}}-\frac{1}{\lambda_{g20}}\right)} \tag{6.6-35b}$$

在上述计算中由于忽略了结构不连续性的影响，因此由实验确定的 l 尺寸与由公式计算得出的 l 尺寸是有差别的。在实际结构中，为改善匹配和加宽频带，可以在耦合区的中心线上（沿轴线方向）安置容性螺钉或感性螺杆。另外，为了更有效地抑制高次模，还可以把耦合段的宽度稍微变窄一些，或在窄壁的内侧添加具有一定厚度的金属镶片，以使大波导变窄些。采取这些措施后，耦合段的长度与采取措施前相比，会有些变化。

§ 6.7　微波滤波器

微波滤波器是用来分离不同频率信号的一种元件。它的主要作用是抑制不需要的信号，使其不能通过滤波器，而只让需要的信号通过。滤波器在电信、卫星通信、雷达和测量等设备中都有广泛的应用，它是微波振荡器、混频器、放大器、倍频器等电路的重要组成部分之一。实际上很多微波元件都具有一定的频率响应特性，都可以用滤波器的理论进行分析。因为集总参数滤波器的理论比较成熟，所以，尽管微波滤波器在很多方面有它自己的特点，但在一定频率范围内，在分析微波滤波器的特性时，仍可采用与它相应的集总参数的等效电路来进行分析。这样，对于绝大多数的微波滤波器，就可以采用集总参数滤波器的设计原则和分析方法，并根据所得的分析结果，在具体的微波结构上加以实现。

对于微波滤波器，可按其作用、频率响应、结构特点等来分类。若按作用分类，则可划分为低通、高通、带通和带阻四种类型的滤波器，如图 6.7-1 所示。纵坐标 L_A 表示滤波器的插入衰减，横坐标 f 表示频率。为了描述滤波器的滤波特性，一般常用的是插入衰减随频率变化的曲线，如图 6.7-1 所示。插入衰减的定义为

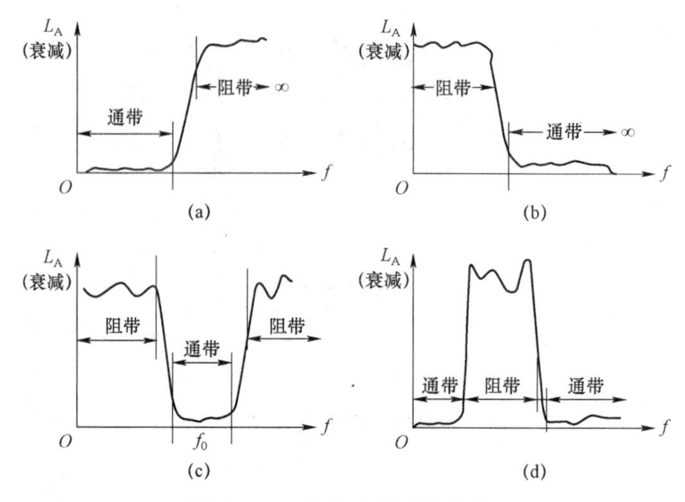

图 6.7－1　滤波器的滤波特性

（a）低通；（b）高通；（c）带通；（d）带阻

$$L_A = \frac{1}{2}\ln\frac{P_i}{P_L} \quad \text{Np} \tag{6.7-1}$$

式中，P_i 为滤波器所接信号源的最大输出功率（也即滤波器的输入功率），P_L 为滤波器的负载吸收的功率。

微波滤波器的主要技术指标有：工作频带的中心频率、带宽、通带内允许的最大衰减、阻带内允许的最小衰减、阻带向通带过渡时的陡度和通带内群时延的变化等。下面举两个例子，以说明如何把它们等效为集总参数电路，并由此来分析它们的滤波特性。

一、利用四分之一（导波）波长传输线并联电抗元件的滤波器

实际的滤波器，可以采取在均匀传输线段中安置一些不连续结构的方法来构成。在分析和计算时，则可把这种滤波器等效为在一段长线上（它的特性阻抗与实际微波传输线的特性阻抗或波型阻抗相等）并联了一系列的等效于集总参数的电抗性元件，即是说，用等效电路来进行分析。下面利用图 6.7－2 所示的原理示意图和它的等效电路来说明这个问题。

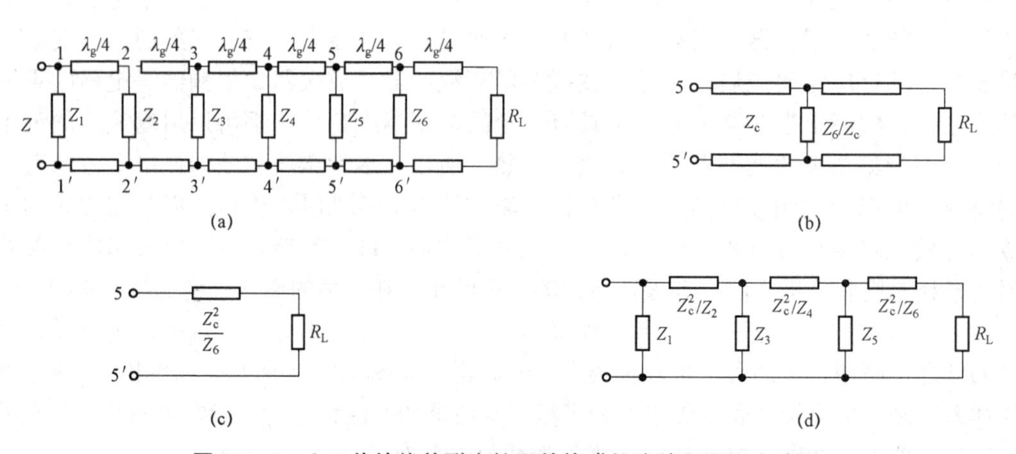

图 6.7－2　$\lambda_g/4$ 传输线并联电抗元件构成的滤波器原理电路图

这个滤波器的结构是：在一特性阻抗为 Z_c 的传输线上，每隔 $\lambda_g/4$ 的距离就并接一个电抗性元件（它的实际结构可以是短路支线、膜片或螺钉），设其阻抗分别为 Z_1、Z_2、Z_3、Z_4、Z_5 和 Z_6，R_L 是滤波器所接的负载。利用 $\lambda_g/4$ 阻抗变换器的公式，就可以把图 6.7－2（a）逐步变换为图 6.7－2（d）的电路形式。根据等效电路，即可分析滤波器的特性。至于滤波器到底是什么性质的，这取决于并联电抗元件的性质，而 $\lambda_g/4$ 传输线段本身对滤波器的性质并无贡献。

二、利用高低阻抗线构成的滤波器

图 6.7－3 是利用高低阻抗线构成的微波滤波器的原理示意图及其等效电路。适当选取每段传输线的长度和它的特性阻抗，并按一定顺序把它们级联在一起，就构成了这种形式的滤波器。图中的 Z_c 是主传输线的特性阻抗，Z_{c1} 和 Z_{c2} 分别为高阻抗段和低阻抗段的特性阻抗。这是一个低通滤波器。由于它结构紧凑，便于设计，性能较好，因此是低通滤波器中常用的一种结构形式。下面讨论它的等效电路。

在图 6.7－3 的等效电路中，有些电容是表示由于结构不连续而造成的影响，称为边缘电容。这些电容有：$C_1=C_{f0}$；$C_4=C_6=C_9=C_f$；l_0 称为补偿段（它的分布电容已归入 C_{f0} 内），是为了改善传输线（它的特性阻抗为 Z_c）与滤波器的输入阻抗匹配而加的一小段传输线。l_0 段的补偿作用，粗略地讲，就是利用这一小段传输线的分布电感和分布电容（包括 l_1 段的一部分电容在内）的数值选取适当时，可认为这一小段的特性阻抗近似地等于与滤波器相接的传输线的特性阻抗 Z_c，从而改善了匹配。为了求出等效电路中的电感和电容，需首先讨论一段均匀传输线可以等效于集总参数的 T 形或 Π 形电路的问题，然后再求出电感和电容。

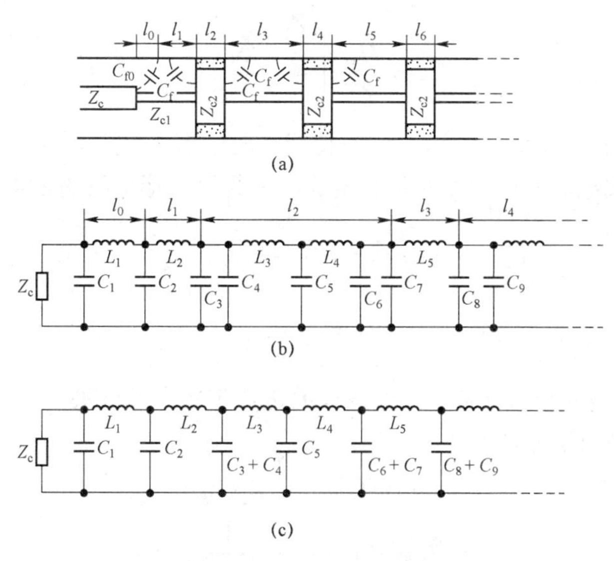

图 6.7－3　高低阻抗线的结构示意图及其等效电路

图 6.7－4 是一段长为 l 的均匀传输线以及与它相等效的 T 形和 Π 形电路。下面分析它们的等效关系。设均匀传输线的特性阻抗为 Z_c（特性导纳 $Y_c=1/Z_c$），输入端的电压和电流（均指复振幅）分别为 U_1 和 I_1，输出端的电压和电流分别为 U_2 和 I_2。根据等效要求，T 形

电路输入端和输出端的电压和电流也应分别等于 U_1、I_1 和 U_2、I_2，如图 6.7－5 所示。对于均匀传输线段 l，根据传输线理论知

$$U_1 = U_2 \cos\beta l + \mathrm{j} I_2 Z_c \sin\beta l \tag{6.7-2}$$

$$I_1 = I_2 \cos\beta l + \mathrm{j}\frac{U_2}{Z_c}\sin\beta l \tag{6.7-3}$$

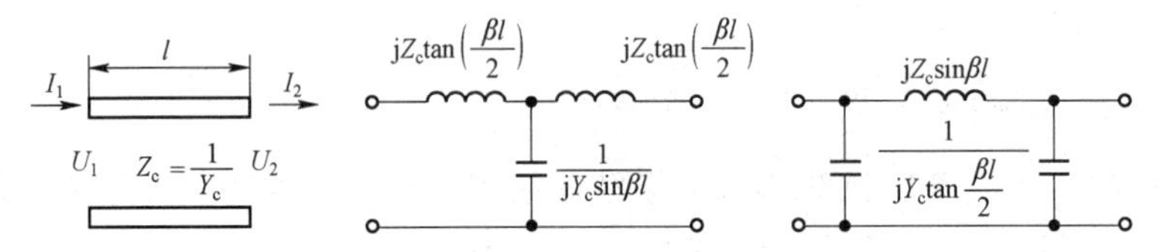

图 6.7－4　均匀传输线及其等效电路

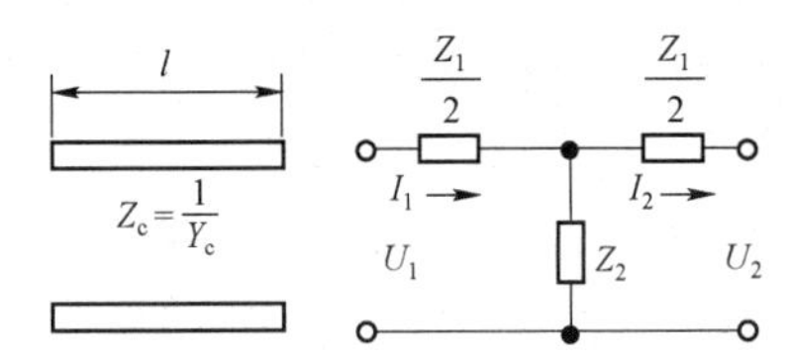

图 6.7－5　均匀传输线等效为 T 形电路

对于 T 形电路，根据电路理论知

$$U_1 = \left(\frac{\frac{Z_1}{2}+Z_2}{Z_2}\right)U_2 + \left[\frac{\left(\frac{Z_1}{2}+Z_2\right)^2}{Z_2} - Z_2\right]I_2 \tag{6.7-4}$$

$$I_1 = \frac{U_2}{Z_2} + \left(\frac{\frac{Z_1}{2}+Z_2}{Z_2}\right)I_2 \tag{6.7-5}$$

为使均匀传输线与 T 形电路相等效，则应使式（6.7－2）、式（6.7－3）和式（6.7－4）、式（6.7－5）中电压（或电流）对应项的系数相等，由此得 T 形电路的参数为

$$Z_1 = \mathrm{j}2Z_c \tan\frac{\beta l}{2} \tag{6.7-6}$$

$$Z_2 = \frac{1}{\mathrm{j}Y_c \sin\beta l} \tag{6.7-7}$$

式中，β为均匀传输线的相移常数。经过同样的运算步骤，即可求得图 6.7－4 中所示 Π 形电路串联臂和并联臂的阻抗分别为

$$\text{串联臂阻抗} = \mathrm{j}Z_c \sin\beta l \tag{6.7-8}$$

$$\text{并联臂阻抗} = \frac{1}{\mathrm{j}Y_c \tan\frac{\beta l}{2}} \tag{6.7-9}$$

根据上述关系式就可以把等效电路中的电感和电容求出来。

图 6.7－3（b）中的 l_0 段（高阻抗段）是由电感 L_1 和电容 C_1 构成的一个 Γ 形电路，可把它看成是 Π 形电路的一半，因此可用等效的 Π 形电路求出它的电感和电容。这一段的电

容 $C_1=C_{f0}$，可从有关的曲线图中求出。利用与 Π 形电路等效的关系可知

$$\mathrm{j}\omega L_1=\mathrm{j}Z_{c1}\sin\beta_1 l_0 \tag{6.7-10}$$

则

$$L_1=\frac{Z_{c1}\sin\beta_1 l_0}{\omega} \tag{6.7-11}$$

当 $l_0 \ll \lambda$ 时

$$L_1\approx\frac{Z_{c1}l_0}{v_1} \tag{6.7-12}$$

对于图 6.7－3（b）中的 l_1 段（高阻抗段），也可以利用与它等效的 Π 形电路求出它的电感和电容，当 $l_1 \ll \lambda$ 时，则求得电感和电容分别为

$$L_2\approx\frac{Z_{c1}l_1}{v_1} \tag{6.7-13}$$

$$C_2=C_3=\frac{Y_{c1}l_1}{2v_1} \tag{6.7-14}$$

对于图 6.7－3（b）中的 l_2 段（低阻抗段），用 T 形电路等效。当 $l_2 \ll \lambda$ 时，则求得电感、电容分别为

$$\left.\begin{aligned}L_3=L_4\approx\frac{Z_{c2}l_2}{2v_2}\\ C_5=\frac{Y_{c2}l_2}{2v_2}\end{aligned}\right. \tag{6.7-15}$$

对于图 6.7－3（b）中的 l_3 段（高阻抗段），用 Π 形电路等效，即可求出电感 L_5、电容 C_7 和 C_8。逐次求下去，就可以把等效电路中所有的电感和电容求出来，然后把在同一点相并联的电容加以合并，就可得出图 6.7－3（c）所示的电路。由这个电路可知，由高低阻抗线构成的滤波器是一个低通滤波器。

以上各式中的 Y_{c1} 和 Y_{c2} 是特性导纳；v_1 和 v_2 分别为 l_1 和 l_2 传输线段中电磁波的传播速度。

从均匀传输线段的 Π 形等效电路可知，当传输线的特性阻抗 Z_c 较大时，Π 形电路两个并联支臂的阻抗也较大，若其分流作用可忽略不计，则整个 Π 形电路可近似地看作是一个串联电感。因此高阻抗线段（与相邻线段的特性阻抗相比较而言）常用 Π 形电路与之等效。同理，对于 T 形电路，当传输线的特性阻抗 Z_c 较小（也是就比较而言）时，串联臂的阻抗也较小，若其作用可忽略不计，则整个 T 形电路可近似地看作是一个并联的等效电容。因此低阻抗线段常用 T 形电路与之等效。这样，在允许做出某些近似和对计算精度要求不高的情况下，可以使计算简化。

图 6.7－3（a）是高低阻抗线滤波器的原理示意图。实际上，它可以由同轴线、带状线或微带线等构成。

实际中应用的滤波器远不止上面讲的这些，例如，利用耦合传输线之间的相互作用，利用谐振腔或许多谐振腔的级联等，都可以构成微波滤波器。为了加深理解，在图 6.7－6 中给出了三种不同类型滤波器的结构示意图和一个实物图。图 6.7－6（a）（a_1—原理图；a_2—

实物图）是由波导和谐振腔构成的滤波器，其中的金属膜片将波导分隔成几个谐振腔，每个腔的作用相当于低频中的并联谐振回路（等效电路）。通过腔与腔之间的“窗口”使所有的腔互相之间产生耦合，而且，“窗口”处的磁场较强，因此是电感性的耦合，如果耦合度合适，腔体的个数较多，那么，从总的等效电路看，这种结构就构成了一个带通滤波器。调节安装于波导宽壁上螺钉伸入腔体的深度，即可改变腔体的谐振频率，以期达到较好的滤波效果。图 6.7－6（b）是一个利用同轴线的不同区域具有不同的阻抗而构成的滤波器。用高阻抗段形成（等效）串联电感的效应，低阻抗段形成（等效）并联电容的效应，从等效电路看，这是一个低通滤波器。图 6.7－6（c）是利用微带的高、低阻抗线段而构成的一个低通滤波器，其工作原理与图 6.7－6（b）同轴线滤波器的工作原理相同。

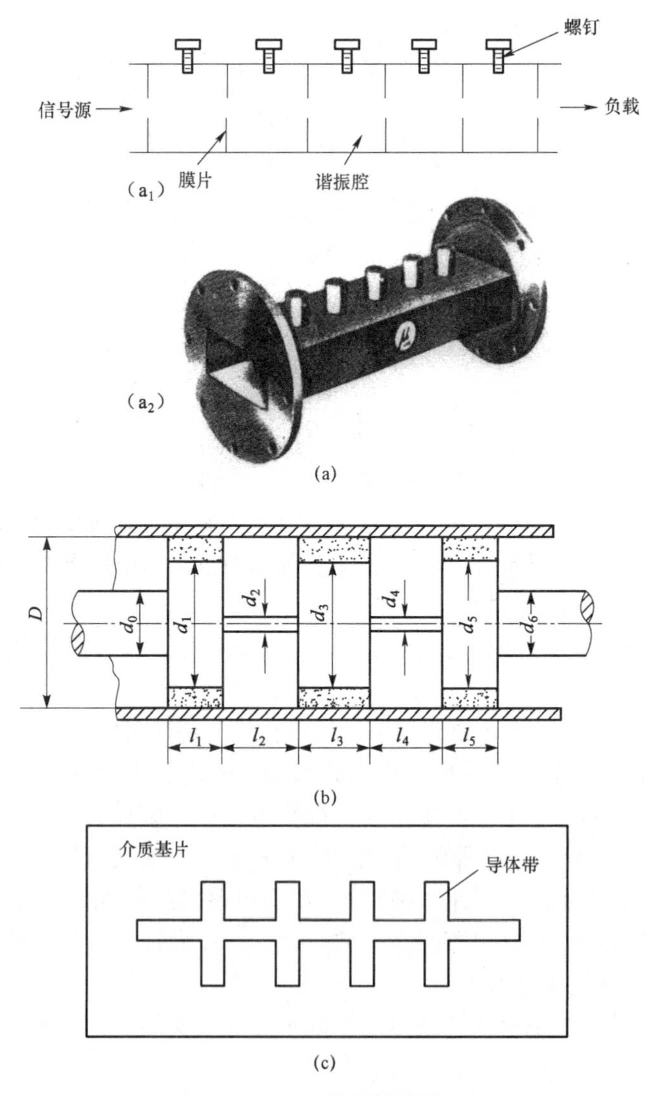

图 6.7－6　微波滤波器

（a）矩形波导带通滤波器；（b）同轴线低通滤波器；（c）微带线低通滤波器

§ 6.8　场移式隔离器

利用铁氧体可以构成法拉第旋转式隔离器、谐振吸收式隔离器和场移式隔离器。其中，场移式隔离器由于它结构紧凑、外加恒定磁场较低、使用方便，因此得到了广泛的应用（尤其是在小功率范围内）。限于篇幅，本节只讨论场移式隔离器。场移式隔离器是利用铁氧体在外加恒定磁场作用下所具有的非互易性而构成的一种微波器件。它使正向传输的波无衰减（实际上衰减很小）地通过，而对于反向传输的波则有较大的衰减。在微波传输系统中利用隔离器，可以把负载由于不匹配造成的反射波（反向波）在经过隔离器时被吸收掉，而不再返回信号源，使信号源稳定地工作。图 6.8－1 是场移式隔离器的结构示意图和矩形波导横截面内电场（TE_{10} 模）E_y 的分布图。在矩形波导中，把一个两端呈尖劈状（为了减少反射）的铁氧体薄片安置在靠近波导窄壁的某一选定位置处，它的表面与波导窄壁平行，表面上被覆一层能吸收电磁波功率的材料（如石墨粉、镍铬合金等）。在波导外部有一永久磁铁，它产生的恒定磁场其方向垂直于波导宽壁，使铁氧体磁化。在实际结构中，常把铁氧体贴附于介质片上。介质片一方面可起固定作用，另一方面还可使电磁波向铁氧体片集中，从而可以起到展宽频带的作用。

下面简单地讨论一下场移式隔离器的基本原理。铁氧体内的电子在外加恒定磁场 $\boldsymbol{H}_0$ 的作用下发生进动。与此同时，在铁氧体内再加上与恒定磁场 $\boldsymbol{H}_0$ 的方向相垂直的高频右旋或左旋圆极化磁场 h_+或 h_-（顺 $\boldsymbol{H}_0$ 的正方向看去，顺时针旋转者为右旋，逆时针者为左旋）。由于这两种圆极化磁场与自旋电子进动的方向相同（如右旋场）或相反（如左旋场），则铁氧体对这两种圆极化场呈现的磁导率 μ_+和 μ_-也不相同，而且它们的值会随着恒定磁场的变化（即给恒定磁场以不同的值）而变化，如图 6.8－2 所示（纵坐标表示磁导率的相对值，“1”表示未加恒定磁场时的磁导率）。根据这种特性，当铁氧体片的厚度、位置和外加恒定磁场选取适当时，就会产生非互易性的场移效应。也就是说，若在波导中向正方向传输的波为右旋圆极化波时，铁氧体呈现的磁导率为 μ_+，在低恒定磁场的情况下，μ_+是一负值，因此使右旋圆极化的场被“排斥”于铁氧体之外，从而使 TE_{10}模的场发生了畸变，电场 E_y的分布如图 6.8－1 所示。此时，在铁氧体有吸收材料的表面上，电场强度的幅值等于零，因此对正向波的衰减很小。当波反向传输时，是左旋圆极化场，铁氧体呈现的磁导率为 μ_-，μ_-为大于空气磁导率的正值，因此左旋圆极化的场被“吸收”到铁氧体内，在铁氧体有吸收材料的表面上电场强度的幅值最大，因此对反向波的衰减很大。这样，就构成了一个场移式隔离器。

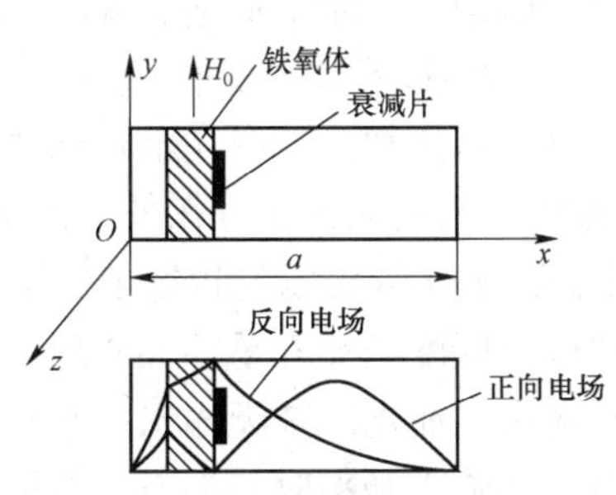

图 6.8－1　场移式隔离器结构简图及其电场分布

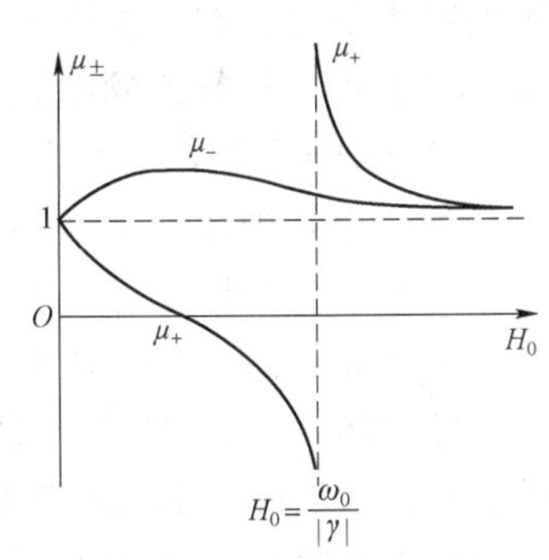

图 6.8－2　铁氧体对两种圆极化波的相对磁导率

在矩形波导中，TE_{10} 模的磁场分量 H_x 和 H_z 在空间是正交的，在相位上差 $\frac{\pi}{2}$，若在靠近波导窄壁处的某一选定位置（如图 6.8-3 中的 P 点处）能使两者的幅度又相等，那么，在这个位置观察波的传输情况时，就可以看出：向正方向（正 z 方向）传输的是右旋圆极化波，如图 6.8-3（a）和（b）所示；向反方向（负 z 方向）传输的为左旋圆极化波，如图 6.8-3（c）和（d）所示。可见，若把铁氧体片安置于这个位置，就会产生上面讲过的场移效应，构成了场移式隔离器。

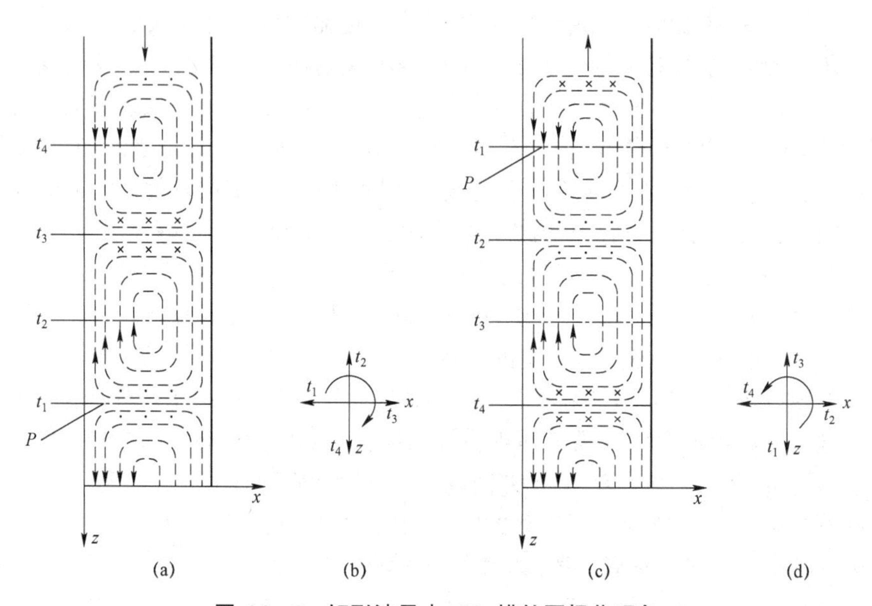

图 6.8-3　矩形波导中 TE_{10} 模的圆极化现象

需要指出，上面的分析是很粗略的定性的分析，因为波导中放入铁氧体后，就等于引进了不均匀性，波导中已不再是单纯的 TE_{10} 模，而是有高次模存在，对于这些因素均未考虑。除此而外，自旋电子模型只是一种近似的说法，而且，对于磁性材料的性质、损耗、铁氧体片的尺寸等因素也没有考虑。

§ 6.9　Y 形结环行器

环行器的种类很多，有：相移式环行器、法拉第旋转式环行器、场移式环行器和结环行器等。从理论上讲，环行器的端口数没有限制，但实际应用的大都为三端口或四端口环行器。其中，尤以结环行器用得最多，本节只介绍 Y 形结环行器。

图 6.9-1 是一个矩形波导 H 面 Y 形结环行器的结构示意图。三个完全相同的波导互成 120° 的角度，在结的中心安置了一个圆柱形（或圆盘形）的铁氧体块。在外加恒定磁场 $\boldsymbol{H}_0$ 的作用下，铁氧体被磁化，若铁氧体尺寸合适，外磁场 $\boldsymbol{H}_0$（低磁场）也选取合适，这样，就构成了一个环行器。一个理想的（即无耗、各端口同时匹配、非互易性）Y 形结环行器应具有下面的性质：当从端口 1 输入功率时，端口 2 有输出，而端口 3 无输出；当从端口 2 输入功率时，端口 3 有输出，而端口 1 无输出；当从端口 3 输入功率时，端口 1 有输出，而端

口 2 无输出。反向传输是隔离的。若外加恒定磁场的方向变成与原来的方向相反，则功率输出的流动方向也与原来的方向相反。

环行器的技术指标有：正向衰减α_+、隔离度I、工作带宽和输入端口的驻波比。设端口 1 的输入功率为P_1、端口 2 和端口 3 输出的功率分别为P_2和P_3（P_3实际上不可能为零），则有

$$\alpha_+ = \frac{1}{2}\ln\frac{P_1}{P_2} \quad \text{Np} \tag{6.9-1}$$

$$I = \frac{1}{2}\ln\frac{P_1}{P_3} \quad \text{Np} \tag{6.9-2}$$

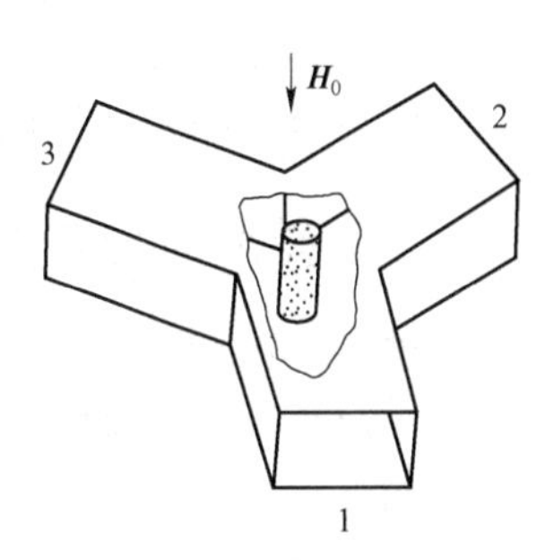

图 6.9－1　Y 形结环行器

当端口 2 和端口 3 均接匹配负载时，从端口 1 测得的驻波比称为输入端口的驻波比。在满足上述技术指标的情况下，环行器工作的频率范围称为工作带宽。

在实际应用的 Y 形结环行器中，有时还在三个分支波导中靠近铁氧体块附近安置一些匹配装置，结中心处的铁氧体块，除圆柱形或圆盘形外，也可采取其他形状（如三角形），但无论采取什么形状，它都应具备 120° 旋转的对称性。

从传输线的结构类型上看，除了矩形波导外，圆形波导、带状线、微带线、鳍线和介质波导等，也可以构成 Y 形结环行器。

环行器可用在微波天线的收发开关中，也可以用作单向传输器或隔离器，还可以用它分隔开许多不同频率成分的信号等。

§ 6.10　电抗性元件

本书前几章讨论的大部分内容是均匀传输线，但是，在实际中还经常遇到在均匀传输线中出现的不均匀性（不均匀区域）的情况。例如，矩形波导中的膜片、谐振窗、金属杆，矩形波导阶梯，以及同轴线阶梯等。此外，各类传输线的拐角（拐弯）、接头、耦合孔和开路端口等，也是一种不均匀性的。其中有的不均匀性可以用来构成微波元件，如电抗性元件，而有些不均匀性的影响则应设法消除或补偿。

不均匀区域的边界条件和情况是比较复杂的，因此在不均匀区域不仅有一种模式（主模），而且还存在着其他的模式（高次模），这许多模式的场相叠加，才能满足边界条件。可见，用严格的根据边界条件求解场方程的方法来讨论不均匀性的问题是很困难的，因此，在一般的工程实用中，大都采用等效的方法来分析不均匀性问题。在一般情况下，均匀传输线只能传输一种模式（主模），而高次模是被截止的，高次模的能量只能储存于不均匀区域及其附近，即不均匀性的作用相当于一个储存电场能的电容器或储存磁场能的电感器，或两者兼而有之。这样，如果把均匀传输线在一定条件下等效为双导线传输线，那么，不均匀性就可以等效为一个集总参数的电抗性元件。其中，有些不均匀性可以用来构成微波元件，而且这些元件有着广泛的用途。

传输线中不均匀性的种类是很多的，不可能逐个地讨论，本节只是定性地对矩形波导（工作于主模）中的膜片、谐振窗和金属杆等电抗性元件做一简单介绍，并给出一些近似计

算公式，以备查用。另外，矩形波导和同轴线中的阶梯也是常见的一种比较重要的不均匀性，也一并放于本节加以简单介绍。

一、矩形波导管中的膜片、谐振窗和金属杆

膜片、谐振窗和金属杆均属于不均性结构，它们在微波中具有广泛的用途。例如，可用作阻抗匹配或变换元件，或用以构成谐振腔和由谐振腔构成的滤波器，以及在慢波系统、超高频电子器件、放电器件中的应用等。

（一）矩形波导中的膜片

所谓膜片就是一个导电性能良好的金属薄片，近似地讲，可以把它看作是理想导体，其厚度远小于导波波长，但又远大于电磁波的趋肤深度。膜片有两类：一类是电容性膜片，它又可分为对称的和不对称的两种情况；另一类是电感性膜片，它也可分为对称的和不对称的两种情况。下面分别讨论。

（1）电容性膜片。如图 6.10－1 所示。它是被安置在与矩形波导轴线相垂直的分为上、下两个部分的具有良好导电性能的金属薄片（膜片），图 6.10－1（a）和（b）是对称结构的膜片，图 6.10－1（c）是非对称结构的膜片，图 6.10－1（d）是膜片的等效电路。从等效电路可知，如果把波导等效为均匀、无耗的双导线传输线，那么，波导中放置了电容性膜片，就相当于在双导线传输线中并联了一个等效的电容 C。其理由简述如下：在波导内，由于膜片的加入而产生的结构上的不连续性，使该处的电场更加集中，并在其附近储存了电能，其作用相当于一个储存电能的电容器。另外，用场的观点来分析，也可以得到同样的结论。如前所说，假定膜片是理想导体，则电磁场在膜片表面应满足的边界条件之一是电场的切向分量为零。从矩形波导中主模 TE_{10} 的场结构可知，仅有 TE_{10} 模是满足不了边界条件的，因此为了满足边界条件，在膜片处必然会产生高次模，使 TE_{10} 模的电场与高次模的电场相叠加（实际即相互抵消），才能使膜片表面上电场的切向分量为零。只要仔细地观察一下第 2 章中所列出的矩形波导中各种模式的场结构图，就会发现，在高次模中，TM_{12} 再加上其他的 TM 模，与 TE_{10} 模相叠加，就可以满足上述的要求。因此，在膜片处产生的高次模是 TM 模。但是，由于所选择的波导尺寸只允许主模 TE_{10} 传输，而高次模是被截止的，因此它的能量随着远离膜片而急剧地衰减，也就是说，能量只能储存于膜片附近。如同在第 2 章中讨论过极限波导时曾指出的那样，处于截止状态的 TM 模，其电场能量占优势，因此，膜片的作用就等效于一个电容器。在表 6.10－1 中列举了一些电容性膜片的结构形式、等效电路和近似计算公式。

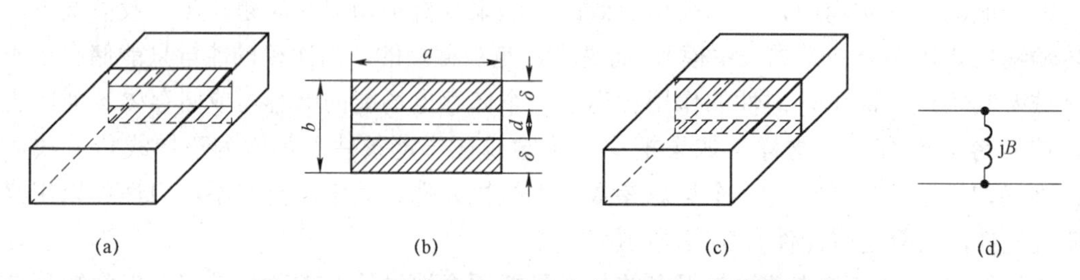

图 6.10－1　对称和非对称的电容性膜片及其等效电路

（a）、（b）对称膜片；（c）非对称膜片；（d）等效电路

表 6.10－1 矩形波导中电容性膜片的结构形式、等效电路和近似计算公式

波导横截面	波导侧面	等效电路和近似公式
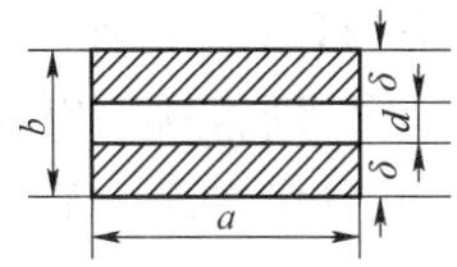 b，δ，d，δ，a	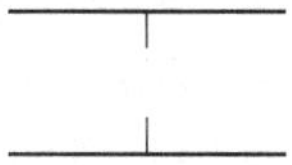	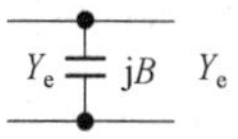 Y_e jB Y_e $\dfrac{B}{Y_e} \approx \dfrac{4b}{\lambda_g}\left[\ln\left(\csc \dfrac{\pi d}{2b}\right)\right]$
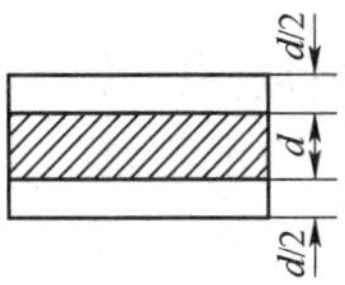 $d/2$，d，$d/2$	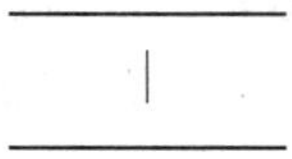	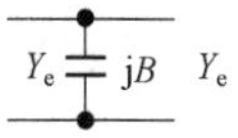 Y_e jB Y_e $\dfrac{B}{Y_e} \approx \dfrac{4b}{\lambda_g}\left[\ln\left(\csc \dfrac{\pi d}{2b}\right)\right]$
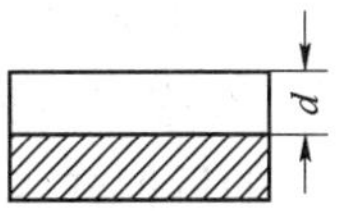 d	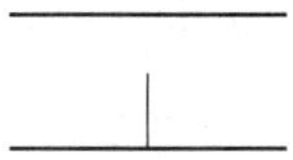	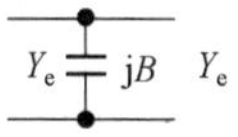 Y_e jB Y_e $\dfrac{B}{Y_e} \approx \dfrac{8b}{\lambda_g}\left[\ln\left(\csc \dfrac{\pi d}{2b}\right)\right]$
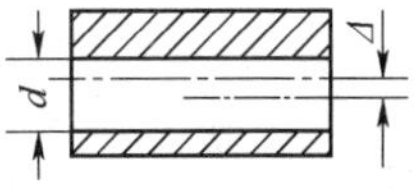 d，$\varDelta$	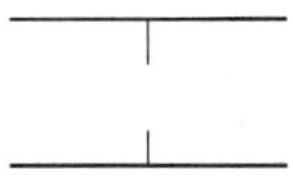	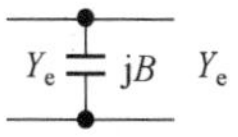 Y_e jB Y_e $\dfrac{B}{Y_e} \approx \dfrac{4b}{\lambda_g}\ln\left[\left(\sec \dfrac{\pi \varDelta}{b}\right)\left(\csc \dfrac{\pi d}{2b}\right)\right]$

在表 6.10－1 中，设膜片的厚度 t 为零，a 和 b 分别为矩形波导宽壁和窄壁的内尺寸，Y_e 为波导的等效导纳（等效阻抗 Z_e 的倒数），λ_g 为导波波长，膜片的等效电容为 C，相应的等效电纳为 jB，归一化的等效电纳为 jB/Y_e，$\varDelta$ 是波导的 $b/2$ 处与上、下两膜片边缘之间距离的 1/2 处距离之差。根据表中列出的近似公式，以及 $C=B/\omega$（ω 为角频率）即可求出膜片的等效电容 C。另外，对于对称结构的电容膜片（表中的第一种结构形式），当其厚度 t 不能忽略时（即 $t\neq 0$ 时），B 的近似式为

$$\frac{B}{Y_e} \approx B' + \frac{2\pi t}{\lambda_g}\left(\frac{b}{d} - \frac{d}{b}\right) \tag{6.10－1}$$

该式的精确度在 10%左右，式中的 B' 是根据表中的公式（$t\approx 0$ 时）求出的电纳值。

对于表 6.10－1 中列举的一些膜片，除了用近似公式计算 B 和 C 之外，还有相应的设计曲线（精确度较高些）可供利用，在此不再赘述。电容性膜片的缺点是，在膜片处电场比较集中，在大功率下易发生击穿现象。因此，对于传输大功率的波导，应采用电感性膜片。

（2）电感性膜片。如图 6.10－2 所示，它是被安置在与矩形波导轴线相垂直的分为左右两部分的具有良好导电性能的金属薄片（膜片），图 6.10－2（a）和（b）是对称结构的膜片，图 6.10－2（c）是非对称结构的膜片，图 6.10－2（d）是膜片的等效电路。从等效电路可知，在矩形波导中放置了感性膜片，就相当于在双导线传输线中并联了一个电感 L。其理

由简述如下：当波导宽壁内表面上的轴向电流抵达膜片时，膜片上就有电流通过，并在其附近产生了磁场，聚集了磁能，因此膜片的作用就相当于一个储存磁能的电感器。用场的观点来分析，也可以得到同样的结论。假定膜片是理想导体，根据边界条件，膜片表面上电场的切向分量应为零。从矩形波导中主模 TE_{10} 的场结构可知，仅有 TE_{10} 模是满足不了边界条件的，因此，为了满足边界条件，在膜片处必然会产生高次模。使 TE_{10} 模的电场与高次模的电场相叠加（实际即相互抵消），才能使膜片表面上电场的切向分量为零。从矩形波导中各种模式的场结构图中可以看出，TE 模的高次模（TE_{30}、TE_{50}、TE_{70}、…）与 TE_{10} 模相叠加，可以满足上述要求，因此，膜片处产生的高次模是 TE 模。但是，由于所选择的波导尺寸只允许主模 TE_{10} 传输，而高次模是被截止的，因此它的能量随着远离膜片而急剧地衰减，也就是说，能量只能储存于膜片附近，如同讨论过极限波导时曾指出的那样，处于截止状态的 TE 模，其磁场能量占优势，因此，膜片的作用就等效于一个电感器。在表 6.10－2 中列举了一些电感性膜片的结构形式、等效电路和近似计算公式。在表中设膜片的厚度 t 为零。表 6.10－2 中的δ是两膜片边缘之间距离的 1/2 处与波导窄壁内表面之间的距离。根据表中列出的近似公式和 $L=1/\omega B$，即可求出膜片的等效电感 L；另外，对于对称结构的电感性膜片（表中的第一种结构形式），当其厚度 t 不能忽略时（即 $t\neq 0$ 时），B 的近似式为

$$\frac{B}{Y_e}\approx\frac{\lambda_g}{a}\cot^2\left[\frac{\pi(d-t)}{2a}\right] \tag{6.10-2}$$

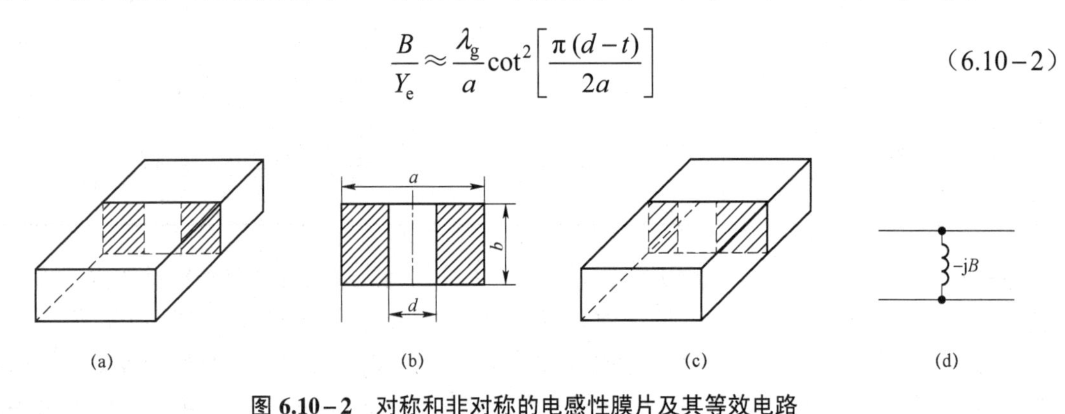

图 6.10－2　对称和非对称的电感性膜片及其等效电路

（a）、（b）对称膜片；（c）非对称膜片；（d）等效电路

表 6.10－2　波导中电感性膜片的结构形式、等效电路和近似计算公式

波导横截面	波导顶面	等效电路和近似公式
b d a		Y_e　$-jB$　Y_e $\frac{B}{Y_e}\approx\frac{\lambda_g}{a}\cot^2\frac{\pi d}{2a}$
d		Y_e　$-jB$　Y_e $\frac{B}{Y_e}\approx\frac{\lambda_g}{a}\cot^2\left(\frac{\pi d}{2a}\right)\left(1+\csc^2\frac{\pi d}{2a}\right)$

续表

波导横截面	波导顶面	等效电路和近似公式
d		Y_e　$-jB$　Y_e $\frac{B}{Y_e}\approx\frac{2\lambda_g}{a\,\mathrm{arch}\left(\csc\frac{\pi d}{2a}-2\right)}$
a　d　δ		Y_e　$-jB$　Y_e $\frac{B}{Y_e}\approx\frac{\lambda_g\left(1+\sec^2\frac{\pi d}{2a}\cot^2\frac{\pi\delta}{a}\right)}{a\tan^2\frac{\pi d}{2a}}$

对于表 6.10－2 中列举的一些膜片，除了用近似公式计算 B 和 L 之外，还有相应的设计曲线可查，在此不再赘述。电感性膜片的优点是，在其附近的电场并不像电容性膜片那样比较集中，在大功率下不易发生击穿现象，因此，功率容量较大；另外，利用电感性膜片还可以得到比较大的电纳值，这在某些应用场合是很需要的。总之，电感性膜片的用途是比较广泛的。

需要指出的是，以上所讲的电容性膜片和电感性膜片，都是假定其厚度为零，或虽然不为零，但其厚度仍是很薄的情况；若膜片的厚度较厚，则它们的作用就不能单纯地等效为一个并联于传输线的电容或电感的二端网络了。由于厚度的影响，对于原来为电容性膜片的结构，其等效电路为 π 形四端网络（当中为串联电感，两侧为并联电容），对于原来为电感性膜片的结构，其等效电路为 T 形四端网络（当中为并联电感，两臂为串联电容）。对于此种情况，在此不予讨论。

（二）谐振窗

在超高频电真空器件中和气体放电器件以及波导中，常要用到谐振窗。例如，有时需要将波导分为真空和非真空两个区域，而同时又要求不影响波的传输，则可以用带有小窗口的金属薄片将两部分波导隔开，并用低损耗的介质（例如，聚四氟乙烯、陶瓷片、玻璃和云母片等）将窗口密封起来。有时为了将波导充气或将波导密封起来，也可以采用这种结构。另外，利用谐振窗还可以构成微波滤波器。

图 6.10－3 是矩形波导（工作于主模）中用的一种谐振窗的示意图及其等效电路。从结构上讲，可以把谐振窗看作是由电容性膜片和电感性膜片组合而成的，即在谐振窗附近既有 TE 型高次模，又有 TM 型高次模，其作用相当于一个由电感 L 和电容 C 构成的一个并联谐振回路。在讨论中，假定谐振窗的损耗可以忽略不计（若考虑损耗时，等效电路中应再加并联电导 G）。

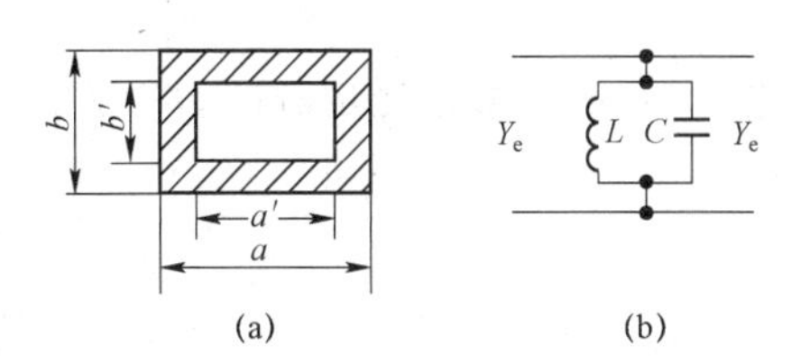

图 6.10－3　谐振窗及其等效电路

（a）示意图；（b）等效电路

当某一传输波的频率等于谐振窗的谐振频率时，并联回路的电纳为零（并联电抗为无穷大），对于波的影响（造成的反射）很小，此时回路的电场储能与磁场储能相等；当谐振窗处于失谐状态时，若其中的电场能占优势（工作频率大于谐振频率），则回路呈容性电抗；若其中的磁场能占优势（工作频率小于谐振频率），则回路呈感性电抗。这两种情况都会对主波导中传输的波产生较大的影响（造成的反射较大）。

为了求出谐振窗的谐振波长 λ 或谐振频率 f，可以把谐振窗看作是级联于主波导（$a\times b$）中的一小段横截面积为 $a'\times b'$、长为 d（即膜片厚度），填充有介电常数为 ε、磁导率为 μ 的介质的矩形波导。当主波导中传输的是主模 TE_{10} 时，根据式（2.4－64）可知，这一小段矩形波导的等效阻抗为

$$Z_1=\frac{b'}{a'}\sqrt{\frac{\mu}{\varepsilon}}\frac{1}{\sqrt{1-[\lambda/(2a')]^2}} \tag{6.10－3}$$

同样地，安置有谐振窗的、填充介质为空气的（ε_0，μ_0）主波导的等效阻抗为

$$Z_2=\frac{b}{a}\sqrt{\frac{\mu_0}{\varepsilon_0}}\frac{1}{\sqrt{1-[\lambda/(2a)]^2}} \tag{6.10－4}$$

如上所说，在谐振状态下，主波导中传输的波应无反射地（实际有很小的反射）通过谐振窗，从阻抗匹配的观点看，即 $Z_1=Z_2$，因此有

$$\frac{b'}{a'}\frac{1}{\sqrt{\varepsilon_r-[\lambda/(2a')]^2}}=\frac{b}{a}\frac{1}{\sqrt{1-[\lambda/(2a)]^2}} \tag{6.10－5}$$

式中的 ε_r 为介质的相对介电常数。根据此式，当 a、b、a' 和 b'，以及填充介质给定时，就可求得谐振窗的谐振波长 λ 为

$$\lambda=2a'\sqrt{\frac{\varepsilon_r-\left(\dfrac{ab'}{a'b}\right)^2}{1-(b'/b)^2}} \tag{6.10－6}$$

相应的谐振频率 $f=v_0/\lambda$，v_0 为电磁波在自由空间中的速度。

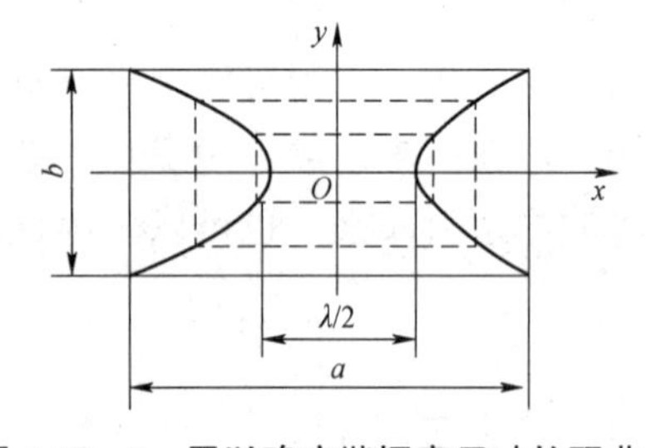

图 6.10－4 用以确定谐振窗尺寸的双曲线

从式（6.10－6）可以看出，若给定了 a、b、λ 和 ε_r，则有很多的 a' 和 b' 满足谐振条件。为便于看清各个量之间的关系，假定在谐振窗内除空气外，没有填充其他介质，并设 $a'=2x$，$b'=2y$，将其代入式（6.10－6）内，经整理，得

$$\frac{x^2}{\dfrac{\lambda^2}{16}}-\frac{y^2}{\dfrac{b^2\lambda^2}{4(4a^2-\lambda^2)}}=1 \tag{6.10－7}$$

这是一个双曲线方程，其图形如图 6.10－4 所示。凡是与曲线上的点相对应的 a' 和 b'，都满足谐振条件。如果谐振窗内填充了其他介质，那么，根据式（6.10－6），同样可以求出谐振

窗的尺寸 a' 和 b'。

需要说明的是，在以上的分析过程中，有些因素（例如，窗口膜片的厚度 d，主波导与谐振窗之间结构上的不连续等）都未考虑。因此，式（6.10－5）只是一个近似公式，谐振窗的实际尺寸应在初步计算的基础上，通过实验来确定。

在实际应用的谐振窗中，除了上述的矩形窗口外，还有圆形、近似椭圆形和哑铃形等多种结构形式，在此不予讨论。另外，顺便说明一点，当在矩形波导中为了使波导密封，或把一段波导分隔为两个区域时，似乎是只要把介质片直接安置于主波导上，而不必安置谐振窗就可以了，而实际上，由于主波导（填充介质为空气）的等效阻抗与安置了介质片处波导的等效阻抗相差较大，因而波的反射也大，因此，这种结构形式并不可取，即是说，为了满足上述目的，采用谐振窗仍是必要的。

（三）金属杆

金属杆是一种电抗性元件，它可以用作匹配元件，或用作谐振腔式滤波器中的调谐元件。金属杆可分为两类：一类是固定式的，即用很细的导电性能良好的金属圆杆（习惯上称为销钉）贯穿矩形波导的横截面；另一类是金属圆杆（习惯上称为螺钉）并不贯穿矩形波导整个的横截面，而只是伸入一部分，且伸入程度是可调的。下面分别讨论。

（1）销钉。如图 6.10－5（a）所示的单个销钉，当其上有电流通过时，便在周围产生了磁场，其作用和等效电路均与电感性膜片相似，呈感性电抗。销钉的直径越大，电抗越小；销钉的直径越小，则电抗越大。显然，如图 6.10－5（b）所示的三个销钉的电抗要比单个销钉的电抗小。

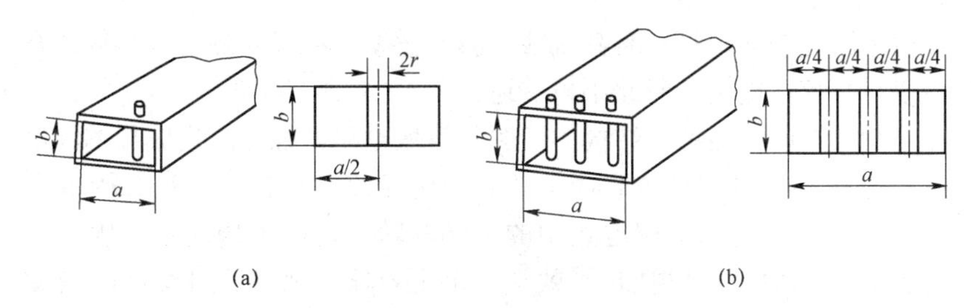

图 6.10－5　矩形波导中的销钉

如图 6.10－5（a）所示单个销钉归一化电纳的近似公式为

$$\frac{B}{Y_{\mathrm{e}}} \approx \frac{2\lambda_{\mathrm{g}}}{a\left[\ln\left(\frac{2a}{\pi r}\right)-2\right]} \tag{6.10-8}$$

如果销钉不在 $a/2$ 处，而是偏离 $a/2$ 处一个 δ 的距离，则

$$\frac{B}{Y_{\mathrm{e}}} \approx \frac{2\lambda_{\mathrm{g}}}{a\left[\sec^{2}\frac{\pi\delta}{a}\ln\left(\frac{2a}{\pi r}\cos\frac{\pi\delta}{a}\right)-2\right]} \tag{6.10-9}$$

如图 6.10－5（b）所示三个销钉归一化电纳的近似公式为

$$\frac{B}{Y_e} \approx \frac{4\lambda_g}{a\left[\ln\left(\frac{a}{24.66r}\right)+\frac{40.4a^2}{1\,000\lambda^2}\right]} \tag{6.10-10}$$

为便于查阅，下面再列出两个近似公式。当沿波导宽壁 a 等距离地安置两个销钉时，其近似公式为

$$\frac{B}{Y_e} \approx \frac{12\lambda_g}{a\left[11.63-9.2\ln\frac{a}{r}-22.8\frac{r}{a}-0.22\left(\frac{a}{\lambda}\right)^2\right]} \tag{6.10-11}$$

当沿着波导宽壁 a 等距离地安置四个销钉时，其近似公式为

$$\frac{B}{Y_e} \approx \frac{20\lambda_g}{a\left[13.75-9.2\ln\frac{a}{r}-37.9\frac{r}{a}-0.08\left(\frac{a}{\lambda}\right)^2\right]} \tag{6.10-12}$$

当沿着波导宽壁 a 等距离地安置 n 个销钉时，其近似公式为

$$\frac{B}{Y_e} \approx \frac{4(n+1)\lambda_g}{a\left\{\ln\left[8\left(\mathrm{sh}\frac{(n+1)\pi r}{a}\right)\left(\sin\frac{(n+1)\pi r}{a}\right)\left(\mathrm{ch}\frac{2(n+1)\pi r}{a\sqrt{2}}-\cos\frac{2(n+1)\pi r}{a\sqrt{2}}\right)\right]-(n+1)7.6\frac{r}{a}-\frac{1+2(a/\lambda)^2}{(n+1)^2}\right\}} \tag{6.10-13}$$

在以上各式中，a 为波导宽壁的内尺寸；Y_e 为波导的等效导纳（等效阻抗 Z_e 的倒数）；λ_g 为导波波长；λ 为工作波长；r 为销钉的半径。

被安置在矩形波导中的销钉，若其轴线与波导宽壁（a 尺寸方向）平行，则它的作用与电容性膜片相似，呈容性电抗，对此不再赘述。

（2）螺钉。图 6.10－6 是螺钉结构的简图和等效电路。螺钉旋进波导的深度是可调的，当旋进较少时，虽然有波导宽壁内表面上的纵向电流流过螺钉，并在其周围产生磁场，但其等效的电感量并不大，而螺钉附近集中的电场却较强，即电场能量占优势，因此，螺钉的作用与电容性膜片相似，可以把它等效于一个电容器；随着旋进深度的增加，电场能量和磁场能量都在增加，螺钉的作用相当于电感和电容的串联回路，而且，当螺钉旋进波导的深度约为 $\lambda/4$ 时（λ 为工作波长），感抗的值与容抗的值相等，产生串联谐振，螺钉的作用相当于一个短路板，使波导中的波产生很大的反射；若螺钉旋进深度继续增加，则磁场能量将占优势，螺钉的作用就相当于一个电感器。实验证明，螺钉的直径越大，等效电容

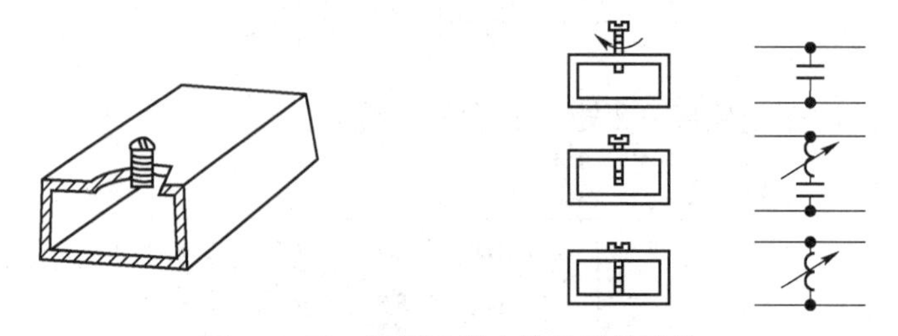

图 6.10－6　螺钉及其电抗性质的变化

也越大，反之，等效电容则越小；另外，当螺钉位于波导宽壁的中心线处时，等效电容最大，越远离中心线，则等效电容也越小。

在实际应用中，为了避免因螺钉旋进波导太深会产生串联谐振，或在大功率下产生电击穿现象，螺钉的旋进深度是比较小的，也就是说，螺钉的作用就相当于一个可变电容器。从阻抗匹配的角度看，螺钉的作用相当于在第 1 章中曾讲过的单株线调配器，若同时用两个或三个螺钉，其作用就相当于两个或三个单株线调配器。但是，与其他调配器所不同的是，在通常的情况下，螺钉调配器只工作于容性范围内。

二、矩形波导管中的阶梯

当两段横截面尺寸不同的矩形波导（工作于主模）相连接时，在其连接处就产生了结构上的不连续性，形成了波导阶梯（台阶），其影响相当于在连接处并联了一个电容或一个电感。

（一）E 面阶梯

图 6.10－7（a）是对称的 E 面阶梯的示意图和等效电路，即被连接的两段矩形波导宽壁（宽度）的内尺寸 a 相同，而窄壁（高度）的内尺寸不同（一个为 b_1，另一个为 b_2），Y_{e1} 和 Y_{e2} 分别为其等效导纳（等效阻抗的倒数）。因为台阶出现在与 TE_{10} 模电场 $\boldsymbol{E}$ 相平行的平面内，所以称为 E 面阶梯；而且，由于在结构上两段波导是对称连接的，因此又称为对称的 E 面阶梯。根据理想导体的边界条件可知，在台阶处产生的高次模必然是 TM 模，因为只有这样，TE_{10} 的电场与高次模的电场相叠加，才能使台阶表面上电场强度的切向分量为零，从而满足了边界条件。如同在前面讨论膜片时曾指出的那样，在波导中只能传输主模，而高次模是被截止的，它的能量只能储存于台阶附近；对于 TM 模而言，电场能量占优势，因此台阶的作用就等效于一个并联于台阶处的电容器。与等效电容相对应的等效电纳 B，可采用矩形波导中具有对称结构的电容性膜片电纳 B 的公式来计算。但是，从对称的 E 面阶梯的场结构来看，如果略去台阶左半部边缘电容（边缘电场）的影响，那么，台阶处的电场能量则只有相应的电容性膜片电场能量的一半，因此，对称 E 面阶梯的等效电纳 B，参照表 6.10－1 可近似地表示为

$$\frac{B}{Y_{e2}} \approx \frac{2b_2}{\lambda_g} \ln \csc\left(\frac{\pi b_1}{2b_2}\right) \tag{6.10－14}$$

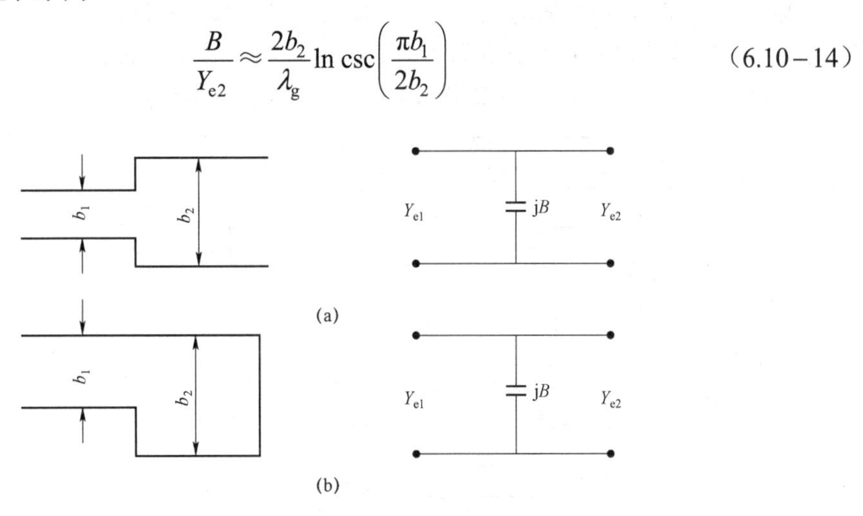

图 6.10－7　E 面阶梯的示意图及其等效电路

（a）对称型；（b）非对称型

如果两段矩形波导是非对称连接的，如图 6.10－7（b）所示，那么，根据镜像法，可以把它看作是波导窄壁（高度）内尺寸分别为 $2b_1$ 和 $2b_2$ 的两段波导对称连接而构成的 E 面阶梯。因此，非对称 E 面阶梯的电纳为

$$\frac{B}{Y_{e2}} \approx \frac{4b_2}{\lambda_g} \ln \csc\left(\frac{\pi b_1}{2b_2}\right) \tag{6.10-15}$$

（二）H 面阶梯

图 6.10－8 是对称的 H 面阶梯（台阶）的示意图和等效电路，即被连接的两段矩形波导的窄壁（高度）的内尺寸 b 相同，而宽壁（宽度）的内尺寸不同（一个为 a_1，另一个为 a_2），Y_{e1} 和 Y_{e2} 分别为其等效导纳（等效阻抗的倒数）。因为结构上的不连续性（台阶）出现在与磁场力线相平行的平面内，所以称为 H 面阶梯；而且，由于在结构上两段波导又是对称连接的，因此又称为对称的 H 面阶梯。显然，在台阶处产生的高次模必然是 TE 模才能满足台阶表面上电场强度的切向分量为零这一边界条件。我们已知，对于 TE 模而言，磁场能量占优势，因此，不连续性的作用就等效于一个并联于台阶处的一个电感。这样，与等效电感相对应的等效电纳 B，就可以参照矩形波导中具有对称结构的感性膜片的公式来进行计算。

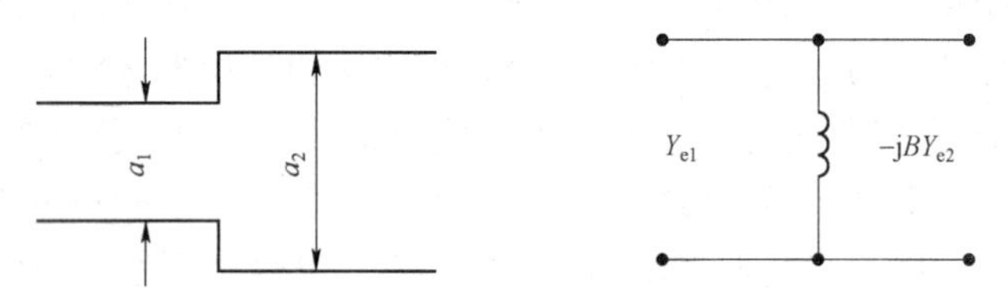

图 6.10－8　对称 H 面阶梯的示意图及其等效电路

三、同轴线中的阶梯

图 6.10－9 是同轴线阶梯（台阶）的示意图和等效电路。同轴线阶梯有三种情况：一是被连接的两段同轴线外导体的尺寸相同，而内导体的尺寸不同，如图 6.10－9（a）所示；二是两者的内导体的尺寸相同，而外导体的尺寸不同，如图 6.10－9（b）所示；三是两者的内、外导体的尺寸皆不相同，如图 6.10－9 中的（c）所示。

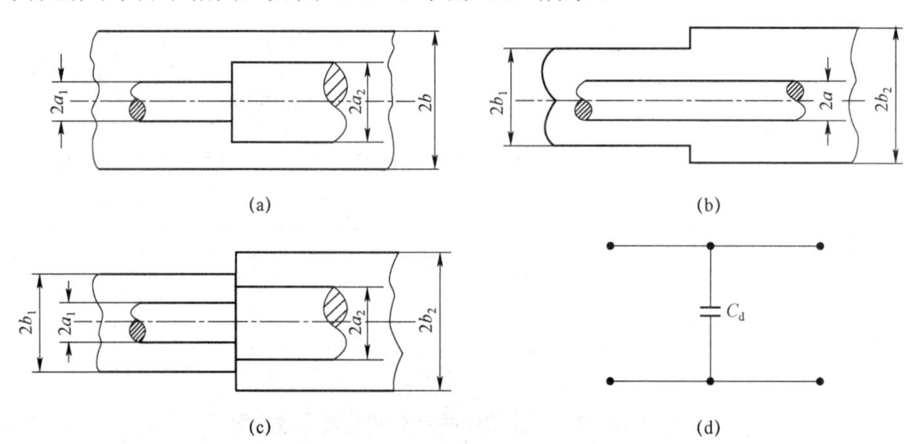

图 6.10－9　同轴线阶梯示意图及其等效电路

在一般情况下，在同轴线中只能传输主模 TEM，而高次模是被截止的。TEM 模的电场力线是沿同轴线的半径方向的，即与台阶的表面是平行的。但是，根据理想导体的边界条件，在台阶表面只可能有电场强度的垂直分量，而切向分量应为零，即是说，在台阶处电力线必然会发生畸变（沿轴向弯曲），产生了纵向分量，由此可知，为了满足这一边界条件，在台阶处产生的高次模应是同轴线中的 TM 模。与矩形波导中的情况相类似，对于 TM 模而言，电场能量占优势，因此同轴线中阶梯的作用就相当于一个并联于阶梯处的一个电容。下面列出的是上述三种情况阶梯电容的近似计算公式。

（一）内导体阶梯

即两段同轴线的外导体尺寸相同、而内导体的尺寸不相同时所产生的阶梯电容。同轴线的尺寸已标注在如图 6.10－9（a）所示的图上。内导体台阶电容 C 的计算公式为

$$\frac{C}{2\pi b}=\frac{\varepsilon}{100\pi}\left(\frac{1+\alpha^2}{\alpha}\ln\frac{1+\alpha}{1-\alpha}-2\ln\frac{4\alpha}{1-\alpha^2}\right)+11.1(1-\alpha)(\tau-1)\times10^{-15}\ \text{F/cm} \quad (6.10-16)$$

式中，ε 为同轴线中填充介质的介电常数；

$$\alpha=\frac{b-a_2}{b-a_1}\qquad \tau=\frac{b}{a_1}\qquad b_1=b_2=b$$

在 $0.01\leqslant\alpha\leqslant1.0$ 和 $1.0<\tau\leqslant6$ 的范围内，公式的误差不超过 $\pm0.3\times10^{-15}$ F/cm。

（二）外导体阶梯

即两段同轴线的内导体尺寸相同、而外导体的尺寸不相同时所产生的阶梯电容，如图 6.10－9（b）所示。外导体台阶电容 C 的计算公式为

$$\frac{C}{2\pi a}=\frac{\varepsilon}{100\pi}\left(\frac{1+\alpha^2}{\alpha}\ln\frac{1+\alpha}{1-\alpha}-2\ln\frac{4\alpha}{1-\alpha^2}\right)+4.12\times(0.8-\alpha)(\tau-1.4)\times10^{-15}\ \text{F/cm} \quad (6.10-17)$$

式中

$$\alpha=\frac{b_1-a}{b_2-a}\qquad \tau=\frac{b_2}{a}\qquad a_1=a_2=a$$

在 $0.01\leqslant\alpha\leqslant0.7$ 和 $1.5\leqslant\tau\leqslant6$ 内，误差不超过 $\pm0.6\times10^{-15}$ F/cm。

（三）内外导体阶梯

即两段同轴线内外导体的尺寸皆不相同，而且内外导体的台阶位于同一个横截面（参考面）内时所产生的阶梯电容，如图 6.10－9（c）所示。对于这种情况，可以把内导体的阶梯归入到参考面左边的同轴线内，这样，就可以利用式（6.10－16）来计算其阶梯电容，设其为 C_1；而外导体的阶梯则可归入到参考面右边的同轴线内，这样，就可以利用式（6.10－17）来计算其阶梯电容，设为 C_2，则内外导体阶梯总的电容即为 $C=C_1+C_2$。

对于以上所讲电抗性元件，以及波导和同轴线阶梯的电容或电感，除了以上所列出的近似计算公式外，还有相应的设计曲线可以查用。读者可参阅有关的资料，在此不再赘述。

习　　题

6－1　试分别叙述矩形波导中用的接触式和抗流式接头的优缺点。

6－2　在矩形波导中，两个带有抗流槽的法兰盘是否可以对接使用？理由是什么？

6－3　试从物理概念上定性地说明阶梯式阻抗变换器、尺寸连续渐变式阻抗变换器为何能使传输线得到较好的匹配。

6－4　有一个无色散传输系统，其中一段传输线的特性阻抗为 50 Ω，另一段传输线的特性阻抗为 100 Ω；工作频率范围是 2 364～3 636 MHz，带宽因子 $p = 0.327$，允许的最大反射系数的模 $\Gamma_m \leqslant 0.02$。（1）若采用 2 节切比雪夫阻抗变换器作为阻抗变换段，试求各节的长度和特性阻抗的值；（2）在上述条件下，若采用二项式阻抗变换器作为变换段，试求变换段的节数、各节的长度和特性阻抗的值。

6－5　一个同轴线型功率分配器，它的两个输出端口均接以 50 Ω 的负载，该两端口输出功率比等于 2。试画出功率分配器的结构示意图，标出与工作波长有关的尺寸，并求出各有关段的阻抗值（主传输线特性阻抗为 50 Ω）。

6－6　一个魔 T 接头，在端口 1 接匹配负载，端口 2 内置以短路活塞，当信号从端口 3（H 臂）输入时，端口 3 与端口 4（E 臂）的隔离度如何？

6－7　若拟用魔 T 接头作为可变移相器，方法是：令信号从一端口输入，从另一端口输出，要求输出和输入信号之间的相位差是可调的，其余两端口内安置有可调短路器。试画出这种可变移相器的原理示意图，并简述其工作原理。

6－8　在微波传输线或微波元件中常有结构上的不连续，这种不连续性的作用和影响是什么，并定性地分析其理由是什么？

6－9　从物理概念上定性地说明：（1）定向耦合器为什么会有方向性？（2）在矩形波导中（工作于主模），若在主副波导的公共窄壁上开一小圆孔，能否构成一个定向耦合器？

6－10　在矩形波导中用介质片构成的移相器，在介质片中电磁波的相速与波导中空气填充部分内电磁波的相速是否相等？

6－11　利用矩形波导可以构成什么性质的滤波器？

6－12　利用裂缝电桥是否可以构成 0 dB 定向耦合器？简述其理由。

6－13　在矩形波导中用的接触式短路活塞，它的机械接触点是否一定为电流的波腹点？

6－14　什么是圆极化波，什么是右旋圆极化波，什么是左旋圆极化波？

6－15　在场移式隔离器中：（1）若把外加恒定磁场的方向改为与原来相反的方向后，隔离性能有什么变化？（2）若外加恒定磁场的方向不变，但把铁氧体片移到波导另一窄壁附近的相应位置处后，隔离性能又有什么变化？

6－16　矩形波导中的填充介质为空气，传输 TE_{10} 模。

（1）波导尺寸为 $a \times b = 22.86\ \text{mm} \times 10.16\ \text{mm}$，工作波长为 3 cm，波导中安置了对称的电容性膜片（参见表 6.10－1），设其厚度为零，$d/b = 0.4$，试求膜片归一化的等效电纳；若安置的是对称的电感性膜片（参见表 6.10－2），并设其厚度为零，$d/a = 0.2$，试求其归一化的等效电纳。

（2）波导的尺寸为 $a \times b = 72.14\ \text{mm} \times 34.04\ \text{mm}$，工作波长为 10 cm，终端所接未匹配负载的归一化阻抗为 $z_e = 0.9 - j0.5$，欲用对称的电容性膜片（设其厚度为零）进行匹配（参见表 6.10－1），试求膜片距终端负载的距离和 d/b 的值；若欲用对称的电感性膜片（设其厚度为零）进行匹配，试求其距终端的距离和 d/a 的值。

6－17　一个由高阻抗（150 Ω）和低阻抗（10 Ω）构成的同轴线型低通滤波器，其输入和输出端均接有特性阻抗为 50 Ω 的同轴线。设这三种阻抗不同的同轴线外导体的内半径均为 22.78 mm，试求其内导体的外半径各为多少，以及各段之间（50 Ω 与 150 Ω 之间；150 Ω 与 10 Ω 之间）相接处的台阶电容。（注：滤波器的结构可参考 6.7－3（a）图）

6-18　一个接有 $\lambda_g/4$ 阻抗变换器的三端口微带线功率分配器（参见图 6.3-4），工作频率为 5.45 GHz，各口的端接阻抗均为 50 Ω，若端口 2 与端口 3 输出的功率比分别为 $P_2/P_3=1$ 和 $P_2/P_3=2$，选用 $\varepsilon_r=9.6$、厚为 0.8 mm 的陶瓷作为基片，对于这两种情况，试分别求出功率分配器各段的阻抗和尺寸，以及隔离电阻的值。

6-19　一个 E-T 分支接头（参见图 6.3-5（a）），若信号从端口 1 输入，端口 3 接匹配负载，问：采取什么方法可以使端口 3 输出的功率最大？又在什么情况下，端口 3 没有输出功率？

第 7 章　微波网络基本知识

§7.1　引　　言

在前几章中，利用“场”的方法讨论了波导和常用（无源）微波元件等问题。微波系统是由若干段均匀波导段和微波元件组成的，而微波元件大都是一些不均匀结构，简称为不均匀性或微波结。对于微波结，原则上讲，可以采用“场”的方法，即利用边界条件对电磁场方程求解，得出场结构，分析它的特性，但实际做起来是很困难的，因为在这些结构的不均匀处边界形状复杂，不仅有主模场，而且有高次模场，因此，难以用数学式子把场结构表示出来。但是，在微波工程的实际应用中，并不总是要求给出微波系统各组成部分的场结构，而只需要知道电信号通过该系统后其幅度和相位的变化情况（即所谓系统的外部特性）就可以了。因此，在一定条件下可以将均匀波导等效为传输 TEM 波的双导线传输线（简称双线），微波结用等效电路和其等效参量（也称等效参数）来代替，构成一个由双线和等效电路所组成的、抽象的微波网络模型。这样，就可以利用第 1 章所讲的传输线理论和电路理论来分析微波系统的特性，这就是微波网络要讨论的内容，从而既满足了实际的需要，又使运算较为简便。

利用网络理论来分析微波系统，首先应求出网络参量，即解决微波结的等效电路和等效参量的问题，对这一点，从根本上讲，仍需要利用边界条件对微波结的场结构求解，如前所述，这是很困难的。但所幸的是，网络参量可以通过计算和实验的方法来确定，因此，微波网络理论仍有其实际的应用价值。微波网络理论包括网络分析和网络综合两方面的内容，前者是在已掌握网络结构的情况下，分析网络的外部特性；后者是根据预定的对外部特性的要求，进行网络结构的设计，并把这种设计付诸实现。微波网络理论是微波技术的一个重要分支，内容丰富，应用广泛。本章只是简单地介绍一下微波网络的基本概念和基本知识，至于更深入、更广泛地研究，读者可参阅有关的书籍。

利用“路”的方法，即网络的方法来研究微波系统的问题，应注意的是，与低频网络相比，两者有共同之处，但也有不同之处，不能照搬低频网络的理论和概念，而应结合微波网络的特点进行具体的分析，把“场”与“路”的理论结合起来，这样才会取得较好的效果。

微波网络是解决微波系统问题的一种方法。在低频中，双导线是均匀传输线，若在其中连接有集总参数 R（电阻）、L（电感）、C（电容），或者含有无源或有源等器件，所有这些就构成了不均匀性，也就是构成了电路中的网络，解决这些问题的方法，就是低频电路中的网络理论。与此相类似，微波网络理论也如此，所不同的是，在微波系统中没有确切的集总的 R、L、C 可言，不可能像低频网络那样给出具体的结构元件，这要比低频网络复杂得多。但是，正如前面所述，我们关心的是网络的外部特性，即网络的输入量与输出量之间的变化关系。这样，就可以把微波结用一个抽象的物理模型网络来代替。如图 7.1－1（a）所示，是由若干段波导（广义的）和微波元件（微波结）所构成的、由封闭的曲面 Ω 和它所围成的区域 V 的一个微波系统，我们可以把这个系统抽象化为如图 7.1－1（b）所示的一个网络模型

（用方框图表示），方框内含有微波系统中的不均匀性结构（微波结），双线表示波导，这是一个三端口的网络，每一个端口相当于低频网络的两个端钮（接头）。T_1、T_2、T_3 表示网络的输入或输出端口的位置，称为参考面，相当于低频网络的端钮处。参考面一经确定，网络所代表的范围也就确定了。从理论上讲，参考面的位置可任意选取，但实际上除了个别情况外，一般都选在远离由于不均匀性所产生的高次模场、而只有主模场存在的位置（实际上即高次模很弱的位置）。这样，在参考面上高次模的影响可忽略不计，参考面上只反映在单模传输的情况下微波结对主模场的幅度和相位的影响，即所谓的网络的外部特性。所谓主模，一般是指 TEM（或准 TEM）模、矩形波导中的 TE_{10} 模、圆形波导中的 TE_{11} 模等。对于同一个微波结，参考面位置不同，网络所包括的范围不同、网络参量也不同；而且，不同的模式可以有不同的参考面。参考面应与均匀波导的轴线相垂直，并使波导中场的横向分量处于参考面之内，这样就可以比较方便地引出当把波导等效为双线时的等效电压和等效电流的概念。因为在参考面上的等效电压和等效电流分别与电场和磁场的横向分量成比例，而且，在波导中沿轴向传输的功率只取决于电场和磁场的横向分量。

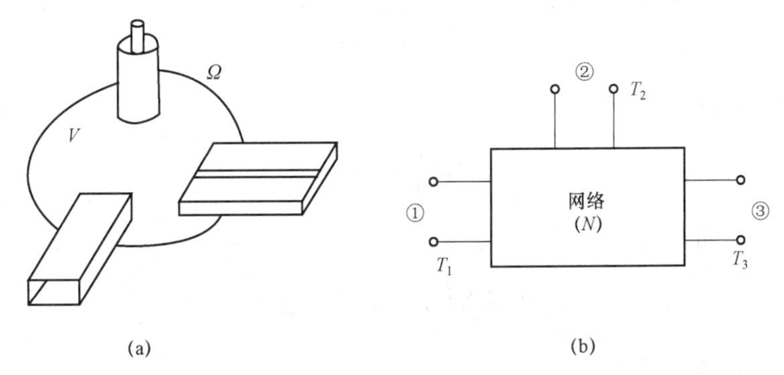

图 7.1－1　微波结的示意图及其网络模型

（a）微波结示意图；（b）微波结的网络模型

当利用网络研究微波元件时，若构成元件的媒质的参数（μ、ε、σ）与场强无关时，称为线性媒质，描述场量之间关系的麦克斯韦方程是线性方程，则 $\boldsymbol{E}$ 与 $\boldsymbol{H}$ 之间的关系也是线性的，若元件内无源，则称为无源线性元件，由这些元件所构成的网络称为无源线性网络，本章只讨论无源线性网络；若媒质的参数与场强有关，元件内含有有源器件，与此情况相对应的网络称为非线性有源网络，对此，本章不予讨论。

综上所述，微波网络的基本方法就是，把波导（广义的）等效为双导线传输线，即把波导中传输的电磁场用双线中的电压波和电流波与之相等效；把不均匀性结构（微波结）用网络与之相等效。

§ 7.2　波导等效为双线和不均匀性等效为网络

一、波导等效为双导线传输线

（一）波导与传输线的对比

把第 1 章所讲的传输线与第 2 章所讲的规则波导加以对比即可看出，两者有许多共同或相似之处。例如，波导的横向电场 $\boldsymbol{E}_t$、横向磁场 $\boldsymbol{H}_t$ 与传输线中的电压波和电流波之间就有许多共同或相似之处。在传输线中向正 z 方向传输的电压波和电流波可以分别写为

$$U(z,t)=\mathrm{Re}\left[U_{\mathrm{m}}\mathrm{e}^{\mathrm{j}(\omega t-\beta z)}\right] \tag{7.2-1}$$

$$I(z,t)=\mathrm{Re}\left[I_{\mathrm{m}}\mathrm{e}^{\mathrm{j}(\omega t-\beta z)}\right] \tag{7.2-2}$$

在波导中向正 z 方向传输的电磁波的横向场可写为

$$\boldsymbol{E}_t=\mathrm{Re}\left[\boldsymbol{E}_{t\mathrm{m}}\mathrm{e}^{\mathrm{j}(\omega t-\beta z)}\right] \tag{7.2-3}$$

$$\boldsymbol{H}_t=\mathrm{Re}\left[\boldsymbol{H}_{t\mathrm{m}}\mathrm{e}^{\mathrm{j}(\omega t-\beta z)}\right] \tag{7.2-4}$$

在行波状态下，对于无耗传输线，它的特性阻抗 Z_{c} 为

$$Z_{\mathrm{c}}=\frac{U(z)}{I(z)} \tag{7.2-5}$$

在行波状态下，波导在传输某一模式时的波型阻抗为

$$Z_{\mathrm{w}}=|\boldsymbol{E}_t|/|\boldsymbol{H}_t| \tag{7.2-6}$$

在传输线中的传输功率为

$$P=\frac{1}{2}U_{\mathrm{m}}\cdot I_{\mathrm{m}}^{*} \tag{7.2-7}$$

在波导中电磁波的传输功率为

$$P_{\mathrm{w}}=\frac{1}{2}\int_S(\boldsymbol{E}_t\times\boldsymbol{H}_t^{*})\cdot z\mathrm{d}S \tag{7.2-8}$$

式中，S 为波导横截面的面积。

从以上的对比可以看出，当把波导等效为传输 TEM 模的双线时，双线的等效电压 U_{e} 应与 $\boldsymbol{E}_t$ 成比例，等效电流 I_{e} 应与 $\boldsymbol{H}_t$ 成比例，等效阻抗 $U_{\mathrm{e}}/I_{\mathrm{e}}$ 应等于波型阻抗 Z_{w}，而且两者的传输功率应相等，即

$$\frac{1}{2}U_{\mathrm{e}}I_{\mathrm{e}}^{*}=\frac{1}{2}\int_S(\boldsymbol{E}_t\times\boldsymbol{H}_t^{*})\cdot z\mathrm{d}S \tag{7.2-9}$$

可见，在传输电信号的作用上，U_{e}、I_{e} 与 $\boldsymbol{E}_t$ 和 $\boldsymbol{H}_t$ 是相对应的，因此在一定条件下，将波导等效为双导线传输线是可行的。为便于理解，现举例如下：对于传输 TEM 的同轴线而言，在同轴线横截面内，$\boldsymbol{E}_t$ 沿内、外导体之间的积分就是等效电压，即内、外导体之间的电压，$\boldsymbol{H}_t$ 沿围绕内导体任一闭合路径的积分就是等效电流，即内导体上流过的电流；对于传输 TEM 波的带状线而言，等效电压是指在参考面上中心导体与接地板之间的电压，电流是指中心导体上流过的电流，对于微带线（传输准 TEM 波）而言，电压是指在参考面上导体带与接地板之间的电压，电流是指导体带上的电流。但对于波导管而言则是另外一种情况，因为在其横截面内，管壁之间没有确切的电压可言，管壁内表面上的电流分布不均匀，方向也不同，没有确切的电流可言，因此，要得到唯一的等效电压和等效电流是不可能的。在第 2 章中讲述了当矩形波导管传输 TE_{10} 模时，采用的等效电压、等效电流和等效阻抗的方法是等效方法之一，下面要讨论的是另外一种等效方法，即利用模式电压和模式电流的概念来等效的方法。

（二）模式电压与模式电流

在波导中，沿轴向传输的功率取决于电场的横向分量 $\boldsymbol{E}_t$ 和磁场的横向分量 $\boldsymbol{H}_t$，等效双线的等效电压与 $\boldsymbol{E}_t$ 成比例，等效电流与 $\boldsymbol{H}_t$ 成比例。对于 $\boldsymbol{E}_t$ 和 $\boldsymbol{H}_t$，在广义正交坐标系（u, v, z）中可以写为如下的形式

$$\boldsymbol{E}_t(u,v,z)=U(z)\boldsymbol{e}_t(u,v) \tag{7.2-10}$$

$$\boldsymbol{H}_t(u,v,z)=I(z)\boldsymbol{h}_t(u,v) \tag{7.2-11}$$

式中，u、v 为横向坐标变量，z 为纵向坐标变量，$\boldsymbol{e}_t$ 和 $\boldsymbol{h}_t$ 都是矢量，它们仅与坐标变量 u、v 有关，表示电场和磁场在波导横截面上的分布规律，这个规律与波导中传输的电磁波的模式有关，因此称为模式矢量函数，$U(z)$ 和 $I(z)$ 是标量函数，它们仅与坐标变量 z 有关，同时也与传输模式有关，因此分别称为模式电压和模式电流。对于沿波导轴正 z 方向传输的波，$U(z)$ 和 $I(z)$ 可写为

$$U(z)=U_{\mathrm{m}}\mathrm{e}^{-\mathrm{j}\beta z} \tag{7.2-12}$$

$$I(z)=I_{\mathrm{m}}\mathrm{e}^{-\mathrm{j}\beta z} \tag{7.2-13}$$

表示波沿轴向的传输规律，U_{m} 和 I_{m} 表示复振幅。

对于传输 TEM 波的双导线传输线和同轴线而言，模式电压和模式电流就是上面第一小节所讲的等效电压和等效电流。但是，对于波导管而言，则是另外一种情况，模式电压和模式电流是从只有场的横向分量才对传输功率有贡献的观点出发而定义的一种等效参量，其数值和量纲在选择上具有多值性，即不是唯一的，因此，它只是作为分析问题的一种描述手段，只具有形式上的意义，并非真实存在。在式（7.2－10）和式（7.2－11）中，$\boldsymbol{e}_t$ 和 $\boldsymbol{h}_t$ 与其所对应的模式的场量的表示式也不完全相同（差别在于横向分量的系数），因为从数学的角度看，一个矢量总可以写成一个标量与一个矢量的乘积，标量与矢量各是多少并不重要，重要的是两者的乘积是一个常量，既两者相乘应等于 $\boldsymbol{E}_t$ 或 $\boldsymbol{H}_t$。把 $\boldsymbol{E}_t$ 和 $\boldsymbol{H}_t$ 写成式（7.2－10）和式（7.2－11）的形式，目的在于更好地求出波导的等效电压和等效电流，给计算带来方便。关于这一点，可以从后面要讲的例题中看得很清楚。

（三）波导等效为双导线传输线

如前所述，波导中电磁场横向分量的传播规律与双导线中电压波和电流波的传播规律相似，两者之间存在着可以等效的关系，即电压与电场的横向分量成比例，电流与磁场的横向分量成比例。但是，由于波导中的模式电压和模式电流具有多值性或不确定性，因此还不能直接地把它们作为与波导相等效的双线的等效电压和等效电流。若使两者等效，只有在波导的传输功率、波型阻抗与等效双线中的传输功率、等效阻抗分别相等的条件下，才能得到它们之间的等效关系。

1. 功率相等条件

在波导中沿轴向 z 的传输功率为

$$P_{\mathrm{w}}=\frac{1}{2}\mathrm{Re}\int_S(\boldsymbol{E}_t\times\boldsymbol{H}_t^*)\cdot\boldsymbol{z}\mathrm{d}S \tag{7.2-14}$$

式中 S 为波导横截面的面积。等效双线沿轴向的传输功率为

$$P_{\mathrm{e}}=\frac{1}{2}\mathrm{Re}(U_{\mathrm{e}}I_{\mathrm{e}}^*) \tag{7.2-15}$$

式中，U_e 和 I_e 分别为等效电压和电流，I_e^* 为 I_e 的共轭量。所谓功率相等条件是指，当把波导等效为双线时，应该使 $P_e=P_w$，即

$$U_e I_e^* = \int_S (\boldsymbol{E}_t \times \boldsymbol{H}_t^*) \cdot z\mathrm{d}S \tag{7.2-16}$$

根据式（7.2－10）和式（7.2－11）应有

$$U_e I_e^* = U(z) I^*(z) \int_S [\boldsymbol{e}_t(u,v) \times \boldsymbol{h}_t(u,v)] \cdot z\mathrm{d}S \tag{7.2-17}$$

这就是功率相等的条件。在该式等号右边，$U(z)I^*(z)$ 与积分的乘积应该与等号左边的 $U_e I_e^*$ 相等，但并未限定相乘的这两个因子各等于多少，而只要求它们的乘积等于 $U_e I_e^*$，也就是说，在这个条件下，其中有一个因子是可以规定的。因此，为了计算方便，以及为了能使 $U(z)I^*(z)$ 具有功率的量纲，可以规定

$$\int_S [\boldsymbol{e}_t(u,v) \times \boldsymbol{h}_t(u,v)] \cdot z\mathrm{d}S = 1 \tag{7.2-18}$$

这个式子称为模式矢量函数的归一化条件，也称为功率归一化条件，也就是说，当 $\boldsymbol{e}_t(u,v)$ 和 $\boldsymbol{h}_t(u,v)$ 取某一特定值而满足这一条件时，则模式电压和模式电流就分别与双线的等效电压和等效电流相等，即

$$U_e = U(z) \qquad I_e = I(z) \tag{7.2-19}$$

2. 阻抗相等条件

波导的波型阻抗为 $Z_w = |\boldsymbol{E}_t| / |\boldsymbol{H}_t|$，等效双线的等效特性阻抗为 $Z_e = U_e / I_e$，所谓阻抗相等条件是指，当把波导等效为双线时，应该使 $Z_w = Z_e$，根据式（7.2－10）和式（7.2－11）可知

$$Z_e = \frac{U_e}{I_e} = \frac{|\boldsymbol{E}_t|}{|\boldsymbol{H}_t|} = \frac{U(z)|\boldsymbol{e}_t(u,v)|}{I(z)|\boldsymbol{h}_t(u,v)|} \tag{7.2-20}$$

当 $\boldsymbol{e}_t(u,v)$ 和 $\boldsymbol{h}_t(u,v)$ 满足式（7.2－18），以及式（7.2－19）也成立时，则有

$$|\boldsymbol{e}_t(u,v)| = |\boldsymbol{h}_t(u,v)| \tag{7.2-21}$$

这表明，在模式矢量函数满足归一化的条件下，为保持阻抗相等条件，则电场和磁场的模式矢量函数的值（大小）应相等。

根据上述的把波导等效为双导线传输线的两个等效条件，当已知波导中某一模式的场的横向分量 $\boldsymbol{E}_t$ 和 $\boldsymbol{H}_t$ 时，即可求出等效双线的等效电压和等效电流。在行波状态下，等效双线的传输功率可写为

$$P_e = \frac{1}{2} U_e I_e^* = \frac{|U_e|^2}{2Z_e} = \frac{1}{2} Z_e |I_e|^2 \tag{7.2-22}$$

由此可得

$$|U_e| = \sqrt{2P_e Z_e} = \sqrt{\int_S (\boldsymbol{E}_t \times \boldsymbol{H}_t^*) \cdot z\mathrm{d}S \frac{|\boldsymbol{E}_t|}{|\boldsymbol{H}_t|}} \tag{7.2-23}$$

$$|I_e| = \sqrt{\frac{2P_e}{Z_e}} = \sqrt{\int_S (\boldsymbol{E}_t \times \boldsymbol{H}_t^*) \cdot z\mathrm{d}S \frac{|\boldsymbol{H}_t|}{|\boldsymbol{E}_t|}} \tag{7.2-24}$$

现在以第 2 章中的图 2.4－1 所示的矩形波导为例，当其中传输的是 TE_{10} 模时，试求出其

等效的电压和电流。为书写方便，根据第 2 章中的式（2.4－28），并将式中表示幅度的量用 E_{ym} 表示，则 TE_{10} 模的横向场 $\boldsymbol{E}_t$ 就是 $\boldsymbol{y}E_y$，$\boldsymbol{H}_t$ 就是 $\boldsymbol{x}H_x$，因此

$$\boldsymbol{E}_t = \boldsymbol{y}E_y = \boldsymbol{y}E_{ym}\sin\left(\frac{\pi}{a}x\right)\mathrm{e}^{-\mathrm{j}\beta z}$$

$$\boldsymbol{H}_t = \boldsymbol{x}H_x = \boldsymbol{x}\frac{E_{ym}}{Z_{\mathrm{TE}_{10}}}\sin\left(\frac{\pi}{a}x\right)\mathrm{e}^{-\mathrm{j}\beta z}$$

$Z_{\mathrm{TE}_{10}}$ 为 TE_{10} 模的波型阻抗。令满足归一化条件的模式矢量函数为

$$\boldsymbol{e}_t = K\sin\left(\frac{\pi}{a}x\right)\boldsymbol{y}$$

$$\boldsymbol{h}_t = K\sin\left(\frac{\pi}{a}x\right)\boldsymbol{x}$$

为确定式中的任意常数 K，可将上式代入式（7.2－18）中，则得 $K=\sqrt{\dfrac{2}{ab}}$。这样，模式矢量函数则为

$$\boldsymbol{e}_t = \sqrt{\frac{2}{ab}}\sin\left(\frac{\pi}{a}x\right)\boldsymbol{y} \tag{7.2-25}$$

$$\boldsymbol{h}_t = \sqrt{\frac{2}{ab}}\sin\left(\frac{\pi}{a}x\right)\boldsymbol{x} \tag{7.2-26}$$

根据式（7.2－10）和式（7.2－11），可得下式：

$$\boldsymbol{E}_t = \boldsymbol{y}E_y = \boldsymbol{y}E_{ym}\sin\left(\frac{\pi}{a}x\right)\mathrm{e}^{-\mathrm{j}\beta z} = U(z)\boldsymbol{e}_t \tag{7.2-27}$$

$$\boldsymbol{H}_t = \boldsymbol{x}H_x = \boldsymbol{x}\frac{E_{ym}}{Z_{\mathrm{TE}_{10}}}\sin\left(\frac{\pi}{a}x\right)\mathrm{e}^{-\mathrm{j}\beta z} = I(z)\boldsymbol{h}_t \tag{7.2-28}$$

这样，即可求出将波导等效为双导线传输线时的等效电压和等效电流为

$$U_{\mathrm{e}} = U(z) = \sqrt{\frac{ab}{2}}E_{ym}\mathrm{e}^{-\mathrm{j}\beta z} \tag{7.2-29}$$

$$I_{\mathrm{e}} = I(z) = \sqrt{\frac{ab}{2}}\frac{E_{ym}}{Z_{\mathrm{TE}_{10}}}\mathrm{e}^{-\mathrm{j}\beta z} \tag{7.2-30}$$

二、不均匀性等效为网络

把微波系统中的不均匀性（或称微波结）等效为网络是基于复功率定理，即时变电磁场中的能量守恒定律。这个定律用数学式子表示了电磁场在传播时的功率流、电场储存的能量、磁场储存的能量，以及在媒质中损耗的能量这四者之间的关系。假定有一个如图 7.2－1 所示的由良导体围成的、具有 n 个端口的微波结，$T_1, T_2, \cdots, T_n$ 为各个端口的参考面；设想作一个封闭的曲面 $\boldsymbol{\Omega}$ 将微波结包围在内，曲面在端口处与参考面重合。在参考面处只存在主模场，不存在高次模场。根据电磁场理论可知，在封闭的曲面 $\boldsymbol{\Omega}$ 上，求复数坡印廷矢量的积分，即

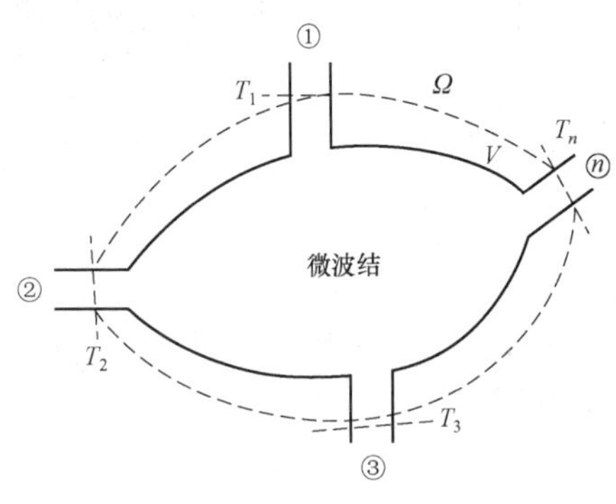

图 7.2－1　n 端口微波结原理示意图

可得到进入由封闭曲面所包围的空间 V 内的复功率与该空间内电磁场能量之间的关系式，即

$$-\frac{1}{2}\oint_{\Omega}(\boldsymbol{E}\times\boldsymbol{H}^*)\cdot\mathrm{d}\boldsymbol{\Omega}=\mathrm{j}2\omega(W_{\mathrm{m}}-W_{\mathrm{e}})+P_l \tag{7.2-31}$$

这个式子称为复功率定理，即时变电磁场中的能量守恒定律。式中的 $\frac{1}{2}(\boldsymbol{E}\times\boldsymbol{H}^*)$ 为复数形式的坡印廷矢量，表示通过与功率流方向相垂直的单位面积的复功率，然后将它对整个封闭面积分，就得到了流入由封闭面所包围的空间 V 内的总的复功率，并转换为 V 内储存的和损耗的功率，即 W_{m}、W_{e} 和 P_l 分别表示 V 内所储存的磁场能量（对一周期时间的平均值）、电场能量和媒质损耗的功率。式中，等号左边的“－”表示功率是流入封闭面内的。该式的证明见本章附录 7.2。

现在我们把复功率定理应用于微波系统中的微波结上。由于实际的微波结其边界是由良导体构成的，它与外界的能量交换只能通过与其相连接的波导来进行，因此，求封闭面 $\boldsymbol{\Omega}$ 上复数坡印廷矢量的积分，实际上即变为对各端口参考面 S 上的积分，即与各端口相连接的波导横截面上的积分

$$-\frac{1}{2}\oint_{\Omega}(\boldsymbol{E}\times\boldsymbol{H}^*)\cdot\mathrm{d}\boldsymbol{\Omega}=\frac{1}{2}\sum_i\int_{S_i}(\boldsymbol{E}_{ti}\times\boldsymbol{H}_{ti}^*)\cdot\mathrm{d}\boldsymbol{S}_i \tag{7.2-32}$$

式中的下标 i 表示不同的端口，S_i 为各端口参考面的面积（其单位法线矢量指向端口内）。考虑到式（7.2－10）和式（7.2－11），上式可写为

$$\begin{aligned}-\frac{1}{2}\oint_{\Omega}(\boldsymbol{E}\times\boldsymbol{H}^*)\cdot\mathrm{d}\boldsymbol{\Omega}&=\frac{1}{2}\sum_i U_i(z)I_i^*(z)\int_{S_i}(\boldsymbol{e}_{ti}\times\boldsymbol{h}_{ti})\cdot\mathrm{d}\boldsymbol{S}_i\\&=\mathrm{j}2\omega(W_{\mathrm{m}}-W_{\mathrm{e}})+P_l\end{aligned} \tag{7.2-33}$$

当各端口的模式矢量函数满足归一化条件时，则有

$$\frac{1}{2}\sum_i U_i(z)I_i^*(z)=\mathrm{j}2\omega(W_{\mathrm{m}}-W_{\mathrm{e}})+P_l \tag{7.2-34}$$

式中，$U_i(z)$ 和 $I_i(z)$ 即参考面（端口）处的（模式）电压和电流，$\frac{1}{2}U_i(z)I^*(z)$ 表示通过第 i 个端口流入微波结的功率，其有功功率为 $\frac{1}{2}\mathrm{Re}[U_i(z)I_i^*(z)]$。在讨论低频网络的能量关系时，同样会得出式（7.2－34）的关系，可见，该式对低频和微波网络都是适用的，都是能量守恒定律的数学表达式。利用这个关系式，可将微波结中所储存的和所损耗的电磁能量的作用，用一个集总参数电路来等效，从而达到将不均匀性（微波结）等效为网络的目的。

为便于对式（7.3－34）的理解，现以如图 7.2－2 所示的单端口微波结为例，说明如何将其等效为网络。根据式（7.2－34）可知，通过端口参考面 TT' 输入微波结（网络）的功率为

$$U(z)I^*(z)=4\mathrm{j}\omega(W_{\mathrm{m}}-W_{\mathrm{e}})+2P_l \tag{7.2-35}$$

等号两边用 $I(z)I^*(z)=|I(z)|^2$ 除之，得

$$Z_{\text{in}}=\frac{U(z)}{I(z)}=\frac{4\text{j}\omega(W_{\text{m}}-W_{\text{e}})+2P_l}{|I(z)|^2} \quad (7.2-36)$$

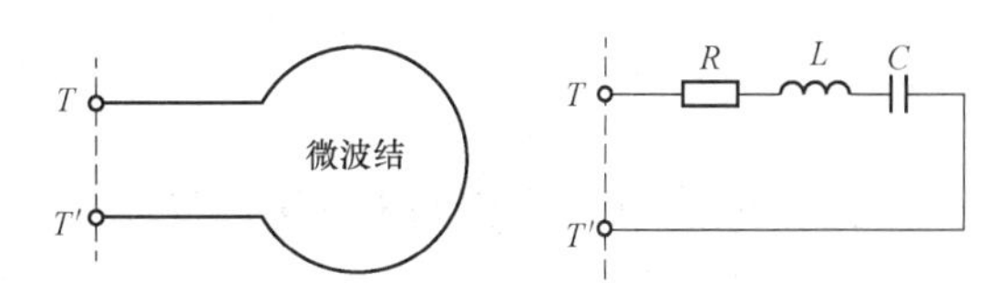

图 7.2－2　单端口微波结的示意图及其等效电路

Z_{in} 是从参考面 TT' 向微波结看去的输入阻抗，也是其等效电路的输入阻抗。该式的物理意义是很明显的：若 $P_l>0$，说明微波结内有功率损耗；若 $P_l=0$，说明无损耗，且说明 Z_{in} 为纯电抗性的；若 $W_{\text{m}}>W_{\text{e}}$，说明 Z_{in} 为电感性的电抗；若 $W_{\text{m}}<W_{\text{e}}$，说明 Z_{in} 为电容性的电抗。

若将储存的磁场能量和电场能量分别用等效的电感 L 和等效的电容 C 的储能来表示，用电阻 R 来表示媒质的损耗功率，则有

$$W_{\text{m}}=\frac{1}{4}L|I(z)|^2 \qquad W_{\text{e}}=\frac{|q|^2}{4C}\ (q\ \text{为电荷})$$

$$P_l=\frac{1}{2}R|I(z)|^2 \qquad I(z)=\frac{\partial q}{\partial t}=\text{j}\omega q$$

由此得

$$Z_{\text{in}}=\frac{4\text{j}\omega(W_{\text{m}}-W_{\text{e}})+2P_l}{|I(z)|^2}=R+\text{j}\omega L+\frac{1}{\text{j}\omega C} \quad (7.2-37)$$

这说明，一个单端口的微波结可用如图 7.2－2 所示的由 R、L 和 C 相串联的集总参数电路来等效。

若式（7.2－35）等号两边均除以 $U(z)U^*(z)=|U(z)|^2$，则微波结也可以等效为一个由 L、C 和 G（电导）相并联的集总参数电路。可见，微波结的等效电路不是唯一的；但是，这种等效关系仅对某一频率或某一窄频带才是正确的。

§7.3　归一化参量

在微波元件中常会遇到其端口接有不同的传输线的情况。这时，按前述的方法所规定的等效电压、等效电流和阻抗，以及场强复振幅等量都会随传输线的不同而异，因此为了使所讨论的问题和推导出的表示式具有通用性和运算方便，通常需要对上述各量进行归一化处理，这样，就得到了归一化的参量，归一化后的各参量之间具有比较简单的关系，而且与传输线的（特性或模式）阻抗无关。

一、阻抗的归一化

这里所讲的阻抗归一化，与第 1 章所讲阻抗归一化的含义是相同的。阻抗归一化是指网络各端口的阻抗对与该端口相连接的等效双导线传输线的（等效）特性阻抗的归一化（用小写字母表示），即

$$z_i=\frac{Z_i}{Z_{\text{c}i}} \quad (7.3-1)$$

式中，Z_{ci} 是第 i 个等效双导线传输线的（等效）特性阻抗；Z_i 是与第 i 个等效双导线传输线相连接的有关的阻抗。

二、电压和电流的归一化

在行波状态下，等效双导线传输线的传输功率为

$$P=\frac{1}{2}\frac{|U|^2}{Z_c}=\frac{1}{2}Z_c|I|^2 \tag{7.3-2}$$

式中的 U、I 和 Z_c 分别为等效的电压、电流和特性阻抗（各量均省写了下标 e，下同）。若 Z_c 采用归一化值即 $z_c=Z_c/Z_c=1$，那么，为了保持传输功率不变，则电压和电流应采用如下的归一化值（用小写字母表示）：

$$u=\frac{U}{\sqrt{Z_c}} \qquad i=I\sqrt{Z_c} \tag{7.3-3}$$

而传输功率即可写为

$$P=\frac{1}{2}\frac{|U|^2}{Z_c}=\frac{1}{2}Z_c|I|^2=\frac{1}{2}|u|^2=\frac{1}{2}|i|^2 \tag{7.3-4}$$

可见，归一化的电压和电流不再具有通常意义上的电压和电流的概念，而只是为了运算方便而引入的一种“记号”。

在一般情况下，传输线上的电压波是由入射波电压 U^+ 和反射波电压 U^- 相叠加而成的；电流波是由入射波电流 I^+ 和反射波电流 I^- 相叠加而成的，即

$$U=U^++U^- \qquad I=I^++I^-=\frac{U^+}{Z_c}-\frac{U^-}{Z_c} \tag{7.3-5}$$

显然，与此相对应的归一化值应为

$$u=u^++u^-$$

$$i=i^++i^-=u^+-u^- \tag{7.3-6}$$

$$u^+=i^+ \qquad u^-=-i^- \tag{7.3-7}$$

三、场强复振幅的归一化

沿波导管轴线（z）方向传输的功率取决于电磁场的横向分量（$\boldsymbol{E}_t$ 和 $\boldsymbol{H}_t$），而且可以仅用 $\boldsymbol{E}_t$ 或 $\boldsymbol{H}_t$ 来表示，因此，在这里只讨论 $\boldsymbol{E}_t$ 的归一化。

一般地讲，$\boldsymbol{E}_t$ 是由入射波 $\boldsymbol{E}_t^+$ 和反射波 $\boldsymbol{E}_t^-$ 相叠加而成，即 $\boldsymbol{E}_t=\boldsymbol{E}_t^++\boldsymbol{E}_t^-$，它们可分别写为

$$\boldsymbol{E}_t^+=A\boldsymbol{e}_t\mathrm{e}^{-\mathrm{j}\beta z} \tag{7.3-8}$$

$$\boldsymbol{E}_t^-=B\boldsymbol{e}_t\mathrm{e}^{-\mathrm{j}\beta z} \tag{7.3-9}$$

A 和 B 分别为入射波和反射波场强的复振幅。在波导中，入射波和反射波的功率分别为

$$P^{+}=\frac{1}{2}\frac{|A|^{2}}{Z_{\mathrm{w}}}\int_{S}(\boldsymbol{e}_{t}\times\boldsymbol{h}_{t})\cdot z\mathrm{d}S \tag{7.3-10}$$

$$P^{-}=\frac{1}{2}\frac{|B|^{2}}{Z_{\mathrm{w}}}\int_{S}(\boldsymbol{e}_{t}\times\boldsymbol{h}_{t})\cdot z\mathrm{d}S \tag{7.3-11}$$

式中的 Z_{w} 为波导的波型阻抗。若 $\boldsymbol{e}_t$ 和 $\boldsymbol{h}_t$ 满足矢量函数的归一化条件，则

$$P^{+}=\frac{1}{2}\frac{|A|^{2}}{Z_{\mathrm{w}}}\qquad P^{-}=\frac{1}{2}\frac{|B|^{2}}{Z_{\mathrm{w}}} \tag{7.3-12}$$

若采用归一化的阻抗即 $z_{\mathrm{w}}=Z_{\mathrm{w}}/Z_{\mathrm{w}}=1$，为了保持传输功率不变，则场强复振幅应采用如下的归一化值（用小写字母表示）：

$$a=\frac{A}{\sqrt{Z_{\mathrm{w}}}}\qquad b=\frac{B}{\sqrt{Z_{\mathrm{w}}}} \tag{7.3-13}$$

而功率即可写为

$$P^{+}=\frac{1}{2}\frac{|A|^{2}}{Z_{\mathrm{w}}}=\frac{1}{2}|a|^{2} \tag{7.3-14}$$

$$P^{-}=\frac{1}{2}\frac{|B|^{2}}{Z_{\mathrm{w}}}=\frac{1}{2}|b|^{2} \tag{7.3-15}$$

四、归一化电压、电流与归一化的场强复振幅之间的关系

将波导等效为双导线传输线的条件之一是两者传输的功率应相等。因此，应有

$$P^{+}=\frac{1}{2}|u^{+}|^{2}=\frac{1}{2}|i^{+}|^{2}=\frac{1}{2}|a|^{2} \tag{7.3-16}$$

$$P^{-}=\frac{1}{2}|u^{-}|^{2}=\frac{1}{2}|i^{-}|^{2}=\frac{1}{2}|b|^{2} \tag{7.3-17}$$

由此即可求出归一化参量之间的下列关系

$$u^{+}=i^{+}=a\qquad u^{-}=-i^{-}=b \tag{7.3-18}$$

$$u=u^{+}+u^{-}=a+b\qquad i=i^{+}+i^{-}=a-b \tag{7.3-19}$$

$$a=\frac{1}{2}(u+i)\qquad b=\frac{1}{2}(u-i) \tag{7.3-20}$$

可见，归一化参量之间的关系是比较简单的。

§ 7.4　微波网络的参量

微波网络是由微波系统或微波电路抽象化的物理模型，它所代表的实体实际上是由微波元件（抽象为微波结）和均匀波导段所构成的一个封闭的区域，在区域内及其边界面上的电磁场都必须满足麦克斯韦方程。根据电磁场理论中场的唯一性定理可知，当在由封闭面所包围的区域内存在着确定的场源（或无源）时，只要知道了区域边界（或部分边界）上各点场

强的切向分量（切向电场或磁场），则区域内各点的场强也就唯一地确定了。因为微波结的边界是由良导体（近似地讲，假设是理想导体）构成的，因此，根据边界条件可知，边界上的切向场只能存在于与微波结相连接的波导的横截面内，即存在于网络端口的横截面内，可见，切向场就是截面内的横向场，若该场一经确定，则网络所代表的微波结内各点的场也就唯一地确定了。但是，正如在 7.1 节中讲过的，网络理论并不总是要求知道它所代表的微波结内部的场结构，而只要求知道网络的外部特性。网络是通过参考面处的端口与外界相联系的，当从某一端口输入信号时，其他端口的响应是由网络本身的特性所确定的。因此，当我们研究各端口的信号量之间的关系时，就可以采用取决于网络本身特性的所谓网络参量来加以描述，即用这些参量来描述网络的外部特性。

由于网络端口的信号量可以是电压、电流，也可以是场强复振幅的归一化值，因此，可将网络参量分为两大类：一类是，当端口的信号量是电压、电流（即 U、I 或 u、i）时，与此相对应的网络参量称为电路参量，它包括阻抗参量（Z 参量）、导纳参量（Y 参量）和转移参量（A 参量）；另一类是，当端口的信号量为场强复振幅的归一化值（a、b）时，与此相对应的参量称为波参量，它包括散射参量（S 参量）和传输参量（T 参量）。这 5 种参量是微波网络常用的参量。除此之外，还有其他的一些网络参量。

一、微波网络的电路参量

（一）微波网络的阻抗参量

1. T 形二端口网络的阻抗参量

为了便于理解，首先讨论一个如图 7.4－1 所示的有四个端钮（四个接头，相当于二端口）T 形网络的参量，然后再讨论更一般化的微波二端口的网络参量。Z_1、Z_2、Z_3 是阻抗，U_1、I_1 和 U_2、I_2 分别为输入端和输出端的电压和电流，利用回路电流法即可列出它们之间的关系式：

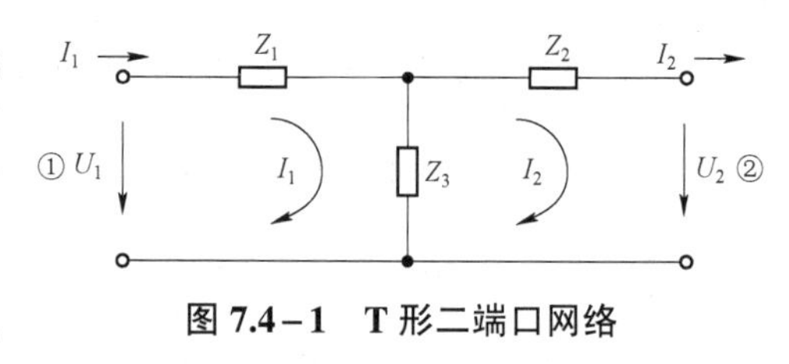

图 7.4－1　T 形二端口网络

$$U_1 = I_1(Z_1 + Z_3) - I_2 Z_3 \tag{7.4-1}$$

$$U_2 = I_1 Z_3 - (Z_2 + Z_3) I_2 \tag{7.4-2}$$

经运算可得

$$I_1 = \frac{U_2}{Z_3} + \frac{(Z_2 + Z_3)}{Z_3} I_2 \tag{7.4-3}$$

$$U_1 = \frac{Z_1 + Z_3}{Z_3} U_2 + \left[\frac{(Z_1 + Z_3)(Z_2 + Z_3)}{Z_3} - Z_3 \right] I_2 \tag{7.4-4}$$

在式（7.4－1）中，令 $Z_{11} = Z_1 + Z_3$，$Z_{12} = -Z_3$；在式（7.4－2）中，令 $Z_{21} = Z_3$，$Z_{22} = -(Z_2 + Z_3)$，则有

$$U_1 = Z_{11} I_1 + Z_{12} I_2 \tag{7.4-5}$$

$$U_2 = Z_{21} I_1 + Z_{22} I_2 \tag{7.4-6}$$

这是一个线性方程组，因此可以写为矩阵的形式

$$\begin{bmatrix} U_1 \\ U_2 \end{bmatrix} = \begin{bmatrix} Z_{11} & Z_{12} \\ Z_{21} & Z_{22} \end{bmatrix} \begin{bmatrix} I_1 \\ I_2 \end{bmatrix} \text{或简写为}[U]=[Z][I] \tag{7.4-7}$$

Z_{11}、Z_{12}、Z_{21}、Z_{22}称为网络的阻抗参量，$[Z]$称为阻抗矩阵。

2. 微波二端口网络的阻抗参量

与上述 T 形二端口网络的参量相类似，设有一个如图 7.4－2 所示的二端口网络（用方框图表示），端口信号量为(U_1, I_1)、(U_2, I_2)，并规定电流I_1和I_2流入网络时为正；Z_{c1}和Z_{c2}为端口所接传输线的特性阻抗。根据电路理论，可求得电压与电流之间的关系为

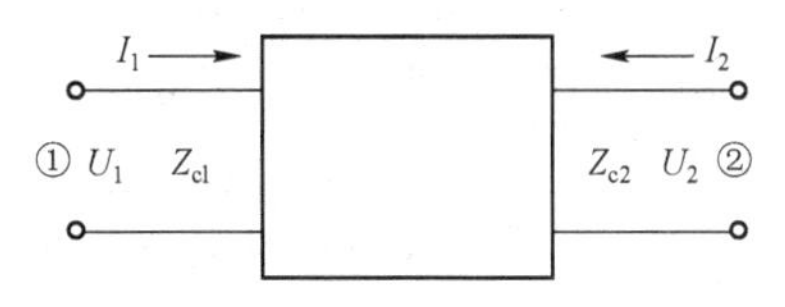

图 7.4－2　微波二端口网络示意图

$$\begin{cases} U_1 = Z_{11}I_1 + Z_{12}I_2 \\ U_2 = Z_{21}I_1 + Z_{22}I_2 \end{cases} \tag{7.4-8}$$

或写为

$$\begin{bmatrix} U_1 \\ U_2 \end{bmatrix} = \begin{bmatrix} Z_{11} & Z_{12} \\ Z_{21} & Z_{22} \end{bmatrix} \begin{bmatrix} I_1 \\ I_2 \end{bmatrix} \tag{7.4-9}$$

简记为

$$[U]=[Z][I] \tag{7.4-10}$$

式中，$[U]=\begin{bmatrix} U_1 \\ U_2 \end{bmatrix}$和$[I]=\begin{bmatrix} I_1 \\ I_2 \end{bmatrix}$分别为由端口电压和电流所构成的列矩阵（或称列矢量），$[Z]$为

$$[Z]=\begin{bmatrix} Z_{11} & Z_{12} \\ Z_{21} & Z_{22} \end{bmatrix} \tag{7.4-11}$$

它是一个方矩阵，称为二端口网络的阻抗矩阵，其元素Z_{11}、Z_{12}、Z_{21}、Z_{22}称为阻抗参量（Z 参量），它们仅由网络本身所确定，而与端口所加的电压和电流无关，因此，可以在一特定情况下揭示出阻抗参量的物理意义。当$[Z]$被确定后，网络输入端口的信号量与输出端口信号量之间的关系也就确定了。为了确定$[Z]$参量，利用端口的开路状态是比较方便的。

当端口②开路时，$I_2=0$，式（7.4－8）变为

$$U_1 = Z_{11}I_1 \qquad U_2 = Z_{21}I_1$$

则

$$Z_{11} = \left.\frac{U_1}{I_1}\right|_{I_2=0} \qquad Z_{21} = \left.\frac{U_2}{I_1}\right|_{I_2=0} \tag{7.4-12a}$$

当端口①开路时，$I_1=0$，式（7.4－8）变为

$$U_1 = Z_{12}I_2 \qquad U_2 = Z_{22}I_2$$

则

$$Z_{12} = \left.\frac{U_1}{I_2}\right|_{I_1=0} \qquad Z_{22} = \left.\frac{U_2}{I_2}\right|_{I_1=0} \tag{7.4-12b}$$

式（7.4－12a）和式（7.4－12b）称为阻抗参量的定义式。Z_{11} 和 Z_{21} 分别表示端口②开路时，端口①的自阻抗（输入阻抗）和端口①与端口②之间的转移阻抗（互阻抗）；Z_{22} 和 Z_{12} 分别表示端口①开路时，端口②的自阻抗（输入阻抗）和端口②与端口①之间的转移阻抗（互阻抗）。其中，所谓的转移阻抗，其特点是，它所表示的不是同一个端口上两个信号量之间的关系，而是不同端口信号量之间的关系，故名转移阻抗。由于阻抗参量是在网络端口开路的情况下定义的，因此也称为网络的开路参量，它具有明确的物理意义。

3. 微波二端口网络的归一化阻抗参量

当端口的信号量是未经归一化的电压和电流 (U,I) 时，对应的阻抗参量就是未归一化的参量；若端口信号量采用归一化的电压和电流 (u,i)，那么对应的阻抗参量就是归一化的参量。由式（7.3－3）可得

$$\begin{bmatrix} u_1 \\ u_2 \end{bmatrix}=\begin{bmatrix} \dfrac{1}{\sqrt{Z_{c1}}} & 0 \\ 0 & \dfrac{1}{\sqrt{Z_{c2}}} \end{bmatrix}\begin{bmatrix} U_1 \\ U_2 \end{bmatrix} \qquad \begin{bmatrix} i_1 \\ i_2 \end{bmatrix}=\begin{bmatrix} \sqrt{Z_{c1}} & 0 \\ 0 & \sqrt{Z_{c2}} \end{bmatrix}\begin{bmatrix} I_1 \\ I_2 \end{bmatrix}$$

而

$$\begin{bmatrix} U_1 \\ U_2 \end{bmatrix}=\begin{bmatrix} Z_{11} & Z_{12} \\ Z_{21} & Z_{22} \end{bmatrix}\begin{bmatrix} I_1 \\ I_2 \end{bmatrix} \qquad \begin{bmatrix} I_1 \\ I_2 \end{bmatrix}=\begin{bmatrix} \sqrt{Z_{c1}} & 0 \\ 0 & \sqrt{Z_{c2}} \end{bmatrix}^{-1}\begin{bmatrix} i_1 \\ i_2 \end{bmatrix}$$

则

$$\begin{aligned}\begin{bmatrix} u_1 \\ u_2 \end{bmatrix}&=\begin{bmatrix} \dfrac{1}{\sqrt{Z_{c1}}} & 0 \\ 0 & \dfrac{1}{\sqrt{Z_{c2}}} \end{bmatrix}\begin{bmatrix} Z_{11} & Z_{12} \\ Z_{21} & Z_{22} \end{bmatrix}\begin{bmatrix} \sqrt{Z_{c1}} & 0 \\ 0 & \sqrt{Z_{c1}} \end{bmatrix}^{-1}\begin{bmatrix} i_1 \\ i_2 \end{bmatrix} \\ &=\begin{bmatrix} \dfrac{Z_{11}}{Z_{c1}} & \dfrac{Z_{12}}{\sqrt{Z_{c1}Z_{c2}}} \\ \dfrac{Z_{21}}{\sqrt{Z_{c1}Z_{c2}}} & \dfrac{Z_{22}}{Z_{c2}} \end{bmatrix}\begin{bmatrix} i_1 \\ i_2 \end{bmatrix}=[z]\begin{bmatrix} i_1 \\ i_2 \end{bmatrix}\end{aligned}$$

式中

$$[z]=\begin{bmatrix} \dfrac{Z_{11}}{Z_{c1}} & \dfrac{Z_{12}}{\sqrt{Z_{c1}Z_{c2}}} \\ \dfrac{Z_{21}}{\sqrt{Z_{c1}Z_{c2}}} & \dfrac{Z_{22}}{Z_{c2}} \end{bmatrix} \qquad (7.4-13)$$

称为归一化的阻抗矩阵。矩阵右上角的“－”号表示逆矩阵。

4. n 端口网络的阻抗参量

图 7.4－3 是一具有 n 个端口的网络，其端口信号量分别为 (U_1,I_1)、(U_2,I_2)、⋯、(U_n,I_n)、各端口所接传输线的特性阻抗分别为 Z_{c1}、Z_{c2}、⋯、Z_{cn}。由各端口电压所构成的列矩阵为

$$[U]=[U_1 \;\; U_2 \;\; \cdots \;\; U_n]^{\mathrm{T}} \qquad \text{（T 表示转置矩阵）}$$

由各端口电流所构成的列矩阵为

$$[I]=[I_1 \quad I_2 \quad \cdots \quad I_n]^{\mathrm{T}}$$

仿照二端口网络的做法，即可得到矩阵方程

$$[U]=[Z][I]$$

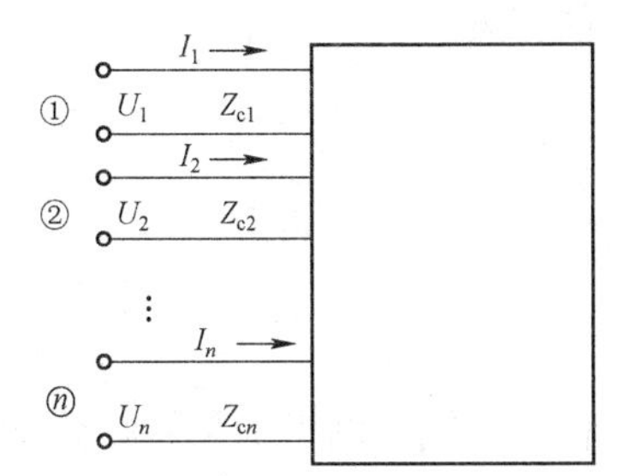

图 7.4-3　*n* 端口网络

式中

$$[Z]=\begin{bmatrix} Z_{11} & Z_{12} & \cdots & Z_{1n} \\ Z_{21} & Z_{22} & \cdots & Z_{2n} \\ \vdots & \vdots & & \vdots \\ Z_{n1} & Z_{n2} & \cdots & Z_{nn} \end{bmatrix} \qquad (7.4-14)$$

称为 n 端口网络的阻抗矩阵，其元素称为 n 端口网络的阻抗参量，共有 n^2 个。

n 端口网络阻抗参量的定义式为

$$Z_{ii}=\left.\frac{U_i}{I_i}\right|_{I_k=0} \qquad (i,k=1,2\cdots,n,\ 但k\neq i)$$

$$Z_{ji}=\left.\frac{U_j}{I_i}\right|_{I_k=0} \qquad (i,j,k=1,2,\cdots,n,\ 但\ j\neq i,\ k\neq i) \qquad (7.4-15)$$

Z_{ii} 和 Z_{ji} 分别表示除端口 i 外，其余端口均为开路时，i 端口的自阻抗和端口 i 与端口 j 之间的转移阻抗。

n 端口网络的归一化阻抗矩阵，可仿照二端口网络的做法，由未归一化的阻抗矩阵得出

$$[z]=\begin{bmatrix} \dfrac{Z_{11}}{Z_{c1}} & \dfrac{Z_{12}}{\sqrt{Z_{c1}Z_{c2}}} & \cdots & \dfrac{Z_{1n}}{\sqrt{Z_{c1}Z_{cn}}} \\ \dfrac{Z_{21}}{\sqrt{Z_{c1}Z_{c2}}} & \dfrac{Z_{22}}{Z_{c2}} & \cdots & \dfrac{Z_{2n}}{\sqrt{Z_{c2}Z_{cn}}} \\ \vdots & \vdots & & \vdots \\ \dfrac{Z_{n1}}{\sqrt{Z_{c1}Z_{cn}}} & \dfrac{Z_{n2}}{\sqrt{Z_{c2}Z_{cn}}} & \cdots & \dfrac{Z_{nn}}{Z_{cn}} \end{bmatrix} \qquad (7.4-16)$$

式中，Z_{c1}、Z_{c2}、$\cdots$、Z_{cn} 分别为各端口所接传输线的特性阻抗。

（二）微波网络的导纳参量

1. 二端口网络的导纳参量

对于微波网络，除了用阻抗参量描述外，也可以用导纳参量来描述，便于从已知的 U_1、U_2 求出 I_1 和 I_2；同时也便于对并联网络的分析。如图 7.4-2 所示的二端口网络，根据电路理论可得到端口电流与电压的关系为

$$\begin{cases} I_1=Y_{11}U_1+Y_{12}U_2 \\ I_2=Y_{21}U_1+Y_{22}U_2 \end{cases} \qquad (7.4-17)$$

或写为

$$\begin{bmatrix} I_1 \\ I_2 \end{bmatrix}=\begin{bmatrix} Y_{11} & Y_{12} \\ Y_{21} & Y_{22} \end{bmatrix}\begin{bmatrix} U_1 \\ U_2 \end{bmatrix} \qquad (7.4-18)$$

简记为

$$[I]=[Y][U]$$

式中

$$[Y]=\begin{bmatrix} Y_{11} & Y_{12} \\ Y_{21} & Y_{22} \end{bmatrix} \tag{7.4-19}$$

称为二端口网络的导纳矩阵，其元素Y_{11}、Y_{12}、Y_{21}、Y_{22}称为导纳参量（Y参量），它们仅由网络本身所确定，而与端口所加的电压和电流无关。因此可在一特定情况下给出导纳参量的定义。为了确定$[Y]$，利用端口的短路状态是比较方便的。

当端口②短路时，$U_2=0$，式（7.4－17）变为

$$I_1=Y_{11}U_1 \quad I_2=Y_{21}U_1$$

则

$$Y_{11}=\left.\frac{I_1}{U_1}\right|_{U_2=0} \quad Y_{21}=\left.\frac{I_2}{U_1}\right|_{U_2=0} \tag{7.4-20}$$

当端口①短路时，$U_1=0$，式（7.4－17）变为

$$I_1=Y_{12}U_2 \quad I_2=Y_{22}U_2$$

则

$$Y_{12}=\left.\frac{I_1}{U_2}\right|_{U_1=0} \quad Y_{22}=\left.\frac{I_2}{U_2}\right|_{U_1=0} \tag{7.4-21}$$

式（7.4－20）和式（7.4－21）称为导纳参量的定义式。Y_{11}和Y_{21}分别表示端口②短路时，端口①的自导纳（输入导纳）和端口①与端口②之间的转移导纳（互导纳）；Y_{22}和Y_{12}分别表示端口①短路时，端口②的自导纳（输入导纳）和端口②与端口①之间的转移导纳（互导纳）。此处“转移”的含义与在转移阻抗中所讲“转移”的含义是相同的。由于导纳参量是在网络端口短路的情况下定义的，因此也称为网络的短路参量，它具有明确的物理意义。

2. 二端口网络的归一化导纳参量

根据式（7.4－17）和式（7.3－3），与求归一化阻抗参量的方法相类似，即可求出归一化的导纳参量$[y]$：

$$\begin{bmatrix} i_1 \\ i_2 \end{bmatrix}=\begin{bmatrix} \sqrt{Z_{c1}} & 0 \\ 0 & \sqrt{Z_{c2}} \end{bmatrix}\begin{bmatrix} Y_{11} & Y_{12} \\ Y_{21} & Y_{22} \end{bmatrix}\begin{bmatrix} \dfrac{1}{\sqrt{Z_{c1}}} & 0 \\ 0 & \dfrac{1}{\sqrt{Z_{c2}}} \end{bmatrix}^{-1}\begin{bmatrix} u_1 \\ u_2 \end{bmatrix}$$

$$=\begin{bmatrix} Y_{11}Z_{c1} & Y_{12}\sqrt{Z_{c1}Z_{c2}} \\ Y_{21}\sqrt{Z_{c1}Z_{c2}} & Y_{22}Z_{c2} \end{bmatrix}\begin{bmatrix} u_1 \\ u_2 \end{bmatrix}=[y]\begin{bmatrix} u_1 \\ u_2 \end{bmatrix}$$

式中

$$[y]=\begin{bmatrix} Y_{11}Z_{c1} & Y_{12}\sqrt{Z_{c1}Z_{c2}} \\ Y_{21}\sqrt{Z_{c1}Z_{c2}} & Y_{22}Z_{c2} \end{bmatrix} \tag{7.4-22}$$

称为归一化导纳矩阵。

3. n 端口网络的导纳矩阵

n 端口网络的导纳矩阵在形式上与 n 端口网络的阻抗矩阵相类似，也是一个 n 阶方阵，共有 n^2 个元素，即

$$[Y]=\begin{bmatrix} Y_{11} & Y_{12} & \cdots & Y_{1n} \\ Y_{21} & Y_{22} & \cdots & Y_{2n} \\ \vdots & \vdots & & \vdots \\ Y_{n1} & Y_{n2} & \cdots & Y_{nn} \end{bmatrix} \tag{7.4-23}$$

其定义式为

$$Y_{ii}=\left.\frac{I_i}{U_i}\right|_{U_k=0} \quad (i,k=1,2\cdots,n,\ \text{但} k\neq i)$$

$$Y_{ji}=\left.\frac{I_j}{U_i}\right|_{U_k=0} \quad (i,j,k=1,2\cdots,n,\ \text{但 } j\neq i,\ k\neq i) \tag{7.4-24}$$

Y_{ii} 和 Y_{ji} 分别表示除端口 i 外，其余端口均短路时，i 端口的自导纳和端口 i 与端口 j 之间的转移导纳。

n 端口网络的归一化导纳矩阵为：

$$[y]=\begin{bmatrix} Y_{11}Z_{c1} & Y_{12}\sqrt{Z_{c1}Z_{c2}} & \cdots & Y_{1n}\sqrt{Z_{c1}Z_{cn}} \\ Y_{21}\sqrt{Z_{c1}Z_{c2}} & Y_{22}Z_{c2} & \cdots & Y_{2n}\sqrt{Z_{c2}Z_{cn}} \\ \vdots & \vdots & & \vdots \\ Y_{n1}\sqrt{Z_{c1}Z_{cn}} & Y_{n2}\sqrt{Z_{c2}Z_{cn}} & \cdots & Y_{nn}Z_{cn} \end{bmatrix} \tag{7.4-25}$$

（三）微波网络的转移参量

1. T 形二端口网络的转移参量

就像前面讨论微波网络的阻抗参量一样，为便于理解，首先讨论 T 形网络的转移参量，然后再讨论更一般化的微波网络的转移参量。前面根据图 7.4－1 已经得出了式（7.4－3）和式（7.4－4），即

$$I_1=\frac{U_2}{Z_3}+\left(\frac{Z_2+Z_3}{Z_3}\right)I_2$$

$$U_1=\frac{Z_1+Z_3}{Z_3}U_2+\left[\frac{(Z_1+Z_3)(Z_2+Z_3)}{Z_3}-Z_3\right]I_2$$

这两个式子的特点是，用端口②的信号量表示端口①的信号量。若令

$$A_{11}=\frac{Z_1+Z_3}{Z_3} \qquad A_{12}=\frac{(Z_1+Z_3)(Z_2+Z_3)-Z_3^2}{Z_3}$$

$$A_{21}=\frac{1}{Z_3} \qquad A_{22}=\frac{Z_2+Z_3}{Z_3}$$

则式（7.4－3）和式（7.4－4）可以写为

$$U_1 = A_{11}U_2 + A_{12}I_2$$
$$I_1 = A_{21}U_2 + A_{22}I_2$$

也可以写为矩阵的形式

$$\begin{bmatrix} U_1 \\ I_1 \end{bmatrix} = \begin{bmatrix} A_{11} & A_{12} \\ A_{21} & A_{22} \end{bmatrix}\begin{bmatrix} U_2 \\ I_2 \end{bmatrix} = [A]\begin{bmatrix} U_2 \\ I_2 \end{bmatrix}$$

式中

$$[A] = \begin{bmatrix} A_{11} & A_{12} \\ A_{21} & A_{22} \end{bmatrix}$$

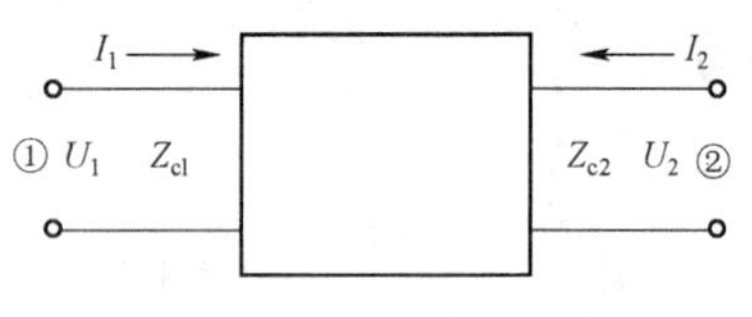

图 7.4－4　二端口网络

$[A]$称为二端口网络的转移矩阵，其元素A_{11}、A_{12}、A_{21}、A_{22}称为转移参量（A参量），此处“转移”的含义与前面在转移阻抗和转移导纳中所讲“转移”的含义是相同的。

2. 二端口微波网络的转移参量

如图 7.4－4 所示的二端口网络，根据电路理论可得

$$\begin{cases} U_1 = A_{11}U_2 + A_{12}(-I_2) \\ I_1 = A_{21}U_2 + A_{22}(-I_2) \end{cases} \tag{7.4-26}$$

或写为

$$\begin{bmatrix} U_1 \\ I_1 \end{bmatrix} = \begin{bmatrix} A_{11} & A_{12} \\ A_{21} & A_{22} \end{bmatrix}\begin{bmatrix} U_2 \\ -I_2 \end{bmatrix} = [A]\begin{bmatrix} U_2 \\ -I_2 \end{bmatrix} \tag{7.4-27}$$

式中

$$[A] = \begin{bmatrix} A_{11} & A_{12} \\ A_{21} & A_{22} \end{bmatrix} \tag{7.4-28}$$

称为二端口网络的转移矩阵，其元素A_{11}、A_{12}、A_{21}、A_{22}称为转移参量（A参量）。$-I_2$表示电流的方向是从网络向外流出的。

与分析Z和Y参量的方法相类似，A参量的定义式是在端口②开路和短路的情况下求得的。

当端口②开路时，$I_2 = 0$，式（7.4－26）变为

$$U_1 = A_{11}U_2 \qquad I_1 = A_{21}U_2$$

则

$$A_{11} = \left.\frac{U_1}{U_2}\right|_{I_2=0} \qquad A_{21} = \left.\frac{I_1}{U_2}\right|_{I_2=0} \tag{7.4-29}$$

当端口②短路时，$U_2 = 0$，式（7.4－26）变为

$$U_1 = A_{12}(-I_2) \qquad I_1 = A_{22}(-I_2)$$

则

$$A_{12} = \left.\frac{U_1}{(-I_2)}\right|_{U_2=0} \qquad A_{22} = \left.\frac{I_1}{(-I_2)}\right|_{U_2=0} \tag{7.4-30}$$

式（7.4－29）和式（7.4－30）为二端口网络 A 参量的定义式。A_{11} 和 A_{21} 分别表示端口②开路时，端口①到端口②电压传输系数的倒数和端口①与端口②之间的转移导纳；A_{22} 和 A_{12} 分别表示端口②短路时，端口①到端口②电流传输系数的倒数和端口①与端口②之间的转移阻抗，由于 A 参量是在网络端口开路和短路的情况下求出的，因此称为混合参量，并具有明确的物理意义。

对于微波网络而言，A 参量要比 Z 参量更为复杂一些，但用途较广，它们都是表示网络对外加信号量和负载起作用和影响的参量，即是说，只要知道了 Z 或 A，网络在传输信号量方面的作用也就知道了。其中，A 参量对于分析两个或多个二端口网络相级联后的网络的特性时，显得特别方便，因为级联后的网络的总的 A 参量就等于相级联的单个网络的 A 参量按照级联的顺序相乘后的 A 参量。知道了 A 参量，就可以根据网络参量之间的互换关系，求出级联网络的其他参量。

3. 二端口微波网络的归一化转移参量

与求归一化的阻抗和导纳参量的做法相类似，根据式（7.3－3）和式（7.4－26），得

$$\begin{bmatrix} u_1 \\ i_1 \end{bmatrix} = \begin{bmatrix} \dfrac{1}{\sqrt{Z_{c1}}} & 0 \\ 0 & \sqrt{Z_{c1}} \end{bmatrix} \begin{bmatrix} U_1 \\ I_1 \end{bmatrix}$$

$$\begin{bmatrix} u_2 \\ -i_2 \end{bmatrix} = \begin{bmatrix} \dfrac{1}{\sqrt{Z_{c2}}} & 0 \\ 0 & \sqrt{Z_{c2}} \end{bmatrix} \begin{bmatrix} U_2 \\ -I_2 \end{bmatrix}$$

则

$$\begin{aligned} \begin{bmatrix} u_1 \\ i_1 \end{bmatrix} &= \begin{bmatrix} \dfrac{1}{\sqrt{Z_{c1}}} & 0 \\ 0 & \sqrt{Z_{c1}} \end{bmatrix} \begin{bmatrix} A_{11} & A_{12} \\ A_{21} & A_{22} \end{bmatrix} \begin{bmatrix} \dfrac{1}{\sqrt{Z_{c2}}} & 0 \\ 0 & \sqrt{Z_{c2}} \end{bmatrix}^{-1} \begin{bmatrix} u_2 \\ -i_2 \end{bmatrix} \\ &= \begin{bmatrix} A_{11}\sqrt{\dfrac{Z_{c2}}{Z_{c1}}} & A_{12}/\sqrt{Z_{c1}Z_{c2}} \\ A_{21}\sqrt{Z_{c1}Z_{c2}} & A_{22}\sqrt{\dfrac{Z_{c1}}{Z_{c2}}} \end{bmatrix} \begin{bmatrix} u_2 \\ -i_2 \end{bmatrix} \\ &= [a] \begin{bmatrix} u_2 \\ -i_2 \end{bmatrix} \end{aligned} \tag{7.4-31}$$

式中

$$[a] = \begin{bmatrix} a_{11} & a_{12} \\ a_{21} & a_{22} \end{bmatrix} = \begin{bmatrix} A_{11}\sqrt{\dfrac{Z_{c2}}{Z_{c1}}} & A_{12}/\sqrt{Z_{c1}Z_{c2}} \\ A_{21}\sqrt{Z_{c1}Z_{c2}} & A_{22}\sqrt{\dfrac{Z_{c1}}{Z_{c2}}} \end{bmatrix} \tag{7.4-32}$$

称为二端口网络的归一化转移矩阵。

二、微波网络的波参量

前面讨论的三种参量（Z、Y、A）是表示网络端口上电压与电流之间的各种关系的参量，统称为电路参量。对于这些参量，虽然从理论上给出了定义和表示式，但在微波范围内，除了 TEM 模外，对于其他模，电压、电流已没有确切的物理意义，更是难以测量，因此，与此相应的电路参量也是无法测量的。但是，对于微波网络，如果利用电磁波在网络端口的参考面处的入射（入射波）和反射（反射波）现象来研究网络的特性是比较方便的，这是因为，测量电磁波的幅度和相位是比较容易做到的。具体地讲，就是利用反射系数和传输系数来研究网络各端口信号量之间的关系，我们把反映这些关系的量称为波参量：散射参量（S 参量）和传输参量（T 参量）。知道了 S 和 T，再利用它们与电路参量相互之间的转换公式，即可求出电路参量。在这里，只讨论表示归一化的入射波和反射波之间关系的网络参量，称为归一化的波参量（简称波参量）。

（一）微波网络的散射参量

在空间传播的电磁波，当遇到障碍物时，会从其上向四面八方传播，这种现象称为散射。在微波系统内部传输的电磁波遇到结构上的不均匀性时，也会产生散射，但散射波不可能四面八方地传播，它只能通过波导或微波元件的端口散射出去，而入射波也只能通过端口进入微波系统，因此，把描述这种现象的参量称为散射参量。对于散射参量可以利用电桥、定向耦合器、反射计等来测量，也可以利用矢量网络分析仪来测量。

1. 二端口网络的散射参量

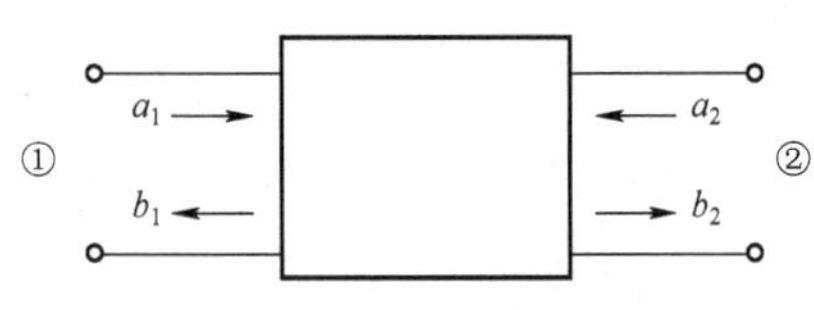

图 7.4－5　二端口网络的波参量

如图 7.4－5 所示的二端口网络，其端口信号量分别为(a_1,b_1)和(a_2,b_2)；a_1和a_2为场强复振幅的归一化值，称为归一化入射波（规定进入网络的波为入射波），b_1和b_2也为场强复振幅的归一化值，称为归一化反射波（规定离开网络的波为反射波）。根据电磁场理论，得

$$\begin{cases} b_1 = S_{11}a_1 + S_{12}a_2 \\ b_2 = S_{21}a_1 + S_{22}a_2 \end{cases} \tag{7.4-33}$$

或写为

$$\begin{bmatrix} b_1 \\ b_2 \end{bmatrix} = \begin{bmatrix} S_{11} & S_{12} \\ S_{21} & S_{22} \end{bmatrix} \begin{bmatrix} a_1 \\ a_2 \end{bmatrix} \tag{7.4-34}$$

简记为

$$[b] = [S][a] \tag{7.4-35}$$

式中

$$[b] = \begin{bmatrix} b_1 \\ b_2 \end{bmatrix} \qquad [a] = \begin{bmatrix} a_1 \\ a_2 \end{bmatrix}$$

它们分别为由端口的反射波和入射波构成的列矩阵（列矢量），而

$$[S] = \begin{bmatrix} S_{11} & S_{12} \\ S_{21} & S_{22} \end{bmatrix} \tag{7.4-36}$$

则称为二端口网络的归一化散射矩阵，其元素 S_{11}、S_{12}、S_{21} 和 S_{22} 称为归一化的散射参量。

网络的散射参量是在各端口接匹配负载的情况下来定义的，它具有明确的物理意义。“当端口②接匹配负载时，$a_2=0$，式（7.4－33）变为

$$b_1 = S_{11}a_1 \qquad b_2 = S_{21}a_1$$

则

$$S_{11} = \left.\frac{b_1}{a_1}\right|_{a_2=0} \qquad S_{21} = \left.\frac{b_2}{a_1}\right|_{a_2=0} \tag{7.4-37}$$

当端口①接匹配负载时，$a_1=0$，式（7.4－33）变为

$$b_1 = S_{12}a_2 \qquad b_2 = S_{22}a_2$$

则

$$S_{12} = \left.\frac{b_1}{a_2}\right|_{a_1=0} \qquad S_{22} = \left.\frac{b_2}{a_2}\right|_{a_1=0} \tag{7.4-38}$$

式（7.4－37）和式（7.4－38）为散射参量的定义式。S_{11} 和 S_{21} 分别表示端口②接匹配负载时，端口①波的反射系数和端口①到端口②波的传输系数；S_{22} 和 S_{12} 分别表示端口①接匹配负载时，端口②波的反射系数和端口②到端口①波的传输系数。

2. n 端口网络的归一化散射参量

具有 n 个端口的网络的归一化散射参量，可由二端口网络的归一化散射参量推广而得，即

$$\begin{bmatrix} b_1 \\ b_2 \\ \vdots \\ b_n \end{bmatrix} = \begin{bmatrix} S_{11} & S_{12} & \cdots & S_{1n} \\ S_{21} & S_{22} & \cdots & S_{2n} \\ \vdots & \vdots & & \vdots \\ S_{n1} & S_{n2} & \cdots & S_{nn} \end{bmatrix} \begin{bmatrix} a_1 \\ a_2 \\ \vdots \\ a_n \end{bmatrix} \tag{7.4-39}$$

简记为

$$[b]=[S][a] \tag{7.4-40}$$

式中

$$[S] = \begin{bmatrix} S_{11} & S_{12} & \cdots & S_{1n} \\ S_{21} & S_{22} & \cdots & S_{2n} \\ \vdots & \vdots & & \vdots \\ S_{n1} & S_{n2} & \cdots & S_{nn} \end{bmatrix} \tag{7.4-41}$$

称为 n 端口网络的散射矩阵，它是一个方阵，共有 n^2 个元素，称为 n 端口网络的散射参量，其定义式为

$$S_{ii} = \left.\frac{b_i}{a_i}\right|_{a_k=0} \qquad (i.k=1,2,\cdots,n,\ \text{但}k \ne i)$$

$$S_{ji} = \left.\frac{b_j}{a_i}\right|_{a_k=0} \qquad (i,j,k=1,2,\cdots,n,\ \text{但}j \ne i,\ k \ne i) \tag{7.4-42}$$

S_{ii} 表示除端口 i 外，其他端口均接匹配负载时，端口 i 波的反射系数；S_{ji} 表示除端口 i 外，其他端口均接匹配负载时，端口 i 到端口 j 的波的传输系数。

（二）二端口微波网络的传输参量

二端口网络的传输参量对于图 7.4－5 所示的二端口网络，根据电磁场理论可得

$$\begin{cases} a_1 = T_{11}b_2 + T_{12}a_2 \\ b_1 = T_{21}b_2 + T_{22}a_2 \end{cases} \tag{7.4-43}$$

或写为

$$\begin{bmatrix} a_1 \\ b_1 \end{bmatrix} = \begin{bmatrix} T_{11} & T_{12} \\ T_{21} & T_{22} \end{bmatrix} \begin{bmatrix} b_2 \\ a_2 \end{bmatrix} = [T] \begin{bmatrix} b_2 \\ a_2 \end{bmatrix} \tag{7.4-44}$$

式中

$$[T] = \begin{bmatrix} T_{11} & T_{12} \\ T_{21} & T_{22} \end{bmatrix} \tag{7.4-45}$$

称为二端口网络的传输矩阵，其元素称为传输参量。二端口网络的传输参量，除了 T_{11} 表示端口②接匹配负载时，端口①到端口②的波的传输系数的倒数外，其他参量并无明确的物理意义。

三、常用网络参量之间的互换关系

由于同一个网络可以用前述的常用网络参量中的某一种参量来描述它，这些参量之间的关系是可以互换的，而在实际的网络运算中，也常需要将一种网络参量转换为另一种网络参量。根据端口上信号量的情况，可分为电路参量间的互换、波参量间的互换，以及电路参量与波参量间的互换等。

（一）电路参量之间的互换关系

（1）阻抗矩阵与导纳矩阵互为逆矩阵，由于

$$[U] = [Z][I] \quad [I] = [Y][U]$$

当 $[Z]$ 和 $[Y]$ 为非奇导方阵时，则有

$$[Z] = [Y]^{-1} \quad [Y] = [Z]^{-1} \tag{7.4-46}$$

式中的“－1”表示逆矩阵。

（2）二端口网络的 $[Z]$、$[Y]$ 与 $[A]$ 之间的关系，由

$$\begin{cases} U_1 = Z_{11}I_1 + Z_{12}I_2 \\ U_2 = Z_{21}I_1 + Z_{22}I_2 \end{cases}$$

可得

$$\begin{cases} U_1 = \dfrac{Z_{11}}{Z_{21}}U_2 + \dfrac{Z_{11}Z_{22} - Z_{12}Z_{21}}{Z_{21}}(-I_2) \\ I_1 = \dfrac{1}{Z_{21}}U_2 + \dfrac{Z_{22}}{Z_{21}}(-I_2) \end{cases}$$

即

$$\begin{bmatrix} U_1 \\ I_1 \end{bmatrix} = \frac{1}{Z_{21}} \begin{bmatrix} Z_{11} & |Z| \\ 1 & Z_{22} \end{bmatrix} \begin{bmatrix} U_2 \\ -I_2 \end{bmatrix}$$

与式（7.4－27）相比较，则得$[A]$与$[Z]$的关系为

$$[A] = \frac{1}{Z_{21}} \begin{bmatrix} Z_{11} & |Z| \\ 1 & Z_{22} \end{bmatrix} \tag{7.4－47}$$

式中，$|Z| = Z_{11}Z_{22} - Z_{12}Z_{21}$为$|Z|$的行列式（其他参量矩阵所对应的行列式均如此表示）。同样地，根据式（7.4－17）：

$$\begin{cases} I_1 = Y_{11}U_1 + Y_{12}U_2 \\ I_2 = Y_{21}U_1 + Y_{22}U_2 \end{cases}$$

可得

$$\begin{bmatrix} U_1 \\ I_1 \end{bmatrix} = \frac{-1}{Y_{21}} \begin{bmatrix} Y_{22} & 1 \\ |Y| & Y_{11} \end{bmatrix} \begin{bmatrix} U_2 \\ -I_2 \end{bmatrix}$$

则$[A]$与$[Y]$的关系为

$$[A] = \frac{-1}{Y_{21}} \begin{bmatrix} Y_{22} & 1 \\ |Y| & Y_{11} \end{bmatrix} \tag{7.4－48}$$

式中，$|Y| = Y_{11}Y_{22} - Y_{12}Y_{21}$ 为$|Y|$的行列式。

与上述情况相反，也可以用$[A]$来表示$[Z]$和$[Y]$。根据式（7.4－26）：

$$\begin{cases} U_1 = A_{11}U_2 + A_{12}(-I_2) \\ I_1 = A_{21}U_2 + A_{22}(-I_2) \end{cases}$$

可得

$$\begin{bmatrix} U_1 \\ U_2 \end{bmatrix} = \frac{1}{A_{21}} \begin{bmatrix} A_{11} & |A| \\ 1 & A_{22} \end{bmatrix} \begin{bmatrix} I_1 \\ I_2 \end{bmatrix}$$

$$\begin{bmatrix} I_1 \\ I_2 \end{bmatrix} = \frac{1}{A_{12}} \begin{bmatrix} A_{22} & -|A| \\ -1 & A_{11} \end{bmatrix} \begin{bmatrix} U_1 \\ U_2 \end{bmatrix}$$

则$[Z]$、$[Y]$与$[A]$的关系分别为

$$[Z] = \frac{1}{A_{21}} \begin{bmatrix} A_{11} & |A| \\ 1 & A_{22} \end{bmatrix} \tag{7.4－49}$$

$$[Y] = \frac{1}{A_{12}} \begin{bmatrix} A_{22} & -|A| \\ -1 & A_{11} \end{bmatrix} \tag{7.4－50}$$

式中，$|A| = A_{11}A_{22} - A_{12}A_{21}$ 为$[A]$的行列式。

（二）二端口网络波参量之间的互换关系

根据式（7.4－33）：

$$\begin{cases} b_1 = S_{11}a_1 + S_{12}a_2 \\ b_2 = S_{21}a_1 + S_{22}a_2 \end{cases}$$

可得

$$\begin{cases} a_1 = \dfrac{1}{S_{21}} b_2 - \dfrac{S_{22}}{S_{21}} a_2 \\ b_1 = \dfrac{S_{11}}{S_{21}} b_2 - \dfrac{|S|}{S_{21}} a_2 \end{cases}$$

即

$$\begin{bmatrix} a_1 \\ b_1 \end{bmatrix} = \frac{1}{S_{21}} \begin{bmatrix} 1 & -S_{22} \\ S_{11} & -|S| \end{bmatrix} \begin{bmatrix} b_2 \\ a_2 \end{bmatrix}$$

与式（7.4－44）相比较，则得$[T]$与$[S]$的关系为

$$[T] = \frac{1}{S_{21}} \begin{bmatrix} 1 & -S_{22} \\ S_{11} & -|S| \end{bmatrix} \tag{7.4-51}$$

式中，$|S| = S_{11}S_{22} - S_{12}S_{21}$为$[S]$的行列式。

与上述情况相反，根据式（7.4－43）：

$$\begin{cases} a_1 = T_{11} b_2 + T_{12} a_2 \\ b_1 = T_{21} b_2 + T_{22} a_2 \end{cases}$$

可得

$$[S] = \frac{1}{T_{11}} \begin{bmatrix} T_{21} & |T| \\ 1 & -T_{12} \end{bmatrix} \tag{7.4-52}$$

式中，$|T| = T_{11}T_{22} - T_{12}T_{21}$ 为$[T]$的行列式。

（三）归一化电路参量与波参量之间的关系

归一化电路参量与波参量之间的关系是指$[S]$、$[z]$、$[y]$、$[a]$、$[T]$等参量之间的互换关系。这些关系可以根据前面讲过的各个参量的定义式和相互之间的简单关系式推导出来，并不涉及新的概念，只是单纯的数学（矩阵）运算，但其运算过程较烦琐，故此略去，而只把常用的二端口网络的归一化电路参量与波参量之间的关系列于表 7.4－1 中，以备查用。

（四）参考面移动对散射参量的影响

微波网络端口的参考面一旦发生变化，将对网络参量造成影响，其中，对于散射参量的影响比较简单，而且也易于计算。现以二端口网络为例，说明参考面移动对散射参量的影响。

设有一个如图 7.4－6 所示的二端口网络，当参考面为T_1和T_2时，其散射参量为

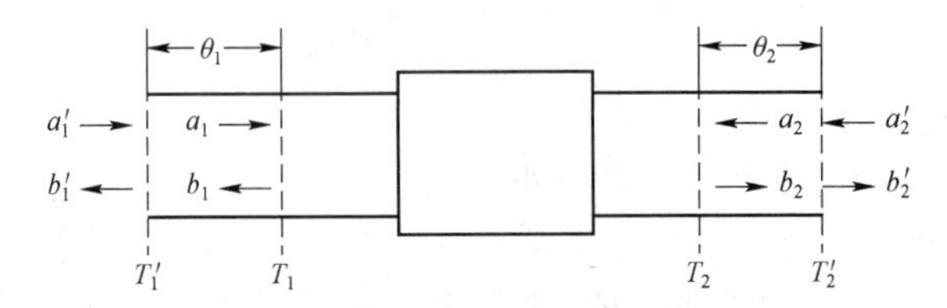

图 7.4－6　参考面移动对[S]的影响

表 7.4－1　二端口网络各种网络参量矩阵之间的换算关系

	$[z]$	$[y]$	$[a]$	$[S]$	$[T]$
$[z]$	$\begin{bmatrix} z_{11} & z_{12} \\ z_{21} & z_{22} \end{bmatrix}$	$\frac{1}{\lvert y\rvert}\begin{bmatrix} y_{22} & -y_{12} \\ -y_{21} & y_{11} \end{bmatrix}$	$\frac{1}{a_{21}}\begin{bmatrix} a_{11} & \lvert a\rvert \\ 1 & a_{22} \end{bmatrix}$	$z_{11}=\frac{1+S_{11}-S_{22}-\lvert S\rvert}{1-S_{11}-S_{22}+\lvert S\rvert}$ $z_{12}=\frac{2S_{12}}{1-S_{11}-S_{22}+\lvert S\rvert}$ $z_{21}=\frac{2S_{21}}{1-S_{11}-S_{22}+\lvert S\rvert}$ $z_{22}=\frac{1-S_{11}+S_{22}-\lvert S\rvert}{1-S_{11}-S_{22}+\lvert S\rvert}$	$z_{11}=\frac{T_{11}+T_{12}+T_{21}+T_{22}}{T_{11}+T_{12}-T_{21}-T_{22}}$ $z_{12}=\frac{2\lvert T\rvert}{T_{11}+T_{12}-T_{21}-T_{22}}$ $z_{21}=\frac{2}{T_{11}+T_{12}-T_{21}-T_{22}}$ $z_{22}=\frac{T_{11}-T_{12}-T_{21}+T_{22}}{T_{11}+T_{12}-T_{21}-T_{22}}$
$[y]$	$\frac{1}{\lvert z\rvert}\begin{bmatrix} z_{22} & -z_{12} \\ -z_{21} & z_{11} \end{bmatrix}$	$\begin{bmatrix} y_{11} & y_{12} \\ y_{21} & y_{22} \end{bmatrix}$	$\frac{1}{a_{12}}\begin{bmatrix} a_{22} & -\lvert a\rvert \\ -1 & a_{11} \end{bmatrix}$	$y_{11}=\frac{1-S_{11}+S_{22}-\lvert S\rvert}{1+S_{11}+S_{22}+\lvert S\rvert}$ $y_{12}=\frac{-2S_{21}}{1+S_{11}+S_{22}+\lvert S\rvert}$ $y_{21}=\frac{-2S_{21}}{1+S_{11}+S_{22}+\lvert S\rvert}$ $y_{22}=\frac{1+S_{11}-S_{22}-\lvert S\rvert}{1+S_{11}+S_{22}+\lvert S\rvert}$	$y_{11}=\frac{T_{11}-T_{12}-T_{21}+T_{22}}{T_{11}-T_{12}+T_{21}-T_{22}}$ $y_{12}=\frac{-2\lvert T\rvert}{T_{11}-T_{12}+T_{21}-T_{22}}$ $y_{21}=\frac{-2}{T_{11}-T_{12}+T_{21}-T_{22}}$ $y_{22}=\frac{T_{11}+T_{12}+T_{21}+T_{22}}{T_{11}-T_{12}+T_{21}-T_{22}}$
$[a]$	$\frac{1}{z_{21}}\begin{bmatrix} z_{11} & \lvert z\rvert \\ 1 & z_{22} \end{bmatrix}$	$\frac{-1}{y_{21}}\begin{bmatrix} y_{22} & 1 \\ \lvert y\rvert & y_{11} \end{bmatrix}$	$\begin{bmatrix} a_{11} & a_{12} \\ a_{21} & a_{22} \end{bmatrix}$	$a_{11}=\frac{1}{2S_{21}}(1+S_{11}-S_{22}-\lvert S\rvert)$ $a_{12}=\frac{1}{2S_{21}}(1+S_{11}+S_{22}+\lvert S\rvert)$ $a_{21}=\frac{1}{2S_{21}}(1-S_{11}-S_{22}+\lvert S\rvert)$ $a_{22}=\frac{1}{2S_{21}}(1-S_{11}+S_{22}-\lvert S\rvert)$	$a_{11}=\frac{1}{2}(T_{11}+T_{12}+T_{21}+T_{22})$ $a_{12}=\frac{1}{2}(T_{11}-T_{12}+T_{21}-T_{22})$ $a_{21}=\frac{1}{2}(T_{11}+T_{12}-T_{21}-T_{22})$ $a_{22}=\frac{1}{2}(T_{11}-T_{12}-T_{21}+T_{22})$

续表

	$[z]$	$[y]$	$[a]$	$[S]$	$[T]$
$[S]$	$S_{11}=\frac{\|z\|+z_{11}-z_{22}-1}{\|z\|+z_{11}+z_{22}+1}$ $S_{12}=\frac{2z_{12}}{\|z\|+z_{11}+z_{22}+1}$ $S_{21}=\frac{2z_{21}}{\|z\|+z_{11}+z_{22}+1}$ $S_{22}=\frac{\|z\|-z_{11}+z_{22}-1}{\|z\|+z_{11}+z_{22}+1}$	$S_{11}=\frac{1-y_{11}+y_{22}-\|y\|}{1+y_{11}+y_{22}+\|y\|}$ $S_{12}=\frac{-2y_{12}}{1+y_{11}+y_{22}+\|y\|}$ $S_{21}=\frac{-2y_{21}}{1+y_{11}+y_{22}+\|y\|}$ $S_{22}=\frac{1+y_{11}-y_{22}-\|y\|}{1+y_{11}+y_{22}+\|y\|}$	$S_{11}=\frac{a_{11}+a_{12}-a_{21}-a_{22}}{a_{11}+a_{12}+a_{21}+a_{22}}$ $S_{12}=\frac{2\|a\|}{a_{11}+a_{12}+a_{21}+a_{22}}$ $S_{21}=\frac{2}{a_{11}+a_{12}+a_{21}+a_{22}}$ $S_{22}=\frac{-a_{11}+a_{12}-a_{21}+a_{22}}{a_{11}+a_{12}+a_{21}+a_{22}}$	$\begin{bmatrix} S_{11} & S_{12} \\ S_{21} & S_{22} \end{bmatrix}$	$\frac{1}{T_{11}}\begin{bmatrix} T_{21} & \|T\| \\ 1 & -T_{12} \end{bmatrix}$
$[T]$	$T_{11}=\frac{z_{11}+z_{22}+1+\|z\|}{2z_{21}}$ $T_{12}=\frac{z_{11}-z_{22}+1-\|z\|}{2z_{21}}$ $T_{21}=\frac{z_{11}-z_{22}-1+\|z\|}{2z_{21}}$ $T_{22}=\frac{z_{11}+z_{22}-1-\|z\|}{2z_{21}}$	$T_{11}=\frac{-\|y\|-y_{11}-y_{22}-1}{2y_{21}}$ $T_{12}=\frac{-\|y\|+y_{11}-y_{22}+1}{2y_{21}}$ $T_{21}=\frac{\|y\|+y_{11}-y_{22}-1}{2y_{21}}$ $T_{22}=\frac{\|y\|-y_{11}-y_{22}+1}{2y_{21}}$	$T_{11}=\frac{a_{11}+a_{12}+a_{21}+a_{22}}{2}$ $T_{12}=\frac{a_{11}-a_{12}+a_{21}-a_{22}}{2}$ $T_{21}=\frac{a_{11}+a_{12}-a_{21}-a_{22}}{2}$ $T_{22}=\frac{a_{11}-a_{12}-a_{21}+a_{22}}{2}$	$\frac{1}{S_{21}}\begin{bmatrix} 1 & -S_{22} \\ S_{11} & -\|S\| \end{bmatrix}$	$\begin{bmatrix} T_{11} & T_{12} \\ T_{21} & T_{22} \end{bmatrix}$

注：表中$|z|$、$|y|$、$|a|$、$|S|$、$|T|$分别为$[z]$、$[y]$、$[a]$、$[S]$、$[T]$所对应的行列式。

$$[S]=\begin{bmatrix} S_{11} & S_{12} \\ S_{21} & S_{22} \end{bmatrix}$$

若将参考面T_1和T_2分别向外移动到T_1'和T_2'，移动的距离分别为d_1和d_2，对应的电长度分别为$\theta_1=\beta d_1$，$\theta_2=\beta d_2$。从物理意义上讲，若新参考面远离网络，则入射波的相位与在原参考面的相位相比，是超前的，而对于反射波而言，则是滞后的。因此，根据传输线理论可知

$$a_1'=a_1\mathrm{e}^{\mathrm{j}\theta_1} \qquad a_2'=a_2\mathrm{e}^{\mathrm{j}\theta_2}$$

$$b_1'=a_1\mathrm{e}^{-\mathrm{j}\theta_1} \qquad b_2'=b_2\mathrm{e}^{-\mathrm{j}\theta_2}$$

即

$$\begin{bmatrix} a_1' \\ a_2' \end{bmatrix}=\begin{bmatrix} \mathrm{e}^{\mathrm{j}\theta_1} & 0 \\ 0 & \mathrm{e}^{\mathrm{j}\theta_2} \end{bmatrix}\begin{bmatrix} a_1 \\ a_2 \end{bmatrix} \tag{7.4-53}$$

$$\begin{bmatrix} b_1' \\ b_2' \end{bmatrix}=\begin{bmatrix} \mathrm{e}^{-\mathrm{j}\theta_1} & 0 \\ 0 & \mathrm{e}^{-\mathrm{j}\theta_2} \end{bmatrix}\begin{bmatrix} b_1 \\ b_2 \end{bmatrix} \tag{7.4-54}$$

根据式（7.4－34）和式（7.4－53），则

$$\begin{aligned}\begin{bmatrix} b_1' \\ b_2' \end{bmatrix}&=\begin{bmatrix} \mathrm{e}^{-\mathrm{j}\theta_1} & 0 \\ 0 & \mathrm{e}^{-\mathrm{j}\theta_2} \end{bmatrix}\begin{bmatrix} S_{11} & S_{12} \\ S_{21} & S_{22} \end{bmatrix}\begin{bmatrix} a_1 \\ a_2 \end{bmatrix} \\ &=\begin{bmatrix} \mathrm{e}^{-\mathrm{j}\theta_1} & 0 \\ 0 & \mathrm{e}^{-\mathrm{j}\theta_2} \end{bmatrix}\begin{bmatrix} S_{11} & S_{12} \\ S_{21} & S_{22} \end{bmatrix}\begin{bmatrix} \mathrm{e}^{\mathrm{j}\theta_1} & 0 \\ 0 & \mathrm{e}^{\mathrm{j}\theta_2} \end{bmatrix}^{-1}\begin{bmatrix} a_1' \\ a_2' \end{bmatrix} \\ &=\begin{bmatrix} S_{11}\mathrm{e}^{-\mathrm{j}2\theta_1} & S_{12}\mathrm{e}^{-\mathrm{j}(\theta_1+\theta_2)} \\ S_{21}\mathrm{e}^{-\mathrm{j}(\theta_1+\theta_2)} & S_{22}\mathrm{e}^{-\mathrm{j}2\theta_2} \end{bmatrix}\begin{bmatrix} a_1' \\ a_2' \end{bmatrix}\end{aligned}$$

显然，当参考面为T_1'和T_2'时，其散射参量为：

$$[S]=\begin{bmatrix} S_{11}' & S_{12}' \\ S_{21}' & S_{22}' \end{bmatrix}=\begin{bmatrix} S_{11}\mathrm{e}^{-\mathrm{j}2\theta_1} & S_{12}\mathrm{e}^{-\mathrm{j}(\theta_1+\theta_2)} \\ S_{21}\mathrm{e}^{-\mathrm{j}(\theta_1+\theta_2)} & S_{22}\mathrm{e}^{-\mathrm{j}2\theta_2} \end{bmatrix} \tag{7.4-55}$$

可见，参考面的移动仅对$[S]$参量的相角造成影响，而其模则不变化，这称为$[S]$参量的相位漂移特性。

四、基本电路单元的网络参量

一个复杂的网络，通常是由若干基本电路单元组成的。基本电路单元是最简单的二端口网络，其网络参量易于求得。掌握了基本电路单元的各种网络参量，就能够比较方便地求出复杂网络的参量。在低频网络中，集总参数电路的基本元件是R（电阻）、L（电感）、C（电容），与此不同，在微波系统中，它的基本电路元件是由一段均匀传输线或传输线中出现的某些结构上的不连续性构成的；而且，传输线的类型、不同的连续性、工作模式、工作频率等，都会对基本电路元件的网络参数产生影响。

在微波系统中，常用的基本电路单元有串联阻抗、并联导纳、一段均匀无耗传输线和理想变压器等，它们的网络参量可根据网络参量的定义，以及参量之间的互换关系式求得，现

将其归一化形式的网络参量列成表 7.4－2，以备查用。至于各基本电路单元网络参量矩阵的具体求法，在这里不讨论，请读者自己导出。但为了便于理解，下面举两个例子。

表 7.4－2　基本电路单元的网络参量矩阵

单元电路	z（串联阻抗）	y（并联导纳）	$1:n$（理想变压器）	θ，$Z_c=1$
$[z]$	不存在	$\begin{bmatrix} \frac{1}{y} & \frac{1}{y} \\ \frac{1}{y} & \frac{1}{y} \end{bmatrix}$	不存在	$\begin{bmatrix} -\mathrm{j}\cot\theta & \frac{1}{\mathrm{j}\sin\theta} \\ \frac{1}{\mathrm{j}\sin\theta} & -\mathrm{j}\cot\theta \end{bmatrix}$
$[y]$	$\begin{bmatrix} \frac{1}{z} & -\frac{1}{z} \\ -\frac{1}{z} & \frac{1}{z} \end{bmatrix}$	不存在	不存在	$\begin{bmatrix} -\mathrm{j}\cot\theta & -\frac{1}{\mathrm{j}\sin\theta} \\ -\frac{1}{\mathrm{j}\sin\theta} & -\mathrm{j}\cot\theta \end{bmatrix}$
$[a]$	$\begin{bmatrix} 1 & z \\ 0 & 1 \end{bmatrix}$	$\begin{bmatrix} 1 & 0 \\ y & 1 \end{bmatrix}$	$\begin{bmatrix} \frac{1}{n} & 0 \\ 0 & n \end{bmatrix}$	$\begin{bmatrix} \cos\theta & \mathrm{j}\sin\theta \\ \mathrm{j}\sin\theta & \cos\theta \end{bmatrix}$
$[S]$	$\begin{bmatrix} \frac{z}{2+z} & \frac{2}{2+z} \\ \frac{2}{2+z} & \frac{z}{2+z} \end{bmatrix}$	$\begin{bmatrix} \frac{-y}{2+y} & \frac{2}{2+y} \\ \frac{2}{2+y} & \frac{-y}{2+z} \end{bmatrix}$	$\begin{bmatrix} \frac{1-n^2}{1+n^2} & \frac{2n}{1+n^2} \\ \frac{2n}{1+n^2} & \frac{n^2-1}{1+n^2} \end{bmatrix}$	$\begin{bmatrix} 0 & \mathrm{e}^{-\mathrm{j}\theta} \\ \mathrm{e}^{-\mathrm{j}\theta} & 0 \end{bmatrix}$
$[T]$	$\begin{bmatrix} \frac{2+z}{2} & \frac{-z}{2} \\ \frac{z}{2} & \frac{2-z}{2} \end{bmatrix}$	$\begin{bmatrix} \frac{2+y}{2} & \frac{y}{2} \\ \frac{-y}{2} & \frac{2-y}{2} \end{bmatrix}$	$\begin{bmatrix} \frac{1+n^2}{2n} & \frac{1-n^2}{2n} \\ \frac{1-n^2}{2n} & \frac{1+n^2}{2n} \end{bmatrix}$	$\begin{bmatrix} \mathrm{e}^{\mathrm{j}\theta} & 0 \\ 0 & \mathrm{e}^{-\mathrm{j}\theta} \end{bmatrix}$

例 7.4－1　求一段均匀无耗传输线的 A 参量和 S 参量。

图 7.4－7（a）是一段长为 l 的均匀无耗传输线，U_1、I_1 和 U_2、I_2 分别为输入端①和输出端②的电压和电流的复振幅，特性阻抗为 Z_c，β 为相移常数，令 $\theta=\beta l$ 称为电长度。

解：首先求 A 参量。在第 1 章中，式（1.3－7）和式（1.3－8）如下：

$$U(z)=U_1\cos\beta z+\mathrm{j}I_l Z_c\sin\beta z$$

$$I(z)=I_1\cos\beta z+\mathrm{j}\frac{U_l}{Z_c}\sin\beta z$$

对于上式，若电压和电流都采用对于 Z_c 的归一化值 (u,i)，则对于图 7.4－7（a）应有

$$u_1=u_2\cos\theta+\mathrm{j}i_2\sin\theta$$

$$i_1=i_2\cos\theta+\mathrm{j}u_2\sin\theta$$

将该式与式（7.4－26）～式（7.4－28）对照，即可得下式：

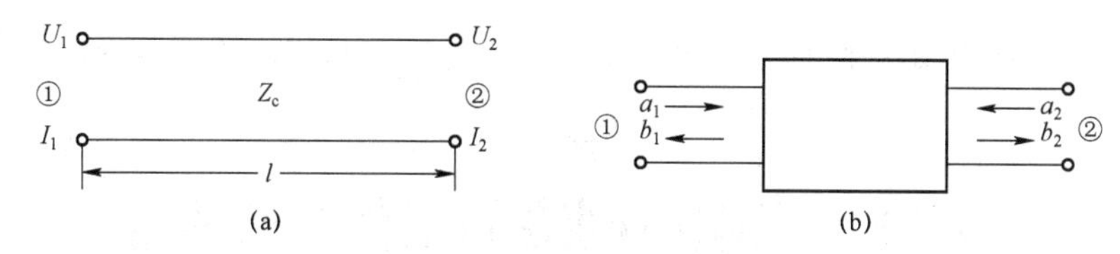

图 7.4－7　均匀无耗线的 A 参量和 S 参量

（a）均匀无耗线；（b）均匀无耗线等效为网络

$$\begin{bmatrix} u_1 \\ i_1 \end{bmatrix} = [a] \begin{bmatrix} u_2 \\ i_2 \end{bmatrix} \qquad [a] = \begin{bmatrix} \cos\theta & \mathrm{j}\sin\theta \\ \mathrm{j}\sin\theta & \cos\theta \end{bmatrix}$$

这就是表 7.4－2 中双导线 a 参量的表示式。

现在求 S 参量。如图 7.4－7（b）所示，用方框图表示均匀无耗传输线，并用归一化的场强复振幅 a_1、b_1 和 a_2、b_2 来代替图 7.4－7（a）中的电压和电流的复振幅 U_1、I_1 和 U_2、I_2。当端口②接有匹配负载时，从端口①输入信号 a_1，则 $b_2 = a_1\mathrm{e}^{-\mathrm{j}\beta l} = a_1\mathrm{e}^{-\mathrm{j}\theta}$，它比 a_1 只差一个由于 l 所造成的相位滞后 $\beta l = \theta$，因为端口②是匹配的，所以 $a_2 = 0$，同时要注意到，均匀无耗双导线本身并不产生反射波。这样，根据式（7.4－33）则有

$$S_{11} = \left.\frac{b_1}{a_1}\right|_{a_2=0} = 0 \qquad S_{21} = \left.\frac{b_2}{a_1}\right|_{a_2=0} = \mathrm{e}^{-\mathrm{j}\beta l} = \mathrm{e}^{-\mathrm{j}\theta}$$

当端口①接有匹配负载时，从端口②输入信号 a_2，$b_2 = 0$，$b_1 = a_2\mathrm{e}^{-\mathrm{j}\theta}$，则

$$S_{22} = \left.\frac{b_2}{a_2}\right|_{a_1=0} = 0 \qquad S_{12} = \left.\frac{b_1}{a_2}\right|_{a_1=0} = \mathrm{e}^{-\mathrm{j}\theta}$$

由此得 S 参量为

$$[S] = \begin{bmatrix} S_{11} & S_{12} \\ S_{21} & S_{22} \end{bmatrix} = \begin{bmatrix} 0 & \mathrm{e}^{-\mathrm{j}\theta} \\ \mathrm{e}^{-\mathrm{j}\theta} & 0 \end{bmatrix}$$

这就是表 7.4－2 中双导线 S 参量的表示式。

例 7.4－2　求并联电纳的 A 参量。

在第 6 章中曾讲过，一些电抗性元件，例如波导中的膜片、螺钉等，其作用相当于并联在传输线中的集总参数的电感或电容，也就是集总参数的并联电纳 y，如图 7.4－8 所示。y_c 为传输线的特性导纳，并使各量对 y_c 归一化。根据电路理论可知

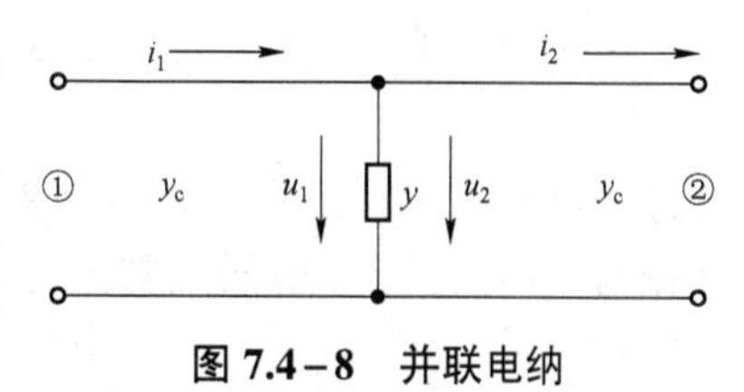

图 7.4－8　并联电纳

$$u_1 = u_2 \qquad i_1 = u_2 y + i_2$$

将该式与式（7.4－26）对照，可知 a 参量为

$$[a] = \begin{bmatrix} a_{11} & a_{12} \\ a_{21} & a_{22} \end{bmatrix} = \begin{bmatrix} 1 & 0 \\ y & 1 \end{bmatrix}$$

这就是表 7.4－2 中双导线有并联电纳时 a 参量的表示式。

从以上的举例可以看到，只要掌握了网络参数的基本概念和表示式，表 7.4－2 中其他网

络参量的矩阵也不难求出；而且，通过参量之间的互换关系式，还可以求出更多参量的矩阵形式。

§7.5　二端口网络的工作特性参量

二端口元件是微波系统中用得最多的元件，例如均匀传输线段、电抗元件、连接元件、尺寸变换器、阻抗变换器、滤波器和相移器等。将这些二端口元件接入传输系统后，相当于在均匀传输线中插入一个二端口网络，其影响可用一些实际工作特性参量来描述，这些工作特性参量不仅与网络参量有关，而且也与外界条件有关。常用的工作特性参量有插入反射系数、插入驻波比、衰减、相移和传输系数等。

一、插入反射系数和插入驻波比

将二端口网络接入传输系统后，其输入端的反射系数不仅与网络参量有关，而且还与输出端所接的负载（Z_l）有关。例如，如图 7.5－1 所示，在二端口网络的输出端接有任意负载（图中用相应的负载处的反射系 Γ_l 表示），其反射系数为

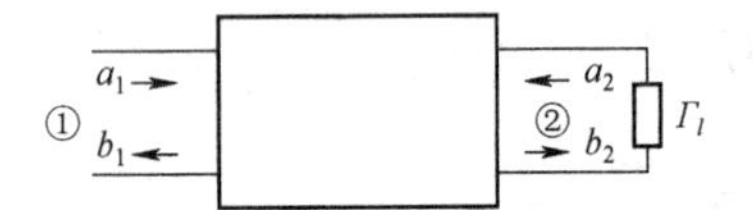

图 7.5－1　接有负载的二端口网络

$$\Gamma_l=\frac{a_2}{b_2}$$

网络的散射参量方程即式（7.4－33）：

$$\begin{cases}b_1=S_{11}a_1+S_{12}a_2\\ b_2=S_{21}a_1+S_{22}a_2\end{cases}$$

将上面三式联立，消去 a_2、b_2，即可求出网络输入端的反射系数为

$$\Gamma_{\text{in}}=\frac{b_1}{a_1}=S_{11}+\frac{S_{12}S_{21}\Gamma_l}{1-S_{22}\Gamma_l} \tag{7.5－1}$$

若网络输出端接匹配负载（$\Gamma_l=0$），则输入端的反射系数称为插入反射系数，用 Γ_{i} 表示，此时 Γ_{i} 为

$$\Gamma_{\text{i}}=S_{11} \tag{7.5－2}$$

它仅与网络参量有关，而与外界条件无关。可见，插入反射系数与输入反射系数是有区别的。有时也可以用插入驻波比（亦称剩余驻波比）S 来表示插入反射系数，它们之间的关系为

$$S=\frac{1+|S_{11}|}{1-|S_{11}|} \tag{7.5－3}$$

$$|S_{11}|=\frac{S-1}{S+1} \tag{7.5－4}$$

二、插入衰减

如图 7.5－2 所示的二端口网络，当信号源与负载 Z_l 之间，或者传输线与负载 Z_l 之间接

入一个网络时，负载吸收的功率会发生变化，若网络内是无源的，则负载吸收的功率与未接入网络时相比是减少的，原因是：当网络的输入端口①与它所接传输线的阻抗（或者是信号源的内阻抗）不匹配时，输入到端口的功率会有一部分反射回去，称为反射衰减；另有一部分功率虽已输入网络内，若网络是有耗的，则这部分功率并未全部传向负载，而是有一部分被网络吸收，称为吸收衰减；剩下的功率才传向负载。为了反映由于网络的接入而造成的上述现象，而引入了插入衰减的概念，下面就来讨论这一问题。

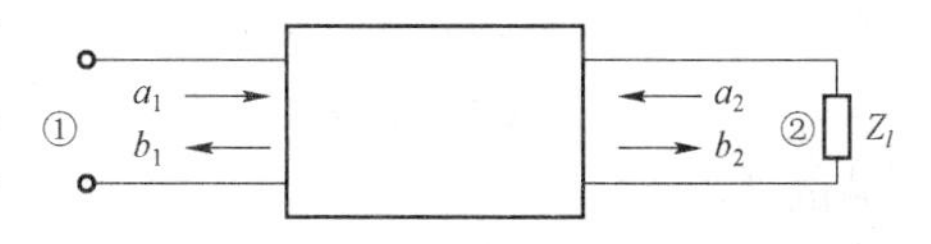

图 7.5-2　接有负载的二端口网络

在讨论中，假设网络的输出端口②接有匹配负载 Z_l，并假设端口①所接的信号源是匹配源，即从端口①向信号源方向的反射波全部被吸收，不再有回波。在这种情况下，我们取网络端口①的入射功率 P_i 与网络输出端口②所接负载吸收的功率 P_l 之比的对数，定义为网络的插入衰减 L_A，即

$$L_\mathrm{A} = 10\lg\frac{P_\mathrm{i}}{P_l}\,\mathrm{dB} \tag{7.5-5}$$

因为

$$P_\mathrm{i} = \frac{1}{2}|a_1|^2 \qquad P_l = \frac{1}{2}|b_2|^2$$

所以

$$L_\mathrm{A} = 10\lg\frac{\frac{1}{2}|a_1|^2}{\frac{1}{2}|b_2|^2}\ \mathrm{dB}$$

又因

$$b_2 = S_{21}a_1$$

所以

$$L_\mathrm{A} = 10\lg\frac{|a_1|^2}{|S_{21}a_1|^2} = 10\lg\frac{1}{|S_{21}|^2}\ \mathrm{dB} \tag{7.5-6}$$

这是描述插入衰减的一个总的表示式，为了能够比较清楚地看出衰减是由反射衰减和吸收衰减这两部分构成的这一情况，可以把上式改写为如下的形式

$$\begin{aligned} L_\mathrm{A} &= 10\lg\left(\frac{1}{1-|S_{11}|^2}\cdot\frac{1-|S_{11}|^2}{|S_{21}|^2}\right)\mathrm{dB} \\ &= 10\lg\left(\frac{1}{1-|S_{11}|^2}\right) + 10\lg\left(\frac{1-|S_{11}|^2}{|S_{21}|^2}\right)\mathrm{dB} \end{aligned} \tag{7.5-7}$$

等号右边第一项表示反射衰减，为便于理解，可将该项写为

$$10\lg\left(\frac{1}{1-|S_{11}|^2}\right) = 10\lg\left(\frac{1}{1-\frac{|b_1|^2}{|a_1|^2}}\right) = 10\lg\left[\frac{\frac{1}{2}|a_1|^2}{\frac{1}{2}\left(|a_1|^2-|b_1|^2\right)}\right] \tag{7.5-8}$$

式中，分子表示端口①的输入功率，分母表示入射功率与反射功率之差，若无反射波，则应有$|b_1|^2=0$，上式变为$10\lg 1=0$，说明该项是反映反射衰减情况的，所以第一项是表示反射衰减的。

等号右边第二项表示吸收衰减，因为

$$10\lg\left(\frac{1-|S_{11}|^2}{|S_{21}|^2}\right)=10\lg\left(\frac{|a_1|^2-|b_1|^2}{|b_2|^2}\right)=10\lg\left[\frac{\frac{1}{2}(|a_1|^2-|b_1|^2)}{\frac{1}{2}(|b_2|^2)}\right] \tag{7.5-9}$$

式中，分子表示输入到网络中的功率，分母为负载吸收的功率，若网络是无耗的，则输入到网络中的功率应全部传向负载，即应有$|a_1|^2-|b_1|^2=|b_2|^2$，于是上式变为$10\lg 1=0$，说明该项是反映网络吸收功率的情况的，所以第二项是表示吸收衰减的。

三、插入相移

根据电磁波的传播特性可知，把二端口网络接入到微波系统中，都会产生相移，如图 7.5－3 所示。所谓相移，即端口①的输入信号与端口②的输出信号之间的相位差。输入网络的信号量的类别不同，则相移的表示式不同。设端口①的输入信号量分别为归一化的u_1（电压波）、i_1（电流波）、a_1（入射波）；端口②的输出信号量分别为归一化的u_2（电压波）、i_2（电流波）、b_2（出波）。与此相对应的相移分别为：u_1与u_2之间的相位差ϕ_u，称为电压相移；i_1与i_2之间的相位差ϕ_i，称为电流相移；a_1与b_2之间的相位差ϕ_{21}，称为波相移。在这里，我们只给出当端口①所接信号源是匹配源，端口②接有匹配负载时相移的表示式。表示式的推导过程从略。上述三种相移的表示式分别为

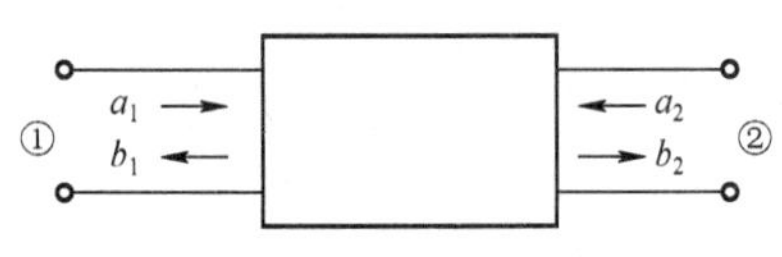

图 7.5－3　二端口网络的相移

$$电压相移\ \phi_u=\arg\left(\frac{u_2}{u_1}\right)=\arg\left(\frac{S_{21}}{1+S_{11}}\right) \tag{7.5-10}$$

$$电流相移\ \phi_i=\arg\left(\frac{-i_2}{i_1}\right)=\arg\left(\frac{S_{21}}{1-S_{11}}\right) \tag{7.5-11}$$

$$波相移\ \phi_{21}=\arg\left(\frac{b_2}{a_1}\right)=\arg(S_{21}) \tag{7.5-12}$$

四、电压波的传输系数

如图 7.5－2 所示的二端口网络，当端口②接有匹配负载时，端口②的输出电压波u_2^-与端口①的输入电压波u_1^+之比，称为电压波的传输系数，用T表示。因为$u_1^+=a_1, u_2^-=b_2$，所以

$$T=\frac{u_2^-}{u_1^+}=\left.\frac{b_2}{a_1}\right|_{a_2=0}=S_{21} \tag{7.5-13}$$

即电压波的传输系数等于网络的散射参量 S_{21}。

§7.6　网络的连接

一个实际的微波系统是由若干个简单电路或元件按一定方式（串联、并联、级联）连接而成的，与此相对应，描述微波系统特性的微波网络也有相应的连接方式。在这里，只讨论几种典型的连接方式。

一、二端口网络的串联

如图 7.6－1 所示，两个二端口网络 N_1 和 N_2 串联后构成了一个新的二端口网络 N。对于网络 N_1，其两端口之间的电压和电流的关系为

$$\begin{bmatrix} U_1' \\ U_2' \end{bmatrix} = \begin{bmatrix} Z_{11} & Z_{12} \\ Z_{21} & Z_{22} \end{bmatrix}_1 \begin{bmatrix} I_1' \\ I_2' \end{bmatrix}$$

从图中可以看出，因为 $I_1' = I_1$，$I_2' = I_2$，所以

$$\begin{bmatrix} U_1' \\ U_2' \end{bmatrix} = \begin{bmatrix} Z_{11} & Z_{12} \\ Z_{21} & Z_{22} \end{bmatrix}_1 \begin{bmatrix} I_1 \\ I_2 \end{bmatrix} = [Z]_1 \begin{bmatrix} I_1 \\ I_2 \end{bmatrix}$$

对于网络 N_2，其两端口之间的电压和电流的关系为

$$\begin{bmatrix} U_1'' \\ U_2'' \end{bmatrix} = \begin{bmatrix} Z_{11} & Z_{12} \\ Z_{21} & Z_{22} \end{bmatrix}_2 \begin{bmatrix} I_1'' \\ I_2'' \end{bmatrix}$$

因为 $I_1'' = I_1$，$I_2'' = I_2$，所以

$$\begin{bmatrix} U_1'' \\ U_2'' \end{bmatrix} = \begin{bmatrix} Z_{11} & Z_{12} \\ Z_{21} & Z_{22} \end{bmatrix}_2 \begin{bmatrix} I_1 \\ I_2 \end{bmatrix} = [Z]_2 \begin{bmatrix} I_1 \\ I_2 \end{bmatrix}$$

网络 N_1 和 N_2 串联后构成了新的二端口网络 N，其两端口之间的电压和电流的关系，根据以上所列的表示式，就可以求出来。从图 7.6－1 中可以看出

$$U_1 = U_1' + U_1'' \qquad U_2 = U_2' + U_2''$$

写成矩阵的形式为

$$\begin{bmatrix} U_1 \\ U_2 \end{bmatrix} = \begin{bmatrix} U_1' \\ U_2' \end{bmatrix} + \begin{bmatrix} U_1'' \\ U_2'' \end{bmatrix} = [Z]_1 \begin{bmatrix} I_1 \\ I_2 \end{bmatrix} + [Z]_2 \begin{bmatrix} I_1 \\ I_2 \end{bmatrix}$$

$$= \left([Z]_1 + [Z]_2\right) \begin{bmatrix} I_1 \\ I_2 \end{bmatrix} = [Z] \begin{bmatrix} I_1 \\ I_2 \end{bmatrix}$$

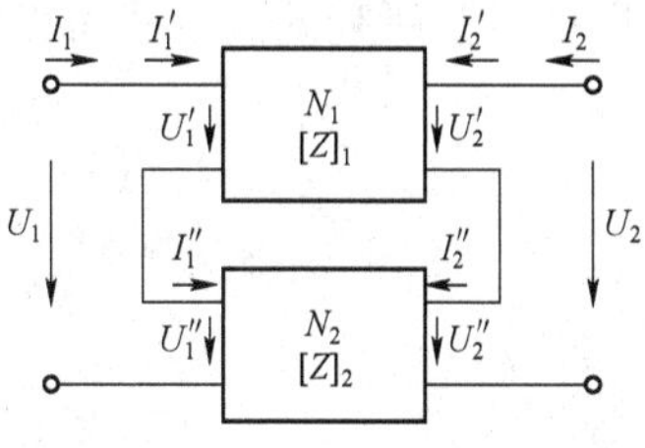

图 7.6－1　二端口网络的串联

式中

$$[Z] = [Z]_1 + [Z]_2 \qquad (7.6-1)$$

由此可以推断，若有 n 个二端口网络相串联，串联后所构成的新的二端口网络的阻抗矩阵为

$$[Z]=\sum_{i=1}^{n}[Z]_i \tag{7.6-2}$$

二、二端口网络的并联

如图 7.6-2 所示，两个二端口网络 N_1 和 N_2 并联后构成了一个新的二端口网络 N。对于网络 N_1，其两端口之间的电压和电流的关系为

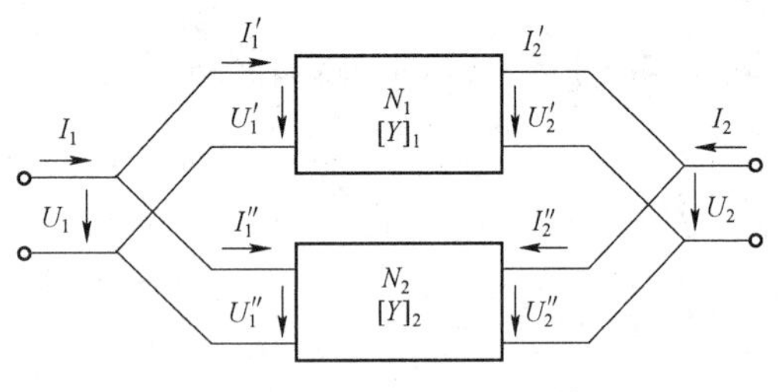

图 7.6-2　二端口网络的并联

$$\begin{bmatrix} I_1' \\ I_2' \end{bmatrix}=\begin{bmatrix} Y_{11} & Y_{12} \\ Y_{21} & Y_{22} \end{bmatrix}_1\begin{bmatrix} U_1' \\ U_2' \end{bmatrix}=[Y]_1\begin{bmatrix} U_1' \\ U_2' \end{bmatrix}$$

对于网络 N_2，其两端口之间的电压和电流的关系为

$$\begin{bmatrix} I_1'' \\ I_2'' \end{bmatrix}=\begin{bmatrix} Y_{11} & Y_{12} \\ Y_{21} & Y_{22} \end{bmatrix}_2\begin{bmatrix} U_1'' \\ U_2'' \end{bmatrix}=[Y]_2\begin{bmatrix} U_1'' \\ U_2'' \end{bmatrix}$$

从图 7.6-2 中可以看出

$$I_1=I_1'+I_1'' \quad I_2=I_2'+I_2'' \quad U_1=U_1'=U_1'' \quad U_2=U_2'=U_2''$$

写成矩阵的形式为

$$\begin{bmatrix} U_1 \\ U_2 \end{bmatrix}=\begin{bmatrix} U_1' \\ U_2' \end{bmatrix}=\begin{bmatrix} U_1'' \\ U_2'' \end{bmatrix}$$

$$\begin{bmatrix} I_1 \\ I_2 \end{bmatrix}=\begin{bmatrix} I_1' \\ I_2' \end{bmatrix}+\begin{bmatrix} I_1'' \\ I_2'' \end{bmatrix}$$

网络 N_1 和 N_2 并联后构成了新的二端口网络 N，其两端口之间的电压和电流的关系为

$$\begin{bmatrix} I_1 \\ I_2 \end{bmatrix}=\begin{bmatrix} Y_{11} & Y_{12} \\ Y_{21} & Y_{22} \end{bmatrix}\begin{bmatrix} U_1 \\ U_2 \end{bmatrix}$$

根据以上所列的表示式可以得到如下的关系式：

$$\begin{aligned}\begin{bmatrix} I_1 \\ I_2 \end{bmatrix}&=[Y]_1\begin{bmatrix} U_1' \\ U_2' \end{bmatrix}+[Y]_2\begin{bmatrix} U_1'' \\ U_2'' \end{bmatrix}\\&=\left([Y]_1+[Y]_2\right)\begin{bmatrix} U_1 \\ U_2 \end{bmatrix}=[Y]\begin{bmatrix} U_1 \\ U_2 \end{bmatrix}\end{aligned}$$

式中

$$[Y]=[Y]_1+[Y]_2 \tag{7.6-3}$$

由此可以推断，若有 n 个二端口网络相并联，并联后所构成的新的二端口网络的导纳矩阵为

$$[Y]=\sum_{i=1}^{n}[Y]_i \tag{7.6-4}$$

三、二端口网络的级联

（一）二端口网络的级联转移矩阵

如图 7.6－3 所示，两个二端口网络 N_1 和 N_2 级联后构成了一个新的二端口网络 N。所谓级联，即前一个网络（N_1）的输出端与后一个网络（N_2）的输入端相连接，如图中虚线所示，为 N_1 与 N_2 的共同参考面，N_1 的输出信号量正是 N_2 的输入信号量。

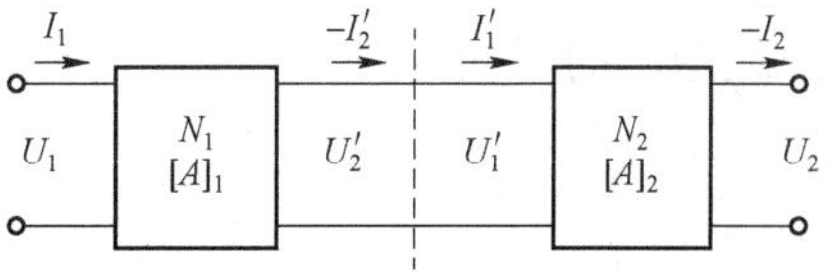

图 7.6－3　二端口网络的级联

对于网络 N_1，其两端口之间的电压和电流的关系为

$$\begin{bmatrix} U_1 \\ I_1 \end{bmatrix} = \begin{bmatrix} A_{11} & A_{12} \\ A_{21} & A_{22} \end{bmatrix}_1 \begin{bmatrix} U_2' \\ -I_2' \end{bmatrix} = [A]_1 \begin{bmatrix} U_2' \\ -I_2' \end{bmatrix}$$

对于网络 N_2，其两端口之间的电压和电流的关系为

$$\begin{bmatrix} U_1' \\ I_1' \end{bmatrix} = \begin{bmatrix} A_{11} & A_{12} \\ A_{21} & A_{22} \end{bmatrix}_2 \begin{bmatrix} U_2 \\ -I_2 \end{bmatrix} = [A]_2 \begin{bmatrix} U_2 \\ -I_2 \end{bmatrix}$$

从图中可以看出，在 N_1 与 N_2 的共同参考面上（虚线所示）有

$$U_2{}' = U_1{}' \qquad -I_2{}' = I_1{}'$$

写成矩阵的形式为

$$\begin{bmatrix} U_2' \\ -I_2' \end{bmatrix} = \begin{bmatrix} U_1' \\ I_1' \end{bmatrix}$$

网络 N_1 和 N_2 级联后构成了新的二端口网络 N，其两端口之间的电压和电流的关系为

$$\begin{bmatrix} U_1 \\ I_1 \end{bmatrix} = \begin{bmatrix} A_{11} & A_{12} \\ A_{21} & A_{22} \end{bmatrix} \begin{bmatrix} U_2 \\ -I_2 \end{bmatrix} = [A] \begin{bmatrix} U_2 \\ -I_2 \end{bmatrix}$$

根据以上所列的关系式可以得到

$$\begin{bmatrix} U_1 \\ I_1 \end{bmatrix} = [A]_1 \begin{bmatrix} U_2' \\ -I_2' \end{bmatrix} = [A]_1 \begin{bmatrix} U_1' \\ I_1' \end{bmatrix} = [A]_1 [A]_2 \begin{bmatrix} U_2 \\ -I_2 \end{bmatrix} = [A] \begin{bmatrix} U_2 \\ -I_2 \end{bmatrix}$$

式中

$$[A] = [A]_1 [A]_2 \tag{7.6-5}$$

由此可以推断，若有 n 个二端口网络相级联，级联后所构成的新的二端口网络的转移矩阵为

$$[A] = \prod_{i=1}^{n} [A]_i \tag{7.6-6}$$

（二）二端口网络的级联传输矩阵

如图 7.6－4 所示，两个二端口网络 N_1 和 N_2 级联后构成了一个新的二端口网络 N，下面求网络 N 的传输矩阵，图中虚线为 N_1 与 N_2 的共同参考面。

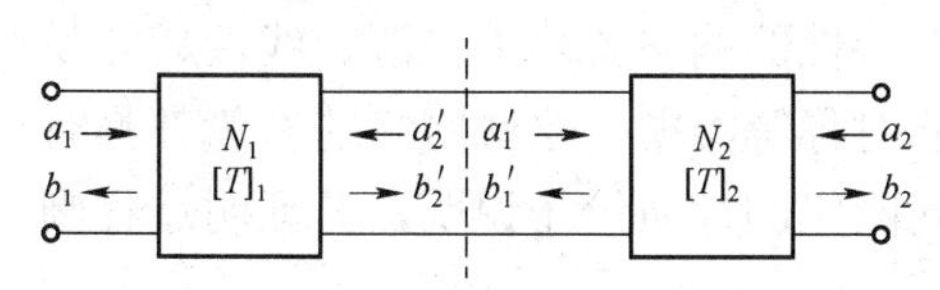

图 7.6－4　二端口网络的级联

对于网络 N_1，其两端口之间波参量的关系为

$$\begin{bmatrix} a_1 \\ b_1 \end{bmatrix} = \begin{bmatrix} T_{11} & T_{12} \\ T_{21} & T_{22} \end{bmatrix}_1 \begin{bmatrix} b_2' \\ a_2' \end{bmatrix} = [T]_1 \begin{bmatrix} b_2' \\ a_2' \end{bmatrix}$$

对于网络 N_2，其两端口之间波参量的关系为

$$\begin{bmatrix} a_1' \\ b_1' \end{bmatrix} = \begin{bmatrix} T_{11} & T_{12} \\ T_{21} & T_{22} \end{bmatrix}_2 \begin{bmatrix} b_2 \\ a_2 \end{bmatrix} = [T]_2 \begin{bmatrix} b_2 \\ a_2 \end{bmatrix}$$

从图中可以看出，在 N_1 与 N_2 的共同参考面上（虚线所示）有

$$a_1' = b_2' \qquad a_2' = b_1'$$

写成矩阵的形式为

$$\begin{bmatrix} b_2' \\ a_2' \end{bmatrix} = \begin{bmatrix} a_1' \\ b_1' \end{bmatrix}$$

根据以上的关系式可以得到

$$\begin{bmatrix} a_1 \\ b_1 \end{bmatrix} = [T]_1 \begin{bmatrix} b_2' \\ a_2' \end{bmatrix} [T]_1 \begin{bmatrix} a_1' \\ b_1' \end{bmatrix} = [T]_1 [T]_2 \begin{bmatrix} b_2 \\ a_2 \end{bmatrix} = [T] \begin{bmatrix} b_2 \\ a_2 \end{bmatrix}$$

式中

$$[T] = [T]_1 [T]_2 \tag{7.6-7}$$

由此可推断，若有 n 个二端口网络相级联，级联后所构成的新的二端口网络的传输矩阵为

$$[T] = \prod_{i=1}^{n} [T]_i \tag{7.6-8}$$

（三）二端口网络的级联散射矩阵

根据前面已求出的二端口网络的转移矩阵或传输矩阵，利用 S 参量与 A 参量或 T 参量之间相互转换的关系式，即可求出二端口网络的级联散射矩阵，其求解过程只是矩阵运算，并不涉及新的概念，因此不再详述。

本章主要以二端口网络为例，阐述了微波网络的一些基本概念和基本知识，这是很重要的，因为这些基本概念和知识完全可以推广到多端口网络中，因为二端口网络与多端口网络的差别仅在于，后者的网络参量矩阵的表示方式，以及参量的计算要比前者复杂些。只要有了网络的基本概念和基本知识，读者通过阅读有关的参考资料，完全可以掌握这方面的知识。因此，限于本课程的目的和篇幅，对于多端口网络就不讨论了。

§ 7.7　网络参量的性质

网络参量是由网络（元件）本身的性质所决定的，性质不同，参量性质也不同。本书所讨论的元件大都是无源的（元件内不含有产生电磁能量的源）、线性的（构成元件的媒质的参数 μ, ε, σ 与场强无关）、互易（可逆）（元件内填充的媒质是各向同性的，若为各向异性媒质，则是非互易的）元件；与此相对应，描述这些元件特性的网络就称为无源、线性、互易网络。另外，还可将网络划分为有耗、无耗、对称、非对称等类型，这些网络的参量都具有各自不同的性质。限于篇幅，本节只对互易网络和无耗网络的性质给予说明，其证明过程则不列出。

一、互易（可逆）网络

图 7.7－1 是一个二端口互易网络的示意图。如图 7.7－1（a）所示，当端口①有输入信号（如电压U时），端口②就有输出信号（如电流I_2）；将输入与输出端口互换后，如图 7.7－1（b）所示，若$I_1 = I_2$，也就是说，信号从端口①向端口②或从端口②向端口①传输时，其传输特性是相同的，具有这种特性的网络称为互易网络，不满足这一特性的则为非互易网络。互易网络的性质如下。

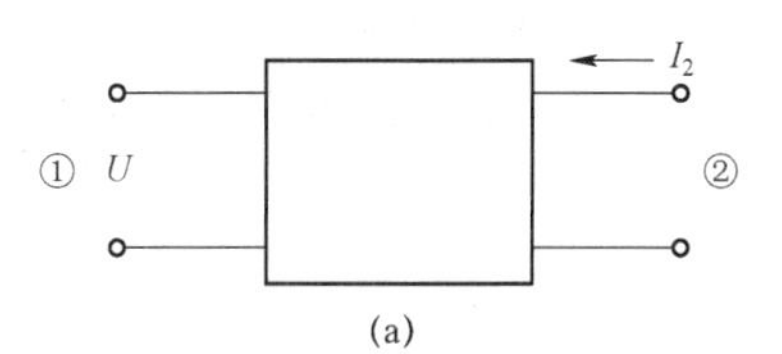

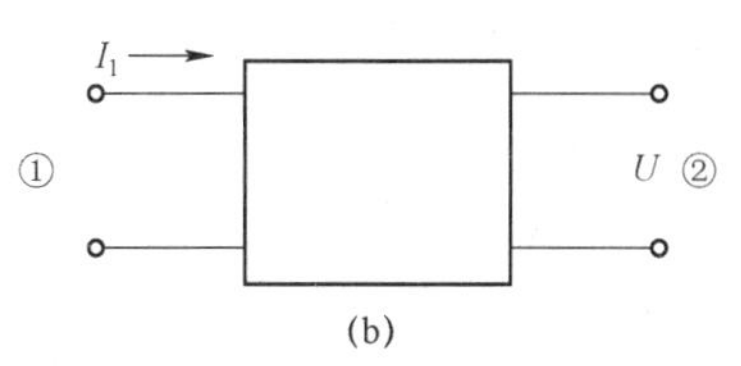

图 7.7－1　二端口互易网络示意图

（1）阻抗参量矩阵为对称矩阵，即

$[Z]=[Z]^{\mathrm{T}}$，矩阵元素$Z_{12}=Z_{21}$。

顺便指出，对于n端口网络，若任意两端口之间是互易的，则网络是互易的，即

$[Z]=[Z]^{\mathrm{T}}$,矩阵元素$Z_{ij}=Z_{ji}(i\neq j)$。

（2）导纳参量矩阵为对称矩阵，即

$[Y]=[Y]^{\mathrm{T}}$，矩阵元素$Y_{12}=Y_{21}$。

同样，对于n端口网络则有：

$[Y]=[Y]^{\mathrm{T}}$，矩阵中元素$Y_{ij}=Y_{ji}(i\neq j)$。

（3）转移参量矩阵的行列式等于 1，即$|A|=|A_{11}A_{22}-A_{12}A_{21}|=1$。

该式利用转移参量与阻抗参量（或导纳参量）之间的关系式即可得到证明。

（4）散射参量矩阵是对称矩阵，即

$[S]=[S]^{\mathrm{T}}$，矩阵元素$S_{12}=S_{21}$。

对于n端口网络则有：

$[S]=[S]^{\mathrm{T}}$，矩阵元素$S_{ij}=S_{ji}$。

（5）传输参量矩阵的行列式等于 1，即$|T|=|T_{11}T_{12}-T_{12}T_{21}|=1$。

该式利用传输参量与散射参量之间的关系式即可证明。

二、无耗网络

微波网络（元件）可分为有耗和无耗两种情况。实际的网络总是有耗的，但对于大多数网络而言，若损耗很小，则可视为无耗网络，这对于分析网络特性、参量计算和实际应用会带来方便。下面以二端口网络为例，说明无耗网络的性质。

无耗网络的性质如下：

（1）阻抗参量全部是虚数。阻抗参量一般为复数，其实部电阻表示损耗，但对于无耗网络而言，其实部为零，则阻抗参量全部为虚数。

（2）导纳参量全部为虚数，道理同（1）所述。

（3）转移参量A_{11}、A_{22}为实数，A_{12}、A_{21}为虚数。

（4）散射散量满足酉矩阵条件，即$[S]^{*}[S]=[I]$，称为无耗网络的一元（么正）性，其展开式为

$$\begin{bmatrix} S_{11}^* & S_{21}^* \\ S_{12}^* & S_{22}^* \end{bmatrix}\begin{bmatrix} S_{11} & S_{12} \\ S_{21} & S_{22} \end{bmatrix}=\begin{bmatrix} 1 & 0 \\ 0 & 1 \end{bmatrix}$$

由此式得

$$S_{11}^*S_{11}+S_{21}^*S_{21}=|S_{11}|^2+|S_{21}|^2=1 \tag{7.7-1}$$

$$S_{12}^*S_{12}+S_{22}^*S_{22}=|S_{12}|^2+|S_{22}|^2=1 \tag{7.7-2}$$

$$S_{11}^*S_{12}+S_{21}^*S_{22}=0 \tag{7.7-3}$$

$$S_{12}^*S_{11}+S_{22}^*S_{21}=0 \tag{7.7-4}$$

式（7.7－1）表示，当端口①输入一单位功率（1）、端口②接匹配负载时，端口①的反射功率为$|S_{11}|^2$，端口②所接负载吸收的功率为$|S_{21}|^2$，因为是无耗网络，所以，两者之和应等于端口①输入的单位功率，若从端口②输入单位功率，其情况也是一样的，如式（7.7－2）所示。

对于式（7.7－3），若令

$$S_{11}=|S_{11}|\mathrm{e}^{\mathrm{j}\theta_{11}} \quad S_{12}=|S_{12}|\mathrm{e}^{\mathrm{j}\theta_{12}} \quad S_{21}=|S_{21}|\mathrm{e}^{\mathrm{j}\theta_{21}} \quad S_{22}=|S_{22}|\mathrm{e}^{\mathrm{j}\theta_{22}}$$

根据式（7.7－3），则有

$$|S_{11}||S_{12}|\mathrm{e}^{\mathrm{j}(\theta_{12}-\theta_{11})}+|S_{21}||S_{22}|\mathrm{e}^{\mathrm{j}(\theta_{22}-\theta_{21})}=0$$

即

$$|S_{11}||S_{12}|=|S_{21}||S_{22}|$$

$$(\theta_{12}-\theta_{11})-(\theta_{22}-\theta_{21})=\pi\pm 2n\pi$$

另外，从式（7.7－1）和式（7.7－2）可得

$$|S_{21}|=\sqrt{1-|S_{11}|^2} \qquad |S_{12}|=\sqrt{1-|S_{22}|^2}$$

考虑到这一点，则有

$$\begin{aligned} &|S_{11}|=|S_{22}| \qquad |S_{12}|=|S_{21}| \\ &\theta_{12}+\theta_{21}=(\theta_{11}+\theta_{22})\pm(2n+1)\pi \end{aligned} \tag{7.7-5}$$

这就是无耗二端口网络散射参量的幅度之间、相位之间的关系式。由此可见，当网络的一个端口匹配时（例如$S_{11}=0$），则另一端口也必然是匹配的（$S_{22}=0$）；二端口网络的衰减是可逆的，指的是$S_{12}=S_{21}$，$|S_{12}|=|S_{21}|$，此时其相位也是可逆的，指的是$\theta_{12}=\theta_{21}$，即

$$\theta_{12}=\frac{\theta_{11}+\theta_{22}}{2}\pm\frac{(2n+1)}{2}\pi$$

对于无耗二端口的转移参量，传输参量可利用它们与散射参量的关系式推导出来，这里不做推导。

另外，除上述的网络（元件）之外，还有一些微波元件，若其内部填充的是各向同性媒质，结构（几何形状）上具有一定的对称性，例如面对称、轴对称等，那么，与这些微波元件相等效的网络，其电参量也是对称的，关于这些内容，在这里就不介绍了。

§ 7.8　信号流图在网络分析中的应用

无论是求组合网络的参量，还是求网络的外特性，都需要解线性代数方程组。对此，除了用消元法和矩阵法求解外，还可以用拓扑法，即先把线性代数方程组画成拓扑图形，然后再利用简化图的方法（图解法）求出方程组的解，该法又称为信号流图法。这种方法是由美国学者 S. J. Mason 于 1953 年提出来的，作为分析线性系统的一种方法。

信号流图是拓扑图形的一种，它是由一系列的节点（顶点）和支路（支线）构成的有向图形，用以求解线性代数方程组、分析线性系统变量之间的关系。

一、信号流图与线性方程组

用信号流图解线性方程组，就需要建立信号流图与线性方程组之间的一一对应关系，即信号流图中的每个节点代表线性方程组中的一个变量（或常数项），信号流图的每条支路代表线性方程组中两个变量间的比例系数，并用箭头表示信号流动的方向，而且有如下的规定：信号必须沿支路上箭头的方向流动；从节点 x 流出的信号都是 x；信号流经每条支路时，必须乘以该支路所代表的传输量（比例系数）；一个节点的信号量是流入此节点的所有信号量的代数和，而与由此点流出的信号量无关。

按照上述规定，可将一个线性方程组唯一地画成一个信号流图。例如，有一线性方程组

$$b_1=S_{11}a_1+S_{12}a_2$$
$$b_2=S_{21}a_1+S_{22}a_2$$
$$a_2=\Gamma_L b_2$$

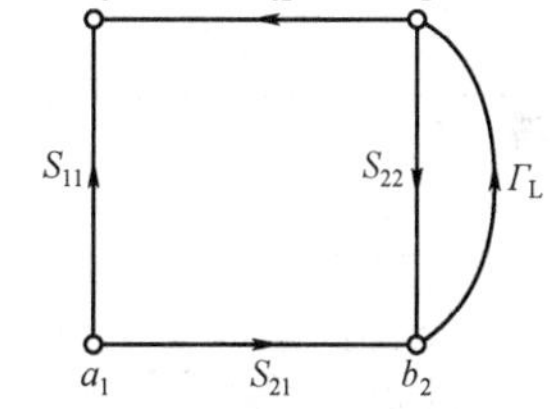

图 7.8－1　接有负载的二端口网络的信号流图

其信号流图如图 7.8－1 所示。反之，按同样的规定也可从信号流图得出相应的线性方程组。

二、信号流图中的节点、支路、通路和回路

1. 节点

图中的顶点称为节点。在节点旁标注它所代表的变量或常数项。节点分为三类：源节点（发点），它只有流出支路，而无流入支路；汇点（收点、阱点），它只有流入支路，而无流出支路；一般节点，它既有流入、又有流出支路。节点用符号“○”表示。

2. 支路（支线）

信号流图中两节点间的连线称为支路。它由一个节点出发终止于另一个节点，信号流动的方向用箭头标注在支路上；支路上标注有它所代表的传输量（线性方程组中两个变量之间的比例系数），凡是无标注的支路，其传输量为 1。

3. 通路

信号流图中数个箭头方向相一致的、连续的一串支路，这串支路与中间的节点只相遇一次，则称这串支路为通路。通路的传输量等于各支路传输量之积。

4. 回路（环路）

从某一节点出发又回到这个节点的通路，称为回路或环路。回路的传输量等于构成该回

路的所有支路传输量之积。只有一个节点和一条支路所构成的回路，称为自回路或自环。

在同一个信号流图中，若有 m 个无公共节点、互不接触的回路，就构成了一个 m 阶回路。m 阶回路的传输量等于 m 个不接触回路传输量之积。若用 $L^{(m)}$表示 m 阶回路的传输量，L_1，L_2，…，L_m 分别表示 m 阶回路所包含的 m 个不接触回路的传输量，则有

$$L^{(m)}=\prod_{i=1}^{m}L_i \tag{7.8-1}$$

二阶以上（$m\geqslant 2$）的回路，称为高阶回路。

三、信号流图的简化法则

为了能够从信号流图中直接得出线性方程组的解，必须将信号流图加以简化。这里主要介绍常用的 5 种简化法则，即：并联支路的合并；串联支路的复合；节点的吸收；自回路的消除和逆转法则。这些法则都可以利用代数运算加以证明。为简单起见，现将这些法则列于表 7.8-1 中，以备查阅。

例 7.8-1　已知二端口网络的 $\boldsymbol{S}$ 参量和端接负载 $\boldsymbol{\Gamma_L}$，试用信号流图简化法则求出网络输入端的反射系数（b_1/a_1）。

解：信号流图的建立和其简化过程，如表 7.8-1 所示。

表 7.8-1　信号流图简化法则

简化法则名称	流图的简化	代数运算	法则说明
并联支路合并	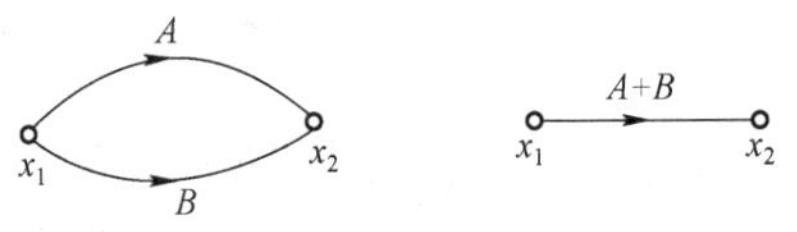 A，B；x_1，x_2 → A+B；x_1，x_2	因为 $x_2=Ax_1+Bx_1$， 所以 $x_2=(A+B)x_1$	相邻两节点之间的两条（或多条）方向相同的并联支路，可以合并为一条新的支路，新支路的传输量等于原支路传输量之和
串联支路复合	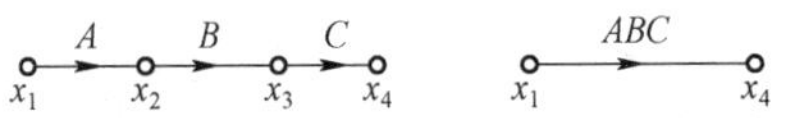 A，B，C；x_1，x_2，x_3，x_4 → ABC；x_1，x_4	因为 $x_4=Cx_3$，$x_3=Bx_2$， $x_2=Ax_1$， 所以 $x_4=ABCx_1$	两条（或多条）首尾相接的串联支路，可以复合为一条新的支路，中间节点（x_2，x_3）被消除，新支路的传输量等于原支路传输量之积
节点吸收（吸收 x_1）	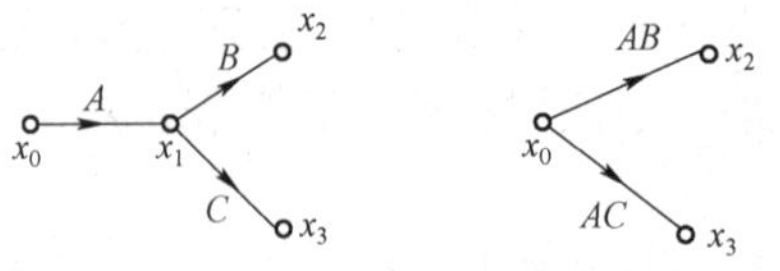 A，B，C；x_0，x_1，x_2，x_3 → AB，AC；x_0，x_2，x_3	因为 $x_1=Ax_0$，$x_2=Bx_1$， $x_3=Cx_1$， 所以 $x_2=ABx_0$，$x_3=ACx_0$	当吸收具有一条流入支路、多条流出支路的节点时，可将流入支路的末端分别沿着从该节点流出的所有支路流动，直至各流出支路的末端，由此得出所有的新支路，每一新支路的传输量等于流入支路的传输量与相应流出支路传输量之积。如果被吸收的节点具有多条流入支路，则可按上述方法逐条地进行简化
	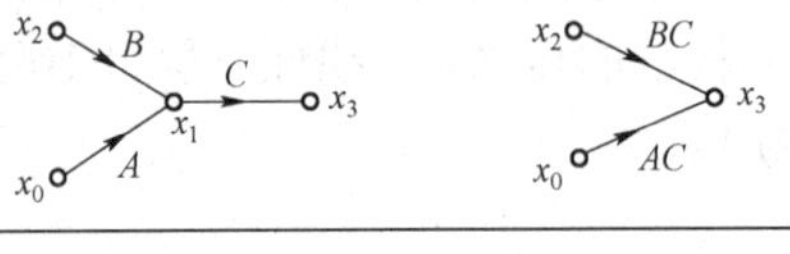 A，B，C；x_0，x_1，x_2，x_3 → BC，AC；x_0，x_2，x_3	因为 $x_1=Ax_0+Bx_2$， $x_3=Cx_1$， 所以 $x_3=ACx_0+BCx_2$	
	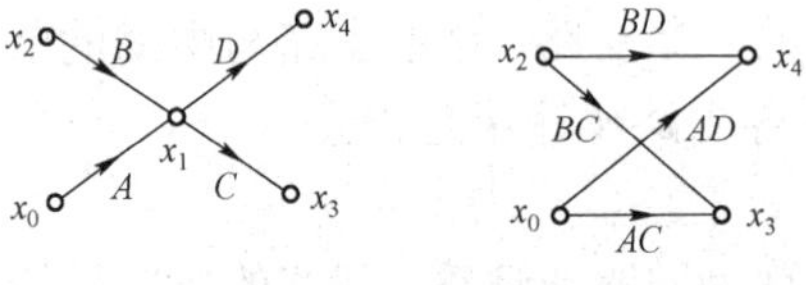 A，B，C，D；x_0，x_1，x_2，x_3，x_4 → BD，BC，AD，AC；x_0，x_2，x_3，x_4	因为 $x_1=Ax_0+Bx_2$， $x_3=Cx_1$，$x_4=Dx_1$， 所以 $x_3=ACx_0+BCx_2$， $x_4=ADx_0+BDx_2$	

续表

简化法则名称	流图的简化	代数运算	法则说明
自回路消除	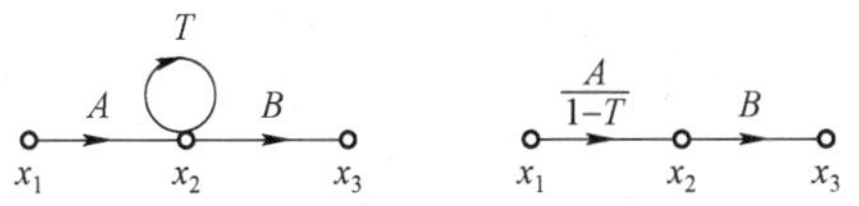	因为 $x_2=Ax_1+Tx_2$，$x_3=Bx_2$，所以 $x_2=\frac{A}{1-T}x_1$，$x_3=Bx_2$	当消除自回路时，可将流入具有自回路节点的支路（A）的传输量乘上 $\frac{1}{1-T}$，由自回路节点流出的支路不变
逆转法则：支路逆转	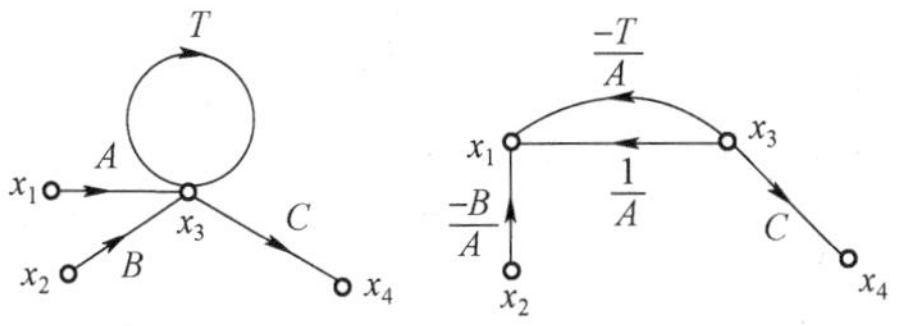	因为 $x_3=Ax_1+Bx_2+Tx_3$，$x_4=Cx_3$，所以 $x_1=\frac{1}{A}x_3-\frac{Bx_2}{A}-\frac{T}{A}x_3$，$x_4=Cx_3$	被逆转的支路必须是从源节点出发的支路，非源节点出发的支路一般不能随意逆转。将被逆转支路的箭头反向，传输量为原支路传输量的倒数，被逆转支路终端节点处的自回路被消除，改为与被逆转支路相并联的一条支路，其传输量为自回路传输量乘上被逆转回路传输量倒数的负值（$-1/A$）。所有流入被逆转支路终端节点的支路（例如 B）要改接到被逆转支路的始端，其传输量为原支路的传输量乘上（$-1/A$），与自回路的处理相同。
通路逆转	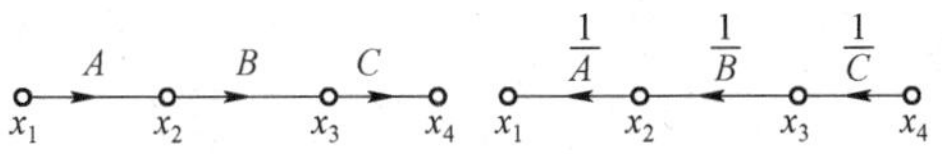	因为 $x_2=Ax_1$，$x_3=Bx_2$，$x_4=Cx_3$，所以 $x_1=\frac{1}{A}x_2$，$x_2=\frac{1}{B}x_3$，$x_3=\frac{1}{C}x_4$	从源节点出发的通路可以逆转，逆转后，通路上所有支路的箭头反向，其传输量为原支路传输量的倒数。
回路逆转	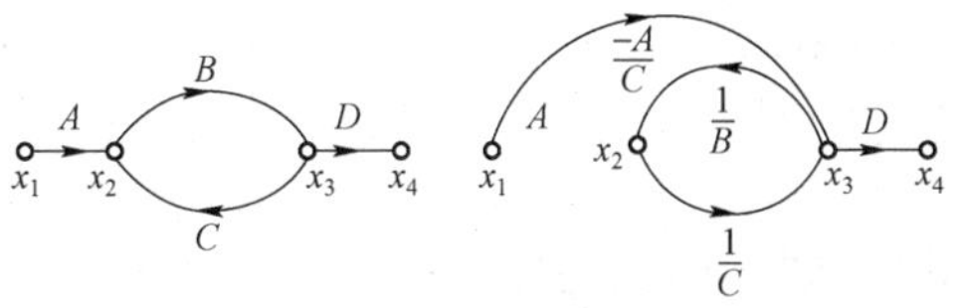	因为 $x_2=Ax_1+Cx_3$，$x_3=Bx_2$，$x_4=Dx_3$，所以 $x_2=\frac{1}{B}x_3$，$x_3=\frac{1}{C}x_2-\frac{A}{C}x_1$，$x_4=Dx_3$	回路可以逆转，按支路的逆转法则，依次逆转回路上的所有支路；已逆转的支路或因逆转而改接的支路，在对其他支路施行逆转时，不再逆转或改接

表 7.8－2　应用举例的图表

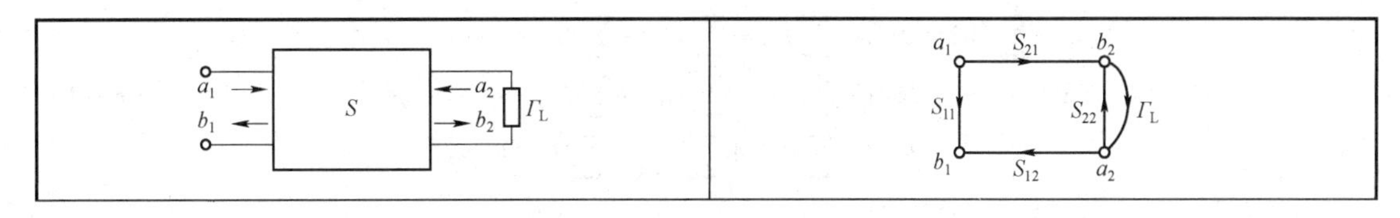

续表

吸收节点 b_2	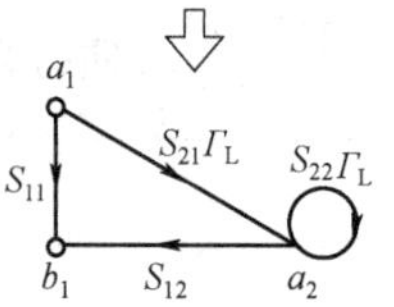 a_1 $S_{21}\Gamma_L$ $S_{22}\Gamma_L$ S_{11} b_1 S_{12} a_2
消除自回路	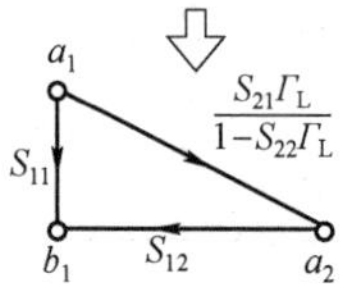 a_1 $\frac{S_{21}\Gamma_L}{1-S_{22}\Gamma_L}$ S_{11} b_1 S_{12} a_2
串联支路复合	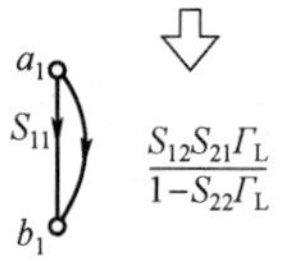 a_1 S_{11} $\frac{S_{12}S_{21}\Gamma_L}{1-S_{22}\Gamma_L}$ b_1
并联支路合并	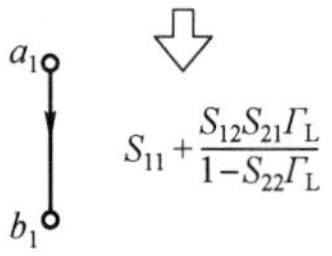 a_1 $S_{11}+\frac{S_{12}S_{21}\Gamma_L}{1-S_{22}\Gamma_L}$ b_1
结果	$\Gamma_{in}=\frac{b_1}{a_1}=S_{11}+\frac{S_{12}S_{21}\Gamma_L}{1-S_{22}\Gamma_L}$

四、不接触环路法则（Mason 公式）

利用信号流图的简化法则虽然可以从信号流图中直接得出线性方程组的解，也比较直观、简便，但当图形比较复杂时，由于需要作大量的图，因此也易出差错。

不接触环路法则是解信号流图的另一种方法，称为流图公式（Mason 公式），可用来求信号流图中源节点到阱点的传输量。

流图中源节点 x_i 到阱点 x_j 的传输量 T_{ji} 由下式求出：

$$T_{ji}=\frac{x_j}{x_i}=\frac{\sum P_i\Delta_i}{\Delta} \tag{7.8-2}$$

式中

$$\Delta=1-\sum L^{(1)}+\sum L^{(2)}-\sum L^{(3)}+\cdots+\sum L^{(m)} \tag{7.8-3}$$

$\sum L^{(1)}$ 为流图中所有一阶回路传输量之和，$\sum L^{(2)}$ 为流图中所有二阶回路传输量之和，…，$\sum L^{(m)}$ 为流图中所有 m 阶回路传输量之和。

式中

$$\begin{aligned}\sum P_i\Delta_i=&P_1(1-\sum L_{11}+\sum L_{21}-\sum L_{31}+\cdots)+\\&P_2(1-\sum L_{12}+\sum L_{22}-\sum L_{32}+\cdots)+\cdots+\\&P_m(1-\sum L_{1m}+\sum L_{2m}-\sum L_{3m}+\cdots)\end{aligned} \tag{7.8-4}$$

P_1 表示由 x_i 到 x_j 的第一条通路的传输量；P_2 表示由 x_i 到 x_j 的第二条通路的传输量；…；P_m 表示由 x_i 到 x_j 的第 m 条通路的传输量。Δ_i 表示分母 Δ 中除去与第 i 条通路相接触的回路之后的 Δ。$\sum L_{ji}$ 表示与第 i 条通路不接触的 j 阶回路的传输量之和。

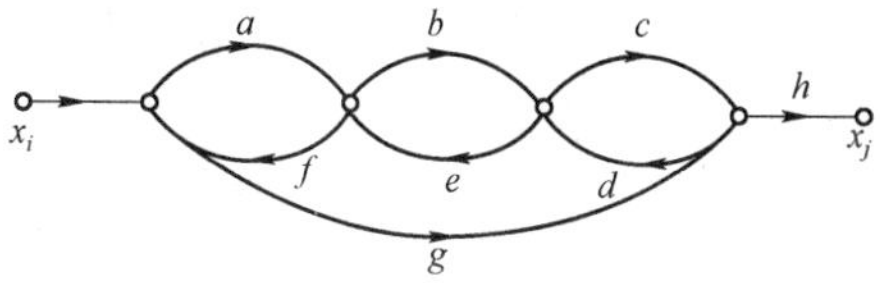

例 7.8-2　有一信号流图，如图 7.8-2 所示，试求源点 x_i 至汇点 x_j 的传输量。

图 7.8-2　利用流图公式求传输量

解：利用式（7.8-2）求解。

（1）求各阶回路传输量之和。

$$\sum L^{(1)} = af + be + cd + gdef$$

$$\sum L^{(2)} = afcd$$

$$\sum L^{(3)} = 0$$

（2）求 x_i 到 x_j 所有通路的传输量，共有两条通路。

$$P_1 = abch \text{ 和 } P_2 = gh$$

（3）求与 P_1 和 P_2 不相接触的回路传输量之和

$$\sum L_{11} = 0 \text{（与通路 } P_1 \text{ 全接触）}$$

$$\sum L_{12} = be \text{（与通路 } P_2 \text{ 不接触的一阶回路的传输量）}$$

$$\sum L_{22} = 0 \text{（没有与 } P_2 \text{ 不接触的二阶回路）}$$

（4）求式（7.8-2）的分母

$$\Delta = 1 - \sum L^{(1)} + \sum L^{(2)} = 1 - (af + be + cd + gdef) + afcd$$

（5）求式（7.8-2）的分子

$$\sum P_i \Delta_i = P_1 + P_2 (1 - \sum L_{12}) = abch + gh(1 - be)$$

（6）求 x_i 到 x_j 的传输量为

$$T_{ji} = \frac{x_j}{x_i} = \frac{\sum P_i \Delta_i}{\Delta} = \frac{abch + gh(1 - be)}{1 - (af + be + cd + gdef) + afcd}$$

五、切割法

利用简化法则虽然可以计算任意流图中源节点到汇节点的传输量，但是，对于较复杂的信号流图则需作大量的图，很烦琐，而且易出差错。如果采用切割法，“化整为零”，一部分、一部分地处理，则比较方便。

所谓切割法，就是先将较复杂的信号流图切割成较简单的若干部分，然后对较简单的部分逐个进行计算，以达到最终结果。

任一条支路均可切割成两条支路，如图 7.8-3 所示，切割线 F 与支路的交点称为切点，切点用“●”表示，切点两边的支路必须同向，原支路的传输量可置于切点任何一边的支路上，也可分成两个传输量分别置于切点的两边，但两个传输量的乘积必须等于支路的原传输量。

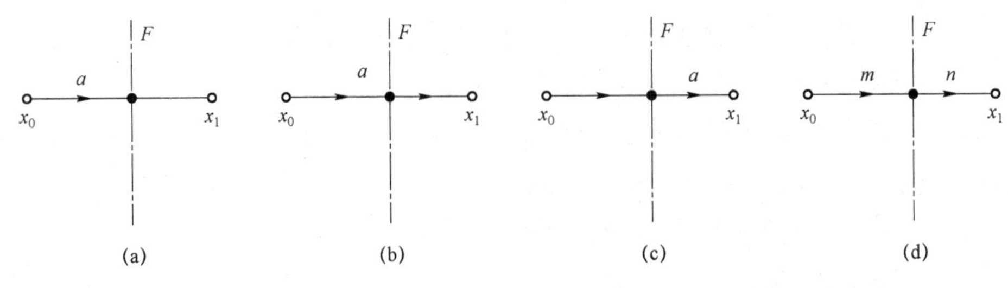

图 7.8－3　支路的切割

图 7.8－4 所示为接有负载 Γ_L 的二端口级联网络及其信号流图。

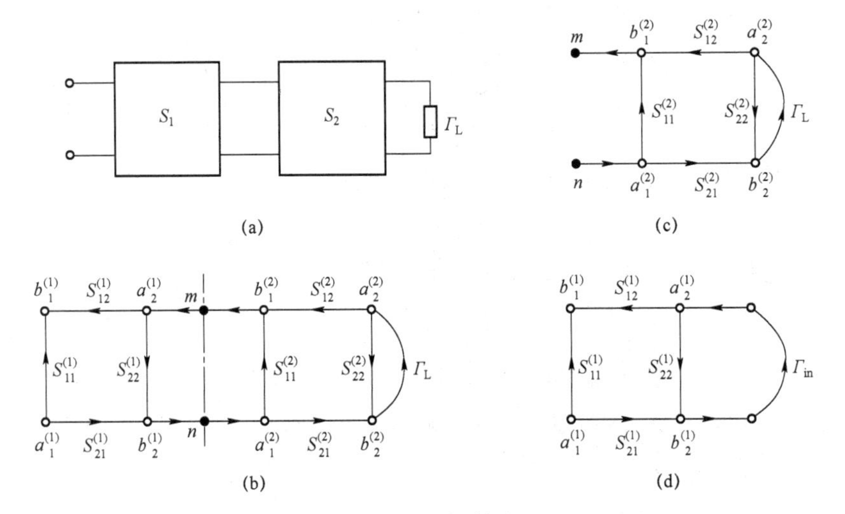

图 7.8－4　切割法

如采用切割法求输入端反射系数 Γ_{in}，首先利用切割线 F 将信号流图切割成两部分，切点为 m 和 n。先计算右边部分（如图 7.8－4（c）所示）的源节点 n 到汇节点 m 的传输量，这相当于求一个接有负载 Γ_L 的二端口网络输入端口的反射系数，其结果即

$$\Gamma_{in} = S_{11}^{(2)} + \frac{S_{12}^{(2)} S_{21}^{(2)} \Gamma_L}{1 - S_{22}^{(2)} \Gamma_L}$$

然后将 Γ_{in} 接到 m、n 切点上，此时左边部分也相当于接有负载为 Γ_{in} 的二端口网络（如图 7.8－4（d）所示），其输入端口反射系数为

$$\Gamma_{in} = \frac{b_1^{(1)}}{a_1^{(1)}} = S_{11}^{(1)} + \frac{S_{12}^{(1)} S_{21}^{(1)} \Gamma_L}{1 - S_{22}^{(1)} \Gamma_L}$$

对于更复杂的信号流图，可将其切割成多个易于计算的简单部分，然后逐个计算，以达到最终的结果。这种方法的优点是简化了计算过程，提高了计算的准确率。

六、节点分裂法

在逆转变换法中，除了直接逆转外，还有一种常用的方法，即节点分裂逆转法，它包括如下的内容：

（1）将由源节点出发的通路内的节点均分裂成一个源节点和一个汇节点；

（2）将原来的入支路接到源点节上，原来的出支路接到汇节点上；

（3）源节点与汇节点之间用一条权（即传输量）为 1 的支路连接；

（4）把通路上的所有支路反向，传输量为原传输量的倒数；

（5）把指向逆转通路其他支路的传输量乘以（−1）。

至此逆转变换完成。

图 7.8−5 是一个接有负载 Γ_L 的二端口网络 $\boldsymbol{S}$ 参量的信号流图以及利用节点分裂法逆转由源节点出发的一条通路 $S_{21}\Gamma_L S_{12}$ 的全过程。

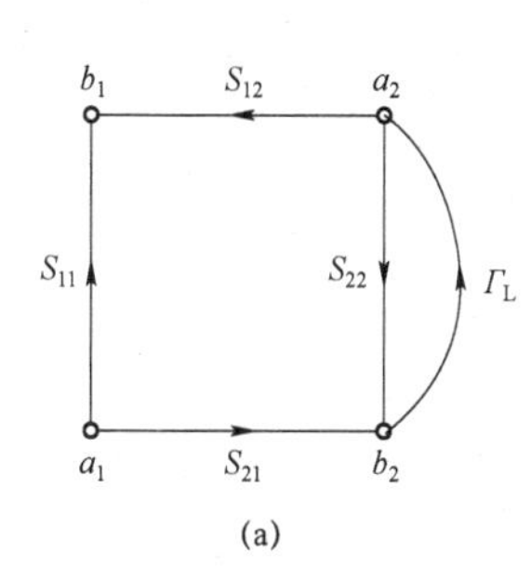

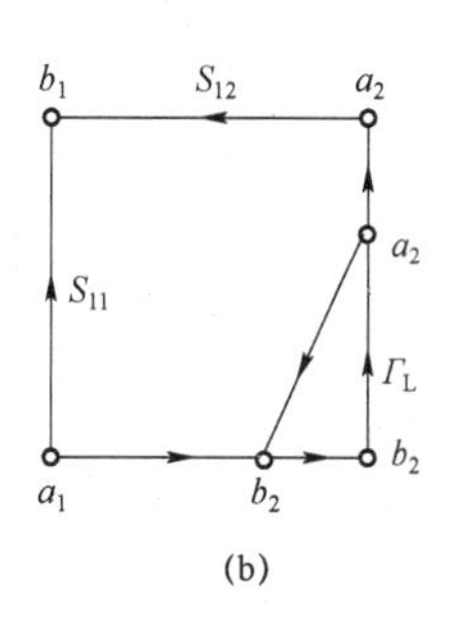

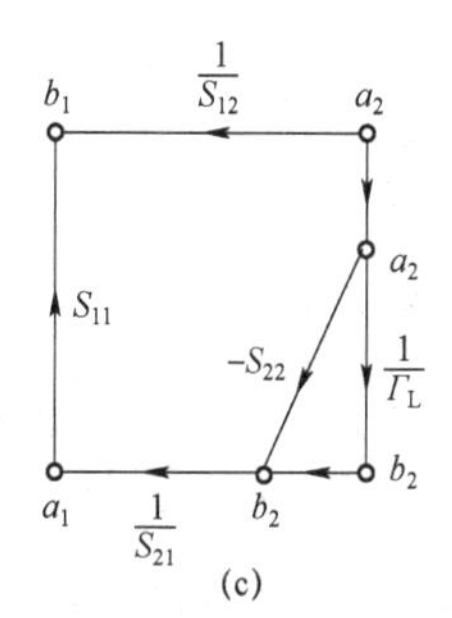

图 7.8−5　节点分裂法的通路逆转

七、闭环信号流图

在利用 Mason 公式计算源节点到汇节点的传输量时，需分别计算式（7.8−2）的分母与分子，对分母的计算需找出图中的各阶回路，对分子的计算需找出源节点到汇节点的各条通路以及与其不相接触的各阶回路。这相当于查找两种拓扑结构，从计算观点来看是很不方便的。如果利用闭环信号流图，则只需查找一种拓扑结构——环（回路），即可计算出源节点到汇节点的传输量，相对而言，方便多了。

所谓闭环信号流图，是指在原流图的结构上附加一条支路，此支路由汇节点指向源节点，传输量为所求源节点到汇节点传输量 T 的倒数。此附加支路将与原图中源节点到汇节点的所有通路均构成环路。附加这条支路后，形成了一个新的拓扑结构，查找出此新结构的各阶环路，然后按式（7.8−2）的分母形式构成图的行列式 Δ_c。可以证明 $\Delta_c=0$，从而即可计算出原图源节点到汇节点的传输量。

如将图 7.8−2 所示的信号流图，在源、汇节点 x_i、x_j 之间附加一条传输量为 $1/T_{ji}$、且指向 x_i 的支路，如图 7.8−6 中虚线所示，就构成了一个闭环信号流图。从闭环信号流图中查找各阶环路，可知：

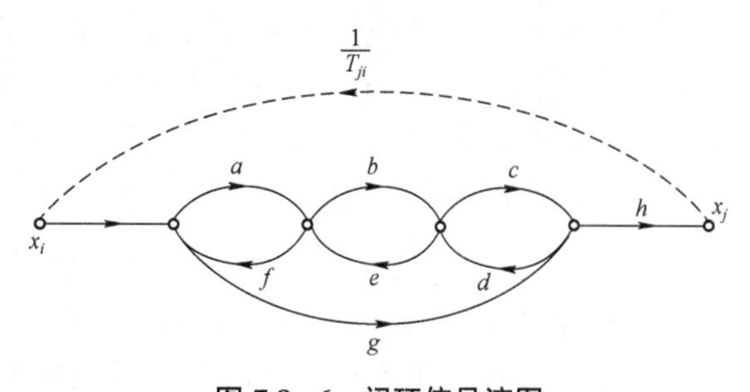

图 7.8−6　闭环信号流图

一阶环路

$$\sum L^{(1)} = af + be + cd + gdef + \frac{1}{T_{ji}}gh + \frac{1}{T_{ji}}abch$$

二阶环路

$$\sum L^{(2)} = afcd + \frac{1}{T_{ji}} ghbe$$

因此可得图的行列式

$$\Delta_c = 1 - \left(af + be + cd + gdef + \frac{1}{T_{ji}} gh + \frac{1}{T_{ji}} abch \right) + \left(afcd + \frac{1}{T_{ji}} ghbe \right)$$

由 $\Delta_c=0$，即

$$1-(af+be+cd+gdef)+afcd=\frac{1}{T_{ji}}(gh+abch-ghbe)$$

所以

$$T_{ji}=\frac{abch+gh(1-be)}{1-(af+be+cd+gdef)+afcd}$$

这与前面所计算的结果完全一致。

闭环信号流图的主要优点在于只需查找一种拓扑结构——环，这在用计算机分析结构复杂的图形时是非常方便的。

附录 7.1　矩阵知识初步

为使读者阅读方便，特将与本章内容有关的矩阵知识简述如下，供参考。

一、矩阵类型

（1）m 行 n 列矩阵（$m \times n$）。记为

$$[A]=\begin{bmatrix} a_{11} & a_{12} & \cdots & a_{1n} \\ a_{21} & a_{22} & \cdots & a_{2n} \\ \vdots & \vdots & & \vdots \\ a_{m1} & a_{m2} & \cdots & a_{mn} \end{bmatrix}$$

矩阵符号[ ]内的数称为矩阵$[A]$的元素，记为 a_{ij}（$i=1,2,\cdots,m$; $j=1,2,\cdots,n$），表示它位于第 i 行、第 j 列；若 $m=n$ 则称$[A]$为方阵（或称 n 阶方阵）；若$[A]$的元素为实数，则称为实矩阵，若为复数，则称为复矩阵，而有的矩阵既有实数又有复数（或虚数）。

（2）行矩阵。若$[A]$的元素只有一行（$m=1$），则称为行矩阵，也称为行矢量，记为

$$[A]=[a_{11},a_{12},\cdots,a_{1n}]$$

该式也称为 n 维行矢量，其元素为$[A]$矢量的分量（它一般不是指三维空间的实矢量），它是平面（二维）和空间（三维）矢量概念的推广。

（3）列矩阵。若$[A]$的元素只有一列（$n=1$），则称为列矩阵，也称为列矢量，记为

$$[A]=\begin{bmatrix} a_{11} \\ a_{21} \\ \vdots \\ a_{m1} \end{bmatrix}$$

（4）单位矩阵。对于方阵，从其左上角的元素到右下角的元素之间的连线称为主对角线，若在该线上的元素皆为1，而其他元素皆为 0 时，则称该矩阵为单位矩阵，记为$[I]$。例如

$$[I]=\begin{bmatrix}1&0\\0&1\end{bmatrix}\qquad [I]=\begin{bmatrix}1&0&0\\0&1&0\\0&0&1\end{bmatrix}$$

若矩阵$[A]$为方阵，则有$[I][A]=[A][I]=[A]$。

（5）对角（线）矩阵。对于方阵$[A]$，除了在主角对线上的元素不为 0 外，其余元素皆为 0 的矩阵，称为对角（线）矩阵，记为

$$[A]=\begin{bmatrix}a_{11}&&&\\&a_{22}&&\\&&\ddots&\\&&&a_{nn}\end{bmatrix}=\mathrm{diag}(a_{11},a_{22},\cdots,a_{nn})$$

（6）转置矩阵。把矩阵（$m\times n$）中的行与列依次互换后得到一个（$n\times m$）的矩阵，它被称为$[A]$的转置矩阵，记为$[A]^{\mathrm{T}}$，例如

$$[A]=\begin{bmatrix}a_{11}&a_{12}&\cdots&a_{1n}\\a_{21}&a_{22}&\cdots&a_{2n}\\\vdots&\vdots&&\vdots\\a_{m1}&a_{m2}&\cdots&a_{mn}\end{bmatrix}\qquad [A]^{\mathrm{T}}=\begin{bmatrix}a_{11}&a_{21}&\cdots&a_{m1}\\a_{12}&a_{22}&\cdots&a_{m2}\\\vdots&\vdots&&\vdots\\a_{1n}&a_{2n}&\cdots&a_{mn}\end{bmatrix}$$

（7）逆矩阵。对于n阶方阵$[A]$，若存在一个方阵$[B]$，使下式成立，即

$$[A][B]=[B][A]=[I]$$

则称$[A]$为可逆矩阵，$[B]$为$[A]$的逆矩阵，记为$[B]=[A]^{-1}$或$[A]=[B]^{-1}$，即$[A]$与$[B]$互为逆矩阵。矩阵$[A]$可逆的充分和必要条件为$[A]$所对应的行列式$\det[A]\neq 0$。

（8）共轭矩阵。对于矩阵$[A]$中的元素取其共轭复数后而构成的矩阵，称为$[A]$的共轭矩阵，记为$[A]^*$。

（9）共轭转置矩阵。首先求出矩阵$[A]$的共轭矩阵$[A]^*$，而后将$[A]^*$转置，则构成了共轭转置矩阵，记为$([A]^*)^{\mathrm{T}}$，或记为$[A]^+$。

（10）正交矩阵。设$[A]$为n阶方阵，若有$[A]^{\mathrm{T}}[A]=[I]$（或$[A]^{\mathrm{T}}=[A]^{-1}$），则称$[A]$为正交矩阵。

例如

$$[A]=\begin{bmatrix}\cos\theta&\sin\theta\\-\sin\theta&\cos\theta\end{bmatrix},\quad \det[A]=1$$

（11）对称矩阵。设n阶方阵$[A]$=$[a_{ij}]_{n\times n}$，若其元素满足$a_{ij}=a_{ji}(i,j=1,2\cdots,n)$, 则称$[A]$为对称矩阵，即其元素对于主对角线而言是对称的，例如

$$[A]=\begin{bmatrix}5 & 1 & 3\\ 1 & 6 & -2\\ 3 & -2 & 4\end{bmatrix}$$

$[A]$为对称矩阵的充分必要条件为$[A]^{\mathrm{T}}=[A]$。

若$a_{ij}=\begin{cases}0\ (i=j)\\ -a_{ij}\ (i\neq j)\end{cases}$ $(i,j=1,2,\cdots,n)$，则称$[A]$为反对称矩阵，例如

$$[A]=\begin{bmatrix}0 & -1 & -3\\ 1 & 0 & 2\\ 3 & -2 & 0\end{bmatrix}$$

$[A]$为反对称矩阵的充分必要条件为$[A]^{\mathrm{T}}=-[A]$。

（12）酉（U）矩阵（Unitary），也称为么正矩阵。满足条件$([A]^*)^{\mathrm{T}}=[A]^+=[A]^{-1}$的方阵称为酉矩阵，例如$[A]=\begin{bmatrix}0 & \mathrm{j}\\ \mathrm{j} & 0\end{bmatrix}$,$\det[A]\cdot\det[A]^*=1$，式中$\mathrm{j}=\sqrt{-1}$，若$[A]$为实矩阵，则$[A]$同时也为正交矩阵。

（13）若与矩阵相对应的行列式的值为 0，则该矩阵为奇异矩阵，反之，则为非奇异矩阵。

二、矩阵运算

（1）矩阵的加减。两个$m\times n$的矩阵，其中一矩阵$[A]=[a_{ij}]$，另一矩阵$[B]=[b_{ij}]$，若$[A]\pm[B]=[C]$，则矩阵$[C]=[c_{ij}]=[a_{ij}]\pm[b_{ij}]$，即$[A]$与$[B]$对应位置的元素相加或相减，就得到了新矩阵$[C]$的元素。

（2）矩阵的乘法。

（a）数k与矩阵$[A]$乘：记为$k[A]$或$[A]k=[ka_{ij}]$，将k与矩阵$[A]$的每一元素相乘。

（b）矩阵与矩阵相乘：若矩阵$[A]=[a_{ij}]_{m\times n}$，$[B]=[b_{ij}]_{n\times s}$，两矩阵相乘即$[A][B]=[a_{ij}][b_{ij}]=[C]$，其中$[C]$为$m\times s$矩阵，则

$$c_{ij}=\sum_{k=1}^{n}a_{ik}b_{kj}\,(i=1,2,\cdots,m;\,j=1,2,\cdots,s)$$

即$[C]$矩阵的元素c_{ij}等于$[A]$矩阵的第i行与$[B]$矩阵的第j列的对应元素相乘后再相加，这就要求$[A]$矩阵的列数等于$[B]$矩阵的行数。矩阵相乘满足结合律和分配律：

结合律　$([A][B])[C]=[A]([B][C])$。

分配律　$[A]([B]+[C])=[A][B]+[A][C]$; $([B]+[C])[A]=[B][A]+[C][A]$。

一般地，$[A][B]\neq[B][A]$，在特殊情况下，若$[A][B]=[B][A]$，则称$[A]$与$[B]$为互易矩阵。

三、矩阵的行列式

若矩阵$[A]=[a_{ij}]_{m\times n}$，则由元素a_{ij}所确定的行列式为

$$\det[A]=|A|=\begin{vmatrix} a_{11} & a_{12} & \cdots & a_{1n} \\ a_{21} & a_{22} & \cdots & a_{2n} \\ \vdots & \vdots & & \vdots \\ a_{n1} & a_{n2} & \cdots & a_{nn} \end{vmatrix}$$

附录 7.2　复功率定理

在第 2 章中已知下列方程

$$\nabla\times\boldsymbol{E}=-\mathrm{j}\omega\mu\boldsymbol{H} \tag{2.2-11}$$

$$\nabla\times\boldsymbol{H}=\mathrm{j}\omega\varepsilon\boldsymbol{E} \tag{2.2-12}$$

当考虑到媒质的传导电流时，式（2.2－12）应为

$$\nabla\times\boldsymbol{H}=\boldsymbol{J}+\mathrm{j}\omega\varepsilon\boldsymbol{E}=(\sigma\boldsymbol{E}+\mathrm{j}\omega\varepsilon\boldsymbol{E})=(\sigma+\mathrm{j}\omega\varepsilon)\boldsymbol{E}$$

式中，$\boldsymbol{J}$ 为电流密度矢量；σ 为媒质的电导率。该式的共轭式为

$$\nabla\times\boldsymbol{H}^*=(\sigma-\mathrm{j}\omega\varepsilon)\boldsymbol{E}^*$$

利用数学中的矢量恒等式

$$\nabla\cdot(\boldsymbol{E}\times\boldsymbol{H})=\boldsymbol{H}\cdot\nabla\times\boldsymbol{E}-\boldsymbol{E}\cdot\nabla\times\boldsymbol{H}$$

可得

$$\begin{aligned}\nabla\cdot(\boldsymbol{E}\times\boldsymbol{H}^*)&=\boldsymbol{H}^*\cdot\nabla\times\boldsymbol{E}-\boldsymbol{E}\cdot\nabla\times\boldsymbol{H}^*\\&=-\mathrm{j}\omega\mu\boldsymbol{H}\cdot\boldsymbol{H}^*-(\sigma-\mathrm{j}\omega\varepsilon)\boldsymbol{E}\cdot\boldsymbol{E}^*\end{aligned}$$

现在求复数坡印廷矢量对于封闭曲面 S 的积分，由此即可得到进入由封闭曲面所包围的体积 V 内的复功率与该体积内电磁场能量之间的关系式。根据数学中的高斯定理，矢量对于封闭曲面的面积分等于该矢量的散度对于由封闭曲面所包围体积 V 的体积分，据此可得

$$\oint_S(\boldsymbol{E}\times\boldsymbol{H}^*)\cdot\mathrm{d}\boldsymbol{S}=-\mathrm{j}\omega\int_V(\mu\boldsymbol{H}\cdot\boldsymbol{H}^*-\varepsilon\boldsymbol{E}\cdot\boldsymbol{E}^*)\,\mathrm{d}V-\int_V\sigma\boldsymbol{E}\cdot\boldsymbol{E}^*\mathrm{d}V$$

式中，$\boldsymbol{H}\cdot\boldsymbol{H}^*=|\boldsymbol{H}|^2$，$\boldsymbol{E}\cdot\boldsymbol{E}^*=|\boldsymbol{E}|^2$。

在体积 V 内所储存的电场能量 W_{e}、磁场能量 W_{m}、损耗功率 P_{L}，它们对于时间（一周期 T）的平均值的表示式分别为

$$W_{\mathrm{e}}=\int_V\frac{1}{4}\varepsilon|\boldsymbol{E}|^2\,\mathrm{d}V\qquad W_{\mathrm{m}}=\int_V\frac{1}{4}\mu|\boldsymbol{H}|^2\,\mathrm{d}V\qquad P_{\mathrm{L}}=\int_V\frac{1}{2}\sigma|\boldsymbol{E}|^2\,\mathrm{d}V$$

利用这些表示式即可得出

$$-\oint_S(\boldsymbol{E}\times\boldsymbol{H}^*)\cdot\mathrm{d}\boldsymbol{S}=4\mathrm{j}\omega(W_{\mathrm{m}}-W_{\mathrm{e}})+2P_{\mathrm{L}}$$

习　题

7-1　微波网络与低频网络的异同点是什么？

7-2　微波网络的电路参量有哪几种，它们是如何定义的？

7-3　微波网络的波参量有哪几种，它们是如何定义的？

7-4　什么是归一化的电压和电流，表示式是什么？

7-5　把波导等效为双导线传输线的等效条件是什么？

7-6　如图 P7-1 所示，是一个具有串联阻抗 Z 的二端口网络，两端口所接传输线的特性阻抗分别为 Z_{c1} 和 Z_{c2}，试求出网络 A 参量（包括其归一化的 a 参量）的矩阵。

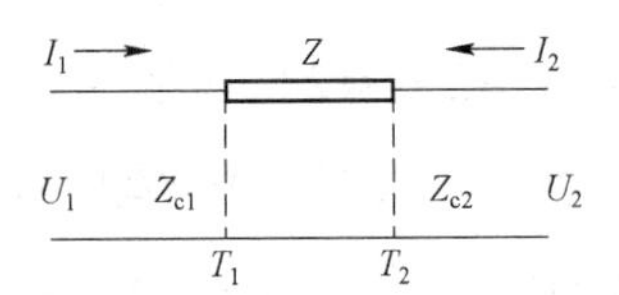

图 P7-1　习题 7-6 用图

7-7　如图 P7-2 所示，是一个 T 形二端口网络，其串联阻抗为 Z_1 和 Z_2，并联阻抗为 Z_3，试求出网络 Z 参量的表示式。

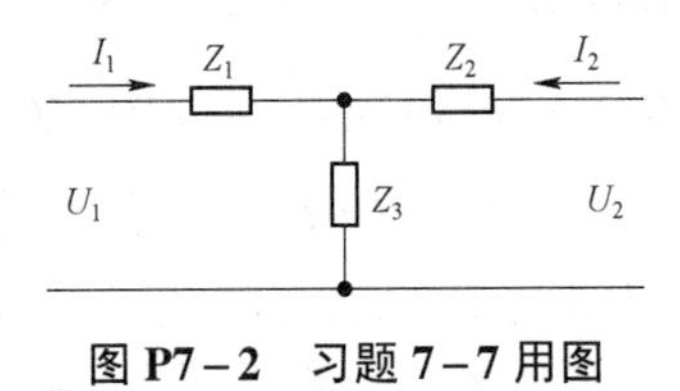

图 P7-2　习题 7-7 用图

7-8　如图 P7-3 所示，是一个具有串联阻抗 jx 和并联导纳 jb 的二端口网络，试求出网络 a 参量的矩阵。提示：可以利用表 7.4-2 中的串联阻抗 a 参量和并联导纳 y 参量的矩阵；将网络分成三部分，求出每一部分的 a 参量矩阵，尔后将三部分的 a 参量矩阵连乘，即得网络总的 a 参量矩阵。

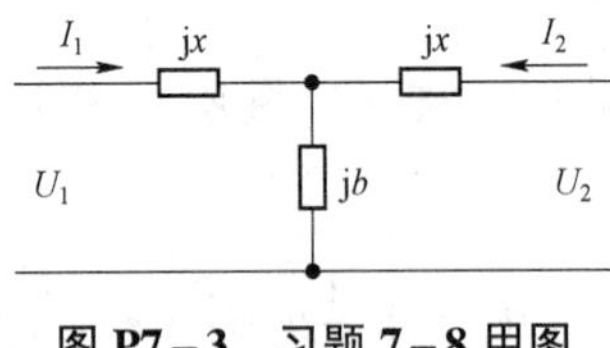

图 P7-3　习题 7-8 用图

书 末 附 录

附录一 例 题 解 析

为了对本书所设习题的解题思路和分析方法有所了解，特选了一些例题，进行解析，供参考。

例题 1 例题 1 用图所示为一无耗传输线，特性阻抗为 Z_c，信号源电压 E 的幅值为 100 V，内阻为 Z_c，试求出电压、电流幅值沿传输线的分布图，以及当 Z_c=100 Ω 时，各个负载所吸收的功率。

解：首先求出从始端 aa' 向右看去的输入阻抗，然后从始端开始求电压和电流幅值的分布图。

从 cc' 向右看去的输入阻抗为 $2Z_c$，向短路支线看去的输入阻抗为零，因此，在 cc' 处总的阻抗为零，从电路的角度看，该处是短路的。从 bb' 向右看去是一个相当于 $\lambda/4$ 短路线的输入阻抗，其值为无穷大，因此，bb' 处总的阻抗为 Z_c，这样，从 aa' 向右看去的输入阻抗为 Z_c，因此有如例题 1 用图（b）所示的等效电路。始端电流 $I_a=\dfrac{100\ \text{V}}{2Z_c}$，若 Z_c=100 Ω，则 I_a=0.5 A，始端电压 U_a=100 Ω×0.5 A=50 V，从 aa' 到 bb' 电压为 50 V，从 bb' 到 cc' 为一等效的 $\lambda/4$ 短路线，bb' 为电压腹点，cc' 为节点（零点），从 cc' 到 dd'，因为已被 $\lambda/2$ 短路线从 cc' 处短路，所以没有功率传输过去。

再看电流的分布。从 aa' 到 bb'，电流为 0.5 A，又根据第 1 章的式（1.3－42）和式（1.3－43），即短路线电压和电流的表示式

$$u(z,t)=2\left|I^+(0)\right|Z_c\sin\beta z\cos\left(\omega t+\varphi_0+\frac{\pi}{2}\right) \tag{1.3-42}$$

$$i(z,t)=2\left|I^+(0)\right|\cos\beta z\cos(\omega t+\varphi_0) \tag{1.3-43}$$

若把 cc' 处当作短路点，则在 bb' 处有

$$50\ \text{V}=2\left|I^+(0)\right|Z_c\sin\frac{2\pi}{\lambda}\cdot\frac{\lambda}{4}=2\left|I^+(0)\right|Z_c$$

由此得 $2\left|I^+(0)\right|=0.5\ \text{A}$，也就是说，在 cc' 处为电流的腹点，从物理意义上讲，cc' 处是短路点，入射波电流与反射波电流同相叠加，所以电流是短路点入射波电流 $\left|I^+(0)\right|$ 的两倍。因为 cc' 为短路点，所以没有功率传向 dd'，$Z_c/2$ 吸收不到功率，功率被 bb' 处 Z_c 所吸收，所吸收的功率 $P=\dfrac{1}{2}\dfrac{(50\ \text{V})^2}{100\ \Omega}$=12.5 W。

综上所述，电压、电流幅值沿传输线的分布如例题 1 用图（c）所示。

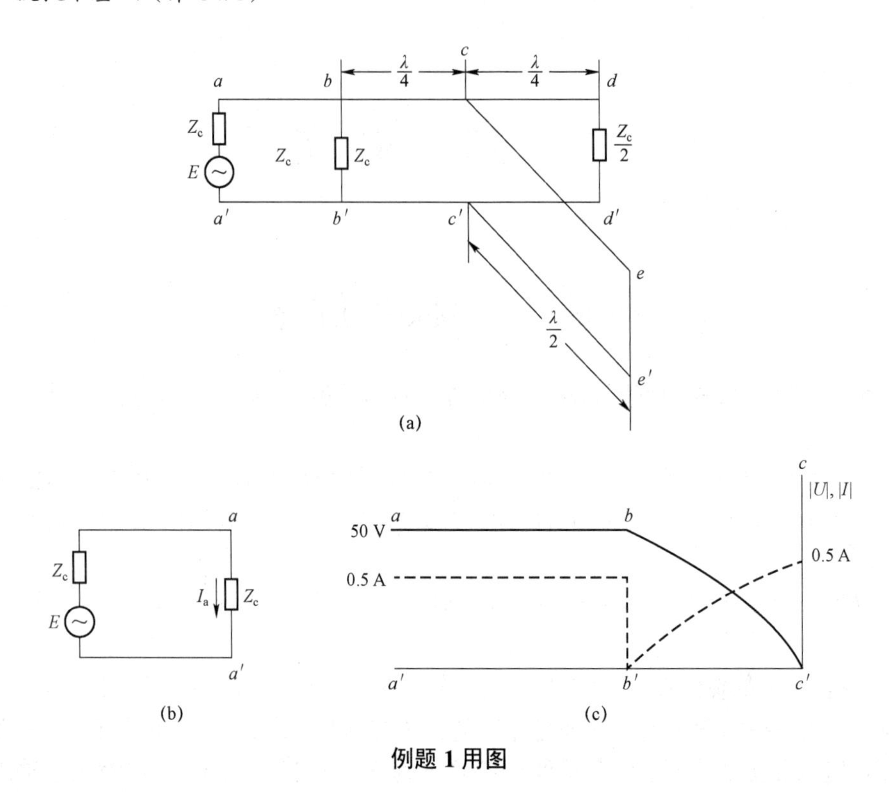

例题 1 用图

例题 2　例题 2 用图（a）所示为一无耗传输线，特性阻抗为 Z_c，信号源电压的幅值为 E，内阻为 Z_c，试求出电压、电流的幅值沿传输线的分布图。

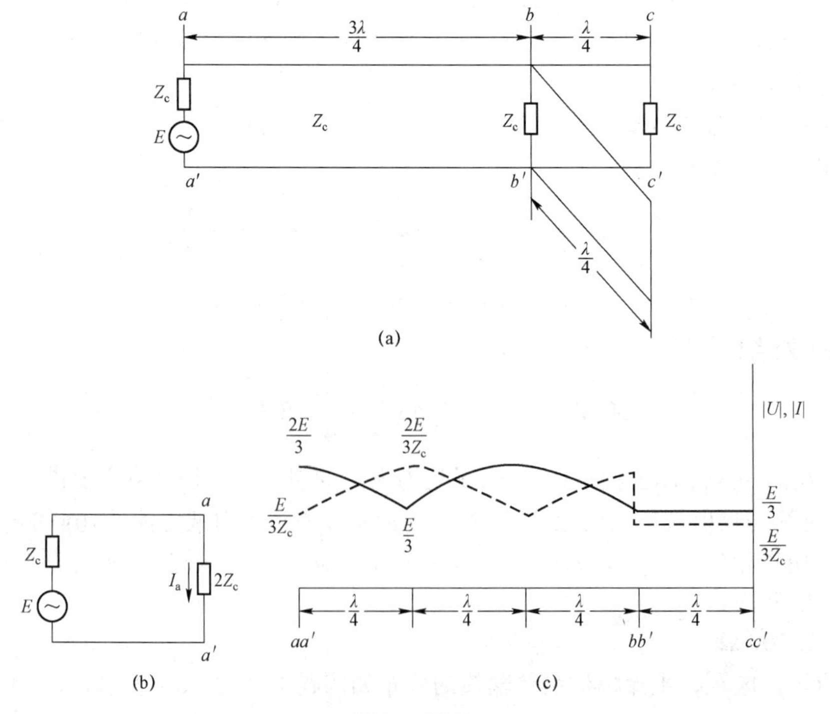

例题 2 用图

解：首先求出传输线始端 aa' 处电压、电流的幅值，然后再求沿线电压、电流幅值的分布。

从 bb' 向右看去的输入阻抗为 Z_c，向短路支线看去的输入阻抗为无穷大，则 bb' 处总的阻抗为 $Z_c/2$，则从 aa' 处向右看去的输入阻抗为 $2Z_c$，在 aa' 处的等效电路如例题 2 用图（b）所示。始端电流 $I_a=E/(3Z_c)$，始端电压 $U_a=E/(3Z_c)\cdot 2Z_c=2E/3$。在从 aa' 到 bb' 这一段上，反射系数的模 $|\Gamma|=\dfrac{1}{3}$，驻波比 $S=2$，bb' 处的阻抗为 $Z_c/2$，小于 Z_c，因此，该处为电压幅值的节点，每经过入 $\lambda/4$ 的距离，节点、腹点相互交替出现，则 aa' 处为电压的腹点，由此可知 bb' 处的电压 $U_b=U_a/S=E/3$，而且从 bb' 到 cc' 电压均为 $E/3$。

再看电流的分布。根据传输线理论，电压幅值的腹点处即电流幅值的节点处，因此，aa' 处的电流 $I_a=E/(3Z_c)$为节点，而腹点处的电流为 $I_aS=2E/(3Z_c)$，节点、腹点每经过 $\lambda/4$ 的距离交替地出现。

综上所述，电压、电流幅值沿传输线的分布如例题 2 用图（c）所示。

例题 3　一无耗传输线（主线）的特性阻抗 $Z_c=200\ \Omega$，负载阻抗 $Z_l=(300+\mathrm{j}400)\Omega$。用特性阻抗 $Z_{c1}=150\ \Omega$ 的短路支线 l 进行调配，如例题 3 用图（a）所示，试求支线的接入位置 d 和支线的长度 l。

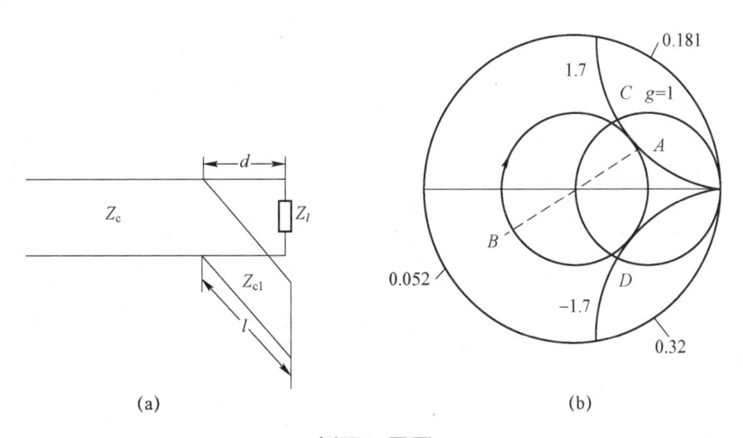

例题 3 用图

解：匹配原理是，选择一合适位置 d，使由 d 处向负载看去的输入阻抗与由 d 处向支线看去的输入阻抗相关联，并使并联阻抗等于 Z_c，这样，在 d 处左侧的传输线则处于匹配状态。

因为支线与主线是并联的，因此用导纳求解比较方便。Z_l 的归一化阻抗 z_l 为

$$z_l=\frac{300+\mathrm{j}400}{200}=1.5+\mathrm{j}2$$

它在圆图上的位置即 A 点，A 的对称点 B 所表示的就是负载的归一化导纳 $y_l=0.24-\mathrm{j}0.32$，对应的刻度为 0.052，以从 B 到圆心的距离为半径画一圆（等$|\Gamma|$圆），从 B 开始沿此圆顺时针方向转动到与 $g=1$ 的圆相交于两点 C 和 D，从 B 到 C 的距离为 d_1，从 B 到 D 的距离为 d_2，这两个位置都是适合支线接入的位置。

先看 C 点，该点的归一化导纳 $y_l=1+\mathrm{j}1.7$，调节支线 l 的长度，使它产生 $-\mathrm{j}1.7$ 的电纳，用以抵消$+\mathrm{j}1.7$，则从 d_1 处看向负载的总导纳 $g=1$，即看向负载的阻抗为 Z_c，从而达到了匹配。

从圆图的刻度上可知 d_1=(0.052+0.181) λ=0.233λ，现在求 d_1 处支线的长度 l_1。C 点的归一化电纳 j1.7 是对主线导纳 y_c 的归一化值，为了求 l_1，应将此值转化为对支线导纳 y_{c1} 的归一化值，再根据此，求出 l_1。为此，将 j1.7 还原为非归一化时的电纳值，其值为 j1.7/200=j0.008 5，它对支线的归一化电纳为 j0.008 5×150=j1.275，在圆图上找到表示 j1.275 的电纳曲线，它与刻度圆相交处的刻度为 0.357，支线的终端是短路的，电纳值为无穷大，它的位置在圆图横坐标轴的右端点，由此点沿顺时针转动到刻度为 0.357 的位置，两点之间的刻度差，即为 l_1 的长度，l_1=(0.357−0.25) λ=0.107λ。

再看 D 点，在该处求接入支线 l_2 长度的步骤与上述求 l_1 的步骤完全相同，不再赘述，而只把结果写在这里，支线到终端负载的距离 d_2=(0.052+0.32) λ=0.372λ，支线长度 l_2=(0.25+0.165) λ=0.415λ。

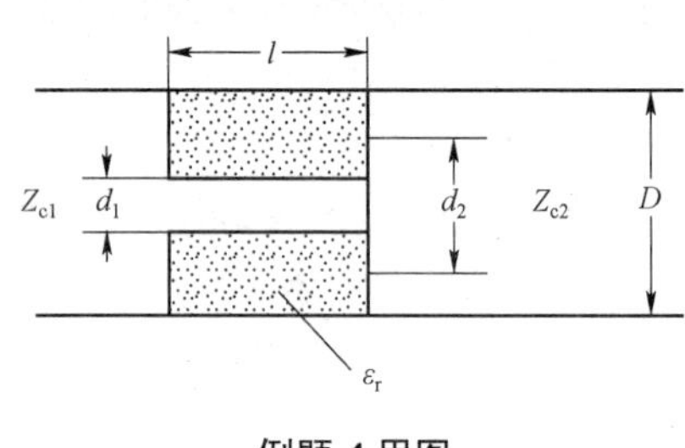

例题 4 用图

例题 4 例题 4 用图所示为空气填充的同轴线，外导体的内直径 D=16 mm，内导体的外直径分别为 d_1 和 d_2，其中，l 段填充了相对介电常数为 ε_r 的介质，这是一个 1/4 波长的阻抗变换段，特性阻抗为 Z_c，其两侧同轴线的特性阻抗分别为 Z_{c1}=75 Ω，Z_{c2}=50 Ω，工作频率为 3 GHz，试求 l 和 ε_r 各等于多少。

解：根据同轴线特性阻抗的计算公式

$$75 = 60\ln\frac{16}{d_1}$$

得 d_1=4.585 mm，l 段的特性阻抗 Z_c 为

$$Z_c = \sqrt{Z_{c1}Z_{c2}} = \sqrt{75\times 50} = 61.24$$

即

$$61.24 = \frac{60}{\sqrt{\varepsilon_r}}\ln\frac{16}{d_1}$$

由此得 $\varepsilon_r \approx 1.5$

自由空间的波长 λ_0 为（3×10^8 m）/（3×10^9）=10 cm，在 l 段内的波长 $\lambda = \dfrac{\lambda_0}{\sqrt{\varepsilon_r}}$=8.163 cm，所以，$l$ 的长度为 λ/4=2.041 cm。

例题 5 空气填充的型号为 BJ100 的矩形波导，工作波长 λ=32 mm，当波导终端接有负载 Z_l 时，测得的驻波比 S=3，从终端算起，电场强度幅值的第一个节点处到终端的距离 d=9 mm，试求：波导中传输的模式；终端负载阻抗的归一化值；若用单螺钉调匹配，确定螺钉的位置（见例题 5 用图）。

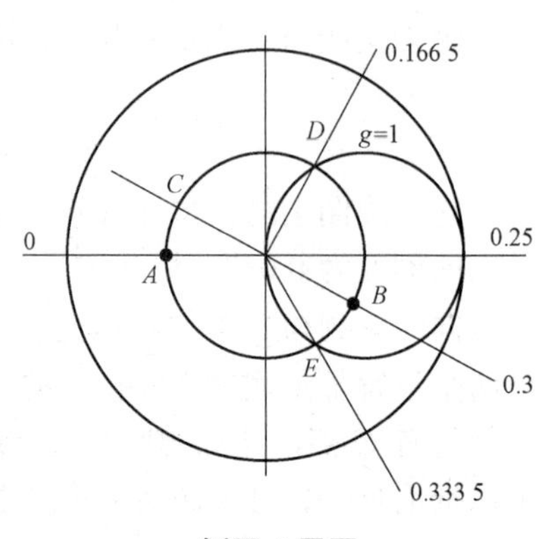

例题 5 用图

解：BJ100 波导的尺寸为 $a\times b$=22.86 mm×10.16 mm，在矩形波导中，截止波长 λ_c 较长的模式：有 TE_{10} 的 λ_c=2a=45.72 mm，TE_{20} 的 λ_c=a=22.86 mm，TE_{01} 的 λ_c=2b=20.32 mm，根据传输条件 $\lambda<\lambda_c$ 可知，在波导中只

能传输 TE_{10} 模。

根据传输线理论，在电场强度幅值的节点处向负载看去的输入阻抗为纯电阻性的，其值为 Z_w/S，Z_w 为波导的波型阻抗，输入阻抗的归一化值为 $1/S$。根据第 1 章中求输入阻抗的公式可知

$$\frac{1}{S}=\frac{z_l+\mathrm{j}\tan\beta d}{1+\mathrm{j}z_l\tan\beta d}$$

式中的 z_l 为负载阻抗的归一化值，由公式得 z_l 为

$$z_l=\frac{1-\mathrm{j}S\tan\beta d}{S-\mathrm{j}\tan\beta d}\qquad \tan\beta d=3.137$$

则

$$z_l=1.726-\mathrm{j}1.33$$

利用圆图求负载阻抗的归一化值。在电场强度幅值节点处归一化的阻抗为 $1/S=1/3$，即圆图中的 A 点，以从 A 到圆心的距离为半径画一个等反射系数圆（指反射系模 $|\Gamma|$ 相等的圆），沿此圆从 A 点按逆时针方向转动刻度为 $d/\lambda_g=9\ \text{mm}/44.8\ \text{mm}=0.2$ 的距离至 B 点，B 点所对应的值即为负载的归一化阻抗 z_l

$$z_l=1.726-\mathrm{j}1.33$$

λ_g 为波导传输 TE_{10} 模时的导波波长

$$\lambda_g=\frac{\lambda}{\sqrt{1-\left(\dfrac{\lambda}{\lambda_c}\right)^2}}=\frac{32}{\sqrt{1+\left(\dfrac{32}{45.72}\right)^2}}=44.8\ (\text{mm})$$

求单螺钉调配器在波导中的位置。单螺钉调配器的作用相当于一个终端短路的单支线调配器，调节螺钉伸入波导内的程度，即相当于调节支线的长短，从而达到调匹配的目的。已知负载归一化值 z_l 在圆图上的位置即 B 点，从 B 点沿等 $|\Gamma|$ 圆转动 180° 得到与 B 对称的 C 点，该点的值即负载归一化的导纳值，该点对应的刻度为 0.05。从 C 开始沿等 $|\Gamma|$ 圆顺时针转动，与 $g=1$ 的圆相交于 D 和 E 两点。D 点对应的刻度为 0.166 5，因此，螺钉距终端负载的距离 d 的第一个可选择的位置是 $d_1=(0.166\,5-0.05)\lambda_g=5.22\ \text{mm}$，$E$ 点对应的刻度为 0.333 5，因此，距离 d 的第二个可选择的位置 $d_2=(0.333\,5-0.05)\lambda_g=12.7\ \text{mm}$。

例题 6 例题 6 用图所示为一空气填充的尺寸为 $a\times b=22.86\ \text{mm}\times 10.16\ \text{mm}$、长为 0.5 m、传输 TE_{10} 模的矩形波导，若将其终端用理想导体板短路（封闭），测得电场幅值的第一个波节点距终端 20 mm，现欲在距终端 45 mm 处的波导横截面内得到的 H_x 的幅值与 H_z 的幅值相等，试求在该截面内 x 和 y 应各是多少。

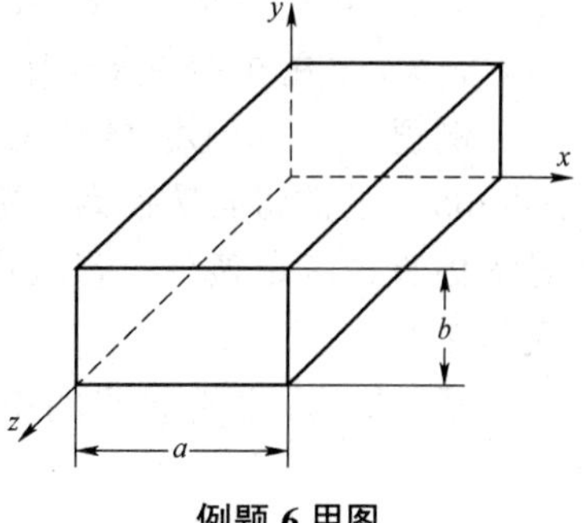

例题 6 用图

解：TE_{10} 模场分量的表示式为

$$E_y=-\mathrm{j}\frac{\omega\mu}{K_c}H_0\sin\left(\frac{\pi}{a}x\right)e^{-\mathrm{j}\beta z}$$

$$H_x = \mathrm{j}\frac{\beta}{K_c} H_0 \sin\left(\frac{\pi}{a}x\right)\mathrm{e}^{-\mathrm{j}\beta z}$$

$$H_z = H_0 \cos\left(\frac{\pi}{a}x\right)\mathrm{e}^{-\mathrm{j}\beta z}$$

式中，$K_c=\pi/a$。

因为终端短路，在波导内形成了纯驻波，可以把它看作是由两个传输方向相反的行波相叠加而形成的，所以，对于 H_z 则为

$$H_z = H_0^+ \cos\left(\frac{\pi}{a}x\right)\mathrm{e}^{-\mathrm{j}\beta z} + H_0^- \cos\left(\frac{\pi}{a}x\right)\mathrm{e}^{+\mathrm{j}\beta z}$$

式中的 H_0^+ 和 H_0^- 分别为波沿正 z 和负 z 方向传输时的两个常数，在短路板（$z=0$）处，根据边界条件应有 $H_z=0$。令上式中的 $z=0$，并使整个式子等于零，可得 $H_0^+=-H_0^-$，由此可得纯驻波状态时的 H_z、H_x 和 E_y，分别为

$$H_z = -\mathrm{j}2H_0^+ \cos\left(\frac{\pi}{a}x\right)\sin\beta z$$

$$H_x = \frac{1}{K_c^2}\frac{\partial^2 H_z}{\partial z \partial x} = \frac{\beta}{K_c}\mathrm{j}2H_0^+ \sin\left(\frac{\pi}{a}x\right)\cos\beta z$$

$$E_y = \frac{\mathrm{j}\omega\mu}{K_c^2}\frac{\partial H_z}{\partial x} = -2H_0^+\frac{\omega\mu}{K_c}\sin\left(\frac{\pi}{a}x\right)\sin\beta z$$

导波波长 $\lambda_g=2\times20$ mm=40 mm，$\beta=\frac{2\pi}{\lambda_g}=\frac{2\pi}{0.04}=50\pi$，$z=45$ mm=0.045 m，$\beta z=50\pi\times0.045=2.25\pi$，换算为角度，则 $\beta z=405°$。

在距终端 45 mm 处要求 $|H_x|=|H_z|$，即

$$\left|\frac{\beta}{K_c}\mathrm{j}2H_0^+ \sin\left(\frac{\pi}{a}x\right)\cos\beta z\right| = \left|-\mathrm{j}2H_0^+ \cos\left(\frac{\pi}{a}x\right)\sin\beta z\right|$$

因为 $\cos\beta z=\cos405°=0.707$，$\sin\beta z=\sin405°=0.707$，所以

$$\left|\frac{\beta}{K_c}\sin\left(\frac{\pi}{a}x\right)\right| = \left|\cos\left(\frac{\pi}{a}x\right)\right|,\quad \left|\tan\left(\frac{\pi}{a}x\right)\right| = \left|\frac{K_c}{\beta}\right|,\quad x=\frac{a}{\pi}\arctan\left|\frac{K_c}{\beta}\right| = 5.24\ \mathrm{mm}$$

与 y 无关，y 在 $0\sim b$ 的范围内可取任何值。

例题 7　一矩形波导 BJ320 的尺寸为 $a\times b=7.112$ mm×3.556 mm，传输 TE_{10} 模，工作波长 $\lambda=8$ mm，若欲将其转换为在圆形波导中传输的 TE_{01} 模，要求波的相速不变，问：圆形波导的内直径应是多少；若欲将其转换为在圆形波导中传输的 TE_{11} 模，圆形波导的内直径又是多少。

解： 矩形、圆形波导的相速的表示式相同，相速为

$$v_p = \frac{v}{\sqrt{1-\left(\frac{\lambda}{\lambda_c}\right)^2}} \qquad v=\frac{1}{\sqrt{\mu\varepsilon}}$$

由此式可知，只要波导中填充的介质相同，工作波长相同，截止波长 λ_c 相同，则 v_p 就相同。在矩形波导中，TE_{10} 模的 $\lambda_c=2a=2\times7.112$ mm=14.224 mm，对于圆形波导，当它传输的是

TE_{01} 模时，$\lambda_c=1.64R$，R 为圆形波导的内半径，令 $1.64R=14.224$ mm，则 $R=8.673\ 1$ mm，直径 $D=2R=17.346$ mm；同理，当圆形波导中传输的是 TE_{11} 模时，$\lambda_c=3.412R$，$3.412R=14.224$ mm，则 $R=4.169$ mm，直径 $D=2\times4.169$ mm=8.338 mm。

例题 8　用一圆柱形谐振腔作为波长计，工作模式为 TE_{011}，调谐范围内的中心波长 $\lambda=10$ cm，试确定腔体的尺寸和波长计的调谐范围，要求在没有干扰模式或干扰模式很少的前提下，调谐范围尽量宽些。

解：当把圆柱形谐振腔用作波长计时，选用 TE_{011} 模比选用其他模时的 Q_0 值要高，而且，可以采用非接触式的调谐活塞，以减少损耗。因此，该模式是 3 cm 和 10 cm 波段波长计中常用的模式。

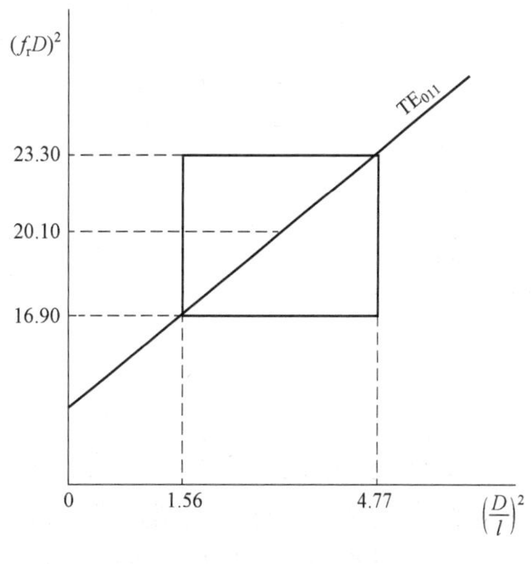

例题 8 用图

在设计过程中，首先根据第 5 章中图 5.2－2（a）的模式图确定工作方块，然后根据方块图确定腔体尺寸和波长计的调谐范围。例题 8 用图是工作方块的示意图。纵坐标省写了$(f_rD)^2\times10^{-20}$（Hz • cm）^{2}，方块图中的对角线称为调谐曲线。因为已给定中心波长 $\lambda=10$ cm，对应的频率 $f=3$ GHz，称为调谐范围内的中心频率，在方块图中与它相对应的位置就是对角线的中点，该点对应的纵坐标刻度为 20.10，即

$$(f_rD)^2\times10^{-20}(\text{Hz}\cdot\text{cm})^2=20.10$$

由此式求得腔体内直径 $D=19.944$ cm。

方块图左下角的点对应着调谐范围内的低频端 $f_{\min}$，该点对应的纵坐标刻度为 16.90，即

$$(f_{\min}D)^2\times10^{-20}(\text{Hz}\cdot\text{cm})^2=16.90$$

由此式求得 $f_{\min}=2.750\ 9$ GHz。该频率所对应的腔体长度 l_1，可由图中横坐标所标出的 $\left(\dfrac{D}{l_1}\right)^2=1.56$ 求出，$l_1=11.965$ cm。

方块图右上角的点对应着调谐范围内的高频端 $f_{\max}$，该点对应的纵坐标刻度为 23.30，即

$$(f_{\max}D)^2\times10^{-20}(\text{Hz}\cdot\text{cm})^2=23.30$$

由此式求得 $f_{\max}=3.032\ 1$ GHz。该频率所对应的腔体长度 l_2 可由图中横坐标所标出的 $\left(\dfrac{D}{l_2}\right)=4.77$ 求出，$l_2=7.069$ cm。

综上所述，波长计的频率调谐范围（带宽）$\Delta f=f_{\max}-f_{\min}=(3.032\ 1-2.750\ 9)\text{GHz}=0.281\ 2$ GHz，腔体长度的变化范围 $\Delta l=l_1-l_2=$（11.965－7.069）cm=4.896 cm。

注：在有的情况下，若给定的是 $f_{\max}$ 和 $f_{\min}$，则可求出 $f=\dfrac{f_{\max}+f_{\min}}{2}$，据此，可按照上述步骤求出腔体的尺寸 D 和腔体长度 l 的变化范围，或者利用第 5 章中图 5.2－3 的曲线来确定腔体的尺寸 D 和腔体长度 l 的变化范围。

例题 9　如例题 9 用图（a）所示，在一特性阻抗为 Z_c 的均匀传输线中有一串联阻抗 Z，

构成了一个如例题 9 用图（b）所示的二端口网络。试求网络的阻抗参量、导纳参量、转移参量和 S 参量。

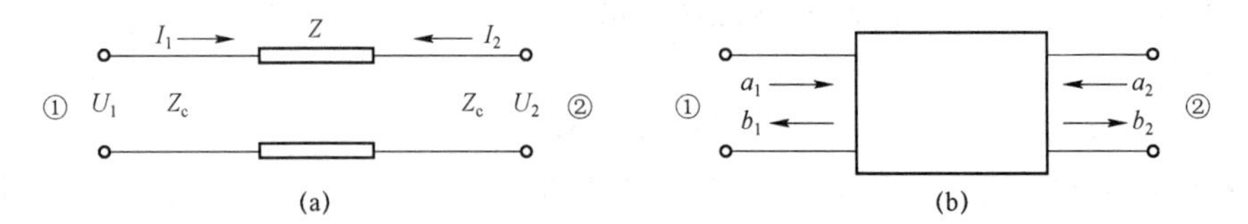

例题 9 用图

解：（1）阻抗参量。因为阻抗参量是在网络端口开路的情况下定义的，所以又称为开路参量，按定义有

$$Z_{11}=\left.\frac{U_1}{I_1}\right|_{I_2=0} \quad Z_{21}=\left.\frac{U_2}{I_1}\right|_{I_2=0} \quad Z_{12}=\left.\frac{U_1}{I_2}\right|_{I_1=0} \quad Z_{22}=\left.\frac{U_2}{I_2}\right|_{I_1=0}$$

如例题9用图（a）所示，当一个端口开路时，该端口处的电流为零，同时另一端口的电流也随着为零，因此，根据定义，例题 9 用图（b）所示的网络不存在阻抗参量。

（2）导纳参量。因为导纳参量是在网络端口短路的情况下定义的，所以又称为短路参量，按定义有

$$Y_{11}=\left.\frac{I_1}{U_1}\right|_{U_2=0} \quad Y_{21}=\left.\frac{I_2}{U_1}\right|_{U_2=0} \quad Y_{12}=\left.\frac{I_1}{U_2}\right|_{U_1=0} \quad Y_{22}=\left.\frac{I_2}{U_2}\right|_{U_1=0}$$

因此，$Y_{11}=\frac{1}{Z}$，$Y_{21}=\frac{-1}{Z}$，$Y_{12}=\frac{-1}{Z}$，$Y_{22}=\frac{1}{Z}$，在写出这些式子时，应注意到 $I_2=-I_1$。导纳参量用矩阵表示，即

$$[Y]=\frac{1}{Z}\begin{bmatrix}1 & -1\\ -1 & 1\end{bmatrix}$$

它是一个奇异方阵。

（3）转移参量。因为转移参量是在端口②开路（$I_2=0$）与短路（$U_2=0$）的情况下定义的，所以又称为混合参量，按定义有

$$A_{11}=\left.\frac{U_1}{U_2}\right|_{I_2=0} \quad A_{21}=\left.\frac{I_1}{U_2}\right|_{I_2=0} \quad A_{12}=\left.\frac{U_1}{-I_2}\right|_{U_2=0} \quad A_{22}=\left.\frac{I_1}{-I_2}\right|_{U_2=0}$$

当端口②开路时，$I_2=0$，$U_1=U_2$；当端口②短路时，$U_2=0$，$I_1=-I_2$，由此得

$$A_{11}=1 \quad A_{21}=0 \quad A_{12}=Z \quad A_{22}=1$$

用矩阵表示，即

$$[A]=\begin{bmatrix}1 & Z\\ 0 & 1\end{bmatrix}$$

若将串联阻抗 Z 对均匀传输线的特性阻抗 Z_c 归一化，归一化的串联阻抗 $z=Z/Z_c$，则归一化的转移矩阵即为

$$[a]=\begin{bmatrix}1 & z\\ 0 & 1\end{bmatrix}$$

（4）散射参量。网络的散射参量是在各端口接有匹配负载的情况下定义的。如例题9用图（a）所示，当端口②接有匹配负载 Z_c 时，U_1=（Z+Z_c）I_1，其归一化值为

$$u_1 = \frac{U_1}{\sqrt{Z_c}} = (Z / Z_c + Z_c / Z_c) I_1 \sqrt{Z_c} = (z+1) i_1$$

根据归一化电压、电流与场强复振幅归一化值的入射波、反射波之间的关系式，则有 $u_1=a_1+b_1$，$i_1=a_1-b_1$，$u_2=a_2+b_2$，$i_2=a_2-b_2$，$i_1=-i_2$。当端口②接有匹配负载 Z_c 时，$a_2=0$，则 $i_1=-i_2=b_2$，这样，就有 $u_1=a_1+b_1=(z+1)b_2$ 及 $a_1-b_1=b_2$，对该两式联立求解，得

$$b_1 = \frac{z}{2+z} a_1 \quad b_2 = \frac{2}{2+z} a_1$$

根据 S 参量的定义则有

$$S_{11} = \left.\frac{b_1}{a_1}\right|_{a_2=0} = \frac{z}{2+z} \quad S_{21} = \left.\frac{b_2}{a_1}\right|_{a_2=0} = \frac{2}{2+z}$$

同理，当端口①接有匹配负载 Z_c 时，$a_1=0$，则 $u_2=a_2+b_2=(z+1)\,b_1$ 及 $a_2-b_2=b_1$，对该两式联立求解，得

$$b_1 = \frac{2}{2+z} a_2 \quad b_2 = \frac{z}{2+z} a_2$$

根据 S 参量的定义则有

$$S_{12} = \left.\frac{b_1}{a_2}\right|_{a_1=0} = \frac{2}{2+z} \quad S_{22} = \left.\frac{b_2}{a_2}\right|_{a_1=0} = \frac{z}{2+z}$$

写成矩阵的形式，即

$$[S] = \frac{1}{2+z}\begin{bmatrix} z & 2 \\ 2 & z \end{bmatrix}$$

例题 10 如例题10用图所示，在两段特性阻抗分别为 Z_{c1} 和 Z_{c2} 的传输线中加入一段长 l 为 $\lambda/4$、特性阻抗为 Z_c 的均匀传输线段，试求该线段的转移参量。

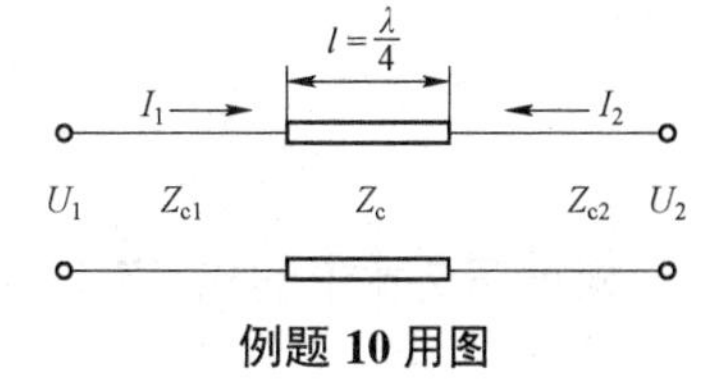

例题 10 用图

解：根据第1章中式（1.3－7）和式（1.3－8）可知 $U_1=U_2\cos\beta l+\mathrm{j}(-I_2)Z_c\sin\beta l$

$$I_1 = \mathrm{j}\frac{U_2 \sin\beta l}{Z_c} + (-I_2)\cos\beta l$$

写成矩阵的形式为

$$\begin{bmatrix} U_1 \\ I_1 \end{bmatrix} = \begin{bmatrix} \cos\beta l & \mathrm{j}Z_c \sin\beta l \\ \mathrm{j}\dfrac{\sin\beta l}{Z_c} & \cos\beta l \end{bmatrix} \begin{bmatrix} U_2 \\ -I_2 \end{bmatrix}$$

转移参量为

$$[A] = \begin{bmatrix} \cos\beta l & \mathrm{j}Z_c \sin\beta l \\ \mathrm{j}\dfrac{\sin\beta l}{Z_c} & \cos\beta l \end{bmatrix}$$

因为已知 $l=\lambda/4$，所以 $\beta l=\frac{2\pi}{\lambda}\bullet\frac{\lambda}{4}=\frac{\pi}{2}$，$\cos(\pi/2)=0$，$\sin(\pi/2)=1$，则

$$[A]=\begin{bmatrix}0 & \mathrm{j}Z_c\\ \mathrm{j}\frac{1}{Z_c} & 0\end{bmatrix}$$

根据第 7 章式（7.4－32），归一化的转移参量矩阵［a］的一般表示式为

$$[a]=\begin{bmatrix}A_{11}\sqrt{\frac{Z_{c2}}{Z_{c1}}} & \frac{A_{12}}{\sqrt{Z_{c1}Z_{c2}}}\\ A_{21}\sqrt{Z_{c1}Z_{c2}} & A_{22}\sqrt{\frac{Z_{c1}}{Z_{c2}}}\end{bmatrix}$$

如果设 $Z_{c1}=Z_{c2}=Z_c$，则

$$[a]=\begin{bmatrix}0 & \mathrm{j}\\ \mathrm{j} & 0\end{bmatrix}$$

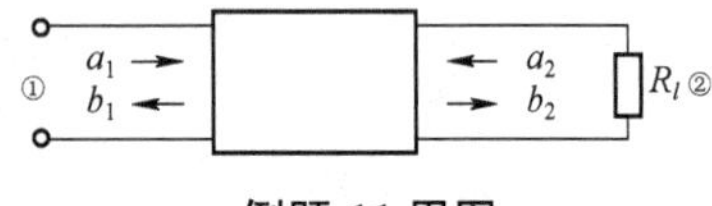

例题 11 用图

例题 11　例题 11 用图所示是一个二端口网络，两个端口所接传输线的特性阻抗均为 Z_c=50 Ω，端口②所接负载 R_l=70 Ω，已知网络的散射参量 S 为

$$[S]=\begin{bmatrix}0.2 & 0.8\mathrm{e}^{-\mathrm{j}\frac{\pi}{4}}\\ 0.8\mathrm{e}^{-\mathrm{j}\frac{\pi}{4}} & 0.2\end{bmatrix}$$

试求输入端口①的反射系数、网络的插入驻波比、插入衰减、反射衰减和吸收衰减。

解：（1）求输入端的反射系数 Γ_{in}。终端负载处的反射系数 Γ_l 为

$$\Gamma_l=\frac{a_2}{b_2}=\frac{R_l-Z_c}{R_l+Z_c}=\frac{75-50}{75+50}=0.2 \qquad a_2=\Gamma_l b_2$$

根据第 7 章中的式（7.4－33）可知

$$b_1=S_{11}a_1+S_{12}a_2$$
$$b_2=S_{21}a_1+S_{22}a_2$$
$$a_2=\Gamma_l b_2$$

又根据式（7.5－1）可知

$$\Gamma_{in}=\frac{b_1}{a_1}=S_{11}+\frac{S_{12}S_{21}\Gamma_l}{1-S_{22}\Gamma_l}$$

将 S 参量的数据代入该式中，得

$$\Gamma_{in}=0.2+\frac{0.8\mathrm{e}^{-\mathrm{j}\frac{\pi}{4}}\times 0.8\mathrm{e}^{-\mathrm{j}\frac{\pi}{4}}\times 0.2}{1-0.2\times 0.2}=0.2+0.133\mathrm{e}^{-\mathrm{j}\frac{\pi}{4}}=0.2-\mathrm{j}0.13=0.24\mathrm{e}^{-\mathrm{j}33.02}$$

（2）求插入驻波比 S。插入驻波比也称为剩余驻波比，是在端口②接有匹配负载（$R_l=Z_c$）

的情况下端口①的驻波比，此时端口①的反射系数为 S_{11}=0.2，因此，插入驻波比

$$S=\frac{1+|S_{11}|}{1-|S_{11}|}=\frac{1+0.2}{1-0.2}=1.5$$

（3）求插入衰减 L_A。它是在端口②接有匹配负载（R_l=Z_c）时网络本身的衰减量。根据式（7.5－6）可知

$$L_A=10\lg\frac{1}{|S_{21}|^2}=10\lg\frac{1}{|0.8|^2}=1.94\text{（dB）}$$

（4）求反射衰减 L_R。根据式（7.5－8），L_R 为

$$L_R=10\lg\frac{1}{(1-|S_{11}|^2)}=10\lg\frac{1}{(1-|0.2|^2)}=0.177\text{（dB）}$$

（5）求吸收衰减 L_a。根据式（7.5－9），L_a 为

$$L_a=10\lg\left(\frac{1-|S_{11}|^2}{|S_{21}|^2}\right)=1.76\text{（dB）}$$

例题 12 例题 12 用图所示是两段连接在一起、其长 l_1 和 l_2 均为 $\lambda/2$、特性阻抗分别为 Z_{c1} 和 Z_{c2} 的均匀传输线。试求由该两段传输线所构成的网络的转移参量 A 和其归一化参量 a。

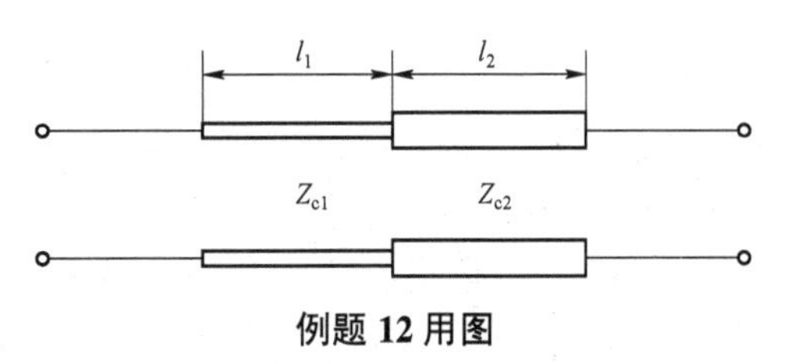

例题 12 用图

解：根据第 1 章中的式（1.3－7）和式（1.3－8）即可分别写出这两段传输线的转移参量 A_1 和 A_2 分别如下：

$$A_1=\begin{bmatrix}\cos\beta l_1 & \mathrm{j}Z_{c1}\sin\beta l_1\\ \mathrm{j}\dfrac{\sin\beta l_1}{Z_{c1}} & \cos\beta l_1\end{bmatrix}$$

式中，$\beta l_1=\frac{2\pi}{\lambda}\cdot\frac{\lambda}{2}=\pi$，因此

$$[A_1]=\begin{bmatrix}-1 & 0\\ 0 & -1\end{bmatrix}$$

同理

$$[A_2]=\begin{bmatrix}\cos\beta l_2 & \mathrm{j}Z_{c2}\sin\beta l_2\\ \mathrm{j}\dfrac{\sin\beta l_2}{Z_{c2}} & \cos\beta l_2\end{bmatrix}=\begin{bmatrix}-1 & 0\\ 0 & -1\end{bmatrix}$$

两段传输线连接在一起后，总的转移参量［A］为

$$[A]=[A_1][A_2]=\begin{bmatrix}-1 & 0\\ 0 & -1\end{bmatrix}\begin{bmatrix}-1 & 0\\ 0 & -1\end{bmatrix}=\begin{bmatrix}1 & 0\\ 0 & 1\end{bmatrix}$$

根据第 7 章的式（7.4－32），归一化的［a］参量为

$$[a]=\begin{bmatrix} A_{11}\sqrt{\dfrac{Z_{c2}}{Z_{c1}}} & \dfrac{A_{12}}{\sqrt{Z_{c1}Z_{c2}}} \\ A_{21}\sqrt{z_{c1}z_{c2}} & A_{22}\sqrt{\dfrac{Z_{c1}}{Z_{c2}}} \end{bmatrix}=\begin{bmatrix} \sqrt{\dfrac{Z_{c2}}{Z_{c1}}} & 0 \\ 0 & \sqrt{\dfrac{Z_{c1}}{Z_{c2}}} \end{bmatrix}$$

令 $\sqrt{\dfrac{Z_{c1}}{Z_{c2}}}=n$，则

$$[a]=\begin{bmatrix} \dfrac{1}{n} & 0 \\ 0 & n \end{bmatrix}$$

这也是一个理想变压器的转移矩阵，即是说，不同特性阻抗的两段传输线在连接处相当于一个理想变压器。

附录二　部分习题答案

第 1 章　习题答案

1－4　当填充空气时，$\varepsilon_r = 1$，$\mu_r = 1$，$Z_{c1} = 60\ln\dfrac{b}{a} = 60\ln(2.3) = 50\ \Omega$

$$Z_{c2} = 60\ln\frac{b}{a} = 60\ln(3.2) = 70\ \Omega$$

若保持特性阻抗不变，而是填充介质时，$\varepsilon_r = 2.25$，$\mu_r = 1$，$\dfrac{b}{a}$应为

$$\frac{b}{a} = \mathrm{e}^{\frac{Z_c\sqrt{\varepsilon_r}}{60}}$$

当 Z_c=Z_{c1} 时，$\dfrac{b}{a} = 3.49$，当 Z_c=Z_{c2} 时，$\dfrac{b}{a} = 5.75$

1－5　$Z_c = \dfrac{120}{\sqrt{\varepsilon_r}}\ln\left[\dfrac{D}{d} + \sqrt{\left(\dfrac{D}{d}\right)^2 - 1}\right] = 275.1\ \Omega$

当 $D \gg d$ 时，用近似公式，$Z_c \approx 120\ln\dfrac{2D}{d} = 276.3\ \Omega$

1－8　（1）$u(z,t) = \mathrm{Re}[U(z)\mathrm{e}^{\mathrm{j}\omega t}] = 100\cos(\omega t + 30^\circ)$

（2）$u\left(z - \dfrac{\lambda}{8}, t\right) = 100\cos(\omega t + 30^\circ + 45^\circ) = 100\cos(\omega t + 75^\circ)$

（3）$u\left(z + \dfrac{\lambda}{4}, t\right) = 100\cos(\omega t + 30^\circ - 90^\circ) = 100\cos(\omega t - 60^\circ)$

1－9　$Z_l = Z_c\dfrac{K - \mathrm{j}\tan\beta z}{1 - \mathrm{j}K\tan\beta z}$

1－10　试求图 P1－1 中传输线输入端（AA'）的等效（输入）阻抗 Z_{in} 和输入端反射系数的模$|\varGamma|$。

（a）$Z_{in} = 0 \quad \varGamma = -1 \quad |\varGamma| = 1$

（b）$Z_{in} = -\mathrm{j}0.325Z_c \quad \varGamma = \mathrm{e}^{-\mathrm{j}144^\circ} \quad |\varGamma| = 1$

（c）$Z_{in} = \dfrac{Z_c^2}{Z_l} \quad \varGamma = \dfrac{Z_l - Z_c}{Z_l + Z_c}\mathrm{e}^{-\mathrm{j}180^\circ} = \dfrac{Z_c - Z_l}{Z_l + Z_c} \quad |\varGamma| = \left|\dfrac{Z_c - Z_l}{Z_l + Z_c}\right|$

（d）$Z_{in} = R_1 \quad \varGamma = \dfrac{R_1 - Z_c}{R_1 + Z_c} \quad |\varGamma| = \left|\dfrac{R_1 - Z_c}{R_1 + Z_c}\right|$

（e）$Z_{in} = \dfrac{Z_c^2 + R_1R_2}{R_1} \quad \varGamma = \dfrac{Z_c^2 + R_1R_2 - Z_cR_1}{Z_c^2 + R_1R_2 + Z_cR_1} \quad |\varGamma| = \left|\dfrac{Z_c^2 + R_1R_2 - Z_cR_1}{Z_c^2 + R_1R_2 + Z_cR_1}\right|$

（f）$Z_{in} = Z_l \quad \varGamma = \dfrac{Z_l - Z_c}{Z_l + Z_c} \quad |\varGamma| = \left|\dfrac{Z_l - Z_c}{Z_l + Z_c}\right|$

（g）$Z_{in} = \infty \quad \varGamma = 1 \quad |\varGamma| = 1$

（h）$Z_{\text{in}}=\dfrac{Z_{\text{c}}^2+R_1R_2}{R_1}$ $\quad \varGamma=\dfrac{Z_{\text{c}}^2+R_1R_2-Z_{\text{c}}R_1}{Z_{\text{c}}^2+R_1R_2+Z_{\text{c}}R_1}$ $\quad |\varGamma|=\left|\dfrac{Z_{\text{c}}^2+R_1R_2-Z_{\text{c}}R_1}{Z_{\text{c}}^2+R_1R_2+Z_{\text{c}}R_1}\right|$

1－11　主线上电压和电流幅值的分布图为

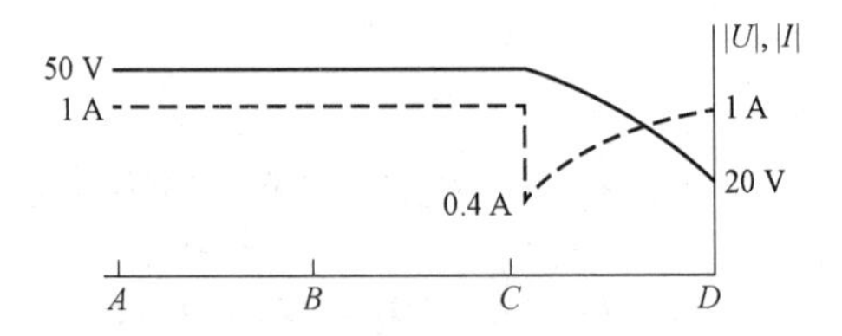

R_1 吸收的功率 P_1=10 W，R_2 吸收的功率 P_2=15 W

1－12　主线和支线上电压和电流幅值的分布图为

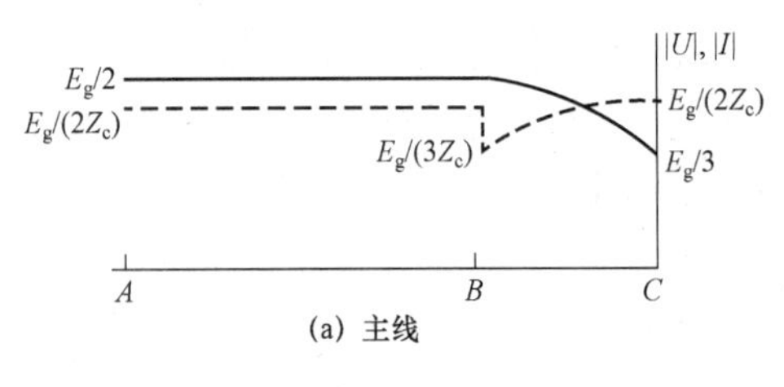

(a) 主线

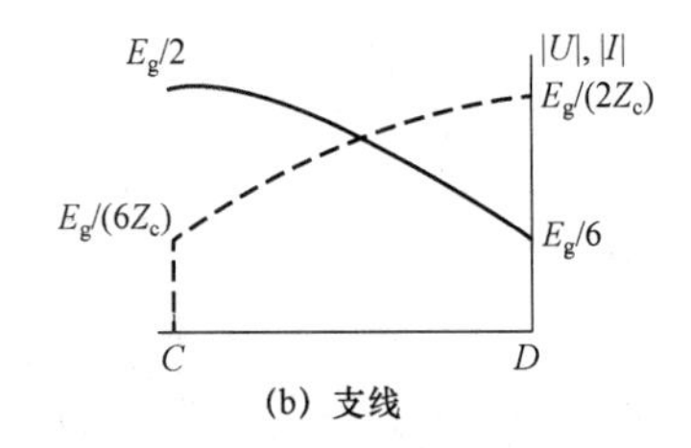

(b) 支线

1－13　主线上电压和电流幅值的分布图为

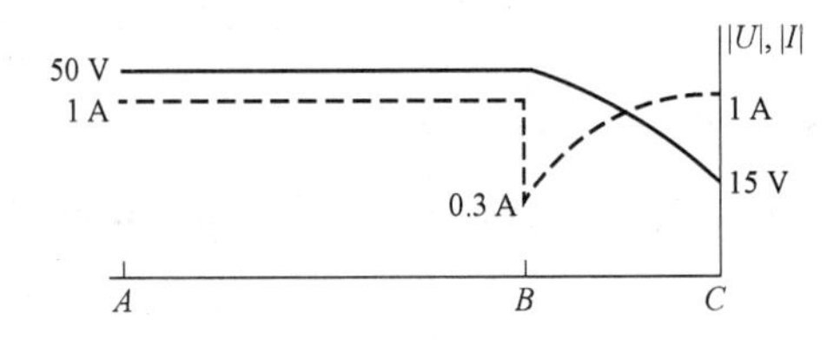

R_1 吸收的功率 P_1=7.5 W，R_2 吸收的功率 P_2=17.5 W

1－15　利用圆图做习题的答案。

（1）终端反射系数 $\varGamma(0)\approx 0.543\text{e}^{\text{j}29.5^\circ}$

（2）驻波比 $S\approx 2.6$

（3）输入阻抗 $Z_{\text{in}}\approx$（10－j20）Ω

（4）$\dfrac{1}{\lambda}=0.023\,5$

（5）终端电压反射系数 $\varGamma(0)=\dfrac{1}{3}\text{e}^{-\text{j}43.2^\circ}$，$|\varGamma(0)|=\dfrac{1}{3}$

第一个电压最小点与终端负载的距离 $l_{\min}=0.19\lambda$

（6）终端负载 Z_l=（34－j23.75）Ω

（7）该题有两组解答，设短路支线到终端负载的距离为 d，短路支线的长度为 l，这两组解答分别为

$$\begin{cases}d_1=0.125\lambda\\ l_1=0.125\lambda\end{cases}\qquad \begin{cases}d_2=0.302\lambda\\ l_2=0.375\lambda\end{cases}$$

（8）该题有两组解答，设短路支线到终端负载的距离为 d，短路支线的长度为 l，这两组解答分别为

$$\begin{cases} d_1 = 0.447\lambda \\ l_1 = 0.081\lambda \end{cases} \qquad \begin{cases} d_2 = 0.080\ 5\lambda \\ l_2 = 0.419\lambda \end{cases}$$

（9）该题也有两组解，分别为

$$\begin{cases} l_1^{(1)} \approx 0.16\lambda \\ l_1^{(2)} \approx 0.091\lambda \end{cases} \qquad \begin{cases} l_2^{(1)} \approx 0.33\lambda \\ l_2^{(2)} \approx 0.169\lambda \end{cases}$$

第 2 章　习题答案（部分）

2-9　当波导为空气填充时，只传输 TE_{10} 模的条件为

$$a < \lambda_0 < 2a \text{ 和 } \lambda_0 > 2b$$

当填充了 $\mu_r = 1$ 和 $\varepsilon_r > 1$ 的介质时，只传输 TE_{10} 模的条件为

$$a < \frac{\lambda_0}{\sqrt{\varepsilon_r}} < 2a \text{ 和 } \frac{\lambda_0}{\sqrt{\varepsilon_r}} > 2b$$

2-10　经计算，矩形波导的尺寸 a 和 b 的范围为

$$15\ \text{mm} < a < 30\ \text{mm} \quad b < 15\ \text{mm}$$

据此，可选用标准波导 BJ100，其尺寸为 $a \times b = 22.86\ \text{mm} \times 10.16\ \text{mm}$

根据这个尺寸计算出的 λ_g、v_p 和 v_g 分别为

$$\lambda_g = 39.75\ \text{mm} \qquad v_p = 3.975 \times 10^8\ \text{m/s} \qquad v_g = 2.264 \times 10^8\ \text{m/s}$$

2-11　当圆形波导中传输的是 TE_{01} 模时，波导的内直径 D=17.346 mm；当传输的是 TE_{11} 模时，内直径 D=8.343 mm

2-14　当波长为 10 cm 时，对所有的模式都是截止的；当波长为 8 cm 时，对所有的模式也是截止的，当波长为 3.2 cm 时，只能传输 TE_{10} 模；当波长为 2 cm 时，能够传输 TE_{10}、TE_{20} 和 TE_{01} 模

2-17　导波波长 λ_g=21.8 cm，工作波长 $\lambda \approx$12.4 cm

2-24　当圆形波导中传输的是主模，f=5 000 MHz，并选取 λ/λ_c=0.9 时，圆形波导的内直径 D、导波波长、相速度和群速度分别为

$$D=39.1\ \text{mm} \qquad \lambda_g \approx 137.65\ \text{mm} \qquad v_p \approx 6.865 \times 10^8\ \text{m/s} \qquad v_g = 1.311 \times 10^8\ \text{m/s}$$

2-27　波导中可能存在的模式为 TE_{11}、TM_{01} 和 TE_{21}

2-33　当同轴线中只传输 TEM 模时，其最短的工作波长 λ_{min} 为

$$\lambda_{min} \geqslant \pi(a+b)\text{，即 } \lambda_{min} \geqslant 103.672\ \text{cm}$$

2-34　经计算，同轴线的击穿功率 $P_{br} \approx 2.77 \times 10^6$ W，因此，同轴线允许传输的最大功率应小于 P_{br}。

第 3 章　习题答案

说明：本章习题解答中关于带状线和微带线的计算，都是利用近似公式或曲线图进行计算

的，所得结果也是近似的；而且，同一问题用公式计算和用曲线图计算，两者之间也有差别。

3－2　特性阻抗 $Z_c \approx 91\ \Omega$

3－3　当 $Z_c=50\ \Omega$ 时，$w \approx 3.6$ mm；当 $Z_c=70\ \Omega$ 时，$w \approx 1.9$ mm；当 $Z_c=75\ \Omega$ 时，$w \approx 1.6$ mm

3－6　$w/h \approx 1.05$

3－15　微带线内的导波波长 $\lambda_g \approx 8.442$ mm

3－21　当 $Z_c=50$ 时，导体带的宽度 $w \approx 0.768$ mm；当 $Z_c=75\ \Omega$ 时，导体带的宽度 $w \approx 0.293$ mm

当其他条件不变，$t=0.01$ mm 时，若 $Z_c=50\ \Omega$，则有效宽度 $w_e=\Delta w+w=0.018+0.768=0.786$ mm

若 $Z_c=75\ \Omega$，则 $w_e=0.018+0.288=0.306$ mm。$Z_c=50\ \Omega$ 时，对应的相速 v_p 和导波波长 λ_g 分别为

$$v_p \approx 1.70 \times 10^8 \text{ m/s} \qquad \lambda_g \approx 19.5 \text{ mm}$$

$Z_c=75\ \Omega$ 时，v_p 和 v_g 分别为

$$v_p \approx 1.215 \times 10^8 \text{ m/s} \qquad \lambda_g \approx 20.24 \text{ mm}$$

第 4 章　习题答案

4－2　光纤的数值孔径 $NA=0.173\ 2$；入射角 $\theta_i \leqslant 9.97°$

4－6　H_{13} 模的截止条件为 $J_1(u)=0$，其第一个根、第二个根、……的根值分别为 $u_{11}=0$，$u_{12}=3.831\ 7$，$u_{13}=7.015\ 6$，……这些根值分别表示 HE_{11}、HE_{12}、HE_{13} 等模式的截止条件，经计算，当 HE_{13} 模式可以传输时，还能够传输的模式有 HE_{11}、TE_{01}、TM_{01}、TE_{02}、TM_{02}、HE_{12}、HE_{22} 等。HE_{13} 远离截止的条件为 $J_0(u)=0$

4－7　当工作波长 λ_0 分别为 0.85 μm、1.3 μm 和 1.55 μm 时，光纤芯子的半径分别为 $a<1.882$ μm，$a<2.87$ μm，$a<3.32$ μm

第 5 章　习题答案

5－6　两短路板之间的距离 $l=1.05$ cm

5－7　当 $l<2.1R$ 时，最低次的谐振模式是 TM_{010}；当 $l>2.1R$ 时，最低次的谐振模式是 TE_{111}

5－14　第一问，最低次的振荡模式是 TM_{010}，谐振频率是 2.2 GHz

第二问，最低次的振荡模式是 TE_{111}，谐振频率是 2.14 GHz

5－19　最低谐振频率 $f_{min} \approx 14.07$ GHz，谐振波长 $\lambda_{r1} \approx 2.14$ cm；最高谐振频率 $f_{max} \approx 15.72$ GHz，谐振波长 $\lambda_{r2} \approx 1.90$ cm；谐振频率的调谐范围为 $\Delta f \approx 1.65$ GHz；腔长 l 的变化范围为 $\Delta l=6.2$ mm

5－22　TE_{101} 模式的谐振频率为 4.823 GHz；TE_{201} 模式的谐振频率为 8.077 GHz；TM_{111} 模式的谐振频率为 8.906 GHz

5－34　金属板 A 与金属 B 之间的距离为 19.788 mm

5－28　腔的外导体的内径 $D \approx 2.491$ cm；内导体的外径 $d \approx 0.69$ cm；腔的长度 $l \approx 3.75$ cm

第 7 章　习题答案

7－6　网络 A 参量的矩阵为 $[A]=\begin{bmatrix}1 & Z\\0 & 1\end{bmatrix}$，归一化的 a 参量矩阵为 $[a]=\begin{bmatrix}\sqrt{\dfrac{z_{c2}}{z_{c1}}} & Z/\sqrt{z_{c1}z_{c2}}\\0 & \sqrt{\dfrac{z_{c1}}{z_{c2}}}\end{bmatrix}$

7－7　网络 Z 参量的矩阵为 $[Z]=\begin{bmatrix}Z_{11} & Z_{12}\\Z_{21} & Z_{22}\end{bmatrix}$，式中，$Z_{11}=Z_1+Z_2$，$Z_{12}=Z_3$，$Z_{21}=Z_{12}=Z_3$，$Z_{22}=Z_2+Z_3$

7－8　网络总的 a 参量的矩阵为 $[a]=\begin{bmatrix}1-bx & \mathrm{j}(2x-bx^2)\\\mathrm{j}b & 1-bx\end{bmatrix}$

附录三　数 学 公 式

（一）矢量运算公式

设 ϕ 和 ψ 为任意数性函数，$\boldsymbol{A}$、$\boldsymbol{B}$ 和 $\boldsymbol{C}$ 为任意矢性函数，∇为哈密顿（Hamilton）算子。

$\nabla(\phi\pm\psi)=\nabla\phi\pm\nabla\psi$

$\nabla(k\phi)=k\nabla\phi$（$k$ 为常数）

$\nabla(\phi\psi)=\phi\nabla\psi+\psi\nabla\phi$

$\nabla\cdot(\phi\boldsymbol{k})=\nabla\phi\cdot\boldsymbol{k}$（$\boldsymbol{k}$ 为常矢量）

$\nabla\cdot(\phi\boldsymbol{A})=\phi\nabla\cdot\boldsymbol{A}+\boldsymbol{A}\cdot\nabla\phi$

$\nabla\cdot(\boldsymbol{A}\pm\boldsymbol{B})=\nabla\cdot\boldsymbol{A}\pm\nabla\cdot\boldsymbol{B}$

$\nabla\cdot(\boldsymbol{A}\times\boldsymbol{B})=\boldsymbol{B}\cdot(\nabla\times\boldsymbol{A})-\boldsymbol{A}\cdot(\nabla\times\boldsymbol{B})$

$\nabla\times(\boldsymbol{A}\times\boldsymbol{B})=\boldsymbol{A}(\nabla\cdot\boldsymbol{B})-\boldsymbol{B}(\nabla\cdot\boldsymbol{A})+(\boldsymbol{B}\cdot\nabla)\boldsymbol{A}-(\boldsymbol{A}\cdot\nabla)\boldsymbol{B}$

$\nabla\cdot\nabla\phi=\nabla^2\phi$［$\nabla^2$ 为标性拉普拉斯（Laplace）算子］

$\nabla\cdot(\nabla\times\boldsymbol{A})=0$

$\nabla\times(\nabla\phi)=0$

$\nabla\times(\nabla\times\boldsymbol{A})=\nabla(\nabla\cdot\boldsymbol{A})-\nabla^2\boldsymbol{A}$

或　$\nabla^2\boldsymbol{A}=\nabla(\nabla\cdot\boldsymbol{A})-\nabla\times(\nabla\times\boldsymbol{A})$［$\nabla^2$ 为矢性拉普拉斯算子］

$\boldsymbol{A}\cdot(\boldsymbol{B}\times\boldsymbol{C})=\boldsymbol{B}\cdot(\boldsymbol{C}\times\boldsymbol{A})=\boldsymbol{C}\cdot(\boldsymbol{A}\times\boldsymbol{B})$

$\boldsymbol{A}\times(\boldsymbol{B}\times\boldsymbol{C})=(\boldsymbol{A}\cdot\boldsymbol{C})\boldsymbol{B}-(\boldsymbol{A}\cdot\boldsymbol{B})\boldsymbol{C}$

设广义正交曲线坐标系（q_1，q_2，q_3）的坐标度量系数（拉梅系数）分别为 h_1、h_2 和 h_3，ϕ、$\boldsymbol{A}$ 和 $\boldsymbol{B}$ 在相应坐标上的分量分别用序号（1，2，3）表示，则

$$(\boldsymbol{A}\cdot\nabla)\phi=\boldsymbol{A}\cdot\nabla\phi=\frac{A_1}{h_1}\frac{\partial\phi}{\partial q_1}+\frac{A_2}{h_2}\frac{\partial\phi}{\partial q_2}+\frac{A_3}{h_3}\frac{\partial\phi}{\partial q_3}$$

$$(\boldsymbol{A}\cdot\nabla)\boldsymbol{B}=\frac{A_1}{h_1}\frac{\partial\boldsymbol{B}}{\partial q_1}+\frac{A_2}{h_2}\frac{\partial\boldsymbol{B}}{\partial q_2}+\frac{A_3}{h_3}\frac{\partial\boldsymbol{B}}{\partial q_3}$$

（二）直角、圆柱和球坐标系中梯度、散度和旋度的表示式

设 ϕ 为任意数性函数，$\boldsymbol{A}$ 为任意矢性函数。

（1）直角坐标系。设直角坐标（x，y，z）各坐标正方向的单位矢量分别为 $\boldsymbol{x}$、$\boldsymbol{y}$ 和 $\boldsymbol{z}$。

哈密顿算子为

$$\nabla=\boldsymbol{x}\frac{\partial}{\partial x}+\boldsymbol{y}\frac{\partial}{\partial y}+\boldsymbol{z}\frac{\partial}{\partial z}$$

拉普拉斯算子为

$$\nabla^2=\frac{\partial^2}{\partial x^2}+\frac{\partial^2}{\partial y^2}+\frac{\partial^2}{\partial z^2}$$

$$\mathrm{grad}\phi=\nabla\phi=\boldsymbol{x}\frac{\partial\phi}{\partial x}+\boldsymbol{y}\frac{\partial\phi}{\partial y}+\boldsymbol{z}\frac{\partial\phi}{\partial z}$$

$$\nabla \cdot \nabla \phi = \nabla^2 \phi = \frac{\partial^2 \phi}{\partial x^2} + \frac{\partial^2 \phi}{\partial y^2} + \frac{\partial^2 \phi}{\partial z^2}$$

$$\boldsymbol{A} = \boldsymbol{x}A_x + \boldsymbol{y}A_y + \boldsymbol{z}A_z$$

$$\mathrm{div}\boldsymbol{A} = \nabla \cdot \boldsymbol{A} = \frac{\partial A_x}{\partial x} + \frac{\partial A_y}{\partial y} + \frac{\partial A_z}{\partial z}$$

$$\mathrm{rot}\boldsymbol{A} = \nabla \times \boldsymbol{A} = \begin{vmatrix} \boldsymbol{x} & \boldsymbol{y} & \boldsymbol{z} \\ \frac{\partial}{\partial x} & \frac{\partial}{\partial y} & \frac{\partial}{\partial z} \\ A_x & A_y & A_z \end{vmatrix} = \boldsymbol{x}\left(\frac{\partial A_z}{\partial y} - \frac{\partial A_y}{\partial z}\right) +$$

$$\boldsymbol{y}\left(\frac{\partial A_x}{\partial z} - \frac{\partial A_z}{\partial x}\right) + \boldsymbol{z}\left(\frac{\partial A_y}{\partial x} - \frac{\partial A_x}{\partial y}\right)$$

$$\nabla \times \nabla \times \boldsymbol{A} = \boldsymbol{x}\left(-\frac{\partial^2 A_x}{\partial y^2} - \frac{\partial^2 A_x}{\partial z^2} + \frac{\partial^2 A_y}{\partial x \partial y} + \frac{\partial^2 A_z}{\partial x \partial z}\right) +$$

$$\boldsymbol{y}\left(-\frac{\partial^2 A_y}{\partial x^2} - \frac{\partial^2 A_y}{\partial z^2} + \frac{\partial^2 A_x}{\partial x \partial y} + \frac{\partial^2 A_z}{\partial y \partial z}\right) +$$

$$\boldsymbol{z}\left(-\frac{\partial^2 A_z}{\partial x^2} - \frac{\partial^2 A_z}{\partial y^2} + \frac{\partial^2 A_x}{\partial x \partial z} + \frac{\partial^2 A_y}{\partial y \partial z}\right)$$

$$\nabla \nabla \cdot \boldsymbol{A} = \boldsymbol{x}\left(\frac{\partial^2 A_x}{\partial x^2} + \frac{\partial^2 A_y}{\partial x \partial y} + \frac{\partial^2 A_z}{\partial x \partial y}\right) + \boldsymbol{y}\left(\frac{\partial^2 A_x}{\partial x \partial y} + \frac{\partial^2 A_y}{\partial y^2} + \frac{\partial^2 A_z}{\partial y \partial z}\right) +$$

$$\boldsymbol{z}\left(\frac{\partial^2 A_x}{\partial x \partial z} + \frac{\partial^2 A_y}{\partial y \partial z} + \frac{\partial^2 A_z}{\partial z^2}\right)$$

$$\nabla^2 \boldsymbol{A} = \nabla^2(\boldsymbol{x}A_x + \boldsymbol{y}A_y + \boldsymbol{z}A_z) = \boldsymbol{x}\nabla^2 \boldsymbol{A}_x + \boldsymbol{y}\nabla^2 \boldsymbol{A}_y + \boldsymbol{z}\nabla^2 \boldsymbol{A}_z$$

单位矢量的偏导数 $\frac{\partial \boldsymbol{x}}{\partial x} = 0$、$\frac{\partial \boldsymbol{x}}{\partial y} = \frac{\partial \boldsymbol{x}}{\partial z} = 0$、$\frac{\partial \boldsymbol{y}}{\partial y} = 0$、$\frac{\partial \boldsymbol{y}}{\partial x} = \frac{\partial \boldsymbol{y}}{\partial z} = 0$、$\frac{\partial \boldsymbol{z}}{\partial z} = 0$。

（2）圆柱坐标系。设与圆柱坐标系（r，φ，z）坐标变量增大的方向相对应的单位矢量分别为 $\boldsymbol{r}$、$\boldsymbol{\varphi}$ 和 $\boldsymbol{z}$。

哈密顿算子为

$$\nabla = \boldsymbol{r}\frac{\partial}{\partial r} + \boldsymbol{\varphi}\frac{1}{r}\frac{\partial}{\partial \varphi} + \boldsymbol{z}\frac{\partial}{\partial z}$$

拉普拉斯算子为

$$\nabla^2 = \left(\frac{\partial^2}{\partial r^2} + \frac{1}{r}\frac{\partial}{\partial r}\right) + \frac{1}{r^2}\frac{\partial^2}{\partial \varphi^2} + \frac{\partial^2}{\partial z^2}$$

$$\mathrm{grad}\,\psi = \nabla \psi = \boldsymbol{r}\frac{\partial \psi}{\partial r} + \boldsymbol{\varphi}\frac{1}{r}\frac{\partial \psi}{\partial \varphi} + \boldsymbol{z}\frac{\partial \psi}{\partial z}$$

$$\nabla\cdot\nabla\psi=\frac{\partial^2\psi}{\partial r^2}+\frac{1}{r}\frac{\partial\psi}{\partial r}+\frac{1}{r^2}\frac{\partial^2\psi}{\partial\varphi^2}+\frac{\partial^2\psi}{\partial z^2}$$

$$\boldsymbol{A}=\boldsymbol{r}A_r+\boldsymbol{\varphi}A_\varphi+\boldsymbol{z}A_z$$

$$\mathrm{div}\boldsymbol{A}=\nabla\cdot\boldsymbol{A}=\frac{1}{r}\frac{\partial}{\partial r}(rA_r)+\frac{1}{r}\frac{\partial A_\varphi}{\partial\varphi}+\frac{\partial A_z}{\partial z}$$

$$\mathrm{rot}\boldsymbol{A}=\nabla\times\boldsymbol{A}=\frac{1}{r}\begin{vmatrix}\boldsymbol{r} & r\boldsymbol{\varphi} & \boldsymbol{z}\\ \frac{\partial}{\partial r} & \frac{\partial}{\partial\varphi} & \frac{\partial}{\partial z}\\ A_r & rA_\varphi & A_z\end{vmatrix}$$

$$=\boldsymbol{r}\left(\frac{1}{r}\frac{\partial A_z}{\partial\varphi}-\frac{\partial A_\varphi}{\partial z}\right)+\boldsymbol{\varphi}\left(\frac{\partial A_r}{\partial z}-\frac{\partial A_z}{\partial r}\right)+\boldsymbol{z}\left(\frac{1}{r}\frac{\partial(rA\varphi)}{\partial r}-\frac{1}{r}\frac{\partial A_r}{\partial\varphi}\right)$$

$$\nabla\times\nabla\times\boldsymbol{A}=\boldsymbol{r}\left(-\frac{1}{r^2}\frac{\partial^2A_r}{\partial\varphi^2}-\frac{\partial^2A_r}{\partial z^2}+\frac{\partial^2A_z}{\partial r\partial z}+\frac{1}{r}\frac{\partial^2A_\varphi}{\partial r\partial\varphi}+\frac{1}{r^2}\frac{\partial A_\varphi}{\partial\varphi}\right)+$$
$$\boldsymbol{\varphi}\left(-\frac{\partial^2A_\varphi}{\partial z^2}+\frac{1}{r}\frac{\partial^2A_z}{\partial\varphi\partial z}-\frac{\partial^2A_\varphi}{\partial r^2}-\frac{1}{r}\frac{\partial A_\varphi}{\partial r}+\frac{A_\varphi}{r^2}-\right.$$
$$\left.\frac{1}{r^2}\frac{\partial A_r}{\partial\varphi}+\frac{1}{r}\frac{\partial^2A_r}{\partial\varphi\partial r}\right)+\boldsymbol{z}\left(-\frac{\partial^2A_z}{\partial r^2}-\frac{1}{r^2}\frac{\partial^2A_z}{\partial\varphi^2}+\frac{\partial^2A_r}{\partial r\partial z}+\right.$$
$$\left.\frac{1}{r}\frac{\partial^2A_\varphi}{\partial\varphi\partial z}+\frac{1}{r}\frac{\partial A_r}{\partial z}-\frac{1}{r}\frac{\partial A_z}{\partial r}\right)$$

$$\nabla\nabla\cdot\boldsymbol{A}=\boldsymbol{r}\left(\frac{\partial^2A_r}{\partial r^2}+\frac{\partial^2A_z}{\partial r\partial z}+\frac{1}{r}\frac{\partial^2A_\varphi}{\partial r\partial\varphi}+\frac{1}{r}\frac{\partial A_\varphi}{\partial r}-\frac{1}{r^2}\frac{\partial A_\varphi}{\partial\varphi}-\frac{A_r}{r^2}\right)+$$
$$\boldsymbol{\varphi}\left(\frac{1}{r}\frac{\partial^2A_z}{\partial\varphi\partial z}+\frac{1}{r^2}\frac{\partial^2A_\varphi}{\partial\varphi^2}+\frac{1}{r}\frac{\partial^2A_r}{\partial r\partial\varphi}+\frac{1}{r^2}\frac{\partial A_r}{\partial\varphi}\right)+$$
$$\boldsymbol{z}\left(\frac{\partial^2A_z}{\partial z^2}+\frac{1}{r}\frac{\partial^2A_\varphi}{\partial\varphi\partial z}+\frac{\partial^2A_r}{\partial r\partial z}+\frac{1}{r}\frac{\partial A_r}{\partial z}\right)$$

$$\nabla^2\boldsymbol{A}=\boldsymbol{r}\left(\nabla^2A_r-\frac{A_r}{r^2}-\frac{2}{r^2}\frac{\partial A_\varphi}{\partial\varphi}\right)+\boldsymbol{\varphi}\left(\nabla^2A_\varphi-\frac{A_\varphi}{r^2}+\frac{2}{r^2}\frac{\partial A_r}{\partial\varphi}\right)+\boldsymbol{z}\nabla^2A_z$$

单位矢量的偏导数

$$\frac{\partial\boldsymbol{r}}{\partial\varphi}=\boldsymbol{\varphi},\frac{\partial\boldsymbol{\varphi}}{\partial\varphi}=-\boldsymbol{r},\frac{\partial\boldsymbol{r}}{\partial r}=\frac{\partial\boldsymbol{r}}{\partial z}=\frac{\partial\boldsymbol{\varphi}}{\partial r}=\frac{\partial\boldsymbol{\varphi}}{\partial z}=\frac{\partial z}{\partial r}=\frac{\partial z}{\partial\varphi}=\frac{\partial z}{\partial z}=0$$

（3）球面坐标系。设与球面坐标系（r，θ，φ）坐标变量增大的方向相对应的单位矢量分别为 $\boldsymbol{r}$、$\boldsymbol{\theta}$ 和 $\boldsymbol{\varphi}$。

哈密顿算子为

$$\nabla=\boldsymbol{r}\frac{\partial}{\partial r}+\boldsymbol{\theta}\frac{1}{r}\frac{\partial}{\partial\theta}+\boldsymbol{\varphi}\frac{1}{r\sin\theta}\frac{\partial}{\partial\varphi}$$

拉普拉斯算子为

$$\nabla^2=\left(\frac{\partial^2}{\partial r^2}+\frac{2}{r}\frac{\partial}{\partial r}\right)+\frac{1}{r^2}\left(\frac{\partial^2}{\partial\theta^2}+\cot\theta\frac{\partial}{\partial\theta}\right)+\frac{1}{r^2\sin^2\theta}\frac{\partial^2}{\partial\varphi^2}$$

$$\mathrm{grad}\,\psi=\nabla\psi=\boldsymbol{r}\frac{\partial\psi}{\partial r}+\boldsymbol{\theta}\frac{1}{r}\frac{\partial\psi}{\partial\theta}+\boldsymbol{\varphi}\frac{1}{r\sin\theta}\frac{\partial\psi}{\partial\varphi}$$

$$\nabla\cdot\nabla\psi=\nabla^2\psi=\left(\frac{\partial^2\psi}{\partial r^2}+\frac{2}{r}\frac{\partial\psi}{\partial r}\right)+\frac{1}{r^2}\left(\frac{\partial^2\psi}{\partial\theta^2}+\frac{\partial\psi}{\partial\theta}\cot\theta\right)+\frac{1}{r^2\sin^2\theta}\frac{\partial^2\psi}{\partial\varphi^2}$$

$$\boldsymbol{A}=\boldsymbol{r}A_r+\boldsymbol{\theta}A_\theta+\boldsymbol{\varphi}A_\varphi$$

$$\mathrm{div}\boldsymbol{A}=\nabla\cdot\boldsymbol{A}=\left(\frac{\partial A_r}{\partial r}+\frac{2}{r}A_r\right)+\frac{1}{r}\left(\frac{\partial A_\theta}{\partial\theta}+A_\theta\cot\theta\right)+\frac{1}{r\sin\theta}\frac{\partial A_\varphi}{\partial\varphi}$$

$$\mathrm{rot}\,\boldsymbol{A}=\nabla\times\boldsymbol{A}=\boldsymbol{r}\frac{1}{r}\left(\frac{\partial A_\varphi}{\partial\theta}+A\varphi\cot\theta-\frac{1}{\sin\theta}\frac{\partial A_\theta}{\partial\varphi}\right)+$$

$$\boldsymbol{\theta}\left(\frac{1}{r\sin\theta}\frac{\partial A_r}{\partial\varphi}-\frac{\partial A\varphi}{\partial r}-\frac{A_\varphi}{r}\right)+\boldsymbol{\varphi}\left(\frac{\partial A_\theta}{\partial r}+\frac{A_\theta}{r}-\frac{1}{r}\frac{\partial A_r}{\partial\theta}\right)$$

$$\nabla\times\nabla\times\boldsymbol{A}=\boldsymbol{r}\left(\frac{1}{r}\frac{\partial^2A_\theta}{\partial r\partial\theta}+\frac{1}{r^2}\frac{\partial A_\theta}{\partial\theta}-\frac{1}{r^2}\frac{\partial^2A_r}{\partial\theta^2}+\frac{1}{r\tan\theta}\frac{\partial A_\theta}{\partial r}+\frac{1}{r\tan\theta}\frac{A_\theta}{r}-\right.$$

$$\left.\frac{1}{r^2\tan\theta}\frac{\partial A_r}{\partial\theta}-\frac{1}{r^2\sin^2\theta}\frac{\partial^2A_r}{\partial\varphi^2}+\frac{1}{r\sin\theta}\frac{\partial^2A_\varphi}{\partial r\partial\varphi}+\frac{1}{r^2\sin\theta}\frac{\partial A_\varphi}{\partial\varphi}\right)+$$

$$\boldsymbol{\theta}\left(\frac{1}{r^2\sin^2\theta}\frac{\partial^2A_\varphi}{\partial\varphi\partial\theta}+\frac{\cos\theta}{r^2\sin^2\theta}\frac{\partial A_\varphi}{\partial\varphi}-\frac{1}{r^2\sin^2\theta}\frac{\partial^2A_\theta}{\partial\varphi^2}-\frac{2}{r}\frac{\partial A_\theta}{\partial r}+\right.$$

$$\left.\frac{1}{r}\frac{\partial^2A_r}{\partial r\partial\theta}-\frac{\partial^2A_\theta}{\partial r^2}\right)+\boldsymbol{\varphi}\left(\frac{1}{r\sin\theta}\frac{\partial^2A_r}{\partial\varphi\partial r}-\frac{2}{r}\frac{\partial A_\varphi}{\partial r}-\frac{1}{r^2}\frac{\partial^2A_\varphi}{\partial\theta^2}-\frac{\partial^2A_\varphi}{\partial r^2}-\right.$$

$$\left.\frac{1}{r^2\tan\theta}\frac{\partial A_\varphi}{\partial\theta}+\frac{A_\varphi}{r^2\sin^2\theta}+\frac{1}{r^2\sin^2\theta}\frac{\partial^2A_\theta}{\partial\theta\partial\varphi}-\frac{\cos\theta}{r^2\sin^2\theta}\frac{\partial A_\theta}{\partial\varphi}\right)$$

$$\nabla\nabla\cdot\boldsymbol{A}=\boldsymbol{r}\left(\frac{\partial^2Ar}{\partial r^2}+\frac{2}{r}\frac{\partial A_r}{\partial r}-\frac{2A_r}{r^2}-\frac{A_\theta}{r^2\tan\theta}+\frac{1}{r\tan\theta}\frac{\partial A_\theta}{\partial r}+\frac{1}{r}\frac{\partial^2A_\theta}{\partial\theta\partial r}-\right.$$

$$\left.\frac{1}{r^2}\frac{\partial A_\theta}{\partial\theta}+\frac{1}{r\sin\theta}\frac{\partial^2A_\varphi}{\partial\varphi\partial r}-\frac{1}{r^2\sin\theta}\frac{\partial A_\varphi}{\partial\varphi}\right)+$$

$$\boldsymbol{\theta}\left(\frac{1}{r}\frac{\partial^2A_r}{\partial r\partial\theta}+\frac{2}{r^2}\frac{\partial A_r}{\partial\theta}-\frac{A_\theta}{r^2\sin^2\theta}+\frac{1}{r^2\tan\theta}\frac{\partial A_\theta}{\partial\theta}+\right.$$

$$\left.\frac{1}{r}\frac{\partial^2A_\theta}{\partial\theta^2}+\frac{1}{r^2\sin\theta}\frac{\partial^2A_\varphi}{\partial\varphi\partial\theta}-\frac{\cos\theta}{r^2\sin^2\theta}\frac{\partial A_\varphi}{\partial\varphi}\right)+$$

$$\boldsymbol{\varphi}\left(\frac{1}{r\sin\theta}\frac{\partial^2A_r}{\partial r\partial\varphi}+\frac{2}{r^2\sin\theta}\frac{\partial A_r}{\partial\varphi}+\frac{\cos\theta}{r^2\sin^2\theta}\frac{\partial A_\theta}{\partial\varphi}+\frac{1}{r^2\sin\theta}\frac{\partial^2A_\varphi}{\partial\varphi\partial\theta}+\frac{1}{r^2\sin^2\theta}\frac{\partial^2A_\varphi}{\partial\varphi^2}\right)$$

$$\nabla^2 \boldsymbol{A} = \boldsymbol{r}\left(\nabla^2 A_r - \frac{2A_r}{r^2} - \frac{2\cot\theta}{r^2}A_\theta - \frac{2}{r^2}\frac{\partial A_\theta}{\partial\theta} - \frac{2}{r^2\sin\theta}\frac{\partial A_\varphi}{\partial\varphi}\right) +$$

$$\boldsymbol{\theta}\left(\nabla^2 A_\theta + \frac{2}{r^2}\frac{\partial A_r}{\partial\theta} - \frac{A_\theta}{r^2\sin\theta} - \frac{2\cos\theta}{r^2\sin^2\theta}\frac{\partial A_\varphi}{\partial\varphi}\right) +$$

$$\boldsymbol{\varphi}\left(\nabla^2 A_\varphi + \frac{2}{r^2\sin\theta}\frac{\partial A_r}{\partial\varphi} - \frac{1}{r^2\sin^2\theta}A_\varphi + \frac{2\cos\theta}{r^2\sin^2\theta}\frac{\partial A_\theta}{\partial\varphi}\right)$$

单位矢量的偏导数

$$\frac{\partial \boldsymbol{r}}{\partial\theta} = \boldsymbol{\theta} \quad \frac{\partial \boldsymbol{\theta}}{\partial\theta} = -\boldsymbol{r} \quad \frac{\partial \boldsymbol{r}}{\partial\varphi} = \boldsymbol{\varphi}\sin\theta \quad \frac{\partial \boldsymbol{\theta}}{\partial\varphi} = \boldsymbol{\varphi}\cos\theta$$

$$\frac{\partial \boldsymbol{\varphi}}{\partial\varphi} = -(\boldsymbol{r}\sin\theta + \boldsymbol{\theta}\cos\theta), \ \frac{\partial \boldsymbol{r}}{\partial r} = \frac{\partial \boldsymbol{\theta}}{\partial r} = \frac{\partial \boldsymbol{\varphi}}{\partial r} = \frac{\partial \boldsymbol{\varphi}}{\partial\theta} = 0$$

（三）直角坐标与圆柱坐标、球面坐标之间的关系

（1）直角坐标与圆柱坐标之间的关系：

$$x = r\cos\varphi \qquad y = r\sin\varphi \qquad z = z \qquad r = \sqrt{x^2 + y^2}$$

$$\varphi = \arctan\frac{y}{x} = \arcsin\frac{y}{\sqrt{x^2+y^2}} = \arccos\frac{x}{\sqrt{x^2+y^2}}$$

$$\boldsymbol{x} = \boldsymbol{r}\cos\varphi - \boldsymbol{\varphi}\sin\varphi \qquad \boldsymbol{y} = \boldsymbol{r}\sin\varphi + \boldsymbol{\varphi}\cos\varphi \qquad \boldsymbol{z} = \boldsymbol{z}$$

$$\boldsymbol{r} = \boldsymbol{x}\cos\varphi + \boldsymbol{y}\sin\varphi \qquad \boldsymbol{\varphi} = -\boldsymbol{x}\sin\varphi + \boldsymbol{y}\cos\varphi \qquad \boldsymbol{z} = \boldsymbol{z}$$

（2）直角坐标与球面坐标之间的关系：

$$x = r\sin\theta\cos\varphi \qquad y = r\sin\theta\sin\varphi \qquad z = r\cos\theta \qquad r = \sqrt{x^2+y^2+z^2}$$

$$\theta = \arccos\frac{z}{\sqrt{x^2+y^2+z^2}} = \arcsin\frac{\sqrt{x^2+y^2}}{\sqrt{x^2+y^2+z^2}}$$

$$\varphi = \arctan\frac{y}{x} = \arcsin\frac{y}{\sqrt{x^2+y^2}} = \arccos\frac{x}{\sqrt{x^2+y^2}}$$

$$\boldsymbol{x} = \boldsymbol{r}\sin\theta\cos\varphi + \boldsymbol{\theta}\cos\theta\cos\varphi - \boldsymbol{\varphi}\sin\varphi$$

$$\boldsymbol{y} = \boldsymbol{r}\sin\theta\sin\varphi + \boldsymbol{\theta}\cos\theta\sin\varphi + \boldsymbol{\varphi}\cos\varphi$$

$$\boldsymbol{z} = \boldsymbol{r}\cos\theta - \boldsymbol{\theta}\sin\theta$$

$$\boldsymbol{r} = \boldsymbol{x}\sin\theta\cos\varphi + \boldsymbol{y}\sin\theta\sin\varphi + \boldsymbol{z}\cos\varphi$$

$$\boldsymbol{\theta} = \boldsymbol{x}\cos\theta\cos\varphi + \boldsymbol{y}\cos\theta\sin\varphi - \boldsymbol{z}\sin\theta$$

$$\boldsymbol{\varphi} = -\boldsymbol{x}\sin\varphi + \boldsymbol{y}\cos\varphi$$

（四）常用的贝塞尔（Bessel）函数公式

$\mathrm{J}_m(x)$和$\mathrm{N}_m(x)$分别称为第一类和第二类 m 阶贝塞尔函数（第二类也称为诺依曼函数）；$\mathrm{I}_m(x)$和 $\mathrm{K}_m(x)$分别称为第一类和第二类 m 阶变态贝塞尔函数。设 m 为整数。

（1）$\mathrm{J}_m(x)$的常用公式：

$$J_{-m}(x)=(-1)^m J_m(x)$$

$$\frac{d}{dx}[x^m J_m(x)]=x^m J_{m-1}(x)$$

$$\frac{d}{dx}[x^{-m} J_m(x)]=-x^{-m} J_{m+1}(x)$$

$$J'_m(x)=J_{m-1}(x)-\frac{mJ_m(x)}{x}$$

$$J'_m(x)=\frac{mJ_m(x)}{x}-J_{m+1}(x)$$

$$J_{m-1}(x)+J_{m+1}(x)=\frac{2m}{x}J_m(x)$$

$$J_{m-1}(x)-J_{m+1}(x)=2J'_m(x)$$

当 $x\to 0$ 时

$$J_m(x)\approx\frac{1}{m!}\left(\frac{x}{2}\right)^m \quad m\neq 0$$

当 $x\to\infty$ 时

$$J_m(x)\approx\sqrt{\frac{2}{\pi x}}\cos\left(x-\frac{2m+1}{4}\pi\right)$$

（2）$N_m(x)$ 的常用公式：

$$N_{-m}(x)=(-1)^m N_m(x)$$

$$\frac{d}{dx}[x^m N_m(x)]=x^m N_{m-1}(x)$$

$$\frac{d}{dx}[x^{-m} N_m(x)]=-x^{-m} N_{m+1}(x)$$

$$N'_m(x)=N_{m-1}(x)-\frac{mN_m(x)}{x}$$

$$N'_m(x)=\frac{mN_m(x)}{x}-N_{m+1}(x)$$

$$N_{m-1}(x)+N_{m+1}(x)=\frac{2m}{x}N_m(x)$$

$$N_{m-1}(x)-N_{m+1}(x)=2N'_m(x)$$

当 $x\to 0$ 时

$$N_0(x)\approx\frac{2}{\pi}\left(\ln\frac{x}{2}-1\right)$$

$$N_m(x)\approx-\frac{(m-1)!}{\pi}\left(\frac{x}{2}\right)^m \qquad m\neq 0$$

当 $x\to\infty$ 时

$$N_m(x)\approx\sqrt{\frac{2}{\pi x}}\sin\left(x-\frac{2m+1}{4}\pi\right)$$

（3）$I_m(x)$的常用公式：

$$I_{-m}(x)=I_m(x)$$
$$\frac{d}{dx}[x^m I_m(x)]=x^m I_{m-1}(x)$$
$$\frac{d}{dx}[x^{-m} I(x)]=x^{-m} I_{m+1}(x)$$
$$I'_m(x)=I_{m-1}(x)-\frac{m}{x}I_m(x)$$
$$I'_m(x)=\frac{m}{x}I_m(x)+I_{m+1}(x)$$
$$I_{m-1}(x)-I_{m+1}(x)=\frac{2m}{x}I_m(x)$$
$$I_{m-1}(x)+I_{m+1}(x)=2I'_m(x)$$

当 $x\to 0$ 时

$$I_m(x)\approx\frac{1}{m!}\left(\frac{x}{2}\right)^m \quad m\neq 0$$

当 $x\to\infty$时

$$I_m(x)\approx\sqrt{\frac{1}{2\pi x}}e^x$$

（4）$K_m(x)$的常用公式：

$$K_{-m}(x)=K_m(x)$$
$$\frac{d}{dx}[x^m K_m(x)]=-x^m K_{m-1}(x)$$
$$\frac{d}{dx}[x^{-m} K_m(x)]=-x^{-m} K_{m+1}(x)$$
$$K'_m(x)=\frac{m}{x}K_m(x)-K_{m+1}(x)$$
$$K'_m(x)=-\frac{m}{x}K_m(x)-K_{m-1}(x)$$
$$K'_m(x)=-\frac{1}{2}[K_{m-1}(x)+K_{m+1}(x)]$$
$$K_{m+1}(x)-K_{m-1}(x)=\frac{2m}{x}K_m(x)$$

当 $x\to 0$ 时

$$K_0(x)\approx\ln\left(\frac{2}{\gamma x}\right) \qquad \gamma=1.781\,(\text{欧拉常数})$$

$$K_m(x)\approx\frac{(m-1)!}{2}\left(\frac{2}{x}\right)^m \quad m\neq 0$$

又

$$\frac{\mathrm{K}_{m-1}(x)}{x\mathrm{K}_m(x)} \approx \ln\left(\frac{2}{\gamma x}\right) \quad m=1$$

$$\frac{\mathrm{K}_{m-1}(x)}{x\mathrm{K}_m(x)} \approx \frac{1}{2(m-1)} \quad m \geqslant 2$$

当 $x \to \infty$ 时

$$\mathrm{K}_m(x) \approx \sqrt{\frac{\pi}{2x}}\mathrm{e}^{-x}$$

$$\frac{\mathrm{K}_{m-1}(x)}{x\mathrm{K}_m(x)} \approx \frac{1}{x}$$

（5）贝塞尔函数的积分公式：

$$\int_0^a \mathrm{J}_m^2(Kx)x\mathrm{d}x = \frac{a^2}{2}\left[\mathrm{J}_m'^2(Ka) + \left(1 - \frac{m^2}{K^2a^2}\right)\mathrm{J}_m^2(Ka)\right]$$

$$\int_0^a \left[\mathrm{J}_m'^2(Kx) + \frac{m^2}{K^2x^2}\mathrm{J}_m^2(Kx)\right]x\mathrm{d}x =$$

$$\frac{a^2}{2}\left[\mathrm{J}_m'^2(Ka) + \frac{2m}{Ka}\mathrm{J}_m(Ka)\mathrm{J}_m'(Ka) + \left(1 - \frac{m^2}{K^2a^2}\right)\mathrm{J}_m^2(Ka)\right]$$

$$\int_0^a \mathrm{J}_{m-1}(Kx)\mathrm{J}_m(Kx)x^{2m}\mathrm{d}x = \frac{a^{2m}}{2K}\mathrm{J}_m^2(Ka)$$

$$\int_0^a \mathrm{J}_1^2(Kx)x\mathrm{d}x = \frac{a}{2}[\mathrm{J}_1^2(Ka) - \mathrm{J}_0(Ka)\mathrm{J}_2(Ka)]$$

$$\int_a^\infty x\mathrm{K}_m^2(Kx)\mathrm{d}x = \frac{a^2}{2}[\mathrm{K}_{m-1}(Ka)\mathrm{K}_{m+1}(Ka) - \mathrm{K}_m^2(Ka)]$$

$$\int_0^a x^m\mathrm{K}_{m-1}(x)\mathrm{d}x = -a^m\mathrm{K}_m(a)$$

$$\int_0^a x^{-m}\mathrm{K}_{m+1}(x)\mathrm{d}x = -a^{-m}\mathrm{K}_m(a)$$

附录四　奈培和分贝

传播常数 $\gamma=\alpha+j\beta$，α 为衰减常数，它表示传输线单位长度上的衰减量，用 Np/m（奈培/米）或 dB/m（分贝/米）来度量。β 为相移常数，它表示传输线单位长度上波的相位变化量，用 rad/m（弧度/米）来度量。奈培和分贝是经常使用的单位，现以传输线为例，做一简要的介绍。

设传输线上某一参考位置电压的振幅值为 $U(0)$，相应的功率为 $P(0)$，经过一段距离 z 之后，电压的振幅值变为 $U(z)$，相应的功率为 $P(z)$，则取 $\ln\dfrac{U(z)}{U(0)}$ 作为衰减程度的度量，并规定，当 $\ln\dfrac{U(z)}{U(0)}=-1$ 时，即 $U(z)$衰减到 $U(0)$的 1/e（e≈2.718 23）时，就称为衰减了 1 奈培（Np），显然，当 $\dfrac{1}{2}\ln\dfrac{P(z)}{P(0)}=-1$ 时，即 $P(z)$衰减到 $P(0)$的 $1/e^2$ 时，其衰减量也是 1 奈培；若取 $20\lg\dfrac{U(z)}{U(0)}$ 作为衰减程度的度量，则规定，当 $20\lg\dfrac{U(z)}{U(0)}=-1$ 时，即 $U(z)$衰减到 $U(0)$的大约 1/1.222=0.891 3 时，就称为衰减了 1 分贝（dB），显然，当 $10\lg\dfrac{P(z)}{P(0)}=-1$ 时，其衰减量也是 1 dB。奈培与分贝之间的换算关系为

$$1\text{dB}=\frac{\ln 10}{20}\text{Np}=0.115\,129\ \text{Np}$$

或

$$1\ \text{Np}=8.685\,9\ \text{dB}$$

以上所述是以传输线上的电压和功率为例来说明如何衡量衰减量的大小，并由此引入了奈培和分贝的概念。实际上，这两个概念的应用范围并不仅限于此，而是比较广泛的。例如，一般地，设有两个同类的量，其振幅值分别为 F_1 和 F_2，为了对比，通常采用 $\ln\dfrac{F_2}{F_1}$ 或 $20\lg\dfrac{F_2}{F_1}$（称为两个量的级差）作为衡量的标准。当 $F_2<F_1$ 时，级差为负（表示衰减）；当 $F_2>F_1$ 时，级差为正（表示增大、增益）。并规定，当 $\ln\dfrac{F_2}{F_1}=\pm1$ 时，称两个量的级差为 1Np；当 $20\lg\dfrac{F_2}{F_1}=\pm1$ 时，称两个量的级差为 1 dB。例如，若 F_1 和 F_2 分别表示电压 U_1 和 U_2 的振幅值（或电流 I_1 和 I_2、场强振幅值 E_1 和 E_2、功率 P_1 和 P_2），则

$$N=\ln\frac{U_2}{U_1}\ \text{Np}$$

或

$$N=\ln\frac{I_2}{I_1}\text{Np},\quad N=\ln\frac{E_2}{E_1}\text{Np},\quad N=\frac{1}{2}\ln\frac{P_2}{P_1}\text{Np}$$

$$D=20\lg\frac{U_2}{U_1}\ \text{dB},\quad D=20\lg\frac{I_2}{I_1}\ \text{dB},\quad D=20\lg\frac{E_2}{E_1}\ \text{dB},\quad D=10\lg\frac{P_2}{P_1}\ \text{dB}$$

奈培和分贝都是无量纲的对数计数单位。奈培（Np）是以自然对数的发明者 John Napier

的名字而命名的。分贝（dB）的英文名称为 decibel（十分之一贝），其词头取自拉丁文 decimus，意思是十分之一。“贝”是贝尔（Bel）的简称，是以电话的发明者 A·G·Bell 的名字而命名的对数计数单位。若 F_1 和 F_2 分别表示功率 P_1 和 P_2，则贝尔的定义为

$$B=\lg\frac{P_2}{P_1}\ \text{Bel}$$

在实际应用中，贝尔这个计数单位显得太大，使用不便，因此常取其十分之一（dB）作为计数单位，即

$$D=10\lg\frac{P_2}{P_1}\ \text{dB}$$

一般地，在理论推导和计算中采用奈培比较方便，而在工程计算和测量中，目前大都习惯于采用分贝。顺便指出，在声学中也常用到奈培和分贝这两个计数单位，这里不再赘述。

附录五　常用导体材料的特性

材料	电导率 σ_1/ (S·m^{-1})	磁导率 μ_1/ (H·m^{-1})	趋肤深度 δ/m	表面电阻率 R_S/ (Ω/□)
银	6.17×10^7	$4\pi\times10^{-7}$	$0.0642/\sqrt{f}$	$2.5246\times10^{-7}\sqrt{f}$
铜	5.80×10^7	$4\pi\times10^{-7}$	$0.0660/\sqrt{f}$	$2.6100\times10^{-7}\sqrt{f}$
金	4.10×10^7	$4\pi\times10^{-7}$	$0.0786/\sqrt{f}$	$3.1801\times10^{-7}\sqrt{f}$
铝	3.72×10^7	$4\pi\times10^{-7}$	$0.0882/\sqrt{f}$	$3.2701\times10^{-7}\sqrt{f}$
黄铜(90%)	2.41×10^7	$4\pi\times10^{-7}$	$0.1025/\sqrt{f}$	$4.0486\times10^{-7}\sqrt{f}$
钨	1.78×10^7	$4\pi\times10^{-7}$	$0.1193/\sqrt{f}$	$4.7081\times10^{-7}\sqrt{f}$
钼	1.76×10^7	$4\pi\times10^{-7}$	$0.1200/\sqrt{f}$	$4.7348\times10^{-7}\sqrt{f}$
锌	1.70×10^7	$4\pi\times10^{-7}$	$0.1221/\sqrt{f}$	$4.8170\times10^{-7}\sqrt{f}$
黄铜(70%)	1.45×10^7	$4\pi\times10^{-7}$	$0.1322/\sqrt{f}$	$5.2576\times10^{-7}\sqrt{f}$
镍	1.28×10^7		$0.1407/\sqrt{f}$	$5.5556\times10^{-7}\sqrt{f}$
铁	0.9999×10^7		$0.1592/\sqrt{f}$	$6.2814\times10^{-7}\sqrt{f}$
钢	$(0.5\sim1.0)\times10^7$		$(0.2251\sim0.1592)/\sqrt{f}$	$(8.8810\sim6.2814)\times10^{-7}\sqrt{f}$
铂	0.94×10^7	$4\pi\times10^{-7}$	$0.1642/\sqrt{f}$	$6.4809\times10^{-7}\sqrt{f}$
锡	0.87×10^7	$4\pi\times10^{-7}$	$0.1706/\sqrt{f}$	$6.7385\times10^{-7}\sqrt{f}$
铬	0.77×10^7		$0.1814/\sqrt{f}$	$7.1582\times10^{-7}\sqrt{f}$
钽	0.64×10^7	$4\pi\times10^{-7}$	$0.1989/\sqrt{f}$	$7.2886\times10^{-7}\sqrt{f}$
石墨	0.01×10^7	$4\pi\times10^{-7}$	$1.5915/\sqrt{f}$	$62.8931\times10^{-7}\sqrt{f}$

注：f 是频率，单位为 Hz。

附录六 常用介质基片材料的高频特性

电性能 材料	ε_r	$\tan\delta\times10^{-4}$ (10 GHz)	表面粗糙度/μm	热传导率 K/ (W·cm^{-2}·C^{-1})	介质强度/ (kV·cm^{-1})	机械强度
氧化铝(99.5%)瓷	10	1～2	2～8	0.3	4×10^3	良好
氧化铝(96%)瓷	9	6	20	0.28	4×10^3	良好
氧化铝(85%)瓷	8	15	50	0.20	4×10^3	良好
蓝宝石(氧化铝 100%)	11	1	1	0.4	4×10^3	良好
玻璃	5	20	1	0.01		差
石英(99.9%)	3.8	1	1	0.01	10×10^3	稍差
氧化铍(95%～99%)	6	1	2～50	2.5		良好
金红石(TiO_2)	100	4	10～100	0.02		良好
铁氧体/石榴石	13～16	2	10	0.03	4×10^3	良好
砷化镓	13	6	1	0.3	350	良好
硅	12	10～100	1	0.9	300	良好
聚苯乙烯	2.55	7	1	0.001	≈300	良好
聚乙烯	2.26	5	1	0.001	≈300	良好
聚四氟乙烯	2.1	4	1	0.001	≈300	良好
空气	1	≈0		0.000 24	30	

附录七 微带线常用导体材料的特性

特性 材料	相对于铜的直流电阻	趋肤深度 δ/μm (2GHz 时)	表面电阻率/ (Ω/□)$\times10^{-7}\sqrt{f/\text{Hz}}$	热膨胀系数 /(10^{-6}K^{-1})	对基片的黏附性	沉积方法[注]
银(Ag)	0.95	1.4	2.5	21	差	E,Sc
铜(Cu)	1.0	1.5	2.6	18	很差	E,P
金(Au)	1.36	1.7	3.0	15	很差	E,P
铝(Al)	1.60	1.9	3.3	26	很差	E
钨(W)	3.20	2.6	4.7	4.6	好	Sp
钼(Mo)	3.3	2.7	4.7	6.0	好	Sp
铬(Cr)	7.6	4.0	7.2	9.0	好	E
钽(Ta)	9.1	4.4	7.9	6.6	很好	Sp
注:E=真空蒸发;Sp=溅射;P=电镀;Sc=印制和烧结。						

附录八　空心矩形和圆形金属波导管参数

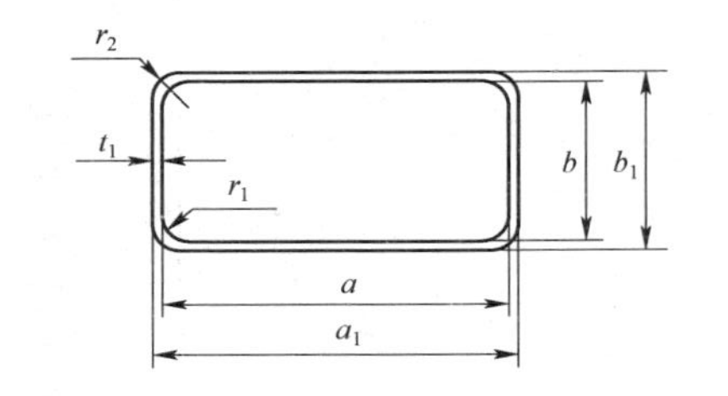

表（一）　普通矩形波导管参数

型号名称	型号[1)]名称153IEC－	主模频率范围/GHz		内截面				基本厚度 t[1)]	外截面					衰减/（dB·m^{-1}）		
		从	到	基本宽度 a	基本高度 b	宽和高的偏差（±）	圆角最大直径 r_1		基本宽度 a_1	基本高度 b_1	宽和高的偏差（±）	圆角直径 r_2 最小值	圆角直径 r_2 最大值	频率/GHz	理论值	最大值
BJ3	R3	0.32	0.49	584.2	292.10		1.5							0.385	0.000 78	
BJ4	R4	0.35	0.53	533.4	266.70	待	1.5		待		定			0.422	0.000 90	0.001 0
BJ5	R5	0.41	0.62	457.2	228.60		1.5							0.49	0.001 13	0.001 2
BJ6	R6	0.49	0.75	381.0	190.50		1.5							0.59	0.001 49	0.001 5
BJ8	R8	0.64	0.98	292.10	146.05	定	1.5							0.77	0.002 21	0.002 0
BJ9	R9	0.76	1.15	247.65	123.82		1.2							0.91	0.002 83	0.003 0
BJ12	R12	0.96	1.46	195.58	97.79		1.2	2.030	169.16	86.61	0.20	1	1.5	1.15	0.004 05	0.004 0
BJ14	R14	1.13	1.73	165.10	82.55	0.33	1.2	2.030	133.60	68.83	0.20	1	1.5	1.36	0.005 22	0.005 0
BJ18	R18	1.45	2.20	129.54	64.77	0.26	1.2	2.030	113.28	58.67	0.20	1	1.5	1.74	0.007 48	0.007 0
BJ22	R22	1.72	2.61	109.22	54.61	0.22	1.2	2.030	90.42	47.24	0.17	1	1.5	2.06	0.009 67	0.010 0
BJ26	R26	2.17	3.30	86.36	43.18	0.17	1.2	2.030	76.20	38.10	0.14	1	1.5	2.60	0.001 38	0.013 0
BJ32	R32	2.60	3.95	72.14	34.04	0.14	1.2	1.625	61.42	32.33	0.12	0.8	1.3	3.12	0.018 80	0.018 0

续表

型号名称	型号[1)]名称 153IEC－	主模频率范围/GHz		内截面				基本厚度 t[1)]	外截面					衰减/（dB·m^{-1}）		
		从	到	基本宽度 a	基本高度 b	宽和高的偏差（±）	圆角最大直径 r_1		基本宽度 a_1	基本高度 b_1	宽和高的偏差(±)	圆角直径 r_2 最小值	圆角直径 r_2 最大值	频率/GHz	理论值	最大值
BJ40	R40	3.22	4.90	58.17	29.08	0.12	1.2	1.625	50.80	25.40	0.10	0.8	1.3	3.87	0.024 9	0.024
BJ48	R48	3.94	5.99	47.549	22.149	0.095	0.8	1.625	43.64	23.44	0.08	0.8	1.3	4.37	0.035 4	0.032
BJ58	R58	4.64	7.05	40.386	20.193	0.081	0.8	1.625	38.10	19.05	0.08	0.8	1.3	5.57	0.043 0	0.046
BJ70	R70	5.38	8.17	34.849	15.799	0.070	0.8	1.625	31.75	15.88	0.05	0.8	1.3	6.45	0.057 5	0.056
BJ84	R84	6.57	9.99	28.499	12.624	0.057	0.8	1.270	25.40	12.70	0.50	0.65	1.15	7.89	0.079 1	0.075
BJ100	R100	8.20	12.5	22.860	10.160	0.046	0.8	1.270	21.59	12.06	0.50	0.65	1.15	9.84	0.110	0.103
BJ120	R120	9.84	15.0	19.050	9.525	0.038	0.8	1.015	17.83	9.93	0.05	0.5	1.0	11.8	0.133	0.143
BJ140	R140	11.9	18.0	15.799	7.899	0.031	0.4	1.015	14.99	8.51	0.05	0.5	1.0	14.2	0.176	
BJ180	R180	14.5	22.0	12.954	6.477	0.026	0.4	1.015	17.70	6.35	0.05	0.5	1.0	17.4	0.236	
BJ220	R220	17.6	26.7	10.668	4.318	0.021	0.4	1.015	10.67	6.35	0.05	0.5	1.0	21.1	0.368	
BJ260	R260	21.7	33.0	8.636	4.318	0.020	0.4	1.015	9.14	5.59	0.05	0.5	1.0	26.0	0.436	
BJ320	R320	26.3	40.0	7.112	3.556	0.020	0.4	1.015	7.72	4.88	0.05	0.5	1.0	31.6	0.583	
BJ400	R400	32.9	50.1	5.690	2.845	0.020	0.3	1.015	6.81	4.42	0.05	0.5	1.0	39.5	0.815	
BJ500	R500	39.2	59.6	4.775	2.388	0.020	0.3	1.015	5.79	3.91	0.05	0.5	1.0	47.1	1.058	
BJ620	R620	49.8	75.8	3.759	1.880	0.020	0.2	1.015	5.13	3.58	0.05	0.5	1.0	59.8	1.52	待
BJ740	R740	60.5	91.9	3.098 8	1.5494	0.012 7[2)]	0.15	1.015	4.57	3.30	0.05	0.5	1.0	72.6	2.02	
BJ900	R900	73.8	112	2.540 0	1.2700	0.012 7[2)]	0.15	0.760	3.556	2.540	0.025	0.5	0.8	88.5	2.73	
BJ1200	R1200	92.2	140	2.032 0	1.016 0	0.007 6[2)]	0.15	0.760	3.175	2.350	0.025	0.5	0.8	110.7	3.81	定
BJ1400	R1400	113	173	1.651 0	0.825 5	0.006 4[2)]	0.038[2)]	0.760	2.819	2.172	0.025	0.5	0.8	136.2	5.21	
BJ1800	R1800	145	220	1.295 4	0.647 7	0.006 4[2)]	0.038[2)]	0.760	2.616	2.070	0.025	0.5	0.8	173.6	7.49	
BJ2200	R2200	172	261	1.092 2	0.546 1	0.005 1[2)]	0.038[2)]	0.760	2.388	1.956	0.025	0.5	0.8	205.9	9.68	
BJ2600	R2600	217	330	0.863 6	0.431 8	0.005 1[2)]	0.038[2)]							260.2	13.76	

注：B 为国产波导的字母代号，J 表示普通矩形；153IEC 为国际电工委员会标准（153 为编号），R 表示普通矩形，波导型号中的数字表示在（主模）工作频率范围内几何平均频率是 100 MHz 的多少倍（大约值）。表中注有 1）者，表示仅供参考，注有 2）者，表示此数据符合国家标准中对该型号波导的（特殊）规定值；波导管尺寸以 mm 计。

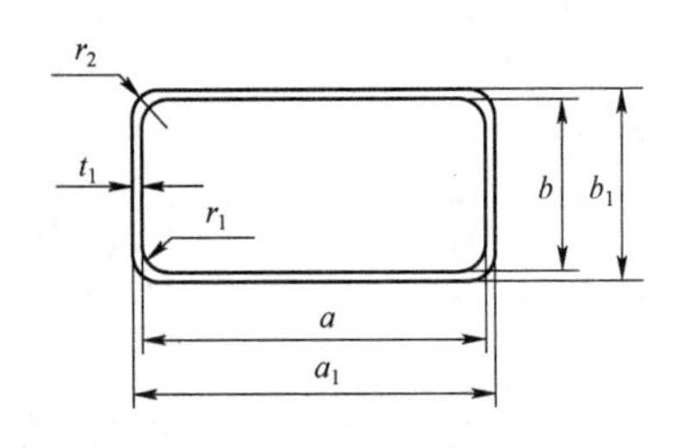

表(二)　扁矩形波导管参数

型号名称	型号名称[1) 153IEC-	主模时的频率范围/GHz		内截面				基本壁厚 t[1)]
		从	到	基本宽度 a	基本高度 b	宽度与高度的公差(±)	圆角的最大半径 r_1	
BB22	F22	1.72	2.61	109.22	13.100	0.110	1.2	2.030
BB26	F26	2.17	3.30	86.36	10.400	0.086	1.2	2.030
BB32	F32	2.60	3.95	72.14	8.600	0.072	1.2	2.030
BB40	F40	3.22	4.90	58.17	7.000	0.058	1.2	1.625
BB48	F48	3.94	5.99	47.55	5.700	0.048	0.8	1.625
BB58	F58	4.64	7.05	40.39	5.000	0.040	0.8	1.625
BB70	F70	5.38	8.17	34.85	5.000	0.035	0.8	1.625
BB84	F84	6.57	9.99	28.499	5.000	0.028	0.8	1.625

外截面					衰减/(dB·m^{-1})		
基本宽度 a_1	基本高度 b_1	高度与宽度的公差(±)	圆角半径		频率/GHz	理论值	最大值
			最大	最小			
113.28	17.16	0.22	1	1.5	2.06	0.030 18	0.039
90.42	14.46	0.17	1	1.5	2.61	0.043 93	0.056
76.20	12.66	0.14	1	1.5	3.12	0.056 76	0.074
61.42	10.25	0.12	0.8	1.3	3.87	0.077 65	0.101
50.80	8.95	0.095	0.8	1.3	4.73	0.105 07	0.137
43.64	8.25	0.081	0.8	1.3	5.57	0.130 66	0.170
38.10	8.25	0.070	0.8	1.3	6.46	0.143 9	0.181
31.75	8.25	0.057	0.8	1.3	7.89	0.165 1	0.215

注:国产波导型号中的第 2 个字母 B 表示扁矩形;IEC 标准中的 F 表示扁矩形;注有 1)者表示仅供参考。型号中的数字,其意义同表(一)注;波导管尺寸以 mm 计。

表(三)　圆形波导管参数(优先值)

型号名称	型号名称[1)] 153 IEC－	频率范围/GHz		各模的截止频率/GHz					内截面			基本厚度 t[1)]	外截面		在 $TE_{11}(H_{11})$ 模时的衰减/($dB \cdot m^{-1}$)		
		TE_{11} (H_{11})	TE_{01} (E_{11})	TE_{01} (E_{11})	TM_{01} (E_{01})	TE_{21} (H_{21})	TE_{01} (H_{01})	TE_{02} (H_{02})	基本直径 D	偏差 (±)	椭圆率		基本直径 D_1	偏差 (±)	频率 /GHz	理论值	最大值
BY3. 3	C3. 3	0. 312～0. 427	0. 683～0. 940	0. 27	0. 35	0. 45	0. 56	1. 03	647. 9	0. 65	0. 001				0. 325	0. 000 67	0. 000 9
BY4	C4	0. 365～0. 500	0. 799～1. 100	0. 32	0. 41	0. 53	0. 66	1. 21	553. 5	0. 55	0. 001				0. 380	0. 000 85	0. 001 1
BY4. 5	C4. 5	0. 427～0. 586	0. 936～1. 290	0. 37	0. 48	0. 62	0. 77	1. 42	472. 8	0. 47	0. 001				0. 446	0. 001 08	0. 001 4
BY5. 3	C5. 3	0. 500～0. 686	1. 100～1. 510	0. 43	0. 57	0. 72	0. 90	1. 66	403. 9	0. 40	0. 001				0. 522	0. 001 37	0. 001 8
BY6. 2	C6. 2	0. 586～0. 803	1. 280～1. 770	0. 51	0. 66	0. 84	1. 06	1. 94	345. 1	0. 35	0. 001				0. 611	0. 001 74	0. 002 3
BY7	C7	0. 686～0. 939	1. 500～2. 070	0. 60	0. 78	0. 79	1. 24	2. 27	294. 79	0. 30	0. 001		待定		0. 715	0. 002 19	0. 002 9
BY8	C8	0. 803～1. 100	1. 760～2. 420	0. 70	0. 91	1. 16	1. 45	2. 66	251. 84	0. 25	0. 011				0. 838	0. 002 78	0. 003 6
BY10	C10	0. 939～1. 290	2. 060～2. 830	0. 82	1. 07	1. 35	1. 70	3. 11	215. 14	0. 22	0. 001				0. 980	0. 003 52	0. 004 6
BY12	C12	1. 100～1. 510	2. 410～3. 310	0. 96	1. 25	1. 59	1. 99	3. 64	183. 77	0. 18	0. 001				1. 147	0. 004 47	0. 005 3
BY14	C14	1. 290～1. 760	2. 820～3. 880	1. 12	1. 46	1. 86	2. 33	4. 26	157. 00	0. 16	0. 001				1. 343	0. 005 64	0. 007 3
BY16	C16	1. 510～2. 070	3. 300～4. 540	1. 31	1. 71	2. 17	2. 73	4. 99	134. 11	0. 13	0. 001				1. 572	0. 007 15	0. 009 3
BY18	C18	1. 760～2. 420	3. 860～5. 320	1. 53	2. 00	2. 54	3. 19	5. 84	114. 58	0. 11	0. 001	3. 30	121. 20	0. 13	1. 841	0. 009 06	0. 012
BY22	C22	2. 070～2. 830	4. 520～6. 220	1. 79	2. 34	2. 98	3. 74	6. 84	97. 87	0. 10	0. 001	3. 30	104. 50	0. 11	2. 154	0. 011 5	0. 015
BY25	C25	2. 420～3. 310	5. 290～7. 280	2. 10	2. 74	3. 49	4. 37	8. 01	83. 62	0. 08	0. 001	3. 30	90. 20	0. 11	2. 521	0. 014 0	0. 018
BY30	C30	2. 830～3. 880	6. 190～8. 530	2. 46	3. 21	4. 08	5. 12	9. 37	71. 42	0. 07	0. 001	3. 30	78. 030	0. 095	2. 952	0. 018 4	0. 024
BY35	C35	3. 310～4. 540	7. 250～9. 980	2. 88	3. 76	4. 77	5. 99	11. 0	61. 04	0. 06	0. 001	3. 30	67. 640	0. 095	3. 455	0. 023 3	0. 030
BY40	C40	3. 890～5. 330	8. 510～11. 700	3. 38	4. 41	5. 61	7. 03	12. 9	51. 99	0. 05	0. 001	2. 54	57. 070	0. 095	4. 056	0. 029 7	0. 039
BY48	C48	4. 540～6. 230	9. 950～13. 700	3. 95	5. 16	6. 56	8. 23	15. 1	44. 450	0. 044	0. 001	2. 54	49. 530	0. 080	4. 744	0. 037 5	0. 049
BY56	C56	5. 300～7. 270	11. 600～16. 00	4. 61	6. 02	7. 65	9. 60	17. 6	38. 100	0. 038	0. 001	2. 03	42. 160	0. 080	5. 534	0. 047 3	0. 062

续表

型号名称	型号名称[1) 153 IEC－	频率范围/GHz		各模的截止频率/GHz					内截面			基本厚度 $t^{1)}$	外截面		在 $TE_{11}(H_{11})$ 模时的衰减/($dB \cdot m^{-1}$)		
		TE_{11} (H_{11})	TE_{01} (E_{11})	TE_{01} (E_{11})	TM_{01} (E_{01})	TE_{21} (H_{21})	TE_{01} (H_{01})	TE_{02} (H_{02})	基本直径 D	偏差 (±)	椭圆率		基本直径 D_1	偏差 (±)	频率 /GHz	理论值	最大值
BY65	C65	6.210～8.510	13.600～18.700	5.40	7.05	8.96	11.2	20.6	32.537	0.033	0.011	2.03	36.600	0.080	6.480	0.0599	0.078
BY76	C76	7.270～9.970	15.900～21.900	6.32	8.26	10.5	13.2	24.1	27.788	0.028	0.001	1.65	31.090	0.080	7.588	0.0759	0.099
BY89	C89	8.490～11.600	18.600～25.600	7.37	9.03	12.2	15.3	28.1	23.825	0.024	0.001	1.65	27.127	0.065	8.850	0.0956	0.124
BY104	C104	9.97～13.700	21.900～30.100	8.68	11.3	14.4	18.1	33.1	20.244	0.020	0.001	1.270	22.784	0.065	10.42	0.1220	0.150
BY120	C120	11.600～15.900	25.300～34.900	10.0	13.1	16.7	20.9	38.3	17.415	0.017	0.001	1.270	20.015	0.065	12.07	0.1524	0.150
BY140	C140	13.400～18.400	29.300～40.400	11.6	15.2	19.3	24.2	44.4	15.088	0.015	0.001	1.015	17.120	0.055	13.98	0.1893	
BY165	C165	15.900～21.800	34.800～48.800	13.8	18.1	22.9	28.8	52.7	12.700	0.013	0.001	1.015	14.732	0.055	16.61	0.2459	
BY190	C190	18.200～24.900	39.800～54.800	15.8	20.6	26.2	32.9	60.2	11.125	0.010	0.001	1.015	13.157	0.050	18.95	0.3003	
BY220	C220	21.200～29.100	46.400～63.900	18.4	24.1	30.6	38.4	70.3	9.525	0.010	0.0011	0.760	11.049	0.050	22.14	0.3787	
BY255	C255	24.300～33.200	53.400～73.100	21.1	27.5	35.0	43.9	80.4	8.331	0.008	0.0011	0.760	9.855	0.050	25.31	0.4620	
BY290	C290	28.300～38.200	61.900～85.200	24.6	32.2	40.8	51.2	93.8	7.137	0.008	0.0011	0.760	8.661	0.050	29.54	0.5834	
BY330	C330	31.300～43.000	69.100～95.900	27.7	36.1	46.9	57.6	105	6.350	0.008	0.0013	0.510	7.366	0.050	33.20	0.6938	
BY380	C380	36.400～19.800	79.600～110.000	31.6	41.5	52.4	65.7	120	5.563	0.008	0.0015	0.510	6.579	0.050	37.91	0.8486	待
BY430	C430	42.400～58.100	92.900～128.000	36.8	48.1	61.0	76.6	140	4.775	0.008	0.0017	0.510	5.791	0.050	44.16	1.0650	
BY495	C495	46.300～63.500	101.000～139.000	40.2	52.5	66.7	83.7	153	4.369	0.008	0.0019	0.510	5.385	0.050	48.26	1.2190	
BY580	C580	56.600～77.500	124.000～171.000	49.1	64.1	81.4	102	187	3.581	0.008	0.0022	0.510	4.597	0.050	58.88	1.643	
BY660	C660	63.500～87.200	139.000～192.000	55.3	72.3	91.8	115	211	3.175	0.008	0.0025	0.380	3.937	0.050	66.41	1.967	定
BY765	C765	72.700～99.700	159.000～219.000	63.5	82.9	105	132	242	2.769	0.008	0.0030	0.380	3.531	0.050	76.15	2.413	
BY890	C890	84.800～116.000	186.000～256.000	73.6	96.1	122	153	280	2.388	0.008	0.0035	0.380	3.1500	0.050	88.30	3.011	

注：国产波导型号中的Y表示圆波导；IEC标准中的C表示圆波导；型号中的数字和注有1)者，其意义均与表(一)注相同；波导管尺寸以mm计。

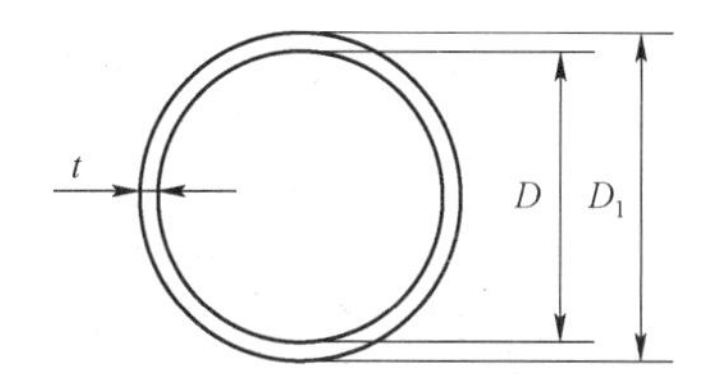

表(四)　圆波导管参数(中间值)

为便于查阅,表(三)中尺寸已增列于本表中

型　号 名　称	型号名称[1] 153IEC－	内　径 中间值	型　号 名　称	型号名称[1] 153IEC－	内　径 中间值	型　号 名　称	型号名称[1] 153IEC－	内　径 中间值	型　号 名　称	型号名称[1] 153IEC－	内　径 中间值
BY3. 30	C3. 30	647. 90	BY16. 0	C16. 0	134. 11	BY76. 0	C76. 0	27. 788	BY330	C330	6. 350
BY3. 43	C3. 43	623. 00	BY16. 5	C16. 5	129. 00	BY80. 8	C80. 8	26.700	BY348	C348	6.140
BY3.56	C3.56	599.00	BY17.2	C17.2	124.00	BY83.1	C83. 1	25. 700	BY359	C359	5. 940
BY3. 71	C3. 71	576. 00	BY17. 9	C17. 9	119. 00	BY86. 1	C86. 1	24. 800	BY372	C372	5.740
BY4. 00	C4. 00	553.50	BY18. 0	C18. 0	114.58	BY89. 0	C89. 0	23.825	BY380	C380	5.563
BY4. 01	C4. 01	532. 00	BY19. 4	C19. 4	110. 00	BY93. 2	C93. 2	22.900	BY398	C398	5.360
BY4.17	C4.17	512.00	BY20.1	C20. 1	106.00	BY97.0	C97. 0	22. 000	BY414	C414	5. 160
BY4. 34	C4. 34	492. 00	BY20. 9	C20. 9	102. 00	BY101	C101	21. 100	BY429	C420	4.950
BY4. 50	C4.50	472.80	BY22. 0	C22. 0	97.87	BY104	C104	20.244	BY430	C430	4.775
BY4. 69	C4. 69	455. 00	BY22. 7	C22. 7	94. 00	BY109	C109	19.500	BY457	C457	4.670
BY4.88	C4.88	437.00	BY23.6	C23.6	90.40	BY114	C114	18. 800	BY467	C467	4. 570
BY5. 08	C5. 08	420. 00	BY24. 5	C24. 5	87. 00	BY118	C118	18. 150	BY478	C478	4.470
BY5. 30	C5. 30	403.00	BY25. 0	C25. 0	83.62	BY120	C120	17.475	BY495	C495	4.369
BY5. 50	C5. 50	388. 00	BY26. 6	C26. 6	80. 40	BY127	C127	16.850	BY512	C512	4.170
BY5.72	C5.72	373.00	BY27.7	C27. 7	77.20	BY129	C129	16. 250	BY539	C539	3. 960
BY5. 95	C5. 95	359. 00	BY28. 7	C28. 7	74. 40	BY136	C136	15. 650	BY568	C568	3.760
BY6. 20	C6.20	345.10	BY30. 0	C30. 0	71.42	BY140	C140	15.088	BY580	C580	3.581
BY6. 43	C6. 43	332. 00	BY31. 1	C31. 1	68. 60	BY148	C148	14.450	BY613	C613	3.480
BY6.69	C6.69	319.00	BY32.3	C32.3	66.00	BY154	C154	13. 850	BY632	C632	3. 380
BY6. 95	C6. 95	307. 00	BY33. 7	C33. 7	63. 40	BY161	C161	13. 250	BY651	C651	3.280
BY7. 00	C7. 00	294.79	BY35. 0	C35. 0	61.04	BY165	C165	12.700	BY660	C660	3.175
BY7. 54	C7. 54	283. 00	BY36. 4	C36. 4	58. 60	BY174	C174	12.300	BY690	C690	3.070
BY7.85	C7.85	272.00	BY37.8	C37. 8	56.40	BY179	C179	11. 900	BY721	C721	2. 960
BY7. 99	C7. 99	262. 00	BY39. 4	C39. 4	54. 20	BY186	C186	11. 500	BY746	C746	2.860
BY8. 00	C8. 00	251.84	BY40. 0	C40. 0	51.99	BY190	C190	11.125	BY765	C765	2.769
BY8. 82	C8. 82	242. 00	BY42. 7	C42. 7	50. 00	BY198	C198	10.760	BY799	C799	2.670
BY9.16	C9.16	233.00	BY44.4	C44.4	48.10	BY207	C207	10. 300	BY831	C831	2. 570
BY9. 53	C9. 53	224. 00	BY46. 2	C46. 2	46. 20	BY219	C219	9. 700	BY876	C876	2.440
BY10. 0	C10. 00	215.14	BY48. 0	C48. 0	44.45	BY220	C220	9.525	BY890	C890	2.388
BY10. 3	C10. 30	207. 00	BY49. 9	C49. 9	42. 80	BY232	C232	9.220			
BY10.7	C10.70	199.00	BY51.8	C51. 8	41.20	BY239	C239	8. 920			
BY11. 2	C11. 20	191. 00	BY53. 9	C53. 9	39. 60	BY248	C248	8. 620			
BY12. 0	C12. 00	183.77	BY56. 0	C56. 0	38.10	BY255	C255	8.331			
BY12. 1	C12. 10	176. 50	BY58. 3	C58. 3	36. 60	BY266	C266	8.020			
BY12.6	C12.60	170.00	BY60.6	C60. 6	35.20	BY277	C277	7. 720			
BY13. 1	C13. 10	163. 50	BY63. 2	C63. 2	33. 80	BY288	C288	7. 420			
BY14. 0	C14. 00	157.00	BY65. 0	C65. 0	32.537	BY290	C290	7.137			
BY14.10	C14.10	151.00	BY68.2	C68. 2	31.300	BY308	C308	6. 940			
BY14. 7	C14. 70	145. 00	BY70. 1	C70. 1	30. 100	BY317	C317	6. 640			
BY15. 3	C15. 30	139.50	BY73. 9	C73. 9	28. 900	BY327	C327	6.520			

注:1)仅供参考;波导管尺寸以 mm 计。

附录九　同轴线参数

表(一)　硬同轴传输线及其法兰连接器

特性阻抗	硬同轴传输线										法兰连接线	
	型号	外导体					内导体			空气介质传输线 $H_{11}(TE_{11})$ 模截止频率/GHz	型号	
		外径		内径		标准壁厚	外径	内径			固定法兰连接器	旋转法兰连接器
		尺寸	允差	尺寸	允差			尺寸	允差			
		/mm										
50 Ω	YX50－155－1	155.6	±0.2	151.92	±0.2	1.83	66	64	±0.1	0.90	YX50－155－2	YX50－155－3
	YX50－125－1	123.2	±0.2	120	±0.15	1.60	52.1	50.1	±0.08	1.13	YX50－125－2	YX50－125－3
	YX50－105－1	106	±0.2	103	±0.15	1.50	44.8	42.8	±0.08	1.32	YX50－105－2	YX50－105－3
	YX50－80－1	79.4	±0.1	76.8	±0.1	1.25	33.4	31.3	±0.07	1.77	YX50－80－2	YX50－80－3
	YX50－40－1	41.3	±0.07	38.8	±0.07	1.25	16.9	15	±0.05	3.50	YX50－40－2	YX50－40－3
	YX50－22－1	22.23	±0.05	20	±0.05	1.15	8.7	7.4	±0.05	6.82	YX50－22－2	YX50－22－3
75 Ω	YX75－80－1	79.4	±0.1	76.8	±0.1	1.25	22.1	20.3	±0.05	1.93	YX75－80－2	YX75－80－3
	YX75－40－1	41.3	±0.07	38.8	±0.07	1.25	11.1	9.6	±0.05	3.82	YX75－40－2	YX50－40－3
	YX75－22－1	22.3	±0.05	20	±0.05	1.15	5.8	4.5	±0.05	7.44	YX75－22－2	YX75－22－3

注：YX 表示硬同轴传输线及其法兰连接器；50，75 表示特性阻抗，其后的数字表示外导体外径的大约值；最后一个数字 1 表示硬同轴线，2 表示固定法兰连接器，3 表示旋转法兰连接器。

表(二)　SYV 系列 50 Ω 射频同轴电缆结构表

序号	型　号	内导体			绝缘		外导体					护套				长度		
		材料	根数×直径[3]	标称外径	最小厚度	外径	材料		单线直径	编织角,不大于	填充系数	材料[4]	厚度		外径	交货长度/m	短线段	
							内层	外层					标称	最小			长度/m 不小于	% 不大于
1	SYV-50-2-1	软铜线	7×0.16	0.48	0.44	1.50±0.10		—	0.09~0.11			Ⅲ	0.43	0.30	2.8±0.2	50~200		
2	SYV-50-2-7	铜包钢线[1]	7×0.16	0.48	0.44	1.50±0.10		—	0.09~0.11			Ⅲ	0.43	0.30	2.8±0.2	50~200		
3	SYV-50-2-8	铜包钢线[2]	7×0.16	0.48	0.44	1.50±0.10		—	0.09~0.11			Ⅲ	0.43	0.30	2.8±0.2	50~200		
4	SYV-50-2-41	软铜线	1×0.68	0.68	0.65	2.20±0.10		—	0.13~0.15			Ⅲ	0.56	0.40	4.0±0.2	100~200		
5	SYV-50-3-1	软铜线	7×0.32	0.96	0.80	2.95±0.13		—	0.13~0.15			Ⅲ	0.75	0.58	5.0±0.2	100~200		
6	SYV-50-3-3	软铜线	1×0.90	0.90	0.85	2.95±0.13		—	0.13~0.15			Ⅰ	0.75	0.58	5.0±0.2	100~200		
7	SYV-50-3-4	软铜线	1×0.90	0.90	0.85	2.95±0.13		—	0.13~0.15			Ⅲ	0.75	0.58	5.0±0.2	100~200		
8	SYV-50-3-5	软铜线	1×0.90	0.90	0.85	2.95±0.13	软铜线	软铜线	0.13~0.15	45°	0.7~0.95	Ⅰ	0.80	0.60	5.8±0.2	100~200	10	10
9	SYV-50-3-41	软铜线	1×0.90	0.90	0.85	2.95±0.13		软铜线	0.13~0.15			Ⅲ	0.80	0.60	5.8±0.2	100~200		
10	SYV-50-5-1	软铜线	1×1.40	1.40	1.30	4.80±0.20		—	0.13~0.15			Ⅲ	0.88	0.69	7.2±0.3	100~200		
11	SYV-50-5-3	软铜线	1×1.40	1.40	1.30	4.80±0.20		—	0.13~0.15			Ⅰ	0.88	0.69	7.2±0.3	100~200		
12	SYV-50-5-4	软铜线	1×1.40	1.40	1.30	4.80±0.20		软铜线	0.13~0.15			Ⅰ	0.92	0.74	7.9±0.3	100~200		
13	SYV-50-5-41	软铜线	1×1.40	1.40	1.30	4.80±0.20		软铜线	0.13~0.15			Ⅲ	0.92	0.74	7.9±0.3	100~200		
14	SYV-50-7-1	软铜线	7×0.75	2.25	2.00	7.25±0.25		—	0.18~0.20			Ⅰ	1.05	0.85	10.3±0.3	50~100		
15	SYV-50-7-2	软铜线	7×0.75	2.25	2.00	7.25±0.25		—	0.18~0.20			Ⅲ	1.05	0.85	10.3±0.3	50~100		

续表

序号	型号	内导体			绝缘		外导体					护套				长度		
		材料	根数×直径[3]	标称外径	最小厚度	外径	材料		单线直径	编织角，不大于	填充系数	材料[4]	厚度		外径	交货长度/m	短线段	
							内层	外层					标称	最小			长度/m不小于	%不大于
16	SYV－50－7－3		7×0. 75	2. 25	2. 00	7. 25±0. 25	软铜线	软铜线	0. 16～0. 18			Ⅰ	1. 10	0. 90	11. 0±0. 3	50～100	10	
17	SYV－50－7－4		7×0. 75	2. 25	2. 25	7. 25±0. 25	软铜线	—	0. 18～0. 20			Ⅰ	1. 05	0. 85	10. 3±0. 3	50～200	10	
18	SYV－50－7－6		7×0. 75	2. 25	2. 25	7. 25±0. 25	镀银铜线	软铜线	0. 16～0. 18			Ⅰ	1. 10	0. 90	11. 0±0. 3	50～200	10	
19	SYV－50－7－41		7×0. 75	2. 25	2. 00	7. 25±0. 25	软铜线	软铜线	0. 16～0. 18			Ⅲ	1. 10	0. 90	11. 0±0. 3	50～200	10	
20	SYV－50－9－41		7×0. 95	2. 82	2. 60	9. 0±0. 30	软铜线	—	0. 18～0. 20			Ⅲ	1. 18	0. 96	12. 2±0. 4	50～200	20	
21	SYV－50－12－1	软铜线	7×1. 15	3. 45	3. 50	11. 5±0. 30	软铜线	—	0. 18～0. 20	45°	0. 70～0. 95	Ⅰ	1. 30	1. 00	15. 0±0. 4	100～200	20	10
22	SYV－50－12－41		7×1. 15	3. 45	3. 50	11. 5±0. 30	软铜线	—	0. 18～0. 20			Ⅲ	1. 30	1. 00	15. 0±0. 4	100～200	20	
23	SYV－50－15－41		7×1. 54	4. 62	4. 40	15. 0±0. 40	软铜线	—	0. 18～0. 20			Ⅲ	1. 60	1. 34	19. 0±0. 5	100～200	20	
24	SYV－50－17－1		1×5. 00	5. 00	5. 50	17. 3±0. 40	软铜线	—	0. 24～0. 26			Ⅰ	1. 80	1. 50	22. 0±0. 5	100～200	20	
25	SYV－50－17－2		1×5. 00	5. 00	5. 50	17. 3±0. 40	软铜线	—	0. 24～0. 26			Ⅲ	1. 80	1. 50	22. 0±0. 5	100～200	20	
26	SYV－50－17－3		1×5. 00	5. 00	5. 50	17. 3±0. 40	软铜线	软铜线	0. 18～0. 20			Ⅰ	1. 85	1. 55	22. 7±0. 5	100～200	20	
27	SYV－50－17－41		19×1. 04	5. 20	5. 20	17. 3±0. 40	软铜线	—	0. 24～0. 26			Ⅲ	1. 80	1. 50	22. 0±0. 5	100～200	20	

注：S 表示射频同轴电缆；Y 表示绝缘材料为聚乙烯；V 表示护套材料为聚氯乙烯；50 表示特性阻抗；其后的数字表示绝缘外径的大约值；最后一个数字为结构序号。

表中注 1）者表示用 1 级铜包钢线；

注 2）者用 2 级铜包钢线；

注 3）者表示单线直径为近似值；

注 4）中Ⅰ者表示－40 ℃非沾污型聚氯乙烯；Ⅱ者表示－40 ℃普通型聚氯乙烯。表中尺寸（除长度外）以 mm 计。

表(三)　SYV 系列 75 Ω、100 Ω 射频同轴电缆结构表

序号	型号	内导体			绝缘		外导体					护套				长度		
		材料	根数×直径	标称外径	最小厚度	外径	材料		单线直径	编织角,不大于	填充系数	材料	厚度		外径	交货长度/m	短线段	
							内层	外层					标称	最小			长度/m不小于	%不大于
1	SYV－75－3－41		7×0.17	0.51	1.05	3.00±0.13		—	0.13～0.15			Ⅲ	0.66	0.45	5.0±0.25	50～200		
2	SYV－75－4－1		7×0.21	0.63	1.25	3.70±0.13		—	0.13～0.15			Ⅲ	0.80	0.60	6.0±0.20	100～200		
3	SYV－75－4－2		7×0.21	0.63	1.40	3.70±0.10		软铜线	0.13～0.15			Ⅰ	0.85	0.65	6.7±0.20	100～200		
4	SYV－75－4－3		1×0.59	0.59	1.25	3.70±0.13		—	0.13～0.15			Ⅰ	0.80	0.60	6.0±0.20	100～200		
5	SYV－75－4－4		1×0.59	0.59	1.25	5.70±0.13		—	0.13～0.15			Ⅲ	0.80	0.60	6.0±0.20	100～200		
6	SYV－75－5－4		1×0.75	0.75	1.60	4.80±0.20		—	0.13～0.15			Ⅰ	0.88	0.69	7.2±0.30	100～200		
7	SYV－75－5－5	软铜线	1×0.75	0.75	1.60	4.80±0.20	软铜线	软铜线	0.13～0.15	45°	0.70～0.95	Ⅰ	0.92	0.74	7.9±0.30	100～200	10	10
8	SYV－57－5－41		1×0.75	0.75	1.60	4.80±0.20		—	0.13～0.15			Ⅲ	0.88	0.69	7.2±0.30	100～200		
9	SYV－75－5－42		1×0.75	0.75	1.60	4.80±0.20		软铜线	0.13～0.15			Ⅲ	0.92	0.74	7.9±0.30	100～200		
10	SYV－75－7－1		7×0.40	1.20	2.40	7.25±0.25		—	0.18～0.20			Ⅰ	1.05	0.85	10.3±0.30	50～200		
11	SYV－75－7－2		7×0.40	1.20	2.40	7.25±0.25		—	0.18～0.20			Ⅲ	1.05	0.85	10.3±0.30	50～200		
12	SYV－75－7－3		7×0.40	1.20	2.72	7.25±0.15		软铜线	0.16～0.18			Ⅰ	1.10	0.90	11.0±0.30	50～200		
13	SYV－75－7－4		1×1.15	1.15	2.77	7.25±0.15		—	0.18～0.20			Ⅰ	1.05	0.85	10.3±0.30	50～200		

续表

序号	型号	内导体			绝缘		外导体					护套				长度		
		材料	根数×直径	标称外径	最小厚度	外径	材料		单线直径	编织角，不大于	填充系数	材料	厚度		外径	交货长度/m	短线段	
							内层	外层					标称	最小			长度/m 不小于	% 不大于
14	SYV－75－7－8	软铜线	1×1. 15	1. 15	2. 50	7. 25±0. 25	软铜线	—	0. 18～0. 20	45°	0. 70～0. 95	Ⅲ	1. 05	0. 85	10. 3±0. 3	50～200	10	10
15	SYV－75－7－41		7×0. 40	1. 20	2. 50	7. 25±0. 25		软铜线	0. 16～0. 18			Ⅲ	1. 10	0. 90	11. 0±0. 3	50～200	10	
16	SYV－75－9－41		1×1. 37	1. 37	3. 20	9. 0±0. 30		—	0. 18～0. 20			Ⅲ	1. 18	0. 96	12. 2±0. 4	50～200	20	
17	SYV－75－12－2		7×0. 63	1. 89	3. 80	11. 5±0. 30		—	0. 18～0. 20			Ⅰ	1. 30	1. 00	15. 0±0. 4	100～200	20	
18	SYV－75－12－41		7×0. 63	1. 89	3. 80	11. 5±0. 30		—	0. 18～0. 20			Ⅲ	1. 30	1. 00	15. 0±0. 4	100～200	20	
19	SYV－75－15－41		7×0. 82	2. 46	5. 30	15. 0±0. 40		—	0. 18～0. 20			Ⅲ	1. 60	1. 34	19. 0±0. 5	100～200	20	
20	SYV－75－17－1		1×2. 70	2. 70	6. 60	17. 3±0. 40		—	0. 24～0. 26			Ⅰ	1. 80	1. 50	22. 0±0. 5	100～200	20	
21	SYV－75－17－2		1×2. 70	2. 70	6. 60	17. 3±0. 40		—	0. 24～0. 26			Ⅲ	1. 80	1. 50	22. 0±0. 5	100～200	20	
22	SYV－75－17－4		1×2. 70	2. 70	6. 60	17. 3±0. 40		软铜线	0. 18～0. 20			Ⅰ	1. 85	1. 55	22. 7±0. 5	100～200	20	
23	SYV－75－17－41		7×0. 95	2. 85	6. 40	17. 3±0. 40		—	0. 24～0. 26			Ⅲ	1. 80	1. 50	22. 0±0. 5	100～200	20	
1	SYV－100－7－41		1×0. 60	0. 60	2. 80	7. 25±0. 25		—	0. 18～0. 20			Ⅲ	1. 05	0. 85	10. 3±0. 3	50～200	10	

参 考 文 献

［1］闫润卿．微波技术基本教程［M］．北京：电子工业出版社，2011．
［2］廖承恩．微波技术基础［M］．北京：国防工业出版社，1984．
［3］廖承恩，陈达章．微波技术基础（上册）［M］．北京：国防工业出版社，1979．
［4］毕德显．电磁场理论［M］．北京：电子工业出版社，1983．
［5］楼仁海．工程电磁理论［M］．北京：国防工业出版社，1981．
［6］沈志远．微波技术［M］．北京：国防工业出版社，1981．
［7］［美］R. F. 哈林登．正弦电磁场［M］．孟侃，译．上海：上海科学技术出版社，1964．
［8］［美］R. E. 柯林．微波工程基础［M］．吕继尧，译．北京：人民邮电出版社，1977．
［9］［美］R. A. 瓦尔特朗．被导电磁波原理［M］．徐鲤庭，译．北京：人民邮电出版社，1981．
［10］叶培大，吴彝尊．光波导技术基本理论［M］．北京：人民邮电出版社，1981．
［11］杨祥林，张明德，许大信．光纤传输系统［M］．南京：东南大学出版社，1991．
［12］尚洪臣．微波网络［M］．北京：北京理工大学出版社，1988．
［13］吴万春，梁昌洪．微波网络及其应用［M］．北京：国防工业出版社，1980．
［14］吕善伟．微波工程基础［M］．北京：北京航空航天大学出版社，1995．